U0342451

现代复吹转炉炼钢

主编　李文秀

副主编　苏天森　朱英雄

北　京

冶 金 工 业 出 版 社

2023

内 容 提 要

　　本书全面地介绍了现代复吹转炉炼钢生产工艺流程及其发展，尤其对铁水预处理工艺，转炉炼钢原料，氧气顶吹、底吹、顶底复合转炉炼钢的特点及吹炼工艺，转炉自动化炼钢技术，转炉溅渣护炉技术，转炉负能炼钢技术，转炉二次能源与资源回收和利用技术，转炉典型钢种冶炼技术，转炉铁水提钒、提铌工艺，转炉生产相关检测技术及设备，现代炼钢工程设计与实践进行了详细的介绍。

　　本书可供从事钢铁冶金科研、技术、设计、生产、管理工作的人员阅读，也可以作为高等院校冶金专业的教学参考书。

图书在版编目（CIP）数据

现代复吹转炉炼钢/李文秀主编 . —北京：冶金工业出版社，2023. 11
ISBN 978-7-5024-8785-0

Ⅰ . ①现… 　Ⅱ . ①李… 　Ⅲ . ①复合吹炼 　Ⅳ . ①TF729

中国版本图书馆 CIP 数据核字（2021）第 061598 号

现代复吹转炉炼钢

出版发行	冶金工业出版社	电　　话	（010）64027926
地　　址	北京市东城区嵩祝院北巷 39 号	邮　　编	100009
网　　址	www. mip1953. com	电子信箱	service@ mip1953. com

责任编辑　李培禄　美术编辑　彭子赫　版式设计　孙跃红　禹　蕊
责任校对　郑　娟　责任印制　禹　蕊
北京捷迅佳彩印刷有限公司印刷
2023 年 11 月第 1 版，2023 年 11 月第 1 次印刷
787mm×1092mm　1/16；35. 75 印张；867 千字；553 页
定价 179. 00 元

投稿电话　（010）64027932　投稿信箱　tougao@ cnmip. com. cn
营销中心电话　（010）64044283
冶金工业出版社天猫旗舰店　yjgycbs. tmall. com
（本书如有印装质量问题，本社营销中心负责退换）

《现代复吹转炉炼钢》
编 委 会

主 编　李文秀

副主编　苏天森　朱英雄

编 委　（按姓氏笔画排序）

马春生	王 敏	王立新	王国连	亓 捷	邓开文
包燕平	兰 银	师 莉	吕兆乐	朱英雄	任子平
任中兴	全海明	刘 浏	刘水斌	刘承军	刘路长
许晓东	苏天森	李 俊	李 涛	李文秀	李友佳
李凤喜	李建民	李承祚	李美玲	杨文远	杨运超
杨利彬	杨春政	杨素波	杨森祥	吴 伟	吴 巍
吴亚明	佟溥翘	余志祥	谷茂强	邹继新	沈 静
宋泽启	张先贵	张庆国	张富强	张福明	张德国
张曦东	陈瑞飞	范先锋	林信建	林 路	季晨曦
金 茹	周小宾	周兴和	周剑波	庞立鹏	郑丛杰
赵 元	赵志龙	胡文豪	南晓东	钟良才	贾云海
倪 华	高文芳	高东梅	黄建东	曹 勇	康建国
梁 玫	颉建新	蒋晓放	智建国	解明科	廖相巍

本书主要执笔人

第1章 现代复吹转炉技术发展与流程优化

　　执笔人：苏天森　刘浏

第2章 复吹转炉炼钢原材料

　　执笔人：许晓东　李友佳　高东梅　师莉　李承祚　南晓东
　　　　　　王国连　李涛　范先锋　吕兆乐　倪华　曹勇

第3章 铁水预处理

　　执笔人：许晓东　周剑波　李友佳　高东梅　任中兴　李涛
　　　　　　金茹　范先锋　吕兆乐　倪华　曹勇　李文秀
　　　　　　朱英雄　钟良才

第4章 现代复吹转炉炼钢工艺

　　执笔人：余志祥　邹继新　张先贵　兰银　李凤喜　刘水斌
　　　　　　宋泽启　赵元　刘路长　陈瑞飞　周兴和　全海明
　　　　　　杨文远　蒋晓放　杨春政　张庆国　林信建　李文秀
　　　　　　朱英雄　钟良才　刘承军

第5章 复吹转炉溅渣护炉

　　执笔人：佟溥翘　吴伟　李文秀　朱英雄　钟良才

第6章 转炉除尘及二次能源与资源的回收和利用

　　执笔人：蒋晓放　黄建东　康建国　朱英雄

第7章 复吹转炉典型钢种的冶炼技术

　　执笔人：李文秀　蒋晓放　吴亚明　李建民　王立新　智建国
　　　　　　胡文豪　梁玫　包燕平　王敏　马春生　林路

第8章 复吹转炉提钒、提铌及其炼钢工艺

　　执笔人：杨素波　解明科　杨森祥

第9章 转炉生产分析检测技术及设备

　　执笔人：贾云海　沈静　李美玲

第10章 现代炼钢工程设计与实践

　　执笔人：张福明　颉建新　张德国

本书统稿、总审校： 李文秀　苏天森　朱英雄　钟良才　张福明

序

在钢铁冶金工业发展过程中，转炉的发明、技术革新往往具有里程碑或颠覆性的意义。1856年贝塞麦发明底吹酸性转炉成为现代钢铁工业的里程碑，颠覆了普德林搅拌法炼钢工艺，生产效率大幅度提高；1879年托马斯发明了底吹碱性转炉，解决了去除铁液中的硫、磷问题，质量提高、品种扩充，并带动了碱性平炉炼钢的发展；1952年氧气顶吹转炉在奥地利林茨和多纳维茨钢厂问世，实现了百年前贝塞麦用氧吹炼的梦想。生产效率、产品质量大幅度提高，及至20世纪60年代，得到大面积推广，并进而将平炉淘汰出局，可谓颠覆性创新。

氧气顶吹转炉在过去的60~70多年间，在工艺技术、装备、测试、信息调控等方面，呈现出多彩的技术进步和革新，诸如氧气顶吹转炉、氧气底吹转炉、氧气侧吹转炉、氧气复吹转炉、铁水预处理、钢的二次冶金、转炉煤气回收、氧气转炉全连铸钢厂、溅渣护炉等。转炉经过不断的演变、完善、发展，其本质并没有重大变化，这就是以液态熔池为载体的高效脱碳/脱磷器和快速升温器以及能源转换器，等等。至于脱硫、脱氧、脱夹杂物等功能则已按照热力学规律，进行转炉工序功能解析-优化，分离到其他冶金装置中进行。现在，大型氧气复吹转炉已经成为大型联合企业大规模生产洁净钢的主要手段，特别是大规模板带材生产的必备工序，并和大型高炉一起组成了典型的钢铁冶金流程。转炉炼钢在冶金流程中，上、下游工序间的协同关联度很大。因此，现代复吹大型转炉的技术问题已经不是转炉炼钢的简单命题，而是涉及转炉冶炼功能的解析-集成和上下游工序之间动态-有序、衔接-匹配、协同-连续运行的问题，这些内容本书都一一涉及，加以研究讨论。

中国金属学会组织了专家组，由李文秀担任主编，苏天森、朱英雄担任副主编，系统地总结了现代转炉炼钢特别是氧气顶底复吹转炉的成就和经验，编著了《现代复吹转炉炼钢》一书，内容丰富，紧随时代，涵盖了生产流程优化、原料准备、铁水预处理、转炉冶炼工艺技术和装备、转炉溅渣护炉、钢种冶炼、能源高效转换和回收、资源利用等内容。这是一本不同于一般教科书的著作，颇具转炉炼钢发展的历史感，理论联系实际，紧密联系工厂生产过程实践，并且关注转炉技术发展前沿，已经超出了入门教科书的范围，特别适合相关专业从业人员学习、参考，相信对工厂生产过程、技术改造以及相应的工程设计理论和方法都具有直接指导作用。

　　本书可以作为钢铁企业、工程设计单位、科研院所、冶金高等院校的参考书。

殷瑞钰

2023 年 5 月 20 日

于北京

前言

《现代复吹转炉炼钢》这部专著成功出版并与广大读者见面了，这是一件值得庆贺的幸事。这部专著的出版，是中国钢铁工业在复吹转炉炼钢技术方面的最新成果和进步的具体反映，对于推动我国钢铁工业高质量发展具有重要意义。这部专著是由中国金属学会组织国内部分钢铁企业（宝钢、鞍钢、首钢、武钢、太钢、包钢、攀钢、杭钢、三钢、石钢、本钢等）、高校（东北大学、北京科技大学）和科研院所（钢铁研究总院）等单位的众多科技工作者，历经多年编写的，现在终于问世了。我相信，这部专著的出版，将为我国钢铁工业的可持续发展提供强有力的支持！

"因缘而生，因情而写"是编写本书的起因。"缘"于钢铁之缘，萌生炼钢之"情"。中国金属学会作为我国钢铁行业的科技组织，编写这本专著是一种责任，更是一种担当。改革开放以来，中国钢铁工业取得了骄人的业绩，一批先进的钢铁厂在我国诞生和发展壮大。这批钢铁厂从设计理念到生产工艺、装备水平、产品质量、品种的竞争力都得到了显著提高。中国金属学会有责任把行业的科技工作者组织起来，编写一本具有现代性、实践性、真实性、全面性的《现代复吹转炉炼钢》专著，以此奉献给读者。为此，中国金属学会组织行业内科技工作者齐心协力，共同完成了这一使命。

尽管在本专著编写与出版过程中遇到了一些困难，原因种种未能按时出版。但经过各方的努力，特别是在新冠疫情期间，参与编写本书的执笔人和审校人，又进行了多次的补充、编写和审校，尤其又补充撰写了"现代炼钢工程设计与实践"作为第10章，对现代钢铁厂的设计理念有了更深刻的认识，力求本书能做到尽全尽美。

由于参与本书编写的执笔人，是来自于国内主要钢铁企业、高校和科研院所、检测机构、标准、工程设计等领域的专家、教授及工程技术人员，由这些各自领域的专家学者组成的编委会，经过精心撰写与审校，完成了这部《现代复吹转炉炼钢》专著。这是一部全面阐述了现代复吹转炉炼钢的新理论、新流程、新工艺、新技术及装备和现代炼钢工程设计与实践的专著，具有很高的实践价值。由于编写人员组成的特点、专业背景及本专著撰写的内容，使本专著具有实践的真实性、数据的可靠性、内容的全面性、时空的现代性和总体的先进性。本专著旨在反映我国现代复吹转炉炼钢先进技术水平，将复吹转炉炼钢理论和生产密切结合，具有科学性、指导性和实用性。

本书编写过程中，殷瑞钰院士给予了悉心指导，对具体章节内容和观点提出了详细的指导意见，并为本专著作序。对此，编委会对殷院士表示衷心感谢！

在编写过程中，武钢技术研究院的萧忠敏教授、北京科技大学的徐安军教授给予了大力支持，在此表示衷心感谢！

中冶京诚工程技术有限公司及施设教授给予了本专著大力支持，在此表示衷心感谢！

钢铁研究总院特钢所及董翰教授给予了本专著大力支持，在此表示衷心感谢！

对于参与本专著编写工作的各有关单位表示衷心感谢！

本专著可作为国内钢铁厂相互借鉴、相互学习的工具书，也可作为从事科研、设计和生产工作的冶金科技工作者以及冶金院校相关专业师生的参考书。

由于执笔和审校者水平有限，且本专著涉及内容之广，存在错误和不足在所难免，恳请广大读者批评指正。

2023.3.8

目录

1 现代复吹转炉技术发展与流程优化

转炉炼钢技术始于 1856 年贝塞麦转炉炼钢装备与技术的诞生，同时也开创了到目前为止 160 多年钢铁生产的时期。在此后长达 100 多年的炼钢发展过程中，贝塞麦转炉炼钢与后来诞生的马丁炉（平炉）炼钢（1864 年）、托马斯转炉炼钢（1879 年）、电弧炉炼钢（1900 年）一起，成为工业化过程和人类文明发展的重要支柱之一[1,2]。在最初近百年的钢铁工业发展中，平炉炼钢以其规模、效率和质量的优势后来居上，从 20 世纪 30 年起就成为世界炼钢生产的主流，直至氧气顶吹转炉在 1952 年诞生并迅速发展，到 20 世纪 70 年代取代平炉成为世界炼钢生产的主流。因连铸高效生产的发展，平炉已不能适应要求，各国纷纷从 20 世纪 70 年代起开始了淘汰平炉的历程[3,4]。德国、日本等国较早地淘汰了平炉。曾经是世界第一产钢大国的美国，也在 1993 年最终淘汰了平炉。中国则是在 1993 年首先淘汰了重钢三厂的平炉。到 2001 年 12 月，中国最后一座平炉（包钢 600t 平炉）被淘汰。到现在，只有俄罗斯、中欧一些国家和印度还有平炉炼钢。在这 160 多年的发展过程中，贝塞麦转炉、托马斯转炉和平炉都逐渐消亡，电炉生产逐步发展，目前已在世界粗钢产量中占有约 1/5 的份额。而复吹转炉炼钢则在目前和可预见的相当长时间内，继续成为主流炼钢生产技术，并将主导钢铁生产流程的优化。

1.1 转炉炼钢技术的发展

转炉炼钢技术在现代化钢铁生产发展中占据了主导地位，它不仅是现代钢铁生产诞生的标志，而且氧气顶吹转炉技术既是转炉生产革命性的进步，也是现代钢铁生产发展具有里程碑性质的重大变革。顶底复合吹炼转炉则是氧气转炉最重要的发展，已成为氧气转炉生产的主流。

与此同时，20 世纪 50 年代中国自主开发了空气侧吹转炉，后来又发展为氧气侧吹转炉，曾一度在中国转炉生产中占据主导地位。至 1999 年，唐钢一炼钢最后一座氧气侧吹转炉改造为顶底复合吹炼转炉，才结束了中国 40 多年侧吹转炉生产的历史。

在最近 60 多年氧气转炉的发展历史中还诞生过氧气底吹转炉、适应不锈钢生产需要发展起来的 AOD 氩氧精炼炉、可旋转冶炼的卡尔多转炉、高磷铁水冶炼用顶枪或底枪喷吹石灰粉的转炉（如 LD—AC）等各具特色与优势的转炉，但除 AOD 炉已成为不锈钢冶炼的主力、提钒转炉成为含钒铁水提钒的必要设备外，其他转炉都未能大规模发展。因此我们谈转炉炼钢技术的发展，主要就是谈氧气顶吹和顶底复合吹炼转炉的发展。

回顾近 60 多年氧气转炉炼钢发展史，除 1952 年氧气顶吹转炉诞生和最初发展的几年外，可划分为三个发展时期[5]：

（1）转炉大型化时期（1960~1970 年）。在这一时期，以转炉大型化为技术核心，逐步完善了转炉炼钢工艺与设备，先后开发出大型转炉设计制造技术、OG 除尘与煤气回收技术、计算机静态与副枪动态控制技术、镁碳砖综合砌炉与喷补挂渣等护炉技术。

（2）转炉技术完善化时期（1970~1990年）。在这一时期，由于连铸技术的迅速发展，出现了全连铸的炼钢车间，对转炉炼钢的稳定性和终点控制的准确性提出了更高的要求。为了改善转炉吹炼后期钢渣反应远离平衡的现状，实现平稳吹炼的目标，综合顶吹、底吹转炉的优点，研究开发出各种顶底复合吹炼工艺，在全世界迅速推广。

（3）转炉综合优化时期（1990~2010年）。在这一时期，市场对洁净钢的需求日益增高，迫切要求建立起一种全新的、能大规模廉价生产洁净钢的生产体系。围绕洁净钢生产，研究开发出铁水"三脱"预处理、高效转炉生产、全自动吹炼控制与长寿炉龄等重大新工艺技术；初步实现"一座转炉吹炼制"，即一座转炉的产量完全可以满足一套主力轧机的生产能力；形成炼钢—轧钢短流程生产线，降低投资成本和生产成本，大幅度提高生产效率。

我国氧气转炉炼钢产业化发展的三个主要阶段如图1-1所示。

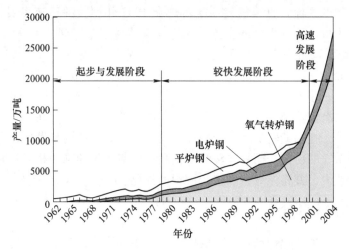

图1-1　1962~2004年中国按炼钢方式区分的钢产量变化

（数据源自文献［2］《中国钢铁工业五十年数字汇编（上卷）》，冶金工业出版社，2003：8-9；以及历年《中国钢铁统计》。2000年以前为氧气转炉钢，2000年后统计报表项目名称变化，改名为转炉钢）

从2005年以后，转炉炼钢继续发展，至2019年其产量已超过9亿多吨。而电炉钢产量仅8千万吨。

（1）起步与发展阶段（1962~1979年）。1962年第一座3t氧气顶吹转炉炼钢车间投产仅2年，1964年11月中国第一座3×30t氧气顶吹转炉炼钢车间在石景山钢铁厂（后改名首钢）投产，标志着中国氧气转炉炼钢开始向大型化方向发展，上海、本溪、武钢、太原一批国产30t、50t、120t的转炉相继投产。这个阶段几个较重要的发展标志是首钢3×30t转炉厂率先进行了转炉计算机控制技术开发并实现年产钢量超过200万吨（1988年最高年产钢量为222.24万吨），被誉为世界冶炼速度最快的氧气顶吹转炉；武钢50t转炉为适应1700mm连轧生产与品种的要求，在国内转炉钢厂首次配备了KR铁水预脱硫、RH真空处理装置等先进设备，迅速提高了中国氧气转炉炼钢厂的技术档次与水平；首钢、武钢、上钢一厂、上钢三厂、上钢五厂等厂采用了连铸工艺，推动了连铸生产，较快提高了转炉生产能力；转炉炼钢工艺制度逐渐完善，生产稳定，而且进行了转炉煤气回收、氧气底吹转炉以及转炉生产合金钢、硅钢、不锈钢等多项重要的工业试验；1978 年开始转炉顶底复合吹炼技术开发；攀钢、承钢、马钢成功进行了铁水先提钒后炼钢的冶炼工艺；包钢进行底吹转炉提铌的工业化试验；1979 年中国氧气转炉钢首次超过平炉钢产量，成为中国钢产量增长的主要力量，也是这一阶段发展最重要的标志。

但由于这个时期大量转炉由侧吹转炉改造而成，中国转炉炉容偏小的问题从一开始就较为突出，而且主要以慢节奏的模铸进行生产（直到 1979 年，中国连铸比只有 4.4%），很大程度上限制了转炉生产能力的发挥，加上主要是长型材较为单一的品种结构，使中国氧气转炉炼钢水平的提高受到影响。

（2）较快发展阶段（1980~2000 年）。这一阶段宝钢 300t、250t，武钢 250t，首钢 210t 大型转炉的投产是中国转炉大型化、高水平化的重要标志。1988 年起中国的连铸比由 14.7% 开始迅速增长到 2000 年的 81.89%（年均增长 5.6 个百分点），加上铁水预处理、钢水精炼同步发展，以及转炉操作优化、供氧强度提高使氧气转炉的生产率大大提高，1985 年氧气转炉钢在钢产量中比例超过 50%，1988 年后一直保持在 80% 以上，并成为 1996 年中国钢产量超过 1 亿吨/年的主要推动力量。1994 年开始，主要依靠自己的力量开发的大、中、小型转炉溅渣护炉、长寿复合吹炼技术取得重大进展，大幅度提高了转炉作业率，降低了耐火材料消耗，大批转炉年冶炼炉数超过 10000 炉，有的达 13000 炉以上，成为这一时期氧气转炉炼钢的一个亮点。但这一时期由于大批建设 20~30t 转炉，主要生产长型材的转炉钢厂，转炉数量增加 1 倍多，而平均炉容只增加 10%，带来了能耗高、环保差等一系列问题。到 2000 年，由于资源、环境的压力，全行业面临淘汰小转炉的目标任务。

根据文献[6]、历年《中国钢铁统计》和《中国钢铁工业年鉴》统计，到 2010 年中国氧气转炉数量与炉龄情况列于表 1-1 和表 1-2。

表 1-1　中国氧气转炉情况的比较

年份	氧气转炉钢产量 /万吨	转炉座数 /座	平均吨位 /t	平均吨位增长 /%
1970	159.2	64	14.80	——
1980	1508.6	123	21.93	+48.18
1995	4687.7	297	24.15	+10.12
2004	23271.7	292	55.41	+129.86
2010	63874.2	512	86.72	+56.51

表 1-2　统计重点企业 1995~2010 年转炉炉龄

年份	1995	1996	1997	1998	1999	2000	2001	2002	2003	2004	2005	2010
转炉炉龄/炉	604[①]	1127	736[①]	1858	2715	2688	3526	4386	4631	5218	5647	10427

① 全国平均数。从 2010 年至今，全国平均炉龄保持在 10000 炉以上。

（3）高速发展阶段（2001~现在）。进入 21 世纪后，中国氧气转炉钢产量都以 2000~6000 万吨/年的速度增加，2004 年氧气转炉钢产量首次突破 2 亿吨/年，2005 年已达 3 亿吨/年，这种史无前例的增长，已成为中国钢产量连续突破 2 亿吨/年、3 亿吨/年大关的关键因素，也使世界钢产量在 21 世纪连续突破 9 亿吨/年、10 亿吨/年、11 亿吨/年，至 2022 年达到 18.8 亿吨。

这个阶段的重要标志——转炉大型化的趋势十分明显，而且基本上可以立足于中国自己设计与制造，这个时期转炉平均吨位增加了一倍多。转炉溅渣护炉、复吹长寿的技术已成系列化，底吹透气元件不更换，100%复吹的大中型转炉炉龄基本可以超过 10000 炉，许多已超过 20000 炉，最高达 30436 炉，成为世界上独树一帜的氧气转炉炼钢技术。这个时期，高效率、低成本的洁净钢生产平台建设加快了速度，加上转炉计算机动态自动控制水平的提高，使氧气转炉炼钢覆盖了几乎所有品种。宝钢、鞍钢、武钢、首钢等厂都具备了生产($[N]+[H]+[O]+[P]+[S]$)$\leqslant 100 \times 10^{-6}$洁净钢的条件，各类高强高韧性、耐蚀、耐候、耐火、抗震用钢批量生产，轿车用钢整车供货，市场占有率超过 65%。这个时期最大的亮点应当是高炉—氧气转炉—薄板坯连铸连轧紧凑型流程生产增长，迅速地走在了世界前列。唐钢成为世界上首个产量超过 300 万吨/年的紧凑流程生产线，中国 13 条紧凑流程生产线除珠江外有 12 条是配合转炉的紧凑流程生产线，产能占世界全部紧凑流程生产线的 1/3，包括管线、双相、高强耐候、微合金的汽车和机械用高强钢板在内的优质钢种不断在紧凑流程生产线上批量生产，从另一个侧面反映出氧气转炉炼钢的高生产率和工艺、装备、质量的稳定性，也是中国钢铁生产技术水平提高的显著标志。

1.1.1 氧气顶吹转炉

氧气顶吹转炉炼钢法是 1952 年和 1953 年分别在奥地利的林茨（Linz）和多纳维茨（Donawitz）投入工业生产的，故也称 LD 法，在美国通常称为 BOF 法。这种炼钢法主要使用铁水、废钢、金属矿石、含铁废料和铁合金为金属原料，其中铁水占转炉装入量的 70%~100%，同时主要以石灰、白云石、萤石作为造渣剂，通过水冷氧枪自炉口插入炉内向金属熔池喷吹工业纯氧进行冶炼。热量来自铁水的物理热和化学热，物理热是指铁水带入的热量；化学热是指铁水中的碳、硅、锰、磷等元素被氧化释放的热量，它可以提高熔池温度，无须其他外界热源。氧气顶吹转炉冶炼速度快，生产率高，只需 20~40min 就可冶炼一炉钢，易与连铸匹配。

氧气顶吹转炉从诞生到进一步发展成顶底复合吹炼转炉的 20 多年中，主要发展方向是大型化（最大转炉 380t），还包括提高供氧强度、缩短辅助时间等技术在内的高效化冶炼工艺优化和对过程尤其是终点的计算机自动控制、转炉烟气除尘与煤气、蒸汽回收利用等，并在产品结构优化等方面超过平炉、电炉，成为现代钢铁生产流程中占绝对优势的主流工艺技术。

1.1.2 氧气底吹转炉

1.1.2.1 氧气底吹转炉发展简况

氧气底吹转炉是通过转炉底部的氧气喷嘴把氧气吹入炉内熔池，使铁水冶炼成钢的转炉炼钢方法，于 1967 年在西德 35t 碱性转炉上首次投入工业生产，然后法国、美国、日本相继采用。氧气底吹转炉自问世以来发展速度很快，其产钢量逐年增加，钢的品种越来越多，质量越来越好，炉子的吨位亦越来越大（世界最大的是日本的 250t）。1978 年，世界各国已投产的氧气底吹转炉见图 1-2a，图 1-2b 为氧气底吹转炉吹炼过程的成分变化，当年这种氧气底吹转炉的年产钢总能力达到 3548 万吨。

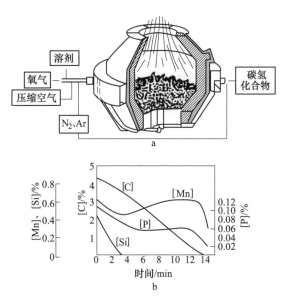

图 1-2　氧气底吹转炉及冶炼过程成分变化

为了适应快速高效脱 [P]、铁水提铌和降低消耗的需要，从 1975 年到 1983 年曾先后在中国济钢、马钢、首钢、包头东风厂、上钢进行了较长时间的底吹氧气转炉工业性试验，取得了降低钢铁料消耗、提高生产效率、高效脱磷、成功提铌等成绩，炉龄最高超过400 炉。但因底枪易烧损和工艺稳定性等问题未能彻底解决，后来停止了试验，但优化后的底枪技术，在 21 世纪用于转炉溅渣复吹长寿，已成为全程不更换底吹透气元件的主要技术之一，在中国得到广泛应用。

1.1.2.2　氧气底吹转炉发展的关键技术

底吹转炉是通过设置在炉底的喷嘴，将氧气直接吹入铁液中，其搅拌能力要比仅仅由上部吹入氧气的 LD 转炉强。

在顶吹法中由于氧气供应易局限于熔池表面，氧气传递到碳存在的反应区域的速度成为控制脱碳反应的瓶颈。在被氧气冲击的铁液表面，碳不足时发生铁的氧化，结果渣中存在大量的铁的氧化物。这样使钢中的非金属夹杂物也增加，而且由于熔池搅拌不充分，吹炼过程易发生喷溅那样的突发性反应。

搅拌好、反应充分、铁收得率也高的底吹法原理上是好的，但工业化的问题主要是炉底氧枪及耐火材料的熔损问题，成为氧气底吹转炉发展的瓶颈。

A　双重套管的发明和成功应用

两位发明者 Savard 和 Lee[7] 在研究降低铁水罐铁水的硅含量（<0.30%Si）时及防止铁氧化的研究中，使用 $\phi25mm$ 的钢管，从底部对铁液进行吹氧，可以达到目的。但同时发现，与金属接触的浸入喷嘴的熔损严重，底吹喷嘴寿命很低。在接下来的研究中，首先用高压氧气办法缓解。但底吹对喷嘴熔损严重的问题仍未解决。研究分析认为，底吹喷嘴顶端，如果不直接与钢液接触的话，喷嘴顶端就不会熔损。在下一步的研究中发现，通过找到将氧气喷嘴顶端包围，隔开钢液与喷嘴顶端并冷却喷嘴顶端的介质，可有效地防止底

吹喷嘴的熔损。这种介质的选择逐渐着眼于 CH_4 和 C_3H_8 等碳氢化合物。并选择了双套管的设计，如图 1-3 所示。

这种内外套管喷嘴由内管通氧气，内外管的间隙通保护气体碳氢化合物（如 CH_4 和 C_3H_8）。内外套管喷出的碳氢化合物遇铁液在高温下裂解吸热，起冷却作用，且体积膨胀，推开了底吹喷嘴顶端的铁液，有效地保护了底吹喷嘴顶端不被铁液熔损，使氧气底吹转炉生产可持续进行。

1967 年 10 月，德国的 Maxhütte 研究所所长 Bortzmann 对底吹套管喷嘴进行了试验，结果喷嘴熔损很少。根据这种讨论和实验，加拿大的 Air Liquid 公司和 Maxhütte 间缔结了许可证协议，通过 Bortzmann 的工业化努力后，完成了 OBM（Oxygen-Bottom-Max hütte）工艺（随后美国引入该底吹技术并增加喷吹石灰粉，称为 Q-BOP（Quick，Quiet，Quality-Basic Oxygen Process）法，具有相似的特点）。

B　蘑菇头的形成

当底吹气体通过供气元件吹入熔池中时，供气元件上方形成了金属蘑菇头。Savard 和 Lee 在提高氧气压力及采用 CH_4 作为保护气体来缓解底吹熔损时，发现了蘑菇头的形成。

在氧气底吹喷嘴吹氧时，喷嘴周围发生传热和蘑菇头的形成，根据蘑菇头的热平衡建立如图 1-4 所示的模型，在进行分析时提出如下假定：

（1）为了简化蘑菇头成长的热分析，采用集中热容量法，即忽略蘑菇头的温度分布，取均一温度，蘑菇头的平均温度 T_m 取为钢液的凝固温度；

（2）进入蘑菇头内的冷却气体（外管气体）的温度由进入侧温度在蘑菇头内上升到 1073K，直到全部分解；

（3）蘑菇头呈半球状；

（4）忽略耐火材料与蘑菇头的热传导。

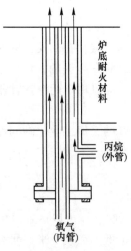

图 1-3　Q-BOP 底吹
套管喷嘴示意图

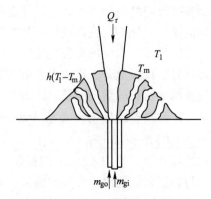

图 1-4　供气元件顶端形成的
金属蘑菇头热平衡模型

根据以上的假定，关于蘑菇头成长的热平衡式表示如下：

$$L + c_{p1}(T_1 - T_m)\frac{dw}{dt} = m_{gi}c_{pgi}\Delta T_{gi} + m_{go}(c_{pgo}\Delta T_{go} + \Delta H_{go}) - Q_r - hS_m(T_1 - T_m)$$

$$(1-1)$$

式中，c_{pgi} 为内管气体比热容，J/(kg·K)；c_{pgo} 为外管气体比热容，J/(kg·K)；c_{pi} 为钢液比热容，J/(kg·K)；h 为钢液与蘑菇头间的传热系数，W/(m²·K)；L 为凝固潜热，J/kg；m_{gi} 为内管气体流量，kg/s；m_{go} 为外管气体流量，kg/s；Q_r 为来自火点的热辐射，W；S_m 为蘑菇头的表面积，m²；T_1 为钢液温度，K；T_m 为凝固温度，K；t 为时间，t；w 为蘑菇头的重量，kg；ΔT_{go} 为外管气体的蘑菇头内温度变化，K；ΔT_{gi} 为内管气体的蘑菇头内温度变化，K；ΔT_s 为过热度，$\Delta T_s = T_1 - T_m$；ΔH_{go} 为外管气体的分解热，J/kg。

吹炼初期中的蘑菇头小是因为脱[Si]期凝固温度与钢液温度的差 ΔT_s 增加。在实际操作的解析中也确认了脱[Si]期蘑菇头会消失或变小。随着吹炼的继续，蘑菇头反而长大，但其后再次变小。其原因可认为是由于熔钢中[C]减少，一旦到了低[C]浓度范围（[C] < 0.03%），ΔT_s 再次增加。

1.1.2.3 底吹转炉的类别

A OBM法

这种炼钢方法是加拿大和德国合作在 1967 年试验成功的。这种方法用气态碳氢化合物作为冷却介质，采用双层同心套管式喷嘴，将纯氧从中心管内吹入熔池。当碳氢化合物如丙烷、天然气等通过吹氧管和套管间的环缝吹入熔池时，在与金属液接触的管端处碳氢化合物受热裂解吸收大量热量，从而有效地保护了炉底及喷嘴[8]。

B Q-BOP法

1971 年美国钢铁公司的一个技术代表团访问了德国的马克西米利安冶金公司，对 OBM 法产生了极大的兴趣，于是在芝加哥加里（Gary）厂将碱性氧气试验转炉改建为氧气底吹转炉。炉底是和炉体分开的，并设有氧气-保护气体套管喷嘴和一个石灰粉喷入装置。同年 8 月 14 日吹炼了第一炉钢水，以后又生产了 253 炉钢水，取得了一定的效果。这一方法被美国钢铁公司命名为 Q-BOP 法，BOP 意为碱性氧气炼钢法，而 Q 则说明吹炼时平稳、产品质量优良等这样一些特点。其结构如图 1-5 所示。

C LWS法

LWS 是法国克鲁索-罗瓦尔和文代尔-西代尔公司（Creusot-Loire and Wendel/Sidelor Co.）以及斯潘克公司（Sprunck &Co.）的字头缩写。这种方法用水蒸气和二氧化碳作为喷嘴的冷却剂，以防止喷嘴的烧损。但是这种气体冷却对提高炉底寿命作用不大。1970 年法国文代尔-西代尔公司的隆巴钢厂在 24t 氧气底吹转炉上，将所用的水蒸气改为燃料油[9]。与一般人认为燃料油在喷嘴燃烧会产生大量热的情况相反，燃料油在喷嘴端部因甲烷裂解时吸收了大量热量，从而冷却喷嘴，大大地延长了炉底耐火材料寿命，取得了显著的效果。这种方法的原理如图 1-6 所示。

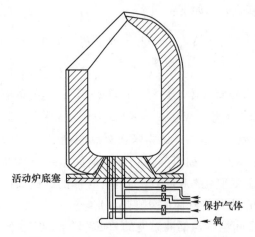

图 1-5　OBM/Q-BOP 法转炉结构示意图

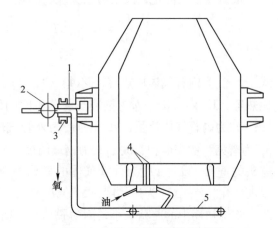

图 1-6　LWS 法转炉结构示意图
1—空心耳轴；2—球形管接头；3—轴承；
4—双层套管底枪；5—氧环管

D　CLU 法

CLU 法是用于生产不锈钢的一种炼钢方法。它是由法国克鲁索-罗瓦尔公司（Creusot-Loire）和瑞典乌德霍尔姆公司（Swedish Uddeholms AB）联合研制成功的。CLU 即为上述两个公司的字头缩写。

CLU 法的主要特点是在转炉中用氧气-水蒸气混合气体吹炼铁水，并能使用价格低廉的高碳合金作喷嘴材料。水蒸气取代类似炼钢法中所用的绝大部分氩气。氩气不仅价格昂贵，而且制取困难。氧气-水蒸气混合气体由转炉炉底喷嘴喷入熔池时，水蒸气即完全分解为氢气和氧气。除了由于吸热分解反应，从而有效地冷却和保护了喷嘴外，氢气还能使熔池中的一氧化碳分压降低。这可以避免过量的铬被氧化。此外水蒸气还可以获得良好的熔池温度变化。第一座这种形式的转炉于 1973 年在瑞典乌德霍尔姆公司的德耶福尔斯工厂（Degerfors Plant）建成投产。

E　QEK 法

QEK 是德国优质和特殊钢厂（Qualitäts-und Edelstahl-Kombinat）的字头缩写。QEK 法是由德国马克斯钢铁厂研制成功的。QEK 法的喷嘴冷却剂采用液态烃。采用这种炼钢方法的目的，是为了充分利用碱性转炉钢厂现有设备和使用本国资源，以便在改进质量的同时，提高钢的产量。通过使用高压纯氧以及使用优质耐火材料，使生产指标有了很大的改善。

F　AOD（氩氧脱碳转炉）法

AOD（Argon Oxygen Decarburization）法适用于冶炼不锈钢，原理是为了对含铬钢水进行脱碳，将氩和氧混合气体从炉底吹入，这样可使一氧化碳分压降低，而在铬氧化之前将碳氧化。喷嘴形式与底吹转炉相同，为双层套管式，内管通氧气，外管通氩、氮等气体作冷却剂。与底吹转炉不同的是，喷嘴从靠近炉底的炉壁插入而不是从底部插入，因此与侧吹转炉喷嘴位置相似。AOD 法是由美国的联合碳化物公司（Union Carbide）研制成功的，并由琼斯林钢铁厂（Joslyn Steel）于 1968 年正式开始进行工业性生产，现已成为低碳和部分超低碳不锈钢生产的主要方法。

1.1.2.4 氧气底吹转炉的特点

与氧气顶吹转炉相比氧气底吹转炉具有以下特点:

(1) 由于底吹炉是从炉底吹入氧气,不需要像氧气顶吹转炉车间那样建设高大的厂房,因而建设投资可节省 10%~20%。特别是可以利用原有的转炉车间改造,投资比改建为氧气顶吹转炉车间节省 50% 左右。

(2) 金属收得率高,石灰消耗低,钢包包衬、炉衬寿命长,氧气消耗少,残锰含量高,操作费用相对下降。

(3) 生产率比顶吹转炉高,在相同条件下,吹炼时间比 LD 法短,为 12~14min。

(4) 吹炼过程平稳,吹损大大减少,渣中 TFe 低(氧气底吹法渣中 TFe 一般为 12%~14%,而顶吹为 18%~20% 以上),所以金属收得率高,可达 91%~93%。

(5) 吹炼过程平稳,还有利于提高供氧强度,扩大装入量,顶吹转炉炉容比为 0.8~1.0m^3/t,而底吹转炉为 0.6m^3/t 即可。

(6) 顶吹转炉氧枪采用水冷方式消耗反应热量,而底吹则没有这部分热量支出,因此,采用底吹法可比顶吹法多吃废钢 20% 左右。

(7) 氧气底吹不像顶吹那样会产生表面局部高温区,所以铁的蒸发损失少,烟尘量只有顶吹的 1/2~1/3。

(8) 氧气顶吹转炉熔池钢液中碳含量降低时,钢水的搅拌变弱。而采用底吹炼钢法时,钢水的搅拌可以一直持续到冶炼终点,这对脱氮特别是脱硫是很有利的。

1.1.2.5 氧气底吹转炉存在的问题

与顶吹转炉相比较,底吹转炉除了其优点外,仍存在着一些问题:

(1) 底吹供气元件寿命太低,从而影响了炉龄,这是氧气底吹转炉的关键问题。在一个炉役中要更换 1~3 次炉底,影响作业率。

(2) 炉底会有多种气体(如氧、丙烷、氮等)必须通过炉底喷入熔池,因而其机械结构比较复杂,给底吹系统维修带来了一定困难。

(3) 由于冷却剂碳氢化合物的裂解,部分氢可能被钢水吸收,因此控制钢水中的氢含量,使之达到要求范围是个重要问题。

氧气底吹转炉虽然冶金动力学性能好、原料适应性强、金属收得率高和基建投资费用少等优点,在 19 世纪 70 年代末期得到了一定的发展,但是,由于底吹氧气的供气元件寿命太低,制约了氧气底吹转炉以后的继续发展。

1.1.3 顶底复合吹炼转炉

1.1.3.1 顶底复合吹炼的发展过程

在氧气炼钢的发展过程中,人们曾试验过顶吹、底吹、侧吹等多种吹氧方法,在 1952 年顶吹氧气转炉炼钢法首先开发成功,成为划时代的新炼钢法而在全世界范围内迅速发展。但顶吹氧气转炉炼钢法中主要搅拌动力仍源于碳氧反应,吹炼末期熔池中碳含量降低,脱碳速度变慢,熔池搅拌强度不够。特别是随着炉子容量的增大,这个缺点更加突出。为了解决这个问题，开发了顶底复合吹炼工艺[10~12]。

1973 年奥地利人爱德华（Dr. Eduard）开始试验复吹炼钢方法。从 1975 年开始在法国钢铁研究院（IRSID）的试验转炉上系统地进行了顶底复吹转炉炼钢的研究，证明底吹气体搅拌有利于使脱磷更接近平衡。然后于 1978 年在卢森堡阿尔贝德公司（ARBED）埃施-贝尔瓦尔厂的 180t 顶吹转炉增设底吹惰性气体以加强熔池搅拌，在工业生产规模取得复合吹炼的成功，这就是影响较大的复吹炼钢法 LBE 法，其名称为 Lance-Bubbling-Equilibrium 法第一个字母缩写。

日本川崎制铁株式会社（简称川铁），从美国钢铁公司（USS）引进 Q-BOP 法后，进行了广泛的模型研究和工业试验，在 1980 年成功开发了顶吹氧底吹惰性气体的 LD-KG 法（即 LD-Kawasaki Gas 法）和顶底均吹氧的 K-BOP 法（K 为 Kawasaki 缩写），扩大了复合吹炼的类型。由于复合吹炼的优越性非常明显而且顶吹转炉改造为复吹转炉又相当容易，于是从 20 世纪 80 年代初各种复吹炼钢法在世界各地像雨后春笋般地涌现出来，并依据所采用的底吹气体和底吹气元件特点采用了各种名称，但它们的绝大多数在实质上是相同的。这些复吹炼钢方法虽然大同小异，但也各有其特点。一般说可以分成如下几类：

（1）100%顶吹氧+顶部加石灰块+底吹惰性气体搅拌；

（2）90%~95%顶吹氧+顶部加石灰块+5%~10%底吹氧；

（3）70%~80%顶吹氧 +20%~30%底吹氧+ 底吹石灰粉；

（4）20%~40%顶吹氧+60%~80%底吹氧+底吹石灰粉（喷吹油/燃气预热废钢）；

（5）100%底吹氧+惰性气体搅拌+底吹石灰粉+顶/底部喷吹煤粉。

基于上述技术思想分类，可将现有的各种复吹转炉冶炼工艺，进行如下归纳分类（表 1-3）：

（1）LD-KGC、LBE、LD-OTB、NK-CB、LD-AB 及 J&J 系统。这类工艺都是靠底吹惰性气体搅拌熔池，所用气体主要为 Ar、N_2 及 CO_2。由于 N_2 比较便宜，来源广泛，适于做底部搅拌的主气源。对于那些对［N］敏感的钢种，则采用 CO_2 和 Ar 作为后期搅拌气体，清洁钢液。LD-KGC、LD-OTB、NK-CB，LD-AB 为采用小直径多管底吹供气元件供气，LBE 则采用窄缝式底吹供气元件供气。

（2）BSC-BAP、LD-OB、LD-HC、STB 及 STB-P 工艺。这类方法是采用从炉底吹入 O_2 或其他氧化性气体来搅拌熔池。同时由于吹入的是氧化性气体，这类工艺均采用套管式喷嘴。在套管式喷嘴供气工艺中，采用外层惰性气体保护内层氧气流，避免氧气直接与耐火材料护砖接触。对于 BSC-BAP 法是用 N_2 做保护气体；而 STB 法吹入 O_2 及 CO_2，外管保护气体用 CO_2、N_2 或 Ar；LD-OB 和 LD-HC 法则是采用天然气（或丙烷）作为保护气体，缺点是会使钢中含［H］量增加 $(4~5) \times 10^{-6}$，一般要求在结束吹炼前，用惰性气体搅拌钢水。

（3）K-BOP 法。K-BOP 法很像 OBM 法，只是底吹氧量最大限制在 40%（通常为 30%），余下氧气通过顶枪吹入熔池。

各种复合吹炼法的主要特征列于表 1-3。复合吹炼冶金工艺从 1980 年开始在工业中推广应用，由于它综合了顶吹和底吹的长处，加之改造现存转炉容易，仅仅几年功夫就开始在全世界普及。复合吹炼冶金工艺发展速度之快，就是当初的 LD 转炉炼钢法也是无法与之比拟的。一些国家如日本、中国已淘汰或基本淘汰了单纯顶吹法。20 世纪 70~80 年代各种复吹转炉在国外发展的主要情况汇集于表 1-4。

表 1-3 各种复合吹炼工艺的主要技术特征

类型	名称	发明厂家	顶吹 O₂ 比例/%	顶吹 O₂ 供气强度（标态）/m³·(t·min)⁻¹	底吹 O₂ 比例/%	底吹 O₂ 供气强度（标态）/m³·(t·min)⁻¹	底吹惰性气体的供气强度（标态）/m³·(t·min)⁻¹	加入石灰 顶部	加入石灰 底部	说 明
I	LD-CL	日本钢管（NKK）	100	3.0~3.5	0			块		喷枪在熔池面上旋转，转速为 1~5r/min，旋转直径达 1200mm
	LD-PJ	LtaLsider	100	1.5（3.0~3.5）	0			块		断续脉动喷吹
	LD-KGC	川崎	100	3.0~3.5	0		Ar/N₂ 0.01~0.05	块		炉底用小口径喷嘴
	LBE	ARBED-IRSID	100	4.0~4.5	0		Ar/N₂ 0~0.25	块		炉底用环缝式底吹供气元件
	LD-OTB	神 户	100	3.3~3.5	0		Ar/N₂ 0.01~0.10	块		使用各种喷惰性气体模型
II	NK-CB	日本钢管（NKK）	100	3.0~3.3	0		Ar/CO₂/N₂ 0.04~0.10	块		单孔喷嘴或多孔塞
	LD-AB	新日铁	100	3.5~4.0	0		Ar 0.014~0.31	块		炉底喷嘴
	J&L 系统	Jones and Laughlin	100	3.3~3.5	0		Ar/N₂/CO₂ 0.045 或 0.112	块		炉底喷嘴或沟槽砖，大部分时间吹 N₂，最后阶段分时同吹 Ar/CO₂

续表 1-3

类型	名称	发明厂家	顶吹 O₂ 比例/%	顶吹 O₂ 供气强度（标态）/m³·(t·min)⁻¹	底吹 O₂ 比例/%	底吹 O₂ 供气强度（标态）/m³·(t·min)⁻¹	底吹惰性气体的供气强度（标态）/m³·(t·min)⁻¹	加入石灰 顶部	加入石灰 底部	说 明
Ⅲ	BSC-BAP	BSC（Teessi-de Lab）	85~95	2.2~3.0	5~15		Ar 0.075~0.20	块		炉底喷嘴吹 O_2 或空气，用 N_2 遮盖
	LD-OB	新日铁	80~90	2.5~3.0	10~20	0.3~0.8	天然气遮盖	块		OBM 型喷嘴，天然气遮盖
	LD-HC	Halnaut Sambre-CRM	92~95	3.1~4.2	5~8	0.08~0.20	天然气遮盖	块粉		较早在 CD-AC 车间进行试验
	STB 或 STB-P	住友金属	90~92	2.0~2.5	8~10	0.15~0.25	内喷嘴 O_2/CO_2 外喷嘴 $CO_2/N_2/Ar$ 0.03~0.07		STB-P 用粉	有较灵活的底吹喷嘴系统，吹入氧化性气体。STB-P 为用顶枪喷吹石灰粉
Ⅳ	K-BOP	川崎	60~80	2.0~2.5	20~40	0.7~1.5	用天然气遮盖		粉	用 OBM 喷嘴，氧气底吹灰粉
Ⅴ	OBM-S	Maxhutte-Klockner	20~40		60~80		天然气遮盖和侧吹喷嘴		粉	经侧面喷嘴从顶部吹 O_2，有时用油/氧预热废钢，每吨钢多用 $5m^3$ O_2（标态），增加废钢 60kg/t 钢水
Ⅵ	KMS-KS	Klockner-Maxhutte	0		100	4.5~5.5	天然气遮盖喷嘴		粉	KS 法为 100% 废钢，喷 50kg 煤/t，增加废钢比 18%~20%

表 1-4 国外投产的部分复吹转炉

国名及厂名	方 法	转炉座数×吨位/座×t	投产时间及现状
日本钢管扇岛厂	LD-CL	1 ×150 1 ×160	1980 年研试，1982 年正式生产
意大利 Bagnoli 厂	LD-PJ	1 ×150	1980 年投产，1983 年停产
日本川崎千叶厂和水岛厂	LD-KGC	1 ×150 1 ×180 2 ×150	1979~1980 年研试，之后转入生产。千叶厂两个较大的炉子于 1982 年年底投产
日本神户尼崎及加古川厂	LD-OTB	1 ×30 3 ×240	1979~1980 年在 30t 炉上试验，1981 年 6 月加古川 3 座炉投产
日本钢管福山厂	NK-CB	1 ×180 1 ×250	先在一车间 180t 炉上试验，1981 年 10 月二车间一座 250t 炉投产
日本新日铁八幡厂	LD-AB	1 ×70	在第五车间试验并投产
美国 Jones & Laughlin	J&L 系统	1 ×250	1981 年投产
英国 Scunthorpe	BSC-BAP	3 ×300	先在 3t 炉上试验，然后在 300t 炉上工业试验，最后在三座炉上采用
日本新日铁大分厂	LD-OB	1 ×320 1 ×150 1 ×340	1978 年 2 月试验，然后八幡三炼钢 320t 炉于 1981 年 7 月投产，1982 年大分厂 340t 炉投产
比利时 Montigniee 厂	LD-HC	1 ×40 1 ×80 1 ×180	1979 年在 40t 炉上试验（使用高磷铁水），1980 年 12 月扩展到 180t 炉子上（低磷铁水），改造第二座炉于 1983 年投产
日本住友鹿岛厂和和歌山厂	STB	2 ×250 3 ×250 3 ×160	首先在 2.5t 炉上试验，1978 年后进行 160t 炉试，1980 年进行 250t 炉试并投入生产，1981 年后扩展到所有转炉
日本川崎千叶厂和水岛厂	K-BOP	2 ×85 2 ×220	该两厂于 1980 年后相继投产
美国共和 Chicago 厂	OBM-S	1 ×200	旧有 OBM 转炉上安设侧喷嘴（因无装顶枪条件）
德国 Maxhütte 和 Sulzbach 厂、Klockner 厂、美国 National Steel 公司	KMS（KS）	3 ×60 3 ×65 1 ×125 2 ×225	1980~1981 年期间改造老 OBM 转炉，而后于 1982~1983 年期间 Klockner 建设 125t KS 转炉。美国 Granite City 厂于 1982 年建成 KMS 转炉。曾试验过 LBE

中国从 1978 年开始试验顶底复合吹炼技术，到 1993 年宝钢、马钢复吹寿命均超过 3000 炉，但直到 1996 年前一直停留在这一水平上，尽管改进工艺，优化耐材质量，研究快速更换技术，仍无大的进展。但由于它优良的冶金与经济效果，在大中型转炉上得到迅速推广应用而成为氧气转炉炼钢的主流技术[13~15]。在众多小型转炉应用不稳定的情况下，首钢试验厂 6t 转炉从 1978 年起直到 1994 年停炉，一直有效地坚持复吹，使 2 座炉容比仅 0.62m³/t 的 6t 转炉，产量稳定在 40 万吨/年以上，加上转炉煤气回收，还用转炉煤气转换出 H_2 与制氧厂的 N_2 生产化肥，几乎全连铸、很多高附加值钢种的试生产和转炉提钒试

验、底吹试验都在该转炉炼钢厂中进行，成为中国氧气转炉技术的一个重要试验基地。宝钢 3×300t 复吹转炉曾年产 870 万吨钢，近年来，又成功地掌握了独创的 BRP 复吹转炉铁水预脱磷的冶炼技术，稳定地生产超低［P］钢种。中国大、中、小型转炉溅渣护炉复吹长寿技术更在世界独树一帜，最突出的武钢连创不更换底吹供气元件，100% 复吹、炉龄超过 10000 炉、20000 炉、30000 炉的新纪录，这是中国转炉生产对世界复吹转炉炼钢技术进步的重大贡献。

采用复吹技术的部分工厂名称、炉容及复吹特点列于表 1-5。尤其是 20 世纪 90 年代以来，包钢、武钢、宝钢、鞍钢、首钢、本钢等几十家钢厂扩建或新建的 100~300t 的顶底复吹转炉相继投产，进入 21 世纪以来包括蓬勃发展的民营转炉钢厂在内的几乎所有新建转炉也都采用顶底复吹工艺，这使我国的复吹转炉炼钢工艺发展，达到了一个前所未有的新高潮。

表 1-5　曾采用过和现在采用复吹技术的部分国内钢铁企业

项目	企业名称	吨位×座数 /t×座	供气元件种类×支数	底吹气源	底吹强度 (标态) /m³·(t·min)⁻¹
曾采用过复吹工艺企业	新抚钢厂	6 ×1	管式	N_2	0.010~0.030
	首钢试验厂	6 ×2	管式	N_2	<0.05
	马钢二炼钢	10 ×2	多细管砖	柴油+O_2	0.05~0.1
	重钢七厂	10 ×1	多细管砖	天然气+O_2	0.05~0.1
	昆 钢	15 ×1	管式	N_2	0.015~0.03
	南京钢厂	15 ×1	管式	N_2	0.025
	上钢一厂	15 ×3	管式	N_2+CO_2	0.020~0.03
	上钢五厂	15 ×3	管式	N_2	0.020~0.03
	天津二炼钢	20 ×1	管式	N_2	0.02~0.03
现采用复吹工艺企业	太钢二炼钢	80 ×3	管式	N_2、Ar	0.03~0.05
	鞍钢三炼钢	150 ×2、180 ×1	多细管砖	N_2、Ar	0.015~0.03
	济钢二炼钢	120 ×1	多细管砖	N_2、Ar	N_2<0.05、Ar<0.11
	宝钢一炼钢	300 ×3	多细管×4	N_2、Ar	N_2<0.05、Ar<0.11
	宝钢二炼钢	250 ×3	多细管×10	N_2、Ar	N_2<0.05、Ar<0.11
	攀钢炼钢厂	120 ×1	多细管	N_2、Ar	N_2<0.03、Ar<0.05
	梅钢炼钢厂	120 ×2	多细管砖×7	N_2、Ar	0.02~0.05
	马钢一炼钢	120 ×2	多细管砖×7	N_2、Ar	0.02~0.05
	马钢三炼钢	50 ×2	多细管砖	N_2、Ar	0.03~0.06
	武钢一炼钢	90 ×3	多细管砖×4	N_2、Ar	0.01~0.08
	武钢二炼钢	80 ×3	多细管砖×4	N_2、Ar	0.01~0.08
	武钢三炼钢	250 ×2	多细管砖×16	N_2、Ar	0.01~0.08
	包钢炼钢厂	90 ×5	双环缝管式×4	N_2、Ar	0.02~0.10
	包钢薄板厂	210 ×2	双环缝管式×4	N_2、Ar	0.02~0.10
	本钢炼钢厂	120 ×3	双环缝管式×4	N_2、Ar	0.02~0.12
	邯郸三炼钢	120 ×3	多细管砖	N_2、Ar	N_2<0.03、Ar<0.03
	邢台钢厂	50 ×2	多细管砖×4	N_2、Ar	0.01~0.08

注：曾采用过复吹工艺的企业因吨位小，多数已关闭或扩大了炉容；现在绝大多数企业均采用复吹工艺，表中仅列出部分企业。

1.1.3.2 核心技术及基本工艺

复吹工艺是一种为改善顶吹转炉搅拌力不足，从转炉底部吹入少量氮气和氩气的转炉顶底复合吹炼工艺。其特征是采用多个底吹供气元件供气（中国复吹转炉试验和生产初期一般采用1~4个底吹供气元件居多数），搅拌熔池。其核心技术是底吹供气工艺与供气元件。

长寿复吹技术在吹炼过程中，可迅速在较大范围内调节底吹供气强度，控制转炉内的搅拌力，适合于从低碳钢到高碳钢的各种钢种冶炼。采用顶底复合吹炼工艺后，可依据工艺要求强化熔池内钢液搅拌程度，促进渣钢反应平衡。良好的复吹效果可降低终渣TFe含量、氧耗，减少石灰用量、渣量，提高终点残锰，减少锰铁等铁合金的单耗，提高钢水的收得率。同时，也可大幅度地提高复吹炉龄，底吹供气元件寿命与炉衬同步，复吹比100%，在全炉役充分发挥出复吹炼钢的技术优势。

多年的实践使人们认识到，实现复吹底吹供气元件长寿的基本技术思想和技术路线是采用合适的供气元件和底吹供气元件的维护。

A 改变底吹供气元件结构

复吹转炉底吹供气元件发展初期，基本分为喷嘴型和透气砖型两大类。喷嘴型基本上是延用氧气底吹转炉经验发展起来的。透气砖型则是基于钢包吹Ar透气塞的改进，发展成为弥散型环缝式底吹供气元件。沿着两种不同的发展渠道，随着不断的改进，出现了各种不同形式、各具特点的底吹供气元件。

喷嘴型底吹供气元件始于单管式，由于管口易产生不连续的脉动气流运动，常常发生管口黏结和灌钢堵塞，于是又重新回到传统底吹转炉采用套管式喷嘴。通过在外层环形缝隙引入速度较高的气流，以使内管得到良好的防黏结保护效果。喷嘴型底吹供气元件至今仍在STB法和氧气复吹法中采用。

砖型供气元件最早是采用弥散型砖（砖内微孔呈弥散分布）。这种砖的体积密度较低，气体通过树枝状微孔流出，阻力大、透气量小，对砖产生冲刷，严重影响使用寿命。为增大砖的体积密度，提高耐用性，而发展成缝砖形式。缝砖式供气元件是由多块耐火砖以不同形式拼凑组合而成，外包不锈钢板。气体经砖体下部气室通过砖缝进入熔池。这种元件存在着供气不稳定、砖缝透气能力受温度（炉内温度不断升高）和炉底结渣状态影响等缺点。渣层过厚时供气会受阻，使吹入气体不经熔池即排出。如渣层过薄，则由于供气元件没有保护层，而降低了使用寿命。另外，砖型供气元件也易产生供气元件底部气室钢板壳开裂、漏气现象。

为克服缝砖式底吹元件气道不匀的缺点，奥钢联开发了直孔型环缝式底吹供气元件。气流通过沿砖断面分布的很多贯通孔道，经直孔道进入炉内，不仅气流阻力小，而且可实现细流多股稳定分散供气。但仍然存在气流直接冲刷气道砖衬、元件寿命偏低的缺点。

多根细金属管式供气元件的问世，是供气元件技术的一个重大进步。气体穿过细金属管以分散细流的状态进入熔池。根据气泡泵的原理，底吹气泡不仅可以提高搅拌力，而且可以增加其稳定性。气体流经内表面较为光滑的金属管内壁，不仅可以减少阻力，而且可以完全避免对耐火材料的冲刷。同时，多根插装在母体耐火材料内的金属管，也起到对母体耐火材料的冷却和加固作用。通常所用的金属管内径为1~4mm。这样细的孔径，不仅承受的钢水静压小，而且保持较高的出口气流，对于保持良好的气流出口工况具有一定的作用。

但是，我国大多数采用多细管式供气元件的企业，供气元件寿命不能与炉龄同步，通过调查并基于多年的研究、生产实践，认识到多细管式供气元件存在以下缺点[16]：

(1) 多细管式供气元件结构复杂、安装困难，实际砌筑时，较难符合设计要求；

(2) 细管的直径较小（内径一般为 2mm），阻力损失高，在气源压力较低的情况下使用，很容易造成灌钢现象；

(3) 由于细管的阻力损失大，要求较高的使用压力，在气源压力较低的情况下，供气强度调节范围较小，在转炉溅渣护炉的条件下，很难适合大范围调节底吹气量的要求；

(4) 在毛细管焊接、等静压的加工过程中，易造成毛细管堵塞，使得成品元件供气能力降低。

针对多细管供气元件的上述问题，通过多年的生产实践探索，成功开发出长寿型双环缝式底吹供气元件，在实用中取了良好的效果。这种供气元件具有以下技术特点：

(1) 新型双环缝管式供气元件，采用两层金属环缝向钢水供气，保留了细管式供气元件气体流经内表面较为光滑的金属管内壁、可以避免对耐火材料冲刷的优点；

(2) 同时也由于较小的多层环缝缝隙，钢水不易灌入，可以保证在较低的气源压力下工作而不堵塞；

(3) 双环缝式底吹供气元件由于其供气面积增大，供气阻力减小，供气流量调解范围也较大，可以满足转炉冶炼和溅渣护炉的要求；

(4) 底吹供气元件本身带有自过滤装置，可以避免管路中的杂质堵塞元件；

(5) 底吹供气元件的安装采用外装式，结构简单，便于使用。

B　底吹供气元件的维护

在顶底复吹溅渣底吹长寿技术中，通过控制炉底厚度，形成炉渣-金属蘑菇头，能够保护底吹供气元件，从而保证良好的复吹冶金效果，底吹供气元件应符合以下要求：

(1) 能够按工艺要求，及时调节和控制底吹气体流量；

(2) 底吹气流对熔池产生良好的搅拌，缩短混匀时间；

(3) 流量稳定，底吹供气元件的压力-流量关系，能够在较长期间内基本保持不变。

形成的炉渣-金属永久性透气蘑菇头具有如下特点：

(1) 炉渣-金属蘑菇头分散了气体流股，可以显著减轻"气泡反击""水锤冲刷"侵蚀，避免形成"凹坑"；

(2) 炉渣-金属蘑菇头具有较高的熔点和抗氧化能力，在长期的冶炼过程中不易熔损；

(3) 炉渣-金属蘑菇头具有良好的透气性能，可满足炼钢过程中底吹供气灵活调整的技术要求；

(4) 炉渣-金属蘑菇头具备良好的防堵塞性能，不易发生堵塞使气体流量减小；

(5) 从炉渣-金属蘑菇头喷出的气体，对熔池有良好的搅拌作用。

C　改进生产工艺

为了保持供气元件的寿命，使其与炉衬寿命同步，采用的工艺有：降低出钢温度，采用渣补或火焰喷补技术等。

1.1.3.3 顶底复合吹炼的冶金特点

转炉复合冶炼工艺一出现，即显示出来强大的生命力，在技术及经济方面体现出巨大的潜在效益。该项技术的主要特点如下：

（1）由于底吹气体的搅拌，极大地改善了熔池内的成分、温度的均匀性，通过各种手段获得的炉内信息具有了极好的代表性；

（2）由于底吹气体的搅拌，均匀了炉内碳氧反应，从而减缓、以至消除了转炉大型喷溅。由于减少了喷溅，有效地减少了炉内热量、金属料的损失，提高了转炉炼钢的安全性，降低了清渣强度；

（3）底吹搅拌促进了炉渣的熔化，提高石灰的利用效率，提高了转炉的脱磷、脱硫效率，从而减少了石灰等渣料的消耗；

（4）底吹搅拌促进钢水碳氧反应更加平衡，提高了钢水的纯净度，在相同碳含量情况下，比顶吹转炉钢水溶解氧含量可降低 100×10^{-6} 以上，如武钢三炼钢的实际应用结果所示，当吹炼终点 [C] =0.04% 时，无复吹的终点 [O] 约为 900×10^{-6}，而进行复吹的炉次则为 550×10^{-6} 左右，这说明钢、渣的氧化性大为降低；

（5）吹炼终点钢水残锰明显提高，节约锰铁合金；

（6）脱磷脱硫反应更趋平衡，复吹转炉比顶吹转炉具有更高的磷、硫分配系数。

1.1.3.4 顶底复合吹炼的优点

顶底复合吹炼是在吸收顶吹和底吹氧气转炉炼钢法各自优势的基础上发展起来的，其优点如下：

（1）减少熔池各元素的浓度和温度梯度，以改善吹炼的可控性，从而减少喷溅和提高供氧强度；

（2）减少渣和金属的过氧化，从而提高钢水和铁合金的收得率；

（3）使吹炼进行得更接近于平衡，从而改善脱硫和脱磷率，使炉子更适于吹炼低碳钢。

与底吹相比，复合吹炼的主要目的在于增加转炉的灵活性和适应性，如增加转炉熔化废钢的能力，这就可以按市场废钢和铁水的比价的变化而改变入炉废钢量，从而获得更大的经济效益。

1.1.3.5 顶底复合吹炼技术在铁水预处理中的发展

由于复吹冶炼工艺及设备的日益成熟与完善，在现代化冶金企业中，已将复吹转炉冶炼工艺广泛地应用于铁水预处理领域。采用复吹转炉进行铁水预处理，具有代表性的工艺为日本 SRP 工艺技术（脱磷转炉+脱碳转炉炼钢工艺）。

在 SRP 冶炼工艺中，一座复吹转炉作为铁水预处理脱磷炉，另一座复吹转炉作为脱碳精炼炉。经过预处理炉处理过的低磷、低硅半钢，兑入脱碳炉精炼成为优质钢水。同时脱碳精炼炉的炉渣，可以处理后返回预处理脱磷炉中，作为化渣助熔剂使用。SRP 成为一种渣、钢逆向流动的作业方式。

1.1.4　转炉长寿技术的发展

转炉炉衬在高温、高氧化性条件下工作，它不仅承受高温钢水与熔渣的化学侵蚀，还要承受钢水、熔渣、炉气的冲刷作用，以及加废钢、兑铁水的机械冲撞等。转炉炉龄不断提高的历史，主要是炉衬用耐材质量和砌筑护炉工艺改进、冶炼工艺优化的过程，尤其是转炉溅渣护炉技术的创新，开创了长寿炉龄的全新阶段。

炉龄是转炉炼钢一项综合性技术经济指标，提高炉龄不仅可以降低耐火材料消耗、提高作业率、降低生产成本，而且有利于均衡组织生产，促进生产的良性循环。

1.1.4.1　炉衬用耐火材料

转炉炉衬由工作层、填充层和永久层耐火材料组成。工作层直接与高温钢水、氧化性炉渣和炉气接触，持续承受物理和化学因素造成的损蚀和侵蚀。因此，炉衬的质量是转炉炉龄的基础，炉衬砖质量和材质是直接影响转炉炉衬寿命的主要因素。以日本和我国重点钢铁企业为例，不同年份转炉炉衬使用材质和炉衬寿命提高的关系如表 1-6 和表 1-7 所示。

表 1-6　日本不同年代转炉炉龄与炉衬材质关系

年份	炉衬材质	平均炉龄/炉
1973~1978	合成镁质白云石油浸砖（配入电熔镁砂）	500~1000
1979~1989	部分厂家开始使用镁碳砖	1000~2120
1990~1996	全部厂家使用镁碳砖	4000~6000

注：全日本钢铁企业至今仍然使用镁碳砖，炉龄变化不大。

表 1-7　中国不同年代转炉炉龄与炉衬材质关系

年份	炉衬材质	平均炉龄/炉
1974~1983	焦油白云石及油浸砖、镁质白云石及油浸砖	170~540
1984~1989	部分厂家开始使用镁碳砖	570~800
1990~1996	全部厂家使用镁碳砖	924~3500

注：中国重点钢铁企业从 1996 年开始至今仍然使用镁碳砖，但实施溅渣护炉技术，炉龄平均在 10000 炉以上。

在 20 世纪 70 年代，焦油白云石砖是氧气顶吹转炉炉衬的主要用砖，焦油白云石砖在我国的应用时间最长，使用量最大。它的生产成本低，但炉衬的寿命也比较低，现在已很少使用。

焦油白云石砖中结合剂焦油在砖中所起的作用如下：

（1）砖在使用过程中，焦油受热分解，残留的碳在高温（1400℃左右）下部分石墨化，在砖的结构中形成石墨骨架，支撑和固定 MgO 颗粒，使砖的高温强度增加；

（2）砖内残留的碳填充耐火材料颗粒间的气孔，降低了砖的气孔率，同时具有不被炉渣润湿的性质，即有抗渣性能；

（3）在炼钢温度下，砖内残留的碳能还原进入砖内的炉渣氧化物，特别是将（FeO）和（Fe_2O_3）还原，阻止向砖内渗透，增强炉衬抗渣性能；

（4）砖内残留的碳可提高砖的导热系数，避免或减轻局部炉衬因激冷激热产生热应力所造成的剥落现象。

因此，增加砖中残留碳含量是提高砖在高温下性能的重要途径。焦油结合剂在砖中残留碳含量一般为 3%～5%。仅此碳含量还不能填充砖内所有气孔，特别是开口气孔。于是，采取焦油结合砖轻烧真空下油浸（沥青，180℃左右），或者烧成具有一定陶瓷结构的砖在真空下油浸等工艺，进一步提高砖的残留碳含量，降低气孔率，增大体积密度，提高砖在高温下的强度和抗渣性能。热处理油浸砖在转炉炉衬上使用的结果表明：炉衬寿命比焦油结合白云石砖的寿命提高了 40% 以上。

向白云石中加入 MgO，人工合成含 MgO 较高的镁质白云石砖（MgO/CaO 比值约为 2：3），具有耐化学侵蚀的能力。日本钢厂多采用合成镁质白云石砖，转炉炉衬寿命提高幅度比较大。

1977 年，日本川崎钢铁公司千叶厂引进的 Q-BOP 转炉炉底及底部供气元件选用了树脂结合不烧镁碳砖系耐火材料，取得巨大成功，开创了含碳复合耐火材料在转炉上应用的先例。其后，西欧也将以沥青结合的镁碳砖应用于转炉炉衬。镁碳砖成分及性能如表 1-8 所示。

表 1-8 镁碳砖成分及性能

镁 碳 砖		1	2	3	4	5
成分（质量分数）/%	MgO	78	75	79	73	75
	C	13	16	16	18	18
高温（1400℃）抗折强度/MPa		14.0	13.2	13.4	13.5	16.4
常温耐压强度/MPa		40	41	45	41	42
显气孔率/%		4.5	4.0	3.6	2.5	3.3
体积密度/g·cm⁻³		2.82	2.74	2.81	2.9	2.83

镁碳砖中的镁砂选择 MgO 纯度高的电熔镁砂，其余成分中 CaO/SiO$_2$≥2 为好。石墨为具有一定粒度的鳞片状石墨，且纯度要求 $w(C)$≥90%，并选用具有良好特性的结合剂。1988 年日本全国转炉的平均炉龄已超过 2000 炉，其中超过 3000 炉的占 60%；超过 5000 炉的占 10%。1990 年 3 月川崎钢铁公司水岛厂 1 号复吹转炉创造出 8119 炉的世界最高炉龄纪录。与此同时吨钢耐火材料消耗也大幅度下降，如在 1976 年日本全国转炉耐火材料消耗 2.78kg/t，至 1987 年下降到 1.34kg/t。20 世纪 90 年代，欧美等国家部分钢厂转炉炉龄也大幅度提高，如表 1-9 所示。

表 1-9 欧美国家部分钢厂转炉炉龄

年份	厂　家	公称吨位/t	平均炉龄/炉
1984	美国内陆钢公司东芝加哥州二炼钢厂	232	1621
1986	法国洛林连轧公司敦刻尔克厂	230	1858
	英国钢铁公司	260	1500
1988	美国内陆钢公司东芝加哥州二炼钢厂	200	3187
	美国 LTV 钢公司印第安纳港（Indiana Harbor）厂	280	4060
1990	美国内陆钢公司东芝加哥州二炼钢厂	200	4090
1994	美国 LTV 钢公司印第安港厂	280	15658

我国蕴藏着丰富的菱镁矿。目前，我国能生产普通型和高强度型镁碳砖并已制定了行业标准。20 世纪 80 年代初期生产的镁碳砖不含防氧化剂，称为第一代产品。90 年代初期，第二代镁碳砖产品含有防氧化剂。

镁碳砖发展的基础，一是将石墨用于镁碳砖中成为主要成分；二是把镁碳砖中的碳含量提高到 14% ~ 18% 与电熔镁砂结合起来，以合成树脂作为镁碳砖的结合剂。镁碳砖兼备镁质和碳质材料的优点，克服了传统碱性耐火材料的缺点。镁碳砖具有的主要优点如下：

（1）抗渣性能强，纯度为 97% ~ 99% 的电熔镁砂抗渣性能好，砖中石墨或结合剂固化碳具有对炉渣不润湿，能还原进入砖内气孔的（FeO）、（Fe_2O_3）、（SiO_2）等氧化物的特性；

（2）导热性能好，砖中的碳导热系数大，可避免砖中 MgO 颗粒产生热裂；

（3）结合剂固化后形成碳网络，将 MgO 颗粒紧密地连接固定在一起，尤其是 MgO 和石墨的线膨胀系数差别小，有利于阻止裂纹产生或扩展。

在 20 世纪 90 年代中期，随着镁碳砖质量提高，我国一些大、中型转炉炉龄大幅度提高，其中复吹转炉炉龄达到 3000 ~ 4000 炉，最高炉龄超过 5000 炉。

1.1.4.2　溅渣护炉技术

氧气转炉采用溅渣护炉技术可以大幅度提高炉龄，降低耐火材料消耗，减少转炉的非作业时间，达到提高钢产量、降低吨钢成本的目的。20 世纪 60 ~ 80 年代，日本开发出转炉炼钢加白云石造渣的工艺，提高渣中（MgO）含量，减少炉衬中 MgO 的流失，使炉衬能抵御高温下高氧化铁炉渣侵蚀。加白云石造渣配合转炉炉衬喷补技术，20 世纪 90 年代初，日本新日铁公司君津厂转炉炉龄突破 1 万炉，创造了当时世界最高纪录。

与此同时，在加 MgO 造稠渣保护炉衬的基础上出现了摇炉挂渣操作，使转炉装料侧与出钢侧炉衬尽可能多地黏挂上富（MgO）的黏稠炉渣。

20 世纪 90 年代初，美国 LTV 钢铁公司印第安纳港（Indiana Harbor）厂借鉴日本钢铁界 80 年代的挂渣试验，成功实现了转炉溅渣护炉技术的产业化，达到大幅度提高炉龄、提高转炉利用系数，并降低炉衬耐火材料消耗和炼钢成本等效果。

溅渣护炉的基本原理是，利用（MgO）含量达到饱和或过饱和的炼钢终点渣，通过高压氮气的吹溅，在炉衬表面形成一层高熔点的溅渣层，并与炉衬很好地黏结附着。这个溅渣层较好地保护了炉衬，减缓其损坏程度，炉衬寿命得到提高。溅渣护炉工艺示意图见图 1-7。

采用溅渣技术以前，针对转炉炉衬使用及维护有两种路线：第一种是不用喷补护炉，采用快速更换炉衬的办法，减少非生产时间，这往往导致炉衬寿命降低；第二种是强化喷补护炉，能获得较高的炉衬寿命，但使得耐火材料消耗成本不容易进一步降低。而溅渣护炉工艺可在实现高炉龄的基础上降低吨钢喷补料消耗水平。表 1-10 示出美国 LTV 钢铁公司印第安纳港厂自 1991 年采用溅渣技术以后连续实现的三个高炉龄炉役期间的喷

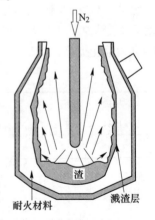

图 1-7　转炉溅渣护炉
工艺示意图

补料消耗数据。图 1-8 为该厂 1986~1994 年的炉龄变化情况。

表 1-10 印第安纳港厂连续三个炉役喷补料消耗

炉龄/炉	吨钢喷补料消耗/kg
8125	1.72
10300	0.63
15658	0.37

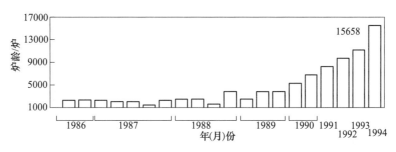

图 1-8 印第安纳港厂 1986~1994 年炉龄变化情况

1994 年该厂创造了炉龄 15658 炉、连续运行 1 年零 5 个月的世界炉龄纪录。转炉因换衬砖造成的年非作业天数由 1984 年的 81 天（9 天×9 个炉役）缩短为 11 天（13 天×0.83 个炉役），作业率从 78% 提高到 97%。转炉喷补费用降低了 66%，吨钢喷补材料消耗降低 0.37kg。溅渣技术能使炉衬在炉役期间相当长的时间内保持均衡，实现永久性炉衬。

之后，美国有 15 家以上钢厂采用该技术，美国内陆钢公司在 1998 年，最高炉龄已超过 50000 炉。加拿大、英国等少数钢厂也相继投入试验。加拿大阿尔戈马（Algoma）钢铁公司有两座 250t 转炉，在 1995 年采用溅渣技术，到 1996 年年底，两座转炉炉龄分别达到 6200 炉与 7117 炉，吨钢喷补耐材消耗分别降至 0.195kg 与 0.277kg 的水平。转炉吨钢耐火材料消耗相应降低 25%~50%。

但美国大部分钢厂不能在全炉役保持复吹，即使采用快速更换炉底透气元件的方法也只能维持复吹炉龄 10000~12000 炉。美国内陆钢铁公司的高炉龄则是在几乎完全不复吹的条件下取得的。

中国在 20 世纪 90 年代初就开始研究转炉溅渣护炉技术。1994 年原冶金工业部立项支持承钢与冶金工业部钢铁研究总院（以下简称钢研总院）合作开发溅渣护炉技术；1996 年 11 月，原国家经济贸易委员会确定溅渣护炉技术为国家重点引进技术消化吸收再开发项目，首批资助国内 19 个转炉厂开展溅渣护炉工作。1997 年 5 月，太钢炉龄达到 8580 炉，创国内最高纪录；同年 10 月，国家经贸委再次资助国内 20 家炼钢厂推广溅渣护炉技术，并迅速在全国几乎所有的转炉钢厂推广应用，彻底解决了因转炉炉龄低制约我国转炉发挥生产能力、降低成本的"瓶颈"问题。

中国转炉溅渣护炉技术的研发和应用区别于美国、加拿大的技术有两个最显著的特点，即：

（1）强调必须是全程复吹条件下的溅渣护炉长寿技术，不因溅渣长寿而牺牲复吹良好的冶金效果与效益。

（2）认真进行溅渣条件下冶金效果优化与长寿相关的系统应用基础理论和应用技术的研究，主要有：复吹溅渣长寿条件下底吹透气元件顶部炉渣-金属蘑菇头形成、侵蚀、修复机理与控制技术；不更换透气元件全程复吹技术；底吹透气元件结构与使用优化技术；复吹冶炼与溅渣对炉渣性能综合要求及优化控制技术；炉衬材质与溅渣附着性的关系及改进技术；溅渣对工艺优化与钢质量影响的研究；溅渣护炉长寿经济性研究；冶炼、溅渣共用氧（氮）枪结构优化与快速溅渣技术；溅渣长寿条件下烟罩材质、结构优化与快速维修技术，等等。

这两个特点使中国转炉溅渣护炉长寿技术在一开始就站在世界领先的高度之上，并且实际使用的广泛性和效果都属世界领先水平。

2009 年，因转炉溅渣护炉技术不断进步，加上转炉生产工艺优化等原因，中国大、中企业转炉平均炉龄已超过 10000 炉。21 世纪以来，已有多个钢厂炉龄超过 30000 炉。一般炼钢厂一年只更换 1~2 套炉衬，彻底取消了转炉三吹二、二吹一的设计和生产理念。它不仅仅限于炼钢厂节约大量的耐火材料，有利于协调组织生产，提高产量，并且还大量减少生产耐火材料耗费的大量能源以及向环境排放大量的二氧化碳气体。转炉溅渣护炉已成为炼钢厂关键共性技术，也有力地推动了整个钢铁行业的进步。

1.1.4.3　其他护炉工艺技术

A　造黏渣摇炉挂渣护炉

在 20 世纪 70 年代初期就开始向初期渣和终点渣中加入白云石、白云石质石灰或菱镁矿等，使炉渣中（MgO）含量过饱和，并通过摇炉将（MgO）含量过饱和的炉渣黏结在炉衬的表面延长炉衬寿命。这种造渣方法具有的作用如下：

（1）（MgO）能加速石灰溶解，促进前期化渣和减少萤石用量，同时能减轻前期炉渣中（SiO_2）对炉衬的侵蚀作用。

（2）白云石砖或镁碳砖炉衬，主要成分是 CaO、MgO。不加含 MgO 的材料造渣，则炉渣要从炉衬中溶解 MgO，而造成炉衬的侵蚀。加入含 MgO 的材料造渣，使渣中（MgO）含量达到饱和状态，可以减少炉渣对炉衬的侵蚀。

（3）炉衬被侵蚀的决定因素是渣中 TFe 含量，更确切地说是渣中（FeO）的活度。提高渣中（MgO）浓度，可降低（FeO）的活度，减轻对炉衬的侵蚀。

造黏渣摇炉挂渣技术不可能在整个炉膛内形成均匀涂层，尤其是在炉膛两侧特别容易被侵蚀的耳轴下部无法挂上黏渣。

B　炉衬喷补

炉衬喷补是通过喷补设备把喷补料喷射到炉衬蚀损严重的部位形成新的耐火材料烧结层的护炉技术。其原理是将喷补材料喷吹附着在炉衬表面，进而烧结成一体。喷补方法分为湿法、半干法及火焰喷补法等。

（1）湿法喷补：湿法喷补是将细颗粒料（最大粒度为 1mm）和含有大量小于 0.1mm 的粉料放入罐内，添水混合后再喷射到侵蚀位置的喷射补炉方法。该法灵活，可以喷补到转炉任何部位。喷补层厚度可达 20~30mm，使用寿命可达 3 炉。

（2）半干法喷补：半干法喷补是把喷补料放入压力罐并压送到喷嘴，在其端部和水混合后，被喷射到炉内侵蚀位置的喷射方法。喷补层具有耐熔损的优点，厚度可达 20 ~ 30mm。这种补炉方法各钢厂采用得比较多。

（3）火焰喷补法：火焰喷补法是用氧气、喷补料和燃料通过水冷喷枪内管混合燃烧，使喷出的补炉料立即形成熔融态并喷射到蚀损部位的补炉方法。火焰喷补层耐蚀能力强。其喷补料用镁砂、镁白云石砂等，粒度小于 0.1mm，其中粒度为 0.09mm 的物料应占 60% 以上；燃料可选用煤粉、铝粉等；增塑烧结剂有软质黏土、膨润土和硅灰等。最近有在喷补料中掺加石灰等造渣剂的方法，使火焰喷补层成为耐火渣层，保护原衬砖层。火焰喷补法一般用于喷补转炉渣线和炉帽部位。采用喷补技术，炉龄可提高 20% ~ 50%。

火焰喷补法在俄罗斯用得较多，中国个别钢厂曾做过试验，却一直未能成功地用于生产。

C 炼钢工艺系统优化

至 20 世纪 80 年代初，炼钢工艺系统优化技术得到发展，开始采用"铁水预处理—转炉冶炼—炉外精炼—连铸"的现代炼钢模式生产钢坯。铁水预处理的任务是将传统在转炉内进行的脱磷、脱硫任务移到铁水罐或转炉等单独冶炼单元内进行。炉外精炼技术的应用也可以承担传统转炉炼钢的部分任务。转炉冶炼采用少渣操作工艺后只进行降碳、升温，不仅缩短冶炼时间，更重要的是能够大大减轻高氧化性炉渣对炉衬的侵蚀。如日本的五大钢铁公司，1991 年铁水预处理比达 85% ~ 90%，至 1996 年炉外精炼比达到 90%。所以，日本转炉炉衬寿命在世界范围内提高幅度比较大。在转炉炼钢过程中应用自动控制技术，提高终点命中率和控制精度也可以减轻炉衬侵蚀。应用复吹转炉技术和活性石灰不仅加速化渣，缩短冶炼时间，还降低渣中 TFe 含量，使炉衬侵蚀减轻，从而有效提高炉龄。

1.1.5 转炉热补偿与全废钢冶炼

1.1.5.1 转炉热补偿

钢铁生产的主要铁源有两个：一是铁矿石，二是废钢。前者是自然资源，而后者是回收的再生资源。钢铁生产应尽可能少用铁矿石，多用废钢，这样不仅有利于保存资源，而且还有利于节约能源、减少污染。在钢铁联合企业，提高转炉炉料的废钢比，是少用铁矿石的重要途径。但是，提高转炉炉料废钢比的前提条件是要有充足的废钢资源。20 世纪 70 年代，美、俄等国的废钢资源比例较大，价格较低，为了充分利用废钢资源，转炉热补偿与全废钢冶炼技术成为研究的热点。一般来说，按热平衡计算，转炉在冶炼普通炼钢生铁时废钢比［废钢/（废钢+铁水）］为 25% 左右，但因多种原因，实际废钢比往往低于这个水平。因此，首先需采取措施挖掘转炉多加废钢的能力，其次是强化转炉二次燃烧技术[16]和采用加燃料等措施开发转炉多加废钢的新能力，这是大幅度提高转炉废钢比的基本途径。可以作为转炉燃料的有气态和液态的碳氢化合物，如天然气、重油；固态燃料，如碳化物、焦炭、无烟煤。另外，利用铁合金或铁合金和有色金属生产的废料也可以提高废钢比，但并不经济，因而极少采用。

1965 年，Wiscosin 公司[17]采用天然气烧嘴在炉内预热废钢 9min，使废钢比由 27% 提高到 34%。1972 年，Monessen 钢厂转炉采用氧-油烧嘴在炉内预热废钢 12min，使废钢比达到 40.9%，若吨钢再添入 8.4kg 的 SiC，废钢比可提高到 50%。这阶段，向炉内添加辅助燃料，增加额外热量，提高废钢比的研究工作十分活跃。美国匹茨堡钢铁公司[18~20]采用 SiC 为燃料，使废钢比达到 61.7%。这些废钢预热和添加辅助燃料的技术，虽曾在实际生产中试用过，但存在：（1）燃料成本高，热效率低；（2）炉内预热使废钢过氧化，影响金属收得率；（3）大幅度提高废钢比延长了冶炼时间，影响生产率等问题。另外，还试用了过热铁水，铁水温度比正常提高 100℃，增加废钢比 4.5%，但增加了高炉的焦比。

顶底复吹转炉的出现，使废钢比下降 2%~4%[21,22]。因此需要进一步开展转炉热补偿技术的研究，强化二次燃烧，提高转炉热效率，以各种形式加入煤炭，补充额外热量，并将二次燃烧与喷煤技术良好结合，完善转炉热补偿技术。此阶段的特点是利用添加含碳材料作为还原剂和弥补转炉内铬、锰矿熔融还原时热量不足的技术获得可喜成绩。川崎制铁所[23]从 1981 年起就在 K-BOP 转炉上冶炼不锈钢，为了降低成本，减少铁合金消耗，并能直接使用矿石，从而确立了必不可少的添加含碳材料和二次燃烧的热补偿技术。随着转炉用煤及热补偿技术的发展，转炉已能实施 100%废钢等固体料的操作，改变了转炉以铁水为主原料冶炼的观点，形成了一种新技术：煤氧炼钢。炼钢用煤进行热补偿是在冶炼过程中加入煤块或喷入煤粉与氧反应，使之产生大量热量而作为炼钢补充热源，其主热源仍是铁水的物理热和化学热。煤氧炼钢则是钢铁冶金中一项新技术，它与上述炼钢用煤不同，是以煤氧燃烧产生的热量为炼钢的主热源，熔化废钢、生铁或直接还原铁等固体原料后，进一步将其精炼成钢，这种炼钢法在一段时期内引起了世界冶金工作者的兴趣和重视，德国、日本、俄罗斯、乌克兰及我国都进行了研究开发工作，除我国外，都已实现了产业化。日本新日铁广畑厂从 1993 年起一直生产至今。

1.1.5.2　转炉高废钢比及全废钢冶炼

为了满足高废钢比冶炼，转炉一般需进行一定的改造，如在炉底和炉侧配备多个喷嘴，或在炉顶加装辅助氧枪，或使用双流道氧枪等辅助加热方式，能够在冶炼开始阶段对炉料进行加热和钢水精炼阶段用于转炉炉气的二次燃烧。合理选择炉侧喷嘴角度和位置分布能使二次燃烧参数最佳化。

A　煤基高废钢比冶炼工艺[24,25]

20 世纪 70、80 年代，乌克兰一些钢厂为了提高转炉废钢比，开发了转炉高废钢比冶炼工艺。研究发现，当采用块状无烟煤作为燃料时，燃料加入方式对转炉废钢比有很大影响。燃料煤的利用率取决于加入熔池中的方式，其效果按吹炼中加入、开吹前加入铁水中、兑铁水前加在废钢下面和用废钢煤捆包加入等各种方式递增。当加燃料煤的重量占炉料重量的 1.5%~2.0%时，废钢比可达 30%~33%。各种加入方式的废钢比均随燃料数量的增加而增大。如图 1-9 所示，当用废钢、煤捆包方式加入时，熔池吸收率为 95%~98%；兑铁水前在废钢下加散装块煤时，吸收率为 92%~96%；兑铁水后吹炼前或吹炼中加燃料时，吸收率为 88%~92%。在保证熔池高吸收率的前提下，考虑到操作方便和工业应用的安全性，通常在兑铁水后加入固体燃料。当平均煤耗为 10kg/t 时，吹炼时间延长 3.2min，而转炉生产率要下降 5%~6%。

利用块煤燃烧对废钢进行预加热时，可进一步增加废钢比，与向熔池中加煤的方法相比有很多优点，在没有液态金属的条件下，煤在废钢中燃烧，未形成液态氧化物和金属相

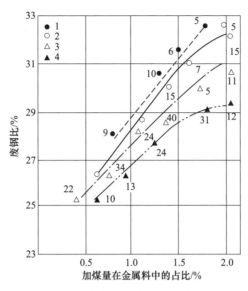

图 1-9　加煤量和废钢比的关系

1—废钢、煤捆绑加入方式；2—兑铁前在废钢下加煤；3—开吹前向铁液加煤；4—吹炼过程中加煤

时，燃料煤可有效地快速燃烧，250t 转炉用煤量分别为 24.6kg/t 和 44.0kg/t，废钢比从普通工艺的 26.3% 分别提高到 33.9% 和 40.1%，对应的石灰和萤石平均消耗分别增加了 3.5kg/t 和 1.36kg/t。与普通工艺相比，废钢加热时间为 13.1min，冶炼周期平均延长 7.75min。

B　俄罗斯西西伯利亚钢厂开发的 Z-BOP 工艺[26]

Z-BOP 工艺由俄罗斯西西伯利亚钢厂最早开发和使用，后转让给美国伯利恒钢铁公司和南非伊斯科尔公司纽卡斯顿厂并得到成功，应用废钢比可达到 30%~100%，有效地预热入炉金属料对提高废钢比起到关键作用。由于废钢熔化时间延长，冶炼时间有所增加，废钢比为 40% 时，冶炼时间延长 4min；废钢比为 50% 时，冶炼时间延长 5~15min；更高废钢比时，冶炼时间更大幅度延长；废钢比达到 100% 时，产量减少 50%。在全废钢冶炼时，要求使用专门的 Zap-Tech 助氧枪，为延长或保证炉衬寿命，应使用专门的 Zap-Tech 渣保护炉衬的方法。

C　转炉二次燃烧热补偿技术

转炉二次燃烧是通过二次燃烧氧枪来进行的。氧枪的设计对二次燃烧是非常重要的。二次氧流的角度和二次氧孔的位置、数目不仅影响炉内气体流动、温度分布，而且严重影响二次燃烧率与热量传输率，并且对炉衬的温度也有一定的影响。西欧、日本和苏联等国均在大力研究和发展二次燃烧氧枪的工作，并取得重要进展。1981 年首先在荷兰霍戈文公司开发出了可以提高二次燃烧率的双流道氧枪。这种具有独立的双系统供氧管路的特殊氧枪，是在普通氧枪喷孔（主氧孔）的上方一定高度上设置若干呈一定角度的二次燃烧氧气喷孔（副氧孔）。根据主、副孔的位置同样可分为双流单层双流氧枪和双流双层双流氧枪，但主、副氧流在枪身都分别有一条氧气流道。前者的主孔和副孔均设置在喷头上，后者的主孔设置在喷头上，副孔设置在喷头上方一定高度的枪身上。两者都需对原氧枪的供氧系统（枪体、管路、配重、仪表等）进行改造，都具有能单独调节主、副氧流比的特点。后者的枪体结构复杂、制作难度大，但二次燃烧率略高于前者。双流氧枪是20世纪80年代世界上出现的，美国、日本、西欧和苏联的一些钢厂对其进行了工业性应用，国内首钢、鞍钢、攀钢、太钢等也在进行试验研究，均取得良好效果。双流氧枪具有主、副两层氧气喷孔，主喷孔氧气流股进行吹炼，副喷孔的氧气流股完成二次燃烧，产生大量热量，以熔化更多的废钢，同时将乳化渣中的铁粒氧化，加速冶金反应，因此双流氧枪是良好的强化冶炼和节能设备，能产生较高的经济效益。目前各国使用的双流氧枪大致有四种类型。

20世纪80年代，鞍钢三炼钢厂150t转炉曾应用单流道单层双流氧枪，化渣快，吹炼平稳，去［P］、［S］效果良好，吹炼时间缩短，二次燃烧率提高了9.8%，废钢装入量增加了17kg/t，钢铁料消耗降低了2.8kg/t，石灰消耗降低了3.8kg/t，炉龄平均提高了147炉，氧枪寿命平均提高到91次，年经济效益360万元。

日本川崎水岛厂100t转炉采用双流道单层双流氧枪，化渣快，吹炼平稳，二次燃烧效率提高了12%~18%，二次燃烧热效率为60%，废钢比增加6%。

加拿大Dofasco公司140t转炉使用双流道单层双流氧枪，成渣时间早，废钢比增加1.6%。

南京钢厂15t转炉应用单流道单层旋转副氧流二次燃烧氧枪，提高了二次燃烧率，废钢比提高9.13%。平均每炉供氧时间缩短3min以上，脱硫率提高12.1%。

D　转炉全废钢冶炼

为了满足全废钢冶炼，转炉一般需进行一定的改造，如在炉底和炉侧配备多个喷嘴；或在炉顶加装辅助氧枪等辅助加热方式。采用全固态料操作时，可使用生铁块、厚板以及其他冶金废料；造渣剂包括石灰和萤石等普通炼钢渣料，通常采用煤作为主要的热源。全废钢冶炼工艺可分为废钢加热和熔化精炼两个阶段，一般将废钢、石灰和煤装入炉内，利用煤、氧反应放热供废钢和其他炉料加热，同时使用特殊辅助氧枪对废钢进行加热。如使用天然气作为燃料，则可加速废钢的熔化速度。

1.2　现代转炉炼钢技术的特点和发展方向

随着科学技术的不断发展和社会对钢材质量及降低生产成本的要求不断提高，高效、洁净、智能和连续化是现代转炉炼钢的主要特点，与其相适应的装备、工艺、技术必须先进并采用优化的工艺流程。

1.2.1　现代转炉基本配置已确定

（1）转炉应具有现代化的基本设备配置，详见表1-11；

（2）应充分考虑生产的钢材品种、连铸机类型与铸坯尺寸，做到炉机匹配，并能充分与连轧机的生产能力协调、匹配；

（3）转炉大型化的技术核心，是实现高效快节奏生产，精确控制吹炼终点。

总之，对不同钢材的生产，转炉应有一个合理的容量。容量太小不适应现代化生产管理，但也不是容量越大越好。

表 1-11 现代转炉应具有的基本配置

装备技术	（1）合理的 H/D，合理的炉容比； （2）全悬挂倾动机构； （3）耳轴、炉帽、汽水冷却炉壳、水冷炉口、水冷托圈； （4）上料、称量与下料程序控制； （5）下渣检测与有效分离渣钢的出钢机构； （6）炉衬厚度检测与炉体维护设施； （7）拆、砌炉机械
工艺控制技术	（1）多孔水冷拉瓦尔喷头氧枪，兼顾二次燃烧、化渣、脱碳与搅拌功能； （2）灵活可控的炉底供气系统、长寿喷嘴与大气量调节强化搅拌功能； （3）炉渣、炉气与钢液的在线动态检测； （4）全自动吹炼控制与信息管理系统； （5）炉口微压差控制
节能与环保技术	（1）除尘、二次除尘与煤气回收（尽可能采取干法系统）； （2）余热锅炉与蒸汽回收利用； （3）钢渣处理与回收利用； （4）尘泥回收与利用

1.2.2 转炉顶底复合吹炼工艺开发成功并不断优化

表 1-12 给出了顶吹转炉、底吹转炉和顶底复吹转炉冶金特点的比较。

表 1-12 氧气转炉吹炼方式的技术比较

项目	吹炼方式		
	顶吹转炉	底吹转炉	复吹转炉
反应速度	脱碳速度快，氧效率较高	脱碳速度更快，氧效率很高	脱碳速度快，氧效率高
热效率	可二次燃烧，热效率高	无二次燃烧，热效率低	可二次燃烧，热效率高
化渣速度	化渣速度较快	化渣困难	更易于成渣
脱磷能力	较强	弱	强，脱磷反应接近平衡
吹炼平稳性	差，易发生喷溅	好，基本不喷溅	较好，可控制喷溅
终点控制	较困难	易于吹炼低碳钢	较容易
脱碳能力	差，后期钢渣易过氧化	好，钢渣不会过氧化	较好，有利于避免钢渣过氧化

从表 1-12 中可知，复吹转炉结合了顶吹、底吹转炉的优点，却避免了二者的缺点，因而已成为非常有效的现代转炉最主要的冶炼工艺，并且还在不断地进行优化和扩大其冶金功能。

1.2.3 "负能炼钢"成为现代转炉生产节能的主要标志

转炉炼钢基本不需要外来热源，依靠铁水中 [C]、[Si]、[Mn]、[P] 等元素的氧化反应放热，完成冶炼过程，并生成大量高温、高 CO 含量的转炉煤气。转炉煤气不仅可以利用其化学潜热，还可采用流过余热锅炉烟气的物理热生产蒸汽。当转炉煤气和蒸汽回收的总能量大于转炉生产消耗的能量（如动力电、钢包烘烤燃料、氧气等）时，转炉工位总能耗为负值，即通常所称的转炉"负能炼钢"。当转炉煤气和蒸汽回收的总能量大于炼钢厂生产消耗的总能量（包括炼钢、精炼、连铸等工序的能量消耗）时，即可实现"负能炼钢"。

在现代钢铁生产流程中，转炉是唯一可以实现生产能耗为负值的工序。努力提高转炉煤气和蒸汽回收的数量和质量，同时努力研发转炉钢渣余热利用技术，将进一步提高转炉炼钢生产工序节能的贡献度。

1.2.4　现代复吹转炉长寿技术取得了前所未有的突破

炉龄是转炉炼钢的重要技术指标。提高炉龄不仅降低了生产成本而且提高了转炉的生产效率。20 世纪 90 年代初，美国成功开发出转炉溅渣护炉技术，创造了超过 15000 炉的世界最高炉龄纪录。90 年代中期开始，溅渣护炉在中国的研发与推广也取得了比美国更加显著的成绩与经济效益：不但炉龄普遍大幅度提高，而且保持了复吹与长寿炉龄的同步，这是与美国溅渣护炉技术最大的区别。20 世纪末，武钢溅渣复吹的长寿炉龄已突破30000 炉。到 2009 年，全国复吹转炉炉龄年均炉龄超过 10000 炉。

1.2.5　现代复吹转炉高效化生产形成了系列化技术

除了前面已提到过的复吹技术、转炉长寿技术促进转炉生产高效化外，与之配套的其他技术主要有：

（1）100%铁水采用"三脱"预处理技术，处理后铁水 [P]、[S] ≤0.01%，尤其是转炉脱 [Si]、[P] 技术具有流程优化的重大作用；

（2）快速吹炼技术，供氧强度（标态）从 $3.5m^3/(t \cdot min)$ 提高到 $4.5m^3/(t \cdot min)$，供氧时间缩短到 10min 以内，并可控制喷溅率不大于 1%；

（3）采用全自动吹炼控制技术；

（4）快速出钢技术，大型转炉从终点到出钢结束时间缩短到 5min 以内。

这些系列技术不仅可以实现建立一座转炉吹炼制，使一座转炉的产量达到传统两座转炉的生产能力；转炉冶炼周期缩短到 20~25min，年产炉数不小于 15000 炉，转炉炉龄不小于 15000 炉等发展目标；而且还大大推动了一批紧凑、连续化的专业生产线建成并发挥示范作用。这些生产线将铁水预处理（包括转炉脱 [Si]、脱 [P]）—转炉炼钢—炉外精炼—高效连铸—热送和连轧有机地结合起来，形成紧凑化流程，从铁水到成品钢材的生产周期将缩短到 2.5~3h，全员劳动生产率（不包括炼铁）将超过 3000 吨/(人·年)。这其中的转炉—薄板坯连铸—连轧全新流程更是现代化钢铁流程的发展方向。另外，宝钢、武钢等企业，更在专业化的产品专线化生产建设中取得了效率、质量均优的成绩。

1.2.6　转炉炼钢计算机全自动控制技术已取得重大进展

转炉吹炼过程和终点控制是实现转炉正常冶炼的关键技术。转炉吹炼的特点是：

（1）脱碳速度快，准确控制吹炼终点比较困难；

（2）热效率高，升温速度快；

（3）容易发生炉渣或金属喷溅；

（4）吹炼后期脱碳速度减慢，金属—炉渣之间远离平衡，容易造成钢渣过氧化。

针对上述特点，对转炉自动化控制的具体要求是：

（1）能根据目标钢种要求和铁水、废钢及其他主要材料的条件，确定基本命中终点的吹炼工艺模型；

（2）能采用动态校正方法，修正计算误差，保证终点控制高精度和高命中率；

（3）具备容错性，可消除各种系统误差、随机误差和检测误差；

（4）响应迅速，系统安全可靠。

现在，转炉计算机全自动控制炼钢技术已在100t及以上的转炉中取得成功，并迅速推广。小于100t的转炉虽还未做到动态控制，但也有一批转炉依据静态模型控制或增加烟气分析辅助手段，大大提高了终点命中率。

转炉自动化炼钢技术获得了以下良好的冶金效果：

（1）提高了终点控制精度：对低碳钢（$[C] < 0.06\%$），$[C]$控制精度为$\pm 0.015\%$；对中碳钢（$[C] = 0.06\% \sim 0.20\%$），$[C]$控制精度为$\pm 0.02\%$；对高碳钢（$[C] > 0.20\%$），$[C]$控制精度为$\pm 0.05\%$；温度控制精度为$\pm 10℃$，命中率不小于95%；

（2）实现了对终点$[S]$、$[P]$、$[Mn]$的准确预报，精度为：$[S] \pm 0.0009\%$，$[P] \pm 0.0014\%$，$[Mn] \pm 0.09\%$；

（3）对中、高碳钢冶炼，后吹率从60%下降到32%；

（4）喷溅率从29%下降到5.4%；

（5）铁收得率提高0.49%，石灰消耗减少3kg/t，炉龄提高30%。

转炉高效化在构建与优化高效率、低成本洁净钢生产的体系中发挥着关键作用。高效率、低成本与洁净钢生产平台是现代钢铁流程重要的关键共性技术。它包括铁水预处理、高效炼钢、精炼、恒速连铸4项基本技术和流程网络、动态有序运行两项集成技术。恒速高速连铸是引导性的技术，而高效炼钢则是关键技术。其作用是在铁水预处理的基础上，提高生产效率和钢水质量。首钢京唐钢铁公司300t级脱磷炉+脱碳炉的优化工艺，更是达到了如下指标：

（1）脱碳炉可实现冶炼周期不大于25min；

（2）转炉终点$[C]$、$T_{出钢}$双命中率不小于90%；

（3）保持全过程良好复吹效果，全炉役终点$[C] \cdot [O] \leqslant 0.0017 \times 10^{-4}$（$[C]$含量平均0.045%）；

（4）终点钢水$[N] \leqslant 10 \times 10^{-6}$，$[H] \leqslant 2 \times 10^{-6}$。

1.3　现代钢铁生产流程的优化发展与现代转炉生产的作用

1.3.1　现代钢铁生产流程的重要作用

一个半世纪以来，现代钢铁工业一直是支持与推动工业、农业、交通、建筑、军工等各个产业革命和发展最重要的基础。

20世纪80年代中期，美国钢铁工业因没有及时淘汰模铸、平炉，没有以发展连铸为主要内容的结构调整与流程优化，竞争能力下降，产量跌至6800万吨/年的低谷，加上一些非钢铁材料（如铝及其合金材料、工程塑料等）的性能改进、生产规模扩大，大有替代钢铁产品的势头，钢铁生产又面临着环保日益严格的要求，使得以美国一些行业内外专家为首的人们，掀起了一场钢铁工业是不是夕阳工业的争论，有人甚至预言，钢铁产品到

2000 年将在大多数领域被取代。但后来的发展早已证明了这种议论的片面与肤浅。

钢铁仍将是用量最大、使用最广泛、能够满足各种要求的不可完全替代的材料。全世界对钢铁的需求仍在增长，尤其是中国，需求量的增加最为明显。20 世纪 90 年代，我国钢产量平均年增 586 万吨，进入 21 世纪前 10 年，更提高到平均年增长 5100 万吨。

钢铁材料在性能价格比上将继续保持对其他材料的明显优势。半个世纪，尤其是近 20 年来，钢铁产品性能不断优化，不仅强度、塑性等基本性能大幅度提高，在满足高速度、各种抗腐蚀性能、适应超高或超低温度使用等特殊条件要求方面显示了其独特的能力，而价格却始终保持在一个稳中有降的水平上，成为各方面用户的首选材料。

钢铁生产资源广泛，并具有再循环使用（如废钢、铁渣、钢渣、余气、余热等）的明显优势。这正是钢铁工业可持续发展的一个重要特征，也是 21 世纪中需继续生存与发展的各个产业必需具备的基本条件。

钢铁工业具有自我完善、优化和发展的强大能力，这不仅表现在因生产流程、工艺和装备的不断优化，确保了钢铁生产在开拓新品种、优化质量、降低消耗与成本（尤其是能源、燃料的涨价，而钢铁产品销价基本稳定，保持巨大的竞争能力）的自我生存能力，还表现出它与各种基础材料以及替代钢铁的其他材料结合相配套使用的良好适应能力。这是钢铁生产在 21 世纪必然发展的另一个重要原因。

有人断言，知识经济为主导的 21 世纪，钢铁工业属落后产业，不应发展。可是他们恰恰忽视了这样一个基本的事实，即知识经济的代表产业之一的信息产业并不能直接制造出工业、农业、交通、建筑、军工所需要的材料，只能在传统产业的应用中，体现它优化传统行业生产和流通的价值，更不用说信息、生物工程等知识经济的新兴产业，其本身的存在也必须依赖包括钢铁在内的传统产业提供的各种基础材料。

我们必须认清并坚定钢铁工业在 21 世纪中必将继续发展这一基本信念，认真分析各方面的要求和条件，积极开拓、创新、实现钢铁生产更紧凑、更灵活、更清洁、更经济、更优质、更智能化的高层次发展。

1.3.2　21 世纪钢铁生产流程的发展特点和方向

钢铁生产在 20 世纪创造了许多崭新的成果，但最具影响和起主导作用的是生产流程的革命所带来的连续、高效、优质、低耗和高效益的发展。几年来，不少专家在总结 20 世纪钢铁工业发展的历史经验时指出，氧气转炉与连铸在 20 世纪 50 年代的出现，开创了现代钢铁生产淘汰慢节奏的平炉、模铸，实现高效、连续的第一次流程革命；而 80 年代初日本新日铁公司大分厂淘汰初轧开坯，实现全连铸—连轧的第二次流程革命，不仅改变了"万能"工厂的模式，而且使钢铁生产专业化，连续高效、优质低耗的生产发展到一个更高的层次上；1989 年美国钮柯公司克莱福兹维尔厂第一条 CSP 生产线的投产，开创了紧凑流程的钢铁生产新时代，被公认为钢铁生产流程的第三次革命。而进入 21 世纪后，新一代可循环钢铁生产流程理论和实践的发展已越来越显示出它的优越性，已肯定将影响21 世纪钢铁工业的发展和钢铁生产流程发展的特点和方向。

1.3.2.1　新一代可循环钢铁生产流程工艺与装备技术成为钢铁流程最新亮点

2004 年中国工程院殷瑞钰院士出版了《冶金流程工程学》专著（2009 年出版第 2 版，

2013 年出版英文版），开创了冶金工程技术学科中新的分学科，并从集成性工程科学命题的高度指导新一代钢铁流程的研发。集产品制造、能源高效利用和转化、消纳社会废弃物三大功能于一身的新一代可循环钢铁流程工艺与装备技术纳入了国家 2006~2020 年科技发展规划纲要和"十一五"经济与社会发展规划，成为"十一五"科技发展重点支撑项目。

几年来，新一代可循环钢铁流程工艺技术有关理论，经过十五个课题研究取得了一批成果，并通过设计、制造、施工，已建成了具有新一代可循环钢铁流程特点、具有示范意义的首钢京唐钢铁公司。首钢京唐钢铁公司区别于国内外钢厂的流程、工艺与装备特点主要有：

（1）是一个以简捷的流程网络，具有动态、有序、连续、紧凑的运行特点，实现铁水全"三脱"，单个炼钢厂年产 970 万吨以上连铸坯的全新板带生产企业。

（2）建成我国首批两座 $5500m^3$ 特大型高炉，而且是世界上第一个 $5000m^3$ 级全干法除尘的高炉。与其配套的有炭化室高度在 7.63m 以上的世界最大型焦炉，料层厚度 720mm 的大型烧结机。设计高炉利用系数 $2.3t/(d \cdot m^3)$、煤比 220kg/t、焦比 270kg/t，都属国际先进和领先。

（3）铁水罐多功能化（铁水罐定时定量从高炉接铁、运输、全量铁水脱硫、兑入脱磷转炉），取消鱼雷罐车运输、多罐倒包等环节，节省倒罐站建设，减少系统温降，节能高效。

（4）工艺设计上专用脱磷、脱硅转炉与脱碳转炉分跨布置，相互衔接，高效、低耗，保证了铁水预处理所需的系统热量，系统总渣量大大减少。

（5）脱碳转炉干法除尘，回收煤气和蒸汽指标先进、节能减排。

（6）快速 RH 真空精炼和高效连铸、高效轧制技术水平世界一流。快速 RH 精炼两个处理工位和三个待机位的新设计在终点 $[C] \leq 15 \times 10^{-6}$ 条件下，周期只有 25min；拉速 $\geq 2m/min$ 的厚板坯高速连铸技术；具有减量化轧制和超快冷却等特点的板卷轧制技术等。

（7）全面实现烧结烟气脱硫、干熄焦技术的优化，而且研究成果证明，炼焦过程可添加 1%~3% 废塑料，只要回收废塑料的社会机制建立起来，即可用于生产，实现与社会友好、消纳社会废弃物的功能。京唐公司的干熄焦设备能力达 260t/h，是目前世界上最大的。

（8）利用钢厂自发电余热的先进海水淡化装备技术具有不与严重缺水的华北地区争淡水资源、极低污染物排放与消纳城市废水等功能，成为与城市友好的钢铁企业。

（9）充分利用余能余热，自发电比例达到 70% 以上。

新一代钢铁流程理论还指导了除首钢京唐公司以外的一批新建与技术改造的钢厂设计与建设，取得良好的效果。

1.3.2.2 紧凑流程的发展已成为重要方向

紧凑型流程是 20 世纪后期发展起来的一种钢铁生产优化流程，也是 21 世纪钢铁流程发展的方向之一，近几年已在被称之为高炉—转炉长流程的联合企业中得到了更加迅速的发展，并推动了紧凑流程的完善与发展。

紧凑流程是指以近终形连铸为基本条件、把钢水凝固成型到成材的过程连续化，使炼钢、轧钢成为同一工厂中完全连续衔接的两个工序，实现生产周期以分钟（甚至以秒）来计算的极高效、优质、经济的崭新钢铁工艺流程。其发展极限可能是融熔还原和半凝固加工这种炼铁、炼钢与轧钢于一体的高度灵活、高效、清洁、优质、完全智能化的新流程。

紧凑流程首先在薄（中厚）板坯连铸连轧生产中实现了产业化，从 1989 年首次产业化至今，已发展成为占世界薄板材生产 12% 以上（即 6500 万吨/年能力）的重要流程。外国专家曾经预测，2015 年将占板材生产 30% 以上。20 多年来，新流程始终保持着比传统厚板坯连铸连轧流程更好的投资与劳动生产率优势；而且生产规模因连铸水平的提高，已逐渐发展成为与连轧能力基本匹配、具有更加灵活与竞争能力，产量为 250 万~300 万吨/年；宽度超过 3000mm 的薄（中厚）板坯连铸也已投产，第一次为生产 2800mm 宽度以上的板卷创造有利条件；新流程最初的生产线在基本无真空精炼以及以废钢为主要原料的电炉流程为主的条件下，已能将产品覆盖大部分板材钢种，具有真空精炼配置的转炉紧凑生产厂，一直努力扩展到生产轿车面板等传统流程仍然垄断的高质量钢种。

进入 21 世纪以来，紧凑流程的发展表现出了如下几个新特点：

（1）生产规模和生产效率进一步快速增长。薄板坯连铸连轧紧凑流程产业化十几年来，不少专家一直认为，这一流程因连铸能力影响，轧钢能力不能充分发挥，生产规模不大于 200 万吨/年，与常规厚板坯连铸连轧相比相差很远。但 21 世纪初的发展表明，无论是电炉还是转炉紧凑流程，已完全可以达到 300 万~350 万吨/年的生产能力，甚至从目前薄板坯连铸浇铸速度的潜力来看，还可能达到更大规模。如印度的 ISPAT 公司 CSP 生产线 2004 年实现了 1 万吨/日的最高日产量目标，中国包钢 CSP、唐钢 FTSC 日产都超过了 9000t，月产分别达 26.7 万吨和 25.7 万吨，达到 270 万~300 万吨/年的实际产量。目前薄板坯连铸的浇铸速度仅为设计最大浇铸速度的 3/4，而且生产十分平稳，连浇不小于 20 炉/次（12~14h），溢漏率不大于 0.1%，还经常出现拉速提高受转炉能力限制的现象。

（2）产品质量向高档次化的方向发展。薄板坯连铸连轧紧凑流程已不仅是只能生产普通低碳钢的流程，专家们根据这几年的发展已认定，这一全新流程已能生产传统流程几乎所有的产品。例如德国蒂森、印度 ISPAT、中国马钢的 CSP 生产线热轧卷供冷轧坯料比例均超过了 70%；蒂森 CSP 冷轧硅钢产量比例 2004 年达到 20%，中国武钢一炼钢专门生产冷轧硅钢的 CSP 生产线已建成投产；不少企业也已开始试验生产超薄高强度集装箱板用钢、高强管线钢、双相钢、含 Nb 无混晶高强低合金钢、不锈钢、汽车用钢（包括汽车大梁高强度钢、轿车面板用钢）等。印度 ISPAT 和中国包钢等一批钢厂的生产钢种均已超过 40 个。可以肯定，随着紧凑流程与常规流程一样，钢厂配置越来越完善的各类真空与非真空钢水精炼、铁水预处理装置，进一步优化连铸工艺（尤其是稳定结晶器液面）和装备，优化轧制工艺（如控轧控冷工艺），紧凑流程的产品优化生产是必然的。

（3）产品规格多样化。新型薄板坯连铸连轧紧凑流程在继续保持生产薄规格、超薄规格热轧带卷（包括可以以热轧代替冷轧的薄规格板卷）的优势基础上，正朝宽度更大、厚度规格更广的优质板卷方向发展。现在，介于薄、厚板坯连铸中间的中厚度（90~130mm）板坯连铸机在美国和中国已能生产宽度达 3000mm 以上的连铸坯，并由于薄（中厚）板坯连铸高速凝固、可以细晶化的特点，以较薄厚度铸坯生产较厚板材是完全可能的。

尤其值得关注的是近几年来，以薄板坯连铸连轧流程为基础发展起来的无头轧制全新流程，以其更加高效、节能、可稳定优质地大批量生产超薄规格热轧带卷的显著特点引起了全世界钢铁界尤其是中国钢铁界的高度关注。这是和过去连铸坯热焊接、热强力压接无头轧钢完全不同的真正连续的连铸—无头轧制全新工艺流程。目前以意大利 ARVIDI 的 ESP 和韩国浦项光阳厂 CEA（HIHGMILL1）两条生产线为代表，目标均为单流连铸机与 5~7 机架精轧机衔接大规模生产（250 万~300 万吨/年）薄规格热轧板卷。

虽然 ESP、CEA 都面临如何解决高速连铸瓶颈技术（铸坯厚度 80~100mm 时，铸速不小于 7.5m/min）、超薄规格热带卷市场开拓、进一步扩大生产品种的难题等，但其发展方向仍是应当肯定的。据 2011 年消息，ESP 和 CEA 分别已可稳定地以 6.5~6.8m/min 和不小于 7.0m/min 的连铸速度进行生产，2010 年的产量均已达到 150 万吨。日照钢厂引进的四条 ESP 生产线均已投产，达到 600 多万吨/年产量；首钢京唐二期工程 MCCR（Multi-mode Continuous Casting Rolling Plant）产线也于 2019 年 4 月投产运行。

（4）以薄带连铸（包括双辊薄带、反向凝固薄带等）为特点的最新流程正以其更简化、更紧凑、更高效的流程特点，对一些难以连铸的特殊钢种具有较好适应性特点，显示出在 21 世纪初将更加迅速发展的良好前景，有的专家甚至预测它最终可能超过薄（中厚）宽板坯连铸连轧，成为 21 世纪 30~40 年代超薄带材生产的主流。其他各种异形、管、线近终形连铸技术的发展，也可能将在 21 世纪中叶成为工程现实的新一代紧凑型流程。

由于新流程的高效优质特点，要求生产过程必须高度稳定。紧凑流程必然具有全过程高水平的自动控制特点，并将进而在 21 世纪实现全流程的智能化。

紧凑流程大规模化、质量高档化、规格多样化的发展特点，更加突出了它在投资省、生产效率高、生产成本低等方面相对于传统流程具有明显的优势，而且以它比传统流程消耗低、污染少、更清洁的本质特征突现出在 21 世纪中的发展优势。

1.3.2.3 新流程发展和现有流程的改造相结合是 21 世纪初流程变革的主要特点

新一代钢铁生产流程和紧凑型新流程的发展是不容置疑的，但绝不会一律新建。欧美及我国一些企业的实践已证明，传统流程具有一定的可改造性，可使新流程的发展具有充分利用存量资产的更佳投资效益。这种改革要视现有工厂布置及包括与最低容量（一般应不小于 100t）冶炼炉匹配等必要条件是否具备而定，以保持新流程在投资、规模、质量、效率、效益等方面的全面优势。

除了新一代钢铁生产流程和紧凑流程的发展外，传统流程也在改造中加快优化的步伐。主要方向依然是高效、连续、优质、低耗、可控与智能化。一批各工序先进技术适应流程优化的要求不断开发与推广应用，也推动着传统流程的优化。这些技术主要有：

（1）系统精料技术使流程工序衔接与质量优化、效率提高更迅速地取得成效，如高炉配料优化、铁水全量预处理、转炉终点精确控制与精炼高效化、连铸坯质量在线判定等；

（2）各工序高效化的生产技术，如炼铁富氧高风温、高速冶炼转炉、脱磷转炉加脱碳转炉、高效电炉、钢水多功能化精炼、高效连铸、半无头与无头高速轧制等；

（3）全过程动态、智能化监控，高炉专家系统、全自动化炼钢、设备在线动态监测、全数字化的控制技术与装备、神经网络技术等；

（4）各种元素原位快速连续检测、直接测定技术与装备开发应用，如钢水成分直接测定、钢坯钢材夹杂物原位直接测定、全厂检测快速响应平台技术等；

（5）装备的在线维修与快速更换技术，如冶炼炉工作衬的快速在线喷补，装备、部件的在线喷涂、修磨、维修、更换等；

（6）各类资源回收利用技术；

（7）一些新建与改造的传统流程则更加重视从总图布置上优化各工序间的衔接匹配，甚至充分关注了排放物资源化处理、循环回收利用的流程衔接关系。

武钢 RH 在出钢线上布置卷扬提升装置，实现钢液在线 RH 精炼；重钢长寿新区炼铁与炼钢厂间取消铁路运输，将出铁场与炼钢兑铁跨直接衔接等都是最新的实例，一批钢铁公司吨钢产能占地面积甚至降至 0.6m^2 以下，已成为新建钢厂的样板。

1.3.2.4　与多学科新技术的结合将成为钢铁生产新流程发展的重要特征

现代科技发展的重要特征是多学科综合性，钢铁生产流程的变革也不例外。信息科技为主导的多学科新技术及电磁（或磁）冶金学的影响是最为突出的两个方面。

现代以微电子技术为基础的信息科技已在过去相当长的时期（尤其是近十年中）对钢铁生产流程各工序、各相关产业的配套优化及全流程的优化产生了巨大的影响，新流程的智能化发展就是明证。但纳米（$1nm = 10^{-9}m$）技术将成为 21 世纪主导科技，比微电子技术更能有力地带动和促进经济实现跨越式发展的前景必须引起我们的高度重视。已有专家预言，纳米技术对传统产业、环保、宇航、生物农业、计算机信息、新材料、医疗、国家安全等各方面都将产生革命性的变化。我们实际上已从普通低碳钢细化晶粒（到亚纳米级）即可获得超高强度和相应的优良韧性、耐材中加入亚纳米级超细粉可根本改变抗热震性和强度增加的矛盾、连铸保护渣加入纳米级碳黑对渣的性能优化等例子中，初步感悟到了纳米技术的神奇影响，更加关注它将对高速、高效的钢铁生产新流程急需解决的高温在线检测、均匀凝固、改变钢材组织结构、实现全流程智能化等关键问题产生决定性的影响。

电磁与磁冶金学将对钢铁生产流程中冶炼凝固产生的影响，是我们必须关注的另一个重点，当前已在连铸工序，尤其是紧凑流程的基本条件——近终形连铸的完善与优化中显示出了越来越重要的作用，概括地说，主要将对生产效率与质量施加重要的影响。

另外，时空多尺度结构与效应的研究已成为一些钢厂优化工序衔接的方法，而生物工程的最新研究或将成为钢铁排放物处理的新途径。

1.3.2.5　钢铁生产流程的发展在各个方面都突出了可持续发展的要求

流程紧凑化、高效化和智能化本身就体现了可持续发展的要求。钢铁生产的可持续发展是自身生存与发展的基本条件，也是社会发展的必要条件。

除了紧凑型新流程主要体现出新流程生产比传统流程更少消耗、少排放，因而是更少污染的清洁流程外，还必将在钢铁生产资源的最大限度利用、环境污染治理与二次资源回收综合利用相结合，产品长寿、提高再使用性，充分发挥钢铁生产对社会废弃物的环保处理功能等方面取得进展。

21 世纪初，中国以殷瑞钰院士提出的集钢铁产品生产，资源、能源高效利用、转换与回收利用，消纳社会废弃物三大功能于一体的新一代可循环钢铁流程工艺与装备技术是钢铁生产流程成为社会朝可持续发展方向前进的最佳切入点。新一代钢铁生产流程已首先在首钢京唐钢铁公司成功投入运行，并引起了广泛的关注。新流程在紧凑、高效、动态有序的运行中，使三大功能充分发挥，成为钢铁生产流程在今后长久的优化方向。中国鞍钢鲅鱼圈和重钢长寿新厂的建设运行也体现了新一代可循环钢铁生产流程的特点，并在清洁能源的利用上进行了重要探索，也是值得关注的流程优化实例。

这就是21世纪钢铁生产流程发展的主要特点与方向。

1.3.3　转炉炼钢对现代钢铁生产流程技术发展的影响

转炉是目前世界和中国最主要的炼钢方法。21世纪以来，世界转炉钢比一直大于65%，这主要决定于中国转炉钢比一直保持在84%以上，而且中国转炉炼钢产量快速增加，一直是世界钢产量增加的主要原因。据2010年快报数据统计，中国转炉钢比达到90%，转炉钢产量超过5.5亿吨。这种转炉炼钢主导世界炼钢生产的格局在可预见的将来仍然是不可改变的，在中国则更是如此。因此，现代转炉炼钢的迅速发展必将促进或适应于现代钢铁生产流程的优化和发展。

（1）转炉预脱磷+脱碳转炉的全新工艺是新一代钢铁生产流程优越性中最重要的特点。

京唐钢铁公司炼钢工序流程紧凑顺畅，采用铁水罐多功能化（出铁、运输、预脱硫、兑入转炉），采用脱磷炉+脱碳炉少渣炼钢工艺，加上世界上300t转炉首次采用干法除尘、脱碳炉高水平全自动炼钢、高效精炼和连铸技术，成为代表新一代钢铁生产流程优化方向最主要的特点，也有效地推动了国内传统转炉炼钢工艺向预脱磷+少渣脱碳冶炼的全新工艺发展，成为钢厂节能减排、降低成本最重要的措施之一。

（2）促进了高炉、焦化、烧结、球团设备大型化。

氧气转炉从诞生后不久，就迅速实现了大型化。从20世纪60年代末期开始，就出现了 $200 \sim 300t$ 的大型转炉，而且还有 $380 \sim 400t$ 的超大型转炉在德、日等国投产，我国宝钢湛江的转炉为350t。这使得原有的 $1000m^3$ 级的高炉难以再与其匹配，从而加速了高炉大型化的进程。与之匹配的烧结、球团和炼焦炉也同时实现了大型化。从20世纪70年代中期开始直到21世纪初，日、德、俄、加都有不小于 $5000m^3$ 的高炉通过大修改造和新建投产运行。2004年已有11座 $5000m^3$ 以上的高炉在运行。到2010年，则增加到18座，在中国就有3座 $5600 \sim 5800m^3$ 的高炉投入生产。与之匹配的焦炉也发展为炭化室高度 $6.5 \sim 7.23m$ ，年产达到100万 $\sim$ 200万吨/座；不小于 $400m^2$ 烧结机（中国京唐钢铁公司 $560m^2$ 烧结机2009年投产）和 $250 \sim 568t/h$ 的带式、链算机—回转窑球团生产设备都大量出现，大大提高了炼铁和铁前系统的生产效率和产品质量。转炉大型化进一步适应并推动了轧钢设备能力的提高，产能不小于100万吨/年的棒线材连轧、400万 $\sim$ 500万吨/年的热带连轧生产线大量投入运行。总之，转炉大型化总体上促进了整个钢铁行业的产量快速增长。

我国转炉大型化也带动了高炉生产的大型化。到2010年，我国已有超过40座的 $201 \sim 300t$ 的大型转炉，$100 \sim 200t$ 级转炉超过182座。与此对应，一批不小于 $2000m^3$ 高炉投入生产，不小于 $4000m^3$ 的高炉就有14座，其中3座不小于 $5500m^3$ 。这批大型高炉无论在高效、优质、高风温、低燃料比、低渣铁比等方面，还是满足转炉大型化生产方面，都起到了引领炼铁生产发展的作用。但我国高炉生产各方面取得了显著进步的同时，在资源和能源利用率、高炉大型化、提高产业集中度以及环保等方面还有待进一步提高。我国高炉数量太多，平均炉容过小的矛盾尚未解决，尤其是2006年前又新建了一批 $1000m^3$ 以下的中小型高炉，使高炉结构不合理的问题仍然很突出。但在转炉大型化的带动下，这个问题将会得到解决。

我国转炉生产的发展从 20 世纪 90 年代中期起就推动了高速线材、棒材连轧机生产线和热轧板带卷生产的迅速发展,全面提高了中国钢铁生产流程的效率。

(3)较好地适应了连铸技术的要求(包括高效连铸、全连铸技术)。

20 世纪 90 年代以后国内钢厂大力推广以无缺陷铸坯为基础,高拉速、高连浇率为核心的高效连铸技术,普遍实现了全连铸生产,取得了明显的进步。连铸技术进步对整个钢铁生产具有引领作用。它要求转炉炼钢在提高效率、稳定提供合理洁净度的钢水这两个方面迅速取得进步。而现代转炉大型化,冶炼过程与终点自动控制精度大大提高,炉衬长寿命与高供氧强度系统技术优化,都满足了连铸生产发展的高水平要求,从而推动了整个钢铁行业的科技进步。值得关注的转炉工艺进步与铁水预处理、钢水精炼技术结合,在高效化和优质化等方面,全面满足了连铸生产发展要求,并形成动态有序、网络化运行的低成本、高效率洁净钢生产系统技术,已成为现代钢铁生产流程最重要的发展方向之一,发挥了重要的作用。

应该特别指出的是,以薄板坯连铸连轧为代表的现代紧凑型钢铁生产流程,虽然诞生于电炉流程,但目前转炉—薄板坯连铸—连轧的流程已占据紧凑流程的主导地位,也正是转炉高效率生产的推动,薄板坯连铸连轧紧凑流程的生产能力由 100 万~120 万吨/年迅速提高到 200 万~300 万吨/年。

现代转炉生产优化已成为现代钢铁生产流程优质、高效生产最重要的中间和中心环节。

(4)现代钢铁生产流程节能减排的重要环节。

虽然现代转炉不是钢铁生产流程中能耗最高的环节,但却是唯一可能实现能量消耗为负值的工序。它能对资源、能源消耗最优化和高效回收利用二次能源与资源发挥重要的作用。在前面提到的"负能炼钢"就是最具优势的实例。

21 世纪流程优化已对钢铁生产的发展产生了重大作用,它使现代钢铁生产劳动生产效率大幅度提高,成为钢铁生产工艺稳定、质量提高的保证,大大提高了节能降耗清洁生产的水平,对降低投资与生产成本、全面优化生产经营管理都产生了决定性影响。

参 考 文 献

[1] 刘浏,余志祥,萧忠敏. 转炉炼钢技术的发展与展望 [J]. 中国冶金,2001,13(1):17~23.

[2] 中国钢铁工业五十年数字汇编(上卷)[M]. 北京:冶金工业出版社,2003:8~9.

[3] 黄希祜. 钢铁冶金原理 [M]. 北京:冶金工业出版社,2004.

[4] 刘浏,杜昆. 关于转炉溅渣护炉的几个工艺问题 [J]. 钢铁,1998,33(6):65~68.

[5] 野崎努. 底吹转炉法引进-搅拌效果-顶底复合吹炼 [M]. 张柏汀,张劲松 译. 北京:冶金工业出版社,2008.

[6] 鞍钢钢铁研究所技术情报研究室. 底吹氧气炼钢法译文集 [C].1973.

[7] 上海科学技术情报研究所. 国外氧气底吹转炉发展概况 [R].1976.

[8] 刘浏. 我国炼钢生产技术的发展 [C].2003 年中国钢铁年会论文集,第 3 卷. 北京:冶金工业出版社,2003:133~137.

[9] 翁宇庆．我国冶金工业在新世纪最初几年的科技进步［C］.2003 年中国钢铁年会论文集，第 1 卷．北京：冶金工业出版社，2003：13~21.

[10] 赖兆奕．转炉长寿与"经济炉龄"［C］.2003 年中国钢铁年会论文集，第 3 卷．北京：冶金工业出版社，2003：292.

[11] Liu Liu, Development and Application of Slag Splashing Technique in China, Proceedings of ICETS 2000-ISAM［C］. Beijing, 2000：430~436.

[12] 苏天森，刘浏，王维兴．转炉溅渣护炉技术［M］.北京：冶金工业出版社.1999：59~69.

[13] 崔健．宝钢 300t 转炉溅渣护炉工艺研究［J］.钢铁，1998，33（10）：15.

[14] 贺章瑶，刘继姣．国内外转炉二次燃烧氧枪技术的应用［J］.炼钢，1998，2：57~60.

[15] Gou H, Irons G A, Lu W K. Mathematical modeling of postcombustion in a KOBM converter［J］. Metallurgical Transaction B, 1993, 24B（1）：179~188.

[16] Friedrich Hofer, Pervez Patel, Hans-Joachim Selenz. Foundmentals of post-combusion in steelmaking vessels［J］. Steel Research, 1992, 63（4）：172~178.

[17] Masazumi Hirai, Ryoji Tsujino, Tatsuo Mukai, et al. Machanism of post combustion in the converter［J］. Transactions ISIJ, 1987, 27（10）：805~813.

[18] 李顺德，李承祚．210t 转炉加焦炼钢工艺及节能［J］.首钢科技，1990（4）：13~18.

[19] 蔡延书．国内外提高转炉废钢比的措施［J］.重钢技术，1994，37（1）：12~24.

[20] 高紫信元，古隆建．顶底复吹转炉二次燃烧技术的开发［J］.国外钢铁钒钛，1990，3（2）：75~82.

[21] 洪民藩．全废钢的转炉炼钢法［J］.冶金丛刊，1991（5）：35，47.

[22] 柯玲，王树棠．转炉加煤热补偿工艺［J］.钢铁，1995，30（12）：20~23.

[23] 刘梁山．钢水热补偿——加热技术及其在国内外的发展概况［J］.河北冶金，1991（6）：24~30.

[24] 袁章福，李华．转炉炼钢热补偿技术［J］.炼钢，1991（7）：44~49.

[25] 张林．全装废钢转炉炼钢工艺［J］.中国物资再生，1998（6）：25~26.

[26] 张世文．不用铁水的氧气顶吹转炉炼钢法——Z-BOP 工艺［J］.国外钢铁，1994，19（8）：28~32.

2 复吹转炉炼钢原材料

原材料是现代转炉炼钢生产的物质基础，原材料质量的好坏对炼钢工艺和钢的质量有直接影响。国内外大量生产实践证明，采用精料以及原料标准化，是实现冶炼过程自动化、改善各项技术经济指标、提高经济效益的基础。根据所炼钢种、操作工艺及装备水平合理地选用和搭配原材料，以达到低成本投入、高质量产出的目的。炼钢用原材料分为主原料、辅助原材料、各种铁合金和气体等。转炉炼钢用主原料为铁水和废钢（生铁块），辅助原材料包括造渣剂（石灰、萤石、白云石、氧化镁球、石英砂、石灰石、生白云石、锰矿等以及复合造渣剂）、冷却剂（铁矿石、氧化铁皮、烧结矿、球团矿和各种含铁尘泥制成的冷、热固结的返回剂）、其他材料（包括增碳剂、钢包渣改质剂、溅渣护炉用调渣剂及各种耐火材料等）。

炼钢常用铁合金有锰铁、硅铁、硅锰合金、硅钙合金、铝铁、金属铝、铬铁、钒铁、铌铁、硼铁及几种合金复合的铁合金等。炼钢常用气体包括氧气、氮气、氩气、煤气、压缩空气等。

转炉入炉原材料结构主要包括三方面内容：一是钢铁料，即铁水和废钢及废钢种类的合理配比；二是造渣原料，即石灰、白云石、萤石、铁矿石、石灰石、生白云石等的配比；三是充分发挥各种炼钢原材料的使用效果，即钢铁料和造渣料的科学利用。入炉原材料结构的优化调整，是最大程度降低各种物料消耗、稳定工艺过程、增加生产能力和降低成本的基本保证。

2.1 铁水

铁水是炼钢的主要原料，一般占装入量的 70%~100%。铁水的化学热与物理热是复吹转炉炼钢的主要热源。因此，对入炉铁水化学成分和温度必须有一定的要求。

2.1.1 铁水的化学成分

复吹转炉炼钢要求铁水的化学成分中各元素的含量适当并稳定，这样才能保证转炉冶炼操作稳定并获得良好的技术经济指标。表 2-1 是炼钢用生铁化学成分的标准。

（1）硅 [Si]：硅是转炉炼钢发热元素之一。硅含量高，会增加转炉热源，能提高废钢比。有关资料表明，铁水中 $w(Si)$ 每增加 0.1%，废钢比可提高约 1.3%。铁水硅含量高，渣量增加，有利于去除磷、硫。但过高的硅含量，会给转炉冶炼带来不良后果，主要有：

1）增加渣料消耗。铁水中 $w(Si)$ 每增加 0.1%，每吨铁水就需多加 6kg 左右的石灰。过大的渣量容易引起喷溅，随喷溅带走热量，加大金属损失。

2）加剧对炉衬的侵蚀。

3）初期渣中 $w(SiO_2)$ 超过一定数值时，影响成渣速度，延长冶炼时间。

通常铁水中 $w(Si) = 0.30\% \sim 0.60\%$。大中型转炉用铁水硅含量可以偏下限，而对于热量不富余的小型转炉用铁水硅含量可偏上限。转炉吹炼高硅铁水可采用双渣操作。随着高炉的大型化和炼铁工艺现代化的发展，低硅铁水的生产技术趋于成熟。低硅铁水对降低转炉炼钢工序能耗和物料消耗起到积极的作用。低硅铁水中一般 $w(Si) = 0.20\% \sim 0.30\%$。低硅铁水冶炼如果化渣困难，炼钢应采取相应的措施。

表 2-1　炼钢用生铁化学成分标准（YB/T 5296—2011）

牌　号			L03	L07	L10
化学成分 /%	[C]			≥3.50	
	[Si]		≤0.35	0.35~0.70	0.70~1.25
	[Mn]	一组		≤0.40	
		二组		0.40~1.00	
		三组		1.00~2.00	
	[P]	特级		≤0.100	
		一级		0.100~0.150	
		二级		0.150~0.250	
		三级		0.250~0.400	
	[S]	一类		≤0.030	
		二类		0.030~0.050	
		三类		0.050~0.070	

（2）锰 [Mn]：铁水锰含量高对冶炼有利，在吹炼初期形成（MnO），能加速石灰的溶解，促进初期渣及早形成，改善熔渣流动性，利于脱硫和提高炉衬寿命。铁水锰含量高，终点钢中余锰高，可以减少锰铁加入量，有利于提高钢水洁净度等。转炉用铁水对 $w(Mn)/w(Si)$ 比的要求为 $0.8 \sim 1.0$，因锰矿资源少，目前使用较多的为低锰铁水，$w(Mn) = 0.15\% \sim 0.40\%$。

（3）磷 [P]：磷是高发热元素，在大多数钢中是要去除的有害元素（含磷钢除外）。因此，要求铁水磷含量越低越好，一般要求铁水 $w(P) \leqslant 0.20\%$，正常铁水 $w(P)$ 一般在 $0.08\% \sim 0.12\%$。铁水中磷含量越低，转炉工艺操作越简化，并有利于提高各项技术经济指标。

铁水磷含量高时，可采用双渣操作，或铁水预脱磷处理。现代转炉炼钢可采用转炉预脱磷工艺，即单炉新双渣法或脱磷炉 + 脱碳炉工艺，这不仅可以满足洁净钢的生产需要，而且可以大幅度降低消耗和提高生产效率。

（4）硫 [S]：除了含硫易切削钢以外，对于绝大多数钢种，硫都是必须要去除的有害元素。转炉熔池中硫主要来自金属料、铁水带渣和造渣材料等，而其中铁水的硫是主要来源之一。转炉采用单渣法操作的脱硫效率只有 30% 左右。一般炼钢要求入炉铁水 $w(S) \leqslant 0.05\%$，冶炼优质低硫钢的铁水硫含量则要求更低，要求铁水 $w(S) \leqslant 0.005\%$，冶炼特殊超低硫钢甚至要求铁水 $w(S) \leqslant 0.002\%$。因此，必须进行铁水预脱硫降低入炉铁水硫含量。

（5）碳 [C]：铁水中 $w(C) = 3.5\% \sim 4.5\%$，碳是转炉炼钢主要发热元素。

2.1.2　铁水温度

铁水温度的高低是带入转炉物理热多少的标志，铁水物理热约占转炉热收入的 50%。铁水温度高有利于稳定操作和转炉的自动控制。铁水的温度过低，影响元素氧化过程和熔池的温升速度，不利于成渣和去除杂质，容易发生喷溅。通常高炉的出铁温度在 1350~1500℃，由于铁水在运输、铁水预处理过程及待装过程中的温降，实际入转炉温度一般在 1250~1360℃，并且要相对稳定。

2.1.3　铁水带渣

铁水带来的高炉渣和铁水预脱 [S] 渣中（SiO_2）、（S）等含量较高，若随铁水进入转炉会导致石灰消耗量增多，渣量增大，容易造成喷溅，引起冶炼增硫，影响磷、硫的去除，损坏炉衬等。因此，要求高炉铁水带渣量不超过 0.50%。铁水预脱硫后必须进行扒渣。某厂高炉渣成分见表 2-2。

表 2-2　某厂高炉渣成分　　　　　　　　　　　（%）

成分	（SiO_2）	（CaO）	（MgO）	（Al_2O_3）	（TiO_2）	（S）	R	（FeO）
Q 高炉	34.37	40.88	7.84	13.97	0.70	1.03	1.19	0.54
M 高炉	36.00	38.00		16.40	0.8	1.5	1.06	

注：R 为（CaO）/（SiO_2）。

2.1.4　铁水运输

传统的大型钢铁厂的铁水运输多采用鱼雷罐的形式，以提高铁水利用率，减少铁水热量损失，20 世纪 60~80 年代在中国许多钢厂还采用混铁炉的形式储存铁水，目的是稳定铁水温度、均匀铁水成分。但这种流程因存在周转次数多、温度损失大、铁水倒罐对环境污染及生产组织复杂等明显的缺点，正逐渐改变，尤其是混铁炉已在大部分钢厂中被淘汰。

首钢京唐公司 300t 复吹转炉、沙钢和重钢长寿新区，高炉到转炉铁水运输采用自主集成的铁水罐多功能（俗称"一罐到底"）技术，取消了传统的鱼雷罐车，采用铁水罐运输铁水，把高炉铁水的承接、运输、预处理、向转炉兑铁等集为一体，取消了倒罐站的建设与作业，具有减少铁水温降、节约能源、缩短工艺流程、减少设备及维修、减少人员、减少占地及投资、简化生产作业、保护环境等多项技术经济优势，"一罐到底"比同等运输距离的鱼雷罐方式少降温 24℃ 以上，而且提高了生产效益。由于铁水罐是直接将铁水兑入转炉，对出铁量的控制需十分精确，一般 200~300t 铁水罐出铁量误差均可控制在 ±2t/罐以内。

2.2　废钢[1]

废钢是转炉炼钢的主原料之一，废钢的来源有自产废钢和社会废钢，自产废钢是指企业内部生产过程中产生的废钢或回收的废旧设备、铸件等废钢，社会废钢是指从国内或国外购买的废钢。废钢必须分类存放和使用。

废钢通过废钢料槽加入转炉，废钢料槽应按废钢堆密度 $0.7 \sim 1.0 t/m^3$ 和一槽装炉的原则设计。

2.2.1 转炉炼钢对废钢的要求

转炉炼钢对废钢的要求是：

（1）废钢的碳含量一般小于 2.0%，硫含量、磷含量均不大于 0.050%。废钢中残余元素含量应符合以下要求：$w(Ni) < 0.30\%$、$w(Cr) < 0.30\%$、$w(Cu) < 0.30\%$。除锰硅外，其他合金元素残余含量的总和不超过 0.60%。

（2）废钢应具有合适的外形尺寸和单重，废钢的外形尺寸和块度应保证能从炉口顺利加入转炉，废钢单重不能过重，以便减轻对炉衬的冲击，同时在吹炼期必须全部熔化。轻型废钢和重型废钢合理搭配使用，轻薄料应打包、压块后使用；重型废钢应加工、切割，以便顺利装料。废钢的长度应小于转炉口直径的 1/2，废钢的单重应根据转炉容量和实际情况确定，一般不应超过 800kg。国标（GB 4223—2004）要求废钢的单件外形尺寸不大于 1500mm，单件重量不大于 1500kg。

（3）不同性质的废钢必须严格分类存放和使用，以免混杂，如低硫废钢、超低硫废钢、普通类废钢等，以满足不同类别钢种冶炼的需要。根据废钢外形尺寸将废钢分为轻料型废钢、小型废钢、中型废钢、重型废钢。非合金钢废钢、低合金钢废钢不得混有合金废钢和废铁；合金废钢不应混有非合金钢废钢、低合金钢废钢和废铁，并单独存放，以免造成冶炼困难，产生熔炼废品或造成贵重合金元素的浪费。

（4）废钢应清洁干燥，不能带水、雪。废钢内不应混有铁合金、有害物。废钢表面和器件、打包件内部不应存在泥块、水泥、黏砂、油物、珐琅、耐火材料等。单件表面有锈蚀的废钢，其每面附着的铁锈厚度不大于单件厚度的 10%。

（5）废钢中禁止混有炸弹炮弹等爆炸性武器弹药及其他易燃易爆物品。禁止混有两端封闭的管状物、封闭器皿等物品。禁止混有橡胶和塑料制品。

（6）废钢中不应有成套的机器设备及结构件（如有，则必须拆解且压碎或压扁成不可复原状）。各种形状的容器（罐、筒等）应全部从轴向割开。机械部件容器（发动机、齿轮箱等）应清除易燃品和润滑剂的残余物。

（7）废钢中禁止混有其浸出液中有害物质浓度超过标准值的有害废物。废钢中禁止混有多氯联苯含量超过控制标准值的有害物。

（8）废钢中若有曾经盛装过液体和半固体化学物质的容器、管道及其碎片，必须清洗干净。进口废钢必须向检验机构申报容器、管道及其碎片曾经盛装或输送过的化学物质的主要成分以及放射性检验证明书，经检验合格后方能使用。

（9）废钢中不应混有下列有害物：

1）医药废物、废药品、医疗临床废物；

2）农药和除草剂废物、含木材防腐剂废物；

3）废乳化剂、有机溶剂废物；

4）精（蒸）馏残渣、焚烧处置残渣；

5）感光材料废物；

6）铍、六价铬、砷、硒、镉、锑、碲、汞、铊、铅及其化合物的废物，含氟、氰、酚化合物的废物；

7）石棉废物；

8）厨房废物、卫生间废物等。

（10）废钢中禁止夹杂放射性废物，废钢的放射性污染按以下要求控制：

1）废钢的外照射贯穿辐射剂量率不能高于 0.46μS/h；

2）废钢的表面放射性污染水平检测值不能超过 0.04 Bq/cm^2，β 表面放射性污染水平检测值不能超过 0.4Bq/cm^2；

3）废钢中放射性核素比活度禁止超过相关规定。

（11）废钢各检验批料中非金属夹带杂物（不含非金属有害废物）的总重量，不应超过该检验批重量的千分之五。

2.2.2　废钢分类

废钢按其用途分为熔炼用废钢和非熔炼用废钢。熔炼用废钢按其化学成分分为非合金废钢、低合金废钢和合金废钢。国标对熔炼用废钢按其外形尺寸和单件重量分为 8 个类型，如表 2-3 规定。

表 2-3　熔炼用废钢分类（GB/T 4223—2017）

类型	类别	外形尺寸及重量要求	供应形状	典型举例
重型废钢	Ⅰ类	1200mm×600mm 以下，厚度不小于 12mm，单重 10~2000kg	块、条、板、型	钢锭和钢坯、切头、切尾、中包铸余、冷包、重机解体类、圆钢、板材、型钢、钢轨头、铸钢件、扁状废钢等
	Ⅱ类	800mm×400mm 以下，厚度不小于 6mm，单重不小于 3kg	块、条、板、型	圆钢、型钢、角钢、槽钢、板材等工业用料，螺纹钢余料，纯工业用料边角料，满足厚度单重要求的批量废钢
中型废钢	—	600mm×400mm 以下，厚度不小于 4mm，单重不小于 1kg	块、条、板、型	圆钢、角钢、槽钢、板材、型钢等单一工业余料，各种机器零部件、铆焊件、大车轮轴、拆切废、管切头、螺纹钢头，各种工业加工料、边角料废钢
小型废钢	—	400mm×400mm 以下，厚度不小于 2mm	块、条、板、型	螺栓、螺母、船板、型钢边角余料、机械零部件、农家具废钢等各种工业废钢，无严重锈蚀氧化废钢及其他符合尺寸要求的工业余料
轻薄料废钢	—	300mm×300mm 以下，厚度小于 2mm	块、条、板、型	薄板、机动车废钢板、冲压件边角余料、各种工业废钢、社会废钢边角料
打包块	—	700mm×700mm×700mm 以下，密度不小于 1000kg/m^3	块	各种汽车外壳、工业薄料、工业扁丝、社会废钢薄料、镀锡板、镀锡板冷轧边料等加工（无锈蚀、无包芯、夹什）成型

类型	类别	外形尺寸及重量要求	供应形状	典型举例
破碎废钢	Ⅰ类	150mm×150mm 以下，堆密度不小于 1000kg/m³		各种汽车外壳、箱板、模特车架、电动车架、大桶、电器柜壳等经破碎机加工而成
	Ⅱ类	200mm×200mm 以下，堆密度不小于 800kg/m³		各种龙骨、各种小家电外壳、自行车架、白铁皮等经破碎机加工而成
渣钢	—	500mm×400mm 以下或单重不大于 800kg	块	炼钢厂钢包、翻包、渣罐内含铁料等加工而成（含渣不大于10%）
钢屑	—			团状、碎切屑及粉状

2.2.3 按钢种要求的废钢配料方式

根据钢种对成品 [S] 含量的要求及冶炼工艺路线，选择废钢的配料方式。在冶炼不同钢种时，废钢按不同的配料比加入转炉，每个废钢组中配置有不同等级的废钢。某厂废钢配料方式见表 2-4。

表 2-4 某厂废钢配料方式

废钢方式	成品 [S]/%	超低硫废钢占比/%	低硫重废占比/%	中型废钢占比/%	普通重废占比/%	小板条占比/%	杂废占比/%
1	≤0.005	90				10	
2	≤0.010		90			10	
3	≤0.015		50	20	20		10
4	≤0.020			30	50		20
5	>0.020			30	40		30

根据废钢的供应和库存情况，尽量用低价位废钢炼好钢，废钢的替换原则为：

（1）渣钢→普通重废；

（2）生铁→渣钢→重废；

（3）打包块→渣钢→普通重废；

（4）普通重废→切头；

（5）切头→低硫废钢。

根据钢种的重要性、对残余元素含量的要求和充分利用合金元素的目的，废钢的管理要考虑到特殊钢废钢的回收和分类，配料方式要根据残余元素含量的不同进行配料使用。

2.2.4 废钢加工的主要方法

转炉装料前，废钢应进行挑捡分类和必要的加工处理，并应分类存放。

合格的废钢尺寸、适中的堆密度是保证提高炼钢生产效率、降低成本的重要因素。废钢加工的基本标准是：大料变小，轻料变重，确保密度。

废钢的加工手段通常有"砸、爆、剪、包、割"，针对不同的废钢料型可以采用不同的加工方法。

2.2.4.1　液压打包法

轻型废钢在废钢总量中一般占有较大的比例，因重量轻不便运输，也不能直接供应炼钢生产，故通常在高温加热脱除油、水后，利用打包机对其进行挤压加工，使轻料变重料，以易于贮运，同时可降低金属熔炼时的烧损、缩短冶炼时间。

工作压力 1000kN 的打包机可处理厚度为 1mm 的轻型废钢料，厚度每增加 1mm，打包机的工作压力约需增加 1000kN。我国使用的液压打包机多是 3000~6300kN 级，近年国外采用 15000~20000kN 级的打包机日渐增加，主要处理厚度为 12~15mm 以下的一般混合废钢，打出的包块密度可增加 30% 以上。社会废钢中的轻薄料，应在社会回收公司内打包成块。钢厂内部如果没有大量轻薄料废钢产生，则打包机的作业不饱满，打包机不能成为主体设备。

2.2.4.2　高架落锤

高架落锤是传统的解体钢锭模等大型铸铁件模具和渣钢的手段。由于连铸比的增大，废模具的处理量相对减小，因此处理此类废钢的加工技术亦无新的取代性的发展。

2.2.4.3　爆破方法

爆破方法主要用于处理大型实体钢料。由于控制爆破等新技术的发展和应用，爆破加工仍有生命力。

2.2.4.4　剪切方法

在 20 世纪 50 年代，随着电炉炼钢技术的发展，欧洲出现了用于剪切废钢的液压剪切机。目前液压剪切机的剪切能力由 6000kN 发展到了 16000kN，功能由单一的剪切发展到预压、推进、剪切、连续自动剪切等多个功能。液压剪切机是废钢加工设备中比较成熟的设备，国产废钢剪切机已广泛运用在生产中。

废钢经过分选后，利用液压剪切机改变废钢的几何尺寸，剪切机与传统的氧、乙炔切割相比，效率高、能耗低、金属损耗少、环境污染小、劳动强度小，并可提高加工质量。剪切后的废钢用作打包或压块的原料，一些重料也可直接供应炼钢生产。

液压剪是取代笨重而有害的氧割方法并实现废钢加工机械化的有效设备，剪切也可在相当程度上分离夹带的杂物。液压剪能够较好地组织废钢加工机械化作业生产线，较好地实现废钢准备与冶炼作业间的速度平衡。

对于不能进行剪切的超硬、超强、超尺料，其经分选后，要进行氧割或其他加工处理成合格料，并及时地转移到成品贮存区。

2.2.4.5　破碎法

废钢破碎加工法是目前废钢处理中最先进的加工方法。破碎机是破碎线上的关键设备，通常线上还有破碎前的装料、破碎过程中的除尘、破碎后金属与非金属的分离、有色金属和黑色金属的分离等除尘和分拣设施以及中间环节的输送功能等。除尘、分拣系统一般分为干式、湿式和半湿式三种。

废钢破碎机能回收加工的废钢包括一般废钢、废汽车、废自行车、废机车、各种废家电、生产线边角料和五金零配件等。该系统的作业流程为：

（1）进料，利用起重机将废钢放入进料的板型输送带。

（2）压缩，利用下料槽的一组进给辊轮，使废钢进入破碎机主体。

（3）破碎，将填入破碎机主体的废钢用打击轮破碎成 50~250mm 的碎钢料。

（4）分离，借助集尘系统的气流离心力，将尘粒清除，并喷水将微尘埃颗粒化。铁与非金属碎料通过电磁鼓进行分离。

（5）出料，破碎分离后的钢铁料由输送机输送到储存区。非铁金属由输送带运送到非铁金属处理区作再次分拣，将其中的铜、铝及塑料、橡胶等非金属料分离出来。若进行深度精选，还可将分离出的非金属料再次进行精选分离。

该方法分拣出的废钢纯度可达 99% 以上，堆密度高（与打包法比），质量好，常规冶炼炉和预脱磷炉均宜使用，正逐渐为企业所重视。

2.2.4.6 火焰切割法

火焰切割法主要用于回收大型设备、废铸坯以及废钢锭等重型废钢的处理。尤其适合于未配备剪切机的企业使用或对剪切机能力无法处理的重型废钢进行切割。但这种方法占用场地大、生产效率低、能耗高且污染处理难（大多属非组织排放），已逐渐成为非主流处理方式。

2.2.5 废钢的分类存储

转炉炼钢应设置单独的废钢配料间分类存放废钢，并应按要求进行废钢配料装槽作业，然后用专用车辆送入主厂房原料跨。废钢配料间应能满足 3~10 天的废钢用量。

根据场地和设备情况确定进厂废钢的存放和加工地点。如将板条、板边等存放于液压剪区域，以备剪切。划分社会废钢和厂内大中修废钢等的加工场地以利于分选，划分用于存放各种加工重料（如中间包注余等）的场地，开辟存放各种轻薄料的场地等。

细致划分各场地的各个料池，为废钢分选提供足够的空间。

合格料的集存区、原始料的堆放区、分选和氧割区、待剪和待破碎料区等应截然分开，互不混料。在废钢回收、入库、分选到供料的物料管理上，应按废钢的料型和品种分别存放、加工和管理，形成具有合理的库存量的堆存面积，形成合理的加工分选、供应的货场，并实施逐级管理，以提高废钢质量。

2.2.6 废钢的运输

废钢是转炉炼钢的主要金属料之一，它还是冷却效果比较稳定的冷却剂。废钢按来源可分为本厂废钢和社会废钢两种，其运输方式也有所不同。

2.2.6.1 本厂废钢

本厂废钢主要包括钢包和中间包注余钢、废钢锭、铸坯头尾、轧钢切头、加工废料、报废设备以及废轧辊等。这部分废钢质量好，成分比较清楚，性质波动小，给冶炼过程带来的不稳定因素小，运输一般采用过跨车或铁路车皮，十分方便。

2.2.6.2 社会废钢

社会废钢主要包括机械、造船、汽车等行业的废钢、车屑等以及船舶、车辆、机械设备、土建和民用材料等，其成分复杂，质量波动大，对其运输有严格规定。

（1）废钢应按级成批、整船（整仓）、整车交货，每批应同一级别组成，不得混装，如有混装，则按其中的最低品级验收；

（2）铁路车皮原则上应一车皮一级，如遇特殊情况，在能明显区分开来的前提下，允许一车两种级别；

（3）每一级别的废钢都应符合规定的尺寸和单重范围；

（4）废钢的单重大于 6t、长度超过 3m、宽度超过 0.8m、轧辊直径超过 0.5m 的拒收；

（5）废钢中若混有密封容器、橡胶制品和杂质，按合同规定处理；

（6）废钢中若混有废旧武器、易熔易爆、有毒物品等，要求供方处理；

（7）废钢运输过程中要有专人押运。

2.2.7 铁水与废钢比的控制

废钢作为炼钢原料资源，越来越引起国内外钢铁企业的重视，由于各国废钢资源不同，转炉炉料中废钢比的高低也有差异。

影响转炉废钢比的因素很多，如废钢资源、废钢价格、铁水成分、铁水温度、冶炼钢种等。我国废钢资源短缺，废钢价格偏高，每年需进口数百万吨废钢。近年来我国重点转炉炼钢厂废钢比一般在 10%～20%。

2.2.8 废钢使用的安全

废钢中爆炸物品、密封容器、有色金属和有害物质对转炉炼钢均有危害性。

2.2.8.1 爆炸物品、密封容器及有害物质的概念

（1）爆炸物品：爆炸物品是指混入废钢中，一旦受到明火、辐射、高温、高压、撞击等外力作用时，即刻发生危害性爆炸的物品。在废钢管理中，通常所指的爆炸物品是：雷管、子弹、炸（炮）弹、手（地）雷、手榴弹及其他有弹药的废旧武器。

（2）密封容器：密封容器是指在废钢中四面封闭没有开口，或有开口但开口直径（边长）小于桶体最大直径（边长）的三分之一，或有开口但开口不直接对着桶体，呈转弯状的容器。如各类大小气瓶、液体瓶罐、油箱、汽缸及四面封闭的容器等。

（3）有害物质：有害物质主要包括有害杂质和有害元素。有害杂质多指橡胶、搪瓷、塑料、油漆、油脂及其他化学和放射性物质；有害元素多指铅、锡、铜和铝等，还包括影响冶炼的废旧合金钢、生铁件、渣铁、渣钢以及含硫或磷等成分大于规定标准的其他元件。

2.2.8.2 废钢中爆炸物、密封容器和有害物质的危害性

（1）爆炸物的危害性：

1）废钢中混有爆炸物，在废钢的装卸、分选和加工作业过程中，受外力的作用，会

引起强烈爆炸，直接危害人身安全，给设备、建筑等造成破坏，后果不堪设想；

2）废钢作为炼钢原料，在冶炼过程中有爆炸物时因高温火焰而发生炉内爆炸，其对冶炼设备系统具有毁灭性的破坏作用，造成难以估量的人身、设备和建筑物的损坏。

（2）密封容器的危害性：

1）密封容器中储存着各类成分不详的液体，在火焰切割加工作业时会引起爆炸、喷溅和产生毒性不同的有害气体，造成人身伤亡和中毒、破坏各类设备、造成作业环境严重污染；

2）密封容器一旦加入转炉中，遇高温急剧膨胀，产生爆炸，其破坏力不亚于爆炸物；

3）密封容器除自身具有密储液体的特性外，同时还会在装卸、分选、露天储存、供应过程中积存雨水，进入转炉中不易迅速蒸发，兑铁水时形成破坏程度不同的冲击气浪，引起爆炸。

（3）有害物质的危害：有害物质可分为有害杂质和有害元素两种。

1）有害杂质的危害有：在火焰气割过程中会产生有毒气体，危害人身安全、污染作业环境、影响冶炼钢种质量；

2）有害元素的危害有：不符合成分标准造成冶炼失败、影响钢材性能、危害人身安全、毁坏冶炼设备。

2.2.9 铁块

铁块也称冷铁，是铁锭、废铸铁件、包底铁和出铁沟铁的总称，成分与铁水相近，但没有显热。虽然铁块发热元素含量高于废钢，但是它的冷却效应比废钢低，通常将废钢与铁块搭配使用。

入炉铁块的碳含量一般大于 2.0%。要求铁块的硫含量和磷含量分别不大于 0.070% 和 0.15%。入炉生铁块成分要稳定，硫、磷等杂质含量越低越好，最好 $w(S) \leqslant 0.050\%$，$w(P) \leqslant 0.10\%$。硅的含量不能太高，否则，增加石灰消耗量，对炉衬寿命也不利。铁块 $w(Si) < 1.25\%$。一般生铁块 P、S 含量较高，在冶炼优质钢时要控制使用量。

国标对熔炼用废铁按质量和形状进行分类，如表 2-5 规定。

表 2-5　熔炼用废铁分类（GB/T 4223—2017）

品种	类 别			典型举例
	A	B	C	
Ⅰ类废铁	长度不大于 1000mm；宽度不大于 500mm；高度不大于 300mm	经破碎、熔断容易成为Ⅰ类形状的废铁	生铁粉（车削下来的生铁屑未混入异物的生铁）及其冷压块	生铁机械零部件、输电工程各种铸件、铸铁轧辊、汽车缸体、发动机壳、钢锭模等
Ⅱ类废铁				铸铁管道、高磷铁、高硫铁、火烧铁等
合金废铁				合金轧辊、球墨轧辊等
高炉添加料	外形尺寸应不小于 10mm×10mm×10mm，不大于 200mm×200mm×200mm，单件重量不大于 5kg			加工铁块等
渣铁	500mm×400mm 以下或单重不大于 800kg，块状			大沟铁、铁水包、鱼雷罐等加工而成（含渣量不大于 10%）

2.3　石灰

2.3.1　炼钢对冶金石灰的要求

根据原料将冶金石灰分为普通冶金石灰和镁质冶金石灰两类。石灰是炼钢主要造渣材料，具有脱 [P]、脱 [S] 能力，用量也最多。其质量好坏对冶炼工艺、产品质量和炉衬寿命等有着重要影响。因此，要求石灰 CaO 含量要高，SiO_2 含量要低，严格控制 S 含量，石灰的生烧率和过烧率要低，活性度要高，并且要有适当的块度，粉末要少。此外，石灰还应保证清洁、干燥和新鲜。

石灰质量好坏对转炉吹炼工艺、钢水质量和炉衬寿命等都有很大的影响。如石灰中的硫高，由石灰带入熔池中的硫增加；SiO_2 降低石灰中有效 CaO 含量，降低 CaO 的有效脱磷、脱硫能力。石灰中杂质越多越降低它的使用效率，增加渣量，恶化转炉技术经济指标。石灰的生烧率过高，说明石灰没有烧透，加入熔池后必然继续完成焙烧过程，这样势必吸收熔池热量，延长成渣时间；若过烧率高，说明石灰烧过头了，过烧石灰气孔率低，成渣速度也很慢。

石灰的渣化速度是转炉炼钢过程成渣速度的关键。所以对炼钢用石灰的活性度也要提出要求。石灰的活性度（水活性）是石灰反应能力的标志，也是衡量石灰质量的重要参数。此外，石灰极易水化潮解，生成 $Ca(OH)_2$，要尽量使用新焙烧的石灰。同时对石灰的贮存时间应加以限制，一般不得大于 2 天。石灰块度过大，溶解缓慢，影响成渣速度，过小的石灰颗粒易被炉气带走，造成浪费。石灰块度一般为 5~40mm，大于上限、小于下限的比例各不大于 10%。石灰的贮存、运输必须防雨防潮。

我国对转炉入炉冶金石灰理化指标的要求见表 2-6。

表 2-6　冶金石灰的理化指标（YB/T 042—2014）

类别	品质	含量/%						活性度/mL(4mol/L HCl，40℃±1℃，10min)
		CaO	CaO+MgO	MgO	SiO_2	S	灼减 /%	
普通冶金石灰	特级	≥92.0		<5.0	≤1.5	≤0.020	≤2	≥360
	一级	≥85.0			≤2.5	≤0.030	≤4	≥320
	二级	≥85.0			≤3.5	≤0.050	≤7	≥260
	三级	≥80.0			≤5.0	≤0.100	≤9	≥200
镁质冶金石灰	特级		≥93.0	≥5.0	≤1.5	≤0.025	≤2	≥360
	一级		≥91.0		≤2.5	≤0.050	≤4	≥280
	二级		≥86.0		≤3.5	≤0.100	≤6	≥230
	三级		≥81.0		≤5.0	≤0.200	≤8	≥200

2.3.2　石灰取样和检验要求

某厂出厂石灰的批量按表 2-7 规定，每批产品为一个检验单位。

表 2-7 出厂产品的批量

日产量/t	批量/t
<500	≤100
500~1000	≤200
>1000	≤300

取样和制样方法：

（1）取样：在成品输送皮带上或进入成品库前的卸料槽处按规定取样。样品量连续出料生产时，每 2h 采取样品约 10kg，间歇出料生产时，每出一次料采取样品约 10kg。用取样机、取样铲或铁锹均匀截取整个料流；每采取 10kg 样品，其截取次数不得少于 4 次。贮存样品的容器必须密闭、防潮，并置于干燥处。

（2）制样：将所抽取的份样合成大样，然后破碎至全部通过 40mm 筛，再按有关规定制备样品。产品的质量验收由供方技术质量监督部门负责进行。

2.3.3 活性石灰的特点

通常把在 1050~1150℃ 温度下，在回转窑或新型竖窑（套筒窑、麦尔兹窑等）内焙烧的石灰，即具有高反应能力的体积密度小、气孔率高、比表面积大、晶粒细小的优质石灰称为活性石灰，也称软烧石灰。

活性石灰的活性度大于 300mL，体积密度小，为 $1.7~2.0g/cm^3$，气孔率高达 40% 以上，比表面积在 $0.5~1.3m^2/g$；晶粒细小，溶解速度快，反应能力强。使用活性石灰能减少石灰、萤石消耗量和转炉渣量，有利于提高脱硫、脱磷效果，减少转炉热损失和对炉衬的蚀损，在石灰表面也很难形成致密的 $2CaO \cdot SiO_2$ 硬壳，以利于加速石灰的渣化。

石灰的活性度测量方法是取 50g 石灰，置于 40℃±1℃ 的 2000mL 水的烧杯中，滴入 2~3mL 1% 的酚酞溶液，以搅拌器搅拌。为保持水溶液中性，用 4mol/L 盐酸溶液滴定，在 10min 内消耗的盐酸溶液体积（mL）数值大，则活性度高，反应能力强。石灰的水活性已经列为衡量石灰质量的重要指标之一，并且列为常规检验项目。表 2-8 是各种石灰特性的比较。

表 2-8 各种石灰特性

焙烧特征	体积密度/g·cm⁻³	比表面积/cm²·g⁻¹	总气孔率/%	晶粒直径/μm
软烧	1.60	17800	52.25	1~2
正常	1.98	5800	40.95	3~5
过烧	2.54	980	23.30	晶粒连在一起

2.3.4 冶金石灰主要生产情况介绍[2]

2.3.4.1 国外冶金石灰概况

冶金石灰是炼钢用量最多的造渣材料，不断发展的炼钢技术要求冶金石灰不仅活性高、活性度稳定，且要求石灰杂质含量低，尤其是石灰中硫含量要严格控制。发达国家石灰企业的技术装备先进，自动化程度和生产管理水平较高，其原料的制备、石灰的煅烧直至生产出成品，整个生产过程基本实现了机械化和自动化操作，各生产工序都配有完整计量检测和控制系统，计算机已成为企业实现优质、高产、低耗及提高经济效益不可缺少的手段和可靠的技术保证。

煅烧石灰的窑炉主要有回转窑、并流蓄热式竖窑（麦尔兹窑）、套筒窑（BASK）、双梁窑（UCC 窑）、横流式竖窑（KHD 窑）和双斜坡或多斜坡式竖窑等。美国与北美 80%～90% 的石灰是由回转窑生产的。德国则多使用新型竖窑，20 世纪 80 年代中期德国拥有套筒和并流蓄热式麦尔兹竖窑 44 座，占石灰总生产能力的 41%，回转窑 9 座，占总生产能力的 25%。日本在 80 年代初期拥有套筒窑和并流式蓄热窑 61 座，占石灰总生产能力的64.9%；回转窑 21 座，占石灰总生产能力的 35.1%。据不完全统计，到 2011 年下半年为止，世界上建成的麦尔兹并流蓄热式竖窑 600 多座，分布于近 50 个国家和地区。其中，用煤粉作燃料的有 118 座，窑的产量为 80～800t/d；采用低热值煤气和天然气的有 260座，采用气体和固体（如煤粉）双燃料系统的有 52 座；套筒式竖窑有 250 余座，分布于近 30 个国家和地区，窑的产量为 80～600t/d，分布在 25 个国家和地区；回转窑 200 余座，窑的产量为 100～1200t/d。

世界上著名的冶金石灰竖窑公司，主要是意大利的弗卡斯公司和瑞士的麦尔兹公司。弗卡斯公司主要提供套筒窑和弗卡斯梁式窑；瑞士麦尔兹公司主要提供并流蓄热式双膛石灰竖窑、高性能石灰单膛竖窑，以及煅烧 0.03～2mm 的超细石灰石的悬浮窑（POLCAL）。为了让石灰产品中的硫含量尽可能低，满足炼高品质钢的要求，麦尔兹公司最近还开发了一种能在回转窑上应用的脱硫技术。

2.3.4.2 我国冶金石灰现状

随着钢铁工业的发展，我国冶金石灰在产量和质量上都有了很大的提高。根据中国石灰协会冶金石灰专业委员会对会员单位历年的统计，以 2011 年为例，我国冶金石灰生产质量情况见表 2-9。

表 2-9 我国部分大中型企业冶金石灰生产质量情况

窑　型	生产企业	CaO 含量/%	MgO 含量/%	SiO$_2$含量/%	S 含量/%	活性度/mL	生过烧率/%	燃料种类
回转窑	宝钢	93.88	1.35	0.87	0.005	381	1.49	混合煤气
	武钢	90～92	0.5～0.7	0.8～1.2	<0.02	357	<5	焦炉煤气
	鞍钢	87.76	3.84	1.62	0.013	304		重油混合煤气
	马钢	92.05	0.73	2.28	0.04	381	3.27	混合煤气
并流蓄热式麦尔兹竖窑	包钢	90.75	3.28	1.88	0.08	350～380	<5	煤
	昆钢	91.82	2.29	0.89	0.112	353～369	8.2	煤粉
	杭钢	89.27	0.37	0.59	0.04	365	<5	煤粉
	太钢	89.81	1.97	0.93	0.045	352	8.92	煤粉
	唐钢	86	6.98	139		360		煤粉
	天津钢管公司	89～93.3	1.79	0.7～1	0.05	364		煤粉
	涟钢	91.9	1.6	0.8	0.015	380		煤气
	柳钢	93.6	2.08	0.42	0.010	392		转炉煤气
	张家港浦项	95.9	0.27	0.49	0.015	404	<3	天然气

窑 型	生产企业	CaO 含量/%	MgO 含量/%	SiO$_2$ 含量/%	S 含量/%	活性度/mL	生过烧率/%	燃料种类
废气调控竖窑	安钢	91.42~92.45	2.09~3.94	0.71~1.95	0.03~0.068	300~327	5.75~8.01	焦炭
	马钢	84.44	1.76	8.97		292	13.25	焦炭
煤气旧式竖窑	新余钢厂	89.3	2.07	1.9	0.021	336	8.05	高炉煤气
	萍乡钢铁厂	87.76	0.98	1.57		324	22.47	高炉煤气
	涟源钢铁厂	92.45	2.46	0.35	0.13	300~320	4.65	高炉煤气
	济南钢铁厂	86.14	1.39	2.12		316	14.74	高炉煤气
	舞阳钢铁厂	91.2	1.18			319		煤气
套筒窑	首钢二耐	86.21	8.05	0.86	0.02	320	7.02	煤气
	武钢耐火	90	2.5	1.5	0.018	354	3~5	转炉煤气
	马钢三炼钢	95	0.68	0.33	0.027	386	3.1	转炉煤气
	首钢迁钢	95.17	1.26	0.74	0.015	417	2.03	转炉煤气
	宝钢不锈钢	95.3	0.45	0.016	0.010	352	2.40	转炉煤气
弗卡斯窑	马钢三厂	94	0.87	0.44	0.033	374	5	转炉煤气

中国已拥有世界上种类最多、产能最大的冶金石灰窑炉，而且新建窑炉大型化趋势十分明显，300~800t/d 的竖炉和 500~1200t/d 的回转窑已成为近几年投产石灰窑炉的主流。通过自主创新和引进再创新，已掌握了各类窑型工程设计和工艺装备的核心技术，特级、一级冶金石灰的比例由 2005 年不足 40%，到 2010 年已超过 65%，为炼钢生产的优化提供了良好的基础。中国全低热值煤气（高炉煤气）通过蓄热式预热作为冶金石灰焙烧燃料的技术在世界上领先，新建的大型冶金石灰窑炉的自动化控制程度均高于国外同类窑炉，为高效优质生产创造了条件。

但由于钢产量增速过快，虽大量建设先进石灰炉窑，冶金企业自产石灰自给率在较长时间内都不可能达到 100%，因而一批已有几十年历史的老竖窑仍需服役，所生产的石灰很难稳定地达到一级活性石灰的标准，与行业外购买的石灰一起还将超过石灰总量的 20%~30%，这对转炉炼钢工艺的优化是十分不利的。

2.3.4.3 冶金石灰主要生产窑炉

A 回转窑

1978 年，为了适应我国对炼钢质量及品种的要求，洛阳矿山机械工程设计研究院有限责任公司（原洛阳矿山机械工程设计研究院，以下简称洛矿院）和鞍山焦化耐火材料设计研究院从德国引进了克劳斯-玛菲型活性石灰回转窑煅烧系统。该系统主机设备由竖式预热器、回转窑和竖式冷却器组成，最先应用于武钢耐火材料公司炼钢用活性石灰生产。1985 年，洛矿院实现了该窑型的全部国产化工作，并将该窑型的改进型应用于武钢耐火材料公司 2 号线和鞍钢耐火材料厂 1 号线及 2 号线，取得了良好的社会效益和经济效益。随后，宝山钢铁集团公司又先后引进了立波尔型和 KVS 型活性石灰回转窑煅烧系统，其中立波尔型是指采用链算预热机活性石灰预热系统的活性石灰煅烧系统。

　　通过多年对各种窑型使用效果的跟踪调研,以洛矿院为代表的设计制造单位充分利用自身的试验和科研优势,开发出了适合我国国情的活性石灰回转窑煅烧系统,将回转窑的单台产能从引进之初的 600t/d,提高到 1500t/d,使活性石灰回转窑煅烧系统的能耗进一步降低,并有力地推动了我国活性石灰回转窑大型化。

　　a　回转窑的特点

　　(1) 采用回转窑煅烧工艺,活性石灰产品质量高,活性度达 350mL 以上,生烧率小于 2%,残余 CO_2 含量不大于 1%,各项指标均超过一级冶金石灰的质量要求;

　　(2) 采用竖式冷却器,二次助燃风温度能达到 650℃,入窑参与燃烧,有利于燃料的充分燃烧,降低热耗,可达 4800kJ/kg 石灰,低于传统回转窑、焦炭竖窑等窑型,适合当前循环经济发展模式;

　　(3) 燃料适应性强,可以使用气体燃料、液体燃料及固体燃料;

　　(4) 窑体为负压操作,环保条件好,操作安全且维修、维护方便;

　　(5) 作业率高,年作业率可达 98% 以上;

　　(6) 可用石灰石粒度范围大,一般为 15~50mm;

　　(7) 国内一批先进的回转窑还设计应用了余热回收发电系统。

　　b　回转窑的工作原理

　　粒度为 15~50mm 的石灰石经胶带输送机送至竖式预热器顶部料仓,通过导料管将石灰石均匀地分布到预热器的多边形截面上,利用回转窑煅烧产生的高温烟气穿过料层将物料预热,促使石灰石部分分解,再通过液压推杆装置逐步将物料推至回转窑内。预热后的石灰石经导料装置流入回转窑的尾端,随着窑体的转动不断向窑头移动,窑头端部装有一燃烧器连续喷出火焰,提供给窑内热量。石灰石在移动过程中经过 1250℃ 左右高温的煅烧,石灰石全部分解成生石灰 ($CaCO_3 \rightarrow CaO$),即形成活性石灰。活性石灰经窑头被卸入竖式冷却器内,冷却器通过冷却风机提供的冷却风迅速将高温物料冷却至 100℃ 以下,经卸料装置卸出冷却器外。通过冷却器的冷却风经与高温物料热交换后温度升至 650℃ 以上作为二次空气进入回转窑参与燃烧,竖式预热器顶部排出的烟气经收尘器净化后通过烟囱排入大气。

　　c　回转窑用燃料

　　回转窑可采用的燃料有重油、天然气、焦炉煤气、混合煤气、电石炉煤气、转炉煤气和煤粉等。

　　回转窑以煤粉作为燃料时,煤粉的技术参数为:挥发分不大于 30%;灰分小于 12%;灰分熔点大于 1250℃;硫含量约 0.4% (与石灰石质量有关);煤粉粒度,0.080mm 筛余小于 12%。

　　d　回转窑的优点和缺点

　　回转窑的优点:

　　(1) 可以煅烧小粒度石灰石,原料适应性广,可以大幅度降低原料成本,充分利用矿山资源,符合我国可持续发展的战略和发展循环经济的要求;

　　(2) 所生产的石灰活性度高,采用特殊的煅烧工艺,活性度可达 400mL 以上,满足冶炼特种钢的要求;

　　(3) 石灰质量易于控制,产品质量均匀,硫含量低;

（4）系统操作方便，开停窑操作简单；

（5）产量大，单位产量所需的操作人员较其他窑型少；

（6）系统采用负压操作，对环保压力小，易于实现清洁生产的目标。

回转窑的缺点：

（1）不能煅烧55mm以上的大块石灰石；

（2）单条生产线的占地面积较大，热耗较先进竖窑稍高。

B 套筒窑式竖窑（BASK）

套筒竖窑是由联邦德国杜塞尔多夫土石热源公司的卡尔贝肯巴赫（Karl Bece Kenbach）于20世纪60年代发明的。由于窑体是由内、外两个圆形钢筒组成，因而得名"贝肯巴赫环形套筒竖窑"。第一座套筒窑于1962年建于德国的威尔曼斯特勒（Warmestelle）公司，日产150t。早期的套筒窑，规模在60~330t/d，后来设计出日产500t的大型套筒窑。套筒窑技术在全世界范围内得到了很快的发展，日本于1966年引进了该窑技术，美国在1970年也引进了这种窑的技术。20世纪90年代末宝钢梅山钢铁公司引进的套筒窑首先投产，首钢也于2001年投产了套筒窑。2001年意大利特鲁兹·弗卡斯公司收购了贝肯巴赫公司，并作为独家拥有全部专利技术，继续在全世界推广。

自2001年以来，特鲁兹·弗卡斯公司对套筒窑进行了重大技术改进，包括引入了智能化的全自动控制系统，开窑时操作者只需输入热耗和产量两个参数，其他运行参数自动生成，运行过程中能够对工艺参数的异常情况报警并自动修正，无需人工干预；实现了每个烧嘴燃料和助燃风的单独自动调控。

套筒窑因其环形炉料带设计、耐火拱桥的错位布置、蓄热式烧嘴的采用、并流带的设置以及"低-高-低"的热量分配而成为典型的软烧石灰的专业窑型，是理想的炼钢用石灰生产装备。

a 套筒窑的特点

（1）采用环型套筒窑并流煅烧工艺，石灰产品质量高，活性度达350mL以上，生烧率小于6%，残余CO_2含量不大于1.5%，过烧微量，各项指标均超过一级冶金石灰的质量标准要求；

（2）采用冷却气热量回输、废气换热等多种形式回收热量，热耗低，一般在3762kJ/kg石灰，低于回转窑、焦炭竖窑等窑型，适合当前循环经济发展模式；

（3）燃料适应性强，可以使用气体燃料、液体燃料及固体燃料；

（4）电耗低，窑体部分的电耗一般在22~25kW·h/t石灰；

（5）窑体为负压操作，环保条件好，操作安全且维修、维护方便；

（6）作业率高，年作业率可达98%以上；

（7）套筒窑可用石灰石粒度范围大，一般为30~90mm；

（8）套筒窑占地面积小。

b 套筒窑式竖窑的工作原理

物料经由一个密封的闸门系统和加料筒加入到套筒式竖窑的筒体内，全窑由衬有耐火材料的窑壳和位于同轴线上的上下内筒组成，窑体外壳上装有上下两排相互错开的燃烧室，燃烧室的个数根据窑的大小而定，一般是每排3~7个，这两排燃烧室把整个窑体分为两个逆流操作的煅烧带和一个顺流操作的煅烧带。

上下部燃烧室之间及其与并流带和冷却带之间的循环气体入口之前都不在同一角度上，以保证在窑的整个断面上气流分布均匀，每个燃烧室的出口上部都有一个耐火桥，耐火桥把内外筒联在一起，从燃烧室出来的燃烧产物通过耐火桥下面的空间进入料柱并均匀地分布在窑的整个宽度上。

上下内筒是夹壁钢壳，内外衬有耐火材料，夹缝用空气冷却，热空气经火桥内的管道离开内筒且进入环管，然后作为二次空气送到烧嘴。

由罗茨风机将空气送入换热器中，被预热后的空气进入主环管，然后进入喷射器，当以油作燃料时，这部分空气不仅作为喷射介质，而且作为油的雾化剂。在喷射器的作用下，通过并流带的燃烧产物与来自冷却带的冷却石灰的空气一起，通过下内筒下部的循环气体进口进入内筒，由下火桥内循环气体总管和喷射空气一起进入下燃烧室，与燃料混合后在下燃烧室完全燃烧。

加入窑内的物料以对流的方式得到预热，而后进入上部煅烧带，在上部煅烧带，上排烧嘴未完全燃烧的燃料在这里继续燃烧，物料在这里得到分解，然后物料在两排烧嘴之间的煅烧带由下部煅烧带分流出来的高温燃烧产物加热继续分解，最后在下部煅烧带以并流方式被煅烧至分解结束。

用于冷却石灰的空气与石灰以对流的方式进入窑内，并与来自并流带的燃烧产物混合，并由循环气体入口进入下内筒，然后经上部火桥内的循环气管由喷射器抽出，与喷射器喷射介质空气一起被送入下部燃烧室，离开上部煅烧带的燃烧产物一部分流经预热带排出窑外，另一部分通过换热器预热喷射介质空气，最后与预热带出来的废气一起经除尘器由烟囱排入大气。由罗茨风机鼓入空气集中于另一环管，作为预热的二次空气供给烧嘴，煅烧的石灰由窑下部的推料杆和出料平台卸至石灰料仓。

c　套筒式竖窑用燃料

套筒式竖窑可采用的燃料有重油、天然气、焦炉煤气、混合煤气、电石炉煤气、转炉煤气和煤粉等。

燃烧气体或液体燃料的套筒式竖窑可混烧一部分焦炭或无烟煤，焦炭或无烟煤的使用量不大于煅烧石灰所需热量的 50%。

套筒式竖窑以煤作燃料时技术参数为：挥发分不大于 25%；灰分小于 15%；灰分熔点大于 1200℃；硫含量 0.4% ~ 0.5%（视石灰质量要求而定）；煤粉粒度，小于 0.088mm 的比例不小于 80%。

d　套筒式石灰竖窑的优点和缺点

套筒式石灰竖窑的优点：

（1）所生产的石灰活性度高，采用燃煤工艺时活性度也可达 350mL，采用燃油或煤气工艺时活性度可达 380 ~ 400mL；

（2）热效率高；

（3）采用负压操作，有利于减轻环境污染；

（4）废气排出温度低，废气处理措施简单；

（5）采用外燃烧室，对煤粉的适应性强。

套筒式石灰竖窑的缺点：

（1）不能煅烧小于 30mm 以下的小粒度石灰石；

（2）窑体结构复杂，耐火材料使用品种多，形状复杂，检修周期较长。

C 并流蓄热式麦尔兹窑（MAERZ）

a 并流蓄热式麦尔兹窑的工作原理

并流蓄热式麦尔兹双膛石灰窑有两个窑膛，两个窑膛交替轮流煅烧和预热石灰石。在两个窑膛的煅烧带底部之间设有连接通道彼此相通，约每隔15min换向一次以变换窑膛的工作状态。在操作时，两个窑膛交替装入石灰石，石灰石采用一套带负载传感器的电子秤称量，燃料分别由两个窑膛的上部送入，通过设在预热带底部的多支喷枪使燃料均匀地分布在整个窑膛的断面上，使石灰石得到均匀的煅烧。

助燃空气用罗茨风机从竖窑的上部送入，助燃空气在与燃料混合前在预热带先被预热，然后煅烧火焰气流通过煅烧带与石灰石并流，使石灰石得到煅烧。煅烧后的废气通过连接两个窑膛的通道沿着另一窑膛的预热带向窑顶排出。由于长行程的并流煅烧，石灰质量非常好，且由于两个窑膛交替操作，废气直接预热石灰石，使热量得到充分利用。

按并流煅烧原理，燃料在煅烧带开始处燃烧，易于吸热的石灰石与高温火焰接触而不致过烧。随着物料下移，石灰石表面逐渐形成吸热与传热均较差的 CaO 外层。而煅烧带的燃烧强度亦逐步降低，热量供给较温和，既不会使 CaO 外壳层过烧，又能使石灰石芯继续分解。

窑上装有完整的计量和控制系统，从而实现全部自动操作，窑的程序控制是通过可编程控制器进行的，可编程控制器负责完成自动切换加热、石灰石加料、烧成的石灰均匀出料等整个换向周期的所有开关程序。

b 并流蓄热式麦尔兹窑的特点

（1）助燃空气从窑体上部送入，煅烧火焰流在煅烧带与石灰石并流。在所有竖窑中，并流蓄热式麦尔兹窑双膛窑的并流带最长，由于长行程的并流煅烧，石灰质量非常好：残余 CO_2 含量小于 1.5%，活性度可以达到 370mL。

（2）由于两个窑身交替换向操作，废气直接预热石灰石，热量得到充分利用，单位产品热耗最低，热回收率超过83%；其热耗可以到 3553~3762kJ/kg。

（3）可以使用各类燃料，具有很大的灵活性。

（4）带悬挂缸结构的麦尔兹窑可自由垂直膨胀，无刚性限制，独特的耐火材料结构设计使窑内气流更加顺畅，将通道清理问题降低到了极低水平，耐火材料总量比传统型降低 20%~30%。

（5）传统竖窑石灰石粒度尺寸通常在 30mm 以上。为合理利用资源，最大限度地利用来自采石场的石灰石，麦尔兹公司发明了"三明治"式的装料方式，小粒度和大粒度石灰石的比例可以提高到 1:5 或 1:6，从而也可有效回收利用粒度为 20~30mm 的石灰石。

（6）麦尔兹细粒窑型可以煅烧 15~45mm 的小粒度石灰石，且产量可以达到日产 600t。

（7）最低排放值（ NO_x 氮氧化物）。

（8）产量范围大，日产 100~800t。

（9）排出的废气中含尘浓度一般不超过 $5g/m^3$ ，废气温度正常情况下为小于120℃，易于采取废气净化处理措施，有利于减轻环境污染。

（10）耐火材料设计，可采用100%国产耐火材料，且寿命可以达到 6~7 年；耐火材料设计异形砖少，砌筑简单，大修费用低。

（11）自动化程度高，人力配置少。

c　并流蓄热式竖窑用燃料

并流蓄热式窑可采用液体燃料（油）、气体燃料（天然气、焦炉煤气、转炉煤气、混合煤气、高炉煤气、电石炉煤气、发生炉煤气等）和固体燃料（煤粉、石油焦等）等为燃料。

并流蓄热式双膛窑以煤作燃料时，其操作条件为：煤粉发热值大于20000kJ/kg；褐煤粒度大于0.09mm，小于30%~40%；烟煤粒度大于0.09mm，小于10%~20%；石油焦大于0.09mm，小于10%~20%；挥发分大于10%；灰分软化点大于1250℃；膨胀指数不大于1.5；灰分含量小于15%；硫含量尽可能低（取决于产品质量要求）。

d　并流蓄热式竖窑的优点和缺点

并流蓄热式竖窑的优点：

（1）石灰质量好，石灰活性可达到350~400mL；残余二氧化碳含量不大于1.5%，硫含量低。

（2）热耗低，每千克石灰热耗为3553~3762kJ，节能效果显著。

（3）燃料适应性强。

（4）排出的废气温度和废气中的含尘量低。一般废气温度为70~120℃，废气中含尘量为5~10g/m³，有利于环保除尘，防止大气污染。

（5）运行成本相对其他窑型优势明显。

（6）占地面积小。

并流蓄热式竖窑的缺点：正压操作，密封要求较高。

D　双梁窑（弗卡斯窑）

弗卡斯窑最早称作“梁式窑”，是20世纪40年代美国碳化硅协会发明的。由于当年水冷保护烧嘴梁效果不佳，未能大面积推广。20世纪70年代，意大利特鲁兹·弗卡斯公司收购了梁式窑技术，对其进行了如下改造：（1）引入导热油系统冷却保护烧嘴梁，大大提高了烧嘴梁的工作寿命；（2）开发出全自动控制系统，使石灰窑的运行更加稳定，操作更加简便；（3）优化烧嘴梁和烧嘴的布置，使热分布更加均匀；（4）开发出三路压力系统，提高了煅烧效率，降低了能源消耗和提高了石灰质量；（5）引入助燃风精确分配系统，优化了空/燃比；6）开发出双T型烧嘴梁，降低了能耗和石灰的生烧率、过烧率。已经投产的弗卡斯窑产能是30~800t/d。

a　弗卡斯窑的工作原理

弗卡斯窑的核心技术是根据设计产能分上、下两层布置不同数量的烧嘴梁，在烧嘴梁合适的位置布置烧嘴，这样就可以使煅烧带内的热分布十分均匀。由于是分两层布置烧嘴梁，人们也将弗卡斯窑俗称为“双梁窑”。三路压力系统的弗卡斯窑，自上而下分别是储料带、预热带、煅烧带、后置煅烧带和冷却出灰带。石灰石被预热后从预热带流入煅烧带，在此以大约1100℃的煅烧温度分解，借助于烧嘴梁，煅烧带内热分布均匀，石灰石分解均匀、稳定。在下层烧嘴梁与冷却带上方抽气梁之间是后置煅烧带，由于冷却过石灰的空气经由抽气梁抽出窑外，避免了温度比煅烧带温度低很多的冷却过石灰的空气进入煅烧带从而降低煅烧温度和造成太多的过量空气，保证了煅烧效果；同时，后置煅烧带内基本上没有压力干扰，从煅烧带流入后置煅烧带内的石灰，利用本身携带的热量为自己均质，大大提高了石灰的质量。国外近年建成投产的现代弗卡斯窑引入了助燃风精确分配系统和双T型烧嘴梁，这两项技术的引入，使弗卡斯窑技术进入了新阶段。以前的弗卡斯窑，是以每根烧嘴梁为基本单位分配助燃风，而现在的设计是根据产量和燃料结构的不同，每一路或最多两路燃料由一路助燃风伺服，优化了空气和燃料的比例，降低了能耗和提高了煅烧效率。所谓双T型烧嘴梁，就是将烧嘴梁分割成两个部分，上部空间只负责分配由废气、空气热交换器预热的量大而温度相对较低的助燃风，下部空间分配燃料，同时分配来自三路压力系统热空气、空气热交换器的量小但温度较高的助燃风。燃料从下部空间喷出后并不完全燃烧，未燃烧的部分，当流到煅烧带远离烧嘴的空间时，遇有烧嘴梁上部空间分配的大量助燃风完全燃烧。双T型烧嘴梁的应用，不仅进一步降低了消耗，还使煅烧更均匀，避免了原来存在的烧嘴附近出现的过量过烧和远离烧嘴空间出现的过多的生烧，从而大大降低了石灰的生烧率、过烧率。弗卡斯窑的烧嘴并不接触炉料，因而工作寿命较长。

弗卡斯窑灵活性强，可根据不同行业用灰的要求生产软烧、中烧和重烧石灰，软烧石灰活性度高，适合于炼钢。

b 弗卡斯窑适用的燃料

可使用气体燃料如天然气、转炉煤气、高炉和焦炉混合煤气以及电石炉尾气等；粉化固体燃料如煤粉、焦粉等；液体燃料如重油和回收的废油等。可以将同一座窑设计成同时或交替使用两种不同的燃料，如气体燃料+液体燃料或粉化固体燃料。

c 弗卡斯窑的优点和缺点

优点：

（1）烧制的石灰活性度在 $350\sim360mL$，石灰中 CO_2 残余含量不高于 2%，质量虽然稍逊于回转窑和套筒窑烧制的石灰，但完全能满足炼钢要求，意大利年产 1200 万吨钢的 ILVA 钢铁公司，炼钢用石灰主要由弗卡斯窑生产。

（2）配套设备少，比如只有 4 台风机，从而实现了 98% 的作业率以及较低的电耗。

（3）热耗低，约为 $3678kJ/kg$ 石灰。

（4）操作简便，维修量小。

（5）负压运行，有利于环保。

（6）由于废气在窑内停留的时间较短，在被分解出来的硫尚未返回到石灰表面前，就随废气排出窑外，客观上起到了为石灰"脱硫"的作用，因而弗卡斯窑生产的石灰，在同等燃料和原料条件下，硫含量较低。

（7）占地面积小，投资低。

缺点：

（1）石灰质量不如回转窑和套筒窑生产的石灰均匀。

（2）生烧率、过烧率高于回转窑和套筒窑。

E 双D石灰窑（双筒蓄能石灰窑）

双D石灰窑是意大利西姆（Cimprogetti）公司开发的，它是一种以交互煅烧、蓄热的双筒竖式石灰窑，因窑筒横截面为D形而命名为"双D窑"。这种D形截面的窑筒设计，使石灰产品的质量更高、生产稳定、产量更大。双D型窑主要由窑壳、耐火衬、上料系统、卸料系统、燃烧系统和控制系统等部分组成。

双 D 石灰窑的工作原理是通过两个窑筒的连接通道，实现在煅烧窑筒内并流煅烧，非煅烧窑筒内充分吸收废气热量预热石灰石。煅烧窑筒和非煅烧窑筒定期进行自动切换，从而达到提高石灰质量、最大限度节约能源的目的。

最初的双筒蓄能石灰窑横截面为矩形，这是最简单的截面，便于设计和建造，产能通常仅 150~200t/d。随着钢铁工业的发展，石灰需求量与日俱增，西姆公司开发了双 D 石灰窑，它是矩形截面窑的升级版，其目的就是为了消除窑内矩形截面的缺陷。双 D 石灰窑面世后，单窑产能已达到了 550t/d。

双 D 石灰窑有两个显著特点：（1）燃料和石灰石在燃烧区同向流动，对石灰石逐渐加热，因此不会产生过烧；（2）非煅烧筒内的石灰石作为热能储备介质，用进入窑内的助燃风进行预热。

根据当今世界石灰窑大型化的趋势，西姆公司近年来又设计开发了环形截面通道的新型双 O 窑，产量在 600t/d 以上；针对小粒度石灰石的利用，成功开发了细粒竖窑，已在我国成功投产。

双 D 石灰窑运行稳定，维护费用低，能根据客户不同需求，生产高活性或中等活性的石灰。

双 D 石灰窑主要参数为：日产量 150~550t；石灰石粒度 20~120mm；燃料可用气体、液体或粉状固体燃料；耗热量 3520kJ/kg 石灰；石灰活性度 360mL 以上。

F　节能型石灰立窑

由于 21 世纪初，钢铁冶金企业自产冶金活性石灰只能满足需要的 50% 左右，一半以上石灰来自建筑行业的土窑或机械化立窑，为了能够满足钢铁生产用石灰活性度和有效氧化钙等基本要求，中国石灰协会组织力量开发了小型节能窑，有的钢厂也有建设。

节能型石灰立窑主要特性是：窑内胆为花瓶形，排烟设环形烟道强制通风。窑体为砖混结构，设隔热、保温层，热损少。辅助设备联动，复合炉排配往复出灰机，两段式卸料，热工制度稳定。窑容积在 120~220m³ 以上，利用系数 0.6~0.7t/(d·m³)。可单座窑或多座窑组合成一生产线，具有占地少、投资省、效果好、回收快等优点。

节能型石灰立窑可以根据用户、现场条件、原料和燃料种类、生产工艺及装备程度的不同而选用相应的设计及设备选型，而主要窑型及结构不变。标准的节能型石灰立窑装置包括：

（1）花瓶形内胆、上部环形烟道和简单合理特有的节能保温结构；

（2）料钟、行车提升加料装置，底部伞形复式炉排及往复式出灰机；

（3）风机及锁风装置；

（4）水浴烟气处理装置；

（5）滤筒式布袋除尘装置；

（6）信息自动化控制系统。

烟气治理与粉尘处理：煅烧石灰燃料为固体煤时，其烟气含有害物质，须经净化达标排放。节能石灰窑的烟气治理：先通过环形烟道沉降处理，然后转入水浴除尘，再经 pH 值为 8 左右的石灰液脱硫处理，净化烟气由高达 15m 烟囱经风机向大气排出。治理用水为循环方式，无再生污染。

粉尘源产生于物料运转、破碎、筛分过程。为防污染，采取防、除结合，防即限速、减振、装头罩、设软帘减少粉尘外泄，除即选择除尘设备搜集。针对石灰粉尘微粒黏附性能强的特点，采用滤筒式除尘器，具有体积小、效率高、维修少、投资省、运输成本低的优点。

节能型石灰竖窑指标：单窑日产 80~150t；煤耗小于 145kg 标准煤/t 石灰；石灰烧成率在 90% 以上，活性度 280mL 以上；石灰窑（不含环保收尘装置）电耗在 8kW·h/t 石灰以下。

除以上主要窑型外，我国单膛机械化竖窑、引进的 COKE 窑和自行开发的石灰竖窑也在运行，专门以小粒度石灰石作原料的悬浮式石灰窑也已在宝钢投产多年。

2.4 其他原料及气体

2.4.1 铁矿石、球团矿、氧化铁皮

铁矿石、球团矿、氧化铁皮作为氧化、冷却剂用，具有调整钢液温度、快速化渣、向钢液供氧、脱磷等作用。碳氧反应产物 CO 气体具有脱氮作用。

（1）铁矿石：铁矿石主要成分为 Fe_2O_3 或 Fe_3O_4，熔化和被还原为铁的氧化物分解以及被碳还原都吸收热量，因而能起到调节熔池温度的作用。但铁矿带入脉石，增加渣量和石灰消耗量，同时一次加入量过多会引起喷溅。氧气转炉用铁矿石要求 TFe 含量要高，SiO_2 和 S 含量要低，块度适中，并要干燥清洁。铁矿石化学成分最好为 $w(TFe) \geqslant 63\%$、$w(SiO_2) \leqslant 5\%$、$w(S) \leqslant 0.05\%$，块度在 10~50mm 为宜。

（2）球团矿：球团矿要求 $w(TFe)>60\%$、$w(SiO_2) \leqslant 5\%$、$w(S) \leqslant 0.05\%$，粒度 8~16mm 或 10~50mm。球团矿与矿石类似，氧含量高，冷却效果好，加入顺利，在副枪自动吹炼后期动态调整钢液温度时应用效果好。

（3）氧化铁皮：氧化铁皮来自轧钢车间和连铸车间副产品，其铁含量高，其他杂质少。加氧化铁皮有利于化渣和脱磷。但由于氧化铁皮粒度小，吹炼过程加入时易进入烟气，损耗较大。对氧化铁皮的要求是 $w(TFe)>70\%$，SiO_2、S、P 等其他杂质含量小于 3.0%。粒度应不大于 10mm，使用前烘烤干燥，去除油污。

（4）含铁尘泥回收料：主要是钢铁厂各类含铁尘泥经过提纯处理，去除 Zn、Pb 等有害杂质，采用冷固结或焙烧成块后，作为返回用料加入转炉。一般要求 $w(TFe) \geqslant 45\%$，否则作烧结原料。近几年用转底炉工艺集中处理钢铁厂各种含铁尘泥在日本发展较快，我国也有企业引进技术装备或自主开发工艺设备，已引起钢厂广泛关注。

2.4.2 萤石及其代用品、锰矿、合成渣剂

（1）萤石及代用品：萤石是助熔剂，其主要成分是 CaF_2。萤石的特点是短时间就可以改善炉渣的流动性。纯 CaF_2 的熔点在 1418℃，萤石中还含有 SiO_2 和 S 等成分，因此熔点在 930℃ 左右，加入炉内后使高熔点的（$2CaO \cdot SiO_2$）外壳的熔点降低，生成低熔点化合物（$3CaO \cdot CaF_2 \cdot 2SiO_2$），其熔点为 1362℃，也可以与（MgO）生成低熔点化合物（1350℃），从而改善炉渣的流动性。萤石助熔作用快、时间短。但过多使用萤石会形成严重的泡沫渣，导致喷溅，同时加剧炉衬的侵蚀，并污染环境。因此应严格控制吨钢萤石加入量。萤石块矿

的化学成分见表2-10。

表 2-10　萤石块矿的化学成分（YB/T 5217—2005）

牌　号	化学成分/%					
	CaF$_2$	SiO$_2$	S	P	As	有机物
FL-98	≥98.0	≤1.5	≤0.05	≤0.03	≤0.0005	0.1
FL-97	≥97.0	≤2.5	≤0.08	≤0.05	≤0.0005	0.1
FL-95	≥95.0	≤4.5	≤0.10	≤0.06		
FL-90	≥90.0	≤9.3	≤0.10	≤0.06		
FL-85	≥85.0	≤14.3	≤0.15	≤0.06		
FL-80	≥80.0	≤18.5	≤0.20	≤0.08		
FL-75	≥75.0	≤23.0	≤0.20	≤0.08		
FL-70	≥70.0	≤28.0	≤0.25	≤0.08		
FL-65	≥65.0	≤32.0	≤0.30	≤0.08		

造渣用萤石最好 $w(CaF_2)$ ≥ 85%、$w(SiO_2)$ ≤ 14.3%、$w(S)$ ≤ 0.15%、$w(P)$ ≤ 0.06%，块度在5~50mm，并要干燥清洁。由于上述成分要求的萤石资源少，许多钢厂实际使用 $w(CaF_2)$ ≥ 75%、$w(SiO_2)$ ≤ 23.0% 的萤石。

萤石是一种短缺而不可再生的资源，炼钢加入过多的萤石会污染环境，近年来各钢厂从环保的角度考虑，试用多种萤石代用品，即以氧化锰或氧化铁为主的助熔剂，如铁锰矿石、氧化铁皮、转炉烟尘、铁矾土等。

（2）锰矿：转炉加入锰矿有助于化渣，也有利于保护炉衬，可以回收利用锰元素，节约锰铁合金，是转炉预脱磷炉和炼钢脱碳炉工艺中脱碳炉常用的材料。

锰矿要求 $w(Mn)$ ≥ 18%、$w(P)$ < 0.20%、$w(S)$ < 0.20%；粒度10~50mm。

（3）合成渣：合成渣是用石灰与熔剂人工合成的一种低熔点造渣材料。合成渣主要材料是石灰，加入适量的熔剂氧化铁皮、萤石、氧化锰或其他氧化物等，在低温下预制成型。这种合成渣的熔点低、碱度高、成分均匀、粒度小，而且在高温下易碎裂，成渣效果很好。高碱度合成造渣剂，它的成分稳定，造渣效果良好，既可作吹炼过程快速成渣的辅助材料，还可以在出钢过程中作为高效脱［S］的合成渣洗工艺用材料。

2.4.3　调渣剂[3]

调渣剂是指在溅渣护炉工艺中为达到溅渣所要求的氧化镁含量，在造渣过程中或出钢后进行炉渣调整时所加入的含氧化镁成分的造渣材料。造渣过程中通常加入轻烧镁球、轻烧白云石、生白云石调整炉渣氧化镁含量。溅渣时一般加入 MgO-C 球、菱镁矿、轻烧白云石、轻烧镁球、生白云石等，调整炉渣氧化镁含量和降低渣中 TFe 含量。表2-11 为常用调渣剂的典型成分。

表 2-11　常用调渣剂的成分　　　　　　　　　　（%）

成　分	CaO	SiO$_2$	MgO	灼减	C	其他
生白云石	29.88	1.29	21.78	45.49		余量

成 分	CaO	SiO$_2$	MgO	灼减	C	其他
轻烧白云石	50.82	2.1	37.27	9.12		余量
菱镁矿	0.8	1.2	45.88	50.69		
MgO-C 球	1.84	2.49	52.09	27.46	10~20	

（1）生白云石、轻烧白云石：白云石分为生白云石和轻烧白云石。生白云石是白云岩的主要组成相。生白云石即天然白云石，化学式为 $CaMg(CO_3)_2$ 或 $MgCO_3 \cdot CaCO_3$。理论组成为：$w(MgO)=21.9\%$，$w(CaO)=30.4\%$，$w(CaO)/w(MgO)=1.39$。

生白云石经焙烧后成为轻烧白云石，其主要成分为 CaO、MgO。白云石在转炉冶炼中用做造渣剂，部分代替石灰，有利于化渣。自 20 世纪七八十年代开始应用白云石代替部分石灰造渣的技术，其目的是使渣中（MgO）含量达到饱和或过饱和，以减轻初期酸性渣对炉衬的侵蚀，提高炉衬寿命，实践证明效果不错。白云石也是溅渣护炉的调渣剂，根据溅渣护炉工艺需要，加入适量的轻烧白云石或生白云石保持渣中的（MgO）含量达到饱和或过饱和，终渣黏度合适，出钢后达到溅渣的要求。

对生白云石的要求是 $w(MgO)>20\%$，$w(CaO) \geqslant 29\%$，$w(SiO_2) \leqslant 2.0\%$，灼减不大于 47%，粒度 5~30mm。对轻烧白云石的要求是 $w(MgO) \geqslant 35\%$，$w(CaO) \geqslant 50\%$，$w(SiO_2) \leqslant 3.0\%$，灼减不大于 10%，粒度 5~40mm。

（2）菱镁矿：菱镁矿也是天然矿物，主成分是 $MgCO_3$，焙烧后用作耐火材料，也是目前溅渣护炉的调渣剂。对菱镁矿的要求是 $w(MgO) \geqslant 45\%$，$w(CaO) < 1.5\%$，$w(SiO_2) \leqslant 1.5\%$，灼减 $\leqslant 50\%$，粒度 5~30mm。

（3）MgO-C 球：MgO-C 球是溅渣用调渣剂，当吹炼终点碳低、渣中氧化铁高、炉渣稀时，溅渣使用效果好，由轻烧菱镁矿粉和碳粉（焦炭、煤）混合后滚动成球而成，一般 $w(MgO)=50\% \sim 60\%$，$w(C)=10\% \sim 20\%$，粒度 10~15mm。

2.4.4 其他材料

（1）增碳剂：转炉炼钢用增碳剂用来调整终点钢中碳含量达到要求。转炉冶炼中、高碳钢种时，使用含杂质很少的低氮增碳剂或石油焦增碳。对转炉炼钢用增碳剂的要求是成分稳定，固定碳含量要高，灰分、挥发分和硫、磷、氮等杂质含量要低，并要干燥、洁净，粒度要适中。低氮增碳剂通常使用低氮无烟煤或石墨作为增碳剂，其固定碳 $w(C) \geqslant 92\%$，灰分不大于 5.5%，$w(S) \leqslant 0.2\%$，水分不大于 0.4%，$w(N_2) \leqslant 0.15\%$，粒度在 3~8mm。石油焦成分是固定碳 $w(C) \geqslant 96\%$，挥发分不大于 1.0%，$w(S) \leqslant 0.5\%$，水分不大于 0.5%，粒度在 1~5mm，太细容易烧损，太粗加入后浮在钢液表面，不容易被钢水吸收。

（2）焦炭：氧气转炉用焦炭烘烤炉衬。对焦炭的要求是：固定碳含量高，发热值高，灰分和有害杂质含量低。一般要求焦炭固定碳 $w(C) \geqslant 80\%$，水分应小于 2%，$w(S) \leqslant 0.7\%$，块度应在 10~40mm。

（3）压渣剂：压渣剂是在转炉出钢前压渣用，主要由以下原料混合制成：萤石（CaF_2）或熟石灰（$Ca(OH)_2$）、石英砂（SiO_2 95%、Fe_2O_3 4%、Al_2O_3 1%）、铝粉（Al）、镁铝尖晶石（Al_2O_3 60% ~ 64%、MgO 25% ~ 30%、Fe_2O_3 3.5%）、稻壳（C 36%）、羧甲基

纤维素钠（CMC-Na）。表2-12为某厂转炉用压渣剂参考成分。

表 2-12　某厂转炉用压渣剂参考成分　　　　　　（%）

成分	CaF₂或Ca(OH)₂	SiO₂	Al	Al₂O₃	MgO	Fe₂O₃	C	CMC-Na
含量	30~35	25~30	5~10	3.2~6.5	1.5~3.0	≤0.75	1.8~3.0	1~5

（4）钢包渣改质：出钢过程采用钢包渣改质剂的目的，一是降低炉渣的氧化性；二是形成合适的具有去除杂质元素、吸收上浮夹杂的精炼渣。转炉出钢过程虽然采用挡渣措施，但要彻底挡住高氧化性的终渣是很困难的，为此在提高挡渣效果的同时，开发和使用钢包渣改质剂。

常用的改质剂有二元合成渣、三元合成渣、预熔精炼渣、缓释脱氧剂等。

合成渣有二元合成渣、三元合成渣，主要是碱度较高，含有一部分CaF₂调整渣的流动性，主要用于出钢过程中的渣洗脱硫，并能够起到钢包渣改质的作用。表2-13为某厂二元合成渣的参考成分。表2-14为某厂三元合成渣的参考成分。

表 2-13　某厂二元合成渣的参考成分

成　分	CaO	SiO₂	MgO	Al₂O₃	CaF₂	S	水分
含量/%	65~75	<5	<8	<5	10~20	<0.05	≤0.5
粒　度	5~10mm，粒度小于5mm不大于10%						

表 2-14　某厂三元合成渣的参考成分

成　分	CaO	SiO₂ ·	MgO	Al₂O₃	CaF₂	S	水分
含量/%	62~68	<5	5~8	6~10	8~15	<0.05	≤0.5
粒　度	5~10mm，粒度小于5mm不大于10%						

在出钢过程中加入预熔合成渣，经钢水混冲熔化，同时起到改变钢包顶渣的作用，完成炉渣改质和钢水脱氧、脱硫、吸收并促使夹杂上浮、改善夹杂物形态等的冶金反应，此法称为渣稀释法。改质剂由石灰、萤石或铝矾土等材料组成。另一种炉渣改质方法是渣还原处理法，即出钢结束后，添加如CaO+Al粉或Al+Al₂O₃+SiO₂等改质剂。

改质后的成分是：碱度$R \geqslant 2.5$；$w(FeO+MnO) \leqslant 4\%$；$w(CaO)/w(Al_2O_3) = 1.2 \sim 1.5$；$w(SiO_2) \leqslant 10\%$；脱硫率为30%~40%。

钢包渣中（FeO+MnO）含量的降低，形成还原性熔渣，是具有良好吸附夹杂的精炼渣，为最终达到精炼效果创造了条件。

预熔精炼渣也是一种钢包渣改质剂，主要是调节渣的CaO和Al₂O₃的比例。提高渣层吸附夹杂物的能力，在出钢过程中加入，依靠钢流的冲击发生换热而熔化。表2-15为某厂预熔精炼渣的参考成分。

表 2-15　某厂预熔精炼渣的参考成分

成分	CaO	MgO	Al₂O₃	SiO₂	CaF₂	水分
含量/%	45~53	2~6	35~46	≤5	≤5	≤0.5
熔点/℃	1350±50					
粒度/mm	5~20					

缓释脱氧剂具有渣脱氧和改质作用，在转炉出钢结束时加入钢包，在钢包渣面上均匀铺展。主要成分中含有一定量的金属铝，并且其中还含有一部分 Al_2O_3，用于渣的脱氧和改质。某厂缓释脱氧剂参考成分如表2-16所示。

表 2-16 某厂缓释脱氧剂的参考成分

成 分	CaO	Al_2O_3	Al	SiO_2	MgO
含量1/%	18~25	30~50	15~20	5~6	15~17
含量2/%	≤10	30~40	48~58	≤8	
熔点/℃	1180				

（5）小粒石灰：转炉出钢脱硫和调渣用造渣剂。原料由活性石灰加工而成，化学成分参考活性石灰成分要求。粒度：10~30mm。

（6）小粒石灰石：近几年来，为了降低成本以及减少 CO_2 气体外排量，很多钢厂又将在20世纪六七十年代曾经用过作为造渣剂（缺少冶金石灰）或者冷却剂（缺少废钢）的石灰石，加入转炉进行造渣实验和应用，取得了良好的效果。石灰石必须清理干净泥沙，并破碎为30mm左右的粒度使用。

2.4.5 氧气、氮气、氩气、仪表用压缩空气

氧、氮、氩是转炉炼钢吹炼常用气体，从制氧厂通过管道输送到炼钢厂。炼钢常用输气管道标识颜色见表2-17。

表 2-17 炼钢常用气体种类及输气管道标识颜色

气体	水蒸气	氧气	氮气	煤气	氩气	压缩空气
标识	红	天蓝	黄	黑	专用管道	深蓝

（1）氧气：氧气是转炉炼钢的主要氧化剂。炼钢用工业纯氧是由空气分离制取的。制氧技术不断更新，制氧能力逐渐扩大。将空气中的约21%氧和78%氮分离而得到氧和氮，主要方法有低温法、变压吸附法和膜分离法，其中低温法生产量大，氧气和氮气纯度高，电耗低，是主要的制氧法，在世界各地得到广泛应用。

对炼钢用氧气的要求是纯度要高，O_2 含量大于99.6%，总管压力为1.6MPa（不得低于1.3MPa），氧压应稳定，并要脱除水分，吨钢耗氧（标态）为50~58m³。为保证供氧连续稳定，需设置中间贮氧罐，贮氧罐压力为3.0MPa，容积（标态）为400~650m³，往往多个罐体组合使用。氧气中含氮气，将明显影响钢中氮含量，对钢的质量有不利作用。氧气密度（标态）为1.429kg/m³。

（2）氮气：氮气是转炉复吹工艺和溅渣护炉所需的主要气源，在转炉煤气回收工艺中还用作密封气体。氮的化学性质不活泼，有很大惰性，不易与其他物质发生化学反应。空气中氮约占78%，在采用空气分离法制氧时，同时可以获得氮气。转炉炼钢对氮气的要求是满足复吹和溅渣需用的供气流量，气压稳定，气源供气压力不应小于2.0MPa，氮气的纯度大于99.95%，露点在常压下低于-40℃，应干燥无油。氮气密度（标态）为1.251kg/m³。液态氮与气态氮的体积关系为：1m³液氮可产生648m³气态氮。

（3）氩气：氩气是复吹转炉炼钢、AOD炉冶炼不锈钢和钢包吹氩精炼工艺的主要气源。氩在空气中占0.932%，其含量仅次于氮和氧。氩气可通过将空气压缩、膨胀降温，直至液化后再使其沸腾而制得。在0.98×10^{-5} Pa压力下，液氧沸点为90K，液氮沸点为77K，液氩沸点为87K。利用气体沸点的差异可将氧、氮、氩分离，达到制取不同纯度气体的目的。氩属惰性气体，既不可燃，也不助燃，是工业上应用很广的稀有气体。氩气密度（标态）为$1.784kg/m^3$。

转炉炼钢对氩气的要求是：满足复吹和吹氩用供气量，气压稳定，氩气纯度大于99.95%，无油无水，转炉复吹气源供气压力不应小于2.0MPa。

（4）仪表用压缩空气：仪表用压缩空气压力为0.4~0.6MPa，露点在常压下低于-20℃，常温且干燥无油。

2.5　铁合金

铁合金的主要作用是脱氧和合金化，利用脱氧元素与钢中氧反应而形成不溶于钢中的脱氧产物并上浮进入渣中，达到降低钢中溶解氧的目的；为达到不同钢种对成分的要求而添加合金元素的方法称为合金化。通常所讲的铁合金是广义的铁合金概念，既包括以铁为基的合金，也包括某些用于脱氧和合金化的金属、合金和金属化合物。脱氧合金有硅铁、锰铁、硅锰、硅钙、铝，以及以硅、锰、铝等为基的三元、四元复合合金，如硅锰铝、硅铝钡、硅铝钡钙等；主要用于合金化的有镍铁、铬铁、钒铁、钼铁、铌铁、钨铁、硼铁、钒氮合金等，其中硅铁、锰铁、硅锰以及铝既有脱氧功能又有合金化功能。

2.5.1　转炉炼钢对铁合金的要求

（1）铁合金成分应符合技术标准规定，主合金元素含量高，非金属夹杂少，杂质含量低。另外气体（氧、氢等）含量要低。

（2）化学成分均匀稳定，成分范围窄，避免批量之间的区别和同批产品间的差异，以保证调整钢水成分的准确和稳定。

（3）具有一定的密度、一定的脆性、较低的熔点，无影响人体健康元素释放，长期存放不粉化、不氧化。

（4）铁合金应保持干燥、干净（无油、无水），不混料。

（5）铁合金块度应合适，既能保证完全熔化，又能避免损失，炼钢用一般为10~50mm，精炼用一般为10~30mm。使用时成分和数量要准确。

（6）在保证钢质量的前提下，选用价格便宜的铁合金，以降低钢的成本。

2.5.2　铁合金分类与生产方法简介[4]

铁合金品种多，原料来源较广，生产方法多。

合金分类主要按照化学成分进行，如锰系列、硅系列、铬系列、镍系列、钒系列、稀土系列以及铌、钛、硼等，由于钢种对碳含量要求程度不同和生产不同碳含量合金工艺成本不尽相同而细分为高碳锰铁、中碳锰铁、低碳锰铁、微碳锰铁、微碳铬铁等。锰系、硅系和铬系是具有代表性的三大系列合金。

铁合金的生产原理是氧化物的还原，生产时通过控制反应温度、炉渣成分以及合理地选择还原剂来达到选择性还原生产铁合金的目的。还原剂有金属还原剂和碳还原剂，前者的特点是有一定的热源支持，所炼合金碳含量低，冶炼设备简单、反应快；后者则是吸热反应在高温下方能进行，容易生成碳化物，碳质还原剂来源广泛、价格便宜，常用的有冶金焦、木炭、石油焦和煤等。

铁合金生产方法主要有高炉法、电炉法（碳热法、电硅热法）、炉外法、真空法以及氧气转炉吹炼法等，表 2-18 列出了部分铁合金的生产方法。

表 2-18　铁合金生产方法

生产方法	还原剂	操作工艺		产　品
电炉法	碳还原法	埋弧电炉法		高碳锰铁、硅锰合金、硅铁、工业硅、硅钙合金、高碳铬铁、硅铬合金、高碳镍铁、磷铁
		电弧炉法		钨铁、高碳钼铁、高碳钒铁
	硅还原法	放热法	电弧炉-钢包冶炼法	中、低碳锰铁及中、低、微碳铬铁
铝热法	铝还原法		铝热法（包括铝硅或硅发热剂与电炉并用法）	钒铁、铌铁、金属铬，低碳钼铁、硼铁、硅锆铁、钛铁、钨铁
其他方法	电解法	电解还原法		电解金属锰、电解金属铬
	转炉法	氧气吹炼		中、低碳铬铁及中、低碳锰铁
	感应炉法	熔融		钛铁、硅铝钡、硅铝钡钙
	真空加热炉法	真空固体脱碳法		微碳铬铁、氮化铬、氮化锰
	高炉法	碳还原		高碳镍铁、高碳铬铁、镜铁
	团矿法			氧化物团矿（钼、钒）、发热型铁合金、氮化铁合金（用真空炉加热）
	熔融还原法	碳还原法		
	等离子炉法	碳还原法		

硅铁及硅合金：硅能显著提高钢的强度、硬度和弹性，提高钢的磁导率，降低磁滞损耗。有硅铁、硅钙系列合金（硅钙钡、硅钙锰、硅钙镁等）等，硅铁中主要形式为 FeSi，硅含量为 33.3%，硅含量大于此值出现硅自由原子。硅铁存放时会自然崩裂，原因是有易粉化相存在，同时，磷、铝和钙等的作用也是粉化原因之一。硅铁的主要原料是硅石、含铁原料和碳质还原剂。硅脱氧能力强，并随温度提高而降低，单独用硅脱氧形成产物二氧化硅熔点高（1710℃），在炼钢温度下呈固态而不容易从钢中去除。

锰铁系列：锰能细化晶粒，提高钢的淬火温度，提高钢强度等，可减轻氧、硫对钢的影响。高碳锰铁熔点为 1250℃，密度为 7.2~7.4g/cm³，比较脆易破碎，在大气中稳定；低中碳锰铁熔点为 1250℃，密度为 7.2~7.3g/cm³，比较有活性，同水接触容易产生氢气崩裂，不易在大气中存放，脆性高易破碎。锰脱氧能力较弱，且随温度提高而减弱，钢中的锰有利于提高硅和铝的脱氧能力，且脱氧产物为低熔点物质，容易从钢液中排出。

铝：强脱氧元素，常作为终脱氧剂，脱氧产物三氧化二铝熔点为 2050℃，但可形成很细的固体颗粒，与钢水不浸润，呈絮状上浮。

2.5.3　铁合金标准

目前我国常用铁合金标准与成分见表 2-19~表 2-48。

表 2-19　硅铁（GB/T 2272—2020）

牌　号	化学成分/%							
	Si	Al	Ca	Mn	Cr	P	S	C
	范围	不大于						
FeSi90Al1. 5	87. 0~95. 0	1. 5	1. 5	0. 4	0. 2	0. 040	0. 020	0. 20
FeSi90Al3. 0	87. 0~95. 0	3. 0	1. 5	0. 4	0. 2	0. 040	0. 020	0. 20
FeSi75Al0. 5-A	74. 0~80. 0	0. 5	1. 0	0. 4	0. 3	0. 035	0. 020	0. 10
FeSi75Al0. 5-B	72. 0~80. 0	0. 5	1. 0	0. 5	0. 5	0. 040	0. 020	0. 20
FeSi75Al1. 0-A	74. 0~80. 0	1. 0	1. 0	0. 4	0. 3	0. 035	0. 020	0. 10
FeSi75Al1. 0-B	72. 0~80. 0	1. 0	1. 0	0. 5	0. 5	0. 040	0. 020	0. 20
FeSi75Al1. 5-A	74. 0~80. 0	1. 5	1. 0	0. 4	0. 3	0. 035	0. 020	0. 10
FeSi75Al1. 5-B	72. 0~80. 0	1. 5	1. 0	0. 5	0. 5	0. 040	0. 020	0. 20
FeSi75Al2. 0-A	74. 0~80. 0	2. 0	1. 0	0. 4	0. 3	0. 035	0. 020	0. 10
FeSi75Al2. 0-B	72. 0~80. 0	2. 0		0. 5	0. 5	0. 040	0. 020	0. 20
FeSi75 A	74. 0~80. 0			0. 4	0. 3	0. 035	0. 020	0. 10
FeSi75 B	72. 0~80. 0			0. 5	0. 5	0. 040	0. 020	0. 20
FeSi65	65. 0~72. 0			0. 6	0. 5	0. 040	0. 020	
FeSi45	40. 0~47. 0			0. 7	0. 5	0. 040	0. 020	

表 2-20　低碳硅铁（YB/T 4114—2003）

牌　号	化学成分（质量分数）/%												
	Si	Al	Ca	Mn	Cr	P	S	C	Ti	Mg	Ni	Cu	V
		不大于											
FeSi77Al0. 1-A	76. 0~80. 0	0. 1	0. 1	0. 1	0. 05	0. 04	0. 005	0. 03	0. 05	0. 1	0. 1	0. 1	0. 05
FeSi77Al0. 1-B	76. 0~80. 0	0. 1	0. 05	0. 1	0. 03	0. 02	0. 004	0. 015	0. 02				
FeSi77Al0. 05	76. 0~80. 0	0. 05	0. 05	0. 1	0. 03	0. 02	0. 004	0. 015	0. 015				
FeSi77Al0. 03	76. 0~80. 0	0. 03	0. 03	0. 1	0. 03	0. 02	0. 004	0. 015	0. 015				

注：规格尺寸 5~50mm，筛下物不大于 3%。

表 2-21　电炉锰铁（GB/T 3795—2014）

类别	牌　号	化学成分（质量分数）/%						
		Mn	C	Si		P		S
				I	II	I	II	
				不大于				
低碳锰铁	FeMn88C0.2	85.0~92.0	0.2	1.0	2.0	0.10	0.30	0.02
	FeMn84C0.4	80.0~87.0	0.4	1.0	2.0	0.15	0.30	0.02
	FeMn84C0.7	80.0~87.0	0.7	1.0	2.0	0.20	0.30	0.02
中碳锰铁	FeMn82C1.0	78.0~85.0	1.0	1.0	2.5	0.20	0.35	0.03
	FeMn82C1.5	78.0~85.0	1.5	1.5	2.5	0.20	0.35	0.03
	FeMn78C2.0	75.0~82.0	2.0	1.5	2.5	0.20	0.40	0.03
高碳锰铁	FeMn78C8.0	75.0~82.0	8.0	1.5	2.5	0.20	0.33	0.03
	FeMn74C7.5	70.0~77.0	7.5	2.0	3.0	0.25	0.38	0.03
	FeMn68C7.0	65.0~72.0	7.0	2.5	4.5	0.25	0.40	0.03

表 2-22　高炉锰铁（GB/T 3795—2014）

类别	牌　号	化学成分（质量分数）/%						
		Mn	C	Si		P		S
				I	II	I	II	
				不大于				
高碳锰铁	FeMn78	75.0~82.0	7.5	1.0	2.0	0.20	0.30	0.03
	FeMn73	70.0~75.0	7.5	1.0	2.0	0.20	0.30	0.03
	FeMn68	65.0~70.0	7.0	1.0	2.0	0.20	0.30	0.03
	FeMn63	60.0~65.0	7.0	1.0	2.0	0.20	0.30	0.03

表 2-23　微碳锰铁（YB/T 4140—2005）

牌　号	化学成分（质量分数）/%				
	Mn	C	Si	P	S
		不大于			
FeMn90C0.05	87.0~93.5	0.05	0.5	0.03	0.02
FeMn84C0.05	80.0~87.0	0.05	1.0	0.04	0.02
FeMn90C0.1	87.0~93.5	0.10	0.5	0.03	0.02
FeMn84C0.1	80.0~87.0	0.10	1.0	0.04	0.02
FeMn90C0.15	87.0~93.5	0.15	1.5	0.03	0.02
FeMn84C0.15	80.0~87.0	0.15	2.0	0.04	0.02

注：微碳锰铁应呈块状交货，最大块重应不超过10kg，小于10mm×10mm的数量不应超过总重量的5%。

表 2-24　锰硅合金（GB/T 4008—2008）

牌　号	化学成分（质量分数）/%						
	Mn	Si	C	P			S
				Ⅰ	Ⅱ	Ⅲ	
				不大于			
FeMn62Si18（FeMn64Si18）	60.0~65.0	17.0~20.0	1.8	0.10	0.15	0.25	0.04
FeMn68Si16	65.0~72.0	14.0~17.0	2.5	0.10	0.15	0.25	0.04
FeMn62Si17（FeMn64Si16）	60.0~65.0	14.0~20.0	2.5	0.20	0.25	0.30	0.05

注：括号中的牌号为旧牌号

表 2-25　硅钡铝（YB/T 066—2008）

牌　号	化学成分（质量分数）/%						
	Si	Ba	Al	Mn	C	P	S
	不小于			不大于			
FeAl35Ba6Si20	20.0	6.0	35.0	0.30	0.20	0.030	0.02
FeAl30Ba6Si20	20.0	6.0	30.0	0.30	0.20	0.030	0.02
FeAl25Ba9Si30	30.0	9.0	25.0	0.30	0.20	0.030	0.02
FeAl15Ba12Si30	30.0	12.0	15.0	0.30	0.20	0.040	0.03
FeAl10Ba15Si40	40.0	15.0	10.0	0.30	0.20	0.040	0.03

表 2-26　硅钙钡铝（YB/T 067—2008）

牌　号	化学成分（质量分数）/%							
	Si	Ca	Ba	Al	Mn	C	P	S
	不小于				不大于			
FeAl16Ba9Ca12Si30	30.0	12.0	9.0	16.0	0.40	0.40	0.040	0.02
FeAl12Ba9Ca9Si35	35.0	9.0	9.0	12.0	0.40	0.40	0.040	0.02
FeAl8Ba12Ca6Si40	40.0	6.0	12.0	8.0	0.40	0.40	0.040	0.02

注：硅钙钡铝合金产品交货粒度为 10~20mm，其中小于 10mm 的不超过总量的 5%。

表 2-27　硅钙钡 （%）

Si	Ca	Ba	Ca+Ba	Al	P	S
52.00~65.00	≥14.00	≥14.00	≥28.00	≤2.00	≤0.050	≤0.300

表 2-28 硅铝合金（YB/T 065—2008）

牌　号	化学成分（质量分数）/%								
	Si	Al	Mn	C		P		S	Cu
				I	II	I	II		
	不小于			不大于					
FeAl50 Si5	5.0	50.0	0.20	0.20		0.020		0.02	0.05
FeAl45 Si5	5.0	45.0	0.20	0.20		0.020		0.02	0.05
FeAl40Si15	15.0	40.0	0.20	0.20		0.020		0.02	0.05
FeAl35Si15	15.0	35.0	0.20	0.20		0.020		0.02	0.05
FeAl30Si25	25.0	30.0	0.20	0.20	1.20	0.020	0.040	0.02	
FeAl25Si25	25.0	25.0	0.40	0.20	1.20	0.020	0.040	0.03	
FeAl20Si35	35.0	20.0	0.40	0.40	0.80	0.030	0.060	0.03	
FeAl15Si35	35.0	15.0	0.40	0.40	0.80	0.030	0.060	0.03	
FeAl10Si40	40.0	10.0	0.40	0.40		0.030	0.080	0.03	

注：硅铝合金产品交货粒度为 10~250mm，其中小于 10mm 的不超过总量的 5%。

表 2-29 硅钙（YB/T 5051—2016）

牌　号	化学成分（质量分数）/%								
	Ca	Si	C		Al	P	S	O	Ca+Si
			I	II					
	不小于		不大于						不小于
Ca31Si60	31	58~65	0.5	0.8	2.4	0.04	0.05	2.5	90
Ca28Si60	28	58~65	0.5	0.8	2.4	0.04	0.05	2.5	90
Ca24Si60	24	58~65	0.5	0.8	2.5	0.04	0.04	2.5	90
Ca20Si55	20	55~60	0.5	0.8	2.5	0.04	0.04	2.5	—
Ca16Si55	16	55~60	0.5	0.8	2.5	0.04	0.04	2.5	—

表 2-30 铬铁（GB/T 5683—2008）

类别	牌　号	化学成分（质量分数）/%									
		Cr			C	Si		P		S	
		范围	I	II		I	II	I	II	I	II
			不小于		不大于						
微碳	FeCr65C0.03	60.0~70.0			0.03	1.0		0.03		0.025	
	FeCr55C0.03		60.0	52.0	0.03	1.5	2.0	0.03	0.04	0.03	
	FeCr65C0.06	60.0~70.0			0.06	1.0		0.03		0.025	
	FeCr55C0.06		60.0	52.0	0.06	1.5	2.0	0.04	0.06	0.03	
	FeCr65C0.10	60.0~70.0			0.10	1.0		0.03		0.025	
	FeCr55C0.10		60.0	52.0	0.10	1.5	2.0	0.04	0.06	0.03	
	FeCr65C0.15	60.0~70.0			0.15	1.0		0.03		0.025	
	FeCr55C0.15		60.0	52.0	0.15	1.5	2.0	0.04	0.06	0.03	

续表 2-30

类别	牌　号	化学成分（质量分数）/%									
		Cr			C	Si		P		S	
		范围	I	II		I	II	I	II	I	II
			不小于			不大于					
低碳	FeCr65C0.25	60.0~70.0			0.25	1.5		0.03		0.025	
	FeCr55C0.25		60.0	52.0	0.25	2.0	3.0	0.04	0.06	0.03	0.05
	FeCr65C0.50	60.0~70.0			0.50	1.5		0.03		0.025	
	FeCr55C0.50		60.0	52.0	0.50	2.0	3.0	0.04	0.06	0.03	0.05
中碳	FeCr65C1.0	60.0~70.0			1.0	1.5		0.03		0.025	
	FeCr55C1.0		60.0	52.0	1.0	2.5	3.0	0.04	0.06	0.03	0.05
	FeCr65C2.0	60.0~70.0			2.0	1.5		0.03		0.025	
	FeCr55C2.0		60.0	52.0	2.0	2.5	3.0	0.04	0.06	0.03	0.05
	FeCr65C4.0	60.0~70.0			4.0	1.5		0.03		0.025	
	FeCr55C4.0		60.0	52.0	4.0	2.5	3.0	0.04	0.06	0.03	0.05
高碳	FeCr67C6.0	60.0~70.0			6.0	3.0		0.03		0.04	0.06
	FeCr55C6.0		60.0	52.0	6.0	3.0	5.0	0.04	0.06	0.04	0.06
	FeCr67C9.5	60.0~70.0			9.5	3.0		0.03		0.04	0.06
	FeCr55C10.0		60.0	52.0	10.0	3.0	5.0	0.04	0.06	0.04	0.06
真空法微碳铬铁	ZKFeCr65C0.010	65.0			0.010	1.0	2.0	0.025	0.030	0.03	
	ZKFeCr65C0.020	65.0			0.020	1.0	2.0	0.025	0.030	0.03	
	ZKFeCr65C0.010	65.0			0.010	1.0	2.0	0.025	0.035	0.04	
	ZKFeCr65C0.030	65.0			0.030	1.0	2.0	0.025	0.035	0.04	
	ZKFeCr65C0.050	65.0			0.050	1.0	2.0	0.025	0.035	0.04	
	ZKFeCr65C0.100	65.0			0.100	1.0	2.0	0.025	0.035	0.04	

注：粒度检查参考 GB/T 13247 的规定。

表 2-31　低钛高碳铬铁（YB/T 4154—2015）

牌　号	化学成分（质量分数）/%					
	Cr	Ti	C	Si	P	S
		不大于				
FeCr65C10.0Ti0.010	60.0~70.0	0.010	10.0	1.0	0.04	0.04
FeCr55C10.0Ti0.010	52.0~60.0	0.010	10.0	1.0	0.04	0.04
FeCr65C10.0Ti0.015	60.0~70.0	0.015	10.0	1.0	0.04	0.04
FeCr55C10.0Ti0.015	52.0~60.0	0.015	10.0	1.0	0.04	0.04
FeCr65C10.0Ti0.020	60.0~70.0	0.020	10.0	1.0	0.04	0.04
FeCr55C10.0Ti0.020	52.0~60.0	0.020	10.0	1.0	0.04	0.04
FeCr65C10.0Ti0.025	60.0~70.0	0.025	10.0	1.0	0.04	0.04

牌 号	化学成分（质量分数）/%					
	Cr	Ti	C	Si	P	S
		不大于				
FeCr55C10. 0Ti0. 025	52. 0~60. 0	0. 025	10. 0	1. 0	0. 04	0. 04
FeCr65C10. 0Ti0. 030	60. 0~70. 0	0. 030	10. 0	1. 0	0. 04	0. 04
FeCr55C10. 0Ti0. 030	52. 0~60. 0	0. 030	10. 0	1. 0	0. 04	0. 04

表 2-32　硅铬合金（GB/T 4009—2008）

牌 号	化学成分（质量分数）/%					
	Si	Cr	C	P		S
				I	II	
	不小于		不大于			
FeCr30Si40-A	40. 0	30. 0	0. 02	0. 02	0. 04	0. 01
FeCr30Si40-B	40. 0	30. 0	0. 04	0. 02	0. 04	0. 01
FeCr30Si40-C	40. 0	30. 0	0. 06	0. 02	0. 04	0. 01
FeCr30Si40-D	40. 0	30. 0	0. 10	0. 02	0. 04	0. 01
FeCr32Si35	35. 0	32. 0	1. 0	0. 02	0. 04	0. 01

注：粒度检查参考 GB/T 13247 的规定。

表 2-33　钒铁合金（GB/T 4139—2012）

牌 号	化学成分（质量分数）/%						
	V	C	Si	P	S	Al	Mn
		不大于					
FeV50-A	48. 0~55. 0	0. 40	2. 0	0. 06	0. 04	1. 5	—
FeV50-B	48. 0~55. 0	0. 60	3. 0	0. 10	0. 06	2. 5	—
FeV50-C	48. 0~55. 0	5. 0	3. 0	0. 10	0. 06	0. 5	—
FeV60-A	58. 0~65. 0	0. 40	2. 0	0. 06	0. 04	1. 5	—
FeV60-B	58. 0~65. 0	0. 60	2. 5	0. 10	0. 06	2. 5	—
FeV60-C	58. 0~65. 0	3. 0	1. 5	0. 10	0. 06	0. 5	—
FeV80-A	78. 0~82. 0	0. 15	1. 5	0. 05	0. 04	1. 5	0. 50
FeV80-B	78. 0~82. 0	0. 30	1. 5	0. 08	0. 06	2. 0	0. 50
FeV80-C	75. 0~80. 0	0. 30	1. 5	0. 08	0. 06	2. 0	0. 50

表 2-34　钒氮合金（GB/T 20567—2006）

牌 号	化学成分（质量分数）/%				
	V	N	C	P	S
VN12	77~81	10. 0~14. 0	≤10. 0	≤0. 06	≤0. 10
VN16		14. 0~18. 0	≤6. 0		

注：1. 需供需双方协定并在合同中注明，供方可提供氧、铝、硅、锰等的检验结果。

　　2. 钒氮合金的表观密度应不小于 3.0g/cm³。钒氮合金的粒度要求为 10~40mm，产品中小于 10mm 粒级应小于总量的 5%。

表 2-35　氮化金属锰（YB/T 4136—2005）

牌 号	化学成分（质量分数）/%								
	Mn	N		C		P		Si	S
		I	II	I	II	I	II		
	不小于			不大于					
JMnN-A	90	7	6	0.05	0.1	0.01	0.05	0.3	0.05
JMnN-B	87	7	6	0.05	0.1	0.03	0.05	0.5	0.025
JMnN-C	85	7	6	0.1	0.2	0.03	0.05	1.0	0.025

表 2-36　氮化锰铁（YB/T 4136—2005）

牌 号	化学成分（质量分数）/%									
	Mn	N		C		P		Si		S
		I	II	I	II	I	II	I	II	
	不小于			不大于						
FeMnN-A	80	7	5	0.1	0.5	0.03	0.10	1.0	2.0	0.02
FeMnN-B	75	5	4	1.0	1.5	0.10	0.30	1.0	2.0	0.02
FeMnN-C	73	5	4	1.0	1.5	0.10	0.30	1.0	2.0	0.02

表 2-37　钼铁（GB/T 3649—2008）

牌 号	化学成分（质量分数）/%							
	Mo	Si	S	P	C	Cu	Sb	Sn
				不大于				
FeMo70	65.0~75.0	2.0	0.08	0.05	0.10	0.5		
FeMo60-A	60.0~65.0	1.0	0.08	0.04	0.10	0.5	0.04	0.04
FeMo60-B	60.0~65.0	1.5	0.10	0.05	0.10	0.5	0.05	0.06
FeMo60-C	60.0~65.0	2.0	0.15	0.05	0.15	1.0	0.08	0.08
FeMo55-A	55.0~60.0	1.0	0.10	0.08	0.15	0.5	0.05	0.06
FeMo55-B	55.0~60.0	1.5	0.15	0.10	0.20	0.5	0.08	0.08

表 2-38　铌铁（GB/T 7737—2007）

牌 号	化学成分/%										
	Nb+Ta	Ta	Al	Si	C	S	P	W	Mn	Sn	Pb
		不大于									
FeNb70	70~80	0.3	3.8	1.0	0.03	0.03	0.04	0.3	0.8	0.02	0.02
FeNb60-A	60~70	0.3	2.5	2.0	0.04	0.03	0.04	0.2	1.0	0.02	0.02
FeNb60-B	60~70	2.5	3.0	3.0	0.30	0.10	0.30	1.0			
FeNb50-A	50~60	0.2	2.0	1.0	0.03	0.03	0.04	0.1			
FeNb50-B	50~60	0.3	2.0	2.5	0.04	0.03	0.04	0.2			
FeNb50-C	50~60	2.5	3.0	4.0	0.30	0.10	0.40	1.0			
FeNb20	15~25	2.0	3.0	11	0.30	0.10	0.30	1.0			

注：FeNb70 牌号还要求 As、Sb、Bi 含量各不大于 0.01%，Ti 含量不大于 0.3%。

表 2-39 铝铁

Al	Mn	C	Si	P	S	B
	化学成分/%					
			不大于			
40. 00~44. 00	5. 00	0. 20	1. 00	0. 03	0. 03	0. 010

表 2-40 铝锰铁

牌 号	化学成分/%					
	Al	Mn	C	Si	P	S
			不大于			
高锰低铝	20. 00~26. 00	30. 00~35. 00	2. 00	2. 00	0. 200	0. 040
高铝低锰	30. 00~32. 00	10. 00~15. 00	2. 00	2. 00	0. 200	0. 040

表 2-41 硫铁

牌 号	化学成分/%			
	S	Fe	Cr	Ti
FeS	26. 0~32. 0	≥65. 0	≤0. 30	≤0. 050

表 2-42 磷铁 (YB/T 5036—2012)

牌 号	化学成分/%								
	P	Si	C		S		Mn	Ti	
			I	II	I	II		I	II
			不大于						
FeP29	28. 0~30. 0	2. 0	0. 2	1. 0	0. 5	0. 5	2. 0	0. 70	2. 00
FeP26	25. 0~<28. 0	2. 0	0. 2	1. 0	0. 5	0. 5	2. 0	0. 70	2. 00
FeP24	23. 0~<25. 0	3. 0	0. 2	1. 0	0. 5	0. 5	2. 0	0. 70	2. 00
FeP21	20. 0~23. 0	3. 0	1. 0		0. 5		2. 0	—	
FeP18	17. 0~<20. 0	3. 0	1. 0		0. 5		2. 5	—	
FeP16	15. 0~<17. 0	3. 0	1. 0		0. 5		2. 5	—	

表 2-43 硼铁 (YB/T 5682—2015)

类别	牌 号	化学成分/%					
		B	C	Si	Al	S	P
			不大于				
低碳	FeB22C0. 05	21. 0~25. 0	0. 05	1. 0	1. 5	0. 01	0. 05
	FeB20C0. 05	19. 0~21. 0	0. 05	1. 0	1. 5	0. 01	0. 05
	FeB18C0. 1	17. 0~<19. 0	0. 10	1. 0	1. 5	0. 01	0. 05
	FeB16C0. 1	14. 0~<17. 0	0. 10	1. 0	1. 5	0. 01	0. 05

类别	牌 号		化学成分/%					
			B	C	Si	Al	S	P
				不大于				
中碳	FeB20C0. 15		19. 0~21. 0	0. 15	1. 0	0. 5	0. 01	0. 05
	FeB20C0. 5	A	19. 0~21. 0	0. 5	1. 5	0. 05	0. 01	0. 1
		B		0. 5	1. 5	0. 5	0. 01	0. 1
	FeB18C0. 5	A	17. 0~19. 0	0. 5	1. 5	0. 05	0. 01	0. 1
		B		0. 5	1. 5	0. 5	0. 01	0. 1
	FeB16C1. 0		15. 0~17. 0	1. 0	2. 5	0. 5	0. 01	0. 1
	FeB14C1. 0		13. 0~15. 0	1. 0	2. 5	0. 5	0. 01	0. 2
	FeB12C1. 0		9. 0~13. 0	1. 0	2. 5	0. 5	0. 01	0. 2

注：表列元素 B、Al、C 为必测元素，其他为保证元素；作为非晶、超微晶合金材料用时全为必测元素。

表 2-44 钛铁 （GB/T 3282—2012）

牌 号	化学成分 （质量分数)/%							
	Ti	C	Si	P	S	Al	Mn	Cu
				不大于				
FeTi30-A	25. 0~35. 0	0. 10	4. 5	0. 05	0. 03	8. 0	2. 5	0. 10
FeTi30-B	25. 0~35. 0	0. 20	5. 0	0. 07	0. 04	8. 5	2. 5	0. 20
FeTi40-A	35. 0~45. 0	0. 10	3. 5	0. 05	0. 03	9. 0	2. 5	0. 20
FeTi40-B	35. 0~45. 0	0. 20	4. 0	0. 08	0. 04	9. 5	3. 0	0. 40
FeTi70-A	65. 0~75. 0	0. 10	0. 50	0. 04	0. 03	3. 0	1. 0	0. 20
FeTi70-B	65. 0~75. 0	0. 20	3. 5	0. 06	0. 04	6. 0	1. 0	0. 20
FeTi70-C	65. 0~75. 0	0. 40	4. 0	0. 08	0. 04	8. 0	1. 0	0. 20

表 2-45 钨铁 （GB/T 3648—2013）

牌 号	化学成分/%											
	W	C	P	S	Si	Mn	Cu	As	Bi	Pb	Sb	Sn
						不大于						
FeW80-A	75. 0~85. 0	0. 10	0. 03	0. 06	0. 5	0. 25	0. 10	0. 06	0. 05	0. 05	0. 05	0. 06
FeW80-B	75. 0~85. 0	0. 30	0. 04	0. 07	0. 7	0. 35	0. 12	0. 08	0. 05	0. 05	0. 05	0. 08
FeW80-C	75. 0~85. 0	0. 40	0. 05	0. 08	0. 7	0. 50	0. 15	0. 10	0. 05	0. 05	0. 05	0. 08
FeW70	≥70. 0	0. 80	0. 07	0. 10	1. 2	0. 60	0. 18	0. 12	0. 05	0. 05	0. 05	0. 10

表 2-46 电解镍（GB/T 6516—2010）

牌 号			Ni9999	Ni9996	Ni9990	Ni9950	Ni9920
（Ni+Co）（不小于）			99.99	99.96	99.90	99.50	99.20
Co（不大于）			0.005	0.02	0.08	0.15	0.50
化学成分/%	杂质含量（不大于）	C	0.005	0.01	0.01	0.02	0.10
		Si	0.001	0.002	0.002	—	—
		P	0.001	0.001	0.001	0.003	0.02
		S	0.001	0.001	0.001	0.003	0.02
		Fe	0.002	0.01	0.02	0.20	0.50
		Cu	0.0015	0.01	0.02	0.01	0.15
		Zn	0.001	0.0015	0.002	0.005	—
		As	0.0008	0.0008	0.001	0.002	—
		Cd	0.0003	0.0003	0.0008	0.002	—
		Sn	0.0003	0.0003	0.0008	0.0025	—
		Sb	0.0003	0.0003	0.0008	0.0025	—
		Pb	0.0003	0.0015	0.0015	0.002	0.005
		Bi	0.0003	0.0003	0.0008	0.0025	—
		Al	0.001	—	—	—	—
		Mn	0.001	—	—	—	—
		Mg	0.001	0.001	0.002	—	—

表 2-47 镍铜合金　　　　　　　　　　　　（%）

牌号	Cu	Ni	C	Si	Mn	P	S
Ni40	37.00~45.00	37.00~45.00	≤1.00	≤2.00	≤2.50	≤0.100	≤0.080
Ni34	34.00~37.00	34.00~37.00	≤1.00	≤2.00	≤2.50	≤0.100	≤0.080
Ni27	34.00~37.00	27.00~30.00	≤1.00	≤2.00	≤2.50	≤0.100	≤0.080
Ni21	34.00~37.00	21.00~24.00	≤1.00	≤2.00	≤2.50	≤0.100	≤0.080
Ni18	34.00~37.00	18.00~21.00	≤1.00	≤2.00	≤2.50	≤0.100	≤0.080

表 2-48　包芯线（YB/T 053—2016）

序号	名称及相应芯粉对应号	直径/mm 公称尺寸	直径/mm 偏差 α	钢带厚度/mm	芯粉质量（不小于）/g·m⁻³	每千克接头个数（不大于）
1	硅铁包芯线 GB/T 2272	13			235（SiFe75）	
2	沥青焦包芯线 YB/T 5299	13			135	
3	硫磺包芯线 GB/T 2449	10			110	
3	硫磺包芯线 GB/T 2449	13			190	
4	钛铁包芯线 GB/T 3282				370（FeTi70）	
5	锰铁包芯线 GB/T 3795		0.8		550	
6	稀土镁硅铁合金包芯线 GB/T 4138	13			240	
7	混合稀土金属包芯线 GB/T 4153				RE125SiCa160	
8	硼铁包芯线 GB/T 5682				520（FeB18C0.5）	2
9	硅钡合金包芯线 YB/T 5358			0.3~0.45	280	
10	硅钙合金包芯线 YB/T 5051（Ca31Si60 和 Ca28Si60）	10	0.8		125	
10	硅钙合金包芯线 YB/T 5051（Ca31Si60 和 Ca28Si60）	12	0.8		200	
10	硅钙合金包芯线 YB/T 5051（Ca31Si60 和 Ca28Si60）	13	0.8		220	
10	硅钙合金包芯线 YB/T 5051（Ca31Si60 和 Ca28Si60）	16	0.8		320	
11	钙铁 30 包芯线 GB/T 4864、YB/T 5308	13	0.8		250（Ca 30%）	
12	钙铁 40 包芯线 GB/T 4864、YB/T 5308	13			220（Ca 40%）	
12	钙铁 40 包芯线 GB/T 4864、YB/T 5308	16			330（Ca 40%）	
13	钙铝包芯线 GB/T 4864、GB/T 2082.1、YB/T 5308	13			158（Ca 30%，Al 55%）	
14	硅钙钡铝合金包芯线 YB/T 067				220	
15	实心钙铝包芯线 GB/T 4864、GB/T 2082.1	9	0.5		90（Ca 55%，Al 31%）	
16	实心纯钙包芯线 GB/T 4864	9	0.5		60（Ca 95%）	

注：α 作为参考数值。

2.5.4 铁合金品种、形态和质量的优化发展[5]

铁合金优化主要围绕铁合金特点和使用要求展开，主要在品种范围扩大、形态多样和质量提高等方面：

（1）提高主合金元素含量、降低杂质和气体含量。尽管国家标准对部分合金成分有明确规定，但对炼钢使用而言，应在一定成本负荷下尽可能选择高纯净度的铁合金以满足钢产品的苛刻要求。

（2）合金品种多样化、复合化。随着钢种增加、用途增多和对钢材产品质量要求的提高，对钢坯内在纯净度、夹杂物形态以及合金化要求日益提高，为此，铁合金逐步向增加品种方向发展。

（3）合金产品结构调整。由硅铁、锰铁逐渐扩大并细分出低碳、高碳类合金，硅锰系、硅钙系合金等以及铬、镍系列合金以满足转炉生产不锈钢要求，还出现了碱土、稀土合金等。

（4）为实现成分微调和合金微调，获得稳定的收得率和较高的成分命中率以及稳定的钢材成分，采用的合金形态发生了变化。相继生产出包芯线、合金丝、合金压块、粉状和粒状合金，微调合金时使用更多的是采取喂丝的办法完成，以达到精确调整成分和较高合金元素收得率的目的。

（5）铁合金生产新工艺开发与完善。如采取顶底复合吹炼生产中、低碳铬铁、中碳锰铁以及采用等离子炉熔炼。铁合金炉熔炼后的精炼技术也逐渐用在高品质铁合金的生产中。

2.5.5 铁合金使用基本要点

2.5.5.1 铁合金加入方法、原则和需注意事项

A 铁合金加入的方法

投入法：与氧亲和力较低的元素可以随入炉炉料或在冶炼过程中加入转炉中，如镍、铜、钼和钴等，不影响收得率；而锰、铬、硅、钛、钒和铝等合金，在出钢时通过加料斗或者人工投入钢包中。

针对铝合金氧化性强、密度小以及收得率低等特点，采取压入法（铁管法、铁棒法和沉箱法）、射入法（铝弹法）、喂丝法、液铝注入法和惰性气体防护法等。

另外，如前所述，一些精确控制合金元素成分的工艺中，铁合金还以包芯线，合金丝、带的方式，以一定的速度喂入钢水中。

B 合金加入顺序

转炉炼钢合金加入顺序存在两种方式，一种是先加强脱氧元素后加弱脱氧元素，利于强脱氧元素如铝氧化物的充分上浮，减少钢水中的夹杂物；另一种是先弱后强，保证脱氧达到要求又利于脱氧产物上浮。生产中根据钢种需要来确定具体的脱氧方式，合金加入顺序总的原则是：以脱氧为目的元素先加，易氧化贵重金属后加；较难熔化的合金镍、铜、钼铁提前随废钢加入转炉中或在精炼炉中升温熔化；其他合金一般加入钢包中。不同合金一般加入顺序如下：

$$
\begin{array}{ccccc}
\text{Fe-Mo} & & \text{增碳剂} & & \\
& & \text{Mn-Si} & & \\
\text{Fe-Mo} & \text{Fe-Mn-Al} & \text{Mn-Si} & \text{Fe-V} & \text{Fe-B} \\
\text{Ni} \rightarrow & \text{Al} \rightarrow & \text{Fe-Mn} \rightarrow & \text{Fe-V} \rightarrow & \text{Fe-Ti} \\
\text{Cu} & \text{Fe-Al} & \text{Fe-Si} & \text{Fe-Nb} & \\
& & \text{Fe-Cr} & &
\end{array}
$$

普通合金最佳加入时间是根据合金加入量多少，在出钢 1/3 ~ 3/4 之间加入，充分利用出钢搅拌动力和温度达到熔化和均匀合金的目的。

C 注意事项

（1）影响合金元素收得率的因素有：钢水条件（氧化性、余锰）、终渣性质（氧化性）、脱氧元素的脱氧能力强弱等。合金加入顺序，先加入的收得率低；出钢钢流散氧化性强或下渣多，降低收得率；合金加入量大，收得率高。

（2）在冶炼特殊钢种时铁合金需要进行烘烤以减少带入气体，要求温度 200 ~ 800℃，熔点低且易氧化元素的合金烘烤温度约为 200℃，不易氧化元素和熔点高的铁合金烘烤温度在 800℃下保证足够的烘烤时间。

（3）随着炼钢对铁合金要求提高，对合金元素检测方法和检测准确度也提出新的更加严格的要求。

（4）根据炼钢脱氧程度和钢种不同，一般常见的脱氧工艺有：

1）硅、锰脱氧，形成的产物有固相二氧化硅、液相（$MnO \cdot SiO_2$）、固溶体（$MnO \cdot FeO$），控制合适的 Mn/Si 比可得到液相的（$MnO \cdot SiO_2$）夹杂物且易于上浮。

2）硅、锰和铝脱氧，产物有蔷薇辉石（$2MnO \cdot Al_2O_3 \cdot 5SiO_2$）、硅铝榴石（$3MnO \cdot Al_2O_3 \cdot 3SiO_2$）和三氧化二铝。

3）过量铝脱氧，脱氧产物为三氧化二铝。由于该氧化物熔点高，造成钢液的可浇性差且存在于钢中影响钢材性能，需进行钙处理，生成液态（$2CaO \cdot Al_2O_3 \cdot SiO_2$）或（$12CaO \cdot 7Al_2O_3$）夹杂物上浮，防止水口堵塞。

2.5.5.2 合金加入量确定

合金加入量计算公式为：

合金加入量(kg/t) =（钢种规格中限% - 终点残余成分%）/（铁合金合金元素含量% × 合金元素收得率%）× 1000

2.6 转炉用耐火材料

2.6.1 转炉用耐火材料分类

转炉炼钢离不开耐火材料。从耐火材料的成型方式来看，转炉用耐火材料大致可分为定形耐火材料与不定形耐火材料两大类。定形耐火材料主要包括转炉炉衬砖、出钢口砖及透气砖等；不定形耐火材料主要是用于提高转炉使用寿命的喷补料和投补料等。

转炉炼钢对耐火材料的要求为，能耐炉渣的侵蚀；耐火度高，具有足够的高温体积稳定性和强度；耐崩裂性好，也能耐机械冲击。

2.6.2 转炉用定形耐火材料

氧气转炉问世以来，炉衬材料经历了三个阶段的演变：焦油白云石砖→烧成碱性油浸砖→镁碳砖。随着转炉大型化的发展，转炉采用何种耐火材料就更为重要。20 世纪 80 年代我国成功开发并应用了镁碳砖作为炉衬砖,依靠改善炉衬砖的质量与补炉技术相结合的方法,使转炉炉龄由 500 炉左右提高到 1500~3000 炉,为氧气转炉的生产提供了可靠的保证。20 世纪 90 年代,溅渣护炉技术的开发与应用,使炉龄普遍提高,一般炉龄达到 10000 炉以上,最高炉龄可达到 30000 炉以上。炉衬砖仍采用镁碳砖,但砖的碳含量比非溅渣条件下有一定的减少,以提高溅渣黏渣效果。

镁碳砖以优质镁砂和高纯石墨为主要原料,金属硅和碳化硅等为添加物,用酚醛树脂作结合剂压制而成,具有耐侵蚀的优点,广泛应用于炼钢转炉、电炉和钢包等。现行国家标准 GB/T 22589—2008 对镁碳砖的理化指标要求见表 2-49。某耐火材料厂家镁碳砖的理化指标见表 2-50。

表 2-49 镁碳砖理化指标（GB/T 22589—2008）

牌号	显气孔率/%		体积密度/g·cm⁻³		常温耐压强度/MPa		高温抗折强度(1400℃,30min)/MPa		$w(MgO)$/%		$w(C)$/%	
	数值	偏差	数值	偏差	数值	偏差	数值	偏差	数值	偏差	数值	偏差
MT-5A	≤5.0		≥3.10		≥50				≥85		≥5	
MT-5B	≤6.0		≥3.02		≥50				≥84		≥5	
MT-5C	≤7.0		≥2.92		≥45				≥82		≥5	
MT-5D	≤8.0	1.0	≥2.90	0.05	≥40				≥80		≥5	
MT-8A	≤4.5		≥3.05		≥45				≥82		≥8	
MT-8B	≤5.0		≥3.0		≥45				≥81	1.5	≥8	
MT-8C	≤6.0		≥2.90		≥40				≥79		≥8	
MT-8D	≤7.0		≥2.87		≥35				≥77		≥8	
MT-10A	≤4.0		≥3.02		≥40		≥6	1	≥80		≥10	
MT-10B	≤4.5		≥2.97		≥40				≥79		≥10	
MT-10C	≤5.0		≥2.92		≥35	10			≥77		≥10	1.0
MT-10D	≤6.0		≥2.87						≥75		≥10	
MT-12A	≤4.0		≥2.97		≥40		≥6	1	≥78		≥12	
MT-12B	≤4.0		≥2.94		≥35				≥77		≥12	
MT-12C	≤4.5		≥2.92		≥35				≥75		≥12	
MT-12D	≤5.5		≥2.85						≥73		≥12	
MT-14A	≤3.5		≥2.95		≥40		≥10	1	≥76		≥14	
MT-14B	≤3.5	0.5	≥2.9	0.03	≥35				≥74		≥14	
MT-14C	≤4.0		≥2.87		≥35				≥72		≥14	
MT-14D	≤5.0		≥2.81						≥68	1.2	≥14	
MT-16A	≤3.5		≥2.92		≥35		≥8	1	≥74		≥16	
MT-16B	≤3.5		≥2.87		≥35				≥72		≥16	
MT-16C	≤4.0		≥2.82		≥30	8			≥70		≥16	
MT-18A	≤3.0		≥2.89		≥35		≥10	1	≥72		≥18	0.8
MT-18B	≤3.5		≥2.84		≥30				≥70		≥18	
MT-18C	≤4.0		≥2.79		≥30				≥69		≥18	

表 2-50 我国金龙耐火材料公司镁碳砖理化指标

牌 号	指 标					
	显气孔率/%	体积密度/g·cm⁻³	常温耐压强度/MPa	常温抗折强度（1400℃，30min）/MPa	$w(MgO)$/%	$w(C)$/%
MT-5C	≤6.0	3.10	≥45		≥85	≥5
MT-8C	≤5.0	3.05	≥45		≥82	≥8
MT-10A	≤4.0	3.03	≥40	≥6	≥80	≥10
MT-10B	≤5.0	3.00	≥35	≥5	≥78	≥10
MT-12A	≤4.0	3.00	≥40	≥12	≥78	≥12
MT-14A	≤4.0	2.98	≥40	≥14	≥76	≥14
MT-14B	≤4.0	2.95	≥35	≥8	≥74	≥14
MT-14C	≤4.0	2.93	≥35	≥5	≥74	≥14
MT-16A	≤3.0	2.94	≥35	≥12	≥74	≥16
MT-18A	≤3.0	2.92	≥40	≥12	≥72	≥18
MT-18B	≤3.0	2.90	≥35	≥7	≥70	≥18

日本是最先研制、生产和使用镁碳砖的国家，日本黑崎窑业公司生产的 CRD[6] 系列镁碳砖具有耐侵蚀、耐崩裂的特性，主要用于电弧炉、混铁车、转炉和钢包，其理化指标见表 2-51。文献 [6] 还介绍了品川耐火材料公司生产的 MAGTITE 系列镁碳砖，主要用于转炉、电弧炉和钢包，其理化指标见表 2-52。

表 2-51 日本 CRD 系列镁碳砖的理化性能

牌 号	耐火度	显气孔率/%	密度/g·cm⁻³	常温耐压强度/MPa	抗折强度/MPa		$w(MgO)$/%	$w(C)$/%
					常温	1400℃		
MR5	>40	3~4	2.95~3.00	70~80	25~30	3~4	92~93	6~7
MR10	>40	3~4	2.90~2.95	50~60	20~25	3~4	87~88	11~12
MR15RS	>40	3~5	2.80~2.85	30~40	15~20	4~5	75~76	13~14
MR20	>40	2~4	2.80~2.85	30~40	10~15	3.5~4.5	77~78	18~19
MR20E3	>40	3~5	2.80~2.85	35~45	10~15	3~4	77~78	21~22
MR20E5	>40	3~5	2.85~2.90	35~45	10~15	3~4	77~78	21~22
MR25	>40	3~5	2.75~2.80	30~40	10~15	3~4	72~73	26~27
MR30	>40	3~5	2.70~2.75	20~30	10~15	3~4	63~64	31~32

表 2-52 日本 MAGTITE 系列不烧镁碳砖的理化指标

牌 号	显气孔率/%	体积密度/g·cm⁻³	常温耐压强度/MPa	常温抗折强度/MPa	常温耐压强度/MPa	线膨胀率/%	高温抗折强度/MPa	导热系数/W·(m·K)⁻¹	$w(MgO)$/%	$w(C)$/%
N10A	3.5	2.95	38	15	70~80	1.2	6	10.6	85	13

续表 2-52

牌　号	显气孔率 /%	体积密度 /g·cm⁻³	常温耐压强度 /MPa	常温抗折强度 /MPa	常温耐压强度 /MPa	线膨胀率 /%	高温抗折强度 /MPa	导热系数 /W·(m·K)⁻¹	$w(MgO)$ /%	$w(C)$ /%
N15A	3.5	2.90	36	15	50~60	1.1	6	11.0	81	17
N20A	3.5	2.85	35	15	30~40	1.0	6	11.8	75	23
N10AH	3.5	2.95	38	17	30~40	1.2	13	10.6	83	12
N15AH	3.5	2.90	36	17	35~45	1.1	13	10.0	79	16
N20AH	3.5	2.85	35	17	35~45	1.0	13	11.8	73	22

注：线膨胀率的实验条件为 1000℃，高温抗折强度的实验条件为 1400℃，导热系数的实验条件为 1000℃。

2.6.3　转炉用不定形耐火材料

不定形耐火材料是用于转炉热态修补的喷补料和投补料。喷补料是以喷补机进行喷补或喷涂的一种耐火混合料，主要对转炉损毁比较严重的部位进行修补，如耳轴和渣线、熔池等，是延长炉衬使用寿命、提高转炉利用率的重要措施之一；投补料又名冷补炉料，主要是对损毁严重部位（大面及炉底）进行投补的一种材料，要求具有良好的延伸性、黏附性及优异的耐蚀性，并要求在热态情况下缓慢硬化的同时，不引起材料的分离。转炉用部分不定形耐火材料指标见表 2-53[7]。

表 2-53　转炉用部分不定形耐火材料指标

耐火材料		显气孔率 /%	体积密度 /g·cm⁻³	残余线变化 /%	最大粒径 /mm	结合剂	$w(MgO)$ /%	$w(CaO)$ /%	$w(C)$ /%
喷补料	PB-1	32.2	2.05		3.0	树脂	84	1.2	7
	PB-2	37.5	2.15		3.0	磷酸盐	70	1.9	—
投补料	TB-1	32.2	2.22	0.3	3.0	树脂	87		2
	TB-2	24.7	2.5		9.5	沥青	77		7

2.7　炼钢车间用煤气和水

2.7.1　焦炉煤气和转炉煤气

焦炉煤气是用于炼钢车间烤包、连铸坯切割等的重要燃料。焦炉煤气是煤干馏时的气态产物，炼冶金焦时，每吨煤可得到 300~350m³（标态）焦炉煤气。由于焦炉煤气所含惰性气体成分较低，仅为 8%~16%，因此其发热量很高，可达 13200~19200kJ/m³（标态）。此外，还具有容易点燃、燃烧性能好的优点。

将低温干馏煤（半焦化）的气态产物称为半焦煤气，约含甲烷 50%，其发热量较焦炉煤气更高。另外，木材、页岩干馏也能获得干馏煤气。干馏煤气的成分见表 2-54。

表 2-54　几种干馏煤气的成分

| 名称 | 体积组成/% | | | | | | | | 发热量（标态）/kJ·m⁻³ |
	CO	H₂	CH₄	CₘHₙ	CO₂	H₂S	O₂	N₂	
焦炉煤气	5~10	45~62	20~32	1~4	2~4	2~40	3~2.0	4~15	13200~19200
半焦煤气	6~12	6~20	40~65	4~8	12~20	12~20	0~0.3	2~14	20908~29271
页岩煤气	8~14	20~40	15~32	4~7	12~20	12~20	0.2~1.0	2~30	12545~20072

目前在采用可靠安全措施的条件下，转炉车间自产的转炉煤气已越来越多地用于钢包烘烤和冶金石灰的焙烧，成为钢厂内部的小循环绿色生产工艺。

2.7.2　转炉炼钢用水

氧枪、副枪、活动罩裙、氧枪喷头、加料溜槽、转炉炉口和炉帽、汽化冷却烟道采用软化水冷却。氧枪、副枪冷却为软水开路循环系统，供水压力一般为 1.5MPa，回水靠余压送到循环泵站水池上的冷却塔，进行冷却降温，然后加压再循环使用。补充软水直接补入吸水井。

OG 除尘系统一文水冷夹套、一次除尘风机、空压机、防爆阀等采用净环水冷却。补充水为工业水。

一文、二文烟气净化，风机冲洗，罩裙水封、旋流脱水器、电除尘及渣处理冲渣采用浊环水，用后水质受到污染。回水经溜槽先进入粗颗粒分离机，将污水中大颗粒去除掉，再进入沉淀池进一步处理。补水主要为回用水。

为防止设备、管道结垢腐蚀，保证循环水水质稳定，在循环水系统中设置有稳定水质的加药系统和旁滤设备。

各工厂根据自身条件确定水质要求，水质参考指标见表 2-55。

表 2-55　水质参考指标

序号	项　目	计量单位	工业水	软化水	净环水	浊环水
1	pH 值		7~8.5	7~8.5	7~8.5	7~9
2	SS（悬浮物）	mg/L	<5	≤3		<100
3	悬浮物粒径	mm			0.2	
4	总硬度	mg/L	315	≤3	≤1	<350
5	碳酸盐硬度 CaCO₃ 计	mg/L	180	≤3		
6	Ca²⁺	mg/L	73	≤3		
7	M-碱度	mg/L	152	152		
8	氯化物	mg/L	≤35	≤35	≤35	<150
9	硫酸根	mg/L	≤50	≤50		<350
10	可溶性 SiO₂	mg/L	18.5	18.5		<20
11	全铁	mg/L	0.121	0.121	≤1	
12	油	mg/L			≤1	
13	溶解固体	mg/L	711	711	711	
14	电导率	μS/cm	890	890	890	

参 考 文 献

[1] 王雅贞，李承祚，等. 转炉炼钢问答 [M]. 北京：冶金工业出版社，2003.
[2] 刘世洲，詹庆林，张树勋，等. 冶金石灰 [M]. 沈阳：东北工学院出版社，1992：31~80.
[3] 苏天森，刘浏，王维兴. 转炉溅渣护炉技术 [M]. 北京：冶金工业出版社，1999.
[4] 李慧. 钢铁冶金概论 [M]. 北京：冶金工业出版社，1993.
[5] 苏天森. 钢铁工业结构调整对铁合金市场、品种及质量的挑战 [J]. 铁合金，2001 (5).
[6] 钱之荣，范广举. 耐火材料手册 [M]. 北京：冶金工业出版社，1996：365~368.
[7] 李存弼. 转炉用耐火材料 [J]. 国外耐火材料，1998 (10)：7.

3 铁水预处理

3.1 铁水预处理概念

铁水预处理是指将原来转炉冶炼时进行脱硅、脱硫、脱磷的部分功能分离出来,在铁水兑入转炉冶炼或在转炉脱碳冶炼之前提前进行的工艺过程。因其符合脱除这些元素的热力学最佳条件,又可与转炉冶炼同步进行,因而实现了高效率、优良的冶金效果与低成本生产,是现代钢厂流程解析优化再集成的重要内容,也是现代转炉炼钢的重要组成部分。

铁水预处理除对铁水进行脱硫、脱硅、脱磷外,也是针对含有特殊元素的铁水为达到最大限度的资源综合利用和特殊元素提取的目的而进行的铁水处理过程,主要指铁水提钒、提钛、提钨和提铌等处理工艺技术。特殊铁水预处理后面有专门章节论述。目前国内外最广泛应用的是铁水脱硫预处理。

3.2 铁水脱硫预处理的必要性

硫在钢中除具有改善切削性的作用外通常作为有害的元素存在,必须去除以减少其危害性。硫在钢中的危害主要来自于其易与铁反应生成硫化铁,由于硫化铁熔点低(1190℃),且与铁作用形成熔点更低(988℃)的共晶体,钢水凝固时在晶界处形成网状组织,从而破坏连续性,导致钢的"热脆";另外,在 Fe-S 平衡相图中固相与液相共存温度范围很宽,导致硫在钢凝固时形成严重的偏析;硫自身对强度影响不大,但硫化物夹杂影响钢的延展性和韧性,硫影响钢的抗腐蚀性能、电磁性能、热变形加工性能以及焊接性,钢中硫含量高导致冲击性能下降。

传统方式的脱硫主要在转炉冶炼环节完成,而随着工艺技术不断进步和节能减排要求日渐提高,铁水脱硫预处理已经成为炼钢生产的必要工序[1]:

(1)满足低硫钢和超低硫钢生产。用户对钢的品种和质量要求提高,高性能和长寿命钢产品要求低的硫含量(高级油气输送管和轴承钢硫含量低于 0.0010%),连铸技术的发展也要求钢中硫含量低(硫含量高容易使连铸坯产生裂纹,大方坯和板坯通常要求钢中硫含量低于 0.015%)[2]。传统工序无法高效、经济地解决,而铁水预处理脱硫可满足冶炼低硫钢和超低硫钢(硫含量低于 0.005%)的要求。

(2)脱硫条件好和脱硫成本低。转炉炼钢整个过程处于氧化性气氛,脱硫的热力学条件相对较差,在铁水硫含量高时脱硫能力仅为 30%~40%。而在铁水预处理阶段铁水中含有较多的碳、硅等元素,氧含量低,有利于提高铁水中硫的活度系数,具有良好的热力学条件,铁水脱硫效率高,能保证向炼钢供应精料。从脱硫成本来看,铁水预处理脱硫费用低于高炉、转炉和炉外精炼的脱硫费用。

(3)工艺优化的必然。因为转炉的脱硫能力有限,经脱硫处理后的低硫铁水兑入转炉，但由于铁水渣、铁块、废钢、石灰中的硫进入钢水，往往出现转炉炼钢过程回硫现象，因此，生产［S］<0.003%超低硫钢，还需要在钢水精炼阶段进行深脱硫处理。铁水预处理的应用可以根据不同钢种成分和控制要求来合理平衡工艺流程，达到工艺模式经济高效的目的。

（4）有利于高炉操作。铁水预处理分担了高炉部分的脱硫任务，高炉操作可以实现低碱度、小渣量，有利于冶炼低硅生铁，降低焦比，减少消耗，使高炉稳定、顺行、节能和高效。

（5）综合经济效益高。铁水预处理脱硫为转炉高效、优质、低耗和低成本生产奠定了基础，可有效地提高钢铁企业铁、钢、材的综合经济效益。

3.3 铁水脱硫预处理的原理与特点

铁水预处理脱硫的根本任务是选择合理的脱硫剂，采用最佳的生产工艺方式来实现铁水脱硫的目的。

3.3.1 脱硫剂的选择

3.3.1.1 不同脱硫剂脱硫的原理与特点[3,4]

目前，广泛应用的脱硫剂主要有苏打灰（后称 Na_2CO_3）、电石粉（后称 CaC_2）、石灰粉（后称 CaO）、金属镁以及由前述几种脱硫剂组合而成的复合的脱硫剂；根据脱硫剂加入方式不同，脱硫剂形状可以是粉状、细粒、条块、镁焦等。脱硫剂的脱硫原理如下：

（1）石灰脱硫：

$$(CaO) + [S] == (CaS) + [O] \quad \Delta G^\ominus = 109960 - 31.04T$$

$$2(CaO) + [S] + 1/2[Si] == (CaS) + 1/2(2CaO \cdot SiO_2) \quad \Delta G^\ominus = -251930 + 83.36T$$

$$(CaO) + [S] + 1/2[Si] == (CaS) + 1/2(SiO_2) \quad \Delta G^\ominus = -187180 + 83.84T$$

铁水温度下单独喷吹石灰脱硫时硫的活度 a_s 可以达到 10^{-5} 数量级。石灰来源广、价格低、使用安全，是广泛使用的脱硫剂之一。脱硫反应过程中反应产物硫化钙渣壳和致密层硅酸二钙（$2CaO \cdot SiO_2$）会阻碍硫的扩散，影响脱硫速度和效率；实践中往往配加适当的萤石、铝或苏打来破坏产物层形成 CaO 系复合化合物，改善传质速度，提高石灰利用率。石灰脱硫生成固态产物，易于扒渣去除，但在脱硫使用中耗量大、降低铁水温度并导致铁损增加。石灰有吸潮变质的缺点，尤其是细粒径产品，因此不能长期存放。

若采用加石灰石粉脱硫时，石灰石粉受热分解为石灰，同时释放二氧化碳气体搅拌铁液，对反应界面、动力学条件以及活度均有正面影响；但铁水温降高于用石灰脱硫。

其他碱性氧化物如氧化钡、氧化镁、氧化锰等均具有类似脱硫反应。

（2）电石（碳化钙）脱硫：

$$CaC_2 + [S] == (CaS) + 2[C]_{饱和} \quad \Delta G^\ominus = -352790 + 106.7T$$

铁水温度下单独喷吹电石脱硫时硫的活度 a_s 可以达到 10^{-8} 数量级。

碳化钙脱硫效率高，在相同条件下比用氧化钙脱硫效果好；高温下脱硫效率高，但当铁水温度低于 1300℃时由于固液相反应速度慢而实际无法达到平衡，脱硫效率降低。

碳化钙遇水或吸潮易生成乙炔，反应式为：

$$CaC_2 + H_2O \longrightarrow CaO(s) + C_2H_2(g)$$

乙炔属于易爆气体，因此电石粉需以惰性气体密封保存，在运输过程中严格管理。脱硫过程中析出的石墨态碳，伴有一氧化碳和乙炔气体，对环境产生污染。而且，处理后渣量大，其中含有的未完全反应的电石颗粒也要求对脱硫渣进行严格处理。脱硫产物为高熔点（2450℃）固体渣，活度低，可防止回硫，对耐材侵蚀轻。另外，从反应方程式可知该反应为放热反应，不仅脱硫能力强，且温降小。

（3）金属镁或镁基材料脱硫：

$$Mg(g) + [S] \longrightarrow (MgS) \qquad \Delta G^{\ominus} = -404680 + 169.62T$$

$$[Mg] + [S] \longrightarrow (MgS) \qquad \Delta G^{\ominus} = -398700 + 91.75T$$

铁水温度下单独喷吹纯镁脱硫时硫的活度 a_S 可以达到 10^{-6} 数量级。

含镁的脱硫剂有镁焦、镁合金、覆膜镁粒和覆膜混合镁粒，后两种应用最为广泛。喷吹系统将脱硫剂送入铁水液面下 2~3m 处。如上反应式所示，由于镁燃点低（651℃），沸点低（1110℃），镁脱硫分两步进行：金属镁气化并溶于铁水，溶解镁和气态镁与硫反应生成固态硫化镁（熔点 2000℃）进入渣中，动力学研究表明镁蒸气脱硫仅去除 3%~8% 的硫。相比其他脱硫剂而言镁易溶于铁水中，反应的热力学条件和动力学条件好，且低温下也具有较高的脱硫率。由于高温下镁蒸气压太高，脱硫效果不稳定。

由于镁活性好，极易氧化，属于易燃易爆品，必须经过表面钝化处理方能安全地运输、储存和使用。镁粒表面钝化处理方法主要有化学反应法（镁与钝化剂反应生成致密的薄膜层）和表面覆盖法（覆盖钝化物），如喷吹用覆盐镁粒成分为：Mg 90%~92%，氯化物（氯化钠、氯化钾、氯化镁和氯化钙等）8%~10%，粒度为 0.25~1.6mm；同时，为控制镁的挥发速度，在镁粒中添加一定量氧化铝、氧化钙和氟化钙粉剂，粒度为 0.01~0.1mm[5]。处理后活性镁含量、粒度、堆密度、燃点和阻燃时间等参数是重要指标；镁价格高、易吸潮，但用量小、渣量小、温度降低小、铁损低，且渣不损坏反应罐的内衬，也不影响环境。

工业上一般用氮气作为载气将镁喷入铁水中，铁水温度下氮与镁蒸气发生如下反应：

$$3Mg(g) + N_2(g) \longrightarrow Mg_3N_2(s) \qquad \Delta G^{\ominus} = -875850 + 517.45T$$

该反应在高温条件下极易平衡，反应随着喷吹镁的速度和镁脱硫反应而变化，基本上不影响镁的脱硫反应。

（4）苏打脱硫：

$$Na_2CO_3(l) + [S] + 2[C] \longrightarrow (Na_2S) + 3CO(g) \qquad \Delta G^{\ominus} = 440979 - 366.54T$$

$$Na_2CO_3(l) + [S] + [Si] \longrightarrow (Na_2S) + CO(g) + (SiO_2) \qquad \Delta G^{\ominus} = -117243 - 24.53T$$

$$Na_2O(l) + [S] \longrightarrow (Na_2S) + [O] \qquad \Delta G^{\ominus} = -33840 - 12.81T$$

用苏打灰脱硫，工艺和设备简单。脱硫产物硫化钠部分氧化生成二氧化硫和氧化钠，氧化钠可能还原成钠蒸气和氧于空气中燃烧，所形成的含氧化钠渣系对反应器内衬造成腐蚀，氧化钠挥发产生烟尘污染环境，对人体有害；含氧化钠渣流动性好不易扒除。目前已很少使用。

（5）镁粉/石灰粉和镁粉/电石粉等复合脱硫剂脱硫：有的研究认为镁基复合脱硫剂脱硫效率要好于单独的镁脱硫剂脱硫效果。

3.3.1.2 炉渣脱硫热力学条件

提高脱硫能力的热力学条件是：提高碱度，降低氧位性或提高还原性，降低渣中硫，提高脱硫温度。

3.3.1.3 脱硫动力学条件

从脱硫动力学条件看，铁水脱硫为多相反应，包括扩散传质过程和化学反应过程，扩散传质往往为限制性环节。铁水罐 KR 机械搅拌法为脱硫提供了很好的动力学条件，深脱硫效果好。混铁车脱硫因鱼雷罐形状影响搅拌的均匀性，反应重现性差，动力学条件不好，脱硫剂消耗量大，脱硫效果比铁水罐脱硫差，目前，混铁车脱硫趋于淘汰。

3.3.2 脱硫方法

截至目前，人们已经研究了几十种铁水脱硫方法，按作业方式分为连续脱硫和间隙式脱硫，按反应容器可分为混铁车脱硫、高炉铁水罐和转炉兑铁水罐脱硫，按照脱硫剂加入方法和动力原理可以分为投入法、转鼓和摇包法、喷吹法和机械搅拌法等，其中喷吹法（包括单吹颗粒镁和复合喷吹）和机械搅拌法（如 KR 法）近年来被广泛使用，成为主流。

3.3.2.1 反应容器的选择

铁水预处理脱硫主要的反应容器为混铁车（鱼雷罐）、转炉兑铁水罐（承担兑铁任务）和多功能铁水罐，俗称"一罐到底"（承担铁水运输和兑铁任务）。

使用同样脱硫剂，混铁车（鱼雷罐）具有温降大、周期长的缺点，并且罐口易结渣难维护、装满率低、动力学条件差、存在搅拌死角，带来脱硫效果差、脱硫率低、脱硫剂消耗高和脱硫渣去除困难的缺点。新设计预处理脱硫装置不再采用混铁车（鱼雷罐）。转炉兑铁水罐动力学条件最优，脱硫粉剂在铁水内运行时间最长，反应更充分，同样具备搅拌效果好、周期短、温降小、易扒渣等特点。

3.3.2.2 主要脱硫方法介绍

（1）投入法：将脱硫剂连续撒在铁水流（高炉出铁沟）上，或撒在铁水罐内，主要依靠铁水在运行或转运中的冲击力进行搅拌脱硫。常用脱硫剂为苏打灰（Na_2CO_3）；设备简单、脱硫率低且不稳定，污染严重。

（2）转鼓或摇包脱硫法：主要包括转鼓或摇包法，通过炉子回转或机械驱动铁水包偏心摇动提供搅拌动力混合铁水和脱硫剂达到脱硫。加入脱硫剂主要是石灰或电石；有较好的脱硫效果，但反应容器转动笨重，动力能耗高，包衬寿命低，很少使用。

（3）机械搅拌法：以 KR 法为例。KR 法由日本新日铁公司发明，主要由搅拌器和脱硫剂输入装备组成。KR 法是先尽量扒净高炉渣后将十字型螺旋浆搅拌器插入熔池搅拌形成涡井反应区，脱硫剂有氧化钙、碳化钙、碳酸钠等。搅拌器以 80~150r/min 转速旋转搅拌铁水获得动力学条件。目前 KR 法脱硫剂以石灰为主，脱硫效率高。KR 最初使用电石粉为脱硫剂，每吨铁水用量 2~3kg。处理时间 10~15min，脱硫效率 80%~90%，最大处理量 350t，处理周期 30~35min[6]。我国武钢第二炼钢厂 1979 年引进并投入使用该技术，

2002年后使用石灰替代电石作为脱硫剂。机械搅拌脱硫效率主要取决于脱硫剂用量、叶轮结构形式、转动速度（搅拌强度）和处理时间，脱硫率一般可以达到90%。由于该法具有明显的深脱硫优势，目前，在我国新建或改造工程中正逐渐加快推广应用。

（4）喷吹法：浸入式喷枪通过载气（氮气）把粉剂带入熔池深部，以搅动铁水和脱硫剂促进二者充分混合。脱硫剂有石灰粉、电石粉、金属镁粉或复合脱硫剂。这种方法一般需要进行处理前扒渣。

现在广泛使用的是KR法、单吹颗粒镁和复合喷吹脱硫法，单吹颗粒镁是由乌克兰设计开发的脱硫技术，复合喷吹技术源自德国、美国等国。

喷吹脱硫效果的影响因素有脱硫剂（成分、颗粒大小）选择和用量、温度控制、输送气体流量和压力、固气比、载气种类等。

复合脱硫剂喷吹时又可以分为四种：混合喷吹（一个喷粉罐，设备简单，操作安全）、复合喷吹（两个喷粉罐，两种脱硫剂通过一只喷枪同时喷入，控制系统复杂，自动化程度高）、顺序喷吹（两个喷粉罐，两种脱硫剂通过一只喷枪顺序喷入，控制系统复杂，自动化程度高）、双通道喷吹（双通道喷枪，独立的喷粉罐）。

（5）其他脱硫方法有：钟罩法，将镁基脱硫剂如镁焦、镁白云石等放入石墨钟罩内浸入铁水包中，靠镁蒸发气泡搅拌脱硫；吹气搅拌法，在容器底部或侧部吹氩气脱硫，顶部加电石粉脱硫剂；气泡泵环流搅拌法（GMR），通过提升混合反应器吹入氮气带动铁水上升与脱硫剂接触、卷入、混合而反应。

3.3.2.3　脱硫后除渣

经过脱硫处理后的铁水，必须将浮于铁水表面上的脱硫渣除去，避免转炉炼钢时造成回硫，因为随铁水进入转炉的脱硫渣中（MgS）或（CaS）在吹炼时会被还原，即发生如下反应：

$$(MgS) + [O] \Longrightarrow (MgO) + [S]$$
$$(CaS) + [O] \Longrightarrow (CaO) + [S]$$

因此，只有经过扒渣的铁水才能兑入转炉。钢水硫含量要求越低，相应要求扒渣时扒净率越高，尽量减少入炉铁水带渣量。

3.4　铁水脱硫典型方法、设备及工艺流程

目前广泛使用的铁水预处理脱硫方法主要以喷吹法（包括单吹颗粒镁和复合喷吹）和KR法为主。实践证明，喷吹法和KR法均能够满足不同需要的铁水脱硫，在工艺稳定性、大生产连续性和脱硫经济性上具有良好的实绩。

3.4.1　喷吹法

喷吹法是用氮气等作载气通过喷枪插入铁水罐底部，将单一或混合的脱硫剂喷出完成脱硫的目的。

3.4.1.1　单吹颗粒镁[7]

单吹颗粒镁法是采用单一的颗粒金属镁作为脱硫剂，通过采取配备有专门计量给料装

置的喷吹罐，设计合理的喷吹系统参数（喷枪和管路设计），将流动性好的颗粒镁可靠输入铁水罐底部。其设备如图3-1所示。

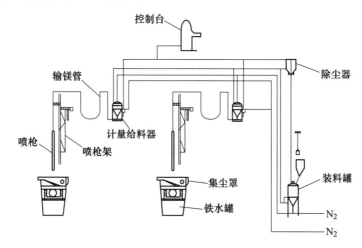

图 3-1　单吹颗粒镁脱硫示意图

A　工艺流程

单吹颗粒镁脱硫工艺流程如图 3-2 所示。

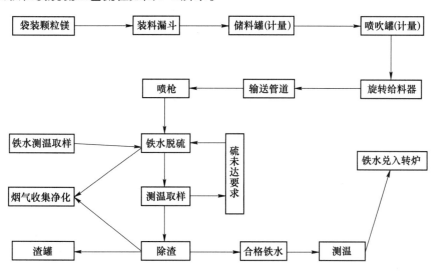

图 3-2　单吹颗粒镁脱硫工艺流程

B　基本设备

（1）料袋储料。单吹颗粒镁通过料袋储存运输至现场，确保料袋完好无损且袋内无水分，颗粒镁无结块和粉化。

（2）储料罐。颗粒镁的储存和中继站，颗粒镁通过料袋在料筛上方缓慢卸到料斗内，再利用重力作用，自动从漏斗经送料管道流入储料罐，实现向喷吹罐的供料。

（3）喷吹罐。颗粒镁向喷枪输送并喷入铁水的主要设备。确认储料罐有足够的颗粒镁后开启储料罐下料球阀，通过控制放散阀和进料阀将计量准确的颗粒镁装入喷吹罐，并通过喷枪喷入铁水。

（4）给料器。通过控制给料机旋转速度（旋转给料器）来达到向喷枪提供程序设定的供镁量，必要时可以调节校准。

（5）喷枪。将颗粒镁送入铁水中的耐火材料元件，由喷枪、喷枪架等组成。喷枪结构要满足镁溶解于铁水并被吸收参与反应的良好条件，喷枪端面距容器底部约 200mm，使颗粒镁具备足够的气化、上浮、溶解和反应时间。喷枪浸入深度不足 2.4m 时需设计锥形气化室。喷枪端部一般设计成倒 T 形、倒 Y 形和锥形等，制作复杂，寿命一般 60 次以上。

（6）除尘系统。收集脱硫和除渣时产生的烟尘，由除尘阀和除尘罩、布袋除尘器等组成。

（7）自动控制系统。由控制台、各类阀门组成。控制阀门开启，喷枪上下移动，装料和喷吹等工序，按照铁水计重来计算所需料量并控制加料和喷吹。整个脱硫过程可以实现计算机自动控制，每次处理前仅需输入初始硫含量、目标硫含量、铁水温度、铁水重量等参数，脱硫过程可实现自动进行。

（8）测温取样。由取样和测温枪来实现，目前的方式有自动和手动两种。探头应插入铁水液面以下 300~500mm。

（9）除渣系统。目前应用扒渣（气动、液压）和捞渣两种方式。

C　某厂典型工艺参数

（1）颗粒镁脱硫剂：脱硫剂的形状为球状钝化颗粒镁，镁含量 $w(Mg) \geqslant 92\%$，粒度 0.5~1.6mm，粒度大于 3mm 以上针状不规则颗粒的质量比小于 8%。

钝化镁燃点、阻燃时间分别为 1000℃、15s。

安息角小于 30°。

储存期小于 6 个月。

（2）喷吹载气：一般用氮气、氩气和天然气，以氮气居多。氮气压力为 0.3~1.0MPa，露点 -40℃，氮气含水量（标态）不大于 0.15g/m³。

（3）其他条件：铁水罐净空高度不小于 400mm，铁水温度不小于 1250℃，喷枪端部距罐底距离 150~250mm，喷吹颗粒镁时给料器前供氮流量（标态）20~80m³/h，颗粒镁喷吹强度一般为 4~15kg/min。

（4）喷吹时间不大于 10min。

（5）脱硫效果：初始铁水 $w(S) = 0.035\%$；目标铁水 $w(S) = 0.005\%$；脱硫剂消耗 Mg 粉 0.46kg/t；温降 10℃。

D　颗粒镁脱硫效果的影响因素

（1）铁水温度的影响。由于镁气液相脱硫均为放热反应，高的铁水温度从热力学条件讲不利于脱硫，而且温度高带来镁的溶解度降低、铁水黏度低、镁气泡大、上浮速度快、逸出损失增加；同时，镁的溶解度随压力增加而增加，随温度升高而大幅度降低；上述条件均不利于气、液相脱硫。但温度高有利于改善动力学条件，即提高传质系数。实践中通常铁水温度处于 1280~1350℃ 范围内，该范围内的温度变化对脱硫率影响较小。

（2）铁水初始硫和终点硫的影响。初始硫的影响：在终点硫、铁水温度、喷吹强度等条件一定的情况下，初始硫高则脱硫单位镁耗下降，镁的利用率上升，脱硫率高。因为在热力学平衡条件（温度、压力、铁水成分）不变的情况下，反应物活度积是一常数，初始硫高则反应物活度提高，有利于脱硫反应，同时硫高要求所需反应的溶解镁低，利于反应彻底进行，提高了镁的利用率。

终点硫的影响：其他条件不变时，终点硫低则镁耗增加，镁利用率降低。原因是反应消耗的镁增加，且平衡态下要求的溶解镁上升，导致单位镁量脱硫率下降。

（3）颗粒镁粒度和喷枪插入深度的影响。颗粒镁粒度和喷枪插入深度是影响脱硫效率的关键因素，两者的配合直接影响脱硫效率。

颗粒镁在铁水中经历气化、溶解和上浮过程，颗粒镁粒度太小和太大均不利于控制其气化相变时间和上浮时间，利用率不高。合理的粒度可以满足短时间相变、底部气化并充分参与反应，粒径范围一般为 0.5~1.6mm。

喷枪插入深度是为了控制镁的气化过程，一般控制在 2.4m 左右，插入深度不够时需改进气化室结构促进镁气化溶解，枪头距底部控制在 200mm 左右。

（4）喷吹参数的影响。喷吹参数中的载气压力和流量要结合实际罐型、铁水条件来设计，压力太高，镁在铁水中反射上浮时间缩短，脱硫时间不充分影响利用率，容易发生喷溅事故。喷吹气体流量小则不利于镁的传质和混合，降低了反应速度，脱硫率低且容易堵枪，影响生产节奏。

喷吹流量（标态）一般控制在 30~60m³/h 范围内，小铁水罐控制氮气压力为 0.3~0.6MPa，供镁强度为 3.5~5.5kg/min；大铁水罐则控制氮气压力为 1.0MPa，供镁强度为 8~15kg/min。

（5）铁水除渣。单吹颗粒镁脱硫由于渣量少、渣黏度低，难于去除，脱硫铁水带渣导致在兑入转炉冶炼后回硫量大。因此，除渣方式成为制约脱硫效率的瓶颈。目前采取的主要方式是在铁水罐中添加以 CaO 为基的二元固渣剂，通过固渣剂来稠化脱硫后的脱硫渣，使用吹气赶渣装置聚渣，采用扒渣或捞渣方法将脱硫渣去除。

3.4.1.2 复合喷吹

复合喷吹是将镁和石灰粉（电石粉等）脱硫剂以及添加剂如萤石等按照一定比例在线混合吹入容器中进行脱硫的方法。喷吹的镁粉和石灰粉（或电石粉）分别由两套喷吹系统经载气送入输送管道，并在管道中在线混合，将混合后的脱硫剂吹入铁水罐底部。此方法通过调节分配器的粉料输送速度来确定两种粉料的比例，对镁粉流动性无要求。

A 工艺流程

复合喷吹脱硫工艺流程如图 3-3 所示。

B 基本设备

（1）料袋与粉罐车。镁脱硫剂用大玻璃纤维袋储存运输至现场，确保袋内无水分，无结块和粉化。流化石灰粉用粉罐车运输至现场。流化电石粉用密封槽罐车输送。

（2）储料罐。脱硫剂的储存和中继站有两个储料罐，一个储存镁脱硫剂，另一个储存流化石灰粉（电石粉）脱硫剂。

（3）喷吹罐。两个喷吹罐，一个用于喷吹镁脱硫剂，一个用于喷吹石灰粉（电石粉），设置不同输送管道，便于将镁脱硫剂按规定配比与石灰粉（电石粉）同时喷入铁水

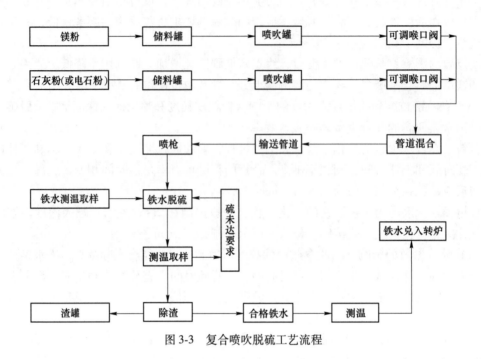

图 3-3　复合喷吹脱硫工艺流程

中。喷吹罐下部均设有流态化装置，可使脱硫剂顺利通过喷枪喷出。

（4）可调喉口阀。用来调节粉料输送速度，从而控制镁粉和石灰粉（电石粉）的喷入比例，达到最佳脱硫效果。

（5）喷枪和载气系统。由喷枪、喷枪架等组成。喷枪为直筒型，由枪芯在圆形胎具中加入耐火材料振动成型。使用寿命 100 次以上。载气系统是利用惰性气体保护脱硫剂防止镁氧化，同时对喷吹罐进行加压和喷吹、气力输送，流化石灰粉（电石粉）通过专门的流化喷嘴喷出。

（6）除尘系统。收集脱硫和除渣时产生的烟尘，由除尘阀和除尘罩、布袋除尘器等组成。

（7）自动控制系统。由控制台，各类阀门组成。控制阀门开启，喷枪上下移动，装料和喷吹等工序，按照铁水计重来计算所需料量并控制加料和喷吹。整个脱硫过程可以实现计算机自动控制，每次处理前仅需输入初始硫含量、目标硫含量、铁水温度、铁水重量等参数，脱硫过程可自动进行。

（8）测温取样。由取样和测温枪来实现，目前的方式有自动和手动两种。探头应插入铁水下 300~500mm。

（9）除渣系统。目前应用扒渣（气动、液压）和捞渣两种方式。

C　某厂典型工艺参数

（1）脱硫剂[8]：

1）镁粉：用铣刀切削或雾化处理再经钝化处理后制成，镁含量不小于 90%；粒度不大于 0.85mm，其中 0.3~0.6mm 的颗粒质量比大于 80%，镁阻燃时间 1000℃下 15s，燃点 651℃。

2）石灰粉：$w(CaO) \geqslant 90\%$，粒度不大于 0.9mm，其中 95% 的粒度不大于 0.09mm。

3）电石粉：$w(CaC_2) > 75\%$，$w(CaO) = 10\% \sim 15\%$，粒度不大于 0.1mm 大于 90%。

（2）喷吹载气：一般用氮气、氩气和天然气，以氮气居多。

（3）喷吹时间不大于 10min。

（4）其他条件：喷吹罐压力 $0.8 \sim 1.1$MPa，喷吹输送压力 $0.4 \sim 0.8$MPa；喷枪出口距铁水罐底部 $200 \sim 300$mm。

（5）脱硫效果：

1）初始铁水：$w(S) = 0.035\%$。

2）目标铁水：$w(S) = 0.005\%$。

3）脱硫剂消耗：镁粉 0.65kg/t；石灰粉 1.92kg/t。

4）脱硫剂流量：镁粉 12kg/min；石灰粉 45kg/min。

5）温降：20℃。

D 复合喷吹脱硫效果的影响因素

（1）铁水温度的影响。复合喷吹加入石灰粉（电石粉）主要目的是分散镁、降低反应强度、减少喷溅，同时，大量 CaO 可以构成镁气泡核心，降低气泡粒径，减缓上浮时间，提高反应利用率。但脱硫的主要任务和深脱硫能力还是由镁完成。铁水温度高利于 CaO 脱硫，而对于镁而言，在铁水温度变化范围内影响不大。

（2）喷枪插入深度。喷枪插入铁水液面下越深，脱硫剂上浮参与反应的时间越充分，利用率越高。研究表明，随着插入深度增加，镁粉消耗量逐步下降，见表 3-1。

表 3-1　喷枪插入深度对脱硫剂消耗量的模型计算值[9]

喷枪深度/m	2.1	2.5	2.8	3.0	3.2	3.4
镁粉耗量/kg	41.5	38.5	36.7	35.7	34.8	34.0

（3）喷吹参数的影响。喷吹参数中的压力和流量要结合实际罐型、铁水条件来确定，要确保生产平稳，脱硫剂利用率高并脱硫效果稳定。

复合喷吹时，合理控制粉气比可以有效提高搅拌强度并减少喷溅，达到稳定的脱硫效果，不同系统采取的粉气比不同，波动范围也较大。

（4）复合喷吹设备的影响。复合喷吹采取压差式给料，并调节可控粉剂配比。因此，喷吹罐稳定的恒压以及在线可调的粉剂配比是脱硫设备的关键控制环节。要求设备良好的密封和精准的下料阀门开口度控制。

（5）铁水除渣。复合喷吹渣量大易于去除，但要求除渣机具有稳定的大渣量去除功能，目前常用的是液压扒渣机。

复合喷吹与单吹颗粒镁脱硫相比在喷吹时间、脱硫率和一次脱硫命中率上差别不大，在镁消耗、温降损失和铁损上复合喷吹较差，但由于渣量大和除渣方便，在深脱硫和防止转炉冶炼回硫上具有优势。

3.4.2　机械搅拌法[10]

机械搅拌法以新日铁发明的 KR 法为代表，是采用外部浇注耐火材料的十字型螺旋浆式搅拌器，插入铁水罐中旋转产生漩涡，将石灰粉（电石粉）定量投入漩涡充分搅拌，在不断搅拌中促进铁水脱硫反应。由于动力学条件优越，具有稳定的深脱硫的能力。其设备简图如图 3-4 所示。

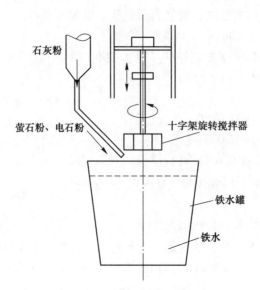

石灰粉

萤石粉、电石粉

十字架旋转搅拌器

铁水罐

铁水

图 3-4　机械搅拌法脱硫设备示意图

3.4.2.1　机械搅拌法脱硫工艺流程

机械搅拌法（或称 KR 法）脱硫工艺流程如图 3-5 所示。

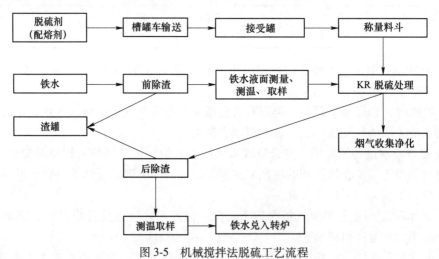

脱硫剂
（配熔剂）→槽罐车输送→接受罐→称量料斗

铁水→前除渣→铁水液面测量、测温、取样→KR 脱硫处理

渣罐

KR 脱硫处理→烟气收集净化

后除渣

测温取样→铁水兑入转炉

图 3-5　机械搅拌法脱硫工艺流程

3.4.2.2　基本设备

（1）脱硫剂接受和添加设备。脱硫剂（石灰粉和萤石粉）通过卡车运输，粉状石灰由槽罐车送到脱硫站，经气力输送到接受罐。然后卸到称量漏斗中，通过自身重力落入铁水罐中。

（2）铁水罐和运输设备。由铁水罐、带倾动机构的铁水罐运输台车组成，运输台车可将铁水罐在不同处理位置（吊罐位、脱硫处理位和扒渣位）运送，倾动机构可将铁水罐倾斜，便于扒渣操作。

（3）机械搅拌装置。机械搅拌设备由十字型搅拌头（外部浇注耐火材料）和升降、传动系统组成。通过升降装置可将搅拌头浸没在铁水中或提升到铁水面以上。顶部的电动马达则控制搅拌头旋转来搅拌铁水。

（4）测温取样装置。一般采取机械式测温取样装置，温度测量和取样装置安装在搅拌设备旁。

（5）除尘系统。在脱硫处理位和扒渣位安装烟罩和烟道收集烟尘，后部与布袋除尘过滤器相连。

（6）除渣设备。脱硫前后通过扒渣机来完成高炉渣和脱硫后富硫渣的去除，铁水罐通过带倾斜功能的铁水罐车来倾斜到合适角度完成除渣。

3.4.2.3　某厂典型工艺参数

（1）脱硫剂：脱硫剂组成配比为石灰粉90%，萤石粉10%。

石灰粉：$w(CaO) \geqslant 86\%$，水分小于0.5%。石灰粒度0.5~1.0mm之间的比例大于80%，粒度小于0.3mm和大于1.2mm的比例不大于10%。

萤石粉：$w(CaF_2) \geqslant 80\%$，粒度0.3~1.0mm。

（2）搅拌处理时间6~12min。

（3）其他条件：铁水包净空高度500mm；铁水温度不小于1250℃；搅拌器插入深度液面下500~1000mm。

（4）脱硫效果：初始铁水$w(S) = 0.035\%$；目标铁水$w(S) = 0.002\%$；脱硫剂消耗石灰粉6~10kg/t；搅拌工作转速80~150r/min；温降25~35℃。

3.4.2.4　KR脱硫效果影响因素[11]

（1）铁水条件。KR脱硫要求铁水温度大于1250℃。主要原因是：1）KR脱硫法目前主要以石灰粉脱硫剂为主（有时加入少量电石粉，按石灰粉：电石粉＝9：1配加），该反应为吸热反应，温度高有利于改善热力学条件；2）CaO脱硫以碱度为关键因素，要避免低碱度、高硫、高炉渣的影响，需要在脱硫前进行除渣处理；3）两次除渣、渣量大而且搅拌剧烈，过程温降大，再加上渣量大和前后两次除渣影响，KR整个处理过程温降大。

（2）脱硫剂要求。石灰粉脱硫剂由于粒径小在加入时容易被除尘烟道抽走，降低脱硫效率。因此，脱硫剂要求0.5~1.0mm之间比例大于80%。

石灰粉易吸潮，降低流动性，要采取防潮措施，严格做好石灰粉运输过程中的密封，减少石灰粉中水分含量。同时，在满足生产周转的前提下减少仓储时间。

脱硫剂加入时间要控制好，满足及时分散到铁水中参加反应、减少飞溅和黏结搅拌器的要求。

（3）搅拌器影响。一是搅拌器插入深度的影响，插入太浅动力学条件差，搅拌不充分，无法提高石灰粉的有效利用率，脱硫效果差。插入太深，表面无法产生漩涡，影响脱硫剂的卷入和扩散，降低脱硫效果。武钢二炼钢厂100t铁水罐的研究表明，最佳的插入深度是铁水液面下 600mm。二是搅拌头寿命问题。搅拌头是外部浇注耐火材料内部铸钢的元件，使用前必须烘烤。搅拌头耐机械和化学侵蚀能力影响其十字形状的完好性，直接影响搅拌效果，并最终影响脱硫剂消耗和脱硫效率。一般搅拌头寿命 250 次左右，目前高的已经达到 500 次，武钢最高寿命超过 700 次。为保证良好的脱硫效率，要定期进行搅拌头清渣。

（4）除渣要求。处理前除渣是去除高炉渣，减少酸性渣的影响。后除渣是去除脱硫后的高硫渣，巩固脱硫效果，减少后续回硫。

（5）脱硫剂下料溜槽出料口方向的影响。下料出口不要正对搅拌头，否则会影响脱硫剂随涡流进入铁水中的弥散时间。

3.4.2.5 深脱硫实践

搅拌法脱硫在促进脱硫剂与铁水充分混合反应方面具有突出的优势，良好的动力学条件使 KR 脱硫具有脱硫效率高、过程平稳等优点，随着工艺技术不断完善，过程温降大和搅拌头寿命低的问题逐步得到解决。

经过国内外生产厂家不断研究实践，目前 KR 深脱硫可以使铁水中硫含量稳定达到 0.001% 的水平。国内某厂 2007 年 KR 脱硫平均达到 0.0023%，其中 [S] ≤ 0.001% 占 63.71%。

3.5 铁水脱硫操作实践

3.5.1 喷吹法脱硫操作

3.5.1.1 脱硫作业周期

单工位处理脱硫生产的标准作业周期为 25min，如图 3-6 所示。

脱硫作业的有效时间在脱硫和除渣两个环节，深脱硫作业时可以增加这两处的作业时间，提高脱硫率。

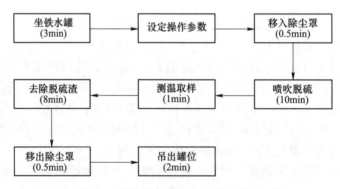

图 3-6 喷吹法脱硫冶炼标准作业周期

3.5.1.2 脱硫操作前的工作准备

（1）原材料准备：

按照技术标准对铁水、脱硫剂和喷枪进行检查。

铁水重点目测带渣量，检测铁水温度。

脱硫剂则确保来料符合质量保证书要求或厂际技术标准，确保袋装产品料袋完好无损，脱硫剂无受潮、结块和粉化。质量不符合要求的脱硫剂进行退货或报废处理。保证脱硫剂的有效使用期，过期产品特殊处理。

检查喷枪枪孔状况，确保清洁通畅；检查耐火材料成分和喷枪表面质量。

（2）设备准备：

满足喷枪上下移动和左右移动的条件，要求喷枪在高位且对位准确，铁水罐在垂直位，扒渣机在原始位，喷枪触底可以自动提升200mm。定期检查喷枪端部位置，满足距底部的极限要求。

喷枪供气时喷吹罐压力满足低限要求，低于下限自动报警提枪。

喷吹罐中的脱硫剂质量满足低限要求，设置的脱硫剂喷吹完毕自动提枪。

供气管路压力高于下限要求，否则喷枪系统不启动。

除尘系统完好，除尘阀连锁启动。

计量系统完备，上料和喷吹系统启动。

3.5.1.3　脱硫工艺过程

（1）检查喷吹前各项准备工作，各项仪表数据正常，自动控制信号满足主控台控制要求，各项仪表数据、设备位置信号符合连锁条件，检查储料罐和喷吹罐料量满足要求。

（2）测量铁水初始温度和硫含量，记录并作为脱硫初始条件。

（3）铁水称重记录，去除高炉渣重量。

（4）铁水包入位，除尘系统、计量系统以及喷枪具备条件。

（5）计算脱硫剂耗量：输入铁水重量、铁水温度、铁水初始硫、铁水目标硫、炉次号、喷吹速度等数据，通过专家系统自动计算相应喷吹参数（脱硫剂耗量以及喷吹时间等），参考公式：

脱硫剂实际耗量（kg）=［脱硫剂单耗（kg/（[S]·t））×铁水量（t）]×（铁水初始硫[S]－铁水目标硫[S]）/脱硫剂利用率（%）

颗粒镁单耗见表3-2。

表 3-2　某厂颗粒镁单耗和初始硫的关系表

初始硫/%	终点硫不大于0.010%时镁粒单耗/kg·t^{-1}	终点硫不大于0.005%时镁粒单耗/kg·t^{-1}
0.020	0.17	0.27
0.030	0.26	0.36
0.040	0.35	0.45
0.050	0.44	0.54
0.060	0.53	0.63
0.070	0.62	0.72

（6）自动执行喷吹，同时密切关注喷吹过程，通过调节给料机来控制给料速度，调整脱硫剂供给量，避免严重喷溅。

（7）测温取样。

3.5.1.4　除渣

目前应用两种除渣方式，即扒渣或捞渣。重点要检查耙头使用情况，捞渣耙头还要喷涂专用涂料。铁水罐倾斜一定角度，通过扒渣耙前后和左右运动（或捞渣夹升降）控制来将脱硫渣除至渣罐后运走。

由于喷吹颗粒镁脱硫渣量小且偏稀，需加入固渣剂，或在铁水罐上沿渣面处，吹氮集渣后再将渣扒除或捞出。根据目标硫分级确定除渣量，参考表 3-3。

表 3-3　目标硫与除渣量的匹配关系

目标硫/%	≤0.020	≤0.010	≤0.005
除渣量/%	>85	>90	>95

根据除渣量多少调整作业时间。

3.5.1.5　禁止脱硫条件与异常情况处理

（1）禁止脱硫条件：除尘系统不具备条件，气源潮湿，供气管路中气压低于下限和管路中有泄漏，压力表和流量表损坏，喷枪系统故障（夹持件故障、限位或移动装置故障），电气连锁故障，工业电视、自动化系统故障，以及铁水罐净空高度低、罐嘴损坏等。

（2）异常情况处理：

喷枪系统故障：喷枪无法自动提起时，要保持供气，采取手动提枪，如手动失灵，强制打开夹钳并使用天车吊出固定。需检查喷枪状况，维修设备故障，要定期试验事故提枪。

上料系统故障：出现系统密封故障、送料管路堵塞、阀门工作状态不正常以及自动化系统故障报警，实际数值与理论数值大偏差时，停止使用上料系统，组织维修处理。

过程喷溅严重：调节供料速度，平缓脱硫过程。

喷吹时系统压力异常：喷吹罐压力增高或降低说明系统有堵塞或泄漏，按序关闭阀门提枪，检查处理故障。

颗粒镁着火：颗粒镁存放时应禁止和化学活化剂、燃料或润滑剂存放在一起，运输时避免带入火源和潮湿源，应存放在干燥、凉爽和通风处。一旦颗粒镁点燃，应使用镁砂粉或石棉毡扑灭，严禁使用泡沫灭火器、干粉灭火器、沙土及水等方法灭火。

3.5.1.6　其他事项

喷枪的维护：定期检查喷枪喷孔，保证畅通；有气化室的喷枪要及时处理黏渣。

喷枪报废：枪杆纵裂纹或点蚀烧穿，有气化室的喷枪气化室出现纵裂纹烧穿或大点蚀烧穿，喷孔严重堵塞或损坏无法使用。

3.5.2　机械搅拌法脱硫操作

3.5.2.1　脱硫作业周期

机械搅拌法脱硫生产的标准作业周期为 36min，如图 3-7 所示。

脱硫作业的有效时间在脱硫和除渣两个环节，对深脱硫作业可以适当延长脱硫和第二次除渣时间，提高脱硫效率。

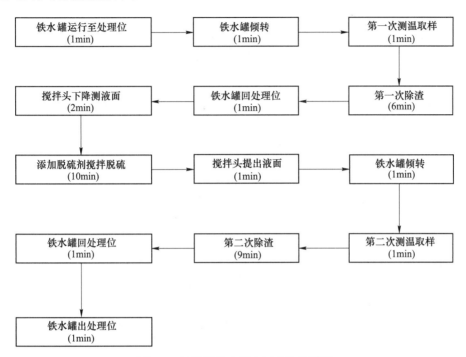

图 3-7 机械搅拌法脱硫标准作业周期

3.5.2.2 脱硫操作前的工作准备

（1）原材料准备：

按照技术标准对铁水、脱硫剂和搅拌头进行检查。

铁水重点目测带渣量，检测铁水温度。

确保脱硫剂来料符合质量保证书要求或厂际技术标准，脱硫剂无受潮、结块和粉化。质量不符合要求的脱硫剂进行退货或报废处理。入仓的脱硫剂必须在有效使用期内使用，过期产品特殊处理。

检查搅拌头耐火材料成分、尺寸和表面质量。

（2）设备准备：

脱硫搅拌器升降系统、旋转系统和液压系统正常，各连锁条件满足要求；除尘系统具备条件，防尘门行走正常，除尘阀门动作正常；升降溜槽满足下料要求。铁水罐车走行、旋转良好，除渣机具备使用条件。

3.5.2.3 脱硫工艺过程

（1）检查脱硫前各项仪表、设备工作状态、连锁条件，自动控制系统满足自动操作要求，脱硫剂输送系统以及搅拌头旋转、升降和液压夹紧系统具备条件。

（2）测量铁水初始温度和硫含量，记录并作为脱硫初始条件。

（3）去除高炉渣。

（4）计算脱硫剂耗量：输入铁水重量、铁水温度、铁水初始硫、铁水目标硫、炉次号、搅拌速度等数据，通过专家系统自动计算相应脱硫剂添加参数（脱硫剂耗量以及搅拌时间等），参考公式：

$$脱硫剂实际耗量(kg) = [脱硫剂单耗(kg/([S] \cdot t)) \times 铁水量(t)] \times$$
$$(铁水初始硫[S] - 铁水目标硫[S])/脱硫剂利用率(\%)$$

脱硫剂单耗见表3-4。

表3-4　每降低0.001%［S］的脱硫剂消耗、搅拌时间和初始硫、目标硫之间的关系

初始硫/%	终点硫不大于0.010%		终点硫不大于0.005%		终点硫不大于0.002%	
	脱硫剂消耗 /kg·t铁$^{-1}$	搅拌时间 /min	脱硫剂消耗 /kg·t铁$^{-1}$	搅拌时间 /min	脱硫剂消耗 /kg·t铁$^{-1}$	搅拌时间 /min
≤0.035	0.27	7	0.28	10	0.3	12
0.036~0.050	0.21	9	0.22	11	0.23	13
0.051~0.070	0.19	11	0.2	12	0.21	14

（5）自动执行脱硫操作，根据搅拌头使用状况和铁水去渣情况适当调整脱硫剂供给量。确保搅拌中心线与铁水罐中心线对准，铁水液面测量准确，合理控制搅拌转速，在加入脱硫剂时搅拌转速要低于正常值2~5r/min，搅拌器转速达到60r/min时开始投入脱硫剂，投料近结束时均匀提高转速到设定转速。搅拌结束前3min均匀减速，但需高于65r/min。

（6）测温取样。

3.5.2.4　除渣

目前应用两种除渣方式，即扒渣或捞渣。前期除渣时间要控制略低，以铁水裸露约80%为准（无大块渣砣），后除渣则要求大于90%，保证入炉铁水少带渣。

3.5.2.5　禁止脱硫条件与操作注意事项

（1）禁止脱硫条件：铁水温度低于1250℃，铁水表面结壳或有大渣块禁止脱硫。除尘系统不具备条件，上料系统和升降溜槽故障，搅拌器旋转、升降和液压夹持故障，电气及连锁故障，工业电视、自动化系统故障，以及铁水罐净空高度低和除渣系统故障等。

（2）操作注意事项：新搅拌头在使用前要预热。每炉处理完要检查搅拌头状况，确认是否修补，搅拌头叶面、轴部浇注层出现局部侵蚀深度不小于50mm，形成孔洞、沟槽、凹陷时必须修补。修补前必须打去残渣，修补后必须烤干。搅拌头的锚固件外露或无法焊接在钢芯上时需更换，更换周期一般为35min左右。

3.6　不同脱硫方法比较

目前国内外普遍采用的铁水预处理脱硫方法是喷吹法和搅拌法两类，具体可以分为单吹颗粒镁法、复合喷吹（镁粉-石灰粉、镁粉-电石粉、石灰粉-电石粉等）法和KR机械搅拌法三种。拟建和再建的铁水预处理站基本以上述三种脱硫方式为主。随着工艺技术不断进步和生产实践经验逐步积累，三种脱硫方法的工艺技术已经相当成熟，综合而言，三种

脱硫方法各有利弊，需从建设投资、运营成本、脱硫效果等诸方面综合分析，从而选择合适的脱硫方式进行铁水预处理脱硫。应当指出的是，由于各厂铁水条件不同，产品要求不同，预处理脱硫比例不同，国产和引进不同，工艺控制与管理等不同，成本差异性较大。

3.6.1 建设投资分析

我国铁水预脱硫除喷吹石灰粉、石灰粉-电石粉外，喷吹纯镁法、镁基复合喷吹法和搅拌法脱硫，开始应用时专利均来自国外，由于专利限制和有的主体设备进口，投资成本很高，一度限制了铁水预脱硫的发展。近 20 多年来，各种方法均已具有国内专利，在快速推广中费用水平大幅度下降。

喷吹技术已相当完善，整套设备相对简单，主体设备是储料罐、喷吹罐和喷枪，无论在一次性投资上还是生产运营中的检修维护方面均具有明显优势。复合喷吹与单颗粒喷吹一次性投资相差不大，该项技术的核心是粉剂的最佳配比、粉剂流态化程度和在线混匀性、不同粉剂喷吹速度的精确控制和调节，关键设备是喷吹罐和喉口下料调节阀。

KR 搅拌和喷吹法相比，由于需要电机提供动力带动搅拌器旋转，从而在立体布置上要充分考虑搅拌系统设备的安装、检修和维护，搅拌头的更换、清理空间，空间布局复杂，设备庞大，一次性投资高。

在脱硫剂输送和投入、除渣方式以及测温取样和自动化控制等方面基本相当。

整体投资来看，在相同的铁水脱硫年处理量条件下，KR 高于喷吹法脱硫。

3.6.2 生产成本分析[12,13]

影响铁水预处理脱硫处理成本的因素主要有脱硫剂消耗、温降损失、铁损、耐材损失、脱硫渣处理费用、水电气费用以及检修维护费用等。

（1）脱硫剂消耗费用：脱硫剂中以颗粒镁价格最高，达 18000~20000 元/吨；电石其次，价格为 3000 元/吨，石灰则根据不同粒径有所区别，2mm 石灰粉价格 300 元/吨，以某钢厂为例，2006 年石灰价格 600 元/吨，45μm 价格 1190 元/吨。

脱硫剂消耗中颗粒镁一般为 0.483kg/t 铁，电石粉为 6kg/t 铁，石灰粉为 8.28kg/t 铁左右。复合喷吹中镁粉：电石粉比例为 1：3 时，脱硫剂消耗为 1.96kg/t；镁粉：石灰粉比例为1：4时，脱硫剂消耗为 1.68kg/t 铁。

（2）铁水温降：铁水温度降低（升高）10℃则废钢比下降（升高）约 0.88%，吨钢成本增加 2.14 元。

前面所述的各种脱硫方法典型温降参数为：单吹颗粒镁脱硫温降10℃，机械搅拌法铁水温降28℃，喷吹电石温降 26~35℃，喷吹复合脱硫剂镁粉：电石粉比例为 1：3 时温降 19.07℃，喷吹镁粉：石灰粉比例为 1：4 时温降 19.7℃。

（3）铁损：铁损主要来自因渣量大小在除渣过程中的损失和脱硫渣的含铁损失。前者取决于除渣方式，目前看，捞渣方法损失小。后者同渣量大小和脱硫渣物性有关，单吹颗粒镁铁损少。

（4）耐材消耗（喷枪和搅拌头寿命）：机械搅拌法脱硫的搅拌头寿命目前高的已经达到 500 次以上，喷吹脱硫的单支喷枪的喷吹时间也在 500min 以上。前者造价高。

（5）其他费用：喷吹消耗载气量，一般为氮气；机械搅拌法则主要消耗电能。

（6）综合生产成本分析：通过分析比较得出喷吹法和机械搅拌法脱硫的生产成本，见表 3-5。

表 3-5　喷吹法和 KR 脱硫的生产成本　　　　　　　　　　（元/吨）

方法	脱硫剂种类	脱硫剂成本	温降成本	铁损成本	铁渣费用	喷枪或搅拌头费用	喷吹 N_2 气费用	搅拌头费用	总费用
喷吹法	CaC_2	18	6.31	33.03	1.16	6.53	0.34		65.03
	$w(Mg)/w(CaC_2) = 1/3$	13.23	1.99	14.94	0.64	2.34	0.04		33.18
	CaO	4.97	5.13	13.63	0.83	5.08	0.08		29.72
	$w(Mg)/w(CaO) = 1/4$	6.85	4.08	12.33	0.49	1.76	0.03		25.18
	Mg	8.69	1.93	7.13	0.05	1.52	0.02		19.34
KR 法	CaO	2.81	5.99	7.63	0.47	0.27		0.04	17.21

3.6.3　脱硫效果分析

铁水预处理脱硫的广泛使用与其脱硫效果密不可分，重点大中型钢铁企业均配置了铁水预处理设备，宝钢、武钢、鞍钢、首钢迁钢、首钢京唐等大型钢铁公司基本实现 100%铁水脱硫，各种脱硫方法比较见表 3-6[14]。

表 3-6　各种脱硫方法综合比较

脱硫剂	石灰、电石脱硫		Mg 脱硫	
脱硫方法	KR 脱硫	喷粉脱硫	喷纯镁粉	喷复合剂
脱硫剂	石灰粉	石灰粉+电石粉	镁粉	镁粉+石灰粉
终点 [S] /%	0.001~0.002	0.004~0.008	0.003~0.006	0.003~0.008
处理时间/min	8~15	23~28	10~15	10~15
处理温降/℃	25~30	30~35	8~12	10~15
脱硫剂消耗/kg·t^{-1}	6~8	4(电石粉)~12(石灰粉)	0.5~1.0	1.5~2.0

应当指出，表 3-5、表 3-6 的数据只是部分应用的结果，因脱硫剂市场价格变动，工艺控制温降和铁损的差别，三种脱硫方法在成本上的综合比较，会与这两张表中所列数据不同，也是完全可能的。

由于机械搅拌法脱硫具有稳定的深脱硫效果，近年在国内获得迅速发展。

3.7　铁水"三脱"

铁水"三脱"是铁水脱硫、脱硅和脱磷预处理的简称。早在 20 世纪七八十年代，日本生产高品质洁净钢的生产工艺流程中就采用铁水沟、铁水罐、鱼雷罐等设备进行铁水"三脱"预处理。从 20 世纪 90 年代初开始，尤其是进入 21 世纪以来，日本住友金属和歌山、新日铁名古屋等钢厂以及我国首钢京唐、宝钢等钢厂采用复吹转炉进行脱硅、脱磷铁水预处理的新一代炼钢工艺流程的意义已不仅限于满足高品质钢生产的要求，更重要的是优化了流程，提高了转炉钢厂生产效率，降低了消耗和成本。这一新流程与 20 世纪 70~80 年代日本首先开始的传统铁水"三脱"技术相比，主要优化点如下：首先最重要的是转炉介入了铁水预处理工序,与鱼雷罐相比大大提高了效率和冶金效果,降低了成本,实现了炼钢流程的解析优化;其次是铁水罐多功能化(一罐到底)优化了与炼钢工序的紧凑衔接,降低了物耗、能耗;最后是在总图布置上明显体现了紧凑顺行的优势。国内外一些新建厂和老厂优化中选择这一模式和相似的工艺方式,并不断优化工艺,逐渐体现优势,已为行业内普遍关注的事情。近年来投产的韩国现代唐津钢铁公司和浦项钢铁集团浦项三炼钢厂就采用了与首钢京唐公司相同的"三脱"(但不是铁水罐多功能化)工艺。

3.7.1 铁水脱硅

铁水预处理脱硅是转炉少渣冶炼的必要手段,也是脱磷的前序和必要环节。由于铁水中氧与硅的亲和力比磷大,只有当铁水中的硅大部分氧化后,磷才能被迅速氧化去除,所以,脱磷前必须先脱硅,为生产低磷钢提供必要条件。

3.7.1.1 脱硅基本原理

铁水中的硅是易氧化元素,传统铁水预处理脱硅是通过在铁水中添加含铁的氧化物或吹入氧气来氧化硅元素,产物二氧化硅进入炉渣中去除。含铁氧化物一般采用铁矿石(包括精矿粉)、铁锰矿、高碱度烧结矿粒、烧结粉尘、铁鳞等。

$$[Si] + O_2(g) = (SiO_2) \qquad \Delta G^\ominus = -821780 + 221T$$

$$[Si] + 2/3(Fe_2O_3) = (SiO_2) + 4/3[Fe] \qquad \Delta G^\ominus = -288000 + 60T$$

$$[Si] + 1/2(Fe_3O_4) = (SiO_2) + 3/2[Fe] \qquad \Delta G^\ominus = -275900 + 156T$$

$$[Si] + 2(FeO) = (SiO_2) + 2[Fe] \qquad \Delta G^\ominus = -356000 + 130T$$

铁水脱硅的限制环节是硅在反应界面的扩散速度,因此,搅拌增加反应界面面积是决定脱硅效率和提高脱硅剂利用率的核心,同时需保持炉渣合适的黏性,适宜的流动性可以促进扩散并有效吸附脱硅产物。

3.7.1.2 脱硅方法

20世纪七八十年代日本、德国应用的铁水脱硅方法有:高炉铁沟脱硅、高炉铁沟摆槽上方喷射脱硅剂脱硅、鱼雷罐车中喷射脱硅剂脱硅以及铁水罐中加脱硅剂或吹氧脱硅。加入脱硅剂的方法基本上是投放法和喷吹法(包括插入铁水中喷吹)。从20世纪90年代初至今,采取复吹转炉吹氧脱硅。

从反应容器来区分,可以分为高炉脱硅和专用容器脱硅。高炉阶段脱硅主要在出铁沟完成,无需专用的反应容器和专门的停留处理时间,节约了专用容器的投入(包括耐火材料消耗等),投资和生产成本低,但脱硅效率低,脱硅剂利用率低。专用容器脱硅主要指鱼雷罐、铁水罐以及现在应用复吹转炉脱硅,其中复吹转炉脱硅效果最佳。

脱硅剂:除吹氧外,脱硅剂主要是铁的氧化物,铁矿石、球团矿、烧结矿、轧钢铁皮(铁鳞)、铁矿砂、锰矿等材料都可以提供氧作为固体脱硅剂。

从脱硅剂加入方式来区分,传统方式可以分为投放、喷吹两种。前者无需专用的设备,投资少,对脱硅剂的要求比较低,但脱硅效率低且不稳定。后者一次性投资大,生产成本高,喷射技术的使用对脱硅剂的粒度和种类有严格要求,但稳定性好,脱硅效率高。复吹转炉吹氧(脱硅剂)脱硅效果最佳。

3.7.2　铁水脱磷

磷在钢中可以提高钢的强度、抗腐蚀性能并改善切削加工性能，但降低钢的焊接性，增加焊接裂纹敏感性；磷还是容易偏析元素并恶化钢的冷脆性能。总体而言，除部分特殊钢种外，大多数钢种要求钢中的磷含量越低越好，尤其是用于低温条件和有焊接要求的产品。

传统的炼钢生产中一般不进行预脱磷，转炉冶炼因氧化性气氛、高的炉渣碱度和大渣量，有利于脱磷反应，但因脱磷渣存在于冶炼全过程，在冶炼后期和出钢过程合金化时，难免造成钢水回磷，影响钢水质量。进行铁水预处理脱磷可以有效解决这个问题，提高转炉生产效率。

3.7.2.1　铁水脱磷原理

磷的去除主要分为氧化脱磷和还原脱磷两种，氧化脱磷是钢中的磷通过氧化反应以 PO_4^{3-} 的形式进入炉渣，还原脱磷是钢中的磷通过还原反应以 P^{3-} 的形式进入炉渣。当与炉渣平衡的体系中氧分压 $p'_{O_2} < 10^{-18}Pa$ 时，磷还原生成 P^{3-}（即磷化物）进入渣中；超过该值则磷在渣中以 P^{5+}（即 PO_4^{3-}）形态存在[15]。铁水预处理脱磷和转炉脱磷均属于氧化脱磷范畴。

氧化脱磷可以用分子理论和离子理论来解释，前者习惯称为碱性氧化物脱磷，后者是炉渣脱磷。实践来看，分子理论解释脱磷现象相对成功。

（1）碱性氧化物脱磷：

$$6/5(CaO) + 4/5[P] + O_2(g) = 2/5(3CaO \cdot P_2O_5) \qquad \Delta G_1^{\ominus} = -828942 + 249.90T$$

$$8/5(CaO) + 4/5[P] + O_2(g) = 2/5(4CaO \cdot P_2O_5) \qquad \Delta G_2^{\ominus} = -846190 + 256.58T$$

$$6/5(MgO) + 4/5[P] + O_2(g) = 2/5(3MgO \cdot P_2O_5) \qquad \Delta G_3^{\ominus} = -744030 + 256.58T$$

$$6/5(MnO) + 4/5[P] + O_2(g) = 2/5(3MnO \cdot P_2O_5) \qquad \Delta G_4^{\ominus} = -732725 + 276.79T$$

$$6/5(Na_2O) + 4/5[P] + O_2(g) = 2/5(3Na_2O \cdot P_2O_5) \qquad \Delta G_5^{\ominus} = -1017734 + 257.1T$$

在标准状态下，1350℃时上述反应的平衡常数 K_i 值见表 3-7。由表 3-7 可见，所列碱性氧化物中氧化钠和氧化钙的脱磷能力最强。

表 3-7　碱性氧化物脱磷反应平衡常数 K_i（1350℃）

碱性氧化物	MnO	MgO	CaO	Na₂O
K_i	1.30×10^9	3.43×10^{10}	4.15×10^{13}	2.06×10^{19}
相对值	0.05	1.32	1.6×10^3	7.9×10^8

（2）碱性渣脱磷：氧化条件下，碱性熔渣的脱磷反应为：

$$[P] + \frac{3}{2}O^{2-} + \frac{5}{2}[O] = PO_4^{3-}$$

$$K_P = \frac{\alpha_{PO_4^{3-}}}{\alpha_P \, \alpha_{O^{2-}}^{3/2} \, \alpha_O^{5/2}} = \frac{\gamma_{PO_4^{3-}} \, x_{PO_4^{3-}}}{f_P[\%P] \, \alpha_{O^{2-}}^{3/2} \, \alpha_O^{5/2}}$$

$$[P] = \frac{\gamma_{PO_4^{3-}} \, x_{PO_4^{3-}}}{K_P f_P \, \alpha_{O^{2-}}^{3/2} \, \alpha_O^{5/2}}$$

式中　$\alpha_{PO_4^{3-}}$，$\alpha_{O^{2-}}$——分别为渣中磷酸根离子和氧离子活度；

　　　　α_P，α_O——分别为金属中磷和氧的活度；

　　　　$\gamma_{PO_4^{3-}}$，$x_{PO_4^{3-}}$——分别为渣中磷酸根离子活度系数和摩尔分数；

　　　　f_P——金属中磷的活度系数。

氧化脱磷的热力学条件是：低反应温度、高氧化性、高碱度和大渣量。低反应温度是铁水预处理脱磷工艺的控制要点。渣中 TFe 太高容易导致活度下降，反而不利于脱磷，理想的 TFe 是 14%~18%[16]；高碱度和大渣量可以通过调整炉渣组分、换渣以及添加熔剂改善渣的物理化学性能来实现。

3.7.2.2　铁水脱磷工艺

由于硅和氧的亲和能力大于磷，氧化脱磷前必须先进行脱硅。

铁水预脱磷的方法主要分为转炉脱磷和盛铁容器脱磷两种，后者主要是铁水罐或鱼雷罐中喷射脱磷剂并吹氧进行脱磷。

A　脱磷剂的使用[17]

目前广泛使用的脱磷剂为石灰系为主的脱磷剂。早期传统的脱磷剂有苏打系脱磷剂，其脱磷能力强，苏打渣系的磷容量比石灰系磷容量大，且熔点低，流动性好，脱磷率可达90%，但苏打价格较贵，且处理过程中由于沸点低易蒸发产生钠蒸气导致损失严重，并严重污染环境。石灰系脱磷剂价格便宜，对环境污染小，但石灰系熔剂脱磷时需要的氧势较高，需配加一定量的烧结矿粉和萤石粉等助熔剂以降低渣的黏度。加烧结矿粉等既可助熔，又能起氧化剂的作用；加入氯化钙不易回磷，且脱磷效果比加氟化钙好得多。

CaO-FeO-CaF₂ 系脱磷剂，当质量分数比为 75∶15∶10 时，脱磷率达到 93%以上。

在 CaO 基脱磷剂中添加碱性氧化物影响脱磷效果的强弱次序为：$Li_2O>Na_2O>K_2O>BaO$。

Na_2CO_3 系脱磷剂相比 CaO 基系脱磷剂具有更快的脱磷效率和更低的磷含量。50%CaO、40%Na_2O 和 10%Fe_2O_3 可以达到将钢中磷含量从 100×10^{-6} 降低到 20×10^{-6} 的脱磷效果。

B　脱磷方法

早期传统的脱磷方法是向鱼雷罐、铁水罐里插入喷枪喷吹脱磷剂或吹氧气，少量脱磷剂从上面加入。

20 世纪 90 年代日本新日铁、住友等钢厂开始采用复吹转炉进行铁水预处理工艺，即先脱硅后脱磷工艺，由于复吹转炉内反应空间大，可控制脱磷反应的热力学和动力学条件达到最佳状态，因此复吹转炉是脱硅脱磷效率高、成本低的最理想的反应容器。21 世纪初国内宝钢、三明、首钢京唐等钢厂都将预脱硅与预脱磷一起在复吹转炉内进行，即铁水罐脱硫后，将铁水兑入脱硅脱磷转炉进行预处理，处理完了倒出脱硅、脱磷的炉渣，然后在同炉或异炉继续进行脱碳少渣冶炼。这种工艺脱磷效果最好，且生产效率高，成本也降低。

3.7.3　铁水预处理同时脱磷脱硫

有关铁水预处理脱硫原理、工艺及其设备的内容已在前面详细叙述过，下面主要叙述铁水预处理同时脱磷、脱硫的原理。

氧化气氛有利于磷氧化反应，还原气氛有利于硫还原反应。在同一个体系中脱磷脱硫反应条件往往是相互矛盾的，用分子理论无法准确解释二者同时发生反应。但是，实践中确实能实现脱磷脱硫同时进行。众所周知，金属与炉渣具有导电性，它们之间反应具有电化学性，即参加反应物质电子结构外层电子发生转移，反应如下：

$$[P] \longrightarrow (P^{5+}) + 5e$$
$$[S] + 2e \longrightarrow (S^{2-})$$

上述脱磷反应是失去电子有利于反应进行，而脱硫反应是得到电子有利于反应进行，二者反应是互为电子转移得失达到电中性，因此脱磷脱硫反应同时进行是可能的，脱磷脱硫离子反应方程式如下：

$$2[P] + 3(O^{2-}) + 5[O] = 2(PO_4^{3-})$$
$$[S] + (O^{2-}) = (S^{2-}) + [O]$$

从上述反应方程可知，氧位是影响脱磷脱硫反应进行的主要因素之一。从文献[18]报道中可知，在炼钢温度下，当氧分压 $p'_{O_2} > 1.2 \times 10^{-18}$ Pa 时，脱磷反应是氧化反应；当氧分压 $p'_{O_2} < 1.2 \times 10^{-18}$ Pa 时，脱磷反应是还原反应，称氧分压 10^{-13} Pa 为临界氧分压。因此，凡是低于临界氧分压时有利于还原脱磷反应进行，同时也必然有利于还原脱硫反应进行，这是因为还原脱硫反应的氧分压高于还原脱磷反应的临界氧分压[19]的缘故。氧分压越低越有利于还原脱硫反应进行。由上述原理可知，当体系具备还原脱磷反应条件时也必然具备还原脱硫反应条件，因此可以实现同时进行脱磷脱硫反应。

文献[19]~[21]均报道了日本竹内秀次等人在 100t 铁水罐内进行铁水预处理过程，通过测定不同深度、不同位置的氧分压，结果是靠近喷枪口端部氧分压高，高于临界氧分压，属于氧化性气氛，有利于以磷氧化反应为主；远离喷枪口或靠近铁水罐壁附近区域氧分压低，低于临界氧分压，属于还原性气氛，有利于脱硫反应进行。由此可见，在同一个铁水罐里不同位置上存在着高低不同的氧分压，因此，可以实现同时脱硫脱磷反应。实验结果表明，脱磷率可达 91%，同时脱硫率达 70%。铁水罐中不同位置上测定的氧分压高低不同的原因，是因为喷枪载气按 O_2/N_2 比例 4/1 和一定速度将铁矿石粉等溶剂喷入铁水罐底部，所以喷枪口端部周围氧分压高。有少量载气扩散到铁水罐壁附近，其氧分压就比较低。

尽管铁水预处理能实现脱磷同时脱硫的目的，但是依然存在着难以控制铁水罐内氧分压分布为最佳"双脱"状态，因此很难实现稳定的"双脱"的目标。经过进一步研究开发，从 20 世纪 90 年代至今，最终还是把铁水脱磷的氧化反应与脱硫的还原反应分开，即分别置于复吹转炉和铁水罐里进行。

3.7.4　传统铁水"三脱"预处理及其冶炼工艺路线

20 世纪七八十年代，这个阶段铁水"三脱"预处理工艺及其冶炼工艺路线有：

（1）ATH 法（August Thyssen-Hütte AG），是德国奥古斯蒂森冶金公司在 1969 年开发

的鱼雷罐喷吹脱硫方法。其冶炼工艺路线为：

ATH 法鱼雷罐铁水脱硫 → 复吹转炉冶炼

（2）TDS 法（Desulfurization by Top Injection Process），是日本新日铁名古屋制铁厂在 ATH 法基础上改进顶喷方式，于 1971 年投产的鱼雷罐喷吹的脱硫方法。其冶炼工艺路线为：

TDS 法鱼雷罐铁水脱硫 → 复吹转炉冶炼

（3）SARP 法[22]（Sumitomo Alkali Refining Process 或 Soda Ash Refining Process），是日本住友鹿岛制铁厂于 1982 年投产的，前者称住友碱精炼法，后者称苏达灰精炼法。其冶炼工艺路线为：

鱼雷罐脱硅 → 鱼雷罐脱磷脱硫 → 复吹转炉脱碳少渣冶炼

（4）ORP 法（Optimizing Refining Process），是文献［20］介绍的日本新日铁君津制铁厂于 1982 年投产的冶炼工艺，称为最佳的精炼工艺。其工艺路线为：

铁水沟脱硅 → 鱼雷罐脱磷脱硫 → 复吹转炉脱碳少渣冶炼

（5）NRP 法[23]（New Refining Process），是日本钢管福山制铁厂于 1986 年投产的冶炼工艺，称为最新的精炼工艺。其冶炼工艺路线为：

铁水沟脱硅 → 铁水罐脱硫 → 铁水罐脱磷 → 复吹转炉脱碳少渣冶炼

另外，日本钢厂还应用 NKK 法、Q-BOP 法、STB-P 法和 K-BOP 法等工艺路线，采用不同设备和工艺进行铁水"三脱"预处理。

上述铁水"三脱"预处理设备与工艺是 20 世纪七八十年代开始采用的初期阶段，因此存在不少问题：（1）铁水沟脱硅是在高炉出铁过程中进行的，因此脱硅剂利用率低；脱硅剂形成泡沫渣进入铁水罐易溢出或者喷溅，因此铁水罐预留静空高度增大而降低其内部空间利用率；脱硅产生热量损失和环境污染等问题。（2）在鱼雷罐内进行铁水"三脱"预处理，尽管也能降低磷、硫含量至较低水平，但是也存在鱼雷罐内型决定了其搅拌动力学条件差，处理时间长，衔接不匹配，温降损失严重；原材料价格贵，消耗高；罐口易结渣影响接、出铁工艺顺行；罐衬寿命低等问题。（3）在铁水罐内进行铁水预处理（预脱硅、脱磷），虽然动力学条件有所改善，但是由于铁水罐容积小，泡沫渣溢出，特别是采用浸渍罩插入铁水中使液面上升等都会引起溢渣等事故发生，由此降低铁水罐的装入量而影响生产效率，更重要的是影响转炉的正常装入量。所以，铁水罐只进行铁水脱硫处理，效果比较好。

因此，日本各大钢厂先后不断地优化铁水预处理设备和工艺，以新日铁 ORP 法后续发展过程来说明，如图 3-8 所示。

文献［20］介绍，1982 年 ORP 法如图 3-8 中 a 所示，其冶炼工艺路线为：

铁水沟脱硅 → 鱼雷罐脱磷脱硫 → 复吹转炉脱碳少渣冶炼

1986 年 ORP-M[24] 法如图 3-8 中 b 所示，其冶炼工艺路线为：

鱼雷罐脱硅 → 铁水罐脱磷脱硫 → 复吹转炉脱碳少渣冶炼

文献［24］介绍，1989 年 LD-ORP 法如图 3-8 中 c 所示，其冶炼工艺路线为：

铁水罐脱硫 → 专用复吹转炉脱硅脱磷 → 专用复吹转炉脱碳少渣冶炼

从上述日本新日铁的 ORP 法后续发展过程可知，最终由复吹转炉取代了铁水沟、鱼雷罐、铁水罐的脱硅、脱磷的工艺设备。复吹转炉空间大，反应动力学条件好，预处理周期时间短，完全与后续脱碳少渣冶炼、精炼、连铸相匹配，便于生产管理。复吹转炉参与铁水预处理的原材料主要以石灰为主，具有价格低、有利于降成本、脱碳炉的炉渣可循

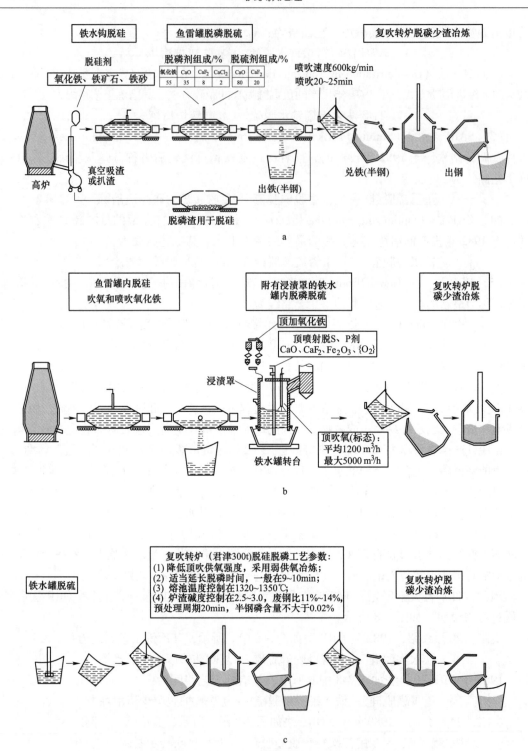

图 3-8　日本新日铁铁水"三脱"预处理及其冶炼工艺路线发展过程示意图

a—ORP 冶炼工艺路线流程图（1982 年日本新日铁君津制铁厂）；

b—ORP-M 冶炼工艺路线流程图（1986 年日本新日铁大分制铁厂）；

c—LD-ORP 冶炼工艺路线流程图（1989 年日本新日铁名古屋制铁厂）

环利用等优点。大约在 2001 年[25]日本新日铁采用传统的铁水沟脱硅、鱼雷罐或铁水罐脱磷等的铁水预处理设备几乎全部退出历史舞台，取而代之的是复吹转炉。

3.7.5 新一代的铁水"三脱"预处理及其冶炼工艺路线

从 20 世纪 90 年代发展至今，世界各国相继开发的复吹转炉铁水预处理工艺，已经形成新一代复吹转炉冶炼工艺路线，它们有：

（1）SRP 法[26]（Simple Refining Process），是日本住友金属鹿岛制铁厂于 20 世纪 90 年代末开发的转炉铁水脱硅、脱磷的铁水预处理工艺，称为最完备的"三脱"工艺。其冶炼工艺路线为：

铁水罐脱硫 → 专用复吹转炉脱硅、脱磷 → 专用复吹转炉脱碳少渣冶炼

日本住友金属和歌山制铁厂于 1999 年也采用了 SRP 法。

（2）LD-ORP 法（LD-Optimizing Refining Process），是文献［24］介绍的日本新日铁名古屋制铁厂于 1989 年开发的转炉铁水脱硅、脱磷的铁水预处理工艺，称为最佳冶炼工艺。其冶炼工艺路线为：

铁水罐脱硫 → 专用复吹转炉脱硅、脱磷 → 专用复吹转炉脱碳少渣冶炼

在 20 世纪 90 年代里，日本新日铁八幅制铁厂、君津制铁厂等先后采用了 LD-ORP 法。

（3）LD-NRP 法[27]（LD-New Refining Process），是日本钢管福山制铁厂于 1999 年开发的转炉铁水脱硅、脱磷的铁水预处理工艺，称为最有效的精炼工艺。其冶炼工艺路线为：

铁水罐脱硫 → 专用复吹转炉脱硅、脱磷 → 专用复吹转炉脱碳少渣冶炼

同时期，日本钢管京浜制铁厂也采用了 LD-NRP 法。

（4）H 炉法[28]（Hot Metal Pretreatment Furnace）或称 OLIPS 法[29]（Oxygen Lime Injection Dephosphorization and Desu lphurizaeion），是日本神户制钢加古川制铁厂于 1983 年开发在同一转炉里先后进行脱磷脱硫的铁水预处理工艺。其冶炼工艺路线为：

铁水沟脱硅 → 专用转炉内先脱磷后脱硫 → 专用复吹转炉脱碳少渣冶炼

（5）BRP 法[30]（Baosteel BOF Refining Process），是中国宝钢于 2002 年开始研究、2005 年投产的复吹转炉进行铁水脱硅脱磷的预处理工艺，称为宝钢精炼工艺。其冶炼工艺路线为：

铁水罐脱硫 → 复吹转炉脱硅脱磷 → 同跨间另一座复吹转炉脱碳少渣冶炼

（6）MRP 法[31]（Minguang BOF Refining Process），是中国三明钢厂于 2011 年投产的转炉脱硅脱磷的铁水预处理工艺，称为闽光钢厂精炼工艺。其冶炼工艺路线为：

铁水罐脱硫 → 复吹转炉脱硅脱磷 → 同跨间另一座复吹转炉脱碳少渣冶炼

（7）MURC 法[32]（Multi-Refining Converter），是日本新日铁君津制铁厂于 2001 年采用同一座转炉进行脱硅脱磷铁水预处理和脱碳少渣冶炼工艺。其冶炼工艺路线为：

铁水罐脱硫 → 复吹转炉脱硅脱磷倒渣后 → 同一座转炉脱碳少渣冶炼

（8）SGRS 法[33]（Slag Generation Reduced Steelmaking），是首钢迁安钢厂于 2012 年采用同一座转炉进行脱硅脱磷铁水预处理和脱碳少渣冶炼工艺，其脱硅脱磷铁水预处理工艺特点主要是低碱度全留渣等技术。其冶炼工艺路线为：

铁水罐脱硫 → 复吹转炉脱硅脱磷倒渣后 → 同一座转炉脱碳少渣冶炼

（9）首钢京唐[34]于 2009 年采用异跨布置的专用脱［Si］脱［P］复吹转炉和专用脱碳少渣冶炼的复吹转炉。其冶炼工艺路线为：

铁水罐脱硫 → 专用复吹转炉脱硅脱磷 → 异跨专用复吹转炉脱碳少渣冶炼

（10）韩国浦项、光阳钢厂于 2008 年先后新增建专用脱硅脱磷铁水预处理复吹转炉与专用脱碳少渣冶炼转炉组成新的冶炼工艺[25]。其冶炼工艺路线为：

铁水罐脱硫 → 专用复吹转炉脱硅脱磷 → 专用复吹转炉脱碳少渣冶炼

（11）攀钢于 2005 年开发复吹转炉提钒（钛）扒渣工艺取得很好的效果。其冶炼工艺路线为[35]：

铁水罐脱硫 → 复吹转炉提钒（钛） → 同跨另一座复吹转炉脱碳少渣冶炼

复吹转炉铁水预处理工艺开辟了炼钢工艺最佳路线，丰富了炼钢理论，冶炼工艺技术及其设备应用趋向更加合理化，并为其他贵重金属元素提取提供借鉴，是现代复吹转炉冶炼最佳工艺路线不可缺少的重要环节。

我国包钢于 1992 年起同北京钢铁研究总院在引进 SRP 法核心技术基础上，在 50t 和 90t 转炉上展开了脱硅脱磷的实验。在此特别要指出，我国从 20 世纪六七十年代开始，转炉（顶吹、侧吹）就已经拥有成熟的双渣法脱磷、脱硫的冶炼工艺技术，以及 20 世纪 90 年代开始各厂普遍建成了铁水罐脱硫设备和应用具有中国特色的长寿命炉衬的溅渣护炉技术，从 21 世纪初迅速地开发了复吹转炉脱硅脱磷的铁水预处理工艺，即类似日本新日铁的 MURC 法工艺，在我国称为单炉新双渣冶炼工艺，如武钢、鞍钢、三明钢厂、莱芜钢厂等很多钢厂从 2003 年就开始相继采用单炉新双渣法冶炼工艺路线。首钢京唐在国内首次设计使用两座转炉脱硅脱磷和三座转炉脱碳少渣冶炼，并与多功能铁水罐脱硫相结合形成全新炼钢工艺路线。

参 考 文 献

[1] 王雅贞，李承祚，等 . 转炉炼钢问答［M］. 北京：冶金工业出版社，2003.

[2] 蔡开科，程士富 . 连续铸钢原理与工艺［M］. 北京：冶金工业出版社，1994：313～314.

[3] 孙本良，等 . 钙基、镁基脱硫剂的脱硫极限［J］. 钢铁研究学报，2003，115（1）：1～5.

[4] 梁英教，车荫昌 . 无机物热力学数据手册「M」. 沈阳：东北大学出版社，1993.

[5] 戴云阁，李文秀，等 . 现代转炉炼钢［M］. 沈阳：东北大学出版社，1998.

[6] 王雅贞，等 . 氧气顶吹转炉炼钢工艺与设备［M］.2 版 . 北京：冶金工业出版社，2001.

[7] 杨红岗 . 单吹颗粒镁铁水脱硫技术的研究与应用［J］. 太钢科技，2008（2）：15～17.

[8] 吴明，等 . 复合喷射与单喷镁脱硫效果的分析比较［J］. 炼钢，2006，122（3）.

[9] 高卫刚，等 . 镁基-CaO 复合喷吹铁水脱硫影响因素分析［C］//第七届中国钢铁年会论文集（2）. 北京：冶金工业出版社，2009：459.

[10] 杨树森，等 . KR 搅拌法铁水预处理工艺简介［J］. 包钢科技，2009，135（1）.

[11] 邓品团，等 . KR 深脱硫技术的研究和应用［C］//2008 年全国炼钢连铸生产技术会议文集.

[12] 姜晓东，等 . 喷吹法和搅拌法铁水脱硫工艺成本的综合评估［J］. 炼钢，2006，122（4）：55～58.

[13] Brock Gadsdon. Hot metal desulphurization benefits of magnesium lime co-injection［C］//第七届中国

钢铁年会论文集（2）北京：冶金工业出版社，2009：968.

[14] 殷瑞钰. 我国炼钢连铸技术发展和 2010 年展望 [C] //中国金属学会. 2008 年全国炼钢连铸生产技术会议文集.

[15] 梁连科，等. 冶金热力学及动力学 [M]. 沈阳：东北工学院出版社，1989：207.

[16] 郭汉杰. 冶金物理化学 [M]. 2 版. 北京：冶金工业出版社，2006.

[17] 田志红，等. 超低磷钢生产技术 [J]. 炼钢，2003，119（6）：13~18.

[18] 黄希祜. 钢铁冶金原理 [M]. 北京：冶金工业出版社，2008：205.

[19] 戴云阁，李文秀，龙腾春. 现代转炉炼钢 [M]. 沈阳：东北大学出版社，1998：66~69.

[20] 铁钢基础共同研究会，融体精炼反应部会. 融体精炼反应の物理化学とプロセス工学 [R]. 日本铁钢协会，1985：221~242.

[21] 杨世山，沈甦. 铁水预处理工艺. 设备及操作 [J]. 炼钢，2000，16（6）：6~9.

[22] 赵永久. 炼钢技术论文集 [C] //1999：64.

[23] 山濑浩，等. 溶铣预备处理と熔融還元を用た新制钢プロセス工业化 [J]. 铁と钢，1988（2）：270~277.

[24] 蒋国昌. 纯净钢及二次精炼 [M]. 上海：上海科学技术出版社，1994：122~125.

[25] 殷瑞钰. 冶金流程集成理论与方法 [M]. 北京：冶金工业出版社，2013：272~278.

[26] 王承宽，王勇，李中金，等. 铁水脱磷技术的发展概况 [J]. 炼钢，2002，18（6）：46~50.

[27] 潘秀兰，王艳红，梁慧智，等. 转炉脱磷炼钢先进工艺分析 [C] //第十六届全国炼钢学术会议论文集. 2010：139~143.

[28] 盐饱潔. 专用炉における溶铣の脱りん脱硫連续处理技术 [J]. 铁と钢，1987（11）：1567~1574.

[29] 萧忠敏. 武钢炼钢生产进步概况 [M]. 北京：冶金工业出版社，2009：17~35.

[30] 康复，陆志新，蒋晓放，等. 宝钢 BRP 技术的研究与开发 [J]. 钢铁，2005，40（3）：25~28.

[31] 曾兴富，方宇荣，黄标彩，等. 复吹转炉两炉双联法冶炼 65 钢工业研究与应用 [J]. 炼钢，2014，30（3）：5~8.

[32] Ogana Y, Yano M, Kitamura S, et al. Development of the continuous dephosphorization and decarburization process using BOF [J]. Tetsu-to-Hagane, 2001, 87 (1)：21~28.

[33] 王新华，朱国森，李海波，等. 氧气转炉"留渣+双渣"炼钢工艺技术开发 [C] //第十七届全国炼钢学术会议论文集（A 卷）. 2013：39~45.

[34] 杨春政，魏刚，刘建华，等. 高效低成本洁净钢平台生产实践 [J]. 炼钢，2012，28（3）：1~6.

[35] 袁宏伟，卓钧，叶翔飞. 攀钢顶底复吹提钒工艺探索 [C] //第十四届全国炼钢学术会议文集. 2006：222~226.

4 现代复吹转炉炼钢工艺

现代氧气转炉炼钢广泛采用复合吹炼，在从氧枪顶吹氧气的同时，并从底部供气元件吹入气体（氩气、氮气、氧气、二氧化碳等），以改善熔池搅拌效果，使吹炼平稳，降低钢中氧含量和熔渣中 TFe 含量，适宜各钢种特别是低碳钢种的冶炼。

4.1 开新炉

开炉是一座转炉或者一个炉役最先进行的工艺和设备操作，其成功与否直接关系到转炉是否能顺利开始炼钢以及转炉后续炉役期间运行安全，并与炉衬寿命息息相关，同时它涉及安全确认、设备确认、能源介质确认、设备调试、烘炉（部分 100t 以下小转炉不采用烘炉操作）、新炉第一炉操作制度等多个部门的多项操作，因此其组织和协调极其重要。下面以某厂 250t 转炉开新炉为例，阐述开新炉的基本工艺。

4.1.1 开新炉的组织机构

确定开炉小组，组长一般由生产厂长和设备厂长担任，成员包括厂职能部门分管生产和安全的负责人、设备部门负责人、炼钢车间负责人、设备维护车间负责人等。

4.1.2 参与开炉的各部门职责

厂生产职能部门：制定开炉方案，现场组织、指挥开炉工作，负责各项安全防火工作的检查和落实。

厂设备职能部门：编制《开新炉前设备确认表》，并严格按照《开新炉前设备确认表》进行设备确认，检查并落实各项安全防火措施，确保所管辖转炉设备满足正常生产要求。

炼钢车间：负责按照开新炉方案进行开新炉前的物料准备，负责按照转炉《开新炉前设备确认表》进行设备调试、条件确认，检查并落实各项安全防火措施，在确认转炉设备和安全满足正常生产要求的情况下，按照烘炉操作过程规定进行烘炉操作，实现正常生产。

设备维护车间：负责按照转炉《开新炉前设备确认表》进行设备确认，检查并落实各项安全防火措施，确保所辖转炉设备满足正常生产要求。

4.1.3 制定开炉计划

明确开炉日期，并制定开炉日期变更时的预案。明确开炉各主要时间节点，如开始设备调试时间、开始带能源介质试车时间、烘炉时间、兑铁时间等。

4.1.4 安全确认

各单位必须严格按照《开新炉安全确认实施方案》执行，确保转炉开炉的安全工作。具体开新炉安全确认实施方案如下：

（1）严格按照开炉方案检查调试，逐项检查合格，应对警示信号、极限、能源介质、压力、流量调节设备及安全装置确认后方可签字。

（2）确认岗位作业操作牌，冶炼时严格按安全操作规程执行。

（3）进出要害部位要登记，并有要害部位工作证方可出入。

（4）确认转炉各层开炉期间无人员出入逗留后，由保卫人员在楼梯口负责守护，禁止人员进入转炉平台以上转炉各层。

（5）氧气阀门室内，确认无任何人员、杂物、易燃品、备件停留或存放。

（6）氮封口上不得有残留焦炭，转炉点火口处不得有油污（类）板材、纸张等易燃物。

（7）严禁人员穿越炉前行车轨道。

（8）冶炼平台，确认防爆门放下，兑铁120°扇形内不允许站人。

（9）确认渣罐、炉下坑槽、过渡车道上面无任何水渍，所有人员、车辆远离炉下坑15m远距离。

（10）严禁所有气瓶、乙炔瓶、电焊机、油桶等在转炉周围存放。

（11）检查除尘OG系统、煤气系统有无泄漏情况。

4.1.5 设备调试

严格按照《开新炉前设备确认表》进行设备调试确认，在各单项设备调试负责人签字确认、各单位调试负责人签字确认后，方可进行后续操作。

4.1.6 设备保障措施

在转炉开新炉氧气系统调试前，各设备相关人员必须严格按照《转炉开炉设备保障措施》执行，以确保转炉开炉的正常生产。

（1）设备联动试车必备条件：

1）所有设备的单体试车已完成；

2）能源介质具备送达条件；

3）所有设备的操作牌已收回；

4）各设备管理人员待命。

（2）联动试车设备故障处理程序：

1）联动试车由厂生产职能部门组织，炼钢车间实施，维护车间配合；

2）试车中出现设备故障和异常，炼钢车间立即通知维护车间专业工程师，专业工程师安排该项设备负责人进行处理，当设备故障和异常消除后，设备负责人给专业工程师回话，专业工程师将信息反馈到操作岗位，并由操作岗位进行最终确认。

（3）联动试车能源介质送达程序：

1）联动试车中的能源介质（水、电、风、气）送达要求，由炼钢车间依据联动试车过程需要，向维护车间的专业工程师提出，维护车间按作业标准和程序将介质送达并向专业工程师回话，专业工程师将信息反馈到操作岗位，并由操作岗位进行最终确认；

2）需能源公司配合的介质送达，由维护车间通知厂调，厂调调度员联系介质送达，发生矛盾和异常时由厂设备职能部门协调解决。

（4）开炉的必备条件：

1）联动试车合格，相关人员在试车表上签字确认；

2）能源介质全部合格送达，相关人员在试车表上签字确认。

4.1.7　开新炉前氧气系统调试

在转炉开新炉前必须严格按照《转炉氧气系统调试方案》进行氧气系统调试，在转炉试氧完成后，方可进行转炉烘炉操作。

（1）氧气系统调试前提条件：

1）除氧气系统外，转炉其他系统设备确认工作均已完成；

2）风机处于运行状态；

3）喉口开度确认；

4）洗涤系统投入运行；

5）氧枪横移、升降手动自动控制正常，各停位点准确；

6）氮封系统投入运行；

7）氧气管道系统检漏已完毕；

8）氧气过滤网已检查完毕；

9）氧气主管回路手动阀已确认打开；

10）氧气主管事故切断阀确认已关闭；

11）氧气主管压力调节阀全关，工作方式为"手动"；

12）氧气主吹线和烘烤线所有快速切断阀确认已关闭；

13）氧气调节阀在操作画面上将阀位开度上限设定值进行限位，并处于"手动"方式；

14）调试氧气回路的氧枪在准备位。

（2）系统调试：在转炉其他系统设备调试确认工作均已确认完成后开始进行氧气系统调试。

1）氧枪回路工艺测试及工艺烘炉曲线调试项目及方法见表4-1；

表 4-1　氧枪回路工艺测试及工艺烘炉曲线调试项目及方法

序号	调试项目及方法
1	氮气试气调节（每次间隔时间2min）： （1）压力调节阀手动开70%； （2）正常工作压力，正常工作氮气流量的1/2，试气1.5min，关闭氮气； （3）正常工作压力，正常工作氮气流量，试气1.5min，关闭氮气
2	用氧气试烘炉线（调试过程中，对"氧气阀紧停"按钮进行测试）： （1）手动调节烘炉线压力调节阀； （2）最大烘炉氧气流量的1/2，试气1.0min，关闭氧气； （3）最大烘炉氧气流量，试气1.0min，关闭氧气

序号	调试项目及方法
3	用氧气试吹炼线，模拟吹炼调试，手动调节吹炼线氧气压力调节阀： （1）正常工作氧气流量的 2/3，试气 1.0min，关闭氧气； （2）正常工作氧气流量，试气 1.0min，关闭氧气； （3）风机管道充氮，试氧间隔 3min 期间供氮，时间 30s，用于稀释烟罩内的氧气浓度

2）调试全过程监视过滤网温度，温度报警时中断试氧过程，当氧气过滤器的温度达到 48℃时报警，达到 55℃时提枪。

（3）安全保证措施：

1）安排专人与氧气厂建立热线联系，并联系好氧气厂关阀人员到位，一旦调试出现异常情况，立即关阀；

2）氧气系统调试时转炉操作平台及以上各层平台严禁上人，确保无人后方可进行调试，氧枪试氧期间严禁人员上下平台；

3）安排专人监视放散塔，如出现异常情况，必须立即停止供氧，并马上切换至供氮；

4）如试氧过程中发现压力、流量出现异常，应操作主控台上"氧气阀紧停"，并将氧枪提升到安全位置。

4.1.8 转炉烘炉

由炼钢车间进行烘炉前提条件确认、烘炉物料准备并严格按照《转炉烘炉方案》进行烘炉操作，烘炉完毕方可进行兑铁冶炼。转炉烘炉操作如下：

（1）烘炉前各岗位必须对设备检查确认，并在确认表上签字认可。

（2）必须对底吹透气砖系统供气情况进行检查，检查各支管流量阀无故障、无堵塞。检查完后，将手阀全开，调节阀开至 50%，用氮气空吹 3min。

（3）相关人员对开新炉所需要的水、电、风、气进行检查确认，并对各类流量、压力及水冷系统是否处于工作状态进行检查，并签字认可。

（4）岗位人员要检查确认各种连锁机构、紧停开关、氧枪及副枪事故提升开关、各类阀门、炉下两车及渣道是否处于正常状态，并签字认可。

（5）转炉倾动：烘炉前必须试倾动，前后摇 1°。

（6）烘炉前必须检查物料准备（焦炭严禁淋雨受潮），签字认可。

（7）烘炉操作过程标准：

1）转炉底吹：主阀关、旁通关，N_2、Ar 手阀开；

2）氧气系统：主管道手阀开，吹炼氧气控制系统手阀关，烘烤氧气控制系统手阀开，流量调节阀阀位为 0（关）；

3）焦炭：焦炭分批从炉口加入，烘烤过程中根据升温情况从高位料仓补加，加焦炭过程中，应防止焦炭在转炉两侧熔池聚集；

4）加引燃物：从氧枪氮封口向炉内投入木条、纸板、柴油等物；

5）插热电偶：从出钢口插入烘炉测温热电偶，两支热电偶同时插入并固定好，出钢口外侧堵好；

6）点火：从氧枪氮封口向炉内投入一火种，点燃炉内燃料；

7）点火后下枪，手动将氧气流量阀位由"0"位开至5%，并逐渐加大阀位开度到25%，稳定后温度到400℃以上，并稳定5min以上；

8）根据升温曲线控制氧气流量，逐步提高供氧强度，供氧强度的增长以烘炉的温度增长为基本依据，若温度增长偏离设定值，则须调整供氧强度，使温度增长速率接近设定曲线；

9）气氛温度达到800℃时，开启底吹；

10）枪位每3min变化一次，防止局部升温过快；

11）炉内气氛温度在800℃时才可从高位料仓加入焦炭；

12）总氧量计算，按每吨焦炭耗氧2000m^3（标态）计算；

13）总烘炉时间2.5~3h。

4.1.9　兑铁吹炼

（1）开炉前三炉安排计划冶炼普碳钢，第1炉采用全铁水操作，自第2炉起，废钢量由当班炉长根据实际情况决定。

（2）开炉后必须连续冶炼10炉钢，具体冶炼钢种按当日生产计划安排和冶炼标准规定执行。

（3）开炉冶炼第1炉钢时，不降烟罩，不关挡火门，防止过程喷溅。

（4）开新炉冶炼期间严禁钢水罐到位不及时，必须保证开吹后5min内钢水罐座到位。

4.2　复吹转炉冶炼基本工艺[1~5]

顶底复合吹炼是20世纪70年代初兴起的炼钢工艺，它是吸取了顶吹与底吹氧气转炉炼钢法的各自优势而发展起来的。

4.2.1　复吹转炉冶炼工艺的分类

按复吹冶炼目的和底吹供气强度（包括不同气体及供气方式）大致将复合吹炼分为三个大的类别，分别是弱搅拌型（以提高产品质量目的为主）、强搅拌型（以提高产量目的为主）和强化冶炼型（以提高废钢比目的为主）。

弱搅拌型复吹，顶部吹氧，底部气源有N_2、Ar、CO_2、CO等，有时还混入部分空气或O_2（以防止底部供气元件堵塞）。其底部供气强度（标态）为0.01~0.2$m^3/(t \cdot min)$。供气元件种类也有很多种，如缝隙式、集管式、单管式、套管式、透气砖型等。弱搅拌复吹技术的设备简单，投资少，钢种适应性强，各厂家自行研究开发的复吹技术如图4-1中所示的LBE法、LD-OTB法、LD-KG法、NK-CB法等。

强搅拌型复吹技术，是顶部吹氧、底部也吹氧。其底部供气元件是使用套管式喷嘴，中心管供给O_2，环管供给天然气，或液化石油气作为冷却介质；底部供氧量占总供氧量的5%~40%，供氧强度（标态）一般在0.25~2.00$m^3/(t \cdot min)$。有的底部喷嘴还可喷入石灰粉。强搅拌技术主要有如图4-1中所示的比利时冶金研究中心开发应用的LD-HC法、日本住友金属的STB法以及新日铁公司开发的LD-OB法、川崎厂开发的K-BOP法等。

强化冶炼型主要针对增加废钢装入量（甚至全废钢冶炼），采取顶吹氧、底吹氧以及侧吹氧、空气，并且侧喷吹溶剂、焦炭、煤、碳氢化合物，提高炉内二次燃烧快速熔化废

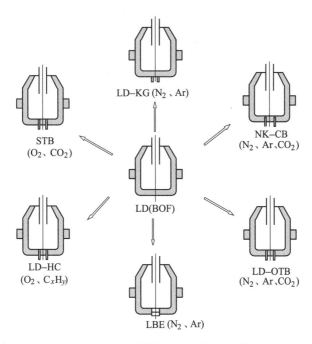

图 4-1 弱、强搅拌复合吹炼转炉示意图

钢，如前联邦德国克勒克纳-马克西米利安罗森贝格厂采用的 KMS 法。

目前世界各国绝大多数复吹转炉底吹气源主要采用 N_2、Ar 气体，少数复吹转炉底吹、侧吹一定比例的氧气。

我国自 1978 年开始研究转炉复吹技术，1983 年用于工业生产。经过多年来对复吹及相关技术的研究开发，复吹技术有了很大进展。复吹转炉底部气源由单一供氮发展到 N_2、Ar、CO_2、O_2 等多种气源。但是，目前复吹转炉底吹气源主要是 N_2、Ar 为主的弱搅拌型；底部供气元件也已经有多种形式。由于底部供气元件材质、结构、供气元件保护砖、炉底砌筑工艺、复吹工艺及维护制度，以及透气砖快换技术的应用等方面的改进，底部供气元件的寿命已有很大提高。

4.2.2 底吹不同气体的复合转炉分类及基本工艺[6~8]

顶底复合吹炼转炉按底部供气的种类主要分为两大类：

一是顶吹氧底吹非氧化性气体的转炉。采用顶吹氧底吹非氧化性气体氮或氩复合吹炼时，底吹模式与钢种冶炼要求以及顶吹供氧制度的配合是至关重要的，底吹气体的种类、流量在转炉吹炼各个阶段的变化应该根据各转炉本身的吹炼特点进行设计。比如底吹气体采用氮气，会使钢中 [N] 显著增高，这对要求含氮较低的钢种是不适合的。因此大部分的工厂在吹炼的前期吹氮，后期吹氩，这样既可节约氩气又不使钢中 [N] 有明显增加。比如为了配合前期的强化去磷，前期底吹会采用相对较大的强度，而后期为了使渣中 TFe 不会过分降低导致回磷，在吹炼末期将底吹强度降低等。底吹惰性气体强度（标态）一般不大于 $0.20 m^3/(t \cdot min)$，属弱搅拌型。

二是顶底吹氧转炉，即 5%~40% 的氧是由底部吹入熔池内，其余的氧是通过顶吹氧枪吹进熔池。底吹供氧强度（标态）最高可达 $2m^3/(t \cdot min)$ 以上，属于强搅拌。采用顶底吹氧时，关键是调节顶吹和底吹氧气的流量比以调节渣中氧化铁的含量。由于顶部和底部吹入氧气，因而在熔池内生成两个火点区，即下部区和上部区。下部火点区，可使吹入气体在反应区高温作用下，体积剧烈膨胀，并形成过热金属对流，从而增加熔池搅拌力，又可促进熔池脱碳。上部火点区主要促进炉渣形成和进行脱磷反应。研究表明，当底吹氧量为 10% 时，基本上能达到纯底吹的主要效果。如底吹氧量为总氧量的 20%～30%，则几乎能达到纯氧底吹的全部混合效果，即渣-金属乳化液完全消失，和纯氧底吹法的情况很近似。

4.2.3　复吹转炉冶炼过程元素氧化还原反应

复吹转炉吹炼过程的主要任务是通过氧枪吹氧的供氧制度以及造渣制度、温度控制等操作工艺，将铁液中主要的 ［C］、［Si］、［Mn］、［P］、［S］ 等元素去除，达到出钢成分以及适合的出钢温度要求。在吹炼过程，通过氧枪喷射超音速高纯度的氧气流股冲击转炉熔池，并向炉内加入含 FeO、Fe_2O_3 的铁矿石、烧结矿等含氧高的氧化剂，向熔池传氧，因此转炉熔池具有极强的氧化性气氛，发生的冶金反应是将铁液中杂质元素去除为主的化学反应。

4.2.3.1　转炉熔池传氧方式

通过氧枪向熔池喷射超音速氧气流股冲击熔池形成凹坑，氧气流股与熔池凹坑接触的表面以及冲击区之外的熔池液面将发生如下传氧反应：

（1）通过氧气流股把 ｛O_2｝ 分子直接送入铁液表面→然后被铁液表面吸附成 ［O］$_{吸}$→再溶解到铁液中去成 ［O］$_{溶}$ 原子，随着铁液流动扩散到铁液内部各处传氧，并随时与铁液中各元素发生氧化反应。这一过程往往发生在氧气流股笼罩下的凹坑冲击区，称第一反应区。

（2）通过氧气流股直接把 ｛O_2｝ 分子送入凹坑冲击反应区铁液表面或被溅起铁粒和渣中铁粒表面，并以 ｛O_2｝ 分子即时直接与铁液中各元素发生氧化反应，这一过程往往发生在第一反应区铁液表面和熔池上面空间。

（3）通过氧气流股把 ｛O_2｝ 分子直接送到铁液表面或者溶解在铁液中 ［O］$_{溶}$ 原子都会与铁液中占 95% 的 ［Fe］ 原子发生氧化反应，生成 （FeO） 或 （Fe_2O_3） （还有外加入的矿石、烧结矿等中的 FeO、Fe_2O_3）进入渣中，被氧气流股冲击凹坑排挤推向冲击坑之外的熔池液面。在该区域的渣-铁界面上，（FeO）、（Fe_2O_3）与铁液中各元素间接发生氧化反应，称该区域为第二反应区。

氧气流股通过以上三种方式向熔池传氧，与铁液中各元素发生直接或间接反应而被去除。

4.2.3.2　铁液中元素氧化反应

现代复吹转炉炼钢，如果铁液硫含量高或钢种的硫含量要求低时，常采用铁水预处理脱硫工艺将铁液硫含量降低。图 4-2 和图 4-3 分别为在 300t 复吹转炉中，采用预处理脱硫后的铁液进行单渣法吹炼，铁液中的元素含量和炉渣组元含量随吹炼时间的变化[9]；图 4-4 和图 4-5 分别为 100t 复吹转炉采用双渣法脱磷，铁液元素含量和炉渣组元含量随吹炼时间的变化。下面对铁液中元素的氧化还原行为进行分析。

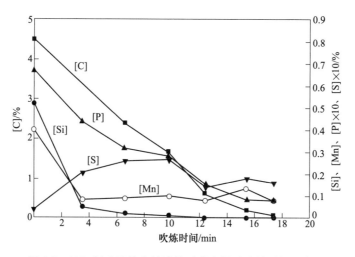

图 4-2 300t 复吹转炉中铁液的元素含量随吹炼时间的变化

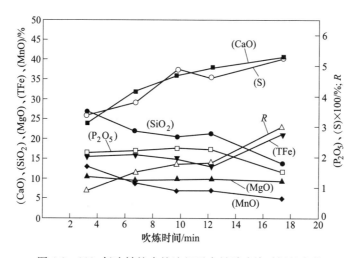

图 4-3 300t 复吹转炉中炉渣组元含量随吹炼时间的变化

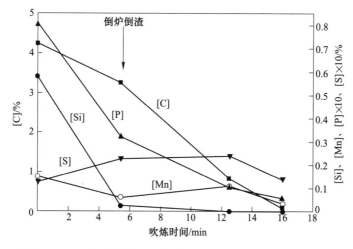

图 4-4 100t 复吹转炉双渣脱磷铁液元素含量随吹炼时间变化

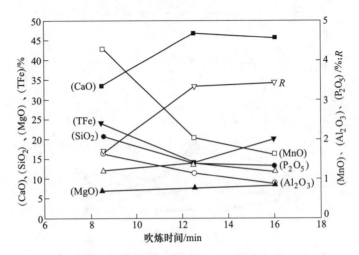

图 4-5　100t 复吹转炉双渣脱磷炉渣组元含量随吹炼时间变化

A　硅的氧化反应

铁液中硅元素极容易被氧化，它与氧发生直接或间接氧化反应：

$$[Si] + 2[O] \Longrightarrow (SiO_2) \qquad \Delta G^\ominus = -594285 + 229.76T$$

$$[Si] + \{O_2\} \Longrightarrow (SiO_2) \qquad \Delta G^\ominus = -821780 + 221.16T$$

$$[Si] + 2(FeO) \Longrightarrow (SiO_2) + 2[Fe] \qquad \Delta G^\ominus = -356000 + 130.47T$$

硅氧化反应比较完全，在转炉吹炼初期（5min 左右，该时间与铁液硅含量、转炉容量以及供氧强度有关）铁液中 [Si] 基本全被氧化去除。硅氧化反应是放热反应，对熔池升温作用仅次于 [C] 元素。硅氧化产物（SiO_2）呈现强酸性氧化物，进入渣中影响炉渣的物理化学性能（碱度、黏度、熔点等）。渣中（SiO_2）熔点 1700℃，并与渣中（CaO）结合形成熔点高达 2130℃ 的（$2CaO \cdot SiO_2$）化合物，其稳定于渣中不会发生还原反应。

B　锰的氧化还原反应

在吹炼初期，铁液中 [Mn] 也比较容易与氧发生氧化反应形成（MnO）进入渣中，其中部分（MnO）呈现游离状态。随着温度升高，到了吹炼中期，以铁液中的 [C] 元素氧化为主，渣中游离的（MnO）被钢液中 [C] 还原，[Mn] 元素又进入到钢液中；吹炼末期，当钢液中碳元素被氧化到较低含量（约 0.1% 以下）时，钢液中 [Mn] 再次被氧化，其氧化量由吹炼终点的碳含量高低决定。因此铁液中 [Mn] 元素在转炉冶炼全过程中发生化学反应，呈现：开始氧化→中期还原→末期再氧化过程；转炉熔池中的 [Mn] 含量呈现：高→低→高→低的变化，类似"马鞍"形状，故称为马鞍曲线。其氧化还原反应如下：

$$[Mn] + [O] \Longrightarrow (MnO) \qquad \Delta G^\ominus = -244316 + 106.84T$$

$$[Mn] + 1/2\{O_2\} \Longrightarrow (MnO) \qquad \Delta G^\ominus = -361495 + 111.63T$$

$$[Mn] + (FeO) \Longrightarrow (MnO) + [Fe] \qquad \Delta G^\ominus = -123307 + 56.48T$$

$$(MnO) + [C] \Longrightarrow [Mn] + \{CO\} \qquad \Delta G^\ominus = 221952 - 146.47T$$

由于冶炼中期渣中（MnO）能被熔池中 [C] 元素还原，产物 [Mn] 进入钢液中去。冶金工作者利用这一特点，向炉内加锰矿增加渣中（MnO）含量，被铁液中 [C] 还原的

[Mn] 进入钢液中，达到增加终点钢液残锰量的目的。

当转炉吹炼的供氧强度足够大时，在吹炼中期有足够的氧用于碳的氧化，炉渣中的 TFe 含量减少程度低，这一阶段锰的还原程度降低，如图 4-2 和图 4-3 所示。

C　磷的氧化反应

铁液中磷元素在冶炼初期的低温条件下也比较容易被氧化。其中 [P] 元素直接与 $\{O_2\}$ 反应生成极其不稳定的氧化物（P_2O_5）产物（甚至由于该产物不稳定，造成脱磷反应无法进行），为此，必须及时将不稳定的（P_2O_5）氧化物固化在渣中。即提前向炉内加入相当数量的石灰，尽早成渣，石灰中 CaO 溶解进入炉渣，能及时与（P_2O_5）结合生成极其稳定且高熔点的（$3CaO \cdot P_2O_5$）或者（$4CaO \cdot P_2O_5$）复合化合物。并且由于这些复合化合物的形成，降低了渣中（P_2O_5）的活度，可以促进脱磷反应不断地进行。磷的氧化反应如下：

$$2[P]+8(FeO)=\!=\!=(3FeO \cdot P_2O_5)+5[Fe] \qquad \Delta G^{\ominus}=-413575+245.46T$$

$$2[P]+8[O]+3[Fe]=\!=\!=(3FeO \cdot P_2O_5) \qquad \Delta G^{\ominus}=-1612177+595.47T$$

$$2[P]+5(FeO)+3(CaO)=\!=\!=(3CaO \cdot P_2O_5)+5[Fe] \qquad \Delta G^{\ominus}=-882150+374.40T$$

在冶炼初期的低温条件下，铁液中 [P] 有 50%~70% 被氧化成酸性的（P_2O_5）氧化物进入渣中，并与渣中强碱性（CaO）结合，形成高熔点稳定的（$3CaO \cdot P_2O_5$）化合物存在。除了渣中（CaO）之外，（P_2O_5）还能与渣中（MnO）、（FeO）等碱性氧化物结合形成过渡性复合化合物。随着渣中（CaO）含量增加，将取代（MnO）、（FeO）形成稳定的（$3CaO \cdot P_2O_5$）化合物存在于渣中。实践中所谓的提前造渣或留高碱度、高氧化性炉渣的目的，就是为吹炼初期脱磷反应做好准备。

吹炼中期开始，随着初期 [Si]、[Mn]、[P] 等元素氧化放热熔池温度升高，铁液中 [C] 元素大量被氧化，会抑制 [P] 元素氧化。理论计算，[C] 和 [P] 氧化还原反应达到平衡时的转化温度为 1365℃。即温度小于 1365℃ 时，[P] 元素优先氧化；温度大于 1365℃ 时，[C] 元素优先氧化，[P] 元素氧化反应被完全抑制。

吹炼后期，钢液中 [C] 含量被氧化到较低浓度（小于 0.1%）时，随熔池氧化性提高和由于后期温度提高石灰溶解使炉渣碱度增加，钢液中 [P] 又开始被氧化，但因熔池温度高其氧化量相对吹炼初期低很多。因此，应该利用吹炼初期低温的有利条件进行脱磷。

对于转炉炼钢，铁液初始 [P] 含量为 0.10% 左右时，若用单渣法，终点 [P] 含量可达到 0.01% 左右；采用单炉新双渣法或脱磷炉+脱碳炉的两炉法冶炼，终点 [P] 含量可达到 0.005% 左右。

D　碳的氧化反应

铁液中 [C] 含量高，从冶炼开始就被氧化。但是受到温度、其他成分等影响，在冶炼不同期间的氧化量大不相同。铁液 [C] 与氧发生的直接和间接氧化反应如下：

$$[C]+1/2\{O_2\}=\!=\!=\{CO\} \qquad \Delta G^{\ominus}=-136900-43.51T$$

$$[C]+[O]=\!=\!=\{CO\} \qquad \Delta G^{\ominus}=-22364-39.63T$$

$$[C]+(FeO)=\!=\!=\{CO\}+[Fe] \qquad \Delta G^{\ominus}=98799-90.176T$$

$$[C]+2[O]=\!=\!=\{CO_2\} \qquad \Delta G^{\ominus}=-184118+48.06T$$

上述碳与氧反应特点为：

（1）碳与氧的氧化反应贯穿吹炼过程。铁液初始［C］含量高达 4.5% 左右，在吹炼全过程的 15~16min 之内就被氧化仅剩 0.1% 以下。吹炼分初期、中期、后期三个阶段：初期（约 5min）脱碳量 1.0%~1.2%；中期（约 8min）脱碳量 3.0% 左右；后期（约 3min）脱碳量 0.5% 左右。由于碳与氧反应贯穿吹炼全过程，必然会影响铁液中其他元素的氧化反应，因此，控制碳与氧反应的外界影响因素（如温度、炉渣物理化学性质、供氧制度等），尽可能避免干扰其他元素的氧化反应。

（2）碳与氧反应生成 {CO} 气体及其作用。吹炼中期碳与氧反应速度快，短时间内产生大量 {CO} 气体从熔池内向外排放，对熔池起着强烈的搅拌作用，促进渣-钢界面反应；均匀成分和温度；排除钢中气体；促成泡沫渣和乳化渣形成，扩大反应界面。同时也容易引起喷溅发生。当［C］含量被氧化仅剩 0.05% 左右以下时，再继续氧化就会有 {CO_2} 气体生成，这是由于钢中［C］的扩散是碳氧化反应的限制环节，钢液中［O］含量过剩所造成的。

（3）碳与氧反应生成 {CO} 气泡的条件。碳与氧反应产生气泡新相界面需要很大能量，但在铁液中没有这个能量来源。经过试验研究得知，炉衬表面的坑凹、粗糙表面、细小缝隙以及块状未熔化的造渣剂缝隙均为现存的气泡萌芽地点；顶吹氧气流股冲击熔池搅拌铁（钢）液把氧气流股撕裂成进入熔池的小气泡、碳与氧反应形成的上浮过程的 {CO} 气泡、底吹气体进入铁液后在上升过程中的小气泡，均可成为碳与氧反应的大量现存的地点。氧气流股冲击熔池形成的第一反应区具备上述碳与氧反应现存地点，因此碳与氧直接反应多发生在第一反应区，间接反应一般发生在第二反应区渣钢界面有气泡存在的地点上。

E 脱硫反应

转炉吹炼过程处于强的氧化性气氛中，不利于脱硫反应进行（脱硫是还原反应）。但是实践证明，在转炉吹炼后期的高氧化性气氛条件下，仍然能脱掉一部分钢液中的硫。另外，钢液中少量的硫以气化脱硫反应生成 {SO_2} 气体形式被去除。脱硫反应方程式如下：

渣与钢间界面上反应：

$$［S］+（CaO）\!=\!=\!=（CaS）+［O］ \quad \Delta G^{\ominus}=23520-5.45T$$

$$［S］+（MnO）\!=\!=\!=（MnS）+［O］ \quad \Delta G^{\ominus}=31820-8.00T$$

气相-钢间反应：

$$［S］+2［O］\!=\!=\!=\{SO_2\} \quad \Delta G^{\ominus}=-226600+49.5T$$

尽管转炉内是强氧化性气氛，但是在吹炼后期熔池温度高，渣中（CaO）含量高以及（MnO）存在，都会促进渣-钢之间发生脱硫反应。炉渣氧化性强（TFe 含量高），不利于脱硫反应，但是它能加速石灰熔化，提高渣中（CaO）含量，促进脱硫反应进行。虽然只有在吹炼后期才能发生上述脱硫反应，但是脱硫率仍然不高，在硫含量较高时，脱硫率达 20%~30%；在硫含量较低时，保证不增硫就达到目的。因此，要冶炼低硫或超低硫钢时，必须把脱硫任务与其他元素氧化任务分开，一般脱硫反应通过强还原气氛下的铁水罐、鱼雷罐等设备进行预处理或炉外精炼设备 LF 炉等进行深脱硫。

对于采用脱硫预处理的铁液在转炉中冶炼，由于铁液的初始硫含量很低，这时转炉对这种低硫铁液已没有脱硫能力。如图 4-2 和图 4-4 所示，这两个图中的铁水硫含量分别为

0.004%和0.013%，在吹炼前12min，金属液中的硫含量一直增加，这是废钢带入的硫、脱硫预处理后铁液未扒尽的脱硫渣带入的硫以及其他造渣剂如石灰带入的硫进入到金属液造成的。到了吹炼后期，熔池温度升高、炉渣碱度增加后，金属液中的硫可以被去除一部分，使金属液的硫含量有所降低。到吹炼终点，对于深脱硫的铁水，由于铁水初始硫含量很低，钢液的硫含量高于铁水的初始硫含量；对于轻脱硫的铁水，钢液的硫含量与铁水的初始硫含量相近。

F 铁的氧化反应

铁液中[Fe]元素不是要去除的杂质，对氧的亲和力不如其他元素大，但是[Fe]元素在铁液中占95%左右的含量，因此[Fe]元素仍然被氧化，其氧化反应贯穿吹炼全过程。因受到其他元素氧化的影响以及外界因素的影响，吹炼各阶段[Fe]的氧化量不同。[Fe]元素直接或间接氧化以及氧化产物（FeO）、（Fe_2O_3）再去氧化其他元素的反应如下：

$$[Fe] + 1/2\{O_2\} \Longrightarrow (FeO)$$
$$[Fe] + [O] \Longrightarrow (FeO)$$
$$2(FeO) + [O] \Longrightarrow (Fe_2O_3)$$
$$x(FeO) + y[Me] \Longrightarrow (Me_yO_x) + [Fe]$$

式中，[Me]代表铁液中元素。

铁液中[Fe]元素被氧化生成（FeO）、（Fe_2O_3）产物，二者含量比（FeO）/（Fe_2O_3）=3/1左右，二者中铁的含量总和称为TFe含量。它表示炉渣氧化性的高低，对冶炼全过程起着重要作用。

（1）渣中（FeO）和（Fe_2O_3）帮助石灰熔化。转炉吹炼成渣快慢关键在于炉渣中含量高达50%左右、熔点达2700℃的石灰中的CaO溶解进入渣中。在炼钢温度（1300~1650℃）下，石灰中CaO很难熔化，只有靠助熔剂帮助形成熔渣。渣中（FeO）、（Fe_2O_3）与（CaO）结合能形成低熔点（1130~1420℃范围）的熔融状态化合物，帮助石灰熔化，增加渣中（CaO）含量，提高炉渣碱度。

（2）渣中（FeO）和（Fe_2O_3）作为载氧体间接地参加元素的氧化反应。上述铁液中的[Si]、[Mn]、[P]、[C]等元素与渣中（FeO）、（Fe_2O_3）都会在渣-钢界面发生氧化反应，也是（FeO）和（Fe_2O_3）被还原的反应。

（3）渣中过高的（FeO）、（Fe_2O_3）含量会引起大喷溅。当留下上一炉高温、高TFe含量的炉渣未固化时，兑铁水会发生爆炸式喷溅（喷溅多为铁液）；当冶炼前期长时间高枪位操作，且低温控制（废钢量大、外加铁矿石多等）时间长，炉渣中积累大量的（FeO）、（Fe_2O_3）。一旦温度上升达到铁液中[C]开始被大量氧化的温度时，瞬间发生"爆炸"性喷溅。

（4）渣中（FeO）、（Fe_2O_3）的其他不利影响。渣中（FeO）、（Fe_2O_3）含量过高，在冶炼过程中侵蚀炉衬（氧化炉衬砖中的碳）；过高（FeO）、（Fe_2O_3）含量的炉渣稀，不利于溅渣；渣中（FeO）、（Fe_2O_3）是铁的氧化产物，过高的（FeO）、（Fe_2O_3）含量会增加钢铁料消耗。

渣中（FeO）、（Fe_2O_3）含量的高低是由冶炼钢种的[C]、[P]含量决定的。在冶炼过程中，通过调整供氧强度、枪位高低等操作以及外加矿石等措施来控制。

4.2.3.3　一炉钢吹炼过程铁液中元素氧化规律

A　元素氧化规律及表示方法

a　元素氧化规律

铁液中 [C]、[Si]、[Mn]、[P]、[Fe] 等元素接触到 [O]、$\{O_2\}$、(FeO) 等氧化剂，都在争取氧而被氧化。根据各元素对氧亲和力大小、含量高低以及外界条件的影响（温度、炉渣物理化学性质、不同反应地点等）有关，元素依次被氧化的顺序称为元素氧化规律。

b　铁液中元素氧化规律表示方法

（1）在一定温度下铁液中元素的氧化反应平衡氧分压。若铁液元素氧化反应平衡的氧分压大时，表示该元素对氧亲和力小，相对不易被优先氧化；若氧分压小时，表示该元素对氧亲和力大，相对容易被优先氧化。图 4-6 是标准态下铁液中的元素氧化反应平衡时的氧分压与温度的关系，由图可知，在标准状态和炼钢温度下，铁液元素氧化反应平衡氧压 $p_{O_2,[i]}$ 大小排列如下：

$$p_{O_2,[\text{Ca}]} < p_{O_2,[\text{Mg}]} < p_{O_2,[\text{Al}]} < p_{O_2,[\text{Si}]} < p_{O_2,[\text{Nb}]} < p_{O_2,[\text{P}]\text{-}3\text{CaO}\cdot\text{P}_2\text{O}_5} <$$

$$p_{O_2,[\text{V}]} < p_{O_2,[\text{Cr}]} < p_{O_2,[\text{Mn}]} < p_{O_2,[\text{Fe}]}$$

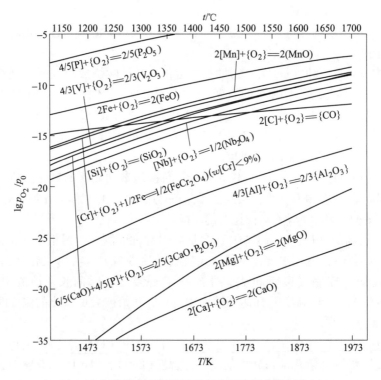

图 4-6　标准状态下铁液元素氧化反应平衡的氧分压

其中铁液中的碳元素氧化平衡的氧分压 $p_{O_2,[\text{C}]}$ 随温度变化的曲线，在炼钢温度下与 [Si、Nb、V、Cr、Mn] 元素以及氧化形成（3CaO · P_2O_5）产物的 [P] 元素的氧化反应平衡氧分压曲线相交，交点对应的温度即为标准状态下上述各元素 i 与碳元素的氧化还原转化温度 $T_{RO,C-i}$。在标准状态下，$T_{RO,C-P} = 1365℃$，$T_{RO,C-Nb} = 1440℃$，$T_{RO,C-V} = 1346℃$，$T_{RO,C-Si} = 1490℃$，$T_{RO,C-Cr} = 1260℃$，$T_{RO,C-Mn} = 1234℃$。因此，在标准状态下，当温度大于或小于 1365℃时，$p_{O_2,[C]}$ 小于或大于 $p_{O_2,[P]-3CaO·P_2O_5}$；温度大于或小于 1346℃时，$p_{O_2,[C]}$ 小于或大于 $p_{O_2,[V]}$；温度大于或小于 1234℃时，$p_{O_2,[C]}$ 小于或大于 $p_{O_2,[Mn]}$；温度大于或小于 1490℃时，$p_{O_2,[C]}$ 小于或大于 $p_{O_2,[Si]}$。上述列出的温度是铁液中的碳与相关元素氧化还原达平衡时的转化温度，是选择氧化还原反应的重要依据。值得注意的是上述的转化温度是标准状态下得到的转化温度，在实际的转炉吹炼过程中，氧化反应产物如（MnO）、（SiO_2）因其与其他氧化物反应形成（MnO·SiO_2）、（2CaO·SiO_2）复合化合物，降低了反应产物的活度，会使转化温度发生变化。另外，转化温度不仅与参与反应的元素本性有关，还与浓度或活度和气相压力（如果反应涉及气相）有关。因此，需要根据实际条件来计算确定。

（2）用标准吉布斯自由能大小表示。由热力学可知，铁液元素与氧气的反应标准吉布斯自由能与氧分压之间呈现 $\Delta_r G^{\ominus}_{[i]} = RT\ln p_{O_2,[i]}$ 的关系。实质上和用铁液元素氧化反应平衡的氧分压表示是同一衡量标准，但是用 $\Delta_r G^{\ominus}_{[i]}$ 表示还可以判断反应自发进行的方向及难易程度。在标准状态下，铁液中的元素氧化反应的标准吉布斯自由能与温度的关系如图 4-7 所示。

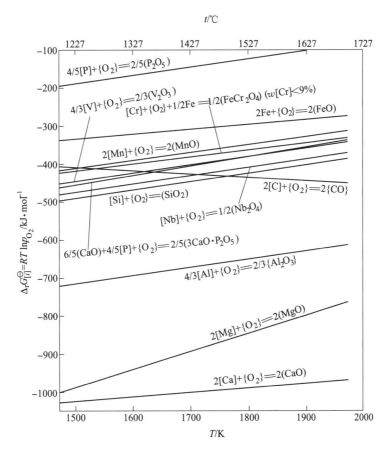

图 4-7 铁液中的元素氧化反应的标准吉布斯自由能与温度的关系

　　B　影响一炉钢冶炼过程元素氧化规律的因素

　　在实际冶炼过程中，熔池铁液中各元素及其氧化物并存，金属相、渣相（液、固相）、气相等为相互混合状态，且伴随升温过程。因此元素氧化顺序（规律）不仅受该元素本身具有的特性影响，还要受环境外界因素的影响。

　　(1) 温度的影响：不同温度下元素对氧亲和力大小发生变化。一般而言，大多数元素对氧亲和力随着温度升高而降低；碳元素随着温度升高对氧亲和力增加。表现在众所周知的氧势图中，大多数元素生成氧化物的标准吉布斯自由能随温度升高而增加，而碳元素生成一氧化碳的标准吉布斯自由能随温度升高而降低，两曲线相交的温度为两元素氧化还原反应达平衡时温度，称该两元素氧化还原转化温度。在吹炼过程中，通过控制吹炼温度，有目的地控制元素的氧化或还原反应。

　　(2) 元素含量的影响：在冶炼初期低于 1300℃ 以下温度，铁液中 [C]、[Fe] 元素对氧亲和力远小于 [Si]、[Mn]、[P] 等对氧的亲和力，不应该被氧化。但是铁液中 [C] 含量高达 4.5% 左右，是 [Si]、[Mn]、[P] 之和的 4~5 倍，铁液中 [Fe] 元素含量高达 95% 左右，因此吹炼刚开始，铁液中 [C]、[Fe] 就有部分被氧化，说明了元素含量高，更有机会夺取熔池中 [O]、{O₂}、(FeO) 等氧化剂而被氧化。

　　(3) 炉渣成分对元素氧化顺序的影响：吹炼初期低温条件下，[Si]、[Mn]、[P] 很快被氧化成氧化物 (SiO₂)、(MnO)、(P₂O₅) 进入渣中。其中 (SiO₂) 和 (P₂O₅) 立刻能与渣中 (CaO) 结合成高熔点化合物稳定在渣中，降低了渣中 (SiO₂) 和 (P₂O₅) 的活度，有利于 [Si]、[P] 继续氧化。而 [Mn] 氧化形成 (MnO) 进入渣中呈现游离状态。随着温度升高进入吹炼中期，此时 [Mn] 元素不但不被氧化，还有可能使被氧化进入渣中呈游离状态的 (MnO) 被碳还原。

　　(4) 体系气相压力的影响：体系气相压力大小（如采取抽真空）、底吹惰性气体等都会影响某些元素的气相反应产物在气相中分压变化，对于 [C]、[H]、[N] 等元素形成气体产物的化学反应，气相压力降低，将促进反应向形成气体产物的方向进行。

　　C　元素氧化规律在冶炼过程中的应用

　　a　在吹炼过程中的应用

　　根据铁液中五种元素 [C]、[Si]、[Mn]、[P]、[S] 的氧化还原规律，采取相应操作工艺参数（控制温度变化、提前造好炉渣、合理的供氧制度等），将吹炼全过程分为三个阶段：吹炼初期、吹炼中期、吹炼后期。每一个阶段分别完成不同的任务。

　　(1) 吹炼初期低温条件的应用：吹炼初期铁液温度低，有利于铁液中 [Si]、[Mn]、[P] 的氧化反应进行。因此在向熔池装料时加入一定数量冷却剂，控制熔池升温过快，甚至采取低的供氧强度延长低温时间，为 [P] 氧化去除创造条件。同时，为了快速造渣加快石灰熔化，往往采用高枪位操作以及外加矿石等措施提高渣中 TFe 含量，帮助石灰熔化增加渣中 (CaO) 含量（包括留渣操作），为脱磷反应创造有利条件。低温条件下可避免 [C] 过多氧化，为中、后期熔池升温保留发热元素即热源。一般吹炼初期温度控制在 1350℃ 左右。初期阶段控制在 5min 左右，脱磷率可达 50% 左右；若延长至 7~8min，脱磷率可达 70% 以上。

　　吹炼初期的主要任务是将 [Si]、[Mn] 氧化和脱 [P]（又称硅、锰、磷氧化期），尤其要利用吹炼初期的低温强化脱 [P]。因此合理制定各项操作工艺参数都是为了创造最佳的脱磷条件。特别是冶炼中、高碳钢种时，为了能够在吹炼终点以较高的终点碳含量出钢，减少增碳剂的消耗量，更应充分利用吹炼前期的低温有利条件或通过适当减少供氧强度来延长吹炼前期的低温条件来充分脱磷。

（2）吹炼中期温度升高的应用：随着 [Si]、[Mn]、[P] 等元素氧化放热使熔池升温。当熔池温度大于 1400℃ 时，铁液中以 [C] 氧化为主，其他元素氧化受到抑制。由于脱 [C] 速度快，渣中 (MnO)、(FeO) 等被还原。于是炼钢工作者采取向熔池加锰矿直接合金化。冶炼中期主要任务是快速降 [C]，需要适当加大供氧强度。

（3）吹炼后期应用：随着钢液中 [C] 含量从 0.5% 左右开始降低时，若冶炼中、高碳钢种，采用"高拉碳"法或"高拉补吹"法将终点 [C] 控制在 0.1% 以上，就可确保钢中 [Mn] 不被二次氧化，节约锰合金。若冶炼低碳或超低碳钢种时，采用"一吹到底"的过吹法，将钢液中 [C] 降至 0.05% 左右的低含量时，[C] 在钢液中扩散速度大大下降，使得脱碳反应速度下降，炉渣中 TFe、(CaO) 含量增高，均有利脱磷反应进行。如冶炼 IF 钢、X70、X80 等超低碳钢种，终点 [P] 含量可降低至 0.005% 以下。

b　元素选择性氧化的应用

在冶炼过程中，控制铁液中 [C] 与铁液中其他元素 [Mn]、[P]、[V]、[Ni]、[Ti]、[Cr] 等在升温过程中的各氧化还原反应达平衡时转化温度节点，有目的地选择某元素氧化或者还原反应。

（1）脱 [P] 保 [C]：经过计算，脱 [P] 和脱 [C] 的氧化还原反应达平衡时的转化温度在 1350℃。冶炼实践表明在吹炼初期将温度控制在不大于 1350℃ 左右，可促进脱磷反应，脱磷效果明显。尤其是冶炼超低磷钢种，目前采用单炉新双渣法或者脱磷炉+脱碳炉的两炉法，都把冶炼初期或者脱磷炉里的熔池温度控制在 1320~1350℃ 范围，其脱磷率可达 70% 以上。将温度控制在转化温度以下的低温区，避免或减少 [C] 的氧化，为中、后期保留了升温热源，一般可保留 [C] 含量在 3.5% 左右。

（2）提 [V] 保 [C]：钒是贵金属，大多从钒渣（V_2O_5）中提取钒金属。经过计算，转炉冶炼提钒和脱碳二者氧化还原反应达平衡时转化温度在 1360℃。因此在冶炼初期熔池温度控制在不大于 1360℃，促使 [V] 氧化进入渣中（然后将钒渣倒出为进一步提取金属钒做准备）。同时，冶炼初期温度控制在转化温度以下，避免或减少 [C] 的氧化，一般可保留 [C] 含量在 3.5% 左右。

（3）脱 [C] 保 [Cr]：冶炼不锈钢时，确保铁液中 [Cr] 不被氧化，经过计算，转炉冶炼将控制脱 [C] 和脱 [Cr] 氧化还原反应达平衡时的转化温度为 1450℃ 以上，优先让 [C] 氧化而抑制 [Cr] 的氧化反应进行，就可以达到脱 [C] 保 [Cr] 的目的。

与上述类似，提 [Ti] 保 [C]、提 [Ni] 保 [C]、脱 [C] 保 [P] 等选择性氧化还原反应，都是应用 [C] 与这些元素在氧化顺序规律不同，通过控制温度以及冶炼工艺参数来实现有目的地进行选择性氧化反应。

（4）脱氧合金化工艺的应用：利用各元素对氧亲和力不同，在脱氧温度下，选择加入对氧亲和力大的脱氧元素，把钢液中 [O]、炉渣的 (FeO) 等脱掉达到钢种要求的含量。

（5）转炉衬砖以 MgO 为主原料的应用：转炉衬砖主原料 85% 是 MgO，因为镁对氧的亲和力大，大于熔池其他元素对氧亲和力，且熔点高达 2800℃。在炼钢温度和熔池中

[C]、[Si]、[Mn]、[P]、[Fe] 等元素相接触时，衬砖中 MgO 不会被还原而破坏，保护炉衬。

转炉熔池铁液五种元素 [C]、[Si]、[Mn]、[P]、[S] 中，前四个元素是属于对氧亲和力大的，容易被氧化去除；而 [S] 元素去除是属于还原反应。转炉冶炼顶吹氧气使熔池内形成极强的氧化气氛，有利于铁液中 [C]、[Si]、[Mn]、[P] 等元素氧化反应进行；不利于脱硫反应进行。解决这一矛盾，只有把在一个体系里两种不同的化学反应分别置于不同设备里，分别在营造的氧化性或还原性气氛里进行。于是就开发研究出铁水罐、鱼雷罐等设备承担还原脱硫任务，称铁水预脱硫处理。实践证明铁水罐预脱硫效果很好，一般脱硫率可达 98% 左右。

经过脱硫后的铁液中剩下的 [C]、[Si]、[Mn]、[P] 元素仍然留在氧化性强的转炉熔池中进行氧化反应去除。为了避免或减少脱 [C] 反应干扰影响 [Si]、[Mn]、[P] 的氧化反应进行，于是就开发研究出在同一转炉里，按照元素先、后氧化顺序，把冶炼全过程分为前、后两阶段，分别承担不同的冶炼任务：前期主要承担脱 [Si]、[Mn]、[P] 任务；后期主要承担脱 [C] 和升温任务。采用优化冶炼工艺参数和双渣法工艺的单炉新双渣法或者把前、后两阶段分开在两座转炉里分别完成，即前阶段任务在脱磷炉里完成，后阶段任务在脱碳炉里完成，这种彻底避免相互干扰的冶炼工艺（脱磷炉+脱碳炉）终点脱磷率可达 95% 左右，能够顺利地、大批量稳定生产优质钢。

4.2.4　装入制度

装入制度是为了确定转炉合适的装入量和铁水比。氧气转炉吹炼时铁水中化学元素 [C]、[Si]、[Mn] 等氧化会放出大量热量，需要加入一定数量的冷却剂吸收富余热量，将钢水温度控制在合适的水平。实践证明，废钢是最好的冷却剂，通过调整加入废钢量可以准确控制熔池温度，同时提高产钢量。

装入量是指生产一炉钢装入的铁水和废钢重量。转炉在设计时根据生产能力确定转炉公称容量，根据公称容量和金属收得率，可以确定总的装入量，再根据铁水比计算出铁水和废钢装入量。

铁水比是指铁水占总装入量的比例，主要根据热平衡计算确定。影响铁水比的因素有铁水温度、成分、转炉炉况、炉龄、冶炼钢种等。通常铁水比在 75%~100% 之间波动。

转炉传统生产常见的装入制度有定量装入制度、分阶段定量装入制度和定深度装入制度。

（1）定量装入是指在整个转炉炉役期内，每炉装入量保持不变。优点是便于组织生产、稳定操作和实现自动控制，适合大型转炉使用。缺点是熔池深度不能保持稳定，在生产中随着炉内耐火材料的熔损，转炉炉膛会逐渐变大，导致炉役后期熔池变浅，操作人员需要定期改变氧枪枪位控制。随着国内外大型转炉的普及，定量装入制度得到了越来越广泛的应用。

（2）分阶段定量装入是指把一个炉役期，按照炉膛容积扩大程度划分为几个阶段，分阶段采用不同的定量装入量。优点是适应性强，既保持了熔池深度的稳定，又保持了装入量的相对稳定，适合中小型转炉使用。目前我国中、小型转炉炼钢厂普遍采用这种装入制度，这也是生产中最常见的装入制度。

（3）定深度装入是指在整个转炉炉役期内，保持每炉金属熔池的深度不变。优点是可以保持氧枪枪位和供氧强度稳定，防止氧气射流冲击炉底，减少转炉喷溅。缺点是装入量和出钢量波动大，难以保持生产节奏的稳定，使得生产组织困难，目前已很少使用。

A　确定装入量的原则

（1）炉容比：指转炉炉内自由空间容积（标态）与出钢量之比，单位为 m^3/t。它主要受铁水成分、供氧强度、氧枪喷头结构等因素影响，通常在 $0.75 \sim 1.1 m^3/t$ 之间波动。确定合适的炉容比需要在防止喷溅和提高生产率两方面做出权衡取舍，以 $0.85 \sim 1.0 m^3/t$ 为宜，新建转炉设计取 $0.9 \sim 1.0 m^3/t$。

（2）熔池深度：熔池深度指装入铁水废钢后，炉内金属熔池液面与炉底中心的距离，其值应该大于顶吹氧枪氧气射流对熔池的最大穿透深度。而氧枪的穿透深度一般通过相关公式计算得出。

（3）铁水比的确定原则：决定铁水比的主要因素有热量、设备、铁水和废钢供应、钢种、铁水条件和操作等。可以根据物料的热平衡原理，按照入炉铁水成分和温度，把冷却剂（如球团矿）的加入量当作固定值，把铁水、废钢作为未知数进行计算。为了操作方便，可以根据转炉热平衡和实际生产条件，设置标准铁水比，由操作人员根据实际状况进行动态修正。如某厂 250t 转炉，首先根据生产实际确定铁水比，称为标准铁水比，如表 4-2 所示。

表 4-2　标准铁水比参数

标准铁水比 $HMR_{标准}$/%	铁水[Si]/%	铁水温度/℃	吹炼终点[C]/%	终点温度/℃
85	0.45	1280	0.05	1655

操作人员可以根据实际铁水条件，通过公式计算出一个铁水比，称为实际铁水比。

$$HMR = HMR_{标准} + 0.05(T - 1655) + 10(0.45 - [Si]) \qquad (4-1)$$

式中，HMR 为实际铁水比，%；$HMR_{标准}$ 为标准铁水比，%；$[Si]$ 为实际铁水硅含量，%；T 为所炼钢种终点温度，℃。

B　装入顺序

目前的转炉装入顺序有先兑铁水后装废钢和先装废钢后兑铁水两种方式。先兑铁水后装废钢可以避免加入废钢时对转炉装料侧炉衬的机械撞击，但是在兑铁后加入废钢可能造成喷溅或者较大的烟尘，在除尘能力不是足够的情况下，可能造成烟气外溢，影响环保；先装废钢后兑铁水可以有效防止铁水喷溅，但是加入废钢时会撞击转炉炉衬，损坏装料侧炉衬的耐火砖。为了减轻废钢加入时对炉衬的冲击，在废钢槽装废钢时，应按废钢尺寸和种类有序吊装，防止兑入铁水时部分废钢在炉内漂浮，影响氧枪下枪顺利点火，既保证入炉顺利，又不损害炉衬，减少对炉衬冲击区的损伤。

从 20 世纪末，在我国炼钢转炉全部应用溅渣护炉技术以后，复吹转炉炉衬寿命大幅度提高，从平均 800 炉水平提高到 10000 ~ 30000 炉，即便到炉役中后期，炉衬厚度仍然保持在 400 ~ 500mm，炉型仍保持良好。这是因为采用溅渣护炉以后，冶炼过程是在溅渣层上炼钢，因此炉衬近似零侵蚀。国内很多钢厂，在整个炉役期间转炉熔池体积基本上保持不变。为此，整个炉役期间装入量、熔池深度基本上保持不变，为复吹转炉生产组织和稳定操控以及实现自动化控制起着很重要的作用。

4.2.5 造渣制度

造渣是转炉冶炼的一项重要工艺操作。造渣制度包括确定合适的造渣方式、造渣料的种类、数量和加入时间等。转炉吹炼时尽快形成高碱度的炉渣可以保护炉衬，提高脱磷、脱硫效率，避免喷溅，减少金属损失。快速成渣是转炉造渣制度的核心问题，要求石灰能够迅速熔化，形成具有一定碱度、有良好流动性的炉渣。在氧气射流作用下尽快形成泡沫渣可以增大反应界面，加快炉内化学反应速度。

4.2.5.1 造渣材料

转炉加入的渣料主要指石灰、轻烧白云石、石灰石以及化渣用的萤石和铁矿石、烧结矿、氧化铁皮、铁矾土等，其加入量与铁水成分和炉渣碱度及冶炼钢种相关。

（1）石灰：石灰是转炉炼钢主要的造渣料，主要成分是 CaO，由石灰石煅烧而成，主要用于脱磷、脱硫。石灰加入量主要根据铁水中［Si］含量和炉渣碱度确定。

石灰质量好坏对脱磷效率、钢水质量、炉渣碱度、炉衬寿命有重要影响。一般要求石灰化学成分：$w(CaO) \geqslant 85\%$，$w(SiO_2) \leqslant 2.5\%$，$w(S) \leqslant 0.02\%$，活性度不小于 300mL；石灰物理性能要求：比表面积不小于 $1.5m^2/g$，晶粒度 $1 \sim 3\mu m$，体积密度不大于 1.80g/cm^3，粒度 5~50mm，新鲜、干净、干燥。

（2）白云石：生白云石主要成分是 $CaCO_3 \cdot MgCO_3$；大多数钢厂采用经过焙烧的白云石，称为轻烧白云石，主要成分是 CaO 和 MgO。目前国内转炉普遍使用镁碳砖作为炉衬工作层的耐火材料，镁碳砖主要成分是 MgO 和 C。采用白云石造渣可以增加炉渣中的（MgO）含量，有利于吹炼前期化渣，推迟在石灰表面形成难熔的（$2CaO \cdot SiO_2$）外壳，有效减轻炉渣对炉衬的侵蚀，提高炉衬寿命。白云石加入量根据炉渣要求的 $w(MgO)$ 确定，炉渣中的 $w(MgO)$ 一般控制在 6%~10%。对轻烧白云石化学成分要求：$w(MgO) \geqslant 35\%$，$w(SiO_2) \leqslant 2\%$，$w(S) \leqslant 0.02\%$；物理性能要求：粒度 5~50mm，干净、干燥、杂质含量小于 5%。目前，国内一些钢厂为了降成本，采用生白云石替代轻烧白云石造渣，不影响冶炼效果。对生白云石化学成分要求：$w(MgO) \geqslant 20\%$，$w(SiO_2) \leqslant 2.0\%$，$w(S) \leqslant 0.02\%$；物理性能要求：粒度 5~30mm，干净、干燥、无泥土废石等杂物。

（3）萤石：氧气转炉吹炼时间短，为了提高化渣速度，需要加入助熔剂化渣。萤石是转炉化渣常用的助熔剂和化渣剂，其主要成分是 CaF_2，熔点约为 1400℃。萤石具有化渣速度快、效果明显的特点。它能显著降低转炉渣中难熔的（$2CaO \cdot SiO_2$）的熔点，降低炉渣的熔化温度和黏度，改善炉渣流动性。但大量使用萤石会侵蚀炉衬，污染环境，因此萤石用量应小于4kg/t，一般控制在 1~3kg/t。

对萤石的化学成分要求：$w(CaF_2) \geqslant 85\%$，$w(SiO_2) \leqslant 14.3\%$，$w(S) \leqslant 0.15\%$，$w(P) \leqslant 0.06\%$；物理性能要求：粒度 5~50mm，干净、干燥、无泥土废石等杂物。

目前，为了保护环境我国转炉已不用萤石造渣。

（4）石灰石。石灰石是用于炼钢造渣用的煅烧石灰的原料，以 $CaCO_3$ 为主要成分，占94%~99%，其分解温度为 898~910℃。石灰石的化学成分和晶体结构影响其煅烧温度和石灰的活性度。

曾于 20 世纪 70~80 年代，由于缺少废钢和石灰用量增大，国内外一些钢厂直接把石灰石加入转炉（或平炉）里造渣和作为冷却剂应用。近几年来，国内一些钢厂又采用石灰石替代部分石灰直接加入转炉里造渣炼钢，取得了比较好的效果。直接用于转炉炼钢造渣用的石灰石块度一般小于 30mm，干净、干燥。利用转炉初期温度 1250℃左右，迫使石灰石的主要成分 $CaCO_3$ 快速分解成初期活性度高的石灰即时参与造渣反应，有利于快速成渣。

（5）其他化渣剂：由于萤石中含氟，对环境造成一定污染，因此转炉已经取消萤石加入，改为加入其他造渣剂。这些造渣剂基本分成三个大的类别，一是铁矾土系列，二是锰矿系列，三是铁矿系列。铁矾土化渣效果较好，在加入时需要控制喷溅。锰矿系列化渣剂能提高残锰量，但对复吹转炉操作尤其是钢水温度控制和渣氧化性控制有严格要求。铁矿系列化渣好，但要注意控制喷溅和温降过快。

4.2.5.2 成渣过程

顶底复吹转炉生产吹炼时间很短，一般只有十几分钟，在这段时间要完成化渣、脱磷、脱硫、脱碳、熔化废钢、升温等多种任务。因此，在开始吹炼后尽快造好炉渣是转炉吹炼的关键。在转炉吹炼的各个阶段都需要炉渣具有合适的碱度、合适的氧化性、较好的流动性和适度的泡沫化。吹炼初期，需要炉渣具有较高的氧化性，TFe 含量控制在 15%~25%，加快石灰熔化，提高炉渣碱度，可以提高脱磷、脱硫率，避免铁水中［Si］氧化形成的酸性炉渣侵蚀炉衬；吹炼中期，碳氧反应剧烈，炉渣中的 TFe 被大量消耗，容易造成炉渣返干。为防止炉渣氧化性过低，炉渣中 TFe 含量控制在 10%~15%；吹炼末期，要避免炉渣过氧化，保证炉渣具有高碱度和达到饱和（MgO）含量，提高炉渣黏度，保证溅渣护炉效果。

4.2.5.3 石灰熔化机理分析

从冶炼成渣过程可知，石灰熔化快慢是冶炼过程成渣速度的主要影响因素。石灰是加入造渣材料中数量最多的，终渣（CaO）含量占终渣成分一半以上。但是 CaO 熔点高、难熔化，仅依靠熔池温度不能熔化石灰的。

众所周知，石灰主要依靠与炉渣中（FeO）、（Fe_2O_3）、（MnO）等氧化物发生化学反应形成低熔点化合物熔体而被逐渐熔化进入炉渣，石灰熔化分三步：

（1）首先炉渣向石灰表面扩散然后由石灰表面向内部的气孔、裂纹、孔洞渗透；

（2）炉渣中的组元与石灰中的 CaO 发生化学反应，形成低熔点的化合物熔体，如铁酸钙系列化合物，其熔点在 1130~1420℃范围；形成高熔点化合物，如（$2CaO \cdot SiO_2$）化合物，熔点在 2130℃；

（3）形成的低熔点化合物熔体与石灰本体分离进入炉渣中。

炉渣中（FeO）、（Fe_2O_3）、（MnO）等氧化物是帮助石灰熔化的外部因素，其离子半径小，渗透能力强，并且与（CaO）能够形成低熔点化合物熔体。由此可知，加矿石、烧结矿等以及采取软吹操作工艺，是提高渣中 TFe 的含量、加速石灰快速熔化的必要措施。特别是在炉渣返干期，增加渣中（FeO）、（Fe_2O_3）等不仅帮助石灰熔化，而且还能够把石灰表面形成的（$2CaO \cdot SiO_2$）外壳破坏、使其疏松直到熔化。上述化学反应速度快慢，关键在石灰本身具有的气孔、裂纹、孔洞多少及活性度大小，为其他氧化物渗透创造条件。综上所述，石灰熔化过程是炉渣不间断地向石灰表面层渗透、反应、移出，不间断地使表面层剥落进入炉渣中。并且上述过程是反复进行，直到石灰全部熔化进入炉渣。

4.2.5.4　石灰石分解熔化机理及其加入量影响因素

近年来，为了降成本，减少外排 CO_2 气体量，很多钢厂采用石灰石取代部分石灰进行造渣工艺，其机理与石灰熔化截然不同。

A　石灰石分解熔化机理

（1）石灰石在转炉内急剧升温发生爆裂分解反应。投入转炉里的石灰石在 1250℃ 左右的温度（远超过石灰石煅烧温度 900~1100℃）下的分解反应的分解压 p_{CO_2} 是 1000℃ 时的 5 倍[10] 左右。分解压力高，标志分解反应速度快，相对在短时间内集中释放大量 CO_2 气体，周围又没有任何物质相互挤压阻碍（在石灰窑里的石灰石经历缓慢预热→升温煅烧分解→石灰缓慢冷却过程，在此过程中石灰石块或石灰块周围相互挤压），必然引起石灰石爆裂分解成许多小块石灰或者石灰石。

（2）爆裂成小块或颗粒状石灰更容易熔化成渣，爆裂成小块石灰石更容易吸热升温发生上述分解过程，最终得到分散在渣中的小块或者颗粒状的石灰。小块或者颗粒状的石灰比表面积大，更有利于大量炉渣渗透、化学反应、移出过程，提高石灰成渣速度。

（3）投入转炉里的石灰石快速分解得到初生活性度高的石灰。文献［10］介绍，石灰石在高温下煅烧分解出初生石灰具有气孔率高、晶粒小、晶格畸变、比表面积大及活性度高的特性。但是，随着煅烧停留时间延长，初生石灰的活性度有所下降，如图 4-8[11] 所示。其原因是煅烧时间延长期间，畸变晶格得到恢复，晶粒发育长大，气孔率下降等。

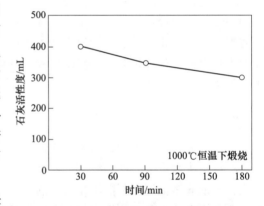

图 4-8　石灰活性与煅烧时间的关系

但是，投入转炉里的石灰石在高温下快速分解出初生高活性度的石灰，并即时与炉渣发生物理、化学反应（渗透、化学反应、移出），有利于石灰快速熔化成渣（避免了在石灰窑里长时间煅烧，并经过运输、储存等环节石灰活性度下降的不足），并即时参加各种化学反应。

综上所述，石灰石在转炉里迅速地由大块变成小块，最终得到分散在渣中的小块或颗粒状石灰，并且还具备初生活性度高的特点，因此有利于石灰快速熔化成渣。

B　影响石灰石加入量的因素

目前，转炉冶炼常用的冷却剂主要是废钢。但是，向转炉里加入矿石、烧结矿、氧化铁皮、烟尘污泥球、轻烧白云石、石灰、石灰石等造渣剂除了具有造渣功能外，还有不同程度的冷却作用。其中加入转炉里的石灰石能够快速分解出活性度高的初生石灰，具有快速成渣的优点，并且节约石灰窑里煅烧石灰的能耗，减少 CO_2 排放污染环境。但是，在转炉有限的富余热量条件下，石灰石的加入量应该考虑如下因素：

（1）石灰石冷却效果强，影响熔池温度制度。将废钢冷却效果设定为1，其他的造渣剂的冷却效果如表4-3[12]所示。

表4-3 石灰石、造渣剂、废钢的冷却效果比较

造渣剂、废钢	废钢	石灰	石灰石	铁矿石	轻烧白云石
与废钢冷却效果比较	1	1	4.25	4.0~4.5	1
加入1%熔池温降值/℃	8.5~9.5	9.0	34~35	35~40	9.0

注：轻烧镁球的冷却效果与石灰相同，烧结矿、烟尘污泥球的冷却效果与铁矿石大致相同。

从表4-3中看出，不同物质的冷却效果差别很大，石灰石和铁矿石的冷却效果最大，是石灰、轻烧白云石、轻烧镁球以及废钢的4倍多。其中石灰石加入量远大于铁矿石，若过多加入石灰石会对炉内温度制度有很大的影响，同时也影响石灰、轻烧白云石、轻烧镁球等造渣剂以及废钢的合理加入量。并且石灰石应该分批少量加入，因为石灰石冷却效果大，若集中大量加入渣中会成堆，造成周围炉渣过冷（半凝固状态），会将石灰石包裹起来形成渣坨或称"冰山"，一是影响成渣速度；二是渣坨吸收热量后从内部爆裂分解{CO_2}气体，集中释放出来容易造成喷溅发生。

（2）石灰石冷却效果强，影响其他造渣剂、废钢的合理加入量。冶炼过程不仅仅需要加入石灰（或石灰石），还需要加入其他一定量的造渣剂以及废钢，它们的作用分别为：加入含铁的氧化物如铁矿石、氧化铁皮、烧结矿、烟尘污泥球等之类的造渣剂，具有化渣造渣作用，特别是帮助石灰熔化，并且直接被还原成铁，节约高炉能耗生产的铁水，但冷却效果大；加入轻烧白云石或轻烧镁球具有化渣和保护炉衬作用，其冷却效果低；同样的加入量，石灰提高炉渣碱度是石灰石的两倍多，石灰冷却效果小；加废钢熔化直接炼成钢，降低钢铁料消耗，其冷却效果小。如果因石灰石加入过多，影响熔池温度上升，则影响其他造渣剂的合理加入量，会对转炉吹炼顺行带来严重影响。

综上所述，各种造渣剂、冷却剂的冷却效果差别很大，在吹炼过程中对造渣、化学反应等所起的作用也不相同。因此，在有限的富余热量条件下，应综合考虑在保证转炉吹炼顺行、降低成本、减少环境污染的基础上，准确计算各种造渣剂、冷却剂的合理加入量。尽管采用石灰石造渣比石灰有一些优点，但是其分解吸热量太大，以及无法替代其他造渣剂的作用，因此石灰石加入量是有限度的，即只能取代部分石灰。

4.2.5.5 喷溅控制

喷溅指在转炉吹炼过程中，有时发生大量炉渣和金属液体从炉口以很大速度喷出的一种现象，喷溅会造成大量热量、渣料和金属料损失，引起氧枪黏渣、烧枪，转炉炉口结渣，增加生产劳动强度，使钢水温度和成分难以控制，在生产中应尽量避免。

产生喷溅的主要原因是枪位、熔池温度、加料时机掌握不当，造成渣中TFe富积，与金属液中的［C］快速反应瞬间产生大量的{CO}气体释放，以巨大的推力将金属和炉渣从炉口带出，造成喷溅。在正常吹炼情况下，金属液中的碳和氧均衡反应，生成{CO}气体均匀排出，不会产生喷溅。但是由于碳的氧化反应对炉渣中TFe含量和熔池温度变化非常敏感，一旦出现熔池温度急剧降低或者炉渣"返干"，就会引起喷溅。喷溅可以分为爆发性喷溅、金属喷溅和泡沫喷溅三种。

在操作中防止喷溅的基本措施是：控制好熔池温度，前期避免过低，中后期避免过高；确保碳氧反应均衡进行，避免强烈冷却熔池，消除爆发式碳氧反应；控制好炉渣中 TFe 含量，使渣中 TFe 不出现大量聚集现象，防止炉渣过分发泡或引发爆发性的 [C]-[O] 反应；在吹炼中期 [C]-[O] 反应剧烈进行时，注意控制渣中 TFe，以免炉渣出现"返干"，造成金属喷溅。

4.2.5.6　造渣方法

主要根据铁水成分和所炼钢种确定造渣方法。常见的造渣方法有单渣法、双渣法和双渣留渣法。

（1）单渣法。在吹炼过程中只造一次渣，中途不倒渣，至吹炼结束出完钢水后，再倒渣；适用于入炉铁水 [Si]、[Mn]、[P]、[S] 含量较低，所炼钢种 [P]、[S] 含量范围较宽的情形；具有操作简单、冶炼时间短、劳动强度低的优点，便于实现计算机自动控制。

（2）双渣法。在入炉铁水 [Si]、[Mn]、[P] 含量高、铁水温度高或冶炼低磷钢时，采用在吹炼过程中需要倒出 1/2~2/3 的前期炉渣，然后再加入造渣料重新造渣，至出钢完后再倒渣的方法。它的优点是脱磷、脱硫效果好，消除铁水温度过高或转炉温度富余时高温钢水对炉衬的侵蚀，避免渣量过大引起喷溅。双渣法操作的关键是确定合适的倒渣时机。在铁水中 [Si]、[Mn] 氧化完毕，[P] 氧化大部分，前期炉渣已经化好，渣中磷含量高、铁含量低的时候倒出部分炉渣，可以实现降低熔池温度、脱除铁水中大部分磷、降低铁损的目的。

（3）双渣留渣法。在双渣法的基础上，采取将上一炉冶炼终点的高碱度、高氧化性的炉渣留下一部分为下一炉钢吹炼前期快速化渣的造渣方法。该造渣方法是为了提高冶炼前期脱磷效率，在冶炼低 [P] 和超低 [P] 钢种时采用的方法。

为了提高脱磷效率，并适应 [P] 含量较高的铁水冶炼，降低生产成本，特别是稳定、大批量生产低 [P]、超低 [P] 钢种，目前国内很多钢厂开展了冶炼前期深脱磷的优化工艺参数以及留部分终渣或留全部终渣等方面的研究。实践证明，采用单炉新双渣法或者脱磷炉+脱碳炉两炉法以及留渣造渣工艺后，冶炼前期或者冶炼终点脱磷率均得到很大的提高，成本却大幅度下降。

4.2.6　温度制度

温度制度主要指转炉吹炼终点目标温度的确定和过程温度的控制。

4.2.6.1　目标温度的确定

根据冶炼钢种、入炉铁水温度及成分、加入冷却剂、造渣剂等进行一炉钢冶炼终点热平衡计算，在此基础上再考虑出钢及出钢后的各个生产工序（包括 LF 炉的升温）、设备等温降因素确定合适的目标温度。

（1）冶炼钢种差异。由于转炉冶炼钢种种类繁多，不同钢种要求的出钢温度也不同。钢种不同，化学元素含量不同，其液相线温度和中间包钢水过热度也不同。

（2）各种生产设备造成的温降。包括转炉炉龄、转炉空炉时间、出钢时间、钢包状况、转炉是否是新砌炉、钢包回转台上额外等待时间、连铸机中间包冷热状况、连铸机额外浇铸时间等。

（3）钢水从出钢开始到连铸机浇铸各个阶段的温降。包括中间包内钢水过热度、钢液从钢包至中间包过程温降、二次精炼至钢包回转台间运输温降、二次精炼过程温降和LF炉精炼升温、二次精炼和转炉间运输温降、出钢过程降温等。

4.2.6.2 过程温度的控制

过程温度控制主要是在合适时间加入需要量的冷却剂，以控制好合适的升温速度，为直接命中目标温度提供保证。废钢在开吹前加入，铁矿石和氧化铁皮在吹炼过程中为了冷却熔池或者化渣作用而加入，可以同时考虑降温和化渣情况确定加入时间，以小批量多次加入，灵活操作。

冷却剂的加入量需要考虑铁水温度、[Si]含量、[Mn]含量、所炼钢种目标温度、炉衬状况、空炉时间和出钢时间的变化。

在吹炼后期出现温度过高时，可以加入适量矿石或氧化铁皮降温。温度过低时，可以加入适量硅铁升温；也可以重新下枪吹炼（即后吹），利用熔池金属氧化放热来提高温度，但是多次下枪会使钢水中氧含量上升，对钢水质量不利，增加消耗并容易损伤炉衬，应尽量减少后吹次数，力争无后吹出钢。

4.2.6.3 转炉热平衡

转炉炼钢的最大优势就是不需要外部热源供热。目前国内装备了大中型转炉的钢厂都在致力于实现"负能炼钢"，提高转炉热量利用率。

（1）热量来源。转炉炼钢主要的热量来源是铁水的物理热和化学热。物理热是铁水直接带入的热量，与铁水温度和铁水比直接相关。化学热是铁水中各化学元素发生氧化反应放出的热量，与铁水和废钢化学成分直接相关。在转炉热量收入中，铁水物理热约占总热量收入的50%，铁水化学热约占45%，是转炉热量收入最主要的两个部分。

（2）热量支出。转炉的热量消耗按照去向可以分为三部分，其中一部分直接用于加热原材料，包括废钢、渣料的熔化（或分解）和钢水、炉渣的升温，这部分热量约占总热量支出的83%；一部分热量被转炉排出的废气、烟尘带走，约占总热量支出的10%；还有一部分热量用于炉体、炉口对流、辐射散热和炉体、氧枪、副枪冷却水吸热，约占总热量支出的5%。

（3）热效率。热效率是指用于加热钢水、废钢和炉渣的物理热占总热量收入的百分比。氧气转炉使用高纯度氧气进行吹炼，废气量和冶炼时间大大小于平炉或者电炉，因此转炉热效率比较高，可达79%左右。

随着社会与经济的不断发展，节能减排和环境保护观念日益普及，对转炉烟尘和废气热量的回收利用得到更多重视。国内原首钢三炼钢厂首先研究和应用了将转炉烟气净化与回收系统产生的蒸汽加热加压，再供应给二次精炼真空蒸汽喷射泵的设备与工艺使用，并已在全国钢厂中得到推广，取得了良好的经济效益和社会效益。

4.2.7 顶吹供氧制度与底吹供气制度

转炉顶底复合吹炼区别于氧气顶吹转炉的根本特点就是顶吹氧气的同时，底部始终供气，并在冶炼的各个不同阶段顶吹供氧和底吹供气强度协调变化。

4.2.7.1　顶吹供氧制度

供氧制度指通过氧枪向转炉炉内供氧的操作，包括供氧流量、穿透深度、供氧压力和枪位控制等内容。一般依据生产条件和生产钢种确定供氧流量和操作枪位，选择确定氧枪喷头类型、结构及尺寸。

在设计氧枪时以氧气流量、管道压力和装入量为依据，确定喷孔倾角；根据转炉生产能力的大小、原材料条件和烟气净化回收设备的能力决定氧枪管径的大小；考虑炉膛高度、炉体直径、熔池深度等因素，为设计氧枪喷头提供参考。

A　供氧流量的确定

供氧流量指在单位时间内向熔池供氧的数量，用标准状态体积量度，单位为 m^3/min 或 m^3/h，也就是单位时间内通过氧枪的氧气量。根据吹炼每吨金属需要的氧气量、金属装入量和供氧时间来决定。

供氧时间是根据铁水成分、原材料质量、冶炼钢种等因素，经过理论计算并进行实际操作检验来确定，一般供氧时间为 14~18min。

供氧强度指单位时间内每吨钢的标态供氧量，单位为 $m^3/(min \cdot t)$。其大小根据转炉公称吨位和炉容比确定，一般转炉供氧强度（标态）为 $3.0~4.5m^3/(min \cdot t)$。

B　穿透深度的确定

为了使炉内反应快速进行，必须保证氧气射流对金属熔池形成一定的穿透深度，即搅拌强度。通常转炉的穿透深度与熔池深度之比控制在 0.5~0.7 之间。

C　供氧压力的确定

供氧压力应保证氧气流股出口速度达到超音速，出口氧压略高于炉内气压。如果出口氧压与炉内气压相差太小或太大，会使得氧气流股收缩或膨胀，导致氧流不能稳定作用于熔池，不利于吹炼的稳定进行。

D　氧枪枪位的确定

氧枪枪位指氧枪喷头下端与静止熔池液面间的距离。影响氧枪枪位控制的因素有很多，如铁水成分（[Si]、[P]）、铁水温度、废钢状况、渣料加入数量、加入时间和冶炼钢种等因素。

（1）枪位确定原则：

1）有一定的冲击深度和冲击面积，保证氧气射流对熔池的搅拌和化渣能力；

2）防止氧气射流冲击炉底，损坏炉底耐火材料；

3）防止喷溅严重，损坏氧枪喷头。

（2）氧枪枪位的重要性：调节氧枪枪位可以达到改变氧气射流、炉渣、金属液三者的相互作用程度，实现控制炉内反应的目的。因此，氧枪枪位高低与炉内反应密切相关。

氧枪枪位过高，容易造成软吹，氧气射流对熔池的搅拌能力弱，会增加渣中的 TFe 含量（帮助石灰快速熔化），炉内废钢不能完全熔化；容易使炉渣过氧化，造成转炉吹炼终点因炉内反应激烈不能出钢。

氧枪枪位过低，容易造成硬吹，导致炉底耐火材料熔损，引发穿炉底事故，引起熔融金属激烈喷溅，导致氧枪喷头破损，渣中 TFe 含量低，炉渣溶化不好。

（3）供氧操作类型：供氧操作是指通过调节氧气流量（压力）或枪位，达到调节氧气射流与熔池的相互作用，以控制炉内吹炼进程的操作。目前有三种供氧操作类型，第一种是恒枪位变流量（压力）操作，一炉钢冶炼过程中不变枪位，只变化流量（压力），是早期应用过的方法；第二种是恒流量（压力）变枪位操作，一炉钢的吹炼全过程中供氧流量（压力）保持不变，通过氧枪位高低变化来控制吹炼过程；第三种是变流量变枪位操作，即在一炉钢吹炼过程中，通过调整供氧流量和枪位来改变氧气流股与熔池的相互作用，更有效地控制吹炼过程。

4.2.7.2 底吹供气制度

目前国内各钢厂基本上都使用底吹惰性气体的弱底吹供气工艺，从最开始的单管式喷嘴、透气砖、环缝砖到后来开发的套管式喷嘴、多微管透气砖以及快换式透气砖等，形成了多种顶底复合吹炼的工艺。

A 各类底吹供气元件

底吹供气元件大致分类有钢管型（包括单管、双层套管、环缝）和透气砖型（弥散型、砖缝组合型、直孔型和多微直孔透气砖型）。目前，国内应用最多的是套管环缝型（双层、三层）和多微直孔型结构的底部供气元件。

B 底吹供气元件支数

复吹转炉底吹供气元件支数对于熔池混匀时间的影响，至今有不同观点。早在20世纪90年代，甲斐幹等人[14]认为复吹转炉熔池搅拌混匀时间长短，主要取决于顶吹搅拌能（其中包括顶吹气体流量，顶吹枪喷孔个数、直径及其夹角，顶枪枪位）和底吹搅拌能（其中包括底吹流量，熔池深度，熔池温度，底吹气体温度）大小，并且推导出经验公式，认为熔池混匀时间与底吹供气元件支数多少没有关系。

永井润等人[15]认为复吹转炉熔池搅拌混匀时间长短，除了与上述顶吹搅拌能和底吹搅拌能有关系之外，还与底吹供气元件支数多少有关，并且推导出经验公式，表示熔池混匀时间与底吹供气元件支数呈现 $\tau \propto f(N^{1/3})$ 关系（N 为底枪支数）。即在总搅拌能一定时，随着底吹供气元件支数减少，熔池混匀时间缩短。

目前国内各厂复吹转炉底吹供气元件采用支数大不相同，同吨位（120t、200t、300t等）底吹供气元件采用支数相差 2~4 倍。国内的冶金工作者近年研究认为：底吹供气元件支数太多，均匀布置在炉底某半径圆周上，底吹气体上升形成气、液两相流的圆环将熔池第一反应区和第二反应区分割开，影响熔池整体搅拌效果；在供气强度一定时，采用多支底部供气元件均摊到每支供气元件的供气量甚少，穿透力不强影响熔池搅拌效果。同时也认为复吹转炉底吹供气元件支数太少也不利于熔池整体搅拌效果。按照永井润等人认为底吹供气元件支数越少，熔池混匀时间越短。若采用最少的是1支或2支底吹供气元件，那么底吹供气量全部集中在1支或2支底吹供气元件上，其穿透力过强，瞬间穿过熔池释放在熔池表面上，其作用熔池时间太短不利于熔池搅拌。我国在20世纪80年代顶吹改为顶底复吹转炉的初始阶段，曾经在120t、150t复吹转炉炉底上应用过1支或2支底部供气元件，经过实践证明转炉熔池内搅拌效果差，后来均改为最少4支底部供气元件。另外对于大型转炉（210t以上）熔池而言，底吹供气元件布置支数太少，只能起到局部搅拌的作用而不利于熔池整体搅拌。因此至今为止，国内外大小吨位转炉均没有采用1支或2支供气元件布置方案。

鉴于国内各厂复吹转炉底吹供气元件采用支数差别很大，冶金科技工作者认为应该根据本厂转炉吨位、炉型、铁水和原材料条件、冶炼钢种以及顶吹、底吹的工艺参数等因素，通过模拟实验与生产实践相结合，确定适合相应吨位转炉的底吹供气元件支数。

C　底吹供气元件布置

目前国内外底吹供气元件在炉底上布置多数是在顶枪射流作用在熔池表面投影落在炉底上的外沿位置，具体而言，多数布置在炉底上的 $\phi 0.4 \sim 0.6D$（D 为熔池半径）的范围。在此范围布置底吹供气元件，底吹气体形成的上升气液两相流既不与向下的顶枪氧气射流相互碰撞，同时也考虑到二者还有一定的"合作"形成的合力有利于熔池搅拌。但是，不同的具体布置方案这种合作作用各不相同。即便采用同样支数的底吹供气元件在炉底上也有不相同的布置方式。国内绝大多数转炉底吹供气元件均采用对称、均匀方式布置在炉底某半径的圆周上。我国冶金工作者近年研究认为，采用非对称方式集中布置在转炉耳轴方向的炉底上更有利于熔池搅拌，缩短熔池混匀时间。这种非对称集中布置方案不仅具有上述对称布置的熔池上下流动的搅拌效果，同时还增加了一定程度的水平搅拌效果，有利于熔池整体搅拌混匀，缩短熔池混匀时间。另外，沿着耳轴方向上的炉底布置底吹供气元件，在转炉终点倒渣或出钢时，底吹供气元件基本上可以裸露，避免高温钢液和高氧化性炉渣对供气元件的侵蚀。为了提高非对称集中布置方案的搅拌效果，还进一步研究了对称布置中的各支底吹供气元件的供气强度不一样，同样可以获得熔池水平方向旋转搅拌效果。上述底吹供气元件沿耳轴方向非对称集中布置方案，已经在国内部分钢厂应用并获得较好效果。

D　底吹供气强度确定原则

底吹供气模式是指一炉钢冶炼周期中，底吹不同气体和供气强度大小的要求。其中顶吹氧冶炼过程底吹供气强度大小的确定要考虑如下因素：冶炼钢种 [C] 含量的高低、铁水 [P] 含量的高低、冶炼过程熔池内动力学条件的差异和需要、顶吹氧枪的工艺参数（供氧强度、夹角、枪位）、底吹供气元件结构以及供气强度、冶炼各期熔池温度高低、氧化性强弱以及因底吹供气强度大小而对底枪蘑菇头（或底枪）有不同的侵蚀程度等。当铁水成分、氧枪工艺参数和底枪结构等决定后，顶吹氧冶炼过程的底吹供气强度大小主要由冶炼钢种 [C] 含量的高低、冶炼过程熔池动力学条件的需要、冶炼各期熔池温度的高低、氧化性强弱对蘑菇头侵蚀程度等决定。

（1）顶吹氧冶炼过程熔池反应对搅拌的要求。底吹供气强度大小应该依据冶炼各期化学反应对熔池搅拌的要求而定，见表4-4。

表4-4　顶吹氧冶炼过程熔池动力学条件以及冶炼需要加强底吹搅拌

冶炼过程	冶炼前期	冶炼中期	冶炼后期
搅拌要求	由于熔池温度低，加入废钢和各种造渣料还未完全融化，因此熔池内液、固两相并存，黏度大，影响 [Si]、[Mn]、[P] 等元素扩散速度，即影响反应速度；顶吹氧气流股克服炉渣、炉气、泡沫渣以及钢液阻碍，仅剩下原有的 20%~30% 能力以亚音速搅拌熔池，因此冶炼前期动力学条件差，必须增大底吹供气强度，加强熔池搅拌，有利于脱磷	温度升高超过 1400℃ 以上钢液 [C]-[O] 反应加快，瞬间形成大量的 {CO} 气体（有人计算 {CO} 气体体积相当于炉膛空间），高温下气体膨胀从熔池内释放出来时，强烈搅拌熔池。这个搅拌能是氧气流股的 8~9 倍[16]，因此冶炼中期熔池内具备最佳的搅拌效果，不需要增大底吹供气强度，只是维持底吹畅通的最低底吹供气强度即可	熔池中 [C]-[O] 反应减弱，对熔池搅拌力下降。如果冶炼低 [C] 或超低 [C] 钢种，仅靠顶吹氧气流股对熔池搅拌还不够，应该增大底吹供气强度促进 [C]-[O] 反应继续；如果冶炼中、高 [C] 钢种，那么就不需要增大底吹强度，只是维持底吹畅通的最低供气强度即可

由表4-4内容分析可知，冶炼中期熔池搅拌动力学条件最佳，因此不需要增大底吹供气强度；冶炼前期熔池动力学最差，应该增大底吹供气强度改善熔池搅拌效果；冶炼后期由冶炼钢种［C］含量多少确定底吹强度大小。

（2）吹氧冶炼过程底枪端部蘑菇头形成及其蚀损变化。维护底枪寿命，是达到复吹同步的重要措施。冶炼各期底吹供气强度大小对底枪端部蘑菇头形成蚀损程度也不同，如表4-5所示。

表 4-5 冶炼过程影响底枪蚀损因素

冶炼过程	冶炼前期	冶炼中期	冶炼后期
影响底枪蚀损因素	熔池温度低，铁液中［C］高［O］低，底枪不易蚀损。并且前期底吹 N_2 气，其冷却效果比 Ar 气大，对底枪有冷却保护作用，加上熔池铁液温度低，因此冶炼前期易形成蘑菇头	钢液中［C］高［O］低，即氧化性差。但熔池温度逐渐升高，［C］-［O］反应激烈，熔池搅拌强，底枪蘑菇头开始逐渐消失过程	熔池温度高，钢液中［C］低［O］高，即氧化性强。对底枪蘑菇头蚀损大。如果底吹供气强度大，必然加速底枪蘑菇头蚀损速度[16]。并且 Ar 气冷却效果不如 N_2，对底枪冷却效果差

由表4-5内容分析比较可知，冶炼后期底枪蘑菇头易蚀损，底吹供气强度越大，蚀损速度越快。从保护底枪寿命而言，冶炼后期应该降低底吹供气强度。冶炼前期底枪端部易形成蘑菇头，即便底吹供气强度大，也不会发生蚀损。何况在前一炉溅渣护炉期间，底枪端部已经形成一层炉渣蘑菇头保护。

综上所述，根据冶炼过程前、中、后三期熔池化学反应需要，熔池中［C］-［O］反应释放出｛CO｝气体时对熔池搅拌作用，熔池温度、氧化性，尤其是底吹供气强度大小对其蘑菇头蚀损程度的三个方面综合考虑，制定吹氧冶炼期间的底吹供气强度变化规律，如表4-6所示。

表 4-6 吹氧冶炼过程底吹供气强度变化规律

冶炼过程	冶炼前期	冶炼中期	冶炼后期
底吹供气强度变化	最大	最小	低［C］钢：大；中、高［C］钢：小

表4-6中定性说明了吹氧冶炼过程底吹供气强度变化规律。对某一个钢厂而言，应该从冶炼钢种需要出发制定底吹供气强度，但是必须考虑冶炼各期熔池具有的动力学条件、复吹同步的底枪寿命以及溅渣护炉后炉底上涨影响底吹供气畅通的因素，综合考虑制定适合本厂的冶炼过程底吹供气强度。

目前国内大多数钢厂仍然采用传统的供气模式，按照冶炼钢种［C］含量高低，把冶炼过程分为前期、后期来制定底吹供气强度变化，即冶炼前期底吹供气强度小于冶炼后期，如表4-7所示。

表 4-7 吹氧冶炼过程传统的底吹供气强度

终点［C］/%	底吹供气强度(标态)/$m^3 \cdot (min \cdot t)^{-1}$	
	冶炼前期	冶炼后期
≤0.06	0.02~0.04（0.06）	0.06~0.10
0.07~0.10	0.02~0.04	0.05~0.08
≥0.11	0.02~0.04	0.03~0.05

也有部分钢厂提高冶炼前期底吹供气强度，或者降低后期底吹供气强度，增大后期搅拌短时间内的底吹供气强度。如某厂 150t 复吹转炉冶炼低碳 X70 管线钢时，底吹供气强度变化如下：

冶炼前期：10min 左右，底吹 N_2 气强度（标态）0.04m^3/(min·t)；

冶炼中期：5~6min，底吹 Ar 气强度（标态）0.03m^3/(min·t)；

冶炼后期：1~2min，底吹 Ar 气强度（标态）0.04m^3/(min·t)。

某厂 300t 复吹转炉冶炼低 [C] 钢时所采用的底吹供气强度变化如表 4-8 所示。

表 4-8　一炉钢冶炼周期底吹供气模式

冶炼过程	等待	装入	吹炼前期	吹炼中后期	副枪测定	停吹	出钢	溅渣	排渣
底吹强度（标态）/m^3·(t·min)$^{-1}$	0.02	0.03	0.03~0.05	0.04~0.06	0.02~0.03	0.04~0.06	0.03	0.05~0.07	0.03
底吹气体	N_2	N_2	N_2	60%时 N_2 切换 Ar	Ar	Ar	N_2	N_2	N_2

上述两个钢厂通过实践在 20 世纪 90 年代末已经开始认识到冶炼低 [C]、低 [P] 钢种时，提高冶炼前期底吹供气强度，对前期深脱磷有很大作用，同时也有利于终点 [C]、[P]、T 协调。

近些年来，为了扩大复吹转炉冶炼功能，采用单炉新双渣法、脱磷炉+脱碳炉新工艺，在冶炼前期（或脱磷炉里）优化脱磷工艺，很多钢厂在降低 1/5~1/3 顶吹供氧强度的同时，大幅度提高底吹供气强度（标态）至 0.2~0.3m^3/(min·t)，改善冶炼前期（脱磷炉）脱磷的动力学条件，冶炼前期（或脱磷炉）脱磷率可以达到 70% 以上。

某钢铁公司 300t 复吹转炉更是细分了脱磷转炉顶、底供气模式和脱碳转炉少渣炼钢顶、底供气模式如下：

脱磷转炉冶炼吹氧时间为 5~6.5min，降低顶吹供氧强度，其顶吹供氧模式见表 4-9；增加脱磷转炉底吹供气强度，供气模式见表 4-10；脱碳转炉少渣冶炼吹氧时间为 11~13min，增加顶吹供气强度，顶吹氧供气模式见表 4-11；降低脱碳转炉底吹供气强度，模式见表 4-12。

表 4-9　脱磷炉半钢冶炼顶吹供氧模式

吹炼阶段	开始吹炼 90s	吹炼 90s~吹炼结束
供氧强度（标态）/m^3·(min·t)$^{-1}$	2.2	2.0~2.2

表 4-10　脱磷炉半钢冶炼底吹供氮气模式

工艺	装料	开吹 180s	吹炼 180s~结束	出钢	溅渣	等待
底吹供气强度（标态）/m^3·(min·t)$^{-1}$	0.02	0.17	0.20	0.016	0.02	0.02

表 4-11　脱碳炉少渣冶炼顶吹供氧模式

吹炼阶段	开始吹炼 90s	吹炼 90s~吹炼结束	副枪 TSC 测量阶段
供氧强度（标态）/m^3·(min·t)$^{-1}$	1.40	3.33	1.78

表 4-12　脱碳炉少渣冶炼底吹供气模式

模式		装料供 N₂	吹氧50%前供 N₂	吹氧50%后供 Ar	TSC测量供 Ar	吹氧供 Ar	TSO测量供 Ar	出钢供 N₂	溅渣供 N₂	倒渣供 N₂	等待供 N₂
底吹供气强度	一	0.02	0.02	0.03	0.02	0.03	0.02	0.016	0.02	0.02	0.02
（标态）	二	0.02	0.02	0.04	0.02	0.04	0.02	0.016	0.02	0.02	0.02
/m³·(min·t)⁻¹	三	0.02	0.02	0.05	0.02	0.05	0.02	0.016	0.02	0.02	0.02

注：当冶炼钢种要求［N］≤0.004%时，底吹采用全程吹 Ar 模式。

　　由表 4-10 和表 4-12 可知，脱磷炉半钢冶炼时底吹供气强度比脱碳炉少渣冶炼时的底吹供气强度大得多。

　　如果进行常规单渣法冶炼时吹氧时间为 16min，冶炼低碳钢时，前、后期底吹供气强度差别不大。顶吹供氧模式见表 4-13，底吹供气模式见表 4-14。

表 4-13　常规冶炼顶吹供氧模式

吹炼阶段	开始吹炼 40s	吹炼 40s~吹炼结束	副枪 TSC 测量阶段
供氧强度（标态）/m³·(min·t)⁻¹	1.70	3.33	1.78

表 4-14　常规冶炼底吹供气模式（标态）

模式		装料供 N₂	吹氧70%前供 N₂	吹氧70%后供 Ar	TSC测量供 Ar	吹氧供 Ar	TSO测量供 Ar	出钢供 N₂	溅渣供 N₂	倒渣供 N₂	等待供 N₂
底吹供气强度	一	0.02	0.02	0.03	0.02	0.03	0.02	0.016	0.02	0.02	0.02
（标态）	二	0.02	0.02	0.04	0.02	0.04	0.02	0.016	0.02	0.02	0.02
/m³·(min·t)⁻¹	三	0.02	0.02	0.05	0.02	0.05	0.02	0.016	0.02	0.02	0.02

注：当冶炼钢种要求［N］≤0.004%时，底吹采用全程吹 Ar 模式。

　　某钢厂 120t 转炉制定了烘炉、开新炉、单渣常规冶炼、单炉新双渣法脱磷期与脱碳期的顶吹、底吹供气制度，其底吹供气强度是前期大于后期，并根据炉底厚度的变化对底吹供气模式进行细调，如表 4-15~表 4-17 所示。

表 4-15　正常炉底（炉底平均厚度 700mm±50mm）底吹供气模式

氧步/%	0	10	20	30	40	50	60	70	80	90	出钢	出钢后	气体源
底吹供气强度（标态）/m³·(min·t)⁻¹	0.10	0.10	0.10	0.066	0.05	0.05	0.05					0.05	氮气
								0.05	0.05	0.055	0.444		氩气

表 4-16　炉底上涨时（炉底平均厚度大于 850mm）底吹供气模式

氧步/%	0	10	20	30	40	50	60	70	80	90	出钢	出钢后	气体
底吹供气强度（标态）/m³·(min·t)⁻¹	0.125	0.125	0.125	0.123	0.066	0.066	0.066					0.05	氮气
								0.066	0.066	0.064	0.05		氩气

表 4-17　炉底下降时（炉底平均厚度小于 580mm）底吹供气模式

氧步/%	0	10	20	30	40	50	60	70	80	90	出钢	出钢后	气体
底吹供气强度（标态）/m³·(min·t)⁻¹	0.033	0.033	0.033	0.033	0.028	0.028	0.028					0.033	氮气
								0.028	0.028	0.028	0.028		氩气

注：氧步是指静态模型需供氧总量的百分数。

从表 4-9~表 4-17 钢厂实际应用数据来看，冶炼过程中底吹供气强度变化模式与前面叙述的"底吹供气强度确定原则"基本吻合。早在 20 世纪八九十年代，我国冶金科技工作者就已经提出"高压复吹"的概念，并且在实验中提高底吹供气强度（标态）达 $0.20m^3/(min \cdot t)$。目前，国内大部分大中型钢厂复吹转炉采用单炉新双渣法或者脱磷炉+脱碳炉冶炼低 [C]、[P] 的 IF 钢、管线钢等钢种时，采用了前面表 4-6 所述的底吹供气强度变化模式，其中冶炼前期（或者脱磷炉）底吹供气强度（标态）可达到不小于 $0.20m^3/(min \cdot t)$。即便采用单渣法冶炼时，也采用前面表 4-6 所述的底吹供气强度变化模式。

E　复吹效果的控制

复吹效果通常以转炉终点的碳氧积来标志。在碳含量一定时碳氧积越低，代表碳氧反应越趋于平衡，也表示复吹的效果越好。从生产实践来看，碳氧积控制在 0.0025 以下代表有着良好的复吹效果，当碳氧积在 0.0028 以上时，代表复吹效果较差。纯顶吹转炉在供氧操作良好的条件下其碳氧积能达到 0.0032 左右。

从国内相关厂家实践看，复吹效果的控制手段除了加强底部供气元件质量、提高耐侵蚀性能之外，基本有四个控制类别，分别为控制蘑菇头的生成、炉底厚度的严格控制、底吹临时性供氧使透气元件复通、透气砖快换。

（1）蘑菇头控制。在早期的复吹控制中，采用较多的方法控制蘑菇头，其中如武钢二炼钢、唐钢、酒钢等均形成了一套完整的控制其形成、长大的技术。采用蘑菇头控制技术的转炉复吹炉龄能达到 30000 炉以上，从炉役期间碳氧积数据分布来看，10000 炉以内的碳氧积基本控制在 0.0025 以下；自 10000 炉以上其碳氧积基本控制在不小于 0.0025，到 15000 炉以上，碳氧积达到 0.0028 以上。其原因在于，底吹强度（标态）$0.04~0.08m^3/(min \cdot t)$ 和压力 $0.3~0.5MPa$ 已经很低的情况下，底吹气体再经过上涨炉底以及蘑菇头的阻碍，降低了搅拌的效果。因此在冶炼低 [C] 或超低 [C] 钢种（如 IF、管线钢等）时，要求转炉复吹效果好，碳氧积控制在不大于 0.0025 水平，为此国内一些大中型复吹转炉在提高底吹供气强度基础上，炉龄基本控制在 6000~8000 炉范围，如图 4-9（a）所示。

（2）炉底厚度的控制。炉底厚度的控制在目前大型转炉中较为常用。通过炉底厚度与碳氧积数据的对比，发现当炉底溅渣层厚度（通过连续激光测厚仪测量）控制在 200mm 以下时，基本能将碳氧积平均控制在 0.0025 以下。碳氧积与炉底溅渣层厚度关系如图 4-9（b）所示。

在实际生产中，无激光测厚的转炉往往也通过目测确定底吹供气元件的溅渣层厚度。在转炉热状态情况下，能明显看到供气元件部位有黑影，也代表炉底厚度在受控范围内。

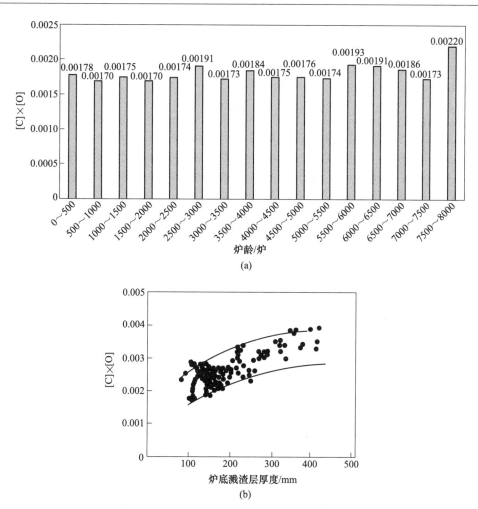

图 4-9　炉龄、炉底溅渣层厚度与碳氧积关系
（a）炉龄与碳氧积关系；（b）炉底溅渣层厚度与碳氧积关系

炉底厚度的控制措施包括：转炉液位的控制、不同炉底厚度时采用不同的溅渣模式、为控制溅渣效果而开发的自动溅渣模型等。这种控制炉底厚度的方法对转炉冶炼操作的稳定性影响较大，因炉底溅渣层厚度较薄，一旦发生连续冶炼高温过氧化钢水，可能造成炉底过度侵蚀，给炉况维护造成较大压力。因此一般炉龄要求不太高（要求控制在 10000 炉左右）、冶炼品种相对单一、转炉操作稳定的钢厂选择这类方法。

（3）底吹元件堵塞后的复通。在生产过程中，底吹可能因为操作不当、炉底过厚、供气设备故障等原因堵塞，堵塞后的复通基本有两种控制方法。一种是洗炉底，通过有计划地冶炼强氧化性钢水，使整个炉底厚度下降，将底吹元件的堵塞部分侵蚀掉，从而达到复通的目的。此类方法对炉况的损失是破坏性的，为后续炉况的维护造成较大压力，而且洗炉操作本身的危险性也较高。另一种方法是底吹富氧。当底吹喷口有堵塞现象时（往往通过压力和流量的变化判断），在底吹气体中输送部分氧气使底吹气体带有氧化能力，烧通堵塞的喷口。

（4）透气砖快换技术。透气砖快换技术是指：在转炉炉底砌筑时，透气砖安装在专门的座砖上面，座砖与炉底砖镶嵌。当透气砖堵塞后，通过钻孔方式将透气砖换下而不损伤座砖，再将新的透气砖安装到座砖中，并用耐火材料密封。这类方法能保证全炉役均能有通畅的透气砖（或者部分保持通畅），而且对透气效果维护的要求较低。国内此类技术在鞍钢、宝钢应用较好。

　　F　氧气复吹转炉冶金特征与氧气顶吹转炉和氧气底吹转炉的对比

　　氧气顶吹转炉炼钢工艺的特点是从熔池上方供氧，氧气通过氧枪所形成的超音速氧气射流与熔池相互作用，形成了氧气-熔渣-金属的乳浊液，一些化学反应在乳浊液中进行；高温反应区集中于熔池的表面，造成了炉渣的氧化铁含量高（有利于快速成渣），搅拌效果相对较差，反应速度较慢，熔池内成分与温度梯度较大，很不均匀，从而诱发了间断性喷溅，同时烟尘量大，铁损也较多。

　　氧气底吹转炉工艺是从转炉底部供氧，氧气从熔池穿过，氧的利用率高，对熔池搅拌强度大，因此消除了熔池温度和成分的不均匀性，吹炼平稳，也避免了由此而引发的喷溅，能够吹炼超低碳钢种。该方法脱磷类似托马斯转炉原理，主要依靠后期进行，即钢液中 [C] 含量降到很低的情况下，脱磷反应才能大幅度开始进行。底吹转炉成渣困难，但可以通过底部供气喷嘴向熔池喷入石灰粉，从而改善了脱 [P]、脱 [S] 的条件。在底吹喷粉的同时，会导致 {CO} 燃烧生成的 {CO$_2$} 变少，降低了转炉热效率，使废钢比降低。由于从转炉底部供入氧气，喷嘴需要冷却，一般是用碳氢化合物为冷却介质，所以冶炼终点钢中氢含量较高。炉底供气元件由于供氧易被烧损，制约炉底寿命提高；仅限于冶炼低 [C] 或超低 [C] 钢种等，至今国外应用该方法炼钢厂家不多。国内也仅有 4 个钢厂在 20 世纪 70~80 年代做过半工业性试验。

　　顶底复吹转炉兼有两者的优点，同时避免了两者的缺点，其功能和适应性都增强了。主要表现在：（1）炉渣氧化性明显较低，中、高碳钢终渣 TFe 含量可降至 12%~14%；（2）钢水中残锰明显提高；（3）脱磷和脱硫反应更接近平衡；（4）吹炼平稳，喷溅少，金属收得率提高；（5）由于底吹 N$_2$、Ar 等，底吹供气元件寿命大幅度提高。

　　我国普遍采用了溅渣护炉长寿条件下的顶底复合吹炼转炉工艺制度，底吹透气元件维护与复通、溅渣长寿条件下的设备与炉衬维护都有别于一般炉龄复吹转炉的特点。

　　综上所述，采用转炉复合冶炼方法是当今世界最主要的炼钢方法。

4.2.8　终点控制

　　转炉兑入铁水后，通过供氧、造渣等操作，经过一系列的物理和化学反应，达到冶炼钢种所要求的成分和温度的时刻，称为"终点"。

　　终点控制主要是指终点温度和成分的控制。对转炉终点的精确控制不仅要保证终点碳含量、温度的精确命中，确保 [S]、[P] 成分达到出钢要求，而且为了提高钢水洁净度和减少脱氧合金消耗还需要尽可能地降低钢水氧含量（沸腾钢需要钢水有一定的氧化性）。

　　终点控制从控制手段上分为人工控制和自动控制，从控制方法上分主要类别有拉碳法和增碳法。

　　人工控制即凭经验操作，常用的人工终点控制包括碳的判断和温度的判断。主要的判断方法有看火焰、看火花、取钢样等。

　　自动控制是指通过计算机炼钢模型对冶炼终点进行控制。早期的转炉自动控制局限于用物理化学反应式或经验公式通过吹炼之前的预先计算，控制加料和供氧，从而控制钢水终点的碳含量和温度，因此命中率较低。自20世纪60年代开始，各种检测炉内反应情况的仪表设施被开发，烟气分析仪、氧枪振动仪、声呐仪以及测温热电偶和各种检测工具（如副枪）相继问世，并随之建立了各类炼钢数学模型，从而实现了对吹炼过程进行控制并最终达到终点目标。

目前大部分转炉的计算机炼钢模型采用静态模型和动态模型配合，使炼钢的自动控制达到较高水平。终点碳、温度同时命中率达到90%以上，国内部分应用较好的转炉达到95%以上，并实现完全自动吹炼。静态模型目前国内使用较多的是增量模型，少部分采用神经网络模型。理论模型和统计模型因其命中率过低，大多采用自动控制炼钢的转炉均未采用。动态模型根据检测方法的不同有副枪测量法、投弹测量法、烟气检测法、声呐检测法、炉子测重法、烟气温变法等。副枪测量法以其简单、准确、投运率高的优点得到了最广泛的运用。关于计算机模型控制炼钢在本章后续中将作详细介绍。

4.2.8.1 拉碳法

拉碳法是指根据钢种的成分要求，在终点直接将碳控制在钢种成分范围，常见的有高碳钢，如40号钢、50号钢（其终点碳控制在0.30%~0.50%），部分普通碳素钢如Q235、Q345系列（其终点碳控制在0.12%~0.18%）也采用这种方法。此外，少部分对钢中全氧、钢水洁净度有严格要求的钢种（如轴承钢，终点碳必须控制在0.3%以上），必须采用拉碳法。拉碳法在工序成本和钢水洁净度上有一定优势，其主要优点有：

（1）降低氧气消耗；

（2）减少了铁合金消耗和增碳剂的消耗；

（3）减少吹损，提高了金属收得率；

（4）钢水洁净度高。

但是拉碳法普遍存在着对操作工的操作技能要求较高，避免再吹率较高、操作结果重现性低、操作稳定性较差等不足，这对于连续性的稳定控制是不利的。操作工必须具有高的操作技能。

4.2.8.2 增碳法

增碳法是指在吹炼终点不考虑钢种的成品碳要求，一律将终点碳控制在0.03%~0.05%之间（因为［C］含量在0.06%以下时，其扩散速度很慢，因此脱［C］反应速度极缓慢，故很容易控制在上述范围内），出钢时再根据钢种要求配加增碳剂。因其终点碳较低，故渣氧化性强，铁损大，对炉衬侵蚀大，但终点磷易于控制。其主要优点有：

（1）脱磷效果稳定；

（2）操作简单，对操作工的技能要求不高；

（3）操作稳定，易于实现自动控制；

（4）因终点碳控制较低，大部分［C］被氧化放热，可提高废钢比。

因增碳法稳定性好、操作结果再现性高的特点，绝大部分采用计算机自动控制炼钢的转炉均采用增碳法进行终点控制。该方法最适合冶炼低［C］和超低［C］钢种，否则会增加成本。

4.2.8.3　高拉补吹法

终点控制一般为了减少"后吹",均要求"一次拉碳"成功,但有失控现象发生。特别对于部分特殊钢种,如大合金量的低磷(要求磷含量不大于0.015%)钢种,此类钢种合金增磷往往可能达到0.003%~0.004%,因此为了稳定控制钢水磷含量,可能采用"高拉补吹"的控制方法。即先将终点碳控制在0.075%~0.12%之间,然后下枪再吹少量氧,以加强脱磷效果。采用这种方法可以较稳定地得到较低的终点磷(基本能稳定控制在0.005%~0.008%之间),同时因为再吹时供氧量较少,终点碳也不会降得很低,一般能控制在0.04%~0.06%之间,对转炉炉衬的影响相对较小。

4.2.9　挡渣出钢[17,18]

钢包渣的主要来源是转炉出钢时的下渣、合金化过程中产生的渣,以及工艺需要进行的钢包渣改质、精炼二次造渣而加入造渣剂等。钢包渣中转炉出钢时的下渣是最有害的,但是可以在转炉出钢时采取挡渣工艺技术进行有效控制。减少转炉出钢的下渣量,可以减少钢水脱氧及合金化过程中脱氧剂和合金的消耗,减少钢水精炼的负荷,有利于提高钢水洁净度,提高合金元素的收得率。它不仅是改善钢水质量的一个重要工艺技术,而且也是降低炼钢成本的一个重要工艺技术。为此,各钢厂对转炉出钢挡渣工艺技术的研发和应用都十分重视,转炉出钢各种挡渣工艺技术应运而生。

在转炉出钢过程中,由于转炉渣的密度小于钢水而浮于钢水面上,因此转炉出钢时的下渣包括三部分:前期下渣,转炉开始倾动到出钢开始位置时炉渣首先从出钢口涌出,涌出渣量多少与转炉出钢口直径有关,同时与转炉终渣泡沫化程度相关;过程下渣,临近出钢后期可观察到炉内钢水表面炉渣的涡旋效应卷渣随钢流下渣;后期下渣,出钢后期至出钢结束阶段随钢流下渣。转炉出钢全过程进入到钢包的下渣量中,前期下渣量约占30%,涡旋效应从炉内钢水表面带下的渣量约为30%,后期下渣约为40%。如图4-10所示。

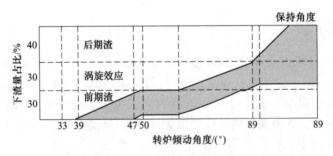

图 4-10　转炉出钢过程下渣量分布

目前国内外采用的挡渣方法较多,有挡渣帽法、挡渣球法、挡渣塞法(或称挡渣杆法)、避渣罩法、气动挡渣法和滑板挡渣出钢口挡渣法等。多数转炉会采用其中一种或同时采用几种方法进行挡渣。不少钢厂还配以红外下渣监测。各类挡渣方法的简要工作原理和效果评价见表4-18。

表 4-18 各类挡渣方法一览表

挡渣方法	使用方法	工作原理	效果评价
挡渣帽	出钢前在出钢口中插入圆锥形薄钢带挡渣帽	出钢开始时炉渣先经过出钢口，利用挡渣帽封闭出钢口	对前期下渣有一定的挡渣效果，对中、后期下渣控制无效
软质挡渣帽	出钢前在出钢口中插入软质挡渣帽	利用软质挡渣帽封闭出钢口。特殊材质的软质挡渣帽在炉渣先通过出钢口后爆裂	能够有效地防止出钢前期下渣，对中、后期下渣控制无效
挡渣球	出钢过程中在出钢口上方区域加入挡渣球	利用挡渣球密度介于渣、钢之间（一般为 $4.0\sim4.5g/cm^3$），在出钢结束时堵住出钢口，以阻断转炉渣进入钢包内	对前、中期下渣控制无效，对后期下渣有一定作用，操作简单、成本低廉、挡渣命中率仅在 50%～70%；挡渣球在转炉内是以随波逐流的方式运动到出钢口，挡渣效果不稳定
挡渣塞（或称挡渣杆）	出钢过程中利用机械投掷装置将导向杆从炉内插入出钢口	利用导向杆导向将半球形挡渣塞准确定位插进出钢口。基本原理与挡渣球相似。对前期下渣控制无效，与挡渣球相比，可灵活调节密度，能自动而准确地达到预定位置，具有一定的抑制中期涡流卷渣效果	对后期下渣的挡渣成功率可以达 90%以上（大型转炉挡渣成功率在 80%以上）
电磁法	在转炉出钢口外围安装电磁泵，出钢时启动电磁泵	通过产生的磁场使钢流变细，使出钢口上方钢液面产生的吸入涡流高度降低，可有效地防止炉渣流出出钢口	该方法使出钢时间加长，大型转炉出钢时间需 15min 以上，生产率大大降低
滑板挡渣出钢口	将滑板挡渣出钢口耐火元件安装到转炉出钢口部位	以机械或液压方式开启或关闭出钢口，以达到挡渣目的	可以最有效地控制前期及后期下渣，挡渣成功率趋近 100%，挡渣效果最好，但其装置设备复杂，成本较高，安装与拆卸均不方便
气动法	用挡渣塞头进行机械封闭，塞头端部喷射高压气体，防止炉渣流出	采用了炉渣流出检测装置，由发送和接收信号的元件以及信号处理器件构成，通过二次线圈产生的电压变化，即可测出钢水通过出钢口流量的变化，能准确地控制挡渣时间	对前期下渣控制无效，在迅速性、可靠性和费用等方面存在明显优势。但出钢时发生吸入涡流引起钢渣混出时，挡渣时机不好掌握，且工作条件恶劣，部件更换频繁
红外下渣监测	用特制的红外摄像对准出钢钢流	利用不同物质在不同温度下发出的红外波长不同，分辨钢水和炉渣	在迅速性、可靠性和费用等方面存在明显优势，只是具备检测功能，但不能直接阻止转炉下渣。往往与滑动水口挡渣配合使用

4.2.9.1 挡渣球

原理：挡渣球密度一般在 $4.0\sim4.5g/cm^3$。在出钢近 3/4 时，使用机械臂将挡渣球在出钢口上方投下，浮在出钢口上方附近的渣-钢界面之间，挡渣球随着出钢完了而降落在出钢口内口后阻断熔渣流入钢包。

特点：挡渣球的形状为球形，其中心一般用铸铁块、生铁屑压合块、小废钢坯等材料做骨架，外部包裹耐火泥料，可采用高铝浇注料或镁质浇注料制作。

效果评价：挡渣球法操作简单，结构简单，成本低廉，有利于降低原材料消耗。但由于挡渣球通常是以随波逐流的方式到达出钢口，如果出现如炉渣黏度过大、转炉后大面不平滑或者出钢口部位不是最低点等情况，挡渣球有时不能顺利到达出钢口。挡渣球法的挡渣成功率不高，在球体上刻槽的改进型挡渣球，成功率略高，但其可靠性难以令人满意，一般钢包中的下渣厚度为 80~120mm。因其成本低廉，国内仍有许多钢厂在使用。

4.2.9.2　气动挡渣

原理：气动挡渣一般是配合红外下渣监测或者电磁感应一起使用，一旦出现下渣时会发出警报并启动挡渣器进行挡渣操作。挡渣时，挡渣塞头部对出钢口进行机械封闭，端部喷射高压气体来防止炉渣流出。

特点：实现了机械式的开启和关闭，自动化程度较高。

效果评价：迅速性方面存在明显优势，出钢口初期挡渣效率高，钢包内下渣厚度小于 50mm，但是由于出钢口中后期形状不规则，气动挡渣系统挡渣检测器准确率有所下降，而且部件更换频繁。国际上 20 世纪 80 年代中期以奥钢联为代表开发出气动挡渣工艺。国内太钢 20 世纪 80 年代曾引进过气动挡渣设备，但是使用效果不理想。宝钢二炼钢两座 300t 转炉 1998 年投产时曾经使用此工艺，但在 2002 年此工艺遭到了淘汰。该挡渣技术在国内未能推广使用。

4.2.9.3　挡渣塞

原理：挡渣塞的工作原理和挡渣球基本相同，挡渣塞密度在 $4.0~4.5g/cm^3$ 之间。导杆准确向心（出钢口中心）作用优于挡渣球。在出钢后期，使用机械臂将挡渣塞导向棒部分从炉内插入出钢口，半球部分悬浮于钢水与渣液界面上，当钢水流尽时，半球挡渣塞下降堵住出钢口，实现抑制钢水涡流和挡渣的作用。

特点：挡渣塞的形状可分为上下两个部分，上部类似半球状，带有 3 个凹槽，下部是直径较小的导向杆。挡渣塞以铸铁作为芯部，采用高铝质耐火混凝土、耐火细粉为掺合料的耐火混凝土或镁质耐火泥料，振动成型或者摩擦压力机挤压成型。

效果评价：将挡渣塞导向杆插入出钢口，从而避免了漂移或因被熔渣粘裹而不能到位的现象。半球形挡渣塞浮于钢水与渣液界面上，当钢水流尽时，半球形挡渣塞下降适时堵住出钢口，从而防止熔渣流入钢包。因半球体上有 3 个凹槽，实现了对涡流的抑制，并且当挡渣塞本体堵住出钢口后，残钢仍能通过凹槽流至钢包，故提高了钢水收得率。但是高温辐射环境下远距离、定点将挡渣塞导向棒部分插入出钢口，投放得完全准确有一定困难，在一定程度上影响了挡渣稳定性。因此对操作设备的定期校验和操作工操作规范的管理是很重要的。

国内主要的大中型转炉均使用此法，挡渣效果明显优于挡渣球法，钢包下渣层厚度可控制在 50~60mm。

4.2.9.4　滑板挡渣出钢

原理：其原理类似于钢包滑动水口控流系统，安装在转炉出钢口本体外部，通过液压驱动系统和自动挡渣检测系统控制闸阀的自动开启和关闭，实现少渣、无渣出钢的目的。其机构见图4-11。

特点：使用定型耐材制作滑板，安装在闸阀框架上。通过系统检测，驱动液压装置，开闭出钢口，见图4-12、图4-13。可以有效控制下渣量，并能准确控制出钢时间。闸阀机构工作方式有手动和自动两种。

效果评价：闸门开关用时仅需0.3s，操作方便、控制精确，有效减少转炉下渣量；自动化程度高，降低了劳动强度。为便于更换，一座转炉需要配置4套滑板挡渣设备。闸阀的滑板、外水口砖更换周期较短，平均10~12炉需要更换1次滑板，一次更换时间为15~20min。

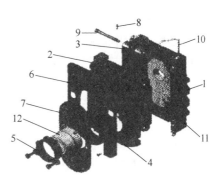

图4-11 滑板挡渣机构

1—安装部件；2—门框部件；3—滑动框部件；
4—顶紧套部件；5—顶紧器；6—固定隔热板；
7—活动隔热板；8—弹簧销；9—销；
10—空冷管组件；11—滑板砖；12—外水口砖

图4-12 耐材滑板全闭示意图   图4-13 耐材滑板全开示意图

国内的滑板挡渣技术在福建三钢首先开发使用，随后在宝钢、包钢、京唐、迁钢等大中型转炉上应用。根据宝钢资料，其挡渣效率高于95%，钢水合金收得率较挡渣塞工艺提高1%~2%，钢包下渣厚度小于40mm，甚至达到30mm以下。

4.2.9.5 转炉出钢中后期涡流卷渣的控制

出钢到中后期炉内钢水表面将产生涡流卷渣。加拿大伊利湖钢铁公司认为，在230t转炉中，当钢水高度为125mm时出现涡流卷渣现象，并随着钢水液面的降低而迅速增强。涡流卷渣可以占转炉出钢下渣量的30%。

目前对转炉出钢中后期涡流卷渣控制，还缺乏在实际生产中广泛应用的工艺技术。采用挡渣塞挡渣法，虽然由于在出钢中后期有导向杆插入出钢口中，减缓了"涡流效应"，但其作用非常有限。采用"无涡流"出钢口，即内衬有突出隔板来阻止旋转涡流发生。其结构如图4-14所示。通过最大限度地减少出钢过程中涡流产生来控制涡流卷渣下渣的发生，该方法的工业化应用还有一些问题需要解决。

4.2.9.6 红外下渣检测原理

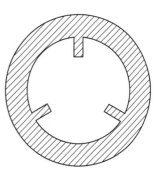

图4-14 无涡流出钢口结构

红外下渣检测的主要原理就是维恩位移定律（Wien's displacement law）。维恩位移定律是物理学上描述黑体电磁辐射能流密度的峰值波长与自身温度之间反比关系的定律。熔渣的温度比钢水的温度高 10~15℃ 以上，根据黑体辐射的解释，熔渣与钢水的颜色存在差异。

相同温度下，钢水与熔渣的发射率不同，熔渣比钢水的发射率（发射率指的是实际物体与相同温度黑体在相同条件下的辐射能通量的比值）高，两者发射率的差异在红外波段表现明显，从近红外（近红外波长 λ 为 0.75~3μm）到远红外（远红外波长 λ 为 6~15μm）波段，熔渣近似于灰体，发射率基本保持不变。从近红外到中红外，再到远红外波段，钢水发射率逐渐减低，与炉渣发射率差异不断加大，因此 CCD 成像时电脉冲幅值大，在图像上表现为灰度值高，也就是熔渣的亮度要亮一些。钢水与熔渣的发射率不同，如图 4-15 所示。

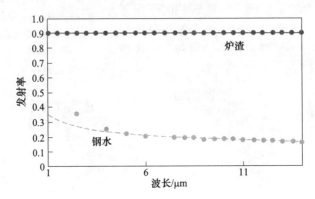

图 4-15　钢水与熔渣发射率

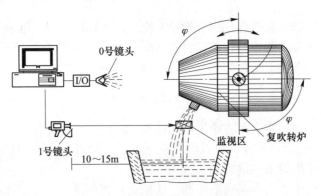

图 4-16　红外下渣检测装置示意图

典型红外下渣检测装置如图 4-16 所示，转炉下渣检测系统主要由图像数据采集设备、图像信息隔离设备、图像质量调整设备、检测系统软件、状态输出设备、现场同步监测显示设备构成。其中两个镜头分别安装在不同的角度，基于不同的检测机理，实时对下渣情况进行全方位的检测。0 号镜头一般采用热像仪镜头使其图像更加直观、清楚，可以看清钢水和转炉运动动作。1 号镜头采用专用镜头，可屏蔽钢水和少量下渣对系统的干扰。

4.2.9.7　微音法转炉下渣检测原理

由于钢水与熔渣的密度不同（熔渣密度约为钢水的 1/2），出钢过程的声音与下渣时的声音在频率和音强上存在差异，有经验的操作工可以听声辨渣。国外相关领域的研究机构采用微音器对信号进行滤波放大处理，然后提取下渣特征。但是目前还没有实质性的应用。

4.2.9.8 电磁法转炉下渣检测原理

熔渣电导率为钢水电导率的千分之一，利用电磁感应的原理可以准确地检测出钢水中含渣量。由于电磁转炉下渣检测系统传感器的次级和初级线圈埋在出钢口，环境恶劣，维护难度大，在国内的实际应用中并不理想，技术上还有待提高。

4.2.10 脱氧合金化

4.2.10.1 镇静钢、沸腾钢、半镇静钢

按钢的脱氧程度不同可分为镇静钢（脱氧后氧含量在 0.002%~0.004%）、沸腾钢（脱氧后氧含量在 0.01%~0.04%）和半镇静钢（脱氧后氧含量在 0.004%~0.01%）三大类，镇静钢占绝大多数。

4.2.10.2 脱氧方法

常用的脱氧方法有：沉淀脱氧、扩散脱氧和真空脱氧等。

沉淀脱氧是指脱氧剂直接加入到钢水中，脱除钢水中氧的方法。这种脱氧方法脱氧效率比较高，耗时短，合金消耗较少，但脱氧产物容易残留在钢中造成内生夹杂物。目前大部分转炉冶炼钢种均采用沉淀脱氧的方法。由于沉淀脱氧法会产生大量内生夹杂物，而夹杂物的种类和形态是因脱氧剂的不同而不同，因此不同类别钢种选择的脱氧剂也会有不同要求。同时，沉淀脱氧产生的脱氧产物需要充分时间上浮，因此采用沉淀脱氧的钢种对后续精炼工序的精炼处理时间有明确要求。沉淀脱氧可以用单元素脱氧法和复合元素脱氧法。单元素脱氧是指脱氧过程中向钢水中只加单一脱氧元素；而复合脱氧指向钢水中同时加入两种或两种以上的复合脱氧元素。复合脱氧可以提高脱氧元素的脱氧能力，若各种脱氧元素用量比例适当，可以生成低熔点脱氧产物，易于从钢水中排出，能提高易挥发性元素（如 Ca、Mg）在钢水中的溶解度。复合脱氧剂的应用对提高脱氧与合金元素效率有明显的作用，已成为铁合金生产与应用发展方向之一。

扩散脱氧是将脱氧剂加到熔渣中，通过降低熔渣中的 TFe 含量，使钢水中氧向熔渣中扩散转移，达到降低钢水中氧含量的目的。钢水平静状态下扩散脱氧的时间较长，脱氧剂消耗较多，但钢中残留的有害夹杂物较少。渣洗及炉渣混冲均属扩散脱氧，其脱氧效率较高，但必须有足够时间使夹杂上浮。若配有吹氩搅拌装置进行软吹，夹杂物上浮效果非常好。

真空脱氧的原理是将钢水置于真空条件下，通过降低外界 CO 分压打破钢水中碳氧反应平衡，使钢中残余的碳和氧继续反应，达到脱氧的目的。这种方法消耗的脱氧剂较其他脱氧方法大幅减少，脱氧效率较高，钢水比较洁净，能起到有效降低脱氧剂成本、提高钢材质量的效果。

4.2.10.3 脱氧剂的选择

脱氧剂的功能，不仅具有脱氧作用，还兼有合金化的作用，只是对不同钢种而言，各

自作用大小不一样。以脱氧为主的脱氧剂，合金化为辅；以合金化为主的脱氧剂，脱氧为辅。因此，也就有强脱氧剂、弱脱氧剂之分，并且为了增强元素的脱氧能力，可采用二元素、三元素等多元素复合脱氧剂。根据冶炼终点氧含量、钢种允许的氧含量以及脱氧产物对钢质量影响和成本等，对脱氧剂的选择也不一样。常规脱氧剂有锰系合金（包括高碳锰和中碳锰）、硅铁、硅锰、铝系合金、铝锰系合金、铝硅系合金、硅钙系合金、硅钡钙系合金等。

每个炼钢厂根据各自的冶炼钢种和工艺不同其脱氧方案也不同，会选择不同的脱氧方式。从大的方面来讲，转炉出钢脱氧合金化有两种方案：

（1）以确保精炼进站成分稳定为主的方案。选择脱氧能力较强的合金系列，确保硅、锰等成分的稳定，这种方案下脱氧成本较高，但合金元素收得率稳定，便于转炉操作工合金配加操作，而且因为精炼的到站成分控制稳定，精炼微调的合金量少，精炼处理任务较轻，故在精炼有充分的软吹氩时间，利于成分的均匀和夹杂物的上浮。需指出的是此类脱氧产物以（Al_2O_3）为主，夹杂物颗粒较小但相对难以上浮，因此和钢种的质量要求密切相关。

（2）以确保合金成本为主的方案。选择相对便宜的合金为主，脱氧成本相对低廉，但合金元素收得率不稳定，对转炉操作工的操作技能要求较高。后续精炼进站成分控制波动较大，可能在精炼时微调补加合金量相对较大，精炼处理时间相对延长。此类脱氧产物以（$SiO_2\text{-}MnO$）为主，夹杂物颗粒较大，易于上浮。

当然在同一个钢厂也可能同时采用这两种脱氧的工艺，比如对含有贵重合金元素的钢种，为了提高贵重合金元素的收得率，会选择强脱氧剂并保证钢水中的氧完全脱除后再加入贵重合金。而对一些价格相对低廉、质量要求不高的钢种则采用硅锰系的便宜合金。

4.2.10.4　脱氧剂加入顺序的原则

在常压下脱氧剂加入的顺序有两种，一种是先加脱氧能力弱的，后加脱氧能力强的脱氧剂；另一种则反之。先弱后强加入顺序的依据是硅锰系合金脱氧成本低，且脱氧产物易于上浮，在钢中氧被脱除到 30×10^{-6} 左右（常规下硅锰合金脱氧只能达到这个水平）后，再加入铝系合金彻底脱氧并合金化。这样既能保证钢水的脱氧程度达到钢种的要求，又可使脱氧产物易于上浮，保证质量合乎钢种的要求，且成本低。先强后弱加入顺序的依据是铝系合金脱氧后硅、锰等合金元素收得率稳定，便于精炼的处理，其原理与之前介绍的确保成分稳定的脱氧剂选择原理相同。

4.2.10.5　脱氧剂加入方式

脱氧剂的加入方式因钢种和工艺的不同而不同，基本分为在转炉出钢过程中加入和精炼过程中加入两种。

对于绝大部分实现了自动化控制的转炉而言，转炉出钢中加入脱氧剂方式是使用合金料仓加溜槽的方式在出钢过程中加入钢水罐，其脱氧剂加入时机为出钢开始 1~2min 后加入，脱氧剂加入部位应对准钢流冲击的钢包钢液部位，加快脱氧剂熔化并使成分均匀。部分未实现自动控制的小转炉采用人工加入的方式，使用小推车等工具将合金通过料斗和溜槽直接加入到钢水罐内。

在精炼中进行脱氧的合金加入方式分为由料仓加入和喂丝两种方式，大部分钢厂采用这两种方式。极易被氧化的合金如纯铝（铝线）、Ca(包芯线)采用喂丝方式加入，可避免在加入时合金浮在钢液面被熔渣和大气氧化，影响收得率。其他合金一般采用料仓加入的方式，并通常在铝系合金加入脱氧完全后加入（因为精炼微调成分必须保证合金收得率稳定以便精确控制成分）。国内外一些先进的工艺技术已经实现对贵重易氧化金属的喂丝加入，如 Ti、Nb、V 等。

需提出的是渣洗或者在 LF 进行深脱硫操作的精炼工艺，因需要将钢水罐熔渣充分脱氧以便于造深脱硫渣系，故其脱氧剂的加入采用料仓方式加入到渣面上。

4.2.10.6 转炉出钢脱氧程度的控制

不同的钢种，在出钢时其下渣量和脱氧程度按不同的方法控制。

在实际工业生产中，要实现转炉出钢一点不下渣是不可能的。目前国内最小的下渣量的钢包渣层厚度是不大于 30mm。因此，对于一些不含硅（$[Si] \leqslant 0.003\%$）的低碳铝镇静钢，为了避免出钢时脱氧剂将渣中的硅还原导致增硅，应避免使用强还原剂（如铝块、铝铁）。在使用含铝低的脱氧剂（铝含量一般在 20% 以下）的情况下，还应保证到达精炼时钢水中有 200×10^{-6} 左右的氧，此部分氧将在精炼时通过喂丝或者 RH 脱去，可避免增硅。

而对于部分不含硅的中碳铝镇静钢（$[Si] \leqslant 0.003\%$），则尽量采用高碳锰铁之类的弱脱氧剂，如转炉终点氧过高，可辅助加入部分铝系脱氧剂，并控制到达精炼时钢水中氧含量在 $(100 \sim 150) \times 10^{-6}$ 之间（如到 LF 精炼工位时氧含量过高，会导致碳的收得率不稳定，增加精炼控制难度）。

对于需要进行精炼脱硫的钢种（一般为含硅的镇静钢），则需使用强脱氧剂将钢水中的氧完全脱去，同时还应投入部分铝块或者铝铁到钢液面，以脱去渣中氧，为造深脱硫渣系创造条件。

4.2.11 顶底吹氧转炉冶炼工艺特点

在顶底吹氧的大型转炉中，加拿大多法斯克（Dofasco）钢厂 1987 年投产的 300t 转炉采用 K-OBM[19] 的方法，冶金效果明显。

4.2.11.1 K-OBM 炉的冶金效果

将 LD 转炉改型为 K-OBM 炉，其主要目的有：（1）提高生产能力和降低生产成本，改善冶金性能；（2）不进行后吹的条件下得到低碳钢（$[C] < 0.02\%$）；（3）较低的氧含量和氮含量；（4）较高的残余锰；（5）改善脱 [P] 和脱 [S] 条件；（6）减少渣中 TFe 和烟尘；（7）由于喷溅较小从而增加了炉容量；（8）可提高废钢比。

4.2.11.2 K-OBM 的工艺操作要点

（1）装料：在加入废钢和铁水时，要从炉底喷嘴吹入高流量的 N_2（标态 $270 m^3/min$）。

为保护炉底喷嘴，炉体要尽量倾向水平。

（2）预热废钢：高压天然气由炉底喷嘴处的窄缝吹入炉内。5min 的废钢预热可增加废钢量 1.5%~2%。

（3）吹炼：加入铁水后马上摇起炉子，同时把高流量的氮气换成氧气（标态 270~300m³/min），炉底喷嘴采用天然气通过喷嘴外环缝吹入炉内冷却喷嘴端部，天然气流量为炉底氧气流量的 9%。

石灰粉是按底吹氧气分两步喷入炉内的。大约 2/3 的石灰粉在脱［Si］、脱［C］期以 1500kg/min 的流量喷入，形成熔渣。剩余石灰粉以低速喷入，形成碱度为 2.8~3.0 的终渣。

顶吹氧占总供氧量的 70%，而且在底吹氧开吹 30s 后顶吹氧就可开吹。标准的氧枪高度是 4m，在吹炼末期降到 3m，以便在尽可能减少炉衬损失条件下，得到尽可能高的二次燃烧率。采用二次燃烧氧枪操作可增加废钢量 1.6%~1.8%。在氧枪结束吹炼前 30s 到 1min，副枪开始测定。根据副枪测定结果，结束炉底吹氧，快速出钢。

（4）出钢：在炉底喷嘴通入高速 N_2 或 Ar 条件下出钢。在等待化学成分和即将出钢的过程中测温、测氧。

（5）出渣和补炉：炉渣部分放出，并加入煅烧的白云石补炉。对炉体进行检查时，要特别注意喷嘴的状况。

4.2.11.3　K-OBM 的冶金性能

多法斯克（Dofasco）钢厂 300t 的 K-OBM 转炉通过炉底的 8 个喷嘴吹 O_2，增加了熔池搅拌能。改善冶金效果，包括接近平衡的钢渣反应，均匀的熔池温度和成分，以及由于喷入石灰粉而改善了精炼过程。K-OBM 典型的冶金效果列于表 4-19。

表 4-19　K-OBM 冶金效果（样本数 $n=88$）

铁水	［Si］	［Mn］	［S］	［P］			
平均值/%	0.47	0.66	0.01	0.36			
标准偏差/%	0.11	0.04	0.004	0.009			
出钢	［C］	［Mn］	［S］	［P］	［O］	［N］	$T/℃$
平均值/%	0.037	0.187	0.009	0.004	$351×10^{-4}$	$22×10^{-4}$	1592
标准偏差/%	0.002	0.043	0.003	0.001	$81×10^{-4}$	$4×10^{-4}$	14
渣成分	TFe	（S）	（P）	碱度			
平均值/%	23.4	0.07	0.36	3			
标准偏差/%	4.6	0.02	0.07	0.4			

钢中氧含量明显低于该厂普通 LD 炉的氧含量，如图 4-17 所示。K-OBM 的脱［S］和脱［P］也比 LD 炉有所改善。对于表 4-19 所列的同样碳含量的钢种，其中［P］的分配系数为 85，相应的 LD 转炉分配系数为 40。底吹大流量气体并喷吹石灰粉，改善了炉渣与钢液界面混合条件，脱磷率可达 99%，有利于深脱磷。

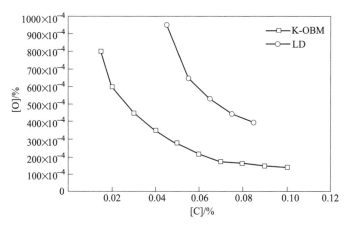

图 4-17 不同转炉冶炼工艺终点碳氧平衡

4.2.11.4 K-OBM 相对 LD 带来的问题及解决方法

A 副枪的改进

由于底吹增大了熔池搅动，导致副枪上黏钢、副枪变形以及副枪顶部破损等问题。该厂通过三项改进措施解决了这一问题：（1）在副枪外部加装一个 1m 长的套筒解决黏钢问题；（2）加大副枪水冷强度；（3）在副枪第一次测量前提升顶枪，副枪测量后，完全依靠底枪吹氧完成动态控制。

B 底枪的改进

K-OBM 的底枪是内管通氧气，内管与外管之间的环缝通冷却气、天然气。主要问题是底枪易受到损坏或者底枪堵塞。

（1）底枪损坏：底枪损坏是指底枪周围的耐火砖过早地侵蚀，从而导致：（1）底枪周围的耐火砖产生了凹陷或凹坑；（2）底枪内孔堵塞；（3）冷却气、天然气被吸入底枪中心孔，可能使炉底的石灰、氧气分配器破裂。

喷嘴损坏和堵塞已经认为是由于天然气纯度和喷嘴中心管气体压力低造成的。最初开始吹炼阶段是因天然气受污染造成的，经查发现是由于天然气管道系统安装施工过程中造成的污染。安装了较细的气体过滤器后解决了这个问题。

原来的 ϕ32mm 的喷嘴适合 3000kg/min 的高速率喷入石灰粉操作，实际上 1500kg/min 的流量就足够了。大口径喷嘴存在的问题是在喷完石灰粉后，喷嘴中心管压力较低，现在使用的喷口直径较小，为 ϕ28mm，这样就提高了管内压力。自从改用较细的喷嘴后，操作性能显著改善。

仔细观察就会发现，旧炉底喷嘴的管压是随炉底的侵蚀逐渐降低的。由于石灰粉的磨损作用，喷嘴内径逐渐扩大。考虑到这些问题，氧流量应该随炉子寿命的增加而增加，以保持最小的喷口管压 600kPa。

（2）石灰分配器破裂：石灰分配器是安装在炉底的，来自单一管道的氧气流通过耳轴改道分配到 8 个喷嘴中。分配器失灵总共发生过三次，头两次破裂类型相似。为了解决分配器失灵问题改变了两个操作。一是将天然气的流量调节到氧气的 9%。采取措施后，分配器破裂压力允许天然气流量（标态）在±4m³/min范围内变化。理论上讲，喷嘴蘑菇团气袋是自然形成和破碎的，实际上是在调节它的大小，从而也调节了通入炉内天然气的气量。第二个操作上的变化是加强了对每个喷嘴专用天然气压力的控制。如果天然气压力达到供气压力150kPa，石灰粉就以低速率喷入，从而提高喷嘴内管的压力。新组合的喷嘴，管径较小，为φ28mm，严密的天然气管压监测，消除了任何可能发生的分配器破裂事故。

　　C　耐火材料

　　在整个6个炉役的试验中，对炉衬的性能参数进行了重要的技术改进。对于复吹转炉吹炼时，炉衬问题可能出在炉底锥形区。K-OBM炉的第一个炉役，在这个区域使用了高质量的耐火砖（镁碳砖，20%C，50%以上的融熔镁砂颗粒）。除了炉体耳轴部位用20%C的镁碳砖外，其余部位用的是低牌号的镁碳砖。由于引入了二次氧枪的燃烧操作，造成炉帽锥体部位冲刷。通过改进二次燃烧氧枪的设计，对吹炼操作进行改动和提高耐火砖质量，消除了炉帽锥体部位的蚀损问题。此外炉衬薄弱的位置还有4~8层砖之间的装料区域，在砌炉时重点对其进行了改进。

　　综上所述，顶底同时吹氧的复吹转炉的冶金效果比较明显，但是由于底吹供氧的供气元件寿命低，制约了顶底同时吹氧的复吹转炉炼钢工艺的发展。

4.3　停炉

　　停炉是一个炉役最后一项工艺操作，在保证设备、人员安全的前提下，保证炉况安全地洗炉、拆炉并最终将炉衬拆除完毕是其主要任务。停炉由于涉及炼钢车间多专业协作，因此也需要系统的协调组织。下面以某厂250t转炉停炉为例，阐述停炉的基本工艺。

4.3.1　确立停炉的组织机构

　　确定停炉小组，组长一般由炼钢车间负责人担任，成员包括车间生产负责人、技术负责人、车间各专业管理人员和工程师。

4.3.2　停炉前的准备

　　（1）停炉前一天（根据熔剂高位料仓容量决定）熔剂高位料仓停止上料，合金高位仓根据每日冶炼钢种的合金消耗量控制上料；

　　（2）停炉当日熔剂辅料高位料仓必须空仓，同时必须留出准备开炉用焦炭的料仓；

　　（3）控制好转炉石灰、轻烧白云石仓的存料量，避免在停炉后料仓内仍有大量未用完的石灰和轻烧白云石，避免后续残余料的处理；

　　（4）停炉前一天起每2~3炉终点用氧气清扫炉口一次，氧气清扫炉口应有相应的操作标准；

　　（5）停炉前一天起补炉计划取消；

　　（6）停炉前对溅渣操作进行相应调整，减小溅渣层厚度，尤其是炉帽部位溅渣层厚度；

　　（7）停炉当日关闭底吹系统供气；

　　（8）除当炉倒渣渣罐外准备三个带残渣的渣罐；

　　（9）准备好压渣材料。

4.3.3　洗炉

4.3.3.1　洗炉必要性

转炉炉衬上的渣层非常牢固，停炉前进行洗炉是为了使炉衬上的渣层尽可能多地熔化下来，为停炉做准备，使得停炉拆炉衬砖更加方便容易，以提高效率，减少人力物力的不必要浪费。

4.3.3.2　洗炉安全措施

（1）整个洗炉工作选定专人独立操作；

（2）转炉停炉前，炉前、炉后、炉下拉临时警戒线（以挡火门外侧+1.5m 为准），严禁任何人员进入警戒线内，严禁任何人员进入转炉平台，指定专人负责安全监控；炉前平台、炉后平台、炉下渣道等位置必须派专人值守；

（3）转炉倒渣时后挡火门必须关上，防止喷溅伤人；洗炉倒渣时严禁合金叉车从炉后通过；

（4）倒渣或观察炉况必须待炉子停稳 1~2min，征得监控人员同意方能进行；

（5）停炉时炉下渣道必须干燥无水（若夜班渣道有水，必须铺灰保证洗炉时渣道干燥）；

（6）洗炉时每次洗炉时间不得超过 5min，否则倒渣时易发生喷溅及火灾伤人事故；

（7）洗炉作业过程中，倒炉危险区内严禁存放易燃易爆物品，如乙炔瓶、氧气瓶等；

（8）洗炉未结束，严禁检修人员上场。

4.3.3.3　洗炉操作要点

（1）涮炉口：枪位由高到低，使氧气流从炉口部位逐渐向下延伸；流量根据炉口渣子反射情况，一般不超过正常工作流量；涮第一次时间小于 5min（氧枪打着火且炉口起渣后），第二次时间小于 3min，第三次时间小于 2min（注意观察烟罩），每次涮完后根据炉内涮渣的渣量决定是否倒渣。

（2）涮耳轴（正常情况下可不涮）：氧气流量适当降低，一般取正常吹炼流量的 2/3；每次时间小于 3min，每涮完倒渣一次。

（3）涮炉底（正常情况下可不涮）：氧气流量一般取正常吹炼流量的 1/2；每次时间小于 2min，每涮完倒渣一次。

（4）每次倒渣转炉必须朝炉后倒下，倒渣时严禁行人和车辆从炉后平台穿行，严禁倒渣时观察炉况。

（5）整个洗炉操作完毕后，必须将炉内残渣彻底倒干净，转炉停在炉前 90°，由白班专业人员确认炉况。

4.3.4　异常情况应对措施

（1）炉子涮漏及时向安全方向（涮漏部位的反方向）摇炉倒渣—停炉—拆炉。炉前倒渣时采用点动方式，防止炉口涮漏。

（2）喷补车准备好，根据异常情况安排直喷头和弯喷头，有针对性地进行喷补。

4.3.5 捡出透气砖

待炉衬砖冷却后，将透气砖捡出，交技术人员测量，对炉役过程中的炉底变化进行总结。

4.4 全自动转炉炼钢工艺

4.4.1 全自动炼钢定义

广义上的全自动转炉炼钢是相对整个炼钢厂而言，定义为：在装备有完整的自动化控制系统条件下，依靠各种专业检测设备，使冶炼过程自动控制而不需要人工干预的炼钢过程。这里完整的自动化控制系统是指传统的一、二、三级控制系统，一级机指基础自动化系统，由 PLC、HMI、网络、传动系统和仪表等设备构成的直接控制转炉冶炼工艺、设备状态和过程的控制系统；二级机指冶炼模型控制计算机，用于跟踪和控制、指导完成冶炼工艺过程；三级机用于冶炼工序间的组织和管理，主要是完成冶炼计划的管理和执行。在没有设立三级机的条件下，可以由 ERP（企业资源管理系统）控制，或者由二级机自行生成简单的生产计划。

狭义上的全自动转炉炼钢仅相对于转炉工序而言，定义为：在整个转炉吹炼过程中操作工均不进行人为干预，在开吹下枪指令发出后，吹炼过程枪位、供氧、熔剂加入、冷却剂加料、副枪测量、拉碳提枪均由计算机模型自动控制完成，即为许多炼钢厂俗称的"一键"式炼钢。

4.4.2 全自动转炉炼钢的常用术语

在全自动转炉炼钢的工艺过程中，有如下术语和简称：

（1）冶炼标准（standard）：控制和实现各钢种冶炼过程的冶金规范；

（2）生产 B 标准：一般指工厂内部具体使用的冶炼技术标准；

（3）钢种字典：指计算机内部以数据库表或文件存储的钢种冶炼标准，与 B 标准一致，仅表现形式和介质不同；

（4）工艺路线：冶炼钢种需要经过的完整的工艺路线，以各组合工序的代码来标识；

（5）目标温度：指冶炼钢种的终点温度；

（6）炉次（heat）：即一炉钢的全部冶炼过程，用炉次开始和炉次结束来分界；

（7）吹炼模式（pattern）：自动炼钢系统内部按照冶炼主要目标对大量钢种采取的分组策略，它存储了单个炉次冶炼所有的过程控制数据；

（8）命中率（hitting rate）：转炉冶炼终点是否合格的概念，在自动控制炼钢中，主要用碳含量和温度双命中率来衡量其控制水平，通常用 $[C]\text{-}T$ 双命中率表示；

（9）氧步（oxygen step）：用来标志转炉冶炼进程的完成程度，用静态模型计算所需供氧量的百分数表示；

（10）静态模型（static model）：是计算机自动炼钢的基础，用来控制冶炼过程的前期（副枪测量前的吹炼过程），是冶炼的主要阶段，以热平衡、物料平衡的理论计算为主，计算输出供氧量、各种熔剂量，包括氧枪枪位、底吹供气等，通过吹炼模式的方式控制冶炼的前期主要过程；

（11）动态模型（dynamic model）：在冶炼末期，根据专用设备（如副枪、炉气分析、投掷式探头等）测量出来的末期钢水信息，修正冶炼轨迹，达到命中终点目标的控制模型。

4.4.3　全自动转炉控制炼钢的发展历程

转炉冶炼的控制过程从发展的历程上看，大致可分为经验控制炼钢、静态控制炼钢、动态控制炼钢、全自动控制炼钢四个阶段。

（1）经验控制炼钢：自 LD 转炉炼钢技术推广使用以来，转炉的终点控制开始是通过操作工在冶炼过程中获得的经验控制，由于依赖于操作工的个体经验，导致终点的控制精度较低，需要大量采用补吹等措施实现终点控制。

（2）静态控制炼钢（命中率不大于 50%）：1959 年美国琼斯-劳夫林钢铁公司首先采用计算机实现转炉冶炼终点温度控制以后，世界各国集中力量研究静态数学模型，逐步实现了计算机静态控制。

（3）动态控制炼钢（命中率不小于 90%）：1973～1985 年，各国开始采用计算机动态模型控制冶炼终点，其中主要有结合炉气分析的动态模型和结合副枪技术的动态模型。

（4）全自动控制炼钢（命中率不小于 95%）：20 世纪 80 年代末日本开始开发转炉全自动吹炼技术，在转炉静态模型控制炼钢的基础上，采用了以下技术：1）炉渣在线检测技术；2）炉气分析技术；3）模糊判断和神经网络，预报熔池的 ［P］、［S］、［Mn］ 成分变化；4）采用副枪技术利用动态模型校正吹炼终点，提高终点控制精度。

4.4.4　全自动转炉炼钢控制系统的基本组成

在转炉基本设备的基础上，全过程转炉炼钢控制系统由如下主要部分组成：

（1）三级机（管理计算机或 ERP）负责完成炼钢厂的生产组织过程，一般设计有下述功能：1）生产计划管理；2）生产实绩跟踪；3）产品质量在线监控；4）厂内成品管理。

在设计有公司四级机系统（ERP 或者产销管理）的情况下，生产计划由四级机按照合同订单分解成生产指令，再下达到三级机。在系统未设计三级机或 ERP 系统或系统未投入运行的情况下，由二级机负责炼钢生产计划的管理。

（2）二级机（过程控制计算机）是转炉冶金模型控制系统的功能集合，主要完成通信、计算、显示等一系列复杂任务，是全自动转炉炼钢系统的核心。

（3）一级机（基础自动化）控制系统由电气、仪表控制系统和操作站组成，主要功能是对转炉炼钢操作过程进行监控和监视，实现人机对话，对生产过程进行顺序控制，同时完成炼钢数据采集。在建立有全自动转炉炼钢系统的炼钢厂，在选择计算机（或全自动）控制方式下一级机接受二级机的冶炼模式，即所有炼钢过程设定值和控制状态由冶金模型计算，炼钢过程的实际值再不断返回二级机。因此，一级机是计算机自动炼钢环节中的执行者。

网络连接贯穿一、二、三级机全系统。

4.4.5　全自动转炉炼钢控制系统设计

4.4.5.1　全自动转炉炼钢控制系统主要功能设计

根据某钢厂成功进行全自动炼钢生产的实践,控制系统功能设计应包括如下8个主要方面:

(1)转炉生产工艺协调管理:在现代化转炉冶炼过程中,整个生产组织和大规模的生产是由两座以上的转炉组成,转炉之间的公共部分工艺过程需要协调完成。因此,在每座转炉冶炼过程的独立控制之外,设计公共区域,如铁水、废钢主原料的管理,必须建立同步协调机制,处理和分配公共资源。

(2)铁水管理:形成鱼雷罐或者铁水罐文件,管理铁水的分配和变化,反映铁水数据的变化。

(3)废钢管理:按照废钢种类提供各种废钢配比模式,建立在可行的废钢分类模式上,形成钢厂的废钢添加标准。

(4)炼钢控制流程:

1)确认计划,生产计划中必须有钢种、冶炼目标重量等关键数据,是主原料计算的依据;

2)确认主原料的加入量和配比,确认工艺设备状态,依据设备条件选择操作方式;在主原料确定后,启动二次计算,吹炼模式确认(包括辅料、氧气量、枪位、底吹模式、副枪指令等);

3)确认吹炼模式(即计算结果),发送结果到基础自动化;

4)点火启动吹炼,进入自动控制阶段,跟踪吹炼过程;

5)当吹氧气量到达吹炼模式中的副枪测量点时,启动副枪测量过程;

6)动态吹炼校正完成,主吹过程结束;

7)副枪第二次测量,并确认是否需要补吹;

8)启动补吹校正模型,直达终点目标;

9)倒炉出钢,炉后合金化计算添加的合金量;

10)根据溅渣模型执行溅渣护炉,倒渣结束,确定最终的炉次生产数据并形成炉次报告;

11)本炉次如果控制成功,选取为参考炉次,实现自学习功能。

(5)合金管理:计算合金元素收得率,依据输入的合金市场价格,设计合金优化模式供用户选择。

(6)数据通信系统:与相关系统的数据通信,并且监视通信状态。一旦数据链路中断,提示数据传输错误并周期性尝试复位和修复链路。

(7)报告建立:按照树状结构,依据规则(如时间顺序或者冶炼顺序)建立炉次报告的集合,用于查询历史数据、分析炉次控制过程的详细数据。

（8）参数维护：分为钢种字典的修正和炼钢模型参数的优化。

4.4.5.2　全自动转炉炼钢基础自动化（一级机）设计

为了配合完成转炉自动化炼钢过程，基础自动化的功能设计需要建立相应的自动控制系统，以便完成自动控制过程。

（1）主原料控制：根据配料单准备主原料，并提供废钢重量和铁水重量、成分、温度数据。

（2）熔剂控制：按照各个批次的料单，自动加入所需要的熔剂量。

（3）顶吹氧气控制：根据吹炼模式自动控制氧气流量。

（4）底吹控制：根据吹炼模式自动控制底吹的气体种类切换和控制底吹流量。

（5）氧枪枪位控制：按照枪位曲线自动控制氧枪高度。

（6）动态控制测量：测量并传输数据到冶金模型计算机。获得转炉冶炼过程信息的常用测量系统有：

1）副枪测量系统：在吹炼末期和吹炼结束时，启动测量过程；

2）烟气分析系统：连续测量烟气含量，主要是 CO、CO_2、O_2、H_2、N_2、Ar 的含量；

3）投掷式探头测量系统：采用投掷式探头测量钢水 T、[C]、[O] 数据。

（7）合金添加控制：根据钢种需要添加所需要的合金种类和合金量。

（8）溅渣护炉控制：实现溅渣护炉，提高炉龄的控制系统。控制溅渣过程的溅渣料加入量、溅渣枪位、氮气流量、溅渣时间。

基础自动化系统的软件设计，根据所选择的 PLC 厂家不同，编程工具不尽相同。重要的内容是 PLC 的自动控制程序、与二级机的通信软件、计算机控制方式的选择和二级机的数据处理等。因此在设计通信方式时，所有数据定义、通信协议必须预留。因为二级机的通信方式与基础自动化之间的通信方式不一致。如果部分控制对象在基础自动化系统的子网（现场总线）内，其主站 PLC 负责中转二级机的通信数据。

4.4.5.3　全自动转炉炼钢过程控制（二级机）设计

A　全自动转炉炼钢二级机主要控制模型

转炉工艺模型主要是针对包括铁水和废钢计算、熔剂加入、转炉过程吹炼等工艺的过程控制而设计的相关数学模型。

模型的计算原理主要是基于熔池内的物料平衡和热平衡。铁水的重量、温度、成分（[C]、[Si]、[Mn]、[P]、[S] 等）、废钢量、钢水量、终点温度、熔剂加入量、渣量和供氧量、炉气烟尘量等将作为物料平衡和热平衡的主要项。

转炉二级机的应用软件中包括如下数学模型：目标温度模型、主原料计算模型、熔剂计算模型、氧量和冷却剂计算模型、动态校正模型、炉后合金加入模型、自学习模型等。

所有模型参数的维护在 HMI（用户界面）画面上检查、调整和执行，主要包括计算边界条件、温度校正系数画面、静态计算系数画面（包含主原料计算系数的内容）、吹炼方式画面、动态计算系数画面、熔剂计算系数画面、出钢合金计算系数画面。相应维护参数的输入和修改都可以在相应窗口中完成。模型参数调整的权限为冶金工程师所有。所有参数调整后的值作为常数使用，但静态模型和动态模型计算参数在作为常数使用的同时还在进行自学习功能的修正。

B　全自动转炉炼钢应具备的工艺条件

为保证转炉自动炼钢的连续性和可执行性，以下工艺条件是必要的：

（1）保证主、副原料的种类和称量精度处于数学模型调试前规定的范围。

（2）入炉前的铁水经过扒渣处理，并且获得渣重量。

（3）铁水脱硫前应测温取样，用于主原料的第一次计算。

（4）脱硫后取样，铁水入炉前进行测温，并根据铁水成分、温度进行熔剂计算。

（5）废钢分类，按照计算机设定的废钢配料单装配废钢。

（6）控制废钢装入量和废钢规格，确保副枪测量前废钢能熔化完。

（7）石灰等副原料不同批次要有最新成分分析，并及时输入。成分波动不大的物料采用平均值。

（8）保证测温系统、化验系统等仪表及各种电子秤计量准确。

（9）副枪的测量精度满足要求：温差 $\Delta T \leqslant \pm 5\text{℃}$，$\Delta[\text{C}] \leqslant \pm 0.01\%$。

（10）保持炉体热状态稳定：相邻炉次出钢温度接近、装入量变化小于8%、冶炼周期小于1h（大于1h应连续吹炼两炉后再采用全自动控制）。

（11）避免强烈喷溅、非计划停吹。

（12）工艺操作方面要求如下：

1）根据钢种形成稳定的废钢加入模式，严格按废钢模式配加废钢；

2）操作规范，严格执行稳定的吹炼模式和加料模式；

3）吹炼过程中氧枪供氧70%以后到副枪测量之前，不允许加辅料；

4）吹炼保持连续不中断；

5）炼钢操作必须采用计算机控制模式；

6）动态调整过程只能使用固定种类的冷却剂和提温剂。

4.4.5.4　全自动转炉炼钢控制系统的相关二级机系统

炼钢厂的炼钢工艺生产是以连铸（或者轧制方案）为中心组织生产计划的，两大工序需要适时联系。因此，转炉工序的当前炉次状态需要周期性地发送到连铸过程计算机系统。另外，炼钢工序内部的铁水预处理和二次精炼是转炉炼钢的前后两道工序，数据交换也是周期性地发生。完整全面的二级机是依据工厂炼钢的需求而设计的，随着控制系统独立或者细分，大致有如下几类：

（1）铁水预处理二级机：主要是铁水脱硫和扒渣两道工序，其铁水数据作为主原料模型的计算依据，有效数据的及时性必须在设计工艺时充分考虑。

（2）转炉二级机：炼钢工序的控制大脑，在生产计划上与上位机交换数据。

（3）精炼二级机：炼钢工序的补充环节，或者是品种钢的执行机关，数据交换的核心是炉次精炼的结果，即炉次报告。

（4）连铸二级机：炼钢厂成品数据的输出中心，除接受当前炉次状态信息外，对于回炉钢的信息需返回到炼钢工序或者上位机。

（5）出坯管理计算机：成品的运输和存储系统，建立有成品库，所有产品信息可查询。

（6）检化验计算机：成分检测系统，所有的工序成分数据除存储在本地数据库外，还要实时发送到需了解信息的工序。

4.4.5.5 全自动转炉炼钢控制系统的设备选型

全自动转炉炼钢控制系统的设备选型，主要是冶炼过程的测量系统选型。根据我国现有转炉制造及厂房设计的特点、冶炼钢种分布和考虑成本因素，以下原则可供参考：

（1）氧枪中心与炉口内口边缘之间的间距在 1.2m 以下的转炉，基本不可能安装副枪系统，可选择投掷式探头系统或烟气分析系统。

（2）氧枪中心与炉口内口边缘之间的间距在 1.2m 以上、吨位在 150t 以内的转炉，可根据成本选择性地安装副枪和投掷式探头系统。

（3）吨位在 150t 以上的转炉，推荐副枪系统，不推荐投掷式探头系统。

（4）烟气分析系统在所有转炉均可安装。但从目前国内使用的情况看，除低碳钢冶炼外，较少有单独使用且获得良好实绩的厂家，故推荐作为副枪系统的补充。

其他的设备按照常规的自动化系统设计要求选型即可，主要有如下设备需要选型：

（1）PLC 选型；

（2）过程仪表选型；

（3）网络设备选型；

（4）计算机硬件选型：计算机服务器的选型，选择部门级及以上的 PC 服务器以满足自动炼钢资源需求。

4.4.6 全自动计算机炼钢模型原理

现代化的转炉炼钢控制系统在世界钢铁工业领域普遍得到应用，转炉炼钢过程控制的主要难点是：熔池钢水的碳含量和温度不能连续检测，从而只得采用开环控制系统。另一个难点是冶炼过程的操作条件变化频繁，从而给冶炼过程的终点控制带来困难。对转炉过程复杂多变和开环控制的具体特点，目前世界上各大型转炉主要采用静态模型控制结合动态模型控制的分段控制形式，其中静态控制模型根据热平衡和物料平衡计算整个冶炼过程主原料装入量、吹氧总量、熔剂和冷却剂用量，同时选择冶炼过程的冶炼模式（氧气流量和枪位模式、底吹模式和辅料投入模式），静态模型根据所计算的吹氧总量确定副枪的测量时刻，然后在吹炼过程中后期副枪测量之后，动态模型将根据副枪检测结果，调整计算冶炼后期的控制策略（吹氧量和冷却剂量），实现动态控制，从而实现转炉炼钢终点控制。各转炉厂的工艺不同导致模型设计有不同思路，下面以某炼钢总厂三分厂计算机炼钢模型为例介绍主要模型的设计思路和计算方法。

4.4.6.1 过程自动化控制软件模块

过程控制计算机（二级机）采用规范化的软件结构，一种功能设置一个软件模块，实现标准化软件设计，如图 4-18 所示。

从图中可以看到，二级机主要完成转炉过程的生产控制，承接厂部三级机任务订单和计划，接受来自一级机反馈的过程数据，通过模型计算完成对转炉各种原材料、熔剂加入

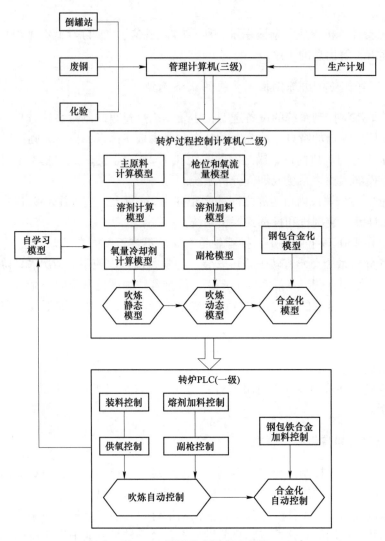

图 4-18 过程控制计算机模块

量的计算以及转炉吹炼过程数据的计算，将计算结果传递到一级机并最终控制转炉吹炼。

4.4.6.2 二级机的主要功能

（1）从三级机接受炼钢计划。三级机下达当日或者当班生产计划后，二级机在其数据库中选择计划钢种的各类信息，包括钢种成分、工艺路线以及特殊钢种要求等数据以供模型计算。计划的下达和接受具备随机变更的功能，各级操作人员根据其权限的不同可进行查看、修改、打印等操作。

（2）接受 PLC 传输上来的过程数据。接受各生产 PLC 传输的生产数据，如铁水温度、钢水温度、钢水氧含量等，这些数据在二级机接受后参与模型计算并且保存（一定时间内）在二级机上，供操作者查阅。

（3）接受化学分析成分。接受化学分析室计算机传输过来的铁水、钢水成分，参与模型计算并且保存（一定时间内）在二级机上，供操作者查阅。原则上二级机系统不允许修改这一部分数据。

（4）原材料信息、钢种字典等数据库装载。对炼钢用各类原材料成分、钢种温度成分、工艺路线等模型计算需要的信息，通过操作者输入到计算机模型中，以备模型计算。这一部分数据的输入、查阅、修改需设置操作权限。

（5）转炉静态模型计算。在接收到所用必须提供的计算条件后，通过静态模型计算得到转炉冶炼炉次需加入的铁水、废钢量，石灰、轻烧白云石等各种熔剂加入量、计划供氧量、计划冷却剂加入量、副枪第一次测量时间。以上数据除副枪测量时间外（原则上不允许随意修改），均应由操作者进行修正（必要时）并确认，最终发送到一级机 PLC。

（6）转炉动态模型计算。在接收到 PLC 传输到的转炉副枪第一次测量结果（钢水碳含量和钢水温度）后，根据钢种字典中的终点目标成分和温度要求，通过动态模型计算出在副枪第一次测量后吹炼到终点所需要的供氧量以及冷却剂（绝大部分厂家采用的模型中未设计提温剂）。并且在动态吹炼过程中每隔一定时间（通常为 2~3s）推算熔池适时的碳含量和温度，供操作者参考。当模型推算的碳含量和温度达到吹炼终点目标时，给 PLC 发出提枪的指令，结束一炉钢的吹炼，并可自动启动副枪第二次测量。提枪指令和副枪第二次测量的指令也可由操作者人为进行干预。

（7）模型的自学习功能。自学习模型实际上是静态和动态模型为适应炉型变化、复吹条件变化等在较长一段时期内发生的操作条件改变而自身做出相应调整的模型，包括静态模型自学习和动态模型自学习。静态自学习模型是先设定一定的参考炉次的选择原则，计算机自动选择符合原则的炉次加入到参考炉次组中，并且以最新冶炼的炉次不断替换炉次组中的最先的炉次，以达到自学习的目的。动态自学习模型是根据当前动态吹炼实际数据与模型计算数据之间的差值，反算动态升温和降碳系数的过程。

（8）液面计算功能。在副枪第二次测量的过程中，通过控制副枪的实际插入深度和副枪的提升速度，根据副枪测量的熔池内钢渣间的温度、氧电势之间的显著差异综合计算熔池液面的高度。

（9）合金加入模型。根据 PLC 传送的终点温度、终点氧、终点碳，结合钢种字典中的到站成分要求，合金模型计算出一炉钢所需配加的各类合金重量，经操作者确认（必要时修正）后下发 PLC 执行。

（10）生成冶炼记录。以转炉冶炼的熔炼号为线，冶炼一炉钢全部的原材料消耗，包括铁水、废钢、吹炼过程数据等重要信息均生成电子记录，并能保存一段时间，供操作者查阅和下载。

4.4.6.3　中间包目标温度模型

中间包目标温度计算是一炉钢最先开始进行的计算，是其他模型计算的基础。通过钢种的液相线温度，逐步反推钢水从终点到中间包的各工序温降，最终得到终点目标温度。其计算基本原理见图 4-19。

钢种的液相线温度用式（4-2）计算：

$$T_{温} = 1536 - (78[C] + 7.6[Si] + 4.9[Mn] + 34[P] + 30[S] + 5[Cu] + \\ 1.3[Cr] + 3.1[Ni] + 2[Mo] + 2[V] + 18[Ti] + 3.6[Al]) \tag{4-2}$$

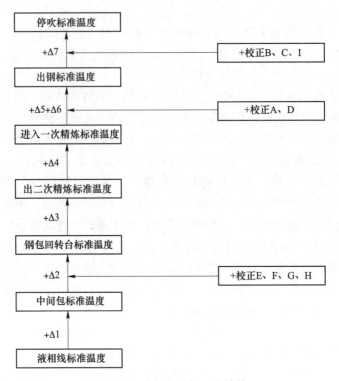

图 4-19　中间包目标温度计算

Δ1~Δ7—过程标准温降：Δ1—中间包内钢液过热；Δ2—钢包和中间包之间温降；

Δ3—二次精炼至钢包回转台间运输温降；Δ4—二次精炼处理过程温降；Δ5—转炉至一次精炼之间运输温降；

Δ6—出钢温降（包括吹氩、铁合金和钢渣的影响）；Δ7—停吹至开始出钢之间的温降；

A~I—需要考虑的校正因素：A—钢包状况校正；B—新砌转炉校正；C—转炉空炉时间校正；

D—出钢口状况；E—钢包旋转塔上额外等待时间校正；F—连浇第一炉校正；G—冷中间包或热中间包校正；

H—连铸机额外浇铸时间校正；I—操作工自行校正

4.4.6.4　静态模型

　　静态控制是转炉动态控制的基础，其控制精度直接影响到动态控制的效果。目前普遍采用的静态模型有三种，即理论模型、统计模型和增量模型。三种模型各有特点，理论模型从炼钢反应的原理出发，根据冶金反应过程的物料平衡和热平衡计算建立吹炼过程的冷却剂方程和氧耗方程，计算出为达到终点目标碳含量和温度所需的冷却剂加入量和耗氧量及各种造渣剂的加入量。理论模型是炼钢过程自动控制的基础，但由于吹炼过程中各种随机因素对吹炼终点结果会产生很大的影响，这些随机因素很难用数学方程进行准确的描述，因此理论模型与实际情况往往存在很大的偏差，目前已很少单独使用，而是与其他模型结合使用。统计模型是根据对大量生产试验数据进行统计分析，建立经验和半经验型的统计方程。统计模型具有很强的针对性，能够描述某一具体钢厂或者转炉在某一段时期内的反应变化规律，但对临时性变化因素很难及时做出反应，而且模型通用性很差。增量模型是目前应用最广泛的转炉静态控制模型，虽然增量模型中的系数主要是根据理论计算或统计分析方法或经验确定的，使得增量模型也存在一定的误差。同时，由于生产过程中存在一些难以用准确的数学方程进行描述的复杂影响因素，如炉龄的变化、枪龄的变化、空炉时间的变化等，这些因素的变化将会影响到吹炼过程和吹炼结果，增量模型对这些因素的处理有一定困难。但上述缺陷均能通过部分修正程序解决。本节主要介绍增量模型方式的静态模型（下文简称为静态模型）。

静态模型是依据初始条件（铁水温度、成分、废钢分类），结合钢种要求的终点目标（终点温度和终点成分），根据参考炉次组的参考数据，按增量模型计算出本炉次的铁水比、氧耗量、冷却剂量、熔剂量等吹炼所需数据。其主要包括主原料计算、熔剂计算、氧量和冷却剂计算以及吹炼模式四个方面。静态控制目标如图 4-20 所示。

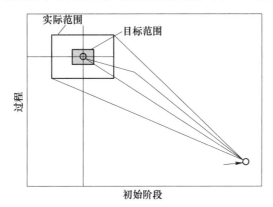

图 4-20 静态控制目标

A 静态模型基本原理

静态模型计算是假定转炉冶炼参数与目标值之间的关系是一个连续函数，即在同一冶炼条件（包括原材料、炉况等）下，采用相同的吹炼工艺（供氧、造渣制度），则应该得到相同的冶炼效果。

其基本表达式为：

$$Y_1 = Y_0 + a_1\Delta X_1 + a_2\Delta X_2 + \cdots + a_n\Delta X_n + \beta \tag{4-3}$$

式中，Y_1 为本炉计算值；Y_0 为参考炉实际值；$a_1 \sim a_n$ 为模型系数；β 为模型调整系数；$\Delta X_1 \sim \Delta X_n$ 为各变量因素的变化量。

从式（4-3）中可以看到，如果冶炼炉次与目标参考炉次之间冶炼条件相同，则会得到相同的冶炼结果，如果冶炼条件不同，则根据不同的系数关系，最终也会调整到得出相似的冶炼效果。利用此原理可以建立吹炼过程热平衡方程和氧耗方程，计算出为满足本炉吹炼终点碳含量和温度要求所需的冷却剂加入量和吹氧量。

B 主原料计算

主原料计算即铁水比的确定。决定铁水比的主要因素非常多而且复杂，铁水和废钢供应、钢种、铁水条件和操作制度等均对转炉热平衡造成影响。常规的计算方法是根据冶金反应过程的物料平衡和热平衡建立吹炼过程的冷却剂方程和氧耗方程，计算出为达到终点目标碳含量和温度所需的冷却剂加入量和耗氧量及各种造渣剂的加入量。这种计算过程会采用大量的经验数据，而这些经验数据并不能很好地适应当前冶炼发生的各类操作环境变化，因此转炉计算机静态模型采用增量法，即先假定操作过程中加入的矿石是一定量，然后选取一定数量的具有典型操作过程和结果的炉次作为参考炉次，再根据当前炉次与参考炉次的冷却能之差得出当前炉次的冷却能，最后根据冷却能反算加入的废钢量。冷却能计算方法如下：

（1）参考炉实际冷却能为：

$$L_C = \frac{1000}{W_{0C} + W_{FC}}\left(a_1 W_{FC} + \sum_{i=2}^{6} a_i W_{iC}\right)$$

$$(i = CaO, MgCO_3, CaF_2, Fe_2O_3, CaCO_3) \tag{4-4}$$

（2）本炉与参考炉的冷却能之差为：

$$\Delta L = b_{11}\left[W_{0B}(T_{eB} - T_{0B}) - W_{0C}(T_{eC} - T_{0C})\right] + \sum_{i=1}^{4} b_i(W_{0B}M_{iB} - W_{0C}M_{iC}) + \tag{4-5}$$

$$\sum_{i=1}^{4} c_i(W_{iB} - W_{iC}) + \left[F_1(C_B) - F_1(C_C)\right] + B_1$$

$$F_1(C) = r[C] - \delta\ln\left(\frac{C - C_0}{C} - 1\right) \tag{4-6}$$

（3）本炉所需冷却能为：

$$L_B = L_C + \Delta L \tag{4-7}$$

式中，L_C 为参考炉的实际冷却能，kJ；L_B 为本炉目标冷却能，kJ；ΔL 为本炉和参考炉冷却能之差，kJ；W_{0B} 为本炉铁水装入量，t；W_{0C}、W_{FC} 分别为参考炉铁水和废钢装入量，t；W_{iB}、W_{iC} 分别为本炉和参考炉各辅料加入量，t；T_{0C}、T_{eC} 分别为参考炉铁水温度和终点温度，℃；T_{0B}、T_{eB} 分别为本炉铁水温度和终点目标温度，℃；C_B、C_C 分别为本炉和参考炉的终点碳含量，%；C_0 为临界碳浓度，%；B_1 为修正项。

C　熔剂计算

吹炼过程熔剂加入量和炉渣量的计算如下：

（1）石灰加入量计算：

$$W_{CaO} = \frac{100}{C_{CaO} - BC_{SiO_2}}\left[R(2.14\Delta[Si] + 2.29\Delta[P] + \sum g_{SiO_2}) - \sum W'_{CaO}\right] \tag{4-8}$$

式中，R 为终渣目标碱度值，$(CaO)/(SiO_2)$；$\Delta[Si]$、$\Delta[P]$ 为金属中相应元素的氧化量，kg；$\sum g_{SiO_2}$ 为除石灰（石灰石）外其他材料带入的 SiO_2 量，kg；$\sum W'_{CaO}$ 为除石灰（石灰石）外其他材料带入的 CaO 量，kg；C_{CaO}、C_{SiO_2} 分别为石灰中 CaO 和 SiO_2 含量，%。

（2）白云石加入量计算：

$$W_{MgCO_3} = \frac{100}{P_{MgO}}(W_s C_{MgO} - \sum W'_{MgO}) \tag{4-9}$$

式中，P_{MgO} 为白云石中 MgO 含量，%；W_s 为炉渣重量，kg；C_{MgO} 为终渣中（MgO）含量，%；$\sum W'_{MgO}$ 为其他途径带入的 MgO 量，kg。

（3）萤石加入量计算：

$$W_{CaF_2} = \frac{W_{CaO} P_{CaF_2}}{100} \tag{4-10}$$

式中，W_{CaO} 为石灰加入量，kg；P_{CaF_2} 为加入萤石量占石灰重量比例，%。

（4）炉渣量计算：

$$W_s = \frac{100}{100 - \sum(\text{FeO})}(\sum \beta_i \Delta[M_i\%] + 10^{-2}\sum g_i W_i + W_{\text{其他}}) \quad (4-11)$$

式中，$\sum(\text{FeO})$ 为炉渣中氧化铁（FeO 和 Fe_2O_3）的含量，%；$\sum \beta_i \Delta[M_i\%]$ 为金属中各杂质氧化时生成的氧化物总量，kg；$10^{-2}\sum g_i W_i$ 为加入渣料（不含氧化铁）形成的渣量，kg；$W_{\text{其他}}$ 为其他来源如炉衬侵蚀、铁水带渣等形成的渣量，kg。式（4-11）中的 $\sum \beta_i \Delta[M_i\%]$ 和 $\sum g_i W_i$ 可写成：

$$\sum \beta_i \Delta[M_i\%] = 2.14\Delta[\text{Si}] + 2.29\Delta[\text{P}] + 1.29\Delta[\text{Mn}]$$

$$\sum g_i W_i = W_{\text{CaO}}P_1 + W_{\text{MgCO}_3}P_2 + W_{\text{CaCO}_3}P_3$$

式中，W_{CaO}、W_{MgCO_3}、W_{CaCO_3} 分别为吹炼过程中石灰、白云石、石灰石的加入量，kg；P_1、P_2、P_3 分别为加入石灰、白云石、石灰石中的 CaO 含量，%。

D 供氧量计算

与主原料的计算原理相同，为了达到本炉终点目标碳含量所需的吹氧量可根据参考炉次的耗氧量及本炉与参考炉氧耗之差计算。

（1）参考炉目标氧耗为：

$$O_C = \frac{1}{W_{0C} + W_{FC}}(V_{OC} + d_1 W_{\text{Fe}_2\text{O}_3\text{C}}) \quad (4-12)$$

（2）本炉与参考炉目标氧耗之差为：

$$\Delta O = \sum_{i=2}^{5} d_i(W_{iB} - W_{iC}) + \sum_{i=1}^{3} e_i(W_{0B}M_{iB} - W_{0C}M_{iC}) + B_2 \quad (4-13)$$

（3）本炉目标氧耗为：

$$O_B = O_C + \Delta O$$

式中，O_C 为参考炉的目标耗氧量（标态），m^3；V_{OC} 为参考炉实际吹氧量（标态），m^3；O_B 为本炉目标耗氧量（标态），m^3；ΔO 为本炉和参考炉耗氧量（标态）之差，m^3；$W_{\text{Fe}_2\text{O}_3\text{C}}$ 为参考炉铁皮加入量，t；d_i、e_i 为方程系数；B_2 为修正项。

E 冷却剂计算

冷却剂的计算与主原料的计算原理相同。在进行主原料计算时，首先假定冷却剂是一固定值，根据出铁前的铁水温度和成分计算出本炉钢需加入的铁水和废钢量。当铁水和废钢量确定后，再根据入炉铁水的实际成分、温度和入炉量，反算本炉钢的冷却剂加入量。

F 吹炼模式

为了使操作稳定，提高操作结果的再现性，对一炉钢吹炼过程中的供氧强度、枪位、底吹强度、加料方式以及时间等操作行为均需做出统一规范。图 4-21 为某炼钢总厂三分厂冶炼某钢种的一种模式。

4.4.6.5 动态模型

动态模型计算的启动是在副枪第一次 TSC（温度、取样、定碳）测定成功后立即自动启动的，且其计算的起点为副枪测定那一时刻，因而其和静态模型两者之间是相对独立的，但两者又是相互关联的，静态模型是基础，它计算冶炼过程的主要控制变量（吹氧总量和冷却剂用量），从而得出副枪测定时刻，而动态模型在副枪测定的基础之上进一步调整冶炼控制变量的数值，以提高终点控制精度。

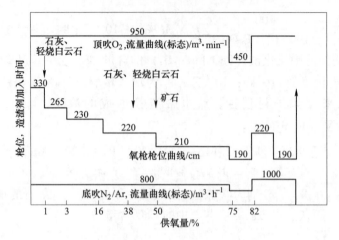

图 4-21　一炉钢冶炼过程工艺参数变化

（1）动态模型的主要计算任务包括：

1）在获得副枪（SL1）测定数据后，依据熔池成分和温度距目标出钢值之间的差距计算动态过程氧气补吹用量与冷却剂用量，及时调整冶炼策略并确定冶炼终点。

2）在转炉动态吹炼过程中，随着氧气的不断吹入和冷却剂的投入，动态模型不断估算当前时刻的熔池碳含量和温度。当补吹氧量和冷却剂量等于整个动态过程的氧气量和冷却剂量时，模型的计算结果就是其对转炉冶炼终点成分和温度的估算值。

（2）动态模型的主要模型结构如下：

1）动态吹氧量和动态冷却剂的计算。钢水脱碳过程的动力学研究和试验以及经验表明，熔池钢水的脱碳规律可表示如下：

$$\frac{dy_1(t)}{dt} = -\frac{\alpha}{W_{ST}}\left\{1 - \exp\left[-\frac{y_1(t) - C_0}{\beta}\right]\right\}\left[\frac{du_1(t)}{dt} + h_0\frac{du_2(t)}{dt}\right] \tag{4-14}$$

熔池温度变化的规律可表示为：

$$\frac{dy_2(t)}{dt} = \frac{\gamma}{W_{ST}} \times \frac{du_1(t)}{dt} - \varepsilon\frac{dy_1(t)}{dt} - k_0\frac{du_2(t)}{dt} - \sum_i k_i\frac{dr_i(t)}{dt} \tag{4-15}$$

式中，$u_1(t)$ 为动态吹氧量；$u_2(t)$ 为动态冷却剂用量；$y_1(t)$ 为熔池碳含量；$y_2(t)$ 为熔池温度；C_0 为常数；r_i 为辅材 i 的用量；k_i 为辅材 i 的冷却能系数；W_{ST} 为目标出钢量；α、β、γ、h_0、k_0、ε 为模型系数。

由式（4-14）和式（4-15）推导可得出动态供氧量和动态冷却剂的求解方程组：

$$\frac{[u_1(t) - u_1(t_0)] + h_0[u_2(t) - u_2(t_0)]}{W_{ST}} = \frac{\beta}{\alpha}\ln\left\{\frac{\exp\left(\frac{y_1(t_0) - C_0}{\beta}\right) - 1}{\exp\left(\frac{y_1(t) - C_0}{\beta}\right) - 1} \times \frac{\exp\left(-\frac{y_1(t_0) - C_0}{\beta}\right)}{\exp\left(-\frac{y_1(t) - C_0}{\beta}\right)}\right\} \tag{4-16}$$

$$y_2(t) = y_2(t_0) + \gamma\frac{u_1(t) - u_1(t_0)}{W_{ST}} + f(t_0)\delta - \varepsilon[y_1(t) - y_1(t_0)] -$$
$$k_0[u_2(t) - u_2(t_0)] - \sum_i k_i[r_i(t) - r_i(t_0)] \tag{4-17}$$

式中，δ 为模型系数。

2）钢水碳含量的推定计算。根据式（4-16）可推定钢水碳含量公式：

$$y_{1,k}(t) = C_0 + \beta_k \ln\left\{1 + \left[\exp\left(\frac{y_{1,k}(t_0) - C_0}{\beta_k}\right) - 1\right]\right.$$

$$\left.\exp\left(\frac{\alpha_k}{\beta_k} \times \frac{\left[u_{1,k}(t) - u_{1,k}(t_0)\right] + h_0\left[u_{2,k}(t) - u_{2,k}(t_0)\right]}{W_{\mathrm{ST},k}}\right)\right\} \tag{4-18}$$

3）钢水温度的推定计算。根据式（4-17）可推定钢水温度公式：

$$y_{2,k}(t) = y_{2,k}(t_0) + \frac{\gamma_k}{W_{\mathrm{ST},k}}\left[u_{1,k}(t) - u_{1,k}(t_0)\right] + f_k(t_0)\delta_k - \varepsilon_k\left[y_{1,k}(t) - y_{1,k}(t_0)\right] -$$

$$k_0\left[u_{2,k}(t) - u_{2,k}(t_0)\right] - \sum_i k_i\left[r_{i,k}(t) - r_{i,k}(t_0)\right] \tag{4-19}$$

4.4.6.6 自学习模型

在实际生产中，部分生产条件的变动会导致动态计算结果不准确，如复吹效果的变化对动态过程的升温和降碳影响明显，这就需要对动态模型中的各项系数进行调整。为了避免过多的人为因素对模型系数进行调整，计算机模型中一般采用自学习模型来解决动态模型参数的自适应问题。为了简要表述自学习模型的参数自调整原理，任选一模型参数 β 为例，介绍其自学习计算过程。

对于炉次 k，在冶炼结束并满足一定具体条件之后，由自学习模型根据动态模型对熔池碳温估算的计算误差反馈学习模型系数，以提高转炉动态操作控制系统的适应能力。

用 α_k、β_k 表示动态模型系数 α、β 在当前炉次 k 动态计算过程中的取值，令

$$f(\beta_k) = \frac{\beta_k}{\alpha_k}\ln\left[\frac{\exp\left(\frac{y_1(0) - C_0}{\beta_k}\right) - 1}{\exp\left(\frac{y_1(t) - C_0}{\beta_k}\right) - 1} \times \frac{\exp\left(-\frac{y_1(0) - C_0}{\beta_k}\right)}{\exp\left(-\frac{y_1(t) - C_0}{\beta_k}\right)}\right] \tag{4-20}$$

然而由于实际冶炼过程中的冶炼条件发生变化，当前的模型系数已经不再适用，从而导致模型的计算偏差。用 α_{k+1}、β_{k+1} 表示模型系数在炉次 k 学习之后的新值，即参与炉次 $k+1$ 动态计算过程的系数取值。另外，由于是在一个方程中两个系数的学习，采用逐个学习的方式，首先固定系数 α_k 而学习 β_{k+1}，然后在 β_{k+1} 的基础之上学习 α_{k+1}。采用 β_{k+1}，可用 $f(\beta_{k+1})$ 表示动态冶炼过程的实际吨钢耗氧量：

$$f(\beta_{k+1}) = \frac{\beta_{k+1}}{\alpha_k}\ln\left[\frac{\exp\left(\frac{y_{\mathrm{1SL1},k}(0) - C_0}{\beta_{k+1}}\right) - 1}{\exp\left(\frac{y_{\mathrm{1SL2},k}(t_{\mathrm{ep}}) - C_0}{\beta_{k+1}}\right) - 1} \times \frac{\exp\left(-\frac{y_{\mathrm{1SL1},k}(0) - C_0}{\beta_{k+1}}\right)}{\exp\left(-\frac{y_{\mathrm{1SL2},k}(t_{\mathrm{ep}}) - C_0}{\beta_{kH}}\right)}\right] \tag{4-21}$$

同时，实际冶炼过程的吨钢氧耗又可以表示为：

$$f(\beta_{k+1}) = \frac{\left[u_{1,k}(t_{\mathrm{ep}}) - u_{1,k}(0)\right] + h_0\left[u_{2,k}(t_{\mathrm{ep}}) - u_{2,k}(0)\right]}{W_{\mathrm{ST},k}} \tag{4-22}$$

对等式（4-21），在 β_k 点对 $f(\beta_{k+1})$ 进行泰勒展开，并忽略高次项可得：

$$f(\beta_{k+1}) = f(\beta_k) + f'(\beta_k)(\beta_{k+1} - \beta_k)$$

则：

$$\beta_{k+1} = \beta_k + \frac{f(\beta_{k+1}) - f(\beta_k)}{f'(\beta_k)} \tag{4-23}$$

考虑学习过程的加权处理，可得：

$$\beta_{k+1} = \beta_k + K_k \frac{f(\beta_{k+1}) - f(\beta_k)}{f'(\beta_k)} \tag{4-24}$$

以上是系数 β 的自学习过程，同理可推导其他系数的自学习计算式。

4.4.6.7　预出铁模型

预出铁模型是某炼钢总厂三分厂根据自身铁水组织特点开发的模型。转炉冶炼静态过程结束时钢水碳和温度能否准确进入控制范围，从而达到冶炼终点碳和温度命中目标，很大程度上决定于冶炼前主原料（铁水、废钢）计算和准备的是否合适。一般模型中转炉铁水和废钢量的计算，只计算一次，即以铁水脱硫站的铁水温度和成分为基本数据进行计算，这对铁水脱硫站布置在厂房外较远的工厂来讲，温度由于受运输过程的影响，往往失去了代表性，因此计算的铁水往往偏离冶炼热平衡较远，从而造成静态过程失控，导致终点命中率降低。若以脱硫站铁水温度和成分进行第一次主原料计算，加上以即时出铁的铁水温度，进行第二次主原料计算，则时间上常常不能满足节奏紧张的转炉生产的要求。

为达到准确计算铁水和废钢量的目的，并满足全连铸生产节奏的要求，开发了预出铁模型。具体操作步骤是：提前两炉用脱硫站铁水温度和成分数据进行第一次主原料计算，铁水进厂后立即预出铁占入炉总铁量约90%的铁水，实测得到铁水温度后，进行第二次主原料计算，确定最终铁水比，然后补齐所需铁水并准备好废钢。预出铁模型如图4-22所示。

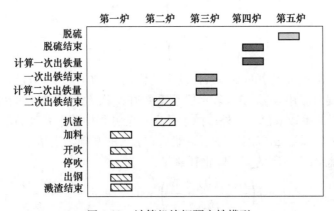

图 4-22　计算机炼钢预出铁模型

4.4.6.8　快速出钢模型

快速出钢模型是某炼钢总厂三分厂针对自身特点开发的基于终点成分准确预报的模型。

影响转炉快速出钢的因素，一是吹炼前期和中期的冶金行为，二是吹炼末期钢中成分的变化规律。吹炼前期和中期的冶金行为，决定了转炉冶炼过程结束时熔池的化学成分是否符合吹炼末期冶金反应的要求，从而影响吹炼至终点后能否直接出钢。若转炉吹炼的前期和中期采用人工操作，则人为干扰因素较多，吹炼缺乏平稳和重复性，不利于研究吹炼末期钢中磷含量的变化规律。采用计算机用吹炼模式控制炼钢后，将吹炼过程中的枪位、供氧流量的变化、熔剂（造渣料）加入时间和数量、副枪测量时间以及底吹 N_2/Ar 供气流量和切换时间等均固定，转炉吹炼操作严格按规范的吹炼模式进行，能得到较好的操作结果再现性。同时吹炼模式的持续改进，使吹炼过程达到平稳并获得良好的化渣效果，满足了快速出钢的控制要求。

为了准确预报终点磷，避免磷高事故，该厂开发了终点磷预报模型。以转炉计算机炼钢的数据为基础，先后建立了数学模型和人工神经网络模型两种预报方法，并对两种预报模型进行了对比分析，结果显示人工神经网络模型较为准确。其对检测数据的预报相对误差在±10%以内的命中率为75.4%，相对误差在±15%以内的命中率为86.1%，为快速出钢提供了依据。

4.4.7 自动化炼钢实例

4.4.7.1 武钢某厂应用实例

A 某钢厂简介

某钢厂于2007年11月28日竣工投产，主体装备为两座200t转炉及配套的铁水预处理、LF和RH等精炼设施，两台双流板坯连铸机。2009年实际钢产量312.7万吨，主要产品为硅钢。

该厂转炉采用自主开发的副枪及自动化炼钢模型，于2008年5月两座转炉开始投入运行，通过对影响自动炼钢的加料系统、副枪等设备不断改进，对转炉供氧模式、废钢模式、吹炼模式及其模型不断进行优化，2009年9月两座转炉先后实现了全自动化炼钢，使转炉生产逐步趋于稳定，转炉产能也逐步得到发挥，2009年9月以来终点碳、温度双命中率稳定在90%以上，炼钢后吹率稳定在7%以下。

B 某钢厂自动炼钢技术特点

全自动炼钢的实现，2008年以来主要体现在以下几个方面：
（1）自动炼钢设备运行稳定；
（2）炼钢原材料管理有序；
（3）模型逐步优化；
（4）操作标准规范。

通过2008年投入自动炼钢后重点对设备进行优化改造工作，稳定设备运行，为自动炼钢运行奠定基础。2009年重点研究制约自动炼钢的相关条件，稳定原材料使用、完善模型功能、优化模型参数。

C 某钢厂自动炼钢应用效果

2009年9月以后终点碳、温度双命中率均稳定在90%以上，见图4-23。

后吹率显著降低，由2008年5月投运前的16.82%，减少到并稳定在7%以下，见图4-24。

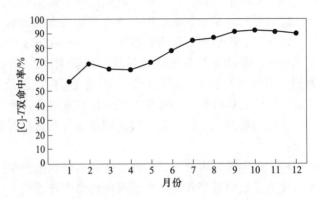

图 4-23　某炼钢厂 2009 年转炉自动炼钢碳温协调合格率

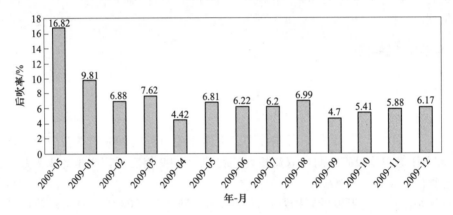

图 4-24　某炼钢厂 2008 年、2009 年转炉后吹率控制情况

出钢磷控制稳定，成分控制精度提高，2009 年某钢厂［P］成分内控合格率最高达到 97% 以上，见图 4-25。

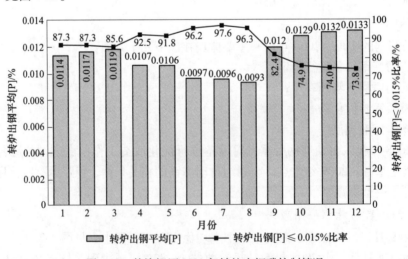

图 4-25　某炼钢厂 2009 年转炉出钢磷控制情况

上述自动化炼钢应用效果还表现在石灰消耗、钢水收得率稳定，管理规范、标准化操作稳定。

4.4.7.2　首钢某厂应用实例

首钢与武钢合作开发首钢某厂210t转炉国产化的副枪自动化炼钢技术，该技术于2006年8月8日与3号转炉投产同步投入使用。副枪系统投入后通过不断改进副枪设备、完善模型控制，于2007年3月，3座转炉全部实现一键式自动化炼钢，转炉终点碳、温度双命中率稳定在90%以上，后吹率有较大的减少，由投运前的平均28.37%，减少到并稳定在4%以下，最低达到2.68%，冶炼周期平均缩短16.8%，降低了主副原材料的消耗，满足了品种钢冶炼的需要，经济效益显著。

A　转炉炼钢副枪系统

a　副枪设备

采用旋转式副枪形式，副枪枪体可降到转炉操作平台，便于更换把持器，检查副枪枪头黏渣情况，实现对副枪插接件进行快速校验及定期更换等操作，对副枪枪体按1200炉下限维护和插接件按150炉更换，保证了副枪投运率和综合测成率。副枪基本参数为：

（1）副枪与氧枪中心距1100mm；

（2）副枪升降行程22640mm；

（3）副枪旋转半径4502mm；

（4）副枪旋转角度96°。

b　副枪探头

（1）TSC：测温、取样、定碳。在吹氧85%时，测出熔池温度和钢液凝固温度，通过凝固温度和钢水碳含量的关系求出碳含量。

（2）TSO：测温、取样、定氧。在吹炼终点时，测出钢液终点温度和氧活度，在进行TSO测量时，探头通过钢液/渣的界面时，钢液温度和氧活度产生跃变，系统快速计算出熔池钢水液位高度。

c　副枪控制系统

转炉计算机控制系统分为三级，一级系统即基础自动化系统；二级系统即生产过程控制系统；三级系统执行生产计划管理和工序跟踪，生成管理报表等。副枪自动化炼钢控制系统主要包括：副枪升降旋转装置、探头自动装卸系统、数据分析系统、转炉二级计算机系统。副枪升降和旋转、探头的装卸等由一套PLC系统集中控制，实现快速测量、准确控制，副枪位置控制精度达到±10mm。

副枪操作分为三个主工作周期和两个辅助工作周期。其中三个主工作周期分别是连接周期、测量周期、复位周期；两个辅助工作周期分别是旋转到测量位置、旋转到连接位置。副枪测量流程见图4-26。

主工作周期：连接周期47.1s，测量周期25.3s，复位周期47.3s。

B　静态和动态控制模型

a　静态模型

静态模型是根据物料平衡和热平衡计算，再参照经验数据统计分析得出修正系数，确定吹炼加料量和氧气消耗量。

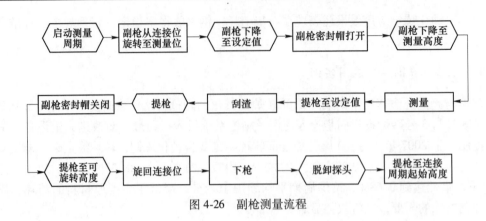

图 4-26　副枪测量流程

静态模型计算包括出钢温度计算、主原料计算、熔剂计算、氧气量计算、冷却剂计算。其中氧气量、冷却剂计算包括：计算吹炼一炉钢所需的氧气量，按总氧耗量消耗百分数的进程计算每个进程的氧气量（称为氧步），计算球团矿加入量。熔剂计算包括：石灰加入量的计算、白云石加入量的计算、萤石加入量的计算等。

b　动态模型

动态模型是当吹炼接近终点时，将副枪插入钢液检测到的温度和碳含量数值传送到过程计算机，过程计算机根据所测到的实际数值，计算出达到目标温度和目标碳含量所需的氧气量和冷却剂加入量，并以测到的实际数值作为初值，以后每次吹氧 3s，启动一次动态计算，预测熔池内温度和目标碳含量。当钢水的温度和碳含量都进入目标范围时，发出停吹和提枪指令。

通过对动态模型计算参数的快速调节，完善动态模型动态系数分组方法，改善了动态模型自学习效果，提高了终点命中率。

C　技术管理改进

自动化炼钢是一个复杂的系统工程，是以过程计算机控制为核心，实行对冶炼全过程的参数计算和优化。用计算机控制转炉炼钢，不仅需要计算机硬件和软件，还要求基础自动化准确控制设备运行、设备运行稳定、故障率低、各种过程数据检测准确可靠、原材料达到精料标准、提高各级管理和操作人员管理和操作水平。为此做了下列工作：

（1）完善数据采集管理。为了满足副枪自动化炼钢等新工艺管理需要，强化和完善了数据采集管理，建立生产和检化验数据自动采集、传送、报表自动生成的数据自动化管理系统，实现全厂数据共享，建立了副枪系统炼钢二级机与各终端的通信。三级系统给炼钢二级机下达生产计划，各终端按生产计划的指令进行作业，实行对冶炼全过程的顺序控制、跟踪和管理。

（2）加强计量管理。副枪自动化炼钢要求对铁水、废钢、辅料、铁合金、钢水等的重量进行准确称量。为达到称量精度要求，进行了炼钢系统全面的校秤工作，对炼钢系统的 55 台工艺秤进行了标定和实物校验，称量精度达到 0.5%。对转炉副原料和铁合金高位料仓的电振控制及称量斗料量控制方式进行改造，采用变频调速控制方式，对部分料量称量改为减量控制方式。对原材料加料系统由手动改为自动控制模式，建立根据氧步控制的配料单加料模式，为自动化炼钢提供了基础条件。

（3）氧枪枪位和氧流量的准确控制。为实现氧枪枪位和氧流量的准确控制，对氧枪控制编码器进行改造，由原来的增量型编码器改为绝对值编码器，控制程序增加了枪位动态校正功能，控制精度达到了±50mm；对氧气流量孔板进行重新计算、校核、标定和更换，实现了氧气流量等的准确计量控制。

（4）动态控制炉底和改进底吹系统。结合生产实际，控制炉型，稳定炉底厚度。采用炉渣合理配氧化镁，优化溅渣护炉工艺，动态控制炉底厚度，稳定模型脱碳系数。冶炼低碳和超低碳钢采用增大后期供氧量和大气量底吹后搅工艺，有利于脱碳、脱磷、脱硫。转炉复吹系统，底吹枪由 12 支减少到 4 支，建立按氧步控制调节的动态复吹供气模式和不同钢种工艺的底吹后搅模式，发挥复吹效果。

（5）加强原材料管理。加强了铁水、石灰等原材料的取样检验分析，建立了严格的检验管理制度。对废钢实行分类管理，废钢按 10 类堆放，按比例搭配使用。在炼钢模型中设定适合生产实际的废钢配比方式，满足不同品种钢的冶炼需要。入炉废钢实际重量与指令重量偏差不大于 0.5t，入炉铁水实际重量与指令重量偏差不大于 1.0t。

（6）实现精细化管理。炼钢自动化技术以精细化管理为核心，严格执行"不使用副枪和炼钢二级模型不炼钢"的规定，牢固树立自动化炼钢的坚定信念。通过强化设备管理，不断改进和完善炼钢数学模型，优化模型参数，保证设备运行稳定。实现精确计量，做到各种过程数据检测准确可靠。从源头抓好原材料质量，达到质量稳定。建立了一整套自动化炼钢管理制度，保证了副枪和炼钢二级模型的正常投运。

（7）一键式炼钢全程自动化控制技术。一键式炼钢定义：通过计算机下达一个吹炼指令信号，实现从降氧枪、降罩、加料、氧枪枪位过程控制、副枪测量、自动提枪拉碳的计算机全程控制自动炼钢的方法。

转炉副枪自动化炼钢系统，依靠 TSC 和 TSO 的测量以及氧枪拉碳后提枪、C-T 跟踪曲线，进入模型动态画面控制窗口，一般由操作工判断终点数据进行提枪停吹操作。为了使冶炼操作简单化、标准化，对模型进行开发完善，编制了专门的控制程序，准确确定了自动拉碳提枪的时机，实现从降氧枪、降罩、加料、氧枪枪位过程控制、底吹供气量控制、副枪测量、自动提枪拉碳的计算机全程控制。

2007 年 3 月三座转炉全部应用一键式炼钢后，又于 6 月实现主控室全封闭自动化炼钢生产。一键式自动化炼钢的实践，验证了模型的准确和稳定性。转炉终点动态控制画面见图 4-27。

（8）普通钢种吹炼终点取消 TSO 测量直接出钢。副枪自动化炼钢技术投入后，在副枪系统设备运行稳定、模型计算准确的基础上，对普通钢种吹炼终点取消 TSO 测量直接出钢，目前可直接出钢钢种的直接出钢率达到 70%以上。

（9）终点低磷自动化吹炼模式研究。为了获得良好的化渣去磷效果，根据顶底复吹转炉的脱磷机理，将吹炼过程中的枪位、供氧流量的变化、熔剂（造渣料）加入时间和数量、副枪测量时间以及底吹 N_2/Ar 供气流量和切换时间等均固化成为吹炼模式，严格按规范的吹炼模式进行操作。通过不断优化模型参数，改进化渣去磷操作，达到了良好的化渣去磷效果。

通过对 1779 炉数据统计分析，炼钢自动化技术投入后，终点磷控制水平在 0.003%~0.019%范围内波动，比采用炼钢自动化技术前终点磷平均下降 0.007%。对 1035 炉数据统计分析，采用单渣法冶炼，终点碳不大于 0.06%时，终点磷控制水平平均也达到 0.007%。自动化炼钢前后终点磷控制水平对比见图 4-28，典型炉次终点成分见表 4-20。2007 年共冶炼管线钢 L450MB、L555MB 181 炉，终点 [P] 平均 0.006%。

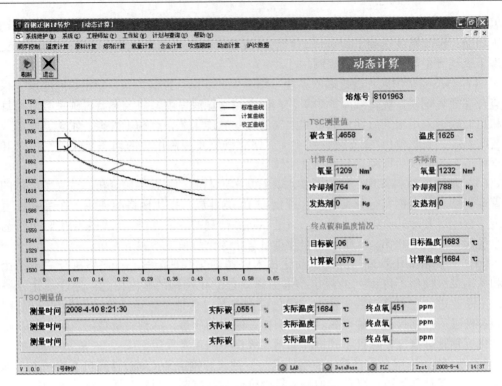

图 4-27 转炉终点动态控制画面

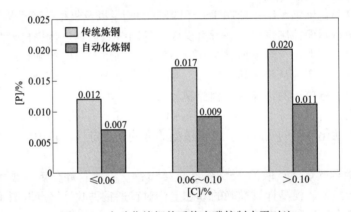

图 4-28 自动化炼钢前后终点磷控制水平对比

表 4-20 典型炉次终点成分

炉次	钢种	转炉终点副枪 TSO 取样分析成分/%				
		[C]	[Si]	[Mn]	[P]	[S]
7301658	SPHE	0.021	0.002	0.070	0.005	0.007
7301659	SPHE	0.025	0.002	0.070	0.006	0.007
7103295	L450MB	0.031	0.002	0.030	0.005	0.006
7103296	L450MB	0.020	0.002	0.030	0.005	0.005
7103297	L450MB	0.018	0.002	0.050	0.005	0.005

炉次	钢种	转炉终点副枪 TSO 取样分析成分/%				
		［C］	［Si］	［Mn］	［P］	［S］
7103298	L450MB	0.029	0.001	0.040	0.005	0.005
7300345	A36-1	0.088	0.001	0.090	0.007	0.012
7300346	A36-1	0.084	0.001	0.080	0.006	0.013
7300347	A36-1	0.060	0.001	0.070	0.007	0.012
7300348	A36-1	0.061	0.002	0.070	0.006	0.015
7300349	A36-1	0.066	0.002	0.070	0.006	0.014
8302601	L555MB-1	0.026	0.002	0.040	0.007	0.005
8302602	L555MB-1	0.026	0.003	0.040	0.006	0.004
8200648	SDC03	0.022	0.001	0.040	0.007	0.007
8200649	SDC03	0.027	0.002	0.040	0.008	0.005

　　为了进一步提高和稳定去磷效果，对冶炼过程渣成分和磷含量进行了取样检验，通过对终点［C］含量、终渣 TFe 含量和终点［P］含量的情况进行分析研究，发现在吹炼前期，控制熔池温度较低，碱度在 2.3~2.6 时有利于脱磷，这样可使吹氧量 85% 时，磷含量不大于 0.025%。吹炼后期，配合副枪 TSC 测量，合理确定氧流量和底吹流量降低值，根据 TSC 测量熔池碳、温度值，加球团矿动态调整钢水温度，优化枪位和供氧强度，选用适当的底吹强度，可保证去磷效果。终点［C］含量与渣中 TFe 含量的关系见图 4-29。终渣 TFe 含量与终点［P］含量的关系见图 4-30。冶炼过程渣和磷的变化情况以及副枪 TSC 和 TSO 检测熔池成分见表 4-21~表 4-23。

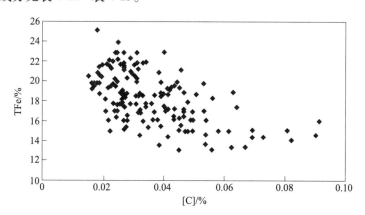

图 4-29　终点［C］含量与渣中 TFe 含量的关系

表 4-21　冶炼过程炉渣成分的变化

炉次	成分	（CaO）	（SiO₂）	（MgO）	TFe	R	（P₂O₅）	S
07306732	6min 炉渣成分含量/%	40.46	16.73	9.16	18.11	2.42	1.79	0.030
	终点炉渣成分含量/%	48.74	13.50	10.15	16.57	3.61	1.44	0.056

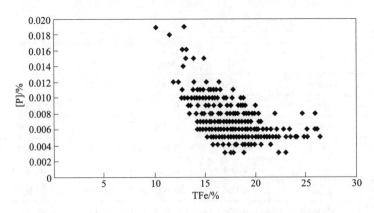

图 4-30　终渣 TFe 含量与终点［P］含量的关系

表 4-22　冶炼过程磷及其他成分的变化

炉次	成分	［C］	［Si］	［Mn］	［P］	［S］	$T/℃$	$(P_2O_5)/[P]$	脱磷率/%
07306732	铁水成分含量/%	4.570	0.240	0.08	0.070	0.010	1301	—	—
	6min 成分含量/%	2.980	0.001	0.04	0.026	0.018	1382	68.85	62.86
	吹氧量85%成分含量/%	0.406	0.001	0.10	0.023	0.015	1629	—	67.14
	终点成分含量/%	0.046	0.001	0.03	0.005	0.011	1701	288.00	92.86

表 4-23　TSC、TSO 副枪检测成分

炉次	钢种	吹氧量85%（TSC）测化学成分/%			终点（TSO）测化学成分/%		
		［C］	［P］	［S］	［C］	［P］	［S］
07304670	SPHC	0.527	0.019	0.011	0.043	0.007	0.007
07304671	SPHC	0.401	0.025	0.014	0.032	0.008	0.010
07304672	SPHC	0.409	0.021	0.011	0.021	0.004	0.008
07304673	SPHC	0.249	0.013	0.011	0.025	0.005	0.009

D　系统改进特点

（1）开发副枪数据分析系统。对副枪测量数据进行分析、计算，把结果提供给炼钢二级模型。探头采样后快速显示出结果，准确率达 98%。在信号采集、鉴别、分析、滤波等方面采用了一系列专门技术：

1）开发了瞬时并发信号采样技术，信号采样速率高达 1/2000ms，解决外来信号干扰问题；

2）动态曲线平台分析使用八种方法同步分析，保证了采样信号的分析准确度；

3）增加了数据传播功能，可将副枪数据实时传播到两个网段 508 台计算机客户端上显示；

4）增加了数据分析系统故障自动复位技术，系统出现故障时可自动复位。

通过上述改进，在使用相同探头条件下，与国外系统测成率对比，TSC 提高 1.73%，TSO 提高 4.58%。

（2）设计高效的副枪电气自动控制系统。新设计的系统没有网关 PLC，没有中转站，网络系统稳定，占用网络资源少，调试方便，维护简单。

（3）结合本厂特点，对工艺模型改进。

1）增加了高硅、全铁水等特定吹炼模式选择功能，在铁水成分波动的情况下，减少了吹炼过程对模型的偏离，冶炼过程化渣良好，提高了双命中率，脱磷效果良好。

2）细化自学习分组、改善自学习方式。开发出静态自学习按不同废钢配比方式进行更细化的分组。学习方式采用模糊控制机理，使参数的优化具有良好的通用性和实用性。增加动态自学习炉次的约束条件，保证模型动态自学习效果，提高终点碳、温度双命中率。

3）改进动态温度控制模型。根据同一钢种采用不同精炼工艺路线的不同出钢温度要求，开发出包括特定温度修正系数的动态温度控制模型，提高了终点碳、温度双命中率。

4）增加具有动态冷却剂快速加入功能的加料模型。增加了动态冷却剂快速加入功能，直接将动态计算的冷却剂快速加入转炉，提高了终点命中率。

5）工艺模型的快速投入技术。结合本厂210t转炉特点，对动态模型参数进行快速调整，改善动态模型碳的预测精度，达到模型快速投入的目的。通过开发快速模型投入技术，模型投运率可在1个月内达到100%。在转炉模型计算机和PLC的通讯技术上，采用了OPC主流通讯技术，提高了网络使用效率，系统调试速度快，维护量小。

6）研发制造探头自动装卸系统。设计了新型探头供应控制气缸，加大了控制行程，使探头供给过程更精确。开发了新型探头仓底部翻转瓦，改变了供探头的工作方式，使探头仓的容积提高了一倍，延长了设备的使用寿命。全新设计了运输链和倾动臂上小面积高压强夹持器，使探头在连接位连接时不会发生无法连接故障。

E 应用效果

（1）转炉终点碳、温度双命中率显著提高。转炉终点碳、温度双命中率是衡量转炉冶炼控制水平的重要指标。转炉终点碳设定同一冶炼钢种情况下，通过优化建立合适的吹炼模式，获得低的氧、磷、氮含量。目前，根据钢种终点碳的要求建立和确定了10种碳的目标值。

计算机控制炼钢终点碳、温度要求的控制范围规定为：

终点目标碳小于0.05%，±0.010%；

终点目标碳0.05%，±0.015%；

终点目标碳0.06%~0.12%，±0.02%；

终点目标碳0.13%，±0.03%；

终点目标碳0.17%，±0.05%；

吹炼终点温度达到：控制的目标温度±12℃。

通过在实际生产中不断改进和修正模型参数和系数，计算机控制炼钢吹炼终点碳、温度双命中率逐步提高，2007年7月以后终点碳、温度双命中率均稳定在90%以上，如图4-31所示。

（2）后吹率显著降低。本厂炼钢自动化技术投运后，炼钢后吹率有较大的减少，由投运前的平均28.37%，减少到并稳定在4%以下，月最低达到2.68%，如图4-32所示。

（3）缩短冶炼周期。转炉减少后吹操作，实现拉碳后直接出钢，节省倒炉测温取样时间、出钢等样时间，可缩短冶炼周期7min，冶炼周期平均缩短16.8%。

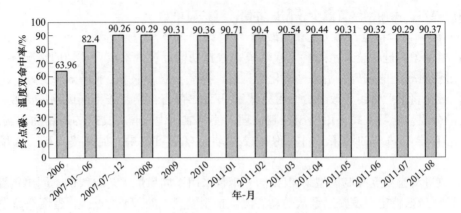

图 4-31　转炉终点碳、温度双命中率

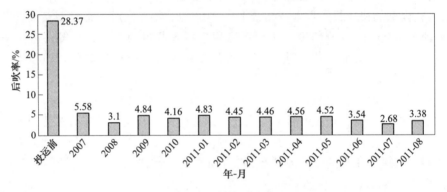

图 4-32　转炉后吹率

（4）提高钢水质量，钢水成分稳定。终点碳控制稳定，后吹大幅度减少，钢中氧降低，稳定在 0.04%~0.06% 范围。炼钢自动化投运后终点碳氧关系见图 4-33。

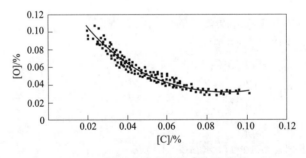

图 4-33　转炉吹炼终点的碳与氧关系

（5）为优质钢的冶炼创造有利条件。采用副枪自动化炼钢后，操作规范，终点双命中率提高，同时每炉快速提供终点碳及氧活度数据，可以准确进行脱氧合金化操作，有利于优质钢的冶炼。冶炼低碳和超低碳钢时采用增大后期供氧量和大气量底吹后搅工艺后炼钢一次拉碳出钢，终点控制稳定，冶炼 X80、SDC04~06 等钢种，经不同工艺路线，磷、硫等成品成分控制和质量已达到先进水平。

（6）氧耗降低。使用炼钢自动化技术后，由于终点控制稳定，后吹率大幅度减少，可节约氧气消耗，转炉吹炼用氧量（标态）平均降低 $0.87m^3/t$ 合格钢坯。

（7）原材料消耗降低。在相同钢种、同样铁水条件下，采用炼钢自动化技术后，改善了化渣操作，石灰利用率提高，石灰消耗降低 1.54kg/t。

（8）提高合金吸收率。因终点控制稳定，后吹大幅度下降，同样终点碳条件下，钢中氧含量降低，合金吸收率提高。节约 Mn-Si 合金 0.19kg/t 钢，Fe-Si 合金 0.04kg/t 钢，Fe-Al 合金 0.09kg/t 钢。

（9）提高金属收得率，使钢铁料消耗下降。采用副枪自动化炼钢后，可实现直接拉碳出钢，冶炼周期缩短，这样可减少热损失，在相同废钢消耗下，可多吃球团矿，节约钢铁料 3.18kg/t；吹炼稳定，喷溅减少，烟罩和炉口黏钢黏渣减少，可节约钢铁料消耗 0.5kg/t。

F 首钢某厂副枪自动化炼钢的成功应用得到的体会

（1）副枪自动化炼钢技术是一个系统工程，通过国产化的开发应用，形成了副枪自动化炼钢成套技术，该技术主要包括：精确称量技术、原料质量稳定技术、工艺模型技术、副枪技术、自动控制系统和装备技术、动态控制软件技术、炼钢区域的系统管理技术。通过副枪自动化炼钢技术成功应用，说明国产化的副枪自动化炼钢技术，完全可以替代从国外引进的同类技术。

（2）本厂 210t 转炉副枪炼钢自动化技术的成功应用，促进了炼钢操作的规范化、标准化，全面提升了炼钢自动化技术水平和精细化管理水平。

（3）通过对静、动态模型参数的调整优化，进行关键工艺和设备的改进完善，开发了一键式自动化炼钢技术，实现了主控室全封闭自动化炼钢，普通钢种实现了直接出钢。

（4）采用副枪炼钢自动化技术后，提高了转炉终点控制水平，终点碳、温度双命中率稳定在90%以上；炼钢后吹率有较大的减少，由投运前的平均28.37%，减少到并稳定在4%以下，月最低达到 2.68%，转炉冶炼周期平均缩短 16.8%，降低了各种原料与辅助材料消耗，经济效益显著。

4.4.8 自动炼钢技术应用经验

在总的精料前提下，自动炼钢技术的基础是计算机炼钢模型、设备的自动化和精确的在线测量。目前国内设计的大部分大、中型转炉钢厂都装备有国产的基础自动化控制系统，同时引进或应用了国产的计算机炼钢模型和在线测量分析装置，已经认识到了现代化转炉自动炼钢的先进性，因而具备了实现自动炼钢的基础条件，在我国全面推广应用自动炼钢技术是当前复吹转炉冶炼的基本要求。在推广应用的基础工作中，以下四点是非常重要的：

（1）自动炼钢技术成功运用的首要条件是钢厂从上到下、从领导到基层管理人员再到操作工思路的转变，在建立自动炼钢的初期，各级管理人员要有坚定不移，不因生产、设备等限制而改变的决心。

（2）自动炼钢技术成功的关键是围绕自动炼钢的一系列管理工作，其管理思路的根本是：在日常的生产管理中，要将炼钢模型作为相对稳定的条件，通过对生产条件的管理使之适应炼钢模型的需要，从而达到最终使生产稳定的目的。

（3）当确实有一个相对长期存在的生产条件不能满足炼钢模型的需要而且炼钢厂不能解决的时候，反过来需要对模型进行调整使之适应生产，提高其生命力。

（4）操作人员的管理、炼钢模型的日常维护、设备条件的保障是一个长期和细致的工作，需要持之以恒的努力。

4.4.9　自动炼钢技术未来发展方向

自动炼钢技术的应用为中国钢铁企业节能减排、降本增效提供了可靠的保证。中国未来自动炼钢技术发展的重点是：

（1）全程跟踪动态炼钢过程控制。目前采用副枪点式测量技术测量吹炼末期的温度和碳含量，启动动态模型计算后，预测转炉内部的各种成分和温度变化，并且依靠终点的副枪测量验证，容易造成例外条件的终点不受控制。只有采用其他的辅助测量手段，监控动态过程的成分和温度变化，才能提高动态过程控制水平。

（2）更精准的终点全成分、温度检测。采用吹炼结束测定的氧含量和取样分析，在后搅、出钢及合金化工艺后，氧含量会发生变化，使得测量数据与实际数据发生偏差，通过采用新技术，寻找精确的测量工具、测量时间以及现场化验分析工具，是我们研究发展的方向。国外副枪探头已在研究测温、定碳、定氧的同时，对钢水其他成分的同时测定，如［P］或［Si］。

（3）综合快速出钢技术。无论是不等化验成分结果直接出钢，还是快速出钢技术，都是依赖终点范围和两次精炼调节手段作为保证的。综合快速出钢技术，是集成了后续工艺的组织水平和处理能力，利用冶金模型的终点预测，优化得出最佳的出钢条件。

4.5　低氮、低磷、低硫钢的冶炼技术

4.5.1　低氮钢冶炼技术[20]

对大多数钢种，氮是一种有害元素，它会使钢的塑性和冲击韧性降低，且与磷一样能引起钢的冷脆。同时氮还会与钢中的钛、铝等元素形成氮化物夹杂，引起钢的表面质量恶化，降低成材率。随着社会生产对钢材质量的要求日益提高，尤其是汽车面板钢等一些钢种对钢水氮含量提出了更高要求，如何将钢中氮含量控制得更低，成为人们关注的焦点之一。

要稳定得到氮含量在 20×10^{-6} 以下的钢水，需要炼钢厂各个工序的分工协作，从铁水氮含量的控制、转炉脱氮控制、出钢过程增氮控制、精炼过程增氮控制直到连铸增氮的控制，每一个环节均需分步设立目标，层层确保，共同控制才能最终达到目标。

4.5.1.1　脱氮的热力学和动力学条件

脱氮的热力学反应可表示为：

$$1/2\{N_2\} = [N] \tag{4-25}$$

$$K_N = f_N w[N]/p_{N_2}^{1/2} \tag{4-26}$$

即有：

$$w[N] = (K_N p_{N_2}^{1/2})/f_N \tag{4-27}$$

要降低 $w[N]$，必须降低 p_{N_2}。因此在各类精炼处理过程中，只要暴露在 p_{N_2} 分压高的大气气氛下，就难以控制增氮。真空处理对于控制低氮有较为优越的条件。在精炼控氮部分，对于 RH 工序来讲应尽量提高真空度，减少漏气，对于 RH 之外的工序来讲，就是尽量减少与大气的接触，防止增氮。

提高真空度有利于钢液脱氮，如 1600℃ 时，若真空度为 67Pa，$p_{N_2}=53Pa$，钢液中 $w[N]$ 可降至 $10×10^{-6}$。实际上很难达到这种效果，主要受动力学和其他因素的影响。

RH 脱氮的动力学公式可表示为：

$$-(dw[N]/dt) = [FD_N/(V_m\delta_N)](w[N] - w'[N]) \tag{4-28}$$

式中，$w[N]$ 为钢液 [N] 的浓度，%；$w'[N]$ 为钢液表面与气相相平衡时 [N] 的界面浓度，%；F 为气液界面面积，cm^2；V_m 为钢液的体积，cm^3；D_N 为氮的扩散系数，cm^2/s；δ_N 为钢液边界层厚度，cm；t 为脱气时间，s。

真空条件下脱氮速度受两个环节速度的影响，即液相边界层中 [N] 向反应界面的扩散速度和反应界面的反应速度。在极低氮的情况下，传质到反应界面的 [N] 非常少，能够发生化学反应的 [N] 就更少，再深脱氮很难。可以认为，真空条件下氮含量极低时，加快深脱氮的主要方向为：增大脱气面积（创造更多的 {CO} 和 Ar 气泡）；加强搅拌、加强循环以提高脱氮反应速度；提高真空度和抽气速度以减少与气相平衡的 [N] 含量；在工艺允许条件下，适当延长处理时间；保持设备的密封性，以避免增氮。

4.5.1.2 氮在各冶炼工序的变化规律

以某厂 250t 转炉冶炼汽车板钢为例，介绍冶炼过程控制氮的基本工艺技术。

A 铁水预处理增氮

不同的铁水预处理工艺，导致不同的铁水氮含量。对于国内大多数炼钢厂，铁水脱硫工艺基本采用机械搅拌（如 KR）、铁水罐喷粉（包括镁系脱硫剂、CaO 系脱硫剂、复合脱硫剂）、鱼雷罐喷粉（CaO 系脱硫剂、碳化钙系脱硫剂、复合脱硫剂）中的一种或者几种，而采用喷粉工艺的载气基本采用了氮气，因此这几种脱硫工艺导致铁水氮含量有较大差别，在脱硫过程中氮气喷吹的时间越长其铁水氮含量相对越高。国内某公司拥有多种脱硫工艺，包括 KR、铁水罐混合喷吹 Mg+CaO、铁水罐喷吹钝化镁、鱼雷罐喷吹 CaC₂、鱼雷罐喷吹 CaO。从其生产数据中选择铁水脱硫前硫含量为 0.020%~0.040% 且脱硫后硫含量为 0.003%~0.005% 的这一部分脱硫后炉次，其中 KR 法采用机械搅拌的原因是预处理后的铁水氮含量远远低于采用氮气做载气的喷吹法，如图 4-34 所示。因此，要根据冶炼钢种对氮含量的要求选择适合本厂的铁水预处理设备和工艺。

B 复吹转炉冶炼过程氮的控制

a 转炉脱氮机理

脱碳速度与氮含量关系如图 4-35 所示，从图中能明显看出随着脱碳速度的增加，钢液中的氮含量明显降低。这是因为在转炉的吹炼过程中，一次反应区元素氧化产生了极高的温度，碳氧化产生的 {CO} 气泡降低了氮分压，同时乳化的渣相和 {CO} 气泡共同为脱氮反应提供了足够大的反应界面面积，在这一区域脱氮强烈，反应符合一级反应规律；而一次反应区以外的区域强烈乳化的炉渣、较高的界面氧势及 {CO} 气泡的局部真空室

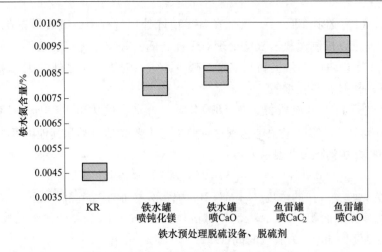

图 4-34　铁水不同脱硫工艺下铁水氮含量

作用能够显著阻碍钢液从气相中吸氮；两个区域的共同作用使得复吹转炉冶炼过程是强脱氮过程。

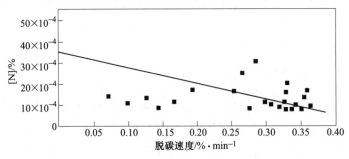

图 4-35　脱碳速度与氮含量关系

b　复吹转炉冶炼过程氮含量控制

（1）转炉冶炼过程中增氮原因的分析。

1）过程温度对氮含量的影响：过程温度对氮含量的影响其实是废钢融化时间对氮含量的影响。不管是社会外购废钢还是厂内自产废钢，其氮含量是远远高于 20×10^{-4}% 的，厂内回收的普通废钢氮含量一般会达到 40×10^{-4}% 左右，而社会回收废钢杂质更多，因此需要减轻废钢增氮的影响。如果从废钢资源的角度来控制，其成本以及废钢资源的压力是巨大的，因此只能从冶炼上进行控制。

转炉脱氮的最激烈的时间段是在转炉冶炼的强脱碳期，即吹炼的 60%~80% 时间里，因此必须控制废钢在 60% 之前全部熔化完毕为佳。要达到这一目的，需根据铁水条件合理计算转炉热平衡，选取合适的废钢比，使废钢能尽早熔化。

2）终点补吹对氮含量的影响：当吹炼到终点后，如果终点碳或者温度不能达到出钢的要求，会下枪补吹。由于补吹时熔池碳含量较低，{CO} 产生量很小，吹氧时氧气流股冲开渣面，火点区钢液面裸露，造成火点区钢液的吸氮速度大于 {CO} 气泡的脱氮速度，钢液在火点区从气相中吸氮造成钢中氮含量升高。补吹前后氮含量变化如图 4-36 所示。

从图中可以看出，这几个炉次进行过补吹后，钢中氮含量明显增加。经过统计，根据

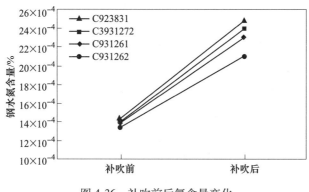

图 4-36　补吹前后氮含量变化

补吹时间的长短，增氮分别在 $(6\sim10)\times10^{-4}$% 之间。因此，在生产中应尽量保证终点碳温协调，避免补吹。

3）后搅对增氮的影响：在大部分转炉炼钢工艺中，为降低钢中氧含量、保证钢水质量，均采用了后搅工艺，即提枪后利用底吹氩气对钢水进行搅拌。但对于冶炼汽车面板钢来讲，由于吹炼结束后，钢水中碳含量已经很低（一般控制在 0.025%~0.04% 之间），钢中碳氧反应微弱，如果此时采用大的底吹流量进行后搅，使钢液翻腾裸露，与大气充分接触，会产生明显增氮。因此，合理控制吹炼结束前的底吹流量和压力，能使终点后搅对增氮的影响变小。该厂将终点底吹压力设在 200kPa 和 1200kPa 下终点氮含量进行了对比，结果如图 4-37 所示。

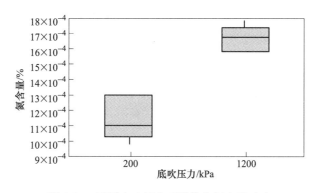

图 4-37　不同底吹压力后搅终点氮含量对比

4）烟罩密封对增氮的影响：如前分析，为避免冶炼末期的增氮，尽量减少钢液与大气的接触也是控制增氮的重要手段。在吹炼的前期和中期，烟罩均罩严炉口（确保烟气回收效果），保证了炉内的 {CO} 气氛，但在吹炼末期 [C]-[O] 反应减弱，{CO} 含量降低，为了保证煤气回收的热值，一般均不进行烟气回收，将烟罩抬起。而烟罩抬起导致空气进入炉内，增加了增氮的可能。该厂对烟罩抬起和落下进行了对比试验，试验表明，烟罩抬起炉次的终点氮含量比烟罩落下的炉次平均高 2×10^{-4}%。

（2）出钢过程中增氮的控制。出钢过程增氮行为的机理和转炉冶炼末期增氮机理一样，均是钢液与大气接触，空气中 p_{N_2} 分压比炉内高而导致。因此，控制出钢增氮的核心也就是减少出钢过程中钢水和大气的接触机会。

1）出钢时炉内钢液面的吸氮行为：由于汽车面板钢要求磷含量较低（小于 100×10^{-4}%），故一般转炉为保证去磷效果，渣中 TFe 含量控制较高，一般达到 18% 以上，导致转炉终渣稀。在出钢过程中，炉内钢水因渣稀而吸氮严重，导致了出钢过程中的增氮。因此，在出钢前应加入稠渣剂，对转炉终渣进行改质，使得出钢过程中，炉内钢液面被黏稠的炉渣覆盖，减少出钢过程中的增氮行为。

2）出钢口形状及其钢流形状对增氮的影响：在实践中发现，出钢时如果因出钢口内口过大或者外口不规则导致钢流发散，增大钢液与空气接触的面积，会导致增氮加剧。据统计出钢口后期平均出钢增氮比出钢口前期要多 2×10^{-4}%。因此，维护好出钢口对控制增氮是非常必要的。

3）出钢时进行渣改质对增氮的影响：出钢时采用氮容量大的精炼渣对炉渣进行改质，有明显的控制增氮的作用。该厂对出钢过程中不加入改质渣、加入碱性渣、预熔合成渣、还原性渣几种情况进行了试验，试验结果如图 4-38 所示。

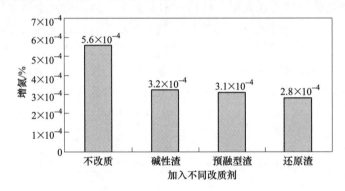

图 4-38　出钢过程加入不同改质剂的增氮比较

（3）不同复吹效果条件下的转炉终点氮含量对比。在不同复吹效果的两座 250t 复吹转炉进行了两组汽车面板钢的冶炼，其终点氮含量对比如图 4-39 所示。

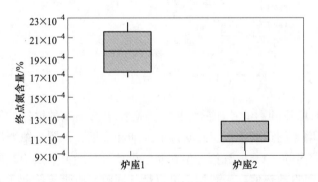

图 4-39　不同复吹效果转炉的终点氮含量对比
炉座 1—高炉龄；炉座 2—新炉

图中炉座 1 为高炉龄转炉，其碳氧积平均为 0.0030，复吹效果差；炉座 2 为新转炉，碳氧积平均为 0.0022，复吹效果好。从图中可以看出，在复吹条件好的转炉终点氮含量明显低于复吹条件差的转炉。转炉复吹条件好，吹炼后期脱碳速度快，复吹条件差，后期脱碳速度慢。而脱碳速度的快慢对转炉脱氮的效果有显著的影响。因此，保证复吹良好是控制转炉终点氮含量的重要条件。

C　RH炉精炼过程氮的控制

从对RH脱氮的热力学和动力学的分析可知，在氮含量极低的情况下，RH一方面要进行极限真空脱氮，另一方面还要防止增氮。因此，RH控制氮也从这两个方面入手。

（1）RH脱氮：脱氮主要发生在强脱碳阶段，如图4-40所示。

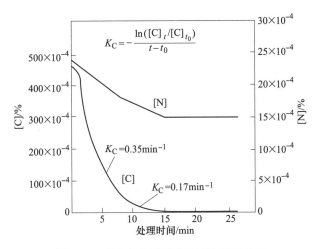

图4-40　真空条件下脱碳速度和脱氮关系

当脱碳速度常数 K_C 达 0.35min^{-1} 时，[C]-[O] 反应产生大量 {CO} 气泡，使钢液"沸腾"，加剧了钢液的搅拌，增大了脱氮反应表面积，同时 {CO} 气泡对脱氮来说相当于真空室，故脱氮很容易进行，$w[N]$ 很快从 $20\times10^{-4}\%$ 以上降低到 $15\times10^{-4}\%$ 左右。因此，必须在较快的时间内使真空度下降到 67Pa（极限真空度），以达到较大的脱碳速度，且极限真空度必须保持一定的时间。

随着RH处理进程，当脱碳减弱时，增大钢水循环流量可以促进 [C]、[O]、[N] 向 {CO} 气泡的扩散并发生反应，使钢液中产生更多的 {CO} 气泡，增大了浸渍管上升区的相界面，同时也使喷溅到真空室的悬浮液滴增加，增大了钢液乳化区的相界面，使脱碳速度加快，从而有利于脱氮。

Ar气是RH中钢液循环的动力源，驱动气体量的大小直接影响钢液循环状态和脱碳、脱氮等冶金反应。特别是在后期加大驱动气体量，加强了后期钢液的搅拌，抑制传质系数的降低，从而抑制了后期脱碳、脱氮速度降低。实践证明，保持极限真空度（67Pa）、提高循环Ar量、抽气能力达到最大等技术措施能有效地维持继续脱氮。

（2）RH的增氮控制：相对其他工位对氮的控制来讲，在RH控制增氮是最为困难的一项任务。因为一方面，汽车板钢采用钛作为间隙原子，在RH加入钛铁进行合金化，而钛铁中的氮含量较高，加入钛铁必然会引起增氮；另一方面在RH的环境下，钢水循环量极大，一旦真空室内或下降管出现漏气现象，将出现剧烈增氮。通过采用高品位钛铁合金或减少钛铁加入引起的增氮、加强设备系统以及RH插入管钢结构的检漏、加强浸渍管浇铸料的喷补等措施能有效将 RH 增氮控制在 $3×10^{-6}$。

综上所述,RH 真空条件下脱氮率一般不超过 25%。因为氮不仅以 [N] 原子状态溶解于钢液中,同时还可以与钢液中很多元素结合成氮化物存在于钢液中。尤其是当钢液中存在 [Al]、[Ti] 等元素时,与 [N] 结合形成 AlN、TiN 的氮化物,其氮的分解压力很低(在 1600℃时分别为 10^{-8}Pa、10^{-6}Pa)[21]。RH 实际操作极限真空度才达到 67Pa,对于脱掉钢液中溶解 [N] 起到一定作用,对于脱掉分解压力很低的 AlN、TiN 等氮化物中的氮是很难做到的。另外,RH 真空脱氮的客观气氛条件不如脱氢。RH 真空脱气是靠钢液循环上升进入真空室内,由于真空室内气相中 p_{H_2}、p_{N_2} 分压很低,就可以脱掉溶解在钢液中的 [H]、[N]。但是,经历瞬间真空脱气的钢液从真空室内经过下降管进入钢包,而钢包表面的炉渣又置于 p_{H_2} 分压很低(0.053Pa)、p_{N_2} 分压很高(79033Pa)的大气气氛中[22],避免不了大气中高的 p_{N_2} 分压的 N_2 通过炉渣向低的 p_{N_2} 分压钢液中扩散使钢液增氮,其中炉渣成分及特性又是影响 N_2 向钢液中扩散的介质。

E 连铸过程增氮的控制

连铸增氮的控制就是采用最严格的措施进行保护浇铸,喇叭形保护管、长水口浇铸、优化氩气流量以及应用干式中间涂料等多项技术均能有效控制连铸增氮,一般连铸增氮需稳定控制在 $2×10^{-6}$。

对炼钢厂冶炼的各工序点取样分析,结果如图 4-41 所示,从图 4-41 中可以看出,该厂铁水预处理大部分采用鱼雷罐喷吹,碳化钙脱硫,其氮含量高达 0.008%~0.0095%。转炉脱氮能将钢水中氮含量降到最低水平,而之后的各工序均呈现增氮趋势。转炉终点氮含量平均控制在 0.0016%,出钢增氮 0.0004%,RH 增氮 0.0005%,连铸增氮 0.0003%。因此,要想将成品氮含量控制在 0.002%以下,必须从复吹转炉脱氮、出钢增氮控制、RH 增氮控制、连铸增氮等四个方面采取相应措施。

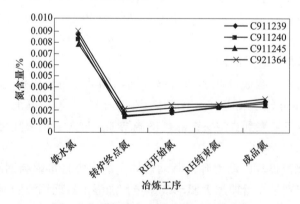

图 4-41 炼钢厂各工位冶炼过程氮变化

在该厂的生产实践中,通过以上各工位点的分类控制,汽车面板钢中间取样的氮含量能有效控制在 $20×10^{-6}$ 以内,平均达到 $17.64×10^{-6}$,最低达到 $10×10^{-6}$。

从以上的介绍中可以得出:对于汽车面板钢这类超低氮钢,需要各工位点联合控制,其中应用复吹转炉将氮脱除到最低水平是控制氮的主要手段,在转炉之后的各工位需要做好增氮的控制,尤其是 RH 工位控制增氮是最为关键的控制点。

4.5.2 低磷钢冶炼技术

对于低磷钢的定义并没有统一的界定，因此对于不同终点磷要求的钢种的冶炼方法也就不同。对于转炉冶炼钢种而言，统计国内常规冶炼的 400 余个钢种标准，有相当数量的钢种成品磷含量要求小于等于 0.012%，部分洁净钢要求小于等于 0.005%，因此，本书将低磷钢定义为两种，一种为磷含量要求小于等于 0.012% 的称为低磷钢，一种为小于等于 0.005% 的称为超低磷钢。

4.5.2.1 低磷钢冶炼影响因素

各类文献对于传统冶炼去磷的条件均有详细描述，简述即为高碱度、高氧化性、大渣量和适当的低温。国内各厂根据自身条件和要求不同，基本形成两大类型的脱磷工艺，一种是对炉龄要求相对较低的转炉（炉龄控制在 6000 炉左右），因其炉龄要求低，炉况维护工作量小，采用了高氧化铁、强底吹效果的工艺，以某钢厂为代表，其终渣 TFe 含量控制在 22%~25% 之间，在这种条件下，能相对容易地将终点磷稳定控制在 0.008% 以下；另外一种是对炉龄要求相对较高的转炉，要求炉龄达到 10000 炉以上，因此其炉况维护工作量较大。因为维护炉况的需要，一方面要保持明显复吹效果的炉龄即 6000 炉以内碳氧积控制在 0.0025×10^{-4}，另一方面终渣 TFe 含量控制较低，基本控制在 16% 左右。在这种条件下要稳定控制终点磷在 0.012%，需要采取更多的措施。下文以某厂 250t 转炉为例阐述这类高炉龄、低氧化铁冶炼低磷钢冶炼技术。

该厂采用计算机模型控制炼钢，炉龄目标大于 10000 炉，平均铁水锰含量为 0.18%，硅含量为 0.32%，磷含量为 0.100%，平均铁水温度 1310℃。

A 碱度和渣量对脱磷率的影响

炉渣主要成分随吹炼时间变化如图 4-42 所示。

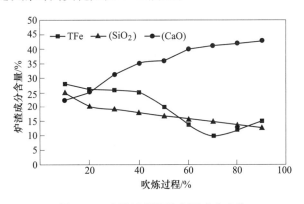

图 4-42 吹炼过程炉渣主要成分变化

在冶炼初期，加入炉内的大量石灰因温度低，在表面形成冷凝外壳，造成熔化滞止期，在此期间，液态炉渣主要来自铁水中的 [Si]、[Mn]、[Fe] 氧化产物，并且氧化反应产生热量使熔池温度升高以及含有 （FeO）、（Fe_2O_3）的炉渣形成，促使石灰逐渐熔化，碱度开始提高，此时碱度为 1.3~1.5。在冶炼中期，虽然炉温升高有利于石灰进一步熔化，但因脱碳速度加快，导致渣中的 TFe 含量逐渐降低，使石灰熔化速度减缓。

在此期间，碱度的增加较缓慢，此时碱度为 1.8~2.5。在冶炼后期，脱碳速度下降，渣中 TFe 含量再次升高，钢水温度也较高，石灰熔化速度加快，碱度快速增加并达到 3.0 左右。

关于炉渣碱度对脱磷率的影响，取该厂生产数据，如图 4-43 所示。

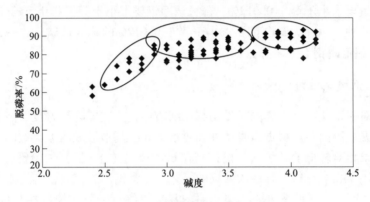

图 4-43   脱磷率随炉渣碱度变化

由图可见，当碱度在 2.8 以下时，随着碱度的提高，脱磷率显著提高，碱度达到 3.5 后，脱磷效果达到饱和，碱度再提高，脱磷率无明显增加。

石灰和轻烧白云石的加入量是按照铁水 [Si]、[P]、石灰和轻烧白云石成分、球团加入量计算得出：

$$W_s = 2.14([P]_0 + [Si]_0)QR/[CaO] \tag{4-29}$$

$$W_b = \alpha([P]_0 + [Si]_0)Q \tag{4-30}$$

式中，W_s 为石灰加入量；W_b 为轻烧白云石加入量；Q 为装入量；R 为碱度；α 为修正系数，$\alpha = 0.059 - 0.021[Si]$。

从式中可以看出，影响石灰、轻烧白云石加入量的主要因素有铁水中 [Si]、[P] 含量，其中主要因素为铁水中的 [Si] 含量（约为 [P] 含量的 3 倍）。为了简化因素，我们近似认为石灰、轻烧白云石的加入量与铁水硅含量是线性的——对应关系，脱磷率与石灰、轻烧白云石加入量的关系可以近似看做是与铁水硅含量的关系。取该厂生产数据，如图 4-44 所示。

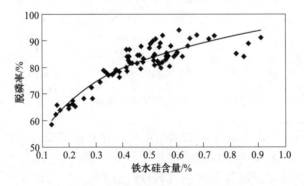

图 4-44   脱磷率随铁水硅含量变化

由图中可以看出，随着硅含量的增加，脱磷率逐步增加，当硅含量大于0.65%时，脱磷率增幅不太大。当硅含量在0.4%~0.6%之间时，总渣量在22t左右，脱磷效果最佳。其原因是为了保证碱度不小于3.0，必须多加石灰等造渣剂形成大渣量而有利于脱磷的缘故。

该厂针对渣量和碱度对去磷的影响，采取了以下措施：

（1）在进行熔剂计算时，将冷却剂带入的SiO_2考虑在内，将终渣碱度控制在2.8~3.5范围内；

（2）在静态模型计算中，对碱度和渣量积系数进行优化；

（3）采取铁水配硅，使入炉铁水硅含量在0.3%~0.5%以内；

（4）当铁水硅含量在0.2%以下时，其主原料铁水无热量富余，则在开吹时加入硅铁，将铁水硅配至0.4%，再按0.4%的［Si］含量加熔剂，如主原料铁水热量大量富余，则按3.5~3.8的碱度补加石灰。

B 过程温度对脱磷的影响

因过程温度的取值比较困难，故选取操作平稳、副枪定碳在0.30%~0.45%之间的数据作为研究对象，从其副枪测温度推断其过程温度，如副枪测温度高则其过程温度肯定会高，脱磷率下降。副枪测温度与前期脱磷率的关系如图4-45所示。

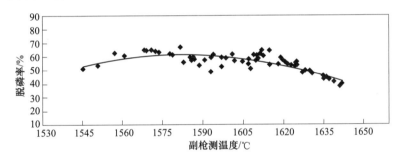

图4-45 副枪测温度与前期脱磷率关系

过程温度对石灰的熔化和碱度的提高有着较大的影响，温度高一方面能在前期加快石灰的溶解，使碱度升高，有利脱磷；但另一方面在中期如果温度过高，会抑制脱磷反应进行，加剧脱碳反应速度，使渣中TFe含量急剧降低，造成炉渣氧化性降低，并且在石灰块的表面会形成高熔点的硅酸二钙壳，阻碍石灰的进一步熔化，因此脱磷效果下降，甚至磷还要被还原，如冶炼中期炉渣出现"返干"现象，脱磷效果就下降，如图4-46所示。

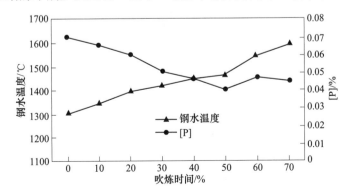

图4-46 吹炼过程中"返干"时熔池温度与钢中［P］关系

过程温度对脱磷的影响还表现在废钢结构上。转炉加入的废钢结构不同,会造成不同的转炉热平衡和不同的升温过程。该厂在冶炼中对应不同的钢种成分要求,将废钢共分为5种类型,具体废钢种类见表4-24。

表 4-24　废钢各种类加入占比　　　　　　　　　　　(%)

废钢种类	低硫重废	小板条	杂废	渣钢	包块	热压铁
1	50		15	10	10	15
2 和 3	20		35	10	20	15
4			80	20		
5	55	10		10	10	15

针对加入不同废钢种类取四组操作稳定、副枪定碳在 0.3%~0.45% 之间的数据,其平均脱磷率如图 4-47 所示。

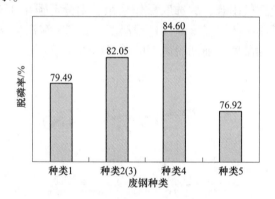

图 4-47　废钢种类对脱磷率的影响（副枪定碳时数据）
（废钢种类 2 和 3 的区别不大,将之归为一类）

从图中可以看出,废钢种类 5 脱磷率最低,废钢种类 4 脱磷率最高,原因是废钢中重废比例不同。在前期和中期熔池底部的废钢熔化速度也不同。重废钢比例大、熔化慢,甚至拖延至冶炼终点前还未熔化完,一倒时炉底常见挂"冷料"。继续冶炼到终点,重废钢才全部熔化完,其重废钢中的 [P] 也溶解到钢液中,影响冶炼终点钢液中的 [P] 含量。而当废钢中杂废、轻废较多时,在冶炼前期废钢熔化完了,即废钢中的 [P] 溶解到铁液中去,并且随着铁液中的 [P] 一起在冶炼前期低温有利条件下很容易被去除;同时因低温抑制了碳氧反应,使渣中的氧富集,渣中 TFe 含量高,对石灰的熔化、碱度的提高都有好处,因此脱磷率高。该厂采取了以下措施:

(1) 根据铁水条件,选择合适的铁水比,以保证吹炼过程能加入 2.5~4t 球团矿,平衡热量和改善化渣;

(2) 对于废钢种类 1 和种类 5,适当提高枪位,以提高钢水的氧化性,同时前期加入30% 的球团矿,降低前期升温速度,对脱磷和抑制碳反应都有利。

C　渣中氧化性对去磷的影响

渣中氧化性对石灰熔化、脱磷起着决定性的作用。氧枪喷头的结构、喷孔状况和枪位对渣中氧化性及其化渣影响最大。

a 氧气流股穿透深度及喷头结构影响脱磷

该厂现在使用的是 5 孔拉瓦尔喷头,氧枪外径 355.6mm,5 孔均匀分布在周边,喉口直径 43.7mm,出口直径 59.2mm,喷孔与氧枪中心线夹角为 16°,出口马赫数 2.1,流量(标态)54000m³/h,工作压力 1.0~1.2MPa,供氧强度(标态)3.4m³/(min·t),工作冷却水流量 320t/h。

氧气流股穿透深度计算如下[23]:

当枪位 h=0 时,氧气射流的穿透深度为:

$$L_h = 63[kQ/(nd)]^{2/3}$$

式中,Q 为氧气流量;n 为喷孔数;d 为喉口直径;k 为系数,氧枪喷头夹角为 16°时 k=1。

因此有:

$$L_h = 63 \times [54000/(5 \times 43.7)]^{2/3} = 2481mm$$

根据:

$$L/L_h = \exp(-0.78h/L_h)$$

当枪位为 1900mm 时,穿透深度为:

$$L = 2481 \times \exp(-0.78 \times 1900/2481) = 1365mm$$

250t 转炉新炉时其熔池深度为 $L_0 = 1814mm$,则穿透比为:

$$L/L_0 = 1365/1814 = 0.75$$

在实际生产中,为了保护炉底寿命一般取 $L/L_0 = 0.6~0.75$。

氧气流股穿透钢液深度有两个作用:一是起熔池搅拌作用,即合适的低枪位穿透深度深搅拌效果好、高枪位穿透深度浅搅拌效果差;二是起化渣脱磷作用,高枪位时的氧气流股作用钢液面积大,大量铁被氧化形成高 TFe 含量的炉渣有利于石灰等熔化,提高碱度、加快脱磷反应。因此,为了加快脱磷反应进行,前期冶炼时的枪位偏高的目的就是提前化渣,有利于脱磷反应进行。

下面列举一支锻造的和一支铸造的氧枪喷头影响脱磷效果的实践,其数据如图 4-48 所示。从图中我们可以看到,两支枪在初期其脱磷效果都较低,大致相同。枪龄到了 50 多次以后,铸造枪喷头致密性差,随着喷头的磨损,喷孔出口尺寸逐渐变大,氧气流股作用在熔池表面,表面积增大,穿透深度逐渐变小,相当于高枪位操作,其脱磷效果开始缓慢增加,当枪龄达到 140 炉左右时,喷头磨损严重,喷孔出口尺寸基本磨圆滑,穿透深度变得很小,此时,脱磷率快速上升,但是降碳困难,终渣稀且氧化性极强,副枪测碳磷浓度比远大于 20,甚至达到 30 以上,此时应该换枪。而锻造枪头其致密性较好,在吹炼过程中喷头磨损较慢,喷孔出口尺寸变化不大,始终保持较深的穿透深度,相对前者属于低枪位操作。一般其枪龄达 250 次以上性能才会变差,但脱磷效果不如前者。

b 枪位的控制影响脱磷

该厂生产不同钢种的典型吹炼模式中枪位的控制采用枪位 10 和枪位 15(图 4-49),氧枪枪位按照图上模式由计算机控制自动变化,相对枪位是根据穿透比 $L/L_0 = 0.6~0.75$ 的原则由操作工据钢种等实际情况选择。以该厂冶炼 SPA-H 和 SAE1008 两种不同要求钢种的两组数据作一对比,来描述相对枪位对脱磷率的影响。

在图中,枪位 10 是冶炼的钢种 SPA-H,其成品磷含量要求为 0.07%~0.1%,因此对这种高磷钢转炉不用考虑脱磷任务,故操作工采用较低的枪位,其脱磷率非常低,6 炉钢

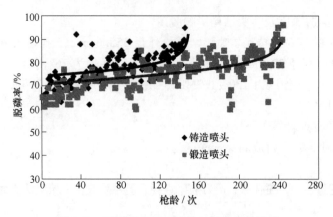

图 4-48　不同喷头使用炉数与脱磷率的关系

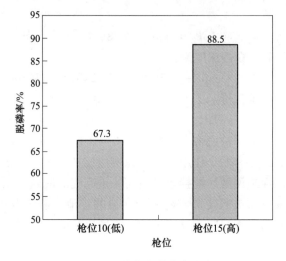

图 4-49　枪位与脱磷率关系

平均脱磷率为 67.3%。枪位 15 是冶炼的钢种 SAE1008，其成品磷含量要求为不大于 0.015%，故操作工采用较高的枪位，其脱磷率较高，平均为 88.5%，这说明脱磷率与枪位高低是密切相关的，而枪位的调整，实质上就是渣中 TFe 含量的调整。从该厂生产数据看渣中 TFe 含量和脱磷率的关系，如图 4-50 所示。

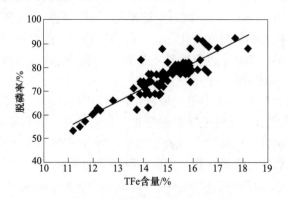

图 4-50　脱磷率与渣中 TFe 含量关系

由图4-50可以看出，脱磷率与渣中TFe含量几乎成线性关系，说明渣中TFe含量是影响脱磷率的主要因素，当渣中TFe含量在12%以下时，脱磷率较低，转炉终点容易发生磷高事故。当渣中TFe含量在12%~18%范围内时，脱磷效果良好。当渣中TFe含量大于18%时，脱磷效果很好。但终渣氧化性太强，副枪测碳与磷的比大于14，对转炉炉体和金属收得率有不利影响。为了控制好渣中TFe含量，该厂采取了以下措施：

（1）建立氧枪管理制度，每天检查氧枪喷头状况，发现喷头恶化及反映冶金效果的数据发生变化，立即更换氧枪；

（2）针对不同的钢种，设定不同的相对枪位；

（3）在主原料计算时，针对不同钢种，控制球团在2.5~4t的范围；

（4）在吹炼模式中，根据不同的废钢种类和"返干期"设定不同的矿石加入模式。

D 铁水中锰对前期脱磷的影响

锰在炼钢中被氧化形成（MnO）进入渣中，有利于加速石灰熔化，具有促进成渣的作用。初期渣的主要矿物为钙镁橄榄石 m（Fe，Mn，Mg，Ca）SiO_4 和玻璃体（SiO_2），钙镁橄榄石是锰橄榄石（$2MnO \cdot SiO_2$）、铁橄榄石（$2FeO \cdot SiO_2$）和硅酸二钙（$2CaO \cdot SiO_2$）的混合晶体，当铁水锰含量高时，渣中（MnO）高，钙镁橄榄石以（$2MnO \cdot SiO_2$）和（$2FeO \cdot SiO_2$）为主，其活度增加，减少生成高熔点的（$2CaO \cdot SiO_2$）化合物，加快石灰的熔化。

该厂铁水锰含量较低，大部分在0.1%~0.2%之间，为了提高渣中（MnO），进行了铁水配锰的试验，即在开吹初期加入一定量的锰矿，使铁水锰含量达到0.3%~0.4%之间，前期脱磷试验数据如图4-51所示。

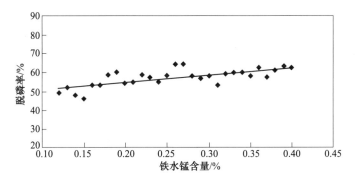

图4-51 铁水配锰后脱磷效果

从图中可以看出，随着铁水锰含量的增加，脱磷率有缓慢的增加。在试验中，当配锰后铁水锰含量达0.4%以上时，前期化渣良好，容易发生前期喷溅，因此，在生产中应避免此类情况。

综上所述，对于弱底吹复吹转炉采用较低的TFe含量冶炼低磷钢的措施可归纳为：

（1）将副枪测碳磷比控制在7~14之间，能保证好的脱磷效果，同时有利于转炉的操作和炉况的稳定；

（2）碱度控制在2.8~3.5之间，同时通过配硅控制渣量及调节渣量与碱度之间的关系系数来保证良好的脱磷效果；

（3）通过改变不同废钢配比种类采取相应的矿石加入模式来控制冶炼的过程温度，从而保证良好的过程化渣条件；

（4）通过加强对氧枪的管理、转炉炉型和液位的控制以及合理的操作零位的管理，保证过程合理的炉渣氧化性；

（5）通过铁水配锰助熔，使前期有良好的化渣条件，使前期脱磷条件更加稳定。

4.5.2.2　超低磷钢冶炼技术

要得到磷含量小于 0.005% 的超低磷钢，国内外转炉主要采用了四种冶炼工艺：一是传统铁水三脱，二是专用脱磷炉+脱碳炉冶炼，三是单炉新双渣冶炼，四是常规脱硫铁水单渣法实现冶炼超低磷钢。铁水三脱得到的入炉铁水磷含量在 0.03% 以下，第二和第三种方法的入炉铁水磷含量能控制在 0.02%~0.03%。即前三种工艺均能较为容易地达到冶炼超低磷钢的目标。而脱硫铁水采用传统单渣法实现冶炼超低磷钢相对较难，需采取更多的措施。以某厂 250t 转炉冶炼超低磷钢为例介绍单渣冶炼超低磷钢技术。

（1）转炉冶炼将钢水的终点磷含量降到 0.008% 以下的操作工艺：分批加入占炉子装入钢铁料 8%~10% 的造渣剂，终点炉渣碱度控制在 3.0~4.0，渣中 TFe 含量控制在 20%~30% 之间。在吹炼初期尽快早成渣以便加强前期脱磷效果。在冶炼中后期保证炉渣碱度在 3.5~4.0，TFe 含量在 18%~22% 之间，终点氧含量控制在 $(600~800)×10^{-6}$ 之间。这种操作制度在冶炼前期有一定的涌渣喷溅可能，需要操作工具有一定的操作控制技能；而且其相对高的 TFe 含量的终渣对炉况维护有一定影响，需在后续冶炼其他非超低磷钢种炉次进行护炉操作。

（2）转炉出钢过程不加脱氧合金，而加入高碱度、高 Fe_2O_3 含量的脱磷剂，并对钢水进行强搅拌，将钢水的磷含量降到 0.005% 以下。

（3）出钢执行双挡渣制度，出钢末期挡渣塞堵塞出钢口后钢流变细时即抬炉，做到"零下渣"，避免含（P_2O_5）高的炉渣进入钢包而被还原。这种操作制度会导致少量钢水未出完。从统计数据看，其钢水收得率较正常抬炉炉次低 0.8%~2.0%。

（4）钢水在吹氩精炼时视钢水罐内渣流动情况继续加入少量石灰，继续提高钢水罐内渣子碱度，此阶段可将磷含量降低到 0.002%。

（5）视钢种要求，如允许上 LF 炉，则在 LF 炉仅进行升温、化渣、脱磷操作，不得进行脱氧合金化，脱磷完成后再转 RH 炉进行脱氧合金化。在 LF 炉进行脱磷后能将磷含量控制到 0.002% 以下；如钢种不允许上 LF 炉，则直接在 RH 炉进行脱氧合金化。

（6）在连铸钢包浇铸采用人工手动控制，结合钢包下渣检测或根据钢水量控制大包滑板的关闭，避免下渣进入中间包造成回磷。在连铸的浇铸过程中，在正常控制水平下会有 0.001%~0.002% 的回磷量。

通过以上各工序的协同控制，采用单渣法冶炼，虽然能将成品磷含量控制在 0.005% 以下，但是其缺点涉及工艺路线较长，与精炼、连铸周期匹配难，造渣剂用量大，金属收得率低等，成本相对较高。目前，有条件的钢厂一般不采用常规的单渣法冶炼（除了铁水［P］含量很低），而采用单炉新双渣法、脱磷炉+脱碳炉法的新一代冶炼工艺。

4.5.3 低硫钢冶炼技术

钢中硫的去除，从其基本原理来讲需要高温、高碱度、流动性良好的大渣量、强还原性的脱硫渣。由于转炉的强氧化气氛不利脱硫，钢中硫的去除基本集中在铁水预处理工位完成，而对于部分硫含量需达到 0.003% 以下的钢种（如管线钢），则需在精炼时进行脱硫。但在各类低硫钢种的冶炼中，转炉工位控硫也是必不可少的，尤其是部分在精炼时不能或者难以脱硫的钢种（如无取向硅钢），对转炉工位控硫有较高要求。对铁水预处理和精炼脱硫在前后章节均有介绍，本章着重介绍低硫钢（[S]≤0.005%）在转炉工位的控制技术。

对于能在 LF 炉进行脱硫处理的钢种，在转炉出钢过程中可先进行渣洗操作，其脱硫和造渣原理与 LF 炉脱硫相同。

4.5.3.1 钢中硫的来源分布

钢中硫的来源分为铁水带入、铁水扒渣不净带入、转炉废钢带入、造渣熔剂（石灰、轻烧白云石、冷却剂）带入、钢水罐内残渣带入。因为各转炉厂工艺不同、原材料条件不同，故各厂带入钢中硫的多少也不同。在此列举某炼钢总厂三分厂生产实绩中的各类条件不同的带硫量分析。

（1）铁水扒渣程度不同的回硫分析。该厂铁水扒渣程度分为三种情况，第一类要求扒渣过程中投入二次稠渣剂，扒渣结束后铁水罐内无残渣，此类称为"零点"；第二类要求扒渣结束后铁水罐内铁水面裸露 2/3 以上，称为"一点"；第三类要求扒渣结束时铁水面裸露 1/3 以上，称为"二点"。在其他条件相同情况下，三种扒渣程度回硫如图 4-52 所示。

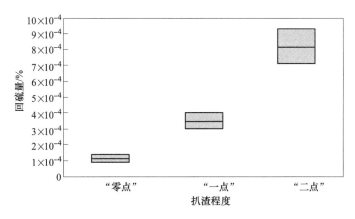

图 4-52 不同扒渣程度回硫对比图

从图中数据可知，铁水罐内渣扒净，即称为"零点"时的回硫量最低。

（2）不同废钢种类配比回硫分析。该厂针对不同钢种硫含量的要求，相应有不同的废钢种类配比，其对应钢种要求以及配比如表 4-25 所示。

表 4-25　废钢配比

废钢种类	钢种成品 [S]/%	废钢类型及加入比例/%							
		低硫废钢	切头	普通废钢、钢锭、中板条	小板条	生铁块	杂废	渣钢	中间包块
1	≤0.010		20	40		10	10	20	
2	≤0.015		15	25		10	20	20	10
3	≤0.020					10	30	30	30
4	≤0.025					10	50	20	20
5	≤0.005	90			10				

不同废钢种类配比其回硫对比数据如图 4-53 所示。

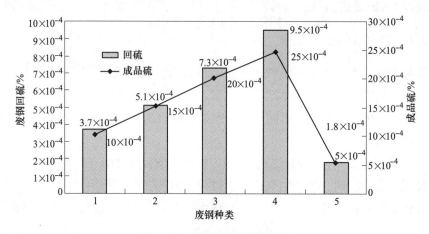

图 4-53　不同废钢种类回硫量

（3）熔剂回硫分析。该厂熔剂石灰特级品要求 S 含量不大于 0.02%，实际控制在 0.018%左右，一级品要求 S 含量不大于 0.025%。在实际生产过程中，相同冶炼条件下使用特级品石灰时钢中［S］平均比使用一级品低 0.002%。

（4）钢水罐的残渣回硫控制。钢水罐在前次使用后，其残渣不可能完全倒干净。如果前次使用的是进行过炉后脱硫或者 LF 脱硫处理的钢水罐，其渣中 S 含量极高，能达到 0.2%左右，这些残渣会导致本炉钢有不同程度的增硫。

4.5.3.2　转炉冶炼控硫实践

在转炉的强氧化条件下，脱硫较困难，但仍有一定的脱硫能力。以某炼钢总厂三分厂冶炼出口冷轧板（硫含量为 0.02%的铝镇静钢）为例：副枪第一次和第二次测量的试样成分，结果副枪二试样较副枪一试样的硫含量平均低 0.0022%，数据如图 4-54 所示。

从实践数据可以看出，转炉在吹炼末期是存在一定的脱硫能力的。这是因为转炉在冶炼终点附近熔池温度足够高（大于 1650℃）、碱度达到 3.5，即使炉渣氧化性高，也能使脱硫反应强行向脱硫方向进行，这是因为炉渣中 TFe 含量高，有利于石灰快速熔化，提高碱度、降低炉渣黏度的缘故。当生产中副枪一所测试样出现硫含量超出钢种范围时，为处

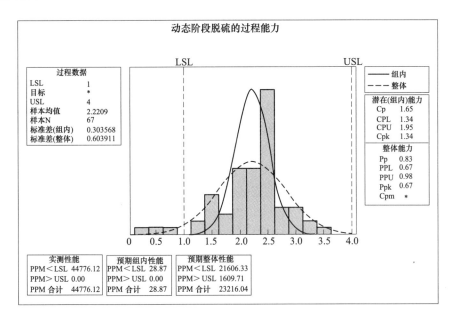

图 4-54 动态阶段脱去的硫分布图

理硫高事故，在转炉吹炼终点加入石灰再补吹（处理硫高事故时的措施，正常操作不推荐），脱硫效果会仍较明显。

4.5.3.3 冶炼超低硫钢采取的措施

根据以上分析，要得到超低硫钢（低于 0.005% 且难以在精炼时进行深脱硫），可采用以下措施：

（1）入炉铁水 [S] 含量按 0.001% 控制，确保控制在 0.002% 以内；

（2）扒渣工序的扒渣质量需确保，铁水罐内不能有残余脱硫渣；

（3）废钢采用自产废钢或者专用废钢；

（4）转炉熔剂质量需保证；

（5）转炉造渣碱度控制在 3.5~4.0；

（6）转炉终点目标温度在 1660℃ 以上；

（7）冷却剂硫含量较高，故转炉操作时冷却剂加入量控制在 0.5kg/t 钢以内为佳；

（8）钢水罐尽量保证干净，禁止使用前次经过精炼脱硫的罐次。

上述采用各项技术措施冶炼超低硫钢，其主要的还是铁水预脱硫和炉外精炼进行脱硫。转炉冶炼主要是控制因原材料等带入硫而引起增硫。

4.6 复吹转炉预脱磷及少渣炼钢

复吹转炉传统的双渣法或双渣留渣法冶炼低磷钢，以及 20 世纪七八十年代曾经采用铁水沟、铁水罐和鱼雷罐等设备进行脱 [Si]、脱 [P] 的铁水预处理工艺，虽然取得了一定效果，但是因为石灰、渣料、钢铁料消耗高，以及处理时间长、冶金动力学条件差等原因，无法满足大批量、低成本、高效率生产低 [P] 钢的要求，逐渐被新的脱磷工艺和少渣冶炼技术所取代，即单炉新双渣法和脱磷炉+脱碳炉法取代。

4.6.1　单炉新双渣法、脱磷炉+脱碳炉法工艺选择

采用单炉新双渣法，还是采用脱磷炉+脱碳炉法深脱磷工艺，主要由下述因素决定：

（1）钢种［P］含量要求，低磷或超低磷钢种产量规模；

（2）生产效率、降耗降成本的要求；

（3）相关配套铁水脱硫、炉外精炼设备以及连铸等生产系统设备是否能够配合低［P］的洁净钢种冶炼；

（4）新建厂和老厂的总图布置、物流畅通状况。

上述两种方法均能完成低磷和超低磷钢的冶炼目标，关键在冶炼设备布局、工艺流程是否顺行，是二者选择需优先考虑的因素。根据上述条件，新建厂若采用脱磷炉+脱碳炉工艺，有两种方案：一种是新建专用脱磷炉和专用脱碳炉分别布置在不同的跨间；另一种是加料跨具有一定宽度条件下，转炉预脱磷完了出半钢，经钢包车运至加料跨，从炉前平台开口吊起半钢罐兑入其他转炉内进行半钢脱［C］少渣冶炼。老厂往往因加料跨宽度不够，无法从平台开口提升半钢罐，因此可采用单炉新双渣法。

国内一些老厂，从 80~300t 的复吹转炉相继开发应用单炉新双渣法冶炼低［P］或超低［P］钢。所谓单炉新双渣法是在传统的双渣法基础上，调整优化前期脱磷冶炼工艺参数及尽可能倒掉冶炼前期脱磷炉渣，即在同一座转炉内顺序完成脱磷任务和半钢冶炼任务。其冶炼工艺流程如图 4-55 所示。

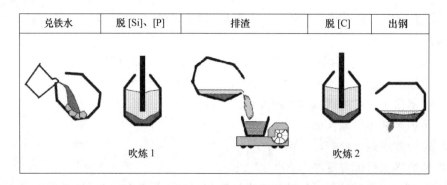

| 兑铁水 | 脱 [Si]、[P] | 排渣 | 脱 [C] | 出钢 |

吹炼 1　　　　　　　　　　　　　吹炼 2

图 4-55　单炉新双渣法冶炼工艺流程示意图

老厂选择单炉新双渣法工艺的优点是：不需要增加大设备、投资少；既可以生产低磷钢种，又可以迅速恢复常规的单渣法生产一般［P］含量的钢种；生产调控方便，适应市场变化需要。

近几年一种最新的动向则是把单炉新双渣法作为一种正常的全部钢种冶炼的全新工艺，实现降低物料消耗、降低成本的目的，同时全面优化钢水质量。与传统的双渣法相比，除面对所有钢种，以低耗、低成本为目标的本质区别外，单炉新双渣法的脱磷阶段造渣、供氧制度优化、脱碳少渣冶炼、炉渣溅渣后几乎全部留渣固化工艺更具有鲜明的特点。

4.6.2 单炉新双渣法冶炼前期深脱磷工艺参数确定

(1) 适当延长前期脱磷时间。在冶炼前期低温条件下，铁水的 [P] 比 [Si]、[Mn] 对氧的亲和力小，含量又少，因此 [P] 的氧化速度慢。从文献 [24] 可知，吹炼开始至 5min 时，铁水 [Si] 含量由 0.54% 降至 0.05% 左右，此时脱 [P] 率为 44%；至 9min 时，脱磷率高达 59%。传统的双渣法冶炼，一般在 5min 左右倒渣，如果按上述结果，传统的双渣法冶炼前期脱磷率也仅仅只有 44% 的水平。由此可见，适当延长吹炼前期的时间，并且在合理优化的供氧强度和温度等条件下，铁水中 [P] 就能得到充分的氧化而被去除，脱磷率就可以大幅度提高。目前国内外实践证明吹炼前期脱磷时间一般控制在 8~12min 之内。具体时间要根据铁水中 [Si]、[Mn]、[P] 含量高低或者冶炼钢种要求深脱磷程度而决定。适当延长前期脱磷时间，还有利于石灰熔化，更有利于脱磷反应进行[25]。冶炼前期脱磷率大幅度提高，就可以避免或减少冶炼终点因磷含量高而拉后吹，造成冶炼时间延长以及 [C]-[P]、[C]-T、[C]-[O] 等不协调的后果。

(2) 适当降低脱磷的供氧强度。目前国内采用单炉新双渣法工艺的钢厂，复吹转炉冶炼前期深脱磷的供氧强度差别很大，分别采用正常脱碳时供氧强度的 1/1、4/5、2/3、1/2 等。按照铁水一般条件，即主要成分在 4.5%[C]、0.5%[Si]、0.4%[Mn]、0.1%[P] 条件下，经过计算结果表明，若前期 [Si]、[Mn]、[P] 和部分 [C]、[Fe] 氧化需要氧气量为 1；中期 [C] 氧化需要氧气量较前期增加 50% 左右；后期少量 [C] 和 [Fe] 的氧化需要氧气量则降低至前期的 20% 左右。

复吹转炉传统的冶炼供氧制度为：早期是恒枪位，变压力和流量操作；后来采用变枪位，恒压力和流量操作；现在已有很多厂采用变枪位，变流量和压力操作。由上述计算结果比较可以认为，冶炼过程不同时期供氧强度适当变化，是根据各期元素氧化需要氧气量来决定的，这样供氧更为合理。单炉新双渣法冶炼前期主要是 [Si]、[Mn]、[P] 以及部分 [C] 和 [Fe] 等元素被氧化，与中期快速脱 [C] 为主的需要氧气量相比，不需要很大的供氧强度即可满足。各厂可以根据本厂铁水条件计算 [Si]、[Mn]、[P] 和部分 [C]、[Fe] 氧化需要氧气量，就可以确定冶炼前期的供氧强度。如前面的铁水条件计算结果，冶炼前期合适的供氧强度约为正常供氧强度的 2/3，并且在冶炼约 4min，即 [Si] 氧化将要结束时，只剩下 [P] 氧化为主，由于 [P] 含量少，供氧强度还可以进一步降低至正常值的 1/2 左右[26]。

冶炼前期，在满足 [Si]、[Mn]、[P] 和部分 [C]、[Fe] 氧化所需要氧气量的条件下，即适当降低前期的供氧强度，是避免了在大的供氧强度下，剩余过多的氧气去氧化铁水中 [C]、[Fe] 等元素，造成熔池升温加快影响脱磷效果。降低供氧强度冶炼，也是实施软吹操作进行化渣脱磷的较好工艺。

(3) 脱磷温度控制。当铁水中 [Si]、[Mn] 氧化终了，[P] 将开始大量氧化时，如果不能控制好因 [Si]、[Mn] 等元素氧化放热使熔池温度快速上升，达到或超过 [C]、[P] 氧化的转化温度，那么 [P] 的氧化将被 [C] 的氧化所抑制。因此必须降低供氧强度的同时，还需通过热平衡计算后确定加入一定数量的冷却剂（8%~10% 的轻薄废钢）等措施控制熔池升温速度。在脱磷期将温度控制在 [C]、[P] 氧化的转化温度以下，使铁水中 [P] 的氧化反应在低温、相对较长时间里得到充分进行。

目前，大多数钢厂把脱磷温度控制在 1350℃ 以下，取得很好效果。但是也有不少钢厂把脱磷温度控制得比较高，如 1400℃、1450℃、1490℃ 等。通过理论计算，可以得出铁水中 [P]、[C] 氧化反应达平衡时的温度，文献 [27] 称之为 [P]、[C] 氧化反应的转化温度。一般铁水条件下，理论计算其转化温度在 1350℃ 左右。低于此温度为 [P]-[O] 氧化反应优先，高于此温度为 [C]-[O] 氧化反应优先。国内许多钢厂实践证明，转炉脱磷期脱 [P] 温度控制在 1330~1350℃ 之间为最佳，既能保证脱磷效果，又能为后续半钢冶炼提供温度和 [C] 含量的保证。同时还能抑制熔池 [C]-[O] 激烈反应而引起爆发性喷溅发生。

（4）脱磷期提高底吹供气强度。为了弥补由于脱磷期降低顶吹供氧强度而使熔池搅拌效果减弱，影响脱磷的冶金反应动力条件，因此在脱磷期必须提高底吹供气强度。提高底吹供气强度不仅加速铁液中 [Si]、[Mn]、[P] 等元素向第一反应区（冲击区）的扩散速度，同时也使第二反应区（冲击区外缘至炉衬之间）的渣-钢混合良好，加速脱磷反应进行[28]。

作为冷却剂加入熔池的废钢，国内一般在 8%~10% 的范围，废钢熔点在 1500℃ 左右。冶炼前期脱磷温度一般控制在 1350℃ 以下，因此依靠熔池温度的物理热熔化是不可能的，提高底吹供气强度，有助于废钢熔化[29]。其原因是废钢（[C] 含量少）表面层被铁液中 [C]（含量高）渗入而降低熔点被熔化，称为化学熔化。底吹强度的提高，加快了向废钢表面输送铁水中 [C] 渗入的同时，又将渗入 [C] 的废钢表面熔化层携带走，使废钢表面层不断更新而逐渐被熔化。但是由于熔池脱磷温度控制在 1350℃ 以下的低温条件，因此不宜采用大块和较厚的废钢。

目前国内大多数钢厂在脱磷期底吹供气强度（标态）控制在 $0.15~0.25m^3/(t \cdot min)$ 范围。

（5）脱磷期炉渣碱度、TFe 含量控制。脱磷与炉渣碱度、氧化性有着密切关系。脱磷温度控制在 1350℃ 左右，很难使石灰熔化提高炉渣碱度。因此，应采用有利化渣的喷孔夹角大的氧枪喷头，加入适量的铁矿石、烧结矿、污泥球、铁矾土等造渣剂，有利于提高渣中 TFe 含量，促进石灰快速熔化。

正如前述脱磷温度控制在 [C]、[P] 氧化转化温度之下，因此减缓或减少 [C] 与 [O]、（FeO）、（Fe_2O_3）的反应，也有利提高渣中 TFe 含量。文献 [24] 和文献 [30] 介绍传统工艺冶炼开始至 5min，铁水中 [C] 含量仅剩下 2.8%~3.0%，渣中 TFe 含量只有7%。而单炉新双渣法冶炼开始至 8~12min 的冶炼前期，铁水中 [C] 含量还剩 3.0%~3.5%，渣中 TFe 含量高达 12%~16%。实践结果比较，尽管单炉新双渣法冶炼前期供氧强度降低，但是消耗在铁水中 [C] 的需要氧气量以及铁水中 [C] 消耗渣中（FeO）、（Fe_2O_3）的量大幅度减少，因此渣中 TFe 含量相对比较高，一般控制在 12%~16% 范围。

单炉新双渣法冶炼前期脱磷加入石灰量仅在 15~30kg/t，但是由于渣中 TFe 含量高、冶炼时间延长等原因，能够促使石灰熔化完全，所以炉渣碱度仍然较高，一般能够达到在1.5~2.0 之间。

传统理论认为，炉渣碱度必须在 2.5 以上时，才能形成（$3CaO \cdot P_2O_5$）、（$4CaO \cdot P_2O_5$）的高熔点化合物固化脱磷产物（P_2O_5）不被还原，提高脱磷效率。单炉新双渣法冶炼前期碱度控制在 1.5~2.0 之间，很多钢厂控制在 1.5~1.8 之间，仍然获得较高的脱磷率。其原因在于前期冶炼过程中，渣中（P_2O_5）未必都能形成上述高熔点化合物，也可以形成（$3FeO \cdot P_2O_5$）、（$3MnO \cdot P_2O_5$）等过渡化合物，随着前期终点倒渣时，将含有磷的各种化合物一起被倒掉，仍然达到较高的脱磷率。

（6）冶炼前期脱磷终点时多倒渣。单炉新双渣法提高冶炼前期脱磷效果，很重要的操作是把冶炼前期含磷高的炉渣倒掉。国内有部分钢厂开始采用单炉新双渣法初期阶段终点[P]含量较高的一个重要原因是不能把冶炼前期脱磷的炉渣倒掉。在后续半钢冶炼过程中，未与渣中（CaO）结合的自由（P_2O_5），以及（$3FeO \cdot P_2O_5$）、（$3MnO \cdot P_2O_5$）等不稳定的过渡化合物，都有可能被钢液中[C]所还原，加重冶炼半钢脱磷任务。只有渣层厚、活跃的泡沫渣才能顺利地被倒出。应该掌握前期脱磷时间的最后时刻内造好泡沫渣，观察炉口炉渣向上涌动或抛出状况，确定倒渣时间，一般能够倒出 2/3～3/4 的炉渣[31]。

上述单炉新双渣法冶炼，前期脱磷主要参数的确定，必须考虑它们之间相互制约的关系，缺一或选择不正确都会影响其他工艺参数正常实施或发挥作用。文献［26］介绍了福建某厂 100t 复吹转炉单炉新双渣法前期脱磷工艺参数，如表 4-26 所示。该厂 100t 复吹转炉采用单炉新双渣法冶炼中、高[C]钢，终点[C]平均含量为 0.11%、终点[P]平均含量为 0.010% 的水平。

表 4-26　100t 复吹转炉单炉新双渣法前期脱磷工艺参数

前期供氧强度（标态）/$m^3 \cdot (t \cdot min)^{-1}$	前期终点半钢温度/℃	前期底吹供气强度（标态）/$m^3 \cdot (t \cdot min)^{-1}$	前期终点炉渣碱度	前期终点炉渣 TFe 含量/%
2.4 或 2.7	1350	0.2	1.54	12～16
前期冶炼时间/min	前期倒渣量/%	前期加入石灰量/$kg \cdot t^{-1}$	前期脱磷率/%	总加入石灰量/$kg \cdot t^{-1}$
8～10	70	30	70	40.9

注：铁水中[P]含量为 0.103%；正常供氧强度（标态）为 $4.0m^3/(t \cdot min)$。

由于单炉新双渣法工艺易于实施，并且各厂都具有传统的双渣法冶炼技术基础，因此在国内已经有较多钢厂开展研究与应用。目前应用该技术的钢厂还有武钢、沙钢、首秦、长钢、迁钢、邢钢等，冶炼前期脱磷率达到 65%～70%，各项技术经济指标比传统的双渣法前期冶炼均得到很大的改善。并且，炼铁生产可以适当放宽磷含量要求的低价位铁矿石，达到降成本的目的。

为了进一步降低生产成本又能够冶炼低[P]或超低[P]钢种（如 IF 钢、管线钢），北科大与首钢迁钢共同开发新的冶炼工艺路线[32]，即冶炼终点不倒渣，将炉渣全部留下，与上述单炉新双渣法又有一定的区别。其特点是：

（1）出钢后溅渣完了不倒渣，而是加入少量石灰或轻烧白云石快速固化炉渣，为下一炉冶炼加废钢、兑铁水做准备，同时石灰等造渣剂得到了提前预热。该工艺与其他的留部分炉渣工艺不同，是将炉渣全部留下，即脱碳后高碱度、高 TFe 含量的炉渣不再倒掉。

（2）冶炼前期，脱磷阶段只要铁水中[Si]含量没有大的波动，则不再加石灰与造渣剂造渣，而是依靠上炉留下全部的高碱度、高 TFe 含量、高温的炉渣（类似预熔渣）和用于固化高温炉渣而提前加入的石灰、轻烧白云石一起作为下一炉钢冶炼前期脱磷的炉渣使用。应用实践证明，前期成渣速度快，碱度仍然可达 1.3～1.5。冶炼前期脱磷率可达 60% 以上水平。

（3）冶炼前期脱磷终了（4~5min）倒掉60%以上的炉渣，即转炉炼钢倒掉的是含磷高的低碱度炉渣。比上述单炉新双渣法前期脱磷时间缩短2min左右。

（4）在半钢冶炼过程（即脱碳升温阶段）进行造渣，加入20~30kg/t的石灰和轻烧白云石5~8kg/t，可以进一步脱磷，又为溅渣护炉和全留渣提供渣源。

（5）因溅渣炉底上涨影响底吹供气强度提高，该工艺采取区别于MURC工艺的前期脱磷低供氧强度操作方法，而采用高供氧强度和低枪位操作，加强熔池搅拌，加快脱[P]速度。在目前众多深脱磷优化工艺路线中，该工艺路线石灰等造渣剂用量最少，并以上述特点为炼钢工艺技术开发提供了新的思路。

4.6.3 脱磷炉+脱碳炉法的脱磷炉冶炼工艺参数确定

我国新建的钢厂迄今为止只有首钢京唐钢铁公司炼钢厂建有5座300t大转炉：异跨布置的2座脱磷专用炉及与其相匹配的3座半钢少渣冶炼的脱碳专用炉。从整体装备、流程和技术水平而言，是世界一流全新的转炉冶炼工艺流程。另外，如文献［28］介绍宝钢300t、莱钢120t[33]、三钢120t[34]、鞍钢100t[35]等复吹转炉先后经过小的改造后，将转炉脱磷后的半钢倒出，重新再兑入另一座转炉内进行半钢冶炼操作，即在同跨间不同转炉内完成两项任务的脱磷炉+脱碳炉法冶炼工艺。脱磷炉+脱碳炉冶炼工艺流程如图4-56所示。

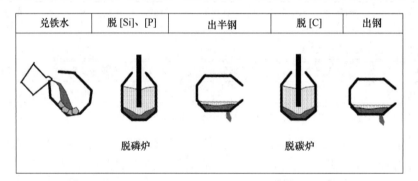

图4-56　脱磷炉+脱碳炉冶炼工艺流程（同跨或异跨）示意图

脱磷专用炉冶炼工艺参数为：

（1）适当降低脱磷期间的供氧强度；

（2）适当延长脱磷期间的时间；

（3）脱磷期间温度控制；

（4）提高专用炉脱磷期间底吹供气强度；

（5）脱磷期间炉渣碱度和TFe含量控制；

（6）出半钢时控制好下渣量。

脱磷专用炉冶炼工艺参数确定原则，大致与前述的单炉新双渣法相同。专用脱磷炉进行脱磷处理后，出半钢与含磷高的炉渣可完全分离，避免后续半钢冶炼脱[P]任务加重及其脱磷效果不稳定，是目前国内外最优化的深脱磷工艺路线。从首钢京唐300t脱磷专用炉效果可知，平均脱磷率可达70%以上。该厂300t脱磷专用转炉+脱碳专用转炉法冶炼低碳钢时，终点[P]可稳定控制在小于0.005%水平。

4.6.4 半钢少渣炼钢

铁水"三脱"使传统炼钢工艺发生了显著变化，将脱硫、脱磷放在可以提供更好反应条件的铁水预处理设备里进行，半钢在转炉冶炼时的主要功能是升温和脱碳，渣量减少，形成少渣炼钢工艺，使转炉的生产效率明显提高。

少渣炼钢是当今世界最先进的一种转炉炼钢工艺。该工艺加入渣料的主要目的不仅仅是为了进一步脱磷和脱硫，同时也是为了保护炉衬、覆盖钢液、减少金属喷溅以及为溅渣护炉、留渣操作的渣源做准备。

4.6.4.1 少渣炼钢的基本含义

A 少渣炼钢工艺路线

目前，常见的转炉炼钢工艺路线有4种。

第一种是传统的炼钢工艺，欧美各国的炼钢厂多采用这种模式。即铁水先脱硫预处理后，再兑入转炉炼钢，通常转炉炼钢渣量占金属量的10%以上，一般转炉渣中TFe含量为14%~20%左右。此外，渣中还含有约5%的铁珠，该工艺钢铁料消耗高。

第二种工艺路线是先在铁水沟、混铁车或铁水罐内进行铁水三脱预处理，然后实行复吹转炉少渣炼钢工艺，见图4-57。这种工艺的主要不足是脱磷前必须进行脱硅处理，废钢比低（不大于5%），脱磷炉渣碱度过高，处理时间长，成本高，难于利用。

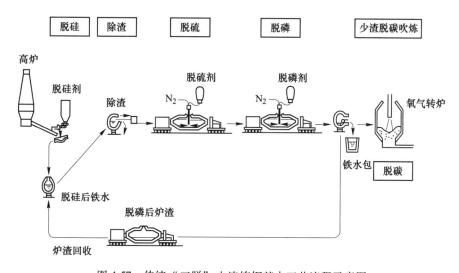

图 4-57 传统"三脱"少渣炼钢基本工艺流程示意图

第三种为铁水预脱硫后采用单炉新双渣法工艺，是在传统的双渣法基础上，调整优化前期脱磷冶炼工艺参数，倒掉前期脱磷的炉渣，继续半钢冶炼任务。

第四种是铁水预脱硫后采用脱磷炉+脱碳炉工艺：一座炉脱磷，另一座炉接受来自脱磷炉的低磷半钢脱碳[36,37]。典型的工艺流程为：高炉铁水→铁水罐预脱硫→转炉脱磷→转炉脱碳→二次精炼→连铸。

在上述的4种转炉炼钢工艺路线中，后三种炼钢工艺铁水经过三脱预处理，能够做到少渣操作。第三、四种还可以将脱碳炉渣返回脱磷期（炉）使用。不同转炉炼钢工艺路线的渣量比较参见图 4-58。

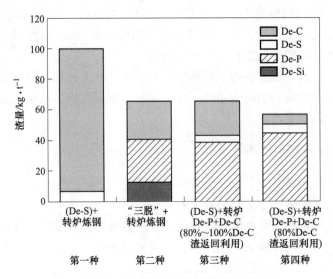

图 4-58 转炉炼钢不同工艺路线的渣量比较

总之，转炉少渣炼钢必须以铁水预处理为前提条件，即铁水三脱预处理后，硅、磷和硫含量基本达到或接近炼钢吹炼终点的要求，转炉炼钢脱磷、脱硫的负荷大大减轻了，造渣剂也大幅度地减少。

上述第三、四种炼钢工艺脱磷和脱碳两个阶段石灰消耗可减少到 25~40kg/t 钢，加上其他渣料，以及从金属中元素氧化产生的炉渣，总渣量也可减少到 50~70kg/t，因此，称为转炉少渣炼钢。

对少渣炼钢脱碳转炉操作而言，操作任务发生了变化，工艺制度也要进行调整。

B 少渣炼钢工艺制度

（1）供气制度：脱碳转炉少渣冶炼低碳钢时，全过程顶吹氧枪枪位采用"高—低—低"三段式控制较为合理，由于入炉铁水 [Si]、[Mn] 含量较低，碳氧反应提前，渣量很少，前期枪位低会造成金属喷溅。同时 [Si] 的减少给炼钢初期成渣带来困难，采用较高枪位操作便于快速成渣，增加吹炼前期渣中氧化铁的含量，然后根据化渣情况逐步降低枪位。与常规吹炼相比，少渣吹炼前期氧气流量应适当降低，吹炼后期加大底吹气体流量有利于减少铁损和提高锰的收得率。底吹供气强度则与常规冶炼时相同或略高为宜。

（2）造渣制度：转炉少渣冶炼时，石灰及其他造渣材料在吹炼开始或吹炼中期投入。一般不加萤石，转炉化渣不良时，可投少量萤石帮助化渣，以及配加适量的软硅石。

铁水经"三脱"预处理后，少渣吹炼应结合留渣操作。石灰加入量一般在 15~30kg/t。在降低造渣料消耗的前提下，为了保护炉衬、覆盖钢液、减少金属喷溅，采取的有效措施是留渣操作。出钢、溅渣后，将高温、高碱度、高氧化性的终渣留一部分或全部留于炉内，首钢迁安和首秦炼钢厂 100% 留渣，为了安全，还采用留渣完全固化的工艺，即吹入 N_2 气并加入少量石灰或轻烧白云石固化高温炉渣，然后兑铁炼钢。既可避免兑铁发生喷溅，又可预热石灰和轻烧白云石。

（3）温度制度：转炉采用"三脱"铁水进行脱碳少渣冶炼，只要"三脱"铁水温度和［C］含量能保持在合适的范围内，并且在此期间采取少渣和不加废钢冶炼，那么终点温度一般能够控制在1630~1650℃。如果入炉"三脱"铁水温度偏低或者［C］含量偏低，那么在冶炼期间需要合理选择适当的热补偿方法。

（4）炉内部分合金化：应用"三脱"铁水实现少渣炼钢后，造渣料消耗大幅度减少，利用快速降碳的有利条件，可实现锰矿或铬矿直接合金化。如日本钢管公司采用的炉内锰矿合金化工艺，通过控制碱度，降低渣中TFe含量，使低碳钢水终点［Mn］含量达到1%，锰的收得率大于70%。另外，日本的四大钢铁公司在生产［Mn］含量低于1.5%的合金钢时，采用锰矿代替全部锰铁直接合金化工艺，取得了较好的经济效益。

新日铁在100t复吹转炉上加铬矿和含碳材料进行了熔融还原，冶炼出［Cr］含量为11%的不锈钢。

（5）实现"一键式"自动化炼钢：少渣冶炼期间，主要任务是降［C］、升温为主，因此便于实现"一键式"自动化炼钢，实践证明，脱碳炉终点碳、温度双命中率大幅度提高，可达到不小于90%的水平。

（6）挡渣技术：单炉新双渣法出钢、脱磷炉+脱碳炉法的两次出钢（一次出半钢、一次终点出钢）过程下渣量控制是深脱磷冶炼工艺最后关键的工艺操作。采用滑板挡渣技术，钢包渣层厚度可控制在30mm以下，避免钢水回磷或大幅度降低其回磷率。

4.6.4.2　日本的转炉脱磷铁水预处理及其少渣炼钢工艺

日本应用的转炉脱磷少渣炼钢工艺比较早，主要方法有[38]：钢管福山制铁所的LD-NRP法、住友金属的SRP法、神户制钢的H炉、新日铁的LD-ORP法和MURC法。

A　钢管福山制铁所

福山制铁所有两个炼钢厂（第二炼钢厂和第三炼钢厂）。该制铁所是日本粗钢产量最高的厂家（1080万吨/年）。

第三炼钢厂有两座320t顶底复吹转炉，采用LD-NRP工艺，一座转炉脱磷，另一座脱碳；转炉脱磷能力为450万吨/年。该厂1999年开始全量铁水转炉脱磷预处理。

脱磷转炉工艺参数：吹炼时间10min；废钢比7%~10%；氧气流量（标准）30000m³/h，底吹气体流量（标准）3000m³/h；石灰消耗10~15kg/t。

脱碳转炉工艺参数：石灰消耗5~6kg/t；炉龄约7000炉；脱碳转炉炉龄低于脱磷转炉，转炉在炉役前期用于脱碳，炉役后期用于脱磷。

第二炼钢厂有3座250t顶底复吹转炉，采用传统"三脱"工艺（NRP），"三脱"处理能力420万吨/年。

转炉脱磷（LD-NRP）与传统"三脱"（NRP）的差别，福山制铁所经过长期生产实践得出如下结论：铁水罐内脱磷处理周期长、产能低；由于5号高拉速板坯连铸机建在第三炼钢厂，为了能够与连铸高拉速节奏匹配，第三炼钢厂采用了生产节奏较快的LD-NRP工艺。该厂统计的生产数据表明，LD-NRP技术与常规冶炼技术相比，每吨钢成本低5美元左右。

此外，钢管京滨炼钢厂的两座330t转炉也采用LD-NRP工艺。

B　住友金属鹿岛制铁所

鹿岛制铁所有两个炼钢厂，第一炼钢厂有 3 座 250t 转炉，采用本公司发明的 SRP 法炼钢；第二炼钢厂有 2 座 250t 转炉，采用常规冶炼工艺。鹿岛制铁所的炼钢工艺流程见图 4-59。

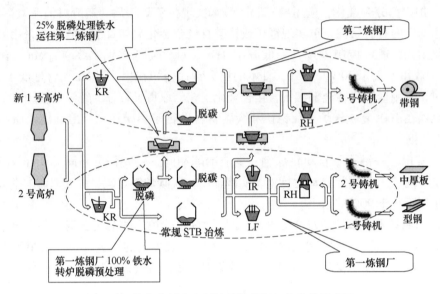

图 4-59　住友金属鹿岛制铁所的炼钢工艺流程示意图

第一炼钢厂用一座转炉脱磷，另两座转炉脱碳（二吹一），脱磷铁水富余 25%，运送给第二炼钢厂。

脱磷转炉工艺参数：吹炼时间 8min；冶炼周期 22min；废钢比 10%（加轻废钢）；出半钢温度 1350℃，渣量 40kg/t。

脱碳转炉工艺参数：吹炼时间 14min；冶炼周期 30min；锰矿用量 15kg/t（Mn 回收率：30%～40%）；渣量 20kg/t（以干渣方式回收）。

C　住友金属和歌山制铁所

住友金属和歌山制铁所年产粗钢超过 400 万吨。炼钢生产采用 SRP 法，全部铁水经转炉脱磷处理，其生产流程见图 4-60。

该厂脱磷转炉与脱碳转炉设在不同跨间，脱磷转炉和脱碳转炉的吹炼时间为 9 ～ 12min，冶炼周期控制在 20min 以内。一个转炉炼钢车间供钢水给三台连铸机，是目前世界炼钢生产节奏最快的钢厂。

和歌山制铁所 SRP 的优点是：

（1）建立起高效率、低成本、大批量生产洁净钢的平台，显著改善 IF 钢板抗二次加工脆化和热轧钢板低温冲击韧性等性能；

（2）炼铁生产可以采用较高磷含量的低价位铁矿石，铁水磷含量放宽至 0.10% ～ 0.15%，降低了矿石采购成本；

（3）炼钢时使用锰矿石可以取代 Fe-Mn 合金；

（4）炼钢渣量显著降低，脱碳炉渣可返回用于脱磷转炉；

（5）脱磷炉渣不经蒸汽稳定化处理，可直接铺路；

（6）加快了大型转炉的生产节奏，生产效率高，可与高拉速连铸机相匹配；

（7）工序紧凑。

韩国现代新建的唐津钢厂也部分采用了类似 SRP 的工艺流程。

D 神户制钢

神户制钢炼钢厂 H 炉工艺流程见图 4-61。神户制钢生产的高碳钢比例较大，铁水脱磷、脱硫预处理用 H 炉（专用转炉）工艺，处理过程分两步进行：首先在高炉出铁沟用喷吹法对铁水进行脱硅处理，用撇渣器去除脱硅渣后，将铁水再兑入 H 炉进行脱磷、脱硫处理。脱磷时喷吹石灰系渣料，同时顶吹氧气，脱磷后再喷入苏打粉系渣料脱硫。经预处理的半钢再装入另一座转炉进行脱碳。

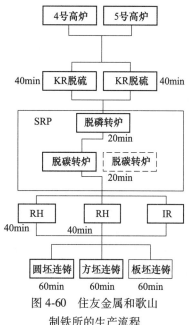

图 4-60 住友金属和歌山
制铁所的生产流程

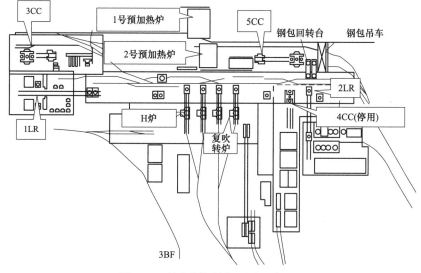

图 4-61 神户制钢炼钢厂平面布置图

用 H 炉进行铁水脱磷、脱硫处理具有如下特征：

（1）H 炉内空间大，进行铁水预处理时，炉内反应效率高、反应速度快，可在较短的时间内连续完成脱磷、脱硫处理；

（2）可以用块状生石灰和脱碳转炉渣代替部分脱磷所需的渣料；

（3）脱磷过程中添加部分锰矿，可提高脱磷效率，且增加了铁水中的锰含量。

E 新日铁八幡制铁所

新日铁八幡制铁所有两个炼钢厂，第一炼钢厂有两座 170t 转炉，采用传统的"三脱"工艺；第二炼钢厂有两座 350t 转炉，炼钢生产采用新日铁名古屋制铁所发明的 LD-ORP 工艺，见图 4-62。

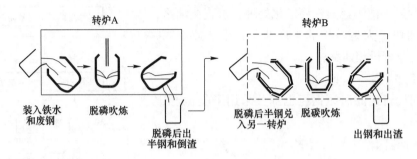

图 4-62　新日铁名古屋 LD-ORP 工艺流程示意图

F　新日铁君津制铁所

新日铁君津制铁所有两个炼钢厂，第一炼钢厂和第二炼钢厂均采用 KR 法脱硫（[S]≤0.002%）。第一炼钢厂有三座 230t 复吹转炉；第二炼钢厂有两座 300t 复吹转炉，第二炼钢厂采用 LD-ORP 法（见图 4-63）和 MURC 法（在我国称单炉新双渣法）两种工艺炼钢。

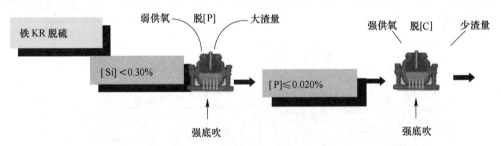

图 4-63　新日铁君津制铁所第二炼钢厂 LD-ORP 流程示意图

LD-ORP 法可生产高洁净钢。脱磷转炉弱供氧，大渣量，碱度为 2.5~3.0，温度为 1320~1350℃，纯脱磷时间为 9~10min，冶炼周期约 20min，废钢比通常为 9%，为了提高产量，目前废钢比已达到 11%~14%，经脱磷后半钢（[P]≤0.020%）兑入脱碳转炉，总脱磷率大于 92%。转炉的复吹寿命约 4000 炉。脱碳转炉强供氧，少渣量，冶炼周期为 28~30min，脱碳转炉不加废钢。从脱磷至脱碳结束的总冶炼周期约为 50min，恰好与连铸机的浇铸周期 50~60min 相匹配。

G　新日铁室兰制铁所和大分制铁所

新日铁室兰制铁所（两座 270t LD-OB 转炉）和大分制铁所（三座 370t 复吹转炉）受设备和产品的限制，难于采用脱磷炉+脱碳炉工艺，为此采用了君津厂开发的 MURC 技术，在同一转炉中进行铁水脱磷预处理和脱碳冶炼，类似传统炼钢的"双渣法"，但工艺参数得到优化。MURC 工艺冶炼周期为 33~35min，见图 4-64。

MURC 设备用多功能复合冶炼转炉，在同一座转炉中可连续脱硅、脱磷、倒渣和脱碳。工艺过程是：铁水在转炉中脱硅、脱磷后倒炉倒渣，前期脱磷渣一般倒出 50%，保留半钢，然后造渣进行脱碳，脱碳后出钢，炉渣留在转炉内用于下一炉铁水脱硅和脱磷。采用这种工艺，通常铁水和脱碳渣物流方向相反，多步骤连续吹炼和脱碳渣热循环的优点是热量损失少，石灰的消耗显著降低，废钢比较高。

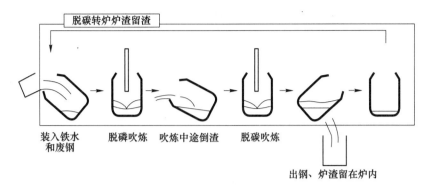

图 4-64 新日铁大分制铁所的 MURC 工艺流程示意图

另外，韩国浦项技术研究所也在 300t 复吹转炉和 100t 的顶吹转炉上进行了铁水脱磷试验，认为在采用 TDS 脱硫预处理的情况下，铁水在转炉内脱磷后，可生产磷含量低于 0.004% 的超低磷钢。国外钢铁厂采用脱磷炉+脱碳炉法的主要工艺技术参数对比见表 4-27。

表 4-27 国外钢铁厂脱磷炉+脱碳炉法生产实绩对比

钢铁厂家	脱磷吹炼时间 /min	脱磷后温度 /℃	脱磷后磷含量 /%	脱碳冶炼周期 /min	脱碳吹炼时间 /min
住友和歌山制铁所	10~12	1300~1350	0.010	20	9
住友金属鹿岛制铁所	8	1350		30	14
新日铁君津二炼钢厂	9~10	1320~1350	0.020	30	12
JFE 京滨制铁所	12	1350	0.010		
JFE 福山制铁所	8~10	1350	0.012	25~27	11~13

4.6.4.3 中国宝钢、首钢京唐新一代铁水"三脱"预处理及少渣炼钢工艺

中国包钢与北京钢铁研究总院在 20 世纪 90 年代，从引进 SRP 技术的基础上，进行过中磷铁水转炉内脱磷试验。宝钢开发的 BRP（Baosteel BOF refining process）技术成功地应用于其一炼钢、二炼钢和不锈钢分厂，且效果良好。首钢京唐钢铁公司炼钢厂在国内首家采用了异跨布置专用脱磷炉+脱碳炉的全新工艺。

A 宝钢的 BRP 技术

宝钢 2002 年开始进行 BRP 技术生产超低磷钢的研究。目前已不仅用于生产超低磷钢，而且成为常用生产工艺。

BRP 冶炼工艺路线是：铁水罐脱硫→复吹转炉脱硅、脱磷→同跨间另一座复吹转炉脱碳少渣冶炼。

a BRP 工艺要求

为了满足 BRP 工艺技术要求，宝钢对一炼钢的 300t 转炉进行了改造，特别是对转炉的顶、底吹系统进行了较大的改动。工艺要求为：

（1）至少配置两座转炉，即一座转炉脱磷作业，另一座转炉脱碳作业，将处于炉役前半期转炉作为脱碳炉，处于炉役后半期转炉作为脱磷炉。

（2）采用顶底复合吹炼，底吹气体主要为氮气、氩气。

（3）每座转炉设置两套独立的氧枪，一套用于脱碳，另一套用于脱磷。两套氧枪可迅速而准确地更换。

（4）转炉设置挡渣装置。脱磷炉出钢时，进行挡渣。

（5）尽量提高转炉修炉、拆炉、补炉和换出钢口等工作的机械化作业率。设置专用的去冷钢氧枪，以清理炉口。

（6）采用全汽化冷却烟道回收蒸汽，进行 OG 湿式或 LT 干式除尘，并回收转炉煤气，以降低成本。

（7）在两个转炉操作平台的合适位置各开一个铁水罐吊装孔，并设置盖板，脱磷转炉前的平台孔打开，并设活动栏杆，脱碳转炉前的平台孔用盖板盖住。脱磷炉出半钢后，脱磷铁水兑入脱碳转炉的最短路线是在炉前操作平台的开孔处吊起铁水罐，再就近兑入脱碳炉。

b 脱磷炉

铁水成分、温度与常规炼钢要求相同，铁水比高于常规炼钢法，为 88%～98%。废钢为厂内和外购的轻薄废钢、热压铁块等。氧枪类型为专用脱磷枪。底吹条件：顶底复吹 300t 转炉，底吹供气强度（标态）为 $0.03～0.25m^3/(t \cdot min)$，吹炼时间为 10～12min。

c 脱碳炉

氧枪类型：采用专用脱碳枪或常规氧枪。底吹条件同脱磷炉。锰矿熔融还原：锰含量大于 32% 的锰矿，加入量 5～15kg/t，吹炼时间不大于 15min。

d 工艺路线及其特点

宝钢一炼钢三座 300t 复吹转炉的脱磷炉+脱碳炉设备配置和工艺布置与传统转炉炼钢车间基本一致，每座转炉均具有脱磷和脱碳功能，可采用脱磷炉+脱碳炉工艺冶炼，亦可进行常规冶炼，切换灵活。根据产品和生产需求，仅对超低磷钢（[P]<0.005%）、极低磷钢（[P]<0.003%）及部分合金含量较高的低磷钢（[P]<0.0150%）采用 BRP 工艺，见图 4-65。

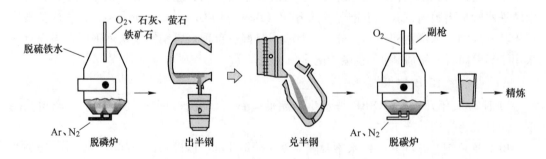

图 4-65 宝钢 BRP 法工艺流程示意图

e 主要技术

宝钢开发了一整套转炉脱磷+转炉脱碳的工艺技术，主要包括顶底供气模式、造渣模式、温度控制和脱磷控制模式等；研制出 BRP 脱磷氧枪喷头、BRP 脱磷转炉副枪探头和 6 孔大流量脱碳氧枪喷头；研制成功转炉脱磷专用椭圆形铁水包，完全满足了生产要求；开发了一些高难度、高附加值产品的冶炼工艺技术，如帘线钢、抗 HIC 的 X65 管线钢、2Cr13 不锈钢、S135 钻杆钢等生产技术[39]。BRP 法生产的 X70 管线钢和帘线钢与传统工艺的磷含量对比见图 4-66。

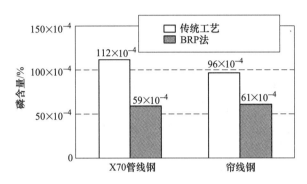

图 4-66 BRP 法生产的 X70 管线钢和帘线钢与传统工艺的磷含量对比

锰矿加入量为 10kg/t 的情况下，停吹[C]≥0.04% 时，锰收得率达到 61%，最高达到 83.9%。

将转炉脱碳渣、铸余渣处理后按一定比例返回脱磷转炉应用，目前每月利用 1000t 以上，吨钢石灰消耗降低了 3.6kg。

转炉脱磷渣量为 20~40kg/t，采用少渣冶炼时，转炉脱碳渣量约为 25kg/t，如脱碳炉渣全部返回脱磷炉使用，则渣中铁的 50% 可以在炼钢工艺循环利用。

f BRP 生产实绩

BRP 法开发的工艺路线可适应不同钢种的需求，物流畅通，工序匹配合理。采用优化后的富锰矿熔融还原工艺与复合渣返回转炉冶炼工艺，不但可降低成本，经济效益也很显著。BRP 法的投产对于拓展品种、提高钢水质量、提升产品的市场竞争力以及实现效益最大化都有重要作用。2004 年 6 月 10 日，采用 BRP 技术连续生产 4 炉超洁净抗 HIC X60 管线钢钢水（供 1930mm 连铸），五大杂质元素含量总和见表 4-28[40]。宝钢 BRP 工艺至今仍在宝钢股份应用，并已经用于湛江新厂炼钢厂。

表 4-28 BRP 法连续生产 4 炉抗 HIC X60 管线钢的化学成分   (×10⁻⁶)

炉次	[P]	[S]	T[O]	[N]	[H]	总计
1	30	4	24	31	1.0	90
2	40	5	16	32	1.1	94.1
3	30	4	12	24	1.0	71
4	40	6	11	29	1.0	87
平均	35.0	4.8	15.8	29.0	1.0	85.5

B 首钢京唐公司新一代铁水"三脱"预处理及少渣炼钢工艺[41]

首钢京唐公司炼钢厂于 2009 年 5 月建成投产，目标为采用全量铁水罐 KR 预脱硫，转炉预脱磷、预脱硅的新一代铁水"三脱"预处理，实现快速少渣炼钢；配合快速精炼和高效连铸技术构建的洁净钢生产平台，依靠工序功能优化、工序分工明晰，加速物质流流动、减少能量耗散、降低物料消耗，使得工艺控制简化，产品质量稳定、重现性好，可实现高效率、低成本、高稳定、大批量生产洁净钢的目标。

a 京唐炼钢工艺流程介绍

首钢京唐公司有 2 座 5500m³ 高炉，铁钢界面采用铁水罐多功能化（俗称"一罐到底"）的铁水运输模式，铁水罐容量 300t。炼钢厂配备 4 套 300tKR 脱硫站、2 座 300t 脱磷炉、3 座 300t 脱碳炉；2 套双工位 RH、2 套 CAS 和 1 套双工位 LF 炉；4 台双流板坯连铸机。各工序均可实现低于 30min 周期的快节奏稳定生产。

炼钢厂脱磷、脱碳转炉采用异跨布置；精炼和连铸依生产线分工布置在脱碳转炉两侧，物流顺畅可实现高效运行。KR 脱硫和脱磷炉共用脱磷炉加料跨 480t 吊车吊运铁水，KR 脱硫、脱磷炉和脱碳炉铁水走向都是由东向西，废钢由西向东，与铁水吊运作业没有交叉、互不干扰。新一代冶炼工艺路线是：铁水罐 KR 法脱硫→专用复吹转炉脱硅、脱磷→异跨专用复吹转炉脱碳少渣冶炼。

精炼装置和连铸机在脱碳转炉两侧均衡布置，在转炉跨与连铸钢水接受跨之间设置精炼跨，使钢水包在转炉、精炼、连铸之间吊运呈双环形运转，轻重分开互不干扰，使生产组织平稳有序，且为各种修砌作业提供了适宜的场地。工艺布置如图 4-67 所示。

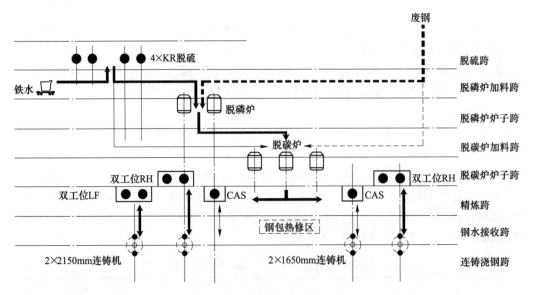

图 4-67 炼钢厂工艺布置示意图

b 铁水"三脱"预处理+少渣炼钢工艺

（1）KR 机械搅拌法铁水预脱硫技术：铁水脱硫预处理工序的基本目标是实现低成本稳定的深脱硫（硫含量不大于 0.002%）。与复合喷吹、单吹颗粒镁脱硫方式相比，KR 机械搅拌铁水脱硫法具有脱硫过程动力学条件更好、脱硫剂成本低、脱硫效率高且稳定、脱硫周期稳定等优点。采用石灰脱硫是吸热反应，脱硫效率随铁水温度提高而提高。超大型高炉和采用"一罐到底"技术使铁水温度更高，更适合采用机械搅拌法脱硫。

（2）转炉铁水脱硅脱磷预处理技术：采用 300t 转炉进行脱硅、脱磷预处理，其工艺目标不仅仅在于生产低磷钢，同时还要实现脱碳炉快速少渣冶炼效果。脱磷炉吹炼过程不但要最大限度地脱除硅、磷等杂质元素，还要适当抑制碳元素的氧化、保证废钢的熔化。所以对脱磷转炉的工艺要求是：在低供氧强度下，增大底吹供气强度，以保证短供氧时间条件下的渣铁反应、废钢熔化和迅速成渣。并且，还要将脱碳转炉终点炉渣部分返回脱磷炉中使用。

脱磷炉底吹布置 4 块环缝式底吹供气元件，底吹供气强度（标态）可达到 $0.30m^3/$（min·t）；氧枪设计兼顾低供氧强度条件下有利于化渣并提供足够的搅拌能；采用静态模型实现自动化炼钢。

（3）脱碳炉快速少渣冶炼技术：经过充分预处理的铁水（半钢）兑入脱碳炉，进行少渣条件下的快速脱碳升温，实现高效稳定的洁净钢生产。该工艺具有三个标志性特点：1）由于铁水中的磷、硫、硅等杂质元素已经被基本去除，脱碳转炉可以实现少渣快速冶炼，供氧强度（标态）可达 $4.5m^3/(t·min)$ 以上，吹炼时间可控制在 10min 以内，加之减少了加废钢的环节，冶炼周期可以控制在 $25\sim30min$；2）由于废钢全部在脱磷炉加入，经过脱磷炉冶炼的半钢在兑入脱碳炉前的成分、温度条件均为已知，少渣冶炼加入的炉料又少，所以脱碳炉的冶炼过程更容易控制，可实现高的终点命中率；3）低温快速、少渣冶炼等条件更有利于提高转炉炉龄，实现转炉冶炼系统高效、低耗、长寿运行。

炼钢厂脱碳炉采用的主要工艺技术有：1）副枪、烟气分析双模型的自动化炼钢技术；2）较高的（$0.97m^3/t$）转炉炉容比；3）LT 干法除尘技术，与湿法除尘相比，净化效率高，有利于环境保护，烟气中粉尘含量（标态）低（小于 $20mg/m^3$），节水约 30%，节电约 50%，除尘灰易于再利用；4）声呐化渣技术；5）转炉下渣 AMEPA 检测技术；6）出钢过程滑板挡渣技术。

c 铁水三脱预处理+少渣炼钢的冶炼工艺应用效果

（1）机械搅拌法（KR）铁水罐脱硫：

1）脱硫效果：2011 年 $1\sim10$ 月份，铁水进站平均温度为 1391℃，脱硫后平均温度 1362℃，平均温降 29℃。KR 工序脱硫前平均 [S] 含量为 495×10^{-6}，脱硫后平均 [S] 含量为 12×10^{-6}，脱硫率为 97.6%。

2）脱硫剂消耗：脱硫剂消耗与脱硫剂石灰中 CaO 含量和活性度、粒度、铁水温度、[S] 含量、[Si] 含量、目标 [S] 含量、搅拌时间、搅拌头状态等均有一定关系。通常情况下，脱硫剂石灰活性越高、铁水温度越高、铁水 [Si] 含量越高，吨钢脱硫剂消耗越低；铁水初始 [S] 含量越高、目标 [S] 含量越低、搅拌时间越长，吨钢脱硫剂消耗越低；搅拌头形状越好，形成的漩涡越大，脱硫剂消耗越低。2011 年 $1\sim10$ 月脱硫消耗与铁水温度统计关系如图 4-68 所示，脱硫率与脱硫剂消耗统计关系如图 4-69 所示。

（2）转炉铁水脱硅脱磷预处理效果：脱磷炉要在低供氧强度下脱硅脱磷，并抑制铁水中碳的氧化，根据铁水 [Si] 含量不同脱磷炉吹炼的供氧量（标态）为 $9\sim11m^3/t$，底吹强度（标态）为 $0.3m^3/(t·min)$。脱磷炉用石灰+轻烧白云石造渣，渣中（MgO）含量为 $8\%\sim10\%$；采用低碱度（$1.8\sim2.2$）少渣量脱磷脱硅保碳工艺，并尽量增加脱碳炉返回渣用量。预处理后半钢温度控制在 $1330\sim1360℃$，[C] 含量 3.4%～3.6%，[P] 含量 0.019%～0.035%，平均脱磷率约为 70%。碳含量对脱磷的影响以及温度对脱磷的影响见

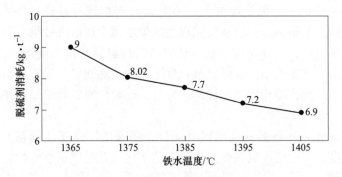

图 4-68　脱硫剂消耗和铁水温度的关系

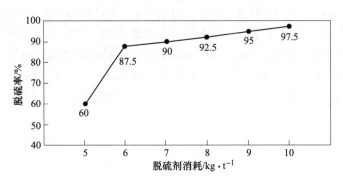

图 4-69　脱硫率与脱硫剂消耗的关系

图 4-70 和图 4-71。

（3）转炉少渣冶炼效果：脱碳炉吹炼半钢时，石灰加入量仅 10kg/t，还有少量轻烧白云石，保证渣中（MgO）含量控制在 10%～12%，采用强供氧强度［标态为 4.5m³/(t·min)］，脱碳时间控制在 10min 以内，终点［P］含量不大于 0.005%，全炉役终点[C]×[O]积平均控制在 0.0024×10⁻⁴（［C］含量平均为 0.04%）。将脱碳炉产出的高碱度、高氧化性炉渣溅渣后剩下的炉渣中一部分炉渣留在转炉里，满足下一炉钢冶炼和溅渣护炉的渣量要求。一部分返回脱磷炉使用，减少了石灰等原料消耗。

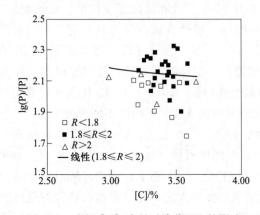

图 4-70　半钢［C］含量对磷分配比的影响

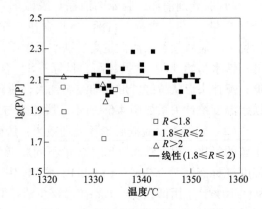

图 4-71　半钢温度对磷分配比的影响

将转炉产出的除尘灰制成冷固球团替代部分矿石作为冷却剂，供脱磷炉、脱碳炉造渣使用，并可提高成渣速度。常规冶炼总渣量为 83.35kg/t，渣循环的脱磷炉+脱碳炉少渣冶炼的总渣量为 59.7kg/t，比常规冶炼降低 23.65kg/t，降幅为 28.4%。炼钢厂炼钢渣循环工艺流程如图 4-72 所示。

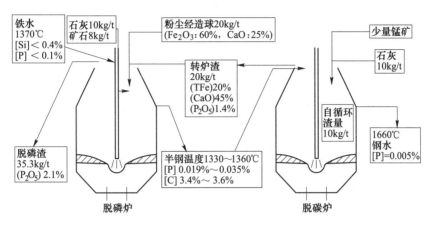

图 4-72　炼钢厂炼钢渣循环流程示意图

首钢京唐炼钢厂采用"三脱"及少渣冶炼模式兼顾部分炉次采用常规冶炼的多种工艺混合的情况下，自动化炼钢的开发就显得异常复杂。通过摸索开发了具有京唐特色和自主知识产权的自动化炼钢控制系统，脱磷炉、脱碳炉全部实现"一键式"炼钢。脱磷炉采用静态模型，半钢 [C]、[P]、温度三命中率已接近 50% 水平。目标要求 [C] = 3.4% ~ 3.6%，[P]≤0.030%，温度为 1330~1360℃。脱碳炉采用动态模型，[C]、温度双命中率达到 90% 以上，目标要求 [C] 控制精度为±0.01%，温度控制精度为±10℃。

随自动化炼钢水平的提高转炉炉龄明显提高，目前脱磷炉炉龄可稳定在 11000 炉以上，脱碳炉炉龄可稳定在 7000 炉以上。

（4）铁水"三脱"+少渣炼钢工艺条件下的干法除尘：京唐炼钢厂在铁水"三脱"条件下，300t 转炉少渣冶炼采用干法除尘技术，在世界范围尚属首次。因为与常规冶炼不同，"少渣冶炼"工艺在脱碳转炉吹炼前期没有 [Si]、[Mn] 氧化期，吹炼开始即直接发生碳氧反应，极易导致混合气报警甚至造成开吹"泄爆"。经过试验摸索制定出防泄爆的操作模式，并固定于操作程序中，有效解决了"转炉少渣"冶炼模式引起的"泄爆"问题。从 2009 年 5 月投产开始，仅半年时间泄爆率由最初的 8% 控制到了现在的 0.4%。2010~2011 年泄爆情况见表 4-29。

表 4-29　2010~2011 年以来脱碳炉泄爆次数逐月变化情况　　　　　　　（次）

日期	1 月	2 月	3 月	4 月	5 月	6 月	7 月	8 月	9 月	10 月	11 月	12 月
2010 年	1	1	0	1	0	0	0	2	2	0	0	0
2011 年	1	0	0	1	0	1	0	0	0	2	1	

之后，脱碳炉泄爆率每年逐渐减少，至 2017 年泄爆率为零。

（5）高品质洁净钢的生产：钢水的洁净度控制水平见表 4-30。

表 4-30 钢水的洁净度控制水平

[C]	[S]	[P]	[N]	[H]	T [O]
$12×10^{-6}$	$5×10^{-6}$	$25×10^{-6}$	$18×10^{-6}$	$1.5×10^{-6}$	$14.5×10^{-6}$

京唐公司采用新工艺后洁净钢生产水平得到较大提高，主要体现在：全面提高钢材洁净度水平，普通钢的洁净度 [S+P] 可达到 $150×10^{-6}$；与炉外精炼匹配，高品质钢材 [S+P+O+N+H] 可稳定达到 $64×10^{-6}$，其中 [S+P] 含量可稳定控制在 $50×10^{-6}$ 以下。

（6）新工艺的成本优势：从 2009 年 7 月 15 日开始至 2011 年 10 月，炼钢厂组织了"三脱"+少渣冶炼共计 21800 炉。2011 年 1 月~10 月，"三脱"比例平均达到了 72.0%，较 2010 年增加了 35.3%，目前稳定在 85% 左右。与常规冶炼相比，物料消耗明显降低：

1）辅料消耗降低。通过采用小粒活性石灰和渣循环技术，常规冶炼造渣料消耗为 57.8kg/t；铁水脱硅、脱磷+少渣冶炼工艺为 55.4kg/t；渣循环的铁水脱硅、脱磷+少渣冶炼工艺为 40.4kg/t，其中脱磷消耗 20.1kg/t，脱碳消耗 20.3kg/t，比常规冶炼降低 17.4kg/t，降幅达 30.1%。

2）渣量减少。常规冶炼渣量为 83.35kg/t；铁水脱硅、脱磷+少渣冶炼工艺为 77.1kg/t；渣循环的铁水脱硅、脱磷+少渣冶炼工艺为 59.7kg/t，其中脱磷 35.3kg/t，脱碳 24.4kg/t，比常规冶炼降低 23.65kg/t，降幅为 28.4%。

3）钢铁料消耗降低。通过少渣冶炼和循环新工艺，2011 年 10 月全厂钢铁料消耗平均为 1110.25kg/t，比 7 月份铁水脱硅、脱磷+少渣冶炼工艺降低 3.30kg/t，比 2 月份常规冶炼工艺降低 5.48kg/t。目前已稳定控制在 1085kg/t 以下（冶炼低碳钢）。

首钢京唐钢铁公司 KR 法铁水脱硫+脱磷炉+脱碳炉的全新工艺流程已充分体现出钢水洁净度有了较大幅度提高，可大批量稳定生产高品质洁净钢；物料消耗和成本显著降低的优势。

4.6.4.4 扩大复吹转炉的冶金功能

从 21 世纪初以来，我国开展了复吹转炉单炉新双渣法、脱磷炉+脱碳炉法的新一代炼钢工艺研究与实践应用，在脱磷、提钒、提钛等工艺技术上取得了很好的效果。为了提取某种金属元素或者去除某种杂质元素，或者冶炼钢种需要加入某种金属元素，利用该元素与碳的氧化-还原转化温度的原理，即有目的地进行选择性氧化反应或者还原反应。在单炉新双渣法的冶炼前期或者在脱磷炉+脱碳炉法中的脱磷炉里，将熔池温度控制在转化温度之下，就可以实现脱磷保碳、提钒保碳、提铌保碳、提钛保碳等工艺，这就是利用复吹转炉进行铁水预处理得以实现。在单炉新双渣法的冶炼后期或者在脱磷炉+脱碳炉法中的脱碳炉冶炼，将熔池温度控制在转化温度之上，就可以实现脱碳保铬、脱碳保磷（耐候钢）以及利用降碳过程加入铁矿、锰矿、钒和钛等元素的氧化物原料等，其金属元素直接被碳所还原进入钢中并合金化。

上述工艺技术中，一些技术已经得到了很好的应用，一些技术还需要进一步研究开发，以扩大复吹转炉新一代炼钢工艺的功能。

4.7 转炉氧枪

开新炉和正常冶炼以及溅渣护炉等工艺操作都涉及关键设备：氧枪。本节重点介绍转炉氧枪种类、设计、制造安装等氧枪技术基本知识。

4.7.1 转炉氧枪种类

4.7.1.1 转炉氧枪的基本结构

转炉氧枪应用于氧气顶吹转炉和顶底复合吹炼转炉，其特点是供氧量大、搅拌能力强、吹氧时间短。转炉氧枪由喷头、枪体和枪尾三部分组成，除此之外，氧枪附属部件还有将氧枪固定在移动小车上的连接板、吊装氧枪的吊环、进氧和进回水的橡胶软管（或金属软管），以及快速接头（或连接法兰）等。

4.7.1.2 转炉氧枪的种类

A 枪尾部位密封结构的氧枪

20 世纪 60 年代，我国开始了氧气顶吹转炉的建设，30t、50t、150t 转炉相继投产。氧枪设计采用的氧枪结构如图 4-73 所示。这种结构的氧枪其主要特点是，喷头的内管、中管、外管与氧枪相应的三层管焊接，枪尾部位用石棉盘根或橡胶圈密封。枪尾部位钢管

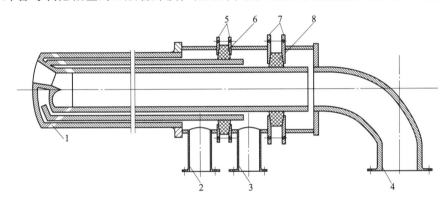

图 4-73 枪尾部位橡胶圈密封结构的转炉氧枪
1—喷头；2—回水支管；3—进水支管；4—进氧支管；5—水冷法兰；
6—密封橡胶圈；7—氧气法兰；8—氧气密封大橡胶圈

伸缩困难，内应力大，容易引起喷头焊缝疲劳破坏。而且更换氧枪喷头时，必须将枪尾的法兰全部打开，喷头部位的三层钢管要分别进行切割和焊接，更换喷头麻烦。

B 喷头部位密封结构的氧枪

这种结构的氧枪 20 世纪 80 年代中期才在我国应用，这种氧枪的主要特点是，在喷头的氧管上车削三道凹形槽，每道槽中放入一个 O 形橡胶圈，结构如图 4-74 所示。在氧枪的氧管上焊上一段氧气密封滑动段。喷头与氧枪装配时，带有橡胶圈的喷头氧管插入氧枪上的氧气密封滑动段。氧气密封滑动段要求用不锈钢材质。喷头氧管与氧气密封滑动段之间的配合尺寸精度要求很严，是这种氧枪结构的关键部位。凹形槽的加工精度和粗糙度要求也十分严格。既要保证氧气和冷却水之间有良好密封，又要保证喷头氧管与氧气密封滑动段之间滑动自如，避免造成氧枪的热应力破坏。进水滑动管与喷头的中层管之间也是采用滑动连接，两个管子之间的配合尺寸要有一定的加工精度和粗糙度，保证滑动自如。枪

尾采用法兰将钢管固定死，枪尾结构被大大简化。从总体上讲，这种氧枪的结构是合理的，当更换喷头时只需将外管焊缝切割开，将旧喷头取出，插入新喷头，再将外管焊好即可。由于这种氧枪结构简单，更换喷头方便，性能又好，很快在全国推广应用。

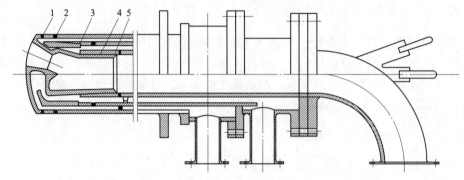

图 4-74　喷头部位 O 形橡胶圈密封结构转炉氧枪

1—喷头；2—更换喷头的焊缝；3—冷却水滑动管；4—密封胶圈；5—氧气密封管

C　分体式转炉氧枪

一般普通氧枪的枪尾、枪身和喷头三部分是焊接在一起的，形成一个整体。分体式氧枪（对接式氧枪）如图 4-75 所示，其最大特点是枪身和喷头为一体，枪尾为一体，中间是断开的，通过枪尾上的上法兰和枪身上的下法兰，用特制的大型螺栓将氧枪固定成一个整体。

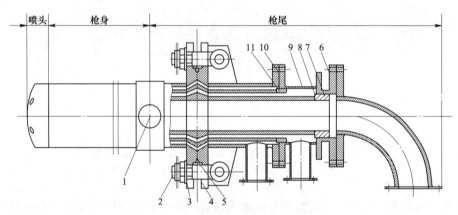

图 4-75　分体式转炉氧枪

1—吊枪轴；2—锁紧大螺栓；3—密封下大法兰；4—密封上大法兰；5—密封胶圈；6—进氧下法兰；

7—氧气密封胶圈；8—氧气密封管；9—进水管；10—进水密封胶圈；11—水冷密封管

分体式氧枪换枪时，由于只拆卸两支大型螺栓，换枪十分方便快捷，提高了转炉的作业率。另外由于枪尾和枪身分离，氧枪枪身在吊装、运输和更换喷头时也更方便。分体式氧枪枪身的吊运需要特制一套专用吊具。

一座转炉通常需要配备 7 支左右的氧枪。而分体式氧枪每座转炉只需要配备两支枪尾，这样，就省了氧枪的制作费用。

D　转炉二次燃烧氧枪

转炉二次燃烧氧枪可以分为两大类，即分流氧枪和双流道氧枪。分流氧枪又分为普通分流氧枪和分流双层氧枪两种。双流道氧枪又分为双流道双层氧枪和普通双流道氧枪两种。

a 普通分流氧枪

普通分流氧枪也就是单氧道的二次燃烧氧枪，简称分流氧枪。分流氧枪的枪体仍为三层钢管结构，只有一个氧气通道，与原有的转炉氧枪相同。所以，采用分流氧枪，就是把普通氧枪喷头更换为分流氧枪喷头。

分流喷头有主流氧气喷孔和副流喷孔。氧气被分流，分别从主流喷孔和副流喷孔喷入炉内。主流喷孔喷出氧气流股，与原氧枪作用相同，进行升温降碳，搅拌熔池，加速化渣。副流喷孔数通常为主流喷孔的一倍，但孔径小。副流喷孔的张角较大。所以，副流喷孔的作用就是喷出较为分散的氧气流，参与炉气中 CO 的二次燃烧。

分流氧枪的结构特点是：（1）原有枪体不需要改进，把喷头更换成双流喷头即可；（2）氧枪滑道及配重系统不需要改造；（3）不需要增加氧枪管道、阀门及仪表，因而投资少，见效快。

分流氧枪的缺点是：（1）副氧流量不能进行单独控制；（2）CO 二次燃烧率低。

b 分流双层氧枪

分流双层氧枪的主氧流和副氧流两种氧气喷孔如图 4-76 所示，分别布置在主氧喷头和副氧喷头上。副氧流喷头安装在氧枪枪身上，距离主氧喷头通常 1m 左右。分流双层氧枪仍为三层钢管结构，只有一个氧气通道，中心走氧，环缝进水，外围回水，副流氧气不能单独控制。

应用分流双层氧枪，只需改造氧枪枪体，投资少、效果好、使用方便。

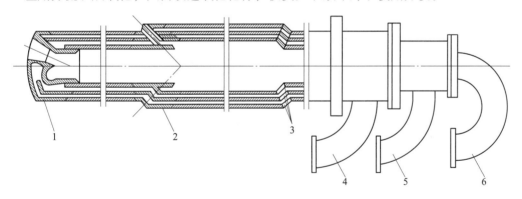

图 4-76 转炉分流双层氧枪

1—主氧喷头；2—副氧喷头；3—过渡管；4—回水支管；5—进水支管；6—氧气支管

c 普通双流氧枪

普通双流氧枪如图 4-77 所示。其具有如下优点：

（1）双流氧枪由 4 层钢管组成，具有双氧道，因此，可以根据熔炼需要对主、副氧气流量分别进行控制和调节。

（2）二次燃烧率较高。由于副氧流可根据不同冶炼时期 CO 的生成量来灵活调节，可充分利用副氧进行二次燃烧。

这种枪的缺点是：

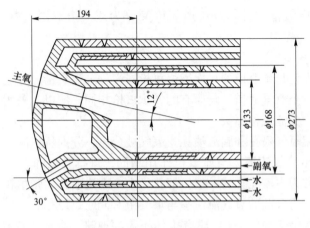

图 4-77　普通双流氧枪（mm）

（1）枪体和喷头结构复杂，制作困难。不能应用原有氧枪，氧枪枪体需要重新设计制作。

（2）枪体需要加粗。氧枪升降系统需要改造。

（3）需要增加一条副氧流氧气管道，以及与其相配合的减压阀、流量调节阀、流量孔板、切断阀、压力表和流量表等。

　　d　双流道双层氧枪

双流道双层氧枪是转炉二次燃烧氧枪中结构最为复杂、吹炼性能最好的一种，其结构如图 4-78 所示。主氧流喷头与普通转炉喷头类似，孔数从 3 孔到 6 孔皆可；副氧流喷头喷孔张角较大，孔数是主氧流喷孔的一倍或更多。孔数越多，CO 二次燃烧效果越好，但孔数越多，氧枪冷却水的进、回水通道越狭窄，水冷的效果越差，氧枪的寿命越低，综合考虑，大型氧枪 10 孔、中型氧枪 8 孔、小型氧枪 6 孔比较适宜。

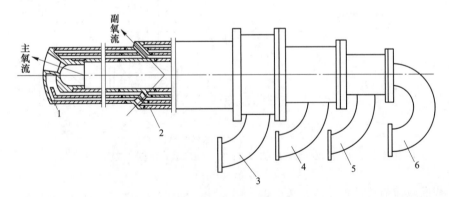

图 4-78　转炉双流道双层氧枪
1—主氧流喷头；2—副氧流喷头；3—回水支管；4—进水支管；5—副氧流支管；6—主氧流支管

双流道双层氧枪性能良好。主氧流和副氧流的氧气流量可以在不同的冶炼时期分别进行控制。另外，可以根据转炉的吨位、炉型、废钢装入量、铁水成分等参数来设计副氧喷头与主氧喷头的距离，以及副氧喷头的孔数、张角等氧枪参数，以获得最佳的 CO 的二次燃烧率。

E 锥体氧枪

氧枪在吹炼时，枪身下半部位经常黏满炉渣，在正常情况下，提枪时炉渣会自动脱落。但是转炉化渣不好，枪身上的炉渣就会黏得很牢，提枪时不易脱落。

避免黏枪的办法就是化好渣和采用锥体氧枪。锥体氧枪靠近喷头的下部枪体呈锥形，喷溅在枪身上的炉渣顺着锥形枪身自行滑入炉中。

生产实践证明，采用锥体氧枪后，避免了由于黏枪而造成的生产延误，并可减轻工人繁重的体力劳动。

锥体氧枪的设计，锥形管的长度通常要大于黏枪的高度。大型转炉炉渣的喷溅高度通常为 5m 左右，锥体部分的长度可以设计成 6m；小型转炉钢、渣的喷溅高度通常为 3m 左右，锥体部分的长度可以设计成 4m。锥体部分的长度是根据各厂的实际情况来定的。锥体管的最大外径取决于氮封口内径尺寸及锥体管的加工。锥体管的上部通过变径管与枪身相连接，如图 4-79 所示。

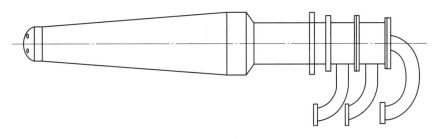

图 4-79 锥体氧枪

为了保证锥体氧枪的水冷强度，锥体部分的中层管也设计成锥形的。这样，虽然进水通道的断面面积变大了，水的流速变慢，但回水通道的缝隙仍与原直形管相同，回水的流速变化不大。进水变慢，水流的阻力减小，在水泵能力有富余的情况下，冷却水流量会增加，水冷强度得到了保证。中层锥体管的最大外径取决于外层锥体管的锥度和氧枪枪体的水冷需要。

锥体氧枪的寿命较高，使用安全是没有任何问题的。锥体氧枪的锥度越大，不挂渣的效果越好。但锥度越大，锥形管的加工难度也越大。锥形管的加工有冷加工和热加工两种加工工艺。

冷加工是用厚壁钢管车削而成的，车削工作量大，成本高。由于受钢管厚度的限制，锥形管的锥度不能很大，难以使锥体氧枪达到理想的应用效果。冷加工还可以采用专用模具进行推压加工。

热加工的成本较低，但加工工艺的难度很大。工装胎模具较多，费用很高，又需要有特制的专用设备，所以适用于批量生产。如果生产数量较少，成本反而更高。热加工有好几种加工工艺，热加工可以保证锥形管的加工锥度，从而保证了锥体氧枪的使用效果，因此优于冷加工。

4.7.1.3 转炉氧枪喷头的种类

A 单孔氧枪喷头

单孔氧枪喷头在我国初建的几家钢厂应用了很长时间。首钢炼钢厂的 30t 氧气顶吹转炉投产之初采用的是单孔拉瓦尔喷头。欧美国家氧气顶吹转炉创建初期，应用的也是单孔喷头。单孔氧枪喷头采用拉瓦尔喷管。拉瓦尔喷管由收缩段、喷管喉道、扩张段三部分组成，如图4-80所示。收缩段的作用在于将氧气流从低马赫数约0.2加速到1左右。喷管喉道在给定的氧气设计压力条件下，喉道的截面面积决定了喷头供氧量，因此喷管喉道的尺寸十分重要，要求具有较高的加工精度。氧气在扩张段内体积膨胀，形成超音速流。

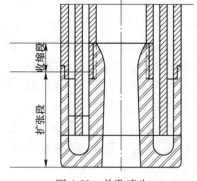

图4-80　单孔喷头

单孔氧枪存在很多不足之处，比如气流集中、容易形成"硬吹"、化渣能力较差等。

B　多孔氧枪喷头

（1）单三式3孔喷头：单三式3孔喷头，即具有1个喉口和3个喷出口的喷头。3孔喷头在国内最早是由上钢一厂30t转炉用于工业生产。与单孔喷头相比，3孔喷头吹炼化渣好、喷溅少，转炉炉气的二次燃烧率也有所提高。

（2）三喉式3孔喷头：三喉式3孔喷头，每个喷孔有独立的收缩段、喉口和扩张段，3孔喷头是氧枪喷头中最具代表性的喷头，是转炉氧枪从单孔喷头向多孔喷头发展的重要技术进步。

（3）多孔喷头：在3孔喷头使用的基础上，随着转炉吨位的不断扩大及氧枪喷头制造技术的进步，逐步出现了4孔、5孔或更多孔的喷头，如图4-81所示。多孔喷头孔数多，反应区域大，喷溅少，化渣速度快，去除［P］、［S］等有害杂质的效果好。

多孔喷头的加工制作工艺与普通3孔喷头的相同，但要求选择合适的喷孔夹角和喷孔间距，以保证孔间部位的水冷，进而提高喷头的水冷强度。

C　旋转多孔喷头

旋转多孔喷头的多股氧流股，从喷头喷出后，以一定的旋转角度冲击熔池，如图4-82所示。

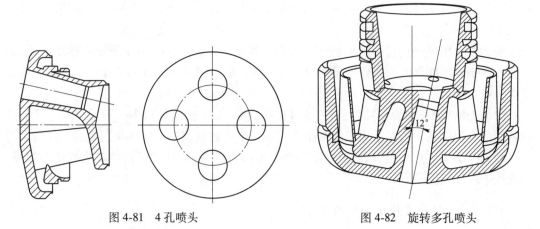

图4-81　4孔喷头　　　　　　　　　　图4-82　旋转多孔喷头

D　曲线壁氧枪喷头

生产实践证明，应用铸造中心水冷曲线壁氧枪喷头即标准拉瓦管喷头，见图4-83。其冶金效果优于扩张段直线壁的喷头。但曲线壁喷头的标准拉瓦尔喷管的曲线尺寸要求比较严格，加工难度较大，限制了它的推广应用。

E 双角度氧枪喷头

双角度氧枪喷头适用于大型转炉。氧孔分成两组，其中一组氧孔张角较小，为 10°~14°。另一组氧孔张角较大，为 16°~20°。两组氧气流股交错布置，如图 4-84 所示。两组反应区的吹炼面积大，化渣效果良好，喷溅小。最早是日本和歌山厂用于脱碳炉吹炼，其供氧强度（标态）可达到 $5.0m^3/(t·min)$。2007 年宝钢与钢铁研究总院合作开发出用于吹炼普通铁水的双角度氧枪喷头及其吹炼工艺。

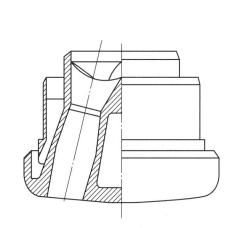

图 4-83 标准拉瓦尔管喷头

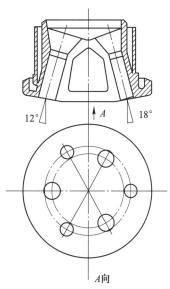

图 4-84 喷孔双角度氧枪喷头

张角不同、交叉布置的两组氧气流股，在炉内汇合的可能性减少，提高了转炉炼钢的吹炼性能。

张角不同、交叉布置的两组喷孔，孔间缝隙增大，有利于减少冷却水的阻力损失，加强喷头的水冷，有利于提高喷头的使用寿命。

4.7.2 转炉氧枪设计与计算

4.7.2.1 氧枪喷头的设计与计算

喷头是氧枪最重要的组成部分，喷头的结构直接决定了氧枪射流的气体动力学特性。从喷孔喷出的氧气射流的气体动力学参数，应满足炼钢工艺的要求，并能在长时间内氧气射流的特性保持不变。因此，必须根据炼钢的工艺要求来设计喷头。

要根据各厂的转炉容量、炉型尺寸、原材料条件、氧气压力，吹氧时间等参数来设计喷头。喷头的设计应达到下述目的：

（1）应提高生产率，尽可能地增大供氧量，以缩短吹炼时间，增加钢的产量；

（2）早化渣，化好渣，以利于脱磷脱硫，并缩短炉渣的返干时间；

（3）吹炼过程平稳，避免金属和炉渣的喷溅，提高金属的收得率，避免黏氧枪、黏炉口和黏烟罩；

（4）有足够的穿透能力和搅拌能力，既不能侵蚀炉底，又不能使炉底上涨过快，对炉衬的侵蚀要缓慢而均匀；

（5）要有足够高的喷头寿命。

要达到上述目的，不仅与喷头的设计和结构有关，而且也与吹炼过程中的工艺操作有关，但喷头的结构是最重要的。为了满足转炉吹炼工艺的要求，所设计的喷头除了要保证供给所需要的氧气流量之外，还要把氧气压力有效地变为射流的动能，并且从喷头喷射出来的氧气射流要有较长的较稳定的超音速核心段，衰减速度要慢。

A　计算每吨钢的氧气消耗

（1）根据铁水、废钢成分、钢铁料消耗及铁水比计算吹炼铁液中［C］、［Si］、［Mn］、［P］等元素氧化所需氧气量。

（2）根据渣量及炉渣成分计算形成渣中氧化铁耗氧量。渣中 TFe 含量 2 价铁平均75%，3 价铁 25%。

（3）根据转炉烟尘量及烟尘成分计算烟尘氧化耗氧量。烟尘量 10~12kg/t 钢，其中 Fe_2O_3 占 60%，FeO 占 30%。

（4）吹炼低碳钢时计算终点钢中溶解氧。可参考 ［C］×［O］ ＝0.0025×10^{-4} 计算。

（5）根据矿石成分和加入量计算加入矿石所带入的氧气量。

将上面（1）~（4）项之和减去（5）即可得出每吨钢的氧耗（标态，m^3/t）。

B　选择喷头参数（推荐值）

不同吨位转炉喷头参数范围见表 4-31[42]。

表 4-31　不同吨位转炉喷头参数范围

喷头参数	转炉吨位/t		
	200~350	100~200	<100
供氧强度(标态)/$m^3 \cdot (t \cdot min)^{-1}$	3.2~4.0	3.4~4.3	3.8~4.6
喷孔个数	5~7	4~5	3~4
马赫数	1.9~2.3	1.8~2.2	1.7~2.0
喷孔倾角/(°)	12~16	11~15	9~14
喷孔布置方式	交错布置或同圆周布置	交错布置或同圆周布置	同圆周布置

C　计算喷头有关参数

氧枪喷头设计计算的公式是由一维可压缩流热力学推导出来的。对于氧气可给出下列公式：

$$T/T_0 = (1 + M^2/5)^{-1} \tag{4-31}$$

$$\rho/\rho_0 = (1 + M^2/5)^{-5/2} \tag{4-32}$$

$$p/p_0 = (1 + M^2/5)^{-7/2} \tag{4-33}$$

$$A/A_* = 0.578(1 + M^2/5)^3/M \tag{4-34}$$

$$Q_{O_2} = 0.0297 p_0 A_* / \sqrt{T_0} \tag{4-35}$$

式中，T 为绝对温度，K（取值288.2K，即15℃），A 为管道截面面积，m^2；ρ 为气体密度，kg/m^3；M 为马赫数，等于气体速度/音速；Q_{O_2} 为氧气流量（标态），m^3/s；p 为绝对压力，Pa；下标符号：0 表示滞止状态；＊表示音速喉道状态，该处 $M=1$。

音速公式：$a=\sqrt{rRT}$，对于氧气热熔比 $r=1.4$、氧气气体常数 $R=259.8\,\mathrm{m^2 \cdot s^2/K}$ 时，其音速（m/s）公式如下：

$$a_{O_2} = 19.07\sqrt{T} \tag{4-36}$$

马赫数 $M=v/a$，v 为任一位置的气体速度，a 为音速。在计算中有可压缩流函数表 4-32 可供查阅。

表 4-32　可压缩流函数（理想气体，$r=1.4$）

M	p/p_0	ρ/ρ_0	T/T_0	A/A_*	M	p/p_0	ρ/ρ_0	T/T_0	A/A_*
0.00	1.0000	1.0000	1.0000	∞	0.34	0.9231	0.9445	0.9774	1.8229
0.01	0.9999	1.0000	1.0000	57.8738	0.35	0.9188	0.9413	0.9761	1.7780
0.02	0.9997	0.9998	0.9999	28.9421	0.36	0.9143	0.9380	0.9747	1.7358
0.03	0.9994	0.9996	0.9998	19.3005	0.37	0.9098	0.9347	0.9733	1.6961
0.04	0.9989	0.9992	0.9997	14.4815	0.38	0.9052	0.9313	0.9719	1.6587
0.05	0.9983	0.9988	0.9995	11.5914	0.39	0.9004	0.9278	0.9705	1.6234
0.06	0.9975	0.9982	0.9993	9.6659	0.40	0.8956	0.9243	0.9690	1.5901
0.07	0.9966	0.9976	0.9990	8.2915	0.41	0.8907	0.9207	0.9675	1.5587
0.08	0.9955	0.9968	0.9987	7.2616	0.42	0.8857	0.9170	0.9659	1.5289
0.09	0.9944	0.9960	0.9984	6.4613	0.43	0.8807	0.9132	0.9643	1.5007
0.10	0.9930	0.9950	0.9980	5.8218	0.44	0.8755	0.9094	0.9627	1.4740
0.11	0.9916	0.9940	0.9976	5.2002	0.45	0.8703	0.9055	0.9611	1.4487
0.12	0.9900	0.9928	0.9971	4.8643	0.46	0.8650	0.9016	0.9594	1.4246
0.13	0.9883	0.9916	0.9966	4.4969	0.47	0.8596	0.8976	0.9577	1.4018
0.14	0.9864	0.9903	0.9961	4.1824	0.48	0.8541	0.8935	0.9560	1.3801
0.15	0.9844	0.9888	0.9955	3.9103	0.49	0.8486	0.8894	0.9542	1.3595
0.16	0.9823	0.9873	0.9949	3.6727	0.50	0.8430	0.8852	0.9524	1.3398
0.17	0.9800	0.9857	0.9943	3.4635	0.51	0.8374	0.8809	0.9506	1.3212
0.18	0.9777	0.9840	0.9936	3.2779	0.52	0.8317	0.8766	0.9487	1.3034
0.19	0.9751	0.9822	0.9928	3.1123	0.53	0.8259	0.8723	0.9468	1.2865
0.20	0.9725	0.9803	0.9921	2.9635	0.54	0.8201	0.8679	0.9449	1.2703
0.21	0.9697	0.9783	0.9913	2.8293	0.55	0.8142	0.8634	0.9430	1.2550
0.22	0.9668	0.9762	0.9904	2.7076	0.56	0.8082	0.8589	0.9410	1.2403
0.23	0.9638	0.9740	0.9895	2.5968	0.57	0.8022	0.8544	0.9390	1.2263
0.24	0.9607	0.9718	0.9886	2.4956	0.58	0.7962	0.8498	0.9370	1.2130
0.25	0.9575	0.9694	0.9877	2.4027	0.59	0.7901	0.8451	0.9349	1.2003
0.26	0.9541	0.9670	0.9867	2.3173	0.60	0.7840	0.8405	0.9328	1.1882
0.27	0.9506	0.9645	0.9856	2.2385	0.61	0.7778	0.8357	0.9307	1.1767
0.28	0.9470	0.9619	0.9846	2.1656	0.62	0.7716	0.8310	0.9286	1.1657
0.29	0.9433	0.9592	0.9835	2.0979	0.63	0.7654	0.8262	0.9265	1.1552
0.30	0.9395	0.9564	0.9823	2.0351	0.64	0.7591	0.8213	0.9243	1.1452
0.31	0.9355	0.9535	0.9811	1.9765	0.65	0.7528	0.8164	0.9221	1.1356
0.32	0.9315	0.9506	0.9799	1.9219	0.66	0.7465	0.8115	0.9199	1.1265
0.33	0.9274	0.9476	0.9787	1.8707	0.67	0.7401	0.8066	0.9176	1.1179

M	p/p_0	ρ/ρ_0	T/T_0	A/A_*	M	p/p_0	ρ/ρ_0	T/T_0	A/A_*
0.68	0.7338	0.8016	0.9153	1.1097	1.04	0.5039	0.6129	0.8222	1.0013
0.69	0.7274	0.7966	0.9131	1.1018	1.05	0.4979	0.6077	0.8193	1.0020
0.70	0.7209	0.7916	0.9107	1.0944	1.06	0.4919	0.6024	0.8165	1.0029
0.71	0.7145	0.7865	0.9084	1.0873	1.07	0.4860	0.5972	0.8137	1.0039
0.72	0.7080	0.7814	0.9061	1.0806	1.08	0.4800	0.5920	0.8108	1.0051
0.73	0.7016	0.7763	0.9037	1.0742	1.09	0.4742	0.5869	0.8080	1.0064
0.74	0.6951	0.7712	0.9013	1.0681	1.10	0.4684	0.5817	0.8052	1.0079
0.75	0.6886	0.7660	0.8989	1.0624	1.11	0.4626	0.5765	0.8023	1.0095
0.76	0.6821	0.7609	0.8964	1.0570	1.12	0.4568	0.5714	0.7994	1.0113
0.77	0.6756	0.7557	0.8940	1.0519	1.13	0.4511	0.5663	0.7966	1.0132
0.78	0.6690	0.7505	0.8915	1.0471	1.14	0.4455	0.5612	0.7937	1.0153
0.79	0.6625	0.7452	0.8890	1.0425	1.15	0.4398	0.5562	0.7908	1.0175
0.80	0.6560	0.7400	0.8865	1.0382	1.16	0.4343	0.5511	0.7879	1.0198
0.81	0.6495	0.7347	0.8840	1.0342	1.17	0.4287	0.5461	0.7851	1.0222
0.82	0.6430	0.7295	0.8815	1.0305	1.18	0.4232	0.5411	0.7822	1.0248
0.83	0.6365	0.7242	0.8789	1.0270	1.19	0.4178	0.5361	0.7793	1.0276
0.84	0.6300	0.7189	0.8763	1.0237	1.20	0.4124	0.5311	0.7761	1.0304
0.85	0.6235	0.7136	0.8737	1.0207	1.21	0.4070	0.5262	0.7735	1.0334
0.86	0.6170	0.7083	0.8711	1.0178	1.22	0.4017	0.5213	0.7706	1.0366
0.87	0.6106	0.7030	0.8685	1.0153	1.23	0.3964	0.5161	0.7677	1.0398
0.88	0.6041	0.6977	0.8659	1.0129	1.24	0.3912	0.5115	0.7648	1.0432
0.89	0.5977	0.6924	0.8632	1.0108	1.25	0.3861	0.5067	0.7619	1.0468
0.90	0.5913	0.6870	0.8606	1.0289	1.26	0.3809	0.5019	0.7590	1.0504
0.91	0.5849	0.6817	0.8579	1.0071	1.27	0.3759	0.4971	0.7561	1.0542
0.92	0.5785	0.6764	0.8552	1.0056	1.28	0.3708	0.4923	0.7532	1.0581
0.93	0.5721	0.6711	0.8525	1.0043	1.29	0.3658	0.4876	0.7503	1.0621
0.94	0.5658	0.6658	0.8498	1.0031	1.30	0.3609	0.4829	0.7474	1.0663
0.95	0.5595	0.6604	0.8471	1.0022	1.31	0.3560	0.4782	0.7445	1.0706
0.96	0.5532	0.6551	0.8444	1.0014	1.32	0.3512	0.4736	0.7416	1.0750
0.97	0.5469	0.6408	0.8416	1.0008	1.33	0.3464	0.4690	0.7387	1.0796
0.98	0.5407	0.6445	0.8389	1.0003	1.34	0.3417	0.4644	0.7358	1.0842
0.99	0.5345	0.6392	0.8361	1.0001	1.35	0.3370	0.4598	0.7329	1.0890
1.00	0.5283	0.6339	0.8333	1.0000	1.36	0.3323	0.4553	0.7300	1.0940
1.01	0.5221	0.6287	0.8306	1.0001	1.37	0.3277	0.4508	0.7271	1.0990
1.02	0.5160	0.6234	0.8278	1.0003	1.38	0.3232	0.4463	0.7242	1.1042
1.03	0.5099	0.6181	0.8250	1.0007	1.39	0.3187	0.4418	0.7213	1.1095

M	p/p_0	ρ/ρ_0	T/T_0	A/A_*	M	p/p_0	ρ/ρ_0	T/T_0	A/A_*
1.40	0.3142	0.4374	0.7184	1.1149	1.76	0.1850	0.2996	0.6175	1.3967
1.41	0.3098	0.4330	0.7155	1.1205	1.77	0.1822	0.2964	0.6148	1.4070
1.42	0.3055	0.4287	0.7126	1.1262	1.78	0.1794	0.2931	0.6121	1.4175
1.43	0.3012	0.4244	0.7097	1.1320	1.79	0.1767	0.2900	0.6095	1.4282
1.44	0.2969	0.4201	0.7069	1.1379	1.80	0.1740	0.2868	0.6068	1.4390
1.45	0.2927	0.4158	0.7040	1.1440	1.81	0.1714	0.2837	0.6041	1.4499
1.46	0.2886	0.4116	0.7011	1.1501	1.82	0.1688	0.2806	0.6015	1.4610
1.47	0.2845	0.4074	0.6982	1.1565	1.83	0.1662	0.2776	0.5989	1.4723
1.48	0.2804	0.4032	0.6954	1.1629	1.84	0.1637	0.2745	0.5963	1.4836
1.49	0.2764	0.3991	0.6925	1.1695	1.85	0.1612	0.2715	0.5936	1.4952
1.50	0.2724	0.3950	0.6897	1.1762	1.86	0.1587	0.2686	0.5910	1.5069
1.51	0.2685	0.3909	0.6868	1.1830	1.87	0.1563	0.2656	0.5884	1.5187
1.52	0.2646	0.3869	0.6840	1.1899	1.88	0.1539	0.2627	0.5859	1.5308
1.53	0.2608	0.3829	0.6811	1.1970	1.89	0.1516	0.2598	0.5833	1.5429
1.54	0.2570	0.3789	0.6783	1.2042	1.90	0.1492	0.2570	0.5807	1.5553
1.55	0.2533	0.3750	0.6754	1.2116	1.91	0.1470	0.2542	0.5782	1.5677
1.56	0.2496	0.3710	0.6726	1.2190	1.92	0.1447	0.2514	0.5756	1.5804
1.57	0.2459	0.3672	0.6698	1.2266	1.93	0.1425	0.2486	0.5731	1.5932
1.58	0.2423	0.3633	0.6670	1.2344	1.94	0.1403	0.2459	0.5705	1.6062
1.59	0.2388	0.3595	0.6642	1.2422	1.95	0.1381	0.2432	0.5680	1.6193
1.60	0.2353	0.3557	0.6614	1.2502	1.96	0.1360	0.2405	0.5655	1.6326
1.61	0.2318	0.3520	0.6586	1.2584	1.97	0.1339	0.2378	0.5630	1.6461
1.62	0.2284	0.3483	0.6558	1.2666	1.98	0.1318	0.2352	0.5605	1.6597
1.63	0.2250	0.3446	0.6530	1.2750	1.99	0.1298	0.2326	0.5580	1.6735
1.64	0.2217	0.3409	0.6502	1.2836	2.00	0.1278	0.2300	0.5556	1.6875
1.65	0.2184	0.3373	0.6475	1.2922	2.01	0.1258	0.2275	0.5531	1.7016
1.66	0.2151	0.3337	0.6447	1.3010	2.02	0.1239	0.2250	0.5506	1.7160
1.67	0.2119	0.3302	0.6419	1.3100	2.03	0.1220	0.2225	0.5482	1.7305
1.68	0.2088	0.3266	0.6392	1.3190	2.04	0.1201	0.2200	0.5458	1.7451
1.69	0.2057	0.3232	0.6364	1.3283	2.05	0.1182	0.2176	0.5433	1.7600
1.70	0.2026	0.3197	0.6337	1.3376	2.06	0.1164	0.2152	0.5409	1.7750
1.71	0.1996	0.3163	0.6310	1.3471	2.07	0.1146	0.2128	0.5385	1.7902
1.72	0.1966	0.3129	0.6283	1.3567	2.08	0.1128	0.2104	0.5361	1.8056
1.73	0.1936	0.3095	0.6256	1.3665	2.09	0.1111	0.2081	0.5337	1.8212
1.74	0.1907	0.3062	0.6229	1.3764	2.10	0.1094	0.2058	0.5313	1.8369
1.75	0.1878	0.3029	0.6202	1.3865	2.11	0.1077	0.2035	0.5290	1.8529

M	p/p_0	ρ/ρ_0	T/T_0	A/A_*	M	p/p_0	ρ/ρ_0	T/T_0	A/A_*
2.12	0.1060	0.2013	0.5266	1.8690	2.48	0.06038	0.13465	0.4484	2.5880
2.13	0.1043	0.1990	0.5243	1.8853	2.49	0.05945	0.13316	0.4464	2.6122
2.14	0.1027	0.1968	0.5219	1.9018	2.50	0.05853	0.13169	0.4444	2.6367
2.15	0.1011	0.1946	0.5196	1.9185	2.51	0.05762	0.13023	0.4425	2.6615
2.16	0.09956	0.19247	0.5173	1.9354	2.52	0.05674	0.12879	0.4405	2.6865
2.17	0.09802	0.19033	0.5150	1.9525	2.53	0.05586	0.12737	0.4386	2.7117
2.18	0.09649	0.18821	0.5127	1.9698	2.54	0.05500	0.12597	0.4366	2.7372
2.19	0.09500	0.18612	0.5104	1.9873	2.55	0.05415	0.12458	0.4347	2.7630
2.20	0.09352	0.18405	0.5081	2.0050	2.56	0.05332	0.12321	0.4328	2.7891
2.21	0.09207	0.18200	0.5059	2.0229	2.57	0.05250	0.12185	0.4309	2.8154
2.22	0.09064	0.17998	0.5036	2.0409	2.58	0.05169	0.12051	0.4289	2.8420
2.23	0.08923	0.17798	0.5014	2.0592	2.59	0.05090	0.11918	0.4271	2.8688
2.24	0.08785	0.17600	0.4991	2.0777	2.60	0.05012	0.11787	0.4252	2.8960
2.25	0.08648	0.17404	0.4969	2.0964	2.61	0.04935	0.11658	0.4233	2.9234
2.26	0.08514	0.17211	0.4947	2.1153	2.62	0.04859	0.11530	0.4214	2.9511
2.27	0.08382	0.17020	0.4925	2.1345	2.63	0.04784	0.11403	0.4196	2.9791
2.28	0.08251	0.16830	0.4903	2.1538	2.64	0.04711	0.11278	0.4177	3.0073
2.29	0.08123	0.16643	0.4881	2.1734	2.65	0.04639	0.11154	0.4159	3.0359
2.30	0.07997	0.16458	0.4859	2.1931	2.66	0.04568	0.11032	0.4141	3.0647
2.31	0.07873	0.16275	0.4837	2.2131	2.67	0.04498	0.10911	0.4122	3.0938
2.32	0.07751	0.16095	0.4816	2.2333	2.68	0.04429	0.10792	0.4104	3.1233
2.33	0.07631	0.15916	0.4794	2.2538	2.69	0.04362	0.10674	0.4086	3.1530
2.34	0.07512	0.15739	0.4773	2.2744	2.70	0.04295	0.10557	0.4068	3.1830
2.35	0.07396	0.15564	0.4752	2.2953	2.71	0.04229	0.10442	0.4051	3.2133
2.36	0.07281	0.15391	0.4731	2.3164	2.72	0.04165	0.10328	0.4033	3.2440
2.37	0.07168	0.15221	0.4709	2.3377	2.73	0.04102	0.10215	0.4015	3.2749
2.38	0.07057	0.15052	0.4688	2.3593	2.74	0.04039	0.10104	0.3998	3.3061
2.39	0.06948	0.14885	0.4668	2.3811	2.75	0.03978	0.09994	0.3980	3.3377
2.40	0.06840	0.14720	0.4647	2.4031	2.76	0.03917	0.09885	0.3963	3.3695
2.41	0.06734	0.14556	0.4626	2.4254	2.77	0.03858	0.09778	0.3945	3.4017
2.42	0.06630	0.14395	0.4606	2.4479	2.78	0.03799	0.09671	0.3928	3.4342
2.43	0.06527	0.14235	0.4585	2.4706	2.79	0.03742	0.09566	0.3911	3.4670
2.44	0.06426	0.14078	0.4565	2.4936	2.80	0.03685	0.09463	0.3894	3.5001
2.45	0.06327	0.13922	0.4544	2.5168	2.81	0.03629	0.09360	0.3877	3.5336
2.46	0.06229	0.13768	0.4524	2.5403	2.82	0.03574	0.09259	0.3860	3.5674
2.47	0.06133	0.13615	0.4504	2.5640	2.83	0.03520	0.09158	0.3844	3.6015

续表 4-32

M	p/p_0	ρ/ρ_0	T/T_0	A/A_*	M	p/p_0	ρ/ρ_0	T/T_0	A/A_*
2.84	0.03467	0.09059	0.3827	3.6359	2.97	0.02848	0.07872	0.3618	4.1153
2.85	0.03415	0.08962	0.3810	3.6707	2.98	0.02805	0.07788	0.3602	4.1547
2.86	0.03363	0.08865	0.3794	3.7058	2.99	0.02764	0.07705	0.3587	4.1944
2.87	0.03312	0.08769	0.3777	3.7413	3.00	0.02722	0.07623	0.3571	4.2346
2.88	0.03263	0.08675	0.3761	3.7771	3.01	0.02682	0.07541	0.3556	4.2751
2.89	0.03213	0.08581	0.3745	3.8133	3.02	0.02642	0.07461	0.3541	4.3160
2.90	0.03165	0.08489	0.3729	3.8498	3.03	0.02603	0.07382	0.3526	4.3573
2.91	0.03118	0.08398	0.3712	3.8866	3.04	0.02564	0.07303	0.3511	4.3989
2.92	0.03071	0.08307	0.3696	3.9238	3.05	0.02526	0.07226	0.3496	4.4410
2.93	0.03025	0.08218	0.3681	3.9614	3.06	0.02489	0.07149	0.3481	4.4835
2.94	0.02980	0.08130	0.3665	3.9993	3.07	0.02452	0.07074	0.3466	4.5263
2.95	0.02935	0.08043	0.3649	4.0376	3.08	0.02416	0.06999	0.3452	4.5696
2.96	0.02891	0.07957	0.3633	4.0763	3.09	0.02380	0.06925	0.3437	4.6132

D 喷孔倾角

喷孔倾角指喷孔中心线与氧枪中心线之间的夹角，氧枪喷头的喷孔数目增加，各流股不交汇所需的喷孔倾角加大。不同作者所提出的喷头孔数与喷孔倾角的关系如表 4-33 所示。

表 4-33 不同作者提出的喷头孔数与喷孔夹角值

编号	作者及文献	喷头孔数/个	喷孔夹角 $\theta/(°)$
1	Lee C R[43]	3	9.5~10
		4	12~12.5
2	马恩祥[44]	3	10~11
		4	11
3	巴普基兹曼斯基[45]	4	12~15
		6	20
		8	25
4	科里亚[46]	4	11~15（最佳 12）
		5	14~16（最佳 14）
		6	14~17

E 喷孔个数

P. Donald 对欧洲 50~300t 转炉统计的结果：46% 转炉用 6 孔喷头，32% 转炉用 5 孔喷头，仅有一座 60t 转炉用 3 孔喷头。单孔射流直径大，孔数少，穿透深度增加，不利于化渣。

增加喷孔数目有利于化渣和脱磷，但孔数过多将导致氧射流而降低熔池穿透深度和搅拌能量，吹炼过程易喷溅和溢渣，还会引起炉底上涨、废钢不熔等问题。

F 马赫数的选择

马赫数是气流在喷孔出口处的速度与当地音速之比，即 $M=v/a$，它是由喷孔出口面积与喉口面积确定的。喷孔出口音速是当地温度（T）的函数，对于氧气，$K=1.4$，$a_{O_2}=19.07\sqrt{T}$，氧气出口速度 $v_{O_2}=Ma_{O_2}$。马赫数增加，喷头入口处的滞止压力 p_0 和工作氧压 p_1 也随之增加（$p_1=p_0+\Delta p$），Δp 为氧枪管道压力损失，可以实测。查可压缩流函数表 4-32 可得 M、p/p_0 对应值。图 4-85 为 M 与 p_0 的关系。

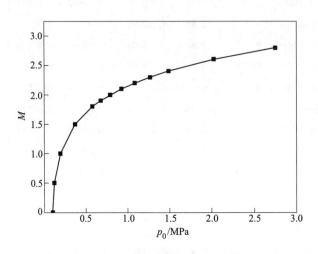

图 4-85 马赫数与滞止压力的关系

M	0	1	1.5	1.8	2	2.2	2.4	2.6	2.8
p/p_0	1	0.5283	0.2724	0.174	0.1278	0.09352	0.0681	0.05012	0.03685
p_0	0.1013	0.1918	0.3695	0.5823	0.7928	1.0834	1.4878	2.0216	2.7496

M 值低，则射流对熔池的穿透深度和搅拌能量低，不能正常炼钢。转炉吨位大，熔池深度增加，需要提高马赫数。M 过高对于化渣、炉体维护、安全用氧和设备投资都无益处。对大型转炉（大于 200t），马赫数在 1.95~2.3 范围。

氧气流量与喷头参数关系：

$$Q_{O_2}=\frac{178.37\sum A_t p_0}{\sqrt{T_0}}\times C_D \tag{4-37}$$

式中，Q_{O_2} 为氧流量（标态），m^3/min；$\sum A_t$ 为多孔喷头的喉口总面积，cm^2；p_0 为喷头前氧气滞止压力，MPa；T_0 为氧气滞止温度，K；C_D 为流量系数，加工良好的喷孔 $C_D=0.98$。

G 供氧强度

不同吨位转炉供氧强度如表 4-34 所示。国内部分转炉钢厂供氧强度见表 4-35。

表 4-34 不同吨位转炉供氧强度

转炉容量/t	200~300	100~199	≤100
供氧强度（标态）/$m^3 \cdot (t \cdot min)^{-1}$	3.0~3.8	3.2~4.0	3.5~4.5

表 4-35 国内部分转炉钢厂供氧强度

序号	单　位	转炉吨位/t	供氧强度(标态)/m³·(t·min)⁻¹
1	宝钢 1 炼钢	300 ×3	3.3 (3.8)
2	宝钢 2 炼钢	250 ×3	3.3 (出钢量 300t/炉)
3	武钢 3 炼钢	250 ×3	3.5 (3.8) (出钢量 270t/炉)
4	鞍钢 3 钢轧	250 ×3	3.6
5	鞍钢鲅鱼圈	250 ×3	3.6
6	首钢 2 炼钢	220 ×3	3.6
7	马钢 4 钢轧	300 ×2	3.06~3.5 (变流量)
8	邯钢 4 炼钢	250 ×2	3.3
9	涟源 1 炼钢	210 ×2	3.81
10	鞍钢 1 炼钢	100	3.33
11	鞍钢 2 炼钢	100	3.33
12	莱钢新钢厂	130	3.4
13	海鑫 1 炼钢	90	4.1
14	大钢 2 炼钢	80	4.1
15	邯郸钢厂	120	3.4
16	涟源 2 钢厂	100	4.2
17	威远钢厂	70	4.3

在氧气消耗确定之后，每炉钢的吹氧时间大致与供氧强度成反比。吹炼不同成分铁水的吹氧时间与供氧强度的关系如图 4-86 所示。

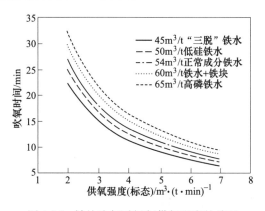

图 4-86 转炉吹氧时间与供氧强度的关系

H　复吹转炉顶吹氧气射流与熔池的作用

顶吹氧射流对熔池的穿透深度计算公式见表 4-36。

表 4-36　不同作者的计算穿透深度公式

作者	经验式	备　注
Flinn[47]	$h_0 = 1.5 \dfrac{p_d d_t}{\sqrt{H}} + 1.5$	p_d——设计压力，MPa； h_0——穿透深度，m； H——枪位，m； d_t——喉口直径，m
	$h_0 = 34.0 \times 10^{-5} \dfrac{p_d d_t}{\sqrt{H}} + 3.81$	p_d——设计压力，Pa；h_0——穿透深度，cm； H——枪位，cm；d_t——喉口直径，cm
Chatterjee[48]	$\dfrac{h_0}{H}\left(1 + \dfrac{h_0}{H}\right)^2 = \dfrac{115}{\pi}\dfrac{M}{\rho_L g H^3}$	$M = \dfrac{\pi}{4} d_e^2 \rho_e V_e^2$ （马赫数）
Koria[49]	$\dfrac{h_0}{H} = 0.173 \phi^{0.51}$ $H = 2.426\left(\dfrac{M}{\rho_L g}\right)^{1/3}$	ρ_L——熔池液体密度，kg/m³； g——重力加速度，m/s²
巴普基斯曼斯基[45]	$h_0 = k\dfrac{(10^{-5} - p_0)^{0.5} d_e^{0.5}}{\rho_L^{0.4}\left(1 + \dfrac{H}{d_e B}\right)}$	$k = 40$，对于低黏度液体，B 取 40； k_0——穿透深度，m； p_0——滞止压力，Pa；　d_e——喷孔直径，m； ρ_L——液体密度，kg/m³；H——枪位，m

穿透深度（L）与熔池深度（L_0）的比值：各钢厂根据本单位的原料条件、冶炼品种、操作习惯等因素选择 L/L_0 值。几个钢厂 L/L_0 的参考值见表 4-37。

表 4-37　几个钢厂转炉吹炼过程的 L/L_0

单　位	炉容量/t	L/L_0		
		吹炼初期	吹炼中期	吹炼末期
宝钢一炼钢厂	300	0.56~0.60	0.60~0.70	0.72~0.76
太钢二炼钢厂	80	0.70~0.75	0.65~0.70	0.75~0.82
原首钢三炼钢厂	80	0.62~0.70	0.65~0.74	0.75~0.78
涟源钢厂	100	0.65~0.73	0.68~0.73	0.75~0.76
海鑫钢厂	90	0.59~0.64	0.55~0.62	0.73~0.77
川威钢厂	70	0.65~0.70	0.61~0.67	0.70~0.76
萍乡钢厂	60	0.75~0.80	0.52~0.55	0.73~0.78

顶吹氧气射流、底吹气体上升流对熔池搅拌能量及其熔池混均时间分别如下公式所示[50]。

（1）顶吹氧射流对熔池的搅拌能量：

$$\varepsilon_{vt} = \frac{6.32 \times 10^{-7}}{V_L}\cos\theta \frac{Q_t^3 M}{n^2 D_e^3 H} \tag{4-38}$$

式中，ε_{vt} 为顶吹射流搅拌能量，W/m³；V_L 为金属体积，m³；Q_t 为氧气流量（标态），m³/

min；n 为喷孔个数；M 为氧分子量，kg；D_e 为喷孔出口直径，m；θ 为喷孔倾角，(°)；H 为枪位高度，m。

（2）底吹搅拌能：

$$\varepsilon_{vb} = 6.18 \frac{Q_b T_1}{V_1} \left[2.303 \lg\left(1 + \frac{\rho_1 h}{p}\right) + \left(1 - \frac{T_a}{T_1}\right) \right] \tag{4-39}$$

式中，Q_b 为底吹吹入惰性气体的流量（标态），m^3/min；T_1 为熔池金属温度，K；T_a 为吹入惰性气体温度，K；h 为熔池深度，m；V_1 为熔池金属体积，m^3；p 为炉腔压力，MPa；ρ_1 为金属密度，kg/m^3。

（3）熔池混匀时间：

$$\tau = (L_0^s/L_0^w)^{2/3} \times (\rho_s/\rho_w)^{1/3} \times 540(0.1\varepsilon_{vt} + \varepsilon_{vb})^{-0.5} \tag{4-40}$$

式中，τ 为熔池混匀时间，s；L_0^s 为静止熔池深度，m；L_0^w 为静止模型熔池深度，m；ρ_s 为钢液密度，kg/m^3；ρ_w 为模型溶液密度，kg/m^3；ε_{vt} 为氧气射流对熔池搅拌能量，W/m^3；ε_{vb} 为底吹气体对熔池搅拌能量，W/m^3。

I 管道压力损失

（1）测定目的：在氧气顶吹转炉炼钢中，当氧枪喷头喉口面积确定之后，氧流量是由炉前操作室的压力 p_1 所控制的。氧气流经输氧软管、氧枪内管到喷头喷出，在这段输氧过程中，因气体与管壁的摩擦及氧流方向和管道断面的改变，造成氧气压力损失。压力损失的大小与氧气在管中的流速有关。喷头前的滞止压力 p_0 是氧枪喷头设计的重要参数，并且它决定了氧气射流的初始状态。在实际生产条件下，喷头前的滞止压力很难直接测定，必须通过管道压力损失测定来确定控制室操作压力与喷头前滞止压力的关系，为正确设计氧枪喷头及确定氧枪操作压力提供依据。

（2）测定方法：由管道流动理论可以知道，管道压力损失包括两个方面：一是氧气在管道内流动时与管壁的摩擦损失；另一个是由于管道中障碍物及管道中截面的突变等因素引起的流动变化所产生的局部损失。测定压力损失的方法是：将一个当量直径与使用的喷头喉口面积总和相等的节流头固定在氧枪喷头位置上；节流头氧气入口处安装一总压管，测定其氧气入口处的滞止压力 p_0；依次在控制室调节工作压力，在氧气压力稳定后，同时读取控制室压力和喷头节流头压力，两压力之差即为氧枪压力损失 Δp。图 4-87 为氧气管道压力损失测定系统图。

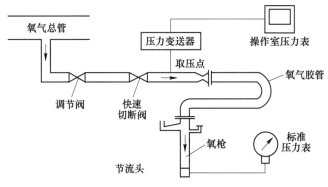

图 4-87 氧气管道压力损失测定系统

管道压力损失与控制室调节压力和喷头滞止压力的数学表达式为：

$$p_1 = p_0 + \Delta p$$

式中，p_1 为控制室显示压力；p_0 为喷头入口处滞止压力；Δp 为管道压力损失。

为了安全，在测试过程中用氮气作为流体介质，将所得到的测试结果用氮、氧的密度比进行修正，可得到氧气的管道压力损失。

国内部分钢厂测定结果见表 4-38。

表 4-38　几个钢厂管道压力损失测定值及氧枪内管氧气流速

单　位	转炉吨位/t	管道压力损失/MPa	内管氧气流速/m·s⁻¹
宝钢一炼钢厂	300	0.04~0.05	39.8
太钢二炼钢厂	80	0.10~0.12	58.6
涟源钢厂	100	0.08~0.10	60.5
海鑫钢厂	95	0.06~0.10	55.7
威远钢厂	70	0.06~0.07	51
萍乡钢厂	60	0.10~0.12	60

氧枪内管的氧气安全流速：美国钢厂转炉氧枪内管的氧气流速规定马赫数不大于 0.2或近似地认为氧枪内管的截面面积应不小于喷头喉口总面积的 4 倍。法国、德国规定氧枪内管的氧气流速不大于 60m/s。如氧气流中含有固体颗粒（例如石灰粉），氧气流速不大于 20m/s。

4.7.2.2　氧枪枪体的设计和计算

氧枪的枪体由三根同心的无缝钢管所组成。内管是进氧管，中层管是进水管，外管是回水管。

A　内管直径的计算

内管氧气的流通截面面积可用下式计算：

$$A_氧 = 6.3 \times 10^{-6} \times \frac{QT_0}{p_0 w_氧} \tag{4-41}$$

式中，$A_氧$ 为内管氧气流通的截面面积，m^2；Q 为供氧量，m^3/min；T_0 为氧气的滞止温度，K；p_0 为氧气喉口前压力，MPa；$w_氧$ 为氧气在内管中的实际流速。若 $w_氧$ 过大，则会造成不安全和增加阻力损失，若 $w_氧$ 过小，则增加管径直径，使设备重量增加，增加投资，对于中、小型转炉通常取 $w_氧 = 50m/s$，大型转炉取 $w_氧 = 35\sim45m/s$。

B　中层管和外管直径的计算

氧枪的冷却水从内管和中管之间的环缝进入，在喷头处转折 180° 返回，从中管和外管之间的环缝流出。

确定中层管和外管直径的原则是必须保证进入氧枪的冷却水有足够的流量和合适的冷却水流速。进水因不受热，为减少阻力损失，流速要低些，根据实际经验，进水流速可选择 4~5m/s。氧枪的冷却靠回水，所以回水的流速要高些，通常选为 6m/s，或者更高些。喷头部位的冷却水流速很高，可达 15m/s。

中层管和外管直径的选择还要考虑氧枪装配工艺上的要求。因为转炉氧枪很长，三层钢管之间有一定的缝隙，以便穿管能够容易进行。根据我国 17 种标准氧枪的统计数据，三层钢管之间的进水环缝平均为 16.5mm，其中 ϕ219mm 以上的 7 种大氧枪平均环缝为 23mm，ϕ194mm 以下的 10 种小氧枪平均环缝为 7.65mm。氧枪冷却水的压力选为 1.0 ~ 1.5MPa。

（1）进水环缝有效流通截面面积计算：

$$F_{进}(m^2) = \frac{冷却水流量(m^3/s)}{进水流速(m/s)}$$

（2）回水环缝有效流通截面面积计算：

$$F_{回}(m^2) = \frac{冷却水流量(m^3/s)}{回水流速(m/s)}$$

（3）冷却水流量按下式计算：

$$M_{水} = \frac{Q_{冷}}{c\Delta t} = \frac{Q_{吸}}{c\Delta t} \tag{4-42}$$

式中，$M_{水}$ 为氧枪冷却水流量，m^3/h；$Q_{冷}$ 为冷却水带走的热量，kJ/h；$Q_{吸}$ 为枪身吸收的热量 kJ/h；c 为水的比热容，4180kJ/（kg·℃）；Δt 为水的允许升温，一般取 15 ~ 20℃。

（4）最小冷却水流量可用如下公式估算：

$$Q = 6.45 \times 10^{-2}DL \tag{4-43}$$

式中，Q 为水流量，m^3/h；D 为氧枪外径，mm；L 为暴露于炉内和烟罩内的气体中氧枪枪身的长度，m。

C 氧枪全长和行程的确定

氧枪全长是喷头、枪身和枪尾三部分长度之和。氧枪全长与转炉尺寸、炉口高度、活动烟罩的上升高度、固定烟罩的高度、氧枪孔的标高和枪尾的结构尺寸等相关。氧枪全长和行程如图 4-88 所示。

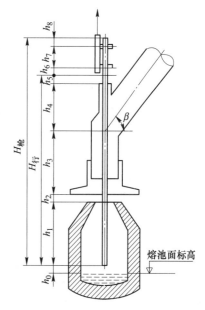

氧枪的最低枪位 h_0 应保证在炉役后期炉膛尺寸扩大、熔池液面下降时仍能点着火。h_0 一般为 200 ~ 400mm，大炉子取上限，小炉子取下限。氧枪全长如下式表示：

$$H_{枪} = h_1 + h_2 + h_3 + h_4 + h_5 + h_6 + h_7 + h_8$$

式中，h_1 为氧枪在最低位置时喷头端面至炉口的距离；h_2 为转炉炉口至烟罩下沿的距离，一般取 350 ~ 500mm，大转炉取上限，小转炉取下限；h_3 为烟罩下沿至烟道拐点的距离，这个距离与直烟道的高度、拐点的角度以及转炉吨位有关；h_4 为烟道拐点至氧枪氮封口的距离，主要取决于斜烟道的尺寸及倾斜角的大

图 4-88 氧枪全长示意图

小；h_5 为把氧枪提出氧枪插入孔处理或观察时要求的工作距离，喷头或枪身黏渣、黏钢或局部漏水时，需要把氧枪提出烟道的氧枪插入孔之外进行处理，当氧枪性能变化时也需要

近距离地观察喷头氧孔的变化，一般取 500~800mm；h_6 为氧枪把持器下段要求的距离，根据氧枪把持器下段的要求决定；h_7 为氧枪把持器中心线的距离，根据把持器设备要求确定；h_8 为把持器上段要求的距离，根据把持器上段要求和枪尾尺寸决定。

氧枪的行程 $H_行 = h_1 + h_2 + h_3 + h_4 + h_5$。氧枪全长和氧枪行程与氧枪滑道等相关设备的布置和要求相关联，必须全面考虑。氧枪行程确定后，上面假定的枪身受热面积是否合适还要进行核算。

4.7.3 转炉氧枪制造加工、安装与更换

4.7.3.1 转炉氧枪喷头的制造

A 铸造喷头

氧枪喷头大多数都是采用紫铜铸造方法生产的，制作成本较低，适合大批量生产。铸造喷头生产工艺流程如图 4-89 所示。

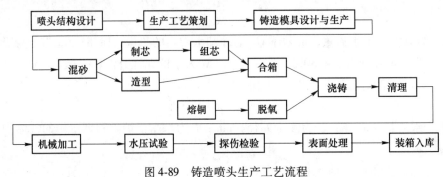

图 4-89 铸造喷头生产工艺流程

B 锻压组装式喷头

锻造组装式喷头可以分解为头冠、导水板、氧管、氧气盘、外管、中管、内管。其中头冠最为重要，它必须锻压成型，锻压的头冠要求纯度高、密度高、晶粒细小，具有较高的强度和导热性能。头冠与火焰接触，它的质量直接影响到喷头的寿命和使用性能。头冠、氧管和氧气盘要采用紫铜材料，导水板可以采用较便宜的黄铜材料。锻压组装式喷头生产工艺流程如图 4-90 所示。

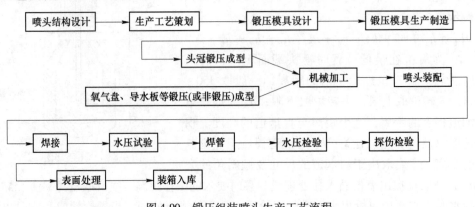

图 4-90 锻压组装喷头生产工艺流程

铸造和锻压组合氧枪喷头如图 4-91、图 4-92 所示。

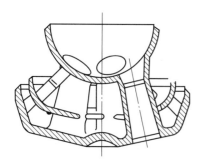

图 4-91 真空熔铸氧枪喷头

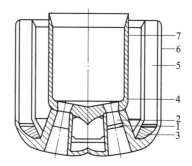

图 4-92 锻压组合式氧枪喷头

1—喷头端部及喷孔扩张段；2—喷空喉口段；3—导水板；
4—进氧接管；5—中管；6—外管；7—O 形密封圈

C 氧枪喷头的制作质量

氧枪喷头的质量包括两个方面，即铜质喷头本体的制造质量和铜头与钢管的焊接质量。喷头的损坏主要是两个部位，一个是氧喷孔周围的熔蚀，另一个就是外管焊缝处的漏水。因此，喷头的焊接，特别是外管的焊接质量十分重要。喷头与钢管的焊接国内外通常采用的是氩弧焊。铜与钢焊接存在的主要问题是，容易产生热裂纹、气孔、未焊透和未熔合等缺陷，必须避免。

4.7.3.2 转炉氧枪的制造

氧枪制作工艺过程简述如下：

（1）原材料采购，入场检验。

（2）下料加工枪体所需零部件。

（3）氧枪外管、内管、氧管下料、除锈、酸洗、中和碱洗、氧管用四氯化碳脱脂处理，然后高压氮气吹扫。

（4）机械加工零部件，经单件验收合格后在专用滚床上与枪管焊接组装，以保证其直线度、圆度、形位公差和制造精度，焊接前坡口制作清理，碳钢与碳钢焊接，采用焊条型号 E4303（烘干），然后钨极打底手把焊接盖面，焊接电流和焊件相匹配。碳钢与不锈钢焊接选用焊条 A102 手把焊接。短弧小电流快速焊接，控制温度小于 250℃，焊后快速冷却。质量等级为国家 1 级，未注公差按 IT12 级，未注形位公差按 GB/T 1184—1996，公差等级 L 级，紧固件 8.8 级，垫片 HV140 级。

（5）几何尺寸检验及焊缝探伤检验。

（6）焊缝检验合格后，进行组装。

（7）组装后试水压 2.2MPa，持续 20min 不渗漏为合格。试水压合格后，要将管内的水放尽，并包扎好端头，以防铁屑及其他杂质进入。

（8）检验合格后喷漆包装。

4.7.3.3 转炉氧枪的安装与更换

A 普通氧枪的安装与更换

直径如 $\phi133mm$、$\phi159mm$、$\phi180mm$ 等的氧枪一般是依靠枪体上的定位法兰与氧枪升降小车上的支撑法兰用螺栓连接。再将金属软管与枪体上的法兰用螺栓连接。

直径如 $\phi219mm$、$\phi245mm$、$\phi273mm$、$\phi299mm$ 等的氧枪有的是依靠枪体上的十字型托架落在氧枪升降小车固定架上，用调整垫片调整高度，然后插入锁紧销，再用螺栓固定锁紧销。

直径如 $\phi219mm$、$\phi245mm$、$\phi273mm$、$\phi299mm$ 等的氧枪也有的是依靠枪体上端的定位法兰与氧枪升降小车上的上支撑法兰用螺栓连接，枪体下端的球型体落在氧枪升降小车上的下支撑球面上，此种结构可适当调整氧枪位置。

这类氧枪更换时须先拆卸金属软管与枪体上法兰的连接螺栓，再拆卸枪体上定位法兰与氧枪升降小车上支撑法兰的连接螺栓。

B 快换氧枪的安装与更换

快换氧枪枪尾与升降小车采用快速插接的方式。安装时，首先用吊车将氧枪吊到转炉上备用枪位，吊起氧枪至氧枪上的固定支架下平面高于升降小车安装平面以上 300～500mm 时，将升降小车上的导向柱与氧枪上固定支架上的导向孔对正，然后下移氧枪使升降小车三个接头插入氧枪枪尾上的密封套后，把氧枪吊钩摘下，这时把氧枪与升降小车上的调枪板用螺栓连接。最后打开调枪板上的连接螺栓，调整氧枪位置，调整好后将调枪板与升降小车用螺栓锁紧，氧枪安装完毕。更换氧枪时只需打开氧枪与升降小车调枪板连接的螺栓即可。

4.7.4 转炉氧枪技术发展趋势

（1）发展大锥度氧枪：鞍山热能院及河南南方中冶等单位所开发的大锥度氧枪已成功地用于鞍山钢铁公司三炼钢、鲅鱼圈和武钢三炼钢 250t 大型转炉、首钢京唐公司 300t 转炉、天铁 180t 转炉。

（2）推广锻造喷头：性能良好的锻造组装喷头可以提高喷头寿命和减小喷孔蚀损变形，使冶金效果稳定。德国萨尔金属厂生产的锻造组装喷头寿命已达 800～1000 炉。

（3）提高大、中型转炉供氧操作的自动化程度，优化供氧造渣制度，改善化渣状况，减少喷溅、黏枪，提高脱磷、脱硫效率。

（4）开发新功能氧枪：根据我国转炉的原料、冶炼品种、转炉吨位等方面的不同情况，开发不同性能和用途的氧枪，如铁水脱磷预处理、含钒铁水提钒、低硅铁水炼钢、转炉高效吹氧（包括铁水预处理、半钢炼钢）、喷石灰炼钢（高磷铁水）和废钢预热氧枪等。

（5）加强氧枪技术的基础研究：提高氧枪喷头射流流场测试水平，完善测试设备，加大测试气源能力，提高仪表精度，增设激光照像设备等。提高射流与熔池作用的水模试验水平，为改善喷头设计和提高炼钢操作提供依据。

参 考 文 献

[1] 戴云阁，李文秀，龙腾春．现代转炉炼钢 [M]．沈阳：东北大学出版社，1998．

[2] 王雅贞，张岩，张洪文．氧气顶吹转炉炼钢工艺与设备 [M]．北京：冶金工业出版社，2007．

[3] 王雅贞，李承祚，等．转炉炼钢问答 [M]．北京：冶金工业出版社，2007．

[4] 冯捷，贾艳．转炉炼钢实训 [M]．北京：冶金工业出版社，2004．

[5] 萧忠敏．武钢炼钢生产技术进步概况 [M]．北京：冶金工业出版社，2003．

[6] 黄希祐．钢铁冶金原理 [M]．北京：冶金工业出版社，1999．

[7] 刘浏．转炉炼钢生产技术的发展 [J]．中国冶金，2004（2）．

[8] 蒋晓放，等．宝钢转炉复吹技术的进步 [J]．宝钢技术，2005（6）．

[9] 杨文远，郑丛杰，杜昆，等．大型转炉炼钢过程的冶金反应 [J]．钢铁研究学报，2000，12（S）：22~24．

[10] 刘世州，詹庆林，张树勋，等．冶金石灰 [M]．沈阳：东北工学院出版，1992：1~6．

[11] 朱英雄，冯启成，高文清，等．加食盐煅烧的石灰特性及铁水脱硫 [J]．炼钢，1998，14（2）：21~24．

[12] 蒋仲乐．炼钢工艺及设备 [M]．北京：冶金工业出版社，1981：36~39．

[13] 甲斐幹．通过冷模实验研究顶底吹转炉特性 [C]．孙幼娟译．国外转炉顶底复吹冶炼技术．钢铁，1985：205~215．

[14] 永井润．顶底吹转炉的冶金特性 [C]．宋玉贵译．国外转炉顶底复吹冶炼技术．钢铁，1985：246~254．

[15] 徐文派．转炉炼钢学 [M]．北京：冶金工业出版社，1998：86~91．

[16] 王泽田，邵金顺．复吹转炉炼钢用耐火材料基础研究论文集 [M]．北京：冶金工业出版社，1992：242~244．

[17] 于钦洋，陆永刚．300t 转炉闸阀式挡渣技术的应用 [J]．炼钢，2010（6）．

[18] 孙兴洪，蒋小弟．宝钢炼钢厂转炉挡渣工艺技术的发展 [J]．宝钢技术，2010（2）．

[19] 多法斯科．KOBM 复吹转炉的冶金和操作性能 [R]．翟瑞银译．1990 年炼钢会议记录．

[20] 赵元，李具中，邹继新，等．汽车面板钢氮的控制技术研究与实践 [J]．炼钢，2010，26（2）：22~25．

[21] 梁连科，杨怀，车荫昌，等．冶金热力学及动力学 [M]．沈阳：东北工学院出版社，1990：61．

[22] 曲英．炼钢学原理 [M]．北京：冶金工业出版社，1980：245．

[23] 濑川清．铁冶金反应工学 [M]．日刊工业新闻社，1977：89~97．

[24] 杨文远，崔健，蒋晓放，等．现代转炉炼钢脱磷的研究 [J]．炼钢，2002，18（1）：30~34．

[25] 费鹏，姜茂发，李镇，等．复吹转炉双渣法冶炼低磷钢工艺研究 [C]．2012 年全国炼钢、连铸生产技术会议论文集．2012：201~204．

[26] 黄标彩，方宇荣，张桂林．转炉高冷料比冶炼控制实践 [J]．炼钢，2011，27（2）：6~9．

[27] 黄希祐．钢铁冶金原理 [M]．北京：冶金工业出版社，1999：340~377．

[28] 陈爱梅，李炯伟，刘平，等．底吹深脱磷技术在转炉钢中的应用 [C]．第 15 届全国炼钢学术会议论文集．2008：133~136．

[29] 康复，陆志新，蒋晓放，等．宝钢 BRP 技术的研究与开发 [J]．钢铁，2005，40（3）：25~28．

［30］张贵玉. 应用炉气分析的转炉动态控制模型［D］. 沈阳：东北大学，2008.

［31］周有预，喻承欢，徐静波，等. 转炉铁水脱磷预处理直炼工艺试验研究［J］. 炼钢，2004，20
（5）：40~43.

［32］王新华，朱国森，李海波，等. 氧气转炉"留渣＋双渣"炼钢工艺技术研究［C］. 2013 年第 17 届
全国炼钢学术会议论文集（A 卷）. 2013：39~45.

［33］吕铭，胡滨，王学新，等. 双联炼钢法的研究与实践［J］. 炼钢，2010，26（3）：8~11.

［34］曾兴富，方宇荣，黄标彩，等. 复吹转炉两炉双联冶炼 65 钢工艺与应用［J］. 炼钢，2014，30
（3）：5~8.

［35］张越，费鹏，李镇，等. 顶吹转炉双联法冶炼低磷钢工艺研究［C］. 2013 年全国炼钢、连铸生产技
术会议论文集. 2013：196~200.

［36］卢春生，陈骥，等. 转炉脱磷脱碳冶炼工艺及其物流参数解析［C］. 冶金研究，2005 冶金工程科
学论坛论文集.

［37］潘秀兰，王艳红，梁慧智，等. 转炉脱磷炼钢先进工艺分析［C］. 2010 年第 16 届全国炼钢学术会
议论文集. 2010：139~143.

［38］王英群. 洁净钢冶炼的探讨［C］. 2006 年全国炼钢连铸生产技术会议论文集.

［39］崔健，郑贻裕，朱立新. 宝钢纯净钢生产技术进步［J］. 中国冶金，2004（7）.

［40］余志祥，郑万，等. 洁净钢的生产实践［J］. 炼钢，2000，16（3）：11-15.

［41］杨春政，魏钢，刘建华，等. 高效低成本洁净钢平台生产实践［J］. 炼钢，2012，258（3）：1~6.

［42］杨文远，蒋晓放，王明林. 大型转炉高效吹氧技术研究［J］. 钢铁，2009，44（1）：23~30.

［43］Lee C K, Effects of nozzle angle on performance of multi-nozzle lance in steel converter［J］. Ironmaking
and Steelmaking, 1997, 4（6）：329~337.

［44］马恩祥，蔡志鹏，杨文远. 120t 复吹转炉双流氧枪实验研究［J］. 钢铁，1990，25（9）：17~21.

［45］巴普基兹曼斯基 B N. 氧气转炉炼钢过程理论［M］. 曹兆民译. 上海：上海科学技术出版社，
1979：23~26.

［46］Koria S C. Dynamic variations of lance distance in impinging jet steel making practice［J］. Steel Research,
1988, 59（6）：257~262.

［47］Flinn R A. Jet penetration and bath circulation in the basic oxygen furnace［J］. Trans AIME, 1967, 239：
1776~1791.

［48］Chatter jee A. On some aspecte of supersonic of interest in LD steelmaking［J］. Iron and Steel, 1973, 46
（1）：38~40.

［49］Koria S C. Model inverstigations on liguid velocity induced by submerged gas injection in steel bath［J］. Steel
Research, 1988, 59（11）：484~491.

［50］Koria S C. Nozzle design in impinging jet steelmaking process［J］. Steel Research, 1988, 59（3）：104~
109.

5 复吹转炉溅渣护炉

5.1 溅渣护炉操作的基本工艺

5.1.1 溅渣操作的基本工艺及其参数

溅渣护炉是通过氧枪吹入氮气将出完钢后留在炉内的炉渣溅起黏附在炉衬表面上的操作工艺，达到保护炉衬的作用。因此溅渣护炉效果与溅渣操作工艺参数和炉渣成分、温度等有很大关系。

5.1.1.1　冶炼过程炉渣中（MgO）含量的调整

采用溅渣护炉技术后，冶炼过程对炉渣中（MgO）含量要进行调整。在不影响造渣、化渣、脱磷、脱硫反应条件下，合理控制冶炼过程炉渣中（MgO）含量接近或达到饱和浓度，不仅减轻炉渣对炉衬的化学侵蚀，同时也为适合溅渣护炉所要求的炉渣具有的性质做好准备。

在冶炼初期，加入一定数量含 MgO 的造渣材料对改变炉渣熔化温度和黏度有一定作用。在初期渣系（CaO）-（FeO）-（SiO$_2$）中，增加一定数量的（MgO）含量，能够生成熔点为 1450℃ 的化合物（2CaO·MgO·2SiO$_2$）、熔点为 1890℃ 的化合物（2MgO·SiO$_2$）、熔点 1370℃ 的化合物（CaO·MgO·2SiO$_2$）、熔点为 1550℃ 的化合物（3CaO·MgO·2SiO$_2$）等，这些化合物熔点都比生成（2CaO·SiO$_2$）化合物的熔点 2130℃ 低得多，显然有利于石灰熔化，减缓石灰表面形成高熔点（2CaO·SiO$_2$）化合物。上述的化合物形成条件必须是在渣中 TFe 含量高、渣中（MgO）含量远未达到饱和状况下发生。但是（MgO）的加入量超过其饱和溶解度时，析出的固体（MgO）将提高炉渣的黏度，有利于炉壁挂渣和提高炉衬寿命，但不利于渣-钢间的冶金反应。因此各个时期（MgO）加入量的控制，需要权衡保护炉衬与冶炼要求之间的关系，控制渣中（MgO）接近或达到饱和溶解度值将有利于延长炉衬寿命。

由实验得出（MgO）饱和溶解度经验公式[1]如下：

$$(MgO) = [a + b(SiO_2) + c(SiO_2)^2]\exp(-10391/T + 5.5478) \tag{5-1}$$

式中，$a = 7.989 - 0.1547(FeO) + 0.001232(FeO)^2$；$b = -0.4347 + 0.01034(FeO)$；$c = 0.01354$。

其他成分按下面公式折算：

$$(CaO) + (SiO_2) + (FeO) = 100\%$$

$$(Al_2O_3) = 0.79(SiO_2) = 0.21(CaO)$$

$$(P_2O_5) = 0.63(SiO_2) = 0.37(CaO)$$

冶炼过程将渣中（MgO）含量调整到接近或达到饱和状态，在溅渣吹氮气冷却炉渣过程中，高熔点（MgO）析出使炉渣很快达到起渣的黏度，有利于缩短起渣时间（孕育期）和提高溅渣护炉效果。

5.1.1.2　终点温度的控制

减少高温出钢。溅渣护炉实践表明，当出钢温度大于1620℃时，每提高10℃，基础炉龄下降约15炉，且温度高会加速溅渣层的熔损；另外出钢温度高，炉渣的过热度也高，炉渣的黏度小，不适宜进行直接溅渣操作，需要采取降温措施。降温措施主要通过加入调渣剂和喷吹氮气来吸收热量。因此应尽量控制终点温度的波动（不大于±10℃）且在条件允许情况下尽量降低出钢温度。

5.1.1.3　终点渣成分的控制

溅渣护炉是依靠黏附在炉壁上的渣对炉衬砖进行有效的保护，而终点渣的成分决定了炉渣的熔化温度和黏度，只有熔化温度与黏度合适的炉渣才能取得良好的溅渣护炉效果，因此，终点渣成分的控制就显得尤为重要。

影响终点渣熔化温度的主要成分是（MgO）、TFe和碱度（CaO）/（SiO$_2$）。碱度和氧化铁含量是由原料和冶炼钢种决定的，其中氧化铁含量波动范围较大，波动在10%~30%范围内。为了使溅渣层具有较高的熔化温度，主要是调整渣中（MgO）和TFe的含量。

炉渣的岩相研究表明，转炉终渣（C$_2$S）+（C$_3$S）含量之和可以达到70%~75%，这两种化合物都是高熔点物质（C$_2$S）：2130℃、（C$_3$S）：2070℃。氧化铁与氧化钙所形成的化合物为低熔点物质（CaO·Fe$_2$O$_3$）：1216℃、（2CaO·Fe$_2$O$_3$）：1440℃。氧化铁与氧化锰等组成的RO相熔点也较低。当低熔点相含量达到40%时，炉渣开始流动。为了提高溅渣层的熔化温度，应该合理提高渣中（MgO）含量和降低渣中氧化铁含量。

根据理论分析和国内外溅渣护炉的实践[2~4]，在正常的转炉终渣成分范围内，为使溅渣层有较高的熔点，终渣（MgO）含量与渣中TFe含量关系如表5-1所示。

表5-1　终渣（MgO）含量与TFe含量之间关系

终渣TFe含量/%	8~14	15~22	23~30
终渣（MgO）含量/%	7~8	9~10	11~13

从表5-1中数据可知，冶炼过程中饱和或接近饱和的（MgO）含量控制受渣中TFe含量影响很大。

5.1.1.4　调渣剂及其选择

A　调渣剂

1976年，原冶金部组织炉龄攻关，那时我国大部分钢厂还是氧气顶吹或氧气侧吹小转炉（如上钢一、三、五厂、唐钢、济南、合肥等钢厂）采用加部分生白云石造渣，鞍钢150t顶吹转炉采用生菱镁矿造渣，使渣中（MgO）含量达到或接近饱和状态的造渣方法，在冶炼过程中能够减少炉渣对炉衬的侵蚀。而且在出完钢后前后摇炉使留在炉内的炉渣黏结在前后大面积上，使炉龄有了大幅度的提高。人们把生白云石、菱镁矿等造渣剂称为第一代调渣剂。

1996年冶金部组织溅渣护炉技术长寿炉龄攻关时，绝大部分钢厂均采用降温幅度小（影响废钢加入量）的轻烧镁球、轻烧白云石等造渣剂，它具有既可作为冶炼过程渣中饱和（MgO）含量的来源，又可在溅渣护炉操作过程中用来降温或调整炉渣黏度的双重作用，人们把轻烧镁球、轻烧白云石命名为第二代调渣剂。

随着低碳钢系列钢种产量增加，或者因为铁水［P］含量高等原因，都会造成炉渣氧化性高，使炉渣稀、熔化温度低，不利于提高溅渣护炉效果。我国科技工作者又研究开发出含碳质的轻烧镁粉合成的调渣剂。因为含有碳组元的调渣剂具有在溅渣护炉时加入炉渣中能够降低渣中TFe含量、提高炉渣熔化温度等特性，因此又把具有化学反应的调渣剂称为改渣剂，即第三代调渣剂。现在应用的改渣剂是采用活性高的无烟煤磨成细粉与轻烧镁粉混合滚成10~15mm的小球，国内一些大钢厂冶炼低碳或超低碳钢时的高氧化性炉渣进行溅渣时，采取与下枪吹氮气同时将预先称量的含碳质的改渣剂加入炉内，都取得了很好的溅渣效果。

除了上述调渣剂之外，还有的钢厂应用白云石、冶金镁砂、废镁碳砖、含MgO高的石灰等都可作为冶炼过程或溅渣用的调渣剂。

B 调渣剂的选择

目前，炼钢厂应用调渣剂是指：转炉冶炼造渣过程中加入含MgO成分的轻烧镁球、轻烧白云石等；在溅渣护炉过程中根据需要加入含MgO成分的轻烧镁球、轻烧白云石或者含碳质的轻烧镁小球。

冶炼过程中加入调渣剂的作用是提高渣中（MgO）的含量，因此，调渣剂中MgO含量的高低是选择调渣剂量的重要参数。考虑到调渣剂中CaO含量可以取代部分石灰中的CaO，保证炼钢终渣碱度，减少石灰加入量，而调渣剂中的SiO₂含量导致增加石灰的消耗量，因此提出了MgO质量分数的概念，作为衡量MgO含量的一个指标。MgO质量分数的定义如下：

$$MgO 质量分数(\%) = MgO\% / (1 - CaO\% + R \cdot SiO_2\%) \tag{5-2}$$

式中，$MgO\%$、$CaO\%$、$SiO_2\%$分别为调渣剂中MgO、CaO、SiO₂的实际含量；R为炉渣碱度，通常取$R=3.5$。

在冶炼过程中选择调渣剂时，还应充分考虑含MgO调渣剂的加入对炼钢过程热平衡的影响。不同调渣剂的热焓及其对炼钢的影响见表5-2。

溅渣护炉操作过程中对加入的调渣剂的要求有：MgO含量高，且有10%~15%烧减，保证加入炉渣中受热快速爆裂成小颗粒状（MgO）混入渣中；（SiO₂）含量低，特别是TFe含量要更低，对于高氧化性炉渣进行溅渣时所加入含碳质的轻烧镁粉混合滚成小球体具有快速反应能力。

表5-2 不同调渣剂的热焓（$H_{1773K} - H_{298K}$）及其对炼钢热平衡的影响

项目	生白云石	轻烧白云石	菱镁矿	轻烧镁球	镁砂	氮气	废钢
热焓/MJ·kg⁻¹	3.407	1.762	3.026	2.06	1.91	2.236	1.38
与废钢的热量置换比	2.47	1.28	2.19	1.49	1.38	1.62	1.0

C　正确选择调渣剂的原则

（1）因地制宜。结合炼钢厂的实际情况与当地资源条件，尽可能选择（MgO）含量高、价格便宜和热消耗量少的调渣剂。

（2）综合考虑各种调渣剂的价格、成分和消耗量，轻烧白云石也是一种较好的调渣剂。

（3）根据钢厂的生产条件，又不影响冶炼效果，最好选配几种调渣剂搭配使用，以达到最佳效果和较高的经济效益。

（4）溅渣时应用调渣剂应根据炉渣氧化性以及（MgO）含量、炉渣温度、炉渣黏度等因素选用：低氧化性炉渣（指 TFe 含量不大于 12%～14%）不需加任何调渣剂，直接溅渣即可；中等氧化性炉渣（指 TFe 含量在 15%～19%）溅渣时要加入轻烧氧化镁调渣剂（轻烧镁球、轻烧白云石、少量含碳质轻烧镁球等）；高氧化性炉渣（指 TFe 含量在 20%～30%）溅渣时要加入含碳质的轻烧镁球。

（5）调渣剂尺寸大小：作为冶炼过程加入的轻烧镁球或轻烧白云石的尺寸为 30～40mm；溅渣护炉加入的改渣剂尺寸为 $\phi 10 \sim 15mm$ 小球。不论尺寸大小的调渣剂，加入炉渣时必须快速裂解成小颗粒或粉状，快速起反应。

（6）调渣剂的加入量：冶炼过程加入调渣剂量，应以炉渣中（MgO）含量接近或达到饱和值为基准；溅渣护炉时所加入的各种调渣剂应由留渣量、炉渣氧化性、炉渣温度以及生产节奏等因素决定。

5.1.1.5　调渣工艺

调渣工艺是指在冶炼过程和溅渣过程中对炉渣成分、温度、黏度等特性进行优化操作。为了使溅起的炉渣达到良好的护炉效果，除了需保证合适的炉渣成分外，还应有合适的炉渣的黏稠度。这主要通过观察炉渣状况，判断炉渣是否适宜溅渣。如果炉渣过热度高，炉渣的流动性过强，则需加入适量的调渣剂以提高炉渣的黏度，使其能达到更好的溅渣效果。

由于各钢厂的炉子吨位及原料条件、冶炼钢种、精炼及浇铸工艺等方面的不同，造成终渣成分与炉渣过热度有很大的差异。因此，溅渣护炉的调渣工艺也就不同。主要有以下两种不同的调渣工艺。

A　直接溅渣工艺（冶炼过程炉渣调整）

直接溅渣工艺是以炼钢过程中调整炉渣为主，出钢后基本不再调整，出完钢后直接进行溅渣操作。具体操作程序如下：

（1）吹炼开始加入第一批造渣材料时，将所需的调渣剂大部分加入炉中，一方面利于用 MgO 降低炉渣熔化温度，促进化渣；另一方面利用渣中（MgO）缓解前期酸性渣对炉衬的侵蚀。

（2）炉渣"返干期"过后，根据终渣情况，再加入剩余的调渣剂，以保证终渣的（MgO）含量达到溅渣操作要求的目标值。

（3）通过炉口观察炉内炉渣的情况，决定是否需要补加调渣剂，也可以在出钢过程中观察炉渣性质和状态，决定是否在溅渣过程中进行调整炉渣而加入调渣剂。在终点碳、温度控制比较准确的情况下，通常不再加入调渣剂。

（4）下枪、吹氮气，进行溅渣操作。

这种工艺一般适用于冶炼中、高碳钢及高拉碳钢种。

B 出钢后调渣工艺（溅渣过程炉渣调整）

出钢后调渣工艺是指出完钢后，根据炉渣情况在溅渣过程中加入适量的调渣剂以降低炉渣的过热度，降低炉渣中 TFe 含量，提高炉渣的黏度，改善炉渣性质，使其适合溅渣操作。出钢后调渣工艺比较适用于冶炼低碳或超低碳钢种。由于终点［C］低，渣中 TFe 含量高，出钢温度较高，造成炉渣过热度偏高，炉渣稀；另外，由于铁水［P］含量高，往往拉后吹，导致终渣 TFe 含量升高，造成渣稀且渣中（MgO）达不到饱和值，不适宜直接进行溅渣。必须在溅渣过程中加入适量的调渣剂，以改善炉渣状况，使其适宜于溅渣操作。

出钢后调渣工艺还可以分为以下两种操作：

（1）单纯调整炉渣（MgO）的操作工艺。通过溅渣过程中添加调渣剂使炉渣（MgO）含量过饱和，达到降低炉渣过热度和稠化炉渣的目的。

（2）同时调整炉渣中氧化铁和（MgO）的操作。通过加入含碳的镁质调渣剂，利于 $C_{调}$ +（FeO）$_{渣}$ 反应降低炉渣 TFe 含量，同时使炉渣中（MgO）含量达到过饱和，二者作用使炉渣熔化温度升高，黏度上升，有利于快速起渣，有效地进行溅渣操作。

5.1.1.6 合适的留渣量

为了保证转炉炉衬内表面能够黏附足够厚度的溅渣层应留有合适的渣量。留渣量太大，增加了调渣剂的加入量，从而增加了成本，并且起渣时间延长；留渣量太少，不足以形成足够厚的溅渣层，影响溅渣护炉的效果，并且溅渣时间过短。生产节奏快慢、炉渣氧化性和温度高低都是合适留渣量的重要影响因素。形成的溅渣层重量可根据炉衬内表面积、溅渣层厚度及炉渣密度来计算。溅渣护炉所需的总渣量可按溅渣层理论重量的 1.1～1.3 倍来估算，炉渣密度取 3.5t/m^3。其中大型转炉的溅渣层平均厚度取 25～30mm，中、小型转炉平均取 15～20mm（大于 200t 以上的为大型转炉，100t 以下的为小型转炉）。留渣量的计算公式如文献［1］介绍如式（5-3）：

$$W = KABC \tag{5-3}$$

式中，W 为留渣量，t；K 为渣层厚度，m；A 为炉衬内表面积，m^2；B 为炉渣密度，t/m^3；C 为系数，取 1.1～1.3。

5.1.1.7 确定溅渣工艺参数

为了能保证在尽可能短的时间内将炉渣均匀地黏附在整个炉衬内表面，并对渣线、耳轴两侧等易于熔损的部位能形成厚而致密的溅渣层，必须根据具体的炉形尺寸制定合理的溅渣工艺参数。它主要包含以下几项原则[5]：

（1）确定合理的喷吹氮气的工作压力和流量。氧枪喷吹的氮气流量和工作压力对炉渣冲击搅拌，在单位时间里溅起的炉渣数量有很大影响，即成正比关系。但是压力过高、流量过大，会把炉渣溅起飞向活动烟罩和烟道里，造成烟罩或者烟道结渣且易被烧坏漏水。过低的压力和流量进行溅渣时，不但溅不起炉渣黏到炉衬上，而且时间过长使炉渣黏结在炉底上。实践证明，一般采用溅渣时的 N_2 压力、流量与冶炼时氧气压力、流量大致相同即可，即 $P_{N_2} = P_{O_2}$、$Q_{N_2} = Q_{O_2}$ 即可。

（2）确定合理的溅渣枪位。溅渣护炉的枪位是指氧枪喷头下端与炉底中心表面之间的距离。合理的溅渣枪位是指氮气流股冲击炉渣形成"碗"状的冲击坑，被溅起的炉渣沿着"碗"状的冲击坑的边沿，约以 45°角度为中心半扇形飞向整个炉衬表面，炉渣覆盖炉衬表面积大，从上到下合理分布渣层厚度，单位时间里溅起飞向炉衬的表面渣量越多，黏结的溅渣层越厚，越耐侵蚀。溅渣枪位过低时，氮气流股冲击炉渣形成较深的"杯"状冲击坑，被溅起炉渣沿着"杯"状冲击坑的边沿，约以 75°角度为中心的小半扇形状飞向耳轴以上的炉帽部位，以及垂直向上至炉口空间然后落入熔池里去。相对前者而言，被溅起的炉渣覆盖炉衬的表面积小，而且主要覆盖耳轴以上的炉帽部位，有利于保护炉帽的耐火材料，但是会造成炉口因结渣变小，影响兑铁和加废钢操作，也易造成氧枪下半部结渣成坨，降低枪的寿命。溅渣枪位过高时，氮气流股冲击炉渣形成浅"盘子"状的冲击坑，被溅起的炉渣沿着浅"盘子"状冲击坑的边沿，约以 30°角度为中心的小半扇形状飞向耳轴下部和渣线、熔池部位，比合理溅渣枪位时的溅渣覆盖炉衬的表面积小，特别是炉帽溅渣层极薄，是一个薄弱环节，而熔池部位的炉衬表面溅渣层厚，熔池体积变小，会给冶炼工艺产生一定影响。

由于各厂冶炼钢种及设备工艺参数不同，因此，在合理的留渣量基础上，都有一个合理的基本溅渣枪位。在每一次溅渣过程中，随着溅渣进行，炉渣量逐渐减少，那么溅渣枪位也在不断下降。炉长可通过观察炉口的被溅起渣粒上升速度、方向角度以及起渣的片状或颗粒状炉渣数量多少等来判断溅渣枪位的合理性，并针对炉衬薄弱部位通过变枪位有目的地进行溅渣操作。

（3）设计合理的喷枪结构以及底吹供气强度。由于氧枪喷孔倾角不同，其喷吹的氮气流股冲击炉渣作用区半径也不相同，并且其作用区投影在炉底上的面积与底吹供气元件布置在炉底不同半径的圆周上的相对位置也不同，因此上、下二者流股相互作用的结果将影响到溅渣效果。文献［5］介绍，从实验室试验结果可知，喷孔倾角小（不大于 11°）的氧枪氮气流股冲击炉渣的作用区半径小，如果底吹供气元件布置在炉底上的半径又较大（大于 $0.5D$，D 为熔池直径），即底部供气元件远离顶吹氮气流股冲击炉渣形成作用区，那么底吹供气强度对顶吹氮气流股冲击炉渣干扰不大。如果底吹供气强度大，由下而上垂直涌起的较高气液两相流渣柱就会阻碍顶枪氮气流股溅起的部分水平方向炉渣飞向渣线部分的炉衬表面。因此在上述工艺参数条件下进行溅渣时，在保证底吹元件不烧损或者不堵塞的前提下，底吹供气强度应尽可能降低，一般采用 $0.02 \sim 0.04 m^3/(t \cdot min)$ 的底吹供气强度（标态）。如果顶吹氧枪喷孔倾角较大（不小于 16°），而底吹供气元件在炉底布置半径又偏小（小于 $0.4D$），那么顶吹氮气流股冲击区在炉底上投影面积大，覆盖了底吹供气元件，即覆盖了底吹上升的气液两相流涌起的渣柱，上下两流股相互碰撞抵消了彼此部分搅拌能量，影响溅渣效果。因此，在上述工艺参数下进行溅渣时，在保证底吹元件不烧损或者不堵塞的前提下，底吹供气强度尽可能降低，一般采取 $0.02 m^3/(t \cdot min)$ 的底吹供气强度（标态）。当氧枪喷孔倾角在 12° ~ 14°、底部供气元件布置在炉底（0.4 ~ 0.5）D 的圆周上时，在最佳的溅渣枪位下，顶吹氮气流股冲击炉渣飞起方向与沿着冲击区边沿的底吹气体涌起气液两相流渣柱上升方向大致相同，其合力方向指向耳轴上下部位，即底吹气体由下向上涌起气液两相流给被顶吹氮气流股冲击溅起的炉渣一个小的推动力，增加了炉衬表面的溅渣量，提高了溅渣效果。因此，在该工艺条件下溅渣，增大底吹供气强度有利于改善溅渣效果。

同时也应看到适度提高底吹供气强度，能加速炉渣的冷却，促进快速溅渣，也有利于保护底吹元件的畅通。

喷吹氮气的工作压力和流量及溅渣枪位对整体溅渣效果有很大影响。喷吹氮气的工作压力和流量过大，溅起的渣具有较大的动能，从而引起较大的反弹，直接影响到溅渣效果；喷吹氮气的工作压力和流量过小，则达不到溅起渣的动能，也达不到良好的溅渣效果。在相同喷吹压力的情况下，应选择一个最佳的溅渣枪位溅渣。枪位过高，喷吹动力不足，被溅起的炉渣大多飞向耳轴下部或熔池部位，容易导致炉底上涨；枪位过低，氮气流股穿透炉渣碰撞炉底而损失其动能，被溅起炉渣少，而且大多数飞向炉帽或氧枪下半部位，容易造成氧枪结渣，影响溅渣效果。

在实际溅渣过程中确定合理的溅渣工艺参数，主要从以下两个方面考虑：

（1）炉形尺寸，主要是转炉的转炉内衬高度 H、转炉内衬直径 D 参数；

（2）喷吹参数，包括气体流量 Q、工作压力、喷枪高度 h 和溅渣时间 t。

炉形尺寸通过转炉参数 Hd/D（d 为氧枪喷头喷孔的喉口直径）表示。Hd/D 参数的大小，决定为了满足溅渣要求所需的输入氮气能量强度，并能间接反映出溅渣的难易程度。

溅渣参数由喷吹参数 $(Qh/d)^{0.33}$ 和溅渣时间 t 的乘积确定。溅渣参数反映出对于确定的 Hd/D 参数，溅渣所需的输入氮气能量。

转炉参数与溅渣参数间的经验关系如下公式[6]所示：

$$\frac{Hd}{D} = 13.77 + 0.73\left(\frac{Qh}{d}\right)^{0.33} t \tag{5-4}$$

式中，H 为转炉内衬高度，mm；d 为氧枪喷头喷孔喉口直径，mm；D 为转炉内衬直径，mm；Q 为氮气喷吹流量（标态），m^3/min；h 为喷枪高度（溅渣枪位），mm；t 为溅渣时间，min。

5.1.1.8　溅渣操作的程序

在实施溅渣护炉操作的过程中，应严格地遵循溅渣护炉操作程序进行，这样才会取得较好的护炉效果。具体操作程序如下：

（1）在转炉出钢时应注意观察炉内钢水与炉渣的情况，保证将炉内的钢水出净，否则易在溅渣时造成黏枪及金属喷溅。

（2）转炉出钢过程及出钢完后，要仔细观察炉渣的颜色及流动性，判断炉渣的温度、黏度等情况来决定是否加入调渣剂以及加入量。

（3）观察整个炉膛的状况，决定是否对炉衬的局部进行重点溅渣或采用其他辅助补炉方式进行维护。

（4）将转炉摇到零位，降枪吹氮气，若需进行调渣则立即加入调渣剂，否则将枪降到溅渣枪位，调节好氮气的流量（或压力）开始实施溅渣。在溅渣操作过程中可根据炉渣黏度的变化及所需加强溅渣的部位适当进行改变枪位操作。

（5）溅渣时间一般 3~5min，当可以明显看见炉口有球状的小颗粒暗红色的炉渣溅出时，溅渣操作即可结束。倒完炉内剩余的炉渣，或者前后摇炉垫补前后大面。

5.1.1.9　溅渣时间与溅渣频率

A　溅渣时间

溅渣时间是指下枪吹氮气开始至提枪关闭氮气为止的时间。其中下枪开始吹氮气至渣被溅起的一段时间称为起渣孕育期，一般在 0~2min。炉渣温度低、留渣量少或者炉渣黏度合适（渣中 TFe 含量低或者出钢温度低），那么孕育期时间则短，否则长。冶炼中高碳钢或者留渣量小的情况下，孕育期时间短，甚至下枪吹氮气开始，大片或者大颗粒的炉渣立刻被溅起飞向炉衬。冶炼低碳钢或超低碳钢或者留渣量过多的情况下，孕育期时间长。这是因为冶炼低碳钢种渣中 TFe 含量高使得炉渣变稀，或者渣量留得多热容量大等原因，下枪吹氮开始只是溅起细小火星粒，直到炉渣被氮气流股冲击降温或充气，使得炉渣黏度增加到一定程度，才能形成片状或者大颗粒炉渣被溅起。起渣时间是指从起渣开始至提枪关闭氮气为止的一段时间。根据留渣量多少、生产节奏快慢以及炉况等因素决定起渣时间长短。起渣时间越长，黏附在炉衬上的炉渣也就越多，黏渣层也就越厚。对于冶炼中高碳钢或高拉碳操作的炉渣进行溅渣时，因为炉渣相对比较黏稠，可适当地减少溅渣时间，即溅完渣后，保证剩余炉渣顺利倒掉，防止黏在炉底造成炉底上涨。对于冶炼低碳钢有后吹操作的炉渣进行溅渣时，因为炉渣稀，可适当的增加溅渣时间，使得炉渣黏度变稠，以便将剩余炉渣垫铺炉底或前后大面。溅渣结束时间的确定，除了生产节奏因素之外，主要依据是以被溅起炉渣颗粒数量明显减少，并且被溅起炉渣的渣粒呈现圆球状、红色或者暗红色，表明炉渣即将凝固失去黏性，故就可以提枪关闭氮气停止溅渣。通常溅渣时间为 3~5min。

B　溅渣频率

（1）新砌转炉溅渣时间的确定：一个新砌转炉投入使用后，主要根据炉衬的侵蚀情况来确定初始溅渣时间，主要是为了保持一个良好的炉型，以达到更好的冶炼效果。为保护底吹供气元件，防止炉底下降，复吹转炉开炉第一炉就应开始溅渣。

（2）溅渣频率的确定：合理的溅渣频率是有效提高溅渣护炉效果的重要参数，同时也是控制良好炉型的重要保证。每个炼钢厂根据实际情况制定合理的溅渣频率，在正常情况下溅渣，保持炉衬工作层厚度在 400mm 以上，使之形成一个动态的平衡，有利于形成永久炉衬，一般不允许连续两炉不溅渣。

5.1.1.10　溅渣效果与炉况监测

在倒炉测温、取样及出钢的过程中应认真观察炉衬状况，观察内容包括溅渣层是否均匀地覆盖在炉衬表面、砖缝是否暴露等，以便于及时改进溅渣操作工艺，从而达到更好的溅渣效果。

对于炉况监测方面应密切观察炉膛状况的变化，炉衬侵蚀严重、炉膛变大时，应加大溅渣的频率，除一炉一溅外，炉衬侵蚀严重时采用喷补、投入热态修补料修补；若炉膛变小，则降低溅渣频率。同时应观察炉底变化情况，判断炉底是否发生变化，直观的方法可以采用钢管或钢筋插入炉内进行测量，若炉底上涨，则进行洗炉底操作；若炉底侵蚀下去，则进行垫炉底操作。有激光测厚仪的钢厂可以用激光测厚仪定期（每班）对炉衬进行测量，以便于准确地掌握炉衬各部位的侵蚀情况，从而做到合理控制溅渣频率。同时可以对炉衬的薄弱部位采取喷补、投入热态修补料修补的维护措施。

5.1.1.11　溅渣氧枪的设计与维护

溅渣护炉要求氧枪能保证 3~5min 的溅渣时间内，在炉衬各部位形成均匀的溅渣层，同时还要求具有较高的枪龄和较低的氮气消耗量。

溅渣护炉依靠氮气射流作为动力冲击炉渣使其飞溅到炉壁上且形成均匀的溅渣层。若炼钢与溅渣同用一根枪，则喷头参数应按主要满足炼钢工艺要求进行设计。钢厂大多采用同一根氧枪进行冶炼与溅渣操作，如果采用专用溅渣枪进行溅渣，则应根据溅渣护炉的工艺特点，选取溅渣专用枪设计参数。

把喷孔出口马赫数 M 提高到 2.0~2.3，这样可以提高射流的出口速度，使单位体积的氮气具有更高的能量。采用高马赫数枪喷吹氮气，可使溅渣护炉氮气消耗量下降 20%。不同马赫数氮气的出口速度及动量见表 5-3。

表 5-3　不同马赫数氮气的出口速度及动量

马赫数 M	滞止压力/MPa	氮气出口速度 /m·s^{-1}	氮气出口动量 /kg·m·s^{-1}
1.8	0.583	485.6	606.4
2.0	0.793	515.7	644.7
2.2	1.084	542.5	678.1
2.4	1.488	564.3	705.4

当 M 值由于某种原因由 1.8 提高到 2.4 时，每 $1m^3$ 氮气的出口射流动量增加 16.3%。高动量射流的速度衰减慢，效率高。采用高马赫数射流，需要提高滞止压力。

（1）喷头的喷孔数。随着炉子容量增加，应适当增加喷头的喷孔数，这样可以使溅渣层厚度更加均匀。喷孔数目增加会使每个孔的氮气流量下降，因此要与提高喷孔出口马赫数结合起来进行考虑。溅渣用喷枪的喷孔数可参考表 5-4。

表 5-4　溅渣用喷枪的喷孔数参考值

转炉公称吨位/t	喷孔数/个
>200	5~7
100~200	4~5
<100	3~4

（2）喷孔倾角。专用溅渣喷枪喷孔的倾角可取 12°~14°。LTV 钢铁公司 250t 转炉使用 12°喷孔倾角效果最好。喷孔的倾角与炉子高宽比（H/D）有关，高宽比小的炉子，倾角可大些。例如鞍钢转炉的高宽比为 1.17，其喷孔倾角为 14°；宝钢转炉高宽比为 1.59，其喷孔倾角为 12°。喷孔倾角大（大于 14°）的氧枪溅渣时，往往被迫压低枪位进行操作，而造成氧枪下端易黏结大渣砣，影响冶炼顺行以及降低氧枪寿命。正因为喷孔倾角大，因此被溅起的炉渣大部分飞向耳轴或渣线以下的部位，相对而言飞向炉帽的渣量减少，因此

炉帽寿命往往是溅渣护炉条件下炉龄的最薄弱环节。喷孔倾角过小（小于11°）的氧枪在溅渣时，被溅起的炉渣飞向炉帽部位增多，但是容易造成炉口结渣过多而变小，影响兑铁水加废钢操作。经过多年的实践，大多数的钢厂用一支氧枪进行冶炼和溅渣操作，其喷孔倾角在12°~14°之间较为适合。国内一些转炉经过扩容后其高径比 H/D 值下降，对于同一座转炉新砌炉衬与中后期炉衬的 H/D 可相差15%~20%。在实际操作中可以通过调整喷吹压力与枪位来提高溅渣效果。

（3）氧枪冷却。溅渣护炉过程中氧枪的热负荷低于炼钢过程氧枪的热负荷（相当于炼钢热负荷的25%~30%），但氧枪喷头及枪体下部黏渣严重，需要加强局部冷却以及采取相应维护措施。

5.1.2　炉渣氧化性对溅渣护炉的影响以及采取措施

冶炼低碳或超低碳钢，或者因铁水［P］含量高等原因，造成后吹严重，冶炼过程炉渣中 TFe 含量高，而且变化幅度比较大。氧化性高对炉渣熔化温度、炉渣黏度以及对溅渣护炉操作和溅渣层与炉衬之间黏结牢固程度有很大的影响，最终对溅渣护炉效果有很大影响。

5.1.2.1　渣中 TFe 含量影响溅渣层耐高温侵蚀

炉渣氧化性有显著降低炉渣熔化温度的作用。这是因为渣中（FeO）、（Fe$_2$O$_3$）能与渣中熔点为2570℃的高熔点氧化物（CaO）、熔点为2800℃的（MgO）、熔点为1723℃的（SiO$_2$）等结合，生成低熔点化合物，如熔点为1140℃的（CaO·FeO）、熔点为1210℃的（CaO·Fe$_2$O$_3$）、熔点为1208℃的（2FeO·SiO$_2$）、熔点为1770℃的（MgO·Fe$_2$O$_3$）以及熔点为1230℃的复合化合物（CaO·FeO·SiO$_2$），使炉渣熔化温度大幅度下降。文献［1］根据现场测试，炉渣熔化温度与炉渣中主要成分关系式如下：

$$T_{熔} = 1582 + 0.7498(MgO) + 4.5017(CaO)/(SiO_2) - 10.5335TFe \qquad (5-5)$$

式中，$T_{熔}$ 为炉渣熔化温度，℃；（MgO）为渣中（MgO）含量，%；TFe 为渣中 TFe 含量，%；（CaO）/（SiO$_2$）为炉渣碱度。

从上述公式可知，炉渣熔化温度随着渣中 TFe 含量增加而下降，每增加1% TFe 含量，炉渣熔化温度下降约10.5℃。由于炉渣中（MgO）含量、碱度（CaO）/（SiO$_2$）值波动小，并且组合的单位含量影响小，而渣中 TFe 含量波动大，其单位含量的影响又大，因此炉渣熔化温度主要受 TFe 含量影响很大。如果冶炼低碳钢渣中 TFe 含量高达28%（当（MgO）=10%、碱度 R =3时），计算其熔化温度约为1308℃。这么低的熔化温度的炉渣被溅到炉衬上形成的溅渣层，在下一炉钢冶炼前期就有可能全部被熔损下来。从现场溅渣效果可知，高氧化性炉渣的溅渣层，很难坚持一炉钢冶炼完了还能保存下来，出钢后炉衬上往往是光秃秃的，没留下任何溅渣层的痕迹，甚至暴露了砖缝。

5.1.2.2　炉渣氧化性影响溅渣初期的起渣时间（孕育期）

据文献［7］报道，高氧化性炉渣熔化温度低，在相同的炉渣温度下，炉渣的过热度相对高，因此在溅渣吹氮气对炉渣实施冷却降温达到起渣时黏度的时间就要延长。高氧化性炉渣（一般 TFe 含量不小于20%）在溅渣初期往往以小的渣粒被溅起，经过一段时间

（又称孕育期）由小的渣粒逐渐变成大渣粒或片状的炉渣被溅起。根据现场数据统计，如果渣中 TFe 含量高达 20% 以上，那么开始被溅起的小渣粒逐渐变成大渣粒或片状渣的时间，在 1.5~2.5min 之间，几乎占总的溅渣时间的 40%~50%。合适的氧化性炉渣，一般 TFe 含量为 10%~14% 时进行溅渣，降枪吹氮气溅渣开始，大渣粒或片状的炉渣立即被溅起，孕育期很短。

炉渣氧化性对炉渣黏度、溅渣层厚度、溅渣层与镁碳砖之间结合牢固程度等有影响，通过加入含碳材料的改渣剂可以改善溅渣层与镁碳砖之间结合牢固程度，由文献 [7] 的实验得出结果介绍如下。

A　炉渣氧化性影响炉渣黏度以及溅渣层厚度

由实验室测定和现场实践证明，适合溅渣护炉的炉渣黏度在 0.1~0.3Pa·s（炼钢温度下）范围。黏度小于 0.05Pa·s 的炉渣称为稀渣；黏度大于 0.5Pa·s 的炉渣称为稠渣。虽然渣中（MgO）含量在一定程度上影响炉渣黏度，但是炉渣中（MgO）接近或者达到饱和浓度时，黏度基本稳定不再发生变化。但是炉渣中 TFe 含量随冶炼高、中、低或超低碳钢种而发生很大的变化，而且 TFe 含量多少对炉渣黏度影响最大。众所周知，渣中（FeO）、（Fe_2O_3）能够使渣中高熔点氧化物或化合物熔化（起着助溶剂化渣作用），因此高氧化性炉渣黏度低，即 TFe 含量大于 20% 以上的炉渣黏度小于 0.05Pa·s 的稀渣进行溅渣时，炉渣黏附力小，大多数淌流下来，因此溅渣层薄，且不均匀、不牢固。在实验室用现场高氧化性炉渣进行镁碳砖条浸渣实验，结果如图 5-1a 所示。

冶炼中、高碳钢的炉渣 TFe 含量，一般在 10%~14% 范围，炉渣黏度在 0.1~0.3Pa·s 范围。此炉渣进行溅渣时，炉渣附着力强，溅渣层厚。在实验室用现场低氧化性炉渣进行镁碳砖条浸渣实验，结果如图 5-1b 所示。

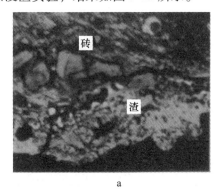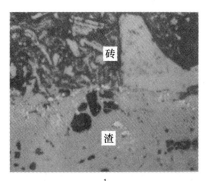

a　　　　　　　　　　　　　b

图 5-1　渣中 TFe 含量影响黏渣层厚度（×138）
a—渣中 TFe 含量 21.7%；b—渣中 TFe 含量 9.7%

图 5-1 彩图

B　炉渣氧化性影响溅渣层与镁碳砖之间结合牢固程度

在冶炼过程中，渣中（FeO）、（Fe_2O_3）与炉衬镁碳砖发生脱碳反应形成脱碳层，失去碳网骨架作用的脱碳层很容易被钢液或炉渣冲刷下来。如果把高氧化性炉渣溅到炉衬上，同样发生脱碳反应，并且形成 CO 气泡造成裂缝断断续续残留在溅渣层与炉衬镁碳砖之间，即二者之间有断断续续裂缝存在，影响牢固结合程度。通过现场试验以及在实验室用现场炉渣进行镁碳砖条浸渣试验（渣中 TFe 含量中等）取样，三个试样在电镜下观察溅渣层（黏渣层）与镁碳砖之间结合的形貌如图 5-2 所示。

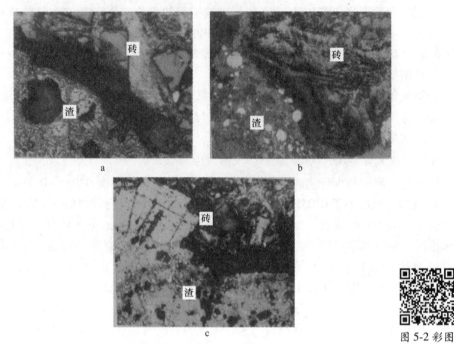

图 5-2　渣中 TFe 含量中等的溅渣层与镁碳砖之间结合形貌（×136）

a—镁碳砖块伸入 180t 转炉出钢口内炉衬表面位置（渣中 TFe 含量 17.03%）；

b—120t 转炉溅渣后的炉帽残砖（渣中 TFe 含量 15%）；

c—实验室用现场炉渣进行镁碳砖浸渣试验（渣中 TFe 含量 16.19%）

图 5-2 彩图

　　从形貌观察可知，溅渣层（黏渣层）与镁碳砖之间都存在着断断续续的裂缝，其原因是渣中（FeO）、（Fe_2O_3）随同炉渣一起被溅到炉衬上，与炉衬的镁碳砖中的碳发生反应生成 CO 气泡残留在二者之间形成断断续续的裂缝。

　　用高氧化性炉渣在实验室进行镁碳砖条浸渣试验（渣中 TFe 含量高），试样在电镜下观察黏渣层与镁碳砖之间结合状况如图 5-3 所示。

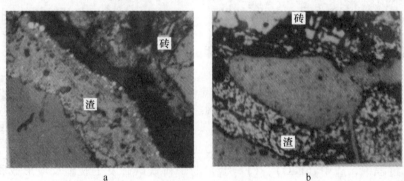

图 5-3　渣中 TFe 含量高的溅渣层与镁碳砖之间结合形貌（×136）

a—自制炉渣中 TFe 含量 23%；b—自制炉渣中 TFe 含量 30%

图 5-3 彩图

从图 5-3 可知，由于炉渣中 TFe 含量高，因此炉渣稀，黏渣层薄；由于渣中 TFe 含量高，其（FeO）$_{渣}$+C$_{砖}$的脱碳反应激烈，反应产物 Fe 元素（图中小白点）残留在黏渣层与镁碳砖之间靠近气泡的炉渣侧，产物 CO 大气泡或长条状气孔的存在造成裂缝使黏渣层与镁碳砖之间的结合不牢固。

图 5-1 中 b、图 5-2 中 c、图 5-3 中 b 的溅渣层（或黏渣层）与镁碳砖之间结合牢固程度不同，主要受渣中 TFe 含量低、中、高的影响。

5.1.2.3 高氧化性炉渣溅渣时采取的措施

综上所述，炉渣的氧化性高低是影响炉渣熔化温度、炉渣黏度以及溅渣护炉效果等的重要因素。因此对高氧化性炉渣进行溅渣时，必须对炉渣进行调整，即加入含碳质的氧化镁粉的改渣剂。在溅渣过程既降低渣中 TFe 含量，又能增加渣中（MgO）使其达到过饱和含量的双重作用。如文献［7］介绍了如图 5-4 所示的在实验室采用向现场炉渣中加入含碳质的改渣剂后进行镁碳砖条浸渣试验，向渣中加入含碳质的改渣剂，使渣中 TFe 含量由 16.19% 降至 11% 后再进行浸渣试验，试样在电镜下观察黏渣层与镁碳砖之间结合形貌。

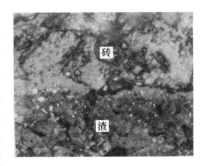

图 5-4　加入改渣剂后的黏渣层与镁碳砖之间结合形貌（×136）
（加入含碳质的改渣剂，渣中 TFe 含量由 16.19% 降至 11% 时再进行浸渣试验）

比较未加改渣剂前的浸渣试验结果，如图 5-2 中 c 所示，有 CO 气泡残留在黏渣层与镁碳砖之间造成二者结合不十分牢固，加入改渣剂后再进行浸渣试验，结果如图 5-4 所示，CO 气泡或者长条状气孔全部消失，黏渣层与镁碳砖之间结合牢固程度得到了改善，与图 5-1 中 b 相似。

国内一些大型转炉冶炼 IF 钢、X70、X80 管线钢等超低碳钢，尽管进行溅渣操作，但是因为渣中 TFe 含量高（高达 25%~30%），护炉效果不理想。从溅渣后倒炉观察炉衬黏渣状况时，发现多处整块溅渣层脱落，原因就是二者之间有气泡或者长的气孔存在，破坏溅渣层与镁碳砖之间的牢固结合。因此，国内一些大型转炉对高氧化性炉渣进行溅渣的同时，采用加入含碳质的改渣剂 2~3kg/t 钢，可使渣中 TFe 含量降低 4%~5%。因此炉渣熔化温度上升 40~50℃，炉渣黏度也随之提高，起渣的孕育期缩短，溅渣的护炉效果得到改善，炉龄仍然保持在 10000 炉以上[8]。

溅渣护炉同时加入的改渣剂具有严格要求：

（1）加入炉内的改渣剂易破碎、易熔化，并且具有良好的反应活性。

（2）改渣剂中具有高（MgO）含量、低的 TFe 含量，含碳材质具有较高的活性，能够迅速降低渣中 TFe 含量的功能。

（3）改渣剂制作方法如同球团矿的滚动自然成球方法，尺寸为 ϕ10~15mm 的小球。

（4）降枪吹氮气同时，将预先称好的改渣剂尽快加入到炉渣中去。

5.1.3 溅渣条件下转炉的综合维护

5.1.3.1 转炉炉衬的损坏

镁碳砖是以高温过烧镁砂或电熔镁砂和碳素材料为原料，用结合剂加压制成的不烧耐火材料。镁碳砖既保持了碱性耐火材料的优点，同时又彻底改变了以往碱性耐火材料耐剥落性能差的缺点。

A　原料对镁碳砖性能的影响

（1）镁砂原料。镁砂中 MgO 含量对镁砂颗粒在熔渣中及熔渣渗入时的熔损行为有很大影响。MgO 含量高，杂质含量相对就少，硅酸盐数量也就少，从而就能降低方镁石晶体被硅酸盐侵害分割的程度，提高镁砂中方镁石的直接结合程度，阻止熔渣对镁砂的渗透熔损。杂质含量越高，熔损指数就越大。因为 B_2O_3、CaO、SiO_2 存在于方镁石的晶界上，使晶界的耐火性能降低，并形成较多的低熔点硅酸盐矿物，熔渣很容易从晶界侵入，将方镁石分离成小单晶体，从而加速了方镁石流失进入熔渣中。另外，由于 B_2O_3 的存在，促进了 MgO 与 C 的反应，使砖的组织结构劣化，加速砖的损坏。镁砂杂质中的 CaO/SiO_2 比对镁碳砖的高温性能也有较大影响。CaO/SiO_2 过低，高温下镁碳砖中就会出现 CMS、C_3MS_2 等低熔点镁硅酸盐并进入液相区，从而增加了液相量；若 CaO/SiO_2 不小于 2，则形成 C_2S 高温相，液相量少，并且 CaO/SiO_2 高有利于提高镁砂在高温下与石墨共存的稳定性。除此之外，镁砂的体积密度、方镁石晶粒大小对镁碳砖耐侵蚀性都有着十分重要的影响。

因此，高质量的镁碳砖必须选择高纯镁砂（MgO 含量尽可能高）、CaO/SiO_2 不小于 2、体积密度不小于 $3.30g/cm^3$、结晶发育良好、显气孔率不大于 3% 的镁砂。

（2）碳素原料。对于炉衬镁碳砖来说，使用 $w(C) \geqslant 96\%$ 的高纯石墨是提高镁碳砖耐用性的最有效手段。但当使用高纯石墨时，由于砖中生成的液相量少，氧容易渗透到砖内使石墨发生氧化脱碳，形成脱碳层，降低了镁碳砖的耐蚀强度，砖的耐氧化性变差，因此必须加入防氧化剂。

（3）结合剂。结合剂是生产镁碳砖的关键材料，结合剂质量的好坏，很大程度上影响着镁碳砖的生产和质量。

可作镁碳砖结合剂的种类有很多，例如煤焦油、煤沥青和石油沥青，以及特殊碳质树脂、多元醇、沥青变性酚醛树脂、合成树脂等。由于酚醛树脂的残碳率高，与镁砂和石墨具有良好的亲和性，容易把镁砂和石墨结合在一起，常温下易于在镁砂和石墨中铺开，因此它至今仍被认为是生产高级镁碳砖的最好结合剂。

（4）防氧化剂。镁碳砖的优良性能依赖于砖中碳的作用，在使用过程中碳往往易被氧化，使制品组织劣化，炉渣沿着缝隙侵入砖内，蚀损 MgO 颗粒，降低了镁碳砖的使用寿命。因此必须加入如 Al、Si、Al-Si、Al-Mg、SiC、BN 等防氧化剂。它们能优先与氧反应形成氧化物，并发生体积膨胀，堵塞或填充充气孔而使砖致密化，从而提高了制品的抗氧化性能。自从实施溅渣护炉技术以后，可以减少或者不再加入防氧化剂。

B　炉衬镁碳砖的损坏

（1）碳的氧化。炉衬镁碳砖在使用过程中，镁碳砖的工作面所含的碳首先受到渣中的 (FeO)、气相中的 $\{CO_2\}$ 等氧化物和吹氧冶炼时吹入的 $\{O_2\}$ 的氧化作用，以及高温下镁碳砖中的 MgO 被砖中的碳还原，即使镁碳砖形成表面脱碳层。由于碳的氧化，砖体组织疏松脆化，在钢液的冲刷下被磨损。

$$(FeO) + C_{砖} \longrightarrow \{CO\} \uparrow + [Fe]$$
$$\{CO_2\} + C_{砖} \longrightarrow 2\{CO\} \uparrow$$

$$MgO_砖 + C_砖 \longrightarrow \{Mg\} \uparrow + \{CO\} \uparrow$$

（2）镁砂的熔损。由于碳的脱除及砖体的疏松，炉渣向脱碳层渗透，并与镁砂颗粒反应。镁砂的熔损方式如下：

1）炉渣中的（SiO_2）和（CaO）成分侵入到方镁石结晶颗粒边界，在生成低熔物液相的作用下，方镁石结晶浮游并流入炉渣中去。

2）炉渣中的（FeO）、（Fe_2O_3）成分侵入方镁石结晶中形成低熔点化合物，方镁石晶粒从表面开始细化并流入炉渣中。

转炉在使用过程中损坏最严重的部位是渣线、耳轴及炉帽部位。渣线部位在吹炼前期受到酸性渣的侵蚀，炉渣中的氧化铁又使砖中的碳氧化，脱碳后的衬砖更容易受到炉渣中的（SiO_2）和（FeO）的侵蚀。加上钢、渣的激烈冲刷，使得衬砖中的氧化镁溶入渣中，加速炉衬损坏。耳轴部位在使用过程中不易挂渣，随吹炼炉数的增加而减薄，因此耳轴部位是炉衬损坏最严重的部位。由于炉帽温度变化较大及清理炉口结渣时产生的冲击（特别是小转炉）等因素，导致了炉帽部位镁碳砖的损坏。随着采用的溅渣护炉技术不断进步，上述转炉各部位耐火材料使用寿命大大提高，不再是炉龄提高的限制性环节。

5.1.3.2 转炉炉衬的维护

A 转炉热喷补

转炉热喷补是指在热态下对转炉炉衬局部损坏严重的部位进行喷补的方法，是溅渣护炉的重要补充手段，可以有效地提高转炉炉龄，因此仍在钢厂中普遍使用。热喷补方法有三种：半干法喷补、湿法喷补和火焰喷补。

半干法喷补是将喷补料放入压力罐，压送到喷射嘴时和水混合后喷射的补炉方法。

湿法喷补是将喷补料跟水在压力罐预先混和，然后压送到喷嘴进行喷补的方法。

火焰喷补是利用氧气、丙烷作为热源，喷射出熔融的材料对耐火材料损坏部位进行修补的方法，目前已很少采用。

国内目前常用的是半干法喷补。通常，喷补料应具备以下基本性能：

（1）附着率大于80%；

（2）喷补后第一炉出钢后喷补面不炸裂；

（3）使用5炉后，喷补面残留量大于50%。

优质喷补料则需满足以下要求：

（1）通过喷补设备时，材料具有良好的流动性；

（2）良好的黏附性、固化性和硬化性；

（3）附着率高；

（4）喷补层具有良好的物理性能（体积密度大、气孔率较低、强度较高）；

（5）良好的烧结性能；

（6）耐火度高；

（7）抗侵蚀性好。

喷补料的喷补性能（附着性、烧结性等）和抗侵蚀性能（抗渣性、耐磨性等）取决于原料的组成、粒度分布、结合剂的性能。因此，要获得高性能的喷补料，通常通过仔细选择原料、优化颗粒尺寸分布和选择适宜的结合剂等三方面对其性能进行改善。

（1）原料选择。转炉喷补料通常以 MgO 系和 MgO-CaO 系为主。对于炼钢冶炼操作使用而言高 MgO/CaO 比值的材料能够降低炉渣对喷补面的熔损速度，提高耐蚀性能，温度越高，高 MgO/CaO 比值的优点就越能显示出来。

磷酸盐结合的高级镁质喷补料通常选用含 95%~97%MgO 的过烧镁砂，并且具有较高的 CaO/SiO$_2$ 比。同时 $\sum$（Fe$_2$O$_3$+Al$_2$O$_3$）不得大于 1.5%。对于高质量的喷补料来说，$\sum$（Fe$_2$O$_3$+Al$_2$O$_3$）不得大于 1.0%。

（2）优化颗粒尺寸分布。一般说来，细颗粒料能改进黏附性所要求的可塑性，但也会增加干燥期间剥落的数量，或者使喷补层更不稳定。粗颗粒可使喷补层更加稳定，提高致密度，改进抗蚀性；然而，太多的粗颗粒往往在输送管道中显示出较高的偏析性，同时会导致高回弹率，增加材料消耗。

关于喷补料的粒度分布，首先应保证干料在设备中能够均匀地流动，并在管道中不形成偏析。

（3）结合剂。喷补料的结合剂选择，应满足以下要求：

1）迅速变硬和固化的最佳黏附性能；

2）在化学结合的整个温度范围内，喷补料具有足够的强度；

3）结合剂降低喷补料抗熔渣侵蚀性能应减小到最低程度。

作为喷补料的结合剂通常采用水玻璃和磷酸盐及它们的组合系列等。大量的研究工作和实际应用表明，磷酸盐类结合剂是碱性喷补料中较理想的结合剂。

B 投入热态修补料快速修补

投入热态修补料是利用人力或溜槽以投入的方式进行施工的混合料，修补转炉的部位主要是炉底、装料侧炉壁、出钢侧炉壁等易损部位。

投入修补料必须具备以下特点：

（1）高温流动性好；

（2）硬化时间短；

（3）耐用性高。

C 不同结合剂结合的投入热态修补料

（1）磷酸盐结合的投入热态修补料。采用含结晶水的磷酸盐作为结合剂的 MgO 质和 MgO-CaO 质干式混合料，加热即流动，尽管磷酸盐结合的投入热态修补料在加热后流动性优异，对作业环境危害比较小，但因其高温强度和附着强度都比较低，因而难以延长炉子的使用寿命。现在已很少使用。

（2）沥青结合的投入热态修补料。为了克服以焦油/沥青为结合剂的投入热态修补料在混合时为泥料状、冷却就固化成团块的缺点，将焦油/沥青结合剂改为粉状沥青结合剂后材料就变成粉状。为了提高抗蚀性则向混合料中配加炭素，其碳源可以添加石墨，也可以配入一定量的废镁碳砖。这样生产的沥青-镁砂-碳质投入热态修补料具有在高温下铺展性高、耐用性优异等特点。然而，它仍然存在硬化时间长的问题且冒烟非常激烈，对环境有危害的缺点。

（3）树脂结合的投入热态修补料。树脂结合的投入热态修补料的硬化时间短、冒烟少、耐用性好。但正因为它快硬的特点，如果炉壁温度高时，却会带来高温流动性不好的问题，或者修补厚度过大时，由于仅表面硬化，而未硬化部分在炉子倾动时即会从修补处流出，从而导致出现修补效果差和浪费材料的问题。

通常，为了缩短树脂结合的投入热态修补料的硬化时间，应选低沸点溶剂和高分子量树脂；为了提高高温流动性，则应选用高沸点溶剂和低分子量树脂。

（4）沥青/树脂结合的投入热态修补料。沥青/树脂结合的投入热态修补料是以粉状沥青和固体粉状树脂（热固性）结合并用，并以蒽油为润湿剂，同时添加流化剂的投入热态修补料（粉状混合料）。这种材料流动性和铺展性好，黏结强度大，具有较高的耐用性，并且成本适中。因此，这种修补料已经得到广泛使用。

5.1.4 溅渣护炉条件下的转炉耐火材料

5.1.4.1 隔热层耐火材料

隔热层耐火材料是指气孔率高、体积密度低、热导率低的耐火材料。隔热层耐火材料又称轻质耐火材料。它包括隔热耐火制品、耐火纤维和耐火纤维制品。转炉采用隔热层耐火材料目的是降低炉壳的温度，以减缓炉壳的变形和热损失。国内大部分钢厂采用耐火纤维板，也有采用氧化铝空心球砖的。

5.1.4.2 永久层耐火材料

转炉炉衬砌永久层主要目的是提高炉衬的使用安全性，当工作层侵蚀到永久层后，根据工作层与永久层材质及砖形的不同可以较明显地识别出来，同时采取积极有效的措施对炉衬进行维护。因此，要求永久层耐火材料具有以下性能：

（1）耐火度高；

（2）强度高；

（3）抗渣性好。

目前国内大部分钢厂采用烧成镁砖作为转炉永久层耐火材料，有些钢厂也用镁白云石砖或镁钙砖作为转炉永久层耐火材料，但是镁白云石砖与镁钙砖易吸潮，保存条件要求较为严格。

5.1.4.3 工作层耐火材料

工作层耐火材料直接与高温钢水、炉渣及高温炉气接触，持续承受物理和化学作用所造成的蚀损和侵蚀。因此，炉衬工作层耐火材料的质量直接影响到炉衬寿命，它是转炉炉龄的基础。所以，对转炉工作层耐火材料要求具有以下性能：

（1）耐火度高；

（2）强度高；

（3）抗渣性好；

（4）抗热震稳定性好；

（5）体积密度高；

（6）气孔率低；

（7）易黏渣。

镁碳砖结合了 MgO 与 C 两方面的优点应用于转炉炉衬工作层具有良好的使用效果，大幅度提高了转炉寿命，现已广泛应用于转炉与电炉的工作层。镁碳砖的 C 含量通常在 10%~18% 之间，C 含量太低不能形成连续的碳网络，C 含量太高，C 被氧化的程度增加，均影响到镁碳砖的使用性能，影响黏渣效果。

对于转炉炉衬工作层，应根据炉衬的不同部位采用 C 含量不同的镁碳砖。由于石墨具有不浸润性，因此对于溅渣护炉来说为了有利于炉渣的黏附，应采用 C 含量在 14%~16% 范围的镁碳砖。

5.1.5 溅渣护炉存在的问题及解决措施

5.1.5.1 设备寿命与炉龄不同步

随着溅渣护炉技术的不断完善，转炉炉衬基本上可以实现万炉的使用寿命，长的可达 6 万多炉以上，相关设备寿命已跟不上炉龄增长的需要。因此，需加强设备的点检，实现设备故障在线维修及强化炉衬的保温措施及炉壳的散热措施，减小炉壳的变形。

5.1.5.2 炉底上涨

炉底上涨现象往往发生在冶炼高碳钢种为主的复吹转炉上。这是因为出钢温度低，炉渣 TFe 含量低，炉渣黏度高。如果溅渣时间、留渣量等控制不当，在溅渣操作过程中由于氮气的冷却，炉渣逐渐稠化，稠化了的炉渣不断黏结在炉底，导致炉底不断上涨，使炉容比减小，直接影响到冶炼操作，严重时会加剧冶炼过程的喷溅。可采取以下处理炉底的措施：

（1）出钢后留渣吹氧进行洗炉底；

（2）出钢后留少量钢水吹氧进行洗炉底；

（3）倒完渣后兑少量铁水吹氧进行洗炉底；

（4）加少量硅铁吹氧进行洗炉底；

（5）降低溅渣频率，适当减少留渣量，控制溅渣时间，保证溅渣后炉渣即时顺利倒出来；

（6）适当减少含镁质材料的造渣剂的加入量；

（7）协调调度冶炼低碳钢。

5.1.5.3 氧枪结渣

采用溅渣护炉技术后氧枪结渣严重且难于处理，可采取以下措施加以解决：

（1）加速前期成渣，使结在氧枪上的渣被冲刷掉；

（2）尽量把炉内钢水出完，有残钢时不得进行溅渣；

（3）经常性清理氧枪结渣，避免炉渣越结越多；

（4）采用氧枪刮渣器；采用锥体氧枪；

（5）适当控制低枪位溅渣时间；

（6）向枪体喷涂耐火材料，使结渣容易清理。

5.2 溅渣条件下长寿复吹转炉工艺特点及底吹供气元件的维护

5.2.1 溅渣长寿复吹转炉冶炼工艺参数特点

由于采用溅渣护炉技术，复吹转炉的炉龄（复吹比同步或较大的复吹比）普遍得到提高。大型转炉的炉龄平均在 10000 炉以上；中型转炉的炉龄平均在 20000~25000 炉；80t 以下小型转炉的炉龄平均在 30000 炉左右。复吹转炉长寿对冶炼工艺参数改善起着很大作用[9,10]。

5.2.1.1 稳定装入制度

传统的复吹转炉采取分阶段定量装入制度，炉役期间短，前后阶段装入量相差 10% 左右。因此，不仅对冶炼工艺参数有影响，同时对行车、钢包、电动设备等设备容量和负载的安全值提高均产生很大的影响。采用溅渣护炉技术，炉衬表面从上到下黏结一层溅渣层保护炉衬的镁碳砖不受侵蚀或减轻侵蚀，尤其是炉役到了中、后期，炉衬厚度在 400mm 左右，炉底厚度在 600~800mm 之间，每炉钢冶炼消耗的耐火材料是溅渣层，即每炉钢冶炼是在溅渣层上炼钢，炉衬的镁碳砖厚度几乎是零侵蚀。因此，转炉熔池体积基本上不变化，装入量在整个炉役期间做到稳定的定量装入。

5.2.1.2 稳定供氧制度

由于采用溅渣护炉技术，炉型控制好，熔池深度和体积不发生大的变化，因此氧枪的供氧强度和枪位的操作也就相对稳定，对一炉钢冶炼稳定顺行以及采用自动化炼钢技术十分有利。

5.2.1.3 稳定和改善造渣制度

稳定的定量装入制度，各种造渣原材料加入量也就稳定。由于在溅渣层炼钢，即高碱度、高氧化性的溅渣层在冶炼前期就开始不断地熔化进入前期炉渣中，对冶炼前期快速形成脱磷渣系有着很大作用，同时还节省石灰等造渣剂。

5.2.1.4 稳定和改善终点温度、成分的控制

由于上述长寿复吹转炉工艺参数得到了稳定的控制，因此终点温度、成分控制也相对稳定，并且终点的 [C]×[O] 积、渣中 TFe 含量等技术指标均得到改善，为脱氧合金化降低合金消耗创造了条件。

转炉复合吹炼工艺，通过底吹供气元件向炉内喷射惰性气体搅拌熔池，解决了转炉吹炼中熔池反应远离平衡的本质问题，有利于提高钢水洁净度。溅渣护炉是在转炉出钢后利用顶枪喷吹高压氮气将炉渣喷溅到炉衬上，使转炉炉龄从 1000 炉左右提高到 10000 炉以上，经济效益显著。但复吹转炉炉龄主要决定于底吹供气元件的寿命，国际上供气元件寿命仅为 2000~2500 炉，根本无法与溅渣后炉衬寿命（10000 炉以上）同步运行，造成日本、欧洲等先进产钢国仍未同时采用这两项先进技术。美国首先使溅渣护炉技术产业化，炉龄超过 10000 炉，虽然有的企业采用更换底吹供气砖的方法，保持全程复吹，但更多的

企业干脆放弃复吹，致使美国转炉复吹比却下降到 10% ~ 20%。上述事实说明实现复吹转炉底吹长寿命是同时采用复吹和溅渣两项先进技术的技术关键，也是世界性技术难题。

在复吹转炉的长寿命条件下，底吹供气元件的烧损和堵塞是长寿复吹失效的主要原因。底吹供气元件长期在 1600℃ 以上的高温钢水中喷射气体引起钢水流动，冲刷侵蚀供气元件造成严重的熔损。为此开发了各种底吹供气元件保护方法，但没有从根本上解决供气元件烧损问题。2001 年钢铁研究总院发明了"利用溅渣生成透气性炉渣蘑菇头保护底吹供气元件"的新工艺[11]，彻底解决了供气元件烧损问题，与武钢合作创造了 30000 炉复吹转炉新炉龄纪录。

但堵塞又成为供气元件失效的主要原因。生产中经常发生的堵塞现象是：喷口端部堵塞、蘑菇头堵塞、蘑菇头漏气、各种设备故障造成的堵塞以及垫补炉底后形成的堵塞。供气元件堵塞使底吹气体无法进入转炉，造成元件失效，复吹工艺无法进行。

针对上述技术难题，经过多年的研究开发，先后发明了以下核心技术：发明金属炉渣复合蘑菇头生产工艺与保护技术替代炉渣蘑菇头，解决了炉渣蘑菇头易脱落和漏气的技术难题；发明堵塞供气元件智能化吹堵复通技术，保证已堵塞的喷管通过吹堵复通，恢复正常供气功能并能避免供气元件的烧损；发明多功能环缝式底吹供气元件，解决了喷口端部堵塞问题；发明金属炉渣复合蘑菇头底吹气体流量控制技术，解决了蘑菇头堵塞问题；发明金属炉渣复合蘑菇头再生工艺与垫补透气性炉底的技术，解决了补炉后造成供气元件堵塞的技术难题。以上述核心技术为基础，通过集成创新研究开发出"转炉复吹与溅渣一体化工艺与装备技术"，适用于大、中、小型转炉冶炼工艺、技术装备和钢种特点，在国内 60 ~ 300t 转炉上广泛采用，取得良好的效果。

5.2.2　底吹供气元件的寿命与保护工艺

5.2.2.1　底吹供气元件的合理选择和寿命

复吹转炉长寿化的关键是底吹供气元件的长寿命。底吹供气元件作为复吹转炉的关键工艺设备，其基本要求是不易熔损、不易堵塞和运行安全可靠，选择合适的供气元件是转炉长寿复吹工艺的基础。表 5-5 给出目前国际上通常使用的供气元件类型及技术指标比较。

表 5-5　国际上各种形式底吹供气元件特点对比

元件名称	LBE 透气砖	毛细管透气砖	直筒管式喷枪	套管式喷枪	环缝式供气元件
发明单位	法国钢研院	日本新日铁	初期形式	日本住友	中国钢研总院
结构示意图					
烧损情况	较重	轻微	严重	轻微	不烧损
堵塞情况	不易堵	易堵	极易堵	中心管易堵	不易堵

元件名称	LBE 透气砖	毛细管透气砖	直筒管式喷枪	套管式喷枪	环缝式供气元件
元件寿命/炉	400~800	2000~2500	100~200	2000	>10000
流量调节范围/倍	2~3	2~3	2~3	10	>10
蘑菇头冷却能力	弱	弱	较弱	较强	强

表 5-5 说明环缝式底吹供气元件的优点是：与 LBE 透气砖相似，利用界面张力避免钢水浸润管壁内，减少喷嘴端部堵塞几率；但比 LBE 透气砖运行更安全、可靠，适用于大气量底吹工艺；和毛细管透气砖相比，每根底吹供气元件的气体流量增大，可单独调节；不易堵塞，堵塞后可单独采用复通技术；和直筒管或套管式底吹喷枪相比，喷嘴端部不容易堵塞；并且可以显著地减弱甚至消除由于进入熔池的气体引起的气液两相流后坐力产生，冲击底枪根部或其座砖耐火材料[12]。从技术性能上比较，环缝式底吹供气元件的流量调节范围达到 10 倍以上，高于其他各类底吹供气元件。采用多功能环缝式底吹供气元件以前，底吹供气元件只有向转炉正常供气一项功能。而多功能环缝式供气元件既具有正常供气功能，还同时具备消除炉底上涨、实现堵塞喷管吹堵复通、金属炉渣复合蘑菇头生成与再生等多项功能。如图 5-5 所示的环缝式底吹供气元件已在国内多家钢厂转炉上推广应用。

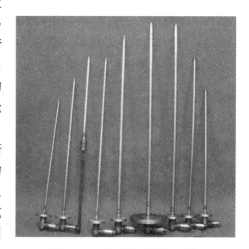

图 5-5 环缝式底吹供气元件

5.2.2.2 底吹供气元件的保护工艺

保护底吹供气元件，提高其寿命，必须针对底吹供气元件的失效机理，采用具体的技术措施。采用溅渣和金属炉渣蘑菇头技术后，供气元件失效机理发生改变：由烧损为主转为堵塞为主。生产中经常发生的堵塞现象和解决方案如表 5-6 所示。

表 5-6 造成供气元件堵塞的原因及解决方案

堵塞现象	堵塞原因	发生特点	解决方案
端部堵塞	气泡上浮引起钢水流动造成喷口堵塞	开炉初期 100 炉以内发生较多	改善供气元件结构
蘑菇头堵塞	蘑菇头阻力过大，气体无法通过熔渣	全炉役期经常发生	控制蘑菇头高度
蘑菇头漏气	蘑菇头与透气砖结合不紧密	炉役前期 200~600 炉发生较多	提高蘑菇头内金属的比例
事故堵塞	各种事故造成气流中断形成堵塞	随机发生	采用吹堵复通工艺
垫补炉底堵塞	补炉底时造成供气元件堵塞	炉役后期 8000 炉以后发生	采用适于补炉的底吹供气工艺

5.2.3　底吹供气元件上蘑菇头的生成与控制技术

底吹蘑菇头经历了早期的金属蘑菇头、炉渣蘑菇头，发展到目前溅渣长寿条件下的金属炉渣复合蘑菇头。

5.2.3.1　炉渣蘑菇头保护底吹供气元件工艺技术，彻底解决供气元件严重烧损难题

蘑菇头保护底吹供气元件技术国际上已开展多年研究，但没有从根本上解决底吹供气元件烧损严重的技术问题。只能采用分散气流减轻冲刷侵蚀的工艺方法（如新日铁发明的毛细管式底吹透气砖）。奥钢联提出利用气流冷却形成金属蘑菇头保护供气元件的思想，利用气体冷却在冶炼过程中形成含碳较高的铁质蘑菇头。其存在以下本质性缺陷：

（1）气体冷却能力不足以在炼钢中形成蘑菇头，需配25%的液化气提高气体冷却能力。

（2）金属蘑菇头只能在转炉冶炼前期温度较低时形成。

（3）金属蘑菇头导热快、熔点低，在转炉冶炼后期（［C］≤0.5%）全部熔化。侵蚀速度为0.6mm/炉。

分析研究金属蘑菇头无法有效保护底吹供气元件的本质原因后，开发出在溅渣过程中利用气体冷却炉渣形成透气性炉渣蘑菇头保护底吹供气元件的工艺方法，其优点为：

（1）溅渣时炉内碳氧反应已结束，无热源，气体有足够的冷却能力冷凝炉渣，形成体积大、透气性良好的炉渣蘑菇头。

（2）炉渣蘑菇头以氧化物为主，熔化温度高（约1500℃），抗氧化能力强，不易熔化。

（3）炉渣蘑菇头导热性差，造成内部温度梯度大。炼钢后期高温下其上部虽已被熔化，但下部在气体冷却下仍能保留。蘑菇头在炼钢过程中始终存在。

由于炉渣蘑菇头对底吹供气元件的保护是气体喷射产生的高温钢水流动，只能冲击熔损炉渣蘑菇头，而无法直接冲刷侵蚀底吹供气元件，使供气元件受到良好的保护。

5.2.3.2　金属炉渣复合蘑菇头

炉渣蘑菇头是在溅渣过程中形成的，以氧化物为主体，体积大，具有高温抗氧化性能，可有效保护供气元件。但仍存在以下三个本质缺陷：

（1）炉渣蘑菇头与耐火材料难以紧密结合，容易脱落，使供气元件和炉底熔损。

（2）炉渣蘑菇头根本无法与金属管壁结合，造成漏气。底吹气体沿蘑菇头、溅渣层与耐火材料的间隙流出，造成炉底"窜气"，底吹元件失效。

（3）为保证蘑菇头与耐火材料的结合，耐火材料要经过一定侵蚀生成脱碳层后（200炉后）开始生成蘑菇头，造成前期炉底和供气元件烧损。

为解决炉渣蘑菇头的上述缺陷，开发出金属炉渣复合蘑菇头，由下部金属蘑菇头与上部炉渣蘑菇头复合构成，剖面结构如图5-6所示。从图中可以看出，金属炉渣复合蘑菇头的特点在于：蘑菇头下部为钢质（［C］≤0.45%）金属蘑菇头，由于液体金属与管壁润湿较好，蘑菇头与喷管钢壁紧密焊合，完全避免发生漏气。蘑菇头上部覆盖一层透气性炉渣

蘑菇头，导热性差，温度梯度大，可保护下部金属蘑菇头在冶炼中不会发生严重熔损。

取样位置	1	2	3	4
[C]/%	0.15	0.20	0.17	0.42

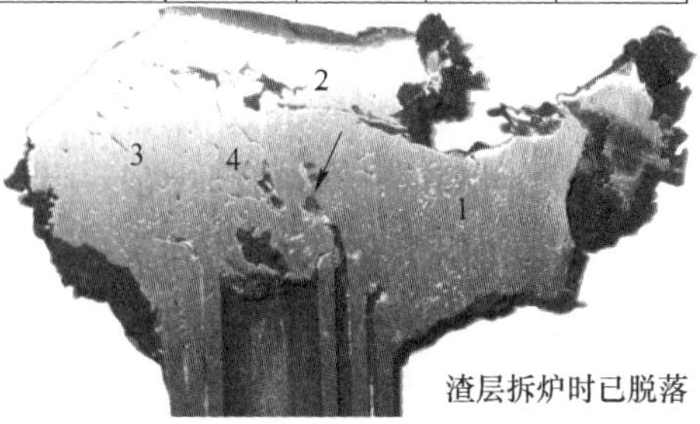

渣层拆炉时已脱落

图 5-6　金属炉渣复合蘑菇头剖面结构

表 5-7 给出各种蘑菇头保护供气元件的工艺方法比较，可以看出金属炉渣复合蘑菇头保护底吹供气元件的效果最佳。

表 5-7　国际上三种蘑菇头保护底吹供气元件的工艺技术比较

	金属蘑菇头 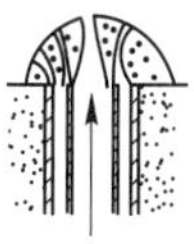	炉渣蘑菇头 	金属炉渣复合蘑菇头 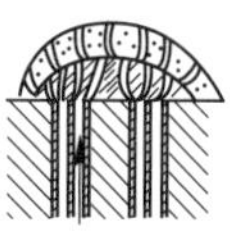
种类、形貌结构			
发明单位	奥钢联	中国钢铁研究总院	中国钢铁研究总院
形成机理	依靠气体冷却在吹炼过程中冷凝金属形成蘑菇头	在溅渣过程中依靠气体冷却熔渣形成透气性蘑菇头	依靠气体冷却在吹炼中形成金属蘑菇头，溅渣后沉淀一层炉渣蘑菇头
特征	基体以铁为主，成分为：$w(Fe) \geq 91\%$、$w(C) = 1.48\%$、其他 4.7%。蘑菇头尺寸小，易于熔化	基体以炉渣为主，成分为：$w(CaO) = 47.9\%$、$w(SiO_2) = 13.78\%$、$w(MgO) = 11.6\%$、$w(TFe) = 15.18\%$。尺寸大，不易熔化，易漏气	下层为金属，成分为：$w(Fe) \geq 95\%$、$w(C) \leq 0.45\%$；上层为炉渣，成分为：$w(CaO) = 47.9\%$、$w(SiO_2) = 13.78\%$、$w(MgO) = 11.6\%$、$w(TFe) = 15.18\%$。尺寸大，不易熔化，不漏气
使用效果	不能保护	可保护，易形成炉底"窜气"	可保护，消除炉底"窜气"

5.2.3.3　金属炉渣复合蘑菇头生成工艺

金属炉渣复合蘑菇头的生成工艺包括三个环节：一是在冶炼过程中通过气体冷却形成金属蘑菇头；二是利用溅渣在金属蘑菇头表面沉积一层透气性良好的炉渣蘑菇头；三是不断重复以上工艺实现金属蘑菇头改质，将含碳高的铁质蘑菇头转变为含碳低的钢质蘑菇头，提高金属蘑菇头的熔化温度。生成金属炉渣复合蘑菇头的工艺方法是：

（1）开新炉第一炉利用炉底温度低的特点，在冶炼过程中金属蘑菇头充分长大。合理调节气体流量，使金属蘑菇头尺寸达到：蘑菇头外径和喷枪外径之比（$\phi_{蘑}/\phi_{枪}$）为 1.8~2.5，金属蘑菇头高度与蘑菇头外径之比（$H/\phi_{蘑}$）为 0.8~1.2。

（2）开新炉第一炉后立即溅渣，以保证在金属蘑菇头表面沉积一层透气性良好的炉渣蘑菇头，控制炉渣蘑菇头高度不大于 200mm。

（3）为提高炉渣蘑菇头的熔化温度和高温抗氧化性，要求溅渣所用炉渣成分满足图 5-7 所示的经验关系：

$$渣中(MgO)含量 \geqslant 2.15 \times TFe/R(炉渣碱度) \tag{5-6}$$

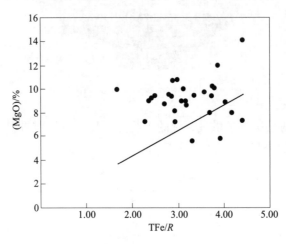

图 5-7　渣中（MgO）含量与 TFe/R 的关系

（4）重复以上操作连续冶炼 30~50 炉低碳钢，进行金属蘑菇头改质处理，使金属蘑菇头与管壁完全焊合，不漏气；并通过不断熔化与冷凝使碳含量降至 0.5%以下。

（5）检查气体流量、压力关系（p-Q 曲线）并与开炉前的测量值进行对比，判断蘑菇头的透气性是否满足工艺要求。

5.2.3.4　金属炉渣复合蘑菇头气体流量精确控制技术

冶炼中根据工艺要求需对底吹气体流量进行精确调整，金属炉渣复合蘑菇头的透气性控制必须满足这一要求。冷态测试与水模试验发现：有蘑菇头时喷管气体的压力-流量变化规律与普通喷管相同，但在同样压力下流量降低 10%~15%。生产中控制蘑菇头的高度可保证蘑菇头气体流量的控制精度，如图 5-8 所示。随蘑菇头高度的增加气体流量减小；当蘑菇头高度大于临界高度（400mm）时，气体流量发生明显衰减。蘑菇头高度小于临界尺寸，可通过提高喷吹压力保证气体流量提高；当蘑菇头高度超过临界尺寸后，压力升高，流量将不再提高，难以用调节压力的方法保证所要求的供气强度。实际生产中要求蘑菇头高度控制在 200mm 以内。以开新炉时的炉底厚度为基准，若发现蘑菇头上涨大于200mm 时，应及时采取措施降低蘑菇头高度，具体方法是：连续冶炼 3~4 炉低碳钢，利用高温氧化性强的钢与渣冲刷熔化炉底和蘑菇头；减少溅渣频率，实现间隔溅渣或缩短溅渣时间，使炉底和蘑菇头熔损后不再长大；如蘑菇头过高可采用洗炉操作，即在出钢后留渣，用顶枪低枪位喷射氧气吹扫熔化蘑菇头。在实际生产中对金属炉渣复合蘑菇头气体流量的控制能满足复吹工艺要求。

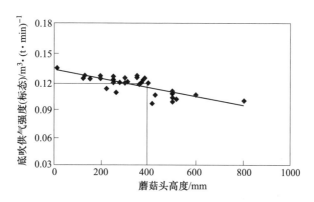

图5-8 底吹供气强度与蘑菇头高度的关系

控制炉底厚度对转炉安全运行至关重要。长寿复吹转炉工艺要求全炉役控制炉底厚度始终维持在略高于"零"位（即原始炉底厚度）。维持炉底厚度不变十分困难，特别对大型转炉以低碳钢（[C]<0.04%）冶炼为主时，炉底熔损不可避免。

炉底熔损造成炉底凹陷，金属炉渣复合蘑菇头也随炉底一同熔化掉。需要进行金属炉渣复合蘑菇头再生与垫补透气性炉底。金属炉渣复合蘑菇头再生工艺分三阶段完成：（1）补炉前清理炉底；（2）金属蘑菇头再生；（3）垫补炉底和烧结。为保证透气性，补炉时严格控制补炉料粒度配比，大颗粒占40%以上，烧结时间30~40min，采用"大-中-大"供气模式和"三阶段烧结"工艺。

5.2.4 底吹供气元件的维护与复通技术

5.2.4.1 转炉底吹供气元件的熔损机理

转炉采用溅渣护炉技术后，普遍出现炉底上涨问题，堵塞底吹供气元件。这不仅影响了正常的炉型，而且给冶炼带来一定困难。美国内陆钢厂的转炉曾因此中断了复吹工艺，美国LTV公司的转炉复吹也受到了影响。解决的办法一是通过调整炉渣成分、供氮强度来控制喷嘴堵塞。内陆钢厂采用向转炉加入Fe-Si后用氧枪吹氧助熔化炉底的操作。在吹氧同时，根据炉底黏结上涨的具体情况将转炉向前或向后倾斜一定角度，有针对性地洗掉炉底上涨的部分。二是通过改善结构与材质提高底吹供气元件的寿命。通过钻一深孔，在底吹供气元件周围灌注高氧化镁耐火材料来减少底吹元件的侵蚀。由于底吹元件不被炉渣环绕，改善了喷嘴的耐磨性能，并吹开炉底的钢渣，使其不覆盖底吹供气元件。三是实施底吹供气元件快速更换技术。

大量的研究和实践证明，底吹供气元件的熔损机理如下：

（1）气泡反击：吹入熔池的气流以气泡方式进入熔池，当气泡脱离供气元件瞬间反方向冲击供气元件周围耐火材料（后坐力）的现象称为"气泡反击"。底吹气流量越大，反击频率越高，能量越大，对耐材侵蚀越严重。

（2）水锤冲刷：底吹气泡脱离供气元件时引起钢水上下流动，冲刷供气元件周围耐材的现象。气流量越大，水锤现象引起的钢水冲刷侵蚀越严重。

（3）凹坑熔蚀：由于气体与高温钢水的冲刷、熔损，在供气元件周围形成凹坑。凹坑越深，对流传热越差，加剧侵蚀作用。

5.2.4.2　底吹供气元件维护

针对底吹供气元件的熔损机理，采用的办法是：分散供气，国内外一些企业采用的多细管式透气砖，将集中供气转变为分散供气，从而减轻"气泡反击"与"水锤冲刷"侵蚀；或形成"蘑菇头"保护供气元件。但均未能从本质上解决底吹供气元件寿命问题。为了实现底吹供气元件长寿，必须采取工艺优化和维护底吹透气元件的措施，主要有：

（1）尽量缩短冶炼时间；

（2）缩小炉与炉之间的间隔，避免炉衬的急冷急热；

（3）降低终点温度，避免高温钢；

（4）在满足终点成分及温度的要求下，尽量提高终点碳，降低终点氧化铁含量；

（5）在炉役初期，通过溅渣、挂渣操作，快速生成金属炉渣复合蘑菇头；

（6）发现炉底供气元件出现漏斗状，及时进行投料填补处理，确保冶炼安全；

（7）严格控制炉底上涨，上涨高度不得超过 200mm，炉底过厚，底吹供气压力过高，及时清洗炉底；

（8）底吹供气元件有堵塞趋势时，及时进行吹堵复通处理（加大底气流量或采用氧化性气体吹堵）。

5.2.4.3　底吹供气元件复通技术

转炉冶炼过程中经常会发生各种供气元件堵塞问题，采用吹堵工艺对一旦形成堵塞的供气元件进行复通，恢复正常供气功能是国际钢铁界长期关注的研究课题。

国际上已提出两种底吹供气元件吹堵工艺：一种是日本新日铁 LD-CB 工艺采用的"脉冲氧气吹堵工艺"；另一种是日本川崎 LD-KGC 工艺采用的"高压氮气吹堵工艺"。均未得到广泛应用。

良好的吹堵工艺要求具备吹堵效果好和避免喷管烧损两个基本特点。这两个基本特点又是互相矛盾的，往往吹堵效果好喷管烧损也严重；喷管吹堵时烧损不严重吹堵效果也不明显。研究实际吹堵过程发现：吹堵物的熔损速度决定于吹堵气流中氧与铁发生氧化放热反应的供热速率 ΔE_O 和用于喷管冷却的气体冷却能 ΔE_N，如下式表示：

$$v = \eta \times \frac{\Delta E_O - \Delta E_N}{L} \qquad (5\text{-}7)$$

式中，ΔE_O 为单位时间内的铁氧化热，与吹堵气体中的氧含量有关；ΔE_N 为单位时间氮气的冷却能；L 为金属熔化潜热；η 为热效率；v 为堵塞物的熔损速度。

若采用氧气吹堵（脉冲氧气法），则 $\Delta E_N = 0$，吹堵过程为放热反应，温度逐渐升高，反应速度加快，使烧损加剧，难以控制。若采用高压氮气吹堵（高压氮气法），则 $\Delta E_O = 0$，吹堵过程为吸热反应，温度降低，难以实现吹堵。根据式（5-7）进行计算机模拟计算证明：采用空气吹堵，当温度大于 600℃ 时仍可发生铁氧化反应，使堵塞物熔化。实际吹堵过程中当喷管堵塞严重时，造成气体流量减小，$\Delta E_N \approx 0$，吹堵过程为缓慢放热过程，保证吹堵持续进行。随着堵塞物逐渐熔化气体流量加大，$\Delta E_O \approx \Delta E_N$，可保证继续吹堵过程中喷嘴不被烧损。当吹堵完成后，气体流量大幅度增加，$\Delta E_O > \Delta E_N$，烧损增加，应注意避免喷嘴继续烧损。

　　根据这一原理中国钢铁研究总院开发出低压空气连续吹堵的方法。和国外两种吹堵方法相比，解决了脉冲氧气法吹堵过程中造成喷管严重烧损的技术问题，也消除了高压氮气法在堵塞率大于30%时难以实现复通的技术障碍。采用低压空气连续吹堵即使形成全部堵塞，只要堵塞物温度大于600℃即可实现完全复通。其优点是：复通效果好，可完全避免供气元件烧损，安全可靠，对冶炼无影响。表5-8给出上述三种工艺的原理和技术指标的对比。

表 5-8　世界上三种吹堵工艺的原理与技术指标比较

吹堵工艺	脉冲氧气吹堵	高压氮气吹堵	低压空气连续吹堵
发明单位	日本新日铁（LD-CB 法）	日本 JFE（LD-KGC 法）	中国钢铁研究总院
技术条件	N_2+O_2 控制脉冲供氧时间	N_2 气体压力不小于 5MPa	空气压力为 0.5~0.6MPa，连续吹堵
吹堵条件	堵塞率 100%，$T \geqslant 600℃$	堵塞率大于 30%，$T \geqslant 1400℃$	堵塞率 100%，$T \geqslant 600℃$
复通率/%	$\geqslant 95$	< 50	$\geqslant 95$
计算烧损量/%	> 30	0	5

　　在此基础上已开发出吹堵工艺设备和控制系统，实现了计算机智能化判定堵塞程度，自动实施全部吹堵工艺，实现无人操作，并在国内钢厂大量使用。

5.3　溅渣长寿转炉的设备维修

5.3.1　长寿转炉有关设备的维护

　　由于采用溅渣护炉技术，延长了转炉炉衬寿命，这就要求转炉相关设备的寿命亦相应延长。如何提高溅渣护炉条件下转炉设备的寿命是保证转炉长寿的关键技术。

　　国内各钢铁企业的转炉在公称容量、设备水平、冶炼钢种、冶炼强度、公用设施等方面千差万别，溅渣后制约转炉生产的相关设备损坏部位及形式各不相同，主要相关设备有转炉煤气净化与回收系统设备、氧枪及其升降装置、加料设备、钢包台车及轨道、转炉倾动装置和转炉底吹供气元件。下面讨论一下这些转炉设备的维护。

5.3.1.1　转炉煤气净化与回收设备的维护

　　以煤气湿法净化与回收的 OG 系统为例，OG 系统的设备主要由烟气冷却设备、烟气净化设备及煤气回收设备组成。

　　OG 系统烟气冷却设备由活动烟罩、炉口烟道和斜烟道组成。

　　OG 系统烟气净化设备由一次除尘器、二次除尘器、弯头脱水器和湿气分离器组成。

　　OG 系统煤气回收设备由引风机、三通阀、旁通阀、水封逆止阀、V 型阀组成。

　　为了保证 OG 系统的长寿命，应使烟罩、烟道与冷却系统同步长寿。转炉烟罩为一种特殊锅炉，因而其材质的选择首先应符合锅炉的要求，具有良好的耐磨性、塑性与韧性。由于锅炉的制造已基本实现焊接加工，因此又要求材质有良好的可焊性能。工业锅炉（压力为 2.5MPa、温度在 450℃以下时）采用金属材料，目前主要以碳素钢为主，如 20G。国内转炉烟罩大部分仍采用 20G 制作，但普遍存在寿命短的问题，在实施溅渣护炉技术后，制约生产的炉衬寿命得到大幅度提高，烟罩寿命问题变得更加突出。

OG 设备的烟气冷却系统由于闭罩操作，工作条件最为恶劣。吹炼时整个系统承受高温烟气的冲刷、传热、高温腐蚀。随着冶炼强度的增加，钢水和熔渣还会不同程度地喷溅到活动罩裙、下部烟罩，甚至上部烟罩上，易削弱管路的强度，造成管壁减薄，严重时管路产生漏洞甚至爆裂。吹炼完毕，活动罩裙升罩，转炉做出钢和溅渣操作，此时在冷却水的作用下，烟罩管路表面温度降低。因此，在一个完整的炉次中，烟罩管路表面承受着热应力的交变。冷却不足也是引起管路失效的原因之一，当管路内的冷却水流被氧化铁、杂质阻塞时，冷却效果变差，管路因过热而爆裂。烟罩的水冷烟道，用于收集碱性氧气转炉排出的高达 1600℃ 的废气，并将废气引至洗涤塔。高热流、腐蚀和灰尘颗粒所产生的磨损等，会导致烟道漏水，且漏出的水加速了腐蚀，使漏水问题进一步恶化。

综上所述，烟罩的破坏原因是多方面的，其解决方法主要从冷却效果、烟罩结构及材质的优化等方面入手。

目前国内转炉烟罩的冷却主要有强制循环水冷却、汽化冷却两种方式，有密排管式（P-P 式）和管隔板式（P-B-P 式）两种结构，使用材料有 20G、Q235A，一次性使用寿命为 1~3 年，其中每年的维修次数为 12~36 次。某钢厂 120t 转炉烟罩采用密排管式强制循环软化水冷却，材质为 20G，平均每年维修 20 次，烟罩寿命可达 3 年左右；某钢厂 180t 复吹转炉烟罩采用汽化冷却，材质为 20G，平均每年维修 36 次，烟罩寿命可达 3 年左右。可见软化水循环冷却和汽化冷却烟罩寿命较长。结构上对 P-P 和 P-B-P 的优缺点则有不同意见。

烟罩常见的损坏部位为：

（1）活动烟罩下部集水管；

（2）罩裙排管；

（3）氧枪水套周围；

（4）一段烟道拐弯处排管。

主要原因有：

（1）炉口黏渣多而形成过高的渣层，磨削集水管，导致管壁变薄漏水；

（2）熔渣和钢液喷溅冲刷使管壁变薄；

（3）高温烟气和烟尘冲刷使管壁变薄；

（4）交变热应力使受热管爆裂；

（5）氧枪黏钢磨漏受热管；

（6）用氧枪吹扫黏在烟罩上的钢渣时，管壁也被减薄，甚至吹漏；

（7）水冷下料口漏水造成排管锈蚀，也削弱了受热管强度，造成横裂漏水。

目前工业发达国家在烟罩、烟道与冷却系统的长寿上进行了有益尝试。烟罩长寿主要有两种途径：一是采用普通低合金钢代替原有的 20G，可提高产品的内在质量；二是仍然采用普通碳素钢制造，但在管路受热面部分喷镀一层耐热、抗冲刷的特殊涂层，提高母材的耐腐蚀、抗冲刷能力，达到延长管路使用寿命的目的。如美国某钢铁厂在更换炉衬时，对转炉烟罩进行了金属喷镀，此镀层在使用中自耗并保护烟罩，其保护效果取决于所选择的金属种类。缺点是喷镀成本昂贵，耗时较长。如 1996 年美国某钢厂更换炉衬时，转炉烟道喷镀的费用达 15 万英镑，施工进行了三个多星期。这种金属喷镀与戴维国际钢铁公司提供的、耗资 100 万英镑的烟道闭路循环冷却系统同时施工，新系统可给烟罩提供高纯度的冷却水。这种高纯度水采用板式热交换器冷却，取代了原开放式冷却塔对经处理过的河水进行冷却的旧系统，从而消除了杂物及杂质在烟道冷却管中形成堵塞而引起的故障。与金属喷镀结合的新型闭路循环系统自投入使用以来，效果良好，成为无漏水的稳定工作冷却系统。

除了改进材质和喷镀外，烟罩与烟道的结构设计也是影响寿命的重要因素。烟罩与烟道的结构必须简单合理，密封性要好，有利于回收煤气。烟罩与烟道排管方式的不同对其使用寿命也有很大的影响。

活动罩裙与固定烟罩一般采用密排管式，其特点为管和管之间无需隔板焊接，从而不会因隔板与受热管之间产生的纵向拉伸应力而出现漏水（汽）现象，同时可减少焊接工作量，冷却效果好，能快速降低烟气温度，对除尘系统有利。但缺点是密封性较难保证，易造成漏风，不利于回收煤气。固定烟道通常由多段组成，由于第一段为烟气转弯处，且布置有氧枪孔、料孔等，结构复杂，易损坏，一般采用管隔板式结构，其密封性好，有利于回收煤气，但对焊接技术和质量要求很高，焊接不当会产生很大的焊接应力，加速损坏。目前国外均采用专用焊机代替传统手工焊接，焊接质量易保证。缩短固定烟道的第一段，减少管子的焊接，也可相应提高烟道的寿命。

转炉相关设备的精心维护，对于溅渣技术获得最大效益至关重要。目前国外对烟罩、烟道及冷却系统等薄弱环节的维护采取了一些措施，如用爆破薄膜阀控制水温上限，可使烟道在 8000~9000 炉不会发生热裂；用声呐检测管路的磨损程度，发现问题时维修工人可借助维修起重机吊着的修理平台对烟道进行在线快速检修。有的采用移动烟道，发生故障时可快速更换新备件，将其维修工作离线进行。

在溅渣长寿条件下，煤气净化和回收系统的维护则和平时一样，只是应加强日常的检查和相关部件寿命监测与更换。

5.3.1.2 氧枪及其升降装置

氧枪是转炉炼钢的关键设备，其升降机构的安全运行直接影响转炉的安全和作业率。溅渣通常采用共用氧枪的吹氮法，从而使氧枪在原来单一的吹氧炼钢功能基础上又增加了吹氮溅渣功能。这不但对氧枪结构参数提出了新的要求，而且由于氧枪及其升降装置更加频繁的操作使用，寿命问题也日益突出。

氧枪升降装置主要有起重双卷扬机、重锤等。氧枪体有柱体枪、锥体枪。国内各企业升降装置检修次数视具体情况有很大差异，分别为每年 12~26 次不等。美国 LTV 公司溅渣后氧枪平均寿命为 150 炉。

常见损坏形式有：

（1）钢丝绳易出槽、松动、断股，滑轮易损坏；

（2）氧枪黏渣、烧损严重，造成枪身漏水和喷头易损坏；

（3）升降车轨道变形，导向轮易坏；

（4）防坠落装置不可靠，制动装置故障率高；

（5）传感装置范围小，其连接件易断裂。

目前解决措施是：

（1）卷扬小车安装张力报警装置，以防钢丝绳松动；

（2）改变导轨结构，提高安装质量；

（3）加强制作及操作管理；

（4）增加事故挡块，定期调整制动器；

（5）加强巡检，定期更换。

5.3.1.3　加料设备

加料设备主要包括皮带送料机、高位料仓、电振给料机、称量斗、集中斗、插板阀等。国内各企业检修次数视具体情况有很大差异，分别为每年 5~50 次不等。

主要故障形式：

（1）气动闸板阀电子接触开关易损，动作不协调；

（2）气缸胶管接头崩烧；

（3）下料溜管烧损严重；

（4）皮带磨损，易漏料等。

目前解决措施是定期检修，及时更换。

5.3.1.4　钢包台车及轨道

钢包台车均为四轮框架结构，分单电机驱动和双电机驱动两种形式，台车的供电采用电缆卷筒，检修周期为每年 2~12 次不等。

目前常见的损坏形式有：

（1）轨道变形、断裂，基础损坏；

（2）车轮强度、刚度不够，易变形；

（3）电缆线易被拉断或被溅渣、钢水烧损；

（4）减速机壳体单薄易碎，下座体地脚部分断裂，输出轴易断；

（5）齿轮联轴器连接螺栓剪切断裂。

目前解决措施是：

（1）加固轨道，局部更换；

（2）改变材质及结构；

（3）增加保护设施；

（4）点检定修，定期更换。

5.3.1.5　转炉倾动装置

转炉倾动装置的结构形式有多种，主要有全悬挂四点啮合柔性传动、单悬挂齿轮式传动机构、多悬挂齿轮式传动机构、落地式传动机构等。国内各企业检修次数视具体情况有很大差异，分别为每年 1~12 次不等。

主要损坏形式：

（1）梅花联轴器弹性元件损坏，尼龙销易断；

（2）扭力杆基础座活动；

（3）减速机一段、二段轴承损坏，大轴承端盖螺栓剪断、漏油；

（4）倾动制动器的液压推动器油缸易堵塞。

目前解决措施：

（1）易损件及时检修更换；

（2）采用适当的配合间隙，防止切向键松动；

（3）加强润滑；

（4）倾动制动器直流改交流。

5.3.1.6　转炉炉壳与托圈维护

溅渣长寿转炉由于炉役后期高炉龄、薄炉衬的时间长，炉壳表面温度较长时间处于大于350℃的条件下，增加了炉壳变形的可能性。有的钢厂因维护不好，炉壳变形后与托圈的间隙大大减小，影响了使用安全。针对这一情况，除加强托圈、炉壳、炉壳与托圈之间的冷却（主要是加喷雾水或压缩空气），保证溅渣均匀，不出现局部炉衬过薄等基本操作应规范外，有的钢厂还自行研发了炉壳耐热钢板，设计提高炉壳刚度的结构，大大降低了炉壳变形量。一些企业（如宝钢梅钢）已可使炉壳变形量不大于2mm/a，首钢二炼钢210t转炉停产前已使用12年，最大变形量还不足10mm，均达到国际先进水平。

5.3.2　检修期炉衬维护与再开炉操作

设备维护的重要内容之一就是设备定期检修。检修停炉时，炉衬将降温，再开炉时又将迅速升温。为保证整个长寿炉役期，设备检修对炉衬影响最小化，许多钢厂专门制订了设备检修情况下炉衬维护与再开炉时相应的操作要点。

检修的分类：根据检修时间可将检修分为检修时间不大于8h的检修、检修时间在8~24h之间的检修和不少于24h的检修。检修期的炉衬维护措施见表5-9。

表5-9　不同检修时间下的炉衬维护措施

检修时间	炉衬维护措施
≤8h	（1）转炉停止生产后，采用往炉内加入补炉料的方法进行补炉； （2）加补炉料后可安排对局部位置进行喷补； （3）采用外部热源对转炉的内衬进行烘烤，如采用煤气进行烘烤，如不具备外部热源烘烤的条件，可采用留渣进行炉衬保温，但在复产时必须将留渣倒尽，以免复产时发生安全事故
8~24h	（1）转炉溅渣后，采用留1/4~1/3的炉渣铺在转炉的前、后大面或炉底进行渣补； （2）渣补后可安排对局部位置进行喷补； （3）采用外部热源对转炉的内衬进行烘烤，如采用煤气进行烘烤
≥24h	主要的任务是炉衬的保温，主要措施是往炉内加入焦炭并往炉内送入氧气，保证焦炭的燃烧

注：1. 补炉、喷补和渣补措施的采取是在转炉炉衬本身需时进行，同时不要影响检修的进行。

　　2. 留渣的溅渣操作必须确保溅后渣具备一定的黏度，渣不能太干，太干后溅渣没有效果。同时，渣不能太稀，留渣太稀，渣不易冷却凝固，保证不了强度。留渣要控制好留渣量，渣量过大，留渣不能完全冷却，同时局部太厚，复产时容易发生垮塌，造成安全事故。留渣补炉在复产前，一定要将炉渣倒一次，以免在兑铁或出钢倒炉时发生垮塌，造成安全生产事故。复产操作过程中，注意人员的避让。

检修后的再开炉操作如表 5-10 所示。

表 5-10　检修后的再开炉操作

检修时间	检修后的再开炉操作
≤8h	（1）复产前需对炉衬进行确认，并缓慢摇炉将炉内的残渣倒掉； （2）在品种上，第一炉尽量不冶炼低磷钢种，冷炉对化渣不利； （3）主原料计算时必须考虑炉衬温度对热平衡的影响，即减少废钢的使用量，温度太低，可采用一炉全铁操作； （4）冶炼过程注意适当提高转炉的操作枪位和采取相应措施，改善转炉的化渣； （5）终点温度的控制应适当提高，避免出钢过程温降过大造成的出低温钢
8~24h	（1）复产前需对炉衬进行确认，并缓慢摇炉将炉内的残渣倒掉； （2）在品种上，第一炉不冶炼低磷钢种和有特殊要求的钢种； （3）第一炉的冶炼可采用全铁操作，后几炉的冶炼在主原料计算时必须考虑炉衬温度对热平衡的影响，即减少废钢的使用量； （4）冶炼过程注意适当提高转炉的操作枪位和采取相应措施，改善转炉的化渣； （5）终点温度的控制应适当提高，避免出钢过程温降过大造成的出低温钢
≥24h	（1）复产前需对炉衬进行确认，并缓慢摇炉将炉内的残渣倒掉，如炉内有焦炭，且采取烘炉的方法，在烘炉完后再倒掉炉内的残渣； （2）有条件的可采取用焦炭进行烘炉的操作； （3）在品种上，前三炉不冶炼低磷钢种和有特殊要求的钢种； （4）不烘炉冶炼，冶炼第一炉时必须采取全铁操作；烘炉后根据炉衬温度在主原料计算时必须考虑炉衬温度对热平衡的影响，即减少废钢的使用量； （5）冶炼过程注意适当提高转炉的操作枪位和采取相应措施，改善转炉的化渣； （6）终点温度的控制应适当提高，避免出钢过程温降过大造成的出低温钢

注：检修后的再开炉操作，在采取补炉措施后，第一炉的冶炼全程必须注意安全工作，倒炉时，倒炉侧尽量做到不能有人，以免补炉料或渣补的炉壁垮塌造成安全事故。

参 考 文 献

[1] 苏天森，刘浏，王维兴. 转炉溅渣护炉技术 ［M］. 北京：冶金工业出版社，1999.

[2] 徐静波，佟溥翘. 复吹转炉在溅渣下的长寿复吹效果 ［J］. 炼钢，2002，18（3）：6~9.

[3] 郑颖，佟溥翘，等. 80t 顶底复合吹炼转炉的冶金效果 ［J］. 钢铁研究学报，2001，13（5）：11~14.

[4] 王书桓，张响，梁娟，等. 150t 氧气顶吹转炉溅渣护炉试验研究 ［J］. 钢铁研究，2007，35（5）：9~12.

[5] 朱英雄，任子平，程乃良，等. 转炉溅渣护炉的合理工艺参数 ［C］. 第十一届全国炼钢学术会议论文集，2000：134~145.

[6] 刘浏，佟溥翘. 转炉溅渣护炉技术在我国的推广与发展 ［J］. 中国冶金，1998（5）：5~10，4.

[7] 朱英雄. 炉渣氧化性和镁碳砖含碳量影响炉渣与砖之间结合 ［J］. 炼钢，2004，20（2）：22~26.

[8] 陈元学，张义才. 复吹转炉溅渣护炉工艺优化 ［J］. 炼钢，2009，25（6）：22~25.

[9] 骆忠汉, 佟溥翘. 武钢二炼钢复吹转炉溅渣护炉及冶金效果分析 [J]. 炼钢, 2000, 16 (6): 25~28.

[10] 崔健, 杨文远. 宝钢300t 转炉溅渣护炉工艺研究 [J]. 钢铁, 1998, 33 (10): 15~18.

[11] 刘浏, 佟溥翘. 溅渣层形成和对炉衬保护机理的研究 [J]. 钢铁, 1999, 34 (11): 19~22.

[12] 徐文派. 转炉炼钢学 [M]. 北京: 冶金工业出版社, 1988: 300~306.

6 转炉除尘及其二次能源与资源的回收和利用

6.1 转炉除尘及煤气回收工艺与利用

转炉在吹炼期间产生大量含尘炉气，其温度高达 1400~1600℃，炉气中含大量 CO 并有铁含量为 60% 左右的粉尘（占铁水装入量的 1%~2%）。如果让这些炉气出炉口后任意放散，不但会污染环境，同时也浪费了大量能源和有用物质。根据铁水比的高低，通常每炼 1t 钢可回收转炉煤气（标态）60~120m³、粉尘 10~20kg、蒸汽 60~100kg。因此无论是治理环境还是回收能源方面，都必须对转炉炉气进行净化处理，对二次能源加以回收利用。

转炉炉气处理主要有燃烧法和未燃法两种处理方式。燃烧法是根据从转炉炉口吸入的空气以及供给的二次空气，使煤气完全燃烧后，再冷却、除尘，将其放散到大气中。燃烧法不回收转炉煤气，可以回收蒸汽。未燃法是通过活动烟罩，采用微正压控制，转炉炉口和烟罩间隙处逸出极少量烟气，防止吸入空气，烟气在非燃烧或限制燃烧的状态下进行冷却除尘，回收转炉煤气和蒸汽。未燃法处理转炉烟气是现代转炉的发展方向。

20 世纪 70 年代末起，转炉一直是我国炼钢的主要方法。从 21 世纪初开始，转炉炼钢产量占全国总钢产量的 90% 以上。炼钢转炉煤气（L-D Gas，简称 LDG）回收利用技术，因其与环保和节能密切相关，而越来越受到重视，也得到了较快的发展。

转炉炉气回收技术主要是以干法除尘（如 LT 法）、湿法除尘（如 OG 法）及半干法除尘为主。

6.1.1 转炉除尘设备及其煤气回收基本工艺

6.1.1.1 转炉湿法除尘设备及其煤气回收基本工艺

湿法除尘是以双级文氏管为主的转炉煤气回收流程（oxygen converter gas system，简称 OG 法），OG 法在日本最先得到发展，1985 年，宝钢一期 300t 转炉成功引进了日本 OG 技术和设备，即所谓的第三代 OG 技术，工艺流程及设备见图 6-1。

转炉炉内产生的气体，由装在炉口上部的活动裙罩收集，再进入固定烟罩及烟道气化冷却器间接地冷却。固定烟罩、烟道汽化冷却器构成气体冷却系统。吹炼中期的烟气含 CO（85%~90%）和 CO_2（5%~10%），以大约 1450℃ 的温度进入活动裙罩，那时从转炉和活动裙罩的间隙吸入很少的空气，部分烟气燃烧，使物理热稍微增加，用活动裙罩、固定烟罩及烟道气化冷却将烟气冷却到 1000℃ 以下。

活动裙罩和固定烟罩采用密闭循环热水冷却系统，烟道采用强制循环汽化冷却系统，并对冷却高温烟气所产生的蒸汽加以回收利用。

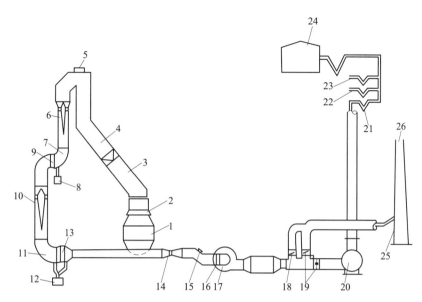

图 6-1 宝钢一期第三代 OG 法回收转炉煤气工艺流程及设备示意图

1—转炉；2—活动裙罩；3—固定烟罩；4—汽化冷却烟道；5—上部安全阀；

6—第一级 P-A 文氏管；7—第一级弯管脱水器；8，12—排水水封槽；9—水雾分离器；

10—第二级 RD 文氏管；11—第二级弯管脱水器；13—挡水板水雾分离器；14—文氏管流量计；

15—下部安全阀；16—风机多叶启动阀；17—引风机及液力耦合器；18—旁通阀；

19—三通切换阀；20—水封逆止阀；21—V 型水封阀；22—2 号 OG 装置；

23—3 号 OG 装置；24—煤气柜；25—放散塔；26—点火装置

　　密闭循环热水冷却是根据水的沸点温度与压力相关的物理特性，将从冷却器排出的冷却水温度控制在对应于系统压力的饱和温度以下，系统压力越高，对应水温也越高，就可以提高冷却水的温度。由于整个系统呈密闭状态，冷却水不与外界空气接触，水质保持稳定，水量不会被蒸发而减少，这就克服了采用开放式冷却的缺点。

　　密闭循环热水冷却系统由裙罩、下烟罩、上烟罩、膨胀水箱、空冷式热交换器和循环水泵等设备组成。循环水泵将冷却水送入裙罩、下烟罩及上烟罩，排出 118℃ 高温热水先进入膨胀水箱，后借助于水的静压流入空冷式热交换器，118℃ 高温热水被冷却至 88℃ 再循环使用。当转炉烘炉时，冷却水不经热交换器走旁路。

　　强制循环汽化冷却是冷却水吸收的热能消耗在自身的蒸发上，利用水的汽化潜热带走高温烟气的热量，用高温沸水代替温水，使冷却效果大大提高，同时回收热量产生蒸汽。

　　强制循环汽化冷却系统由下烟道（下锅炉）、上烟道（上锅炉）、汽包、循环泵及蓄热器等组成。由于上烟道有 180° 弯头，使冷却管内介质（汽水混合物）的流动形成上升段和下降段。下降段高度 7.5m，靠自然循环有困难，故采取强制循环。为了使汽化冷却的蒸汽回收利用，特设 4 台蓄热器（1 台备用），每台蓄热器能蓄一炉钢所产生的蒸汽量。汽化冷却的补给水采用三冲量控制，即汽包水位、蒸汽流量和给水流量，也就是把汽化冷却的蒸发量与水位波动量相加，作为给水流量的设定值，以此来控制汽包的给水量。

　　由烟道气化冷却器出来的炉气随后继续引入到二段集尘装置，集尘装置就是俗称的文丘里煤气洗涤器。整个集尘器是由一次集尘器、可调喉管 P-A 文氏管及 R 型阀板构成的二次集尘器组成。一次集尘器直接去除高温、粗颗粒灰尘，二次除尘器是终集尘。用装在二级文氏管喉部的可动阀板（R 型阀板）控制固定烟罩压力，固定烟罩内的压力控制是 OG 装置的核心。

用集尘器除去粉尘后的烟气（即转炉煤气），由诱导风机（IDF）通过三通阀、水封、逆止阀及回收气体管道，输送到煤气柜中。在烟囱顶部设置有气体点火装置，把未收集的煤气燃烧放散。下面以某厂一炼钢 OG 系统为例，介绍相应设备组成。

A　烟气密闭冷却系统

转炉在冶炼过程中产生的高温烟气，在净化和回收前必须进行冷却，其冷却方式大体上可分为三种：开放式水冷却、汽化冷却和密闭循环水冷却。由于开放式水冷却缺点多，在当前的大型钢厂一般不采用。其主要缺点为：（1）冷却水经常与大气接触，水中溶解氧和杂质增加，冷却管内壁易于结垢和腐蚀，从而降低冷却效率和设备使用寿命。（2）消耗大量冷却水，电耗增加。（3）为了保证冷却水水质，需对冷却水加药处理，增加排污量，影响环境保护。

汽化冷却和密闭循环热水冷却技术较为先进，汽化冷却特点是冷却水吸收的热能消耗在自身的蒸发上，利用水的汽化潜热带走被冷却介质的热量，用高温沸水代替温水。如水冷却每公斤水吸收热量 21~84kJ，汽化冷却每公斤水吸收热量约 2721kJ。两者相比，消耗水量减少到 1/50~1/100，但是冷却效率大大提高，同时回收热量产生蒸汽。所以汽化冷却在现代工业中是一项先进的冷却方式，得到了世界许多国家的重视。而今我国转炉烟道大多数也采用这种冷却方式。其缺点是对设备选材、制造、加工等方面要求较严格，投资大，操作技术要求较高，蒸汽流量和压力处于波动状态等。

密闭循环热水冷却是根据水的沸点温度与压力相关的物理特性，将从冷却器排出的冷却水温度控制在对应于系统压力的饱和温度以下，如果系统压力越高，对应水温也越高，借此便可提高冷却水的温度。从裙罩、烟罩和其他烟道排出来的高温水在热交换器中借外部空气间接冷却，然后由水泵加压，送回裙罩、烟罩和烟道循环使用。由于整个系统呈密闭状态，冷却水不与外界接触，水质保持稳定，水量也不会被蒸发而减少，这就克服了开放式水冷却的缺点。其缺点是空冷式密闭循环热水冷却的热交换器的费用较高，占地面积较大，系统复杂，热量无法回收。

某厂的资料显示，OG 系统早期在活动裙罩和固定烟罩上采用密闭循环热水冷却，该系统相关参数见表 6-1。工艺流程见图 6-2。

表 6-1　密闭循环热水冷却系统相关参数

参　数　名　称		数　　值
运行压力/MPa		0.15~0.44
烟气量（标态）/m³·h⁻¹		175000
烟气进口温度/℃		1450（10%燃烧率未进行）
烟气出口温度/℃		1200
循环水量/t·h⁻¹		1300
热负荷/MJ·(h·m²)⁻¹	裙罩	544
	烟罩	879

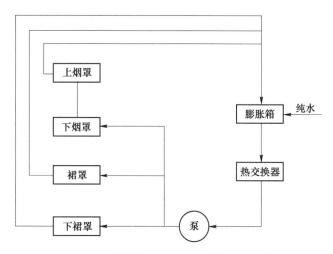

图 6-2　密闭循环热水冷却系统工艺流程

固定烟罩和活动裙罩用油压缸升降，来收集转炉内产生的气体。升降行程不应该妨碍转炉倾动，通常是 700~900mm。活动裙罩和固定烟罩之间采用水密封，固定烟罩分上烟罩和下烟罩，上烟罩为了砌砖时容易搬入耐火砖，能用台车移动。在上烟罩设有氧枪孔、副原料投入孔及压力检查孔等，冷却器（辐射部）接在上烟罩上，组成间接气体冷却的最终部分，冷却器顶部装有水封安全阀。通常固定烟罩的构造是隔板排管式，氧枪孔、副原料投入孔是套管方式，全部用水冷却。

活动裙罩常用结构有裙内水管垂直布置和盘箱管式两种。前者裙罩底边与厚壁联箱相接，即把最坚实的联箱圆管放在突出部位，以保护裙罩和使冷却水处于良好的冷却状态。盘箱管式活动裙罩制作简单，上下管管壁厚度通常不同，管壁厚者放下部。裙罩内侧管间凹槽一般用圆钢填焊成光滑壁面，以减少挂渣和保持密封，如图 6-3 所示。

活动裙罩必须设置有密封装置。活动裙罩和固定烟道间普遍采用砂封和水封。砂封结构比较复杂，存在密封不严、升降过程中密封作用差等缺点；水封密封效果好，不容易漏气。水封是在裙罩上固定水封环槽，在烟道上固定环形水封插板。环槽上部设溢流孔，水深要能保证裙罩全部行程内封住烟气。水封缺点是槽内易积尘泥，裙罩结构复杂，重量大。针对湿式密封的缺点，克瓦纳金属（Kvaerner Metals）公司开发了干式密封装置，它是在裙罩和固定烟罩之间焊接一个"迷宫"结构的外

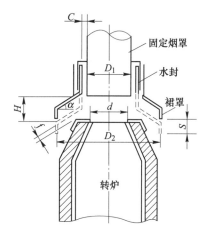

图 6-3　裙罩结构示意图

C—烟罩固定段与裙罩活动段之间的间隙；D_1—烟罩固定段内径；d—炉口内直径；D_2—活动段裙罩下沿直径；H—固定段下沿与炉口间距离；S—裙罩下降距离；f—裙罩与炉口间的缝隙距离

护罩，"迷宫"对气体流动有极高的阻力。此外，我国还有的转炉采用 OSCHATZ 公司设计的干式氮气密封装置，即设置多支喷射管喷射具有一定压力的氮气，形成气幕实现

密封。

裙罩有大罩和小罩两种。大罩下沿可过炉口 200~300mm，将全部炉口罩在其内部。小罩下沿内径与炉口外缘相当或略大些。裙罩由 4 个用支架悬挂的液压缸与圈梁上伸出的臂架绞结，使裙罩做上下移动。有些小转炉也采用齿轮链条机械传动进行裙罩升降。

该部分的主要设备性能规格如下：

（1）活动裙罩分下裙罩和裙罩，固定烟罩分下烟罩和上烟罩。全部采用管式结构。下部裙罩由 $\phi76.2$mm 的钢管横向盘旋制成伞状，管间小缝隙用圆钢嵌缝。裙罩由 $\phi38$mm 钢管横向盘旋制成圆柱状，高 1m，管间中心距 44mm，管间缝隙用 6mm 筋板嵌平。上烟罩与下烟罩都采用纵向管加隔板结构，烟罩各部详细规格见表 6-2。

表 6-2　烟罩各部详细规格

项目	裙罩	下裙罩	下烟罩	上烟罩
形式	横向管加隔板	横向盘管	纵向管加隔板	纵向管加隔板
传热面积/m²	18	约 5	28	113
冷却管尺寸/mm×mm	$\phi38×5$	$\phi76.2×6.5$	$\phi38×5$	$\phi38×5$
隔板尺寸/mm×mm	22×6	无	12×6	12×6
管间距/mm	44	无	50	50
外形尺寸/mm	D5230	D5286×D5486	D4710	D4584

由于兑铁水、出钢和回收煤气，裙罩升降较频繁，升降装置采用液压传动。转炉修炉时，上烟罩沿水平方向移动，为此也须用液压传动把下烟罩降下来，使上下烟罩脱开。裙罩和下烟罩之间用水封密封，水封上下行程 800mm，最小水封高度为 100~200mm，在水封底部设置 8 处清扫孔，以便定期排污。上烟罩和下烟罩之间用砂封，每修炉一次，即用人工将砂清除一次，一次用砂量 0.3m³。

（2）水的体积随温度升高而增大，在热水系统中这是一个不可忽视的主要问题。如果将水封闭在一个容器内加热，水便膨胀而压力升高，当冷却时，其体积收缩，空出的容积内形成蒸汽。汽水混合物在输送时会引起水击。膨胀水箱在密闭循环系统中起储水缓冲和控制系统压力的作用。一般高温水系统中膨胀箱的进水、放水都是人工操作的，本膨胀箱是由液位计自动控制的，控制液位很方便。当低温状态启动时，可开启箱内的蒸汽加热管，使水迅速加热。为了不使系统中高温水汽化变成蒸汽，使系统工作状况恶化，膨胀箱水面上用氮气来加压，压力较水的饱和压力高出 0.15~0.20MPa。氮气压力是自动控制的。膨胀水箱内设有补给水分配管、蒸汽加热管，并沿水箱长度方向均匀开孔。某厂选用卧式膨胀水箱，直径 2m，长 9m，设计压力为 0.6MPa，储水容积为 27.9m³。

（3）空冷式热交换器用空气来冷却密闭循环系统中 118℃ 高温热水。热交换器由铝合金片镶成的鳍片散热器和轴流风机组成，共三台。每台散热面积 18064m²，水流量 1300t/h，最高使用压力 1.05MPa，空气温度按照 32℃ 计算，冷却水温度正常使用值为 60.2~118℃。每台空冷式热交换器对应一座转炉。离心式热水循环泵容量 650m³/h，电动机功率 150kW，转速 1450r/min。三台泵中二用一备。密闭循环系统在实际运行中不可能做到绝对密闭，有漏水和漏气的现象。要保持系统压力的稳定，就要采取措施对系统压力进行控制，即按照膨胀水箱内的水温度对应其饱和压力进行控制。控制压力比饱和压力稍高些，利用充氮进行压力调节。当系统压力超过控制压力时，调节阀关闭，同时安全阀自动排放大气；当系统压力低于控制压力时，调节阀开大增加充氮量，压力控制范围为 0.15 ~ 0.44MPa。该装置为密闭循环，所以，只是当渗漏、排污时，才向膨胀箱补入经过除氧的纯水。为控制本系统，在循环水泵前定期加入防垢剂、脱氧剂。同时为了保持系统内水质的稳定，以及防止管道、设备的腐蚀或结垢，还定期将系统内的水部分排出，并补充新水。

B 烟道汽化冷却系统

转炉烟气进入除尘系统之前必须降温至 1000℃ 以下，为此在烟罩上方设置冷却烟道。冷却烟道有水冷和汽化冷却两种形式，其中汽化冷却被广泛采用。下面以某厂一炼钢为例，介绍具体构造。

从烟罩排出的烟气温度约 1200℃，还需要通过烟道继续冷却，使烟气温度降至 1000℃ 以下，其中有不少显热可以利用。某厂一炼钢采取强制循环汽化冷却方式。

汽化冷却装置由下烟道（下锅炉）、上烟道（上锅炉）、汽包、循环水泵、热水器等组成。因上烟道有 180° 的弯头，使冷却管内介质（汽水混合物）的流动形成上升和下降两部分。下降部分 7.5m，靠自然循环有困难，故采用强制循环，循环倍率为 10，循环流量为 900t/h，设计压力 4.3MPa，运行压力 4.0MPa，蒸汽温度 250℃，平均蒸发量 10t/（炉·h），瞬时最大量 80t/（炉·h），进水温度 105℃，热负荷 209 ~ 251MJ/（m² · h）（经验值）。

为了使汽化冷却的蒸汽得到回收，特设四台蓄热器（其中一台备用），每台蓄热器能蓄一炉钢所产生的蒸汽量。

汽化冷却的补给水（汽包水位控制），采用汽包水位、蒸汽流量和给水流量三个变量的控制。主要设备的性能规格如下：

（1）烟道采用方形烟道，烟道壁由纵向管加隔板组成，分上烟道和下烟道。上烟道顶部设有煤气安全阀。上烟道有 180° 的弯头，把上烟道分为上升段和下降段。垂直上升段高度为 7.5m，烟道总长度为 18.768m，下烟道与水平倾斜角为 50°。烟道参数见表 6-3。

表 6-3 烟道参数一览表

项目	形式	传热面积/m²	冷却管尺寸 /mm×mm	隔板尺寸 /mm×mm	管间距/mm	外形尺寸 /mm×mm
下烟道	纵向隔板管	273	φ38×4	12×6	50	4030×4030
上烟道	纵向隔板管	357	φ38×4	12×6	50	4030×4030

该部分热水循环流程见图 6-4。

上锅炉的顶部设有一个 φ1200mm 的煤气安全阀，水冷却套式，水封深度 250mm，液压动作压力为 3825Pa±490Pa，设有静电容量式报警器及限位开关，当安全阀为打开状态及水封液面过低时，发出警报，由联锁装置指令停止吹炼。为了均匀地布水，在上、下锅炉的集水箱中，各装有 316 个拉蒙喷嘴分别与每个 φ38mm×4mm 的集水管连接。另一端与水冷壁连接界面处装有 316 个流量孔板，孔板直径分别为 φ6.8mm、φ6.1mm、φ7.0mm。由于下锅炉呈 50° 倾斜安装，拉蒙喷嘴的采用对冷却水量的合理分配，起到了很好的调节

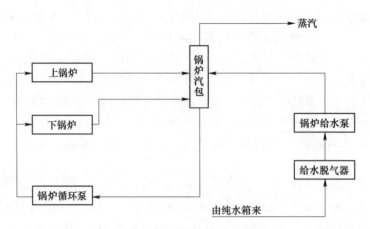

图 6-4　汽化冷却系统循环流程

作用。在下锅炉的倾斜面底面 81 根水冷壁中，装有长约 19m 的不锈钢螺旋板。设置螺旋板的目的，是在下锅炉倾斜的集水管中，受到烟气加热而形成的蒸汽和水的混合物在管中流动时，蒸汽在上部，饱和水在下部。在下锅炉底面的集水管中，由于烟气对蒸汽的直接加热，而会造成水冷壁的局部过热。为避免产生过热现象，在集水管内装入螺旋板，用强制的方式使汽水混合，防止产生过热，以改善冷却条件。

（2）汽化冷却系统 OG 锅炉汽包为卧式汽包。直径为 1.8m，长为 13.5m，容积为 33m³。设计压力 4.3MPa，平均蒸发强度为 2t/（m²·h），瞬时最大蒸发强度为 3.9t/（m²·h）。汽水分离装置有粗分离和细分离。粗分离装置为四层多孔挡板；细分离装置为波形挡板。在汽包内部沿汽包长度方向还设有一根蒸汽加热管和补给水分配管，每只汽包重量 29.4t。汽包上液位计有四个，两个是现场液位计，一个是控制排污用的水位检出器，另一个是控制给水阀用的水位检出器。汽包的水位，吹炼期由水位、蒸发量和给水量三冲量控制，非吹炼期由水位、给水量两冲量控制。

（3）离心式循环水泵容量 450m³/h，吸入侧压力 4.5MPa，电动机功率 90kW，转速 1470r/min，每座转炉三台，二用一备。

本系统由蒸汽母管（自汽包到蓄热器）、蒸汽吹入管道、接往 RH 设备的管道、接往工厂的蒸汽管道、高压蒸汽受入管道以及蓄热器、消音器等设备组成。系统工艺流程见图 6-5。

每台汽包产生的蒸汽通过主汽阀（电动阀）、流量计和压力调节阀，汇集至共通母管送至蓄热器。压力调节阀可保证汽包在一定压力（3.6～4.0MPa）下工作，使工作状况稳定。

母管与蓄热器的连接为直接并联式，即汽包产生的蒸汽不经蓄热器的调节，直接接至室外热网，这样的系统构造简单、投资较省，蓄热器容量也可以小一些。但是影响它运行效果的因素较多，往往有部分蒸汽放散掉，不能充分利用。并且在蓄热器的出入蒸汽管道上均设有止回阀和闸阀，如止回阀损坏，将影响蓄热器的工作。

蓄热器的工作压力是变压运转，范围为 1.2～3.6MPa。蓄热器共四台（一台备用），它们之间有连接配管，可使彼此水位、压力相同。

蒸汽吹入管道是指往汽包、除氧器、蓄热器、膨胀箱单独吹入蒸汽的管道。汽包、蓄

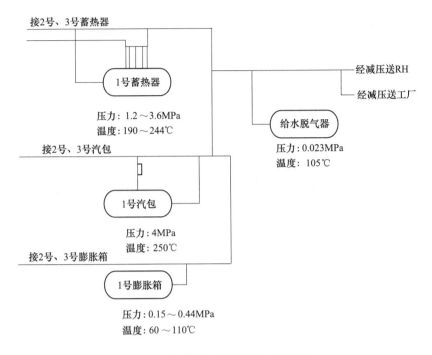

图 6-5　汽化蒸汽转换系统工艺流程

热器的蒸汽吹入管是作为起动时加温炉水之用。膨胀箱蒸汽吹入管道是用作热水清洗用，或可用作冬季防冻用。除氧器蒸汽吹入管是作为给水除氧之用，需连续供给，由压力调节阀控制除氧器内压力。

蒸汽母管的蒸汽经一次减压阀送往 RH（真空脱气），RH 用蒸汽压力最小为 0.8MPa。送往工厂的蒸汽管道，其压力应控制在一定范围内。在此管道上有接向除氧器的蒸汽管、加药设备的保温用支管、计装保温用支管、连铸设备用支管、炼钢厂浴室用支管。当 OG 装置起动时，加热用低压蒸汽也可通过工厂蒸汽管送进来。

高压蒸汽送入管道在下列情况下起作用：

当汽包、蓄热器发生的蒸汽不足时，本蒸汽系统还可从厂区高压蒸汽网络中接入蒸汽。高压蒸汽的流量和压力由流量调节阀来控制供给。

转炉汽化冷却烟道产生的蒸汽和蒸汽压力是间断的、波动的，在冶炼周期中吹氧时才产生蒸汽，非吹炼时间则无蒸汽产生。吹炼期间产生的蒸汽量也忽高忽低，压力也随之变化，这样的蒸汽不易被充分利用。

蓄热器是保证转炉汽化冷却蒸汽有效利用，并将周期性波动产生的汽源变为连续稳定的汽源的关键设备。

一般均采用湿式变压式蓄热器。所谓湿式，就是内部充有大量热水，只留一部分为蒸汽空间。所谓变压，就是吹氧时，多余的蒸汽被引入蓄热器，蒸汽在蓄热器内将水加热并凝结成水，容器内压力渐渐升高，并使水温达到该压力下的饱和温度，最高工作压力可达到与汽包压力相差不多。非吹炼期，外供蒸汽压力渐渐降低，蓄热器压力也渐渐下降，热水被蒸发，热水焓降低。蓄热器内压力的变化，改变着蓄热器内的饱和水焓，并以此来实现对热能的储存或放出。

卧式变压蓄热器压力变动范围 1.2~3.6MPa，充汽压力 3.6MPa，放汽压力为 1.2MPa，直径 2.5m，长 21m，容积 100m³，设计压力 4.3MPa。蓄热器每只重 82t，蓄热器内部装充汽总管，在总管上接 12 只蒸汽喷嘴。在蓄热器顶部敷设一根放气总管，沿总管长度方向均匀设置 6 根放汽支管。蓄热器是依靠设置在出口的调节阀来进行自动控制的。蓄热器上装有两个液位计，一个是现场液位计，另一个是控制液位用的。由于蓄热器内水面上有蒸汽释放出来，水面有波动，为了防止有假液位，故液位计结构是带有补偿装置的真空液位计。蓄热器上还装有压力计两个，一个是现场压力计，另一个是控制用压力计。蓄热器的压力异常上升的时候，为放出系统中的过剩蒸汽，设置了排放阀和排污箱，向大气排出。排放阀与蓄热器压力自动联锁工作。蓄热器的污水定期排至排污箱的水池里。

为了防止锅炉及管道的腐蚀，进入蒸汽系统、密闭系统的水均需有效地除氧。氧气在水中的溶解度与它的分压成正比，与温度成反比。当水面上部空间氧分压减小时，氧气就能够从液体中跑出来，当温度达到 104℃ 时水中溶解的氧量最少。

采用高效压力喷雾除氧器，给水喷雾装置采取自动调节，从 10% 的低负荷到 100% 的高负荷都能稳定运行，经过除氧后的水剩余氧含量 0.01×10^{-6}。卧式除氧器直径为 3m，长 9.3m，储水容积 47.5m³；运行压力最高为 0.3MPa，正常为 0.023MPa；运行温度为 105℃，最高 143℃；进水温度 25℃，出水温度 105℃。使用蒸汽压力 0.9~1.7MPa，温度 179~206℃。除氧器处理能力 100t/h，重 13t。

某厂除氧器的特点是喷雾装置装在给水入口处，喷雾孔喷出的水压力按照负荷由弹簧来自动控制。从低负荷到高负荷，给水的喷雾状态都是稳定的。喷雾装置喷出的水碰到飞溅板，变成细滴落下。由于变成细滴，它的表面积增大，与液面上的饱和蒸汽迅速交换，被加热后温度上升，溶解氧跑出，此过程称为一次除氧。往水面落下的水在储水槽中被多孔的蒸汽管加热，直至饱和温度。由于蒸汽的搅拌作用，溶解的气体全部放出，此过程称为二次除氧。二次除氧后的蒸汽逸出水面后又作为一次除氧用。放出的气体带着少量蒸汽从放空阀排出。

本除氧器备有压力控制、水位控制、溢流放水以及报警发信装置。压力控制是先测出箱内压力，由压力调节阀自动控制加热蒸汽量使除氧器的压力保持一定。控制其压力也就是控制了温度。

锅炉负荷的变动直接变为除氧器的水位变动，通常设定一水位，由水位调节阀自动控制给水量使之保持恒定。当水位控制装置发生故障并且负荷变动时，水位高低异常，此时设有上限、下限发信报警装置以及锅炉给水泵停止等保护装置发生作用。

当除氧器存水过多时，水位过高，设有溢流放水，把水放出。

为了使锅炉给水、锅炉循环水、密闭冷却水有适当的水质，在汽化冷却系统中设置了加药装置和取样采水装置，包括锅炉系脱氧剂注入装置、锅炉系清缸剂注入装置、锅炉系停炉用脱氧剂注入装置、密闭系冷却水防垢剂注入装置、密闭系冷却水脱氧剂注入装置、锅炉和密闭冷却水试样水取出装置。

　　C　烟气冷却净化回收系统

1962 年，日本新日铁公司的 150t 转炉首次成功地应用未燃法对转炉烟气进行除尘并回收。这种以串联的双级文氏管为主流程的煤气回收系统，简称为 OG 法。这是一种湿法净化和回收煤气的方法，目前世界上90%左右的转炉仍采用以文氏管洗涤器为基础的OG法。

对于文氏管，在一定范围压力损失越大，除尘效率越高。压力损失又取决于喉口的喷水量、喷水压力以及喉口气流速度。而生产中喷水量和喷水压力一旦调好后又很少改变，这样文氏管的压力损失也就是除尘效率仅仅与喉口气流速度有关。

由于转炉冶炼炉气量是变化的，为了维持一个较固定的喉速，即维持一个较固定的除尘效率，两个喉口就不能都是固定开度，它必须随转炉炉气量变大而开大，随炉气量变小而关小。按此原理，二级文氏管喉口的调节机构目前是随炉口的微差压值而动作。炉口微差压指炉口烟罩内外压力差。当炉内产气变大时，烟罩内压力变大，它与在烟罩外固定的大气压力的差值变大，便命令二级文氏管调节机构开大二级文氏管喉口。这样炉口既不会冒烟，二级文氏管喉口的流速又稳定在一个值上，除尘效率也就稳定在一个值上。

a　一级文氏管

一级文氏管的作用有以下几个方面：（1）降温。将烟气温度从1000℃下降至烟气饱和温度75℃。（2）粗除尘。去除占全部尘量70%的大颗粒灰尘。（3）灭火。通过一级文氏管喷水将从炉口出来的煤气中的火种熄灭，以防一级文氏管发生爆炸。（4）泄压防爆。由于一级文氏管是一种溢流文氏管，溢流水封是敞开式结构，可泄压防爆，也可以补偿系统的热膨胀。

一级文氏管由喷嘴供水和溢流供水两部分组成，喷嘴可直接使用由二级文氏管喷水下来的含尘污水。实践证明，用污水不影响一级文氏管粗除尘效果。这种二级文氏管下水供一级文氏管的方式可节约二分之一的用水。喷嘴可采用渐开线喷嘴，或者直接用水管将二级文氏管水喷向反溅板，反溅出的水滴，被50m/s的烟气流撞击后充分雾化，使烟气流中的粗尘凝聚于雾化水滴中，再通过一级文氏管后的弯头脱水器脱除污水水滴。

b　二级文氏管

设置二级文氏管的目的是把烟气中细尘除掉，达到排放标准。二级文氏管喉口流速设计100m/s，阻力损失12~1413Pa。二级文氏管的结构形式主要有三种：

（1）翼板式调径文氏管，简称P-A文氏管（plate automatic），其喉口为矩形，在矩形喉口上部两长边设两片板用于烟气流量的自动调节，在喉口两长边设喷水小孔，相对喷水。为防止喷水孔堵，设有气动捅针机构，定期自动捅针。

（2）米粒形阀板调径文氏管，又称R-D板（rice damper），在OG系统中普遍采用。阀板为一椭圆米粒状，置于矩形喉口中。R-D阀板调节性能较好，在阀板调节范围（30°~90°）内，喉口开度与通过煤气量在相同阻损下，基本上呈一次函数关系，有利于调节喉口的气流速度，提高了喉口的调节能力。某厂一炼钢1985年引进的就是这种R-D文氏管。

（3）锥形重锤调径文氏管，又称RSW。文氏管的喉口是圆形，调径通过安装在扩张管中心的锥形重锤上下运动来改变通道截面。为保证重锤的直线上下，重锤采用倒装。

近几年克瓦那公司（Kvaerner）将此类型文氏管扩张段减短，名为戴维锥形除尘器，把它作为二级文氏管与P-A型一级文氏管组成OG系统，系统阻力低，除尘效果好。某厂一炼钢在2011年对原有的OG系统进行了改造，二级文氏管采用的就是这种RSW结构。

该三种文氏管结构如图6-6所示。

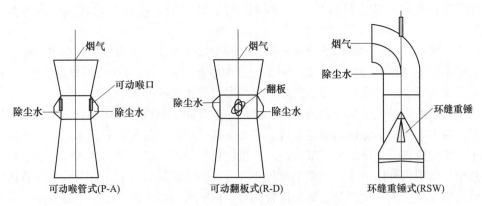

图 6-6　三种二级文氏管结构示意图

c　其他主要设备

IDF 风机根据转炉容量选用。在小型转炉上一般采用单吸式悬臂风机，而在大型转炉上一般选择两边吸入的双支撑风机。根据转炉工况，为了节能风机调速运行，调速方式一般采用液力耦合器或高压变频器。对于 OG 法除尘采用的风机，最关键的是：因为吸入气体量随着转炉工况不断发生变化，在气体量少时，不能发生喘振现象。另外，为了使马达在停止时，系统内的残余气体能够完全而且迅速地排出，应选择具有惯性的离心式叶轮。此外，为了能够方便叶轮清灰，要考虑罩壳的形状和装配，设置在线喷雾除尘装置，同时还要考虑在轴封处设置气体或水密封等。

排出烟气根据时间顺序控制回收与放散装置，由气动三通联锁切换阀进行自动切换，分别进行回收或放散。通常初期和末期 CO 浓度不高，烟气燃烧后向大气放散。回收时，煤气经水封逆止阀和 V 型水封阀送入煤气柜贮存。煤气柜为全干式橡胶密封型，容量为 8 万立方米。放散时，水封逆止阀切断，以防煤气柜内的煤气回流。净化后的烟气由高 80m 的放散塔点火燃烧放散。

D　污水处理系统

a　除尘水除污开路循环及“零排放”

OG 装置循环水采用串接给水系统，根据冷却设备的要求及排水中所含悬浮物浓度的不同，分为两个给水系统，即一级文氏管除尘排水进入浓缩池，沉淀后供二级文氏管及溢流水封等用户使用，二级文氏管排水直接提升供一级文氏管使用。水在一级文氏管除尘设备中，由于水和高温烟气直接接触，水质受污染，不仅 pH 值增高、水温升高，而且含有铁等杂质。为此污水经水封槽排入架空明沟，自流到粗颗粒分离槽。先在粗颗粒分离槽内去除大于 $60\mu m$ 的粗颗粒，然后进入分配槽分别向 3 座浓缩池进水（正常运转时，两座工作，一座备用）。为了加速悬浮颗粒的沉降和调整污水 pH 值，在分配槽内投加高分子助凝剂和硫酸或废碱液等 pH 值调整剂。除尘污水在浓缩池内沉淀，澄清后清水进入吸水池，用水泵提升向二级文氏管和一级文氏管溢流水封及二级文氏管排水封槽补水。考虑到在循环水系统中必须保证水质稳定，在吸水池澄清水进口投加 pH 值调整剂和提升泵吸水口投加分散剂。由于水在一级文氏管直接与烟气接触，大部分杂质特别是粗颗粒业已清除。二级文氏管排水 pH 值一般接近中性，悬浮含量一般为 1600～2000mg/L，可以不加任何处理,直接提升供给一级文氏管作熄火降温粗除尘使用。浓缩后的污泥进行污泥脱水处理或直接送入烧结,集尘水槽的溢流排水作为炉渣冷却用水,实现 OG 装置的除尘用水全循环不外排,即"零排放"。OG 除尘污水处理系统的工艺流程见图 6-7。

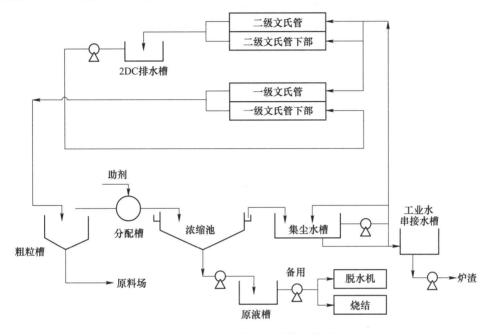

图 6-7 OG 除尘污水处理系统工艺流程

在湿式除尘系统中,要使系统顺畅,不致堵塞,应该关注原料系统的粉化问题。如果石灰等辅料颗粒度过小,会导致水系统钙硬度持续增高,在烟气中二氧化碳的作用下,在短时间内引起快速结垢,使系统堵塞,影响转炉生产顺行。

旋流池水系统处理需要调节 pH 值和降低钙硬度,传统方法主要有投加碱液来降低钙硬度,加酸来调节 pH 值,但费用较大。在水池中加二氧化碳来调节水系统 pH 值和降低钙硬度,综合性价比较好。

b 尘泥处理及利用

OG 装置的除尘排水进入浓缩池,经浓缩后的湿尘泥（OG 泥）主要采取脱水处理后外销利用和直接利用两种方法进行处理,其流程如图 6-8 所示。

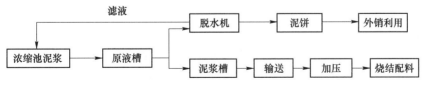

图 6-8 尘泥处理及利用工艺流程

第一种是在直接利用出现问题时,经过采取板框脱水机进行脱泥处理,板框脱水机脱下泥饼的含水率在 30%左右,外销利用。

第二种是 20 世纪 70 年代首钢就试验和应用过的泥浆直接用泵通过管道送到用户的方

法，在 20 世纪 90 年代扩大利用成为目前减少环境污染的主要运行系统。宝钢炼钢厂将浓缩池泥浆打入原液槽，通过 3.5km 管道泵送到烧结小球区进一步处理利用。进入浓缩池浓缩至浓度为 30%时，用泵压入一次混合机。工艺流程如图 6-9 所示。工艺特点如下：

（1）管道输送浓缩喷浆工艺首次成功地送往 450m² 特大型烧结机系统；

（2）首创用预留出浆容积的方法，调节作业不平衡，实现了全喷浆法生产；

（3）采用三种加水组合方式，即全部加水、全部加浆、部分加浆与部分加水，生产操作灵活，并有效地防止了管道、喷嘴堵塞。

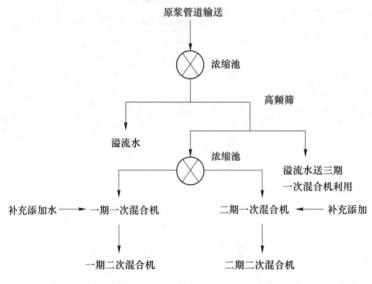

图 6-9　OG 泥泵送烧结利用工艺流程

这种新增的 OG 泥利用流程为全新工艺，该工艺用预留贮浆容积的方法，调节了炼钢与烧结、喷浆与烧结主作业线之间的作业不平衡，甩掉了 OG 泥过滤、干燥、筛分、造球等作业，简化了生产工艺，防止了粉尘的污染，充分满足了生产需要，实现了全喷浆法生产。

生产实践证明，OG 泥回收利用由小球团法改为泵送喷浆法是完全成功的。由于实现了 OG 泥不落地生产，不仅从根本上消除了 OG 泥浆的污染，同时，全系统每年比改造前多回收含铁尘泥一倍以上。这项工程的实现为冶金系统转炉尘泥的利用开辟了一条新路，实现了经济、社会、环境保护的统一。

E　技术进步

2012 年国家出台了新的冶金企业烟气排放标准，转炉烟气排放（标态）要求小于 50mg/m³。某厂一炼钢 OG 系统在 2011 年实施了节能环保改造，取得了明显的效果。

一炼钢区域 OG 原设计吨钢蒸汽回收量为 35kg/t，OG 系统烟囱出口含尘量（标态）约 100mg/m³。通过采用第四代 OG 系统，吨钢蒸汽回收量达到了 70kg/t 以上，OG 系统烟囱出口含尘量（标态）降到了 30mg/m³ 以下。改造后的系统流程及设备如图 6-10 所示。

主要改造内容包括：将上烟罩、下烟罩由原来的密闭水冷烟道改造为汽化冷却烟道，与上锅炉、下锅炉、循环水泵、汽包形成汽化冷却系统的高压循环；将裙罩、低压循环

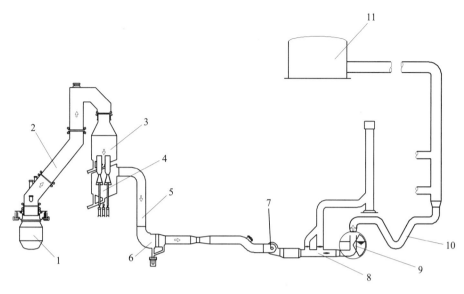

图 6-10 某厂一炼钢 2011 年改造后的第四代 OG 系统工艺流程及设备示意图

1—转炉；2—汽化烟道；3—喷淋塔；4—环缝洗涤器；5—旋流脱水器；6—弯头脱水器；

7—风机；8—三通阀；9—水封逆止阀；10—V 型水封；11—煤气柜

泵、除氧器、氧枪副枪夹套、副原料夹套改造为汽化冷却系统的低压循环。新建 3 套转炉烟气净化、回收系统，并采用"环缝"OG 工艺。"环缝"OG 工艺主要设施包括喷淋冷却塔、环缝洗涤器、脱水器、煤气引风机、三大阀等，风机转速采用变频调节。

6.1.1.2 转炉干法除尘设备及其煤气回收基本工艺

自 LD 转炉出现以来人们一直在试验干式电除尘法。直到 1981 年，德国克勒克纳公司才在新建的 120t 转炉上，首次采用干式静电除尘器用未燃法处理转炉烟气（第二年开始回收），这也是欧洲第一次回收转炉煤气。这种干式静电除尘方法简称 LT 法，因为它是由德国 Lurgi 和 Thyssen 公司联合开发的，是干法冷却、净化和回收转炉煤气的方法，并且包括回收含铁粉尘返回转炉的工艺，是转炉干法除尘回收转炉煤气的典型工艺装备技术。我国在宝钢首先引进 LT 法后，各企业才竞相研发与应用转炉干法除尘与煤气回收装备技术。首钢京唐公司 300t 转炉是世界上同吨位转炉中首个采用干法除尘，并对关键性设备进行国产化研究并实现成功应用以替代进口设备，对国家节约外汇储备和企业降低运行成本均具有重要的意义。

下面以 LT 法为例，对干法除尘回收转炉煤气的基本工艺及装置进行介绍。

1996 年，在宝钢三期工程 250t 转炉项目中，我国首次从奥钢联引进 LT 转炉煤气净化回收技术。该装置自投产以来，运行相对稳定。相比较而言，LT 法具有以下显著优点：（1）利用电场除尘，除尘效率高达 99%，可直接将烟气中的含尘量（标态）净化至 15mg/m^3 以下，供用户使用；（2）可以省去庞大的循环水系统；（3）回收的粉尘压块可返回转炉代替铁矿石利用；（4）系统阻损小，节省能耗。就环保和节能而言，LT 法代表着转炉煤气回收技术发展方向。LT 法转炉煤气回收流程详见图 6-11。

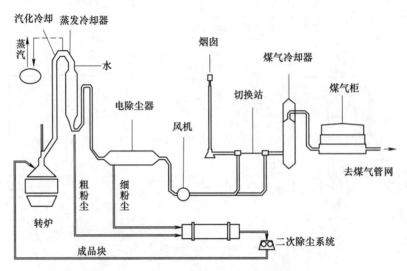

图 6-11　LT 法回收转炉煤气工艺流程示意图

A　烟气冷却及热量回收系统

转炉吹氧过程形成烟气中，碳与氧反应产生的气体中约有 90% 为 CO，其他为 CO_2、N_2、O_2 等。转炉炉气溢出炉口进入裙罩中成为烟气，大约有 10% 的 CO 燃烧成为 CO_2，然后经过冷却烟道进入蒸发冷却器，冷却烟道中产生的蒸汽被送入管网中回收。

烟气冷却系统由气密焊接壁结构的冷却烟道以及低压冷却水回路和高压冷却水回路组成，见图 6-12。

（1）冷却烟道可分为以下各段：裙罩、固定烟罩、活动烟罩、斜烟道、转角烟道、副枪套管、氧枪套管、副原料溜槽、烟罩盖。

（2）低压冷却水回路：裙罩、副枪套管、氧枪套管和加料溜槽连接在低压冷却水循环回路中，来自这些部位的热水，经过管道通往除氧水箱，冷却水循环泵将冷却了的水供回到上述各段。

（3）高压冷却水回路：固定烟罩、

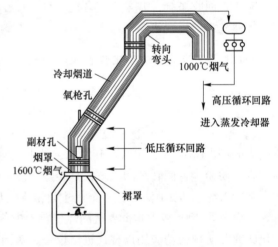

图 6-12　烟气冷却系统示意图

活动烟罩、转角烟道和检修盖连接到强制的高压冷却水回路中，斜烟道连接到自然循环的高压冷却水回路中。

水流经由水冷管围成的冷却烟道时，吸收烟气中的热量，使烟气冷却下来。烟气冷却系统由两套不同的冷却回路组成，每套的工作压力不同，根据不同的压力可分为低压冷却系统和高压冷却系统。冷却烟道中的水部分蒸发，汽水混合物在汽包进行分离，分离后水经高压循环泵再送到有关设备中去，分离出来的高压蒸汽通过蓄热器，输送到蒸汽管网中去，这样就实现了热能的回收。系统中水蒸发后水位下降，由给水泵从储水箱中加以补偿。

高压循环系统可分为高压强制循环系统、高压自然循环系统和高压辅助循环系统，高压循环系统的工作压力在 2~4MPa 之间波动。

固定烟罩、活动烟罩、转角烟道以及检修盖，通过高压冷却水泵（二用一备）进行强制循环，这些泵把循环水从汽包送到上述设备中去。

在这些设备的进水分配器内装有拉蒙喷嘴，保证水均匀分布到受热表面的管子中去，水汽混合物经水汽混合管流到汽包中去。

烟气冷却系统的斜烟道采用自然循环方式，在吹炼期间，冷却水被加热，部分水蒸发，因而有向上流动的趋势。由于冷却烟道水管中的这种自然向上流动趋势，因而可以进行自然循环，这是一个节能的部件。

转炉吹炼间隙，在下炉吹炼之前自然循环已经稳定下来，可以通过辅助循环系统把这些部分纳入强制循环之中。

辅助循环是通过三通换向阀把斜烟道这部分设备纳入强制循环。在停吹间隙时，没有热传递给烟气冷却系统，那么自然循环管路中水的流动就会停止，由于设置了辅助循环系统，可将自然循环改为强制循环，这样整个烟气冷却系统的温度保持相同，从而减小了由于温差而引起的机械应力。另外一个优点在于，在开始吹炼时，自然循环部分设备中的水已达到沸点，而且沿着自然循环的方向流动。这样当冷却水开始受热时，不需要从零开始，因而水很快就稳定地进行循环。

这种循环是由以下方式实现的，一条循环管线连接自然循环受热表面出口端以及强制循环系统的高压冷却水泵的进口端以及到汽包中去，在管线的连接端设有三通切换阀。

裙罩、氧枪孔、副枪孔、合金溜槽处于低压强制循环冷却回路中，通过低压冷却水循环泵（一用一备）将冷却水送到上述各设备中，水被加热后再回到除氧水箱，除氧水箱同时作为高压汽包的给水箱，低压系统吸收的热量作为脱气器中补给水进行脱气用，采用这种设计方法，就大大减少了用于脱气的蒸汽量。

高压汽包的补水通过补水泵（一用一备）从除氧水箱送到高压汽包。

高压汽包由热轧钢板焊接制成，两个封头是热压成型，采用卧式设计，并且配有进水进汽、排水排汽配管、水位指示、控制阀及安全阀。马鞍型底座用于支撑汽包，并和厂房结构连接起来，此汽包配有人孔、楼梯以及必要的内部附件。汽包内分离出的蒸汽通过配管送到蓄热器。

蒸汽蓄热设备由两台蓄热器组成，蓄热器和上述的高压汽包无论从设计上还是形状上都类似，蓄热器确保蒸汽以恒定的流量排放到蒸汽管网中去，通过流量控制阀实现。蓄热器的压力在 2.0~4.0MPa 之间波动，每炉产生的蒸汽除了供给蓄热器外，还用于加热烟气冷却系统中的水。LT 系统回收的蒸汽量比早期 OG 系统多，达到 70~80kg/t 以上。烟气冷却系统可将烟气冷却到 950℃ 以下进入烟气净化系统。

B 烟气净化系统

干法除尘烟气净化系统通常主要由蒸发冷却器、静电除尘器等部分组成。从冷却烟道出来的烟气，首先在蒸发冷却器中进行冷却、调节以达到静电除尘器所需的要求。蒸发冷却塔紧接烟道之后，塔内喷雾化水对烟气直接进行冷却。要求喷入的冷却水全部蒸发，使烟气始终保持干燥状态，并能使烟气中的粗尘粒沉降，蒸发冷却塔的温度控制系统可确保

在炼钢各阶段喷入的水都只是冷却烟气所必需
的。蒸发冷却塔除了冷却烟气和喷水调节外，
还收集占烟气总尘量 40%~45% 的粗粒尘。水通
过双相喷嘴喷入，同时喷入的还有蒸汽，蒸汽
的作用是使喷入的水形成雾状，喷入量由烟气
热含量决定。由于烟气在蒸发冷却器中减速，
粗颗粒的粉尘沉降，通过链式输送机以及闸板
阀排出。烟气通过粗管道导入到静电除尘器，
由于外部大气对管道的冷却作用，其温度进一

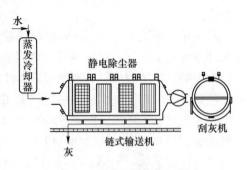

图 6-13　　烟气净化系统示意图

步下降。由蒸发冷却塔排出的烟气温度约为 180℃。烟气净化系统如图 6-13 所示。

　　静电除尘器采用圆筒型设计，烟气轴向进入其中，并通过气流分布板均匀分布在横截
面上，此静电除尘器专门为部分燃烧的转炉烟气所设计。为了防止烟气冷却以及净化系统
中局部产生冲击，专门设计可以打开的压力释放装置。要净化的烟气流过静电除尘器内
部，其内部结构主要为放电电极（DE）及接地的集尘电极（CE）。由于电场的作用，烟
气中尘粒被集尘电极收集。静电除尘器中有四个电场，采用专门的变电系统供电。黏结在
电除尘器下部的烟尘用刮灰器刮到位于其下部的链式输送机中，然后将含有 Fe_2O_3 的干灰
输送到中间料仓中去，再通过气力输送系统将干灰送到压块系统中的集尘料仓中去。

　　LT 系统收集的粉尘有粗粒尘和细尘两种，前者在蒸发冷却塔中回收，后者由电除尘
器回收，其典型成分如表 6-4 所示。吨钢粗粒尘量为 5~8kg，细尘量为 10~13kg。

表 6-4　LT 系统收集的粉尘成分　　　　　　　　　　　　　　　　（%）

组成	粗粒尘（占总尘量 40%）	细尘（占总尘量 60%）
总铁	91.6	71.4
Fe^{2+}	6.8	19.8
金属铁	81.7	19.5
CaO	3.5	4.5
金属化程度	89.2	27.3

　　注：金属化程度指金属铁占总铁的比例。

　　LT 系统中不产生湿的粉尘，因此免去了湿法处理系统中的废水处理、污泥沉淀和污
泥处理过程。下面以某厂二炼钢为例，介绍 LT 相应的设备组成。

　　a　蒸发冷却器

　　蒸发冷却器的主要作用是将定量的水直接喷射到待冷却的气体中，气体的热量通过蒸
发作用而被吸收。水滴的雾化是通过两相流喷嘴来实现的。冷水流过喷嘴的中心孔，同时
蒸汽通过喷嘴中心孔周围的环形间隙喷出。蒸汽量保持恒定，水量通过阀来控制，控制阀
的前后均安装有手动阀以保证检修的进行。

　　间断性操作炼钢遇到的典型问题就是温度及气体量的大波动，特别是在吹炼刚开始和
吹炼末期。吹炼刚开始，温度的增长速度达到 10~20℃/s，甚至更快。由于操作参数发生
如此大的变化，直接控制蒸发冷却器的出口温度是不可能的。所以通过计算蒸发冷却器入
口热量，控制喷水量，实现对蒸发冷却器出口温度的控制。

蒸发冷却器除了冷却烟气外还有粗尘收集功能。这主要是由于烟气流速的下降和入口水滴打湿灰尘所致。收集的烟尘量取决于转炉炼钢工艺过程。

蒸发冷却器还起着调质作用。在降低气体温度和提高露点温度的同时，也适应于后面的电除尘器。

某厂二炼钢 LT 系统的蒸发冷却器为圆柱形，高 28m，直径为 6m，壁厚 10mm，内装 24 支喷枪，每支喷枪上装有一只双相流喷嘴。转炉吹炼时蒸发冷却器进口烟气温度为 1000℃，出口温度约 180℃。

双相流喷嘴的设计是使冷却水被高压蒸汽打散并汽化。冷却水在压力的作用下，沿喷嘴内芯的螺旋槽喷出，在喷嘴下方形成一个角度中空伞状水棚，而高压蒸汽则从喷嘴中央孔四周的环状缝隙中喷出，形成一个伞状蒸汽流。当工作时，高压蒸汽流打在冷却水流上，使水变为细小的水滴，同时受热雾化与烟气充分作用，以达到冷却、除尘及调质的作用。

b 电除尘器

LT 系统的电除尘器是特别为净化部分燃烧过的转炉烟气而开发的，由于烟气中含有 CO 和 O₂ 气体，因此整个系统的安全是最重要的。电除尘器为圆形结构，气流水平流过，通过 3 层气流分布板，均匀分配在整个横断面上，直接轴向进入电除尘。在整个气流通道上设计为柱塞流，以减少爆炸的危险。电除尘器配有防爆阀，当电除尘器内部压力超过 0.3MPa 时，防爆阀会打开以泄压。在线压力仪、温度仪以及连锁判断条件也确保了电除尘的安全，一旦达到设定值，就启动安全系统。

主要技术参数如下：

静电除尘器类型：水平圆筒式；

电场数量：4；

电场直径：12.6m；

除尘器有效长度：21.44m；

阴极线形式：扁钢芒刺；

阳极板形式：C335；

阴极排数量：4×16；

收尘面积：13950m²；

电场平均风速：0.47m/s；

入口气流分布板层数：3；

同极间距：0.3m；

外壳重量：约 350t；

煤气流量（标态）：175000m³/h；

煤气温度：200℃；

清洁煤气的含尘量（标态）：≤15mg/m³。

LT 电除尘器外壳为圆筒形，内部由平行布置的收尘极和放电极组成，壳体的上半部安装有绝热层。

收尘极和壳体均接地，放电极与高压供电系统连接，由变压器直接供电。收尘极由悬挂装置、垂直吊板、C335 板及腰带组成，沿气流方向布置。每排收尘极连接在共同的顶部及底部支撑件上，底部通过导杆加以导向。

　　放电极框架通过安装支架、支撑框架及支撑管道固定在顶部外壳的绝缘子上。绝缘子通过电加热，用氮气进行吹扫，以防粉尘集聚或绝缘子内壁形成冷凝物而导致电气击穿。

　　对应于收尘极，每个电场都安装了 Rotohit 振打系统，每个自由下落的锤头安装在电除尘内部的振打轴上对应于一排收尘极。每套 Rotohit 振打系统由单独的齿轮电机驱动，带有反转止动板的这种电机用法兰连接到除尘器的外壳，并通过滑动联轴节连接到振打轴上。放电极的振打系统与收尘极的类似，每个框架对应于一个振打锤。振打轴由凸轮往复装置来驱动，在设定位置释放，于是锤头靠重力自由下落。气流分布板的清洁靠齿轮驱动的振打锤来进行。

　　收集的粉尘沉积在除尘器的底部，通过单摆式刮板刮入链式输送机，再经中间仓由气力输送系统输送到准备压块的细灰仓中。

　　电除尘器关键的电气设备是变压整流器。变压整流器产生阴极丝放电所需高电压，以使尘粒荷电及时捕集。变压整流器由控制柜及整流系统两部分组成。

　　控制柜包含主线路保险丝、触头单相可控硅组件、测量及监控系统如电压表、电流表、信号系统、ON/OFF 按钮、远程式控制测量的连接件以及除尘自动控制等完整的低电压配电装置。

　　整流系统包括高频反应器、测量高 DC 电压的电压分压器以及高压侧的火花探测器，同时监控绝缘液体的温度。

　　COROMATIC 微机控制系统专门设计用于电除尘变压器整流器的控制系统，保持在火花电压之下的最高电压，以取得最佳除尘效果。COROMATIC 微机控制系统有以下优点：通过数字探测仪准确检测出除尘器的电火花；对应于不同类型火花的回应；通过预设的火花数，根据工艺过程获得最佳电压或电流；持续的火花监控及估值；兼顾电除尘器的不同操作模式；单个电场电压电流特性估计；减少振打时的二次扬尘。

　　c　轴流风机

　　由于 LT 系统压力损失小，所以要求风机电机的功率相当小，因此可以采用轴流风机。风机采用变频调速，通过改变风机转速来适应转炉冶炼中产生的烟气量变化要求；并能使风机始终处于最佳工作点，获取最高效率。轴流风机较离心风机具有良好泄爆能力。轴流风机设计为垂直进口和水平出口，风机的下游安装有专门的消音器，距离每台轴流风机 1m 的噪声为小于 90dB(A)。

　　基本参数：

　　流体介质：含有 CO 的清洁气体，含尘量（标态）不大于 35mg/m³；

　　流量：136.3m³/s；

　　压力：8524Pa；

　　气体温度：150~250℃；

　　风机转速：400~1600r/min；

　　电动机功率：1650kW；

　　调速形式：变频调速；

　　联轴器种类：扰性联轴器；

　　轴承种类：油润滑滚珠轴承；

报警点：轴承温度大于 95℃，振动速度大于 8.8mm/s。

d 煤气切换站

煤气切换站主要包括两套钟形阀、一套眼镜阀和一套液压系统。

吹炼中期产生的高热值煤气要引入煤气柜，在吹炼开始以及吹炼末期产生的低热值煤气，要由放散塔燃烧后排放到大气中，煤气切换站实现这一切换功能。

钟形阀用液压装置单独进行调节，具有以下特点：

（1）具有良好的密封性能，设计压力为 0.05MPa。

（2）放散钟形阀可以在 0~100%范围内调整，以保证回收与放散的压差控制在允许范围内。

（3）当发生事故如突然停电时，放散钟形阀靠自重开启，实现煤气放散。与此同时，回收钟形阀靠自重关闭，切断与煤气回收系统的通路，确保安全隔断。

（4）钟形阀上的波形结构是根据压力计算的，波形呈抛物线型，防止在切换过程中造成的压力突变。阀杆有梁支撑定位，防止阀杆摆动。还有一个活动的球轴承结构，确保阀体和密封面的良好结合。

为了检修作业和检查，在钟形阀与煤气冷却器之间设有一个眼镜阀，用于切断同煤气冷却器的煤气管道。

在非回收期间，上一炉剩余的回收煤气停留在切换站和煤气柜之间的管道中。当转换到煤气回收操作时，煤气将又流向煤气柜。

切换站和煤气柜之间的管道为密封设计，因此在操作停顿期间不需要使用惰性气体冲洗。

煤气切换站主要参数：

设计煤气量（标态）：最大 175000m³/h；

入口煤气温度：150~180℃；

每个切换站的钟形阀的数量：2；

回收钟形阀直径：2600mm；

放散钟形阀直径：2000mm；

切断阀：眼镜阀；

钟形阀和眼镜阀驱动类型：液压系统。

e 煤气冷却器

通过煤气冷却器将煤气冷却到约 73℃，减少煤气储存罐中所储存煤气的体积。冷却的同时也使煤气得到进一步净化，因为冷却水的洗涤作用去除了煤气中部分尘粒。

煤气冷却塔循环用水，配备有循环水冷却塔。从煤气冷却器出来的高温水集中到水池中，泵送到循环水冷却塔。被冷却后的水储存在冷水池中，泵送到煤气冷却器。

煤气冷却塔主要参数：

最大煤气量（标态）：175000m³/h；

进口煤气温度：150~180℃；

出口煤气温度：70~73℃；

冷却器直径：6800mm；

高度：24000mm。

f　烟囱

放散烟囱具有许多联锁控制，它与 OG 装置的放散烟囱的最大区别是，在放散烟囱的放散管顶部设有文氏管，其喉部带有一个喷嘴结构。在风机事故停电或其他原因发生故障时，如果转炉正处于吹炼状态而风机停机，则具一定压力的氮气由喷嘴喷出，将系统中残存煤气诱导出来，确保 LT 系统的安全。烟囱高度 80m。

C　LT 法粉尘热压块技术

某厂二炼钢 250t 转炉采用了 LT 法及粉尘热压块工艺，获得高质量压块。工艺流程见图 6-14。

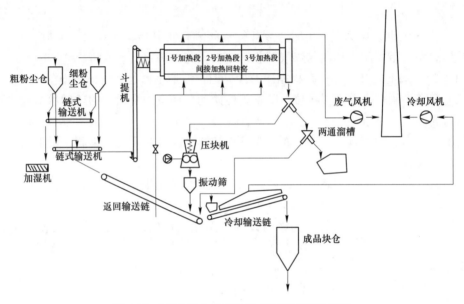

图 6-14　LT 法粉尘热压块技术工艺流程示意图

经称量后的混合灰通过螺旋给料机送入回转窑加热到压块温度，再送入压块机挤压成 45mm×35mm×25mm 的块状，随着辊子旋转压力急剧下降形成块脱落进入振动筛进行筛分，小于 12mm 尺寸的为筛下不合格产品，约占 10%，此部分作为压块的返回物料。成品块温度约 600℃，经冷却运输链冷却至 80℃ 左右装入成品仓中。成品块由带防雨棚汽车运往炼钢车间再利用。

主要设备与参数如下：压块系统的主要设备包括：粗颗粒及细颗粒粉尘储仓、成品块储仓、输送至回转窑的输灰设备、间接加热的回转窑、热压块机振动筛、成品块的冷却输送链。

（1）粗细粉尘及成品块储仓具体参数见表 6-5。

表 6-5　粗细粉尘及成品块储仓参数

参数	粗尘	细尘	成品块
堆积密度/$m^3 \cdot t^{-1}$	2.5~3	0.9~1.0	2.5
含水量/%	0	0	0
温度/℃	20~80	20~140	80

参数	粗尘	细尘	成品块
粒度/mm	<3	<1	45×35×25
储仓设计容积/m³	30	125	30
储仓使用容积/m³	25		25
储仓外形尺寸/mm×mm	φ2500×8200	φ2500×8200	φ2500×8200
灰斗处防堵喷嘴			
灰仓外电伴热带及保温			
全铁含量/%	90.1	69.6~71.4	约79
金属铁含量/%	76.5	16.8~19.5	42.3
金属锌含量/%	0.18	1.24	0.816
比表面积/m²·kg⁻¹	203~230	2607	
粉尘堆角/(°)	35		

（2）输送至回转窑的输灰设备。从灰仓卸灰是通过变速卸灰阀和相应的称量装置，控制粗粉尘与细粉尘以一定的比例相混合，其中包括部分压块机的返回料而构成的压块混合料。经链式输送机、斗式提升机和给料螺旋输送机将混合料加入回转窑内。

给料量由压块机能力而定，该压块机的最大能力为 12t/h。以压块机整定的能力来设定给料量，主要依据成品块的密度、混合物料配比的密度计算出给定的混合料量。

（3）间接加热回转窑。通过给料螺旋输送机将一定混合比的物料加入充氮保护的回转窑内，物料在回转窑内被加热至压块要求的温度（650±25）℃。为改善窑墙对物料的热传递，沿窑体内侧焊有螺旋状的导流叶片，以保证物料均匀分布于整个窑鼓的长度上。

回转窑对物料的间接加热是通过三个区段布置的 10 个烧嘴加热窑壁（最高允许温度800℃），主要以传导传热方式来加热物料。加热中，窑鼓以一定的旋转速度使物料均匀加热。物料在窑内所需的停留时间取决于回转窑的转速，其速度由变速马达来控制。回转窑主要技术参数见表 6-6。

表 6-6 回转窑的主要技术参数

参数名称	参数	参数名称	参数
生产能力/t·h⁻¹	5~12	回转窑的几何尺寸/mm×mm	φ2000×20000
最大返回物料/t·h⁻¹	1	回转窑的工作噪声/dB（A）	<85
出窑的物料温度/℃	650±25	回转窑转速/r·min⁻¹	0.8~4
间接加热用煤气种类	焦炉煤气（6180Pa）	间接加热煤气用量（标态）/m³·h⁻¹	1030~1100

（4）压块机和振动筛。当混合料在回转窑内被加热到压块的温度以后，物料经两通溜槽因重力作用送入立式螺旋给料机。该螺旋给料机以一定的速度送入压块机。两个压力辊间以高达 120kN/cm² 的压力，将热粉尘压制成块状，经振动筛进行分级，大于 12mm 以上的块为合格产品。成品块经冷却输送链冷却送入成品块贮仓。小于 12mm 的块料为不合格

块，作为返回料送回转窑进入下一个物料循环。压块机主要技术参数见表6-7。

表 6-7　压块机主要技术参数

参数名称	参　　数	参数名称	参　　数
经加热的物料允许的最低压块温度/℃	450	物料的最大通过能力/t·h^{-1}	12
经加热的物料允许的最高压块温度/℃	650	主传动电机功率/kW	200
经加热的物料工作温度/℃	580		

如果回转窑出现故障物料必须全部清出，可通过事故两通溜槽外排。只有全部物料排空时回转窑才能停止转动。

给定料位，首先设定在高料位下，给料螺旋速度设定在 25r/min。实测料位与给定值发生偏差时，若实际料位高于给定值，则将给料螺旋速度提高，使其偏差趋于 0；否则反之。此稳定的给料螺旋速度是通过速度同步来控制的，保证压制出合格的成品块。

（5）成品块冷却和返回料输送。来自振动筛的成品块温度约 650℃ 送入冷却运输链上，成品块均匀分布在整个冷却链的冷却带上，热压成品块通过冷却区。冷却运输链上带有抽风罩，它与冷却风机相连，罩子带有分流隔板以保证沿长度方向冷风量均匀分配。冷却空气从冷却链板的小孔借助冷却风机的抽力进入，使热成品块达到冷却目的。热的成品块至冷却运输链末端温度可降至 80℃，卸入成品块储仓内。

冷却运输链漏下的物料由一台链式输送机收集，再经横向螺旋输送机及旋转给料器向一台返回料链式输送机卸料，使其重新参与配料再送入回转窑，重复前述的压块工艺。

D　干法除尘的发展前景

LT 转炉烟气干法除尘和热压块技术相对于湿法除尘，具有除尘效果好、占地面积小、布置紧凑、节约水资源、副产物易于利用等优点；但也存在系统相对复杂、运行维护要求较高等问题。

转炉烟气干法除尘技术在我国越来越多的转炉上得到了应用。但某钢铁公司在"三脱"铁水冶炼条件下采用转炉烟气干法除尘技术尚属首例，为转炉烟气干法除尘技术的深入推广提供了很好的范例。

某公司转炉炼钢采用的是"三脱"冶炼工艺，铁水在"三脱"后，在后续脱碳中与常规冶炼相比操作任务发生了改变，工艺制度也要进行相应调整，这种冶炼工艺的改变极大地影响了转炉烟气除尘技术的工艺路线和技术手段，出现了新的工艺路线的选择。常规转炉铁水有硅、锰、磷组元的存在，可以实现稳定的燃烧法工艺操作，兑入脱碳转炉半钢中硅、锰、磷成分含量很低；冶炼时很难实现稳定合格的燃烧法操作，因此很难获得合格的惰性气体，安全生产存在严重隐患（煤气泄爆）。因此，在"全三脱"铁水冶炼条件下能够顺利应用转炉烟气干法除尘工艺，则具有重要意义。

在转炉烟气干法除尘设备中，蒸发冷却器雾化喷枪、静电除尘器泄爆阀、高温眼镜阀等设备为干法除尘系统中关键性的设备。某钢铁公司对关键性设备进行国产化研究并实现成功应用以替代进口设备，对干法除尘技术的普及与推广具有积极的意义。

转炉烟气除尘系统内部发生煤气爆炸的一般条件是：

（1）烟气成分进入可燃烧爆炸范围；

（2）烟气温度达到燃烧温度 610℃以上；

（3）系统内部存在一定能量的"火种"。

转炉干式除尘法发生"泄爆"的成因：

氢气"泄爆"：入炉原料潮湿造成，特别是废钢带水。多在冬雪、夏雨季节发生。

煤气"泄爆"：转炉吹炼产生的烟气与烟道内的空气混合或进入的空气与烟道存留的烟气混合达到爆炸范围，进入静电除尘器遇到静电火花后就会发生爆炸。

一般控制烟气范围：CO 含量不大于 9%、O_2 含量不大于 6%、H_2 含量不大于 1% 不会泄爆。

转炉除尘系统烟气的爆炸气体含量跟转炉操作有很大关系，主要发生在转炉的加料开吹 2min 内、吹氧后期的提枪再下枪点吹、溅渣等阶段。与常规冶炼不同的两步炼钢，其脱碳转炉的开吹阶段存在突出的泄爆隐患。脱碳转炉开吹为"三脱"半钢，与常规转炉冶炼的区别是：吹炼前期没有 [Si]、[Mn] 氧化期，形成不了惰性烟气，下枪吹炼立即产生大量含 CO 的烟气；同时由于脱碳转炉不加废钢，导致熔池温度快速上升，含有大量 CO 的烟气迅速产生，控制冶炼前期烟气完全燃烧确保产生一段"非泄爆"烟气变得十分困难。

据报道国内炼钢厂应用"三脱"半钢进行冶炼初期时，干法除尘系统泄爆时有发生。首钢京唐是国内外第一家在脱磷炉+脱碳炉炼钢工艺条件下采用干法除尘技术的，因此防止系统泄爆更具有十分重要的引领意义，该厂初期干法除尘系统泄爆率控制在 0.4% 以下，至 2017 年泄爆率为零。

脱碳转炉干法除尘防止开吹泄爆的原则：由于脱碳转炉开吹后没有 [Si]、[Mn] 氧化期，原用于氧化 [Si]、[Mn] 的氧气参加了脱碳反应，烟气中 CO 量比常规转炉高。根据以上条件和分析测算知道，防止开吹泄爆总的原则是：

在开吹后 1~2min 内，应采用较小供氧量（不超过常规开吹氧量的 70%），避免吹炼前期炉气量超过风机能力；

吹炼前期烟罩处于一定的高位，同时配合合适的风机转速使炉气完全燃烧，持续产生约 1.5min 的"不可爆气体"烟气。

根据以上原则和分析，设计了一个简单的计算软件，通过设计脱碳转炉开吹操作条件，初步找到了能产生约 1.5min 的"不可爆气体"烟气的操作，截取了一段范围的转炉烟气曲线，如图 6-15、图 6-16 所示。

6.1.1.3　转炉半干法除尘

在湿法和干法除尘工艺的基础上，近年我国又开发了转炉半干法除尘技术，主要特点是采用单个或多个空心的半干式高效喷雾冷却除尘塔进行冷却，也就是采用干法的蒸发冷却技术；不同的是除尘仍采用喷雾除尘，所产生的污水仍利用水冲的方式处理。

该工艺的半干式蒸发冷却塔技术目前已经用于我国 10 多座转炉的改造或新建项目中，其显著的环保、节能、节水、减少维修量、大幅减少建设投资和占地面积、缩短改造时间、增产降成本的积极效果已经被越来越多的用户所认同。

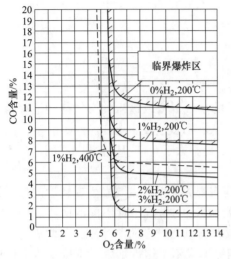
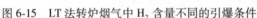
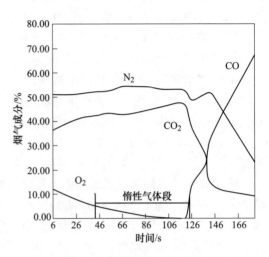

图 6-15　LT 法转炉烟气中 H_2 含量不同的引爆条件　　　图 6-16　转炉烟气成分变化

A　半干式高效喷雾冷却除尘塔

转炉烟气经汽化冷却烟道冷却后的温度通常在 800~1000℃，干法采用蒸发冷却塔、湿法采用一级文氏管进行冷却。半干法除尘工艺采用单个或多个空心的半干式高效喷雾冷却除尘塔进行冷却。用半干式高效喷雾冷却除尘塔替代传统的一级文氏管最显著的效果是系统阻力降低了 90%，从 3~5kPa 降低到约 0.3kPa。

环保：仅将一级文氏管改造为除尘塔时，可以将省下的压差加到二级文氏管，从而使排放烟气粉尘浓度（标态）降低到 100mg/m³ 或 50mg/m³ 以下（取决于风机能力），也就是重新分配系统阻力。可以提高设备能力，以低的投入解决转炉扩容、扩装和提高供氧强度引起的风机能力不足、烟囱和炉口冒烟问题，提高系统的处理能力。

节能：如果粉尘浓度已经达标，则可以降低风机转速，仅将一级文氏管改造为除尘塔可以节电 1~2kW·h/t 钢。

节水：循环水量比湿法降低 50%，甚至采用干收灰后不再有循环水，解决了水处理能力不足、水质差、水处理运行费用高等问题。

B　湿式电除尘

湿法主要存在问题：一是排放浓度高，回收的煤气需要在使用前再采用湿式电除尘器进行精除尘后才能保证正常使用；二是所需要压差特别大，系统耗能高；三是循环水量特别大。转炉烟气的精除尘目前干法采用干式静电除尘器，存在的主要问题：一是粉尘含量（标态）不能稳定控制在设计的 10mg/m³ 以下；二是阳极板/阴极线使用时间长，容易腐蚀、变形、结垢，维修量特别大；三是电除尘器必须采用可靠的防爆炸措施。

转炉半干法除尘工艺采用湿式电除尘器（卧式或立式）进行精除尘，主要优点有：出口温度低，回收的煤气无需再像干法那样进行冷却就可以直接进煤气柜；净化效果最好，可以确保粉尘浓度（标态）低于 10mg/m³ 或更低；与干法相同吨钢节能 50%（4kW·h/t 钢）；比二级文氏管湿法减少 50%~90% 循环水，仅用少量循环水进行设备清洗；用水冲洗电极还可以消除干法的二次扬尘和电极板/阴极线积灰等难题。

C　炉口喷雾

转炉炉口和活动烟罩之间的微差压最佳值为±10Pa，也就是希望系统既不要往外冒烟，同时又要尽量减少系统吸入的空气量提高煤气热值。目前干法采用一次风机交流变频调速，湿法则采用调节二级文氏管喉口压差的方式进行炉口微差压控制。有相当部分转炉实际微差压没有自动控制或控制得不好，造成大量烟气外溢，或吸入的空气量多，导致煤气CO含量降低，系统处理的烟气量剧增。同时还相当普遍存在炉口黏渣、烟罩漏水、维修量大等问题。

转炉半干法除尘工艺采用炉口喷雾系统对微差压进行补充控制，主要作用是：当炉口压力偏高时，可起到除尘和降温的作用；当炉口压力偏低时可起到软密封作用，减少吸入的空气引起一氧化碳燃烧、粉尘颗粒细化和降温的作用；同时可以冷却烟罩、炉口设备，减少黏渣和漏水；该系统还可以扩大应用于兑铁水、加废钢和出钢时的二次除尘，从而可以替代或降低二次除尘系统的处理量。由于采用雾化好的喷嘴，不会有水引起爆炸的潜在危险。

D　风机交流变频调速

采用湿式电除尘后，由于没有湿法的二级文氏管调压功能，同时也因为转炉冶炼周期内烟气流量变化幅度大，因此为了保证炉口微差压和节能，风机必须采用交流变频调速；也可以采用其他调压方式维持炉口微差压。

E　水冲灰与污水处理

由喷雾冷却除尘和湿式电除尘除下来的粉尘，部分或全部用原有系统连续或间歇喷水冲洗的方式，冲洗并输送到污水沉淀池，进行污泥分离和污水处理，处理后的水循环使用，并定期补充少量工业水。

F　喷枪雾化气体

转炉半干法除尘工艺蒸发冷却所用的同一气体雾化喷嘴所需的雾化介质可以用过热蒸汽或饱和蒸汽，也可以用氮气。两者之间设有自动切换机构，系统可以依据钢厂生产条件优先采用蒸汽或氮气雾化。国内生产实际表明，在蒸汽富余放散的情况下应该优先选用蒸汽雾化；而如果蒸汽已经被充分利用没有富余，则用氮气雾化更经济，其运行费用仅为用蒸汽雾化的30%以下。

6.1.2　提高转炉煤气回收质量、数量与安全的关键技术

6.1.2.1　转炉煤气回收流程

煤气回收量（标态）通常为$60 \sim 120 \mathrm{m}^3/\mathrm{t}$钢，由于转炉煤气燃烧后产生的硫氧化物及氮氧化物量都特别低，所以转炉煤气作为无污染的燃料受到广泛的重视。

转炉开吹后，罩裙不降，使转炉烟气完全燃烧，用CO_2废气驱赶系统中空气。开吹$1 \sim 2 \mathrm{min}$后降罩裙，通过风机后设置的气体分析仪进行分析，若CO含量大于一定值、O_2含量小于1.5%及其他连锁条件合格，转炉煤气便自动转入回收。此时三通阀通向煤气柜，水封逆止阀开，煤气进柜。吹炼结束前$2 \mathrm{min}$要先结束回收。此时三通阀转向烟囱，水封逆止阀闭，再将罩裙抬起用CO_2废气驱赶煤气。回收开始和停止应是自动进行。

煤气回收设备的主要投资是煤气柜。煤气柜有湿式和干式两种，湿式是机械制导螺旋式升降，每节柜子间有水封槽密封，升降速度 1.2m/min；而干式柜内橡皮活塞可以随煤气自由地在气垫上浮动，升降速可达 2~4m/min。转炉煤气含有粉尘，经水蒸气饱和，产汽快而猛，要求上升速度快。实践证明，选择干式煤气柜较适宜。

完整的 LT 系统也包括煤气冷却器、煤气柜、煤气增压站和煤气混合站。煤气冷却器主要作用是减少煤气体积，提高煤气柜贮气能力。煤气采用过量的冷却水冷却，由于是用于冷却除尘后的煤气，故排出的水可返回用做蒸发冷却塔的喷水，因此整个系统不产生废水。

LT 系统中的煤气柜可以用带水封的湿式煤气柜，也可以用干式煤气柜。煤气增压站布置在煤气柜后，用以增加煤气管网压力，一般使用离心式增压机。

6.1.2.2　提高转炉煤气回收率的措施

（1）尽量扩大转炉煤气用户。转炉煤气可以用于许多场合，如石灰窑、低压锅炉、热轧加热炉、冷轧加热炉、电厂锅炉等热工设备，除此之外还可以混入高炉煤气总管，提高高炉煤气热值。转炉煤气用户增加，可以充分消化回收的转炉煤气量，减少转炉煤气放散量。

（2）设置转炉煤气合成装置。当转炉较长时间不吹炼，特别是转炉故障或停修时，LDG（转炉煤气）供应不足。为满足用户继续稳定地使用 LDG，设置合成 LDG 混合装置以弥补此时 LDG 的不足。合成 LDG 即 BFG（高炉煤气）与 COG（焦炉煤气）按一定比例混合成与 LDG 热值相近的混合煤气（7540~8370kJ/m³）。由图 6-17 可以看出，当转炉煤气柜下降到 L3 时，开始混入一定量的合成 LDG；当柜位继续下降到 L2 时，合成 LDG 混入量等于全厂 LDG 使用量；而当柜位再降到 L1 时，此时为安全考虑，混入合成 LDG 量高

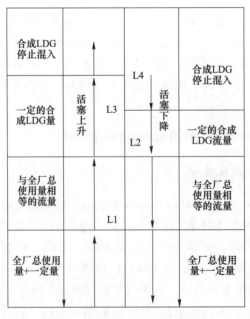

图 6-17　合成 LDG 控制工艺流程

于全厂 LDG 使用量，即增加一定量。柜位上升时的情况与柜位下降时相反，只是在 L4 时才停止合成 LDG 混入，这是为了保持活塞运行的稳定。

（3）提高分析仪的可靠性，降低其故障率。转炉煤气回收中线上使用的分析仪主要有 CO 分析仪、氧气分析仪。转炉煤气中 CO 和 O_2 含量的分析测量，是决定煤气是否可回收和安全防爆的重要指标，并直接关系到转炉煤气回收率。为保证分析仪表的可靠工作，要解决的关键技术有：1）转炉烟气含尘量大的防堵净化措施；2）提高系统可靠性技术措施；3）取样分析的真实性措施；4）取样分析的连续性技术措施；5）系统快速回应技术；6）提高系统分析精度技术措施；7）增强系统完整性、安全性。常见的措施为：1）定期调整反吹 N_2 压力，清洗探头，更换过滤片；2）根据工况条件，调整 PLC 程序参数；3）加大考核，操作工规范化操作；4）提高维护人员的技术素质，完善服务；5）跟踪分析系统运行状况，掌握平均每炉回收的煤气量情况；6）制定详细的维护细则。

（4）利用能源中心加强平衡调整。能源中心（E/C）动力调度根据转炉的吹炼计划（由炼钢厂通过计算机终端传来）、各分厂 LDG 使用量规律、LDG/H 的升降情况和趋势迅速做出调整。调整过程中要注意 LDG 及其在柜中位置尽量不要超过高位报警（$70000m^3$），避免 LDG 放散。

能源中心对任何能源介质均有相应的调整方法和控制顺序。对于 LDG，当供需不平衡时，首先调整电厂用户，然后是低压锅炉，如仍不平衡则要视当时 LDG 的缺口情况和 COG 的供需情况而定，如缺口较大而 COG 富余较多时可让高炉的热风炉改烧 COG；反之可调整 BFG 用户（如热轧、冷轧）的用量。当 LDG 富余时调整顺序同上。

E/C 动力调度与炼钢厂 OG、LT 操作人员要密切联系，互相配合。动力调度通过转炉吹炼计划对 LDG 供需平衡要进行超前优化调整。如下段时间转炉吹炼频率很高，则要尽量安排较多用户使用 LDG，而当转炉计划停吹一段时间或吹炼频度较低时，则要少安排 LDG 用户。OG、LT 操作员遇到设备、仪表有故障时要及时通知 E/C 调度，而 E/C 调度看到 OG、LT 回收不正常信号时也要及时与转炉联系，了解实际情况，妥善进行 LDG 供需平衡调整。

6.1.2.3 转炉煤气回收的安全保证措施

转炉未燃法产生的煤气主要成分为一氧化碳及少量的氢，不同的操作工艺回收煤气中的一氧化碳含量也不同，一般为 40% ~ 70%。一氧化碳是无色、有微臭的气体，密度（标态）为 $1.25kg/m^3$，比空气稍轻。转炉煤气与空气或氧气（炉气中自由氧）混合，在特定条件下会产生速燃，使设施中的压力突然增高而造成设备损坏和人身事故。冶金企业常用的煤气为焦炉煤气、高炉煤气、转炉煤气，其中转炉煤气的一氧化碳含量远高于焦炉与高炉煤气的一氧化碳含量，且毒性大，若回收操作过程不连续，尤其更应引起重视和注意。

A 回收工艺中的安全保障措施

转炉煤气进行回收的前提条件是要保证除尘系统的运行完好，高效率地捕集转炉烟气中的尘粒，使得煤气的质量满足用户需要。转炉烟气净化除尘与煤气回收设施是一套紧密相连、密切相关的系统。生产中要做到一级、二级文氏管按设计和规程规定值供水，以保证除尘效果,确保喷水管路畅通及雾化效果;二级文氏管 RD 阀板与炉口微差压应自动调节,做到炉口在微正压状态下运行;因为是湿法除尘,所以要保证除尘系统有良好的脱水效果,使风机及除尘设备长期稳定运转。

为保证煤气回收的可靠性和安全性,达到良好的回收目的,工艺设计及实际运行中应考虑必要的联锁控制,如氧枪和烟罩的联锁、回收放散切换的自控与联锁、罩口微压差调节系统与冶炼操作的联锁、风机调速与冶炼操作的联锁、煤气柜高低位的联锁、水封逆止阀与三通阀的联锁等。

采用计算机自动控制煤气回收,确保烟气中一氧化碳的含量,提高回收煤气的发热值。在风机后三通阀前安装一氧化碳、氧气分析仪,监测烟气中的 CO、O_2 含量值,煤气回收条件及数据均输入炉前主控室计算机,由计算机控制全系统的自动回收操作。氧气含量是一个重要参数,在实际运行中要控制煤气中的氧含量在爆炸极限范围以外,按回收转炉煤气的安全规程要求,煤气中氧含量大于 2% 时予以放散,小于 2% 时可以进行回收,以达到保证煤气质量与安全回收的目的。

工艺控制中要保证吹炼前期与后期的时间,在回收制度上采用中间回收法,用燃烧法烧掉成分不合适的前后期烟气,在前期依靠其烟气冲刷回收系统的管路,防止煤气与空气在系统中直接地大量接触,在吹炼后期抬罩使炉气尽可能大量燃烧,防止停止供氧时空气大量吸入并与未燃烧的煤气混合而发生爆炸。

建立三点确认制度。转炉煤气回收是个不连续的过程,炉前操作主控室的煤气回收岗位、转炉风机房的风机操作岗位与煤气柜的操作岗位是回收系统中的三个主要工作岗位。煤气回收岗位要确认煤气是否满足回收的需要。风机房操作工具有回收过程的承上启下作用,应时刻密切注视风机运行情况及三通阀回转水封状态,做好巡检工作。煤气柜操作岗位要做好煤气进出柜的平衡,确保煤气柜的正常运行。风机房、煤气柜任何一点出现有影响煤气回收的问题,都要把自己岗位的确认开关放到不允许回收煤气状态。正在进行回收煤气过程中,任一岗位均可控制三通阀动作,使其由回收转为放散。实际运行中三点确认制度及相应的控制操作,有效地保证了全部回收系统在回收过程中出现特殊情况时迅速地及时转换,避免意外事故的发生。

B　设备、设施方面的安全保证

做好全系统的密封。对于氧枪口、下料口等处要注意密封用气体的压力,以保证良好的密封效果,严格执行《冶金工厂煤气安全规程》。

设置旁通放散阀是非常必要的。在三通阀处设一旁通阀,回收操作中三通阀在事故状态下或煤气柜阻力异常增高时,可自动开启旁通阀使其由回收态改为放散态,旁通阀的开启与进煤气柜的煤气压力值联锁控制,实际运行中旁通阀起到了应急作用。

防爆板或防爆阀门的设置:回收煤气操作时若发生爆炸应可以迅速地泄压,以保护回收系统设备,减少爆炸导致的损失。某厂转炉煤气净化系统溢流文氏管部位发生过 3 次煤气爆炸,其原因是转炉喷溅,红渣喷入文氏管,而吹氧管切断阀不严,氧气漏入烟道所造成。由于有防爆板而未造成大的损失。

全系统的水封箱:水封箱是湿法除尘与煤气使用中不可缺少的设备,不同的水封箱起着不同的作用,要保证水封箱在正常状态下运行,水封箱的设计安装要规范合理,排污管路畅通并及时地进行排污操作。生产运行中确保负压水封箱不抽空,正压水封箱不击穿。

防护用具及报警装置：煤气的报警设备及防护用具的使用在煤气操作规程中均有详细的规定及要求，要强调的是在生产过程中要加强管理，确保报警仪及防护设备的完好，如氧气呼吸器的气体压力保持在规定值范围内，煤气报警仪应及时校核等都是不可忽视的。

C　检修运行中的安全保证

检修结束后关键部位需清理干净。某厂转炉煤气净化系统风机发生过爆炸，严重损坏风机，其原因是净化系统不严密，漏入空气，与一氧化碳混合形成爆炸性气体，风机内因检修留有金属屑，高速运转产生火花引起爆炸。

检修前要做好各项确认工作。风机房部位检修前要把 V 形水封注满水，确认溢流管有水溢流，保证煤气可靠地切断。吹扫管路，定时对水封进行巡检。进入除尘烟道检修时，应保证冶炼结束后风机运转 30min 以上，经用煤气报警仪检查确认 CO 含量符合安全要求后，方可进入作业，检修过程中要随时用报警仪检定。

转炉煤气回收运行中的巡检要保证两人同行，要在冶炼间隙时进行负压水封箱的排污操作，并站在上风向。定时地检查各处水封状况，保证水封箱水位的正常。与转炉煤气回收系统相关的各岗位人员，必须严格按照制定的《转炉煤气回收安全规程》和《转炉煤气回收技术操作规程》进行操作。

安全地进行转炉煤气回收是一项长期系统的工作，在进行转炉煤气回收与使用的生产实践中，要以科学的态度、严谨细致的工作方法对待出现的各种问题。不断地吸取教训，交流经验，不断地改进操作，完善提高，才能真正实现转炉煤气安全回收。

6.1.3　转炉煤气的应用

转炉煤气 LDG 中的 CO 含量高，SO_2 含量少，是一种理想的无公害燃料，其可以单独使用，也可以与高炉煤气 BFG、焦炉煤气 COG 混合使用，使用范围较广泛。目前转炉煤气主要用于电厂锅炉、高炉热风炉、石灰窑、各类轧钢加热炉等。有的钢厂也在采取安全措施条件下，用于本厂钢包、中间包和合金的烘烤。

6.1.3.1　用于发电机组

某钢厂将转炉煤气用于燃煤发电机组，见图 6-18，其采用的方法是将 LDG 混入 BFG 中进行燃烧。设计 LDG 使用比例是 0~10%，其两台 350MW 发电机组的锅炉可在 7~8min 内消耗 5 万立方米的 LDG。根据 LDG 平衡情况进行设定，可通过 SET/LF70 设定混入 BFG 的 LDG 量，同时设定 LDG/（BFG+LDG）的比例，此二信号进入 LMT（低信号选择器）。为保证电厂 LDG 使用量不超过设计的最大混入比例，选取其中较小信号输出。信号输出到调节器 FICA 与 LDG 流量检测信号比较，用偏差值进行 LDG 调节阀的控制。

据文献［1］介绍，意大利某钢铁厂燃气轮机用三种不同的废煤气源：热值（标态）分别为 $3349kJ/m^3$ 的高炉煤气、$18841kJ/m^3$ 的焦炉煤气及 $8792kJ/m^3$ 的转炉煤气，机组额定功率为 530MW，供电总效率为 45%，并可产生多达 1.5 万吨/小时的工业蒸汽。燃气轮机不仅驱动发电机和向余热锅炉供应废热生产蒸汽，而且还驱动压缩机将废煤气加压达到燃气轮机燃烧要求。该装置已在 1997 年投运，见图 6-19。

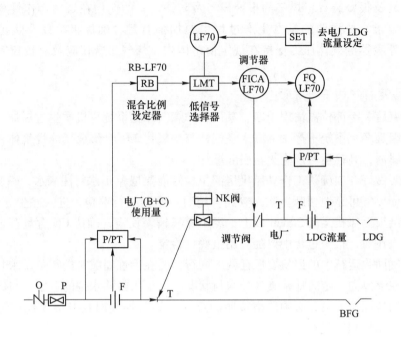

图 6-18　转炉煤气用于发电机组的工艺流程

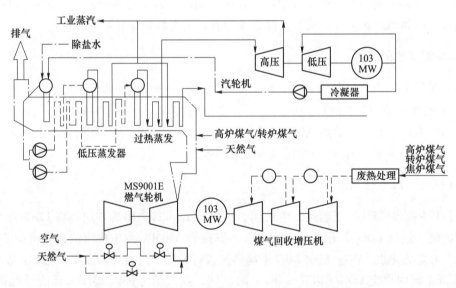

图 6-19　转炉煤气用于燃气轮机发电机组的工艺流程

6.1.3.2　用于高炉热风炉

热风炉一般使用焦炉煤气，因为使用低热值煤气会限制高炉热风温度的提高。一般情况下，钢铁企业高热值的焦炉煤气都紧缺，所以要研究用低热值煤气代替。国内已有将转炉煤气用于热风炉的案例。

某钢厂 1 号高炉大修时，在设计中采用了高炉煤气与助燃空气双预热工艺。同时在煤气预热器上游的高炉煤气主管上设置了煤气静态混合器，转炉煤气经混合器与高炉煤气混合，将一部分转炉煤气供热风炉，保证热风温度达到1150℃。

某厂3号高炉也采用BFG+LDG方案，成功实现热风炉使用低热值转炉煤气，使用转炉煤气后的热风炉热平衡情况见表6-8。

表6-8 使用转炉煤气后的热风炉热平衡情况

收支	项　目	BFG+LDG 加热方式	
		数值/kJ·t⁻¹	热量百分比/%
热收入项	燃料燃烧化学热	1904.084	83.37
	助燃空气带入的物理热	47.522	2.08
	燃料预热带入的物理热	87.245	3.82
	冷风带入的物理热	245.163	10.73
	合计	2284.014	100
热支出项	热风带出的物理热	1756.233	76.89
	烟气带出的物理热	308.153	13.49
	冷却水带走的热	42.777	1.87
	炉体散热	77.881	3.41
	热风管道散热	52.571	2.30
	混风室散热	2.177	0.10
	其他热损失	44.222	1.94
	合计	2284.014	100
炉子热效率/%		76.89	

6.1.3.3　用于石灰窑

某钢厂现有两座155m³气烧石灰窑，计划再上一座，在2003年7月竣工投产。根据气烧窑设计的原要求，应使用高炉煤气和转炉煤气的混合煤气，混合比各占50%，其煤气热值（标态）为5200kJ/m³，混合煤气压力为19～21kPa，对混合煤气流量（标态）的要求为单窑7000～8000m³/h，双窑合计为15000～16000m³/h。若3号窑投产后，则需混合煤气流量为21000～24000m³/h。因为高炉煤气、转炉煤气各占50%，则对转炉煤气的需求量为：双窑生产流量7000～8000m³/h，三窑生产流量10500～12000m³/h；转炉煤气压力19～21kPa；转炉煤气热值6600kJ/m³以上。因三加压站送气烧窑的两种煤气为先加压后混合，而高炉煤气的出口压力比转炉煤气的出口压力高出10kPa以上，必须将转炉煤气先升压才可掺入。由于进行此项试验，将很大程度上影响转炉煤气回收工作，故只有对转炉煤气加压机进行扩容改造后方可进行。

6.1.3.4　用于混铁车烘烤

某钢厂2500m³高炉，配260t鱼雷罐式混铁车及干燥场。混铁车砌砖后，由牵引机车牵引到干燥场的干燥台停放位上，倾翻车体，使其旋转90°，对准烘烤装置的烧嘴，然后移动烧嘴小车靠近车体，使烧嘴伸进混铁车内对内衬进行烘烤。烘烤是混铁车内衬修理中关键的最后一道工序，烘烤质量的好坏，直接影响着混铁车内衬的使用寿命。该厂采用的是发热值低的转炉煤气，为了保证烘烤装置操作人员的人身安全和对混铁车内衬烘烤的质量，在设计中煤气管道与燃烧器之间的连接首次采用了高架金属软管，以代替传统的煤气旋转接头，将旋转运动改为平面摆动。此外还采用了稳焰烧嘴，使发热值低的转炉煤气能够充分燃烧，确保了混铁车内衬的烘烤质量。烘烤装置主要包括风机、空气和煤气管道、金属软管、燃烧设备、小车、闸阀、自动控制仪表等。燃烧设备包括稳焰烧嘴、点火器和火焰监测器。金属软管、燃烧设备和截止阀等设置在可移动的小车上。转炉煤气用于混铁车烘烤的示意图见图 6-20。

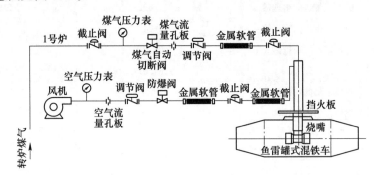

图 6-20　转炉煤气用于混铁车烘烤装置示意图

6.1.3.5　用于高线加热炉

某钢厂高线厂加热炉是目前国内首家全部采用转炉煤气为燃料的步进式加热炉。试生产半年以来，完全能够满足轧钢生产工艺要求，为综合利用转炉煤气提供了一条切实可行的途径。

转炉煤气还是高 CO 含量的一种化工基本原料。20 世纪 60 年代首钢就做过转炉煤气加制氧时分离出的 N_2 生产尿素的试验，近几年用于乙醇等化工产品原料的生产。

6.2　转炉生产能源平衡与管理

6.2.1　转炉生产在钢铁厂能源平衡中的地位与作用

6.2.1.1　转炉生产能源消耗与能源回收

（1）炼钢生产基本工艺。高炉铁水由鱼雷罐车（或铁水罐）运至炼钢厂脱硫站按钢种计划 100% 进行铁水脱硫，鱼雷罐里的铁水倒入铁水罐经扒渣后兑入转炉，转炉吹炼作业由计算机进行静态计算和动态控制，经副枪测温、定碳、定氧后确定吹炼终点，依照钢种技术标准要求进行合金化和二次精炼（吹氩、RH、LF），合格钢水送连铸机浇铸。炼钢基本工艺流程见图 6-21。

（2）转炉工序能耗构成。转炉工序能耗由能源消耗和回收两部分组成，消耗的能源介质为氧气、电、煤气、氮气、氩气、压缩空气、蒸汽和水等，回收部分为转炉煤气和烟道汽化冷却器回收的蒸汽。其一般组成比例分别见图 6-22 与图 6-23。

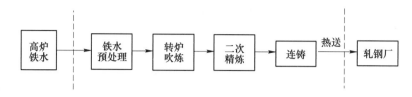

图 6-21 炼钢基本工艺流程

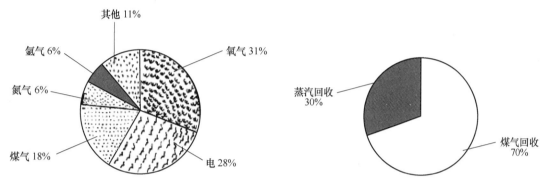

图 6-22 转炉炼钢能源消耗组成比例　　　　图 6-23 转炉炼钢能源回收组成比例

从图 6-22 可见氧气、电、煤气消耗是总能耗的主要组成部分。由图 6-23 可见转炉煤气回收是关键，目前吨钢煤气回收可达到 28kg 标煤。

（3）转炉"负能炼钢"概念。转炉"负能炼钢"是指转炉炼钢总能耗为负值。即：不要外来热源，根据物料和热平衡计算，以铁水的潜热、显热和吹氧产生的元素氧化反应放热为主要热收入，抵消金属和炉渣的含热量以及各项热损失外还有剩余的热量。转炉炼钢过程各种能源介质消耗量和两种回收能源折算成标准煤之差值为负值即为"负能炼钢"。转炉工序吨钢能耗可用下式表示：

转炉炼钢工序能耗=（转炉炼钢总能耗量−转炉回收的总能量）／钢产量

转炉炼钢过程中转换回收的能量是以高温转炉煤气及煤气显热在冷却过程中产生的蒸汽为载体的，碳氧反应是冶炼过程始终存在的一个重要反应，反应的生成物主要是 $\{CO\}$，吹炼中期 $\{CO\}$ 气体浓度最高可达 85%~90%。但也有少量碳与氧直接作用生成 $\{CO_2\}$，其化学反应式为 $2[C]+\{O_2\}\rightarrow2\{CO\}$、$[C]+\{O_2\}\rightarrow\{CO_2\}$、$2\{CO\}+\{O_2\}\rightarrow2\{CO_2\}$。碳氧反应形成的高 $\{CO\}$ 含量气体在转炉内称转炉炉气，温度约为 1600℃，其中显热能占 18.2%，潜热能占 81.8%（燃烧时转化为显热能），经冷却净化回收后成为转炉煤气。显然转炉煤气回收利用是炼钢节能降耗的关键途径，因此要做到"负能炼钢"必须回收煤气而且尽可能提高煤气的数量和质量。

6.2.1.2 转炉煤气平衡的基本策略

企业的煤气综合平衡主要分为静态平衡和动态平衡。静态平衡是以计划或规划为主，对一段时期内的煤气供求量，如年、月、周、日平衡，结合期间生产计划、检修计划或技改项目等影响因素，进行预测性的平衡；动态平衡则是指煤气压力、流量、热值随着生产过程的波动而需要采取的实时平衡。转炉煤气瞬息变化，影响因素多，转炉煤气平衡好坏将直接影响生产。煤气综合平衡影响因素或是单因素出现，或是多因素交叉出现，虽无定式，但可以通过生产实践，结合厂情不断地寻求其规律，获得解决的办法。

（1）生产节奏与设备运行状态对煤气平衡的影响。煤气产生和使用过程是：气源厂→输配供给→用户单位，生产过程中只要其中一个环节出问题或是某道工序生产节奏改变，则企业煤气回收利用就会失衡。

（2）各气源厂的相对地理位置较远，加之用户对煤气热值要求不尽相同，把三种煤气并网后集中输配使用的可能性不大。因此生产使用中高炉煤气或焦炉煤气不平衡的情况时有发生。

（3）储气设备煤气罐的大小，对煤气瞬时不平衡时的补气、维持管网压力、满足用户过渡性需求有着一定的影响。

（4）节能新技术的应用，如连铸坯热装热送，烧结幕帘式新型点火器，炉窑空、煤气换热设备，加热炉节能技术等，将大幅度减少煤气的用量，腾出煤气进入总网平衡。

（5）气源厂、煤气输配部门和煤气用户合理的开停，各类设备检修计划，轧钢作业线交接班检查、调整时间等制度，是避免煤气集中使用或同时放散，有利于总网平衡的有效措施。

（6）结合实际，选择合适的用户，按照合理的比例建立可同时燃用混合煤气、油或煤的缓冲用户，既可满足煤气不足时的生产所需，又可在用户检修气源相对充足时，起到减少放散、合理调整和使用煤气资源的作用。

（7）管理者、煤气调度人员和操作人员的技术业务素质与责任感，合理的煤气价格，经济考核奖惩力度等制度管理方面的措施到位与否，也是影响煤气综合平衡的因素。

（8）市场对终端产品的需求，好销与滞销品种作业线的满负荷或低负荷运行，是煤气平衡需要考虑的因素。

6.2.2　转炉能源管理与钢铁厂能源中心

6.2.2.1　转炉能源管理

A　转炉热平衡及影响因素

a　转炉热平衡

转炉物料平衡和热平衡计算是建立在物质和能量守恒定律的基础上进行的平衡计算，它是根据装入转炉内的物料和参与炼钢过程的物理化学反应形成产物的物料数据进行的物质、热量收入和支出的平衡计算。

在计算程序上，首先计算物料收支的物料平衡，然后在物料收支平衡基础上进行热量收支平衡计算，通过转炉物料平衡和热量平衡的计算结果，可以定量掌握一炉钢冶炼过程的物料利用效果及其工艺参数合理性，以及热量利用的合理性。对指导冶炼工艺、修正工艺参数、改进设备、建立自动化炼钢降低原材料消耗以及合理利用带入转炉内的物理热和产生的化学热提供改进方向。

以100kg铁水为基础进行计算，其铁水成分：4.25%[C]、0.85%[Si]、0.58%[Mn]、0.150%[P]、0.037%[S]，铁水温度1250℃，冶炼Q235钢种，采用单渣法[2]（随着原料和高炉技术的进步，目前铁水中[Si]、[P]等成分含量已有下降，但各厂家均不统一）。为了后续对比现代冶炼技术效果，选择上述铁水成分进行物料平衡计算，其结果如表6-9所示。

表 6-9 加入废钢的转炉物料平衡

	收入项			支出项	
项目	重量/kg	占比/%	项目	重量/kg	占比/%
铁水	100.00	76.93	钢水	100.74	77.40
废钢	10.44	8.02	炉渣	13.66	10.48
石灰	6.52	5.02	炉气	12.10	9.29
矿石	1.00	0.77	烟尘	1.60	1.23
萤石	0.50	0.38	铁珠	1.08	0.83
白云石	3.00	2.31	喷溅	1.00	0.77
炉衬	0.50	0.38			
氧气	8.05	6.19			
共计	130.01	100.00	共计	130.18	100.00

根据表 6-9 所示的转炉入炉物料和产出物料的收支平衡计算结果，可以发现满足一炉钢冶炼过程的定量入炉原材料消耗是否符合各项冶炼工艺参数要求，以及定量产出物的去向，可以提供降低原材料消耗以及提高金属收得率的依据。热平衡计算的结果如表 6-10 所示。

表 6-10 加入废钢的转炉热平衡

	热收入			热支出	
项目	热量/kJ	占比/%	项目	热量/kJ	占比/%
铁水物理热	114474.24	52.25	钢水物理热	129285.60	59.00
元素氧化放热和成渣热	98324.00	44.88	炉渣物理热	30459.52	13.90
其中 [C] 氧化	54556.01	24.90	矿石分解热	4030.87	1.84
[Si] 氧化	24066.79	10.98	烟尘物理热	2602.45	1.19
[Mn] 氧化	2878.17	1.31	炉气物理热	19581.12	8.94
[P] 氧化	2556.42	1.18	铁珠物理热	1543.90	0.71
[Fe] 氧化	8466.74	3.87	喷溅金属物理热	1430.93	0.65
(P_2O_5) 成渣	1586.57	0.72	白云石分解热	4267.68	1.95
(SiO_2) 成渣	4213.29	1.92	废钢物理热	14947.76	6.82
烟尘氧化热	6306.96	2.87	其他热损失	10955.38	5.00
共计	219105.20	100.00	共计	219105.20	100.00

表 6-10 所示的转炉入炉物料带入热量和化学反应产生的热量以及这些热量主要的去向，分析如下：

（1）转炉炼钢过程升温的热源主要来自铁水物理热以及铁水中各元素发生化学反应而产生的化学热，从表中可知二者热量占总收入的 97.13%。铁水物理热是指入炉时铁水具有一定温度（1200~1300℃）的热量，而化学热主要是指铁水中 [C]、[Si]、[Mn]、[P]、

[Fe]等元素在吹氧冶炼过程中发生化学反应而产生的热量。不同元素单位重量的反应热效率差别很大，如表 6-11 所示。

表 6-11 炼钢温度下化学反应热效应

元素	化学反应	$\Delta H/kJ \cdot kmol^{-1}$	$\Delta H/kJ \cdot kg^{-1}$
C	$[C] + 1/2\{O_2\} = \{CO\}$	−139420	−11639
C	$[C] + \{O_2\} = \{CO_2\}$	−418072	−34834
Si	$[Si] + \{O_2\} = (SiO_2)$	−817682	−29202
Mn	$[Mn] + 1/2\{O_2\} = (MnO)$	−361740	−6594
P	$2[P] + 5/2\{O_2\} = (P_2O_5)$	−1176563	−18980
Fe	$[Fe] + 1/2\{O_2\} = (FeO)$	−238229	−4250
Fe	$2[Fe] + 3/2\{O_2\} = (Fe_2O_3)$	−722432	−6460

如表 6-10 所示，[C] 元素反应产生的热量占总化学热的 55.49%，[Si] 元素反应产生热量占 24.47%，二者之和占总化学热的 79.96%。

热收入项和支出项的各自比例如图 6-24 所示。

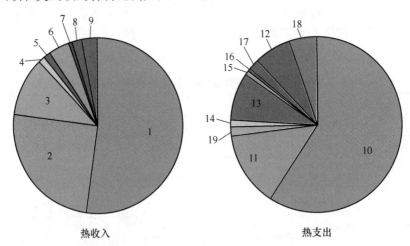

热收入　　　　　　　　　　　热支出

图 6-24 热平衡收入项、支出项各占比例

1—铁水物理热；2—[C]氧化热；3—[Si]氧化热；4—[Mn]氧化热；5—[P]氧化热；

6—[Fe]氧化热；7—(SiO₂)成渣热；8—(P₂O₅)成渣热；9—烟尘氧化热；

10—钢水物理热；11—炉渣物理热；12—废钢吸热；13—炉气物理热；14—烟尘物理热；

15—渣中铁珠物理热；16—喷溅金属物理热；17—轻烧白云石分解热；18—热损失；19—矿石分解热

按照本书选择转炉热效率 $\eta = \dfrac{钢水物理热 + 废钢吸热 + 炉渣物理热}{热总支出}$ 的计算方法，其热效率为 79.72%。除了上述三项有效的热支出以外，余下支出热量中主要有 8.94% 被炉气带走，可见回收炉气的热量是节能的重要方向。

（2）上述铁水温度和成分是未经过预处理（如脱 [S] 或者"三脱"）条件下的热平衡计算结果。经过预处理的铁水温度大多数会下降；铁水成分 [C]、[Si]、[Mn]、[P] 等含量不同程度下降，即入转炉的热量收入总量下降，若满足不了高废钢比加入量或炼钢过程升温所需要的热量，那么就需要向炉内投焦炭或者硅铁等提温剂；减少或不加废钢等冷却剂；优化铁水预处理工艺，尽可能避免发热元素如［C］元素含量过多降低。若有条件可选择铁水预处理过程降温小的工艺技术，以及提高钢包烘烤温度并加盖保温措施，可以降低出钢温度。

（3）从表6-10中数据可知，热量收入总值除了满足钢水、炉渣、炉气等升温需要，还有一定剩余热量，即超过炼钢过程所需要的热量。为此向转炉内加入一定数量废钢等冷却剂，控制转炉吹炼终点避免出高温钢液。

按照物料平衡和热平衡计算，在不加废钢冷却剂时的转炉剩余热量可用下式计算：

$$Q_剩 = 10^3 [(35 - 0.419R)w(Si) + 6.7w(Mn) + 15.9w(C) + 8.38 + 0.0817T_{铁水}] -$$
$$[(1.84 - 2.86R)w(Si) + 0.71w(Mn) + 3.29w(C) + 85.476]T_{钢水} \tag{6-1}$$

式中，$Q_剩$ 为转炉剩余热量，kJ/100kg 铁水；$w(Si)$、$w(Mn)$、$w(C)$ 为铁水中该元素氧化量的数量，%；R 为炉渣碱度，即 $w(CaO)/w(SiO_2)$；$T_{铁水}$ 为铁水温度，℃；$T_{钢水}$ 为钢水温度，℃。

在转炉剩余热量 $Q_剩$ 确定后，采用废钢冷却，其废钢加入量计算如下：

$$G_废 = Q_剩(q_废 + 0.01Q_剩) \tag{6-2}$$

式中，$q_废$ 为废钢的冷却效应，kJ/kg。

b 影响转炉热能的主要因素分析

（1）铁水温度和成分。铁水温度高低是标志入炉铁水带入的物理热量多少，炼钢初期，尤其是铁水中各元素未大量氧化放热之前，转炉内需要一定热量来帮助各种造渣剂熔化，铁水温度高低就显得很重要。铁水由高炉运输到转炉车间兑铁水前应该采用铁水罐加盖保温措施，并且采取"一罐到底"工艺路线，减少中间鱼雷罐、混铁炉等设备倒罐时温降损失是一项重要节能措施。

如表6-10所示，铁水成分［C］、［Si］、［Mn］、［P］、［Fe］等是主要氧化反应放热元素。对于固定原料来源，高炉冶炼成铁水成分含量变化不大。若原料发生变化，其铁水成分中［C］含量变化不大，主要是［Si］、［Mn］、［P］等发生变化，其中主要是［Si］含量变化影响热量总收入值。当铁水［Si］≤0.20%时，则铁水主要配硅操作进行冶炼，凡是经过铁水"三脱"预处理（传统"三脱"和新一代铁水"三脱"）后，［C］、［Si］、［Mn］、［P］等元素含量大幅度降低的半钢继续留在炉内或再兑入另座转炉进行少渣炼钢，转炉剩余热量不能满足加入废钢的要求，有时在终点还要加入一定数量硅铁提温，保证达到出钢温度，当铁水［Si］≥0.60%时，尽管［Si］元素氧化放热量增加，有利于增加废钢比，但是为了脱［P］、脱［S］需要而加入大量石灰等造渣剂，影响废钢加入量，也影响冶炼工艺顺行以及增加原材料的消耗。

由上述分析可知，影响转炉热能收入主要是铁水温度及其成分。在大生产中，要求二者在合理范围内且稳定。

（2）有效利用转炉剩余热量。有效利用剩余热量，应该考虑降成本和有利于转炉冶炼工艺的顺行。以废钢为主，余下的石灰、轻烧白云石、矿石、烧结矿、氧化铁皮、石灰石等常用造渣剂都会吸收转炉剩余热量（在此称为冷却剂）。不同冷却剂的冷却效果不一样，以废钢冷却效应值为1.0，其他物质冷却效应比为：石灰1.0，矿石4.0~4.5，烧结矿4.0，氧化铁4.0，轻烧白云石1.0，石灰石4.2。其中废钢类型以及加入方法不同，其熔化过程对熔池升温变化的影响如图 6-25 所示。

如图 6-25 所示，轻废钢熔化快，熔池升温速度快；重废钢熔化慢，熔池升温速度慢。

目前国内很多钢厂采用加入石灰石取代部分石灰造渣技术，取得了降低成本、降低煅烧石灰石生产石灰的能耗、减少 CO_2 排放量、不影响冶炼工艺顺行的业绩。另外，有的钢厂[3]采用加入生白云石取代部分轻烧白云石造渣方法也取得了上述的业绩。但是，应该注意石灰石、生白云石的冷却效果强，若加入量过多会影响废钢、矿石、烧结矿之类的加入量，即影响金属铁的收得率和冶炼造渣工艺顺行。所以要综合考虑，优化加入石灰石、生白云石的数量，实现综合效益。

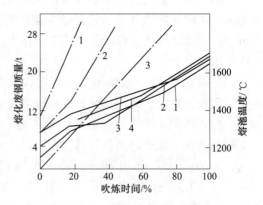

图 6-25　吹炼过程熔池温度变化
——温度；—·—废钢熔化质量
1—轻废钢；2—废钢捆；3—重废钢；4—分散加轻废钢

（3）提高转炉炉气中的 CO 二次燃烧率以及回收烟气带走的热量和煤气。炉气中 90%~95% 的 CO 气体含量，其潜在热量约占热量总支出值的 28%，提高转炉炉气中的 CO 气体二次燃烧率有利于增加炉内热量。早在 20 世纪 90 年代，我国研究应用分流、双流道氧枪取得一定效果，如在 150t 转炉应用分流氧枪，CO 二次燃烧率平均提高 3.8%；210t 转炉应用双流道氧枪，CO 二次燃烧率平均提高 4%~5%。由于分流双流道氧枪对熔池搅拌以及对溅渣护炉等有一定影响；二次燃烧过程 O_2 的利用率有限，影响煤气质量，特别是干法除尘易引起泄爆等原因，现在基本上不再应用二次燃烧氧枪。

目前，对烟气带走热量的回收方法，是采用汽化冷却器将高温炉气的热量转化为高压蒸汽，用于 RH 精炼抽真空等。烟气在经除尘系统处理后，进入煤气储存柜储存，煤气供发电和车间设备加热、烘烤等用途。

（4）炉渣物理热的回收。从热平衡表可知炉渣物理热占 13.90%。从 20 世纪 90 年代开始至今，随着炼钢工艺技术进步，转炉冶炼终点渣量逐渐大幅度下降。如物料平衡表中的渣量为 136.6kg/t 钢，采用新工艺后逐步下降到 100kg/t 钢，有的下降到 60kg/t 钢。渣量大幅度减少，因此炉渣带走的热量也就大幅度下降。特别指出所有钢厂采用溅渣护炉技术，占终渣总量 46.8%[4] 的炉渣黏结在炉衬上（既节省补炉材料，又节省补炉时用煤气、氧气等加热的能耗）；很多钢厂采用部分或者全部把溅渣护炉后剩余渣留下作为下一炉冶炼造渣使用，以上两项有 2/3~3/4（占一炉钢冶炼的总渣量）的炉渣不出炉，直接在炉内回收炉渣的热量，作为下一炉钢冶炼需要热量来源之一（热收入项）而被利用。即便剩余少量的炉渣被倒掉，那也是经过溅渣护炉过程，炉渣温度从 1650℃ 左右降至 800~1000℃ 时被倒掉。因此炉渣带走的热量也就不多了。为此，本书的转炉热效率计算，选择将炉渣的物理热作为有效热支出热量的理由也在于此。

（5）转炉热损失。转炉热损失主要是炉衬砖吸热、炉口的热辐射和对流散失热量、氧枪水冷带走热量、炉体向大气中散失热量等。一般情况下，按理论计算约占总热支出的 5%。但是，对不同吨位转炉、炉容比大小、炉役期的前后期、耐火材质及保温层厚度、冶炼工艺连续性（间断时间）、冶炼钢种，上述各类热损失也不同，一般在 1.5%~12.0%

相当宽的范围。应该结合每座转炉实际冶炼状况，进行准确测定后再进行计算，就可以明确表示各项损失占的比例。同时也有针对性采取相应措施减少或避免某项热损失发生。各项热损失具体计算如下：

1）氧枪冷却水带走的热量。在高温下，为了保护氧枪不被烧毁，采用高压水冷却氧枪，其冷却水带走的热量如下式计算：

$$Q_1 = c_p \Delta T G_{水} \tau \tag{6-3}$$

式中，Q_1 为氧枪冷却水带走热量，kJ/t；c_p 为水的比热容，kJ/(kg·K)；ΔT 为氧枪进出水温度差，K；$G_{水}$ 为水的单位消耗量，kg/(s·t)；τ 为吹炼时间，s。

为了保护氧枪在冶炼过程中正常供氧冶炼，这项所谓热损失一般固定，不允许降低氧枪冷却效果而损坏氧枪，以致影响冶炼顺行和发生漏水等大事故。

2）经过炉口辐射的热损失。这部分热损失由炉膛侧壁反射以及直接辐射组成，采用通过壁孔上孔的方法计算如下：

$$Q_2 = \phi C_0 (T_n/100)^4 F \tau \tag{6-4}$$

式中，Q_2 为经过炉口辐射热损失，kJ/t；C_0 为绝对黑体的辐射系数，W/(m²·K⁴)；T_n 为炉膛温度，K；F 为炉口的比表面积，m²/t；ϕ 为炉口的角度系数（取 $\phi \approx 1$）；τ 为辐射时间，s。

经过计算，当冶炼周期为 35min 时，辐射热损失占热支出总值的 1.1%~4.0%。若冶炼钢种已定，纯冶炼吹氧时间也就固定；炉子固定，F、ϕ 等参数就固定。因此减少这部分热损失的关键措施是控制非冶炼时间（装料、出钢、空炉等待等）的长短。

3）炉体散失热量。一般按稳态传热经过多层壁（衬砖）的热传导方程计算如下：

$$Q_3 = \frac{(T_1 - T_2)S\tau}{\dfrac{1}{\alpha_1} + \dfrac{1}{\alpha_2} + \displaystyle\sum_{i=1}^{n} R_i} \tag{6-5}$$

式中，Q_3 为炉体散失热量，kJ/t；α_1、α_2 分别为炉膛到炉衬内表面和炉体外壳面到环境的传导系数，W/(m·K)；R_i 为第 i 层衬壁的热阻，m²·K/W；n 为炉衬层数；T_1、T_2 分别为炉膛内和炉壳外环境温度，K；S 为转炉比表面积，m²/t；τ 为转炉吹炼时间，s。

经过计算可知，对几何尺寸固定的炉子和炉衬厚度、钢种而言这部分热损失不太大，仅占热支出总值的 0.4%~0.7%，而且是在冶炼过程中发生的必然结果。不能为了保存热量散失，而无限加厚炉衬厚度。在未采用溅渣护炉技术之前，一个炉役期仅在 1000 炉左右，但是炉役前后期炉衬厚度相差很大，因此炉役前后期热损失差别很大。采用溅渣护炉技术之后，尽管炉龄很长，可达 10000~30000 炉，但是在炉役前后期的炉衬厚度变化不大（所谓零侵蚀），因此这部分热损失因炉衬厚度变化就小得多了。

4）炉衬对流传热损失。高温炉衬表面热气流自发地从炉口流向炉外，而炉口外的冷空气自动地进入炉膛吸收炉衬表面热量造成热损失。这部分热损失与从炉口辐射出的热损失相当。缩短非吹炼时间，有助于减少对流传热损失，其计算如下式表示：

$$Q_4 = \alpha_k \Delta T F \tau \tag{6-6}$$

式中，Q_4 为对流传热损失，kJ/t；α_k 为对流传热系数，W/(m²·K)；ΔT 为炉衬表面和进入炉膛空气的温度差，K；F 为炉衬的比表面积，m²/t；τ 为炉衬与空气的接触时间，s。

另外，溅渣护炉吹入高压常温氮气流，是属于强制对流进行热交换过程，使炉衬表面温降较大，应该考虑。

5）炉衬吸收热量。在冶炼过程中炉衬从钢液、炉渣及高温炉气中不断地吸收热量，同时又把吸收的热量经过炉衬不断地传导给炉壳及环境，在装料时也传给冷料。因此炉衬吸热和向外传热是连续变化的复杂过程，不易精确计算，一般认为与从炉口、炉衬壁辐射热和对流热之和的热损失相当。

以上分析和给出转炉各种热损失计算公式，各种热损失与转炉吨位之间关系如图 6-26 所示。从图中可以看出各种热损失随着转炉吨位增加而呈下降趋势。

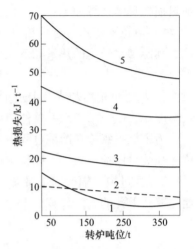

图 6-26　转炉热损失
1—吹炼时经炉体的散失热损失；
2—水冷氧枪带走的热量；
3—通过炉口的辐射热损失；
4—炉衬吸热量；5—总的热损失

B　转炉节能方向和途径[5]

a　节能方向

节能包括节能物质和非能源物质，从如下三方面分析。

（1）首先是降低转炉原材料与动力（第一类载能体）的单耗和载能量。降低转炉原料和动力单耗是降低能耗的前提。目前转炉使用的主要原料当中，能值高、用量最大的是铁水。它在高炉生产中消耗了大量能源。

早在 20 世纪 80 年代以前，由于我国废钢累积量少，并且主要供给电炉使用，因此转炉废钢比很低（5% ~ 10%），如 1989 年铁水用量达到 95%。世界上发达国家废钢累积量多，价格便宜，有的在转炉内采用加热手段，因此废钢比可达 30%，而铁水用量仅为 70%。铁水用量减少，不但降低铁水生产能耗，而且转炉冶炼耗氧降低，冶炼时间也缩短。经过多年累积，我国废钢量不断增加，但因转炉钢产量增加过快，以及采用新一代冶炼工艺所限制，废钢比不但没有增加反而下降。

其次是转炉耐火材料（炉衬砖及喷补材料）能值高。耐火材料主要成分为 MgO、CaO、Al_2O_3 等，它们经过高温炉窑煅烧及电炉熔化，消耗大量能源。在 20 世纪 80 年代以前，全国转炉炉衬寿命为 800 炉左右。从 1996 年开始实施溅渣护炉技术以后，不到两年转炉炉龄达 8000 炉，现在转炉平均炉龄在 10000 炉以上，甚至高达 60000 炉，更高达 110000 炉的世界最高炉龄（2000 年美国 LTV 钢厂最高炉龄 56000 炉）。溅渣护炉技术应用后，耐火材料用量大幅度下降，其能耗也大幅度下降。但是今后还要进一步优化溅渣护炉技术，探索吨钢耐材消耗最低、生产效益最高的复吹转炉经济炉龄。

另外就是石灰耗能值高。石灰主要成分 CaO 由石灰石主要成分 $CaCO_3$ 经过高温窑煅烧而成，消耗大量能源。在 20 世纪 80 年代以前，由物料平衡表中数据可知，石灰消耗 65.3kg/t 钢以上。目前我国主要大中型钢厂采用新工艺技术（包括留渣操作），石灰加入量降至 30~40kg/t 钢水平。但是在全国尚未完全应用冶炼新工艺技术，还有很大潜力。

还有氧气、铁合金等也都是耗能值高的主要原料。其中，转炉少渣冶炼新工艺技术，可以在冶炼后期加入锰矿等原矿直接利用钢液中［C］还原合金化技术，大大节约能耗高、用量大的合金加入量。

（2）生产过程散失的载能体的能量回收。回收载能体的能量对降低炼钢系统的能耗有很大作用，主要指转炉冶炼过程产生的高温炉气的回收。高温炉气经过烟罩、汽化冷却器将热量转化为高压蒸汽回收，经过除尘系统处理再回收煤气。据 2007 年报道，我国重点大型冶金企业蒸汽回收量为 40~80kg/t 钢；煤气回收量（标态）为 60~110m³/t 钢。从这两组数据范围来看，上下限波动很大，大有潜力。

　　另外，关于炉渣物理热的利用，如前面所述：1）炉渣总量大幅度降低 50% 左右，因此炉渣物理热也随之下降 50% 左右。2）2/3~3/4（占一炉钢冶炼总渣量）的炉渣不出炉，在炉内充分利用其热量；其中应用溅渣护炉技术将近一半的终渣黏结在炉衬上；另外溅渣后剩余炉渣的一部分或全部留在炉内作为下一炉钢冶炼的初期渣使用，节约部分初期渣升温需要的热量。有人研究[6]向留在炉内的高温炉渣加入石灰石，利用炉渣高温煅烧石灰，为下一炉钢冶炼初期造渣，提前加入"高温"石灰，这一技术的应用可降低煅烧生产石灰的能耗。

　　总而言之，溅到炉衬上的溅渣层炉渣和留下来的炉渣温度均可达到 800~1000℃ 的高温，对下一炉钢冶炼先装入的废钢和加入造渣剂而言都起到加热作用，因此高温炉渣不出炉其热量在不同程度上得到回收利用。

　　（3）降低燃料（第二载能体）单耗及载能量。与转炉冶炼工艺相配套的前、后冶金设备容量、运输能力、工艺技术路线以及合理布置等构成冶金工艺系统流程。其中流程的合理性直接影响原材料用量、形成产品过程的燃料单耗和载能体的损失。在此应该指出，在线、紧凑型布置等都是炼钢车间节能降耗的重要方向。建新厂或者老厂改造之前，必须慎重考虑。

　　b　节能途径

　　上述节能方向，明确地指出转炉生产过程消耗能源的诸多因素。与此有关的是：生产工艺技术路线、工艺流程在线连续布置、原材料及燃料条件、设备状况、产品结构、副产品、废弃物和废能源回收等。

　　（1）降低第一类载能体单耗及载能量的途径：

　　1）降低发电供水能耗、供电能耗；

　　2）保证铁水条件、石灰活性度和提高辅材质量等；

　　3）淘汰高能耗的设备，采用节能型设备以及设备大型化；

　　4）提高连铸、连轧的收得率；

　　5）采用新一代炼钢工艺流程，降低原材料消耗以及载能体单耗。

　　（2）降低第二类载能体单耗及载能量的途径：

　　1）按照生产连续性、紧凑在线布置原则，解决炼钢车间内设备不配套问题，降低温度损失，缩短时间，提高各个环节的热效率；

　　2）合理安排检修主体、辅助设备，在杜绝事故前提下，尽可能延长设备寿命，保证其正常运转，提高设备作业率；

　　3）优化产品结构，降低原材料消耗，提高成品合格率。

　　（3）回收散失的载能体及能量的途径：

　　1）回收转炉烟气中的煤气和热量；

　　2）充分利用高温炉渣进行溅渣护炉、留渣操作以及少量余渣处理过程的热量回收，拆下的炉衬废砖、转炉烟尘、石灰粉尘等回收再利用；

3）减少输气管、储气罐、储气柜等系统漏气。

C　转炉炼钢节能实践

a　转炉节能工作

根据文献［7］报道，1995 年我国冶金产品成本结构分布为：原材料、燃料及运输费用占 73.05%，劳动力占 13.81%，折旧费占 10.5%，财务费用占 4.33%。从上述数据可知，原材料、燃料及运输费用占比例最大，因此它是节能中最有潜力的方面。转炉生产工序能耗并不多，但是它所消耗的非能源物质，如生铁、铁合金、耐火材料等却很多。因此要在直接能耗、间接能耗以及回收排放等方面做好节能工作。

b　转炉节能的几个主要目标

（1）降低铁水比。转炉原材料中铁水消耗占最大比例。20 世纪 80 年代，由于缺少废钢，而且铁水［Si］含量高达 0.8%~1.0%。为了平衡炼钢过程的富余热量，采用大渣量或加入石灰石、生白云石、菱镁矿等降温。如今，从高炉和转炉两个冶炼系统的能源消耗成本换算综合考虑，在保证炼铁厂供给转炉合格范围的铁水温度、成分含量条件下，炼钢厂从降成本、节能等出发，全面考虑加入废钢、矿石、烧结矿、石灰石、生白云石等强冷却剂各自的加入量，并适应钢种冶炼工艺顺行的要求。

（2）优化铁水预处理工艺路线，减少处理时间和温降损失；转炉与炉外精炼之间采用在线、连续布置；转炉、炉外精炼与连铸之间采取紧凑型布置；钢包在线烘烤并加盖保温等措施，减少工序之间温度损失以及包括行车在内的各种运输工具的能耗。上述措施实施还可以降低出钢温度和缩短周期时间。

（3）采用新一代炼钢工艺的造渣方法以及留渣操作工艺，减少石灰等造渣剂的加入量，因此大幅度降低炉渣总量及其带走的热量，并且也节约石灰等造渣剂生产过程消耗能量。高温炉渣用于溅渣护炉以及留渣为下一炉钢造渣所用。剩余渣量（少量终渣、部分中间倒出渣）再进一步处理，部分热量还可以回收，其处理后的炉渣转化为其他产品应用于道路、建筑等领域。

（4）采用溅渣护炉技术，不仅发挥高温炉渣有效应用方向，而且大幅度提高转炉炉龄（10~30 倍），耐火材料用量大幅度下降，同时也大幅度节约制作耐火材料的能耗（包括原料煅烧及其产品成型加工）。

（5）优化炼钢工艺，降低终点钢中［O］含量，采用含合金元素的原矿（锰矿、铬矿等）直接加入转炉进行合金化，采用喂线（含合金元素）技术进行合金化提高收得率等措施，都有利于降低能耗高的各种脱氧剂或合金的加入量，达到节能效果。

（6）回收转炉烟气中的热量和煤气，目前绝大多数钢厂的转炉已经实现回收，但是回收水平相差很大。多数钢厂需要继续提高回收效率，这是转炉回收能源的最重要途径。图 6-27 为转炉炉气能量回收比例的示意图。

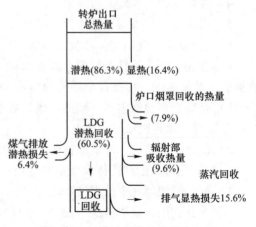

图 6-27　转炉炉气能量的回收比例

6.2.2.2 能源中心在转炉能源管理中的作用

建立能源管控中心，可以实现对全公司整个检测点进行采样，然后传输到管控中心进行集中处理、显示、累计。由于有了能源管控中心，能源生产、使用、管理上从过去局部的、单靠经验的孤立静止状态进入到了一个较全面的整体的瞬时动态水平，从而为做好能源动态平衡提供了强有力的手段。与此同时，能源管控中心根据生产作业计划，做好能源供需平衡计划，并合理安排好检修计划，防止产气设备或用气设备的集中检修而造成能源大量放散，使能源的产、销、储、配相对稳定。

能源中心对转炉供需而言可以实现转炉煤气的合理平衡调度。下面是某厂通过能源中心进行转炉煤气系统在线平衡调整的情况。

LDG 的产生取决于炼钢的吹炼状况，当转炉的吹炼节奏过快、系统供大于求、LDG 煤气柜（两座 8 万立方米）来不及储存时，就会导致 LDG 因柜满而放散。当转炉长时间不吹炼、系统供小于求、LDG 煤气柜内储量紧缺时，就需启用合成 LDG 装置（高炉煤气 BFG 和焦炉煤气 COG 按比例掺混），但是合成装置的能力有限，而且合成 LDG 的成本远高于原生 LDG。

电厂是 LDG 的主要调节用户，电厂煤气混合装置将 LDG 按一定比例（BFG 和 LDG 总量的 0~14%）混入 BFG，可以在 8min 内增减 $60000m^3$（标态）的 LDG。高炉热风炉和热轧加热炉是 LDG 的主要固定用户，能左右 LDG 系统用量的变化。

LDG 用户主要分布在一、二期厂区，在正常情况下，三期厂区用户的用量远小于炼钢车间回收的 LDG 量，需要通过调节联网装置和电厂煤气混合装置来消化。6G/S（6 号机组）送出的压力高于 3G/S（3 号机组）送出的压力，LDG 只能从三期厂区送至一、二期厂区。LDG 系统供需平衡调整流程见图 6-28。

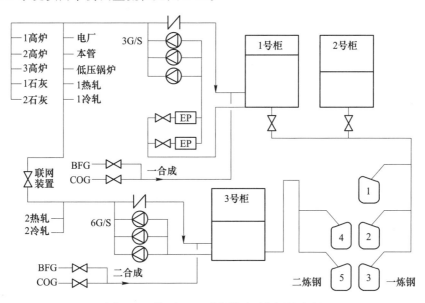

图 6-28 某厂 LDG 系统供需平衡调整流程

LDG 系统的平衡主要存在以下一些困难：对于转炉吹炼节奏的变化把握不准确，这里有炼钢未能及时通知能源中心的因素，也有动力调度未能及时观察到的原因。为了防止煤气热值变化过快对电厂机组带来影响，电厂煤气混合装置对 LDG 的混入设置了延迟，如果对 LDG 的混入量不能提早设置，那么电厂的调节作用就不能达到预期效果。联网装置的开度是根据系统工况手动设置的，需要按照吹炼节奏和系统的总用量及时改变设置才能起到应有效果。动力调度日常业务繁忙，不能专门抽出精力来平衡 LDG 系统。

从以上分析可以看出，LDG 系统平衡的关键在于把握 LDG 的回收过程、LDG 煤气柜的状态、LDG 系统用量之间的关系来指导电厂 LDG 混入量和联网装置调节量。

而能源中心 EMS 系统（能源管理系统）改造的完成，尤其是 EMS 系统优化工作的不断落实，为充分发挥现有系统设备优势、提升能源系统控制调整水平提供了良好的基础。实现 LDG 回收与利用智能控制系统的设想就是在此基础上形成的。

6.3　转炉炉渣处理

转炉炼钢过程中，目前吨钢产渣量为 70～100kg。2016 年产钢 8 亿吨，其中转炉钢占90%，即转炉炼钢产量为 7.2 亿吨。按照吨钢渣量 70～100kg 计算，一年产渣量为 5040 万～7200 万吨。扣除溅渣护炉黏结到炉衬上、留渣操作的炉渣，外排炉渣量为 2140 万～3000万吨。在钢铁企业中，这是仅次于高炉渣的第二大固体副产品。炉渣中不仅含有一定量的金属铁，还含有 CaO、SiO_2 和 Fe_2O_3 等有价值资源，可以有多种回收和利用途径。另外，炉渣均在高温下形成，在冷却过程中放出大量热量，1kg 温度为 1600℃的炉渣其显热高达1800kJ，现在有的科研单位已经开始开发研究对该部分热量进行合理回收工艺，将可以节省大量能源。

国内钢铁企业以前对炉渣的综合利用普遍不够重视，炉渣的处理工艺落后，利用途径较单一，利用附加值较低。还有大量炉渣未能得到及时处理和利用，占用了大量土地，产生大量扬尘。此外由于炉渣中含有游离氧化钙经雨水冲刷溶解进入水中，造成土壤碱化，地下水中 pH 值升高，对生态环境产生严重影响。随着国家对环境的日益重视，钢铁企业开始着力于炉渣的处理和利用，炉渣也不再是废弃物，而是可以被循环利用的资源。

6.3.1　炉渣的理化指标

6.3.1.1　炉渣的化学成分

以某厂为例，转炉终渣的化学成分见表 6-12。

表 6-12　转炉终渣的化学成分　　　　　　　　　　　　（%）

（CaO）	（MgO）	（SiO_2）	（Al_2O_3）	TFe	（MnO）	（S）	（P_2O_5）	f. CaO
40～46	6～10	9～11	1.5～2.5	16～22	4～5	0.04～0.05	2～3	6～18

6.3.1.2　炉渣的岩相组成

转炉炉渣的主要岩相组成见表 6-13。图 6-29 为典型的炉渣岩相照片。

表 6-13 炉渣的岩相组成

相组成	化学式
硅酸二钙	$2CaO \cdot SiO_2$
硅酸三钙	$3CaO \cdot SiO_2$
铁酸钙	$2CaO \cdot Fe_2O_3$
RO 相	Fe(Ca, Mn, Mg)O
游离氧化钙	CaO
游离氧化镁	MgO

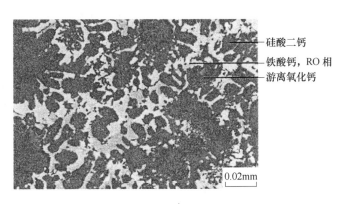

图 6-29 炉渣的典型岩相

6.3.1.3 炉渣的物理特性

（1）炉渣的密度：由于炉渣的铁的氧化物含量比较高，所以炉渣的密度比高炉渣高，一般为 $3.1 \sim 3.6 g/cm^3$。

（2）炉渣的堆密度：炉渣的堆密度和粒度有关。通过 0.175mm 标准筛的渣粉的堆密度为 $1.74 g/cm^3$ 左右。

（3）炉渣的易磨性：由于炉渣较致密，因此相对较难磨。易磨指数以标准砂为 1，高炉渣为 0.96，而转炉渣约为 0.7。

（4）炉渣的耐压性：炉渣的抗压性能好，压碎值为 $20.4\% \sim 30.8\%$。

（5）炉渣的热含量：炉渣的热含量随炉渣温度而变，如图 6-30 所示，1600℃ 的炉渣热值达 1800kJ/kg。对应的炉渣成分范围为：SiO_2 13% ~ 20.3%，TFe 10.2% ~ 24.3%，CaO 35.7% ~ 49.1%。

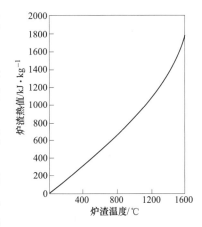

图 6-30 炉渣热值与温度的关系

（6）炉渣的粉化：硅酸二钙（$2CaO \cdot SiO_2$）是转炉炉渣中主要的相组成，炉渣冷却至约 490℃ 时硅酸二钙会由单斜体的 β 型转变为斜方体的 γ 型，该晶型转变引起体积增大 12%，从而导致炉渣的粉化。炉渣中的游离氧化钙遇水后消解反应生成氢氧化钙，体积膨胀，是造成炉渣体积不稳定的主要原因。此外，炉渣中的游离氧化镁水解后也会引起体积膨胀，该反应是个缓慢的过程，长达数年之久。

6.3.2 转炉炉渣处理工艺

炉渣处理技术的选用，需视再利用途径而定。一套完整的炉渣处理工艺可分为四部分，包括：炉渣预处理工艺、炉渣加工工艺、炉渣养护工艺和残钢精加工工艺。但是具体到一个企业，不一定四部分工艺都有，可根据具体需要取舍。

6.3.2.1 炉渣预处理工艺

炉渣预处理工艺是将转炉高温炉渣处理成较小粒度的渣粒和渣块，以备后续的加工利用。常见的炉渣预处理工艺有热泼法、浅盘法、水淬法、风淬法、热闷法、滚筒法等。

A 热泼法

热泼法是将高温炉渣用渣罐运送至热泼场，用吊车将炉渣倒在坡度为 3%~5% 的热泼床上，待炉渣自流成渣饼稍冷后，喷水使之急冷，渣饼因热应力而龟裂成渣块。待温度降至 300~400℃ 时，再在渣饼上泼第二层，渣饼也因为温度反复变化而进一步龟裂。如此重复进行，当渣层达到一定厚度后，用推土机推起装车，送至炉渣处理车间进一步进行破碎、筛分、磁选等处理。热泼法工艺流程见图 6-31[8]。热泼法排渣速度快，但需大型装载挖掘机械，设备损耗大，占地面积大，破碎加工时粉尘量多。

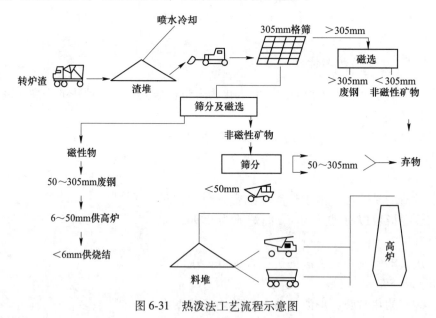

图 6-31 热泼法工艺流程示意图

B 浅盘法（ISC）工艺

浅盘法亦即 ISC 工艺（instantaneous slag chill process），为日本新日铁公司开发。宝钢的浅盘工艺从新日铁引进。流动性较好的液态渣（A、B 渣）、黏性渣（C 渣）通过渣罐运送至渣处理间，再用 120t 吊车把渣倒入渣盘中，静置 3~5min，第一次喷水冷却，喷水 2min，停 3min，如此重复 4 次，耗水量约为 0.33m³/t，炉渣表面温度下降至 500℃ 左右。然后将浅盘中凝固并破碎的炉渣倾倒在排渣车上，排渣车将炉渣运送到第二次冷却站进行第二次喷水冷却，喷水 4min，耗水量为 $0.08m^3/t$，炉渣温度下降至 200℃ 左右。再将炉渣倒入水池内进行第三次冷却，冷却时间约 30min，耗水量 $0.04m^3/t$，炉渣至此温度降至 50~70℃，随后输送至粒铁回收线。浅盘法工艺流程见图 6-32[9]。

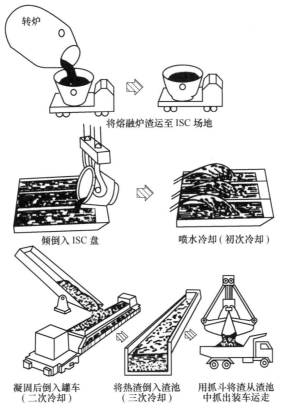

图 6-32 浅盘法工艺流程示意图

浅盘法工艺的优点为：

（1）用水强制快速冷却，处理时间短，每炉渣用 1.5~2.5h 即可处理结束，处理能力大；

（2）整个过程采用喷水和水池浸泡，减少了粉尘污染；

（3）经 3 次冷却后，大大减少了渣中矿物组成和游离氧化钙、氧化镁等所造成的体积膨胀，从而改善了渣的稳定性；

（4）处理后炉渣粒度小而均匀，可减少后段破碎筛分加工工序；

（5）采用分段水冷处理，蒸汽可自由扩散，操作安全；

（6）整个处理工序紧凑，采用遥控操作和监视系统，劳动条件好。

浅盘法的缺点是炉渣要经过 3 次水冷，蒸汽产生量较大，对厂房和设备有腐蚀作用，对起重机寿命有影响。

C 水淬法

水淬法是利用压力水泵喷出高压水柱将高温熔渣流分割、冲碎，高温炉渣遇水急冷收缩产生应力集中而破碎成粒渣，同时完成了热交换，使炉渣在水中进行粒化。水淬工艺有下列几种形式：

（1）渣罐倾翻法。该法是将渣罐倾翻使炉渣缓慢落入水池水淬，同时还有一排压力水流在水面上冲散熔渣，起到搅动池中水的作用，以避免池中局部过热，如图6-33所示。

（2）渣罐开孔法。该工艺较适用于中小型钢厂。炉渣从转炉倒入炉下的渣罐内，渣罐运至水淬池边，人工将渣孔捅开，液态渣流出，在下降过程中被由喷嘴喷出的高压水击碎和分割，炉渣在水幕中进行粒化。当渣量较大时，少量炉渣穿透水幕落入水池进行急冷粒化。水淬炉渣用抓斗吊车抓出，在地坪堆存滤水后再进行二次利用。工艺流程如图6-34[10]所示。

该工艺的特点是：水淬点在池内，利用渣罐孔径控制渣的流量，在确保高压水冲的前提下，采用"以冲为主，连冲带泡"的方法，扩大渣水接触面积，使大量炉渣在水幕中及水池内粒化，消除了爆炸事故，达到了炉渣粒化的目的。

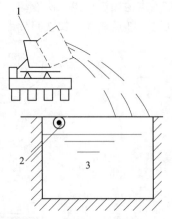

图 6-33　炉渣罐倾翻水淬
工艺流程示意图
1—渣罐；2—喷嘴；3—水渣池

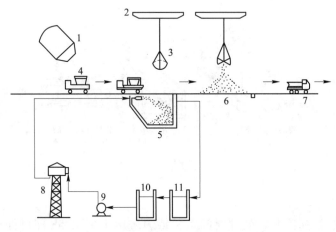

图 6-34　渣罐开孔水淬工艺流程示意图
1—转炉；2—吊车；3—抓斗；4—渣罐；5—水淬池；6—地面滤水；7—汽车；
8—水塔；9—水泵；10—吸水井；11—沉淀池

（3）喷水轮式法。该工艺是将炉渣从装有倾动装置的渣罐倾翻进入流槽后向下流，经喷水轮甩落至水渣池的底部，渣水混合物进入沉淀槽，所生成的蒸汽从抽风管排出，沉淀槽的底部是倾斜的，水淬炉渣沉淀后进入第二水渣池，并由斗式提升机提升到接渣斗内。提升过程中多余的水从斗内流出，两个水池的水位是一致的，在第二水渣池的上部有小孔，池上的净水可通过水泵送至第三水池，以供喷水轮正常工作用。最后炉渣由皮带运输机送至料场利用。工艺装置如图6-35[11]所示。

D　风淬法

风淬法的工艺示意图见图6-36。液态炉渣流至炉渣罐内，用吊车吊起翻入中间罐内，炉渣从中间罐流出，受到下方的空气粒化器喷出的高速气流冲击，液态炉渣经风冲击后吹撒为细小的液态炉渣粒。渣粒在表面张力的作用下收缩为球状，并由于空气的作用，表面温度急速下降而变为固态。在罩式锅炉内回收高温空气并捕集渣粒。

与其他工艺相比，风淬法的优点为：（1）由于完全不用水冷却处理，避免了熔渣遇水爆炸的问题，有利于安全生产；（2）粒化渣全部进入罩式锅炉内，改善了处理炉渣时的高温和粉尘的操作环境；（3）由于炉渣快速冷却，炉渣内硅酸二钙仍保留为 β 型，性质稳定；（4）能以蒸汽的形式回收熔渣热量，节约了能源。

风淬法的主要缺点是炉渣必须是液态状，并必须通过中间罐以控制流量，故可以风淬处理的炉渣不会超过总渣量的 50%，其他流动性差的炉渣尚需其他方法处理。

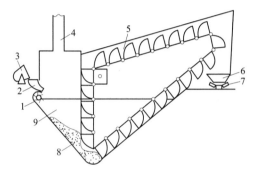

图 6-35　喷水轮式炉渣水淬工艺流程装置示意图

1—喷水轮；2—流槽；3—渣罐；4—抽风管；5—斗式提升机；
6—接渣斗；7—皮带运输机；8—水淬炉渣；9—沉淀槽

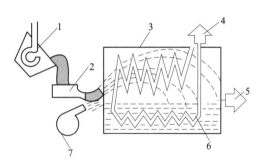

图 6-36　风淬工艺流程装置示意图

1—渣罐；2—中间罐；3—罩式锅炉；4—蒸汽；
5—风淬渣；6—锅炉管；7—风机

E　热闷法

炉渣热闷法处理工艺如图 6-37 所示[12]。当大块炉渣冷却到 300~600℃时，将其装入翻斗汽车运至闷罐车间，倒入闷罐内，然后盖上罐盖。在罐盖的下方安装有能自动旋转的

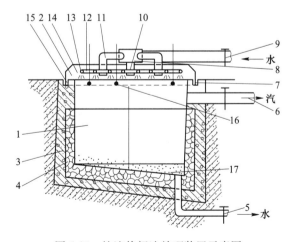

图 6-37　炉渣热闷法处理装置示意图

1—槽体；2—槽盖；3—钢筋混凝土外层；4—花岗岩内衬；5—可控排水管；6—可控排气管；
7—凹槽；8—均压器；9—可控进水管；10—垂直分管；11—四方分管；12，13—支管；
14—多向喷孔；15—槽盖下沿；16—测温计；17—预放缓冲层

喷水装置，间断地往热渣上喷水，使罐内产生大量蒸汽，与炉渣产生复杂的物理化学反应，使炉渣产生淬裂。炉渣由于含有游离氧化钙，遇水后会消解成氢氧化钙，发生体积膨胀，使炉渣崩解粉碎。炉渣在罐内经闷解后，一般粉化效果都能达到 60%~80%，然后用反铲挖掘机挖出，进行后步处理。

该工艺的特点是：机械化程度较高，劳动强度低；由于采用湿法处理炉渣，环境污染少，还可以部分回收热能；处理后钢、渣分离好，可提高废钢回收率；处理后炉渣稳定性好。

　　F　滚筒法

滚筒法处理工艺是宝钢在购买俄罗斯专利技术的基础上，经过消化吸收和创新后，于1998 年首次进行了工业化应用。生产实践表明，该装置具有流程短、投资少、环保好、处理成本低以及炉渣稳定性好等优点。

该工艺的流程见图 6-38，液态炉渣自转炉倒入渣罐后，经渣罐车运输至渣处理场，用吊车将渣罐运到滚筒装置的进渣流槽顶上，并以一定速度倒入滚筒装置内，液态炉渣在滚筒内同时完成冷却、固化、破碎及炉渣分离后，经板式输送机排出到渣场。此炉渣经卡车运输到粒铁分离车间进行粒铁分离后便可直接利用。

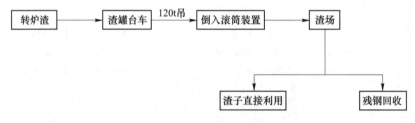

图 6-38　滚筒法工艺的流程

经滚筒法处理后的炉渣游离氧化钙全部在 4% 以内，其中小于 1% 的占 45%。处理后炉渣的粒度分布见表 6-14，可见小于 15mm 的炉渣约占总量的 97% 以上。

表 6-14　滚筒法炉渣的粒度分布

粒径/mm	百分比/%
>15.0	2.21
15.0~10.0	9.69
10.0~5.0	43.87
5.0~2.5	21.71
2.5~0.9	14.13
<0.9	8.39
合计	100

滚筒法比较适合处理流动性较好的炉渣，对流动性差的大渣块比较难以处理，这是该工艺的不足之处。

6.3.2.2 炉渣加工工艺

炉渣加工的功能，是将经预处理的炉渣再破碎、磁选、筛分等，选出残钢，分级成符合要求的规格渣。残钢则可再进行精加工直接按不同规格供烧结、高炉、转炉或电弧炉使用。规格渣供厂内循环利用、水泥原料及土壤改良剂等使用，供道路工程或建材原料的炉渣还需要进行炉渣养生处理。

炉渣加工因破碎原理不同可分为机械破碎法和自磨法两种。

A 机械破碎法

炉渣加工所使用的破碎机有颚式破碎机、圆锥式破碎机、反击式破碎机和双辊式破碎机等。磁选机有悬挂式和带式电磁铁磁选机。筛分机有格筛、单层振动筛和双层振动筛等。炉渣加工程序，就是用皮带输送机按不同要求将上述几种设备连接起来，组合成各种流程。图6-39为宝钢炉渣加工工艺流程。

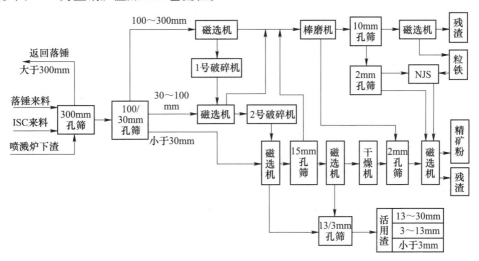

图 6-39 宝钢炉渣加工工艺流程

B 自磨法

炉渣自磨法是利用炉渣在旋转的自磨机内，凭借自身的相互撞击和压磨达到破碎和磨细。粒度小于自磨机周边出料孔径，炉渣自行漏出，未能磨小漏出的残钢，达到一定量时控制系统发出排钢信号，此时板式给料机停止给料，自磨机料斗打开，排料槽伸入自磨机内，通过自磨机旋转将残钢落入排料流槽。自磨法的工艺流程见图6-40。自磨机可以处理

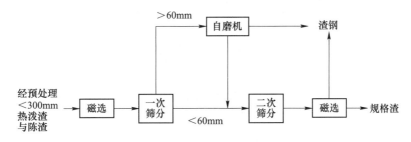

图 6-40 炉渣自磨工艺流程

250mm 以下的块渣，流程简单，渣钢分离好，通过调换排料孔的大小可以很方便地改变破碎产物的粒度。

6.3.2.3 炉渣养护工艺

炉渣养护是使炉渣中游离氧化钙等进一步消解，使其具有体积稳定性，以确保炉渣用于道路工程和建材方面的产品和工程的安全。通常采用的消除游离 CaO 方法有以下几种：

（1）自然堆放。把炉渣堆在渣场，经过风吹雨打的自然陈化，此法占地面积大，存放时间长，长达数年。

（2）温水陈化。日本钢厂[13]采用温水陈化处理炉渣的条件是在 60℃ 下浸 72h，水浸膨胀率低于对炉渣用于道路的 1.5% 的要求。

（3）蒸汽陈化。为了提高炉渣陈化效率，神户钢铁公司建造能在短时间内大量处理炉渣的蒸汽陈化设备[14]，蒸汽陈化设备是一个蒸汽坑，蒸汽流量 2~6t/h，升温时间 16~24h，保温时间 1~3 日。处理 48h 后，炉渣水浸膨胀率小于 1%。48h 后，延长处理时间，水浸膨胀速率下降，但下降得很慢。增加蒸汽流量对炉渣水浸膨胀率下降无效，所以低流量的蒸汽陈化处理是有效的。住友金属采用蒸汽陈化炉渣的方法是炉渣在 100℃ 蒸汽下陈化 24h 后，炉渣水浸膨胀率由 3% 下降到 0.5%，陈化 2 日下降到 0.25%（公司内标准 0.5% 以下）[15]。若自然堆放陈化，经过 1 年时间水浸膨胀率才降到 0.75% 左右。日本川崎钢铁公司研究蒸汽陈化最合适温度及蒸汽中混有 CO_2 作用[16]。研究结果如下：用 100℃ 蒸汽陈化 24h 与用 500℃ 蒸汽陈化 2h 效果相同。若蒸汽中添加约 3%（体积分数）CO_2，陈化速度增加一倍。

（4）高压蒸汽陈化。住友金属公司与川崎重工共同开发新的炉渣陈化工艺[17]，称作 SKAP（Sumitomo Kawasaki aging process）工艺，用高压蒸汽陈化，借助高压蒸汽能显著地加快炉渣中游离氧化钙的水合反应，蒸汽温度为 158℃，压力为 0.5MPa。相比常压蒸汽处理，陈化的时间缩短为常压时的 1/24，蒸汽量节约 60%，操作安全。SKAP 工艺装置流程见图 6-41，该工艺与常压蒸汽陈化工艺比较示于表 6-15，设备规格见表 6-16。此装置已在住友金属和歌山厂顺利运行。

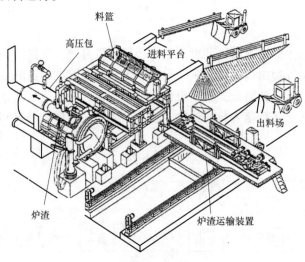

图 6-41　SKAP 工艺装置示意图

表 6-15 高压和常压蒸汽陈化工艺比较

项 目	堆置型	压力容器型
蒸汽条件/kPa	98	590
陈化时间/h	≥48	≤2
蒸汽消耗/kg·t⁻¹	140	80

表 6-16 SKAP 设备规格

能力/t·月⁻¹	12000（50t/批）
1 批周期/h	3
容器尺寸/m×m	$\phi3.6×9.4$
铲斗容积/m³	25

6.3.2.4 残钢精加工工艺

经加工磁选出的残钢，一般铁含量在55%以上，可以进行简单的分类，小于10mm级的做烧结精矿粉使用，稍大块的可以做高炉或炼钢原料使用。残钢精加工是使残钢的铁含量提高到90%以上。残钢精加工可以采用棒磨机处理，残钢在旋转的棒磨机内经过钢棒和大块钢的磨打，使渣钢分离。经过磁选后，即可得到含钢90%以上的残钢。也可以将棒磨机和投射式破碎机联合使用，大块残钢用棒磨机处理，小块残钢用投射式破碎机处理。

6.3.3 炉渣的利用

炉渣二次利用最好的途径是作为高炉、转炉原料，在钢铁厂自行循环使用。此外，炉渣还可用于道路工程、建材原料、炉渣肥料及填坑造地等。

6.3.3.1 炉渣用于冶金原料

A 炉渣用做烧结材料

烧结矿中配加炉渣代替熔剂，不仅回收利用了炉渣中残钢、氧化铁、氧化钙、氧化镁、氧化锰等有益成分，而且可用作烧结矿的增强剂，提高了烧结矿的质量和产量。

烧结矿中适量配入炉渣后，显著地改善了烧结矿的质量，使转鼓指数和结块率提高，风化率降低，成品率增加。再加上用于水淬炉渣疏松、粒度均匀、料层透气性好，有利于烧结造球及提高烧结速度。此外，由于炉渣中 Fe 和 FeO 的氧化放热，节省了烧结矿中钙、镁碳酸盐分解所需要的热量，使烧结矿燃料消耗降低。高炉使用配入炉渣的烧结矿，由于烧结矿强度高、粒度组成改善，尽管铁品位略有降低，炼铁渣量略有增加，但高炉操作顺行，对其产量提高、焦比降低是有利的。

国内某厂使用含 SiO_2 高的矿粉生产自熔性或高碱度烧结矿时，由于烧结矿中 $\beta\text{-}C_2S$ 在冷却过程中转变为 $\gamma\text{-}C_2S$，体积膨胀引起粉化现象。为此烧结矿中配入了5%~7%的炉渣，由于炉渣中一般磷含量较高，磷固熔于硅酸二钙中有防止其发生晶变的作用，粉化现象基本消除，如图 6-42[18] 所示。经过烧结过程中的强烈化学反应，炉渣中 FeO 绝大部分都转变为磁铁矿和铁酸钙，不会影响还原性。炉渣中含有大量的金属铁和低价氧化铁，在烧结过程中都有被氧化的条件，氧化反应可放出大量的热量。另外炉渣是熟料，炉渣中所带入的钙镁，节约了熔剂加入量，因此节约了热量。据统计 1t 炉渣最高可节省燃料焦粉用量约 0.12t。炉渣配入烧结矿后成本降低 13% 以上。

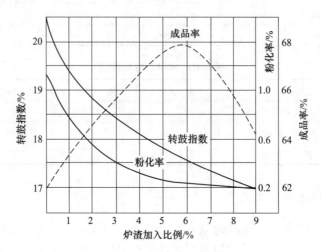

图 6-42　炉渣对烧结矿强度的影响

如文献 [10] 介绍唐山钢厂在烧结矿中配入 10% 以下的炉渣，同样抑制了烧结矿的粉化，同时还降低了石灰石耗量和焦比。

此外，宝钢、济钢、首钢、南钢、马钢、鞍钢等均在烧结矿中配加了炉渣，都取得了良好的经济和环境效益。

烧结矿中配加炉渣值得注意的问题是磷富集。按照宝钢的统计数据，烧结矿中炉渣配入量增加 10kg/t，烧结矿的磷含量将增加约 0.0038%，而相应铁水中磷含量将增加 0.0076%。比较可行的措施是控制烧结矿中炉渣的配入比例，另外可以在生产中有针对性地停配炉渣一个时期，待磷降下来后再恢复配料。

另外，炉渣的粒度过大对烧结矿质量会带来不利影响。如炉渣平均粒度过大，较粗的炉渣在烧结混合料中产生偏析，造成烧结矿的碱度波动，给高炉生产带来不利影响。为此应该增强炉渣的破碎和筛分能力，保证粒度的均匀性。

B　炉渣用做高炉熔剂

美国自 20 世纪 50 年代开始用平炉炉渣返回高炉，60 年代推广至西方各国。炉渣直接返回高炉做熔剂主要优点是利用渣中氧化钙代替石灰石，同时利用了渣中有益成分，节约了熔剂消耗。但由于目前高炉大都使用高碱度烧结矿，基本上不加石灰石，所以炉渣返回高炉的用量受到限制。但对于烧结能力不足的高炉，用炉渣做高炉熔剂的价值仍很大。此外，炉渣中较高的铁氧化物含量可代替部分铁矿石。炉渣中的 MgO 可置换部分白云石，可以增加炉渣的流动性和提高稳定性。炉渣中的 MnO 可回收进入铁水。

表 6-17 为国内某厂 1200m³ 高炉使用炉渣后的熔剂耗量和铁水磷含量的情况[19]。由此看出，炉渣加入后，石灰石和萤石耗量均大幅下降，焦比也随之降低，铁水磷含量则升高约 0.02%。

表 6-17 国内某厂 1200m³ 高炉使用炉渣情况

| 炉渣 | 熔剂单耗/kg·t 铁⁻¹ | | | | 生铁磷含量/% | 生铁合格率/% | 焦比 /kg·t⁻¹ |
	石灰石	白云石	锰矿	萤石			
0	176	10.7	5.0	7.1	0.121	97.11	737
86	83	13.3	2.3	3.3	0.143	99.50	639
85	51	30.0	2.4	0	0.136	100.00	548

C 炉渣用做炼钢返回渣料

使用部分转炉炉渣返回转炉冶炼能提高炉龄，促进化渣，缩短冶炼时间，又可降低副原料消耗，并减少转炉总的渣量。

日本住友金属和歌山厂在 160t 转炉采用返回转炉渣和白云石做造渣剂。炉渣粒度为 15~50mm。在吹炼开始 3min 内全部加入，吨钢加入量 20~130kg。为防止渣量过大而引起喷溅，采用低枪位操作。为了吹炼稳定，白云石分批加入，可以提前化渣。减少了石灰和萤石用量，转炉渣总量减少最高达 60%。

首钢也进行过转炉返回炉渣试验。吨钢加入炉渣量 25~30kg，块度小于 50mm，炉渣通过炉顶料仓加入。实践表明，初渣成渣快，终渣化得透。试验中 70% 的炉次无须加萤石，石灰用量减少 10%。返回渣配加白云石，终渣较黏，倒炉后可以在炉壁上形成渣壳，提高了转炉炉龄。

宝钢在国内率先开发了"转炉预脱磷+转炉脱碳"的工艺（BRP 工艺）。即在转炉内进行铁水脱磷处理，出半钢后再进行脱碳处理，可以稳定地生产磷含量低于 50×10^{-6} 的超低磷钢。由于脱磷负荷主要由脱磷炉分担，因此脱碳炉的炉渣磷比较低，如表 6-18 所示，可以返回脱磷炉造渣。另外现在国内大部分转炉都采用留渣操作，回收了资源，降低了造渣料单耗。

表 6-18 宝钢 BRP 工艺脱碳炉渣成分 （%）

TFe	(CaO)	(SiO₂)	(MgO)	(P₂O₅)	S	(MnO)
16.0	41.0	11.6	6.5	1.32	0.060	10.7

6.3.3.2 炉渣用于道路工程

炉渣用于筑路是炉渣综合利用的一个主要途径。欧美各国炉渣约有 60% 用于道路工程。炉渣碎石的硬度和颗粒形状都很适合道路材料的要求。炉渣用于道路是多方面的，可以用于道路的基层、垫层及面层。一般是炉渣与粉煤灰或高炉水渣中加入适量水泥或石灰做为激发剂，做为道路的稳定基层。

如宝钢在三期工程主干道纬十一路采用炉渣、粉煤灰和石灰的三渣在道路基层施工中进行试验。试验道路第一段采用水淬炉渣、粉煤灰和石灰三渣混合料；第二段采用粒铁回收后的规格渣、粉煤灰和石灰三渣混合料。对比路段采用天然碎石、粉煤灰、石灰三渣和高炉水渣、粉煤灰和石灰三渣，炉渣三渣基层具有较高的承载力，铺筑沥青面层后，经一年行车考验，路面平整无裂纹，与其他路段无区别。炉渣铺路的经济效益显著，三种基层三渣材料费用比较见表 6-19。

表 6-19　基层材料费用比较

基层材料	炉渣三渣	高炉渣三渣	天然碎石三渣
每公里材料费/万元	38.0	55.2	86.6

此外，炉渣还可以用于沥青混凝土路面。炉渣在沥青混凝土中有很高的耐磨性、防滑性和稳定性，是公路建设中有价值的材料。国外曾在用沥青混凝土铺筑的试验路面上进行了路面抗防滑轮胎磨损试验，一种是用硬质天然碎石为骨料，另一种是用炉渣为骨料。结果表明炉渣路面较天然硬质岩抗磨性好，另外炉渣的防滑性也较好。炉渣还适用于冬季修补路面的热拌沥青拌合料，因为炉渣冬季不结冰，热耗低，容重大，固定性好，用于修补路面时修补处能很好地固定在原位。

6.3.3.3　炉渣用于生产建材

A　炉渣生产水泥

由于炉渣中含有和水泥相类似的硅酸三钙、硅酸二钙及铁酸钙等活性矿物，具有水硬胶凝性，因此可以成为生产无熟料水泥或少熟料水泥的原料，也可以作为水泥掺合料。水泥熟料由石灰石、黏土和铁粉等高温焙烧而成。每分解 1t 石灰石需耗能 2.1MJ，排放 440kg 二氧化碳，因此炉渣用于水泥生产可以有效降低能耗，减少温室气体效应。

目前的炉渣水泥品种有：无熟料炉渣矿渣水泥、少熟料炉渣矿渣水泥、炉渣沸石水泥，炉渣矿渣硅酸盐水泥、炉渣矿渣高温型石膏白水泥和炉渣硅酸盐水泥等，炉渣水泥的配比见表 6-20。水泥标号从 275、325 提高到 425 以上，并制订了相应的国家标准和行业标准。炉渣水泥不仅具有与矿渣水泥相同的物理力学性能，还具有水化热低、耐磨、抗冻、耐腐蚀、抗折强度高等优良特性。

表 6-20　各种炉渣水泥的配比

品　　种	标号	混合比/%					比表面积/cm² · g⁻¹
		熟料	炉渣	矿渣	沸石	石膏	
无熟料炉渣矿渣水泥	225~325		40~50	40~50		8~12	>3500
少熟料炉渣矿渣水泥	275~325	10~20	35~40	40~50		3~5	>3500
炉渣沸石水泥	275~325	15~20	45~50		25	7	
炉渣矿渣硅酸盐水泥	325	50~65	30	0~20		5	3000~4000
炉渣矿渣高温型石膏白水泥	325~425	35~55	18~28	22~32		4~5	3000
炉渣硅酸盐水泥	325	20~50	30~55			12~20	3500~4000

影响水泥强度的关键因素是炉渣矿渣水泥的粒度。在水泥原料中，熟料和石膏的硬度比较小，容易破碎，而炉渣的硬度比较大，渣内还包裹渣钢粒，因此破碎比较困难。表 6-21 为炉渣粒度与强度的关系。粒度越细，水化作用越快，强度快速增大。但比表面积过大，水量提高，强度反而会降低。另外，炉渣水泥的早期强度相对较低。

表 6-21 炉渣粒度对强度的影响

比表面积 /cm² · g⁻¹	水泥稠度 /%	凝结时间		抗压强度/MPa	
		初凝	终凝	7 天	28 天
3210	22.0	1：40	4：45	22.1	28.0
4247	22.8	1：20	4：35	28.3	40.0
4606	23.0	1：10	4：25	34.7	43.4
4887	23.5	1：00	3：30	35.6	50.8
6140	24.3	0：46	2：17	34.9	51.0

B 炉渣做混凝土掺和料

炉渣在炼钢的高温下形成,因此渣中的硅酸二钙和硅酸三钙矿物结晶完整,晶粒粗大致密,水化硬化速度较慢。为了提高水硬活性,需要用特殊的磨粉工艺和设备,因为粉磨过程不仅仅是颗粒减少的过程,同时伴随着晶体结构及物理化学性质的变化。粉磨能量中一部分转化为物料新颗粒的内能和表面能,同时产生晶体晶格的位错、缺陷或在表面形成易溶于水的非晶态结构,加速水化反应。试验证明[20],炉渣粉比表面积在450m²/kg以上时粒径0~30μm的颗粒数量占80%~95%,颗粒正规分布50%的粒径为4~6μm,有利于炉渣粉水化硬化。炉渣粉做混凝土掺和料在胶材总量为320~480kg/m³时,取代水泥量10%~40%,可以配制C40~C70的混凝土。用炉渣粉配制的混凝土具有较高的耐磨性、抗炭化性,水化热低,抗折强度高,韧性好等,但早期强度低,如果采用炉渣和矿渣双掺粉,强度可以提高到C80等级。

目前,各种复杂建筑工程如高层建筑、跨海大桥、海底隧道、海上石油平台、核反应堆等对混凝土提出了新的要求。高炉、转炉炉渣掺入可以生产高性能混凝土,因此高炉、转炉炉渣具有很好的应用前景。

C 炉渣生产建材制品

将具有活性的炉渣与粉煤灰等按一定比例配合、磨细、成型和养护,即可生产出不同规格的砖、瓦、砌块和板等各种建材制品。生产建材制品的炉渣,主要控制游离氧化钙的含量和碱度。

6.3.3.4 炉渣用于地基回填和软土地基加固

炉渣做地基回填料主要控制炉渣在地基的膨胀性能,炉渣的膨胀性能是长期的,主要与炉渣的物化性质有关。堆放一年以上的炉渣大部分已经完成膨胀过程,块度在200mm以下,可以作为回填材料,一般回填经过8个月后基本稳定。一般在回填工程中地基下沉量是很大的,采用炉渣作为地基回填材料,减少了地基的下沉值,对工程是有利的。在回填时要注意炉渣铺设的均匀性,才可避免地基的不均匀下沉。近年来国内炉渣作为回填材料已经大规模地开展。

炉渣桩加固软土地基是在软地基中用机械成孔后填入炉渣形成单独的桩柱。当炉渣挤入软土时,压密了桩间土。然后炉渣又与软土发生了物理和化学反应,炉渣进行吸水、发热、体积膨胀,炉渣周围的水分被吸附到桩体中来,直到毛细吸力达到平衡为止。与此同时,桩周围的软土受到脱水和挤密作用,这个过程一般需要3~4周才能结束。炉渣入土水化后经过凝结、硬化，产生强度，提高了地基加固的复合效果，这样加固了软土地基。

6.3.3.5　炉渣用于生产炉渣肥料和土壤改良剂

炉渣中含有 P、Si、Ca、Mg 等元素，可以做不同的用途。磷和硅是水稻生长必需的元素，炉渣中含 SiO_2 10%~15%，经磨细至 60 目以下，即可作为硅肥用于水稻田，每亩施用 100kg，可增产水稻 10% 左右。

中高磷铁水炼钢时得到的炉渣可以用于制备炉渣磷肥，其成分除有被农作物吸收的磷元素外，还有镁、硅、锰等多种元素，对农作物也有很好的肥效作用，所以炉渣磷肥是一种多营养成分的化学肥料。炉渣磷肥不仅在酸性土壤中施用效果好，在缺磷的碱性土壤施用也有增产效果，并且可施用于水田和旱田。炉渣中磷含量不能太低，一般至少要在 4% 以上。

此外，炉渣因为呈碱性，炉渣磨细后还可用做酸性土壤改良剂，同时也利用了炉渣中硅、磷等有益元素。

由于各钢铁企业原料不同，有的钢厂炉渣中含有其他微量元素，此类炉渣用于生产肥料或土壤改良剂必须进行严格的浸出试验和生物毒理学的研究，以免对人体和环境造成危害。

6.3.3.6　炉渣在海洋工程中的应用

冶金渣在海洋工程方面的应用是一个比较新的领域，但可以预见有广阔的前景。日本自 20 世纪 90 年代开始加强该领域的理论和应用研究，取得了一定的进展。炉渣在海洋工程方面的应用主要有以下两点：

（1）人造岩块。日本 NKK 公司开发了将炉渣做成岩块在海洋里作为人工礁石[21]。炉渣通入二氧化碳气体，二氧化碳气体和炉渣中的氧化钙等结合，使炉渣碳酸化。二氧化碳气体沿炉渣间的缝隙将炉渣结合在一起。孔隙比较均匀地分布在炉渣中，见图 6-43。

在此基础上，制作了 $1m^3$ 的炉渣岩块，如图 6-44 所示，与混凝土块不同，炉渣岩块由于其微观结构在海水中不呈现碱性。另外，炉渣具有很好的体积稳定性，制作 5 年后也没有发生体积膨胀裂纹。

图 6-43　炉渣岩块的微观结构

图 6-44　$1m^3$ 的炉渣岩块

炉渣岩块有下列两方面用途：一是可以吸收二氧化碳。制作岩块所用二氧化碳可以用工业尾气，1mol(56g)CaO 可以吸收 44g 的 CO_2，炉渣中如果 CaO 含量为 50%，与 CO_2 的反应率为 50%，则 1t 炉渣可以吸收将近 200kg 的二氧化碳，这对减少二氧化碳温室气体排放有很大的应用前景；二是炉渣岩块在海水中可以促进海洋植物的生长。图 6-45 是炉渣岩块、天然大理石块和混凝土块在海洋中放置后海水植物生长情况的比较。试验表明，炉渣比较适合植物的生长，这主要归结于炉渣具有气孔、表面粗糙度适当和化学稳定性好等特点。

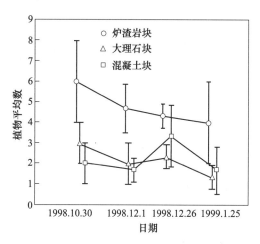

图 6-45　炉渣、大理石和混凝土块上的植物数量

（2）炉渣促进海水吸收温室气体。研究表明[22]，铁、硅和磷等元素在海水中可以对浮游生物的生长有促进作用，炉渣中的铁以浮氏体或铁酸钙形式存在，硅则以硅酸二钙或硅酸三钙的形式存在，而磷主要以磷酸三钙或磷酸四钙的形式存在，还有一部分固溶于硅酸二钙或三钙中。磷在海水中的溶解速度与炉渣中的磷含量无关，而只与磷在炉渣的相成分有关[23]。因此可以将炉渣作为藻类的营养物。而浮游生物的生长要依赖于光合作用，光合作用中将从大气中吸收二氧化碳气体，因此通过炉渣的促进作用可以使海洋吸收大量二氧化碳，从而改善温室气体效应。该方面的研究目前还处于实验室研究阶段，还没有大规模应用的报道。

参 考 文 献

[1] 程汝良. 炼钢厂以燃气轮机利用废煤气（含高炉煤气）[J]. 燃气轮机技术，2000，13（3）：56~58.

[2] 西安冶金建筑学院炼钢教研室，等. 炼钢设计参考资料 [M]. 西安冶金建筑学院，1981：4~17.

[3] 张利峰，肖邦志，李小云. 武钢 250t 转炉使用生白云石条件下冶炼低磷钢的实践 [C]. 2014 年全国炼钢-连铸生产技术会论文集，2014：164~169.

[4] 刘承军. 鞍钢 180t 复吹转炉溅渣护炉工艺冷态实验模拟研究 [D]. 沈阳：东北大学，1998：22.

[5] 陆钟武. 冶金热能工程导论 [M]. 沈阳：东北工学出版社，1990.

[6] 薛正良，柯超，刘强，等. 高温快速煅烧石灰的活性度研究 [J]. 炼钢，2011，27（4）：37~40.

[7] 刘焕俊. 冶金工业节能对策及目标 [J]. 中国冶金, 1997 (4): 7~10.

[8] 董保澍. 固体废物的处理与利用 [M]. 北京: 冶金工业出版社, 1999: 40.

[9] Takashima T, Nagashima S, et al. Nippon Steel Technical Report [R]. 1981, (17): 66~72.

[10] 冶金工业废渣处理工艺与利用科技成果汇编 [R]. 1983: 299.

[11] 王绍文, 梁富智, 王纪曾. 固体废弃物资源化技术与应用 [M]. 北京: 冶金工业出版社, 2003: 350.

[12] 范玉淑, 孔凡清, 等. 块状钢渣的综合热闷处理方法: 中国, 92112576.3 [P]. 1994-11-30.

[13] 远山俊一, 等. 鉄鋼スラグの有効利用技術 [J]. R&D 神戸製鋼技報, 1993, 43 (2): 5~8.

[14] 亀井和郎, 等. 制鋼スラグ蒸汽エ-ジング設備の操業 (続報) [J]. 材料とプロセス, 1995, 8 (4): 1103.

[15] 当户博幸, 等. 制鋼スラグの水和膨脹に及ぼす温度, CO_2 ガスの影响 [J]. 材料とプロセス, 1995, 8 (1): 119.

[16] 西村吉文, 等. 制鋼スラグ加圧蒸汽エ-ジング設備の開発 [J]. 材料とプロセス, 1995, 8 (4): 1102.

[17] Morikawa E, Koide H, Morishita S, Kochihira G. Recent development of recycling processes for BOF slag and ferrous waste at Sumitomo Metals [C]. Proceedings of the International Conference on Steel and Society, Osaka, Japan: 146~149.

[18] 韩光烈. 钢渣与钢渣烧结矿 [C]. 冶金工业废渣处理工艺与利用科技成果汇编, 1983: 56~72.

[19] 廖重威. 钢渣返回用做钢铁冶金熔剂 [C]. 冶金工业废渣处理工艺与利用科技成果汇编, 1983: 273.

[20] 朱桂林, 孙树杉. 钢铁渣综合利用的现状及高价值利用新进展 [C]. 2003 年冶金能源环保会议论文集, 2003: 19.

[21] Takahashi T, Yabuta K. New application for iron and steelmaking slag [J]. NKK Technical Review, 2002, 87: 38~44.

[22] Nakamura Y, Taniguchi A, Okada S, et al. Positive growth of phytoplankton under conditions enriched with steelmaking slag solution [J]. ISIJ International, 1998, 38 (4): 390~398.

[23] Futatsuka T, Nagasaka T, Hino M. Utilization of steelmaking slags for the fixation of carbon-dioxide [C]. Proceedings of ICSS 2000, Osaka, Japan, ISIJ, 2000: 115~120.

7 复吹转炉典型钢种的冶炼技术

我国已经建立起世界上规模最大、装备最现代化的复吹转炉炼钢生产体系，目前转炉钢产量已经占我国钢产量的90%以上。在产量不断提高的同时，转炉炼钢的产品质量和产品品种也不断优化，采用转炉流程已经可以生产绝大部分钢种，包括优质汽车板、高等级管线钢、高牌号硅钢、不锈钢等主要钢种均可以采用转炉流程生产。为了满足生产高附加值钢种的需要，转炉流程建立高效率、低成本洁净钢生产平台。

为了建立高效、低成本洁净钢生产平台必须改变传统的质量概念，深入研究以连续运行为基本特点的炼钢厂，实现高效、低成本、稳定运行的生产模式。传统观点认为：质量问题主要包括产品合格率和产品性能两个要求。而广义的质量概念认为：效率、成本和性能是产品质量的基本要素。效率应包括产品的生产效率、资源和能源利用效率以及系统的技术优化；成本主要包括生产成本、管理成本、销售成本和资本成本等多种经济因素；性能应包括产品的加工性能、使用性能和可循环利用等因素。根据广义的质量概念，钢铁厂在考虑品种开发和质量优化的过程中应综合考虑效率、成本和性能等因素，达到高效、优质和低成本的目标。

产品洁净度是保障高附加值钢各种性能的基本要素，也是炼钢-连铸生产过程中控制产品性能的基本功能。洁净钢是指能够满足钢材加工过程和用户在使用过程中性能要求的钢。因此，建立洁净钢生产平台的基本目标是保证钢厂生产的全部钢材洁净度分别都能达到各类洁净钢的基本要求，表7-1给出典型钢种的洁净度控制水平。

表 7-1　典型钢种洁净度的建议控制水平

钢材类型		杂质元素控制/%					夹杂物控制
		[S]	[P]	[N]	[H]	T[O]	
棒材	普通建筑用	≤0.035	≤0.040	—	—	≤0.0040	
	齿轮、轴件等[①]	0.002~0.025	≤0.012	≤0.008	—	≤0.0012	B、D类
	轴承[①]	0.005~0.010	≤0.012	≤0.007	$\leq 2.0 \times 10^{-4}$	≤0.0008	B、D类和TiN
线材	普通建筑用	≤0.030	≤0.040			≤0.0040	
	硬线[①]	≤0.008	≤0.015	≤0.008	—	≤0.0025	尺寸≤25μm
	弹簧[①]	≤0.012	≤0.012	≤0.008	$\leq 2.0 \times 10^{-4}$	≤0.0012	B、D类
冷轧板	超低碳钢（[C]≤25×10^{-6}）	≤0.012	≤0.015	≤0.003	—	≤0.0025	尺寸≤100μm
	低碳铝镇静钢	≤0.012	≤0.015	≤0.004	—	≤0.0025	尺寸≤100μm
	无取向电工钢	≤0.003	≤0.040	≤0.002		≤0.0025	—

钢材类型			杂质元素控制/%					夹杂物控制
			[S]	[P]	[N]	[H]	T[O]	
热轧板	普通碳钢		≤0.008	≤0.020	≤0.008	—	≤0.0030	—
	低合金钢		≤0.005	≤0.015	≤0.008	—	≤0.0030	A、B类
	管线	高强度管①	≤0.002	≤0.015	≤0.005	—	≤0.0020	A、B类
		抗HIC管①	≤0.001	≤0.007	≤0.005	—	≤0.0020	A、B类
普通碳钢	造船板、桥梁板等①		≤0.005	≤0.015	≤0.007	—	≤0.0025	A、B类
	管线	高强度厚壁管①	≤0.002	≤0.012	≤0.005	≤2.0×10⁻⁴	≤0.0020	A、B类
		低温管线①	≤0.002	≤0.012	≤0.005	≤2.5×10⁻⁴	≤0.0020	A、B类
		抗HIC管①	≤0.001	≤0.007	≤0.005	≤2.0×10⁻⁴	≤0.0020	A、B类
	海洋平台①		≤0.002	≤0.005	≤0.005	≤2.0×10⁻⁴	≤0.0020	A、B类

注：—表示对［H］不做要求。

①要求严格控制连铸坯的中心偏析。

　　转炉洁净钢生产平台的建立，为转炉流程生产高附加值钢创造了条件。产品的开发和冶炼工艺的进步是相辅相成的，高附加值产品的开发，对冶金工艺提出了更高的要求；而工艺的进步，为更高级别产品的开发提供了条件。本章将论述转炉流程生产典型钢种的冶炼工艺和技术要点，并对近年来转炉流程生产高附加值钢种的技术发展进行讨论。

7.1　超低碳深冲用钢（IF 钢）的冶炼技术

7.1.1　IF 钢的概述

　　IF 钢（interstitial free steel）称为无间隙原子钢，其主要特征是通过添加 Nb、Ti 等元素来固定钢中的 C、N 原子，从而得到无 C、N 间隙原子的纯净铁素体，保证钢材的深冲性能[1]。Comstock 等人最早提出了此观点，但受当时冶炼水平的限制，钢液中［C］、［N］含量很难降到较低水平，IF 钢的造价过于昂贵难于实现。20 世纪 60 年代，真空脱气技术在冶金中的应用，使钢中［C］含量可以降低到 0.01% 以下，IF 钢的开发重新受到重视；20 世纪 60~70 年代出现了商用 IF 钢，80 年代以后 RH 真空循环脱气设备的进步使得［C］含量可以在较短时间内降低到 30×10⁻⁶ 以下，IF 钢得到了发展和推广，并取代［Al］镇静钢成为第三代超深冲用钢[2]。三代汽车面板用钢的性能指标如表 7-2 所示，国内外部分企业的 IF 钢性能指标如表 7-3 所示。

表 7-2　三代冲压用钢的性能比较

钢　　种	σ_s/MPa	σ_b/MPa	δ/%	$\bar{r}$ 值	n 值
沸腾钢（第一代）	180~190	290~310	44~48	1.0~1.2	~0.22
铝镇静钢（第二代）	160~190	290~300	44~50	1.4~1.8	~0.22
IF 钢（第三代）	100~150	250~300	45~55	1.8~2.8	0.23~0.28

表 7-3 不同厂家 IF 钢性能比较

厂家	板厚/mm	σ_s/MPa	σ_b/MPa	σ_s/σ_b	δ/%	n 值	$\bar{r}$ 值	Δr
川崎	0.8	130	290	0.45	52.9	0.27	2.25	0.53
新日铁	0.8	116	273	0.42	53.8	0.28	2.63	—
宝钢	1.2	141	289	0.49	49.0	0.24	2.63	0.44
武钢	1.0	89	277	0.32	45.0	0.3	2.11	0.55

IF 钢由于其良好的深冲性能，被广泛应用于汽车制造业，2008 年我国生产汽车 938 万辆成为世界第二大汽车生产国，2010 年我国汽车产、销量均超 1800 万辆居全球第一，如图 7-1 所示。2017 年我国汽车产、销量分别达到 2900 多万辆和 2800 多万辆。汽车行业的快速发展对高品质深冲用钢的需求也越来越大，表 7-4 是应用于汽车不同覆盖件的 IF 钢板。

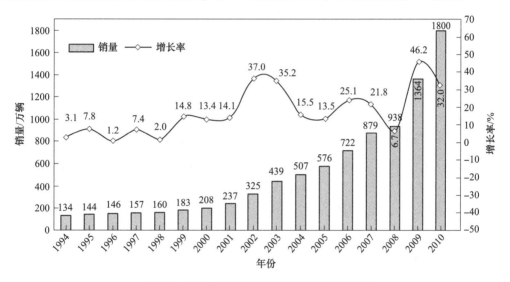

图 7-1 1994~2010 年中国汽车销量与增长率

表 7-4 IF 钢板的用途

钢种	级别	汽车		其他
		暴露的	不暴露的	
软钢	冲压级	车顶、外门、外挡板	内热板、内门、内车盖横梁	音频设备室内泵、微波炉、音箱座架
	深冲级	后躯、车顶	尾段板、侧梁、门枢、燃料箱	发动机盖、音箱座架
	优良深冲钢	后躯、正面板	油底壳、后躯、挡泥板	发动机盖
	超深冲钢	外侧梁	油底壳、内轮箱	
高强深冲钢	35K	外车盖、外挡板、前保护板	横梁	
	40K	后覆盖件	加强板	
	45K		加强板、侧梁	

7.1.2　IF 钢化学成分的要求

IF 钢要求超低 C、N 含量（一般 [C]+[N]<0.005%）和钢质洁净，为了消除 C、N 等间隙原子，一般采用加入 Ti 或 Nb 合金元素来固定 C、N 原子。根据合金化元素不同，IF 钢主要分为三种：（1）单一添加 Ti 的 Ti-IF 钢；（2）单一添加 Nb 的 Nb-IF 钢；（3）复合添加 Ti、Nb 的 Ti+Nb-IF 钢。微合金元素的作用如下：Ti-IF 钢中，Ti 固定 C、N 和 S；Nb-IF 钢中，Nb 固定 C，Al 固定 N；Ti+Nb-IF 钢中，Ti 固定 N，Nb 固定 C。国内外部分钢铁厂 IF 钢的化学成分控制如表 7-5 所示。

表 7-5　国内外部分钢铁厂 IF 钢的化学成分[3]　　　　　　　　　　（%）

成分	宝钢	本钢	川崎	Armco	NSC
C	0.002~0.008	<0.003	0.0028	0.002~0.012	0.001~0.006
Si	0.010~0.030	<0.030	0.015	0.007~0.025	0.009~0.020
Mn	0.10~0.200	0.10~0.18	0.12	0.25~0.50	0.10~0.20
S	0.007~0.010	<0.010	0.008	0.008~0.020	0.002~0.013
P	0.003~0.015	<0.017	0.012	0.001~0.010	0.003~0.015
Al_s	0.020~0.070	0.020~0.050	0.062	0.003~0.012	0.020~0.050
N	0.001~0.004	0.003~0.007	0.001	0.004~0.008	0.001~0.006
Ti	0.020~0.040	0.030~0.045	0.029	0.080~0.310	0.004~0.060
Nb	0.004~0.010	—	0.009	0.060~0.250	0.004~0.039

国际钢铁协会（IISI）曾对全世界范围内 26 家钢铁企业生产的超低碳钢成分做了统计调研，结果见表 7-6[4]。主要厂家的 C、N 含量分别控制在（10~36）×10^{-6}、（15~50）×10^{-6}，Ti 含量控制在（200~900）×10^{-6} 之间，中间包 T[O] 含量在（10~35）×10^{-6}。

表 7-6　Ti-IF 钢化学成分

成分	数据个数	均值	中值	标准偏差	最小值	最大值
C	15	$20.1×10^{-6}$	$19×10^{-6}$	$6.9×10^{-6}$	$10×10^{-6}$	$36×10^{-6}$
Si	12	$80×10^{-6}$	$7×10^{-6}$	$6×10^{-6}$	$20×10^{-6}$	$200×10^{-6}$
Mn	15	$1520×10^{-6}$	$1400×10^{-6}$	$84×10^{-6}$	$800×10^{-6}$	$4300×10^{-6}$
P	15	$130×10^{-6}$	$100×10^{-6}$	$13×10^{-6}$	$50×10^{-6}$	$600×10^{-6}$
S	15	$70×10^{-6}$	$70×10^{-6}$	$2×10^{-6}$	$40×10^{-6}$	$110×10^{-6}$
$[Al]_s$	15	$440×10^{-6}$	$410×10^{-6}$	$8×10^{-6}$	$340×10^{-6}$	$610×10^{-6}$
Ti	15	$470×10^{-6}$	$460×10^{-6}$	$210×10^{-6}$	$200×10^{-6}$	$900×10^{-6}$
N	12	$25.7×10^{-6}$	$25.5×10^{-6}$	$9.6×10^{-6}$	$15×10^{-6}$	$50×10^{-6}$
精炼结束 T[O]	8	$28.9×10^{-6}$	$28×10^{-6}$	$11.1×10^{-6}$	$8.5×10^{-6}$	$40×10^{-6}$
中间包 T[O]	13	$22.1×10^{-6}$	$24×10^{-6}$	$8×10^{-6}$	$10×10^{-6}$	$35×10^{-6}$

7.1.3　IF 钢的冶炼工艺流程与控制

7.1.3.1　IF 钢冶炼工艺流程

IF 钢对冶炼工艺有着严格要求，由于要保证成品中极低的 C、N 含量（[C]<20×

10^{-6}、［N］<$30×10^{-6}$），所以 RH 成了冶炼 IF 钢必不可少的精炼设备。目前冶炼 IF 钢普遍采用两种工艺配置：（1）铁水预处理→转炉→RH→连铸（常规板坯）；（2）铁水预处理→转炉→（RH+LF）→连铸（中薄板坯）。两种工艺配置各有特点，且有着各自不同的控制要求。

（1）第一种工艺配置：主要用于生产超低碳常规板坯，且此种配置可用于生产优质超低碳钢板。根据各厂 RH 情况不同，RH 精炼可以采用自然脱碳也可以采用吹氧强制脱碳。两种工艺路线特点概况如下：

工艺路线①：铁水预处理→转炉→RH（自然脱碳）→连铸（常规板坯）；

工艺路线②：铁水预处理→转炉→RH（带吹氧）→连铸（常规板坯）。

工艺路线①因为要保证 RH 的自然脱碳，因此对转炉和 RH 真空处理要求都比较高，一般要求 RH 到站［C］=0.025%~0.035%，［O］=0.05%~0.07%，确保 RH 顺利自然脱碳的情况下，脱碳之后活度氧尽可能低，且出钢后一般不对钢包渣进行改质处理，防止对后序脱碳造成影响，出钢温度要求高，一般在1670℃以上；工艺路线②由于吹氧脱碳，一般 RH 到站［C］=0.04%~0.06%，［O］=0.04%~0.06%，转炉终点［C］控制较高，转炉操作压力相对较小，制定合适的脱碳吹氧工艺对于强制脱碳工艺钢液的洁净度控制至关重要，且此路线由于吹氧脱碳，出钢过程中可以对钢包渣进行一定程度的改质，降低其后序过程对钢液的影响。

（2）第二种工艺配置：主要用于中薄板坯连铸工艺，此种配置生产的超低碳钢板一般等级和质量略低。根据各厂工艺和控制情况不同，LF 炉可以放在 RH 前也可以放在 RH 精炼后。两种工艺路线特点分别概况如下：

工艺路线③：铁水预处理→转炉→LF→RH→连铸（中薄板坯）；

工艺路线④：铁水预处理→转炉→RH→LF→连铸（中薄板坯）。

第二种工艺配置较第一种工艺配置增加了 LF 工序，有以下优点：（1）出钢温度较前两种工艺低，温度可以经过 LF 进行补偿；（2）LF 可以适当脱硫；（3）渣的氧化性控制较低。缺点是：（1）LF 处理过程会导致钢液增碳、增氮；（2）钢液质量的稳定性差。

LF 前置时，只起温度补偿作用、造渣作用，后序钢液脱碳、脱氧、钙处理都需要靠 RH 完成，尽管 LF 电极造成的增碳可以在 RH 脱碳过程中消除，但是 RH 操作压力较大，无法稳定保证钢液洁净度和钢水可浇性。LF 后置时，在 RH 中进行脱碳、脱氧，在 LF 中对渣进行改质和钢液升温及钙处理夹杂物变性，相对 LF 前置，后者夹杂物有充分的时间上浮，可以保证钢液洁净度和可浇性，但 LF 电极造成的增碳、增氮则是影响钢质量的重要问题。

7.1.3.2　工艺控制要点

IF 钢的冶炼主要解决以下问题：（1）脱碳和防止增碳；（2）降氮和防止增氮；（3）洁净度控制及微合金化消除 C、N 间隙原子。

工艺控制要点如下：

（1）铁水预处理：通过喷吹含 Mg 粉和石灰粉（或电石粉）的混合物或加石灰的机械搅拌，使铁水硫含量降到0.005%以下。

（2）转炉冶炼：终点碳控制在0.03%左右，转炉内要利用｛CO｝气泡上浮过程充分脱氮，因为后序工位很难再降氮。

（3）出钢操作：转炉终点渣 TFe 含量在 15%~25%，罐内渣层控制在 50mm 以下，出钢带渣过多会导致严重二次氧化。出钢可采用石灰和金属铝组成的合成渣洗，铝含量 30%~55%，对渣改质可将钢包渣中 TFe 含量降低到 4% 左右。

（4）RH 精炼：1）严格控制前工序的碳、氧和温度；2）建立合理的工艺控制模型；3）进行炉气在线分析、动态模拟；4）RH 脱碳终点合理氧含量为 0.025%~0.035%。

（5）连铸要求严格的保护浇铸：1）加强钢包-长水口之间的密封；2）中间包使用前用 Ar 气清扫；3）钢包滑动水口自开率高；4）应用浸入式水口；5）保证中间包钢液高于临界高度；6）中间包使用碱性覆盖渣。

表 7-7 为新日铁生产超深冲（Super-EDDQ）级钢板的一系列相关措施。

表 7-7　新日铁超深冲钢（Super-EDDQ）生产工艺及措施

工艺设备	处理工艺	预定目标	措施
预处理	脱磷、脱硫	减少转炉渣量	铁水脱磷
转炉	吹炼	减少 Al_2O_3 量	控制终点 [C]
	出钢	减少熔渣流出量	用挡渣器、挡渣球
二次精炼	钢包	防止耐火材料污染	使用非氧化性耐火材料
	熔渣处理	减少渣的氧化	采用等离子装置
	RH	减少 Al_2O_3 生成量	脱氧前 [O] 控制
		促进夹杂物上浮	循环时间的管理
连铸	钢包水口	防止熔渣卷入	长水口
		防止熔渣流出	钢包下渣检测
	中间包	防止空气氧化	密封中间包
		防止保温材料污染	用碱性保温材料
		温度稳定操作	等离子或感应加热
		防止熔渣卷入	中间包形状设计
		促进夹杂物上浮	H 型中间包
	浸入式水口	防止渣卷入	控制 Ar 流量、压力
		防止夹杂物浸入	注意水口形状
		防止水口堵塞	用 Zr-CaO、SiO_2 等耐材
	结晶器	防止保护渣卷入	高黏度保护渣
		防止表层部位捕捉	控制液面
		防止富集带捕捉	控制振动/电磁搅拌
			立弯式铸机

7.1.4　IF 钢冶炼的关键技术

7.1.4.1　转炉终点的优化控制技术[5]

随着现代炼钢技术的发展，国内大多数钢厂均采用新一代炼钢工艺技术，即单炉新双渣法或者脱磷炉法冶炼 IF 钢种。由于脱硫任务分摊在铁水预处理工艺完成，脱硅脱磷任务分摊在单炉新双渣法冶炼前期或者专用脱磷炉里完成，因此为单炉新双渣法冶炼后期或专用脱磷炉里只是脱碳升温创造了条件，实现了自动控制的科学炼钢方法。转炉终点控制技术已经从经验控制逐步向自动控制过渡，自动控制大致经历了静态、动态和闭环控制三个发展阶段，见图 7-2。静态控制阶段的主要特征是以碳含量、温度控制为主，实现终点的基本命中；动态控制阶段的主要特征是在吹炼后期测定熔池碳含量、温度，对静态模型进行动态校正，实现终点的精确命中；闭环控制的主要特征是在静态、动态控制的基础上，实施在线检测进而实现终点的精确预报。国外部分先进厂的转炉终点控制技术见表 7-8。

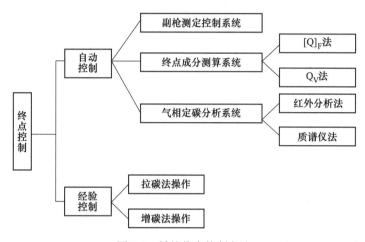

图 7-2 转炉终点控制方法

表 7-8 部分国外转护控制技术情况

厂家	座数×炉容/t	产量/万吨·年$^{-1}$	控制技术
住友金属公司和歌山厂	3×175	510	副枪、烟气分析
川崎制铁千叶二炼钢厂	3×165	550	烟气分析
新日铁大分厂	3×330	400	副枪、烟气分析
曼内斯曼胡金根厂	2×245	300	烟气分析
赫斯公司多特蒙德厂	3×210	400	烟气分析
蒂森一炼钢厂	2×400	500	副枪、烟气分析
蒂森二炼钢厂	3×270	600	副枪、烟气分析
Salzgiucr	3×280	409	烟气分析
迪丝根	2×185	220	烟气分析
荷兰霍戈文厂	3×325	650	烟气分析
韩国 POSCO 光阳厂	2×250	270	烟气分析

在 IF 钢生产过程中，降低转炉终点 [C] 含量可以有效缩短 RH-吹氧的处理时间。但过低的碳含量会导致钢液中氧含量偏高，在 RH 处理的初期阶段可能发生喷溅形成冷钢；在转炉中，一定的温度下控制钢中的氧含量（即控制钢中的碳含量）是有益的，各生产厂

终点控制的要点见表 7-9。实现冶炼终点碳、氧含量的窄成分控制，不仅有助于 RH 高效脱碳，同时也可以减少合金和耐材的损耗，而且可以有效提高钢液洁净度。

表 7-9　典型生产厂转炉终点控制

厂家	RH 形式	[C]	[O]	温度/℃
宝钢	RH-KTB	$(300\sim400)\times10^{-6}$	$(500\sim650)\times10^{-6}$	—
首钢迁钢	RH	$(200\sim400)\times10^{-6}$	$(600\sim800)\times10^{-6}$	1690~1720
马钢	RH-OB	$(300\sim500)\times10^{-6}$	$(400\sim900)\times10^{-6}$	1670~1700
Inland	RH-OB	$(400\sim600)\times10^{-6}$	$(400\sim600)\times10^{-6}$	1670~1700
川崎	RH-KTB	$(300\sim400)\times10^{-6}$	$(500\sim650)\times10^{-6}$	1630
Thyssen	RH	300×10^{-6}	600×10^{-6}	—
鞍钢	RH-TB	$<500\times10^{-6}$	$(400\sim600)\times10^{-6}$	—

7.1.4.2　RH 深脱碳技术

IF 钢生产过程中，RH 是必不可少的精炼设备，RH 的高效化体现在以最快的脱碳速率将碳含量降低到目标含量的同时，确保钢液中自由氧含量较低；不仅可以降低脱氧用铝量，而且有助于提高了钢水洁净度。

可以通过以下手段达到快速深脱碳[6]：

（1）预抽真空。预抽真空可以消除初始阶段脱碳速率的滞止，使脱碳速率在 RH 开始处理后迅速达到高的水平。

（2）提高压降速率。RH 处理所能达到的最终碳含量很大程度上取决于压降制度，不同压降速率对最终碳含量的影响远大于极限真空度的影响，如图 7-3 所示。

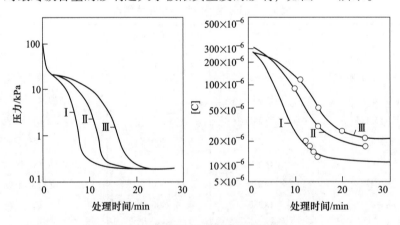

图 7-3　压降速率对脱碳速率的影响

（3）提高循环流量。提高提升气体流量，增大浸渍管直径，降低真空室压力，均能增大循环流量，加速脱碳速率，其中浸渍管直径变化的影响最大。

（4）吹氧强制脱碳。脱碳反应的前半期，脱碳反应受传氧速率的限制，通过顶枪吹氧供给氧气，不仅可以提高氧的供给速率，还可以增加反应界面，能够明显促进脱碳反应的进行，如图 7-4 所示。

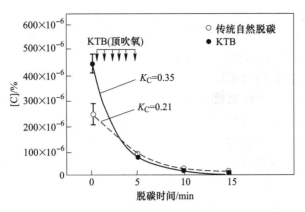

图 7-4 KTB 对 RH 深脱碳的影响

（K_C—表观脱碳速率常数，min^{-1}）

（5）增加反应界面面积。增加真空室内径，可以明显增加脱碳反应的反应界面，促进脱碳反应的进行。国外很多厂家都在旧有 RH 设备的基础上对真空室进行扩建，大幅度提高了 RH 的脱碳能力，如图 7-5 所示[7]；通过向真空室侧吹 Ar 气，反应界面面积比不吹 Ar 增大了约 1.6 倍；通过顶吹喷枪以氩气为载气向真空室钢水表面喷入铁矿石粉可加快脱碳进程。在脱碳反应中，喷入钢水内的铁矿石颗粒，可以作为 CO 气泡形核核心及氧源，会显著增加界面反应面积，可以显著提高脱碳速率。

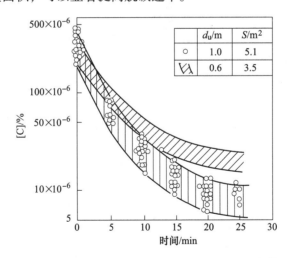

	d_u/m	S/m²
○	1.0	5.1
⧄	0.6	3.5

图 7-5 对于不同尺寸真空室的碳含量随时间的变化情况

7.1.4.3 顶渣改质技术[8]

IF 钢在 RH 精炼后渣的氧化性远远高于钢水中的氧含量，易造成渣中的氧大量向钢水中传递，与钢中［Al］s 反应产生大量的（Al_2O_3）夹杂物，影响钢水洁净度，严重的还会引起中间包水口结瘤，不易实现多炉连浇。因此，钢包顶渣改质技术是生产超低碳钢的关键技术之一。

渣与钢水接触时，如果氧势未达平衡，氧就会在渣和钢水界面发生传质。氧传质的结果是渣的氧势和钢水的氧势趋于平衡。向钢包渣中加入改质剂，改质剂中的 Al 与渣中氧发生化学反应降低渣中氧化性，使钢液中的氧向渣中转移，并形成低熔点、易上浮的铝酸钙（$12CaO \cdot 7Al_2O_3$）的化合物渣系。通过钢包渣改质，既要提高脱氧元素的脱氧效率又要减少钢水被渣二次氧化的可能性。

由图 7-6 可以看出，RH 精炼结束后钢水中的平均全氧含量为 28×10^{-6}，大部分（Al_2O_3）得到上浮，但由于钢包顶渣 TFe 含量高达 20%，造成在后续的镇静和连铸过程中钢水中的全氧增加，大约增加 11×10^{-6}，因此钢包渣的改质是生产高质量 IF 钢的关键。

改质剂一方面具有脱氧功能，另一方面通过改变渣的组成以增强其吸收夹杂物的能力和控制有害元素（如硅等）进入钢水。对于超低碳钢，RH 处理后应降低钢包渣的氧化性，同时要求控制选择两个主要的脱硫参数：（1）进一步提高炉渣碱度 $R = (CaO)/(SiO_2) = 6{\sim}7$；（2）选择与碱度相匹配的炉渣脱硫指数 MI（Mannesmann 指数）[9,10] $= R/(Al_2O_3) = 0.20{\sim}0.40$ 范围。控制这两个重要参数，不仅仅能够达到深脱硫和脱氧的目的，同时还会改变钢中（Al_2O_3）夹杂物形态并使其上浮而被去除。

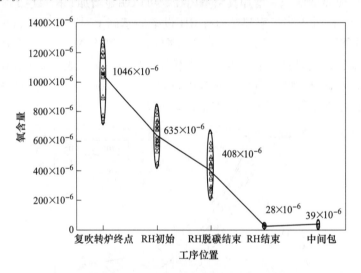

图 7-6   IF 钢冶炼过程中氧含量的变化（某厂 210t 转炉）

钢包顶渣改质的改质剂一般为铝基复合物，主要有：$Al+CaCO_3$、$Al+CaO+CaF_2$、$Al+CaO$、$Al+CaO+Al_2O_3$ 等。改质的方法有：一步法（RH 处理前渣改质）、两步法（在一步法的基础上，在 RH 精炼过程中或精炼结束后补加改质剂）。

7.1.4.4   中间包冶金技术

中间包作为冶金反应器是提高质量的重要一环，无论对于连铸操作的顺利进行，还是钢质量控制，中间包的作用都不可忽视。通常认为中间包有以下作用：

（1）分流作用。对于多流连铸机，由多水口中间包对钢液进行分流。

（2）连浇作用。在多炉连浇时，中间包存储的钢液在钢包更换时起到衔接作用。

（3）减压作用。钢包内液面高度有 5~6m，冲击力很大，在浇铸过程中变化幅度也很大。中间包液面高度比钢包低，变化幅度也小得多，而且可稳定控制，因此可用来稳定钢液浇铸过程，减小钢流对结晶器凝固坯壳的冲刷。

（4）保护作用。通过中间包液面的覆盖剂、长水口以及其他保护装置，减少钢液受外界的污染。

随着连铸技术的发展，人们对钢水洁净度的要求不断提高，中间包冶金的作用和地位受到了更多的注意，中间包冶金应该发挥的作用还有：

（1）清除钢水再次污染的来源，即防止二次氧化、减轻耐火材料侵蚀、防止钢包渣的卷入以及渣中不稳定氧化物的危害。

（2）优化中间包内挡墙位置，在长水口下面增设湍流控制器以及底吹氩气等措施，改善钢水流动条件，最大可能去除钢中非金属夹杂物，即防止短路流、减小死区、改善流场、增加钢水的停留时间。

（3）选择合适的包衬耐火材料和熔池覆盖剂，既减轻热损失又有利于吸收、分离上浮的夹杂物。

（4）控制好钢水温度，必要时增加加热措施，使钢水过热度保持稳定，防止形成冷钢。

在超低碳钢的中间包冶金技术中，除了注重对流场特征的改善外还需要考虑如何降低中间包铸余。目前，汽车外面板成品率较低，其主要原因是非稳态条件下浇铸的铸坯不能用于生产汽车面板，其中非稳态包括开浇阶段、换包期间、拉速波动、中间包液面波动、中间包浇铸结束期等。中间包浇铸结束时，当钢水液面低于临界高度时，会在水口上方形成漩涡，如图 7-7 所示。漩涡的生成则是引起中间包覆盖剂卷入结晶器，造成铸坯表层夹杂物增加的一个重要原因。为避免中间包下渣造成铸坯夹杂物增加，中间包内必须留有一定量的钢水，使终浇液面高度大于临界卷渣高度，但是在每个中间包包役终浇时会遇到矛

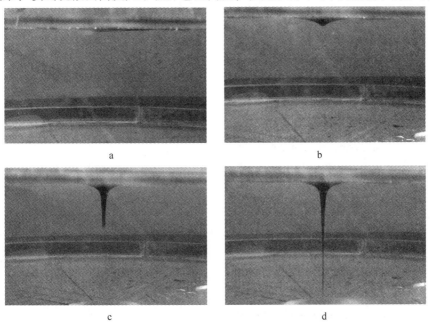

图 7-7 中间包水口上方汇流漩涡形成过程
a—自由表面旋转；b—漩涡生成；c—漩涡发展；d—漩涡贯通

盾：如果提高中间包液面高度，就会降低金属收得率，生产成本增加；如果将液面控制太低，又会发生汇流漩涡，带来增加下渣的风险。因此，在中间包控流装置结构优化时必须考虑这方面的因素，控制浇铸结束时中间包内钢水的流动形态，抑制汇流漩涡生成，防止下渣，得到一个浇铸结束时既能确保铸坯质量又能提高金属收得率的终浇液面高度和优化的中间包内型结构与控流装置组合。

7.2　高级别管线钢的冶炼技术

7.2.1　管线钢的概述

管线钢（pipeline steel）是指用于生产输送石油、天然气等的大口径焊接钢管的热轧卷板或宽厚板，其代号为 X□□，其中 X 为 API（美国石油协会）标准中代表管线钢的标号，□□代表最小屈服强度，单位是 kpsi（千磅每平方英寸，1kpsi = 6.9MPa）。一般中厚板用于生产厚壁直缝焊管，板卷用于生产直缝电阻焊管或埋弧螺旋焊管。

现代管线钢属于低碳或超低碳的微合金化钢，目前管线钢的发展趋势是大管径、高压富气输送、高冷和腐蚀的服役环境、海底管线的厚壁化，应当具有高强度、高韧性和抗脆断、低焊接碳素量和良好焊接性，以及抗 HIC（氢致裂纹）和抗 H_2S 腐蚀的能力。管线和管线钢的发展[11]如表 7-10 所示。

表 7-10　管线和管线钢的发展

年份	事　件	意　义（措施）
1806	英国伦敦安装了第一条铅制管道	油气管道运输开始规模应用
1843	铸铁开始使用于天然气管道	钢铁开始用于管体材料
1925	美国建成第一条焊接天然气管道	焊管技术开始应用于管道建设
1943	碳钢韧脆转变现象发现	船板规范 CVN15ft-lb 提出韧脆转变温度要求
1954	认识到韧脆转变现象影响油气输送管线	TUV 提出管线钢管 35J/cm² 冲击功要求
1960	美国发生 13km 的脆性裂纹长程扩展事故	BMI 提出了 DWTT 实验要求
1967	第一条高压、高级（X65）钢跨国天然气管道（伊朗—阿塞拜疆）建成	高压输送开始，高级管线钢研发加速
1968	发现管线延性裂纹的长程扩展现象	止裂预测模型得到发展，提出了最小冲击韧性值要求
1970	X70 管线钢开始应用于北美阿拉斯加—加拿大的天然气管线	X70 级管线钢及相关技术成熟；X80 开发成为热点，提出-69℃ 低温韧性要求
1972	阿拉伯 X65 管线发生 HIC 失效	提出 BP 实验（NACETM-02—84）
1974	实物爆破实验发现已有模型不能准确预测止裂性能（富气、断口分离、高应力水平及模型本身缺陷）	止裂环开始应用，止裂预测模型得到修正，高强度管线钢的轧制工艺得到进一步改进
1978	澳大利亚及加拿大的管线发现应力腐蚀开裂	冶金质量提高，外防腐技术改进
1988	住友金属株式会社试制成功 X100 级的样品钢管	X100 级钢管实验室试制成功
1994	X80 开始使用于德国天然气管道	X80 级开始在欧洲工业应用
1995	X80 开始使用于加拿大天然气管道	X80 级开始在北美工业应用
2000	研发用于高压天然气管道的玻璃纤维-钢复合管	新型复合管得到重视和发展

续表 7-10

年份	事　件	意　义（措施）
2002	TCPL 在加拿大建成了 X100 的 1km 工程实验段	X100 级工程应用实验开始
2002	Grade690（X100）列入新版 CSZ245-1—2002	X100 级被正式引入标准
2003	住友金属株式会社与埃克森美孚公司共同开发出 X120 级管线钢	X120 级管线钢实验室试制成功
2004	Exxon Mobil 石油公司与日本新日铁合作在加拿大建成 1.6km 工程实验段	X120 级工程应用实验开始
2006	新日铁投资 40 亿日元，在君津厂建立 X100 和 X120 级超高强度管线钢钢管的生产体系	X120 级工业试生产阶段开始
2007	X100 级被正式列入 API SPEC 5L 标准中	X100 级在国际上正式使用
2008	新日铁实现了 X120 级 UOE 钢管的商业化生产	X120 级管线钢投入生产

注：至今，X120 为最高级别管线钢。

我国能生产管线钢的企业逐年增多，如宝钢、首钢、武钢、鞍钢、舞钢、南钢、太钢等都可以生产 X70 及以上级别的管线钢。我国 X80 钢管道总长度世界第一位，生产与应用均达到了国际领先水平。X100 与 X120 管线钢国内多家企业具有技术储备和生产能力，试生产产品性能已达到国外实物产品同等水平，但尚未进行试验段建设，同时相关标准在进一步完善。

7.2.2　管线钢的性能要求

（1）高强度：为了提高输送效率，就大型油、气田的输送和管线设计而言，倾向于提高工作压力和输送管径，因此，对管线钢的强度要求越来越高。现在服役管线钢的强度由最初的 $\sigma_s \geqslant 289\text{MPa}(\text{X42})$，提高到 $\sigma_s \geqslant 482\text{MPa}(\text{X70})$、$\sigma_s \geqslant 551\text{MPa}(\text{X80})$，X100、X120 也相继开发成功。

（2）高韧性：韧性是管线钢的重要性能之一，它包括冲击韧性、断裂韧性等。由于韧性的提高受到强度的制约，晶粒细化是唯一既可提高强度又能提高韧性的强韧化手段，因此，通过细化晶粒和降低钢中有害元素含量是改善钢材韧性的有效手段。

（3）良好的焊接性：钢的焊接性是指材料对焊接加工的适应性，即在一定的焊接条件下获得优质焊接接头的难易程度。目前主要通过对化学成分的设计实现对其焊接性能的改善，提高焊接性能的有效措施是降低 C、P、S 含量和选择适当的合金元素。

（4）抗氢致裂纹（HIC）和应力腐蚀断裂（SCC）：氢致裂纹（HIC）是因腐蚀生成的氢原子进入钢中后，富集在 $\text{MnS}/\alpha\text{-Fe}$ 的界面上，并沿着碳、锰和磷偏析的异常组织扩展或沿着带状珠光体和铁素体间的相界扩展，而当氢原子一旦结合成氢分子，其产生的氢压可达 300MPa，于是在钢中产生平行于轧制面、沿轧制向的裂纹。由于 HIC 的形成不需要外加应力，它生成的驱动力是靠进入钢中的氢产生的氢气压，因此把由氢气压导致的裂纹称为氢致裂纹（hydrogen induced cracking）。氢致裂纹的防止措施如表 7-11 所示。

硫化物应力腐蚀断裂（stress corrasion cracking，SCC）是在 H_2S 和 CO_2 腐蚀介质、土壤和地下水中碳酸、硝酸、氯、硫酸离子等作用下腐蚀生成的氢原子经钢表面进入钢内，向具有较高三向拉伸应力状态的区域富集，促使钢材脆化并沿垂直于拉伸力方向扩展而开裂。应力腐蚀断裂事先没有明显征兆，易造成突发性灾难事故。

表 7-11　氢致裂纹的防止措施

因　素	防　止　措　施
氢侵入	添加 Cu、Ni、Cr、W 防止氢侵入并稳定腐蚀产物： Cu：0.20% ~ 0.30%，pH = 5； Cr：0.5% ~ 0.6%，pH = 4.5； Ni：0.2%左右，pH = 3.8
氢致裂纹产生	降低钢中 [S]、[O]，减少夹杂物数量和尺寸： [S] < (10 ~ 30)×10⁻⁶，[O] < (30 ~ 40)×10⁻⁶，[Ca] = (15 ~ 35)×10⁻⁶； 添加 Ca、RE、Ti，控制夹杂物形态
氢致裂纹扩展	采用较低的 [C]、[P] ≤ 100×10⁻⁶，[H] < 2×10⁻⁶； 电磁搅拌，轻压下，低的焊接区硬度； 减少局部硬化岛状马氏体带状组织

（5）低的韧脆转变温度：对于一些特殊地域，如戈壁高原、地震活动断层、大落差地段等复杂地貌和气候条件地区，管线钢应具有足够低的韧脆转变温度，一般要求在最低运行温度下试样端口剪切面积不小于 85%。

7.2.3　管线钢的成分控制

为满足管线钢高强度、高韧性、良好的焊接性能及抗 HIC、SCC 性能要求，通常采用降碳提锰并采用铌、钒、钛微合金化的合金成分设计方案，并与冶金技术和控轧控冷相结合。

（1）钢中碳：碳是增加钢强度的有效元素，但是它对钢的韧性、塑性和焊接性有负面影响。同时，极地管线和海洋管线为满足低温韧性、断裂抗力以及延性和成型性的需要，要求更低的碳含量。微合金化和控轧控冷等技术的发展，使管线钢在碳含量降低的同时保持高的强韧性。目前在综合考虑管线钢抗 HIC 性能、野外可焊性和晶界脆化时，最佳碳含量应控制在 0.01% ~ 0.05% 之间。

（2）钢中锰：钢中锰可弥补管线钢因碳含量降低而损失的屈服强度。另外钢中锰还能降低钢 γ→α 的相变温度，而使 α 晶粒细化，并改变相变后的微观组织。锰的这种固溶强化、细晶强化和相变强化的作用还可以提高钢的韧性，降低钢的韧脆转变温度。锰含量对于管线钢抗 HIC 性能也有影响，主要分为三种情况：1）含碳 0.05% ~ 0.15% 的热轧管线钢，当钢中锰含量为 1.0% 时，HIC 敏感性会突然增加；2）对于经过淬火和回火的管线钢，当 Mn 含量达到 1.6% 时，钢中锰对钢的抗 HIC 能力没有明显影响；3）碳含量低于 0.02% 时，由于钢硬度降到低于 300HV，此时即使钢中锰含量超过 2.10%，仍具有良好的抗 HIC 能力。根据管线钢钢板厚度和强度的不同要求，钢中锰的添加范围一般为 1.1% ~ 2.0%。

（3）钢中硫：硫是管线钢中影响抗 HIC 能力和抗 SCC 能力的主要元素。随着硫含量的增加，裂纹敏感率显著增加，冲击韧性值急剧下降，硫还导致管线钢各向异性，在横向和厚度方向上韧性恶化。因此，硫含量是管线钢要求最为苛刻的指标，某些管线钢要求钢中硫含量小于 50×10⁻⁶、20×10⁻⁶ 甚至 10×10⁻⁶。

（4）钢中磷：磷在钢中是一种易偏析元素，偏析区的淬硬性约是碳的 2 倍。除此之外磷还会恶化管线钢的焊接性能，显著降低钢的低温冲击韧性，提高钢的脆性转变温度。对于高质量的管线钢应严格控制钢中的磷含量，钢中磷含量越低越好。

（5）钢中氢：氢是导致氢致裂纹（又称白点或发裂）的主要原因，管线钢中的氢含量越高，HIC产生的几率越大，腐蚀率越高，平均裂纹长度增加越显著。采用真空处理或吹氩均可降低钢中的氢含量。

（6）钢中氧：由于管线钢中溶解氧很低，管线钢中全氧含量可以代表钢中氧化物夹杂物的数量，钢中氧化物夹杂物是产生HIC和SCC的根源之一，并危害管线钢的各种性能，为减少氧化物夹杂物的数量，一般把铸坯中全氧含量值控制在（10~20）×10^{-6}。

（7）钢中氮：管线钢中的氮对钢的性能有两方面的影响：一方面钢中自由的氮形成固溶体，造成固溶强化，加上时效作用，使钢的塑性和韧性降低，冷加工性能下降；另一方面通过氮化物还可以防止奥氏体晶粒长大，起到析出强化作用。管线钢中的氮含量可以通过真空精炼来控制。

（8）钢中微合金元素：钼是高级管线钢中的重要元素之一，钼是固溶强化的元素，能有效降低$\gamma \rightarrow \alpha$相变速率，抑制多边形铁素体和珠光体形核，促进高密度位错亚结构的针状铁素体或微细结构超低碳贝氏体的形成，保证管线钢高强度、高韧性的综合性能。

硼可以增加钢的淬硬性，提高强度，抑制铁素体在奥氏体晶界上的形核，有效推迟高温转变，同时使贝氏体转变曲线变得扁平，从而在超低碳的情况下，在较大的冷却范围内都能得到贝氏体组织。

管线钢在控轧控冷工艺中使用微合金元素铌、钒、钛，其作用与这些元素碳氮化物的溶解和析出行为有关。其主要作用表现在：1）在高温加热过程中难溶的微合金碳氮化物TiN和Nb(C，N)多数处于奥氏体晶界上，并通过质点钉扎晶界的机制阻止奥氏体晶界迁移，从而阻碍高温奥氏体晶粒长大，即提高了钢的粗化温度。2）在轧制过程中抑制奥氏体晶粒的再结晶及再结晶后的晶粒长大。高温固溶于奥氏体中的微合金元素与位错相互作用阻止晶界或亚晶界的迁移，从而抑制奥氏体的再结晶。而在高温轧制过程中析出的Nb(C，N)颗粒大量分布在奥氏体晶界和亚晶界上，同样通过析出质点钉扎晶界和亚晶界而阻止奥氏体晶粒的结晶和再结晶后的晶粒长大，从而达到细化晶粒的效果。3）在γ未再结晶区控轧过程中，大量弥散细小析出的Nb(C，N)能为$\gamma \rightarrow \alpha$相变提供有利的形核位置，从而有效地起到细化晶粒的作用。微合金钢的强化方式主要有晶粒强化、沉淀强化和位错强化。从细化铁素体晶粒的效果来看，Nb>Ti>V。

7.2.4 管线钢的冶炼工艺流程与控制

管线钢的生产有三种典型的工艺流程[12]：

（1）铁水预处理→复吹转炉→LF炉→VD炉→CC；

（2）铁水预处理→复吹转炉→LF炉→RH炉→CC；

（3）铁水预处理→复吹转炉→RH炉→LF炉→CC。

三种工艺流程的特点如下：

（1）三种工艺因为真空处理装置作用的不同而有所变化，LF-RH与LF-VD工艺流程中真空装置仅起脱气作用，转炉出钢过程钢液应保留一定的溶解氧，以防止钢液增氮，出钢后钢包里喂线终脱氧，真空处理前钢液的溶解氧小于2×10^{-6}，钢中全氧基本以夹杂物形态存在，整个流程氧的控制以软吹处理、真空处理及中间包流场促进钢中夹杂物上浮，并做好全流程保护浇铸；氮的控制主要是做好出钢过程控制增氮，LF 操作尽量减少钢液增氮，以及加强全流程保护防止吸入空气增氮；在转炉控制终点碳含量，同时采用无碳耐材及辅料；在转炉进行脱磷控制，尽可能使出转炉钢中的磷含量达到较低的水平，同时 LF 炉尽量减少回磷；在转炉进行防增硫控制，使转炉终点硫含量尽可能达到较低水平，在LF 炉里采用高碱度炉渣和控制与碱度相匹配的 MI 脱硫指数进一步脱硫。

（2）RH-LF 工艺流程中为了发挥 RH 轻处理作用，转炉终点平均保留了 $500×10^{-6}$ 的溶解氧，RH 处理过程碳氧反应脱去一部分碳，同时碳氧反应对熔池的搅拌作用以及碳氧反应产物的形成与上浮都对钢液中氮与氢的去除有利。氧的控制，RH 出站前一次脱去钢中的溶解氧，靠软吹处理及中间包流场作用进一步去除钢中的夹杂物，同时做好保护浇铸；这个工艺流程可减少出钢增氮，并且充分发挥真空处理对气体的去除作用，因而对钢中氮含量及钢中氢含量的控制有利。做好防止 LF 增氮及全流程保护；此工艺下，因为 RH 过程钢液及顶渣都保留一定的氧化能力，因此还有一定的脱磷能力，但是在真空处理时有轻微的回硫，要做好 LF 精炼过程的脱硫及回磷控制；此工艺下碳的控制比较灵活，RH 过程可以根据目标成分的要求对碳含量进行控制。

（3）高级别管线钢是低碳微合金高强度钢，成品中的碳含量及夹杂物的控制是工艺流程选取的重要依据，如果成品碳含量不小于 0.05%，选取 LF-RH 与 LF-VD 为宜；如果碳含量不大于 0.04%，则应用 RH-LF 是必然的选择。LF 精炼结束后进行钙处理，不考虑控碳需要，RH 后置比前置对夹杂物的控制更有利。

除了以上三种典型工艺流程之外，对于低级别管线钢的生产，通过采取低硫废钢、铁水预处理脱硫和转炉冶炼控硫等措施，钢水硫含量可以达到 0.004% 以下。另外，也可采用如下工艺流程：铁水预处理→复吹转炉→RH 炉→CC。

国内某厂生产 X70 管线钢的工艺要点是：（1）复吹转炉控制出钢碳含量为 0.03% ~ 0.04%，精炼埋弧操作，采用无碳砖罐，保证成品钢中碳含量小于 0.08%；（2）转炉采用单炉新双渣法或脱磷炉+脱碳炉两炉法冶炼工艺，并采用滑板挡渣出钢，控制出钢磷含量小于 0.007%，保证成品钢中磷含量小于 0.018%；（3）铁水预脱硫到 0.002%，精炼合理造还原渣操作，保证成品钢中硫含量小于 0.004%。

国内某厂生产 X70 管线钢的工艺流程是：DS（铁水脱硫）+120t 复吹转炉+RH+LF+CC。

控制要点：（1）预处理脱硫控制在 0.002% 以下，扒渣率大于 80%；（2）出钢温度1650~1680℃，出钢过程采用部分低碳锰铁粗脱氧，控制终点 [C]0.04% ~ 0.08%；（3）RH 中若 [C]>0.05%、[O]≤$263×10^{-6}$，在 RH 环流开始后进行吹氧强制脱碳；当 [C]<0.04%、[O]>$400×10^{-6}$时，采用自然脱碳；控制 RH 结束 [C]≤0.02%，若 RH 到站温度低于 1580℃，脱碳结束后吹氧，按 $O_2/Al=1$ 进行升温；（4）LF 到站后定氧并合金化，控制炉渣碱度 1.2~1.8，渣料控制 1.4kg/t 钢，LF 增碳在 0.015% ~ 0.025%；（5）连铸采用无碳或低碳保护渣，控制增碳 0.003% ~ 0.005%。

7.2.5　管线钢冶炼的关键技术

7.2.5.1　有害元素的控制[13]

管线钢对元素的控制要求做到窄成分、高精度，对有害元素的控制更要从全流程把握：（1）按照 API 标准规定，管线钢中的碳含量通常为 0.18%~0.28%，但实际生产的管线钢中的碳含量却在逐渐降低，高等级的管线钢，如 X80 碳含量仅为 0.06%，对于特殊环境下服役的管线钢碳含量还要进一步降低。（2）管线钢中硫影响钢的抗 HIC 和抗 SCC，控制钢中硫含量小于 0.002%，HIC 明显降低，甚至没有。采用 RH-IJ 法可以将钢中硫含量控制在 [S]≤10×10⁻⁶，新日铁大分厂采用 RH-IJ 法喷吹 CaO-CaF₂ 粉剂 4~5kg/t 后，钢中硫含量稳定在 5×10⁻⁶ 左右。（3）钢中氧化物夹杂是管线钢产生 HIC 和 SCC 的根源之一，危害钢的各种性能，高性能管线钢一般控制钢中氧含量小于 0.0015%。（4）管线钢中的氢含量越高，HIC 产生的几率越大，腐蚀率越高，平均裂纹长度增加越显著。采用 RH、VD 或吹氩搅拌等控制 [H]≤1.5×10⁻⁶。（5）磷是易偏析元素，在偏析区其淬硬性约为碳的 2 倍，同时磷还恶化焊接性能，对于严格要求焊接性能的管线钢，低温环境用的高级管线钢，磷含量小于 0.015%。（6）管线钢中对氮含量有着严格要求，过高的氮会与合金元素形成氮化物影响钢材性能，含硼的高性能管线钢为了避免硼和氮反应生成硼的氮化物，要严格控制氮含量（小于 0.0025%）。

7.2.5.2 夹杂物变性控制

管线钢对洁净度有着很高的要求，必须严格控制钢中有害元素含量和钢中夹杂物形态。管线钢钙处理过程是将棱角分明的夹杂变性成为球形或类球形的低熔点、低密度钙铝酸盐如（12CaO·7Al₂O₃）。降低轧制过程中多棱角的 Al₂O₃ 夹杂造成的裂纹源，可改善硫化物形态，同时减少水口堵塞。对氧化物、硫化物夹杂形态的控制可以通过以下指标进行评价，如表 7-12 所示。

表 7-12 钙处理效果评价指标

夹杂物类型	氧化物变性（变性为液态）		硫化物变性	
	$R/(Al_2O_3)$	[Ca]/[Al]s(钢中)	ACRCa①	[Ca]/[S]
指标	0.20~0.40	0.14~0.2	0.4~1.8 基本变性 >1.8 完全变性	2~5

①$ACRCa = \dfrac{w(Ca) - [0.18 + 130w(Ca)]w(O)}{1.25w(S)}$。

图 7-8 为钙处理时不同阶段的夹杂物变性效果，（Al₂O₃）周围先形成（Al₂O₃·xCaO），逐步向内扩散反应，最终形成球形钙铝酸盐，反应过程如图 7-8 和图 7-9 所示。

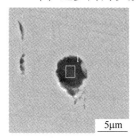 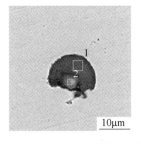 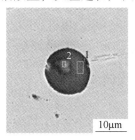 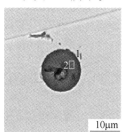

图 7-8 典型夹杂物的变性过程[14]

1—Al₂O₃·xCaO；2—Al₂O₃

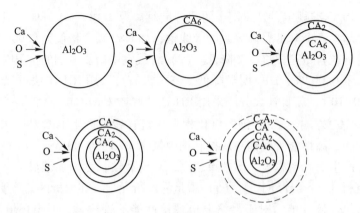

图 7-9　钙处理时夹杂物变性过程

7.2.5.3　连铸坯质量控制

连铸坯质量是指合格连铸坯所允许的缺陷程度，包括铸坯洁净度（夹杂物数量、形态、分布等）、铸坯表面缺陷（裂纹、夹渣、气孔等）、铸坯内部缺陷（裂纹、偏析、夹杂等）、铸坯形状缺陷（鼓肚、脱方等）。

连铸坯洁净度主要是由结晶器之前的钢液所决定的，连铸坯表面质量主要是受结晶器内钢水凝固过程所影响，连铸坯内部质量主要是由结晶器以下二冷区凝固的过程所决定，而连铸坯形状缺陷则和冷却（强度大小、是否均匀）及设备状态（如结晶器是否变形）有关。

洁净度的控制是一个系统工程，需从冶炼的每个环节多手段控制，包括脱氧产物的类型控制、去除方式控制、夹杂物无害化控制。

表面质量的控制需注意以下方面：（1）结晶器锥度，使坯壳表面与结晶器壁接触良好，保证冷却均匀；（2）保护渣选型，根据钢种特性差异选取，确保液渣层厚度在 10mm 以上；（3）浸入式水口结构设计，减轻注流对坯壳的冲刷，使其均匀生长，防止纵裂纹的产生；（4）浇铸参数合理化，根据所浇钢种确定合理的浇铸温度和拉坯速度，减少纵裂纹的产生；（5）保持结晶器液面稳定，液面波动在±3mm 之内。

内部质量控制（偏析、疏松、裂纹）需注意以下方面：（1）降低钢中易偏析元素含量，减少偏析；（2）控制过热度，减少柱状晶带，减少中心偏析；（3）采用电磁搅拌技术，消除柱状晶塔桥，增大中心等轴晶宽度；（4）防止铸坯发生鼓肚变形；（5）采取铸坯凝固末端轻压下技术减轻中心偏折；（6）凝固末端设置强冷却区，防止鼓肚，增加等轴晶区；（7）二冷区动态配水，降低铸坯裂纹发生几率。

7.3　易切削钢的冶炼技术

7.3.1　易切削钢的概述

易切削钢（free cutting steel）是在钢中加入一定数量的一种或一种以上的易切削元素（如硫、铅、钙、锡、碲、铋、钛等），以改善其切削性的合金钢。

7.3.1.1 易切削钢的研发历程

20世纪20年代，易切削钢的偶然诞生与战争（第一次世界大战）对钢材的急需和钢的粗制滥造有关（高硫和高磷含量）。而这些钢材的可切削性能反而优越，因此引起人们的注意。自1920年后，英国、美国、苏联、日本、法国等国相继生产和使用硫系易切削钢并逐渐标准化。1932年出现铅易切削钢，1960年苏联解决了铅污染的问题。1950年后，日本开始研制易切削不锈钢并于50年代末取得多项专利。我国也于1950年开始生产硫系易切削钢，1955年将其纳入重工业部部颁标准。1963年建立硫系易切削钢系列。1970年开始生产钙系和钛系脱氧控制型易切削结构钢。1977年研制成功稀土易切削钢20CrRES、20CrMnTiRE等钢种。80年代后至今，易切削钢已被广泛应用于各个工业部门。随着自动化程度增大、自动化机床的广泛应用，对材料的可切削加工性要求越来越高。易切削钢的明显经济效益使易切削钢的使用量不断增加，其发展趋势也将会继续保持下去。图7-10展示了易切削钢的历史沿革过程[15]。

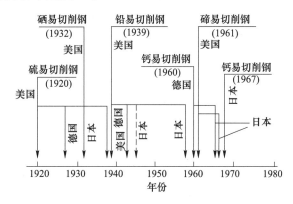

图 7-10　易切削钢的历史沿革过程

7.3.1.2 易切削钢的分类

易切削钢从不同的角度考虑有多种分类方法：按易切削元素分类有硫系、铅系、钙系、复合系等；按切削性能分类有一般易切削钢、超易切削钢等；按钢种分类有碳素易切削钢、不锈易切削钢等；按照其在实际生产中的应用可分为同时具备高强度的冷锻、力学性能的机械制造用易切削钢和视其切削性能为第一位的低碳易切削钢；日本大同特殊钢厂还从环境的角度出发将其分为E(ecological)钢（即不含铅钢）和EE(ecological and easy Cutting)钢（既不含铅又有易切削性的钢）。

A　硫系易切削钢

硫是易切削钢中使用最早的易切削元素，并且广泛应用在各类易切削钢中。但硫能使钢产生较严重的偏析并使冲击韧性降低。如文献［16］介绍若硫含量过高则会导致热脆性，给热加工造成困难，所以在采用硫进行合金化时要注意严格控制其上限（硫含量一般为0.08%～0.30%）并选定适当的锰硫比，尽可能使硫全部形成硫化锰，其形状最好控制为纺锤状或球状。硫化物的形态是硫易切削钢的最重要的特性，硫与锰在钢中形成非金属夹杂物 MnS，它们使切屑易于折断，从而提高切削加工性能。而且 MnS 具有润滑作用，本身硬度低，能减少对刀具的磨损。此外，硫化物夹杂的成分、形态（长宽比）和分布情况都对硫易切削钢的切削阻力、切削刀具的磨损以及被加工件的表面粗糙度有明显的影响。硫化物在钢中典型的形态如图 7-11 和图 7-12 所示[17]。

图 7-11　条状夹杂物形态　　　　　图 7-12　纺锤状夹杂物形态

　　钢在锻造或轧制过程中硫化锰很容易被拉长从而使钢（特别是易切削钢）的横向性能明显降低并出现各向异性，而对于图 7-12 所示的纺锤形（或球形）夹杂便成为获得高质量易切削钢的前提。然而仅仅让硫化锰球形化还是不够的，钢材的机械性质也会因其尺寸过大而大大降低，所以同时还要保证纺锤形（或球形）的硫化锰夹杂能细小弥散地分布于钢的基体之中。

　　另外，值得一提的是无论是哪种夹杂物都有一个明显的特点，即它们的尖端在轧制的过程中都会出现锥形空洞，有时会出现微裂纹，如图 7-13 所示。空洞产生的原因是钢在轧制的过程中，MnS 不能随着基体一起去延伸，限制了钢基体的形变，致使夹杂物与基体表面产生应力。

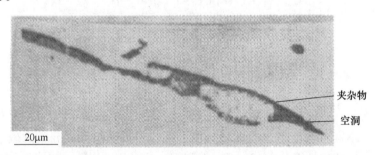

　　　　　　　　　　　　　　　　　　　　　　　　　　　　夹杂物

　　　　　　　　　　　　　　　　　　　　　　　　　　　　空洞

图 7-13　锥形空洞的形成

B　铅系易切削钢

　　由于含硫钢的热脆作用，使硫易切削钢的应用受到限制，为了改善其力学性能，弥补硫系易切削钢的缺点，发展了铅系易切削钢。铅系易切削钢的特点是在很少降低钢的力学性能的前提下可以显著提高其切削性。在易切削钢中，铅系的产量仅次于硫系而居于第二位。仅是在日本国内年产约 100 万吨的易切削钢中铅系易切削钢的生产量就占了其总产量的 50% 还要多[18]。铅在钢中多呈直径为几微米的单质金属颗粒分散存在，在钢中不固溶，它的易切削机理就在于这些微小颗粒在机械加工时作为应力集中源，使切削加工力减小，并具有减磨的作用。铅在钢中的含量一般为 0.10% ~ 0.35%，与不含铅的钢相比，含铅钢的切削性能可提高 20% ~ 50%，而力学性能与热处理性能基本不变。此外，加铅对冷、热加工性和焊接性也无影响。因此，含铅钢研制出来以后，立即发展为主要的易切削钢系，并使易切削钢的品种和用途不断扩大，广泛地用来制造精密仪表零件、汽车零件、各种机械的重要零件，并作为多种特殊用途的易切削钢[19]。

C 钙系易切削钢

钙系易切削钢主要适合于做机械结构，钙含量一般为 0.01% ~ 0.05%。单纯加钙的钙系易切削钢较少使用，而复合添加的复合易切削钢 Ca-S、Ca-S-Pb、Ca-S-Al 使用较为普遍。

钙与氧的亲和力很强，所以钙常用作炼钢脱氧和脱硫剂。炼钢时温度很高，钙的蒸汽压很高，因而加钙很困难。另外，如脱氧时生成了钙铝酸盐（$mCaO \cdot Al_2O_3$）夹杂，则将使切削性能大为变坏。因此，生产钙系易切削钢的关键就在于在其冶金工艺过程中如何将钙有效地加入和得到铝硅酸盐。

针对以上情况从 20 世纪 70 年代开始，引入喷粉技术并且工业化后，钙处理得到突破，后来又引入喂丝技术，进一步推进了钙处理技术的发展。日本神户钢铁公司在开发 CaS 新型易切削钢时，采用了喷入 CaS 及 CaC_2 混合粉末和喂入 Ca 丝相结合的方法来提高钙的收得率，并且试验还证明先喷入混合粉末然后再添加钙丝的利用率较高。

D 复合型易切削钢

单一的易切削元素加入钢中都不能得到较为满意的易切削钢，它们或多或少都存在这样或那样的诸如钢的力学性能、疲劳强度等一些问题，为此人们将不同的易切削元素复合在一起加入钢中以期得到性能更好的易切削钢。

为此人们研究在硫系易切削钢中加入钙或稀土元素（RE）或是钙和稀土元素同时加入。研究结果表明复合以后的易切削钢无论在切削性还是在力学性能方面都要优于单一的硫系易切削钢。

综上所述各类易切削钢都有其优劣，如硫系易切削钢的机械强度下降；铅系易切削钢的疲劳强度下降，且污染环境；脱氧调整易切削钢虽无强度下降，但制造时其产品合格率比其他材料低，成本高。为此应开发新型易切削钢，并努力提高其性能以满足人们对钢材质量要求越来越严格的趋势。

7.3.1.3 易切削钢的应用

易切削钢是汽车工业的一个重要组成部分，广泛用于多轴自动车床上大量生产零部件。目前世界上汽车保有量约 5 亿多辆，2012 年全球年产 18000 万辆以上，每年消耗钢材占世界钢材材料总产量的 10% 左右。对于这么大的用钢量单独用在切削加工上的费用就是很高的。因此，改善钢的切削性能会大大降低其制造成本。现在，我国汽车工业的快速发展已使汽车产业成为我国国民经济的支柱性产业，也是特殊钢材的主要用户。

易切削钢除了在汽车工业中被大量应用外，国内许多拖拉机厂也相继使用易切削钢来代替调质钢，如常州第一拖拉机厂等已多年批量使用易切削钢。另外，摩托车零部件也大量使用易切削钢，使其易于在生产上切削加工。在机械切削加工生产中，自动机床的数量迅速增加，其应用范围也日趋扩大。易切削钢在自动机床上的应用可以节约能源，减少生产时间，提高生产率，节约能耗 1/3，延长刀具使用寿命，从而大大地降低生产成本，典型的汽车部件总生产成本下降 46% ~69%[20]。

7.3.2　易切削钢的冶炼工艺流程与控制

7.3.2.1　易切削钢的工艺流程

目前易切削钢的生产工艺流程主要有：（1）复吹转炉—LF—CC 工艺流程，即转炉冶炼钢水，出钢后再用钢包精炼炉精炼，最后用连铸机进行连续浇铸。（2）20 世纪 90 年代以前易切削钢主要采用电炉—模铸传统的工艺流程；后来优化为电炉（EAF）冶炼—钢包炉（LF）精炼—连铸。国外易切削钢的典型生产厂的工艺流程见表 7-13。

表 7-13　国外易切削钢的典型生产工艺流程

生产厂家	工 艺 流 程
日本大同知多厂	70tEAF—IJ—LF—RH—CC(两流弧形,370mm×480mm)
日本爱知知多厂	80tEAF—VSC—LF—RH—CC(370mm×480mm,185mm×185mm)
德国 GMH	125tDC EAF EBT—LF—VD—CC(200mm×240mm)
西班牙 Aidenor	70tEAF—LF—VD—CC(155mm×155mm)

对于易切削钢的连铸，由于钢种的特殊性，很多都采用小方坯连铸，国外用连铸小方坯生产易切削钢的钢厂详细情况见表 7-14。

表 7-14　国外用连铸小方坯生产易切削钢的钢厂

厂名	流数	弧形半径 /m	浇铸断面 /mm×mm	生产钢种	年产量 /万吨	投产时间	设计制造
Donawitz（奥地利）	6	5	130×130	高碳线材、焊条钢、轴承钢、冷镦钢、易切削钢等	62.5	1970 年	VAI
Ruhrot（德国）	6	9/16	130×130	硼钢、冷镦钢、易切削钢、轴承钢、轮胎钢等	—	1998 年	Danislie（原 PW）
Saarstahl（德国）	6	10.5	150×150	冷镦钢、易切削钢、碳结构钢、中碳钢、高碳钢等	—	1995 年改造	Concast 改造
Von Moos（瑞士）	3	8	130×130 160×160	冷镦钢、易切削钢、低合金钢、弹簧钢、高碳钢等	—	1982 年	Concast
Acindar（阿根廷）	6	7	130×130 180×180 127×406	低碳钢、中碳钢、高碳钢、焊条钢、冷镦钢、易切削钢等	—	1998 年	Danieli

7.3.2.2　工艺控制要点

A　钢水的冶炼

转炉的冶炼主要完成脱磷、脱碳、脱硫的任务，但是与普通的钢种不同，不是尽可能地脱硫，而是要控制一定的硫含量。对于磷的处理和一般钢种相似，但值得注意的是钢中有一定的磷对钢的易切削性有利。磷溶解在铁素体中，能提高铁素体硬度，改进零件的表面粗糙度和切削性能，但钢中磷的成分设计应保持在 0.04% ~ 0.10% 范围较为合适，对于具有冷镦性能的易切削钢，钢中磷含量必须控制在 0.04% 以下。

B　钢水的脱氧及硫的加入

由于硫系易切削钢对硫的特殊要求，脱氧过程控制不当极易造成硫含量超出规定范围，或使硫夹杂物偏高，故在控制渣碱度的同时改进脱氧方式，考虑到（MnS）夹杂的范围和形态，保持良好的切削性能，脱氧过程不能过于充分，要保持一定的氧含量。弱脱氧可以控制硫化物夹杂呈球形，它变形能力小，均匀分布在钢中。这对改善切削性和力学性能都是有利的。当钢中氧含量为（$150 \sim 180$）$\times 10^{-6}$ 时，夹杂物成分为：Al_2O_3 18% ~ 23%、SiO_2 45% ~ 58%、MnO 20% ~ 26%、CaO 7% ~ 11%，在图 7-14 所示 $CaO\text{-}SiO_2\text{-}Al_2O_3$ 相图[21] 中 A 点，这种化合物处于钙长石区（$CaO\text{-}SiO_2\text{-}Al_2O_3$）。夹杂物成分均匀，但不同夹杂物成分有一定变化。熔点为 $1300 \sim 1550℃$。钢材轧制后，夹杂物尺寸小于 $5\mu m$，很少大于 $10\mu m$。由于氧含量高，得到 I 类 S-O 化物，变形能力较小。夹杂物宽度为 $10 \sim 15\mu m$，长度约为 $100\mu m$，分布也较均匀。

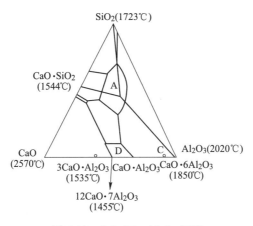

图 7-14　$CaO\text{-}SiO_2\text{-}Al_2O_3$ 相图

硫的加入是硫系易切削钢生产的一个重要步骤，硫的加入方式不适当就会使硫含量不易控制、波动大、硫的收得率不易掌握，仅靠经验控制欠准确。国内少数厂家采用 EAF+ LF 进行冶炼，LF 精炼毕喂入硫包芯线，以增加、调整硫含量的方式组织生产，效果好于出钢时加硫来直接控制成分的工艺，但是硫的采购（或加工）导致生产成本增加，并且硫线的质量不稳定也会导致钢的成分波动范围扩大，为此应改进加硫方式。经实践证明加硫方式最好为出钢后向钢包中加硫铁或喂入硫线，同时加入固体渣料。硫是极易引起热脆的元素，通过增加钢中的锰含量来减轻易切削钢的热脆倾向。出钢后全程钢包底吹氩均匀钢水成分，电弧加热，调整精炼炉渣（如采用合适低碱度、高氧化性精炼渣），通过采取这些措施可提高硫的收得率，其收得率可达 65% ~ 70%，并且硫含量均匀稳定。

C　钢水炉外精炼的控制及钢中夹杂物的变性

a　硫收得率的控制

冶炼过程硫的收得率、硫反应速率均受炉渣性质的影响。炉渣的化学性质对硫的收得率有很大的影响，因此就应控制合适的顶渣碱度及炉渣中氧含量。例如国内某特钢公司在开发易切削钢 45S20 时在 LF 炉精炼时采用了 CaO-SiO_2-MgO-Al_2O_3 四元低碱度、高氧化铁、少渣量操作，其硫分配比 $L_S = 20$，总收得率稳定在 50% 左右。

b　铝脱氧及对易切削钢夹杂物的变性

（1）变性剂选择。由于 MnS 夹杂物高温塑性良好，对高硫钢的热加工起决定性影响，因此，应该采取措施促使 MnS 类夹杂物转变为高熔点、低塑性、硬度大的单相或多相物质，使其尽早析出，呈球状或近球状分布。变性剂与硫亲和力应大于锰，并能与脆性氧化物夹杂起反应生成复相；变性剂及硫化物在初生 MnS 相中应有较高固溶度。考虑到变性的目的及生产成本，一般选用含钙 25% 的 Si-Ca 合金作变性剂。日本神户钢铁公司试验用 Mg（+Ca）作为硫化物的变性剂也使得硫化物夹杂的分布更为均匀，形态也更趋球形化。变性前后的硫化物形态见图 7-15。并且 Mg（+Ca）变性剂的加入使得钢材的切削性得以改善，切削工具的寿命得以提高。其变性的机理也是生成氧化物核心，而后硫化物附着于其上[22]。

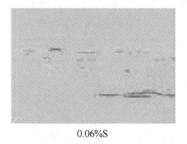  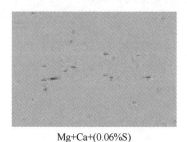

0.06%S　　　　　　　　Mg+(0.06%S)　　　　　　　Mg+Ca+(0.06%S)

图 7-15　添加 Mg 或 Mg+Ca 前后硫化物形态对比

（2）过程脱氧。以铝脱氧 Y12 钢（含硫 0.08% ~ 0.15%）为研究对象，1600℃ 下对 Mn-Ca-Al-O-S 五元系统有如下反应：

$$Ca(g) + [O] \rightleftharpoons CaO(s) \qquad \Delta G^{\ominus} = -158660 + 44.91 \text{J/mol} \qquad (7-1)$$

$$Ca(g) + [S] \rightleftharpoons CaS(s) \qquad \Delta G^{\ominus} = -136380 + 40.94 \text{J/mol} \qquad (7-2)$$

$$[Ca] + [O] \rightleftharpoons CaO(s) \qquad \Delta G^{\ominus} = -645200 + 148.7T \qquad (7-3)$$

$$[Ca] + [S] \rightleftharpoons CaS(s) \qquad \Delta G^{\ominus} = -382490 + 112.92T \qquad (7-4)$$

$$2[Al] + 3[O] \rightleftharpoons Al_2O_3(s) \qquad \Delta G^{\ominus} = -1224828 + 393.6T \qquad (7-5)$$

对于式（7-2）和式（7-3），由热力学计算可知，出钢液温度为 1550℃ 情况下，只有钢中氧浓度低于 0.00037 时才能生成稳定的 CaS。试验钢经碱性还原渣脱氧后造酸性渣，并深插铝脱氧，经取样光谱分析，钢中残铝平均含量为 0.012%，钢水中氧含量较低，能生成稳定的 CaS。式（7-3）~式（7-5）所示反应在 1600℃ 时的活度积常数 $a_{[Ca]} \cdot a_{[O]} = 5.9 \times 10^{-11}$、$a_{[Ca]} \cdot a_{[S]} = 1.7 \times 10^{-5}$、$a_{[Al]}^2 \cdot \alpha_{[O]}^3 = 2.5 \times 10^{-14}$，可以看出，与钙平衡的氧活度比铝平衡的氧活度低，将发生如下反应：

$$x[Ca] + y(Al_2O_3)_{夹杂} = \{x(CaO)(y - 1/3x)(Al_2O_3)_{夹杂}\} + 2/3x[Al] \qquad (7-6)$$

产物（CaO）将溶于（Al_2O_3）夹杂中，形成钙铝酸盐，其硬度值不超过 930kg/mm²，它与簇状（Al_2O_3）夹杂比，具有不同的表面性质，容易呈较小的球状。其具体组成决定于温度和（CaO）、（Al_2O_3）活度。反应破坏高硬度（Al_2O_3）夹杂（硬度 3000 ~ 4000kg/mm²），有利于减少切削刀具的磨损。

由于钢中硫活度很高,由式(7-3)、式(7-4)联立,将发生反应(7-7):

$$(CaO)_{夹杂} + [S] === (CaS)_{夹杂} + [O] \qquad (7-7)$$

钙在钢中溶解度极低,蒸气压极高,大多数钙进入钢流后立即气化,形成气泡上浮。上浮过程中钙先在相界面进行脱氧反应,然后进行脱硫反应,同时与遇到的(Al_2O_3)内生夹杂反应生成钙铝酸盐。高温下钙铝酸盐有较高硫容量[23],随钢水降温,以(CaS)形式析出。变性过程如图 7-16 所示。

图 7-17 和图 7-18 是变性前后钢锭中夹杂物形态的变化。

(3)变性剂用量的确定。使铝镇静钢中夹杂物变性所需钙量主要决定于钢水中钙活度,即决定于钢水最终铝、硫含量,钢水温度及钙铝酸盐中(CaO)活度等因素。可利用如下经验公式计算:

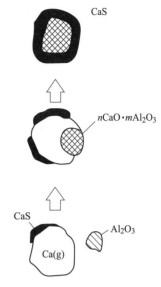

图 7-16 变性过程示意图

$$ACR = \frac{[Ca]_{总} - \{0.18 + 130[Ca]_{总}\}[O]_{总}}{1.25[S]} \qquad (7-8)$$

当 ACR = 0.2~0.4 时为不完全变性;ACR = 0.4~1.8 时为基本变性;ACR ≥ 1.8 时为完全变性。

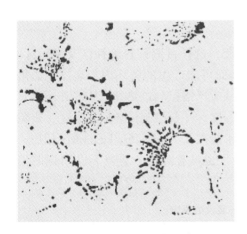

图 7-17 变性前夹杂物形态

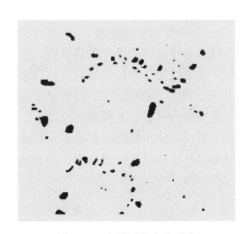

图 7-18 变性后夹杂物形态

D 易切削钢的连铸

与普通钢水连铸不同,易切削钢的连铸对钢水的质量及连铸系统各参数要求更为严格。

a 钢水温度及铸坯拉速的控制

钢水在浇铸过程中应严格控制浇铸钢水温度、钢水过热度。实践证明,当钢水过热度过高时,漏钢几率就会大大提高。严格控制浇铸速度,铸速应保持平稳,调速不应过急,防止铸坯产生横裂。过热度与拉速之间的关系见表 7-15。与同碳含量的优质结构钢相比，拉速降低 10%~20%。对钢中的残余元素应加以控制，尤其是铜的含量不应过高。

表 7-15　过热度和拉速之间的关系

过热度/℃	150mm×150mm		200mm×200mm	
	最大拉速/m·min⁻¹	最小拉速/m·min⁻¹	最大拉速/m·min⁻¹	最小拉速/m·min⁻¹
25	2.25	2.10	1.35	1.22
35	2.10	1.90	1.25	1.10
45	1.90	1.70	1.15	1.00

b　结晶器及保护渣对连铸的影响

连铸过程中结晶器的水温差也应严格控制。试验表明，当结晶器冷却水量为 2~2.5L/min 时，铸坯出结晶器的坯壳厚度为 5~6mm，当结晶器冷却水量提高到 3L/min 时，铸坯出结晶器时坯壳厚度为 8~10mm，已形成足够强度的坯壳，可以大大降低鼓肚、漏钢等事故的发生。结晶器保护渣的选择也很重要，它能保证结晶器有良好的润滑，避免黏接漏钢，防止产生表面裂纹和皮下针孔。例如在冶炼 Y45S20 钢种时就选择了碳含量较高的结晶器保护渣，见表 7-16。

表 7-16　生产 Y45S20 易切削钢用结晶器保护渣理化指标

化学成分/%							物理性能	
SiO_2	CaO+MgO	Al_2O_3	Na_2O+K_2O	Fe_2O_3	MnO	C游	黏度/Pa·s	半球温度/℃
26.5	24.0	11.0	4.5	3.0	0.1	16.0	0.75	1140

c　连铸冷却水的要求

硫系易切削钢的裂纹敏感性强，应控制 Mn/S>5，这样可避开热脆性区及中间区域，降低产生裂纹的几率。此外对于由于硫的含量较高而可能产生的铸坯内部裂纹，如角裂纹、中心裂纹、中间裂纹、对角裂纹及皮下裂纹，除应严格控制过热度、MnS 外还应对二冷水强度进行调整，尤其是二冷二区、三区冷却水强度，并要控制铸坯回火温度，避免产生中间裂纹。比水量控制在 0.60~0.65L/kg，与比水量在 0.70~0.75L/kg 的情况相比，降低了铸坯低倍出现裂纹的几率，而且出现裂纹的级别也显著降低，从表 7-17 可以明显地看出这一点。

表 7-17　二冷比水量对铸坯裂纹的影响

比水量/L·kg⁻¹	试验炉数	低倍取样数量	无裂纹的试样数量
0.75	9	54	0
0.70	8	48	0
0.65	12	72	0
0.60	24	144	56

根据国家铸坯低倍检验标准，当二冷水强度控制在 0.6L/kg 时生产的铸坯全部为 Ⅰ 类铸坯。

7.3.3 易切削钢生产和开发的难点

由于易切削钢本身钢种特性以及在冶炼、热加工方面存在的难度,在过去的100多年里,国内外的有关人士对易切削钢的生产工艺做了大量的研究工作。相比起来,日本易切削钢的生产和研究一直处于世界领先水平,所以日本的易切削钢生产工艺应是世界的易切削钢典型生产工艺。

易切削钢与同类钢种的非易切削钢相比,其主要差异是易切削钢中有高含量的夹杂物,这使易切削钢在生产和开发上有如下的主要难点:(1)易切削钢中夹杂物类型、均匀分布和颗粒大小的控制;(2)钢中[O]、[S]含量控制的稳定性;(3)易切削钢的连铸问题;(4)易切削钢生产中的环保问题;(5)高硫易切削钢热加工问题;(6)可替代含铅的超级或切削性能极好、力学性能优良的新型易切削钢的开发;(7)能满足各种切削速度下的新型易切削钢的开发;(8)易切削钢废钢的回收利用等。

近些年,易切削钢的生产和工艺技术的研究主要集中在易切削钢的连铸工艺和技术上。易切削钢是世界三大难以连铸的钢种之一,易切削钢连铸的工艺难点主要在于:(1)易切削钢的高氧含量、高硫含量大大降低了钢水表面张力,使钢渣分离困难,造成钢渣混卷,形成大量表面及皮下缺陷,甚至漏钢,使连铸生产难以进行;(2)易切削钢中锰、氧含量高,高温下会与耐火材料中的一些成分发生物理化学反应,使耐火材料受到侵蚀,在连铸生产中造成溢钢或中间包漏钢等事故;(3)易切削钢钢液黏度大,流动性差,为保证其可浇性必须提高浇铸温度,但同时易切削钢又是裂纹敏感钢种,必须采取弱冷制度。

7.4 冷镦钢的冶炼技术

7.4.1 冷镦钢的特点

冷镦钢,又称铆螺钢或冷镦和冷挤压用钢,是利用金属的塑性,采用冷镦加工成型工艺生产的标准件用钢。冷镦钢主要作为生产螺钉、螺母、螺栓、墙壁钉等紧固件的原材料,产品广泛应用于汽车、铁路、桥梁、机械制造、家电、建筑等领域。

冷镦钢一般包括碳钢、低合金钢、硼钢、合金结构钢、非调质钢等,典型冷镦钢化学成分见表7-18。由于冷镦钢在加工过程中变形量非常大(60%~70%),所承受的变形速度较高,因此要求冷镦钢必须具有良好的冷成型性能和力学性能。

表 7-18 典型冷镦钢化学成分

牌号	化学成分/%								
	C	Si	Mn	P	S	Cr	Mo	B	Alt
ML08Al	0.05~0.10	≤0.10	0.30~0.60	≤0.035	≤0.035	—	—	—	≥0.02
SWRCH22A	0.18~0.23	≤0.10	0.70~1.00	≤0.030	≤0.035	≤0.20	—	—	≥0.02
SWRCH35K	0.32~0.38	0.10~0.35	0.60~0.90	≤0.030	≤0.035	≤0.20	—	—	
10B21	0.18~0.23	≤0.10	0.60~0.90	≤0.030	≤0.030	≤0.30	—	0.0008~0.0030	
SCM435	0.43~0.48	0.15~0.35	0.60~0.90	≤0.030	≤0.030	0.90~1.20	0.15~0.30	—	

相比传统的冷切削工艺，冷镦成型工艺不仅节约大量工时，金属消耗可以降低10%～30%，而且产品尺寸精度高，表面粗糙度好，生产效率高，被国内外紧固件企业所广泛采用[24]。

7.4.2　冷镦钢的主要生产工艺流程

国外钢厂一般采用铁水预处理→转炉/电炉冶炼→LF 精炼→RH/VD 精炼→CC 连铸（300mm×430mm、400mm×500mm）→开坯→初轧坯（160mm×160mm）→火焰清理→双探伤（超声波探伤+磁粉/涡流探伤）→加热炉加热→高速线材轧制工艺生产冷镦紧固件用钢，代表企业为新日铁、住友金属、神户制钢和韩国浦项制铁等[25]。

国外厂家生产冷镦钢的工艺特点：（1）日本与韩国企业多采用转炉长流程生产工艺，欧美等企业多采用电炉短流程生产工艺；（2）国外企业多采用大断面方坯连铸，经开坯二火成材，通过大的压缩比保证表面质量和内部质量；欧美有些厂家采用小方坯连铸，一火成材，降低成本和能耗，但质量尚不如日本；（3）为保证内部质量和表面质量，国外厂家均配置了超声波探伤、涡流探伤或磁粉探伤、火焰清理设备等精整设备，以保证坯料无缺陷[26]。

国内部分钢厂生产冷镦钢的流程为：

（1）宝钢采用优质铁水经脱硫预处理后，在300t 顶底复吹转炉上冶炼，整个冶炼由计算机动态控制。炉后配备有 LF、RH、喷粉、CAS 等炉外精炼设备和技术，钢中的有害杂质硫、磷等含量较低，连铸过程采用保护浇铸，可以获得严格、均匀的化学成分。

（2）邢钢采用铁水预处理→转炉冶炼→LF 精炼→RH 精炼→CC 连铸（325mm×280mm）→开坯→初轧坯（160mm×160mm）→双探伤（超声波探伤+磁粉探伤）→精整修磨→加热炉加热→高速线材轧制。

（3）兴澄特钢采用铁水预处理→转炉冶炼→LF 精炼→RH 精炼→CC 连铸（390mm×510mm）→开坯→初轧坯（200mm×200mm）→火焰清理→双探伤（超声波探伤+磁粉探伤）→加热炉加热→高速线材轧制。

（4）原首钢采用的冷镦钢冶炼工艺为：80t 转炉挡渣出钢→钢包加铝锰铁和铁芯铝完全脱氧→LF 炉精炼喂铝线增加铝含量→精炼后喂 CaSi 丝改变夹杂物形态→碱性中间包→结晶器浸入式水口和保护渣浇铸及结晶器电磁搅拌。

（5）湘钢冷镦钢生产工艺：80t 复吹转炉吹炼→LF 精炼→小方坯连铸（150mm×150mm）→高线轧制。

国内厂家生产冷镦钢除宝钢、兴澄特钢、邢钢、南钢等企业外，多采用小方坯连铸工艺生产冷镦钢，一火成材；在钢坯内部质量和表面质量控制上水平参差不齐，产品质量稳定性有待提高，冷镦开裂率较国外企业偏高。

7.4.3　冷镦钢冶炼的关键技术和控制要点

7.4.3.1　冷镦钢冶炼的关键技术

为了保证冷镦钢的质量，冶炼过程中一般应采用以下工艺技术[27]：

（1）铁水"三脱"技术。所谓"三脱"，即脱 [S]、脱 [P]、脱 [Si]。其中 [S]、

[P] 元素容易在钢的晶界偏聚造成晶界脆化，同时恶化钢的冷镦性能。[Si] 元素偏高将造成钢的抗拉强度和硬度升高，提高钢的变形抗力，对冷镦性能不利。因此，在进入转炉前完成铁水"三脱"处理，将对保证冷镦钢质量起关键作用。

对于转炉炼钢工艺，通常铁水加入量为 80%~100%，要降低钢中的 [S] 含量可采用 KR 机械搅拌法或喷吹法；传统的铁水脱 [Si] 处理主要是通过向铁水中加入氧化剂，将 [Si] 氧化成渣，脱 [Si] 剂多为烧结矿、氧化铁皮等，并加入一定量的石灰，抑制温度升高，保证熔渣有一定的碱度和防止 [Mn] 的氧化损失过大；脱 [P] 处理即将脱 [P] 剂（主要为 CaO 系和 Na_2CO_3 系）加入铁水罐、混铁车内进行脱 [P]。目前采用单炉新双渣法或脱磷炉+脱碳炉两炉法的新一代复吹转炉工艺，在冶炼前期或脱磷炉内进行有效的脱 [P]、[Si] 预处理。

经"三脱"处理后的半钢中 [S] 含量可以达到 0.003% 以下水平。[P] 含量通常可达到 0.010%~0.030% 水平，铁水"三脱"处理为洁净冷镦钢的生产奠定了良好的基础。

（2）转炉出钢挡渣技术。在转炉出钢时进行有效的挡渣操作，可减少钢水回磷、减少钢中夹杂物、提高合金的收得率，还可为精炼钢水提供良好的条件。而目前传统的挡渣塞、挡渣锥挡渣效果差，很难满足冷镦钢纯净度的要求。国内外先进企业在生产冷镦钢时均采用了滑板挡渣技术[28,29]，并对出钢下渣进行在线检测，一般下渣量在 30mm 厚度左右。应用滑板挡渣后钢水回磷量不但明显减少，而且回磷量稳定，下渣量的稳定控制更加有利于精炼工序的操作。

（3）炉外精炼技术。炉外精炼的主要任务是：钢液脱硫、脱氧、脱除钢中的气体氢和氮，去除钢中的非金属夹杂物，控制钢中非金属夹杂物的形态，调整钢液的合金成分进行合金化，调整和控制钢液温度，获得优质的钢水。

炉外精炼技术包括钢包喷粉处理、喂丝和钢包吹氩，炉外真空脱气处理包括 DH、RH、VD，具有加热功能的钢包精炼技术包括 ASEA-SKF、LF 等，通过钢包炉外精炼，可实现钢水的进一步脱氧和脱硫，同时实现精确的窄成分控制；通过 RH/VD 真空处理，可实现钢水的进一步的洁净化，促进大尺寸夹杂的去处，以保证最终产品质量的稳定性。

7.4.3.2　冷镦钢的化学成分控制要点

（1）碳的控制：钢中的碳含量对冷镦性能影响很大。随着碳含量的提高，钢的硬度升高，塑性降低，冷镦性能变差。但在冶炼过程中由于钢中氧含量与碳含量成反比关系，碳含量太低将导致钢水氧含量偏高，不利于降低钢中夹杂物。因此，综合考虑上述原因，一般在转炉冶炼过程中终点 [C] 含量控制在 0.08%~0.12% 范围，以减轻出钢后精炼脱氧压力。

（2）氧、氮的控制：氧含量是非金属夹杂物形成的源头，需从转炉冶炼环节进行控氧。由于冶炼低碳冷镦钢出钢时氧含量一般较高，为保证最终钢水中的氧含量降低至较低水平，转炉出钢过程中需要加入脱氧剂进行预脱氧。相比于锰硅脱氧剂，铝脱氧能力最强，且形成的脱氧产物易于上浮去除。因此，冷镦钢一般采用铝或含铝的复合脱氧剂脱氧，以保证氧完全结合成氧化铝脱除。随着钢中的 [Al]s 增加，溶解氧将明显降低，见图 7-19。

氮元素明显恶化钢的冷变形能力，应尽量降低其含量，一般 [N] 控制在 50×10^{-6} 以下。因此，在转炉冶炼过程中需从原料和合金等方面进行控氮。

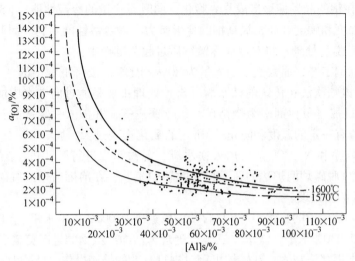

图 7-19　铝脱氧后钢水中 [Al]s 与 $a_{[O]}$ 关系

（3）硫、磷元素的控制：硫在通常情况下为有害元素，它使钢产生热脆性，降低钢的延展性和韧性，在锻造和轧制时造成裂纹，所以通常要求硫含量小于 0.035%。磷对于冷镦钢为有害元素，它不仅增加钢的冷脆性，而且使钢的焊接性能变坏，降低塑性，使冷弯性能变坏，因此通常要求钢中磷含量小于 0.030%，优质钢要求更低些。

脱硫和脱磷的方法发展至今，生产工艺和控制技术相对比较成熟，一般主要在铁水预处理工艺阶段完成脱硫和脱磷任务，为转炉终点控制、为 LF 炉或 RH 炉精炼创造良好条件。

（4）铝的控制：铝是强脱氧剂，在冷镦钢的生产中，由于出钢时氧含量高，一般要用铝或含铝的复合脱氧剂脱氧，这样不仅可以有效降低钢中的氧，还有细化晶粒、改善韧性、防止时效的作用。

大量研究表明，钢中酸溶铝 [Al]s 对钢中的夹杂物含量有显著影响，如图 7-20 所示，[Al]s 控制过低或过高，都会引起夹杂物含量的增加，因此控制好 [Al]s 是降低夹杂物含量的一个关键工艺。为保证钢中的 [Al]s 既能脱氧完全，又能起到固氮、细晶的作用，通常将钢中酸溶铝 [Al]s 控制在 0.02%~0.04%之间。

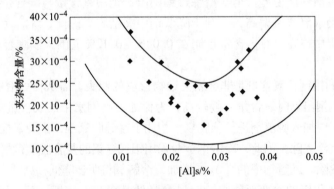

图 7-20　酸溶铝的控制和夹杂物含量的关系

7.5 齿轮钢的冶炼技术

7.5.1 齿轮钢的概述

齿轮钢主要应用于汽车、工程机械及机械制造业的传动部件。高质量的齿轮钢不但要有良好的强韧性、耐磨性，能很好地承受冲击、弯曲和接触应力，而且还要求变形小、精度高和噪声低。齿轮钢品种繁多，世界各国都根据使用性能要求和本国的资源条件，建立各自的齿轮用钢系列。国外齿轮钢品种很多，比如德国采用 Mn-Cr 系列钢，日本应用 Cr 系钢和 Cr-Mo 系钢，美国采用 Cr-Ni-Mo 系钢，法国采用 Cr-Ni 系钢和 Cr-Mo 系钢[30]。我国多年来大量使用的是 20CrMoH 齿轮钢，改革开放后汽车工业从不同国家引进了多条生产线，相应地引进了许多齿轮钢号，逐步开发使用 Cr 系、Mn-Cr 系、Cr-Mo 系、Cr-Ni-Mo 系、Cr-Mn-B 系齿轮钢[31]。近年来，随着我国汽车工业的稳步发展，国内外对齿轮钢的需求量日益增加，齿轮钢的市场非常好，同时用户对齿轮钢质量的要求越来越严格，高技术含量和高附加值的齿轮钢成为特钢企业优先开发和生产的品种。随着新装备的引入与生产工艺的发展，齿轮钢的质量有了较大的提高。齿轮钢的总体发展方向可以描述为高性能、低成本、易加工、长寿命和多品种化。目前齿轮钢生产工艺流程为：（1）铁水预处理—复吹转炉—LF—RH（VD）—CC—连轧；（2）电炉—LF—RH（VD）—CC—连轧。

7.5.2 齿轮钢的冶金质量要求

汽车齿轮用钢不但要有良好的强韧性、耐磨性，能很好地承受冲击、弯曲和接触应力，而且还要求变形小、精度高。齿轮加工后，除了一般的淬火、回火热处理外，还采用渗碳淬火、氮化处理、高频淬火等多种表面硬化处理。齿轮制造对齿轮钢的技术要求主要有：良好的成型性；良好的可热处理性；足够的心部淬透性和良好的深层淬透性，确保齿轮渗碳淬火时渗层和心部不出现过冷奥氏体分解产物；齿轮渗碳淬火后变形小，可免去或减少磨削加工，并可降低运行噪声。

齿轮钢的冶金质量要求主要包括以下 5 个方面[32]：

（1）末端淬透性。国外对齿轮钢淬透带的控制一般是全带控制在 4~7HRC。我国目前对齿轮的带宽控制情况是：骨干企业是两点控制，带宽一般为 6~8HRC，J15 带宽一般为 6~10HRC；一般企业要求符合 GB/T 3077—1999 或单点控制，如表 7-19 所示。

表 7-19 国内外某些企业标准的带宽水平

钢号	国别	J9（HRC）	带宽（HRC）	备注
ZF6	德国 ZF	28~35	7	CrMnB
ZF7	德国 ZF	31~39	8	CrMnB
16MnCr5	德国大众	29~35	6	CrMn
SCM20H	日本	34~42	8	CrMo
SNCM220H	日本	29~34	5	CrNiMo
SN2025	美国	39~43	4	CrNiMo
SAE8620H	美国	27~35	8	CrNiMo
20CrMnTi	中国国标	35~41	6	CrMnTi

（2）洁净度。我国目前对齿轮钢的 T[O] 要求是小于 20×10^{-6}，国内部分洁净度较高企业一般要求小于 15×10^{-6}。非金属夹杂物按 GB/T 10561.150 系标准评级图评级，一般要求级别（细小）A≤2.5、B≤2.5、C≤2.0、D≤2.5。

（3）晶粒度。奥氏体晶粒度是齿轮钢质量要求的又一项重要指标，细小均匀的奥氏体晶粒可以稳定末端淬透性，减小热处理变形，提高渗碳钢的脆断抗力。目前我国齿轮钢的奥氏体晶粒度级别一般要求小于或等于 5 级。

（4）微量元素。为保证齿轮钢的加工性能，目前国内外对齿轮钢的微量元素都有一定的要求。为保证钢的晶粒度要求 [Al]s 为 0.020%~0.040%；为提高切削性要求 [S] 为 0.025%~0.040%。

（5）表面质量。齿轮钢都是热顶锻用钢，对钢材的表面质量要求很严，无论是 GB/T 10561，还是由中国齿轮专业协会制定的《车辆用齿轮钢技术条件》，都对此有较严格的要求。我国齿轮钢目前的表面质量同国外先进水平相比，还有一定的差距。

7.5.3　齿轮钢 20CrMoH 冶炼工艺及控制

以 20CrMoH 齿轮钢为例，分析转炉冶炼齿轮钢的工艺要点。根据国家标准 GB/T 10561，20CrMoH 的化学成分如表 7-20 所示。

表 7-20　20CrMoH 齿轮钢的化学成分标准控制要求　　　　　　（%）

钢号	C	Si	Mn	P	S	Cr	Mo	T[O]
20CrMoH	0.17~0.23	0.17~0.37	0.55~0.90	≤0.035	≤0.015	0.85~1.25	0.15~0.25	≤20×10⁻⁴

齿轮钢（20CrMoH）的主要性能指标有：

（1）淬透性：淬透性带宽不大于 6HRC；

（2）全氧含量不大于 20×10^{-6}；

（3）晶粒度：6~8 级。

转炉冶炼齿轮钢的基本流程是[33,34]：铁水预处理→顶底复吹转炉→LF 钢包炉精炼→真空处理（VD 或 RH）→连铸→热轧。

（1）转炉工序：铁水经脱硫预处理，入炉 [S]≤0.005%、[C]≥3.80%，温度不小于 1320℃。吹炼过程加入的废钢为轻型废钢，某钢厂 150t 复吹转炉吹炼中加入活性石灰 7~8t，终渣碱度按 4.5 左右控制，吹炼过程中适当控制枪位避免炉渣返干，以强化炉内脱磷效果。出钢温度尽可能按下限控制，出钢前定氧。出钢严格挡渣，采用包底干净的钢包装钢液，渣层厚度控制在 50mm 以内，钢包净空高度按不小于 400mm 控制。出钢过程中向钢水包内加入铝锰铁合金对钢水进行预脱氧。在出钢过程中加入增碳剂、合金（FeSi、Si-Mn、Fe-Cr 和 Fe-Mo）进行合金化。

（2）精炼工序（LF）：转炉出钢结束后，钢水在炉后进行吹氩搅拌处理，吹氩时间不少于 10min，吹氩前后测温、定氧、取样。对钢水样进行全分析，分析结果作为 LF 精炼成分调整依据之一。钢水开始精炼后，分批加入高碱度渣料、扩散脱氧用铝丸等。实践中要求 LF 送电精炼开始 15min 内使钢包渣转变为高碱度还原渣，炉渣（FeO+MnO）含量小于 1%。精炼结束时钢水温度按 1620~1635℃控制，取钢水试样进行化学分析，分析结果作为 RH 成分调整依据之一。

（3）真空精炼（RH）：RH 真空处理时间不少于 20min，其中真空度不高于 300Pa 的处理时间不少于 15min。真空处理后定氢、定氧，并对钢水成分进行微调，随后的纯搅拌（氩气搅拌）均匀化时间在 6min 以上。RH 处理结束后对钢水喂 Ca-Si 线进行钙处理，喂线速度 2~4m/s，喂线量 5.7~7.1m/t。喂完线后进行软吹氩 6min 以上，钢水出站温度按 1570~1585℃ 控制。

（4）连铸工艺：采用全程保护浇铸，即钢包到中间包采用长水口和保护套管，中间包到结晶器采用浸入式水口浇铸，钢包开浇前先套长水口，长水口和塞棒吹氩应符合工艺要求。浇铸过程中间包钢水重量不低于 20t，中间包浇铸温度按 1530~1555℃ 控制，每炉浇铸的前、中、后期分别测定中间包内钢水温度。铸坯断面尺寸为 280mm×380mm，拉速按 0.65~0.75m/min 控制，浇铸周期控制目标为 50min/炉。采用低碳结晶器保护渣，结晶器电磁搅拌频率 2.4Hz，搅拌电流 500A。连铸二冷制度按弱冷曲线执行，采用弱 2 冷却方式。采用连铸动态轻压下，总压下量不大于 6mm。

7.5.4 齿轮钢 20CrMoH 的 T[O] 控制

（1）渣系的选择：为达到控制齿轮钢 20CrMoH 的 T[O] 目的，精炼渣系的选择是其中最重要的内容之一。各国冶金工作者先后研究了许多精炼渣系，在实际生产中受转炉下渣及脱氧产物的影响，这些渣系的组成中均含有一定量的（SiO_2）或（MgO），因此，一般齿轮钢精炼渣的组成选择为（CaO）-（SiO_2）-（Al_2O_3）系三元相图的低熔点位置。

（2）精炼渣中（SiO_2）含量对 T[O] 影响：钢包渣的碱度及组成对精炼过程的脱氧有较大的影响，当（CaO）含量过高后，渣会有固相析出，使炉渣黏度上升，流动性变差，从而影响脱氧动力学条件。但近年来，日本 LF 精炼渣普遍采用高碱度精炼渣，有时渣中（CaO）含量高达 65%，仍获得较好的精炼效果。其原因在于渣中加入了较多的（Al_2O_3），解决了炉渣流动性的问题。研究表明[35]，随着炉渣碱度提高和渣中（SiO_2）含量降低，渣的脱氧能力提高，钢液中溶解氧含量降低；当渣中（SiO_2）含量不大于 5% 时，精炼结束时钢中溶解氧可降至 $10×10^{-6}$ 以下。这是由于随渣中（SiO_2）含量的降低，（SiO_2）活度系数大幅降低，从而可避免或减小渣中（SiO_2）与钢中 [Al] 的反应对钢液带来的污染。

（3）精炼渣中（CaO）/（Al_2O_3）对 T[O] 影响：除渣的碱度、（CaO）和（SiO_2）含量外，渣中（CaO）/（Al_2O_3）的比值对脱氧也有不可忽视的作用。文献 [35] 介绍，（CaO）/（Al_2O_3）比值与钢中 T[O] 的关系，只有在（SiO_2）<10% 且（CaO）/（Al_2O_3）>1.0 时，钢中 T[O] 才能大幅度降低。某钢厂在生产齿轮钢 20CrMoH 时将（CaO）/（Al_2O_3）比值控制在 1.4~2.0 之间，钢中 T[O] 稳定控制在 $15×10^{-6}$ 以下。图 7-21 表示精炼渣碱度（CaO）/（SiO_2）和渣中（SiO_2）含量对钢中 T[O] 的影响。

从图 7-21 可知，只有在碱度大于 6、（SiO_2）<6%~7% 时，钢中 T[O] 才能稳定地控制在 $15×10^{-4}$% 以下。

综上所述，降低钢中 T[O] 含量，应该考虑渣中两个重要参数：一个是（CaO）/（Al_2O_3）比值应该在 1.4~2.0 范围；另一个是（SiO_2）≤5%（或者碱度不小于 6）。

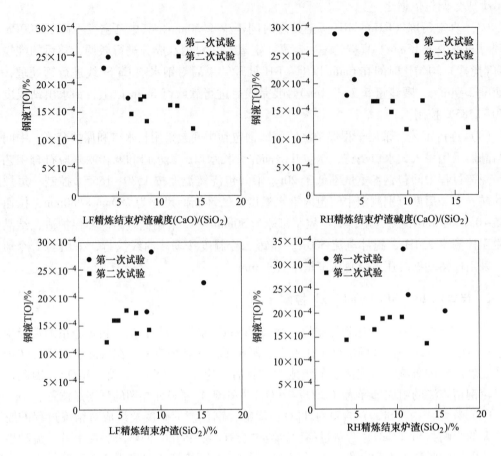

图 7-21　精炼渣碱度（CaO）/（SiO$_2$）和渣中（SiO$_2$）含量对钢中 T[O] 的影响

7.6　轴承钢的冶炼技术

7.6.1　轴承钢的概述

　　轴承钢是重要的冶金产品，是特殊钢中最典型的钢种之一，国际公认其是用于衡量企业技术水平和产品质量水平的重要标志[36]。轴承钢被广泛应用于机械制造、铁道运输、汽车制造、国防工业等领域，主要是制造滚动轴承的滚动体和套圈，一些大断面轴承钢也被用来制造机械加工用的工、模具等。

　　轴承用钢包括高碳铬轴承钢、渗碳轴承钢、高温轴承钢、不锈轴承钢及特殊工况条件下应用的特种轴承钢等。其中尤以高碳铬轴承钢生产量为最多。在合金钢领域内，高碳铬轴承钢 GCr15 是世界上生产量最大的轴承钢，碳含量为 1% 左右，铬含量为 1.5% 左右，从 1901 年诞生至今 120 年来，主要成分基本没有改变，随着科学技术的进步，研究工作任务在继续，产品质量不断提高，占世界轴承钢生产总量的 80% 以上，以至于现在所涉及的轴承钢如果没有特殊的说明，就是指 GCr15，其成分控制要求如表 7-21 所示。

表 7-21　GCr15 轴承钢的化学成分控制要求　　　　　　　　　（%）

成分	国标	SKF3	兴澄	大冶	本钢
C	0.95~1.05	0.98~1.03	0.97	0.97	0.98
Si	0.15~0.35	0.22~0.31	0.22	0.26	0.25
Mn	0.25~0.45	0.27~0.41	0.34	0.28	0.34
P	≤0.025	≤0.015	0.013	0.006	0.012
S	≤0.025	≤0.025	0.002	0.006	0.002
Cr	1.40~1.65	1.40~1.60	1.44	1.48	1.48
Mo	≤0.100	≤0.068	0.020	0.050	0.014
Ni	≤0.300	0.110~0.250	0.030	0.010	0.002
Cu	≤0.25	≤0.30	0.05	0.14	0.01
Ti		≤30×10⁻⁴	13×10⁻⁴	18×10⁻⁴	24×10⁻⁴
T[O]	≤12×10⁻⁴	≤10×10⁻⁴	5×10⁻⁴	8×10⁻⁴	8×10⁻⁴

$$Ti \quad \leqslant 30\times10^{-4} \quad 13\times10^{-4} \quad 18\times10^{-4} \quad 24\times10^{-4}$$

$$T[O] \quad \leqslant 12\times10^{-4} \quad \leqslant 10\times10^{-4} \quad 5\times10^{-4} \quad 8\times10^{-4} \quad 8\times10^{-4}$$

　　轴承钢是检验项目最多、质量要求最严、生产难度最大的钢种之一。轴承钢的主要特性、种类及用途如表 7-22 所示。

表 7-22　轴承钢主要特性、种类及用途

种类	特性	用途	代表钢种
高碳铬轴承钢	综合性能良好，生产量最多。球化退火后有良好的切削加工性能。淬火和回火后硬度高，耐磨性能和接触疲劳强度高	用于制作各种轴承套圈和滚动体，机电类轴承	GCr15、GCr15SiMn、GCr4、GCr15SiMo、GCr18Mo
渗碳轴承钢	渗碳轴承钢属于低碳合金钢，表面经渗碳处理后具有高硬度和高耐磨性，而心部保持良好的韧性，可承受强烈的冲击载荷	大型机械承受冲击载荷较大的轴承，如铁路货运车轴承	G20CrMo、G20CrNiMo、G20CrNi2Mo、G20Cr2Ni4、G10CrNi3Mo、G20Cr2Mn2Mo
中碳轴承钢	温加工、冷加工性能较好	轮毂和齿轮等部位具有多种功能的轴承部件或特大型轴承	我国没有专用的中碳轴承钢。常借用于中碳轴承的钢种有 37CrA、65Mn、50CrVA、50CrNi、55SiMoVA
耐冲击轴承钢	抗冲击性能好	石油钻井和矿山牙轮钻头的轴承	52SiMoVA
不锈轴承钢	耐冲击性能好，耐腐蚀，高温下抗氧化	制造在腐蚀环境下工作的轴承及某些部件，也可用于制造低摩擦、低扭矩仪器、仪表的微型精密轴承	9Cr18、9Cr18Mo
高温轴承钢	高温下硬度高，尺寸稳定性、耐高温氧化性好，低的热膨胀性和高的抗蠕变强度	制造航空、航天工业喷气发动机、燃汽轮机和宇航飞行器等高温下工作的轴承	8Cr4Mo4V、10Cr14Mo4、Cr4Mo4V、W18Cr4V
无磁耐磨蚀轴承合金	无磁、耐磨	核潜艇驱动机主轴轴承	Cr23Ni28Mo5Ti3AlV

近 50 年来我国在轴承钢钢种及其轴承用材料生产和研发方面，如无铬轴承钢、中碳轴承钢、特殊用途轴承钢及合金、金属陶瓷等取得了很大的进展。

7.6.2　我国轴承钢发展的现状

7.6.2.1　我国轴承钢生产现状

近年来，我国汽车、摩托车、家用电器、农用机械、冶金矿山机械以及高铁、风电、航空航天、军工等行业持续发展，为轴承行业提供了较大的市场空间，轴承行业的产量增长显著，已经形成以哈尔滨、瓦房店、洛阳三大轴承制造基地以及浙江、江苏地区民营轴承企业为主的产业结构。我国轴承质量仅次于日本、德国和瑞典，居世界第 4 位，已跻身世界轴承生产大国的行列。目前，我国轴承钢的产量已经名列世界第一，已是名副其实的轴承钢生产大国，并开始向世界顶级的跨国轴承公司（如 NMB、SKF、TIMKEN、NSK等）提供轴承钢材。钢的质量在不断提高，某些国产轴承钢氧含量能低至 3×10^{-6} ~ 5×10^{-6}。

我国轴承行业"十二五"规划指出，以加快发展方式转变为主线，着力加强结构调整，大幅度提高战略性新兴产业和关键领域重大装备配套轴承的自主化率，到 2015 年重大装备轴承自主化率达 80% 左右。

目前，我国轴承钢的年消耗量为 350 万吨，需求量还在继续增长。机械工业的发展特别是高速铁路、大型工程装备、汽车工业、风电、航空、航天、核工业等行业对轴承提出更高的洁净度和更长的接触疲劳寿命的要求。这些都为我国轴承钢的研发和生产创造了良好的契机。

虽然我国轴承钢产量位居世界第一，但是在品种、质量、稳定性方面还存在问题。

我国轴承产品中高精度、高技术含量和高附加值产品比重偏低，高端轴承（如高速铁路列车轴承、高速高精密机床轴承、航空航天轴承、新能源行业用轴承等）仍主要依靠进口。

国产轴承钢的产品质量与国外产品有一定差距，重点反映在钢的氧、氮、磷、硫等有害元素含量较高；金属夹杂物的量较多、分布较集中、尺寸较大，特别是突发性 D 类或 Ds 类夹杂严重地影响产品质量的稳定性；碳化物、液析碳化物、网状碳化物、带状碳化物评级级别较高；连铸钢坯质量合格率较低，外观质量欠佳，钢材表面处理工作量大。总体表现是钢的质量稳定性不高，疲劳寿命相对较低。

国产轴承钢的质量与国际先进水平的比较如表 7-23 所示。

表 7-23　国产轴承钢质量与国际先进水平的比较

国内现状		国外先进水平	
T[O]	$(5 \sim 10) \times 10^{-6}$	T[O]	$(3 \sim 8) \times 10^{-6}$
[N]	$(40 \sim 80) \times 10^{-6}$	[N]	$< 60 \times 10^{-6}$
[S]	$(50 \sim 100) \times 10^{-6}$	[S]	$< 50 \times 10^{-6}$
[P]	$(100 \sim 200) \times 10^{-6}$	[P]	$< 100 \times 10^{-6}$
[Ti]	$(20 \sim 30) \times 10^{-6}$	[Ti]	$< 10 \times 10^{-6}$

国内现状	国外先进水平
夹杂物颗粒大、集中、不合格率高	夹杂物细小、弥散
带状碳化物较明显，网状时有发生	碳化物细小、均匀、弥散
表面裂纹严重，脱碳超标时有发生	表面质量洁净、无裂纹、划伤

我国在轴承钢生产工艺和质量方面还存在一定问题，相关工艺设备配套和检测手段还需要进一步提高。

7.6.2.2 我国轴承钢生产的发展趋势

我国的轴承钢生产将逐步由数量型向品种质量型转变，这也是解决目前国内轴承钢供大于求的关键。当前，轴承钢研发的主要任务如下：

（1）不断开发新品种。开发研制节能、节省资源、适应市场需求的品种。

（2）调整品种结构。我国轴承钢的产量已居世界前列，但品种结构仍需调整优化，高档次产品较少。其中棒材比例很大，占绝大多数，其次为线材，板带材份额很少。调整品种结构，根据市场和社会的发展，逐步增加线、板带材的比重，提高材料利用率等是今后不断发展的方向。

（3）优化工艺流程。全面优化工艺技术装备和生产流程，保证原材料质量，执行标准化操作，进一步提高和稳定质量水平，实现工艺流程向连续化发展，实现产品的高洁净化、高均匀性、高尺寸精度。进一步强化精炼，适当提高铸坯断面尺寸，提高轧制加工精度（包括温度、尺寸精度），采用定径机组，优化热处理工艺。

7.6.3 高碳铬轴承钢 GCr15 的冶金质量

衡量轴承钢的冶金质量，一般从三个方面采取措施：一是洁净度，即钢中夹杂物的含量；二是碳化物均匀性；三是钢材的尺寸精度、表面裂纹和脱碳。本节将重点讨论轴承钢的洁净度和均匀性。

7.6.3.1 轴承钢的洁净度

滚动轴承的疲劳寿命与钢中夹杂物的含量、成分、形态和分布以及残留元素、氮、氢、氧等因素有关。

非金属夹杂物（如氧化铝和尖晶石）的线膨胀系数比轴承钢基体的线膨胀系数小得多，严重地破坏了钢基体的连续性。在外加变形力（轧制、锻造、冲压变形、使用过程中的交变负荷）的情况下在非金属夹杂物处易产生应力集中，因而这些夹杂物的存在是一种危害。

各种非金属夹杂物对轴承钢性能有害系数的影响如图 7-22a 所示。由图可见，线膨胀系数较大的 MnS（含量为 18.1×10^{-6}）和 CaS（含量为 14.7×10^{-6}）对轴承钢性能的有害系数较小，Al_2O_3 和 TiN 对轴承钢性能有害系数较大，线膨胀系数小的球状夹杂（镁铝尖晶石、铝酸钙）对轴承钢的性能有害系数最大，严重地降低接触疲劳强度。当然，大颗粒（不小于 $13\mu m$）球状不变形夹杂对轴承钢性能的影响更为严重，这种夹杂物虽然数量少，但是尺寸大，危害性极强。

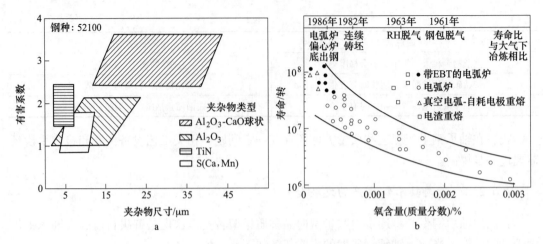

图 7-22　各类非金属夹杂物对轴承钢疲劳寿命的影响

a—各类夹杂物的有害系数；b—相对寿命与钢中氧含量之间的关系

　　经过严格脱氧处理的轴承钢凝固后钢中的游离氧含量极低，所谓"钢中全氧含量"是指钢中游离氧和非金属夹杂物中氧含量的总和，其主要部分是非金属夹杂物中氧的含量。因此，在某种意义上可以说，轴承钢中全氧含量可以反映出钢中非金属夹杂物的多少。日本山阳公司等钢厂曾做过全氧含量对轴承钢疲劳寿命影响的试验[37]，结果如图 7-22b 所示。

　　轴承钢中检测的非金属夹杂物主要有硫化物（A 类）、三氧化二铝（B 类）、硅酸盐（C 类）、镁铝尖晶石和铝酸钙（D 类）、大颗粒点状夹杂（Ds 类）、碳氮化物等。国外高级别轴承钢对钢中非金属夹杂物的要求都很严格。如瑞典 SKF 公司的高碳铬轴承钢标准代表着世界最先进水平，其对夹杂物有严格的要求，对宏观夹杂规定了用发蓝断口实验法进行检验，对 Ds 夹杂甚至于采取零容忍的态度，高倍夹杂的具体规定要求也越来越苛刻。

　　研究指出，提高轴承钢的洁净度特别是降低钢中氧含量可以明显地延长轴承的寿命，氧含量由 28×10^{-6} 降低到 5×10^{-6} 时，钢的疲劳寿命可以延长一个数量级。

　　近年来随着冶炼工艺、装备和技术的不断完善和进步，国内外的主要轴承钢生产厂家所生产轴承钢洁净度不断提高，日本山阳特钢等厂开发出超纯轴承钢，钢中氧含量最低降到 3×10^{-6}，钢中夹杂物含量和尺寸减少到了极低的水平，疲劳寿命大大提高。宗男夫等于 2017 年汇总了当前国内外重点轴承钢厂所生产轴承钢微量有害元素及夹杂物类别等如表 7-24 和表 7-25 所示。

表 7-24　各厂轴承钢中微量有害元素含量　　　　　　　　　　（$\times 10^{-6}$）

特殊钢厂	T[O]	[Ti]	[N]	[Ca]	[Al]s
日本山阳	≤5(4)	10	45	—	250(100)
日本大同	≤5	≤5	≤30	—	—
日本神户	约4	约7	—	—	—
日本爱知	6	11	—	—	130
韩国浦项	6	5	—	—	90
瑞典 SKF	5(3.5)	8~12(10)	58	1	280
德国 FAG	6(8)	<10(9)	4	<5	130
中国兴澄	4.6(6.5~6.7)	8.5(17~19)	—	约2	>100
中国大冶（新冶）	4.4	≤15	20~30	3	100~120

表 7-25　轴承钢夹杂物类别、级别

特殊钢厂	夹杂物类别、级别
日本山阳	$r<11\mu m$，B 类 0.06 级，D 类 0.06 级
日本大同	$r(Al_2O_3)\geqslant7.5\mu m$，$CaO\cdot Al_2O_3$ 系夹杂物非常少
日本神户	$23\mu m<r<27\mu m$，钛夹杂物少且细小
日本爱知	$r<15\mu m$ 占 80%
韩国浦项	—
瑞典 SKF	氧含量的标准偏差为 0.5，$r<5\mu m$
德国 FAG	—
中国兴澄	A 类 0~1.5 级，B 类 0~0.5 级，C 类 0 级，D 类≤0.5 级
中国大冶（新冶）	A 类 0.5~1.5 级，B 类 0~1.0 级，C 类 0 级，D 类 0.5~1.0 级

　　由于在碱性转炉、碱性 LF 炉精炼的工艺下，钢中硅酸盐夹杂很少，重点讨论 A 类、B 类、D 类、Ds 类夹杂的危害、成因及去除措施。

　　A　A 类夹杂

　　所谓 A 类夹杂就是硫化物夹杂。关于硫化物对轴承钢疲劳寿命的影响有两种观点，即适当提高硫化物含量有利于疲劳寿命的提高；硫化物的增加会减低轴承钢的疲劳寿命。

　　持有"适当提高硫化物含量有利于疲劳寿命的提高"观点的理论基础是"夹杂物共生理论"。该理论认为，硫化物在冷却和结晶过程中，以氧化物 Al_2O_3 为其非自发核心，附着在多角形的氧化物夹杂表面，特别是棱角处，形成氧化物、硫化物的共生夹杂。因此适当提高 [S] 含量可以增加氧化物被硫化物包裹的机会，导致氧硫复合夹杂物的增加。由于热加工时氧硫复合夹杂与机体之间形成平滑的内表面，使它的应力集中倾向比棱角形氧化物夹杂低。同时由于硫化物（如 MnS）线膨胀系数大，不易出现拉应力，且氧硫复合夹杂物与机体的应力很低，这都有利于提高钢的接触疲劳性能。为此主张轴承钢中 [S]/[O] 大于 7.7~13.3，最好达到 9 以上时，有利于改善轴承钢的疲劳寿命。这种理论在 20 世纪 70 年代以前比较兴盛。Tricot 认为，蝶形裂纹源是以氧化物夹杂为核心。他报道过一个只有单翼的蝶形裂纹源，另一翼所以没有形成是因为有硫化物包覆于氧化物夹杂之上。Eneke 也持有该观点，他认为当氧化物夹杂全部被硫化物包裹时，滚珠轴承的接触疲劳寿命最长。SKF 用酸性平炉生产轴承钢时，$T[O]=(25~50)\times10^{-6}$，$[S]>0.018\%$。和碱性电弧炉相比，其特点之一是夹杂物为 90% 硫化物和氧化物，上述理论被认为是寿命最高的原因。由于当时轴承钢冶炼技术的限制，钢中氧化物夹杂较多（$T[O]\geqslant30\times10^{-6}$）的情况下，一些研究结果指出：适当提高钢中 MnS 类夹杂含量对滚珠轴承钢的接触疲劳寿命至少是无害的，甚至是有益的。

　　持"硫化物的增加会降低轴承钢的疲劳寿命"观点的人认为：上述观点只有在有效的条件下才能得到支持，就是：一方面硫化物包裹氧化物不仅仅是依靠硫氧比就能实现，凝固的速率也会影响硫化物在氧化物表面的析出过程，在热加工和热处理温度下，已经形成的硫化物膜有可能部分溶于钢的基体中。由于硫化物和氧化物变形力的差异热，加工时硫化物的膜可能被挤掉，这些因素对高硫轴承钢的疲劳寿命测定值的分散度是有影响的。另一方面，所谓硫化物包覆氧化物可以提高轴承钢的接触疲劳寿命只是相对的，同级硫化物的危害相对于氧化物小一些，但不可否认，它也是夹杂，同样会破坏钢基体组织的连续性和均匀性。当 T［O］≤5×10⁻⁶时钢中的氧化物夹杂已大大减少，硫化物夹杂的危害性就突显出来。硫化物的存在同样能破坏钢基体的连续性，特别是生成（CaS）以后还会加剧水口结瘤，还增加点状不变形大颗粒 Ds 类夹杂的可能性。硫是易偏析元素，硫的存在容易产生带状偏析，降低轴承钢的疲劳寿命。特别是近年来，对降低轴承钢中的硫含量基本取得了共识，将轴承钢中硫含量控制在 0.005%～0.010% 范围内，日本山阳、爱知和神户等钢厂已把轴承钢中硫含量的标准降低到 0.002%；［Ti］降低到 0.0014～0.0015%。随着铁水预处理脱硫技术的开发和 LF 炉的大量应用，轴承钢中［S］的控制已经不是难题。

B B 类（Al_2O_3）夹杂

（1）成因：脱氧形成产物。现在全世界生产的轴承钢基本上是铝脱氧镇静钢，出钢时的铝脱氧反应会在钢中产生大量的脱氧产物（Al_2O_3）。初炼钢水［O］含量越高，消耗的脱氧用铝量越大，产生的脱氧产物（Al_2O_3）夹杂就越多。

钢水二次氧化后的脱氧产物。初脱氧以后的生产过程中由于钢水的二次氧化还会陆续产生（Al_2O_3），系统的密封条件越差，钢中［Al］s 铝含量降低得越快，二次氧化产生的（Al_2O_3）就越多。

这些（Al_2O_3）不可能全部上浮去除，特别是钢坯（锭）凝固期间生成的（Al_2O_3）必然留在钢中，形成 B 类夹杂。

（2）（Al_2O_3）夹杂的危害：脱氧产物（Al_2O_3）是轴承钢中稳定氧化物夹杂的主要组成部分，它是以初晶态六角形 α-（Al_2O_3）（刚玉）云团形态存在于钢中，熔点为 2050℃，轧制加工时不变形，沿轧制方向破碎成点链状。它的线膨胀系数小（8.0×10⁻⁶），易引起的镶嵌应力导致裂纹产生，严重降低轴承使用寿命。钢中（Al_2O_3）的存在还为生成点状不变形 D 类夹杂提供了条件。初脱氧产生的（Al_2O_3）过多时，还容易造成连铸过程中水口结瘤，不仅破坏生产的连续性，还容易在钢中产生 Ds 类夹杂。

（3）减少脱氧产物夹杂的措施：防止低碳、高温出钢；强化从出钢到结晶器整个系统的密封；采用集中沉淀脱氧工艺；采用出钢合成渣渣洗工艺；控制好钢包吹氩的氩气强度；采用顶渣改质工艺；强化 LF 炉精炼工艺及操作；严格控制钢中［Al］含量等，都有利于减少 B 类夹杂。

C 点状不变形 D 类夹杂

（1）成因：当钢中［Mg］、［Ca］、［S］含量多时，也会在（Al_2O_3）等夹杂物的表面上析出（MgO）、（CaO）、（CaS），从而形成严重影响钢性能的不变形球形 D 类夹杂物，根据钢中［Al］、［Ca］、［Mg］、［S］含量的不同，点状夹杂的相貌大致有三种，如图 7-23 所示。

点状夹杂成因是钢中的［Ca］、［Mg］或［S］吸附在（Al_2O_3）夹杂的表面，变成复合的夹杂物。当钢中硫化物含量较低时可能生成内部为镁铝尖晶石、外部为铝酸钙的点状夹杂；当钢中镁含量较低时就可能生成铝酸钙或外表包裹硫化物的点状夹杂；当钢中镁和铝含量都合适并有一定含量硫化物时，就可能生成内部为镁铝尖晶石、次外层包裹铝酸钙、最外层包裹有硫化物的点状夹杂。

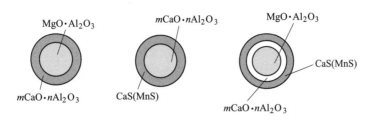

图 7-23　点状夹杂形成过程示意图

氮化物夹杂主要是指（AlN）和（TiN），危害性最大的是（TiN）。根据钛氮反应的 $\Delta G^{\ominus}$ 计算可知，在液相线以上轴承钢中不可能生成（TiN），在钢的凝固过程中随着温度的下降（1000℃左右）钛和氮在钢中的溶解度逐渐降低，而且由于钢水凝固时存在选分结晶，在凝固前沿钛和氮的浓度比基体高，当浓度积达到一定值时即析出（TiN）。如果此时析出（TiN），还存在凝聚长大的可能，那么生成大颗粒的（TiN）夹杂则可能对成品钢的质量产生较大危害。因此，钢中 [Ti] 含量和 [N] 含量是生成（TiN）的根本原因，另外钢坯（锭）的凝固速度对（TiN）析出也有一定影响。

（2）危害：这些基本组成为铝酸钙和铝镁尖晶石夹杂物的线膨胀系数都比轴承钢基体的线膨胀系数小得多，在加工过程中同样由于镶嵌应力导致裂纹产生，严重地降低轴承使用寿命。氮化物是一种有规则外形（棱形）的硬而脆的夹杂物，对轴承钢的疲劳寿命影响较大，其影响程度高于 B 类夹杂，与 D 类夹杂相当，因此有人也将氮化物归入 D 类夹杂。

（3）减少 D 类夹杂的措施：减低钢中（Al_2O_3）夹杂的含量；降低钢中 [Ca] 含量；控制钢中的 [Al] 含量；提高镁质耐火材料的质量；降低钢中的 [N]、[Ti] 含量。

D　大颗粒点状不变形 Ds 类夹杂

（1）成因：Ds 类夹杂就是尺寸不小于 $13\mu m$ 的大颗粒点状不变形夹杂，其成因是水口结瘤、耐火材料、钢渣、结晶器保护渣等卷入钢液并未能上浮而凝固在钢中。

（2）危害：Ds 类夹杂影响轴承钢寿命的原理与 D 类夹杂相同，但其危害性更大。因此，许多高档轴承钢对 Ds 类夹杂采取零容忍的态度。由于取样的数量差异，分析结果差别较大。我国轴承钢的主要问题就是大颗粒夹杂的偶发率较高，造成其质量不稳定。

（3）减少 Ds 类夹杂的措施：减少连铸时的水口结瘤；提高钢包、中间包耐火材料质量，减少剥落和熔损；避免钢包、中间包、结晶器卷渣。

7.6.3.2　轴承钢的均匀性

轴承钢的均匀性是指化学成分的均匀性及碳化物的均匀性。化学成分的均匀性主要指钢中合金元素，特别是碳、硫、磷的宏观和微观偏析程度。

碳化物均匀性包括：碳化物颗粒大小、间距、形态分布等。影响均匀性的因素很多，如易偏析元素的含量、钢坯（锭）结构、坯型（锭重）、浇铸温度（过热度）、浇铸速度、铸坯冷却强度、是否采用相应的工艺措施（中间包加热、电磁搅拌）等。钢锭、钢坯在热加工前的加热工艺、钢材热加工终止温度及随后的冷却方法，球化、退火工艺等都会影响碳化物的均匀性。

液析碳化物、带状碳化物、网状碳化物评级的级别是衡量碳化物均匀性的指标。前人的研究工作认为：液析碳化物的危害相当于钢中的夹杂物；带状碳化物评级达到 3~4 级可使钢材疲劳寿命降低 30%；网状碳化物升高 1 级，可使轴承寿命降低三分之一；碳化物颗粒大小，影响轴承寿命。

高碳铬轴承经淬回火处理，约有 7% 的残余粒状碳化物存在。残余碳化物的数量随钢的化学成分、碳化物颗粒的大小和形态不同而发生变化。即碳化物颗粒大小直接或间接影响轴承寿命。

影响轴承钢均匀性的因素很多，在炼钢工艺中可以在易偏析元素的含量控制、浇铸过热度的控制、浇铸速度的控制、采用中间包加热和电磁搅拌等方面做工作，尽量改善轴承钢的均匀性。

7.6.4　转炉冶炼高碳铬轴承钢 GCr15 的重点工艺技术

全世界转炉冶炼高档高碳铬轴承钢 GCr15 的工艺流程基本上已经确定[38]，即：铁水预处理→顶底复吹转炉→LF 钢包炉精炼→真空处理（VD 或 RH）→连铸。但是，为了能生产出高纯优质轴承钢，严格控制非金属夹杂物及微量元素，都各自不同地开发并应用了许多行之有效的新冶炼工艺技术。

7.6.4.1　铁水预处理工艺

高炉铁水入厂后，兑入专用铁水罐进行"三脱"处理。目标值是：[S]≤0.020%；[P]≤0.020%；[C]≥3.5%；铁水温度不低于 1220℃。预处理脱硫工艺流程视进厂铁水成分而定，当 [S]≤0.030% 时，不再单独进行脱硫处理。入炉铁水温度应大于 1330℃。

7.6.4.2　转炉炼钢工艺

A　选用低磷、硫、硅、钛的优质的入炉原材料

（1）采用优质活性石灰作为主要造渣剂。

（2）严格控制入炉生铁和废钢的 [P]、[S]、[Ti] 含量。

（3）严格控制入炉（钢包）渣料、合金料、增碳剂的钛含量。

B　优化复吹转炉冶炼过程供氧制度、温度制度、造渣制度

冶炼前期要做到提前化渣（包括留渣），尽可能脱掉大部分磷，终点实现高拉碳与磷含量协调控制；控制好冶炼过程升温，以实现终点 [C]-T 协调控制，避免因 [P] 含量高或温度低（加入合金量大，要求出钢温度高）而拉后吹，造成终点 [C] 含量偏低、温度偏高、[O] 含量偏高，因此而脱氧铝耗量大，脱 [O] 产物（Al_2O_3）含量增加，影响轴承钢的质量。国内部分厂家利用传统冶炼工艺将终点 [C] 控制在 0.15% 左右。

采用新一代单炉新双渣法和脱磷炉+脱碳炉两炉法炼钢工艺，其冶炼工艺路线为：铁水罐预脱硫→复吹转炉脱 [P]、脱 [Si]（单炉新双渣法冶炼前期或专用脱磷炉）→复吹转炉半钢脱碳少渣冶炼（单炉新双渣法冶炼后期或专用脱碳炉）→终点出钢。采用新一代炼钢工艺就可以解决终点 [C] 与 [P] 协调和 [C]-T 协调控制，避免了因要高拉 [C] 又要脱 [P] 的矛盾和高拉 [C] 又要升温的矛盾而拉后吹问题。采用新一代炼钢工艺，终点 [P] 可控制在 0.01% 左右，终点 [C] 可控制在 0.3% 左右。

在采用新一代炼钢工艺的同时，还开发了低熔点 $CaO\text{-}Fe_2O_3$ 系列预熔脱磷剂（包括留下半钢脱 [C] 冶炼终点炉渣用于脱磷），实践应用较好。

C 出钢脱氧合金化工艺

（1）转炉出钢挡渣操作。转炉炉渣进入钢包，造成脱氧铝耗量增加，(Al_2O_3)、[P]、[Ti] 含量增高。为此，维护好出钢口形状，保证钢水圆流出钢。采用滑板出钢挡渣操作，确保出钢带渣量不大于 3kg/t 钢。

（2）采用集中沉淀铝脱氧工艺，集中脱氧可以强化脱氧产物（Al_2O_3）的相互碰撞、絮凝、长大和上浮。根据转炉吹炼终点氧含量（或参照 [C] 含量）确定脱氧铝的加入量，使钢包中钢液 [Al]s 达到 0.04%~0.05%，在后续的工艺过程中加强系统的密封，精炼减少钢中 [Al]s 的损耗。确保成品轴承钢 [Al]s 为 0.015%~0.020%。钢中 [Al]s 过低会造成钢水脱氧不充分，过高会增加钢中（Al_2O_3）的含量，增加钢中 [Mg] 含量而增加生成 D 类和 Ds 类夹杂的几率。

（3）应用钢水净化剂。加入脱氧剂同时向钢包中加入精炼渣（或称钢水净化剂）3~4kg/t 钢，对脱氧产物（Al_2O_3）进行改性，降低其熔点并促进其上浮。钢包精炼渣的主要成分是：Al 0~10%，CaO 50%~60%，Al_2O_3 15%~20%，MgO 3%~8%，CaF_2 5%~10%，$SiO_2 \leqslant 6\%$，$TiO_2 \leqslant 0.03\%$，$H_2O \leqslant 0.5\%$。随后加入增碳剂-石灰-铬铁-锰铁-硅铁。要使 [C]、[Cr]、[Mn]、[Si] 等成分达到标准规定下限，避免 LF 炉操作过程中成分（特别是碳）调整量过大而导致钢液大翻。

（4）应用顶渣改质剂。出完钢后向渣面加入顶渣改质剂 0.5~1.0kg/t 钢。其主要成分是：Al 20%~30%，CaO 30%~40%，Al_2O_3 15%~25%，CaF_2 3%~6%，$SiO_2 \leqslant 6\%$，烧减 3%~5%，$Fe_2O_3 \leqslant 1.5\%$，$TiO_2 \leqslant 0.03\%$，$H_2O \leqslant 0.5\%$。

（5）控制钢包底吹氩搅拌强度。在出钢过程中钢包底吹氩采用强搅拌，出完钢后需采用低流量弱搅拌，防止因钢液裸露而增氮增氧。

7.6.4.3 炉外精炼工艺

A LF 炉精炼工艺

（1）钢中 [Al]s 含量的调整：钢水进 LF 炉工位后取样分析，若钢中 [Al]s 含量低于 0.035%，则通过喂铝线工艺将钢中 [Al] 含量调整为 0.035%~0.045%。

（2）精炼渣成分的确定：LF 炉造精炼渣的基本原则是钢包顶渣同时具有良好的脱氧、脱硫和埋弧能力，不侵蚀钢包内衬，吸附从钢液中上浮的（Al_2O_3）夹杂能力强且流动性好。因此，用金属铝（铝粒或铝粉）、碳粉进行扩散脱氧，选择活性石灰、含钛低的氧化铝材料、镁质材料或少量萤石进行造渣，理想的精炼渣成分是：(CaO) 45%~55%，$(SiO_2) \leqslant 8\%$，(Al_2O_3) 25%~35%，(MgO) 6%~8%，$(MnO+FeO) \leqslant 0.5\%$。

（3）缓释脱氧剂的应用：用铝粉脱氧时由于电极弧光区的高温氧化及除尘系统的抽吸，其利用率极低；用铝粒脱氧时由于铺洒不均脱氧效果不佳；活性石灰、含氧化铝材料、镁质材料等造渣材料种类繁多，加入量难控，为此，推荐采用人工合成的缓释脱氧剂。

选择低硫、低磷、低硅、低氧化铁、低钛的氧化钙、氧化铝、氧化镁质及碳酸盐的造渣材料，添加适量的脱氧剂（金属铝丝、低钛碳粉）压制成直径约 30mm 小球。精炼过程中陆续加入渣面，小球进入渣中由于碳酸盐的分解而迅速炸开，脱氧剂就会缓慢地释放到渣中，从而使脱氧剂的利用率达到100%，精炼渣的成分也极易控制，渣面平稳，埋弧效果良好。精炼渣的主要成分与上述顶渣改质剂相近。

（4）精炼时间的确定：当渣中（MnO+FeO）≤0.5%时，继续精炼（20~25）min即可。有的研究表明，过长的精炼时间反而会使钢中的夹杂物量增加。

（5）不同精炼期的搅拌能密度：在出钢温度合适的合金化过程中已将钢中［C］、［Cr］、［Mn］含量调整到规定下限的基础上，LF炉精炼期间只进行成分微调，应该严格控制钢包底吹氩的流量，防止LF炉精炼过程中钢液裸露增氧、增氮。建议不同精炼期的搅拌能密度如表7-26所示。

表7-26　不同精炼期搅拌能密度的选择

精　炼　期	搅拌能密度/$W \cdot t^{-1}$
加热升温期	80~100
化渣后加合金，测温取样均匀化	70~90
脱硫、脱氧、强化钢-渣界面反应	50~70
弱搅拌，脱氧及去除夹杂	30~50

（6）终渣调整：为防止在后续工序中由于渣中碱度过高导致钢中［Ca］含量升高而增加D类夹杂产生的危险，在LF炉精炼结束时加入石英砂调整终渣碱度为2.5~3，供电3~4min。

B　真空脱气工序

顶底复吹转炉冶炼轴承钢要求钢中［H］≤2×10^{-6}，高级别轴承钢则要求钢中［H］≤1.5×10^{-6}。脱气工艺有RH和VD两种真空处理方法，150t以上的大转炉主要应用RH真空脱气装置，100t以下的小转炉应用VD真空脱气装置。

（1）RH真空脱气：

1）先采用两炉不含钛的普通钢种的钢水经RH处理，进行RH真空室清洗；

2）然后将轴承钢钢水在真空度不大于67Pa下保持20~25min；

3）真空处理后进行软吹，软吹时间不少于18min，氩气搅拌功控制在30~50W/t，表观现象为钢水不裸露，渣面微动为标准，杜绝卷渣；

4）离RH工位前加入钢包覆盖剂（1kg/t钢）。

（2）VD真空处理：VD真空处理基本与RH真空处理相同，但应强调以下两点：

1）VD处理前将包中顶渣倒掉1/2~2/3，防止处理时顶渣外溢；

2）严格控制钢包底吹氩的搅拌能密度，绝不能让渣面翻腾，防止卷渣而产生Ds类夹杂。

7.6.4.4　连铸工艺

连铸工艺采用的相关技术直接影响轴承钢的洁净度、结构均匀性和铸坯表面质量。为此，应强调以下工艺技术的推广和应用。

A　系统密封技术

（1）钢包与长水口连接处采用石棉垫与环流氩气双道密封；结晶器与中间包连接处采用

氩气密封；中间包盖与中间包结合处采用石棉垫或胶泥袋密封；向中间包注钢前充入氩气，驱净空气。

（2）应用保温效果好、隔绝空气、不侵蚀中间包内衬、吸附（Al_2O_3）夹杂性能强的中间包覆盖渣。推荐新型中间包覆盖渣的组成是：CaO 40%±5%，SiO_2≤5%，MgO 6%±2%，Al_2O_3 22%±4%，CaF_2 8%±2%，Na_2O 8%±3%，Fe_2O_3≤1%，$C_{固}$ 3%±2%，烧减 6%±2%，H_2O≤0.5%。

B 防止中间包和结晶器卷渣技术

（1）采用大容量、内部结构合理的中间包，促进非金属夹杂物的上浮。

（2）控制包内钢液深度大于600mm；根据不同的坯型，浸入式水口的插入深度为80~130mm。

（3）减少水口结瘤，控制结晶器液面波动3~5mm，避免因结晶器内流场的变化形成非稳态浇铸而导致卷渣。

C 改善铸坯均匀性的技术

（1）中间包加热技术。保证连铸时钢水过热度不大于30℃；对于单炉浇铸时间超过55min的工厂，可以考虑增设中间包加热装置。

（2）电磁搅拌技术。电磁搅拌技术就是借助在铸坯液相穴内感生的电磁力强化液相穴内钢水的运动，由此强化钢水的对流、传热和传质过程，从而控制铸坯的凝固过程，它对改善铸坯内部质量起了重要的作用，成为高品质钢连铸的重要技术手段。在改善轴承钢铸坯表面、皮下和内部质量，特别是在解决连铸坯的中心疏松、中心缩孔、增加等轴晶比例和减少偏析等方面取得了显著的工艺效果。

根据电磁搅拌线圈安放位置的不同可分为结晶器电磁搅拌（M-EMS）、二冷区电磁搅拌（S-EMS）和凝固末端电磁搅拌（F-EMS）。根据不同的需要可单独运行或组合运行。

结晶器电磁搅拌安装在结晶器上，通过钢水冲刷凝固前沿、切断枝晶梢和降低过热度的作用，实现减少表面和皮下夹杂物、减少表面及皮下针孔和气孔、扩大等轴区并使坯壳均匀化的冶金效果。

二冷区电磁搅拌具有增大等轴晶区、消除"亮带"、减少中心偏析和疏松的冶金效果。

凝固末端电磁搅拌具有均匀钢水成分、打断柱状晶搭桥的功能，可以起到细化等轴晶、扩大等轴晶区，有效减少中心 V 型偏析、中心偏析和中心疏松的冶金作用。

生产一般轴承钢时多用结晶器单向电磁搅拌，生产高级别轴承钢时可考虑组合式变向电磁搅拌。

（3）轻压下技术。所谓轻压下就是指通过在连铸坯液芯末端附近施加压力产生一定的压下量来补偿铸坯的凝固收缩量。一方面可以消除或减少铸坯收缩形成的内部空隙，防止晶间富集溶质元素的钢液向铸坯中心的横向流动；另一方面，轻压下所产生的挤压作用还可以促进液芯中心富集的溶质元素沿拉坯方向反向流动，使溶质元素在钢液中重新分配，从而使铸坯的凝固组织更加均匀致密，起到改善中心偏析和减少中心疏松的作用[39]。

D 防止白点的技术

轴承钢产生白点缺陷是由于钢中溶解的氢原子在凝固到200℃以下时，由于溶解度的急剧降低，氢原子由晶格中析出变成氢分子而成。钢中［H］含量过高是产生白点的主要原因之一。但是钢坯（轧材）冷却速度过快，钢坯（材）中溶解的氢在 250~700℃ 区间得不到充分析出也是白点形成的主要原因之一。因此，应该设有钢坯（材）下线时的缓冷措施。

7.7　合金结构钢 40Cr 的冶炼技术

7.7.1　合金结构钢 40Cr 的概述

合金结构钢（structural alloy steel）是含有一种或数种一定量的合金元素的钢。40Cr 是一种用途广泛的合金结构钢，可用作机械零件和各种工程构件，由于其力学性能良好，在机械制造业有很大的需求量，被广泛应用于制作重要的调质机械零件，如齿轮、轴、套筒、连杆、螺钉、进气阀等。这些零件在使用过程中要承受各种载荷的综合作用，要求具有较高的屈服强度、抗拉强度和韧性，防止冲击或过载下的断裂和变形，同时还要求钢材在加工过程中具有良好的加工性能[40]。

20 世纪 70 年代之前，限于精炼技术的不成熟，40Cr 等合金结构钢由于对成分控制的要求严格还难以大规模生产。而 1971 年，日本特殊钢公司开发了采用碱性合成渣、埋弧加热、吹氩搅拌、在还原气氛下精炼的钢包炉（ladle furnace），简称 LF 炉[41]，并且随着这种 LF 精炼技术在全世界迅速推广，使得 40Cr 合金结构钢的冶炼得以迅速发展，尤其 20 世纪 90 年代以后，随着我国机械制造业对合金结构钢的需求量日益增大，40Cr 合金结构钢越来越受到用户的青睐。

进入 21 世纪，随着对连铸坯质量要求的不断提高，尤其是新钢种的开发以及我国加入 WTO 后钢铁行业所面临的市场竞争越来越激烈，人们对连铸坯内非金属夹杂物对钢材的危害越来越重视。因此冶炼过程中努力减少夹杂物数量，并控制其形态和分布，这是提高连铸坯质量的一项重要任务。GB/T 3077—2015 对 40Cr 钢的化学成分（表 7-27、表 7-28）、物理性能（表 7-29）以及连铸坯质量和非金属夹杂物（表 7-30、表 7-31）都提出了明确要求。

表 7-27　40Cr 钢化学成分　　　　　　　　　　　　　（%）

牌号	C	Si	Mn	Cr
40Cr	0.37~0.44	0.17~0.37	0.50~0.80	0.80~1.10

表 7-28　钢中磷、硫等残余元素含量

钢的质量等级	化学成分/%，不大于				
	P	S	Cu	Ni	Mo
优质钢	0.030	0.030	0.30	0.30	0.10
高级优质钢	0.020	0.020	0.25	0.30	0.10
特级优质钢	0.020	0.010	0.35	0.30	0.10

表 7-29　40Cr 钢物理性能要求

物理性能	屈服强度 σ_s/MPa	抗拉强度 σ_b/MPa	伸长率 A/%	面缩率 Z/%	常温冲击功 A_K/kJ	退火态硬度 HB100/3000
GB/T 3077—1999	≥785	≥980	≥9	≥45	≥47	≤207

表 7-30　国内钢厂 40Cr 连铸坯质量要求

40Cr 连铸坯	控　制　水　平
T[O]	$<20 \times 10^{-6}$
[N]	$<80 \times 10^{-6}$
铸坯表面质量	无裂纹、结疤、夹渣、夹砂、凹坑、鼓肚和气泡等缺陷，表面振痕较浅，外形几何尺寸达到规定要求
铸坯内部质量	目视无可见的缩孔、气泡、裂纹、夹杂、翻皮、白点、晶间裂纹

表 7-31　非金属夹杂物等级

钢类	A 细系	A 粗系	B 细系	B 粗系	C 细系	C 粗系	D 细系	D 粗系	Ds
高级优质钢	≤3.0	≤2.5	≤3.0	≤2.0	≤2.0	≤1.5	≤2.0	≤1.5	
特级优质钢	≤2.5	≤2.0	≤2.5	≤1.5	≤1.5	≤1.0	≤1.5	≤1.0	≤2.0

7.7.2　合金结构钢 40Cr 冶炼工艺流程及要点

7.7.2.1　冶炼工艺流程

40Cr 钢种对成分有着严格的控制要求，并且对铸坯 T[O]、[S] 含量均有较高的要求，因此 LF 精炼炉成为了必不可少的精炼设备。同时，对钢中 [O]、[H]、[N] 有严格要求的钢种还增设了真空精炼设备。目前冶炼 40Cr 钢普遍采用两种工艺配置：(1) 铁水脱硫处理→转炉→LF(+真空精炼)→连铸（方坯）；(2) 电弧炉→LF(+真空精炼)→连铸（方坯）。两种工艺配置的主要不同在于初始冶炼设备不同。国内各钢厂生产 40Cr 工艺流程如表 7-32 所示。

表 7-32　国内各钢厂生成 40Cr 钢生产工艺流程

钢厂	工　艺　流　程
石钢	电弧炉→LF→中间包→连铸
通钢	90t 电弧炉→LF→中间包→连铸
济（源）钢	600t 混铁炉→60t 转炉→60tLF→150mm×150mm 方坯连铸机
承钢	混铁炉→100t 转炉冶炼→LF 精炼→165mm×165mm 方坯连铸
柳钢	铁水预处理→转炉冶炼→炉后吹氩→LF 炉精炼→全程保护浇铸+电磁搅拌
新余	铁水脱硫→转炉→LF 精炼→150mm×150mm 方坯连铸
莱钢	电弧炉→LF→中间包→连铸

电弧炉冶炼工艺钢中［N］含量一般为（60~80）×10^{-6}，远高于转炉冶炼钢中［N］含量，一般小于30×10^{-6}，并且电炉流程耗电量大，成本相对较高。而转炉流程的优势在于原料条件好，铁水的成分和质量稳定性优于废钢；通过采用铁水预处理工艺降低铁水的杂质含量；转炉终点控制水平高，钢渣反应相比电炉更趋近平衡。

7.7.2.2　工艺控制要点

通过对国内各钢厂生产合金结构钢所做调研总结分析，得知40Cr冶炼过程主要注意以下问题：（1）冶炼终点温度以及碳含量的控制；（2）合理的预脱氧制度以及造渣制度；（3）LF精炼渣脱硫效率以及吸附夹杂效果；（4）避免软吹搅拌过程气量过大以及浇铸过程的二次氧化；（5）合理的过热度以及二冷配水制度。

（1）转炉冶炼要点：1）铁水［S］含量不大于0.040%；2）冶炼终点温度控制在1630~1690℃之间；3）出钢时必须严格控制下渣量，钢包内渣层厚度不大于50mm；4）转炉终点［C］尽量控制在0.10%以上；5）脱氧合金化。增碳剂、铝钙在出钢前加入钢包内；硅铁、铝锰铁在出钢过程中视钢液的脱氧情况分批加入，合金应该在出钢1/4~3/4期间内加完。

（2）LF精炼操作要点：1）精炼通电时间不少于20min；2）提前造好还原渣，加入铝镁钙线进行深脱氧；3）精炼后期进行合金成分微调，出站后喂入Ca-Si线对夹杂物进行变性处理，出站温度在1550~1565℃；4）出站时［Al］s≥120×10^{-6}，［O］≤20×10^{-6}；5）钢液全程吹氩。

（3）钢液温度控制目标值：1）连铸钢包温度1555~1570℃，中间包温度1510~1525℃；2）当钢包内钢液温度超出目标的上限值后，可以在钢包内进行吹氩或加轻型小废钢调温处理。

（4）连铸操作要点：1）采用塞棒浇铸；2）全程保护浇铸，避免浇铸过程中钢液二次氧化；3）连铸结晶器采用高碳保护渣；4）拉速在1.0~1.3m/min，浇铸温度在1506~1528℃之间。

7.7.3　40Cr钢的冶炼关键技术

7.7.3.1　转炉冶炼过程控制

在冶炼操作中，成分控制、降低钢水氧含量和夹杂物是关键。必须做好的工作是稳定冶炼过程，即协调［C］-［P］、［C］-T关系，减少钢包渣量，完善合金化和吹氩操作。

（1）转炉冶炼过程控制：转炉冶炼过程的成分控制主要是造氧化性、碱性渣脱去［P］等有害元素以及吹氧脱［C］。脱硫任务放在铁水预处理或精炼工艺过程完成。如何控制脱磷和脱碳的相对速度是转炉控制的关键，为此，采用新一代转炉炼钢工艺，即单炉新双渣法或者两炉（脱磷炉+脱碳炉）法，将脱磷任务分摊到单炉新双渣法冶炼前期或者在脱磷炉里完成。单炉新双渣法冶炼后期或者在脱碳炉里只是完成脱碳升温任务，如文献［42］介绍采用两炉（脱磷炉+脱碳炉）法，在脱磷炉就可以把磷脱至0.032%，继而在脱碳炉又从0.032%降至0.011%。由此得知，新一代炼钢方法脱磷效果好，因此，为终点采用高拉碳操作以及冶炼终点控制［C］-T双命中创造条件。

（2）终点控制：由于脱磷任务基本上在复吹转炉新工艺的冶炼前期或者脱磷炉里完成，因此，转炉冶炼后期主要任务是脱［C］和升温，为终点控制高拉［C］含量和升温创造条件。文献［42］介绍，一倒［C］含量平均 0.21%，［P］含量平均 0.013%。

［C］-［O］浓度关系如图 7-24 所示，由图可知，采取高拉碳操作，终点［C］含量高，［O］含量就大幅度降低。

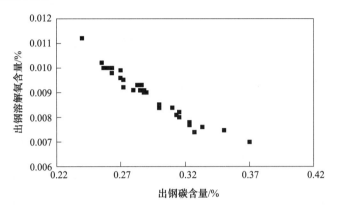

图 7-24 转炉冶炼终点碳氧浓度关系

（3）温度控制：［O］在钢水中的溶解度与温度关系如图 7-25 所示，出钢温度越低，则钢水中［O］含量越低，脱氧产物的生成量也越少。在冶炼 40Cr 过程中，考虑精炼过程的升温作用，严格控制炉前出钢温度及 LF 炉的进站钢水温度；根据现场操作一般认为，40Cr 的出钢温度为 1630~1650℃，LF 炉的进站钢水温度控制在 1545~1565℃ 是比较合理的。

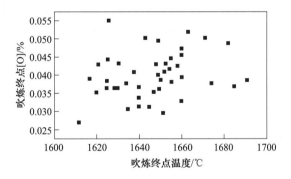

图 7-25 转炉冶炼终点温度与氧含量关系

（4）挡渣出钢：采用挡渣技术控制下渣量。滑板挡渣效果最佳。

7.7.3.2 LF 精炼过程控制

A 造渣制度

精炼炉操作主要是在短时间内将钢包高碱度顶渣造好，把炉渣中的（FeO+MnO）控制在 0.5% 以下，同时把钢水中的氧活度控制到 $10×10^{-6}$ 以下。这种炉渣不仅具有较好的吸附杂质能力，而且还有很好的脱硫效果。在精炼过程中采用适量的预熔渣和石灰，加入适量的含 Al 脱氧剂，快速提高炉渣的（Al_2O_3）的浓度，优化脱硫指数 MI，改善钢包顶渣的熔化特性，加快成渣速度，使顶渣的铺展性能好，吸附夹杂能力强。表 7-33 给出了国内某钢厂冶炼 40Cr 过程 LF 精炼后的顶渣主要成分。

表 7-33　国内某钢厂 LF 精炼后的炉渣成分　　　　　　　　（%）

（Al_2O_3）	（CaO）	（SiO_2）	（MgO）	（FeO+MnO）	碱度
15~25	45~55	10~15	4~6	≤0.5	3.5~5

B　脱氧控制

40Cr 属于铝镇静钢，LF 精炼过程中铝脱氧过程可用下式来表示：

$$2[Al] + 3[O] \Longrightarrow Al_2O_3(s)$$

$$\lg K_{Al}^{\ominus} = \lg \frac{a_{Al_2O_3}}{f_{Al}^2 f_O^3 (w[Al])^2 (w[O])^3} = \frac{63655}{T} - 20.58$$

若温度为 1600℃，则 $K_{Al}^{\ominus} = 4 \times 10^{-14}$。当 $a_{Al_2O_3} = 1$、$f_{Al}^2 f_O^3 \approx 1$ 时，若 $w[Al] = 0.01\%$，则 $w[O] = 0.0007\%$，因此，保持钢液中酸溶铝含量大于 0.01% 时，钢中的溶解氧就会很低。

LF 精炼过程中，一般在前期高碱度炉渣形成的基础上，向钢包内加入含铝合金（铝锰铁、铝钙合金）进一步脱除钢中的氧。此时炉内精炼炉渣已形成高碱度、合适的 MI 脱硫指数，炉内有良好的还原性气氛，渣子已发泡，这说明渣中的氧已基本被去除，有利于精炼渣吸附铝脱氧产物（Al_2O_3）夹杂。

C　成分控制

（1）[C] 的控制：保证产品热处理性能的一个最重要方面就是铸坯成分的稳定，而 40Cr 钢各成分的控制，重点放在 [C] 成分的稳定上，一般要求严格控制 [C] 窄含量在 0.39%~0.41% 之间。为了能够准确控制碳含量，一般精炼炉在通电一段时间后取出钢水精炼"近终点样"作为参考，然后根据参考值在通电结束后通过喂入碳线微调成分，达到内控目的。

（2）[S] 的控制：由于精炼过程能有效地造出具有碱度高的还原性炉渣，如表 7-33 所示的主要成分（CaO）、（Al_2O_3）、（SiO_2）所组成的渣系，随着（CaO）含量增加，硫容量也增加，对脱硫有明显效果。一般控制钢中 [S] 含量在 0.008%~0.035%。

（3）要尽量降低钢中 [O]、[N]、[H] 的含量，即减少钢材夹杂物和裂纹的源头。

D　钙处理

40Cr 冶炼脱氧采取了铝沉淀脱氧，所以在浇铸过程中可能导致流动性差，因此在精炼结束喂入 Si-Ca 包芯线进行钙化处理。图 7-26 为 Yoshihiko Higuchi 等人[43]通过实验室试验，发现了钙处理过程中夹杂物成分的变化机理：刚喂完 Si-Ca 线后或在喂线过程中，钢中的溶解钙会迅速地与（Al_2O_3）夹杂物反应生成钙铝酸盐以及生成一定量的（CaS），但是，随着 [Ca] 的不断蒸发和时间的延长，夹杂物中的（CaO）和（CaS）含量会逐渐减少。图 7-27 给出了钙处理前后钢中夹杂物变化示意图，从中可以看出，钙处理后钙铝酸盐夹杂结构的内部为（CaO）-（Al_2O_3），外部包裹有（CaS）-（MnS）类夹杂[44]。

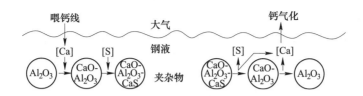

图 7-26 钙处理过程夹杂物成分的变化机理

E 吹氩制度

吹氩是精炼过程中和精炼后去除夹杂的一个重要手段。吹氩的氩气流量是影响吹氩效果的关键因素，吹氩过程中一方面必须避免钢水过多裸露在空气中，尽量减少钢液与钢包表面熔渣接触；另一方面又要尽量能够使夹杂物上浮去除。转炉在出钢时采用全程吹氩工艺，让一次脱氧产物在第一时间上浮；精炼过程按精炼要求控制吹氩使得二次脱氧产物以及大型夹杂物上浮并被精炼渣所吸附；在精炼结束时，通过软吹氩搅拌给予大型夹杂物充分上浮时间，提高钢液洁净度水平。

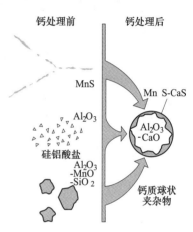

图 7-27 钙处理前后钢中夹杂物变化示意图

7.7.3.3 连铸工艺

为确保 40Cr 钢的表面质量和内部质量，主要工艺控制要点为：

（1）采用全程保护浇铸工艺和电磁搅拌工艺，打碎柱状晶，增加等轴晶，控制柱状晶生长，消除凝固桥；

（2）冷却制度：考虑各段的实际作用，二冷采用 40Cr 钢专用水冷制度；

（3）控制钢水过热度：在浇铸过程中，应控制过热度在 30℃ 以内以获得更多的等轴晶；

（4）合适的电磁搅拌强度；

（5）拉速控制：增大拉速将增加铸坯中心裂纹出现的敏感性，拉速应控制在合理范围内。

7.8 碳素结构钢的冶炼技术

7.8.1 碳素结构钢的特点

优质碳素结构钢是碳素钢中硫、磷含量比较低，洁净度比较高的钢种。钢号系列为 08～85，包括碳含量在 0.05%～0.90% 之间的低碳钢、中碳钢、高碳钢。优质碳素结构钢中只有铁、碳、硅、锰、硫、磷，而不含其他合金元素，性能取决于钢中碳元素的含量和钢的组织结构。这类钢除要求保证化学成分外，还要保证力学性能，并根据使用要求规定低倍组织。优质碳素结构钢是一种数量大、品种多、用途广泛的钢种，是机械工业主要材料之一。

文献 [45] 介绍了国外优质碳素结构钢的成分控制水平,碳、硅、锰等元素的波动范围分别为 $w(C) = 0.02\% \sim 0.04\%$、$w(Si) = 0.007\% \sim 0.05\%$、$w(Mn) = 0.08\% \sim 0.12\%$,硫、磷含量低于 0.01%,甚至更低;力学性能的波动范围在 $\sigma_s = 60 \sim 85MPa$,$\sigma_b = 45 \sim 85MPa$,$\delta = 3\% \sim 8\%$,不仅性能稳定,而且钢材的强度、韧性和塑性能很好地配合,充分发挥优质碳素结构钢的潜能。如日本优质碳素结构钢的碳含量波动范围只在 0.03% ~ 0.04%,硫、磷含量普遍低于 0.010%,气体和非金属夹杂物的含量也都非常低。

7.8.2　优质碳素结构钢的主要生产工艺流程

目前国内外优质碳素结构钢的冶炼在出钢后除了普遍进行钢水吹氩处理外,高强度结构用钢、深冲用钢及特殊锻件用优质碳素结构钢都采用炉外精炼技术。

优质碳素结构钢的冶炼工艺路线主要有两条:

铁水预处理→顶底复吹转炉→二次精炼→连铸→连轧;

超高功率电弧炉→二次精炼→连铸→连轧。

7.8.3　优质碳素结构钢冶炼的关键技术和控制要点

7.8.3.1　铁水预处理

随着炼钢生产节奏的加快,铁水预脱硫、预脱磷、预脱硅已逐步成为提高钢质和优化生产工艺的必要手段。铁水预脱硫是最常用的铁水预处理方法。目前,以 KR 法为代表的机械搅拌法脱硫和喷吹法脱硫,作为两种主要的铁水脱硫手段,以其各自的优势和特点在炼钢厂中得到广泛应用。预脱磷、脱硅采用新一代复吹转炉单炉新双渣法、两炉(脱磷炉+脱碳炉)法,在冶炼前期或者专用脱磷炉就可以把磷含量降到很低水平(硅完全被除掉)。

7.8.3.2　转炉终点控制及出钢挡渣

转炉终点应该考虑终点钢水的氧含量和终渣的氧化性,常用溶解氧或氧活度 $\alpha_{[O]}$ 和渣中 TFe% 含量来表示其高低。理想的终点是合适的碳含量、温度、较低的氧含量和炉渣氧化性。生产中常采用以下方法来降低终点钢水的氧含量和炉渣氧化性:

(1)采用单炉新双渣法冶炼后期或者脱磷炉+脱碳炉两炉法中的脱碳炉,在转炉铁水预脱 [P]、脱 [Si] 的半钢基础上进行少渣冶炼,很容易实现终点 [C]-T 协调控制(双命中率在 90% 以上),避免拉后吹使钢中 [O] 升高、渣中 TFe 升高的危害。同时,控制终点 [P] 含量降至 0.01% 以下。

(2)采用动态吹炼控制模型和全自动吹炼控制模型,能够迅速、准确、连续地获得熔池内各种参数的反馈信息,尤其是钢水温度和碳含量。这样,可以减少补吹甚至取消补吹。

(3)出钢挡渣。钢包中的氧化性炉渣有以下危害:降低脱氧合金收得率;成为脱氧后钢水的二次氧化源;可能造成钢水回磷;降低钢包精炼效果。为防止出钢过程的下渣,采取以下措施:

1)提高转炉终渣碱度和(MgO)含量,从而使炉渣黏度增加。有报道当碱度在 5.0

以上时，可使下渣量控制在 3kg/t 以下。

2）采用各种挡渣方法，有挡渣球法、挡渣塞法、滑板法、气动挡渣法、电磁挡渣法、出钢口吹气干扰涡流法、转动悬臂法、挡渣棒法、挡渣灌挡渣法、均流出钢口挡渣法。挡渣的效果取决于所采用的方法、工人操作和出钢口的维护等因素。目前国内采用滑板挡渣效果最好，钢包渣厚小于 30mm，渣量小于 3kg/t 钢。

（4）钢包渣改质。随着用户对钢质量的要求越来越高，对炉渣的改性被提到很重要的地位。国内外的研究结果表明，当渣中（FeO+MnO）含量超过 3% 时，对钢的洁净度和性能有不良的影响，美国内陆钢厂的现场试验结果也表明，冷轧板的质量指数与钢包渣中的（FeO+MnO）呈负相关关系，（FeO+MnO）越高，质量指数越低，而缺陷指数越高。20 世纪 80 年代中期，西方一些大钢厂纷纷采用炉渣脱氧和渣的改性技术，这样做的目的除减少对钢水的污染外，还能有利于吸附钢中夹杂物。

对炉渣改性要和脱氧结合在一起考虑，改性剂的组成一般为 $Al+CaO+CaF_2$、$CaC_2+CaO+CaF_2$、$CaC_2+CaO+CaF_2+Al_2O_3$ 三种类型。炉渣改质是在出钢过程中向钢包加入石灰系改质渣，将高碱度、高 TFe 炉渣改为高碱度、低 TFe 炉渣，使渣中（FeO+MnO）≤1%，达到很好的脱氧、脱硫以及吸附钢中夹杂物的效果。

7.8.3.3 钢水终脱氧控制

在炼钢过程中，钢水 [O] 受熔池中 [C] 和渣中 TFe 的双重控制。由于渣中 TFe 的影响，钢水实际氧含量 [O]实际 总是高于平衡值。通常将 [O]实际 与 [O]平衡 之差 △[O] 称为钢水的氧化性或过剩氧。过剩氧主要靠出钢时的脱氧合金化操作去除，脱氧产物一部分上浮进入渣中，另一部分则滞留在钢中成为夹杂物，使钢的总氧量增加。

钢中用铝脱氧是目前使用最为广泛的脱氧方法，用铝脱氧不但效率高，与常规钢中 0.02%~0.05% [Al]s 相平衡的 [O] 很低 [为 (4~8)×10⁻⁶]，而且成本较低。由于铝的密度小、熔点低，又很容易在高温下氧化，因此，采用通常的投入法很难将其加入到钢液的深部，因而铝的回收率很低且不稳定，为 10%~25%，所以要控制钢中的酸溶铝及微调成分就显得非常困难。为了提高铝的利用率，各钢厂相继开发了硅铝铁、锰铝铁、铝铁和硅铝钡等铝系复合脱氧剂；铝系复合脱氧剂的密度普遍比纯铝的密度大，加入到钢中后有较为充足的时间上浮，同时脱氧产物形成了低熔点的复合化合物，为脱氧产物上浮创造了条件。铝镇静钢脱氧产物主要为（Al_2O_3），它不仅容易造成浇铸时的定径水口堵塞，而且对钢的性能，特别是对钢的冷加工性能、高温蠕变性能和疲劳性能影响较大。为解决这一问题，开发了能够对夹杂物形态进行改变和控制的钙处理。由于钙的蒸气压高、沸点低、在铁水中溶解度小，单独使用难以在高温钢液中发挥有效作用，因而常与硅、钡和铝等一起组成钙系复合脱氧剂使用。钙系脱氧剂主要有硅钙、硅铝钡钙、硅钡钙等。目前，使用最广泛是硅钙，一般对硅有特殊要求的钢钟，要求 $w(\mathrm{Si}) \leqslant 0.05\%$，不用硅钙，而用铝钙或钙丝代替。

7.8.3.4 钢包精炼

钢包精炼是冶炼高品质优质碳素结构钢不可或缺的工艺环节。通过钢包底部吹氩、电极加热以及造渣操作、成分微调等操作，在钢包内获得良好的热力学和动力学条件，完成脱氧、去夹杂、精准化学成分控制的任务。

精炼渣系的选择和造渣操作是得到预期精炼效果的关键。通常选择 CaO-SiO$_2$-Al$_2$O$_3$ 三元渣系，控制（CaO）/（Al$_2$O$_3$）= 1.5~1.8、（CaO）/（SiO$_2$）= 4~6 范围之内。

7.8.3.5 连铸工艺及防止水口堵塞

防止钢水二次氧化，连铸工序从钢包—中间包—结晶器钢水与空气要尽量隔断，即所谓全程保护。经过钢包精炼，甚至真空处理的钢液，已将氧含量降至很低，与空气接触极易造成钢液的二次氧化，生成的二次脱氧产物滞留在钢中将对钢材的性能造成危害。当前，普遍采用钢包至中间包的长水口、中间包至结晶器的浸入式水口的保护技术，并且要做好水口接缝处的密封。

冶炼优质碳素结构钢，采用硅铁+锰铁+少量铝脱氧的脱氧合金化工艺，形成的脱氧产物有：

（1）蔷薇辉石（2MnO·2Al$_2$O$_3$·5SiO$_2$）；

（2）硅铝榴石（3MnO·Al$_2$O$_3$·3SiO$_2$）；

（3）纯（Al$_2$O$_3$）>30%。

要把夹杂物成分控制在相图中的阴影区锰铝榴石范围内，如图 7-28 所示，才能消除钢中（Al$_2$O$_3$）存在，得到低熔点的复合化合物，钢水可浇性好，不堵水口，铸坯又不产生皮下气孔。只有采用低碱度（R=1 左右）的钢包精炼渣，脱氧产物才能接近于锰铝榴石区域；但生产优质碳素结构钢时，LF 炉一般使用石灰+萤石造渣，钢包渣的碱度在 4~6 之间，脱氧产物得不到低熔点的锰铝榴石，而存在高熔点的（Al$_2$O$_3$），因此需要对其进行变性处理。

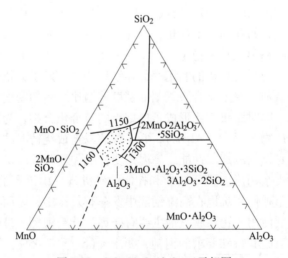

图 7-28 SiO$_2$-MnO-Al$_2$O$_3$ 三元相图

对钢液进行钙处理的主要目的是用钙将高熔点的（Al$_2$O$_3$）夹杂物变性处理成低熔点的铝酸钙如（12CaO·7Al$_2$O$_3$），以改善钢液的流动性，防止（Al$_2$O$_3$）堵水口。钙处理的关键是控制铝酸钙的生成类型，随着铝酸钙中（CaO）含量增加，x（CaO）y（Al$_2$O$_3$）的演变顺序为：$(Al_2O_3) \rightarrow (CaO \cdot 6Al_2O_3) \rightarrow (CaO \cdot 2Al_2O_3) \rightarrow (CaO \cdot Al_2O_3) \rightarrow (12CaO \cdot 7Al_2O_3) \rightarrow (3CaO \cdot Al_2O_3)$。当（CaO）含量达到 48% 时，生成（$12CaO \cdot 7Al_2O_3$），其熔点最低，为 1455℃，在浇铸温度下呈液态，在钢液中易于排除，从而减少夹杂物的含量，提高钢液的可浇性，是钙处理最希望得到的物质，即使残留在钢中也是呈球状，可改善钢材的性能。钙处理铝镇静钢，判断钢水中（Al_2O_3）向球化转变的指标是 $[Ca]/[Al] > 0.14$，$[Ca]/T[O] = 0.7 \sim 1.2$。

对钢液进行钙处理是在钢液成分、温度都达到工艺要求时喂硅钙线。向钢液添加钙时，重要的是要提高钙的收得率，保证钢中一定量的钙含量。影响钙的收得率的因素很多，但在一定的工艺和设备条件下，喂线速度、喂线量则是影响钙收得率最主要的因素。

随着市场对优质碳素结构钢品质要求的提高，连铸工序的任务不仅是将钢水浇铸成连铸坯，还要努力获得洁净、均匀的凝固组织。因此，防止钢水二次氧化的全程保护浇铸技术、中间包冶金、改善凝固组织和减少铸坯成分偏析的电磁搅拌、轻压下技术等被广泛应用。

7.9 重轨钢的冶炼技术

7.9.1 重轨钢概述

铁路是陆路运输的主要工具之一，高速铁路建设既有客货混运线路全面提速也有用于超过 400km/h 远距离货物运输的重载铁路的建设[46]。钢轨（一般称作重轨）作为铁路的基本构件，其冶金质量和使用性能决定着铁路的使用寿命和运输安全。

（1）根据钢轨的化学成分，钢轨可分为碳素钢轨，钢中锰含量小于 1.30%，无其他合金元素加入，又称普通轨钢；微合金钢轨，钢中加入微量合金元素如 V、Nb、Ti 等；低合金钢轨，如钢中加入 0.80% ~ 1.20%Cr 的 EN320Cr 钢轨。

（2）按交货状态可分为热轧钢轨和热处理钢轨。不论钢轨强度多少，凡是以热轧状态交货，均称之为热轧钢轨。热处理钢轨依其工艺条件又可分为离线热处理钢轨（钢轨轧制冷却后再重新加热）及在线热处理钢轨（利用轧制余热对其进行热处理，不再二次加热）。

（3）按热处理钢轨中化学成分的不同，又可分为碳素热处理钢轨、微合金热处理钢轨和低合金热处理钢轨。

（4）按钢轨的最低抗拉强度（从轨头部位取样）可分为 780MPa（如欧洲 EN220、中国 U74 等钢轨）、880MPa（如 EN260、EN260Mn、UIC900A，中国 U71Mn、U71MnG 等钢轨）、980MPa（如美国 AREMA 普通钢轨，中国 U75V、BNbRE、U75VG 钢轨）、1080MPa（如 EN320Cr 合金钢轨，日本 HH340 在线热处理钢轨，中国 U71Mn 淬火钢轨、U77MnCr、U76CrRE、U78CrV 等钢轨）、1180MPa（如日本 HH370 在线热处理钢轨，EN350HT、EN350LHT，中国 U75V 淬火钢轨）和 1200 ~ 1300MPa（微合金或低合金热处理钢轨，如中国 U78CrV 和 U76CrRE 淬火钢轨等）。

（5）按金相组织分有过共析珠光体钢轨、马氏体钢轨、贝氏体钢轨[47]，正在开发和试铺使用。

（6）按每米的轨重分类包括 50kg/m 钢轨，主要用在工区内线路；60kg/m 钢轨，用在客用和客货混运线路；70kg/m 和 80kg/m 钢轨，用于重载线路。

7.9.2　重轨钢的质量要求与冶金特点

随着现代铁路运输的发展，重载、高速、高密度的运输方式使重轨的服役条件趋于恶化，对重轨质量提出了更加严格的要求[48]，重轨出厂要求具备高洁净度、高强度、高韧性、高精度的技术水平。一般重轨上线使用需要焊接成为长钢轨（400m），所以重轨的使用性能通过钢轨铺设前的焊接和在线路服役过程中得到反映，这些性能主要有焊接性、耐磨性、耐压溃性、抗断裂性、抗疲劳性等。

重轨出厂技术指标和正常服役期内的使用性能以及造成钢轨上线使用后的伤损，均与重轨钢的冶金质量有关，钢轨上线都有 5 年的保质期。

钢轨焊接性能与钢的碳当量、氢含量（富集在夹杂物周围，以夹杂物为核心形成裂纹源，属于内部氢脆）以及闪光焊热影响区（HAZ）组织（微合金化元素均匀）有直接关系。耐磨性与显微组织分布均匀有关。抗压溃性能决定于钢轨的屈服强度，随着珠光体片间距的减小，屈服强度提高，耐压溃性也得到改善。抗断裂性用钢的冲击韧性和断裂韧性来表示，韧性与珠光体中渗碳体片的厚度和晶粒大小有关。随着渗碳体片厚度的增加，冲击功的上平台下降，晶粒粗大导致冲击韧性下降。钢中夹杂物的尺寸和形态、残余应力的大小，也对钢轨的脆断性有很大影响。钢轨在火车轮箍施加的接触载荷反复作用下，踏面往往发生接触疲劳损伤，表现为轨头破损，所以抗疲劳性是最重要的性能之一，而 Al_2O_3 夹杂是钢轨主要的疲劳源。夹杂物与钢基体的线膨胀系数不同，而在夹杂物周围基体中产生一种径向的拉应力（即镶嵌应力）。这种应力的出现和存在将帮助所施加的循环应力促使疲劳裂纹优先在靠近夹杂物的基体中形成。

钢轨在服役过程中的伤损，如轨头表面金属碎裂或剥离、轨头横向裂纹、轨头纵向的水平或垂直裂纹、轨头表面压陷磨耗、轨腰基体伤损、轨底伤损、钢轨折断等涉及的冶金方面因素，包括钢种成分、夹杂物、白点、偏析、缩孔、裂纹、疏松、非金属夹杂物等。

归纳这些冶金质量的影响因素，反映出重轨钢的冶金特点是：

（1）钢种成分的优化控制。在确保钢轨力学性能的前提下，钢种范围内主要成分元素应该有趋势控制、窄范围精准控制，从而保证重轨焊接性能良好和热处理性能稳定。

控制钢中残留元素满足钢种标准要求。表 7-34、表 7-35 是我国生产重轨供应国内钢种牌号的成分范围及残留元素上限要求。

表 7-34　重轨钢钢液熔炼成分要求

钢牌号	化学成分/%							
	[C]	[Si]	[Mn]	[P]	[S]	[Cr]	[V]	[Al]
U71Mn	0.60~0.80	0.15~0.58	0.70~1.20	≤0.025	≤0.025	—	—	≤0.004
U75V	0.71~0.80	0.50~0.80	0.75~1.05	≤0.025	≤0.025	—	0.04~0.12	≤0.004
U77MnCr	0.72~0.82	0.10~0.50	0.80~1.10	≤0.025	≤0.025	0.25~0.40	—	≤0.004
U78CrV	0.72~0.82	0.50~0.80	0.70~1.05	≤0.025	≤0.025	0.30~0.50	0.04~0.12	≤0.004

钢牌号	化学成分/%							
	[C]	[Si]	[Mn]	[P]	[S]	[Cr]	[V]	[Al]
U76CrRE①	0.71~0.81	0.50~0.80	0.80~1.10	≤0.025	≤0.025	0.25~0.35	0.04~0.08	≤0.004
U22SiMn②	0.17~0.28	1.40~1.80	1.70~2.30	≤0.022	≤0.015	0.40~0.80	≤0.12	≤0.010
U20Mn2 SiCrNiMo③	0.16~0.25	0.70~1.20	1.60~2.45	≤0.022	≤0.015	0.60~1.20	—	≤0.010

① RE 加入量大于 0.020%；

② 含有 Mo：0.15%~0.45%，Nb：0~0.05%；

③ 含有 Mo：0.15%~0.60%，Ni：0~0.7%。

表 7-35 重轨钢残留元素上限

钢牌号	化学成分/%											
	[Cr]	[Mo]	[Ni]	[Cu]	[Sn]	[Sb]	[Ti]	[Nb]	[V]	[Cu+ 10Sn]	[Cr+Mo+ Ni+Cu]	[Ni+ Cu]
U71Mn	0.15	0.02	0.10	0.15	0.030	0.020	0.025	0.01	0.030	0.35	0.35	
U75V	0.15	0.02	0.10	0.15	0.030	0.020	0.025	0.01	—	0.35	0.35	
U77MnCr	—	0.02	0.10	0.15	0.030	0.020	0.025	0.01	0.030	0.35	—	0.20
U78CrV	—	0.02	0.10	0.15	0.030	0.020	0.025	0.01	—	0.35	—	0.20
U76CrRE	—	0.02	0.10	0.15	0.030	0.020	0.025	0.01	—	0.35	—	0.20
U22SiMn	—	—	—	0.15	0.030	0.020	0.025	—	—	0.35		
U20Mn2 SiCrNiMo	—	—	—	0.15	0.030	0.020	0.025	0.01	0.030	0.35		

（2）高洁净度。重轨钢的洁净度包括钢中气体（氢、氧、氮）、非金属夹杂物都有明确的要求，是重轨钢冶炼重要的控制内容之一，特别受到重轨采购和使用单位的重视。最新铁路 43~75kg/m 钢轨的技术标准中，U22SiMn 和 U20Mn2SiCrNiMo 钢水氢含量不应大于 0.00017%，若钢水氢含量大于 0.00017%，应进行连铸坯缓冷或去氢退火处理，并检验钢轨的氢含量，钢轨的氢含量不应大于 0.00010%；其他牌号钢轨钢水氢含量不应大于 0.00025%，当钢水氢含量大于 0.00025% 时，应进行连铸坯缓冷，并检验钢轨的氢含量，钢轨的氢含量不应大于 0.00020%。钢水或钢轨总氧含量不应大于 0.0020%，允许有不大于供货总量 10% 的钢轨总氧含量大于 0.0020%，但不应大于 0.0030%。钢水或钢轨氮含量不应大于 0.0080%。钢中非金属夹杂物级别要求如表 7-36 所示。

表 7-36 非金属夹杂物级别

夹杂物类型	非金属夹杂物级别/级			
	≥200km/h		<200km/h	
	粗系	细系	粗系	细系
A（硫化物）类	≤2	≤2	≤2.5	≤2.5
B（氧化铝）类	≤1	≤1	≤1.5	≤1.5

夹杂物类型	非金属夹杂物级别/级			
	≥200km/h		<200km/h	
	粗系	细系	粗系	细系
C(硅酸盐) 类	≤1	≤1	≤1.5	≤1.5
D (球状氧化物) 类	≤1	≤1	≤1.5	≤1.5
Ds(单颗粒球状) 类	≤1		≤1.5	

（3）高均质化。重轨钢均质化要求体现在重轨组织的稳定、成分偏差控制等方面。在新铁标中要求规定成分范围的允许偏差为：$C±0.02\%$，$Si±0.04\%$，$Mn±0.05\%$，$P+0.005\%$，$S+0.005\%$，$Al+0.003\%$，$V±0.01\%$，$Cr±0.05\%$，$Mo±0.02\%$，$Ni±0.03\%$，其他元素允许偏差应符合相关规定。

U22SiMn 钢轨的显微组织应以贝氏体为主，允许有马氏体、残留奥氏体以及少量先共析铁素体；U20Mn2SiCrNiMo 显微组织应为低碳贝氏体马氏体复相组织；其他牌号钢轨全断面的显微组织应为珠光体组织，允许有少量的铁素体，不应有马氏体、贝氏体及晶界渗碳体。

钢轨横断面酸蚀试片的低倍不能有白点，任何尺寸的缩孔，延伸至轨头和轨底的中心轨腰条纹，长度超过 64mm 的条纹，从轨腰延伸到轨头和轨底的分散分布的中心轨腰条纹，延伸至轨头或轨底超过 25mm 的分散分布的偏析、皮下气孔，宽度大于 6mm 并延伸到轨头或轨底内 13mm 以上的正或负偏析，由放射状条纹、裂纹、中间裂纹以及转折裂纹发展的在轨头大于 3mm 的条纹等。

（4）良好的表面质量。钢轨表面不应有裂纹。明确有热状态下形成的钢轨磨痕、热刮伤、纵向线纹、折叠、氧化皮压入、轧痕等的最大允许深度要求；冷状态下形成的钢轨纵向及横向划痕等缺陷最大允许深度要求。

（5）高尺寸精度与平直度。现在重轨生产，国内供普轨出厂是 25m，高速铁路钢轨是100m，然后在专业的焊轨厂焊成 500m 上线使用。长钢轨生产对炼钢、轧钢的工艺稳定性提出很高要求。在钢轨断面尺寸精度上也有严格要求，必须满足钢轨焊接工艺要求。尺寸精度与平直度达标，可以很好地保证服役期内铁路线维护顺利、行车安全、载客舒适。

7.9.3   重轨钢冶炼工艺流程及关键技术

7.9.3.1   冶炼工艺流程

目前国内生产重轨的企业主要包括鞍钢、包钢、攀钢、武钢、邯钢。在 20 世纪 90年代中期以前，主要采用"转炉→模铸"的工艺组合生产重轨钢。现在重轨钢坯生产主要有两种工艺：KR 法铁水脱硫→复吹转炉冶炼→LF 炉外精炼→VD 真空脱气→大方坯连铸和 KR 法铁水脱硫→复吹转炉炼钢→LF 炉外精炼→RH 真空脱气→大方坯连铸，主要差别在脱气环节，相比较看采用 RH 真空脱气在夹杂物控制和脱氢效率上更好一些。

7.9.3.2　冶炼工艺及关键技术

A　转炉冶炼工艺

原模铸工艺生产重轨钢时，转炉一般采用"高拉补吹"的方式即所谓的拉碳法冶炼重轨钢。采用连铸工艺生产重轨钢后，转炉炼钢工序承担的冶炼任务也发生相应改变，冶炼方法由"拉碳法"（高拉补吹）改为"增碳法"，但"增碳法"带来钢水氧化性增加，影响钢质、炉衬寿命和成本的缺点，转炉只承担吹氧降碳、脱磷、脱氧及成分、温度的粗调整任务，而温度和成分精调整的任务转移到精炼工序进行。转炉出钢后，由于增碳剂、合金的加入量较大，钢水温度和成分的均匀需要较长的一段时间，钢水吹氩是促进成分和温度均匀的有效手段，同时还可以促进炉渣、脱氧产物等夹杂物的上浮。吹氩应保证吹通，并有一定的搅拌强度，吹氩时间控制在 6~10min。

转炉冶炼入炉原料中 Ni、Cr、Cu、Mo、Sn 等残余元素有严格的要求，因此，冶炼重轨钢时不能使用含有上述元素的合金钢废钢，并要做好铁水残余元素含量的监控，以避免钢水中残余元素含量超过标准控制要求。同时，由于 S 元素的偏析倾向较强，钢水中[S]在凝固时作为 MnS 析出，钢材中的 MnS 在热加工时容易向轧制方向延伸，成为钢材韧性、延展性降低和各向异性的原因，也是焊接裂纹和氢致裂纹等的起点。因此，铁水一般要经过铁水脱硫预处理，应控制入转炉铁水（半钢）的硫含量不超过 0.020%。

转炉传统冶炼终点碳一般控制在 0.10% 以上。若采用单炉新双渣法或两炉（脱磷炉+脱碳炉）法的新一代冶炼工艺，即单炉新双渣法冶炼前期或者在脱磷炉就可以把磷脱到重轨钢要求的含量，那么单炉新双渣法后期或者脱碳炉只剩下脱碳升温的主要任务，很容易实现高拉碳。出钢时向钢水罐内加入脱氧剂、少量增碳剂及合金进行脱氧合金化，将[C]、[Si]、[Mn]的成分调整至成品成分的中、下限。国内外研究一致认为，铝脱氧钢中的（Al_2O_3）夹杂是重轨产生疲劳的主要根源，因此，重轨钢脱氧一般采用无铝脱氧工艺。

B　精炼工艺

钢水精炼主要在钢包精炼炉（LF 炉）和真空脱气装置（RH 或 VD）两个工位进行，主要任务是对钢水的成分和温度进行最终控制，使钢水温度和成分满足规定要求；同时对钢水进行脱气、去夹杂处理，提高钢水洁净度。

（1）LF 精炼。考虑重轨钢的冶金质量要求，在 LF 工位除正常完成提温、温度稳定、成分控制、脱硫、脱氧的冶炼功能外，还要做好埋弧加热，减少增氮；造好还原渣，确保氧含量达标，同时合理搅拌去除夹杂物。

（2）RH 或 VD 精炼。在 RH 或 VD 工位完成脱气和成分微调。针对重轨钢高洁净度要求，首先确保一定真空度下的脱气时间，实现脱氢、脱氧，并且利用真空条件下的强搅拌去除夹杂物。国内重轨生产厂家有采用 RH 真空循环脱气处理，也有采用 VD 法对钢液进行真空处理，但比 RH 法处理时间长、温降大，而且要求钢包有一定的净空高度，需要在真空破空后，进行一定时间的软搅拌，除去夹杂物。

C　连铸工艺

连铸工艺也是控制重轨铸坯质量的重要环节。在连铸工位，由于重轨钢的碳含量较高，容易产生中心疏松和中心偏析等质量缺陷，减轻这类缺陷仅仅从工艺控制上采取措施是不够的，必须在铸机装备上有控制铸坯中心偏析和中心疏松的手段。

（1）严格控制钢水过热度。研究表明，钢水过热度对铸坯质量有重要影响，过热度太高，不仅有漏钢风险，而且铸坯柱状晶发达，中心偏析及中心疏松严重，铸坯裂纹敏感性也增加，过热度低，夹杂物不易上浮，铸坯表面质量差，浇铸时易堵水口，影响浇铸顺行。生产实践表明，重轨钢的中间包过热度控制应结合工厂的具体实际，制定合理的过程温度控制制度，稳定过程温降，防止中间包钢水过热度波动太大。

（2）采用全程保护浇铸技术，防止浇铸过程中钢水的二次氧化和吸气。钢包和中间包之间采用长水口保护，长水口与钢包下水口之间要吹氩保护，防止空气卷入；中间包采用覆盖剂覆盖保温并吸附夹杂物；中间包到结晶器采用浸入式水口；优化结晶器和中间包流场。

（3）合理的拉速制度和冷却制度。重轨钢碳含量高，两相区宽，裂纹敏感性强，一般采用弱冷，二冷比水量控制在 0.2~0.3kg/kg 钢。同时要合理控制拉速，断面尺寸为 280mm×380mm 的铸坯拉速一般控制在 0.6~0.75m/min 之间。

（4）采用结晶器电磁搅拌技术和凝固末端动态轻压下技术，如表 7-37 所示。

表 7-37　国内主要重轨生产厂家连铸机技术装备

项　目	鞍　钢	包　钢	攀　钢
断面尺寸/mm×mm	280×380	280×380，319×410	280×380，280×325
结晶器电磁搅拌	有	有	有
振动	机械	不详	液压
二冷区	5 区	3 区	5 区
控制铸坯中心疏松和中心偏析的装备	无	凝固末端电搅	凝固末端动态轻压下
铸坯测长	机械	机械	红外

结晶器电磁搅拌技术通过电磁力对钢水的搅拌，促进夹杂物上浮，消除皮下气泡，消除钢水过热，增加铸坯等轴晶率，减轻中心偏析。凝固末端动态轻压下技术通过压下辊对带液芯的铸坯进行适量的压下，可有效地减轻铸坯的中心疏松和中心偏析。

7.10　硅钢的冶炼技术

7.10.1　硅钢概述及主要性能指标

7.10.1.1　硅钢概述

磁性材料分为软磁材料和硬磁材料，软磁材料使电磁相互转换，硅钢是可有效地对电能和磁能进行转换的软磁材料，主要用作各种电动机、发动机和变压器的铁芯及其他电器部件，是电力、电子和军事工业中不可缺少的重要软磁材料，在磁性材料领域中产量和用量最大，按晶粒取向可分为无取向硅钢和取向硅钢两类。

无取向硅钢主要用于制造各种电机、发电机及镇流器的铁芯。无取向硅钢的晶粒位向在各个方向上基本均匀分布，因此在各个方向上具有均匀的磁性特征，磁各向异性低，适合用作要求各向同性的转子铁芯。无取向硅钢分为低牌号无取向硅钢和高牌号无取向硅钢，低牌号无取向硅钢硅含量一般在1.5%以下，特点是磁感高，铁损也稍高，主要用于制造微型和小型电机的铁芯。高牌号无取向硅钢随着硅、铝含量增加铁损降低、牌号提高，但磁感降低，主要用来制作大型电动机和发电机、高效电机及压缩机等。

取向硅钢主要用于制作变压器铁芯，是电力工业中不可缺少的重要软磁功能材料。取向硅钢所有晶粒的<001>方向（易磁化轴）平行于板带轧向，{110}晶面平行于轧面，具有极强的高斯织构，是唯一经过二次再结晶得到的硅钢制品。取向硅钢分为普通取向硅钢和高磁感取向硅钢，普通取向硅钢产品的晶粒［001］位向与轧向平均偏离角7°左右，磁感应强度典型值1.82T；高磁感取向硅钢产品的晶粒［001］位向与轧向平均偏离3°角左右，磁感应强度典型值1.92T。高磁感取向硅钢具有高磁感、低铁损特性，可以有效地减少空载损耗，降低变压器噪声，达到显著的节能减排效果。

7.10.1.2 硅钢的性能要求[49]

（1）铁损低。铁损是指铁磁材料在动态磁化条件下，由于磁滞和涡流效应所消耗的能量，单位是W/kg。铁损由磁滞损耗、涡流损耗、异常涡流损耗构成。磁滞损耗是反复磁化样品所用掉的能量，等于静态磁滞回线的面积。涡流损耗是随着磁化的变化，钢板内电流流动产生焦耳热的能量损失，与板厚、磁感应强度和频率的平方成正比，与电阻率成反比。异常涡流损耗是以磁畴壁的移动为基础的涡流损耗，与磁畴壁的移动速率成正比。硅钢铁损低，可以节省大量电能，延长电机和变压器工作运转时间。硅钢的铁损占电机损耗的10%~30%，输配电系统造成的电量损失占全国发电量的5%，其中变压器铁芯损耗占输配电系统损耗的20%，降低铁损是降低能源消耗非常重要的环节。

（2）磁感应强度高。磁感应强度是铁芯单位截面面积上通过的磁力线数，也称磁通密度，代表材料的磁化能力，单位是T。硅钢的磁感应强度高，铁芯的激磁电流（空载电流）降低，铜损和铁损都下降。当电机和变压器功率不变时，磁感应强度高，设计磁密可以提高，铁芯截面面积可缩小，铁芯体积减小和质量减轻。

（3）绝缘性能好。当铁芯中磁通发生变化时，由于感应在铁芯中产生涡流，为减少涡流损失，铁芯片间必须绝缘将涡流电流细化成小回路，降低涡流损耗，硅钢片表面应有良好的绝缘性，层间电阻高，无取向硅钢一般为5~50$\Omega \cdot cm^2$，取向硅钢为30~120$\Omega \cdot cm^2$。涂层薄而且均匀可保证高的叠片系数，涂层附着性好，冲剪或消除应力退火后不脱落。

（4）磁时效现象小。铁磁材料的磁性随着使用时间变化的现象称为磁时效，主要是由材料中碳、氮杂质元素引起的，硅钢在高温下碳和氮的固溶度高，从高温较快冷却时多余的碳和氮来不及析出，而形成过饱和固溶体，铁芯在长期运转时，特别是在温度升高到50~80℃时，多余的碳、氮原子就以细小弥散的质点析出，使铁损上升。硅钢碳和氮含量小于0.0030%时，磁时效显著降低。

（5）叠片系数高。叠片系数是指一定量的电工钢板叠片的理论体积（按叠片重量和密度计算出）与在一定压力下测定的实际体积之比，以百分数表示，也就是净金属占铁芯体积的百分数。叠片系数高意味着铁芯体积不变时电工钢板用量增多而有更多的磁通密度通过，有效利用空间增大，空气隙减少，这使激磁电流减小。叠片系数与以下因素有关：

1）钢板表面光滑度和平整度；2）钢板厚度偏差和同板差；3）钢板表面绝缘膜厚度和厚度均匀性。

（6）无取向硅钢良好的冲片性。冲片性好可以提高冲模和剪刀寿命，保证冲剪片尺寸精确以及减小冲剪片毛刺。硅钢影响冲片性的因素主要有钢板表面绝缘膜种类和质量、钢板的硬度。钢板表面有绝缘膜比无绝缘膜可使冲片数提高 3~5 倍，有机盐涂层比无机盐涂层的冲片数提高 10 倍以上。钢板应具有合适的硬度，钢板硬度增大，弯曲次数减少，冲片性降低；钢板硬度过低，冲片毛刺增大，冲片尺寸不精确。

（7）取向硅钢低的磁滞伸缩。当一个铁磁性物质磁化时，会使体积发生变化，这种效应称为磁滞伸缩。磁性材料在磁化过程中，材料的形状在该方向的相对变化率 $\lambda = \Delta l/L$，称为该磁性材料的磁滞伸缩系数。磁滞伸缩是造成变压器噪声的主要原因，应尽可能降低取向硅钢的磁滞损耗。

7.10.2　影响硅钢磁性能的主要因素[50]

影响硅钢磁性能的因素有化学成分、夹杂物、晶粒尺寸、织构状态、钢板厚度、钢板表面状态、内应力及外部应力等，这些因素都会对硅钢磁性能产生影响。与炼钢工序有关的影响因素主要有化学成分、夹杂物、铸坯质量等。

（1）硅元素的作用。硅元素提高钢的电阻率 ρ，$\rho = 12 + 11w(\mathrm{Si})$，电阻率增加可以降低涡流损耗；硅含量增加可以降低晶体的磁各向异性常数 K_1，使磁滞损耗降低，每增加 1%Si 可以降低铁损 $P_{17/50}$ 0.20W/kg。硅含量增加后硅钢饱和磁感应强度 B_s 降低，居里点下降。硅缩小 γ 相区，钢中硅含量大于 2.0% 时，硅钢在铁硅系中为单一的铁素体区域，在热轧及退火时没有相变。硅元素可提高钢中固溶体强度和冷加工变形硬化率，使脆性增加，伸长率下降，硅含量增加降低钢的热导率，高硅钢冷却和加热时易发生内裂。硅含量对硅钢磁性能的影响如图 7-29 所示。

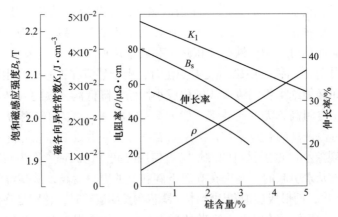

图 7-29　硅含量对硅钢磁性能的影响

（2）碳元素的作用。取向硅钢和无取向硅钢成品都不能含碳太多。碳导致磁滞损失增多，增加铁损，降低磁感，时效导致磁性恶化，碳含量在 0.0030% 以上时，时效劣化严重，因此要在连续退火炉的湿氢气氛中进行退火，通过脱碳退火生产出没有时效的产品，高品质硅钢一般要求 $w(\mathrm{C}) \leqslant 0.0020\%$。碳是奥氏体稳定元素，在取向硅钢生产过程中生

成部分 γ 相。碳元素对 AlN 的固溶、析出产生影响，在部分 γ 相区碳元素促进 AlN 的固溶。通过 γ→α 相变调整热轧组织，抑制板坯高温加热时柱状晶的成长，促进热轧中的再结晶，形成细密的组织。

（3）铝元素的作用。对无取向硅钢而言，铝元素作用和硅元素作用相近，可提高电阻率，促进晶粒长大，降低涡流损失，降低矫顽力。随着铝含量的增加，铁损逐渐降低。铝元素使 γ 相区缩小。铝元素主要以 AlN 和固溶 Al 形式存在，AlN 钉扎晶界，阻碍晶粒长大，铁损升高。对取向硅钢而言，AlN 是高磁感取向硅钢的主要抑制剂，抑制剂是 20 ~ 50nm 的 AlN 微粒子，AlN 抑制一次再结晶晶粒长大。AlN 的量越多，尺寸越小，抑制力越大。铝和氮含量必须要适当，铝含量增加抑制力增强，但 $w(\text{Al}) > 0.03\%$ 时抑制力会变弱，主要原因是 AlN 的析出尺寸变大，AlN 尺寸过小时不稳定，在热处理过程中会迅速变大。

（4）锰元素的作用。对无取向硅钢而言，锰元素主要有以下作用：增加硅钢电阻，降低铁损，增加有利织构组分，改善磁性；提高碳的溶解度，扩大 γ 相区。锰可以形成 MnS，防止 FeS 所引起的热脆现象，改善热轧塑性；硫含量较高时，形成细小 MnS 会阻碍退火组织晶粒长大，增加铁损。对取向硅钢而言，MnS 在高温下发生固溶，在一定温度下析出，普通取向硅钢的锰含量为 0.06%，高磁感取向硅钢的锰含量为 0.07% ~ 0.08%。铸坯再加热和热轧冷却过程是 MnS 固溶和以微细弥散相质点析出的过程。普通取向硅钢只使用 MnS 做抑制剂，而高磁感取向硅钢中使用 AlN 和 MnS 两者做抑制剂。高磁感取向硅钢的抑制力比普通取向硅钢大一个数量级。

（5）硫元素的作用。对无取向硅钢而言，硫是有害元素。硫和锰形成 MnS，MnS 一旦以细小弥散的状态存于钢中，可强烈阻止晶粒长大，增加铁损。微细的 MnS 阻碍磁畴壁的移动和转动，使磁化困难，增加铁损。任何锰含量下，随着硫含量增加，铁损增加；当硫含量相同时，随着锰含量的增加，铁损逐渐降低。无取向硅钢铸坯加热、热轧和常化的一个重要目的就是防止析出细小的 MnS 质点，或使已存在的 MnS 粗化。硫含量对无取向硅钢铁损的影响如图 7-30 所示。对取向硅钢而言，MnS 在高温下发生固溶，在一定温度下产生析出，铸坯加热和热轧过程是 MnS 固溶和以微细弥散相质点析出的过程，普通取向硅钢使用 MnS 做抑制剂。

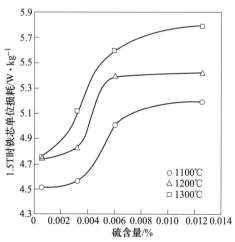

图 7-30 不同硫含量及板坯加热温度对无取向硅钢损耗的影响

（6）氮元素的作用。对无取向硅钢而言，氮通过生成弥散的 AlN 等夹杂物，阻碍退火时晶粒长大，影响无取向硅钢磁性。氮也是磁时效元素，室温下氮在铁素体中的溶解度为碳溶解度的 1/10，氮的时效影响较大。对取向硅钢而言，AlN 是高磁感取向硅钢的主要抑制剂，AlN 抑制一次再结晶成长，最有效的抑制剂是 20~50nm 的 AlN 粒子。取向硅钢炼钢工序氮含量控制在 $(70 \sim 100) \times 10^{-6}$。

（7）铜元素的作用。铜在普通取向硅钢中以 Cu_2S 的形态发挥抑制剂作用提高磁性能，通过 Cu_2S 的效果稳定二次再结晶，Cu_2S 不仅能降低铁损，而且能够有效地降低铸坯加热温度。铜可以改善高磁感取向硅钢因添加锡导致底层质量变坏的作用。

（8）锡、锑元素的作用。对无取向硅钢而言，锡、锑是一种界面活性元素，容易在晶界附近偏聚，降低界面能，阻碍了（111）位向晶粒在晶界附近的形核，降低了（111）位向晶粒的比例，抑制不利织构发展。晶界偏聚促使冷轧时形变带增多，高斯织构容易在形变带之间的过渡带形核，成品织构中高斯织构组分有所增强，磁感应强度得以改善。对取向硅钢而言，锡、锑是取向硅钢高硅化、薄规格化的重要元素，主要作用是抑制剂的强化，锡、锑沿晶界偏聚，通过添加锡、锑可以生成粒径较小的抑制剂，消除抑制剂不稳定性，加强抑制能力，使得脱碳退火后初次晶粒更细小均匀。

（9）钛、铌、钒元素的作用。钛、铌、钒元素是有害元素。由于形成细小稳定的碳、氮化物，强烈阻碍晶粒长大，增加铁损；微细的碳、氮化物阻碍磁畴壁的移动和转动，使磁化困难，增加损耗。取向硅钢和无取向硅钢都应控制钛、铌、钒元素含量。高牌号无取向硅钢和取向硅钢钛、铌、钒含量最好控制在 20×10^{-6} 以下。

（10）非金属夹杂物的影响。钢中的任何非金属夹杂物都会损害磁性能，因为当磁化强度改变时磁畴壁必须移动，但是磁畴壁会被非金属夹杂物钉扎，当畴壁经过夹杂物或空洞时，矫顽力与夹杂物尺寸成反比，与夹杂物数量成正比关系。夹杂物尺寸与畴壁厚度相近时（100~200nm），钉扎畴壁移动的能力最强，对矫顽力影响最大，因此希望夹杂物粗化，避免存在细小的夹杂物。同时夹杂物（包括第二相析出物）使点阵发生畸变，在夹杂物周围地区位错密度增高，引起比其本身体积大许多倍的内应力场，磁畴结构发生变化，畴壁不易移动，导致磁化困难。

7.10.3　硅钢生产工艺及炼钢关键技术

7.10.3.1　硅钢生产工艺流程[51]

无取向硅钢生产工艺流程分为中低牌号和高牌号两种工艺，中低牌号无取向硅钢一般采用连轧机直接酸洗冷轧；高牌号无取向硅钢需经过常化酸洗工序，根据钢种硅含量采用二十辊轧机或连轧机生产。中、低牌号无取向硅钢生产工艺流程如图 7-31 所示。

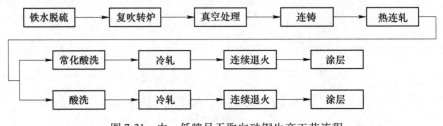

图 7-31　中、低牌号无取向硅钢生产工艺流程

高牌号无取向硅钢生产工艺流程如图 7-32 所示。

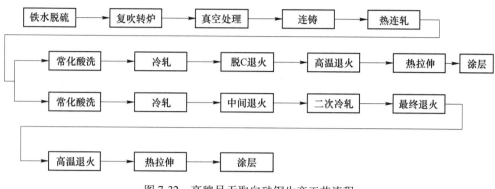

图 7-32 高牌号无取向硅钢生产工艺流程

取向硅钢生产工艺流程分为普通取向硅钢和高磁感取向硅钢工艺，普通取向硅钢采用二次冷轧工艺，高磁感取向硅钢采用一次冷轧工艺。

7.10.3.2 冶炼工艺

A 铁水脱硫

硅钢常用的铁水预处理主要是脱硫，铁水脱硫主要有喷吹法和 KR 搅拌法两种。铁水脱硫的优点是：铁水中碳、硅含量高，提高了硫的反应能力，从而有利于脱硫；铁水中氧含量低，提高了渣-铁之间的硫分配比，脱硫效率高；铁水脱硫因其较好的动力学条件，脱硫剂利用率高，而且脱硫速度快。

喷吹法脱硫的基本原理是靠一定压力和流量的载气，把脱硫剂（Mg 粉、石灰粉及混合物）喷入到铁水中。脱硫剂在上浮过程中与铁水中的硫发生化学反应。

KR 脱硫是将浇铸成型并经过烘烤的耐火材料搅拌头插入铁水罐中旋转，搅动铁水，脱硫剂（石灰+碳化钙、石灰+萤石）由给料器加入到铁水表面，并被搅拌产生的漩涡卷入铁水中，与高温铁水混合、反应，达到脱硫的目的。铁水原始的硫质量分数为 0.03% 时，KR 法处理终点硫的质量分数可达 10×10^{-6} 以下。

硅钢对铁水硫含量的要求：高炉铁水 [S]≤0.040%，脱硫前铁水温度不低于1300℃，中、高牌号无取向硅钢脱 [S] 后铁水 [S]≤0.002%，取向硅钢脱 [S] 后铁水 [S]≤0.004%。KR 脱硫处理周期 30~40min，脱 S 剂消耗 5~8kg/t，KR 处理温降为 25~40℃，脱硫效率可以达到 90%~95%。

B 转炉冶炼

采用复吹转炉新一代炼钢技术，即采用单炉新双渣法冶炼前期或脱磷炉+脱碳炉两炉法的脱磷炉进行有效的脱磷、脱硅，可以把 [P] 脱掉 70%~80%，仅剩下只有 0.01%~0.03% 的 [P] 含量，为终点钢水 [C]、T、[O] 等协调控制创造有利条件。在单炉新双渣法冶炼后期或两炉法的脱碳炉里只是进行脱碳和升温任务，因此采用计算机终点动态控制技术，实现不倒炉就可以控制 [C]-T 双命中率达 90% 以上，控制精度 [C] 为 ±0.02%，T 为±12℃。避免或减少拉后吹次数，降低钢中 [O]、[N] 含量，因此也减少生成夹杂物的源头。在出钢时，为了减少终点高氧化性炉渣的下渣量，必须保证出钢口形状良好，以及采用挡渣技术，目前滑板挡渣效果最佳。

根据 RH 真空脱碳原理，要求处理前初始钢水的［C］和［O］应达到一定的范围，以达到最佳脱碳效果，对无取向电工钢来说 RH 真空脱碳的最佳含量为：［C］= 0.03% ~ 0.05%；［O］=（600 ~ 700）×10^{-6}。典型无取向硅钢终点控制：［C］= 0.025% ~ 0.05%，［S］≤ 0.003%，［P］≤ 0.015%，［N］≤ 20×10^{-6}。出钢时进行挡渣操作，保证渣层厚度不大于 80mm。无取向硅钢出钢不进行脱氧合金化，出钢过程加入合成渣。保证到 RH 精炼成分为：［C］= 0.03% ~ 0.05%，［P］≤ 0.025%，［S］≤ 0.0030%，［O］=（600 ~ 1000）×10^{-6}。

取向硅钢终点控制应尽可能降低钢中［O］含量及降低终渣氧化铁含量，减少夹杂物的生成，终点控制：［C］= 0.03% ~ 0.05%，［S］≤ 0.005%，［P］≤ 0.02%，［Mn］≤ 0.07%，［O］< 800×10^{-6}。出钢时进行挡渣操作，保证渣层厚度不大于 80mm。出钢过程中在钢包底部吹氩，出钢时先加铝铁预脱氧，再加入低碳硅铁、复合渣改质剂、锡锭等。渣面加入高铝缓释脱氧剂，然后继续吹氩约 5min，使钢水成分和温度均匀，促使夹杂物上浮。

硅钢成分要求严格，对合金质量有严格要求，典型合金质量如低碳硅铁为：［Si］= 76.00% ~ 80.00%，［Al］≤ 0.10%，［C］≤ 0.020%，［P］≤ 0.040%，［S］≤ 0.005%，［Ti］≤ 0.03%，粒度 10 ~ 50mm；铝铁：［Al］= 40.00% ~ 44.00%，［Mn］≤ 5.00%，［C］≤ 0.20%，［Si］≤ 1.00%，［P］≤ 0.030%，［S］≤ 0.030%，粒度 10 ~ 50mm。

C　真空处理

真空处理的主要作用是：脱碳，将钢水的碳含量降至硅钢各牌号的要求，满足后工序退火要求；脱气，控制钢水［H］、［N］含量；成分调整及均匀化，满足硅钢各牌号要求；RH 加入脱硫剂，进行脱硫处理；促使夹杂物上浮去除，提高钢水洁净度；调整钢水温度，满足浇铸要求。

无取向硅钢真空处理：需要先进行脱［C］处理，再进行脱氧、合金化。到站后测温、定氧、取成分样，然后进行抽真空脱碳处理，目标［C］含量控制到 15×10^{-6} 以下。脱碳结束后测温、定氧、取样；使用低碳硅铁脱氧并调硅，用铝粒调铝，使用微碳锰铁调锰，合金化结束后保证循环时间 5 ~ 10min，保证钢水合金成分均匀。高牌号无取向硅钢合金调整完后加入 RH 脱硫剂，加入后保证一定循环时间，目标［S］含量控制到 20×10^{-6} 以下。RH 处理结束后测温、取钢样与渣样。

取向硅钢真空处理前为已基本脱氧合金化的镇静钢水，真空处理主要目的是微调成分，提高成分合格率，把成分控制在很窄范围内。通过真空处理降低氢含量、氮含量和使氧化物夹杂上浮，从而净化钢质。真空处理时间一般为 30 ~ 40min.。真空处理过程中取 3 ~ 4 次样品进行分析和调整成分。RH 合金化加铝铁、加硅含量为 75% ~ 80% 的低碳硅铁合金，搅拌 3 ~ 5min。真空处理吹氩，促进氧化物夹杂上浮，使成分更均匀和控制好钢水温度。RH 处理时通过控制真空室的真空度，可以使钢水中氮量与目标值氮量一致。

D　连铸

硅钢热导率低，铁和硅钢热导率如表 7-38 所示。由于硅钢硅含量高，在铸坯内部易产生较大的热应力，连铸冷却采用低速缓冷模式，避免铸坯裂纹的产生。无取向硅钢凝固速度较慢，凝固壳较软，易产生鼓肚，在铸坯凝固前沿处易产生内裂，应控制好拉速和比水量及减小柱状晶尺寸。生产高牌号无取向硅钢及取向硅钢时连铸一般应配备二冷电磁搅拌，二冷电磁搅拌可明显减轻中心偏析和降低柱状晶比例。

表 7-38 铁和硅钢的热导率

w(Si)/%	0	0.6	1.5	3.0	4.2
热导率/J·(cm·s·℃)$^{-1}$	0.544	0.461	0.322	0.230	0.167

硅钢连铸工艺有以下特点：中间包浇铸温度不宜过高，过热度控制在 15~30℃；拉速较慢，避免铸坯因热应力产生内部裂纹，避免在矫直段发生液芯矫直产生内裂，一般拉速不大于 1m/min。使用结晶器液面自动控制，液面波动控制在 ±3mm。出矫直段的角部温度不低于 550℃，避免铸坯角部质量恶化导致热轧边裂。做好铸机辊缝精度的管理，保证良好的铸坯内部质量，铸坯硫印内裂不大于 1 级。高牌号无取向硅钢铝含量高以及取向硅钢成分控制严格，因此，为了避免高牌号无取向硅钢水口结瘤及保证取向硅钢成分精准控制应做好连铸过程钢包至中间包及中间包至结晶器的保护浇铸，上水口、滑板间、塞棒三路密封氩气，保证获得良好的保护浇铸效果。影响铸坯等轴晶比率的主要因素是电磁搅拌强度和搅拌力的穿透深度，生产中根据具体情况确定合适的搅拌电流和搅拌频率。典型的连铸工艺：无取向硅钢连铸坯断面尺寸（200~250）mm×（1150~1130）mm，拉速 0.8~1.2m/min，比水量 0.9~1.2L/kg；取向硅钢连铸坯断面尺寸（200~250）mm×（1050~1080）mm，拉速 0.8~1.1m/min，比水量 0.7~1.0L/kg。

连铸坯质量要求：连铸板坯表面不得有重接、翻皮、结疤、夹杂、深度大于 3mm 的划痕、气孔、裂纹。硅钢内部质量通过硫印检测评级及低倍酸浸，硫印检验标准执行 GB/T 4236 标准，中心偏析 0~2.5 级，内部裂纹 0~1 级，白亮带程度不大于 1 级。硅钢连铸坯热送要求：铸坯硅含量不小于 1.5% 时，按照直送或进保温坑处理，直送加热炉铸坯温度不低于 450℃；保温处理时，保温坑温度不低于 300℃。

7.10.3.3 硅钢冶炼关键技术

取向硅钢和高牌号无取向硅钢对炼钢工序都有非常严格的要求，近年来无取向硅钢的磁性改善和新牌号产品的开发主要依靠炼钢技术的发展，生产碳、硫、氮和氧含量都低于 $20×10^{-6}$ 的洁净钢水。取向硅钢完善的二次再结晶也取决于炼钢成品成分的精准控制。硅钢炼钢工序关键技术主要有以下几项：无取向硅钢超低硫钢水冶炼技术，高牌号无取向硅钢成品硫含量应控制在 $20×10^{-6}$ 以下；无取向硅钢超低碳控制技术，无取向硅钢碳含量控制在 $25×10^{-6}$ 以下；硅钢非金属夹杂物控制技术；连铸电磁搅拌技术在硅钢上的应用，控制硅钢铸坯内部质量；应用薄板坯连铸连轧的低能耗、低成本的硅钢生产技术等。

A 无取向硅钢超低硫钢水冶炼技术[52]

高牌号无取向硅钢成品硫含量对磁性能有较大影响，高牌号无取向硅钢成品硫含量为 $(15~20)×10^{-6}$。为控制高牌号无取向硅钢成品硫含量，炼钢工序主要从以下几个方面进行控制：铁水预处理超低硫控制、RH 脱硫技术应用、控制转炉回硫、原料及合金硫的控制。

（1）铁水预处理前硫含量应控制在不大于 0.035%，KR 法脱硫的动力学条件优越，是进行铁水预处理超低硫控制较理想的工艺，KR 处理后铁水硫含量达到（10~20）×10⁻⁶。提高 KR 脱硫效率的主要措施是：加大搅拌、增大反应面积、提高铁水温度、优化脱硫剂等。在脱硫剂质量稳定条件下，KR 脱硫效率主要受铁水温度的影响，铁水温度越高，脱硫效率越高；良好的搅拌桨形状与较高的搅拌转速对脱硫过程中的动力学以及脱硫剂的聚合影响较大，搅拌桨转速不能过低，必须保证铁水具有一定的动能，才能减少脱硫剂的聚合，促进脱硫反应。为了加快硫在铁液中的扩散速度，不使其成为脱硫的限制性环节，在脱硫剂中配加一定比例的 CaF_2，可在石灰颗粒表面形成共晶熔体，改善渣铁传质，提高脱硫效率。石灰+萤石脱硫剂随着 CaF_2 含量的增加，低熔点共晶熔体成倍增长，但过量的熔体会造成 CaO 颗粒团聚，CaO/CaF_2 配比控制在 14~16 之间时较为合理。

（2）控制转炉回硫：脱硫后铁水的脱硫渣去除，选用低硫废钢，控制转炉炉料中硫含量，选择回硫稳定的脱硫工艺。加强对原辅料及合金硫含量的控制，转炉使用套筒窑活性石灰，活性度不小于 350mL，$w(S) \le 0.025\%$；用量最大的低碳硅铁合金 $w(S) \le 0.005\%$。

（3）RH 真空精炼过程中添加脱硫剂进行深脱硫，RH 良好脱硫的条件是：石灰的活性度高，钢水中氧的活度低，渣碱度高，铝参与脱硫反应速度快，在石灰粒子表面生成铝酸盐，可提高石灰的硫容量和脱硫效率。RH 脱硫反应的限制性环节是钢液一侧边界层中的硫向氧化钙表面扩散，脱硫速度取决于渣的硫容量和影响传质系数的搅拌能。在 RH 真空精炼条件下，借助于上升管的驱动氩气，使进入真空室内的钢液形成乳化液态区，极大地扩大了表面积；另外，钢液经下降管以一定速度返回钢包中，加速钢液搅拌。

RH 脱硫的工艺关键点是：1）脱硫剂的选择，选择 $CaO\text{-}CaF_2$ 脱硫率高，CaO 与 CaF_2 比例为 6∶4；2）对钢包渣的要求，钢包渣中氧势越高，硫分配比越低，钢水回硫量随钢包渣氧势的升高而增大；3）脱硫时机的选择，钢中［O］越高，则脱硫效率越低，脱硫的时机应选择在钢水脱氧及钢水进行合金化后；4）脱硫率随脱硫剂消耗的上升而提高，最高脱硫率达 80%；5）钢水温度对脱硫率的影响，脱硫率随 RH 处理钢水温度的上升而提高。在 RH 操作后期采用喷粉工艺可实现同时脱硫、脱氮，RH 终点氮和硫含量决定于粉剂的消耗量，随着粉剂消耗量的增加终点硫和氮含量降低，新日铁采用 RH 喷吹法，采用比例为 6∶4 的 CaO 与 CaF_2 以及 10%~15% MgO 的脱硫粉剂，喷粉速度 100kg/min，最大氩气量（标态）3500L/min，处理 20min，使硫含量由（20~57）×10⁻⁶降至 5×10⁻⁶。

RH 脱硫剂的要求：脱硫效率高，脱硫剂的碳含量低，脱硫剂不易水化，脱硫剂对 RH 真空室耐火材料侵蚀小。RH 喷粉通常采用石灰+萤石系脱硫剂，该种粉剂的脱硫分配比可按下式计算：$L = (S)/[S] = 1260 - 25(Al_2O_3) - 75(SiO_2) \pm 250$。典型 RH 脱硫剂成分：CaO 含量为 61%~70%，CaF_2 含量为 22%~31%，C 含量小于 0.15%，SiO_2 含量小于 2.6%，S 含量小于 0.02%，灼减不大于 2.5%。粒度：3~8mm。

RH 脱硫需要注意的问题：脱硫剂加入一般是在完成脱氧和合金化后进行，可以提高脱硫效率。脱硫剂经合金溜槽加入到 RH 真空室中，脱硫剂的加入速度应控制在 150kg/min，加料速度偏快，不利于脱硫剂与钢水的充分混合，不利于脱硫，加入后搅拌 3~5min。应严格注意真空室的密封，防止空气进入。采用 $CaO\text{-}CaF_2$ 系脱硫剂后耐材侵蚀速度加快，可以采取组织致密化的镁铬砖、增加砖中铬含量、提高砖强度等措施提高真空室寿命。

B　无取向硅钢超低碳控制技术

无取向硅钢碳含量控制在 25×10⁻⁶以下时，在后工序连续退火时可以不用脱碳，简化了退火工艺，同时也避免了退火时表层氧化影响磁性能，因为碳含量高时，碳在常温时会以碳化物的形式沉淀析出，增加损耗。

钢中碳的控制主要有两点：炉外精炼使钢中碳含量达到极低水平；防止连铸过程增碳。真空脱碳反应速率的限制环节：高碳区（[C] ≥ 0.02%），氧的传质决定脱碳速度，熔池供氧可提高脱碳速度；低碳区（0.002% < [C] < 0.02%），碳的扩散是脱碳反应的限制环节，提高循环流量，强化吹 Ar 可提高脱碳速度；超低碳区（[C] < 0.002%），反应界面面积和反应速度是脱碳反应的限制环节，扩大浸渍管截面面积可提高脱碳速度。决定真空脱碳速度的主要参数是碳的体积传质系数 a_k，其与真空室截面面积（A_v）、钢水循环流量（Q）及钢水碳含量 [C] 成正比，即 $a_k \propto A_v^{0.32} Q^{1.17} [C]^{1.48}$。

目前常用的增大 RH 脱碳速度的方法有：（1）增大氩气流量，增大钢水循环量，提高体积传质系数，提高脱碳速度；（2）增大浸渍管内径，改圆形为椭圆形，提高循环流量，提高体积传质系数，循环流量 Q 与浸渍管内径的 4/3 次方 $d^{4/3}$ 成正比，脱碳速度随浸渍管内径的增大而增加；（3）增大泵的抽气能力，提高抽气速度，实行真空快速降压，提高脱碳速度；（4）强制吹氧脱碳，采用顶吹氧工艺，提高了 RH 前期脱碳速度；（5）改变吹Ar 方式，在 RH 真空室的底部吹入大约 1/4 的氩气，可使 RH 的脱碳速度提高大约 2 倍。RH 采用大氩气量、大循环流量时，可在短时间内将碳含量脱至 10×10^{-6}，RH 精炼适合于超低碳无取向硅钢的冶炼。RH 脱碳操作应注意：保证真空系统的密封性，确保处理过程的真空度不变；气体流量调节由小到大，防止处理过程喷溅；控制钢水温度，控制真空室的烘烤，减小处理过程温降。

无取向硅钢碳控制另一个重点是防止二次冶金及连铸过程中的增碳。首先是防止 RH 处理过程中真空室钢渣结瘤引起的增碳；控制 RH 冷却废钢的增碳；控制 RH 合金的增碳；采用碳含量低的保温覆盖剂。在连铸过程中，采用低碳专用长水口、塞棒和浸入式水口，降低耐火材料中的碳含量，或者使钢水与含碳材料接触面最小；中间包覆盖剂的碳含量高低直接影响钢水增碳，中间包使用不含碳或者碳含量低的覆盖剂，使增碳小于 1×10^{-6}。结晶器使用低碳无碳保护渣，都有助于防止增碳。典型的中间包覆盖剂成分：CaO 含量为 40% ~ 50%，SiO_2 含量为 45% ~ 55%，Al_2O_3 含量为 2% ~ 5%，Fe_2O_3 含量小于 0.1%，H_2O 含量小于 0.5%，C 含量小于 0.05%。

C 硅钢夹杂物控制技术[53]

钢中的非金属夹杂物不仅抑制晶粒长大、促使晶格畸变，还会阻碍磁畴转动和畴壁移动，造成磁化困难，影响成品磁性能。生产过程中，需要尽可能将其去除或使其无害化。夹杂物尺寸与畴壁厚度相近时（100 ~ 200nm），对矫顽力影响最大，此时钉扎畴壁移动的能力最强，因此希望夹杂物粗化，避免存在有细小的夹杂物。特别是小于 $0.1\mu m$ 细小弥散状的 MnS、AlN、TiN、TiC 和 ZrN 等析出物会明显阻碍退火时的晶粒长大。

冶炼过程中针对非金属夹杂物的控制所采取的措施有：（1）降低转炉终点钢液中氧含量及终渣氧化性。（2）出钢挡渣、扒渣、炉渣改质，降低炉渣氧化性。（3）真空精炼并吹气搅拌可以有效去除夹杂物。（4）钢包到中间包、中间包到结晶器保护浇铸，钢包全自动开浇，钢包、中间包下渣检测，中间包吹氩实现保护气氛浇铸，中间包密封等。（5）中间包使用合理的挡墙、坝、湍流控制器促使夹杂物上浮去除，使用高碱度覆盖剂吸收上浮的夹杂物，使用碱性耐火材料降低其被侵蚀，采用大容量中间包等。（6）减少结晶器液面波动，结晶器保护渣自动添加，结晶器采用电磁搅拌减少铸坯皮下夹杂物和气泡。(7) 向硅钢中添加适量钙，可以迅速降低氧含量，提高脱硫效率，并有效抑制硫化物夹杂生成。脱氧产物中的 (CaO) 还可以和 (Al$_2$O$_3$) 簇状夹杂物结合，生成化学成分不同的铝酸钙，并被上浮的钙气泡带走。因此，钢的洁净度可以明显提高，对应的成品磁性能得以改善。经过钙处理的成品试样，0.5μm 及以下尺寸的夹杂物数量减少。经过钙处理的成品试样，MnS 夹杂数量随钙添加量的增加而明显减少。在钙处理后夹杂物形状向球形或近似球形转变，随着钙处理时间的延长，球形夹杂物所占比例逐渐增大，且夹杂物尺寸也不断增大。(8) 稀土与氧、硫元素具有很强的亲和力，硅钢采用稀土处理后氧位、硫位迅速降低，夹杂物可以得到有效变质，易生成高熔点球形或者近似球形的稀土氧化物、硫化物和氧硫化物，从而起到净化钢液、控制夹杂物形态的作用。向钢中添加稀土之后，夹杂物数量明显减少，钢质洁净度大大提高。钢液经过稀土处理后，稀土氧硫化物、部分氧化物可以相互依附，并作为其他硫化物、氮化物析出核心，稀土氧硫化物夹杂物尺寸变大，提高了 AlN、MnS 等夹杂物固溶温度并使之析出受到抑制，因此夹杂物数量明显减少，尺寸相对较大。加入的稀土总量越多，稀土氧硫化物夹杂物的尺寸就越大，直径 1μm 以下的微细夹杂物的数量就越少，但热轧带钢再结晶效果会逐渐变差，纤维组织明显增多；成品带钢晶粒尺寸先是快速长大，而后逐渐减小。最佳的钢中存留稀土含量与钢的化学成分有关，应严格控制在 (20~60)×10^{-6}。

　　采用稀土、钙处理无取向硅钢，可以去除部分微细夹杂物，并形成尺寸较大的稀土、钙氧硫化物。由于夹杂物对磁性能的影响程度从大到小依次为尺寸、数量、形态，生产过程中应优先控制夹杂物的尺寸，尽量避免生成 0.1~1.0μm 尺寸范围内的夹杂物。

　　D　硅钢连铸电磁搅拌技术[54]

　　高牌号无取向硅钢没有 γ→α 相变，硅钢热导率低，导致铸坯低倍组织柱状晶发达，热轧时粗大柱状晶不能彻底破碎，在退火时难以再结晶，成品硅钢会在轧制方向上产生折皱即瓦楞状缺陷。无取向硅钢应尽可能提高等轴晶比例，降低粗大的柱状晶。取向硅钢有部分的奥氏体相变，应保证一定比例的等轴晶，但电磁搅拌后会产生负偏析的白亮带，S、Mn、N、Al 等抑制剂相关元素的负偏析导致抑制能力偏弱，二次再结晶不完全。取向硅钢要求一定比例的等轴晶率，同时要求铸坯内部质量良好，白亮带轻微。

　　连铸二冷电磁搅拌有助于改进热轧板的内部质量，同时避免由于等轴晶数量不足引起的冷轧板瓦楞状缺陷，它已成为生产高品质硅钢的必备装置。主要有三种形式的板坯二冷区电磁搅拌装置，分别是插入式搅拌器、辊后箱式搅拌器及辊式搅拌器。辊式电磁搅拌器应用较为普遍，其直径略大于普通板坯连铸辊，内部采用特殊设计、结构非常紧凑的电磁感应线圈，外部辊套采用非导磁耐高温不锈钢材料，对铸坯起到支撑作用。

　　电磁搅拌是借助在铸坯液相穴内感生的电磁力强化液相穴内钢水的运动，由此强化钢水的对流、传热和传质过程，从而控制铸坯的凝固过程。二冷电磁搅拌的作用主要有：增加等轴晶区；降低铸坯中心偏析；降低铸坯内部裂纹的敏感性。二冷区电磁搅拌恰好在柱状晶强劲生长的区域，通过搅拌钢水使先期生长的柱状晶破碎，与钢水混合在一起，随后将成为后期凝固的等轴晶的核心；同时搅拌将促进未凝固钢水的流动，加强对流作用，提高固液相间的热传导，有利于消除残余过热度，减轻凝固前沿的温度梯度，抑止晶体的定向生长，从而有利于等轴晶的增长。

典型的无取向硅钢二冷电磁搅拌工艺参数设定一般会选择启动多对电磁搅拌辊进行搅拌，选择较大的搅拌电流及最佳频率，如电流 300~600A，搅拌频率 3~6Hz。高牌号无取向硅钢搅拌效果可以达到 50%~70%等轴晶比例。典型的取向硅钢二冷电磁搅拌工艺参数设定为一般会选择启动 1~2 对电磁搅拌辊进行搅拌，选择适当的搅拌电流及最佳频率，如电流 100~400A，搅拌频率 3~6Hz。取向硅钢搅拌效果可以达到 30%~50%等轴晶比例，白亮带轻微。

E 薄板坯连铸连轧硅钢生产技术[55]

（1）薄板坯连铸连轧流程短、能耗低、成材率高。薄板坯热轧过程无需粗轧，铸坯可直接轧制成 2.0~2.5mm 厚度的热轧带卷，流程大大缩短，生产效率得到极大提高，生产成本大大降低。薄板坯连铸连轧流程的板坯均直接热装，采用辊底式加热炉均热，有效减少板坯中间冷却和再加热过程浪费的能耗，降低生产成本。相比传统流程长时间的加热过程导致铸坯表面氧化烧损严重，薄板坯流程烧损小，提高了成材率。薄板坯连铸连轧有较好的铸态组织，相比传统厚板坯，采用快速冷却工艺的薄板坯其凝固速度快，组织均匀细小，避免或者减轻了成分的波动，从而减少了溶质原子的偏析。

（2）薄板坯连铸连轧生产线是生产无取向硅钢的优势。加热炉和轧机大都布置在同一条生产线上；板坯头部进入轧机时，后部分还处于保温状态，再加上板坯出加热炉至进入轧机间隔时间很短，因此能确保板坯横断面和长度方向上温度均匀，轧制稳定性得以改善，热轧板磁性能均匀性也得以提高。板坯厚度一般为 30~70mm，拉速为 2~8m/min，冷却强度大以及带液芯压下，减少了一次枝晶并使二次枝晶破碎，从而极大地减小了宏观偏析，提高中高牌号无取向硅钢等轴晶的比例，各机架采用大压下制度，对破碎硅钢中的柱状晶也有利。

（3）薄板坯连铸连轧生产线是生产取向硅钢的优势。铸坯凝固和冷却速度快，有利于铸坯组织的细化，减少偏析和疏松；薄板坯凝固速度快，有助于 AlN 和 MnS 等析出物尺寸的减小以及分布均匀，抑制剂充分固溶和轧制冷却与热处理时的细化析出，平均尺寸不大于 60nm，有利于二次再结晶取向织构的形成与发展，有利于磁性能的提高；板坯加热温度低、时间短，提高成材率，降低成本，有利于表面质量和尺寸精度的提高；连铸连轧工艺要求铸坯轧前始终保持高温，使抑制剂充分固溶，不致析出，避免了铸坯长期高温加热，可大幅度节能及提高成材率，降低成本。

7.10.4 硅钢发展趋势

7.10.4.1 进一步降低损耗、提高磁感

（1）钢板厚度减薄。硅钢的厚度逐渐减薄，朝着 0.2mm、0.18mm、0.15mm 厚的方向发展。经典涡流损耗与厚度平方成正比，通过厚度减薄可以大幅度降低涡流损耗，取向硅钢厚度从 0.30mm 降低到 0.23mm，损耗下降 0.15W/kg。经典涡流损耗与频率平方成正比，无取向硅钢应用在高频工况下时经典涡流损耗急剧上升，通过厚度减薄可以降低高频下电机损耗。厚度减薄后取向硅钢由于表面效应会导致二次再结晶发展不完善，通过提高抑制力等技术措施保障良好磁性能。

（2）优化钢板织构。通过控制优化硅钢织构，提高硅钢磁感应强度。由于（111）位向为难磁化位向，（100）位向为易磁化位向，无取向硅钢主要是降低 {111} 面织构比

例，增加 {100}、{110} 面织构比例。主要措施有：添加 Sn 或 Sb 等晶界偏聚元素，阻碍了 (111) 位向晶粒在晶界附近的形核，降低了 (111) 位向晶粒的比例；通过常化处理粗化组织，冷轧时形变带增多，提高 {110} 织构比例。取向硅钢主要是降低 (110) [001] 位向偏离角，即进一步提高取向度，可以通过电磁感应加热减少一次再结晶前的回复，保证一次再结晶晶粒细小均匀，提高二次再结晶位向。

（3）成分优化。硅、铝元素含量的增加能够提高无取向硅钢电阻，减少涡流损耗，降低磁滞伸缩。但硅含量超过 3.7% 时，材料的可轧性降低，生产难度较大；硅钢中的硅含量提升到 6.5% 后，损耗降低，磁滞伸缩值很低，可以大大降低噪声。高硅钢的产业化是未来一个发展方向。

（4）净化钢液，降低内应力。通过进一步净化钢液，降低 C、S、N、Ti、Nb、V 等杂质元素含量，降低非金属夹杂数量及控制夹杂物尺寸，减少碳氮化物二次相粒子，可以减少杂质元素对磁畴壁的钉扎，降低损耗。减少内应力，通过硅钢板表面平滑化，减少钉扎位置，提高畴壁移动性和磁化均匀性，可使损耗降低。取向硅钢可以采用无硅酸镁底层；无取向硅钢在退火时采用高氢还原性气氛，减少内氧化层厚度，减少对表层的钉扎。

通过厚度减薄、优化钢板织构、提高取向度、提高硅含量、净化钢质、降低内应力、降低磁畴间距等措施，无取向硅钢及取向硅钢产品的性能得到极大提高。

7.10.4.2　薄带铸轧技术生产硅钢[56]

目前发展比较成熟的薄带铸轧技术包括纽柯的 Castrip、浦项的 PoStrip、宝钢的 Baostrip 以及东北大学的 E2Strip。薄带铸轧技术是利用铸坯成型过程中不同的凝固冷却速率产生凝固组织的差异，对其进行有效控制，特点为亚快速凝固和近终成型，薄带铸轧技术是节能、减排、低成本的短流程工艺。双辊薄带铸轧工艺省略了连铸、加热和热轧等工序，以转动的两个铸辊作为结晶器，将钢水直接注入铸轧辊和侧封板形成的熔池内，由液态钢水直接生产出 $1 \sim 6 \mathrm{mm}$ 厚的薄带。取消了板坯加热和热轧等工序，缩短了工艺流程，生产线由几百米缩短到几十米，减少了建设投资成本。吨钢节约能源多达 $800 \mathrm{kJ}$，降低了生产成本。冷却速率可达 $10^2 \sim 10^4 \mathrm{℃/s}$，细化晶粒，减少宏观偏析，改善产品组织。

东北大学进行双辊薄带铸轧生产硅钢的系列研究，采用薄带铸轧试验设备，成功制备出了取向硅钢、无取向硅钢及 6.5%Si 电工钢。无取向硅钢薄带铸轧技术基于洁净钢的冶炼技术，控制钢水过热度，亚快速凝固速度下硅钢组织与织构优化，以及最终热处理工艺，提供了一条原料更薄、无需常化处理短流程、低成本制造高效无取向硅钢的工艺流程，成功制备出高磁感、高牌号无取向硅钢，为无取向硅钢薄带铸轧产业化生产提供了技术原型。取向硅钢薄带铸轧技术利用不同过热度控制铸带组织与织构，在亚快速凝固和相变作用下产生高斯晶粒，采用亚快速凝固组织细化+冷轧+初次再结晶退火形成更细的初次再结晶组织，提供二次再结晶更大的驱动力，提供了一条无需高温加热、无需渗氮处理的短流程、低成本制造取向硅钢的工艺流程，成功制备出 0.23mm 厚的高磁感取向硅钢，磁感达到 1.94T，为取向硅钢薄带铸轧产业化生产提供了技术原型。形成了基于超低碳成分设计的全流程高硅取向硅钢工艺技术，成功制备出 $0.18 \sim 0.23 \mathrm{mm}$ 厚的 4.5%Si、6.5%Si 取向硅钢，磁感分别达到 1.78T、1.74T，提供了一条利用温轧、冷轧技术短流程、低难度、低成本制造 4.5%Si、6.5%Si 取向硅钢的全新工艺流程。

7.11 不锈钢的冶炼技术

7.11.1 不锈钢概述

不锈钢是从典型的碳钢发展而来的钢种，碳钢是由铁和碳组成的一种合金，不锈钢也是一种合金但是其基本组成是铁加上铬。要成为不锈钢，其合金成分铬含量应达到 10.5%以上。当其中含有一定量的铬时，材料具备耐大气腐蚀的能力，也就是通常所说的耐"生锈"能力。实际上这种耐蚀性是所有金属表面都会出现的一种自然过程，当材料与大气接触时，普通钢材将立即生锈，表面变为黄色及褐色（形成 Fe_2O_3）。而在不锈钢中铬将在其表面产生一个很薄的钝化层（形成 Cr_2O_3），这个钝化层将保护材料不被侵蚀，也就是说一个自然氧化过程在保护着不锈钢。

（1）不锈钢按主要化学组成可分为铬不锈钢（俗称 400 系）、铬镍不锈钢、铬镍钼不锈钢（俗称 300 系）、铬锰氮不锈钢（俗称 200 系）。从不锈钢的发展历史看，目前 300 系奥氏体不锈钢占世界主导地位，今后为节约镍资源，300 系的生产比例将会降低。400 系铁素体不锈钢在发达国家迅速推广，是今后大力发展的不锈钢品种之一。200 系不锈钢在发展中国家应用比例较高，今后有降低趋势，将以开发耐氯离子腐蚀和抗高温氧化性的双相不锈钢为主[57]。表 7-39 示出了几种典型不锈钢的牌号和用途。

表 7-39 几种典型牌号不锈钢的主要用途

中国牌号	日本牌号	美国牌号	类型	用 途
1Cr18Ni9Ti	SUS321	321	奥氏体型	使用广泛，适用于食品、化工、医药、原子能工业
1Cr18Ni9	SUS302	302	奥氏体型	经冷加工有高的强度，建筑用装饰部件
0Cr18Ni9	SUS304	304	奥氏体型	作为不锈钢耐热钢使用最广泛，用于食品用设备、一般化工设备、原子能工业用
00Cr17Ni14Mo2	SUS316L	316L	奥氏体型	00Cr17Ni14Mo2 为超低碳钢，用于对抗晶间腐蚀性有特别要求的产品
00Cr18Ni5Mo3Si2			奥氏体+铁素体型	耐应力腐蚀破裂性能良好，具有较高的强度，适用于含氯离子的环境，用于炼油、化肥、造纸、石油、化工等工业，制造热交换器冷凝器等
0Cr17（Ti）			铁素体型	用于洗衣机内桶冲压件、装饰用
00Cr12Ti			铁素体型	用于汽车消音器、装饰用
0Cr13Al	SUS405	405	铁素体型	从高温下冷却不产生显著硬化，用于汽轮机材料、淬火用部件、复合钢材
1Cr17	SUS430	430	铁素体型	耐蚀性良好的通用钢种，建筑内装饰用，重油燃烧器部件，用于家庭用具、家用电器部件
0Cr13	SUS410S	410S	铁素体型	作较高韧性及受冲击负荷的零件，如汽轮机片、结构架、螺栓、螺帽等
1Cr13	SUS410	410	马氏体型	具有良好的耐蚀性、机械加工性，用作一般用途、刀刃机械零件、石油精炼装置、螺栓、螺帽、泵杆、餐具等
2Cr13	SUS420J1	420	马氏体型	淬火状态下硬度高、耐蚀性良好，作汽轮机叶片、餐具（刀）

（2）不锈钢按组织形态来分主要分成以下几类[58]：

1）马氏体型不锈钢。马氏体是奥氏体通过无扩散型相变而转变成的亚稳相（具有铁磁性，其硬度、强度主要由过饱和的碳含量决定），通常铬含量在 12%～18% 之间，碳含量在 0.1%～1.0% 范围内，可分为马氏体铬系不锈钢和马氏体铬镍系不锈钢。

对于马氏体型铬不锈钢来说，对组织产生主要影响的元素有铬、钼和碳；对于马氏体型铬镍不锈钢来说，对组织产生主要影响的元素有镍、钼、铝、钴、氮和钛等。

2）铁素体型不锈钢。铁素体不锈钢则是指含有大于 12% 铬在 α 铁中的间隙固溶体，其中还含有相当低的碳和铁素体形成元素如 Al、Mo 等，以保证钢的组织主要是铁素体。它具有强烈的磁性，不能用淬火方法使之硬化。铬含量通常在 12%～30% 之间，碳含量大多数低于 0.12%。

3）奥氏体型不锈钢。奥氏体型不锈钢是铬、镍等元素在 γ 铁中形成的间隙固溶体。由于其固溶强化作用使强度得到提高。奥氏体不锈钢按其组成可分为 Cr-Ni 系奥氏体不锈钢和 Cr-Mn-N 系奥氏体不锈钢。

4）双相不锈钢。双相不锈钢是由奥氏体相和铁素体相所组成的，兼有奥氏体和铁素体的特性。奥氏体相的存在，降低了高铬铁素体型不锈钢的脆性，防止了晶粒长大倾向，提高了韧性和可焊性；铁素体相的存在，提高了奥氏体型不锈钢的室温强度，尤其是屈服强度和热导率，降低线膨胀系数和焊接热裂倾向，同时大大提高钢的耐应力腐蚀开裂性能，还可改善耐点蚀等性能。但是双相不锈钢因奥氏体相和铁素体相的同时存在而带来了某些缺点。因铁素体相含量较多，保留了高铬铁素体型不锈钢的各种脆性倾向，尤以铁素体相为基体的高铬、钼双相不锈钢最为显著。

7.11.2　不锈钢的质量要求与冶金特点

当前，不锈钢质量将围绕着提高不锈钢的洁净度、提高不锈钢的耐腐蚀性能和开发节镍型不锈钢三个方向发展，重点是高耐蚀性不锈钢、高成型性不锈钢、高强度和高硬度不锈钢、耐热和抗氧化不锈钢、高氮不锈钢等品种。不锈钢冶金特点是脱碳保铬，并添加高合金含量的低碳、超低碳的冶炼工艺。几种典型不锈钢的化学成分和冶炼不锈钢的转炉底吹工艺参数分别见表 7-40 和表 7-41[59]。

表 7-40　几种不锈钢化学成分

牌　号	化学成分/%							类型
	C	Si	Mn	P	S	Ni	Cr	
1Cr17Mn6Ni5N	≤0.15	≤1.00	5.50～7.50	≤0.060	≤0.030	3.50～5.50	16.00～18.00	奥氏体型
0Cr18Ni9	≤0.07	≤1.00	≤2.00	≤0.035	≤0.030	8.00～10.00	17.00～19.00	
00Cr19Ni10	≤0.030	≤1.00	≤2.00	≤0.035	≤0.030	8.00～10.00	18.00～20.00	

牌 号	化学成分/%							类型
	C	Si	Mn	P	S	Ni	Cr	
0Cr13Al	≤0.08	≤1.00	≤1.00	≤0.035	≤0.030		11.50~14.50	铁素体型
00Cr12	≤0.030	≤1.00	≤1.00	≤0.035	≤0.030		11.00~13.00	
1Cr17	≤0.12	≤0.75	≤1.25	≤0.035	≤0.030		16.00~18.00	
1Cr12	≤0.15	≤0.50	≤1.00	≤0.035	≤0.030		11.50~13.00	马氏体型
Y11Cr17	0.95~1.20	≤1.00	≤1.25	≤0.035	≥0.15		16.00~18.00	

表 7-41 转炉底吹不同工艺参数比较

转 炉	底供氧强度（标态）/$m^3 \cdot (min \cdot t)^{-1}$	底吹喷嘴冷却方式	每座炉容产量/$t \cdot a^{-1}$	厂 家
K-OBM-S	1.5	LPG 强冷却	7500	太钢第二炼钢厂
DC-KCB	0.25	惰性气体	3780	JFE 千叶西厂
LD-OB	0.20	惰性气体	3620	新日铁八幡厂
MRP	0	惰性气体	4600	ACESTTA 厂
AOD-L	0.8	惰性气体	3000	太钢第三炼钢厂

7.11.3 不锈钢冶炼工艺流程与控制

7.11.3.1 冶炼工艺流程

一步法：是指直接用电炉冶炼不锈钢的方法。选用返回料用电炉冶炼不锈钢是传统流程，工艺成熟，生产规模小，一般年产钢 40 万~60 万吨，生产成本低。

二步法：是指初炼炉熔化、精炼炉脱碳的工艺流程。初炼炉可以是电炉，也可以是转炉；精炼炉一般指以脱碳为主要功能的装备，例如 AOD、VOD、RH-OB（KTB）、CLU、K-OBM-S、MRP-L 等。而其他不以脱碳为主要功能的装备，例如 LF 钢包炉、钢包吹氩、喷粉等，在划分二步法或三步法时则不算其中的一步。此外，这里把用专用炉熔化铬铁的操作，例如芬兰 Tormio 厂、巴西 Acesita 厂和我国太钢第二炼钢厂电炉熔化合金的工艺，也不列入其中的一步。

三步法：是在二步法基础上增加深脱碳的装备。通常的三步法有：初炼炉→AOD→VOD→LF→CC、初炼炉→MRP-L→VOD→LF→CC 等多种工艺流程。其基本步骤是：初炼炉→转炉→VOD（或 RH）。第一步只起熔化和合金化作用，为第二步的转炉冶炼提供液态金属。第二步是快速脱碳并防止铬的氧化。第三步是在 VOD 或 RH-OB、RH-KTB 的真空条件下对钢水进一步脱碳和调整成分。

三步法和二步法的工艺特点比较[60]：

（1）二步法冶炼多使用 AOD 炉与初炼炉配合，可以大量使用高碳铬铁，效率高，经济可靠，投资少，可以与连铸相配合。其不足之处是底吹喷嘴及其附近耐火材料的寿命低，深脱碳有困难，钢液易于吸氢，不利于经济地生产超低碳或超低氮不锈钢。

（2）三步法冶炼工艺的最大特点是大量使用脱磷铁水，在原料选择的灵活性、节能和工艺优化等方面具有相当的优越性。三步法的品种范围广，氮、氢、氧及夹杂物的含量低。三步法的生产节奏快，转炉炉龄高，整个流程更均衡和易于衔接。但三步法增加了一套精炼设备，投资较高。

（3）三步法适用于生产规模较大的专业性不锈钢厂或联合企业型的转炉特殊钢厂，对产量较少的非专业性电炉特殊钢厂可选用二步法。近年来不锈钢的生产实践表明，EAF-AOD 工艺是原料适用性强、生产效率高、成本竞争力较强的工艺流程。

欧美新建的不锈钢冶炼车间多采用两步法即电炉—AOD 精炼炉，但考虑到有时 AOD 炉精炼时间较长，跟不上电炉节奏，常设有 LF 炉，必要时作加热保温用，以保证连铸连浇率。如新建的北美不锈钢公司采用电弧炉—AOD—LF 炉；浦项不锈钢二厂采用电弧炉—K-OBM-S 转炉；比利时 Carinox 厂采用电弧炉—AOD 炉等。我国近年新建不锈钢冶炼车间多采用三步法即电炉-AOD-VOD，也设有 LF 炉，虽各有优缺点，但二步法设备组成和操作过程简化，是值得进一步研究探讨的。目前世界上 88% 不锈钢采用二步法生产，其中 76% 是通过 AOD 炉生产。因此它比较适合大型不锈钢专业厂使用。

7.11.3.2　工艺控制

不锈钢精炼控制要求很高，在此重点介绍两种典型的精炼工艺控制。减压操作有利于不锈钢冶炼，主要包括：降低气相中一氧化碳分压的 AOD 法和降低气相总压强的 VOD 法[61,62]。

VOD 冶炼工艺，脱气效率高，脱氢、脱氮效果比 AOD 法好。首先，在初炼炉（转炉或电弧炉）内融化炉料并吹氧降碳，碳含量降到 0.4%~0.5%，除硅外的其他成分都调整到规定值。接着调整钢液温度，当其达到 1600~1650℃ 时出钢。钢包吊进真空罐后，需同时吹氩（底部）和抽真空以降低室内压力。钢液内的碳、氧开始进行反应，产生激烈的沸腾，待钢液平静后，开始吹氧精炼，此时熔池上的渣量少些为宜。VOD 没有加热装置，依靠熔池氧化反应放热，使钢液温度有所升高。脱碳结束后，要继续进行吹氩搅拌，在真空或大气中进行脱氧，经成分和温度调整后，准备进行浇铸。

AOD 冶炼工艺，脱气效率高，设备投资比 VOD 低，工艺易掌握，钢质量高。首先将原料在初炼炉中熔化或冶炼，并将铬、镍等元素调整到规格范围。碳的含量可以根据原料的情况来配，一般在 1.0% 以下。炉料熔化后，将温度提高到 1600~1650℃ 的范围，扒渣脱硫。然后把钢液倒入钢包转运进入 AOD 炉中精炼。此时，电弧炉就可以进行第二炉的炉料熔化操作，提高了电弧炉炼钢的生产率。

根据钢液中碳、硅、锰等元素含量，计算出氧化这些元素的氧量。一般分三个阶段把氧与不同比例的氩混合吹入 AOD 炉内。

第一阶段：按 $O_2 : Ar(N_2) = 3 : 1$ 的比例供气，将熔池中的碳含量降低到 0.2% 左右，这时的钢液温度大约为 1680℃。

第二阶段：按 $O_2 : Ar(N_2) = 2 : 1$ 的比例供气，将熔池中的碳含量降低到 0.1% 左右，这时的钢液温度大约为1740℃。

第三阶段：按 O_2∶Ar(N_2)= 1∶2 的比例供气，将熔池中的碳含量降低到所需要的含量，最后吹氩气2~3min。

7.11.4　不锈钢冶炼的关键技术

不锈钢的冶炼从设备操作到技术参数控制要求较高，各个钢厂和研究者做了大量研究工作，主要介绍以下关键技术[63]。

7.11.4.1　不锈钢的深脱碳技术

不锈钢的脱碳不是单一的深脱碳问题，而是在保 Cr 前提下的深脱碳。同时，由于[C]的降低，会出现[O]高导致钢水洁净度恶化现象，除了有效地进行脱氧、改变夹杂物形态等以外，最好是在低[O]下深脱碳。为此，真空是必须采取的精炼手段。

VOD 和 AOD 是不锈钢生产的两种主要方法，就脱碳限度而言，VOD 冶炼的终点碳为0.01%，AOD 冶炼的终点碳为 0.02%，原因在于两种方法的气相中 p_{CO} 不同。为进一步降低碳含量，工业生产中在 VOD 的基础上，开发了 SS-VOD（Strong Stirring-VOD）技术，其冶炼过程吹氧终止时的[C]为（100~200）×10^{-6}。停吹氧后，依靠强搅拌可使[Cr]=16%~18%的钢水脱碳至10×10^{-6}以下，达到此要求，吹氩强度（标态）一般宜在 0.01m^3/（t·min）以上。在 VOD 的基础上，还出现了 VOD-PB（VOD-Powder Blowing）技术，可使[Cr]=29%的钢水脱碳到10×10^{-6}。冶炼超纯不锈钢时，若单纯依靠 AOD，尽管可以通过调节 O_2/Ar 值来创造条件，但付出的代价是昂贵的，虽然技术上可行，但还是 VOD 或SS-VOD 工艺具有明显的优势。

近年来，除 AOD 和 VOD 冶炼法以外，出现了不少崭新的不锈钢精炼方法，其中 K-OBM-S 法和 K-BOP-KTB 法具有一定的代表性。K-OBM-S 法即复吹转炉不锈钢精炼法，采用双流道顶吹氧枪和双层式底吹喷嘴吹入惰性气体相结合，可以吹炼超低碳不锈钢，可以把碳含量降至50×10^{-6}要求。K-BOP-KTB 法是顶底复吹转炉（K-BOP）中脱碳和在 RH 中顶吹氧脱碳（KTB）的不锈钢联合精炼法，由日本川崎钢铁公司首创，在水岛厂一炼钢车间建有两座 85t K-BOP 炉，第一座用作熔化还原，第二座用作脱碳。生产 SUS304 和SUS430 等普通不锈钢时，采用 K-BOP-KTB 法。当生产超低碳或超低氮不锈钢时，仅靠 K-BOP-KTB 还不能满足冶炼超低碳或超低氮不锈钢的要求，则改用 K-BOP-SS-VOD 法。

日本大同特殊钢公司在知多厂新建了不锈钢精炼炉 VCR（Vacuum Converter Refiner）。该精炼炉在 AOD 工艺的脱碳末期及还原期进行减压精炼。其真空度可达 2.66kPa，炉身完全密封，在减压精炼过程中可以加入还原剂和造渣剂。操作条件为：炉容量 70~80t，Ar或 N_2 流速（标态）25m^3/min，处理时间 10~20min，压力 (2.7~8.0)×10^3Pa，温度 1710~1760℃，起始碳浓度 0.05%~0.10%。处理结果为：3.99kPa 真空下，18-8SUS 钢的平均最终碳含量为 0.004%；若要达到不大于 0.001%碳含量，初始碳含量应不大于 0.01%。

可见，冶炼低碳或超低碳不锈钢，有两个因素是必须考虑的，一是真空，二是较强的搅拌。二者的实现不能依靠单一的方法或设备，应该选择适当的初炼炉和精炼装置的合理组合。

7.11.4.2　不锈钢的脱氮、脱氢技术

脱氮、脱氢应该采用真空精炼设备。而脱碳可以加强脱气（[H]、[N]），这是公认规律。采用 SS-VOD 生产 29% 的 [Cr] 且 $[C]+[N]+[H]=150×10^{-6}$ 时，若起始碳含量达到 2%，在加强搅拌的情况下，将碳吹至 $200×10^{-6}$ 时，[N] 可由 $(200~400)×10^{-6}$ 降到 $(10~40)×10^{-6}$，若需进一步脱碳，则应依靠 VOD-PB。对于 AOD 结论类似，只是出钢过程存在吸氮现象，应用 Ar 保护钢流。

对于 [H] 而言，AOD 很难冶炼 [H] 含量很低的钢种，主要原因就是没有真空。压力小于 100Pa 时，[H] 在钢中的溶解度为 $0.91×10^{-6}$。为冶炼超洁净钢，通常要求钢中的 [H] 小于 $2×10^{-6}$。因此，保持非常低的压力是非常重要的。脱 [H] 主要靠两种方式：转炉炼钢中、后期通过释放 CO 沸腾和在 RH 处理过程依靠真空。在其他冶炼阶段均是增 [H] 的，其中造渣剂、合金料和相关盛钢水容器的潮湿以及大气的吸入等都是增 [H] 的根本原因。

7.11.4.3　不锈钢的脱磷技术

与其他钢种一样，不锈钢的脱 [P] 大体上可以分为三种方式：

（1）铁水预处理脱 [P]，处理后的铁水 [P] 含量可达 $(100~180)×10^{-6}$；

（2）初炼炉脱 [P]，在冶炼初期进行脱 [P]，为保证产品的洁净度，初炼炉的冶炼终点 [P] 含量最好达到 $100×10^{-6}$ 左右；此外，一些厂家还应用转炉单炉新双渣法和两炉（脱磷炉+脱碳炉）法冶炼工艺，终点 [P] 可以达到 $(30~70)×10^{-6}$ 的水平；

（3）炉外精炼脱 [P]，一般可达 $[P]<30×10^{-6}$。

7.11.4.4　不锈钢的脱硫技术

在传统的 AOD 中冶炼超低硫不锈钢时，在用 Fe-Si 回收 Cr 以后，必须换渣操作，生产率和脱硫效率均较低。新日铁采用 Al 取代 Fe-Si，在还原 CrO_x 的同时，可脱硫至 $10×10^{-6}$ 以下。

由于不锈钢的精炼一般均需要真空手段，日本开发了真空处理与喷粉相结合的新技术 V-KIP，与常压喷粉 KIP 技术相比，其粉剂消耗量只有 $1/2~1/3$。V-KIP 的处理周期约为 55min，6min 内减压至 $1.3×10^{-4}$MPa，真空下保持 25min，而这一时间并非脱硫所决定的，而是脱 [H] 的要求，因喷入 CaO 粉总含有水分，不得不在脱硫后再脱 [H]。

强化不锈钢脱硫，措施无非两个方面，一是选择硫容量大的渣系，二是搅拌强度大。和其他钢种的脱硫一样，喷粉仍然是首选的脱硫方法。

7.11.4.5　脱氧及夹杂物形态控制技术

目前，已经能用成熟技术冶炼超低碳不锈钢，因为不加入 Ti，TiN 和 TiO_2 的数量少，它们的危害相对较小，但作为脱氧产物来源之一的非金属夹杂仍然是需要重视的课题。

钢中氧过高，宏观夹杂增多，可以将钢中的全氧作为钢水洁净度的衡量标准。针对超低碳钢的洁净度问题，从钢包中渣的控制、脱氧速率和非金属夹杂物的行为这三个方面分别研究在转炉、RH、中间包等工序中减少夹杂物的方法。研究指出应在出钢过程中防止

下渣并加入 $CaCO_3$-Al 块，以降低钢包中渣的氧位，这对降低钢中的全氧较为重要。钢中的全氧取决于钢中夹杂物的析出时间和［Al］再脱氧速率之间的平衡。

日本川崎制铁公司千叶钢铁厂第四炼钢车间通过改进 VOD 中用 Si 脱氧的 SUS304 不锈钢的冶炼方法，实现了低氧含量（$60×10^{-6}$以下）和快速铸造。具体方法包括：通过减少单位时间里的送氧量来控制钢中［O］浓度；借助降低渣中的（SiO_2）活度及减少渣中（FeO）、（MnO）的数量来克服炉渣的高氧位；由于炉渣碱度低于 1.2 时，钢中的［O］浓度急剧上升，若保持［O］稳定在低水平的渣中实际碱度应大于 1.4；采用强搅拌、加大底吹氩气流量、确保脱氧时间（沸腾+镇静时间大于 25min）可解决脱氧不充分的问题。

参 考 文 献

[1] 王敏. 超低碳 IF 钢冶炼工艺控制及夹杂物行为研究［D］. 北京：北京科技大学，2011.

[2] 杨娜，崔岩，胡劲. 高强度 IF 钢的研究进展［J］. 物理测试，2009，27（3）：1~5.

[3] 赵沛. 炉外精炼及铁水预处理实用技术手册［M］. 北京：冶金工业出版社，2004：339.

[4] 国际钢协. 洁净钢—洁净钢生产工艺技术［M］. 王新华，等译. 北京：冶金工业出版社，2006：237.

[5] 武珣，包燕平，岳峰，等. 影响转炉终点碳氧积的因素分析［J］. 钢铁研究，2010（2）：26~29.

[6] 李朋欢. IF 钢冶炼关键技术及碳、氧和夹杂物行为研究［D］. 北京：北京科技大学，2011.

[7] Kato Y, Fujii T, Suetsugu S, et al. Effect of geometry of vacuum vessel on decarburization rate and final carbon content in RH degasser［J］. Tetsu-to-Hagané, 1993, 79（11）：1248~1253.

[8] 高海亮. IF 钢冶炼工艺及钢中夹杂物控制研究［D］. 北京：北京科技大学，2009.

[9] 铁钢基础共同研究会·融体精炼反应部会. 融体精炼反应の物理化学プロセス工学［R］. 1985：287~288.

[10] 蒋国昌. 纯净钢及二次精炼［M］. 上海：上海科学技术出版社，1984：258~260.

[11] Shuji Okaguchi, Masahiko Hamada, Hiroyuki Makino, et al. Production and development of X100 and X120 grade line pipe［C］. 北京：X100/X120 级高性能管线钢国际高层论坛会，2005：145~157.

[12] 李太全，包燕平. RH 生产管线钢的不同工艺研究［J］. 北京科技大学学报，2007，29（增1）：32~35.

[13] 安航航，包燕平. X80 高级别管线钢的洁净度［J］. 钢铁研究学报，2010，22（6）：10~17.

[14] 王敏，包燕平，崔衡，等. 铝酸钙夹杂物的生成机理研究［J］. 钢铁，2010，45（4）：31~33.

[15] 音谷登平，形浦安治. 钙洁净钢［M］. 北京：冶金工业出版社，1994：159.

[16] 殷瑞钰. 钢的质量现代进展（下篇）［M］. 北京：冶金工业出版社，1995：497~519.

[17] 陈秀云，姜忠良，方鸿生. 预硬型贝氏体钢中合金元素的作用［J］. 清华大学学报（自然科学版），1999，39（10）：8~12.

[18] 村上俊之，白神哲夫. Pbフリ-BN 快削钢［J］. NKK 技报，2002（178）：1~5.

[19]《合金钢》编写组. 合金钢［M］. 北京：机械工业出版社，1978：121~125.

[20] Tonshoff H K, Schnadt-Kirschner R. The performance and machinability of the low-sulfur steel［J］. Stahl and Eisen, 1993（1）：81~89.

[21] 蔡开科. 改善结构钢切削性能的新近发展［J］. 特殊钢，1985（4）：18~25.

[22] 家口浩，土田武广，新堂阳介. 介在物形態制御ケィブ铅フリ-快削鋼［J］. R&D 神户制钢技报，

2002, 52 (3): 62~65.

[23] Hollpa Lwed Symp. Non-metallic Inclusions in Steel[R]. 1984: 20.

[24] 李璐君. 碳钢冷镦变形组织特征及演变研究 [D]. 长沙: 中南大学, 2009.

[25] 黄宝, 何立波, 邢娜, 等. 日本生产高品质冷镦钢品种现状 [J]. 上海金属, 2013, 35 (2): 46~50.

[26] Kiichiro Tsuchida, Yasuhiro Shinbo. Special steel wire rods for cold forging with high property [J]. Nippon Steel Technical Report, 2007, 96: 29~32.

[27] 张庆国, 白连臣. 转炉冶炼冷镦钢的生产实践 [C]. 第一届全国转炉炼钢学术会议论文集, 2003: 168~174.

[28] 苏风光. 滑板挡渣技术在涟钢210t转炉上的应用 [J]. 四川冶金, 2017, 39 (4): 23~25.

[29] 吴明. 120t转炉滑板挡渣冶金效果分析 [J]. 中国冶金, 2017, 27 (6): 38~41.

[30] 张伟, 亓显玲, 刘建国. 我国中重型载货汽车用齿轮钢品种发展概况 [J]. 莱钢科技, 2006, 9 (3): 64~66.

[31] 吴树漂, 刘占江, 武云峰, 等. 我国齿轮钢的生产与应用 [J]. 特殊钢, 2003, 24 (5): 31~33.

[32] 吴树漂. 我国齿轮钢的生产与应用 [J]. 特殊钢, 2003 (5): 30~33.

[33] 干勇, 王忠英. 国内特殊钢连铸生产技术的现状与发展 [J]. 特殊钢, 2005, 26 (3): 1~5.

[34] 蒲学坤. 攀钢转炉-大方坯连铸工艺生产齿轮钢20CrMoH的实践 [J]. 特殊钢, 2005, 26 (4): 36~37.

[35] Goro Okuyama, Koji Yamaguchi, Syuji Takeuchi, et al. Effect of slag compsition on the kinetics of formation of Al_2O_3-MgO inclusions in aluminum killed ferritic stainless steel [J]. ISIJ International, 2000, 40 (2): 121~128.

[36] 宋满堂. 本钢高品质轴承钢转炉炼钢连铸关键技术研究 [D]. 北京: 北京科技大学, 2008.

[37] 张鉴. 炉外精炼的理论与实践 [M]. 北京: 冶金工业出版社, 1993: 653~688.

[38] 吴华杰, 包燕平, 岳峰, 等. RH真空处理GCr15轴承钢中全氧及显微夹杂物的行为研究 [J]. 北京科技大学学报, 2009, 31 (S1): 121~124.

[39] 朱苗勇, 林启勇. 连铸坯的轻压下技术 [J]. 鞍钢技术, 2004, 1: 1~6.

[40] 王涛. 通钢40Cr小方坯内部质量研究 [D]. 北京: 北京科技大学, 2007.

[41] 朱苗勇. 现代冶金学 [M]. 北京: 冶金工业出版社, 2005: 292.

[42] 曾兴富, 方宇荣, 黄标彩, 等. 复吹转炉两炉双联法冶炼65钢工艺研究与应用 [J]. 炼钢, 2014, 30 (3): 5~8.

[43] Yoshihiko Higuchi, Mitsuhiro Numata, Shin Fukagawa, et al. Inclusion modification by calcium treatment [J]. ISIJ International, 1996, 36 (Sup.): S151~S154.

[44] 熊辉辉. 高品质圆管坯钢LF精炼脱硫及钙处理研究 [D]. 北京: 北京科技大学, 2009.

[45] 殷瑞钰. 钢的质量现代进展 (下篇)[M]. 北京: 冶金工业出版社, 1995: 1~3.

[46] 董志洪. 21世纪钢轨钢的展望 [J]. 钢铁, 1999, 34 (8): 73~74, 57.

[47] 江崇华, 周昭伟, 等. 夹杂物与氢对15MnVNq钢对接接头冷弯性能的影响 [J]. 焊接学报, 1993, 14 (2): 104~110.

[48] 张大德, 陈永, 杨素波. 350km/h高速轨用钢冶金工艺技术研究 [C]. 第四届发展中国家连铸国际会议论文集, 北京, 2008: 364~372.

[49] 毛为民, 杨平. 电工钢的材料学原理 [M]. 北京: 高等教育出版社, 2013.

[50] Chun-Kan Hou. Effects of sulfur content and slab reheating temperature on the magnetic properties of fully processed nonoriented electrical steels [J]. Journal of Magnetism and Magnetic Materials, 2008, 320 (6): 1115-1122.

[51] 仇圣桃，付兵，项利，等．高磁感取向硅钢生产技术与工艺的研发进展及趋势 [J]．钢铁，2013，48（3）：1~8.

[52] 秦哲，廖建军，赖朝彬，等．无取向电工钢 RH 脱硫渣系的研究 [J]．钢铁钒钛，2014，35（2）：92~96.

[53] 刘献东，王波，朱简如，等．宝钢无取向电工钢发展历程及生产技术进步 [J]．电工材料，2014（5）：41~48.

[54] 吴绍杰，万勇，于彦冲，等．二冷电磁搅拌对无取向硅钢连铸坯质量的影响 [J]．炼钢，2012，28（1）：11~14.

[55] 于永梅，李长生，王国栋．薄板坯连铸连轧生产取向硅钢技术的研究 [J]．钢铁，2007，42（11）：45~47.

[56] 轧制技术及连轧自动化国家重点实验室．高品质电工钢薄带连铸制造理论与工艺技术研究 [M]．北京：冶金工业出版社，2015.

[57] 刘浏．不锈钢冶炼工艺与生产技术 [J]．河南冶金，2010，18（6）：1~6.

[58] 季文华．不锈钢的分类与选择 [J]．科技信息，2012，4：455.

[59] 张海，刘玉生．不锈钢冶炼工艺探讨 [J]．金属世界，2007，4：1~4.

[60] 孙铭山，王立新．太钢 VOD 冶炼超纯铁素体不锈钢的工艺技术进步 [J]．中国冶金，2009，19（10）：8~12.

[61] 郭家祺，刘明生．AOD 精炼不锈钢工艺发展 [J]．炼钢，2002，18（2）：52~58.

[62] 董建庭．采用 VOD 法不锈钢冶炼过程实用化自动控制方法的研究 [D]．沈阳：东北大学，2008.

[63] 林企增．不锈钢生产技术的新进展 [J]．特殊钢，1999，20（5）：7~14.

8 复吹转炉提钒、提铌及其炼钢工艺

8.1 提钒工艺及其半钢冶炼

金属钒（元素符号 V），呈银灰色，原子序数为 23，原子质量为 50.9415，在元素周期表中属 VB 族，具有体心立方晶格。

1801 年，墨西哥矿物学家德尔·里奥在研究基马潘铅矿时，发现一种化学性质与铬、铀相似的新元素，由于它的盐类在酸中加热时呈红色，故命名为红色素。1830 年，瑞典化学家尼尔斯·格·塞夫斯特姆用瑞典塔伯格（Taberg）附近出产的矿石炼生铁时，分离出一种新元素，尼尔斯·格·塞夫斯特姆根据这种元素的化合物具有绚丽的颜色，以希腊神话中美丽女神娃娜迪斯（Vanadis）的名字命名为钒（Vanadium）。同年，德国化学家沃勒尔（F. Wohler）证实，Vanadium 与早期德尔·里奥发现的红色素是同一种元素——钒。1867 年，英国化学家罗斯科用氢还原氯化钒（VCl_3），首次制得金属钒。

钒在自然界中分布很广，约占地壳质量的 0.02%，但其分布极为分散，常和金属如铁、钛、铀、钼、铜、铅、锌、铝等共生成矿，或与碳质矿、磷矿共生。世界含钒矿物有 70 多种，但只有少数矿物具有经济价值。

钒钛磁铁矿是钒的主要矿物资源，钒、铁、钛共生。钒含量较高的矿石或精矿可直接作为提钒的原料；也可将其冶炼成铁水后，再氧化吹炼得到的钒渣作为提取钒的原料。矿石虽然钒含量较低，一般 $w(V_2O_5) = 0.2\% \sim 2.7\%$，但它的储量大，分布广，南非的布什维尔德、俄罗斯的乌拉尔地区、芬兰的奥坦梅基都有不同品位的钒钛磁铁矿。此外新西兰、澳大利亚、挪威、瑞典、美国、印度、加拿大、菲律宾、波兰、智利、巴西等国家都有钒钛磁铁矿。另外钒的矿藏还有钒钾铀矿、复合钒酸盐矿、绿硫钒矿等。原油、沥青岩、炭质页岩等燃烧的灰渣中也含有较高的钒。

我国四川攀西地区蕴藏有极为丰富的钒钛磁铁矿，其次有河北的大庙钒钛磁铁矿、马鞍山的含钒磁铁矿，这些都是我国钒生产的主要矿产资源。

8.1.1 金属钒及其化合物的性质

8.1.1.1 金属钒的性质

金属钒的物理性质见表 8-1。

常温下钒的化学性质较稳定，但在高温下能与碳、硅、氮、氧、硫、氯、溴等大部分非金属元素生成化合物。

钒具有较好的耐腐蚀性能，能耐淡水和海水的侵蚀，亦能耐氢氟酸以外的非氧化性酸（如盐酸、稀硫酸）和碱溶液的侵蚀，但能被氧化性酸（浓硫酸、浓氯酸、硝酸和王水）

溶解。在空气中，熔融的碱、碱金属碳酸盐可将金属钒溶解而生成相应的钒酸盐。此外，钒亦具有一定的耐液态金属和合金（钠、铅、铋等）的腐蚀能力。

表 8-1 金属钒的物理性质

性 质	数 据
原子量	50.9451
熔点/℃	1890±10
沸点/℃	3380
密度/g·cm^{-3}	6.11
比热容（20℃）/J·(kg·K)$^{-1}$	533.72
热导率（20℃）/W·(m·K)$^{-1}$	30.98
超导转变温度/K	5.3
线膨胀系数（0~100℃）/℃$^{-1}$	8.3×10^{-6}
电阻率（20℃）/μΩ·m	24.8~26.0

8.1.1.2 钒氧化物的性质

钒有多种氧化物。如 V_2O、VO、V_2O_3、V_2O_4 及 V_2O_5 等同族氧化物，工业上钒氧化物主要是以 V_2O_3、V_2O_4、V_2O_5，特别是以 V_2O_5 的生产尤为重要。

A 一氧化钒（VO 或 V_2O_2）

一氧化钒为浅灰色带有金属光泽的晶体粉末，是非整比氧化物，组成为 $VO_{0.94~1.12}$，固体是离子型的并具有氯化钠型结构。由于结构中的金属—金属键具有较高的导电性，具有碱性的氧化物性质，能溶解于酸中生成强还原性的紫色钒盐 $[V(H_2O)_6]^{2+}$ 离子，在空气中和水中不稳定，容易氧化成 V_2O_3。不溶于水，但能溶于稀酸。一氧化钒可用氢在 1700℃ 下还原 V_2O_5 或 V_2O_3 制得。

B 三氧化二钒（V_2O_3）

V_2O_3 是灰黑色有光泽的结晶粉末，是非整比的化合物，组成为 $VO_{1.35~1.5}$，晶体结构为菱面体晶格。熔点很高（2070℃），属于难熔氧化物，并具有导电性。它是碱性氧化物，在空气中被缓慢氧化，在氯气中被迅速氧化，生成三氯氧钒（$VOCl_3$）和 V_2O_5。不溶于水及碱，是强还原剂。V_2O_3 可在高温下用碳或氢还原 V_2O_5 制得。纯的 V_2O_3 是把 V_2O_5 粉末在氢气流中（流速 10L/h）于 500℃ 下还原 20h 而得到黑色粉末。工业制取方法是用氢气、一氧化碳、氨气、天然气、煤气等气体还原 V_2O_5 或钒酸铵制取。

V_2O_3 具有金属—非金属转变的性质（也称为 MST 或 MIT），低温相变特性好，电阻突变可达 6 个数量级，还伴随着晶格和反铁磁性的变化，低温为单斜反铁磁半导体组。V_2O_3 具有两个相变点：150~170K 和 500~530K，其中高性能低温相变使其在低温装置中有着广阔的应用前景。

C 二氧化钒（VO_2 或 V_2O_4）

二氧化钒是深蓝色晶体粉末，温度超过 128℃ 时为金红石型结构。VO_2 是整比化合物，为两性氧化物，溶于酸和碱。

二氧化钒是将 V_2O_5 与草酸共溶进行温和的还原作用来制备的。也可由五氧化二钒与三氧化二钒，使用 C、CO、SO_2 等还原剂制得。工业上可用钒酸铵或五氧化二钒用气体还原制得。

二氧化钒也具有金属—非金属转变的性质，是在 20 世纪五六十年代期间发现的。V_6O_{11}、V_3O_5、V_2O_3 等也具有类似的特点，这种材料发生相变时，光学和电学性质会发生明显的变化：当温度低时，在一定温度范围内，材料会突然发生从金属性质转变到非金属（或半导体）性质，同时还伴随着晶体在约 20ns 时间向对称形式较低的结构转化，光学透过率也会在同时从低透过转变为高透过。

VO_2 是人们研究最多的一种钒氧化物，这不仅仅是因为其性质突变十分明显，更重要的是因为其转变温度 340K（67℃）最接近室温，具有较大的应用潜力。VO_2 的金属—非金属转变性质是 50 年代末莫林发现的。由于 VO_2 的薄膜形态不易因反复相变而受到损坏，因此，其薄膜形态受到了比其粉体、块体形态更为广泛的研究。

D　五氧化二钒（V_2O_5）

V_2O_5 是一种无味、无嗅、有毒的橙黄色或红棕色的粉末，微溶于水（质量浓度约为 0.07g/L），溶液呈微黄色。它在约 670℃熔融，冷却时结晶成黑紫色正交晶系的针状晶体，它的结晶热很大，当迅速结晶时会因灼热而发光。V_2O_5 是两性氧化物，但主要呈酸性。当溶解在极浓的 NaOH 中时，得到一种含有八面体钒酸根离子 VO_4^{3+} 的无色溶液。它与 Na_2CO_3 一起共溶得到不同的可溶性钒酸钠。

V_2O_5 是一种中等强度的氧化剂，可被还原成各种低价氧化物。在 700℃以上，V_2O_5 显著地挥发，其蒸气压随温度的升高呈直线上升。根据电导率和热电势的测定结果，可以确认 V_2O_5 是 N-型半导体，其导电性来自氧原子的晶格缺陷。

因为在 V_2O_5 晶格中比较稳定地存在着脱除氧原子而得的阴离子空穴，因此在 700～1125℃范围内，可逆地失去氧（$2V_2O_5 \rightarrow 2V_2O_4 + O_2$），这种现象可解释为 V_2O_5 的催化性质。

V_2O_5 可用偏钒酸铵在空气中于 500℃左右分解制得。V_2O_5 是最重要的钒氧化物，工业上用量最大。工业五氧化二钒的生产，用含钒矿石、钒渣、含碳的油灰渣等提取，制得粉状或片状五氧化二钒。它大量作为制取钒合金的原料，少量作为催化剂。

8.1.1.3　钒酸的性质

A　钒酸盐

钒酸具有较强的缩合能力。在碱性钒酸盐溶液酸化时，将发生一系列的水解-缩合反应，形成不同组成的同多酸及其盐，并与溶液的钒浓度和 pH 值有关，随着 pH 值下降，聚合度增大，溶液颜色逐渐加深，从无色到黄色再到深红色。在强碱性（pH 值为 11～14）溶液中，钒以正四面体型的正钒酸根离子 VO_4^{3-} 的形式存在；加酸来降低 pH 值时，这个离子加合质子并聚合生成了在溶液中很大数目的不同含氧离子：在 pH 值为 10～12 时，以二钒酸根 $V_2O_7^{4-}$ 离子（或称之为焦钒酸根离子）形式存在，当 pH 值下降到 9 左右时，进一步缩合成四钒酸根 $V_4O_{12}^{4-}$ 离子；pH 值继续下降，将进一步缩合成多聚钒酸根离子；在 pH 值为 2 左右时，缩合的多钒酸根离子遭到破坏，水合的五氧化二钒沉淀析出。在极强酸的存在下这个水合氧化物即溶解并生成比较复杂的离子，直到在 pH 值小于 1 时，生成 VO_2^+ 离子的形式存在于溶液中。在不同的 pH 值条件下结晶出来许多固体化合物，但是这些化合物并不一定具有相同的结构，并且水合程度也不一样。

钒酸根离子也能同其他酸根离子生成配合物。由于缩合在一起的酸单元不止一个，所以这些化合物叫做杂多酸。杂多酸总是由钒酸根离子和钨酸根离子同来自约 40 个元素的一个或多个较强的酸根离子（如磷酸根、砷酸根或硅酸根）结合在一起生成的。不同类型单元数目之间的比值往往是 12:1 或 6:1。对杂多酸的研究是很困难的，因为它们的相对分子质量高达 3000 或更大，并且水含量是可变的。

具有工业意义的钒酸盐有偏钒酸钠 $NaVO_3$、偏钒酸钾 KVO_3、偏钒酸铵 NH_4VO_3，纯净的化合物是白色或浅黄色的晶体。

B 钒的钠盐

人们在研究 V_2O_5-Na_2O 体系相图时发现，有 5 种化合物存在，其中正钒酸钠 Na_3VO_4、焦钒酸钠 $Na_4V_2O_7$ 和偏钒酸钠 $NaVO_3$ 溶解于水，它们的熔点分别为 850~866℃、625~668℃、605~630℃。另外，在两类化合物中同时含有四价钒（V^{4+}）和五价钒（V^{5+}）的化合物称为钒青铜，如：NaV_6O_{15} 和 $Na_8V_{24}O_{23}$ 或者 $Na_2O \cdot xV_2O_4 \cdot (6-x)V_2O_5$（$x = 0.85$~$1.06$）和 $5Na_2O \cdot xV_2O_4 \cdot (12-x)V_2O$（$x = 0$~$2$）。它们不溶于水。钒青铜和可溶性钒酸盐之间的转变具有可逆性，钒青铜在空气中氧化可变为可溶性钒酸盐，当可溶性钒酸盐熔体缓慢冷却时结晶脱氧变成钒青铜。这一特性对钒渣提钒氧化焙烧时，具有很大的指导意义。

除了上述的钠盐外，在酸性溶液中还可制得十二钒酸钠 $Na_2V_{12}O_{31}$（熔化温度 635~645℃）、六钒酸钠 $Na_2V_6O_{16}$（熔点 548℃）和十钒酸钠 $Na_4V_{10}O_{27}$（熔点 581℃）等。

C 钒的铵盐

偏钒酸铵（NH_4VO_3）是白色或带淡黄色的结晶粉末，在水中的溶解度较小，在 20℃ 时为 0.48g/100g，50℃ 时为 1.78g/100g，随温度升高而增大，在真空中加热到 135℃ 开始分解，超过 210℃ 时分解生成 V_2O_4 和 V_2O_5。许多人研究过偏钒酸铵在不同气氛下的热分解过程，得到很多的中间产物。

另外，钒的其他盐还有钒酸钙、钒酸镁、钒酸铁、钒酸锰等。

D 钒合金

钒的合金主要是钒铁、钒铝合金。其他有 V-Cr、V-W、V-Ti、V-Nb 合金，它们都是无限固溶体，最低固溶的熔点分别为：钒的摩尔分数为 0.30 的 V-Cr 为 1750℃；钒的摩尔分数为 0.12 的 V-W 为 1630℃；钒的摩尔分数为 0.287 的 V-Ti 为 1620℃；钒的摩尔分数为 0.228 的 V-Nb 为 1820℃。

8.1.2 金属钒及其氧化物、化合物的用途

8.1.2.1 金属钒及其合金的用途

钒用作炼钢添加剂提高钢的韧性和耐热性，约 90% 以上用于大口径钢管等用的高强度钢（输油管、海底输送含硫天然气管道，造船、建筑钢筋、桥梁等）、高速工具钢（汽车

曲轴、连接杆、驾驶盘的锻造部件等）、模具钢等，其次用于钛合金（含钒的质量分数为4%～12%用作空气压缩机和框架部件等）、V_3Ga 超导材料、化工催化剂等。

钒在钢中起微合金化细化晶粒和沉淀强化的作用，可改善钢的性能。绝大部分钒用作钢的添加剂，以生产高强度低合金钢、高速钢、工具钢、不锈钢及永久磁铁等。

钒主要用于钢铁工业，多以钒铁合金的形式加入到钢中，如美国有 85% 的钒用于钢铁工业。含钒钢强度高，韧性、耐磨性、耐腐蚀性好，广泛用于机器制造、汽车、航空航天、铁路、桥梁等部门。钒在钢中的主要作用是：钒同钢中的碳和氮起反应，生成小而硬的难熔金属碳化物和氮化物，这些化合物起细化剂和沉淀强化剂的作用，增加钢的强度、韧性和耐磨性。其机理如下：细化钢的组织和晶粒，提高晶粒的细化温度，从而降低过热敏感性，并提高钢的韧性和强度；当在高温溶入奥氏体时，增加钢的淬透性，相反，如以碳化物存在时，却会降低钢的淬透性；增加淬火钢的回火稳定性，并产生二次硬化效应。

在碳素钢中加入少量的钒，能提高钢的延展性和耐热性。在调质钢中通过形成钒的碳化物（V_4C_3）和氮化物（VN），在热处理作用下可使晶粒细化和弥散硬化。钒的加入，可改善钢的脆断性，改善钢的可焊性。

金属钒用作钛、铝、锆、铜等合金添加剂，可用作喷气式飞机和火箭等的耐热材料，以及溅射靶、真空管蒸镀、V_3Ga 等合金系超导材料。

世界上有 7%～10% 的钒是用于有色金属方面，钒和钛组成最重要的合金是 Ti-6Al-4V。它在室温下的稳定性好，具有很高的抗疲劳性能，用作铸造合金和锻造合金，在飞机骨架结构中用作支架和紧固件，并用在发动机的压缩涡轮盘和叶片上，应用范围还在继续扩大，特别是用在动力机械装置、造船和核反应堆工业上。目前使用的含钒钛合金有：Ti-5Mo-5V-8Cr-3Al（TB2）、Ti-3.5Al-10Mo-8V-1Fe（TB3）、Ti-4Al-7Mo-10V-2Fe-2Zr（TB4）、Ti-5Al-4V（TC3）、Ti-16Al-4V（TC4）等。钒在钛合金中是一种强的 β 稳定剂，因而能改善钛合金的结晶结构，提高高温稳定性、耐热性、冷加工性，通过热处理钒能强化 α-β 钛合金，由 β 相转变为 α 相，这种转变或通过在缓慢冷却速率下成核作用和晶粒增大，或通过在快的冷却速率下马氏体的消失来实现的。Ti-6Al-4V 是 α-β 钛合金，用量最大，占钛合金生产总量的 50%，常用作喷气发动机机壳和叶片、飞机机身、化工、冶金等设备上。在焊接钛时，焊料中加入钒可提高焊缝强度。Ti-6Al-4V 钛合金具有质量轻、强度大的特点，主要用于飞机发动机，可减轻质量，提高发动机性能，如制作发动机的机盘、叶片隔套、防护板、飞机主翼、助梁、横梁、水平尾翼、施翼桨板、飞机起落架支撑架；还用于宇航中的船舱骨架、导弹预警搜索箱等承力结构件及压力容器类，火箭发动机壳、军舰的水翼和引进器，蒸汽蜗轮机叶片和耐腐蚀弹簧等；此外用于装甲、火炮和人员的防弹保护装置等；还可用于体育用品，如自行车赛车、网球拍、曲棍球棒、棒球棒、旱冰溜冰鞋、高尔夫球杆棒头等。

航空航天业用的 Ti-6Al-4V 合金使用钒作为稳定剂。仅美国每年在钛合金方面就要消耗钒 544～680t，占钒产量的 10%。用作 F16、F18 型战斗机，波音 777 型飞机、运输机、新型直升飞机燃气蜗轮材料。这种合金占宇航用钛量的 80% 以上。

金属钒及合金作为液体金属冷却快中子反应堆的结构材料，钒钛合金作为燃料的包套材料。

钒基合金特别是加铬和钛的钒基合金（钒的质量分数为 85%）用于聚变反应堆的容

器材料，钒合金受辐射的影响比其他合金小得多，能很好地抵抗冷却剂的腐蚀，并在高温状态下保持其强度，每座反应堆可能用高达 500t 的钒基合金。

8.1.2.2 钒氧化物的用途

A 三氧化二钒的用途

三氧化二钒可作为冶炼钒合金的原料，同时可作为对加氢、脱氢反应的催化剂，它的应用前景还有以下几个方面：

（1）热短路限流电阻、非熔断性保护器等。

（2）用 V_2O_3 可制成用于低温技术中的无触点继电器等开关器件。这主要是由于 V_2O_3 的电阻率突变特性和低温相变点。

（3）滤色镜。

（4）可变反射镜或透镜。

（5）大功率 PTC 陶瓷热敏电阻。

B 二氧化钒的用途

二氧化钒在工业上可作为制造钒铁的原料，VO_2 薄膜的独特性质主要表现在它的相变性质上，相变时的光学、电学性质变化尤其引人注目。它的应用前景有如下几个方面：

（1）太阳能控制材料。由于二氧化钒在 MST 转变时发生的光学透射率突变性质，它在高温下透过率极低，而低温下透过率很高。根据这个特性可以将这种材料制成控制室温的建筑用窗、墙、楼顶涂层，得到冬暖夏凉的效果。有人已经用掺入 W、Mo 的方法达到了相变温度为 20~25℃ 的水平。

（2）（红外）辐射测热计、热敏电阻。VO_2 薄膜电阻率随温度变化率达到 2%/℃。

（3）热敏开关。如热敏继电器。

（4）可变反射镜。将 VO_2 薄膜制成反射镜，利用相变时光学反射率也发生突变的性质，改变薄膜某一点的温度，就可以改变该点的反射率。

（5）VO_2 红外脉冲激光保护膜。利用激光辐射可激发相变的特点，用 VO_2 薄膜制成红外脉冲激光保护膜，以防止红外脉冲激光致盲武器对人眼、红外敏感器件的破坏。在军事上用具有很大的意义。

（6）晶体管电路和石英振荡器等稳定化的恒温槽。利用 VO_2 薄膜的临界温度热敏电阻制成。

（7）透明的导电材料。

（8）光盘材料。VO_2 的相变是可逆的，其薄膜形态的相变可以反复在金属态和非金属态之间进行，所以可以利用这个特性将 VO_2 薄膜制成光学数据存储材料，达到可读、可写、可涂擦的效果。

（9）其他方面的应用。如全息存储材料、电致变色显示材料、滤色镜、抗静电涂层、非线性和线性电阻材料、高灵敏度温度传感器、可调微波开关装置、红外光调制材料等。

C 五氧化二钒的用途

V_2O_5 是最重要的钒氧化物，工业上用量最大。在 19 世纪，人们就已经知道了 V_2O_5 的存在，20 世纪 40 年代前 V_2O_5 的胶体形态就已广为人知，其棍状胶体更是被普遍用于流体动力学研究。近年来，对作为功能材料的 V_2O_5 的研究已经受到了广泛的重视，它的溶胶—凝胶制备技术也取得了鼓舞人心的进步。具有层状结构的 V_2O_5 凝胶膜显示出有趣的电子、离子、电化学性质，此外，V_2O_5 还具有光电导性质。根据这些性质开展的应用研究也取得了长足的进步，例如，V_2O_5 可作普通离子吸收基质材料、湿敏传感器、微电池、电致变色显示材料、智能窗、滤色片、热辐射检测材料或光学记忆材料等。

V_2O_5 的综合应用前景有如下几个方面：

（1）（红外）辐射测热计、热敏电阻。由于过渡金属氧化物的电阻温度系数 TCR 较高，因此这类氧化物是较好的热敏电阻材料。为了便于应用，氧化物的熔点越低越好，除了 V_2O_5 很难找到其他更低熔点的过渡金属氧化物。V_2O_5 是较理想的一种热敏电阻材料，它的电阻率随温度变化率较高，一般达 $2.5\%/℃$。

（2）离子吸收基质材料 $V_2O_5 \cdot nH_2O$。例如利用它的离子吸收特性可将 V_2O_5 制成锂电池的阴极材料。也可用它的离子吸收特性制成电致变色显示材料的阴极。

（3）抗静电涂层。由于 $V_2O_5 \cdot nH_2O$ 膜的电导比非水化的 V_2O_5 电导要高 1000 倍，因此适合于制作抗静电涂层。

（4）用作湿敏材料。因为 $V_2O_5 \cdot nH_2O$ 电阻率对湿度敏感。

（5）透明导电材料。利用 V_2O_5 薄膜既透明又导电的性质，例如可制成电冰箱除霜材料，汽车玻璃、窗户玻璃的除霜材料等。

（6）化学传感器。

（7）非线性或线性电阻材料。

（8）高温液态二极管、滤色镜等。

D　钒化合物及酸盐的用途

钒酸盐可用作化学试剂、催化剂，媒染剂以及作为制造五氧化二钒或钒铁的原料等。

其中钒化合物作为催化剂使用的有：V_2O_5、V_2O_3、偏钒酸铵 NH_4VO_3、偏钒酸钠 $NaVO_3$、偏钒酸钾 KVO_3、多钒酸铵、二氯氧钒 $VOCl_2$、多钒酸铵钠 $2(NH_4)_2O \cdot Na_2O \cdot 5V_2O_5 \cdot 15H_2O$、草酸氧钒 $VO(C_2O_4)$、甲酸氧钒 $VO(HCO_2H)_2$、磷酸氧钒和钙、锌等的钒酸盐等。

偏钒酸铵用作催化剂、陶瓷着色剂、显影剂、防腐蚀剂、干燥剂使用效果好。

钒酸盐颜料不仅有色彩与装饰作用，而且有提高涂膜强度、防腐、耐光、耐候等特殊性能，如示温涂料可指示表面温度。

钒酸盐在玻璃和搪瓷工业应用方面：可利用其制成各种有色玻璃、吸收紫外线辐射的玻璃、瓷涂层的彩色珐琅等。

钒酸盐在照相和电影业中用于显影剂、感光剂及着色剂。

目前，V_2O_5 应用如下。

（1）电子工业方面：

1）超导体，含钒的超导体有 V_3Ga、V_3Si 等，V_3Ga 是一种 A15 型金属间化合物，是目前已经实用化的金属间化合物类超导体，此外还有 TiSrVO 高温超导体；

2）在电子管中用作 X 射线滤波器等；

3）含钒大容量小型电池，由五氧化二钒和石墨制成的锂钒小型电池，用作炮弹引信电源等，并具有可反复充电、寿命长等优点，最大容量可达 $25kW \cdot h$，也可用于家庭将低价的夜间电充电后供白天使用。

（2）农业方面：促进农作物生长发育、增产，增加植物的固氮作用，提高氮含量，钒盐施入土壤或喷洒植物或处理种子（豌豆、大麦等），由于钒的作用，使植物中磷和钾含量增高。

（3）生物学方面：20世纪发现了某些植物中含有钒，如一种毒的蘑菇（白毒覃）。某些海洋生物，如海胆、海鞘、管海参的血液中含有10%的钒。据推测，钒在这里起着等同于血红蛋白中铁的作用。另一些科学家认为，在这种情况下钒的作用类似于叶绿素中镁的作用。换句话说，管海参血液中的钒是参与消化过程而不是参与呼吸过程。

在阿根廷，曾试验往牛和猪的饲料中加入钒化合物，由此动物的食欲可改善，体重也迅速增加。此外还知道"黑曲霉"只有在钒盐存在下才能正常生长。上述事实说明，钒在生命过程中起着一定作用，但有待于进一步研究。

（4）其他方面：钒的合金在镶牙和首饰中使用，钒还用于医学钒兴奋剂、照相显影剂、敏化剂、底片和印片的染料等方面。

8.1.3 钒的生产方法

8.1.3.1 含钒钛磁铁矿直接提钒

用含钒钛磁铁矿作为提取钒的主要原料时，对含钒较高的钒钛磁铁矿精矿（V_2O_5的质量分数可达1%~2%），可采用直接进行提取五氧化二钒的方法，也称水法提钒。世界上使用这种原料直接提钒的国家主要有南非、芬兰、澳大利亚等（芬兰于1987年停产；中国1980年前以承德精矿为原料，1980年后以钒渣为原料）。水法提钒典型的工艺流程是以南非海威尔德公司凡特拉厂为例。

此方法的优点：原料处理简单；钒回收率高，从精矿到V_2O_5的收得率达80%以上。

此方法的缺点：处理物料量大，设备投资大；焙烧温度高（1200℃以上），动力及辅助原材料消耗大；不回收铁。

8.1.3.2 钒渣提钒

将含钒钛磁铁矿经过火法冶金处理后得到含钒铁水，再从铁水中氧化出钒渣，使钒得到富集后再使用。此种提钒方法也称之为火法提钒。

8.1.3.3 钒钛磁铁矿冶炼含钒铁水的方法

（1）高炉法：主要流程是用钒钛磁铁矿的烧结矿，在高炉中冶炼出含钒铁水。使用这种方法的有俄罗斯和中国。

（2）电炉法：先将钒钛磁铁矿预还原为金属化球团，再在电炉内冶炼出含钒铁水。使用这种方法的国家有南非和新西兰。

8.1.3.4 从含钒铁水中吹炼钒渣

将含钒铁水在转炉（中国、俄罗斯）、摇包（南非）或铁水包（新西兰）内，通入氧化性气体（氧气、空气），使铁水中的钒氧化出来，得到钒渣。钒渣作为提取五氧化二钒的原料。在我国攀钢先后主要采用雾化提钒和复吹转炉提钒工艺。

此方法的优点：钒渣作为提取五氧化二钒原料含钒高，处理量少；可回收铁；焙烧温度低（800℃左右），提取 V_2O_5 时动力、辅助原材料消耗少。

此方法缺点：钒回收率低，从精矿到 V_2O_5 收得率为 60%~70%。

8.1.3.5　从其他原料提钒

（1）从钾钒铀矿提取钒。美国科罗拉多高原有钾钒铀矿物，含 V_2O_5 的质量分数平均为 2.955%，U 的质量分数为 0.2%~0.4%。该矿以生产铀为主，副产品为 V_2O_5。如联合碳化物公司、科特矿物公司、原子能原料公司等使用该矿。采取的工艺是加盐焙烧后，经酸浸或碱浸，再用离子交换或萃取法回收铀和 V_2O_5。也可直接酸浸，每吨矿石硫酸用量 50~150kg。对含钙高的矿石，加盐焙烧后用纯碱浸取。

（2）从炭质含钒原料中提取钒。石油及其加工的产物、炭质页岩、石煤等矿物中都含有钒。如加拿大的蒙特利尔和委内瑞拉、墨西哥等地产的石油中含有 V_2O_5（质量分数为 0.02%~0.06%）。重油、石油焦及其燃烧灰渣中使钒得到富集，可直接从石油或石油加工产物中提钒。秘鲁、阿根廷的沥青矿燃烧灰可作为提钒原料；含有 V_2O_5 质量分数为 5%~35%。可直接酸浸，酸浸液氧化后沉淀制取 V_2O_5。美国和中国的炭质页岩或石煤中含有质量分数为 1% 左右的 V_2O_5，这些原料可用酸浸法、加盐焙烧法等多种方法提取 V_2O_5。

（3）从磷酸盐矿中提取钒。美国爱达荷、蒙大拿、怀俄明和犹他等州的磷矿中含有质量分数为 24%~32% 的 P_2O_5 和质量分数为 0.15%~0.35% 的 V，在用电炉法生产磷肥时，钒进入磷铁中，克尔·麦吉公司利用 V 的质量分数为 3%~5% 的磷铁为原料采用加盐焙烧法，用酸浸取，浓缩分离出磷酸钠，沉淀先加入石灰乳分离磷酸钙，再沉淀出 V_2O_5。

俄罗斯也有大量的磷酸盐矿，用以制取磷肥并得到磷铁，磷铁成分为 $w(V) = 1.8\%$~3.5%，$w(P) = 20\%$~23%，Si 痕量，其余为铁。先将磷铁在 10t 转炉上吹炼成钒渣，钒渣平均成分 $w(V_2O_5) = 20\%$~25%，$w(P_2O_5) = 20\%$~30%，$w(MnO) = 12\%$~18%，$w(SiO_2) = 4\%$~8%，TFe = 15%~20%，$w(CaO) = 1\%$~2%，$w(MgO) = 3\%$~5%。以磷钒渣为原料苏打焙烧，水浸制取了富钒液使 V_2O_5 的质量浓度达到 40~50g/L，用氯化钙净化除磷后，溶液含 P 质量浓度降至 0.002~0.03g/L。然后进行水解沉淀，制取 V_2O_5。

（4）从铝土矿中提取钒。俄罗斯和美国一些铝土矿中 $w(V_2O_5) = 0.1\%$ 左右，在生产氧化铝时，30%~40% 的钒浸出到溶液中，在冷却结晶时得到钒的质量分数为 7%~15% 的原料。可用硫酸或纯碱溶解出钒，溶液净化后用沉淀法或萃取法提取 V_2O_5。

（5）从废催化剂中提取钒。从化学和石油工业中使用过的废的钒催化剂可回收钒，其中 V_2O_5 的平均质量分数为 8% 左右。日本等许多国家采用焙烧法，酸、碱浸出法等回收 V_2O_5，同时还可回收其中的钼和镍。

（6）从石煤中提取钒。我国在 20 世纪 50 年代末，还发现了在石煤中含有钒。我国的石煤资源非常丰富，遍布 20 余省。据估计，我国石煤中钒的总储量，超过世界各国钒的总储量，而且集中在我国南方各省。但是，我国各地的石煤中钒的品位相差悬殊，一般为 0.13%~1.00%，品位低于 0.5% 的占 60%。我国一般采用传统的加盐焙烧—水浸的方法提取五氧化钒，有的采用加石灰焙烧酸浸的方法。

（7）从含钒炉渣中回收钒。含钒炉渣中 $w(V_2O_5) = 2\%$~6%，$w(CaO) = 40\%$~50%。

这种高钙的炉渣可作为提钒的原料。

8.1.4 雾化提钒工艺

8.1.4.1 生产工艺流程及其设备

A 雾化提钒生产工艺

雾化提钒法是攀钢 1978~1995 年采用的从铁水中提取钒得到钒渣的方法，之后由复吹转炉提钒工艺取代。

炼铁厂输送来的铁水罐经过倾翻机将铁水倒入中间罐，铁水进行撇渣和整流，然后进入雾化器。雾化提钒的最大特点就在于雾化器的功能。雾化器外形如马蹄，在雾化器的相对两个内侧面各有一排形成一定交角的风孔。当富氧空气（氧气+空气：10%+90%）从风孔高速射出时，形成一个交叉带，当铁水从交叉带流过时，高速富氧流股将铁水击碎成雾状，雾状铁水和富氧空气强烈混合，使铁水和氧的反应界面急剧增大，氧化反应迅速进行。同时，压缩空气中其他成分如 N_2 气的进入，对反应区进行非常有效的冷却，使反应温度限制在对钒氧化有利的范围内。被击碎的铁水在反应过程中汇集到雾化室底部通过半钢出钢槽进入半钢罐，钒渣漂浮于半钢表面形成渣层，最后将半钢与钒渣分离。

由于铁水从中间罐水口到半钢罐中的时间很短，因此雾化提钒中钒的氧化只有 50%~60% 是在雾化炉中完成的，其余的 40%~50% 的钒是在半钢罐中完成氧化的。雾化提钒工艺流程见图 8-1。

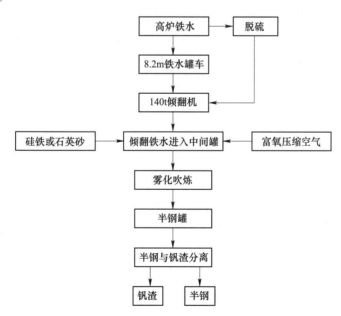

图 8-1 雾化提钒工艺流程

B 主要设备

雾化提钒主要设备如图 8-2 所示。

a 雾化室（或称炉体）

雾化室的作用：为铁水雾化及氧化反应提供空间；汇集反应物及反应产物；防止反应

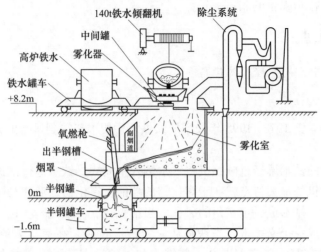

图 8-2　雾化提钒主要设备示意图

物及反应产物的外溢。

　　雾化室炉顶、炉墙为水冷结构件，部分墙壁砌砖，炉底为混合打结层，其中部打结厚度为 640mm，炉底坡度为 10%。

　　雾化室设计是否合理直接影响各项提钒指标，而且在很大程度上决定了炉子寿命和生产能力。为了提高炉龄需做好以下工作：

　　（1）根据雾化器参数选择合理的炉型。雾化器两排风孔交角大，雾化器四周容易结铁结渣，炉底上涨。交角小，又严重冲刷炉底，因此炉型必须与雾化器参数相适应。

　　（2）选择好炉衬材质。曾使用黏土质和高铝质耐火材料做炉衬，由于耐冲刷和抗氧化铁侵蚀能力差，后改为镁质耐火材料，底部打结成坡度 10%，炉子寿命已超过 7000 炉。

　　（3）加强炉子烘烤。镁质耐火材料耐急冷急热性能差，除尽可能连续吹炼外，在吹炼间隔时间内加强炉子烘烤，特别是新打结炉子，必须严格按烘炉曲线进行烘烤。

　　（4）加强炉体维护。在雾化提钒过程中应保证水冷板不漏水，炉体密封好，炉底中部打结层厚度不小于 420mm，炉底向钢槽方向倾斜，不形成熔池，出钢槽畅通圆流。

　　当炉底形成熔池或炉底打结层厚度小于 420mm 时，用废钒渣补炉底（每次用量小于 10t），当炉底侵蚀严重或无废钒渣时用镁质打结料补炉底，补炉底时应保持炉底形状。

　　b　雾化器

　　雾化器是雾化提钒的关键设备。雾化器设计制造是否优良不仅直接影响到钒的氧化率、半钢温度等技术指标，而且也直接影响到炉龄的高低。好的雾化器应表现在雾化

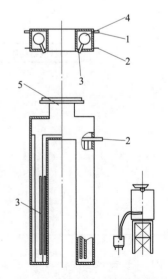

图 8-3　全水冷双排孔型雾化器示意图
1—出水管；2—进水管；3—孔板；
4—风管；5—进风管

效果好、钒氧化率高、不反溅、好维护、寿命高、对炉衬冲刷轻、黏铁少。

雾化提钒投产以来，设计使用过几种雾化器，最后定型的是全水冷双排孔型雾化器，如图8-3所示。

双排孔型雾化器的主要参数是风孔交角 α、相应于水口的风眼带长度 L 以及风孔中心线的几何交点到雾化器底面的距离 h。金属雾化的模拟实验表明：当雾化器交角 α 从25°逐渐增大到60°时，轴心速度和静压头（雾化器中心线上的速度和静压力）的变化规律基本不变，两排气流中心线交点将随 α 的增大逐渐向雾化器方向移动，即两排气流相遇较早，轴心速度极大值增大，但轴心速度的衰减却随 α 变大而加快。而且当交角 α 增大时，轴心速度极大值和静压头为零处距雾化器的距离逐渐减小，即向雾化器方向移动，使反溅加剧。

根据模拟实验，交角 α 与平均雾化粒度有如下关系：

$$D_{\text{平}} = 0.03 \frac{\nu_v^{0.25}}{\nu_1^{1.25}} \frac{\delta}{\rho} \frac{(Hg)^{1/2} D_{\text{当}}}{\dfrac{p+1}{p_0} \dfrac{2(K+1)}{K} \left(\dfrac{p+1}{p_0} \dfrac{K+1}{K} - 1 \right) \sin \dfrac{\alpha}{2}} \tag{8-1}$$

式中，$D_{\text{平}}$ 为雾化粒度直径，m；ν_v 为液体的运动黏度，m^2/s；ν_1 为介质的运动黏度，m^2/s；$D_{\text{当}}$ 为液流（水口）的当量直径，m；δ 为液体的表面张力，N/m；ρ 为介质的密度，kg/m^3；p 为雾化器前压缩空气压力（表压），MPa；K 为导热系数，$W/(m \cdot ℃)$；H 为液面高度，m；α 为雾化器出口交角，(°)；g 为重力加速，m/s^2；p_0 为大气压力，MPa。

由上式看出，在其他条件一定的情况下，平均雾化粒度与交角 α 有关，且随 α 的增大 $D_{\text{平}}$ 减小。实践也表明：在相同的风压、风量和水口下，交角 α 增大雾化效果好，钒氧化率高，但反溅结瘤严重，易使炉墙结铁。α 减小虽然不反溅，但雾化效果差，炉底冲刷严重。多年的试验和生产实践认为 α 为22°~23°较好。

风孔带长 L 必须与水口尺寸相适应。L 过短势必造成喷溅和炉墙黏铁，L 过长又会造成空吹，雾化和氧化效果差；为了既保证雾化效果，又使空气流股对铁水有一定的封锁作用，认为风孔带长度 L 比水口长80mm较为合适。

交角 α 一定时，风孔中心线几何交点距雾化器底面的距离 h 越短，两排风孔间的距离 S 也越窄，因喷溅结瘤或铁水散流烧坏雾化器的可能性越大，气流的扩散面积也越大，容易使炉墙黏铁。h 过长又会造成铁水收缩严重，空气（富氧空气）流速衰减加剧，雾化效果差。所用的雾化器风嘴中心线几何交点与雾化器底面的距离 h 为565~592mm。

雾化器主要参数 α、L、h 确定后，风量（对于同一雾化器也是风压）也必须合理控制，对于一定交角的雾化器，随着风量的增加，轴心速度和静压头极大值迅速增大，雾化效果变好。但从生产考虑，过大的风量会造成浪费，应该以风量能满足钒的充分氧化、风压能满足雾化需要为限。

模拟实验表明：在两排气流相遇处虽然出现正压区（静压头大于大气压），但在喷出口附近由于高速气流的喷出形成负压，经雾化流铁口吸入大量冷空气，吸入量 Q 随着供风量的增加而增加，但与雾化器喷出孔交角 α 关系不大，相对吸风量平均为供风量的62%。生产实践中实际风量不需要达到按元素氧化量计算的理论供风量就能实现理想的吹炼效果，说明吸进自然风与实验结论相符合。

c 中间罐

中间罐的形状见图8-4。

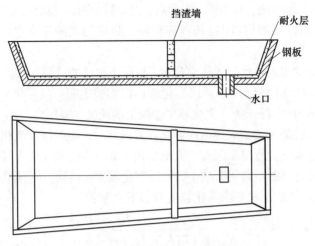

图 8-4　中间罐的形状示意图

为了避免高炉渣进入雾化室，中间罐砌有挡渣隔墙，底部有一个 22mm×320mm 的矩形水口，以控制铁水流量和铁流形状。水口截面面积由下式求得：

$$F = \frac{KQ}{h^{\frac{1}{2}}} \qquad (8-2)$$

式中，K 为经验常数；Q 为设计铁水流量，t/min；h 为中间罐内铁液面高度，m。

为保证钒渣中 CaO 含量不超过标准要求，中间罐必须有良好的挡渣效果，以阻止高炉渣进入钒渣。中间罐水口应保证铁水流量稳定，不散流。在安放中间罐时，必须安放平稳，水口中心和雾化器中心线重合，使铁水垂直流出，正好通过雾化器两排风孔的交叉点，使雾化效果好，不反溅。中间罐水口流量为 360~420t/h，使用寿命为 12 次/个。

d　半钢罐

半钢罐置于提钒炉下，盛装从雾化室出钢槽中流出的半钢和钒渣，当半钢罐装满后，用 180t 吊车吊至钒渣分离处，分离时先让半钢从罐嘴流出至出尽，然后将罐内钒渣翻入钒渣罐内。由于钒渣的黏度高，半钢罐在使用过程中的黏结问题一直显得比较突出，因此抠罐和对罐进行经常性的修补就显得非常必要。

在使用了氧燃枪后，半钢罐的黏结变得缓慢些，半钢罐的使用寿命也有明显地延长。在半钢罐的使用过程中，一方面要保持半钢罐连续地热运行，以减轻半钢的热量损失和减轻半钢罐黏结速度；另一方面，要维护好罐帽接口，维护好出钢嘴，以减少半钢散流和钒渣流失。

直筒形半钢罐见图 8-5，在出半钢过程中，钒渣易从半钢罐沿翻出而造成钒渣和半钢流失。为减小这种损失，又设计制作了收口形半钢罐，见图 8-6。

e　钒渣罐

钒渣罐是用来装运钒渣的，其有效容积为 16m³，见图 8-7。

对钒渣罐的要求：耳轴、罐座架、钩耳完好，罐体有足够的承载能力，钒渣罐内无杂物。

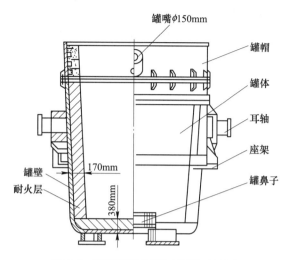

图 8-5 直筒形半钢罐示意图（140t）

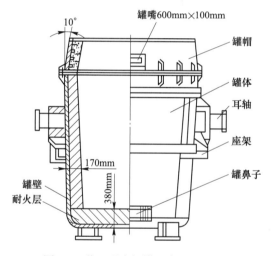

图 8-6 收口形半钢罐示意图（140t）

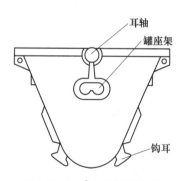

图 8-7 16m³ 钒渣罐示意图

f 氧燃枪

氧燃枪结构示意图见图 8-8，氧燃枪的作用是对半钢、钒渣和半钢罐内壁进行加热，从而使半钢温度提高，钒渣中 TFe 含量降低，同时使半钢罐的黏结减轻，延长半钢罐使用寿命。

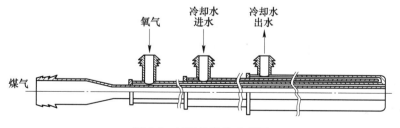

图 8-8 氧燃枪结构示意图

使用氧燃枪应保证冷却水压力不低于 0.35MPa，流量不小于 15t/h，冷却水出水温度低于 45℃，保证氧燃气氛为弱还原性（供氧系数不大于 0.9）。

　　g　铁水罐倾翻卷扬机

140t 铁水罐倾翻卷扬机如图 8-9 所示。140t 铁水罐倾翻卷扬机的功能是将铁水罐内的铁水倾翻到雾化炉上的中间罐内。

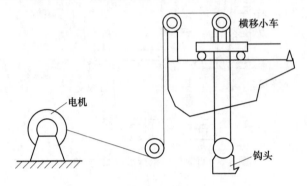

图 8-9　140t 铁水罐倾翻卷扬机示意图

其主要工艺性能为：

（1）升罐速度：0.22m/min；

（2）降罐速度：1.82m/min；

（3）小车横移速度：1.6m/min；

（4）勾子最大行程：6.5m。

要求铁水罐倾翻机必须做到运行稳定，刹车效果好。在操作倾翻机时，应注意进行经常性的维护和检修。在倾翻过程中，钩头的运动不能超过上、下极限。

　　h　铁水罐车牵引卷扬机

铁水罐车牵引卷扬机见图 8-10。

铁水罐车牵引卷扬机的作用是将 8.2m 平台上的 140t 铁水重罐牵引至 140t 铁水罐倾翻卷扬机。

　　i　半钢罐车

半钢罐车置于提钒炉下，其上放置 140t 半钢罐。其功能是装运空半钢罐或装有半

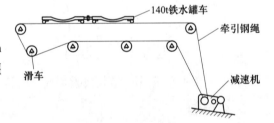

图 8-10　铁水罐车牵引卷扬机示意图

钢、钒渣的半钢罐，在提钒过程中半钢罐车是半钢罐的支承座，其载重为 180t，运行速度为 30m/min。

半钢罐车必须精心维护，注意半钢罐洒钢或漏钢将半钢罐车焊死。半钢罐车一旦被焊死，雾化炉将被迫停产。开动半钢车时必须认准方向，不要来回晃动，以避免半钢溢出。

8.1.4.2　雾化提钒过程元素氧化

A　雾化铁水提钒反应区划分

雾化炉提钒反应区域划分为 6 个，如图 8-11 所示。

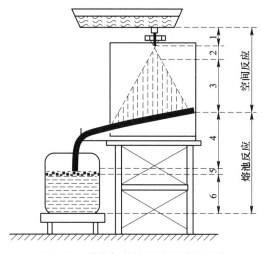

图 8-11　雾化提钒法反应区域的划分

1—液体金属降落区；2—雾化区；3—反应区；4—炉底反应区；5—渣洗区；6—罐内反应区

（1）液体金属经中间罐底部水口以一定的速度流下，穿过雾化器进入烟罩——液体金属降落区；

（2）液体金属流股被高速氧化性气体流股粉碎成细小液滴——雾化区；

（3）金属液滴与氧化性气体接触进行氧化反应——反应区；

（4）金属液滴与初期渣在炉底汇集混合并进行反应——炉底反应区；

（5）金属液流穿过早期形成的渣层，金属中元素被渣中氧化铁氧化——渣洗区；

（6）金属液流入半钢罐内，搅动早期进入罐内的金属液和渣，进一步进行元素氧化反应——罐内反应区。

归纳起来，可以把上述 6 个反应区划分为："空间反应区"和"熔池反应区"两类，前者包括液体金属降落区、雾化区和反应区；后者包括炉底反应区、渣洗区和罐内反应区。

B　空间反应区

铁水流股与高速气流相遇后，被含氧的气流冲击而成为雾状液滴，此时每个小液滴的周围都被大量的含氧气流所包围，在沉降过程中进行如下氧化反应：

$$x[i] + y\{O_2\}_{气} == (i_xO_{2y}) \tag{8-3}$$

$$x[i] + y(FeO) == (i_xO_y) + y[Fe] \tag{8-4}$$

$$x[i] + y[O] == (i_xO_y) \tag{8-5}$$

式中，[i] 为氧化反应界面处铁水侧的元素。

如式（8-3）所示，空间反应区是气相中 $\{O_2\}$ 与铁水被雾化器喷射高压射流击碎成细小的雾化铁液粒子表面上发生的氧化反应，俗称直接反应。由于是在细小的雾化的铁液粒子表面上进行的氧化反应，因此，被雾化的铁液粒子半径越小（数量增大），其总的表面积就越大，与气相中的氧接触反应面积也增大，有利于各元素进行氧化反应；由于被雾化的铁液半径小，那么被雾化的铁液粒子中的各元素从内部向表面扩散距离缩短，也有助于加快各元素氧化速度。在提钒温度下（高压射流对雾化粒子表面温度控制），被雾化的铁液粒子表面各元素对氧的亲和力大小不一样以及含量不同，决定了各元素先后氧化顺序和相对的被氧化量。先后氧化顺序一般按 [Ti] → [Si] → [V] → [Mn] 进行。尽管温度控制在提钒温度下，但是金属液中 [Fe]、[C] 含量大，因此也部分被氧化。尤其是 [Fe] 被氧化成 (FeO)、(Fe$_2$O$_3$)，并随着雾化金属粒子（或其表面形成各种氧化物）一起沉降落入炉底，汇集成上面是炉渣下面是金属液的熔池。

C　熔池反应区

穿过雾化区的金属液粒子沉降穿过熔池上面含有 (FeO)、(Fe$_2$O$_3$) 的炉渣层时，金属液粒子中各元素与 (FeO)、(Fe$_2$O$_3$) 发生如式（8-4）所示反应。同时，早期进入熔池里的金属液中各元素也和熔池表面炉渣中 (FeO)、(Fe$_2$O$_3$) 发生如式（8-4）所示反应以及与金属液中溶解 [O] 发生如式（8-5）所示反应。

从上面分析可知，被雾化成的金属液粒子半径越小，数量越多，越有利于空间反应区和熔池反应区各元素的氧化反应。

8.1.4.3　主要技术指标

A　铁水吹损率

曾连续测定 53 罐共计 4572t 铁水雾化提钒后的半钢收得率，查明了各项吹损在总吹损中所占的比例。测定结果铁水吹损率为 6.08%。在实际生产过程中，铁水的吹损是经常变化的，铁水中杂质元素的含量及吹炼过程中的烧损，钒渣中金属铁含量的高低及中间罐、半钢罐结铁是铁水吹损的主要影响因素。

B　钒渣质量

表 8-2 是雾化法生产的钒渣平均成分。

表 8-2　雾化炉提钒钒渣成分

年　份	化学成分/%				
	(V$_2$O$_5$)	(SiO$_2$)	(CaO)	P	MFe
1974	18.15	13.33	0.61	0.34	25.50
1976	17.30	14.40	0.46	0.023	21.40
1986	20.07	12.43	0.52	0.07	19.17
1992	19.29	11.78	0.53	0.08	20.9

注：从 1995 年开始应用转炉提钒工艺。

雾化钒渣金属铁含量高是一个突出的缺点，这主要是下面原因造成的：

（1）提钒过程中，钒渣和半钢混出，流入半钢罐后钒渣上浮形成黏稠的渣层，渣铁分离不良。特别是停止兑铁后小股铁水流滴落在渣层上不易滑降而夹在渣中。当流槽维护不好时，散流持续时间长，带入钒渣中的金属铁更多。

（2）半钢翻不净，残留在半钢罐内的半钢在翻渣时翻入渣盘。

生产实践证明，渣中金属铁含量随半钢温度升高而降低，因此在提钒保碳的前提下尽可能提高半钢温度是降低钒渣中金属铁含量的有效途径。加强半钢罐烘烤，使用氧燃枪可有效保证钒渣和半钢温度不过低。

钒渣中绝大部分钒都转入钒尖晶石，尖晶石矿物在硅酸盐熔体中的溶解度极小。当硅酸盐相组分的相对量小时，钒渣黏度大，甚至成为干散状的颗粒，这种钒渣中不可分离的散状金属铁量显著增加时。而当渣中（SiO_2）含量增加时，渣子流动性改善，即钒渣中金属铁含量随铁水硅含量增加而降低。

C 半钢质量

半钢是下步炼钢的主要原料，半钢质量指标主要有两个：半钢温度和半钢碳含量。根据生产实践，要求半钢碳含量不小于 3.2%，温度不小于 1320℃，雾化提钒历年的半钢碳含量和半钢温度见表 8-3。半钢碳含量主要取决于雾化吹风过程的耗风量和提钒温度控制。

表 8-3 半钢碳含量及半钢温度

年 份	1973	1977	1986	1991	1992
半钢温度/℃	1384	1350	1336	1343	1343
半钢碳含量/%	3.3	3.82	3.70	3.74	3.94

半钢温度主要取决于铁水温度和风氧量的控制。生产实践证明，在正常生产情况下，采用铁水流量为 360~420t/h 的大水口中间罐提钒时，风氧的控制指标在下述范围内可获得适合需要的半钢温度。

氧气：压力 0.30~0.36MPa，流量（标态）800~1600m^3/h，单耗（标态）3~5m^3/t 铁。

空气：压力 0.30~0.36MPa，流量（标态）11000~13000m^3/h，单耗（标态）40~50m^3/t 铁。

D 钒回收率

雾化提钒钒回收率较低，见表 8-4，雾化提钒钒的回收率低的主要原因有如下几个方面：

（1）半钢和钒渣分离过程中钒渣流失严重；

（2）钒渣黏罐损失较多；

（3）由于钒渣中金属铁含量高，在破碎磁选过程中，钒渣随金属铁损失较多；

（4）钒氧化后随烟尘损失也比转炉提钒多。

表 8-4 雾化法提钒钒回收率

年 份	1974	1975	1976	1977	1986	1991	1992
钒回收率/%	62.3	60.3	60.7	68.7	73.56	68.01	69.16
钒氧化率/%			84.2	82.5			

8.1.5 复吹转炉提钒工艺

8.1.5.1 转炉铁水提钒工艺流程

1995 年 8 月、9 月，攀钢提钒炼钢厂建成两座 120t 氧气顶吹转炉用于提钒，年底改为复吹转炉。设计年产钒渣 11 万吨，逐步取消了雾化提钒工艺，表 8-5 为转炉提钒历年钒渣产量，其中的钒渣折合量是将钒渣中的 V_2O_5 按 10%折算后得到的。

表 8-5　转炉提钒历年钒渣产量

年份	1995	1997	1999	2001	2002	2003	2012	2013	2014	2015
钒渣实物量/t	39522	85062	88857	87676	72703	79165	168652	168352	164689	155338
钒渣折合量/t	55331	96040	135061	130581	116020	121942	265722	257307	262922	231202

转炉提钒工艺流程如图 8-12 所示。

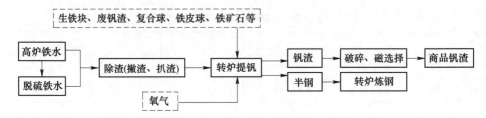

图 8-12　转炉提钒工艺流程

提钒冶炼的主要目的是获得钒渣，因此提钒后的钒渣与半钢必须分开。同时在提钒冶炼过程中不加石灰造渣，钒渣若有（CaO）存在，会影响提取（V_2O_5）的收得率，只加冷却剂控制铁水中 [V]-[C] 氧化转化温度。

提钒后的半钢炼钢任务是降 [C]，脱 [P]、[S]，则必须加石灰造渣。由于提钒冶炼和提钒后的半钢冶炼目的、元素氧化以及渣系完全不同，不能放在同一转炉里去实现，必须分开在两座转炉里分别达到不同目的和开展相应的冶炼工艺操作，于是人们称之为"提钒转炉+半钢炼钢转炉"冶炼方法，即两座转炉联合冶炼工艺。

8.1.5.2　转炉铁水提钒用原料

A　含钒铁水

含钒铁水是提钒的主要原料，见表 8-6，其化学成分决定着钒渣质量。由于铁水硫含量高，采用炉外脱硫，脱硫前后铁水钒含量略有下降。含钒铁水中硅和锰含量的总和不超过 0.6%，硫、磷含量越低，对于转炉提钒获得优质钒渣是有利的。随着高炉利用系数的逐步提高，高炉含钒铁水的 [V] 略有下降，而 [C] 略有上升。

表 8-6　含钒铁水成分

成分	[C]	[Si]	[Mn]	[P]	[S]	[V]	[Ti]	温度/℃
含量/%	4.4	0.130	0.238	0.075	0.058	0.28	0.19	1260
	3.8~4.7	0.03~0.36	0.12~0.5	0.065~0.085	0.035~0.146	0.18~0.33	0.08~0.23	1180~1350

注：划线数据表示平均值。

经过脱硫工序处理后的含钒铁水中 [S] 含量大幅度降低，而其他元素基本无变化（在使用钙基脱硫剂的脱硫工艺条件下）。无论高炉铁水还是脱硫铁水，在进入提钒转炉前都必须经过除渣处理，以去除高炉渣和脱硫渣，避免带入的氧化钙等杂质污染钒渣。经测定入转炉的铁水带渣量要求小于铁水质量的 0.5%。

B 冷却剂

为了达到"提钒保碳"的目的，整个提钒过程中需将熔池温度控制在一定的范围。在提钒过程中，含钒铁水中的其他元素也随之氧化并放出热量，使得熔池温度升高而超出提钒所需控制的温度范围，碳就被氧化，钒氧化就会被抑制。因此，在提钒过程中必须进行有效的冷却。由此可见，选择合适的冷却材料及合理的配比对提钒是很重要的。

雾化提钒过程中起冷却作用的是大量进入雾化室的冷空气。转炉提钒由于具有散状料设备系统，故其在冷却剂的种类选用上具备多种可选性。目前，在提钒上采用的冷却剂有：生铁块、冷固球团、铁皮球、铁矿石、废钒渣等。其主要成分见表 8-7。

表 8-7 提钒冷却剂成分 (%)

冷却剂成分	C	Si	Mn	V	Ti	S	P
生铁块	4.31	0.10	0.26	0.324	0.097	0.05	0.059
冷却剂成分	TFe	MFe	SiO_2	CaO	S	P	水分
废钒渣	31~34	52	16~18	1.4~2.2			
铁矿石	≥40.0		≤10.0	≤0.60	≤0.060	≤0.050	≤2.0
冷固球团	≥60.0		2.0~6.0	≤0.50	≤0.04	≤0.04	≤1.0
铁皮球	≥65.0		2.0~6.0	≤0.50	≤0.04	≤0.04	≤1.0

C 提钒其他材料

a 半钢盖罐料

半钢是介于铁水与钢水之间的半成品，虽然提钒后的半钢氧化性不如钢液强，但其中仍有部分氧，加上转炉提钒出钢时间偏长（4~12min），在出钢过程中造成半钢碳的烧损。据统计，在该过程中［C］损失约 0.06%，温度降达 36℃。另外出半钢过程及出半钢后钢水裸露，易产生大量的烟尘污染环境，所以，通过实践验证，在出半钢前向罐内加入一定量的增碳剂或半钢脱氧覆盖剂（成分见表 8-8），可有效减少［C］的烧损及温降。

表 8-8 半钢盖罐材料成分 (%)

品 名	$C_固$	SiC	S	P	SiO_2	H_2O	CaO
半钢脱氧覆盖剂	6~12	15~21	≤0.15	≤0.15	26~32	<1.0	<5.0
半钢复合增碳剂	≥65.0	≥8.0	≤0.15	≤0.09		<1.0	

b 焦炭

用于转炉提钒新开炉烘炉用，焦炭的块度 20~80mm，其成分见表 8-9。

表 8-9 焦炭成分 (%)

$C_固$	S	H_2O	灰分	挥发分
≥80	≤0.75	<6	≤15	≤1.9

c 提钒转炉喷补料

（1）提钒转炉喷补料化学成分见表 8-10。

表 8-10　　提钒转炉喷补料化学成分　　　　　　　　　（%）

MgO	CaO	SiO$_2$	Al$_2$O$_3$	S	P	水分
≥75	≤1.5	≤5	≤5	≤0.02	≤1.5	≤1.0

（2）性能指标：耐火度不小于 1690℃，体积密度不小于 2.1g/cm^3，常温抗折强度不小于 1.0MPa。

（3）粒度组成：2~5mm 的占 5%~15%，0.5~2mm 的占 20%~30%，0.088~0.5mm 的占 25%~35%，不大于 0.088mm 的占 25%~45%。

（4）附着率不小于 80%，耐用性不小于 5 炉。

d　提钒转炉用沥青结合补炉料

提钒转炉沥青结合补炉料化学成分见表 8-11。

表 8-11　　提钒转炉沥青结合补炉料化学成分　　　　　　（%）

MgO	CaO	SiO$_2$	Al$_2$O$_3$	沥青
≥80	≤1.5	≤1	≤1	7~8

注：耐火度不小于 1770℃，灼烧减量不大于 10%。

8.1.5.3　转炉提钒工艺过程及主要设备参数

A　除渣

除渣是高炉铁水或脱硫铁水在进入提钒转炉前进行渣铁分离的一道工序，转炉提钒采用了两种除渣工艺，在 2003 年以前采用的是撇渣器（中间罐）除渣，2003 年后采用的是扒渣机除渣。

由于钒渣中（CaO）在后步工序的处理中对钒的转化率有不利影响，因此必须尽可能使钒渣中的（CaO）降低至最低值。雾化提钒期间，由于使用雾化器，其单位时间处理量低，为 5~6t/min，能使（CaO）质量分数控制在 1.0% 以下；但转炉提钒撇渣处理流量大，为 12~15t/min，钒渣中的（CaO）质量分数一般在 1.5%~2.5% 之间。2003 年采用扒渣工艺后，由于需兼顾降低扒渣铁损而不能将脱硫渣去除干净，钒渣中的（CaO）质量分数一般在 2.0%~2.5% 之间。而不经除渣处理的脱硫铁水生产出的钒渣，其（CaO）质量分数将大于 5.0%，无法满足后步工序处理要求。

经过实践证明，钒渣中（CaO）主要来源于高炉渣及脱硫渣，这两种渣的主要成分如表 8-12 所示。

表 8-12　　高炉渣及脱硫渣主要成分　　　　　　　　　（%）

成分	(SiO$_2$)	(Al$_2$O$_3$)	(CaO)	(MgO)	(MnO)	(V$_2$O$_5$)	(TiO$_2$)	TFe	(FeO)	[C]	[S]	MFe
高炉渣	23.42	13.72	27.60	8.44	0.633	0.284	22.02	4.30	1.42	0.211	0.24	20.65
脱硫渣	10.17		41.78			0.93	8.4	10.3				55

a　撇渣

撇渣主要设备：

（1）吊车。车间有 200t/50t/16t 型吊车两台，主要承担地面撇渣作业，其结构由大车、主小车和副小车组成，主要参数见表 8-13。

表 8-13　撇渣用吊车性能参数

项　目	主小车	副小车	大车
轨距/mm	8500	3200	19000
运行速度/m·min⁻¹	28	33.2	73.3
起重量/t	200	50/16	
起钩速度/m·min⁻¹	6	8.3/16	

（2）撇渣铁水罐车。撇渣铁水罐车参数如表 8-14 所示。

表 8-14　撇渣铁水车参数

外形尺寸/mm×mm×mm	载重量/t	总重/t	运行速度/m·min⁻¹	轨距/mm	轮距/mm
8900×5100×2530	140	225	29	3400	6400

（3）倾翻机。倾翻机用作倾翻铁水罐的卷扬机，其主要参数见表 8-15。

表 8-15　倾翻机主要参数

上升速度/m·min⁻¹	下降速度/m·min⁻¹	小车横移速度/m·min⁻¹	钩头最大行程/m
0.22	1.82	1.6	6.5

（4）牵引卷扬机。牵引卷扬机用作撇渣过程铁水罐的输送、更换和定位。

（5）地坑铁水罐车。地坑铁水罐车用于支撑撇渣铁水罐，其起载重量为 180t，运行速度为 30m/min。

（6）铁水罐。铁水罐用作盛装撇渣后的铁水，供转炉提钒使用，其主要参数见表 8-16。

表 8-16　铁水罐主要参数

容铁水量/t	罐自重/t	有效容积/m³	罐口直径/mm	耳轴直径/mm	耳轴距/mm
140	约 50	22.2	3400~3500	390	4250

（7）撇渣器。撇渣器是撇渣用的设备，曾试验过几种撇渣器，主要参数如表 8-17 所示。目前使用的是二合一砖型撇渣器。

表 8-17　试验用撇渣器的主要参数

项　目	普通型	整体型	组合挡墙型	二合一砖型
水口形状	条型	圆型	圆型	圆型
水口几何尺寸/mm×mm	350×24（2）	φ160	φ160	φ160
流铁口尺寸/mm×mm	160×90	140×35	160×35	240×32
撇渣铁水流量/t·min⁻¹	11.20	13.67	13.60	14.90
撇渣器有效容积/m³	6.85	8.88	6.85	9.90

撇渣操作：撇渣前必须将撇渣器烘烤干燥，同时要保持水口畅通。撇渣器内的铁水必须保持在一半以上以形成熔池，撇渣时铁水流量控制在 12~15t/min 之间，当撇渣器

中的脱硫渣数量占容积的 2/3 时必须及时更换新撇渣器。撇渣后的铁水须控制在 110～140t/罐。

b　扒渣

扒渣主要设备：

（1）扒渣机。扒渣机是进行扒渣操作的主要设备，采用的是美国路易斯公司生产的 GSK-190-18 型扒渣机，其主要性能参数如下：

扒渣机形式：固定式及可调整长度之滚轴式大臂回转，动力是液压驱动。

长度：大臂回转中心线到扒渣板的距离 4879.3mm，最大长度（内臂伸到最长位置）离中心线 10365.7mm。

大臂最大行程：5486mm；大臂运动方向：左、右、上、下。

大臂升降最大高度：1209.21mm；渣耙是快速更换型（更换时间小于 5min）。

旋转：1 号扒渣机向右旋转最大 15°，向左 90°；2 号扒渣机向右旋转最大 90°，向左 15°。

（2）铁水倾翻车。铁水倾翻车负责扒渣铁水进出扒渣站的运输，在扒渣过程中将铁水罐倾翻到合适的角度，采用的是液压式倾翻车，其主要性能参数如下：

铁水罐车重量：78t；铁水罐车承载能力：185t。

铁水最大装入量：140t；铁水罐车行走速度：0～15m/min。

最大倾翻角度：45°；铁水罐空重：≤45t。

轮距：5400mm；铁水罐车轨距：3400mm。

倾翻车减速机功率：16.5kW；车轮直径：710mm。

速比：25.5；输入转速：200r/min。

润滑方式：油池润滑；形式：行星齿轮型。

铁水罐车行走距离（最大）15m；作用在液压缸上的负载：52t。

扒渣操作：用于扒渣的铁水重量需保证在 110～140t/罐，扒渣时间不大于 8min/罐。扒渣去渣率不小于 95%，保证钒渣（CaO）含量不大于 2.5%。扒渣板不能浸入到铁水液面以下，防止扒渣板黏铁或烧损，严禁将铁水扒出铁水罐。操作扒渣机手柄时不要用力过猛，严禁扒渣板撞击铁水罐罐壁。应缓慢倾翻铁水车，严禁将铁水倒出。扒渣作业完毕，及时收回大臂并远离热源。每次扒渣完毕，应及时清理扒渣板上的残渣，并打水进行冷却。扒渣板更换要求：扒渣板烧损 1/5 以上或严重黏渣、变形者必须更换。接渣罐内废渣高度低于渣罐罐口 300mm。

B　提钒转炉主要设备及其参数

提钒转炉设备主要有冷却料供应系统、转炉及其倾动系统、氧枪系统和烟气净化及回收系统。

a　冷却料供应系统

冷却剂供应系统包括地下料坑、单斗提升机、皮带运输机、卸料小车、高位料仓、振动给料器、称量料斗以及废钢槽、天车等设备，这些设备保证提钒用原料的正常供应。散状料上料、下料设备见图 8-13。

（1）生铁块、废钒渣：火车运输→钒渣跨→料坑装槽→吊至 9m 平台→平板车运输→吊车加入炉内。

（2）铁皮、冷固球团、铁皮球、铁矿石等：汽车运输→地面料坑→提升机→高位料仓→称量→炉内。

地下料坑的作用是暂时存放用火车或汽车运输来的提钒冷却剂，保证提钒转炉连续生产的需要。

单斗提升机的作用是把贮存在地下料仓的各种散状料提升运输到高位料仓，供给提钒生产使用。

高位料仓的作用是临时贮料，保证转炉随时用料的需要。料仓的大小决定于不同冷却剂的消耗和贮存时间。每座提钒转炉单独使用4个高位料仓。

b 转炉炉体

转炉炉体设备主要有转炉本体、炉体支撑装置、托圈、耳轴轴承、倾动电机、倾动一次减速机、测速电机、倾动二次减速机、制动器、联轴器、扭力杆等。

转炉炉体设备见图8-14。

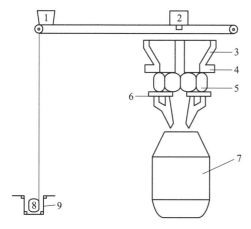

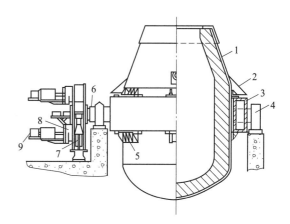

图 8-13 散状料上料、下料设备示意图

1—卸料斗；2—卸料小车；3—高位料仓；4—振动给料器；
5—称量斗；6—插板阀；7—转炉；8—单斗；9—地面料坑

图 8-14 转炉炉体设备示意图

1—炉壳；2—挡渣板；3—托圈；
4—轴承及轴承座；5—支撑系统；6—耳轴；
7—制动装置；8—减速机；9—电机及制动器

c 提钒转炉炉衬

提钒转炉的工作层炉衬砖采用的是镁碳砖，砖的理化性能见表8-18。

表 8-18 提钒转炉用镁碳砖的理化性能

性能	耐压强度/MPa	显气孔率/%	体积密度/g·cm^{-3}	高温抗折/MPa	MgO 含量/%	C 含量/%
指标	37.6	2.2	2.94	12.8	79.6	16.6

一般认为，炉衬毁损的原因是机械冲刷、高温熔损、化学侵蚀和收缩剥落四个方面。炉衬各部位在上述四个方面所受到的损坏程度不一。提钒终点半钢温度较低（1330～1430℃），高温热损的程度较小。兑铁侧因受到铁水和生铁块冲击较大，较早即出现凹坑。炉底和炉身渣线附近受到炉渣的侵蚀严重，提钒操作的初期渣是以铁质渣为主，其TFe含量可达32%～38%。铁质渣对镁碳砖中的碳氧化严重，失去了碳的砖强度降低，随即被金属液体或气流冲刷毁损，形成了"氧化脱碳→渣化疏松→冲刷剥落→再氧化脱碳"的循

环。炉身耳轴侧维护困难，又挂不上炉渣，是整个炉衬最薄弱处。对炉身残砖岩相分析表明，原砖层与渣化层的过渡层很小。提钒炉气温度低，对炉帽部位损坏较轻。根据炉衬在提钒过程中的毁损情况，在强化耐火材料本身质量的同时，不断完善整体炉型，其变化情况如表 8-19 所示。

表 8-19　提钒转炉的主要炉型及炉龄

炉型	炉底/mm	炉身/mm	炉帽/mm	平均炉龄/炉
A	230+115+560	230+440	560	$\dfrac{1550}{1384\sim1686}$
B	230+115+560	下段：230+440 与 320 交错 上段：440 与 320 交错	440 与 320 交错	$\dfrac{2341}{1888\sim2764}$
C	230+115+700	下段：230+750 中段：230+700 上段：230+560	560	$\dfrac{2564}{1929\sim3069}$
D	230+115+700	中下段：230+750 上段：230+560	560	$\dfrac{2078}{1689\sim2970}$
E	230+115+700	中下段：230+750 上段：700	560	$\dfrac{2147}{2036\sim2258}$
F	230+115+700	中下段：230+750 上段：750	700	$\dfrac{4607}{4344\sim5103}$
G	115+115+700	中下段：150+850 上段：850	700	$\dfrac{5572}{5011\sim6300}$

影响提钒转炉炉衬寿命的主要原因是：

（1）砖衬材质。提钒转炉的镁碳质砖衬，其弱点是抗氧化性差，因此，提高工作层的抗氧化性是提高砖衬材质的关键；另外，在制作炉衬砖时注意保证其体积密度，降低气孔率。

（2）供氧操作。提钒过程中，为了保证铁水中钒的充分氧化并获得 TFe 含量低的钒渣，氧枪枪位的控制应以充分搅动熔池为主，所以，供氧时枪位不应超过 1.8m，不能低于 1.3m。过低的枪位对炉底的冲击加剧，过高的枪位不仅使喷孔的冲击中心方向移向炉壁，对炉身的冲击加剧，还会使渣中的 TFe 富集，从而对工作层的侵蚀程度加大。

（3）造渣操作。加入氧化性冷却剂会带入较多的氧化铁进入炉渣内，如果加入时间过晚或大批量一次加入，会使渣中 TFe 富集，而且在较高温度下过晚加入会对炉衬砖造成更大的损害。

（4）炉口黏渣。炉帽黏结是提钒转炉的一大特点。在提钒吹氧时间内，熔池尚未进入碳氧反应剧烈期，熔池中 {CO} 等气体浓度不高，又因炉渣少且不易泡沫化，所以熔池上涨幅度不大，金属和初期渣喷溅在炉帽部位，很难被温度并不高的炉气熔化而堆积起来，且由于出半钢及倒钒渣时，未倒完的钒渣在炉口凝结堆积，导致炉口黏结严重，甚至在耳轴侧出现悬挂冷铁的现象。虽然炉帽挂渣有利于保护炉衬，但给安全生产带来极大的隐患，只有采取打炉口的办法来清扫炉口，但对炉身中上段损伤较大，目前只能采用在兑铁后吹氧清除的办法进行处理。

(5) 辅助操作影响。加生铁块碰撞、兑铁的机械冲刷等都会对炉衬有一定的损害。

d 氧枪及其升降机构

氧枪及其升降机构主要包括氧枪、滑道、升降小车、卷筒、气动马达、电动机、减速机等设备，保障氧枪的正常运行及更换。

(1) 氧枪：攀钢提钒使用过的氧枪喷头有单道单流5孔535型、4孔435型、3孔339型等氧枪喷头，其喷头和提钒用氧气的参数分别见表8-20和表8-21。

表8-20 提钒用氧枪喷头参数

喷头型号	喉口直径/mm		出口直径/mm		喷孔夹角/(°)	出口马赫数/M
	边孔	中心孔				
535	35	20	43	25	13	1.86
435	35		44		12	1.92
339	39		50		10	1.98

表8-21 提钒氧气主要参数

总管压力/MPa	>1.2
吹炼压力/MPa	0.70~0.80
支管流量（标态)/m³·h⁻¹	16000~18000
氧气纯度/%	≥99.5

(2) 氧枪升降机构：氧枪升降设备主要有升降小车、导轨、钢丝绳滑轮、电动机、气电两用制动器、气动马达、减速机、主令控制器、卷筒、横移小车装置等。氧枪固定在升降小车上，升降小车沿导轨上下移动。其主要设备参数见表8-22。

表8-22 氧枪升降设备参数

设备名称	型号
电动机	型号 ZZJ-810
减速机	型号 TZQ50-Ⅳ
气电两用制动器	型号 YDWZ-500/100ZA
气动马达	型号 TMY15A，转速 3000r/nin
减速机	型号 ZL500-16
主令控制器	型号 LK4-168，传动比 20
卷筒	直径 φ625mm，长度 1150mm
横移小车装置	横移距离 3.5m，横移速度 4m/min

e 挡渣镖及其加入装置

为减少出半钢过程因涡流的作用造成钒渣的流失（流入到罐内的钒渣约400kg），2002年7月，在提钒转炉出钢过程中实施了加挡渣镖出钢工艺。挡渣装置由两部分组成：挡渣镖投放车和挡渣镖。

(1) 挡渣镖投放车：挡渣镖投放车如图8-15所示，其主要组成部分如下：

轨道：轨道中心距 1200mm，轨长约 7400mm。

平台车（包括车架、驱动轮对、行走减速机、被动轮对、电控柜）：主要功能为行走、回转；主要技术参数为：宽度 1400mm、长度 2700mm、行程 4595mm、行走速度 0 ~ 31.5m/min、定位精度 ±10mm。

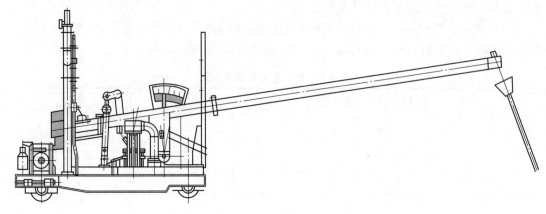

图 8-15　挡渣镖投放车示意图

（2）挡渣镖：挡渣镖由导向杆和镖体两个部分组成，见图 8-16。起定位导向作用的导向杆采用 φ14mm 的螺纹钢筋外包裹耐火材料制成，它可有效防止挡渣镖的四处"漂移"。挡渣镖由耐火材料及其包裹的铁芯块组成，密度为 4.2g/cm³，介于钒渣和半钢之间。

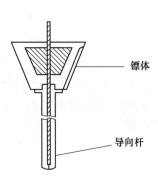

图 8-16　挡渣镖结构示意图

8.1.5.4　转炉铁水提钒工艺理论基础

A　转炉铁水提钒过程碳与钒氧化转化温度

生产实践表明，在提钒初期，铁水钒被氧化约占总提钒量的 70% 之多，在铁水钒氧化的同时，铁水其他成分 [Ti]、[Si]、[Mn]、[C] 等元素也被不同程度氧化，它们的氧化反应如下：

$$2[V] + 3(FeO) \rule[0.5ex]{1.5em}{0.5pt} (V_2O_3) + 3[Fe]$$
$$[Si] + 2(FeO) \rule[0.5ex]{1.5em}{0.5pt} (SiO_2) + 2[Fe]$$
$$[Mn] + (FeO) \rule[0.5ex]{1.5em}{0.5pt} (MnO) + [Fe]$$
$$[Ti] + 2(FeO) \rule[0.5ex]{1.5em}{0.5pt} (TiO_2) + 2[Fe]$$
$$[C] + (FeO) \rule[0.5ex]{1.5em}{0.5pt} \{CO\} + [Fe]$$

同时也会发生直接氧化反应，即：$[Me] + 1/2\{O_2\} \rightarrow (MeO)$ 反应，生成如上述的同样的氧化物。

根据上述各元素对氧亲和力大小，其 $\Delta G^{\ominus}$ 值如图 8-17 所示，在小于或者等于提钒温度时，呈现的反应能力大小按 $\Delta G_{Ti}^{\ominus} < \Delta G_{Si}^{\ominus} < \Delta G_{V}^{\ominus} < \Delta G_{Mn}^{\ominus} < \Delta G_{C}^{\ominus}$ 顺序排列的规律，即铁水中 [Ti]、[Si] 优先于 [V] 氧化；铁水中 [V] 优先于 [Mn]、[C] 氧化。随着元素氧化反应放热，尤其是铁水中 [Si] 含量高，反应放热量大，使熔池温度升高超过提钒温度时，不仅抑制 [V] 的氧化反应，而且铁水中 [C] 被大量快速氧化。此时的元素氧化顺

序就发生了改变，即按 $\Delta G_C^{\ominus} < \Delta G_{Ti}^{\ominus} < \Delta G_{Si}^{\ominus} < \Delta G_V^{\ominus} < \Delta G_{Mn}^{\ominus}$ 顺序排列。如果铁水中 [Ti]、[Si] 在低温初期阶段全部氧化完了，那么仅剩下元素氧化顺序排列为 $\Delta G_C^{\ominus} < \Delta G_V^{\ominus} < \Delta G_{Mn}^{\ominus}$。这说明了一旦熔池温度超过提钒温度，铁水中 [C] 含量高，且对氧亲和力大于钒的亲和力时，铁水中 [V] 不但不再被继续氧化，甚至渣中钒的氧化物还有可能被铁水中 [C] 所还原，即控制所谓提钒保碳的钒与碳的氧化转化温度是提钒工艺的主要理论依据。

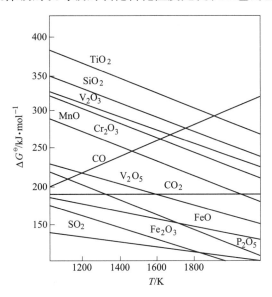

图 8-17 铁水中元素氧化的 $\Delta G^{\ominus}$-T 图

铁水中钒氧化在炼钢温度范围内能形成五种氧化物，其中（V_2O_3）最为稳定，在提钒吹炼初期，炉渣是酸性的，钒的氧化物通常以（V_2O_3）形式存在于渣中。因此下面以生成（V_2O_3）氧化物的热力学数据，来计算提钒过程中的碳与钒氧化转化温度。

标准状态下，铁水中钒与碳的氧化转化温度计算如下。

已知：

$$C(s) + 1/2\{O_2\} = CO(g) \qquad \Delta G_1^{\ominus} = -114400 - 85.77T \qquad (8\text{-}6)$$

$$C(s) = [C] \qquad \Delta G_2^{\ominus} = 22590 - 42.26T \qquad (8\text{-}7)$$

$$2/3V(s) + 1/2\{O_2\} = 1/3(V_2O_3) \qquad \Delta G_3^{\ominus} = -400966 + 79.18T \qquad (8\text{-}8)$$

$$V(s) = [V] \qquad \Delta G_4^{\ominus} = -20710 - 45.61T \qquad (8\text{-}9)$$

求反应 $2/3[V] + CO(g) = 1/3(V_2O_3) + [C]$ 的转化温度 $T_{转}^{\ominus}$。

解：碳的氧化反应式由式（8-6）- 式（8-7）得：

$$[C] + 1/2\{O_2\} = CO(g) \qquad \Delta G_5^{\ominus} = \Delta G_1^{\ominus} - \Delta G_2^{\ominus} = -136990 - 43.51T \qquad (8\text{-}10)$$

钒的氧化反应式由式（8-8）- 2/3 式（8-9）得：

$$2/3[V] + 1/2\{O_2\} = 1/3(V_2O_3) \qquad \Delta G_6^{\ominus} = \Delta G_3^{\ominus} - 2/3\Delta G_4^{\ominus} = -387160 + 109.58T$$

$$(8\text{-}11)$$

由式（8-11）- 式（8-10）得 [V] 和 [C] 相互转化方程：

$$2/3[V] + CO(g) = 1/3(V_2O_3) + [C] \qquad \Delta G_7^{\ominus} = \Delta G_6^{\ominus} - \Delta G_5^{\ominus} = -250170 + 153.09T$$

$$(8\text{-}12)$$

当 $\Delta G^{\ominus} = 0$ 时，$T_{\text{转}}^{\ominus} = 250170/153.09 = 1634\text{K} = 1361℃$。

在标准状态下，求得铁水中 [V]、[C] 的氧化转化温度是 1361℃。实际提钒过程中的转化温度随着铁水中钒浓度的升高和氧分压的增大，转化温度略有升高，同时随着铁液中钒浓度的降低，即半钢中的余钒含量越低，转化温度越低，保碳就越难，在提钒到一定程度后，而要求在半钢温度升高后进一步把半钢中的钒降低，则只有多氧化一部分碳的条件下才能做到。

B　影响钒渣（V_2O_5）含量的主要因素

由于钒渣中有以（V_2O_3）为主要成分的多种钒的氧化物存在，为评价钒渣质量，将所有钒的氧化物含量全折算为（V_2O_5）含量为标准。影响提钒的因素主要有：铁水成分的影响，吹炼终点温度的影响，冷却剂的种类、加入量和加入时间的影响，供氧制度的影响等方面。

a　铁水成分的影响

（1）铁水钒的影响：1977 年我国统计了雾化提钒和转炉提钒的铁水原始成分与半钢余钒量对 V_2O_5 浓度影响的规律：

$$(V_2O_5) = 6.224 + 31.916[V] - 10.556[Si] - 8.964[V]_{\text{余}} -$$
$$2.134[Ti] - 1.855[Mn] \quad (R = 0.77) \tag{8-13}$$

上述规律说明，铁水中原始钒含量高有利于钒渣（V_2O_5）浓度的提高。

（2）铁水硅的影响：铁水中的 [Si] 氧化后生成（SiO_2），初渣中的（SiO_2）与（FeO）、（MnO）等作用生成铁橄榄石等低熔点的硅酸盐相，从而使初渣的熔点降低，钒渣黏度下降，流动性增加。在铁水含 [Si] 低时（≤0.05%），通过向熔池配加一定量的（SiO_2），适度增加炉渣流动性，可避免渣态偏稠，有利于钒的氧化。但在铁水 [Si] 偏高（≥0.15%）时，由于渣中低熔点相过高，渣态过稀，反而会增加出钢过程中钒渣的流失。

1999 年统计了 120t 氧气转炉 610 炉次的提钒过程中铁水中 [Si] 对钒渣（V_2O_5）浓度的影响规律：

$$(V_2O_5) = 22.255 - 0.4378[Si] \quad (R = 0.58) \tag{8-14}$$

通过以上分析，认为铁水硅上升对钒渣中的（V_2O_5）浓度的影响主要在于：1）[Si] 对钒氧化的抑制；2）[Si] 氧化成渣对钒渣（V_2O_5）的稀释；3）[Si] 氧化放热使提钒所需的低温熔池环境时间缩短；4）铁水 [Si] 偏高（≥0.15%）时，渣态过稀，使出钢过程中钒渣的流失增加。

b　冷却剂的种类、加入量和加入时间的影响

冷却剂加入的目的是控制熔池温度，使之低于提钒的转化温度，达到提钒保碳的目的。一般冷却剂的种类有生铁块、废钢、水蒸气、氮气、废钒渣、氧化铁皮、冷固球团、铁皮球、铁矿石、烧结矿、球团矿、水等。

冷却剂除了要求具有冷却能力外，还要有氧化能力，带入的杂质少。冷却剂中的氧化性冷却剂（铁皮、球团矿等）既是冷却剂又是氧化剂。其中氧化铁皮最好，它的杂质少，除有氧化作用外还可以与渣中的（V_2O_3）结合成稳定的铁钒尖晶石（$FeO \cdot V_2O_3$），但是这种冷却剂的加入要比加入非氧化性冷却剂（铁块、废钢、N_2 等）会使钒渣中氧化铁含量显著增高，特别是加入时间过晚更为严重。用废钢作冷却剂可增加半钢产量，但会降低

半钢中钒浓度，影响钒在渣与铁间的分配，影响钒渣的质量。用水做冷却剂冷却效果好，但使炉内烟气量增加，易喷溅、黏枪。

冷却剂尽量在吹炼前期加入，吹炼后期不再加入任何冷却剂，使熔池温度接近或稍超过转化温度，适当让碳氧化，有利于降低钒渣中的氧化铁含量，提高半钢温度和金属收得率。

冷却剂的加入量主要取决于含钒铁水发热元素氧化放出的化学热并使提钒终点温度低于转化温度，可根据加入冷却剂吸收的热量和铁水中发热元素［C］、［Si］、［Ti］、［Mn］、［V］等氧化放出热量以及使半钢从初始温度升高到提钒转化温度所吸收的热量按以下公式计算：

$$M_{冷} = \frac{Q_{冷}}{q_{冷}} = \frac{Q_{化} - Q_{平}}{q_{冷}} = M_{铁}\frac{(x_C q_C + x_{Si} q_{Si} + x_{Ti} q_{Ti} + \cdots + x_V q_V) - (c_{铁} + Kc_{渣})(T_{平} - T_{铁})}{q_{冷}}$$

(8-15)

式中，$M_{冷}$ 为冷却剂加入量，kg；$Q_{冷}$ 为冷却剂吸收的热量，J；$q_{冷}$ 为冷却剂的冷却效应，J/kg；$Q_{化}$ 为铁水中碳、硅、钛、钒等发热元素氧化放出的热量，J；$Q_{平}$ 为铁水从初始温度上升到转化温度所需要的热量，J；$M_{铁}$ 为铁水质量，kg；x_C、x_{Si}、x_{Ti}、$\cdots$、x_V 为铁水中碳、硅、钛、钒等元素氧化量，kg；q_C、q_{Si}、q_{Ti}、$\cdots$、q_V 为铁水中碳、硅、钛、钒等氧化的单位热效应，J/kg；$c_{铁}$、$c_{渣}$ 为铁水和钒渣（包括炉衬）的质量热容，J/(kg·K)［铁水取1040J/(kg·K)，钒渣和炉衬取1230J/(kg·K)］；K 为钒渣（包括炉衬侵蚀）占铁水重量的比例，%（可近似取14%）；$T_{铁}$、$T_{平}$ 为铁水和半钢的温度，℃。

c 供氧制度的影响

供氧制度包括氧枪枪位、氧枪喷头结构、耗氧量、供氧强度、压力等诸因素，是控制提钒过程的中心环节。

一般不同的铁水成分和吹炼方式，耗氧量有很大差异，同时耗氧量的多少也影响着半钢中的碳和余钒的多少，还与供氧强度和搅拌情况有关，是交互作用的。

供氧强度的大小影响提钒过程的氧化反应程度，过大时喷溅严重，过小时反应速度慢，吹炼时间长，会造成熔池温度升高，超过转化温度，导致脱碳反应急剧加速，渣中（V_2O_5）被还原，半钢余钒量重新升高。一般在吹氧初期可提高供氧强度，后期减小。

在同样的供氧量的条件下，供氧压力大可加强熔池搅拌，强化动力学条件，有利于提高钒等元素的氧化速度，增加渣中的（V_2O_5）含量。

当氧压一定、低枪位时，喷枪离液面距离小，冲击深度大，可强化氧化速度，但易喷溅和黏枪。现一般采用恒压变枪位操作，即低—高—低枪位操作模式。

d 渣铁分离

在转炉提钒中，转炉半钢和钒渣的分离具有特殊的意义，从转炉倒出半钢过程中，有5%~10%的钒渣随半钢流出，这是造成钒渣损失的主要原因。通过试验研究得出如下减少钒渣损失的措施：减少钒渣损失的最有效办法是在转炉中积累两炉渣，而在渣很干时可积累三炉渣，国外下塔吉尔厂采用这种方法使商品钒渣回收率提高3%以上；在转炉操作时间有潜力的情况下，缩小出钢口直径；提高渣的黏度，当渣较稀时，可通过向出钢口部位添加特殊添加剂的方法提高渣的黏度来降低钒渣的损失；提高转炉后倒速度并使后倒速度与出钢速度同步，以保持出钢口上面的水平面高于其临界值；出半钢前加挡渣镖也可以有效地减少钒渣的流失。通过上述措施，使钒渣回收率提高到90%。

8.1.5.5　转炉提钒工艺制度

A　铁水装入量

经过扒渣或撇渣后的高炉或脱硫铁水均可用于提钒，装入量控制在 110~140t/炉。由于铁水罐装铁水量的波动、脱硫喷吹工艺、撇渣组罐周期的影响，装入量仅能保持在 115t 左右，在 2003 年 7 月采用组罐脱硫—扒渣工艺后，装入量平均达到 125t 左右，铁水装入量变化如图 8-18 所示。

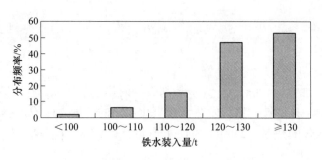

图 8-18　铁水装入量变化

转炉提钒自投产以来，各年平均装入量情况如图 8-19 所示。2010 年以后基本稳定在 140t 左右。

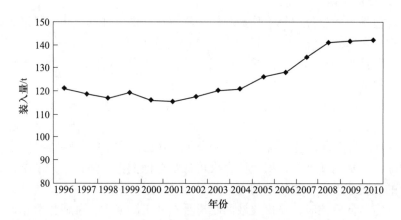

图 8-19　平均装入量情况

B　供氧制度

提钒过程采用 435 和 339 氧枪喷头，供氧压力 0.7~0.8MPa，供氧量（标态）15500~18000m³/h，纯吹氧时间控制在 3~7min，氧枪枪位按表 8-23 进行操作。

表 8-23　不同枪位的吹氧时间

枪位/m	1.5	1.7	1.5~1.4	备　　注
纯吹氧时间/min	0~3	3~5	>5	终点前应保证用 1.2~1.4m 枪位吹炼 0.5min

不同氧枪的提钒效果：转炉提钒氧枪最初沿用炼钢用 535、435 型氧枪提钒，后改为 339 喷头。在使用 535 及 435 喷头提钒时表现出提钒时间短、炉温上升快，造成半钢碳含量低、半钢余钒高；由于氧枪喷头夹角偏大，对炉衬侵蚀较大；钒渣中 TFe 偏高，(V_2O_5) 含量偏低。相比较而言，339 喷头夹角偏小，氧气流量（标态）也较小，而 4 孔喷枪为 16500~17500m³/h，5 孔喷枪为 18000~20000m³/h，339 喷头的提钒供氧时间较长，搅拌作用较充分，半钢余钒可达到 0.037%，半钢碳含量可达到 3.6% 以上。通过在 339 喷头试验期间的炉次数据分析，得出如下相关方程：

$$w(V)_{半} = -85.805 + 0.064645T_{半} \quad r = 0.64$$

$$w(V)_{半} = -24.633 + 0.078358[C]_{半} \quad r = 0.81$$

$$w(V)_{半} = 27.5 - 0.805TFe_{半} \quad r = 0.70$$

$$w(C)_{半} = 593.753 - 7.8257TFe_{半} \quad r = 0.77$$

式中，$T_{半}$ 为半钢终点温度，℃；$w(V)_{半}$ 为半钢中钒的质量分数，%；$w(C)_{半}$ 为半钢中碳的质量分数，%；$TFe_{半}$ 为转炉钒渣中全铁的质量分数，%；r 为相关系数。

使用不同喷头的提钒效果见表 8-24。

表 8-24 使用不同喷头的提钒效果

喷头型号	纯吹氧时间 /min	半钢中 [V] 的质量分数/%	半钢中 [C] 的质量分数/%	钒渣中 (V_2O_5) 的质量分数/%	半钢温度 /℃	钒渣 TFe/%
435	6.07	0.053	3.60	19.37	1389	32.9
339	6.35	0.037	3.60	19.42	1382	31.7
535	3.01	0.050	3.53	18.00	1383	35.03

C 冷却制度

冷却制度是转炉提钒各项制度中的关键，具体要求如下：

（1）用生铁块、冷固球团、铁皮球、废钒渣、铁矿石等作冷却剂。冷却剂必须在吹氧 2min 内加完。

（2）冷固球团、铁矿石从炉顶料仓加入炉内。生铁块、废钒渣在兑铁后开吹前用废钢槽由转炉炉口加入。废钒渣加入量 2~3t/炉，加废钒渣的炉次按冷却效应比相应减少生铁块加入量。

（3）兑铁前 5min 内加入铁矿石 0.7t、冷固球团 0.5t，若兑铁后铁水温度不小于 1260℃ 或铁水硅含量不小于 0.15% 则加入生铁块 5~6t，然后吹炼。开吹后，操作工根据铁水装入量和温度情况加入冷固球团 0~0.8t 进行过程调温，渣料必须在 2min 之前加入。提钒用冷却剂冷却效应值比为：生铁块∶废钒渣∶冷固球团∶铁皮球∶铁矿石 = 1∶1.5∶3.5∶3.5∶5.6。

（4）具体加入量按表 8-25 执行。

D 冷却剂总量与碳氧化率及钒氧化率的关系

冷却剂总量与碳氧化率及钒氧化率的关系见表 8-26。

表 8-25　冷却剂加入时间和重量

铁水条件		加入时间		备　注
		兑铁前	供氧 2min 内	
		加入重量/t		
1	[Si] ≤0.15%，铁水温度 ≤1260℃	冷固球团：1	冷固球团：0~0.8	铁水温度指加完料兑铁后所测入炉温度。操作工根据装入量情况，对冷固球团加入量进行调整。以上加入量是在铁水装入量为 115t/炉情况下确定的，若装入量变化可适当调整
2	[Si] ≤0.15%，铁水温度 >1260℃	铁矿石：0.7 冷固球团：0.5	冷固球团：0.5~1.2	
3	[Si] >0.15%，铁水温度≤1260℃	铁矿石：0.5 铁皮球：1.0	铁皮球：0~0.6	
4	[Si] >0.15%，铁水温度>1260℃	铁矿石：0.5 铁皮球：1.0	铁皮球：0.5~0.8	

表 8-26　冷却剂总量（折算为生铁块）与碳氧化率及钒氧化率的关系

每吨铁耗冷却剂量/kg	碳氧化率/%	钒氧化率/%
121	$\dfrac{24.5}{18.3\sim34.5}$	$\dfrac{82.3}{71.4\sim93.2}$
128.3	$\dfrac{21.4}{8\sim26}$	$\dfrac{81.4}{71.44\sim93.2}$
135.4	$\dfrac{22.9}{19.2\sim30.1}$	$\dfrac{83.9}{77.3\sim88.8}$

E　终点控制

要求半钢温度控制在 1360~1400℃ 范围，半钢碳含量不小于 3.4%，半钢余钒不大于 0.05%；转炉炉口火焰由暗红色转为明亮色时，视为碳焰露头，可提枪倒炉。

F　底吹供气

在炉底不同圆周上布置四支底部供气元件，底吹供气强度（标态）为 0.023~0.069m³/(t·min)。提钒过程采用较强的供气强度（标态）0.069m³/(t·min)，全程吹氮气。

G　熔池提钒、脱碳规律

实践表明，提钒前期钒氧化速率要大于中后期。在前期脱碳相对较少，在吹炼的中后期脱碳较明显。钒氧化反应贯穿整个提钒过程，但在不同的提钒期，钒氧化速率不同。提钒前期钒氧化速率最快，中后期变慢，从 0~2.5min 熔池呈现"纯提钒"特征，此期间的提钒量可占总提钒量的 70%。前期脱碳较少，中后期脱碳速率明显加快，在此期间碳氧化率达 70%。从"提钒保碳"的要求出发，氧化性冷却剂应在 3min 以前加完，从而为钒的氧化提供氧量并控制提钒要求的温度。

H　出半钢与出钒渣

（1）提钒结束后，需倒炉测温取样，然后出半钢。出半钢前向半钢罐内投入覆盖剂。

（2）出半钢时间小于等于 4min 时，必须重新换出钢口；出半钢后，从炉前出钒渣，禁止未出净半钢的炉次出钒渣，钒渣可一炉一出，也可 3~5 炉出一次。

（3）若钒渣渣稀，出半钢 1/3~2/3 时必须向炉内加入挡渣镖以减少钒渣的流失。出钒渣炉次不得加挡渣镖，终点温度不足的炉次禁止加挡渣镖。

I 半钢脱氧覆盖剂加入对半钢温度的影响

半钢脱氧覆盖剂加入对半钢脱氧保温效果，如表 8-27 所示。

表 8-27 半钢加入脱氧覆盖剂的脱氧保温效果（加入量 175~250kg/罐）

项目	提钒炉终点 TFe /%	过跨栈桥处 TFe /%	TFe 降低 /%	提钒炉终点温度/℃	过跨栈桥处温度/℃	温降 /℃	温降速度 /℃·min⁻¹
加覆盖剂	31.48 22.08~35.04	18.68 12.61~27.91	−12.80	1380 1352~1434	1347 1298~1381	33 5~63	1.79 0.26~3.15
未加覆盖剂	28.49 24.37~36.10	27.89 24.21~33.42	−0.60	1385 1342~1443	1345 1307~1397	40 12~67	2.17 0.21~3.89

（1）使用半钢脱氧覆盖剂，可有效消除出半钢和半钢运输过程中的烟尘。

（2）半钢脱氧覆盖剂具有较强的脱氧能力。半钢罐内加入半钢脱氧覆盖剂后，过跨栈桥处的 TFe 含量比提钒炉终点的 TFe 含量减少 12.80%，而对比炉次只减少了 0.60%。

（3）半钢脱氧覆盖剂具有较好的保温效果，从出半钢过跨栈桥处的半钢温降速度比正常生产炉次降低 0.38℃/min。

J 出渣次数操作对转炉提钒的影响

根据转炉提钒的特点，炉内产生的钒渣可一炉一出，也可几炉一出。提钒转炉出渣情况见表 8-28。

表 8-28 不同出渣操作对转炉提钒的影响

出渣方式	半 钢			钒 渣		
	[C]/%	[V]/%	温度/℃	(V₂O₅)/%	TFe/%	(SiO₂)/%
2~3 炉出一次	3.54	0.030	1378	18.6	34.0	15.7
一炉出一次	3.60	0.031	1381	15.3	38.1	14.9

从表 8-28 可见：

（1）2~3 炉出一次渣与一炉出一次渣得到的钒渣质量相比，（V₂O₅）品位提高 3.3%，TFe 降低 4.1%。

（2）从半钢中［C］、［V］和温度来看，两种操作方法基本相当。

（3）从钒渣岩相分析结果比较，2~3 炉出一次渣操作有利于钒铁尖晶石相长大（这可能是因为在炉内较高的环境温度下有一定的缓冷作用）。有时晶粒可达到雾化钒渣颗粒的大小（转炉钒渣一般在 0.01~0.02mm，而雾化钒渣一般在 0.03~0.04mm）。

K 加入挡渣镖对钒渣流失的影响

出半钢加挡渣镖炉次与未加挡渣镖挡渣炉次半钢罐内渣量见表 8-29。

表 8-29　挡渣镖对出半钢时钒渣流失的影响

项目	平均下渣量/kg·罐$^{-1}$	最大下渣量/kg·罐$^{-1}$	最小下渣量/kg·罐$^{-1}$
加镖	118	180	50
未加镖	387	845	199

由表 8-29 看出，提钒终点加挡渣镖出半钢后，半钢罐内带渣量平均为 118kg，比未加挡渣镖罐次降低 269kg，减少下渣量平均约 69.5%。

L　产渣率对钒渣品位的影响

当铁水中钒含量与半钢中余钒为一定值时，实物钒渣产渣率与钒渣（V_2O_5）品位呈反比关系，即（V_2O_5）含量越高，产渣率越低，反之亦然。从实际生产中可得到，铁水中钒的质量分数为 0.32%、平均钢中余钒的质量分数为 0.028%、钒渣品位控制在 17% ~ 20% 时，实物产渣率应控制在 2.6% ~ 3.0%。

M　开新炉操作要点

提钒开炉有传统炼钢法开炉和深吹法（即半钢碳较正常提钒时低，温度较正常时高）开炉两种。

传统炼钢法开炉的缺点：

（1）工艺不顺，从脱硫原料跨吊运钢水到铸锭跨要经过三次吊运，两次过跨，这样使组织生产极为困难。

（2）提钒转炉设备不适应，提钒的温度比炼钢低，相应设备的功能有限。

（3）炼钢后提钒的钒渣氧化钙含量太高，影响前 10 炉钒渣质量。渣中（CaO）的质量分数在第一、二两炉达到 10% 以上，而在第 5 炉后才基本下降至 5% 以下。

从 1997 年 9 月改用深吹法开炉。深吹法可以得到以下指标的钒渣及半钢，即采用深吹半钢法开炉后的半钢中碳的质量分数为 2.0% ~ 2.5%，可直接按正常生产中半钢周转工艺在炼钢原料跨进行折罐处理。另外，新开炉后开始提钒的钒渣中（CaO）的质量分数也能控制在 2.0% ~ 3.0%，可以随正常的钒渣一同出厂。

深吹法开炉与入炉原料制度如表 8-30 所示，注意事项如下：

（1）前三炉采用脱硫撇渣铁水，装入量 125 ~ 135t，不加生铁块和其他冷却剂。

（2）第一炉加焦炭 2 ~ 3t 和硅铁 600 ~ 800kg，吹炼时间 20 ~ 25min，终点温度 1450 ~ 1520℃，半钢碳不小于 2.50%。

（3）第二炉视情况加入焦炭和硅铁，吹炼时间 15min 左右，终点温度大于 1450℃，半钢碳不小于 2.50%。

（4）前 50 炉提钒温度控制在上限，不停歇生产。

表 8-30　新开炉与入炉原料制度

炉次	铁水装入量/t	焦炭加入量/t	硅铁加入量/kg	冷却剂加入量/t
1	125 ~ 135	2 ~ 3	600 ~ 800	0
2	125 ~ 135	2	300 左右	0
3	125 ~ 135			适量

终点控制要求半钢［C］含量不小于 2.5%，半钢温度 1450~1520℃。出半钢前，在半钢罐内加覆盖剂，并且在第 3 炉以后才可出钒渣。深吹后在炼钢原料跨分成两次以上与铁水整兑后炼钢。

8.1.5.6 常见事故及处理

A 炉内渣态调整

由于料仓设备故障或操作失误，冷却剂未在规定时间内加完，延迟后加使转炉内终点温度骤然降低，导致钒渣与半钢混合，渣铁难以分离，且在出半钢过程中有钢流发红、发稠现象。另外，如果半钢未出尽，转炉内不能出钒渣。若出钒渣，易造成砣子渣，不仅给钒渣的破碎、磁选带来困难，还会减少钒渣产量，增加废钒渣量。在这种情况下可继续兑铁吹炼，重新调整渣态后出钒渣。措施如下：

(1) 按规定时间加完冷却剂。

(2) 在未出钒渣的情况下，必须在兑铁后加铁块。

B 炉口黏渣

由于提钒温度较低，金属喷溅黏结在炉帽上段，出半钢时钒渣黏在炉口出钢侧，出钒渣时钒渣黏结在倒渣侧。炉口黏渣使炉口变小、变形，兑铁、出钒渣及炉后加挡渣镖困难，严重时甚至发生氧枪碰撞炉口，给安全生产带来极大的隐患。

炉口黏渣处理办法：兑铁后或吹炼后，氧枪枪位 6.5~7.5m，氧压 0.60~0.70MPa，分期多次进行"打炉口"操作，每炉次处理时间不大于 30s。

C 烟罩、烟道积渣垮塌

提钒转炉烟罩、烟道有时积渣垮塌，积渣掉下直接威胁到炉前平台和炉下渣道作业人员的人身安全。为防止安全事故的发生，其防范措施如下：

(1) 在炉前及渣道作业时，要尽可能躲在挡渣棚和托渣板下面。

(2) 在提钒兑铁、吹炼过程中，严禁从提钒炉前平台通过。

(3) 提钒炉前对烟道的积渣定期进行清理，尽可能减少积渣量。

(4) 加强安全教育，强化安全意识，提高防范意识，增强对垮渣的警觉性。

D 黏枪

黏枪是炉内的金属和渣在氧气射流的冲击作用下，飞溅在冷却的枪身表面凝结和堆积而成，一般与以下因素有关：(1) 铁水温度过低；(2) 吹炼枪位低，特别是开吹的枪位过低；(3) 氧枪喷孔变形，喷头参数发生变化；(4) 提钒吹炼全过程渣干。

黏枪主要危害：使枪身加重加粗，提升困难，严重时氧枪提不出氮封孔，用火焰切割黏结物时易损坏枪身并且增加了非作业时间。

黏枪处理办法：发生局部黏枪时可以适当提高炉渣温度或稀渣来熔化黏结物，或用钢钎等工具敲掉黏结物，严重时必须用火焰切割黏结物。

E 铁水罐黏结渣、铁

铁水罐黏结渣、铁的主要危害：(1) 罐口变小，接铁水、出半钢困难，易洒铁；(2) 罐嘴增高，过跨时刮坏烟罩等设备；(3) 罐口变小，兑铁时不能全部兑完；(4) 铁水黏罐壁后，减少了罐的有效容积，不能保证提钒装入量；(5) 黏结渣铁后，增加了罐的空重，使重心上移，兑铁后不能自行回落，极不安全。

铁水罐黏结渣、铁的处理办法：

（1）用刺钩将渣铁钩断掉在罐内。

（2）黏罐严重时用氧气烧。

（3）铁水罐要交替用于兑铁和出半钢，利用半钢冲刷、熔化铁水罐的黏结物。

F　兑铁洒铁

提钒转炉兑铁时，由于吊车司机与指吊人员配合不好或吊车故障等原因，会造成洒铁，烧、烫伤炉前工、摇炉工及九米平台通行的人。

防止措施：

（1）兑铁时，禁止其他人员从炉前平台通过。

（2）加强炉前平台的管理，确保炉前平台安全通道的畅通，发生洒铁事故时，便于人员的迅速撤离。

（3）加强培训，提高操作技能，增强岗位间的配合。

G　大砣渣子

大砣渣子是指夹铁较多的钒渣，主要危害是破碎、磁选困难，降低了钒渣成品率。产生的原因主要有：（1）冷却剂加入时间太晚，未熔化完全；（2）生铁块黏结在炉底，出钒渣时进入渣罐；（3）半钢未出完，出钒渣时未确认；（4）钒渣氧化性强或渣稀，渣与半钢分离困难。

防止措施：

（1）冷却剂加入时间不大于 3min。

（2）半钢温度不低于 1360℃。

（3）半钢出尽。

H　摇炉洒铁

炉子倾动出现故障，在出半钢过程中炉子倾动无法正常操作，造成跑半钢事故。处理事故及安全措施：

（1）提钒炉长、摇炉工经常检查确认渣道无积水，发现炉子系统水冷设备漏水，必须及时处理，确保渣道干燥。

（2）摇炉工、中控工、炉长严格执行本岗位作业标准，凡是发现管道、阀门等有漏水的部位，都必须及时处理，严禁渣道中有积水，防止发生爆炸事故的发生。

（3）兑铁、倒炉取样、出半钢过程中，仔细观察转炉的运行情况，若发现有异常现象，立即停止作业，通知维检人员到现场检查确认并处理。

（4）倒炉或出半钢过程中，若发现炉子停不住，立即抬炉，仍不好使，按下"紧停"按钮，并将"主令控制器"回零位，立即通知维检人员处理。并立即报告炉长，作好监护，防止发生意外。

（5）炉子所有的控制系统失灵，将半钢或铁水倒在渣道上，摇炉工应迅速关闭摇炉房的窗户，防止冲上来的火焰或烟气将自己烧伤或烫伤。并立即报告炉长，作好监护，禁止他人从渣道横穿，防止发生意外。

I　提钒炉工控机失灵

提钒炉工控机失灵将导致不能正常操作提钒，为此要求炉前相关人员必需认真履行以下职责：

（1）中控工每班必须对氧枪喷头进行检查，发现喷头熔损较多、焊接处脱焊或漏水现象，立即通知调度室处理，防止发生意外。

（2）中控工每班必须对两台工控机的状态进行确认，若有发现异常需及时联系处理，确保两台工控机均能正常操作。

（3）中控工在炉子吹炼期间，若出现氧枪无法操作，应及时切换到另一台工控机继续操作，在吹炼结束后及时联系处理有故障的工控机。并把此情况汇报炉长和调度室。

（4）若在吹炼过程中出现两台工控机均失控的情况，应立即用气动马达将氧枪提至开、关氧点，并关闭氧枪氧气切断阀（若气动马达也失灵需立即关氧）。然后到氧枪小车平台检查钢绳情况，确认后操作气动马达把氧枪提到上极限，并检查氧枪喷头，发现漏水现象，立即执行炉内进水应急预案处理。

J　吹炼期间炉内进水

由于氧枪制作及喷头质量的原因，或者在提钒操作过程中枪位过低烧坏氧枪鼻子和焊缝，容易造成氧枪漏水。从炉口火焰判断，当火焰突然变软往内收、无声音、呈暗青色，表明氧枪漏水严重。烟罩蒸汽量突然增大，可能是烟罩漏水。

处理办法：发现漏水后，应立即提枪停止吹炼，通知水站停水，并上供水阀门平台关水，确认水蒸发干净后方可缓慢摇炉，摇炉时前后平台严禁有人。所有情况都应及时汇报和记录。

8.1.5.7　钒渣质量

钒渣是指含钒铁水经过转炉等方法吹炼氧化成含钒氧化物和铁氧化物的一种炉渣。

A　钒渣的结构

（1）含钒物相：对钒渣结构的许多研究都证明了钒在钒渣中是以三价离子存在于尖晶石中的。尖晶石相是钒渣中的主要含钒物相，其一般式可写成 MeO、Me_2O_3，其中 Me 代表 Fe^{2+}、Mg^{2+}、Mn^{2+}、Zn^{2+} 等两价元素离子或 Fe^{3+}、V^{3+}、Mn^{3+}、Al^{3+}、Cr^{3+} 等三价元素离子。钒渣中所含元素最多的是铁和钒，因此可称为铁钒尖晶石。纯的铁钒尖晶石熔点在1700℃左右。因此在用铁水提钒时首先结晶的是铁钒尖晶石相。

（2）黏结相：钒渣物相中还含有硅酸盐相，其中最主要的是橄榄石，其通式为 Me_2SiO_4，式中 Me 为 Fe^{2+}、Mn^{2+}、Mg^{2+} 等二价金属离子。其中铁橄榄石 Fe_2SiO_4 的熔点为1220℃，是成渣的主要矿相。因此在提钒时铁橄榄石最后凝固，将尖晶石包裹在其中，也是钒渣的黏结相。

对于含硅、钙、镁高的钒渣中有时还会有另一种硅酸盐——辉石。其一般式可写成 $Me_2Si_2O_4$ 或 $MeSiO_3$，式中 Me 为 Fe^{2+}、Mg^{2+}、Ca^{2+}，有时有 Fe^{3+}、Al^{3+}、Ti^{3+} 等离子。其中钙辉石 $CaSiO_3$ 和镁辉石 $MgSiO_3$ 的熔点分别为1540℃和1577℃。当含硅高时，钒渣中还可能存在游离的石英相 $\alpha\text{-}SiO_2$。

（3）夹杂相：钒渣中还含有金属铁，金属铁以两种形式存在于钒渣中，一种是以细小弥散的金属铁微粒夹杂在钒渣的物相之中；而另一种是以球滴状、网状、片状等形式夹杂在钒渣中。用肉眼可观察到夹杂在钒渣中的粒度较大的金属铁。

钒渣的结构对钒渣下一步提取五氧化二钒的影响主要表现在钒渣中钒的氧化速度，钒渣中钒氧化率的高低取决于钒渣中含钒尖晶石颗粒的大小和硅酸盐黏结相的多少。钒渣中的尖晶石粒度一般为 $20 \sim 100 \mu m$，影响尖晶石颗粒大小的主要因素取决于生产钒渣时钒渣的冷却速度。冷却速度慢时，尖晶石结晶颗粒大；反之钒渣冷却速度快时，尖晶石结晶细小，且分布不均匀。尖晶石结晶颗粒越大，破碎后表面增大越有利于氧化。

黏结相硅酸盐相越少，包裹尖晶石程度小，越容易氧化分解破坏其包裹，使尖晶石越容易氧化。但辉石含量高的钒渣，因为其在氧化焙烧时不易分解，会影响钒焙烧钒氧化率提高。同时，固溶于尖晶石、硅酸盐中的杂质种类和数量对转化率也有一定的影响。

B　化学成分影响钒渣的质量

钒渣的成分有：（CaO）、（SiO_2）、（V_2O_5）、TFe 和（P_2O_5），罐样还包括 MFe。另外，钒渣还有锰的氧化物、钛的氧化物、镁的氧化物等成分。

钒渣各化学成分的百分含量是评价钒渣质量好坏的主要因素，下面分别叙述各成分对钒渣质量的具体影响。

（1）（V_2O_5）的影响：钒渣中钒氧化物含量对钒渣的焙烧转化率的影响规律，原则上是钒氧化物含量高有利于提高其焙烧转化率。钒渣中钒氧化物的含量主要取决于铁水的钒含量及杂质（硅、锰、钛、铬等）含量，其次也与提取钒渣过程的操作制度有关（如冷却剂加入量、温度控制、终点控制条件等），因为大量的杂质氧化和加入冷却剂等会降低钒渣中的钒氧化物含量。

（2）（CaO）的影响：钒渣中的（CaO）对焙烧转化率影响极大，因为在焙烧过程中易与（V_2O_5）生成不溶于水的钒酸钙或含钙的钒青铜，研究表明，（CaO）的质量分数每增加 1% 就要带来 4.7% ~ 9.0% 的（V_2O_5）损失。具体影响程度与钒渣中钒含量的多少也有关系，（V_2O_5）/（CaO）比越高，影响程度就越小。当（V_2O_5）/（CaO）小于 9 时影响就比较明显。钒渣中的氧化钙的来源主要是提钒前铁水表面的炉渣（高炉渣、脱硫渣或混铁炉渣等），因此提钒前要尽量将铁水表面的脱硫渣（或高炉渣）去除干净。

一般情况下转炉提钒的钒渣中的（CaO）比雾化炉钒渣的高，其主要原因是：1）雾化提钒过程铁水钒在雾化器下部的反应区被压缩空气氧化产生钒渣，因而要求铁水通过速度较低，一般只有 5 ~ 6t/min，而在转炉提钒之前的撇渣工序中，铁水流速为 12 ~ 15t/min，因而残留于提钒铁水的高炉渣量大，故提钒后钒渣氧化钙含量较之雾化工艺高；2）攀钢的雾化提钒工艺大部分使用的是未经脱硫的铁水，结块的高炉渣被截留在提钒炉的铁水溜槽内，而转炉提钒工艺的铁水基本上是经过喷粉脱硫并经扒渣后的铁水，高氧化钙的粉状脱硫渣和部分高炉渣不易经撇渣过程很好地分离而混入提钒铁水中，造成后部提钒过程生产的钒渣氧化钙含量高；3）转炉提钒过程加入的冷却剂含有少量的氧化钙杂质，以及转炉提钒过程的转炉炉衬溶蚀，是造成钒渣氧化钙偏高的第三个原因。

（3）（SiO_2）的影响：渣中（SiO_2）对钒渣氧化焙烧有影响，主要是按反应式（Na_2CO_3）+（SiO_2）→（Na_2SiO_3）+ $\{CO_2\}$ 反应生成了可溶性玻璃体，它在水中发生水解析出胶质

（SiO_2）沉淀，使（V_2O_5）浸出及浸出液澄清困难、堵塞过滤网孔，降低过滤机生产效率。当然，影响程度也和钒渣中的（V_2O_5）/（SiO_2）比有关。当（V_2O_5）/（SiO_2）比小于1时，影响就比较明显。钒渣中的硅主要来自铁水，其次也与冷却剂种类及加入量有关。

（4）铁的影响：钒渣中铁有两种形态存在，金属铁和氧化铁。

钒渣中MFe（金属铁）和TFe（全铁）的区别：MFe（金属铁）是指粗钒渣制样过程磁选出的铁含量；而TFe（全铁）是指钒渣铁氧化物的铁含量。

钒渣在破碎处理时都要将大部分金属铁通过各种方法除去。但含量过高会影响钒渣处理时的难度。同时过细的金属铁在钒渣氧化焙烧过程中，氧化反应时要放出大量热量会使物料黏结。反应式如下：

$$2Fe + 3/2\{O_2\} =\!=\!= (Fe_2O_3) \quad \Delta G^{\ominus} = -825.50kJ/mol$$

钒渣混合料的质量热容为0.85J/（g·K）。假定在绝热情况下，全部金属铁都氧化后，1kg钒渣中含有金属铁量为10%，氧化放出热量为738.82kJ，升温869.2℃。但实际上金属铁不可能同时全部氧化，颗粒大的金属铁仅是表面氧化而已。以上说明金属铁氧化放热是有影响的，除去钒渣中的MFe（金属铁）是必要的。

氧化铁的影响主要是少量的钒溶解于（Fe_2O_3）中造成钒损失。当（Fe_2O_3）的质量分数超过70%时影响明显。钒渣中的铁含量与铁水提取钒渣的方法、过程的温度操作制度、渣铁分离方法等因素有关。

（5）磷的影响：钒渣中磷的来源主要是铁水。钒渣中磷的主要影响在于焙烧过程中磷与钠盐反应生成溶于水的磷酸盐。被浸出到溶液中，磷对钒的沉淀影响极大，同时也影响产品的质量。

（6）其他成分的影响：

1）锰的影响：钒渣中的锰主要来自铁水。钒渣中锰对后步工序的影响目前存在着不同的看法。实践表明，锰的化合物是水浸熟料时生成"红褐色"薄膜的原因之一，这将使过滤十分困难。同时，部分锰将转入（V_2O_5）的熔片中，以后进入钒铁，将影响对锰含量要求严格的钢种质量。我国钒渣标准中对锰没有限制，但俄罗斯限制钒渣中（MnO）的质量分数不大于12%。

2）氧化铝、氧化钛、氧化铬的影响：这些氧化物在钒渣中是与钒置换固溶于尖晶石中的，实践表明，当它们含量高时将影响钒的转化率，但在钒渣标准中没有限制规定。目前关于它们影响的研究尚少。

8.1.5.8 转炉铁水提钒技术指标

A 钒渣质量的评价标准

目前评价钒渣质量的主要指标是以化学成分为依据。为了满足后步工序提取（V_2O_5）的需要，标准中对（V_2O_5）含量越高，（CaO）、（P_2O_5）、（SiO_2）、MFe等其他元素含量越低的钒渣评级越高。因此，判断钒渣质量首先是对（V_2O_5）品位进行判定，并按照其他成分的相应含量对钒渣进行评级。我国钒渣质量判定标准见表8-31。

表 8-31　我国钒渣化学成分（YB/T 00-8—1997）

牌号		FZ9	FZ11	FZ13	FZ15	FZ17	FZ19	FZ21
$w(V_2O_5)/\%$		8.0~ 10.0	10.0~ 12.0	12.0~ 14.0	14.0~ 16.0	16.0~ 18.0	18.0~ 20.0	20.0
$(CaO)/(V_2O_5)$	一级	0.11						
	二级	0.15						
	三级	0.22						
$w(SiO_2)/\%$	一类	≤20.0						
	二类	≤24.0						
	三类	≤32.0						
$w(P)/\%$	一组	0.13						
	二组	0.30						
	三组	0.50						

B　转炉提钒技术指标

转炉提钒的主要产品为钒渣及半钢，针对钒渣、半钢质量的好坏及其生产能力的大小，可将转炉提钒技术经济指标分为以下几个部分：

（1）钒渣质量。转炉钒渣的化学成分见表 8-32。

表 8-32　转炉钒渣的主要成分

钒渣成分	(CaO)	(SiO_2)	(V_2O_5)	TFe	MFe	P
含量/%	1.5~2.5	14~17	16~20	26~32	8~12	0.06~0.10

（2）半钢质量。半钢的质量指标主要有：半钢碳含量、半钢温度及余钒。为了给后步工序提供较好的冶炼条件，保证炼钢品种炼成率，一般要求半钢入炼钢转炉的 [C] ≥ 3.7%，$T \geq 1360℃$。为了保证提钒转炉的充分提钒，半钢余钒质量分数不大于 0.05%。半钢的成分见表 8-33。

表 8-33　转炉半钢的成分

温　度/℃	[C]/%	[Si]/%	[Mn]/%	[V]/%	[P]/%	[S]/%
1378	3.6~4.0	微量	0.1~0.2	0.03~0.05	0.06	0.05~0.08

半钢碳、温度的高低对后步工序的主要影响：

1）半钢碳低，生产高中碳钢种较困难，化学热源不够，消耗废钢少或容易造成后吹；

2）半钢温度是炼钢过程的物理热源，温度低，炼钢过程成渣慢，脱硫磷效果差，或容易造成过吹。

（3）钒回收率。转炉提钒工序的钒回收率是指生产钒渣中钒的绝对量占铁水中钒含量的比例。经过生产实践，转炉提钒的钒氧化率及回收率见表 8-34。

表 8-34　转炉提钒的钒氧化率及回收率

项　目	钒氧化率/%	钒回收率/%	备　注
攀钢转炉提钒试验（1995 年）	82.64	76.00	
攀钢转炉提钒试验（1997 年）	86.62	高炉→成品渣 69.92 脱硫→成品渣 78.69	铁水含钒的质量分数为 0.30%
俄罗斯下塔吉尔公司	90.00	82.85	铁水含钒的质量分数为 0.45%
攀钢转炉提钒工艺优化（1998 年）	90.40	80.90	铁水含钒的质量分数为 0.31%
攀钢转炉提钒（2000 年）	90.20	80.72	铁水含钒的质量分数为 0.31%

（4）炉龄。转炉提钒与转炉炼钢在吹炼方法上存在不同，主要表现在氧压低、吹炼时间短、钢液几乎裸露吹炼等，其炉龄指标也与常规冶炼转炉不同。俄罗斯下塔吉尔钢铁公司采用两座转炉提钒法，其炉龄达到 2000 炉。攀钢转炉提钒炉龄情况及炉衬各部位损毁速度见表 8-35 及表 8-36。

表 8-35　提钒转炉炉龄发展情况

年份	1995	1996	1997	1998	1999	2000	2001	2002	2003
平均炉龄/炉	1310	1686	2129	2377	3588	5440	5710	7334	7481
最高炉龄/炉	1384	1845	2764	3093	4373	6340	6300	10541	10422
炉役数	4	9	9	10	7	5	5	4	3

注：至今炉龄稳定在 10000 炉次左右。

表 8-36　维护对炉衬毁损速度的影响

炉役	首喷炉龄/炉	停炉炉龄/炉	毁损速度/mm·炉$^{-1}$	
			喷补前	喷补后
98402	1680	2258	0.446	0.398
98501	1300	1992	0.564	0.332
98504	1560	2557	0.481	0.231
99402	2080	3458	0.337	0.167
99501	2250	3069	0.333	0.281
99501	2924	3932	0.256	0.228

（5）冶炼周期。提钒转炉设计冶炼时间为 30min，经过实践，提钒转炉实际冶炼时间为 24.5min，设计与实际冶炼时间的对比见表 8-37。

表 8-37　提钒转炉设计与实际的冶炼时间对比

项目	设计冶炼时间/ min	实际冶炼时间/ min
撇渣	8	6（扒渣）
兑铁	2	2
吹炼	8	3~7
取样测温	2	3
出半钢	5	4~10
出钒渣	3（其余2）	1
合计	30	24.5

从表 8-37 可知，提钒转炉本身的生产能力超过了设计水平。从冶炼周期的生产数据分析可看出，提钒转炉非冶炼时间为 10~15min，转炉本身的生产能力还有潜力可挖。

8.1.6　提钒后半钢转炉炼钢工艺[3]

提钒后半钢成分含量如表 8-33 所示。其中：

（1）半钢炼钢时，成渣元素含量低，影响成渣速度。在提钒过程中，铁水［Si］、［Mn］等元素不同程度被氧化，特别是［Si］元素被氧化成微量，很难形成初期渣。

（2）半钢炼钢时发热元素含量低，影响半钢炼钢时熔池升温速度。针对上述半钢条件，采取优化半钢炼钢工艺。

8.1.6.1　造渣制度

优化半钢转炉炼钢造渣制度如下：

（1）采用活性石灰造渣（活性度达 320mL 以上），初期渣形成提前 1~2min，恰好适应开吹 1~2min 后半钢中［C］开始氧化。

（2）采用多组元的造渣剂。其成分有 CaO、MgO、MnO、Al_2O_3 和 SiO_2 等混合造渣剂，其目的是增大炉渣液相区，降低过早形成（$2CaO \cdot SiO_2$）高熔点化合物，促进石灰熔化。

（3）采用留渣操作。将溅渣护炉后剩余炉渣留下一部分，可视为高碱度高氧化性高温的"预熔"渣留下，加入到下一炉钢冶炼初期渣中，加快初期渣形成。

（4）炉渣碱度确定。石灰加入量视半钢中磷含量确定。当半钢中［P］含量低时碱度选择 2.8~3.2，石灰加入量计算如下：

$$石灰加入量（kg/t）= 2.14[Si]R \times 100/\sum (CaO)_{有效} \qquad (8-16)$$

当半钢中［P］含量较高时碱度选择 3.2~3.5，石灰加入量计算如下：

$$石灰加入量（kg/t）= 2.2([Si]+[P])R \times 100/\sum (CaO)_{有效} \qquad (8-17)$$

式中，$\sum (CaO)_{有效} = (CaO)_{石灰} - R(SiO_2)_{石灰}$；$(SiO_2)_{石灰}$ 为石灰中 SiO_2 含量，%。

由于半钢中［Si］含量低且采用留渣操作，因此石灰加入量也相应减少。

（5）半钢炼钢造渣操作，采用两批渣料造渣方法。占总渣料 1/3~1/2 的第一批料（含 SiO_2 的酸性材料、轻烧镁球或轻烧白云石、富锰矿、石灰等）在开吹后加入，剩余的第二批料（主要是石灰等）在初期渣形成（4~6min）后再加入。半钢炼钢终点炉渣成分如表 8-38 所示。

表 8-38　半钢炼钢终点炉渣成分　　　　　　　　　（%）

成分	(CaO)	(SiO₂)	(MgO)	(MnO)	TFe
含量	43.02~58.41	7.64~17.20	7.92~13.70	2.08~3.00	11.65~21.00

8.1.6.2　温度制度

为了提钒半钢温度控制在不高于 1360℃，并且提钒时铁水中发热元素 [C]、[Si] 等不同程度被氧化，因此热源不足是半钢炼钢工艺难题。通过适当减少或优化造渣剂，采用留渣操作，以及不再加废钢等冷却剂措施实现热平衡。若热量还不足，可以采取半钢增碳法或者半钢炼钢时加入碳质提温剂以及尽可能采用红包出钢等措施。

出钢温度确定，计算如下：

$$T_{出} = \Delta T_f + \Delta T_{降} + \Delta T_{镇} + \Delta T_{处} + \Delta T_{浇} + \Delta T_{过} \qquad (8-18)$$

式中，$T_{出}$ 为出钢温度，℃；ΔT_f 为钢种理论凝固温度，℃；$\Delta T_{降}$ 为出钢过程温降，℃；$\Delta T_{镇}$ 为镇静时间温降，℃；$\Delta T_{处}$ 为炉后处理过程温降，℃；$\Delta T_{浇}$ 为浇铸过程温降，℃；$\Delta T_{过}$ 为浇铸时过热度，℃。

8.1.6.3　供气制度

通常采用分阶段恒压变枪位操作。冶炼低 [C] 钢种时，氧枪枪位采用高—低—低三段式变化方式。前期采取高枪位操作便于快速成渣，然后视化渣状况，逐渐降低枪位。氧枪喷头采用 536-16 型号 5 孔 16°夹角的喷头，具有化渣快、脱磷效率高、耗氧低、寿命长等优点。供氧强度（标态）为 3.05~3.3m³/(t·min)。底吹供气强度（标态）为 0.06m³/(t·min)，冶炼临近终点，适当增加底吹供气强度。应用一次拉碳控制模式，提高一次拉碳成功率，因此降低终点钢中 [O]、渣中 TFe 含量。

8.1.6.4　终点控制及脱氧合金化

A　终点控制目标

终点要控制炉内钢水的主要化学成分和温度达到所炼钢种要求的时刻。达到终点的具体目标有以下几方面：

（1）钢水中碳含量达到所炼钢种的控制范围。

（2）钢水中的磷、硫含量低于所炼钢种规格下限要求的一定范围。

（3）钢水温度达到冶炼钢种要求，能保证钢水顺利浇铸。

（4）满足所炼钢种的特别要求，如钢水氧化性等。

B　终点控制方法

终点控制的方法主要有计算机控制和经验控制等，下面重点介绍经验控制方法（计算机控制内容见第 4 章）。

（1）终点碳判断。转炉开吹后，熔池中碳不断被氧化，碳氧化时生成大量的 {CO}

气体，高温 {CO} 气体不断从炉口排出，与空气接触立即燃烧形成火焰，通过观察碳火焰变化、火花和吹氧时间等可综合判断炉内碳含量。

（2）看火焰。吹炼前期熔池温度较低，脱碳速度慢，炉口火焰短，颜色呈暗红色；吹炼中期熔池温度升高，碳开始大量氧化，生成的 {CO} 气体较多，炉口火焰较长且明亮有力；吹炼后期碳氧化速度降低，生成 {CO} 气体量较少，炉口火焰开始有规律地收缩，火焰稀薄。实际生产中拉碳控制要综合考虑熔池温度、炉膛大小、枪位、氧压和炉渣状况等因素。

（3）看火花。从炉口被带出的金属液滴中碳在空气中燃烧要发生爆裂形成火花状况来判断熔池 [C] 含量。金属液滴碳含量越高，爆裂程度越大，表现为火花多或羽毛状，随着碳含量降低，爆裂程度开始减弱，碳火花表现为多叉、三叉、两叉，当碳含量很低（≤0.20%以下）时，火花几乎消失，跳出来的均是小火星和流线。实际过程中通过火花状况判断熔池碳含量要结合钢水温度来判断。

（4）供氧时间和耗氧量。当喷头参数确定以后，采用恒压操作，单位时间内供给熔池的氧是一定的，吹炼一炉钢的吹氧时间和耗氧量是变化不大的，因此可以通过吹氧时间和耗氧量来判断终点碳含量。

（5）终点温度判断。在实际生产中，对钢水终点温度的控制主要是以热电偶测温为主，再结合经验判断。经验判断钢水温度主要有以下几种手段：

1）火焰判断。熔池温度高，炉口火焰白亮而浓厚有力，火焰周围有白烟。熔池温度低，炉口火焰发暗，形状有刺无力，喷出的渣子发红。

2）炉膛判断。倒炉后观察，炉膛白亮而刺眼，渣层上有气泡和火焰冒出，表明炉温高。若炉膛不白亮刺眼，渣面暗红，没有火焰冒出，则炉温较低。

3）取样判断。取出钢样后，样勺内炉渣很容易拨开，样勺周围有青烟，钢水白亮，倒入样模内钢水活跃，结膜时间长，则钢水温度高。若不容易拨开炉渣，钢水呈暗红色，混浊发黏，倒入样模内钢水不活跃，结膜时间短，则钢水温度低。

4）氧枪冷却水温度差。若氧枪进出水温度差较大，说明炉温较高；若氧枪进出水温度差小，说明炉温低。

8.1.6.5　脱氧合金化

在吹炼过程中，钢水中溶解了一定数量的氧，为保证钢的性能，需要在终点后必须对钢水进行脱氧，同时根据钢种要求加入一定数量的合金调整钢中合金元素成分。

A　脱氧原则

（1）脱氧剂加入顺序是先弱后强，这样既可保证钢液的脱氧程度达到钢种的要求，同时也有利于生成的脱氧产物易于上浮，以保证钢种质量的要求。

（2）以脱氧为目的的元素先加，合金化的元素后加，这样可保证合金元素收得率的相对稳定，防止合金元素出现不必要的烧损。

（3）易氧化的贵重合金元素应在脱氧良好的情况下加入，如钒铁、铌铁、钛铁、硼铁等合金应在硅、锰、铝等脱氧剂全部加完后再加，以提高其收得率。

（4）难熔的、不易氧化的合金应在炉内加入，如镍板、铜板等。

B 脱氧操作

根据脱氧剂加入的方法，可分为炉内脱氧合金化和钢包内脱氧合金化两种脱氧操作方法。

（1）炉内合金化：炉内脱氧合金化一般在合金加入数量多和加入难熔合金的情况下采用，它具有合金熔化快、成分均匀、对出钢温降影响小、脱氧产物易于上浮等优点，但存在合金收得率低且不稳定、冶炼时间长、钢水回磷严重等缺点。

（2）钢包内合金化：在出钢过程中，将全部脱氧剂和合金逐渐加入到钢包内，这种脱氧方法称为钢包内脱氧合金化。加入钢包内的合金应加在钢流冲击区，以利于合金的熔化和搅拌均匀，同时应掌握好合金加入时间，严格控制下渣量，以确保合金收得率和防止回磷。

C 合金加入量计算

各种合金加入量可由下列公式计算：

$$合金加入量=\frac{钢种规格元素含量中限-终点元素成分}{合金中合金元素含量×合金元素收得率}×出钢量$$

合金收得率与各厂的脱氧操作有较大关系，合金收得率通常情况下按如下考虑：

终点碳不小于 0.10%：$\eta_{Si}=88\%\sim90\%$、$\eta_{Mn}=90\%\sim92\%$；

终点碳小于 0.10%：$\eta_{Si}=85\%\sim88\%$、$\eta_{Mn}=85\%\sim90\%$；

预脱氧钢（小平台钢水氧活度控制在（$200\sim500$）$\times10^{-6}$）：$\eta_{Si}=70\%\sim75\%$、$\eta_{Mn}=80\%\sim85\%$。

8.1.7 半钢炼钢条件下的转炉溅渣护炉工艺

转炉溅渣护炉的基本原理是在转炉出完钢后不倒渣的条件下利用氧枪向炉内吹入高压氮气，用高速氮气射流把炉渣溅起来黏结在炉衬表面上，达到对炉衬的保护和提高炉龄的目的。溅渣护炉要获得良好的效果，就应做到"溅得起、黏得牢、抗侵蚀"。首先要把炉渣从炉底上溅起来飞向炉衬各个部位，然后炉渣要能在炉衬表面黏住并黏牢，溅渣层应有良好的抗侵蚀性能。

为了在半钢炼钢工艺上推广溅渣护炉技术，1997 年原国家经贸委给攀钢下达了半钢冶炼转炉溅渣护炉的科研任务，经过几年的努力，掌握了提钒半钢炼钢条件下的溅渣护炉工艺技术。

8.1.7.1 半钢炼钢条件下的溅渣护炉工艺及设备

A 转炉

炼钢厂现有 3 座炼钢转炉，公称容量 120t。炉体外径 6670mm，外形高度 9750mm，炉口结构为水冷炉口。炉子采用镁碳砖作炉衬，开新炉时炉膛直径 4450mm，高度 7920mm，炉容比 0.86m^3/t。

B 氧枪

冶炼采用普通型氧枪喷头（535 型）供氧。溅渣所用氧枪与吹炼所用氧枪相同，氧枪喷头参数见表 8-39。

表 8-39　炼钢及溅渣用氧枪喷头参数

孔数/个	喉口直径/mm	边　孔		马赫数
		出口直径/mm	喷孔夹角/(°)	
5	35	43	13	1.86

　C　溅渣用供氮系统

1997 年初开始对溅渣护炉供氮系统进行技术改造，改造的主要内容有：

（1）增加一座 650m³ 储罐用于储存氧气，将原来的两座 120m³ 中压氧气储罐作为中压氮气储罐；

（2）增设中压氮气储罐至炼钢厂之间的输送管道；

（3）增加两台中压氮压机；

（4）增设从中压氮压机至氮气储罐的氮气输送管道；

（5）每座转炉设一个手动氮气截止阀，每支氧枪前设置一个调节阀、一个快速切断阀和一个放散阀，氮-氧切换控制系统纳入转炉基础自动化。

　D　原材料条件及冶炼钢种

（1）半钢：入炉半钢成分、温度见表 8-40。

表 8-40　入转炉半钢成分、温度

元素	[C]/%	[Mn]/%	[P]/%	[S]/%	[V]/%	[Ti]/%	温度/℃
平均值	4.03	0.11	0.075	0.014	0.07	0.04	1325
范围	2.98~4.70	0.06~0.26	0.058~0.095	0.005~0.036	0.02~0.31	0.02~0.15	1240~1401

注：包括未提钒的铁水成分。

（2）造渣材料：转炉所用造渣材料有活性石灰、轻烧白云石、复合造渣剂等。

（3）炉衬砖：炉衬砖为镁碳材质，其理化指标见表 8-41。

表 8-41　转炉炼钢用镁碳砖理化指标

显气孔率/%	体积密度/g·cm⁻³	常温耐压强度/MPa	MgO 含量/%	C 含量/%
1.2~3.7	2.96~3.03	35.0~41.9	75.44~83.81	13.12~18.18

（4）冶炼钢种：转炉冶炼的钢种主要有重轨、车轴钢、低碳铝镇静钢、汽车大梁板钢、石油管线钢及 Q 系列普碳钢等。出钢温度 1660~1700℃。

8.1.7.2　钒钛炉渣特征

　A　含钒钛转炉炉渣的成分特征

转炉终渣成分见表 8-42。由表可见转炉终渣大致可分为两类：一类为高中碳钢的低 TFe 炉渣，一类为低碳钢的高 TFe 炉渣。由于原材料、工艺条件等原因，前者的（V_2O_5）+（TiO_2）含量为 4.97%，后者（V_2O_5）+（TiO_2）含量为 1.97%，其中，（V_2O_5）含量是主要成分。

表 8-42　转炉冶炼炉渣成分 （%）

钢　种	（SiO₂）	（CaO）	（MgO）	（MnO）	TFe	（V₂O₅）	（TiO₂）
高中碳钢（16 炉）	8.92	53.68	5.51	2.16	11.90	3.22	1.75
低碳钢（16 炉）	8.58	47.17	5.10	1.57	21.11	1.38	0.59

B　含钒钛转炉炉渣的熔化特性

以熔化炉所测定半球点作为炉渣熔点的量度，即熔化温度。测试含钒钛转炉炉渣的熔化温度，结果见图 8-20。

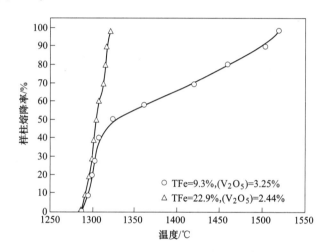

图 8-20　转炉终渣熔化特性

由图 8-20 可知钒、钛转炉渣的特性如下：

（1）低钒钛的高 TFe 炉渣和普通转炉渣一样，熔点一般低于 1400℃，半球点到全熔温度区间很窄，为短渣行为。

（2）高钒钛的低 TFe 炉渣，其熔点与普通转炉低 TFe 炉渣完全不同：普通转炉低 TFe 炉渣的熔点可达 1500℃，甚至以上，而含钒钛半钢冶炼的高钒钛低 TFe 炉渣，其熔点很少超过 1400℃。这表明（V₂O₅）对这类渣熔点的影响最为显著，每增加 1%（V₂O₅）约降低炉渣熔点 27℃。但高钒钛低 TFe 炉渣的熔化温度区间较宽，在这一点上，它又与普通转炉低 TFe 炉渣一致。

C　含钒钛转炉炉渣扫描电镜分析

为了从物相结构上找出（V₂O₅）对高 TFe 炉渣和低 TFe 炉渣熔化性温度的影响原因，进行了扫描电镜分析，结果见表 8-43 和表 8-44。由表可见，高 TFe 炉渣中，（V₂O₅）、（TiO₂）主要存在于铁酸盐相中，而在低 TFe 炉渣中，（V₂O₅）、（TiO₂）不仅存在于铁酸盐相中，而且存在于（C₃S）中，这可能就是为什么含高钒、钛氧化物低 TFe 炉渣熔化性温度不高的原因。

表 8-43　高铁低钒渣的扫描电镜能谱分析结果 （%）

物相	Mg	Ca	Mn	Si	Fe	Al	Ti	V
硅酸三钙	0.43	69.93	0.03	23.30	4.00	0.84	0.29	0.08
铁酸二钙	0.52	51.30	0.31	2.41	35.32	4.99	3.71	1.44

物相	Mg	Ca	Mn	Si	Fe	Al	Ti	V
RO 相	16.03	46.38	6.11	2.47	18.66	0.00	0.00	0.00
自由 CaO	8.13	79.00	3.03	—	9.88	—	—	—

注：TFe＝25.10%，(V_2O_5)＝1.59%，(TiO_2)＝0.76%。

表 8-44　低铁高钒渣的扫描电镜能谱分析结果　　　　　　　　（%）

物相	Mg	Ca	Mn	Si	Fe	Al	P	Ti	V	S
硅酸三钙	0.97	70.12	0.23	13.1	2.61	3.35	4.34	2.40	2.89	—
铁酸二钙	1.86	51.53	0.47	1.71	29.46	8.42	—	4.06	2.47	—
自由 CaO	1.95	91.15	1.75	0.2	2.96	0.40	—	0.00	0.51	0.6
RO 相	23.6	4.10	6.50	—	65.47	—	—	—	—	—

注：TFe＝11.6%，(V_2O_5)＝2.36%，(TiO_2)＝1.36%。

D　含钒钛转炉炉渣中（MgO）的饱和值

炉渣中（MgO）含量是溅渣护炉的重要指标之一，只有将渣中（MgO）含量控制在饱和值以上，在冶炼过程中才能减少炉衬上的 MgO 向炉渣中的转移速度。研究表明：（MgO）饱和值的影响因素主要有碱度和温度，当碱度低于 2 时，随碱度降低，（MgO）的饱和值增加很快，碱度对（MgO）饱和值的影响大大超过了温度对（MgO）饱和值的影响。当碱度大于 2 时，温度对（MgO）饱和值的影响是主要因素。理论上半钢冶炼终渣中 2%的（V_2O_5）+（TiO_2）将使（MgO）的饱和值增加 0.4%。

E　含钒钛转炉炉渣的黏度

采用旋转圆柱法测定了含钒钛转炉炉渣的黏度，结果见图 8-21 和图 8-22。由图可见：影响炉渣黏度的因素第一位的是 TFe 含量的高低，第二位的是（MgO）含量，[V]、[Ti]

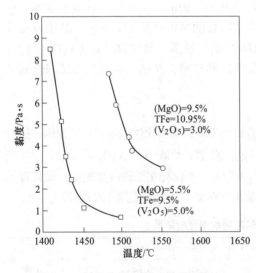

图 8-21　转炉终渣黏度（低 TFe 炉渣）

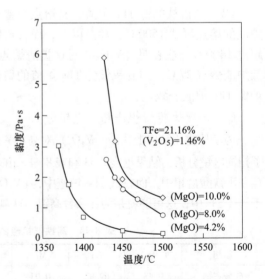

图 8-22　转炉终渣黏度（高 TFe 炉渣）

氧化物的作用并没有超过 TFe 和（MgO）。从溅渣护炉考虑，终渣中（MgO）含量均应超过饱和，这主要是由于（MgO）含量是能提高炉渣黏度的重要手段。例如：（1）TFe 约为 20%的炉渣，当（MgO）含量为 4%时，1400℃、1500℃的黏度仅为 0.7Pa·s、0.1Pa·s，而将（MgO）含量提高至 10%，1500℃时炉渣的黏度就可达 1.0Pa·s；（2）1500℃、（MgO）含量为 10%的炉渣，当 TFe＝10%时的黏度为 4.0Pa·s，而将 TFe 升高至 20%时，黏度就降为 1.0Pa·s。

F　适合半钢炼钢及溅渣护炉的炉渣渣系

通过以上基础研究，对传统炉渣进行了改进，改进后的炉渣熔化性能见图 8-23。由此可见，改进后炉渣的熔化性温度达 1400～1430℃，全熔温度高达 1550～1600℃，炉渣的熔化性能得到了显著提高，较好地满足了溅渣护炉要求，达到了预期的目的。冶炼过程具体改进措施如下：

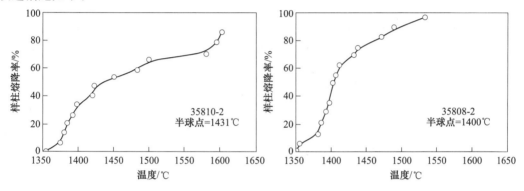

图 8-23　改进后的转炉终渣熔化性能

（1）半钢炼钢造渣制度：为达到溅渣护炉所要求的炉渣渣系，经过大量试验，探索出适合溅渣护炉的半钢炼钢造渣制度，并结合氧枪枪位的合理控制，初期渣形成时间由原来的 5～8min 缩短至 3～5min。因为用半钢炼钢，[Si] 含量为痕迹，并且又逐步实现无萤石造渣，因此加入一定数量的酸性材料帮助化渣。通常加复合造渣剂和轻烧白云石，渣中（MgO）含量控制在 10%～12%范围，减轻炉渣对炉衬的侵蚀。

（2）半钢炼钢终点控制：在无副枪控制手段条件下，根据自身原材料和工艺特点，研究了供氧时间和温度模式对终点进行控制。通过此模式的实施，冶炼的一次拉碳率由原来的 10%提高至目前的 60%。减少补吹次数，降低倒炉次数，缩短高温钢液在炉内停留时间，尤其是降低钢液或炉渣的氧化性，不仅减轻对炉衬的化学侵蚀而且为溅渣护炉用的合格炉渣做好准备。另外，采用红包出钢，降低出钢温度。

（3）终渣 TFe 含量的控制：在开展溅渣护炉以前，冶炼低碳钢时终点炉渣过氧化的现象十分严重，渣中 TFe 高达 25%～30%，甚至更高，如表 8-45 所示。高 TFe 含量的炉渣非常稀薄，不仅溅渣困难，而且对炉衬侵蚀相当严重。

表 8-45　溅渣护炉实施前冶炼低碳钢炉渣中 TFe 分布

终点 [C]/%	<0.03	0.03～0.04	0.05～0.09	0.10～0.19
渣中 TFe/%	31.11	26.01	19.21	15.20
炉数/炉	11	10	6	7

在开展溅渣护炉项目的研究后，通过采取措施，较好地控制了渣中 TFe 含量，使其终点 [C] 为 0.04%~0.05% 时，渣中 TFe≤22%，见图 8-24。

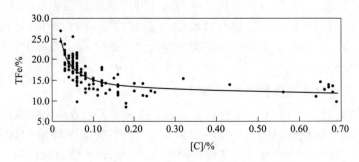

图 8-24　采取措施后的炉渣氧化性与碳含量关系

（4）终渣成分：采取以上措施后，较好地控制了过程渣及终渣成分。在这样的炉渣成分下，过程渣容易化透，终渣黏稠，炉渣有较强的脱硫、脱磷能力，溅渣效果好，溅渣层具有较好的抗侵蚀能力。

（5）渣量的控制：渣量是溅渣护炉的关键，渣量过少，溅渣护炉效果就差。转炉冶炼过程的渣量一般为 8~10t/炉，倒炉后，溅渣时的渣量仅为 5~6t/炉。很明显，渣量过少。

为了减少倒炉时的渣量流失，采用加高取样平台、倒炉人工压渣、出钢过程加多棱锥挡渣器挡渣的方法，尽可能多地留渣于炉内。

8.1.7.3　溅渣护炉操作工艺

A　溅渣吹氮参数

根据转炉特殊的炉型、氧枪喷头参数、炉内留渣量，并通过大量试验，确定了合理的溅渣吹氮参数：

N_2 气总管压力：≥1.2MPa；

N_2 气工作压力：0.9~1.1MPa；

溅渣枪位：距炉底 1.6~2.3m。

实践表明：按以上参数实施吹氮溅渣，炉渣能溅至炉底到炉口的各个位置。

B　调渣工艺

出钢后，炉内留渣，观察炉渣的黏稠度，确定是否对炉渣状态进行调整。不需要调整的炉次，直接溅渣。需要调整的炉次，从料仓加入改质剂。改质剂的作用是改变炉渣的熔化性能和降低炉渣过热度，从而使炉渣在 1~2min 内迅速黏稠，容易溅起渣。经研究试验，开发出了适合半钢炼钢的溅渣护炉的改质剂。

C　溅渣率

三座 120t 转炉目前承担着极其繁重的产量和品种任务，并受资源条件、装备水平等因素的限制，溅渣率不太高，一般为 70%~75%。

8.1.7.4　转炉溅渣护炉效果

（1）转炉炉龄：攀钢于 1997 年开始溅渣护炉技术研究，1999 年 9 月全面推广，当年即提高 622 炉，并于 2000 年分别突破 3000 炉、4000 炉。2002 年炉龄已突破 10000 炉大关，2003 年平均炉龄已达 8550 炉/役，较溅渣以前提高 6000 多炉，现在稳定在 10000 炉左右。

（2）炉衬达到阶段性"零"侵蚀：溅渣护炉工艺实施前，炉衬前大面是侵蚀最严重部位（化学侵蚀、废钢碰撞和铁水冲刷等），溅渣护炉实施以后，一个炉役期间炉衬前大面厚度的变化如图 8-25 所示。由图可见，在一段时间内炉衬厚度已经可以达到"零"侵蚀的良好状况，这为进一步提高炉龄提供了可靠的技术保证。

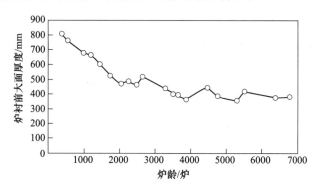

图 8-25 转炉炉衬前大面厚度变化

（3）溅渣护炉对钢中 [N] 含量的影响：对溅渣后与未溅渣的炉次取终点钢样分析 [N] 含量，结果见表 8-46。由表可见，吹 N_2 溅渣后，钢中 [N] 含量没有明显变化。

表 8-46 溅渣护炉对钢中 [N] 含量的影响

工　艺		未溅渣	溅　渣
钢中 [N] /%	平　　均	0.0013	0.0012
	范　　围	0.0007~0.0021	0.0004~0.0023

（4）经过实践，溅渣与未溅渣炉次的脱硫、脱磷无明显变化。

8.1.7.5 半钢炼钢条件下的炉体维护

A 炉衬破损的机理

转炉是高温冶炼设备，炉衬的工作条件十分恶劣，炉衬工作层在使用过程中要经受物理、化学的侵蚀作用。炉衬的破损原因大致分为如下几种：

（1）高温热流的作用。来自液体金属和炉渣，特别是一次反应区的高温辐射作用有可能使炉衬表面软化和熔融。

（2）急冷急热作用。在炼钢过程中，炉衬的温度随钢液温度的变化而变化，出完钢后炉衬温度会逐渐降低，转炉炉衬温度变化频繁，极易导致炉衬剥落。

（3）机械冲刷的作用。装料时高温铁水对炉衬冲刷严重，大块废钢对前大面冲击较为严重，同时冶炼过程中炉内气体和液体的循环流动等都对炉衬造成机械冲刷。

（4）化学侵蚀作用。高温炉气和炉渣对转炉炉衬表面层的碳氧化，破坏了砖的碳素网络骨架作用，与钢水接触的炉衬受高温作用而熔损。

B　提高炉衬砖质量

（1）提高转炉衬砖的质量。对使用的镁碳砖而言，应使用高 MgO、高密度、低杂质和气孔率少、碳含量适中的炉衬砖。

（2）提高转炉砌筑质量，实施综合砌炉。砌炉时要遵守"横平、竖直、背紧、靠实"的原则，砖缝要尽量小，且相互交错。针对转炉不同部位和侵蚀情况的不同，采用不同材质和砖厚度进行合理搭配，使炉衬侵蚀达到均衡，以达到不因局部损坏而造成停炉的目的。

C　提高冶炼操作水平

（1）控制好炉渣碱度。根据入炉铁水成分加入渣料，将炉渣碱度控制在合理的范围内。

（2）加强终点控制。特别是加强终点钢水氧活度控制，减少终渣中 TFe 含量，减轻对炉衬的侵蚀。

（3）提高炉渣中（MgO）含量。使炉渣中（MgO）含量达到饱和，减轻炉渣对炉衬的侵蚀。

（4）减少补吹和倒炉次数，尽可能采用一次拉碳，减轻钢水对前大面和渣线的侵蚀。

（5）降低出钢温度。合理控制出钢温度，尽可能采用经过烘烤的钢包出钢，条件许可的情况下降低出钢温度，减轻高温对炉衬的熔损。

（6）缩短熔炼时间。做到快速炼钢，尽可能减少钢水在炉内的停留时间。

8.1.7.6　造黏渣工艺

由于采用半钢炼钢，铁水中硅含量为痕迹，冶炼过程中需要加入酸性材料以控制炉渣碱度，通常情况下按石灰比例的 0.3 配加复合造渣剂，炉渣碱度控制在 3~4 之间。炉渣中（MgO）含量控制在 10%~12%，轻烧白云石加入量为 3.5~4.0t，炉渣中 TFe 控制在 20% 以下。

8.1.7.7　炉体维护技术

（1）可利用人工观察和激光测厚仪来判断炉体的侵蚀状况，针对不同炉龄阶段和不同的炉体状况采取相应的措施。

（2）对转炉前后大面主要通过扣补和渣补的方式来维护。扣补时每次用补炉料扣到薄弱环节，烧结时间控制在 40~60min，如果生产节奏允许，留部分炉渣放在薄弱环节停留 15~20min。溅渣后也可采取前后大面挂渣的方式来维护。

（3）对渣线部位和耳轴部位可采取喷补的方式来维护。根据侵蚀情况进行喷补，每次用料 500~1000kg，喷补应遵循高温、快喷、勤补、薄补的原则，并保证一定的烧结时间。

8.2　提铌工艺

铌（Nb，Niobium），原子序数 41，原子量 92.91。铌是闪亮的银白色金属，纯净时比较软。因为氧化膜的保护作用而能够抗腐蚀，但与热浓酸能够发生反应，不跟熔融碱发生反应。铌的熔点为 2741K，沸点为 5015K。

世界铌资源丰富，储量大。铌储量和基础储量分别为 3500 万吨和 4200 万吨。巴西是目前铌储量和基础储量最多的国家，占世界储量的 76.32%，特点是储量集中，平均品位高（大于 2%）。加拿大的铌储量居世界第 2 位，占世界储量的 6.66%。非洲只有扎伊尔和尼日利亚有一些铌储量。我国探明铌资源以 Nb_2O_5 计为 163 万吨，主要集中在白云鄂博和都拉哈拉，其中工业储量约为 5 万吨。世界铌矿资源见表 8-47。

表 8-47 世界主要铌矿资源分布

产地	原生类型	矿物	Nb_2O_5 含量/%	Nb_2O_5 储量/万吨	储量比/%
加拿大	碳酸盐	烧绿石	0.26~0.86	200	6.66
美国	碳酸盐	烧绿石	0.25	10	0.33
巴西	碳酸盐	烧绿石	3.5	2300	76.32
挪威	碳酸盐	烧绿石	0.2~0.5	14	0.46
尼日利亚	花岗岩与风化壳	铌铁矿	0.02~0.2	10~15	0.41
	花岗岩	烧绿石	0.26	36	1.19
扎伊尔	花岗岩	铌铁矿	0.55~3.6	58	1.92
	碳酸盐	烧绿石		60	1.99
肯尼亚	碳酸盐	烧绿石	0.7	70	2.32
坦桑尼亚	碳酸盐	烧绿石	0.3~0.8	40	1.33
乌干达	碳酸盐 铁铌稀土矿床 碱性岩-碳酸岩矿床	烧绿石	0.25	50	1.66
中国	钠长石花岗岩类矿床 花岗伟晶岩型矿床 砂矿床	铌铁矿	0.08~0.14	163	5.41
总计				3013.5	100

8.2.1 铌的性质与用途

铌是稀有金属，然而储量却十分丰富，能供全球使用 500 年以上。铌具有熔点高、耐腐蚀、在高温下具有极好的电子发射性能、热中子俘获截面较小、超导性能极佳等特点。因此，它在冶金工业、核能工业、航空航天工业、军事工业、超导材料、电子工业、光学玻璃、化学工业和医疗仪器等方面得到广泛应用。

钢铁工业使用铌生产铌钢，仍然是铌消耗的主要用户，用量占世界铌总产量的 95%。一般以铌铁合金形式加入钢中。铌对钢有显著的强化作用，它不但能大大提高钢的强度，通过细化晶粒和组织，使钢保持较好的韧、塑性。如果在温度上采取控制轧制措施，则钢的综合性能还有可能进一步提高。影响钢强度的因素很多，碳化物的形式就是其中的因素之一。当钢中形成碳化三铁（Fe_3C）的碳化物时，其每 1% 碳量可使屈服强度 σ_s 提高到 924MPa，而以碳化铌（NbC）或氮碳化铌（NbCN）型碳化物存在时，每 1% 碳量可使屈服强度提高到 15120MPa。每加入 0.01% 铌就可使钢的轧态屈服强度提高 30~40MPa，若以铌和其他合金元素相比，在低碳钢中，铌的强化效果是硅的 35~78 倍，是锰的 43~87 倍，是铬的 50~117 倍，是镍的 87~175 倍。因此，铌是强化钢的优良元素之一，并且使钢具有良好的韧性、抗断性、耐蚀性、耐火性和可焊性等性能。现在，铌作为微合金成分已经应用到结构钢、桥梁钢、建筑用钢、船板钢、汽车钢、压力容器钢、集装箱用钢、工程机械用钢等高附加值用钢上，如 18Nb 钢、14MnNb 钢、14NbPAl 钢、10MnPNbRe 钢、40MnNbRe 钢、30MnNbRe 钢、15MnNbRe 钢、13NbRe 钢、BNbRe 重轨钢等钢种。

8.2.2　提取铌的方法

从含铌矿中提取铌可以分两步，第一步铌矿到铌富集物，第二步铌富集物到铌铁。

国外铌矿资源主要是烧绿石，含铌品位高，通过如图 8-26 所示的联合工艺流程可以得到 Nb_2O_5 含量高达 65% 的铌精矿。

图 8-26　巴西选铌工艺流程

中国铌资源储量虽然丰富，其特点是白云鄂博多金属共生矿，嵌布粒度细，矿物种类多，含铌低，共生关系复杂，是一种难以分选的矿。

20 世纪 60 年代，包头钢铁公司同科研单位和高等院校合作，从选矿到冶炼进行了大量的研究工作，并提出了多次"富集"和"提取"的联合工艺方法[4]，对这种多元素共生难选矿，应用较成熟的工艺，即高炉—平炉—高炉—转炉—电炉—电炉的火法联合工艺流程生产低级铌铁（铌含量为 10%~12%），其联合工艺流程如图 8-27 所示。

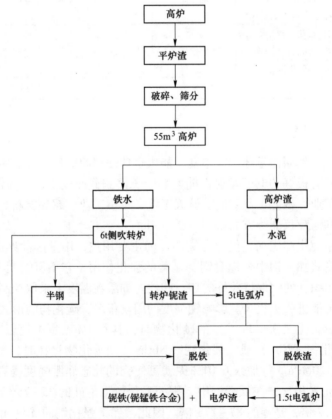

图 8-27　以平炉渣为原料生产铌铁工艺流程

从图 8-27 所示，铌矿经过高炉炼铁，铌有 85%~90%被还原进入铁水。含铌铁水经过平炉炼钢，铌被氧化进入平炉渣中。前期渣中含（Nb_2O_5）为 0.5%~1.0%，后期渣中含（Nb_2O_5）为 0.1%~0.3%。含铌平炉渣再经过高炉炼铁，铌渣被还原进入铁水。含铌铁水进入侧吹转炉炼钢，铌被氧化进一步富集进入转炉渣中（此转炉铌渣可以作湿法处理原料，进一步提取铌的富集物）。转炉富集铌渣进入电炉被还原进入半钢并再进入电炉得到低级的铌铁或者铌锰合金（此处低级铌铁可以作为合金钢添加剂或者作为进一步提取铌富集物的原料）。

上述联合工艺流程提铌，因为流程长、能耗高、收效低、成本高等原因而停产[5]。

8.2.3　侧吹空气转炉提铌（富集铌渣）工艺

在图 8-27 所示提铌联合工艺流程中，侧吹空气转炉提铌工艺是联合工艺流程中的一个环节，是将含铌的高炉铁水中的铌氧化成氧化铌进入转炉渣中而富集。

8.2.3.1　侧吹空气转炉提铌理论分析

铁液中元素氧化反应的标准自由能 $\Delta G^{\ominus}$ 与温度 T 的关系如图 8-28 所示。

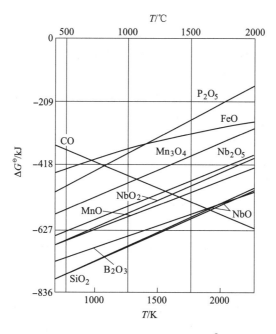

图 8-28　铁液中元素氧化反应的 $\Delta G^{\ominus}$-T 图

在低温范围内，铁液中各元素的氧化反应自由能 $\Delta G^{\ominus}$ 按 $\Delta G^{\ominus}_{[Si]} < \Delta G^{\ominus}_{[Nb]} < \Delta G^{\ominus}_{[Mn]} < \Delta G^{\ominus}_{[C]} < \Delta G^{\ominus}_{[P]}$ 顺序排列，也就说在吹炼初期硅优先于其他元素氧化，只有铁水中［Si］大量氧化完了，［Nb］、［Mn］等元素才能开始氧化。随着铁液中［Si］等元素氧化放热熔池温度不断升高，［Nb］的氧化反应还将受到铁液中［C］的氧化影响。图 8-28 中［C］的氧化反应曲线和［Nb］的氧化曲线相交，在交点左边为［Nb］优先氧化，而交点右边为［C］优先进行氧化，此点就是铁液中［Nb］、［C］的氧化转化温度，计算和实验得出这个转化

温度约在1370℃。由上面分析，铁液中［Nb］的氧化不仅受到［Si］等元素氧化的影响，更主要是受到铁水中［C］元素氧化影响。一旦熔池温度升高超过［Nb］、［C］氧化的转化温度，［Nb］的氧化反应即被抑制，甚至已被氧化于渣中的（Nb_2O_5）还有被还原的可能。因此，在转炉提铌冶炼过程中，必须控制好熔池温度低于［Nb］、［C］氧化的转化温度，才能保证转炉提铌工艺顺行。

研究表明，铁液中［Nb］在氧化过程中可以形成多种氧化物，形成条件取决于在铁液中［Nb］的浓度及与其平衡的气氛。当铁液中［Nb］含量高于0.5%时，在与其平衡的渣中形成（NbO_2）或（Nb_2O_5）存在；当铁液中［Nb］含量低于0.4%时，在与其平衡的渣中形成（Nb_2O_5）或（$FeO \cdot Nb_2O_5$）存在。实验证明，转炉吹炼高炉铁液时，最终炉渣中铌的氧化物为（Nb_2O_5）。

8.2.3.2　侧吹空气转炉提铌工艺及效果

用于提铌试验和生产的转炉为直筒型空气侧吹转炉，公称容量6t，炉膛直径1100mm，单排共8个喷孔，喷孔直径40mm，向下倾角12°；吹炼风量（标态）大于150m³/min，每炉可吹炼铁水3~6t。铁水入炉温度大于1200℃，采取两次造渣、两次扒渣操作。第一期吹炼6~11min。当炉口火焰较长、颜色呈浅黄色而边缘开始发亮时，是［Mn］、［Nb］大量氧化的象征，也是第一期终点信号，这时应及时倒炉扒渣。第一次倒炉扒渣时，铁水温度应控制在1350~1380℃之间，并让熔池平静一段时间再进行扒渣，防止扒渣带铁过多，耙头下压不可太深，力争不带铁或少带铁。第二期吹炼时进炉要快，迅速进入深吹，以碳火焰露头2min左右停吹为宜，终点温度控制在1380~1400℃。全部吹炼操作30~40min内就可以完成。铌的氧化率约为85%，进入渣中的（Nb_2O_5）实际收得率为78%。转炉铌渣要求全铁小于15%，（Nb_2O_5）与（P_2O_5）之比大于2.5。

实践表明，选择性氧化效果必须在良好的动力学条件下才能获得。转炉吹炼时，通过向炉内熔池中吹入一定压力、流量的氧或空气射流，充分地搅拌熔池，缩短均匀时间，强化了传质效果。但最短的混匀时间与搅拌动能有一最佳值范围，必须通过实验和根据操作经验确定。

铁水磷含量高，其氧化后进入炉渣，对铌渣或铌铁品位有很大影响[6]，因此在转炉提铌过程中，采用较低的炉渣碱度，降低磷的分配比，故转炉宜选用中性或酸性的炉衬。实验表明，为了兼顾提铌和抑制磷氧化的要求，渣中TFe应控制在7%~12%。

在吹炼平炉渣铁水时，渣中含（MnO）很高，一般可达45%~60%，其成渣率为10%~13%。在吹炼中贫矿铁水时，渣中TFe含量很高，可达20%~35%；渣较稀，扒渣时可以流、扒结合。其成渣率为6%~8%。渣中夹带的铁珠量一般为10%~12%。表8-48和表8-49分别是铌磷半钢的化学成分和富铌渣的化学成分。

表8-48　铌磷半钢化学成分

原料种类	化学成分/%				
	［Nb］	［Si］	［Mn］	［P］	［C］
平炉渣	<0.1	<0.1			
中贫矿	0.07~0.1	<0.1	0.2~0.4	3~4	2.6~3.0

表 8-49 富铌渣化学成分

原料种类		化学成分/%				
		（Nb₂O₅）	（SiO₂）	（MnO）	（P₂O₅）	TFe
平炉渣	一次	7~12	12~30	45~60	2~9	2.8~4.9
	二次	7~16	9~15	45~60	3~16	3.5~8.3
中贫矿	一次	3.5~5.5	34~40	10~16	3~5	20~32
	二次	2.0~4.5	26~37	4~11	4~12	24~35

8.2.3.3 影响侧吹转炉提铌的因素

（1）铁水的化学成分、温度以及夹带高炉渣的多少。它们对提铌效果和富铌渣质量有很大的影响。所以要求铁水含 [Nb] 高或者 [Si] + [Mn] 高，其他元素含量适当；铁水成分要稳定；铁水温度应大于 1200℃，以 1300℃ 为宜，铁水流动性好；铁水不夹带高炉渣。

（2）为了达到吹炼的目标，实现选择性氧化，转炉冶炼以深吹为主，强化熔池的搅拌，保证吹炼温度在 1300~1400℃，同时避免渣中 TFe 过高，减少磷的氧化。为了防止炉温升温过快，可以在第一次倒炉扒渣后，加入一定量的铁块、废铌渣等控制炉温。冷却剂的加入量不得超过入炉铁水量的 10%。

（3）铁水装入量关系到吹炼效果以及铌的收得率和铌渣质量。铁水少，会造成浅吹，严重影响铌渣质量和炉衬寿命。装入量过多，造成吹炼困难，铌氧化率低。因此，入炉铁水必须严格计量，根据炉龄确定铁水装入量。

8.2.4 底吹氧气转炉提铌（富集铌渣）工艺

1972 年包钢进行了氧气底吹转炉提铌工业性试验。试验在 3t 涡鼓新型底吹转炉上进行，采用高铝砖炉衬，炉底装两支内径为 14mm 的油冷式氧枪，每次吹炼 2.5~6t 铁水，每炉吹炼 15min，一次完成吹炼，平均供氧强度（标态）1.56m³/（min·t），氧气压力 0.34MPa，吹炼温度控制在 1360~1400℃。吹炼时，由炉内声音变化及耗氧量判断，当炉内声音变得柔和、碳火焰明显上升时，倒炉停吹。实践证明，采用恒氧压和低供氧强度对提铌有利。

底吹转炉提铌时，由于先氧化的铁、磷形成的初渣，在很深的熔池内上升过程中发生再还原作用，向熔池内回铁、回磷，使吹炼所得的铌渣中 TFe 和（P₂O₅）含量比侧吹、顶吹转炉明显降低，（Nb₂O₅）含量相对提高。吹炼中贫矿铁水时，（Nb₂O₅）含量可达 7.8%，渣中（P₂O₅）仅在 0.78% 左右，TFe 为 7%~20%，铌磷半钢中残余 [Nb] 仅 0.21%。[Nb] 氧化率达 90%，实际回收率 78%，成渣率 4.4%。

试验表明，底吹转炉具有良好的选择性氧化性能，用于提铌可以使铌充分氧化，获得 TFe 和（P₂O₅）含量低、铌磷比高的优质铌渣。

从 1981 年开始中日合作共同研究从铁水中提铌，采用两步法：第一阶段铁水先脱 [Si]，第二阶段铁水再脱 [Nb]，最终获得渣中（Nb₂O₅）含量可达 5.5%~6.5% 水平[7]，并且进一步开发研究采用 {H₂}、{CO} 气体对上述铌富集渣进行还原实验[8]，可以获得低 TFe、（P_2O_5）含量，而（Nb_2O_5）含量进一步提高到 10%的水平。

8.2.5　湿法处理转炉含铌渣、低级铌铁进一步富集铌渣工艺

（1）酸碱联合处理转炉吹氧渣富集铌工艺：通过一次酸洗、苏打焙烧、二次酸洗、碱煮、酸转化等工艺过程，把如表 8-50 所示的转炉渣处理成如表 8-51 所示的铌富集物。此工艺特点是流程长、收得率低、成本高。

表 8-50　转炉吹氧渣成分

化学成分	（Nb_2O_5）	（MnO）	（P_2O_5）	（TiO_2）	（SiO_2）	TFe	（Al_2O_3）
含量/%	4~5	37~43	5~7	1.8~3.8	11~15	10~18	12~16

表 8-51　转炉渣处理后的铌富集物成分

化学成分	（Nb_2O_5）	（MnO）	（P_2O_5）	（TiO_2）	（SiO_2）	（Fe_2O_3）	（Al_2O_3）
含量/%	60~65	2~4.5	0.2~1.5	15~18	2~5	4~6	5~9

（2）酸碱联合处理低级铌铁富集铌工艺：以表 8-52 所示低级铌铁为原料，使碳化铌或其他铌化合物变为如表 8-53 所示铌的氧化物，实现了流程短、收得率高、成本低的目标。具体工艺包括：苏打焙烧—碱浸——次酸洗—二次酸洗。

表 8-52　低级铌铁成分

化学成分	[Nb]	[Mn]	[P]	[Si]	[Fe]	[C]
含量/%	8~12	50~60	3~4.5	1.5~4.5	20~30	5~6

表 8-53　铌富集物成分

化学成分	（Nb_2O_5）	（MnO）	（P_2O_5）	（TiO_2）	（SiO_2）	（FeO）
含量/%	60~65	0.3~0.4	0.5~0.6	2.5~5.0	2~5	3~5

此外，还有高温氯化分解法富集铌工艺，处理后形成 $Nb_2O_5 \cdot xH_2O$ 化合物。

20 世纪 80 年代期间，进行了综合回收铁、稀土和铌的弱磁—强磁—浮选流程攻关，选铌试验得到 Nb_2O_5 含量 0.82%、作业回收率 50.14%的结果。

8.2.6　以铌富集物制取中级铌铁、高纯度氧化铌以及金属铌和铌料

（1）制取中级铌铁：中级铌铁一般含铌 50%~70%，具有金属光泽，脆性，熔点 1400~1510℃，密度 8.32g/cm^3左右。铌铁多采用炉外铝热法生产，美国多采用电铝热法（或电硅热法）。一般来说，电铝热法适用于处理铌、钛、钽含量变化较大的铌矿，而炉外铝热法适用于生产质量较好的铌铁，特别是碳含量较低的铌铁。

炉外铝热法生产铌铁具有的优点包括：无须从外部加热，熔炼过程达到 2300~2800K 的高温；可获得碳含量较低的金属；设备简单，容易实现大规模生产；由于铝的沸点高（2773K），实际上还原剂挥发损失少；由于过程有高的反应速度，被还原后的金属与炉渣之间实际上不存在副反应，铌的直接收回率可达 96%以上。工艺过程包括：配料、制团、烘干、炉料、熔炼等。

（2）制取氧化铌：液-液萃取法是工业上生产氧化铌的主要方法，其特点是杂质去除与铌的分离效果好，生产能力大，设备简单，氧化铌纯度可以达到 99.90%~99.99%。以铌富集物为原料生产氧化铌，主要由四个工序组成，即铌富集物分解、萃取、沉淀结晶、烘干煅烧。

主要方法有：乙酰胺-HF-H$_2$SO$_4$ 体系萃取生产 Nb$_2$O$_5$，N$_{235}$-草酸体系萃取生产 Nb$_2$O$_5$。

（3）金属铌及铌粉的制取：碳热还原法是生产金属铌及金属铌粉的主要方法，它具有产量大、收得率高、成本较低等优点。碳热还原法有两种方式：一种是在高温真空状态下用碳直接还原氧化铌得到金属铌，叫一段还原法；另一种是首先制得碳化铌，再将碳化铌与氧化铌混合在高温真空炉中还原得到金属铌，叫做两段还原法。两段还原法生产量较一段还原法生产量要大。Nb$_2$O$_5$+5NbC 的混合物比 Nb$_2$O$_5$+5C 的混合物中含铌要多 0.5 倍。

碳热还原法的化学反应式是：

一段还原法：　　　　　　　　Nb$_2$O$_5$+5C ====2Nb+5CO

两段还原法：　　　　碳化 Nb$_2$O$_5$+7C ====2NbC+5CO

　　　　　　　　　　还原 Nb$_2$O$_5$+5NbC ====7Nb+5CO

8.2.7　以铌铁合金直接加入钢中

由于含铌钢中铌含量比较少，一般低合金钢中只含铌 0.02%~0.05%。铌的加入方法比较简单，一般以铌铁合金形式加入到钢中。加入方法，除少数高含量的合金钢在电炉或者感应炉中在还原气氛下直接加到炉内以外，其余的钢种均在出钢过程时与锰、硅铁等铁合金同时投入钢水罐中，此时钢水已经通过转炉终脱氧，因此铌被烧损的数量很少，一般收得率都在 80%~90%。铌钢的性能受加入方法的影响较小，但值得考虑的问题是低品位铌铁中磷含量对钢水磷的影响，以防止磷超标。

8.2.8　含铌铁水冶炼直接合金化

根据文献 ［9］ 报道，采用含铌铁水底吹氧气脱 ［C］ 保 ［Nb］ 的半工业冶炼试验方法，通过控制熔池温度在铁液 ［Nb］ 和 ［C］ 的氧化转化温度以上（1550℃）、碱度控制在 0.2~0.5 范围，最终可获得 ［Si］ 含量为 0.06%~0.10%，［C］ 含量降至 0.66%，［Nb］ 含量不变（0.15% 左右），成功地实现含 ［Nb］、［P］ 钢 P170~P250 的铌直接合金化半工业冶炼试验，不需要外加铌合金。

参 考 文 献

［1］ 黄道鑫. 提钒炼钢 ［M］. 北京：冶金工业出版社，2000.

［2］ 黄正华. 复吹技术在攀钢转炉提钒的应用 ［C］. 第十六届全国炼钢学术会议文集. 2012：108~115.

［3］ 杨素波，张大德，文永才，等. 攀钢半钢炼钢技术进步及效果 ［C］. 第十二届全国炼钢学术会议论文集. 2002：46~51.

［4］ 林宗彩，周荣章. 铌及其有关元素在铁液中的选择氧化 ［J］. 钢铁，1992，17（2）：111~113.

［5］ 林东鲁. 中国白云鄂博矿资源开发及市场前景 ［J］. 四川稀土，2007（1）：24~28.

[6] 陈伟庆，林宗彩，周荣章，等. 铌渣合金化添加剂及其在炼钢中应用：中国，85103106 [P]. 1986-10-22.

[7] 佐藤彰，荒金吾郎，笑原彰，等. Nb を含有する溶铁中 Si、Nb、Mn の优先除去 [J]. 铁と钢，1987，73（2）：275~282.

[8] 樱谷和之，古山贞夫，吉松史朗. 含二オづ溶融ステづのガスよる还元举动 [J]. 铁と钢，1988，74（5）：794~800.

[9] 徐掌印，赵增武，李保卫，等. 含铌铁水底吹氧气脱碳保铌的研究 [J]. 炼钢，2015，31（1）：44~47.

9 转炉生产分析检测技术及设备

9.1 钢液中碳、氧及温度的直接测定——副枪及其探头

9.1.1 副枪功能

副枪设备是转炉在垂直状态不间断吹炼或短时间停吹的情况下对钢水进行测温取样的有效工具。现代炼钢技术依靠副枪的测量来调节吹氧量和转炉原料的添加量等。副枪探头主要有 TSC、TSO 和 T 三种：

（1）TSC 副枪探头是一种具有复合功能的探头，应用在大型转炉冶炼过程中测温、定碳、取样；

（2）TSO 副枪探头是一种具有复合功能的探头，应用在大型转炉冶炼过程中测温、定氧、取样及测量钢水液面高度；

（3）T 副枪探头仅具有测温功能。

9.1.2 副枪探头结构

TSC 和 TSO 副枪探头的组成和结构见图 9-1 和图 9-2。

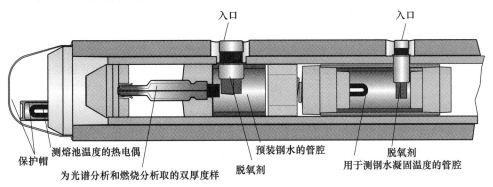

保护帽　测熔池温度的热电偶　为光谱分析和燃烧分析取的双厚度样　预装钢水的管腔　脱氧剂　脱氧剂　用于测钢水凝固温度的管腔

入口　入口

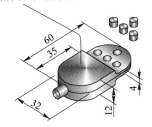

用于光谱分析的试样表面

图 9-1　TSC 副枪探头的组成和结构示意图

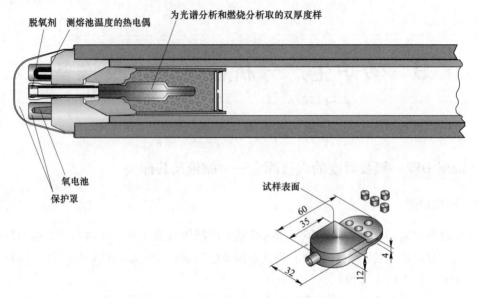

图 9-2　TSO 副枪探头的组成和结构示意图

9.1.3　副枪探头选型原则

TSC 型副枪探头适用于吹炼过程，测量冶炼过程熔池的 T 和［C］含量，取过程样，为终点控制提供依据。

TSO 型副枪探头适用于吹炼终点，测量熔池 T 和［O］含量，取终点成分样，为计算脱氧剂加入量提供依据，该探头可用于测量熔池液面高度。

T 型副枪探头功能比较单一，只用于测温。

9.1.4　副枪安装及使用要求

副枪是安装在氧枪侧面附近一定距离的一支水冷枪，在水冷枪的头部安有可更换探头。副枪枪体由 3 层同心圆钢管组成。内管中心装有信号传输导线，并通氮气保护；中层管与外层管分别为进、出冷却水的通道；在枪体的底端装有导电环和探头的固定装置。副枪探头借助机械手装置更换。

副枪装好探头插入熔池，将所测温度、碳含量、氧含量数据反馈给计算机或仪表。副枪提出炉口以上后，锯掉探头样杯部分，取出钢样并通过溜槽风动送至化验室检验成分；用拔头装置拔掉旧探头，装头装置再装上新探头准备下一次测试使用。

对副枪的要求有：副枪在高速（150m/min）、中速（36m/min）、低速（6m/min）运行时，停位要准确；探头可自动装卸，使用方便可靠；做到既可自动操作又可手动操作，既可集中操作又能就地操作，既能强电控制也能弱电控制；当探头未装好或未装上、二次仪表未接通或不正常、枪管内冷却水断流或流量过低、冷却水水温过高等任一情况发生时，副枪均不能运行并报警；在突然停电、电力拖动出现故障或断绳、乱绳时，可通过氮气马达迅速将副枪提出转炉炉口。

副枪的安装和测试位置应确保测温、定［C］和取样的代表性。它与氧枪的中心间距应满足以下条件：

（1）副枪要避开氧射流以及氧射流与熔池作用的"火点"区，并有一定的安全距离；

（2）在转炉炉口黏钢黏渣最严重的情况下，副枪枪体还能顺利运行；

（3）与氧枪设备不发生干扰。

9.1.5　使用条件

副枪探头使用条件如下（具体参数可依据使用说明）：

TSC探头使用条件：

（1）$T_{熔}>1540℃$，废钢全部熔化；

（2）降低氧枪供氧强度和底吹流量；

（3）吹炼终点前2min使用；

（4）副枪探头插入深度500~700mm；

（5）测量时间6.5s。

TSO探头使用条件：

（1）氧枪提枪停吹30~50s后使用；

（2）副枪插入深度700mm；

（3）测量时间9.5s。

9.2　炉气在线质谱分析系统

9.2.1　系统功能

炉气在线质谱分析系统用于炉气成分的在线监测，在转炉生产中其主要的功能有两个：

（1）转炉炉气分析动态控制。20世纪80年代以来，日本的几大钢铁公司、奥钢联等开始在转炉上使用质谱分析系统，通过在线连续监测转炉排放气体的成分和流量，结合相应的动态控制模型，实现生产自动化。与副枪相比，炉气分析动态控制技术在终点碳含量预报的准确性、成渣过程控制、提高［Mn］降低［P］含量、喷溅和漏水预报、提高金属收得率、节约合金消耗以及延长炉衬寿命等方面，具有综合优势，并且投入和操作费用较低，因此成为国外转炉普遍采用的控制方式。

炉气分析动态控制技术要求至少在线分析炉气中 CO、CO_2、H_2、N_2、Ar 和 O_2 等成分的含量，以便计算熔池内瞬时脱碳速度，剩余的［C］含量，［Si］、［Mn］和［P］的氧化速度，卷入空气量及反应热平衡等。实现动态控制时要求分析系统测量精度高，分析速度快。而炉气分析动态控制技术的成功应用，也主要得益于过程质谱这种高精度、高速度在线分析仪器的出现。炉气分析动态控制技术研发早期，采用红外和磁氧技术分析炉气中 CO、CO_2 和 O_2 的含量。采用该炉气分析技术存在系统滞后时间在1min以上、分析精度差（测量误差可达±5%满量程）等问题。相反，目前使用的质谱分析系统，成套系统滞后时间通常在20s以内，质谱仪的分析精度（以测量值的相对误差表示）可保证在±0.5%以内。例如，新型的飞行时间质谱仪可以在0.3s完成分析过程，20m的采样距离内炉气分析系统的响应时间（采样到出结果）可保证在10s以内。

国内转炉炉气分析动态控制技术是基于已经应用了炉气、炉渣和钢水直接分析等的全自动炼钢技术。部分中小型转炉，还是采用既无副枪也无炉气分析的"零控制模式"，靠工人"看火花、观火焰"经验炼钢。为了提高质量和增加品种，许多厂家纷纷引进或着手在转炉上采用动态控制技术。由于副枪的高投入和高运转费用，副枪使用的技术难度和资金困难较大，炉气分析动态控制技术因而成了普遍关注的焦点。在国内本钢、莱钢和马钢等转炉炉气动态控制项目已经实施，配有相应的动态控制模型，所安装的质谱分析系统也全部为进口设备。

（2）转炉煤气回收控制。回收转炉煤气的显热和化学潜热，是能够使转炉工序甚至整个炼钢厂实现"负能炼钢"的重要措施。我国的武钢、宝钢和鞍钢等厂家通过转炉煤气回收已经分别实现了转炉工序和炼钢厂能源的负消耗[1]。为保证有效、安全回收，必须实时监测排气管道中 CO、CO_2 和 O_2 的含量，一方面保证回收到高热值的煤气，另一方面避免由于煤气中氧气含量过高而在回收和使用中可能发生的爆炸事故。

国外用于动态控制的质谱炉气在线分析系统的分析数据可实现如下控制功能[2]：

（1）根据 CO 和 CO_2 的含量，确定是否回收或放散；若质谱数据显示 CO 合格，引风机后和煤气柜前的磁氧仪显示 O_2 含量合格后，即可回收；

（2）根据质谱仪分析的炉气成分，通过调节自动升降烟罩的位置以调整空气的卷入量，从而延长煤气回收时间和质量。

国内的转炉大都安装了煤气回收分析系统，且通常安装在引风机后，用红外分析仪分析 CO 和 CO_2，磁氧仪分析 O_2。由于比装在炉顶的质谱系统分析滞后时间长，不具备烟罩调整功能，因此回收质量和数量不如炉气分析系统的方式。统计表明，采用炉气质谱分析系统控制回收和烟罩升降，比用风机后分析系统至少提高 2%~5%的煤气回收率。

9.2.2　炉气在线质谱分析系统的组成

炉气在线质谱分析系统由取样系统、质谱仪、自动控制系统和数据传输系统四部分构成。在转炉生产中各部分的布置见图 9-3。带初级过滤器的采样头安装在转炉烟罩上方的

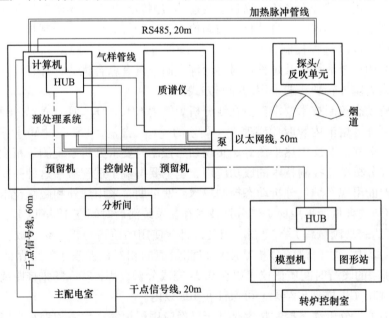

图 9-3　炉气在线质谱分析系统布置图

烟道上，气体经过带加热的脉冲管线进入样品制备柜。经净化、除湿处理后，引入质谱仪分析。通过计算机网络通讯，分析结果被实时传入转炉中央控制室，用于动态控制。在采样头附近设置整流装置的主要目的是用两个采样头交替切换和反吹，以保证过滤器的及时再生。系统的所有工作都自动进行，并具备自诊断和报警功能。

9.2.2.1　取样系统

取样系统的功能是快速抽取有代表性的、能够直接分析的样气。在转炉吹炼过程中，炉气质谱分析设备的取样系统所处的工作环境十分恶劣。一文除尘前典型取样点的气氛温度在 $1000 \sim 1300 ℃$ 之间；粉尘含量达 $100 \sim 200 g/m^3$；气体流量（标态）为 $1000 \sim 2000 m^3/min$（50t转炉）。取样系统担负采气、降温、除尘和除湿的任务，使样气符合质谱仪的分析要求。

取样系统工作的好坏直接决定分析结果的准确性和代表性，而且取样系统工作不正常很容易导致质谱仪核心部件的损坏，因此取样系统是整套炉气质谱分析系统的关键，也是系统维护的主要内容。从国外引进的几套炉气分析设备的运行情况看，取样系统出问题最多。其原因主要是国内转炉炉气的工况条件和系统工作环境较差。图9-4是某厂转炉动态控制用的炉气在线质谱分析系统的取样系统流程。这种取样系统设计较为简单，在转炉上的应用相对比较成熟，其取样系统流程说明如下。

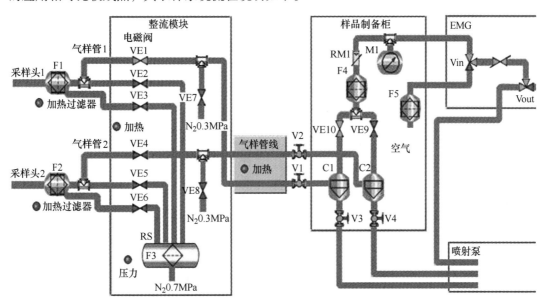

图9-4　典型炉气在线质谱分析系统取样系统流程

两个耐高温采样头（probe）1和2与气流方向成一定夹角插入烟道；F1和F2是带恒温加热的过滤器；气样管线（line）1和2是带恒温加热的气样管线。初级净化和整流模块（block of primary commutation，BPC）主要用于提供高压的反吹气体，并自动控制两个采样头间的取样切换和过滤器内外反吹。自动切换反吹功能通过计算机程序和继电器控制的电磁阀 VE1～VE6 实现。为保证反吹效果，初级整流块配置有贮压单元F3，并尽可能靠近采样头过滤器放置。样气经初步净化后，沿带加热的管线进入置于分析实验室的样品制备柜（sampling preparation cabinet）。经 C1 和 C2 两个旋风分离器再次净化后，两路汇合。

经过滤器 F4 后，进入质谱仪 EMG 分析。取样系统实时监测进入质谱仪的样气压力和流量。为防管路堵塞，从整流柜到制备柜的加热管线定期自动用高压气体反吹（由 VE7 和 VE8 的动作实现）。为加快气流速度，减少取样延迟时间，在质谱仪出口设置喷射泵（e-jection pump）。将旋风分离器出口与泵连接，以分流多余的样气。在两炉冶炼的间隙，质谱仪入口三通阀切换至空气引入端，用环境空气清扫气路并快速标定质谱仪。取样系统所有阀的动作都是根据转炉生产的节奏设置自动完成的。通过压力和温度传感器的信号以监测气流压力和温度，判断取样是否正常。除非在控制室发现系统故障，整个取样—分析—数据传输的流程不需要人工干预。

　　不同公司生产的取样系统，原理都大体相似，但在元件材质和结构、净化处理的顺序和级数、净化单元的类型以及抽气方式的选择方面则各有不同。

　　A　采样头

　　采样头是插入烟道的取样导管。炉气质谱分析系统的采样头最典型的安装位置是在一文除尘前的弯头处，国外也有少数安装在更靠近炉口的竖直段烟道上。转炉烟气流速大，粉尘多，温度高，因此采样头的材质必须耐温、耐磨。带水冷的采样头通常采用不锈钢管；无水冷的采样头可用镍基耐热钢、各种高温合金等。装在近炉口的采样头须使用特殊材料如纯钛等。

　　典型的水冷采样头结构见图 9-5[3]。本钢安装的炉气质谱分析系统的采样头属此类型。

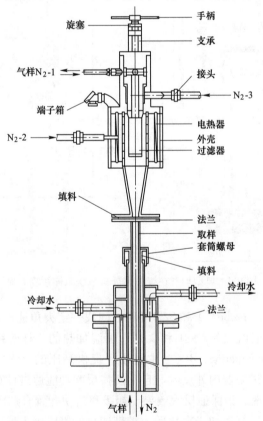

图 9-5　转炉炉气分析系统水冷采样头结构示意图

采样头为不锈钢材质，水冷采样头末端一段有水冷套筒，冷却水流速 25L/min。采样头关键部位在过滤器外围的反吹气路部分。样气从过滤器外部渗入，从内壁进入取气管路，过滤器孔径小于 10μm。高压氮气先从样气流动的反方向内吹（N_2-1），而后从横向（N_2-2）和纵向（N_2-3）两方向外吹过滤器。

水冷采样头必须保证供水的水质和流量。水质差，容易在水冷套筒壁上结垢，逐渐堵塞水流，影响水冷效果。水流不稳定或突然中断，容易导致采样头的烧毁，甚至将冷却水漏入烟道导致事故。

莱钢转炉上使用的采样头，没有水冷装置，使用镍基耐热钢，可在 1100℃ 的环境中长期使用。样气由过滤器外至内进入，在采样头过滤器外围设置了内外反吹，反吹方式与图9-5 有所不同，见图 9-6。

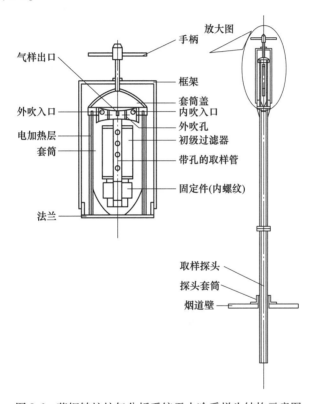

图 9-6　莱钢转炉炉气分析系统无水冷采样头结构示意图

过滤器筒中央固定一根布满小孔的不锈钢钢管，上端用三通阀与内吹氮气管道和取样管连接。内吹时取样管关闭，高压氮气通过小孔呈辐射状吹扫内壁。过滤器顶部的法兰上也有若干小孔，外吹时高压氮由小孔吹入，按一定角度吹扫过滤器外壁。这样的设计使过滤器的内外反吹更加均匀和有效。

国内有的转炉炉气粉尘含量达 $100\sim200g/m^3$，$10\sim60\mu m$ 的颗粒占 70% 左右。采样头初级过滤器的孔径分布按能除去 95% 以上的粉尘设计。莱钢转炉上使用的过滤器，孔径范围为 $20\sim100\mu m$。采样点在一文前弯头处，粉尘含量约 $150g/m^3$，经过初级过滤后的样气粉尘含量降至 $3g/m^3$ 左右。图 9-5 和图 9-6 所示采样头使用的均为烧结的、筒状金属-陶瓷过滤器。也可采用孔径相似的金属丝网过滤器。

一文除尘前安装的炉气质谱分析系统都采用干法取样，因此在采样头过滤器到样品制备单元段，必须设置加热保护，防止水分冷凝与灰尘黏结，堵塞过滤器，使反吹失效。常用的加热方式为电加热，如图 9-5 所示在过滤器外壁套加热筒或缠绕加热丝等。通常控制加热温度为 80~120℃，视样气温度和湿度而定。

B　样品制备单元

经过初级过滤后，剩余的粉尘粒径较小。在样品制备单元中，需要更精细的过滤和除水。

二级以上的过滤器种类很多。孔径更小的金属-陶瓷过滤器，各种聚酯、纤维类过滤材料都有应用。三级以上的过滤器一般有干燥剂、脱脂棉及过滤纸等。需要注意的是，每设置一级过滤，就多一个气阻，也增加一处堵塞点。因此用初级过滤器集中除尘并及时有效再生是十分关键的。

一文前的转炉炉气水分较少，除湿的负荷不大。通常使用电子制冷除湿器除水，在冶炼间隙自动排水。

一种比较好的方式是使用微型旋风分离器，既可达到气-水分离除水的效果，又可作为二级过滤器使用。莱钢转炉炉气分析系统采用这种模式，在分离器后仅使用一级过滤器，即可实现净化。

通常需要对过滤器和管路的加热温度、贮压装置出口压力以及净化处理后样气的流量和压力进行实时监测，并按照一定的时序控制取样—反吹过程，因此样品处理单元须安装温度和压力传感器、时间继电器和电磁阀等用于系统自动控制的元件。

C　采样泵

采样点的炉气通常是微正压状态，煤气回收引风机转速高时，可能出现负压的情况。因此必须有采样泵提供动力，向质谱引入气样。

采样泵有机械泵和喷射泵两种。多数安装在分析系统末端，以 0.04~0.07MPa 的负压将样气引入质谱的真空系统。由于烟道附近的粉尘含量较高，对机械泵长期连续运行造成影响，在使用过程中会出现发热、烧毁的问题。喷射泵依靠高速气流在周围产生负压抽吸气体，没有运行故障，可在任何位置安装，但需要提供高压的、不间断供应的氮气、压缩空气或蒸汽等气源。

取样系统的内部结构、部件间的连接方式和顺序及其性能指标没有统一的标准。最好的方式是事先对转炉炉气工况和环境条件进行详细的测绘，并根据动态控制对分析系统的要求进行取样系统的设计和生产。

9.2.2.2　质谱仪

质谱仪是炉气分析系统的核心，其测量精度和速度应满足动态控制的需要；同时，应适应生产现场恶劣的环境，能够长期稳定工作。区别于实验室的质谱，转炉炉气分析系统中的质谱仪称为过程质谱。

质谱仪以物质离子的质荷比作为判据进行定性和定量分析。其分析的原理见图 9-7。

净化后的炉气样品从进样系统进入质谱仪被离子化。气体质谱仪通常采用电子轰击方

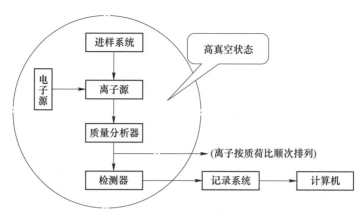

图 9-7 气体质谱分析原理

式离子化。带电荷的离子在离子源的加速电场区获得动能和初速度，等电荷的离子获得动能相同。质谱仪的质量分析器将这些离子按质荷比的大小分离开，在检测器上产生电信号，放大处理后，计算出气体的成分及含量。过程质谱的这一分析过程不间断重复进行。质谱分析速度快、精度高，可同时分析多种成分，比较适合转炉炼钢流程。

按照不同质荷比的离子分离的原理即质量分析器原理不同，质谱仪有很多种类。用于转炉生产动态控制的主要有磁式质谱仪、四极质谱仪和飞行时间质谱仪三种。

A 磁式质谱仪

磁式质谱仪是较早用于转炉生产的一种质谱仪。被加速后的离子进入扇形磁场，受磁场作用改变运动方向做圆周运动。加速电压 V、磁场强度 B、质荷比 m/z 和圆周半径 r 之间的数学关系为：

$$m/z = B^2 r^2 e/(2V) \tag{9-1}$$

当加速电压 V 和磁场强度 B 固定时，荷质比大的离子运动半径 r 也大，在磁场中偏转程度也大。在磁场出口相应位置设置检测器，可同时检测不同离子的信号。这就是磁场偏转式质谱仪。日本的新日铁、住友等公司早期在转炉上使用的都是美国 PE 公司生产的磁场偏转式质谱仪[4~6]。这种仪器每增加一种成分需要增加一个通道检测器。

根据同样的原理，固定离子加速电压 V 和运动半径 r，而磁场强度 B 从小到大或从大到小扫描，可以使离子按照从小到大或从大到小的顺序相继通过磁场出口狭缝。这种质谱仪称为磁场扫描式质谱仪，见图 9-8。20 世纪 90 年代以后应用较多，例如韩国浦项钢铁公司炼钢厂使用的 VG Prima600S 质谱仪。

磁式质谱仪的真空系统通常采用两级泵结构。初级为机械泵，次级为分子涡轮泵。分子涡轮泵的成本较高，工作环境要求十分洁净，并须配置空气或水冷系统。国内厂家应用的磁式质谱仪的分子涡轮泵曾多次因环境颗粒的进入而烧毁，导致质谱仪无法工作，不得不重新购置涡轮泵。

磁式质谱仪的检测器多采用法拉第杯或双法拉第杯——倍增检测器，检测下限最低可至 $1×10^{-6}$。

磁式质谱仪的特点是性能稳定，分辨率和测量精度比四极质谱仪高，但也存在一定的局限性：（1）初始能量分散问题。加速时离子的位置、加速电场的稳定性以及离子间的相

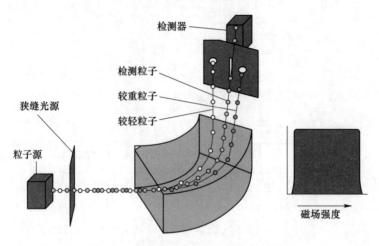

图 9-8　磁场扫描式质谱仪质量分析原理

互碰撞等都会引起同质量数的离子并不完全具有同样的动能，导致谱峰的信号损失和失真。实验室的高分辨质谱仪采用双聚焦模式，但过程磁质谱仪没有解决这一问题。（2）扫描速度较慢。当前用的磁式质谱仪扫描速度为 500ms/组分左右。提高速度必须以降低精度为代价。（3）磁式质谱仪的结构复杂，制造成本较高，价格昂贵。

B　四极质谱仪

四极质谱仪比磁式质谱仪稍晚进入转炉生产应用，其典型的使用厂家是奥钢联林茨炼钢厂，但在世界范围内转炉上的应用并不广泛。四极质谱仪的原理见图 9-9。

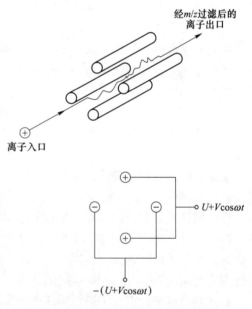

四根平行的双曲面杆或圆杆组成的四极滤质器。两对电极按垂直方向加上直流电压 U 和交流电压 $V\cos\omega t$。离子从垂直电场平面的方向进入时，受电极空隙中的电场力作用作振荡运动。符合一定条件的离子才能通过电极到达出口检测器，其余离子被电极"吸附"。特定离子选择须满足一定的 U、V、ω 和电极间距条件。四极质谱仪通过固定其他参数、不断改变高频电压 V（即电场扫描），实现离子的分离和分析。

图 9-9　四极质谱仪质量分析原理

电场扫描比磁场扫描速度快，使四极质谱仪的分析速度加快。同时四极质谱仪小巧轻便。但由于离子运动的影响条件较多，与磁式质谱仪相比，其在线分析的稳定性明显逊色，测量精度较差。

过程四极质谱仪的真空系统和检测系统与磁式质谱仪基本相同。

C　飞行时间质谱仪

飞行时间质谱技术是在 20 世纪 90 年代后，随着快速信号采集和处理技术的发展，在

大分子结构分析和定量分析的需求推动下，迅速发展起来的。飞行时间质谱仪分析原理见
图 9-10。

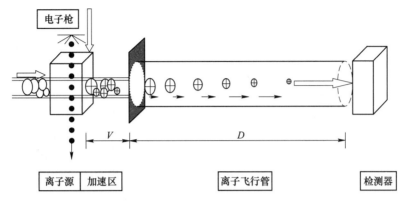

图 9-10 飞行时间质谱仪质量分析原理

离子在均匀电场中加速后，被瞬间导入一个真空无场漂移区，按惯性匀速飞行。在漂
移区飞行的时间 t 与离子质量 m、所带电荷数 z 以及飞行区长度 D 之间的关系为：

$$t = D[m/(2ezV)]^{1/2} \tag{9-2}$$

如果固定加速电压 V 和飞行区长度 D，则离子到达检测器的时间与其质荷比有单值函
数关系：

$$m/z \propto t^2 \tag{9-3}$$

图 9-10 中的飞行时间质谱仪存在和磁式质谱仪同样的初始能量分散问题，影响仪器
的分辨率。反射型飞行时间质谱仪很好地解决了这一问题[7]，其原理是荷质比相同、初始
能量不同的离子运动时间的微小差异在反射器中得到补偿。其原理见图 9-11。

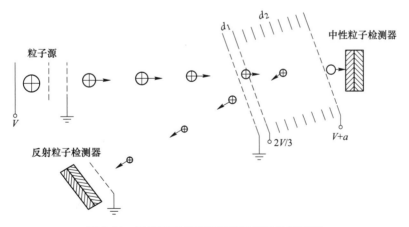

图 9-11 反射型飞行时间质谱仪质量分析原理

反射型飞行时间质谱仪的发明单位俄罗斯 IOFFE 物理技术研究院最早将该技术用于钢
厂转炉生产动态控制[8]，例如马格尼托戈尔斯克（MMK）、北方钢铁、盖尔盖德、利宾茨
克、下塔吉尔及新库茨涅茨克等大型钢铁企业。目前在前苏联地区有 20 套以上飞行时间
质谱仪用于转炉。莱钢引进的是俄罗斯的反射型飞行时间质谱仪。

飞行时间质谱技术具有几个明显的特点：（1）分析速度快。在一个为期100ms的测量周期中可获得所有成分谱峰的数据。EMG-20-1型飞行时间质谱仪可在0.3s内分析数十种气体成分。而磁式和四极质谱仪的分析时间随成分增加而增加。（2）离子传输效率高。离子在加速后没有经过筛选、聚焦或色散，到达检测器的比率比其他类型质谱仪高，这使得高灵敏度成为可能。（3）仪器结构简单，长期运行的稳定性良好。由于没有电、磁场的扫描装置，因此在工作时受到外界环境电、磁及振动等因素的干扰较小，比较适合作为过程质谱仪应用。

实验室用飞行时间质谱仪的真空系统与其他两类质谱仪类似。为了解决现场粉尘、振动和发热对双级泵长期运行时产生的干扰，有的过程飞行时间质谱仪采用离子泵。离子泵的工作不受外界环境粉尘、振动和电磁波的影响，也不会发热，但有一定的吸附饱和期。

在检测器方面，在转炉炼钢工艺中应用的飞行时间质谱仪采用MCP板可满足要求，积分型记录方式的测量下限为20×10^{-6}，计数型记录方式可达10×10^{-6}。

其他类型的质谱仪在转炉上应用很少，仅在日本有过傅里叶变换-共振离子回旋加速器质谱仪的应用报道[9]。

9.2.2.3　自动控制系统和数据传输系统

采样头取样—反吹过程的自动化和外部信号控制质谱仪都是由自动控制系统实现的。其执行元件多为电磁阀；控制器可使用PLC，例如ABB和VG的质谱系统[10]；也可使用计算机网络，例如METTEK的质谱系统。

PLC控制方式在转炉生产中应用十分广泛，其逻辑控制功能强，稳定性良好。质谱系统的PLC可并入转炉生产PLC系统中。而计算机网络在通讯方面更有优势，在控制程序的用户化和双向反馈控制方面更为方便，但须注意微机操作系统和程序的不间断运行性能。

数据传输基于网络通讯，包括将分析结果在线写入模型计算机、将质谱仪和取样系统的关键参数传入主控室用于工作状态监控以及给质谱仪或取样系统的执行元件发布动作命令等。

这两部分的功能要根据动态控制部分的要求和用户的需要进行设计。

9.2.3　炉气在线质谱分析系统的选型

炉气在线质谱分析系统的运行情况决定转炉动态控制的水平和精度，总结国内引进的几套系统的使用情况，其选型需要考虑如下三个方面：

（1）环境适用性。炉气质谱分析系统的环境适用性至关重要。系统的环境适用性可从采样头对样气温度、粉尘、流速和压力等的耐受范围、取样系统的粉尘处理量、系统对工作环境（温度、粉尘、振动、水源、电源及气源等）敏感度、抗外界干扰能力以及系统自身配置的复杂程度等方面进行考察，并对照应用现场的条件作出判断。仪器生产厂家在设计系统之前，需要进行现场测绘，并与用户协商方案，为转炉"量身定做"成套分析系统。

（2）系统响应时间。系统响应时间包括取样时间和分析时间，转炉炉气分析的滞后时间要求在20s以内。响应时间短对实现控制有益。

取样时间是样气从采样头进入质谱仪所需要的时间。这一时间是可以调整的。缩短取样距离、加大取样管道、减小处理元件和管路的死体积以及使用大抽速采样泵等可缩短取样时间，但同时会增加样品处理负荷。实际操作中可根据模型要求，合理设计。

分析时间取决于分析仪器的响应特性。转炉炉气6个成分的分析，飞行时间质谱分析约需0.3s，四极杆质谱分析需1~2s，磁扇式质谱分析需3~5s。在系统总的滞后时间中，分析时间所占比例通常比取样时间小。

（3）测量准确度和稳定性。测量准确度和稳定性是质谱仪软硬件共同决定的分析性能。对转炉炉气的成分分析，通常飞行时间质谱仪和磁式质谱仪测量值的相对误差可保证在±0.5%之内；四极质谱仪测量误差在±1.0%以内。标定质谱仪用的标气的质量和标定值的准确性也影响质谱测量的准确度。

稳定性的重要程度在动态控制中甚至超过准确度。稳定性可从多次测量数据的重复性、零点漂移和谱峰漂移的幅度几个方面来考察。

9.2.4 炉气在线质谱分析系统的安装

9.2.4.1 采样头安装位置和插入方式的选择

俄罗斯有的钢厂在转炉烟罩上方的竖直烟道部分开孔插入采样头，以达到较短的滞后时间。该采样点对采样头材质要求很高，而且维护不便。国内外较多地在一文除尘前的弯头处取样，选择在此处取样可延长采样头的寿命。莱钢60t转炉在人孔附近取样，从转炉开氧吹炼到控制室得到炉气分析结果约13s，完全能够满足动态控制的需要。

采样头插入方式也影响其寿命和正常使用。图9-12~图9-14分别是林茨钢厂、本钢和莱钢采样头插入的照片。

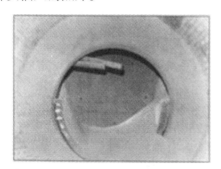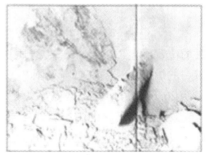

图9-12 林茨钢厂转炉炉气分析采样头插入位置

采样头插入深度应不超过烟道直径的三分之一。插入太浅，烟道壁的湍流效应会影响取样代表性，不能及时反映炉内变化；插入太深，采样头受中心高温、高速和高粉尘的气流直接冲刷，寿命缩短且容易因粉尘烧结而堵塞。

插入角度应与气流方向呈一定夹角，采样头最好竖直插入，便于将粉尘沿重力方向反吹回烟道；同时受气流冲击较小，也可缓解采样头外部的积尘。莱钢的采样头从人孔法兰垂直地平面方向插入，与弯头后气流方向约60°夹角。本钢的采样头在烟道下降段几乎以水平方向插入，对反吹极为不利。

图 9-13　本溪钢厂转炉炉气分析采样头插入位置

图 9-14　莱芜钢厂转炉炉气分析
采样头插入位置

两个采样头间的距离设计应考虑取样的一致性，最好在烟气流的同一截面、与中心对称分布的两个位置取样。注意一采样头反吹对另一采样头取气可能带来的影响。必须进行现场试验而后决定取样位置。

此外，在选择取样点时，还要考虑转炉的特殊情况。例如，本钢 1 号和 2 号转炉烟道的冷却系统曾漏水，使烟气水分很高，与灰尘黏结，成为取样系统频繁堵塞的重要原因。遇到类似情况，必须避开事故段或设法解决问题后安装。

9.2.4.2　炉气质谱分析系统的布置

采样头的位置确定以后，炉气在线质谱分析系统其他部分可依照一定的原则进行安置。莱钢转炉的炉气分析系统布置见图 9-3。

采样头从 26.6m 高烟道人孔法兰的两边插入（因为无法在排满水冷管的烟道内壁上开孔）。反吹采样头和气路的高压氮气接到 28.2m 平台上。分两路分别减压至 0.7MPa 和 0.3MPa。0.7MPa 接入整流柜的贮压单元，分四路分别接至两个采样头的内外反吹气路上。0.3MPa 分两路分别接入管路和整流柜内部反吹气路上。采样头的过滤器部分高出 28.2m 平台，便于维护和更换过滤器。

在烟道弯头附近的 23.8m 平台上建造分析间。样品处理单元、质谱仪及其附属设备放置于此。从整流柜到质谱仪的加热气样管线长为 20m。

分析间的质谱仪和楼下控制室的模型机、图形站计算机通过网络连接传输数据。地下配电室 PLC 的冶炼信号通过信号线传给分析间的控制系统。

系统布置须注意：（1）采样头过滤器和反吹单元的距离即反吹管线的长度要尽可能地短，保证在 3m 以内，否则会影响贮压反吹的效果；（2）为便于采样头过滤器的维护和更换，其安装的位置应容易靠近和操作；（3）质谱仪和采样点的距离决定分析的滞后时间，在满足滞后时间要求的基础上，尽可能将质谱仪放在振动小、粉尘浓度低、电磁干扰弱和

CO 泄漏少的平台地段；（4）当分析间和控制室的距离较远时，须考虑数据传输方式的可靠性，必要时可选用光纤通讯。

9.2.4.3 安装条件的准备

A 介质供应及管线铺设

电源、水源和气源的供应应按照系统安装条件的要求进行。

电的供应和线路铺设须注意：（1）关键部件如质谱仪的用电必须使用稳压器和提供断电保护；（2）所有用电部件的接地必须良好；（3）电源线、网线和信号线都需要良好的防护，按照钢厂安全要求铺设在线槽中。

水源主要用于采样头的水冷。一些磁式或四极质谱仪的高真空泵也需要水冷。水的供应和线路铺设须注意：（1）供给采样头的冷却水必须是净化水，否则在高温下的沉淀、结垢将导致不良后果；（2）冷却水的压力和流量须同时保证，否则将影响冷却效果，水冷采样头要求冷却水压在 $0.4 \sim 0.6$ MPa，流量 $1.5 \sim 3$m^3/h；（3）管道密封性要好。

气源用于反吹过滤器和清扫管路、机柜。采用喷射泵抽气时，需要高压气流做动力。须注意：（1）吹扫用的气体需要经过简单的过滤，含尘量小于 0.5mg/m^3 时，最好使用仪表气；（2）喷射泵用气量大，应考虑同一管道上其他用户的正常使用；（3）高压氮气的使用应注意人员的安全。

B 分析间

质谱仪属精密仪器，对使用环境的温度、湿度、粉尘、振动和电磁干扰均有一定的要求。分析间设计时要考虑这些因素。

烟道弯头周围的粉尘含量波动较大，通常在 $20 \sim 80$mg/m^3，炉况、风向和烟道密封性等都会对其产生影响。粉尘会影响磁式质谱仪和四极质谱仪分子涡轮泵的工作，电子元件的积尘也会造成发热、短路和断路的问题。因此分析间的粉尘含量最好不超过 5mg/m^3，且没有大颗粒粉尘。经常采用的方法是在分析间内设置一个以上的隔断，最内间放置质谱仪。

在安放质谱仪的工作台上实施一些减振措施。减振器、增加重量以及弹性衬垫都可以缓解来自外围的振动。磁式质谱仪要求振动的幅度不大于 1mm。对于采用电、磁扫描方式的四极和磁式质谱仪，室内电磁屏蔽非常重要，可从分析间墙壁地板的选材和结构方面考虑解决方案。

C 辅助设备

温度的急剧变化会影响各种质谱仪的测量精度，分析间须安装适当功率的空调。为保证进入室内人员的安全，在分析间内安装 CO 报警仪是必要的，当 CO 含量超过 100×10^{-6} 时，必须检查房间是否漏风。室内空气的供给由引风机从较洁净的区域送入，引风系统设置过滤器并定期清洗更换。

9.2.5 炉气在线质谱分析系统的使用和维护

炉气在线质谱分析系统需要随着转炉生产的节奏不间断地工作，其正确的使用和维护非常重要。

每座转炉的情况都不相同。工厂技术人员必须根据系统实际运行环境，进行软件程序的用户化，并摸索日常检查和维护的规律。主要包括：采样头切换-反吹的周期、内外反吹的顺序和时间分配以及管路清洗的时间等；各级过滤器清洗或更换的最佳周期；仪器标定的周期。原则是保证测定准确可靠的基础上，符合转炉生产的节奏，并尽可能延长系统元件的使用寿命。

根据国内运行的转炉炉气分析系统的运行状况看，转炉炉气分析系统日常维护工作主要包括以下几个方面：

（1）日常检查，包括室内 CO 浓度、反吹气源的压力、取样的压力和流量、仪器报警信号、网络连接情况、历史曲线等指标是否正常，并采取相应解决办法。

（2）各级过滤器的更换，莱钢的经验是初级过滤芯每 10 天更换一次，并可再生使用；精过滤器每 30 天更换一次。

（3）在转炉定修期间定期清理取样导管（每周）、脉冲管线和气液分离器（每月）、校准质谱仪器（每半月）。

（4）用仪表空气清理机柜中电磁阀、电路板等电子元件的积尘（每半年）。

如使用和维护得当，转炉炉气分析系统的运转费用是很低的。

9.3　钢液成分分析光谱快速响应平台

世界上第一台光电火花发射光谱仪于 1940 年诞生，由于单机光谱仪具有准确、快速和多元素同时测定的特点，因此被广泛地应用于冶金、机械制造等行业中。转炉冶炼过程的钢水化学成分检测采用火花发射光谱（Optical Emission Spectrometry）检验技术始于 20 世纪 70 年代末至 80 年代初，这一检验技术的推广不仅缩短了转炉冶炼时间，也提高了钢材产品的质量。随着品种多样化、高附加值的钢材产品产量和质量的提升，对钢水成分检验的要求也相应提高。分析速度快、分析准确、节约人力、高效率的全自动发射光谱仪分析系统成为研究和开发的方向。1990 年世界第一套全自动光谱系统建成使用，它与单机光谱仪的分析模式基本相同，但却是一个无人操作的、智能化的发射光谱分析系统。发展到现在的光谱全自动分析系统已相当完善，并且稳定可靠，目前在国内外各大钢厂炉前平台被广泛使用。该系统在 20 世纪 90 年代初国内引进时被称为光谱快速响应平台，主要是因为光谱分析系统以集装箱形式被安装在炉前平台边上，能及时对转炉冶炼过程中钢水成分的变化在短时间内实施分析，并在第一时间内告知炉前操作人员进行调整和监控（以下称为自动分析光谱系统）。该系统能可靠测定的元素有：碳、硅、锰、磷、硫、铝（总铝和酸溶铝）、铜、镍、铬、铌、钼、钒、钛、硼、镐、铅、镝、砷、锡、钙、钨、钴、铈、铼，有的甚至还可以分析氮、氧等气体元素。

9.3.1　自动光谱分析系统的组成部分

自动光谱分析系统由快速风动送样和试样接收装置、试样制备设备（切割机、研磨机或研削机、冲床）、试样运送（机械手或试样传送带）部件、光谱仪（高精度光谱分析仪）、分析结果传送计算机（带标准接口计算机）和试样保存（试样标识、定置保存）等部分组成。风动送样和试样接收装置有鼓风机控制和气包控制两种方式，即正负压和正压气动输送，输送速度可达 15~20m/s。试样制备设备是一系列加工装置的集成，内部有机械手传递试样至加工部位。对球拍样、双薄片样用切割机切柄，对柱状试样用切割机切成试样片，切割后的样片在研磨机上用砂轮和砂带或粗细两种砂带进行研磨。近年来，由于分析低碳、低磷和铝的精度要求的提高，兴起切削制样方式，采用一头多刀的金属刀锯对试样表面进行加工处理，达到光谱分析的光滑表面。加工好的试样通过机械手或传送带将试样传递到光谱仪的激发台上，由机械手移动试样进行两次以上激发，可配置可视系统监控试样表面的激发点位置。分析结果自动发送给炼钢过程控制计算机。这些设备之间通过计算机程序进行控制，并按照试样编码指令自动选择样品制备、分析和数据传送方式，整个分析过程可在 90~240s 内完成。

全自动光谱分析系统的产生不仅缩短了分析周期，还由于是无人操作和数据自动传送，减少了许多人为差错。

9.3.2　自动光谱分析系统的工作曲线制作和质量控制及相关概念

自动光谱分析系统除设备和计算机等软硬件连接好之后，要使整个系统稳定可靠、快速、准确报出分析结果，标准试样的选择、工作曲线制作及相关质量控制方法的运用是必不可少的。下面就分步介绍一下工作曲线的制作和质量控制方法。

9.3.2.1　工作曲线制作原则

（1）工作曲线的制作和适时控制是光谱分析的关键所在。工作曲线的制作主要原则是：

1）标准试样的选择：选择与冶炼钢种相类似的钢种作为标准试样；试样类型以 5 种钢种以上为原则，一条工作曲线使用的试样数尽可能多。

2）测定值的决定方式：一个试样测定两次以上（强度值），计算平均值，并以它作为测定值。

3）工作曲线的制作：以横坐标为标准值、纵坐标为测定值进行打点，绘制出满足各点的关系线（或关系式）作为工作曲线分析标准试样，计算所得的分析值与标准值之差如超出 B 管理允许差（标准试样分析值与标准值之间的管理界限）时，则重新制作工作曲线。

4）工作曲线制作时间：在光谱仪装置修理或重要部件更换后；分析条件发生变化后；在需要进行超出原来制作工作曲线范围以外的试样分析时；其他认为有必要的时候。

5）共存元素的干扰：在制作工作曲线时，由于各类光谱仪使用的谱线不同，共存元素对被测元素产生正或负的误差叠加，而导致被测元素的测定值与标准值之间出现较大的不一致，所以必须对工作曲线进行分段制作或进行共存元素的干扰校正。

（2）工作曲线的日常维护：工作曲线制作和检查完毕后，就可投入使用。但由于工作环境是一个动态环境，温度、湿度、电磁场以及工作时间即设备的疲劳程度等都将对设备的稳定性产生影响，所以要想获得准确、稳定、可靠的检测结果，就必须对工作曲线进行日常的检查和维护。具体工作内容有：除日常设备维护点检、确保设备处于正常稳定外，关键在于运用监察方法和控制试样法来检查和维护工作曲线的准确和有效性。

1）监察方法（C 管理方法）：定期采用收集的样品进行化学湿法检验，通过 T 检验方法确定光谱分析与化学湿法测定之间是否存在显著性差异，进而采取相应措施，保证工作曲线的准确性。

2) 控制试样法：对某些特殊冶炼的钢种采取控制试样法进行检测质量的控制方法，用以保证该钢种的成分检验的准确性。

9.3.2.2　质量控制方法及相关概念

(1) 仪器的校准：一般采用两点校准法，即每个元素均采用高低标各一个样品进行校准。首先要选择校准样品，然后对校准样品进行强度值测定，并存入计算机中。以后每隔一定的时间（根据分析的对象、光谱仪运行的时间长短、光谱仪本身的特性等）进行测定，同时将此测定强度值同原存入计算机的值进行比较，校准到原始状态。

(2) 监控试样的分析（B 管理试样分析）：选择在工作曲线范围内的标准试样进行含量测定。一般情况下，每条工作曲线选用 3 个（含量范围分别为高、中、低）标准试样，每天周期性地进行测定，并将测得的含量值同标准样品的原值进行比较，如超出 B 管理允许差，则设备处在异常状态，必须重新进行标准化，直至监控试样检测结果正常为止。其功能主要是检查光谱仪设备是否处于稳定状态。B 管理允许差定义：标准试样分析值与标准值之间的管理界限。

(3) A 管理试样分析：由操作人员随意抽取日常工作中分析的试样，交由另外的操作人员进行分析，将不同操作人员分析的结果进行极差分析，检查极差是否在 A 管理允许范围内，以此来检查不同操作人员之间的分析误差。A 管理允许差定义：同一试样重复分析值差的管理界限。

(4) C 管理试样分析：对由光谱分析操作人员在日常操作分析中随机抽取的样品用经典分析方法即湿法化学分析进行分析，并将化学值同光谱分析值进行比较检查其差值是否在 C 管理范围内，以此来检查日常分析的准确性。C 管理允许差定义：未知试样的仪器分析值与化学分析值差的管理界限。

(5) 比对分析：在不同实验室（或不同光谱仪）之间选用标准样品（或者日常生产样品）分别进行测定，并将不同实验室（或不同光谱仪）之间的结果进行比对，以此来判定实验室分析能力的高低和消除不同实验室（或不同光谱仪）之间的系统误差。

(6) 统计过程控制（SPC）：统计过程控制 SPC（statistics process control）是指应用统计技术对过程进行控制，从而达到改进与保证产品质量的目的。SPC 理论是美国休哈特创建的。自 20 世纪 20 年代，休哈特控制图在美国工业和服务性行业得到推广应用。随着我国对产品质量认识的提高，统计过程控制（SPC）方法也在不断得到推广。

在光谱自动系统中，通常采用均匀性良好的标样或生产样品，周期性地进行分析，得到的数据在控制图上描点，按照统计计算得到 $\overline{X}\text{-}R$ 或 $\overline{X}\text{-}MR$ 控制图的控制限 UCLX 和 LCLX。当过程达到认可的稳定状态后，利用判异准则判断过程是否异常，并对出现异常采取措施，使过程重新达到稳态。

在全自动光谱分析系统里，光谱仪的软件配置一般都装有 SPC 软件，能够使事先设定的控样或标样的检测数据直接进入 SPC 统计工具中，自动进行描点，显示控制点的状态，对超出控制限的点可以在软件上设定重新进行光谱仪标准化、重新检测控样或标样等命令，保证分析结果的准确性。

(7) 测量系统分析（MSA）：测量系统是用来对被测特性定量测量或定性评价的仪器

或量具、标准、操作、方法、夹具、软件、人员、环境和假设的集合，因此测量系统分析是产品质量标准的重要环节。评价一个测量系统必须考虑三个基本问题：

1）测量系统必须有足够的灵敏度。要求仪器（和标准）具有足够的分辨率，对测量产品或过程变差在一定的应用及环境下的变化具有灵敏性。

2）测量系统必须稳定。在重复性的条件下，测量系统变差只归因于普通原因而不是特殊原因。

3）统计特性（误差）满足测量的目的。通过对测量特性的统计处理，得到测量系统的最大变差，这个变差应小于产品质量控制要求。

在测量系统分析时，通常有五种变差来表征测量系统的能力，即偏倚、线性、稳定性、重复性和再现性，其中偏倚、线性和稳定性反映测量系统的位置变差，重复性和再现性反映测量系统的宽度变差。

偏倚指测量结果的观测平均值（在可重复条件下的一组实验）和基准值之间的差值，与正确度的概念基本一致。线性指测量系统在预期操作（测量）范围内偏倚的变化，可以认为是关于偏倚大小的变化。稳定性（或偏倚）是测量系统在某一阶段时间内，测量同一基准或了解单一特性时获得的测量总变差，它是偏倚随时间的变化，可用控制图方法评价。重复性是指由同一个评价人，采用同一种仪器，多次测量同一零件的同一特性时获得的测量值变差，它是仪器本身固有的变差或性能，采用仪器标准偏差定量表述，反映仪器本身对测量过程的影响，体现测量结果误差分布的宽度或范围特性。再现性是指由不同的评价人，采用相同的测量仪器，测量同一零件的同一特性时测量平均值的变差。采用评价人的标准偏差表述，反映评价人对测量过程的影响。通过一系列的测量操作，评价人对得到偏倚、线性、稳定性、重复性和再现性的数据进行相应的计算和统计分析，进而来评价测量系统的实际测试能力。

9.4 金属原位统计分布分析技术与装备

9.4.1 金属原位统计分布分析技术概述

原位统计分布分析系指材料在较大尺度范围内（cm^2）各化学成分及其形态的定量统计分布分析技术。它包含化学成分的位置分布统计信息、含量分布统计信息以及状态分布统计信息。分析结果的表征方式又可分为一维原位统计分布分析、二维原位统计分布分析以及三维原位统计分布分析等。以火花光谱无预燃、连续激发及高速采集解析技术为基础的金属材料原位分析仪，有效地实现了金属材料的原位统计定量分布分析[11]。原位统计定量分布分析技术可以获得关于材料的许多新信息[12]。例如，各元素在材料中不同位置含量的统计定量分布；材料中各元素偏析度的准确定量计算；材料符合度的表征——元素不同含量在材料中所占的原位置权重比率、统计符合度、统计偏析度；材料疏松度的定量表征——统计致密度；材料中夹杂物含量的统计定量分布以及材料中夹杂物不同粒度的统计定量分布等。

9.4.1.1 各元素在材料中不同位置含量的统计定量分布

当对材料进行无预燃连续扫描激发时，发生数万次、数十万次乃至数百万次单次放电，每一个单次放电，均可同时获得各元素火花光谱信号。数百万个光谱信号与试样表面不同位置相对应，同时每一信号的强度反映了该位置各化学成分原始状态。对这些信号的系统解析，进而获得被测样品的各成分定量统计分布信息。这样，可以获得所扫描分析的区域内不同位置各元素含量的统计定量分布。其结果可以用二维等高图（图 9-15b）或三维立体图（图 9-15a）的方式，给予直观的定量表述；也可以获得任意坐标点 (X, Y) 各元素的准确含量以及任意线区内各元素含量变化规律，如图 9-15c 所示。

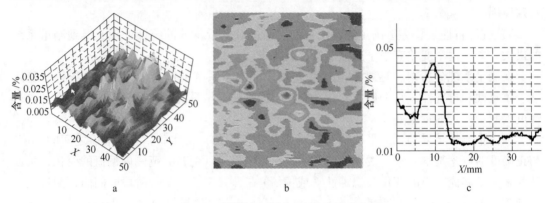

图 9-15　连铸方坯横剖面硫的定量分布图

a—三维分布图；b—二维等高图；c—$Y = 23.375mm$ 时硫含量变化规律

9.4.1.2　材料中各元素最大偏析度的准确定位及定量计算

现行工艺上为了判定材料的偏析度，多采用硫印方法定性判定，或按一定位置钻取试样分析的方法，将最高点数值（C）与平均值（C_0）的比值即 C/C_0 认定为最大偏析度。由于难以捕捉到最高值的位置，一般在连铸工艺中，认为最大偏析度在中心位置附近，如图 9-16 所示。而实际上，中心偏析区为较大的范围，未必是恰好在中心点。因此，所得到的结果具有很大的不确定性。而采用原位分析技术则可自动、十分准确地确定元素含量的最大值（C_{max}）及其在试样中所处的准确位置 (X, Y)，见图 9-17。同时从数以万计的数据中可以更准确地得到其含量的中位值或平均值（C_0），从而十分准

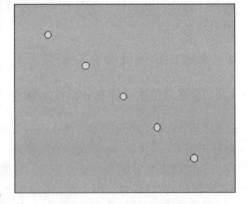

图 9-16　钻孔取样示意图

确地得到最大偏析点 (X, Y) 的偏析度 $P(X, Y)$，即：

$$P(X, Y) = C_{max}/C_0$$

同时也可以根据要求，计算出以最高偏析点 (X, Y) 为中心的最大偏析区（例如，1mm×1mm 或 $\phi 1mm$）内的平均含量（C_{Amax}），其与全部结果平均值（C_0）的比值用以表征最大偏析度（P），即：

$$P = C_{Amax}/C_0$$

图 9-17 展示了某连铸方坯中碳元素含量的二维分布图，准确标出了最大偏析所处的位置（X：23.57；Y：7.92）及其最大偏析度的准确值（$P = 1.323$）。

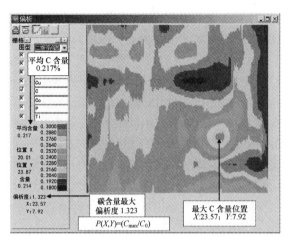

图 9-17　钢坯最大偏析度的确定

9.4.1.3　材料符合度的表征——元素不同含量在材料中所占的原位置权重比率

根据数以万计不同位置、不同含量的单次放电信号的统计结果，可以准确地提供各元素在材料被测定的范围内，不同含量所占的原位置权重比率，即不同含量出现的（位置）频度（v），见图 9-18。对不同含量的频度分析，可以提出各种不同表征符合度的参数，以统计结果为基础的这些参数，可作为判定材料均匀性及质量控制的重要依据。

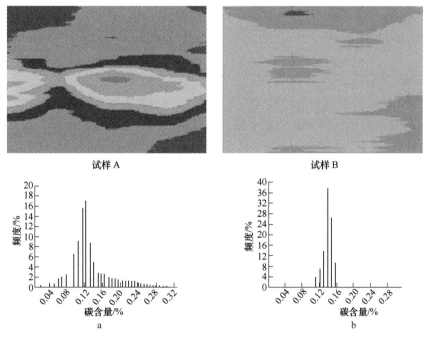

图 9-18　铸坯板材不同碳含量所占的原位置权重比率（频度）分布
a—材料原位置中 46.36% 碳含量在（0.117±0.020）% 范围内；
b—材料原位置中 88.36% 碳含量在（0.128±0.020）% 范围内

A　统计符合度——特定含量范围所占的权重比率（频度）

可以将特定含量范围所占的权重比率（频度）称之为在特定含量范围内的元素分布的统计符合度（H），用于某元素在材料中的符合度统计表征，其数值越大，表明该元素在材料中分布越均匀，最大值为100%。以铸态试样为例，图9-18中试样 A 的平均碳含量为0.117%，统计分析区内，碳含量在国家标准规定允许差（0.117±0.020）%范围内的所占权重比率（频度）为46.36%；而同类试样 B，平均碳含量为0.128%，统计分析区内，碳含量在国家标准规定允许差（0.128±0.020）%范围内的权重比率（频度），即统计符合度为88.36%。显然在标准允许差范围内，试样 B 碳元素分布的统计均匀性要优于试样 A。表9-1列出了某管线钢坯采用原位统计分布分析所得到的各元素统计符合度的结果。也可以根据材料规定的含量合格范围，通过原位统计分布分析检查其所占的权重比率，应用于工艺或材料的质量控制。

表 9-1　管线钢坯中各元素的统计符合度

成分	解 析 结 果		
	平均含量/%	允许差区间/%	统计符合度（H)/%
C	0.095	0.095±0.020	97.84
Si	0.189	0.189±0.020	99.80
Mn	1.578	1.578±0.070	99.38
P	0.009	0.009±0.002	87.35
S	0.005	0.005±0.002	68.37
Cr	0.253	0.253±0.020	100.00
Nb	0.047	0.047±0.010	95.56
V	0.036	0.036±0.005	99.65

B　统计偏析度——95%置信度时的含量置信区间及中位值扩展率

对各原位置成分含量的频度统计分布进一步解析，还可以得到一系列有价值的参数。

（1）95%置信度时的含量置信区间。由不同含量频度统计分布得到95%置信度的含量置信区间（$C_1 \sim C_2$），95%置信度中位值（C_0）的置信扩展幅度则为 $Z = (C_2 - C_1)/2$，那么，该元素在材料中95%置信度时的含量置信区间为 $C_0 \pm Z$，可作为某元素在材料中的均匀程度的表征。某元素含量相同时，含量置信区间越小，95%置信度中位值（C_0）置信扩展幅度亦越小，表明该元素在材料中分布的偏析程度越小。

（2）统计偏析度（S）。考虑到试样中元素含量差异的影响，采用中位值（C_0）置信扩展幅度（Z）与中位值（C_0）的比率，即中位值置信扩展率（$S = Z/C_0$）作为某元素在材料中的偏析程度的表征，也称之为统计偏析度（S）。表9-2列出了不同元素在权重比率为95%置信度时，含量置信区间及统计偏析度（中位值置信扩展率）。统计偏析度（中位值置信扩展率）越大，表明该元素在材料中分布的偏析越严重。理论上，无偏析的材料其统计偏析度应为零。

表 9-2 管线钢坯中各元素的统计偏析度

成分	95%置信度时含量的置信区间 C_1, C_2/%	中位值置信扩展幅度 $Z = 1/2(C_2 - C_1)$/%	中位值 C_0/%	统计偏析度 （中位值置信扩展率）S/%
C	0.0782, 0.1096	0.0157	0.095	16.53
Si	0.1844, 0.1984	0.007	0.189	3.70
Mn	1.5519, 1.6245	0.0363	1.578	2.30
P	0.0073, 0.0120	0.00235	0.009	26.11
S	0.0012, 0.0079	0.00335	0.005	67.00
Cr	0.2522, 0.2540	0.0009	0.253	0.36
Nb	0.0388, 0.0581	0.00965	0.047	20.53
V	0.0343, 0.0380	0.00185	0.036	5.14

9.4.1.4 材料疏松度的定量表征——统计致密度

根据原位统计分布分析可以得到每一个单次放电位置各元素的含量。单次放电发生在致密位置时，其各元素含量的总和 $\sum C_i$ 应为 100%；单次放电发生在疏松或缺陷位置时，其各元素含量的总和 $\sum C_i$ 应为小于 100%。因此可以用每一单次放电位置各元素含量的总和来表征该位置的致密度 (D_j)，称之为该单次放电位置的表观致密度。

$$D_j = \sum C_i$$

式中，D_j 为第 j 次放电位置的表观致密度；C_i 为第 j 次放电位置的 i 元素含量。

理论致密位置的表观致密度应为 1。试样上所得到的数以万计不同位置的表观致密度的统计平均值，即为统计致密度 (D)，即：

$$D = \sum D_j / N$$

式中，N 为放电的总次数。

统计致密度是材料致密（疏松）程度的综合评价参数，理论致密材料的统计致密度应为 1。

对于非合金钢材料可以将其简化，用铁信号强度进行统计。根据原位统计分布分析可以得到的每一个单次放电位置铁元素的光谱信号。任意单次放电铁元素光谱信号强度 (I_j)，与单次放电发生在致密位置时其铁元素光谱强度信号为最大值 (I_{max}) 的比值 (I_j/I_{max})，近似等于该单次放电位置的表观致密度 (D_j)。对试样上所得到的数以万计不同位置的表观致密度进行统计，其平均值称之为统计致密度 (D)，即：

$$D = (\sum I_j / I_{max}) / N$$

以铁的理论致密度作为参比，也可将每一位置所采集到的铁信号转化为对应位置的表观致密度。

所有统计解析结果可以采用三维分布图（图 9-19）或二维等高图的方式图示，直观地显示出缺陷及疏松的位置及分布，也可准确计算出材料的特定位置表观致密度以及材料的统计致密度，以此作为材料疏松程度的一个定量判定方法。

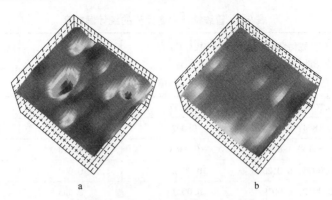

图 9-19　不同铸坯材料的统计致密度

a—统计致密度 0.9308；b—统计致密度 0.9562

9.4.1.5　材料中夹杂物的统计定量分布

当火花光谱单次放电发生在夹杂位置时，与固溶区的放电信号相比，会发生放电信号异常增大的现象。而异常值出现的频度则与材料中夹杂物的含量相关。因此，可以根据异常信号出现的频次与总信号的频次（固溶态的信号频次与夹杂物信号的频次之和）的比值以及对应元素的总含量，计算出夹杂物的含量，而无须依赖夹杂物的标准物质。由于是大面积扫描得到的结果，其结果更具有代表性，由此可以得到材料中不同位置夹杂物统计定量分布的信息，如图 9-20 所示。

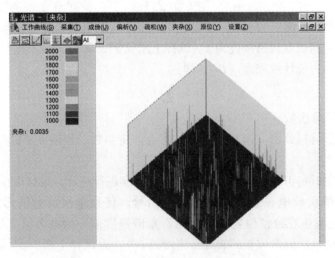

图 9-20　连铸方坯中铝夹杂物的统计定量分布

夹杂物单次放电的异常值的大小与夹杂物的粒度具有相关性，因此还可进一步获得夹杂物不同粒度统计分布的信息。此外，由于采用多通道同时采集，每个单次放电所获得的信号时间同步，因此通过多通道不同元素异常值的合成也可以进一步判定不同位置夹杂物的组成。例如，铝的某一次放电信号显示异常值，如果同一位置氧的信号也显示异常值，则可判断此位置的异常信号为氧化铝夹杂物所致。再如，如果某一位置铝及氮的单次放电信号同时显示异常，则表示此位置系氮化铝夹杂物。可见，不同种类夹杂物的统计定量分布的信息都可以获得。

9.4.2 金属原位分析仪工作原理与系统组成

9.4.2.1 金属原位分析仪工作原理

金属原位分析仪利用同步扫描平台夹持样品实现连续移动激发和火花放电，通过分光系统，由高速数据采集系统采集每次放电火花的谱线强度与位置，以数字方式实时记录。通过对大量数字信号的统计解析，进行样品的化学成分分析、元素分布分析（偏析度分析）、疏松度分析以及夹杂物分布分析，其原理如图9-21所示。

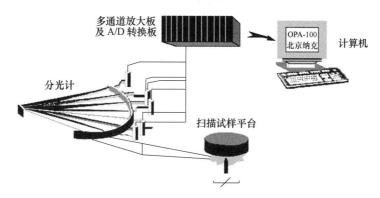

图 9-21　金属原位分析仪 OPA-100 原理

9.4.2.2 金属原位分析仪系统组成

根据上述工作原理，金属原位分析仪系统由激发光源系统、分光系统、单次火花放电信号高速采集系统、火花光谱单次放电数字解析信号分析系统和连续激发同步扫描的样品移动/定位系统组成。其结构如图9-22所示。

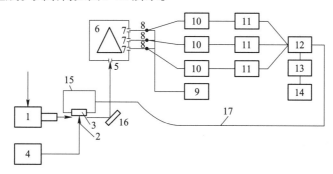

图 9-22　金属原位分析仪的结构

1—高纯氩气控制器；2—钨电极；3—样品；4—火花发生器；5—入射狭缝；6—单色计；7—出射狭缝；
8—光电倍增管；9—高压板；10—放大板；11—高速采集板（A/D板）；12—控制器；13—计算机；
14—打印机；15—火花台；16—反射镜；17—电缆

激发光源系统由高纯氩气控制器、钨电极、样品和火花发生器组成。

　　分光系统由入射狭缝、单色计和出射狭缝组成。

　　单次火花放电高速采集的信号采集系统由光电倍增管、高压板、放大板和高速采集板组成。

　　火花光谱单次放电数字解析的信号分析系统由控制器、计算机和打印机组成。

　　连续激发同步扫描的样品移动/定位系统由框架、叉架、连接筒、升降台、X轴导轨、Y轴导轨、压杆和步进电机组成，见图9-23。

　　激发光源系统所激发的光通过反射镜输入分光系统的入射狭缝，分光系统通过出射狭缝所输出的线性光谱与单次火花放电高速采集系统的光电倍增管相连，信号高速采集系统的高速采集板通过信号线与信号分析系统中的控制器相连，信号分析系统中的控制器通过电缆与样品移动/定位系统中的步进电机相连。

　　A　连续激发同步扫描定位系统

　　金属原位分析仪采用连续激发同步扫描定位系统，不但可以像传统的激发平台那样，分析样品表面固定位置的含量，而且可以使样品与电极之间做相对运动，实现样品的成分分布分析、缺陷分析和夹杂物统计分布分析。

　　该装置可实现对样品连续激发、同步扫描，是一种可编程的自动化机械装置。升降台固定在X轴导轨上，升降台通过连接筒与叉架相连，框架固定在叉架上，压杆通过压头紧固样品，旋紧螺栓也用于固定样品；步进电机通过其丝杠与X轴导轨相接，步进电机通过丝杠与Y轴导轨连接，两者构成X-Y直角坐标扫描轨道。

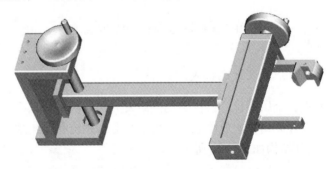

图9-23　连续激发同步扫描定位系统机械装置结构示意图

　　系统的主要功能如下：

（1）直线、圆弧插补功能；

（2）参考点返回、坐标系设定功能；

（3）MDI功能；

（4）限位保护功能；

（5）自动加减速功能；

（6）程序的存储和编辑功能；

（7）图像显示功能。

　　系统参数指标：

（1）定位方式：平面直角坐标形式；

（2）轴数：两轴联动；

（3）行程：X 轴：$0 \sim 120\text{mm}$，Y 轴：$0 \sim 120\text{mm}$；

（4）驱动方式：全数字式交流伺服驱动；

（5）移动速度：$0.1 \sim 1\text{mm/s}$；

（6）位置重复精度：$\pm 0.1\text{mm}$；

（7）位置检测：增量编码器；

（8）再现方式：点到点再现；

（9）传动方式：滚珠丝杠；

（10）工件最大重量：15kg；

（11）工件尺寸：长 $10 \sim 250\text{mm}$，宽 $20 \sim 150\text{mm}$，厚 $10 \sim 50\text{mm}$。

样品夹具被设计成活动关节式，除了可以夹持常规的圆形和方形样品外，也可以牢固地夹持不规则样品。夹持样品尺寸可在 $10 \sim 250\text{mm}$ 之间调节，悬空夹持重量可达 15kg，可以满足绝大多数样品的分析。如果配合带光纤的可移动式激发头，则通过激发头的移动，还可以用于超大样品的分析。

该装置既可以和光谱仪控制计算机联合使用，也可以自带计算机或通过手动控制面板单独使用，具有较大的灵活性。在信号分析系统中，控制机通过电缆发出运动命令，控制步进电机带动框架在选定区域内进行扫描，运动范围和轨迹可根据分析任务随时调整，实时记录火花发生器放电电极的准确位置。样品的移动速度范围为 $0.1 \sim 1.0\text{mm/s}$，可以在样品没有发生重熔的情况下，进行连续激发和同步扫描，得到样品最原始状态的性能参数。

B　激发光源系统

激发光源是原位分析仪的一个重要组成部分，由高纯氩气控制器、钨电极、样品和火花发生器组成。钨电极与火花发生器相连，并与样品垂直相对，高纯氩气控制器的喷嘴对准火花发生器所产生的火花中心。它的作用是给分析试样提供蒸发、原子化或激发能量。

a　激发光源（spark source）

激发光源包括电弧光源和火花光源。电弧光源如图 9-24 所示，其主要优点是：

（1）试样蒸发量大，分析的绝对灵敏度高，有利于分析痕量元素；

（2）激发光强比较大，因此分析的时间比较短，有利于提高分析速度；

（3）背景辐射较小，基本没有空气谱带干扰，可不需要保护气；

（4）电极温度较高，有利于试样表面的均一化，因此，试样的组织结构对分析结果的影响较小；

（5）电路设备简单、稳定，容易操作。

火花光源如图 9-25 所示。火花光源的放电方式是一种电极间的不连续气体放电。本仪器采用的是高能预火花和低压火花相结合的方法，以此来保证分析结果的重现性。火花光源的主要优点是：

（1）稳定性较高；

（2）谱线自吸收小；

（3）温度高，可用于低熔点的材料分析以及长时间的分析。

火花放电的基本参数，即放电参数（discharge parameters）如表 9-3 所示。

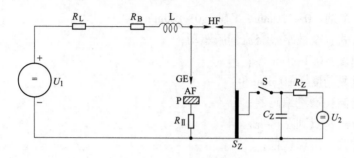

图 9-24　电弧光源线路

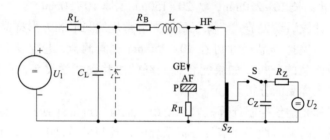

图 9-25　火花光源线路

表 9-3　火花放电参数

参　数　名　称	数　　值
频率/Hz	600
电感/μH	120
电阻/Ω	3.5
电容/μF	5
电压/V	400

b　气路系统

本仪器采用高纯氩作为保护气。高纯氩的纯度一般应在 99.99% 以上。仪器的气路流程结构如图 9-26 所示。

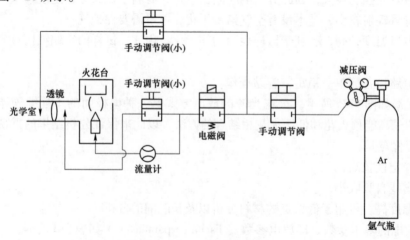

图 9-26　气路流程结构

C　分光系统

本仪器的分光系统由入射狭缝、单色计和出射狭缝组成。其作用是把不同的辐射能（复合光）进行色散变成单色光，并按波长顺序进行空间排列，以获取不同元素的光谱。入射狭缝和出射狭缝分别处于单色计的两侧。入射狭缝的宽度为 $20\sim30\mu m$，出射狭缝的宽度为 $50\sim80\mu m$，出射狭缝的狭缝个数 n 为 3~55 个，可以形成 3~55 个线状谱线通道，以同时分析样品中的多个元素。单色计采用凹面光栅、帕邢-龙格（Paschen-Runge）装置，如图 9-27 所示。整个分光系统处于恒温控制状态之下。

a　真空光学系统

此设计结构简单，可在罗兰圆上安置一系列出射狭缝，使用波长范围宽，像差小。光学系统的基本参数如下：

光栅焦距：750mm；

高发光全息光栅，刻线为 2400 条/mm 或 3600 条/mm；

谱线范围：120~800mm；

色散率（dispersion）：一级色散率 0.55nm/mm，二级色散率 0.275nm/mm；

分辨率：优于 0.01nm；

最多可检测通道：55 个；

可选谱线：240 条；

恒温控制系统（thermoregulation）：光室和电子单元配有恒温系统，温度波动控制在 ±2℃，系统避免了温度波动对仪器稳定性的影响。

b　出射狭缝

出射狭缝是原位分析仪中分光系统与检测系统之间相衔接的装置，常用的有单体式和整体式两种，本仪器采用整体式。出射狭缝板由三段组合而成，在各段狭缝板上，将绝大部分需要分析的元素谱线都刻制其上，暂时不需要者可以遮挡上，将来可以灵活调整，如图 9-28 所示。

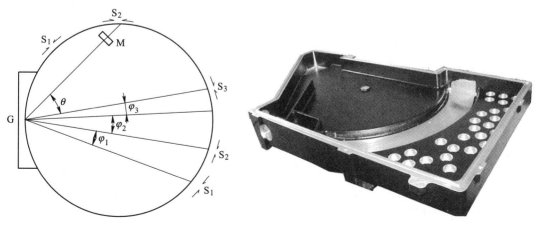

图 9-27　帕邢-龙格装置　　　　　　　　图 9-28　整体式出射狭缝装置

　　c　真空系统

　　由于 C、P、S 等元素的灵敏线位于 200nm 以下，处于真空紫外区，例如 C193.09nm、P177.49nm、S180.73nm，在此波段内空气中的氧对辐射有强烈的吸收，因此必须将分光系统置于真空环境下。

　　D　信号高速采集系统

　　信号高速采集系统由光电倍增管、高压板、放大板和高速采集板（A/D 板）组成，其作用是将分光系统产生的分析元素的谱线光强信号，通过光电转换元件转化为光电流信号，然后经过放大系统、高速 A/D 转换，以数字方式存储。相对于分光系统中出射狭缝的狭缝个数 n，对应的也有 n 组单次火花放电高速采集系统。每一组单次火花放电采集系统中光电倍增管、放大板和高速采集板均通过导线串联，各组之间则相互并联，而高压板则通过导线与每一组中的光电倍增管相通。信号高速采集系统的结构如图 9-29 所示。

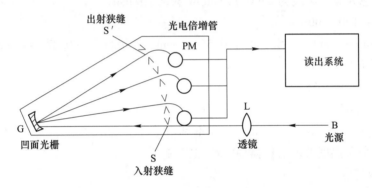

图 9-29　信号高速采集系统结构

　　光电转换元件主要是利用光电效应将不同波长的辐射能转化为光电流信号。常用的有光电倍增管和固体成像器件。本仪器采用光电倍增管，主要考虑到钢材中许多重要元素（C、P、S 等）处于真空紫外区，此波段光电倍增管的灵敏度远高于 CCD 等固体检测器。

　　在本仪器中，分光系统产生的谱线强度的信号，通过光电倍增管转化成光电流的信号，光电流向积分器充电，然后放大电路将微弱光电流信号实时放大，经高速采集板采样，将模拟信号转化为数字信号。信号流程为光电倍增管→放大板→A/D。

　　a　光电倍增管信号的直接放大

　　由于光电倍增管的信号只有 μA 级，直接的信号采集比较困难，因此，必须先将它放大并转换到 mA 级。成品的电路板加上了电磁屏蔽罩，以阻断光谱仪内部大功率开关和高频元器件的电磁干扰。该板最大可扩充至 8 路。因为是采用 STD 总线结构，所以，它可以被直接插入任何标准的工业控制计算机内。一般光谱仪内的工业控制计算机的机架都有 12 个槽位，可以同时插入 6~8 块这种放大电路板，满足 48~64 路光谱通道的同时放大、约 40 个元素的同时分析。图 9-29 所示即为信号放大板在光谱仪内部的安装实例。放大电路的性能参数如表 9-4 所示。

　　b　数据采集和模数转换

　　光电流信号经过放大后就可以满足模数转换电路的要求了。由于火花光谱的激发频率比较高，通常为300~600Hz，根据采样定律，最小采样频率应大于6kHz。但是，由于每次放电又都是由大量的单独放电所组成，要想获得各主要放电所产生的光谱信号，实际的采样频率要远大于6kHz。通过不同采样频率下所获得的信号比较，最后确定了在激发频率为300Hz时，单个通道的采样频率不能小于80kHz。随着激发频率的提高，单通道的采样频率也相应地增加。本仪器采用的是PCI2002 A/D板，该板卡是一种基于PCI总线的数据采集卡，可直接插在工控计算机内的任一PCI插槽中，用于数据采集、波形的分析和处理。PCI2002板上装有16Bit分辨率的A/D转换器，提供了16双/32单的模拟输入通道。输入信号幅度可以经程控增益仪表放大器调整到合适的范围，保证最佳转换精度。

表 9-4 放大电路性能参数

增 益	放大倍数	200 倍
	线性度	0.001%/FS
	漂移	5×10^{-6}/℃
输出特性	输出规格	±10V，5mA
	输出电阻	<0.1Ω
响应特性	小信号（小于3dB）	30kHz
偏置电压	起始值	25 μV
	漂移	0.25 μV/℃
输入特性	同向输入范围	±10V
	同向消除比	115dB
	输入电阻	10^9Ω
噪 声	P—P（0.1~10Hz）	0.2μV
电 源	电压	±5~12V
	电流	7mA

E 信号分析系统

火花光谱单次放电数字解析系统由控制机、计算机和打印机组成，三者通过导线相连。为了提高程序的运行效率，本仪器的控制软件采用的是Builder C++语言编制的Metal lab程序。整个软件分为：平台移动控制模块、位置检测模块、同步监测模块、光谱信号采集转换模块、分析结果数据处理模块和图形显示模块。

平台移动控制模块和位置检测模块用于控制被分析样品的分析位置精确定位和样品的表面扫描分析。表面扫描分析可以根据样品的形状和分析要求做环形扫描分析、矩形扫描分析、线性扫描分析、Z形和S形线扫描分析、不规则移动扫描分析以及随机取点分析等多种形式的扫描分析。

同步监测模块用于获得光谱分析的预燃、激发和单个激发脉冲的同步信号，以便光谱信号采集转换模块实现同步采集和分类分析。这些信号将分别应用于样品的常规定性定量分析、成分分布分析、表面缺陷分析和夹杂物的定性定量分析以及分布统计分析等。

分析结果数据处理模块除了具有常规分析软件所具有的光谱强度分析、相对强度分析、浓度计算、工作曲线计算、RSD 计算、分类和牌号鉴别等功能外，根据数字化光谱仪的特点，还增加了大型缺陷的定位、小型缺陷的分布、成分分布统计分析、夹杂物的定性定量分析以及分布统计分析等新功能。这些新功能对于材料的分析研究具有重要的实际意义。

图形显示模块用于分析条件的设定和分析结果的显示。条件设定时的图形显示主要应用于样品的扫描分析，包括成分分布分析、缺陷分析和夹杂物分布分析。分析结果的显示，则包括以上分析结果的二维和三维图形显示、局部放大和缩小、图形的旋转以及常规分析时的数据显示、比较和统计等。

为满足实时分析的需要，所使用的计算机要求相对较高。除了要求有较高的稳定性和抗干扰能力外，还要求有较高的运算速度和较大的内存容量。本仪器的主要配置如下：CPU：P42.0GHz；内存：256M；硬盘：40G；电源：300W，实际输出功率不小于 250W；显示器：15 英寸 LCD 显示器。

9.5　不同拉速下连铸板坯横截面中心偏析和夹杂物分布原位分析实例

连铸板坯的冷凝过程是由外至内逐渐冷却的，由于中心温度高于边缘温度，使得一些低熔点和夹杂元素容易在中心线上形成富集。这种富集现象常常造成最终产品的质量问题，因此，现代冶金工艺都在尽量设法减小这种中心偏析现象。元素中心偏析的定量快速检测技术是提高连铸板坯内在质量的前提。

扫描电子显微镜（SEM）等技术，可以直接观察样品表面的微区组织结构，但是不能对材料较大尺度范围内（cm^2）进行分析，更无法给出化学成分的定性和定量结果。

硫印和低倍显微观察虽然可以直观地看到硫偏析的情况，但该方法不仅速度慢、操作过程复杂，所得结果也不是定量的，其他元素的分布情况也无法得到。

原位统计分布分析技术（original position statistic distribution analysis，OPA）是金属材料研究及质量判据的一项新技术[13~15]。不同于现有的宏观分析技术（平均含量测定）及组织结构分析技术，它是以测量信息的原始性、原位性及统计性为特征，反映了金属材料较大尺度范围内化学组成及组织形态的定量统计分布规律[16]。采用该项技术可以得到金属材料中化学组成的位置分布统计信息、定量分布信息以及状态分布信息[17~20]。本节采用原位统计分布分析的技术，定量表征研究了不同拉速下连铸板坯中心横截面的偏析特性。不同拉速下连铸板坯中心横截面偏析的定量快速检测技术国内外尚无文献报道。

9.5.1　分析仪器和方法

9.5.1.1　分析仪器及参数

（1）金属原位分析系统：OPA-100，北京纳克分析仪器公司制造。

（2）样品扫描方式和速度：样品扫描方式为线性扫描，扫描速度为 1mm/s。

（3）火花激发参数：激发频率：480Hz；激发电容：7.0μF；激发电阻：6.0Ω；火花间隙：2.0mm；氩气纯度：99.999%；氩气流量：80mL/s；电极材料：45°顶角纯钨电极，直径 3mm。

（4）数据采集和处理：信号采集速度为100kHz/通道。工作曲线的制作和分析结果的处理采用OPA-100软件进行处理。

（5）测定元素及其波长：C：193.0nm；Mn：293.3nm；P：178.3nm；S：180.7nm；Si：288.1nm；Ni：243.7nm。

9.5.1.2 试样

（1）样品名称：85mm×1500mm连铸薄板坯。

（2）连铸工艺参数：拉速：3.0m/min（88号）与4.2m/min（71号）；中间包温度：1545℃；结晶器：$\Delta T_右 = 10.4℃$，$\Delta T_固 = 8.8℃$，$\Delta T_活 = 8.7℃$，$\Delta T_左 = 10.4℃$；塞棒开度：10mm；板坯温度：918℃。

（3）钢种：中碳钢。

（4）铸坯成分：C：0.20%；Si：0.10%；Mn：0.45%；P：0.012%；S：0.005%；Al：0.03%。

（5）用途：建材、镀锌板。

（6）工艺简况：连铸连轧。

（7）样品形状：取样部位：连铸板坯横截面中部；样品大小：厚：85mm，长：140mm，宽：70mm；扫描面：图9-30中阴影面。

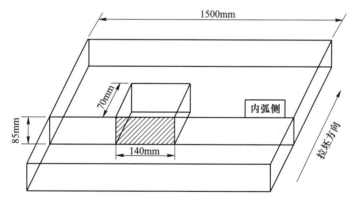

图9-30 板坯样品取样示意图

9.5.1.3 分析部位及扫描范围

由板坯内弧侧向外弧侧方向进行扫描，扫描范围为横截面中部50mm×90mm，如图9-31所示。

9.5.2 不同拉速下连铸板坯中心横截面碳元素的偏析特性

9.5.2.1 不同拉速连铸坯碳元素的偏析带

从连铸板坯中心横截面元素C原位统计分布分析二维成分等高图9-32和三维成分分

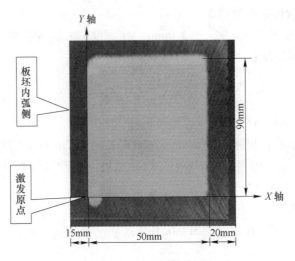

图 9-31　样品扫描范围

布图 9-33 可以明显看出：低拉速工艺下的 88 号试样碳元素呈现一个强"点状"中心偏析和一个窄"带状"中心偏析，而高拉速工艺下的 71 号试样碳元素呈现一个弱"岛状"中心偏析和一个较宽"带状"中心偏析；不同拉速工艺下，碳元素"带状"中心偏析位置基本一致，位于板厚的中心线附近；低拉速工艺较高拉速工艺下，碳元素"点状"中心偏析位置更靠近板厚的中心线。

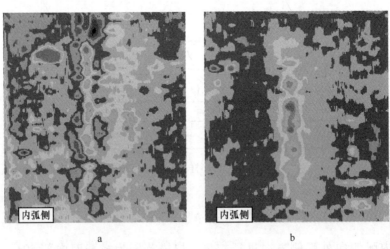

图 9-32　元素 C 的原位统计分布分析二维成分等高图

a—88 号试样（拉速 3.0m/min）；b—71 号试样（拉速 4.2m/min）

图 9-32 彩图

　　低拉速工艺下的 88 号试样，最大偏析位于（12.17，72.00）处，其最大偏析度为 4.64；高拉速工艺下的 71 号试样，最大偏析位于（7.50，63.90）处，其最大偏析度低于低拉速试样，为 2.01。

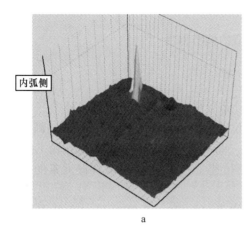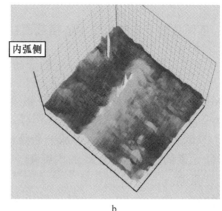

a   b

图 9-33　元素 C 的原位统计分布分析三维成分分布图

a—88 号试样（拉速 3.0m/min）；b—71 号试样（拉速 4.2m/min）

图 9-33 彩图

9.5.2.2　不同拉速连铸坯碳元素的统计均匀度

图 9-34 为两种工艺条件下试样碳元素含量的频度统计分布分析结果，表 9-5 列入其统计均匀度（允许差范围内所占的权重比率）的计算结果。低拉速工艺下的 88 号试样统计均匀度为 76.53%，统计偏析度为 0.282，其均匀性优于高拉速工艺下的 71 号试样（统计均匀度为 72.75%，统计偏析度为 0.396）。

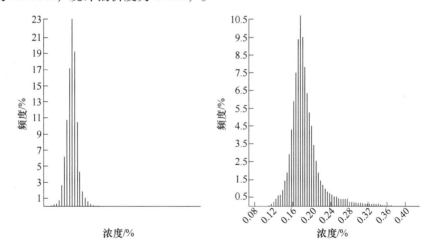

图 9-34　元素 C 的原位统计分布分析频度统计分布图

a—88 号试样（拉速 3.0m/min）；b—71 号试样（拉速 4.2m/min）

表 9-5　碳元素在允许差范围内所占的权重比率

项　目	元素 C 解析结果	
	88 号试样	71 号试样
平均值/%	0.194	0.181
允许差含量区间/%	0.194±0.030	0.181±0.030
统计均匀度/%	76.53	72.75
统计偏析度	0.282	0.396

9.5.3　不同拉速下连铸板坯中心横截面硅元素的偏析特性

9.5.3.1　不同拉速连铸坯硅元素的偏析带

从连铸板坯中心横截面元素 Si 原位统计分布分析二维成分等高图 9-35 和三维成分分布图 9-36 可以看出：（1）与元素 C 相比，无论低拉速工艺下的 88 号试样还是高拉速工艺下的 71 号试样元素 Si 都没有形成一条连续的"带状"中心偏析；（2）低拉速工艺下的 88 号试样硅元素的偏析靠近板坯的内弧侧，而高拉速工艺下的 71 号试样硅元素的偏析靠近板坯的外弧侧。

低拉速工艺下的 88 号试样，最大偏析位于（8.50，45.90）处，其最大偏析度为 1.43；高拉速工艺下的 71 号试样，最大偏析位于（41.00，30.00）处，其最大偏析度高于低拉速试样，为 1.54。

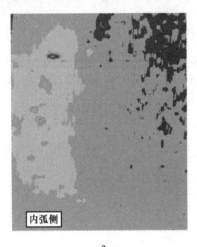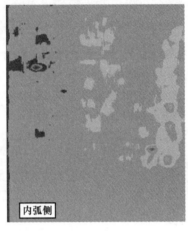

图 9-35 彩图

图 9-35　元素 Si 的原位统计分布分析二维成分等高图

a—88 号试样（拉速 3.0m/min）；b—71 号试样（拉速 4.2m/min）

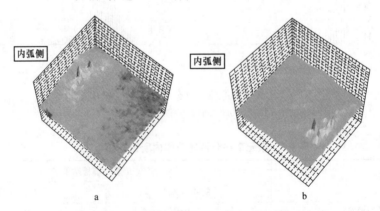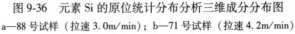

图 9-36 彩图

图 9-36　元素 Si 的原位统计分布分析三维成分分布图

a—88 号试样（拉速 3.0m/min）；b—71 号试样（拉速 4.2m/min）

9.5.3.2 不同拉速连铸坯硅元素的统计均匀度

图 9-37 为两种工艺试样的硅元素含量的频度统计分布，表 9-6 列入其统计均匀度（允许差范围内所占的权重比率）的计算结果。高拉速工艺下的 71 号试样统计均匀度为 97.74%，统计偏析度为 0.134，其均匀性优于低拉速工艺下的 88 号试样（统计均匀度为 96.02%，统计偏析度为 0.15）。

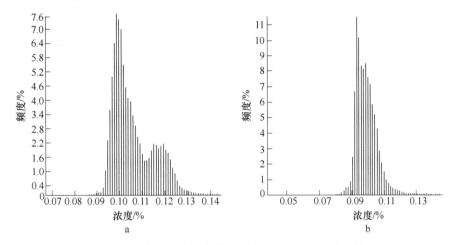

图 9-37　元素 Si 的原位统计分布分析频度统计分布图
a—88 号试样（拉速 3.0m/min）；b—71 号试样（拉速 4.2m/min）

表 9-6　硅元素在允许差范围内所占的权重比率

项　　目	元素 Si 解析结果	
	88 号试样	71 号试样
平均值/%	0.104	0.097
允许差含量区间/%	0.104±0.020	0.097±0.020
统计均匀度/%	96.02	97.74
统计偏析度	0.15	0.134

9.5.4　不同拉速下连铸板坯中心横截面锰元素的偏析特性

9.5.4.1　不同拉速连铸坯锰元素的偏析带

从连铸板坯中心横截面元素 Mn 原位统计分布分析二维成分等高图 9-38 和三维成分分布图 9-39 可以看出：（1）与其他元素相比，无论低拉速工艺下的 88 号试样还是高拉速工艺下的 71 号试样，元素 Mn 的中心偏析程度均较轻；（2）低拉速工艺下的 88 号试样锰元素基本不形成中心偏析带；（3）高拉速工艺下的 71 号试样锰元素在板厚中心形成一条较弱的偏析带。

低拉速工艺下的 88 号试样，最大偏析位于（17.17，0.30）处，其最大偏析度为 1.09；高拉速工艺下的 71 号试样，最大偏析位于（23.00，3.90）处，其最大偏析度高于低拉速试样，为 1.15。

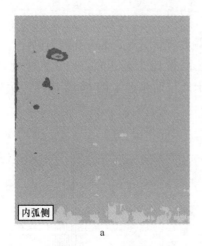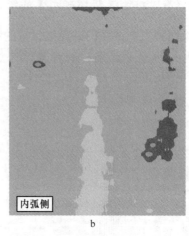

图 9-38　元素 Mn 的原位统计分布分析二维成分等高图

a—88 号试样（拉速 3.0m/min）；b—71 号试样（拉速 4.2m/min）

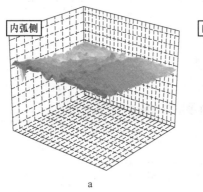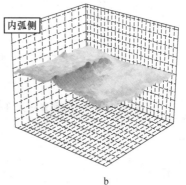

图 9-39　元素 Mn 的原位统计分布分析三维成分分布图

a—88 号试样（拉速 3.0m/min）；b—71 号试样（拉速 4.2m/min）

9.5.4.2　不同拉速连铸坯锰元素的统计均匀度

图 9-40 为两种工艺试样的锰元素含量的频度统计分布，表 9-7 列入其统计均匀度（允许差范围内所占的权重比率）的计算结果。低拉速工艺下的 88 号试样统计均匀度为 90.60%，统计偏析度为 0.075，其均匀性优于高拉速工艺下的 71 号试样（统计均匀度为 87.94%，统计偏析度为 0.090）。

9.5.5　不同拉速下连铸板坯中心横截面磷元素的偏析特性

9.5.5.1　不同拉速连铸坯磷元素的偏析带

从连铸板坯中心横截面元素 P 原位统计分布分析二维成分等高图 9-41 和三维成分分布图 9-42 可以看出：（1）低拉速工艺下的 88 号试样磷元素在板厚中心呈现一个不连续的

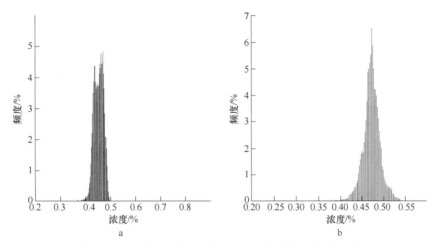

图 9-40 元素 Mn 的原位统计分布分析频度统计分布图

a—88 号试样（拉速 3.0m/min）；b—71 号试样（拉速 4.2m/min）

表 9-7 锰元素在允许差范围内所占的权重比率

项　　目	元素 Mn 解析结果	
	88 号试样	71 号试样
平均值/%	0.447	0.467
允许差含量区间/%	0.447±0.030	0.467±0.030
统计均匀度/%	90.60	87.94
统计偏析度	0.075	0.090

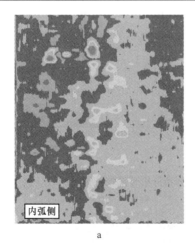
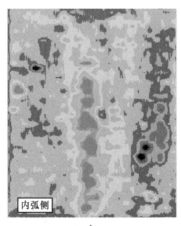

图 9-41 彩图

图 9-41 元素 P 的原位统计分布分析二维成分等高图

a—88 号试样（拉速 3.0m/min）；b—71 号试样（拉速 4.2m/min）

"点状"中心偏析带；（2）高拉速工艺下 71 号试样锰元素在板厚中心形成一条较强的"带状"偏析带。

低拉速工艺下的 88 号试样，最大偏析位于（22.83，74.10）处，其最大偏析度为 1.62。高拉速工艺下的 71 号试样，最大偏析位于（23.00，42.00）处，其最大偏析度高于低拉速试样，为 1.23。

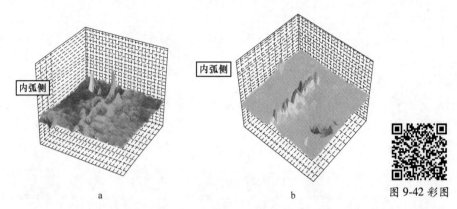

图 9-42　元素 P 的原位统计分布分析三维成分分布图

a—88 号试样（拉速 3.0m/min）；b—71 号试样（拉速 4.2m/min）

9.5.5.2　不同拉速连铸坯磷元素的统计均匀度

图 9-43 为两种工艺试样的磷元素含量的频度统计分布，表 9-8 列入其统计均匀度（允许差范围内所占的权重比率）的计算结果。低拉速工艺下的 88 号试样统计均匀度为 96.97%，统计偏析度为 0.103，其均匀性优于高拉速工艺下的 71 号试样（统计均匀度为 91.71%，统计偏析度为 0.187）。

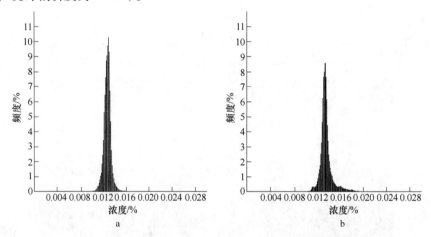

图 9-43　元素 P 的原位统计分布分析频度统计分布图

a—88 号试样（拉速 3.0m/min）；b—71 号试样（拉速 4.2m/min）

表 9-8　磷元素在允许差范围内所占的权重比率

项　目	元素 P 解析结果	
	88 号试样	71 号试样
平均值/%	0.012	0.013
允许差含量区间/%	0.012±0.002	0.013±0.002
统计均匀度/%	96.97	91.71
统计偏析度	0.103	0.187

9.5.6 不同拉速下连铸板坯中心横截面硫元素的偏析特性

9.5.6.1 不同拉速连铸坯硫元素的偏析带

从连铸板坯中心横截面元素 S 原位统计分布分析二维成分等高图 9-44 和三维成分分布图 9-45 可以看出：（1）低拉速工艺下的 88 号试样硫元素的呈现多个"点状"偏析，而高拉速工艺下的 71 号试样硫元素的"点状"中心偏析明显减少，倾向于形成一条"带状"中心偏析；（2）高拉速工艺下的 71 号试样硫元素"带状"中心偏析位置靠近板厚的中心线附近，而低拉速工艺下的 88 号试样硫元素的"点状"偏析多靠近板坯的内弧侧。

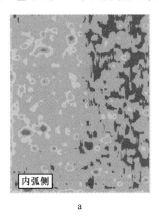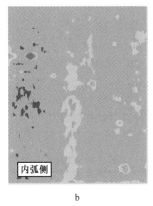

图 9-44 彩图

图 9-44　元素 S 的原位统计分布分析二维成分等高图
a—88 号试样（拉速 3.0m/min）；b—71 号试样（拉速 4.2m/min）

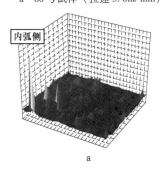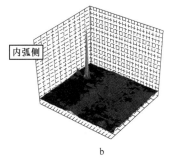

图 9-45 彩图

图 9-45　元素 S 的原位统计分布分析三维成分分布图
a—88 号试样（拉速 3.0m/min）；b—71 号试样（拉速 4.2m/min）

低拉速工艺下的 88 号试样，最大偏析位于（6.17，2.10）处，其最大偏析度为 3.55；高拉速工艺下的 71 号试样，最大偏析位于（8.00，63.99）处，其最大偏析度高于低拉速试样，为 4.06。

9.5.6.2 不同拉速连铸坯硫元素的统计均匀度

图 9-46 为两种工艺试样的硫元素含量的频度统计分布，表 9-9 列入其统计均匀度（允许差范围内所占的权重比率）的计算结果。高拉速工艺下的 71 号试样统计均匀度为

99.68%，统计偏析度为 0.127，其均匀性优于低拉速工艺下的 88 号试样（统计均匀度为
98.02%，统计偏析度为 0.205）。

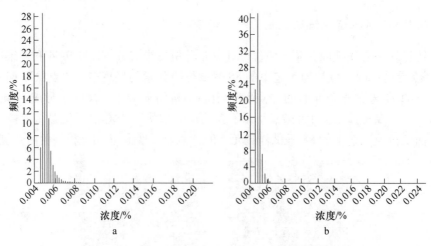

图 9-46　元素 S 的原位统计分布分析频度统计分布图
a—88 号试样（拉速 3.0m/min）；b—71 号试样（拉速 4.2m/min）

表 9-9　硫元素在允许差范围内所占的权重比率

项　　目	元素 S 解析结果	
	88 号试样	71 号试样
平均值/%	0.005	0.005
允许差含量区间/%	0.005±0.002	0.005±0.002
统计均匀度/%	98.02	99.68
统计偏析度	0.205	0.127

9.5.7　不同拉速下连铸板坯中心横截面 Al 系夹杂物分布特性

从连铸板坯中心横截面 Al 系夹杂物分布图 9-47 可以明显看出：（1）低拉速工艺下的
88 号试样 Al 系夹杂物的含量为 0.0014%，高拉速工艺下的 71 号试样 Al 系夹杂物的含量
为 0.0015% ，含量基本相当；（2）低拉速工艺下的 88 号试样 Al 系夹杂物分布均匀，粒
度小；（3）高拉速工艺下的 71 号试样 Al 系夹杂物分布不均匀，粒度大；（4）高拉速工艺
下的 71 号试样 Al 系夹杂物分布更靠近板坯的上下表面。

通过对不同拉速下板坯横截面中心偏析和夹杂物分布的原位分析可知：

（1）采用原位统计分布分析的技术可以定量研究不同拉速等工艺变化对连铸板坯中心
横截面的成分偏析的影响规律。

（2）低拉速工艺下的 88 号试样 C、Mn、P 等元素在连铸板坯中心横截面的均匀性好
于高拉速工艺下的 71 号试样。

（3）高拉速工艺下的 71 号试样 Si、S 等元素在连铸板坯中心横截面的均匀性好于低
拉速工艺下的 88 号试样。

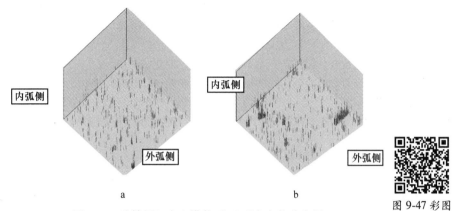

图 9-47　连铸板坯中心横截面 Al 系夹杂物分布图

a—88 号试样（拉速 3.0m/min）；b—71 号试样（拉速 4.2m/min）

图 9-47 彩图

（4）低拉速工艺下的 88 号试样中 S、P、C 等元素易形成"点状"偏析，呈不连续分散分布的特点；高拉速工艺下的 71 号试样 S、P、C 等元素易形成"带状"偏析，呈连续分布的特点，通常位于板厚中心线附近。

（5）高拉速工艺下的 71 号试样 Al 系夹杂物分布不均匀，粒度大；低拉速工艺下的 88 号试样 Al 系夹杂物分布均匀，粒度小。

（6）高拉速工艺下的 71 号试样 Al 系夹杂物分布更靠近板坯的上下表面。

参 考 文 献

[1] 刘浏. 中国转炉"负能炼钢"技术的发展与展望 [J]. 中国冶金, 2009, 19 (11)：33~39.

[2] 胡志刚, 刘浏, 何平. 炉气分析在转炉动态控制中的应用 [J]. 钢铁研究学报, 2002, 14 (3)：68~72.

[3] 马竹梧, 等. 钢铁工业自动化（炼钢卷）[M]. 北京：冶金工业出版社, 2003：68.

[4] 别所永康, 竹内秀次, 藤井徹也, 等. 排ガス分析情报による底吹き転炉の脱炭反应速度の推定とその吹锻终点制御, ガス回收技术への适用 [J]. 铁と钢, 1989, 75 (4)：610~617.

[5] 山田馨, 宫原弘明, 石川博章, 等. 転炉の溶鋼炭素制御方法 [P]. 日本公开特许公报（A）, 特开平 3-180418.

[6] 藤原清人, 山田统明, 田尻裕造. 高クロム合金鋼の溶製方法 [P]. 日本公开特许公报（A）, 特开平 5-287352.

[7] Karatacv V I, Mamyrin B A, Schmikk D V. J. Tech. Phys., 1971, 16 (7)：1498.

[8] Марковский С И, Козловский А В, Федичкин И Л. Контроль технологических процессов вметаллугическом ллроизвоцстве систолвзованием масс-слектрометриуеского ттазонализатора "ЭМГ-20" [J]. Заводская лаборатория Диагностика Материалов, 2000, 66 (6)：8~13.

[9] 山崎博实. 計装, 1994 (2)：40.

[10] 胡志刚. 转炉炉气分析动态模型的研究与开发 [D]. 北京：钢铁研究总院, 2003.

[11] 王海舟. 金属原位分析系统 [J]. 中国冶金, 2002 (6)：20~22.

[12] 陈吉文, 王海舟, 杨志军, 等. 火花数字光谱解析技术 [C]//第十届全国光谱分析学术年会论文

集.北京：中国金属学会理化检验委员会，全国冶金分析信息网，2000：B119~B122.

[13] 王海舟.原位统计分布分析——材料研究及质量判据的新技术 [J].中国科学（B辑），2002，32
　　　（6）：481~484.

[14] 王海舟.21世纪冶金分析的若干问题 [J].钢铁，2000，35（1）：73~78.

[15] 王海舟.面向新世纪的冶金材料分析 [J].理化检验-化学分册，2001，37（1）：1~4；2001，37
　　　（2）：49~52.

[16] 杨志军，王海舟.火花光谱原位分析技术对连铸方坯质量分析的应用研究 [J].钢铁，2002（增
　　　刊）：189~193.

[17] 杨志军，王海舟.用原位分析方法研究连铸板坯的偏析和夹杂 [J].钢铁，2003，38（3）：
　　　61~63.

[18] 高宏斌，贾云海，王海舟.钢中不同状态铝的光谱行为研究 [C]//第十届全国光谱分析学术年会
　　　论文集.北京：中国金属学会理化检验委员会，全国冶金分析信息网，2000：B1~B5.

[19] 王海舟，李美玲，陈吉文，等.连铸钢坯质量的原位统计分布分析研究 [J].中国工程科学，
　　　2003，5（10）：34~42.

[20] 杨志军，王海舟.不同结晶态低合金钢方坯的原位分析 [J].钢铁，2003，38（9）：67~71.

10 现代炼钢工程设计与实践

10.1 科技进步对中国钢铁工业发展的作用与意义

10.1.1 技术创新推动了钢铁工业的发展

20世纪90年代是中国钢铁工业迅速崛起时期，其间中国钢铁工业结合自身特点，通过对高炉喷煤、高炉长寿、转炉溅渣护炉、连铸、连续轧制和综合节能六项关键共性技术的开发、集成和推广，通过科技进步促进了中国钢铁制造流程结构的优化，实现了节能降耗，提高了生产效率，为中国钢铁工业快速发展奠定了基础。

21世纪以来，首钢京唐钢铁厂的设计建造，基于冶金流程工程学理论及其方法，创新并实践了现代钢铁冶金工程设计的新理念、新理论和新方法，进行从工程决策开始，直到规划、设计、建造、运行和管理过程，构建了新一代可循环钢铁制造流程，引领了中国钢铁工业科技进步的发展方向。

中国钢铁工业在20世纪90年代快速发展进程中，中国冶金工作者开始探索中国钢铁工业发展的深层次问题，即结合国情，结合中国市场特点和中国钢铁企业的具体情况，梳理出完整的中国钢铁工业科技进步战略路径，并规划出可实施的具体步骤。与此同时，必须改变科技进步与战略性投资脱节的现象，在科技进步战略的选择和实施中，必须改变只注重单体技术或局部机理的研究，转向关键共性技术的重点突破，通过及时、有序的战略投资使之集成为钢铁制造流程的整体优化，实现企业技术结构升级。纵观钢铁工业的发展史，从技术层面上讲，实际上就是钢铁制造工艺和装备的技术创新史。

10.1.2 关键共性技术对钢铁工业的推动

工程技术按性质和功能划分，可以分为专业技术和相关支撑性技术两类。对于钢铁工业而言，炼铁、炼钢、轧钢等技术都属于专业技术；而鼓风、制氧、电气、自动化控制、运输等则属于不可或缺的相关支撑技术。钢铁冶金的科技进步和工程演化既受到专业技术的渐进性、突变性进步的影响，还受到相关支撑技术的渐进性、突变性进步的影响。因此钢铁工业科技进步的方式不仅以单体技术进步的形式出现，而且以互动的、协同的、网络化集成形式出现。

关键共性技术的突破、集成，对钢铁制造流程的整体结构优化产生了重大影响，做好关键共性技术的开发、应用和推广，既要注重对关键共性技术的判断和正确选择，也必须结合不同类型钢铁厂特点进行深化和创新，还必须正确把握这些关键共性技术研发、投资的时序安排和互相关系。

所谓关键共性技术就是指在钢铁生产流程中技术关联度大、对企业结构影响力大，并且在整个钢铁行业领域具有共性的技术。关键共性技术的选择、集成，必须对整个钢铁制造流程工艺、装备和产品结构之间的关系进行深入研究和总体认识，并且理性分析和取舍，寻找对不同类型钢铁企业影响面大的共性技术和对整体生产流程关联度大的关键技术，在深化认识的基础上，确立这些关键共性技术对钢铁工业不同发展阶段所起的战略主导地位；进而分步、有序地推进，并相继将其集成起来，促进钢铁企业生产流程整体结构的优化。生产流程的结构优化成为钢铁企业技术创新的重要命题。

20 世纪 90 年代，中国钢铁工业科技发展逐步转变为以技术改造、工艺和装备升级换代、调整和优化生产流程为主线，研究方向和开发重点也逐步转向重视关键共性技术及其工艺、装备研究开发和生产流程的集成研究方面。技术改造涉及钢铁制造流程的结构优化和产品的结构优化。

面向 21 世纪，中国钢铁工业发展的主流应是主动动态地适应市场发展趋势，继续以结构优化为主要途径，以增强市场竞争力和注重可持续发展作为总体目标，实现钢铁工业的绿色化和智能化发展。

总体看来，钢铁冶金工程演化与科技进步具有密切的关联，科技进步是工程演化的重要推动力；而反过来，工程系统的多目标需求对于技术发明、开发和应用具有拉动作用和限制作用。总而言之，工程演化与工程创新离不开科技进步，没有科技进步和技术发明，工程创新缺乏足够的动力。当然只有技术发明能够有效地嵌入到工程系统中，并且能够有价值地持续运行，才能促使工程创新的发生。

10.2　制造及其功能

制造业的门类繁多，按照生产方式、生产过程中物质（物料）所经历的变化和产品特点分类，制造业可分为流程制造业与离散制造业两类。一般而言，流程制造业为离散制造业提供初级产品或原材料，而离散制造业则是利用流程制造业生产出来的初级产品或原材料制造出最终工业品或消费品。流程制造业一般是指原料经过一系列以改变其物理、化学性质为目的的加工-变性处理，获得具有特定物理、化学性质或特定用途产品的工业，钢铁工业属于典型的流程制造业。

流程工业的工艺流程中各工序（装置）加工、操作的形式是多样化的，包括化学变化、物理变化等；其作业方式则包括连续化、准连续化和间歇化等形式。对钢铁制造流程动态运行的物理本质研究可以清晰地推论得出：在未来可持续发展过程中，钢铁制造流程（特别是高炉—转炉长流程）将主要实现"三个功能"（如图 10-1 所示）。现代钢铁制造流程应具有三个主要功能，即钢铁产品制造功能、能源高效转换功能和大宗社会废弃物的处理-消纳和再资源化功能。

钢铁工业绿色发展，是按照循环经济的基本原则（3R 原则，Reduce、Reuse、Recycle），以清洁生产为基础，重点做好资源高效利用和节能减排，以实现钢铁制造流程的"三个功能"为核心，降低碳排放，减少环境污染，并能与其他行业乃至社会实现生态链接，从而实现良好的经济、环境和社会效益的发展模式[1]。

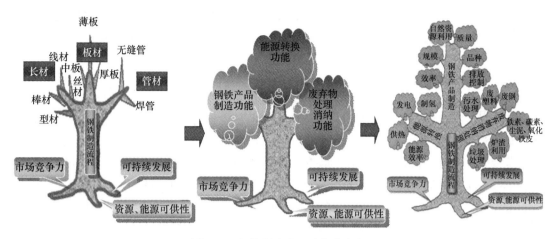

图 10-1　钢铁制造流程功能的演变

10.3　钢铁冶金工程设计方法发展历程与演进

从钢铁工业的发展演进历程，可以看出钢铁工业现在面临的挑战是多方面的，要解决这些复杂环境下的复杂命题，就必须从战略层面上来思考钢铁厂的要素-结构-功能-效率问题，实质上这是全厂性的生产流程层面上的问题，就必须从生产流程的结构优化及其工程设计等根源着手。进而还可以清晰地认识到，这样的系统性、全局性、复杂性问题，不是依靠技术科学层次上的单元技术革新和技术攻关所能解决的，而是需要以工程哲学的视野，在全产业、全过程等工程科学层次上解决。

显而易见，钢铁冶金工程的流程设计已经成为市场竞争的起点，流程设计的合理与否，直接影响着钢铁企业的成本、效率、效益、产品、质量、环境等，进而决定着钢铁企业的市场竞争力和可持续发展。因此，本章以钢铁冶金流程工程设计为研究重点和核心，探讨钢铁冶金工程设计方法。

冶金工程设计是冶金工程的元工程，冶金流程工程设计则是冶金工程的核心关键，先进的流程设计是钢铁工业创新体系中的重要组成部分，冶金流程设计理念、理论和方法的创新，则是钢铁产业层次上方法创新的重要内容。

10.3.1　传统钢铁冶金工程设计方法

钢铁冶金工程设计是以冶金工厂设计为对象，运用与冶金工程相关的基础科学、技术科学、工程科学的研究成果进行集成与应用，并实现工程化的一门综合性学科分支[2]。

我国冶金工程设计理论在 20 世纪 50 年代由苏联引入，长期以来基本沿用苏联"定型"设计方法，属于典型的"静态-分割"经验型设计方法。20 世纪 80 年代以后，随着宝钢工程的设计建设，我国冶金工程设计又相继引入了日本和欧美的设计方法，但仍属传统的"静态-分割"设计方法，即静态的"半经验-半理论"的设计方法。

（1）经验型设计方法。20 世纪 50~70 年代，冶金工程设计方法基本上是照搬苏联的经验型"定型设计"方法，生产能力、工艺装置和设备配置都是规格化、系列化、模数化的。例如高炉容积就设定有 1033m³、1513m³、1719m³、2000m³、2700m³、3200m³ 等若干个固定的容积系列，转炉也是 30t、50t、65t、80t、120t 等若干个转炉容量设计系列。其工艺装置的配置也是固化的，基本不考虑原燃料条件和生产操作条件，而是模型化、系列化的简单僵化的套用或比拟放大，缺乏因地制宜的变革和设计理论基础，是一种典型的经验型设计方法。

（2）半理论-半经验型设计方法。20世纪80~90年代，中国改革开放以后，以宝钢工程设计建设为代表，全面引进了日本和欧美等国外先进技术和设备，在冶金技术装备水平提高的同时，在工程设计方法方面也开始接受日本和欧美的设计理念和理论，由纯经验型逐渐转化为半理论-半经验型。半理论-半经验型设计方法的特点是：在单元工序的设计上，突破了传统的经验型设计模式，不再简单地照搬照抄和僵化生硬地套用，开始注重理论计算和工艺设备配置的合理性和适宜性。例如高炉容积不再简单追求系列化、定型化，而是结合实际条件，逐渐形成了 $1260m^3$、$1350m^3$、$1800m^3$、$2500m^3$、$3200m^3$、$4000m^3$、$4350m^3$ 等几个主要高炉容积级别，工艺配置和技术装备也根据具体的生产条件因地制宜合理选择，而不是简单地照搬和套用。这一时期，随着计算机技术的快速发展，单元工序的数学模型或专家系统研究开发成功并得到工程化应用，促进了计算机信息技术与钢铁工业的融合和技术进步。

与此同时，基于传输理论的数学模型、仿真计算以及运筹学等理论和方法的应用，使单元设计优化成为现实，仿真设计技术开始在单元设计中应用，使工程设计不再拘泥于原有传统经验的照搬照抄和比拟放大，不再是简单的堆砌和拼凑，逐渐形成了具有理论基础和计算优化的设计方法。应当指出，这一时期设计方法依然没有完全摆脱对经验型设计方法的依赖，既重视单元工序的设计及其优化，忽视上下游工序的协调匹配，不同工序间的产能、工艺配置和设备选型依然是相互独立的、割裂的，还主要是依靠数学衡算和经验推演而确定，缺乏全局性、系统性的设计理论，更没有充分认识到工序之间界面技术的重要性。

归纳起来，传统的钢铁冶金工程设计方法存在以下主要问题：

（1）工程理念。在不同历史时期形成了"听天由命""征服自然"和"天人和谐"的不同时代的工程理念；"听天由命"的工程理念低估了人的主观能动性，"征服自然"的工程理念高估了人的主观能动性。传统钢铁冶金工程设计方法基本上是在"征服自然"工程理念主导下，对资源和能源供给能力、生态环境承受能力和市场接受能力重视不足，是以粗放型、简单扩张型发展为主导的工程理念。

（2）工程思维。长期以来，传统钢铁冶金工程设计方法的工程思维基本上是以"还原论"的思维模式处理问题，也就是将钢铁制造流程分割为若干工序、装置，再将工序、装置解析的某种化学反应过程或是传质、传热和动量传输的过程，以工序之间简单拼接、叠加就算形成了制造流程，其时间/空间问题涉及较少，动态运行过程中的相互作用关系和协同连接的界面技术往往被忽视。

（3）工程系统观与系统分析方法。传统钢铁冶金工程设计方法基本上没有形成现代工程系统观及工程系统分析方法，或者说是以模糊整体论与机械还原论为基础的分析方法，反映在钢铁制造流程运行的状态上：不同工序/装置各自运行，相互等待，再随机连接、组合，构成了不协同、不稳定、连续化程度不高的生产流程。不太注重制造流程系统动态运行过程物理本质的研究，整个生产过程经常处于混沌状态之中。产生的结果是造成钢铁制造流程的生产效率低、消耗高，过程排放多，而且产品质量不稳定，经济效益差、环境负荷大。从工程哲学角度分析，传统钢铁制造流程工程设计过程和生产运行过程，集中注意的是局部性的"实"，而往往忽视贯通全局性的"流"。

（4）传统钢铁冶金工程设计方法的缺失。传统钢铁冶金工程设计方法局限在基础科学（解决原子、分子尺度上的问题）和技术科学（解决工序、装置、场域尺度上的问题）的思维方式来解决工程科学（解决制造流程整体尺度、层次和流程中工序、装置之间关系的衔接、匹配、优化问题）问题，使得建设项目在工程设计的思维方式上存在着先天不足。

传统的钢铁冶金工程设计方法拘泥于经验模型，大多属于简单的"比拟放大"或设计参数的调整，缺乏深入的理论研究和系统性、全局性的思考。20世纪80年代以后，随着冶金技术装备的引进和欧美、日本等工业发达国家设计方法的引入，开始关注单元装置/设备的功能研究和设计优化，由传统的"经验型"设计方法演化为"半经验-半理论"的产品型设计方法，但仍然是注重于针对钢铁制造流程单元装备/装置设计方法的研究，而忽略了对钢铁制造全流程设计方法的研究。从系统观、整体观方面看，传统冶金工程设计方法强调了子系统的设计，忽视了系统-子系统、子系统-子系统之间的动态运行关系的设计。

10.3.2 现代钢铁冶金工程设计方法的形成

20世纪80年代以后，中国钢铁工业的迅猛发展促进了科技工作者对冶金工程设计理论及方法的深入研究，新的研究成果不断涌现，中国已初步建立起现代钢铁冶金工程设计的知识体系并且不断完善，主要表现在：

（1）2007年7月《工程哲学》（第1版）正式出版，2013年7月《工程哲学》（第2版）正式出版，标志着我国对工程设计理念的研究趋于形成。2007年9月《工程系统论》正式出版，标志着我国对工程系统理论的研究趋于形成。2004年5月《冶金流程工程学》（第1版）正式出版，2009年3月《冶金流程工程学》（第2版）正式出版；2013年10月《冶金流程集成理论与方法》正式出版，标志着我国对冶金工程学科从基础科学、技术科学到工程科学的知识体系已经建立。

（2）进入21世纪以来，首钢京唐钢铁厂工程设计、建造、运行遵循《工程哲学》《工程系统论》《冶金流程工程学》《冶金流程集成理论与方法》《工程演化论》等工程科学理论，在徐匡迪、殷瑞钰、干勇、张寿荣等一大批院士专家的直接指导和具体参与下，在2003~2008年期间，召开了数十次首钢京唐钢铁厂方案论证会，工程技术人员经历了学习、理解、应用现代钢铁冶金工程设计理念和方法的过程。最终，首钢京唐钢铁厂运用现代钢铁冶金工程设计方法进行工程决策、规划、设计、建造、运行等并获得成功，进一步验证了现代钢铁冶金工程设计方法推广应用的重大理论价值。

首钢京唐钢铁厂新一代钢铁制造流程是建立在对钢铁制造流程动态运行的物理本质深入研究的理论基础上的，不是对已有工序/装置的表象性改造，而是以物质流、能量流、信息流的动态集成构建起来的新系统。

新一代钢铁制造流程以现代钢铁冶金设计理论和方法指导顶层设计，并以优化的顶层设计来统筹工序、装置等工艺要素的合理选择和动态集成。顶层设计包括工序/装置等要素的优化选择、流程总体结构的形成和优化、流程功能的拓展和合理安排，流程动态运行效率的超越等内涵。

新一代钢铁制造流程，使冶金学从孤立的局部性研究走向开放的动态系统研究，从间歇-等待-随机组合运行的流程走向准连续-协同-动态-非线性耦合的动态-有序、协同-连续流程。

钢铁厂的演化和新一代可循环钢铁流程的构建，实际上是工程思维模式的转变和创新，这是从"还原论"思维模式所暴露出的缺失中，探索到了整体集成优化的新思路。

从工程哲学角度分析，在钢铁制造流程设计中，不仅要研究"孤立""局部"的"最佳"，更重要的是要解决整体动态运行过程的最佳；不能用机械论的拆分方法来解决相关的、异质功能的而又往往是不易同步运行工序/装置的组合集成问题。重要的是要研究多因子、多尺度、多层次的开放系统动态运行的过程工程学问，要厘清工艺表象和物理本质之间的表里关系、因果关系、非线性相互作用和动态耦合关系，并探索出其内在规律。

10.4　现代钢铁冶金工程设计方法

10.4.1　现代钢铁冶金工程设计方法论

工程方法论是研究工程方法的共同本质（结构化、功能化等）、共性规律（要素选择优化、程序化、协同化等）和一般价值的理论（和谐化、效率化、效益化、优质化等），是阐明正确认识、评价和指导工程活动的一般方法、途径及其规律，其核心和本质是研究各种工程方法所具有的共性特征和工程方法所应遵循原则和规律。

工程方法论对现代钢铁冶金工程设计方法的指导作用主要是建立起现代工程思维、工程理念、工程系统观及工程系统分析方法等，并与钢铁冶金工程的决策、规划、设计、建造、运行等过程有机地结合起来，并发挥指导作用。

10.4.2　工程方法论与钢铁冶金工程设计方法的关系

钢铁冶金工程设计是建立在基本要素、原理、工艺技术、设备（装置）、程序、管理、评价基础上集成、建构的过程。从方法论上看，要研究从对钢铁冶金工程要素的合理选择、集成出发，建构出结构合理、功能优化、效率卓越的可运行、有竞争力的工程实体的方法问题。因而，宏观上工程方法论主要是围绕着工程整体的结构化、功能化、效率化和环境适应性等维度展开的。

钢铁冶金工程设计的最主要的命题是解决好整体流程的结构、功能和动态运行过程中的多目标优化；解决好流程中工序/装置之间动态-有序、协同-连续/准连续问题，并形成物质流、能量流网络和信息流网络；解决好工序、装备和信息控制单元本身的结构-功能-效率问题。因此，钢铁冶金工程设计理论是一门复杂的学问，需要通过工程设计、工程运行和工程管理等实践中的范例和失败教训为基本素材，利用基础科学、技术科学特别是工程科学的最新成就加以研究、总结，概括出新的认识——新的工程设计理论和方法。

在钢铁冶金工程设计方法中，工程方法论的"二阶性"主要体现在：体系结构化及其方法，协同化及其方法，程序化及其方法，功能化及其方法，和谐化及其方法。上述内容体现了工程方法论的共性原则和规律，是指导钢铁冶金工程设计的基本理论和方法。

10.4.3　基于工程哲学对现代钢铁冶金工程设计的新认识

10.4.3.1　对工程设计地位和作用的新认识

工程理念是工程建造、工程运行的灵魂。承载工程理念的工程设计则是对工程项目建设进行全过程的总体性策划和表述项目建设意图的过程，是科学技术转化为生产力的关键环节，是实现工程项目建设目标的基础性、决定性环节。没有现代化的工程设计，就没有现代化的工程，也不会产生现代化的生产运行绩效。科学合理的工程设计，对加快工程项目的建设速度、提高工程建设质量、节约建设投资、保证工程项目顺利投产并对取得较好的经济效益、社会效益和环境效益具有决定性作用。钢铁厂的竞争力和创新看似体现在产品和市场，其根源却来自于设计理念、设计过程和制造过程，工程设计正在成为市场竞争的始点，工程设计的竞争和创新关键在于工程复杂系统的多目标群优化。这一认识决定了构建现代钢铁冶金工程设计方法的重大理论价值。

10.4.3.2　对钢铁制造流程物理本质的新认识

钢铁制造流程的物理本质是：在一定外界环境条件下，物质流（主要是铁素流）在能量流（主要是碳素流）的驱动和作用下，按照设定的"运行程序"，沿着特定（设定的）的"流程网络"作动态-有序的运行，实现多目标的优化。钢铁冶金工程设计是典型流程制造业的工程设计。现代钢铁冶金工程设计要从"三传一反"（热量传输、质量传输、动量传输和反应器工程优化）对钢铁制造流程各单元工序工艺及装备设计层面，上升到"三流一态"（物质流、能量流、信息流和动态-有序、协同-连续运行）对钢铁制造流程动态运行物理本质的认识深度。即钢铁制造流程动态-有序运行的基本要素是"流""流程网络"和"运行程序"。其中"流"是制造流程运行过程中的动态变化性主体，"流程网络"（即"节点"和"连接器"构成的图形）是"流"运行的承载体和时-空间边界，而"运行程序"则是"流"的运行特征在信息形式上的反映。从热力学角度分析，钢铁制造流程是一类开放的、非平衡的、不可逆的、由相关的、异构-异质的单元工序通过非线性相互作用的动态耦合所构成的复杂系统，其动态运行过程的性质是耗散过程。这一认识决定了构建现代钢铁冶金工程设计方法的理论深度与广度。

10.4.3.3　对现代钢铁制造流程功能的新认识

现代钢铁制造流程的功能拓展为先进钢铁产品制造、高效能源转换和消纳、处理废弃物并实现再资源化的"三个功能"，再通过"三个功能"的拓展获得新的产业经济增长点，并逐步融入循环经济社会。

现代钢铁厂钢铁产品制造功能是在尽可能减少资源和能源消耗的基础上，高效率地生产出成本低、质量好、排放少且能够满足用户不断变化需求的钢材，供给社会生产和生活消费。能源转换功能与钢铁制造功能相互协同耦合，即钢铁生产过程同时也伴随着能源转换过程。以高炉-转炉-热轧流程为代表的钢铁联合企业，其实质是冶金-化工过程，也可以视为是将煤炭通过钢铁冶金制造流程转换为可燃气、热能、电能、蒸汽甚至氢气或甲醇等能源介质的过程。废弃物消纳-处理和再资源化功能，即钢铁厂制造流程中的诸多工序、装备可以处理、消纳来自钢铁厂自身和社会的大宗废弃物、改善区域环境负荷，促进资源、能源的循环利用。这一认识决定了构建现代钢铁冶金工程设计方法的目标域（视野）进一步拓展。

10.5　现代钢铁冶金工程设计方法

10.5.1　钢铁冶金工程设计问题的识别与定义

10.5.1.1　钢铁制造流程的物理本质及其特征

如前所述，钢铁制造流程的物理本质是：物质、能量和信息在不同的时-空尺度上流动/流变的过程。也就是物质流在能量流的驱动下，按照设定的"程序"，沿着特定的"流程网络"作动态-有序的运行，并实现多目标的优化。优化的目标包括产品优质、低成本，生产高效-顺行，能源使用效率高，能耗低，排放少、环境友好等。演变和流动是钢铁制造流程运行的核心。

钢铁制造流程是由各单元工序串联作业，各工序协同、集成的生产过程。一般前工序的输出即为后工序的输入，且互相衔接、互相缓冲-匹配。钢铁制造流程具有复杂性和整体性特征，复杂性表现"复杂多样"与"层次结构"两个特点。

10.5.1.2　钢铁制造流程动态运行的特征要素

钢铁制造流程动态运行的特征要素是"流""流程网络""运行程序"，其中"流"是制造流程运行过程中的动态变化的主体，"流程网络"（即："节点"和"连接器"构成的图形）是"流"运行的承载体和时-空边界，而"运行程序"则是"流"的运行特征在信息形式上的反映。

10.5.1.3　钢铁制造流程运行的特点

从钢铁制造流程运行的物理本质分析，可以推论出钢铁制造流程运行的实质是一类开放的、远离平衡的、不可逆的、由不同结构-功能的相关单元工序过程经过非线性相互作用、嵌套构建而成的流程系统。在这一流程系统中，铁素流（包括铁矿石、废钢、铁水、钢水、铸坯、钢材等）在能量流（包括煤、焦、电、汽等）的驱动和作用下，按照一定的"程序"（包括功能序、时间序、空间序、时-空序和信息流调控程序等）在特定设计的复杂网络结构（如生产车间平面布置图、总平面布置图等）中的流动运行现象。这类流程的运行过程包含着实现运行要素的优化集成和运行结果的多目标优化。

以钢铁制造流程整体动态-有序、协同-连续运行集成理论为指导，钢铁冶金工程设计的核心理念是：在上、下游工序动态运行容量匹配的基础上，考虑工序功能集（包括单元工序功能集）的解析优化，工序之间关系集的协调-优化（而且这种工序之间关系集的协同-优化不仅包括相邻工序关系、也包括长程的工序关系集）和整个流程中所包括的工序集的重构优化（即淘汰落后的工序装置、有效"嵌入"先进的工序/装置等）。

10.5.1.4　现代钢铁冶金工程设计的核心

现代钢铁冶金工程设计的核心内容，是构建出符合钢铁制造流程动态运行规律的物质流、能量流和信息流顺畅的流程网络，以及高效协同的运行程序，形成"三流耦合、三网协同"的信息物理系统，采用数字化、信息化和智能化设计手段及方法，仿真模拟钢铁制造过程单元操作、单元过程和全流程动态运行现实的过程虚拟，再通过解析、综合、分析、选择、权衡、集成等工程方法，从而构建出符合钢铁制造流程动态运行规律的先进流程。钢铁冶金工程设计方法，其实质就是构建以全流程动态有序、协调连续运行为目标的设计方法，形成动态有序、连续运行系统的实体（硬件）+虚体（软件）集成，即构建钢铁制造流程信息物理系统（具有自感知、自适应、自学习、自决策、自执行等功能）、实现智能运行的设计方法。

在冶金流程工程学理论指导下，现代钢铁冶金工程设计涵盖概念设计、顶层设计和动态精准设计三个层次。动态精准设计是以构建钢铁制造流程信息物理系统（CPS）为目标，以数字化、信息化和智能化设计为手段，面向钢铁冶金全流程动态仿真和虚拟现实，实现多平台数字化交互协同设计和设计产品的数字化信息交付，进而通过工程设计、建造、运行、维护和退役等全生命周期的信息数字化系统的构建，实现钢铁冶金工程设计的智能化升级。

10.5.1.5 钢铁冶金工程设计方法的路径

基于上述对钢铁制造流程的认识，钢铁冶金工程设计的重要目的，就是通过选择、综合、权衡、集成等方法，构建出符合钢铁制造流程运行规律和特点的先进流程，可以归纳概括为：

（1）钢铁制造流程具有复杂的时-空性，复杂的质-能性、复杂的自组织性、他组织性等特点，并体现为多因子、多尺度、多层次、多单元、多目标优化。

（2）钢铁冶金工程设计是围绕质量/性能、成本、投资、效率、资源、环境等多目标群进行选择、整合、互动、协同等集成过程和优化、进化的过程。

（3）钢铁冶金工程设计是在实现单元工序优化基础上，通过集成和优化，实现钢铁冶金全流程系统优化的过程。

（4）钢铁冶金工程设计是在实现全流程动态-精准、连续（准连续）-高效运行的过程指导思想统领下，对各工序/装置提出集成、优化的设计要求。

（5）钢铁冶金工程设计创新要顺应时代潮流，从单一的钢铁产品制造功能进化到实现钢铁厂"三个功能"的过程。

因而，钢铁冶金工程设计方法的路径是建立在描述物质/能量的合理转换和动态-有序、协同-连续运行过程设计理论的基础上，并努力实现全流程物质流/能量流运行过程中各种信息参量的动态精准，并进一步发展到计算机虚拟现实。

10.5.2 钢铁制造流程的动态运行与界面技术

10.5.2.1 钢铁制造流程动态-有序运行过程中的动态耦合

研究钢铁制造流程动态-有序运行的非线性相互作用和动态耦合是现代钢铁冶金设计方法重要内涵，体现在钢铁制造流程区段运行的动态-有序化、界面技术协同化和流程网络合理化。动态-有序运行过程中的动态耦合是流程形成动态结构的重要标志。钢铁制造流程区段运行的动态有序化的设计原则是：

（1）第一区段为铁前区段，应以高炉连续稳定化运行为中心，即原料场、焦炉、烧结机等应适应和服从高炉连续运行，包括烧结等较低温的连续运行过程要适应和服从高炉的高温连续运行；而高炉的连续运行对烧结、焦炉、原料场等工序、装置的物料输入/输出生产节奏、产品品质等提出参数要求。

（2）第二区段为炼钢区段，应以连铸机的长周期连续运行为中心，出铁、铁水输送、铁水预处理、转炉冶炼及二次精炼等间歇运行的工序要适应和服从连铸机的连续化运行，而连铸机的连续化运行要对转炉（电炉）冶炼节奏、二次精炼节奏乃至铁水预处理节奏、铁水输送节奏和高炉出铁节奏提出参数要求。

（3）第三区段为热轧区段，加热炉间歇的出坯过程服从连续的轧制要求，而轧机连续轧制的过程要对铸机的铸坯输出、铸坯的输送过程和停放位置以及铸坯在加热炉的输入/输出等时间点、时间过程和时间节奏提出参数要求。

10.5.2.2　钢铁制造流程"界面技术"协同化

所谓"界面技术"是相对于钢铁制造流程中炼铁、炼钢、铸锭、初轧（开坯）、热轧等主体工序之间的衔接-匹配、协调-缓冲技术及相应的装置（装备）。"界面技术"不仅包括相应的工艺、装置，还包括平面图等时-空合理配置、装置数量（容量）匹配等一系列的工程技术，如图10-2所示。

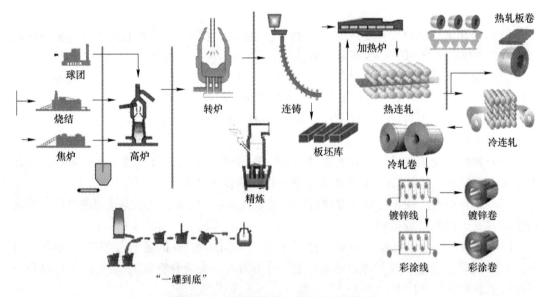

图 10-2　现代钢铁制造流程的界面技术

"界面技术"主要体现实现生产过程物质流（应包括流量、成分、组织、形状等）、生产过程能量流（包括一次能源、二次能源以及用能终端等）、生产过程温度、生产过程时间和空间位置等基本参数的衔接、匹配、协调、稳定等方面。

"界面技术"是在单元工序功能优化、作业程序优化和流程网络优化等流程设计创新的基础上，所开发出来的工序之间关系的协同优化技术，包括了相邻工序之间的关系协同-优化或多工序之间关系的协同-优化。"界面技术"的形式分为物流-时/空的界面技术、物质性质转换的界面技术和能量/温度转换的界面技术等。

现代钢铁冶金工程设计中,"界面技术"主要体现在:(1)简捷化的物质流、能量流通路(如平面图等);(2)工序/装置之间互动关系的缓冲-稳定-协同(如动态运行 Gantt 图等);(3)制造流程中网络节点功能优化和节点群优化以及连接器形式优化(如装备个数、装置能力和位置合理化、运输方式、运输距离、输送规则优化等);(4)物质流效率、速率优化;(5)能量流效率优化和节能减排;(6)物质流、能量流和信息流的协同优化等。

10.5.3　制造流程的能量流网络

现代钢铁冶金工程设计将能源看作贯穿全流程的重要因素(甚至是与物质流同等重要),而且考虑到其与物质流的相关因果性和动态耦合性,有必要上升到能量流行为和能量流网络的层次来研究。

对能量的研究及工程设计必须建立"流""流程网络"和"运行程序"等要素的概念,来研究开放的、非平衡的、不可逆过程中能量流的输入/输出行为;也就是要从静态的、孤立的某些截面点位计算走向流程网络中能量流的动态运行。其中包括了有关钢铁制造流程能量流运行的时间-空间-信息概念,而不能局限在质-能衡算的概念上。在钢铁制造流程设计和改造过程中不仅应该注意物质流转换过程及其"程序"和"物质流网络"设计;同时,也应重视能量流、能源转换"程序"与"能量流网络"的设计。

钢铁制造流程中有一次能源(主要是外购的煤炭等)和二次能源(如焦炭、电能、氧气、各类煤气、余热、余能等)。分别形成了能量流网络的始端节点(如原料场、高炉、焦炉、转炉等),从这些始端"节点"输出的能源介质沿着输送路线、管道等连结途径——连结器,到达能源转换的终端节点(如各终端用户及热电站、蒸汽站、发电站等)。在能量流的输送、转换过程中,需要有必要的、有效的中间缓冲器(缓冲系统),如煤气柜、锅炉、管道等,以满足能源在始端节点与终端节点之间在时间、空间和能阶等方面的缓冲、协调与稳定,这构成了钢铁制造流程的能量流网络。

10.5.4　现代钢铁冶金工程的概念设计

概念设计研究是钢铁冶金工程设计根本的立足点和出发点。现代钢铁冶金工程概念设计的主要内容包括:

(1)建立现代工程思维模式——概念设计。概念设计是工程科学层次上的问题,首先要从制造流程的耗散结构、耗散过程出发,突出流程应该动态-有序、协同-连续运行的概念。在新一代钢铁制造流程的设计研究中,概念设计研究要建立起系统分析研究钢铁制造流程物理本质和动态运行特征的工程思维模式,采用解析与集成的方法,整体研究钢铁制造流程动态运行的规律和设计、运行的规则。因此,对新一代钢铁制造流程的研究首先应从研究整体流程的动态运行本质开始,进行流程层次上整体动态运行的概念研究。对流程动态运行进行理性抽象的方法是:系统地思考生产流程动态运行的物理本质,用解析与集成的方法,整体研究流程动态运行的规律和设计运行的规则。

(2)现代钢铁制造流程两类基本流程的选择。结合市场和资源供给能力,针对现代钢铁制造流程已演变成的两类基本流程进行选择。一种是以铁矿石、煤炭等天然资源为源头的高炉—转炉—精炼—连铸—热轧—深加工流程或熔融还原—转炉—精炼—连铸—热轧—深加工流程；另一种是以废钢为再生资源和电力为能源的电炉—精炼—连铸—热轧—深加工流程。研究表明，无论哪一种流程结构，流程动态运行系统本身是一种耗散结构，必须构建一个优化的耗散结构，使物质流得以动态-有序、协同-连续地持续运行。

10.5.5　现代钢铁冶金工程的顶层设计

钢铁工业的未来发展，必须充分理解钢铁制造流程动态运行过程物理本质的基础上，进一步拓展钢铁厂的功能，以新的模式实现绿色化、智能化转型，融入循环经济社会。

通过对钢铁制造流程动态运行过程物理本质的研究，可以推论出现代钢铁制造流程应该具有"三个功能"。"三个功能"是以概念设计出发，推演出来的顶层设计目标。

（1）铁素物质流运行的功能——高效率、低成本、洁净化钢铁产品制造功能。

（2）能量流运行的功能——能源合理、高效转换功能以及利用过程剩余能源进行相关的废弃物消纳-处理功能。

（3）铁素流-能量流相互作用过程的功能——实现过程工艺目标以及与此相应的废弃物消纳-处理-再资源化功能。

现代钢铁制造流程工程顶层设计以概念设计为基础，并确立钢铁制造流程中"流"的动态概念，强调以动态-有序、协同-连续运行的观念，形成集成的、动态-精准运行的工程设计观。在顶层设计中突出流程结构优化和流程功能的拓展，以"三个功能"为设计的总体目标，强调以要素选择、结构优化、功能拓展和效率卓越为顶层设计的原则。在方法上强调从顶层（流程整体）决定底层（工序/装置），形成从上层指导、规范下层的思维模式。

10.5.6　现代钢铁冶金工程的动态-精准设计

现代钢铁冶金工程设计方法形成了基于冶金流程工程学、冶金流程集成理论与方法的钢铁制造流程动态-精准设计方法，从开始设计就以"流"和"动"的概念为指导，将分割-粗放的传统设计方法进化到动态精准设计方法，这是建立在钢铁制造流程动态运行物理本质基础上，特别是钢铁制造流程动态-有序运行中的运行动力学理论基础上工程设计方法。

以先进的概念研究和顶层设计为指导，运用图论、排队论和动态甘特图等工具为手段，研究高效匹配的界面技术实现动态-有序、协同-连续的物质流设计、高效转换并及时回收利用的能量流设计及以节能减排为中心的开放系统设计，从而在更高层次上体现钢铁制造流程的"三个功能"。动态精准设计方法是建设项目工程设计顶层设计阶段的进一步深化，是宏观尺度下工程设计动态精准设计的具体方式和方法。

现代钢铁冶金工程的动态精准设计，是在概念设计、顶层设计的基础上开展的工程详细设计，从而形成了从宏观到微观、从顶层到底层完整的工程设计体系，也就是工程方法论的"程序化"。其核心思想理念是：以钢铁制造流程的要素为设计关注点，充分体现出不同工序内部物质和能量的高效转换，注重不同工序之间的界面技术优化，重视工艺流程设计、主要设备配置和生产装置的选择和选型，在工艺流程图、工艺布置图、设备安装图、工程总平立面图的设计中，注重时间-空间的协调关系，注重物料运行距离、运行轨迹、运行方式等对钢铁制造流程效率、成本和时间的影响因素的评价和优化。

具体而言，空间维度反映了流程运行的网络结构、总图布局、运行轨迹，体现在动态运行的集约高效、紧凑顺畅；时间维度则反映出流程的连续性、协调性和动态耦合性，以及运输过程、等待过程中的能量耗散。动态精准设计的核心内容，就是构建出精准运行的时间-空间协同框架，构建动态有序、协同连续的物理系统，是奠定钢铁制造流程信息物理系统（CPS）的基础，进而实现"三流耦合"和"三网协同"[3]。

在动态精准设计中，不同工序之间的界面技术优化是非常重要的环节，应采用运筹学、排队论和图论等现代理论，以及甘特图（Gantt Chart）、关键路径（CPM）、程序运行分析评价（PERT）等设计工具，对钢铁制造流程的工序界面，进行时间和空间的耦合研究分析和设计优化。动态精准设计过程中，还要重视工程的集成优化和工程创新，这是工程设计从抽象的理念、概念，转变成具象的现实工程实体极其重要的过程。此外，动态精准设计中，还应当重视全流程整体动态运行的稳定性、可靠性和高效性，制定流程高效稳定运行的规则和程序。在精准设计中，通过建立运行过程的仿真模型，对不同工序进行深入解析研究，以实现效率优化、结构优化和功能优化为前提，合理确定设备/装置的数量和能力。

10.5.7 现代钢铁冶金工程的经济、社会和绿色评估

资源、环境、生态是钢铁厂必须面对的时代性命题。未来可持续发展中，钢铁制造流程的功能必须拓展为"三个功能"。

按照新一代可循环钢铁流程的理念，通过绿色制造过程走生态化转型的道路，在"碳达峰、碳中和"的发展形势下，绿色、低碳、循环和可持续发展将成为未来钢铁产业的主旋律，到21世纪30年代，钢铁生产工艺流程的"减碳化""低碳化""脱碳化"将成为必由之路。钢铁企业将逐步形成城市周边型和海港工业生态（带）型两种钢铁厂发展模式，所承担的社会经济职能体现于：钢铁厂是铁-煤化工的起点，既要生产出质量更好、性能更高、更廉价的钢材产品，又要开发新的清洁能源；钢铁厂是未来海港生态工业-贸易园的核心环节之一；钢铁厂是城市社会大宗废弃物的处理-消纳站和邻近社区居民生活热能供应站；钢铁厂是某些工业排放物质再资源化循环、再能源化梯级利用和无害化处理的协调处理站。

10.6 首钢京唐钢铁厂工程总体设计

首钢京唐钢铁厂工程，是在新一代可循环钢铁制造流程理念和冶金流程工程学理论指导下，将钢铁冶金有关的技术创新及其各项重大单元技术成果进行系统集成，构建的新一代可循环钢铁制造流程的示范工程。

10.6.1 钢铁厂概念设计

（1）确立了基于系统分析研究钢铁制造流程物理本质和动态运行特征的现代工程思维模式，采用解析与集成的方法，从整体上研究钢铁制造流程动态运行的规律和设计、运行的规则。

（2）根据市场需求和资源供给能力，选择现代钢铁制造流程更为成熟、可靠、稳定的基本流程：以铁矿石、煤炭等天然资源为源头的高炉—转炉—精炼—连铸—热轧—深加工流程。

（3）根据市场分析、技术分析、产品分析、用户分析，确定产品结构为汽车、机电、石油、家电、建筑及结构、机械制造等行业提供热轧、冷轧、热镀锌、彩涂等高端精品板材产品，生产规模为 870 万~920 万吨/年，其中冷轧产品占全部产品的比例达到 60% 以上。

（4）以确定的全薄带材产品结构为基础，基于钢铁制造流程工序功能集合解析-优化、工序之间关系集合协调-优化、流程工序集合重构-优化的技术思想，进而确定钢铁厂结构优化的钢铁制造流程。

（5）基于钢铁制造流程动态运行过程物理本质的认识，确定了京唐钢铁厂钢铁制造流程具有"三个功能"：铁素物质流运行的功能——高效率、低成本、洁净化钢铁产品制造功能；能量流运行的功能——能源合理、高效转换功能以及利用过程剩余能源进行相关的废弃物消纳—处理功能；铁素流-能量流相互作用过程的功能——实现过程工艺目标以及与此相应的废弃物消纳-处理-再资源化功能。

10.6.2 钢铁厂顶层设计

10.6.2.1 要素优化

要素的选择与优化包括：技术要素的选择与优化；技术要素优化和经济基本要素的协同优化。技术要素的选择与优化主要包括：

（1）在成品轧机的选择上，方案一为 1 套薄板热连轧和 1 套中厚板轧机，生产规模约为 700 万吨/年；方案二为 2 套薄板热连轧机，生产规模约为 900 万吨/年。不同的轧机配置方案，将直接影响到炼钢厂的规模、工艺和装备，还影响到炼钢厂的结构和动态运行效率，进而影响到高炉的座数、容积和平面布置。经过慎重研究决策，最终采用方案二。

（2）炼钢厂工艺流程设计中[4]，在全薄板生产工艺的选择上，针对传统的工艺流程和铁水"全三脱"预处理-炼钢-二次精炼-高拉速、恒拉速连铸的"高效率、低成本洁净钢生产工艺流程"，进行了深入的理论分析和对比研究[5]。最终经过科学论证、反复研究，决策采用铁水"全三脱"预处理冶炼工艺的高效率、低成本洁净钢生产工艺流程[6]。

（3）炼铁工艺流程设计中，对于高炉座数、容积的科学选择进行了深入研究分析和思考，建立了钢铁厂流程结构优化前提下的高炉大型化设计理念。针对设计建造 2 座 5500m³ 高炉还是 3 座 4000m³ 高炉，开展精细的对比研究和科学论证[7]。研究确定采用 2 座 5500m³ 高炉，配置 2 台 500m² 烧结机、1 条 504m² 带式焙烧机球团生产线、4 座 70 孔 7.63m 焦炉为高炉提供原燃料，实现以高炉为中心的铁前系统流程结构优化和工艺装备的合理匹配。与此同时，还可以简化工艺流程、降低工程投资，有利于铁素物质流、碳素能量流运行效率的提高。

（4）在炼铁厂-炼钢厂界面技术的研究中，经过大量的调研、考察、试验工作，最终选择了铁水罐多功能化技术，即铁水"一罐到底"直接运输工艺，降低了工程投资，减少了铁水温降和环境污染，提高了铁水脱硫预处理的效率。

（5）在能量流网络结构设计中，根据能量流和不同能源介质运行过程的行为和转换特征，设计了完善的能源供应体系、能源转换网络系统和设计建设了基于实时监控、在线调度、过程控制、集中管理的能源管控中心。对于能源的高效转换和能源结构的优化配置进行了深入研究和系统优化，充分回收利用钢铁制造流程的二次能源，充分利用钢铁厂余热、余能发电，钢铁厂自发电率达到96%以上，钢铁冶金过程的各种伴生煤气实现近"零排放"。

（6）在循环经济、绿色制造、节能减排工程设计中，采用先进大型的工艺技术装备，提高生产效率，节约能源消耗。4 座 70 孔 7.63m 焦炉配置采用 2 套 260t/h 干熄焦装置，吨焦发电量达到 112kW · h；5500m³ 高炉采用 1300℃ 高风温技术、煤气全干法除尘、36.5MW 高效 TRT 余压发电技术；转炉煤气采用干法除尘技术；冶金过程的伴生煤气经过 300MW 发电机组进行发电，发电后的"乏汽"作为低温多效海水淡化热源，用于 5 万吨/天的海水淡化装置，与淡水伴生的浓盐水直接供给化工厂用于制碱。

10.6.2.2　流程结构优化

经过上述一系列工序/装置要素的优化选择和"界面技术"优化，集成为紧凑高效、流程顺畅、系统集约的流程网络，首钢京唐钢铁厂建立了以 2 座高炉+1 个炼钢厂+2 套热连轧为框架的"2-1-2"高效流程结构，构建了以连铸为中心，生产规模为 870 万~920 万吨/年且具有"三个功能"的新一代可循环钢铁制造流程，并以此为核心架构构建了动态-有序、协同-连续的动态运行结构（图 10-3）。

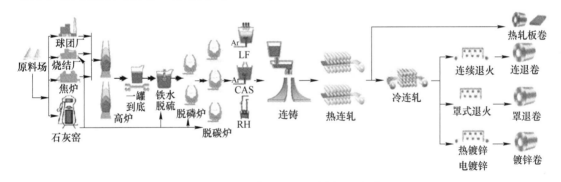

图 10-3　首钢京唐钢铁厂钢铁制造工艺流程

10.6.2.3　功能拓展与效率优化

在工序/装置要素的优化选择和流程结构优化的同时，必须重视功能拓展和效率优化。也就是要把传统上的钢铁厂单一功能拓展成为"三个功能"，而且功能的内涵也更加富有创新。例如，钢铁产品的制造功能可以集成为高效率、低成本洁净钢生产体系；能源转换功能要形成以全厂能量流网络结构优化为基础的，以输入/输出动态运行优化为特征的，实现生产工艺装置、能源装换装置协同高效的全网、全过程能源高效转换，科学合理、高效回收利用、更高层次的节能减排；在消纳废弃物并实现资源化、实施循环经济方面，要构建起以钢铁厂为核心的循环经济链，进而拓展为工业生态产业园，实现多产业融合发展。

　　首钢京唐钢铁厂的工程设计以"流"（物质流、能源流、信息流）为核心，构建最优化的"物质流、能源流、信息流"动态耦合的制造流程（图 10-4、图 10-5），实现物质-能量-时间-空间-信息的相互协同，促进钢铁生产整体运行高效、稳定、协同，实现高效化、集约化、连续化[8]。

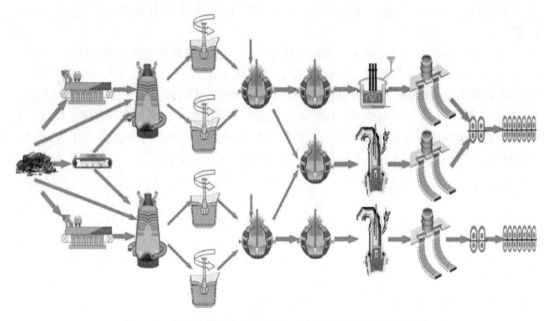

图 10-4　首钢京唐钢铁厂物质流（铁素流）运行网络与轨迹

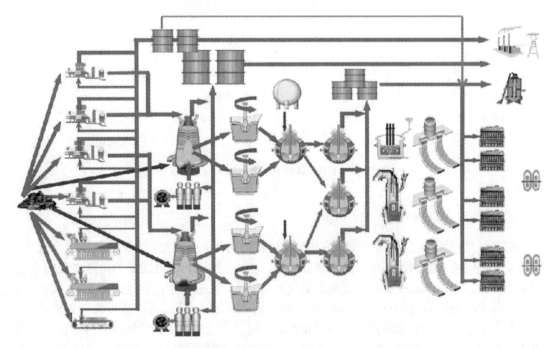

图 10-5　首钢京唐钢铁厂能量流（碳素流）运行网络与轨迹

首钢京唐钢铁厂（曹妃甸）是我国"十一五"规划的重大工程，产品定位于精品板材，设计生产规模为927.5万吨/年。建设2座5500m³高炉，一个炼钢厂配置2座300t脱磷转炉、3座300t脱碳转炉和3台板坯连铸机，建设2250mm和1580mm两条热连轧生产线，2230mm、1700mm和1550mm 3条冷轧生产线，冷热轧转换比为57.2%，涂镀板比为65.7%。

热轧主导产品为高品质汽车板，重要产品为管线钢、压力容器钢和造船用钢。高强度钢抗拉强度最高可达1200MPa，管线钢级别为X100。冷轧产品包括固溶型、析出型、烘烤硬化型、双相钢（DP）及相变诱发塑性钢（TRIP）等高强度钢，最高强度级别为825MPa，热镀锌产品最高强度级别为590MPa，彩色涂层产品最高强度级别为440MPa。

首钢京唐钢铁厂的设计建设，遵循"工艺现代化、流程高效化、效益最佳化"的设计理念，炼钢—连铸工序采用铁水"全三脱"预处理模式，对铁水进行全量脱硫、脱硅、脱磷预处理，应用动态精准设计体系，优化高炉铁水运输—铁水预处理—转炉冶炼—二次精炼—连铸各单元工序的流程，构建了基于动态精准生产体系的高效率、低成本、高质量洁净钢生产体系。

总图布置实现最大限度实现紧凑、高效、集约、美观，物质流、能源流和信息流实现高效协同，实现了工序间物料运输的紧凑集约、高效快捷。原料场和成品库紧靠码头布置，实现了原料和成品最短距离的接卸和发运；高炉到炼钢的运输距离只有900m；连铸到热轧实现了工艺"零距离"衔接；1580mm热轧成品库紧靠1700mm冷轧原料库，实现了流程的紧凑型布局；钢铁厂吨钢占地为0.9m²，达到国际先进水平。

10.6.3　钢铁厂动态-精准设计

（1）核心思想理念。钢铁冶金工程动态精准设计方法，是以对钢铁制造流程动态运行物理本质的深刻认识和理解为基础，在设计过程中突出对"流""流程网络"和"运行程序"三个要素的设计，不仅重视各工序装置内物质、能量的有效装换，更加重视在不同工序装置之间动态有序、协同连续地运行的物质流和能量流的效率。同时，在设计过程中要充分体现出时间、空间、矢量以及网络的动态特征，以实现实际生产过程中作业时间的动态管理，有利于钢铁企业的生产组织和管理调控。

（2）建立时间-空间的协调关系。对于动态精准设计体系，时间是个重要的参数，它反映的是流程的连续性、工序的协调性、工序装置之间工艺因子在时间轴上的动态耦合性，以及运输过程、等待过程中因温度降低而产生的能量耗散等。当工艺主体装备选型、装置数量、工艺平面图、总图布置确定以后，就表明钢铁厂的静态空间结构已经"固化"，钢铁厂的"时-空边界"已经被设定。

（3）注重流程网络的构建与优化。流程网络是时-空协同概念的载体之一，是时-空协同的框架。流程网络概念的建立，必须以钢铁厂工艺平面布置图、总图等达到简捷、紧凑、集约、顺畅为目标，并以此为静态框架，使"流"的行为按照动态有序、协同连续的规范运行，实现运行过程中的耗散"最小化"。在钢铁厂设计中，流程网络首先体现在物质流的流程网络，同时还要重视能量流网络和信息流网络的研究和构建。

（4）注重工序装置之间的衔接匹配关系和界面技术开发与应用。动态精准设计方法重要的思想之一，就是不仅要注重各相关工序装置本体的优化，而且更要工序装置之间的衔接、匹配关系和界面技术开发和应用。例如炼铁厂—炼钢厂之间的多功能铁水罐技术，采用图论、排队论和动态甘特图等先进的设计工具，对钢铁制造流程中工序装置及其动态运行进行预先周密的设计。

（5）突出顶层设计中的集成创新。钢铁冶金工程设计是以工序装置为基础的多专业交叉、协同创新的集成过程，实质上是解决设计中多目标优化的问题。集成创新是钢铁冶金工程设计的重要内容、重要方式。要求不仅对单元技术进行优化创新，还要把优化了的单元技术有机、有序地集成起来，凸显为钢铁制造流程层次上顶层设计的集成优化，从而形成动态有序、协同连续、稳定高效的流程系统。

（6）注重流程整体动态运行的稳定性、可靠性和高效性。动态精准设计方法要确立动态有序、协同连续运行的规则和程序，不仅重视各单元工序的动态运行，而且更注重流程整体衔接匹配、非线性动态耦合运行的效果，特别是动态运行的稳定性、可靠性和高效性，这是动态精准设计方法追求的目标。

研究并采用新一代钢铁厂精准设计和流程动态优化技术，通过建立动态-有序运行的理论框架和物理模型及仿真模型，对钢铁厂各工序（系统）从原燃料的消耗、产能匹配、各项工艺参数的确定、能源动力的消耗到能源设施的布局、工序之间的衔接等进行了深入的解析研究，在温度、物质的成分品位、运行时间节奏、能源的输入和输出等方面均进行了精准的计算和优化配置。通过运用精准设计理论，构建了首钢京唐钢铁厂动态有序、连续紧凑、精准协调的生产运行体系。

应当指出的是，钢铁冶金工程的概念设计、顶层设计和动态精准设计是一个完整的设计体系，是现代钢铁冶金设计方法程序化的具体体现，图10-6表述了钢铁冶金流程设计的思维逻辑和步骤。

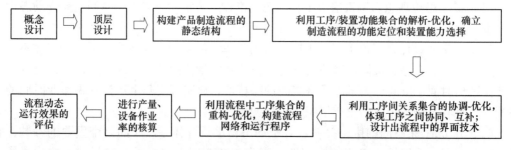

图 10-6　现代钢铁冶金工程设计的程序化框图

10.7　首钢京唐炼钢工程设计研究与实践

10.7.1　洁净钢生产体系的构建

在钢铁工业的发展进程中，洁净钢的生产加快了工艺流程的优化和产品质量的提高。构建一种全新的、大规模、高效率、低成本生产洁净钢的生产体系，对我国现代钢铁工业的发展具有重要意义[9]。

洁净钢生产体系的构建不仅是单纯的脱硫、脱磷、脱碳、脱氧等工艺技术和品种质量问题，应该包括工艺、设备、技术管理和生产运行等诸多因素，实现高效、优质和低成本的目标。洁净钢生产体系必须采用高效、稳定的运行模式。炼钢—连铸制造流程中整个系统的产能不仅取决于单元工序的产能，还取决于单元工序之间物质流的流通能力和效率，因而通过解析各单元工序的功能，改变传统的单元工序静态生产能力核算的设计理念，建立动态精准设计体系，通过对单元工序冶金功能的解析与集成是实现炼钢—连铸工艺流程优化的重要方法，也是构建高效率、低成本洁净钢生产体系的基本理念。

通过对炼钢—连铸各工序功能的解析与集成，按照铁水"全三脱"的设计理念，首钢京唐炼钢厂建立了动态有序、紧凑连续、高效低耗的洁净钢生产体系[10]。炼钢厂采用 4 套 KR 铁水脱硫装置，2 座 300t 转炉用于铁水脱磷、脱硅预处理；设置 3 座 300t 顶底复合吹炼脱碳转炉；配置 1 台多功能 LF、2 台多功能 RH 和 2 台 CAS 钢水二次精炼装置；采用 3 台高效板坯连铸机。建立了铁水短流程运输—铁水预处理—高效转炉冶炼—钢水二次精炼—高效连铸协同优化的生产工艺流程，主要单元工序配置见表 10-1，工艺流程见图 10-7。

表 10-1 首钢京唐炼钢厂主要单元工序配置

单元工序	数 量
铁水 KR 脱硫装置/套	4
300t 铁水脱磷、脱硅转炉/座	2
300t 顶底复吹脱碳转炉/座	3
CAS 精炼装置/套	2
双工位 LF 钢包精炼炉/座	1
双工位 RH 真空处理装置/台	2
2150mm 双流板坯连铸机/台	2
1650mm 双流板坯连铸机/台	1

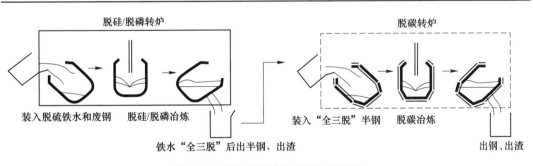

图 10-7 首钢京唐转炉炼钢工艺流程

首钢京唐炼钢工程动态精准设计研究，通过铁水预处理、转炉冶炼、二次精炼和连铸等单元工序的工艺过程基础理论研究和技术研究，从而确定了基于铁水"三脱预处理"（脱硫、脱硅、脱磷）+转炉脱碳+二次精炼+高效连铸的洁净钢生产工艺路线和流程。应用冶金过程基础科学知识，通过对铁水中硫、硅、磷等元素脱除的冶金反应热力学分析，研究得出高温条件下有利于铁水脱硫反应的进行，而在相对"较低温度"高氧势的条件下则有利于氧化脱硅和氧化脱磷反应的进行。通过冶金过程动力学的仿真研究和传输过程的动态仿真，研究了 KR 脱硫装置在强搅拌的条件下，更有利于改善传质过程、促进铁水脱硫反应的进行；针对单吹颗粒镁和 KR 工艺的冶金反应工程学研究，采用冶金反应器动态仿真研究结果，选择了效率更高、处理能力大、处理时间短的 KR 脱硫工艺。同时根据脱除硅、磷、碳等元素的冶金机理和过程仿真研究，确定了采用"双跨"布置的 2 座 300t 脱硅/脱磷转炉和 3 座 300t 脱碳转炉，将转炉冶炼过程的冶金反应进行解析优化，把常规转炉的脱硫、脱硅、脱磷、脱碳等复合冶金功能，解析为由不同的工序装置分别完成，进而提高了冶金反应的速率和生产效率，有效降低了生产成本。例如脱硅/脱磷转炉的冶炼周期为 20~25min，脱碳转炉的冶炼周期为 30~35min，2 座前置的脱硅/脱磷转炉与 3 座脱碳转炉耦合匹配，在连续生产过程中，KR 脱硫、前置转炉脱硅/脱磷预处理、转炉脱碳、RH 精炼和连铸的工序节奏匹配"时间步长"为 35min 左右，消除了相互等待、间歇过长的问题，有效解决了转炉和连铸之间的"炉机匹配"问题，从而构建出高效率、快节奏、低成本的洁净钢生产流程（见图 10-7 和图 10-8）[11]。

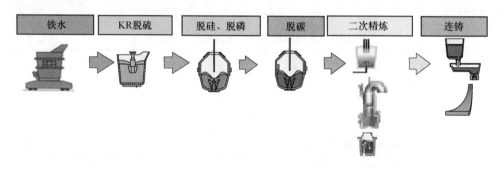

图 10-8　首钢京唐钢铁厂炼钢—连铸生产工艺流程

10.7.2　炼铁—炼钢界面技术

铁水运输采用 300t 铁水罐直接运输技术，取代了常规的鱼雷罐运输工艺。采用铁水直接运输技术可以减少铁水倒罐操作，缩短工艺流程，降低烟尘污染，提高铁水温度，有利于铁水脱硫处理和转炉多加废钢。还可以降低铁水消耗和能源消耗，有效地降低生产运行成本。实践表明，采用铁水"一罐到底"直接运输技术，铁水温度比采用鱼雷罐运输提高 30~40℃。表 10-2 为 2010 年高炉出铁温度和 KR 处理前的铁水温度。

表 10-2　2010 年铁水温度

月　份	1 月	2 月	3 月	4 月	5 月	6 月	7 月	8 月	9 月	10 月	11 月	12 月
高炉出铁温度/℃	1513	1520	1518	1517	1523	1514	1517	1505	1507	1506	1514	1512
KR 处理前铁水温度/℃	1409	1421	1413	1410	1413	1411	1394	1370	1378	1381	1382	1387

10.7.3　铁水预处理工艺

为构建洁净钢生产体系，铁水预处理采用铁水脱硫、脱磷、脱硅的"全三脱"预处理工艺，配置 4 套 KR 脱硫装置用于铁水脱硫预处理，采用 2 座 300t 转炉进行铁水脱磷、脱硅预处理。

10.7.3.1 铁水脱硫预处理

铁水脱硫采用4套KR机械搅拌脱硫装置,可以高效稳定地满足高品质板材对硫含量的要求,KR脱硫工艺流程见图10-9,主要技术参数见表10-3。KR脱硫工艺的主要技术特点是:

(1) 具有良好的动力学条件,脱硫效率高且稳定,脱硫率可达到90%~95%。

(2) 脱硫剂采用石灰及少量萤石,脱硫剂价格低廉,降低生产成本。

(3) 采用活性石灰套筒窑生产的石灰粉末,通过气力输送方式输送,可实现资源综合利用,降低生产成本。

(4) KR脱硫工艺采用二次扒渣,处理周期为36~40min,操作时间与脱磷转炉冶炼周期相匹配。

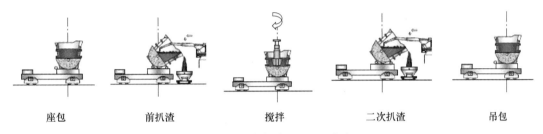

座包　　　　前扒渣　　　　搅拌　　　　二次扒渣　　　　吊包

图 10-9　KR 铁水脱硫处理工艺流程

表 10-3　KR 脱硫工艺主要技术参数

项　目		参　数
年处理铁水量/万吨·年$^{-1}$		898.15
每罐铁水平均处理量/t		287
每罐铁水处理时间/min		36~40
年处理铁水能力/万吨·年$^{-1}$		1100
处理前铁水硫含量/%		≤0.07
不同终点目标硫含量比例/%	≤20×10^{-6}	20
	≤50×10^{-6}	50
	≤100×10^{-6}	30
脱硫剂消耗/kg·t^{-1}		6~10

10.7.3.2 铁水脱硅脱磷预处理

通过对转炉冶炼功能的解析研究,采用转炉分阶段冶炼的技术理念,将传统转炉脱硅、脱磷、脱碳集成一体的功能优化为采用专用的转炉进行铁水脱磷、脱硅预处理,顶底复合吹炼转炉则专用于脱碳升温,改变了传统转炉冶炼的操作模式,原来一座转炉的冶炼功能由2座转炉采取串联作业来实现[12]。"全三脱"冶炼的操作模式是采用2座转炉前后串联作业,即用于铁水预处理的转炉,主要进行铁水脱磷、脱硅操作,称其为脱磷转炉;用于脱碳的转炉承接来自脱磷转炉处理后的半钢,主要完成脱碳操作。这种优化了的"全三脱"冶炼模式缩短了转炉冶炼周期,提高了转炉冶炼效率和钢水洁净度,特别是对于生产低磷钢和超低磷钢，采用"全三脱"转炉冶炼模式具有显著的技术优势。首钢京唐炼钢厂配置 2 座 300t 脱磷、脱硅转炉和 3 座 300t 脱碳转炉，可实现铁水"全三脱"预处理，工艺流程优化，主要技术特点是：

（1）转炉内脱磷反应空间大，能够实现大气量底吹搅拌，加速脱磷反应，创造良好的脱磷动力学条件，生产运行成本低，可以经济地获得低磷半钢。

（2）优化了转炉入炉原料，可实现精料操作。

（3）脱磷时间短，简化了转炉冶炼工艺，高速吹炼，实现快节奏生产。

（4）转炉分阶段冶炼，有利于脱碳转炉采用锰矿，减少 Fe-Mn 合金的消耗，降低生产成本。

（5）脱碳转炉精炼渣可作为脱磷剂使用，降低生产成本，实现资源合理利用。

（6）转炉少渣冶炼，减少钢渣处理量，节能环保，实现绿色生产。

（7）高炉可以适度利用高磷铁矿，利于降低原料的生产成本。

因此，采用专用转炉进行铁水脱硅、脱磷预处理，不仅有利于低磷钢的生产，还有利于了优化工艺流程、提高生产效率、降低运行成本，体现了现代化炼钢厂发展循环经济、减量化生产的发展方向，是钢铁厂经济运行的一个系统化工程，有利于提高产品的市场竞争力。

铁水预处理工序采用 4 套 KR 脱硫装置和 2 座脱硅脱磷转炉，采取 2 对 1 的操作模式，即 2 套 KR 与 1 座脱硅脱磷转炉匹配，铁水总处理能力约为 1100 万吨/年，满足转炉年产 927.5 万吨/年钢水的要求。根据不同钢种的要求，铁水经过"全三脱"预处理以后，半钢中的硅、磷、硫含量可以达到表 10-4 的质量控制目标。

表 10-4　铁水预处理后半钢的质量目标　　　　　　　　（%）

铁水质量	[Si]	[P]	[S]
普通半钢	痕量	<0.015	<0.01
低磷、低硫半钢	痕量	<0.015	<0.005
超低磷半钢	痕量	<0.01	<0.01

10.7.4　转炉冶炼工艺

转炉冶炼工序配置 3 座 300t 脱碳转炉，由于采用铁水"全三脱"预处理工艺，转炉工序的主要任务是脱碳升温，冶炼周期缩短，可由常规冶炼的 36~38min 缩短到 30min 以下，实现转炉的高效冶炼和少渣冶炼。为保证钢水的洁净度，采用顶底复合吹炼、副枪、挡渣出钢、钢包渣改质处理等技术。根据不同钢种的要求，转炉冶炼终点钢水成分可以达到表 10-5 的质量水平。

表 10-5　转炉冶炼终点钢水质量　　　　　　　　（%）

钢水质量	[C]	[Mn]	[P]	[S]
普通钢水	0.06	0.6	<0.01	<0.01
超低硫钢水	0.06	0.8	<0.01	<0.004
超低磷钢水	0.03	0.6	<0.005	<0.01

10.7.5 精炼工艺

根据热轧和冷轧产品的质量要求以及不同精炼装置的功能，精炼工序配置 2 座 RH、1 座 LF、2 座 CAS 钢水二次精炼装置，按照产品的质量要求，各种钢水二次精炼装置可以单独使用或采取双重精炼处理工艺。

10.7.5.1 RH 精炼工艺

多功能 RH 真空精炼装置特别适用于现代转炉冶炼和板坯连铸生产。2 台 RH 真空处理装置，可单独或与 CAS、LF 进行串联作业，实现脱碳、真空脱氧、脱氢和脱氮，用以大规模生产低碳优质钢种，如超低碳 IF 钢、硅钢等。处理低碳钢、超低碳钢和对气体含量控制要求较高的钢种，如 DQ、DDQ、EDDQ 系列钢板，可通过 RH 真空自然脱碳或强制脱碳、真空脱氧、脱气处理。

RH 真空处理装置采用双工位，配置多功能顶枪，通过顶枪吹氧生产超低碳钢；加铝吹氧进行化学升温；顶吹燃气和氧气为真空槽补充加热，以减少 RH 处理时钢水温降，消除真空槽内冷钢，避免钢种之间污染。经过多功能 RH 真空处理装置处理后的钢水成分可达到 $[C]<15\times10^{-6}$、$[H]<2\times10^{-6}$、$[N]<30\times10^{-6}$、$[O]<20\times10^{-6}$ 的质量水平，RH 主要技术参数见表 10-6。

表 10-6 RH 主要技术参数

项 目	参 数
公称容量/t	300
处理周期/min	23~55（平均 31）
钢水罐升降	液压缸顶升
真空泵能力（66.66Pa）/kg·t^{-1}	1250
钢水循环率/t·min^{-1}	250（最大）
处理能力/万吨·年$^{-1}$	768（2 套）
冶金效果	$[C]<15\times10^{-6}$，$[H]<2\times10^{-6}$，$[N]<30\times10^{-6}$，$[O]<20\times10^{-6}$

10.7.5.2 LF 精炼工艺

LF 具有如下精炼功能：

（1）利用钢水加热功能，可协调炼钢和连铸工序生产节奏，保证多炉连浇的顺利进行。

（2）在还原性气氛下造碱性渣，对钢水进一步进行脱硫处理，有利于冶炼超低硫钢。

（3）可以加入合金及渣料进行钢水脱氧、脱硫及合金化处理，控制钢水成分，提高钢水质量。

（4）采用底吹氩搅拌工艺均匀钢水温度和成分。

对要求生产低氧、低硫的钢种，如低合金钢、低牌号管线钢等，均可采用 LF 处理。配置双工位、电极旋转式 LF 精炼装置 1 台，LF 主要技术参数见表 10-7。

表 10-7　LF 主要技术参数

项　　　目	参　　数
公称容量/t	300
平均处理周期/min	40
变压器额定容量/MV·A	45
电极调节方式	电液比例阀
钢水平均升温速度/℃·min^{-1}	≥4.5
年处理钢水能力/万吨·年$^{-1}$	333
脱硫率/%	≥60

10.7.5.3　CAS 精炼工艺

CAS 精炼装置除不具备脱硫功能以外，可以实现 LF 的大部分功能，可作为 LF 精炼工艺的并列或替代工艺。对于普通热轧产品，如 SS400、SM490 等，可以单独采用 CAS 精炼工艺。首钢京唐炼钢厂采用 2 台配置顶枪、具有加热功能的 CAS 精炼装置，主要技术参数见表 10-8。

表 10-8　CAS 主要技术参数

项　　　目	参　　数
公称容量/t	300
处理周期/min	28~40
年处理钢水能力/万吨·年$^{-1}$	666

10.7.6　连铸工艺

连铸工序配置 3 台高效板坯连铸机，设计年产 904.3 万吨坯。在保证钢水洁净度、提高铸坯的表面和内部质量、提高连铸生产率及可靠性、实现板坯高温热送等方面采用了 30 余项先进技术，体现了当今国际连铸技术的发展趋势，表 10-9 为板坯连铸机的主要技术参数。

（1）采用直弧型连铸机。采用分节密排辊列、连续弯曲、连续矫直的连铸机机型，满足高拉速下连铸坯内部洁净度的要求，减小连铸坯的弯矫变形，提高了连铸坯的内部质量。

（2）结晶器钢水电磁制动。结晶器钢水电磁制动技术特别适合 2.0m/min 以上的高拉速浇铸。电磁制动技术可以控制钢水的流速和方向，使结晶器内的钢水流场分布始终保持在合理状态，避免钢水卷渣，保证高拉速条件下连铸坯的表面质量和内部质量，可以有效提高连铸坯的洁净度。

（3）结晶液压振动。结晶器液压振动可以在浇铸过程中改变振幅和振频，实现正弦和非正弦振动，有效地减少连铸坯振痕深度，特别适合高拉速条件下保护渣的有效供给，提高连铸坯的表面质量。

（4）铸坯动态轻压下技术。通过建立连铸二冷水控制模型，实时判断连铸坯内部的液芯位置，在铸流导向段的适当位置，控制系统自动调整扇形段的辊缝开度，从而对连铸坯实施动态轻压下。连铸坯动态轻压下技术可以有效地改善连铸坯内部的中心偏析和中心疏松，从而获得良好的连铸坯内部质量，在消除连铸坯中心偏析方面具有显著效果。

表 10-9　板坯连铸机的主要技术参数

项　目		参　数	
连铸机种类		2150mm 板坯连铸机	1650mm 板坯连铸机
机型		直弧型，连续弯曲、连续矫直	直弧型，连续弯曲、连续矫直
台数×流数		2×2	1×2
基本弧半径/m		9	9
浇铸断面	厚度/mm	230	230
	宽度/mm	1100~2150	900~1650
切割定尺长度/m		9~11	8~10.5
拉坯速度/m·min⁻¹		1.0~2.5	1.2~2.5
冶金长度/m		48	48
连浇炉数/炉		10~12	10~12
连铸机产量/万吨·年⁻¹		624.3	280

10.7.7　生产运行实践

10.7.7.1　工艺流程优化

首钢京唐炼钢厂采用优化的工艺流程，构建了基于高效率、低成本洁净钢生产体系，集成铁水直接运输—"全三脱"铁水预处理—转炉炼钢—钢水二次精炼—高效连铸一体化的短流程工艺，整个工艺流程紧凑合理，KR 脱硫装置独立设置，脱磷转炉与脱碳转炉分跨设置，工艺流程紧凑连续、物质流运行顺畅、运行高效稳定。3 台连铸机有明确的产品和产量分工，分别与各自对应的 KR—脱磷转炉—脱碳转炉—精炼装置—连铸保持层流运行，生产组织运行稳定。表 10-10 为典型生产过程各工序的生产时间。

表 10-10　典型低碳钢各工序的生产时间

项　目	参　数
KR 脱硫处理周期/min	20（2 套 KR 处理节奏）
脱磷转炉处理周期/min	20
脱碳转炉冶炼周期/min	30
RH 处理时间/min	25
单炉浇铸时间/min	30
铸坯规格/mm×mm	230×1500
工作拉速/m·min⁻¹	1.9
连浇炉数/炉	10

10.7.7.2　生产运行实践

A　KR 脱硫系统

铁水经 KR 进行脱硫预处理后，铁水硫含量 $<20\times10^{-6}$ 的比例为 93.1%，$<50\times10^{-6}$ 的比例为 99.5%。KR 处理后铁水硫含量大幅度降低，可为高附加值产品提供优质铁水。目前，处理过程铁水平均温降为 29℃，脱硫剂消耗稳定在 7kg/左右，综合指标达到国内先进水平。表 10-11 为 2011 年 1~9 月的 KR 实际运行指标。

表 10-11　KR 脱硫实际生产指标

项　　目	数　值
脱硫剂消耗/kg·t⁻¹	7.2
钢铁料消耗/kg·t⁻¹	1004
铁水进站温度/℃	1412
铁水脱后温度/℃	1383
生产周期/min	31

B　转炉系统

300t 脱磷转炉采用了专用脱磷氧枪、加大底吹流量、使用返回渣、一键式脱磷冶炼等先进技术。目前，脱磷转炉终点半钢平均碳含量为 3.4%；平均硅含量为 0.036%，脱硅率为 90.8%；平均磷含量为 0.033%，脱磷率为 70%；平均半钢温度为 1334℃。脱磷转炉冶炼时，每炉使用约 5t 脱碳转炉返回渣作为脱磷转炉造渣剂，经济效益显著。生产实践中铁水"全三脱"比例达到 85% 以上；脱碳转炉终点氧含量月平均为 540×10^{-6}；石灰消耗降低到 16.5kg/t 以下；脱碳转炉终点磷月平均为 0.007%，终点温度月平均为 1640℃。脱碳转炉采用副枪自动化冶炼工艺，由于冶炼模型和操作模式与常规转炉冶炼不同，具有一定的特殊性，需要在长期的生产实践中进一步积累经验。表 10-12 和表 10-13 分别为 2011 年 1~9 月脱磷转炉和脱碳转炉的生产指标；表 10-14 是脱碳转炉终点 [C] 及温度命中率的精度范围。

表 10-12　脱磷转炉生产指标

项　　目	参　　数
一键式脱磷比例/%	97
平均终点[P]/%	0.033
平均终点[C]/%	3.4
平均半钢温度/℃	1334
终渣中 TFe /%	12.2
钢铁料消耗/kg·t⁻¹	1036
石灰消耗/kg·t⁻¹	15.1
轻烧消耗/kg·t⁻¹	0.9
矿石消耗/kg·t⁻¹	17.2
萤石消耗/kg·t⁻¹	1.5
使用返回渣炉次比例/%	92.4

表 10-13　脱碳转炉生产指标

项　目	参　数
自动炼钢比例/%	100
终点 [C] 及温度双命中率/%	85.6
低碳钢终点[O]≤850×10⁻⁶比例/%	85.3
终渣中 TFe/%	17.2
平均出钢温度/℃	1640
钢铁料消耗/kg·t⁻¹	1041
石灰消耗/kg·t⁻¹	16.5
轻烧白云石消耗/kg·t⁻¹	12.2
矿石消耗/kg·t⁻¹	2.9
萤石消耗/kg·t⁻¹	0.6
留渣炉次比例/%	37.3

表 10-14　脱碳转炉终点 [C] 及温度命中率的精度范围

[C] 范围/%	[C] 控制精度/%	温度控制精度/℃	双命中率/%
0.02≤[C]<0.05	±0.015	±12	92.00
0.05≤[C]<0.10	±0.02	±12	86.86

10.7.7.3　洁净钢生产控制水平

铁水采用"全三脱"预处理、转炉精料操作、多功能钢水精炼、连铸中间包/结晶器钢水冶金，为高效率、低成本、批量化生产杂质含量低的洁净钢生产创造了有利条件，构建了高效率、低成本的洁净钢生产体系。转炉工序采用全自动吹炼和全流程计算机监控，精炼工序配置 LF、RH、CAS 精炼站，在洁净钢批量生产的基础上减小钢水成分与温度的波动，稳定产品性能，提高产品质量。铁水"全三脱"预处理可以降低石灰、合金料消耗，脱碳转炉渣回收用作脱磷转炉的脱磷剂，低成本生产洁净钢，实现资源循环利用，降低生产成本。项目投产以后，经过近 10 余年的探索和实践，目前首钢京唐洁净钢生产已初见成效。炼钢工序转炉冶炼周期为 24~30min，转炉出钢温度降低到 1640℃，碳氧积降低到 0.0016%，连铸拉速为 2.3~2.4m/min；炼钢过程 [S]、[P]、[N]、[H]、[O] 等有害元素总含量降低到 45×10⁻⁶ 的水平，与日本最先进的炼钢厂处于同一等级[（40~45）×10⁻⁶]，达到世界先进水平[13]。

（1）碳含量。RH 真空脱碳处理后可使钢水 [C] 含量降低到 8×10⁻⁶；成品碳含量达到 12×10⁻⁶。

（2）硫含量。从控制原辅材料中的硫含量着手，由铁水 KR 脱硫开始加强各个工序控制，实现最低成品硫含量达 1×10⁻⁶ 以下。

（3）磷含量。转炉采用"全三脱"冶炼工艺，最低成品磷含量达到 30×10⁻⁶ 以下。

（4）氮含量。炼钢采用低氮模式生产，钢水 [N] 含量降低到 8×10⁻⁶，精炼过程增 [N] 量小于 5×10⁻⁶，连铸采用全保护浇铸增 [N] 量小于 2×10⁻⁶，最低成品氮含量达到

$12×10^{-6}$。

（5）氢含量。钢水经过 RH 真空处理后，[H] 含量小于 $2×10^{-6}$，最低成品 H 含量达 $0.6×10^{-6}$。

（6）全氧含量。IF 钢 T[O] 含量小于 $30×10^{-6}$，最低成品 T[O] 含量达 $20×10^{-6}$；X80 管线钢、SQ700MCD 钢 T[O] 含量小于 $12×10^{-6}$，最低成品 T[O] 含量达 $5×10^{-6}$。

10.8　结语

（1）钢铁是重要的结构材料和功能材料，钢铁产业是重要基础产业。冶金流程工程学是面向宏观领域的工程科学，是指导钢铁产业在面向低碳绿色可持续发展的工程思维、工程理念和工程方法论。

（2）钢铁制造流程的本构特征是开放的、不可逆的耗散结构。研究钢铁制造全流程的工程科学问题，必须以工程哲学的视野，从孤立系统和封闭系统迈入到开放体系的研究，从"三传一反"上升到"三流一态"。

（3）通过冶金工程学一系列深入研究，中国钢铁工业应当以减量化、品牌化、绿色化、智能化发展作为产业转型升级的主要方向，重视产业结构的调整升级和企业结构的顶层研究、顶层设计，解决产业层面、企业层面的复杂性命题，获得新的市场竞争力和可持续发展能力。

（4）首钢京唐钢铁厂工程设计建设，在冶金流程工程学指导下，以全新的工程思维和理念，在概念设计、顶层设计和动态精准设计中，以建构物质流-能量流-信息流协同耦合的流程网络和运行结构为核心，注重信息物理系统（CPS）构建和优化。经过 10 年的运行实践，取得了显著的应用实绩。

（5）首钢京唐炼钢厂采用铁水"全三脱"预处理设计理念，通过工艺流程、技术装备的优化，构建了基于动态有序、紧凑连续、高效稳定的洁净钢生产体系，具有高质量、高效率、低成本、可循环的洁净钢生产技术特征。首钢京唐钢铁厂洁净钢生产体系的构建，提出了 21 世纪一种高效率、低成本、可循环生产洁净钢的技术发展模式和方向。

（6）提高钢材洁净度是未来钢铁工业的重点课题。洁净钢的生产是一项复杂的系统工程，是建立在工艺流程、技术装备、生产操作和质量管理基础之上的技术体系。新一代钢铁厂应构建洁净钢的生产平台，通过优化工艺流程、提高技术装备、改善生产操作、提高质量水平，实现高效率、低成本大批量生产用户需要的洁净钢材。

（7）首钢京唐炼钢厂投产后的生产运行实践证实，基于新一代"全三脱"冶炼模式的洁净钢生产系统，可以提高生产效率、降低生产成本，有效提高洁净度。通过对铁水预处理、转炉冶炼、二次精炼和连铸工序的技术装备和工艺流程进行优化，各工序布置紧凑合理，层流运行稳定，实践证实已经达到了预期的设计目标。

参 考 文 献

[1] 张春霞，王海风，张寿荣，等. 中国钢铁工业绿色发展工程科技战略及对策 [J]. 钢铁，2015，50（10）：1-7.

［2］张福明，颉建新.冶金工程设计的发展现状及展望［J］.钢铁，2014，49（7）：41-48.

［3］殷瑞钰.关于智能化钢厂的讨论——从物理系统一侧出发讨论钢厂智能化［J］.钢铁，2017，52（6）：1-12.

［4］殷瑞钰.关于高效率、低成本洁净钢平台的讨论［J］.中国冶金，2010，20（10）：1-10.

［5］殷瑞钰.高效率、低成本洁净钢"制造平台"集成技术及其运行［J］.钢铁，2012，47（1）：1-8.

［6］殷瑞钰.关于新一代钢铁制造流程的命题［J］.上海金属，2006，28（4）：1-5，13.

［7］张福明，钱世崇，殷瑞钰.钢铁厂流程结构优化与高炉大型化［J］.钢铁，2012，47（7）：1-9.

［8］张福明，崔幸超，张德国，等.首钢京唐炼钢厂新一代工艺流程与应用实践［J］.炼钢，2012，28（2）：1-6.

［9］殷瑞钰.关于高效率低成本洁净钢平台的讨论——21世纪钢铁工业关键技术之一［J］.炼钢，2011，27（1）：1-10.

［10］Zhang Fuming, Cui Xingchao, Zhang Deguo. Construction of high-efficiency and low-cost clean steel production system in Shougang Jingtang［J］. Journal of Iron and Steel Research International，2011，18（Suppl. 2）：42-51.

［11］张福明，颉建新.冶金流程工程学的典型应用［J］.钢铁，2021，56（8）：10-19.

［12］刘浏.中国转炉炼钢技术进步［J］.钢铁，2005，40（2）：1-5.

［13］杨春政.高效低成本洁净钢生产实践探索［J］.钢铁，2021，56（8）：20-25.